国外名校最新教材精选

Engineering Electromagnetics

(Eighth Edition)

工 程 电 磁 场

(第 8 版)

〔美〕 威廉·H. 海特
约翰·A. 巴克 著

William H. Hayt, Jr.

Late Emeritus Professor
Purdue University

John A. Buck

Georgia Institute of Technology

赵彦珍 杨黎晖 陈 锋 白仲明 译

马西奎 审校

西安交通大学出版社

Xi'an Jiaotong University Press

William H. Hayt, Jr; John A. Buck
Engineering Electromagnetics, 8th Edition
ISBN:0-07-338066-0

陕西省版权局著作权合同登记号:25-2012-158 号

图书在版编目(CIP)数据

工程电磁场:第 8 版/(美)海特(Hayt, W. H.),(美)巴克(Buck, J. A.)著;赵彦珍等译.—西安:西安交通大学出版社,2013.8(2021.8 重印)
书名原文:Engineering Electromagnetics
ISBN 978-7-5605-5219-4

Ⅰ.①工… Ⅱ.①海… ②巴… ③赵… Ⅲ.①电磁场-教材 Ⅳ.①O441.4

中国版本图书馆 CIP 数据核字(2013)第 092119 号

书　　名 工程电磁场(第 8 版)
著　　者 (美)威廉·H.海特　约翰·A.巴克
译　　者 赵彦珍　杨黎晖　陈　锋　白仲明
审 校 者 马西奎
责任编辑 贺峰涛　李　佳

出版发行 西安交通大学出版社
(西安市兴庆南路 1 号　邮政编码 710048)
网　　址 http://www.xjtupress.com
电　　话 (029)82668357　82667874(发行部)
(029)82668315(总编办)
传　　真 (029)82668280
印　　刷 西安日报社印务中心

开　　本 787mm×1092mm　1/16　**印张** 31.625　**字数** 758 千字
版次印次 2013 年 8 月第 1 版　2021 年 8 月第 9 次印刷
书　　号 ISBN 978-7-5605-5219-4
定　　价 72.00 元

读者购书、书店添货或发现印装质量问题,请与本社发行中心联系、调换。
订购热线:(029)82665248　(029)82665249
投稿热线:(029)82665380
读者信箱:banquan1809@126.com

作者简介

威廉·H. 海特(William H. Hayt, Jr,已去世) 获普渡大学学士学位和硕士学位,伊利诺伊大学博士学位。在工业企业工作了4年之后,他被聘为普渡大学教授,并担任电气工程学院院长职务,直到1986年退休之后,他还被聘为名誉教授。海特教授的专业会员资格有Eta Kappa Nu、Tau Beta Pi、Sigma Xi和Sigma Delta Chi,以及IEEE、ASEE和NAEB的会士。在普渡大学期间,海特教授曾获大学最佳教师奖等多项教学奖,他还被写入普渡大学伟大教师史册,并铭刻于1999年4月23日落成的普渡纪念馆墙上。该史册中列入了该校过去和现在的225名杰出人物的名字,他们把毕生都献给了教学事业。他们都是被全校师生评选出的普渡大学最杰出的教育家。

约翰·A. 巴克(John A. Buck) 出生于加利福尼亚州洛杉矶市,1975年于加州大学洛杉矶分校获工学学士学位,1977年和1982年于加州大学伯克利分校分别获得电气工程硕士学位和博士学位。1982年起在佐治亚理工学院电气与计算机工程系工作,在那里他工作了22年。他的主要研究领域是超快速开关、非线性光学和光纤通信等。他是《光纤基础理论》教材的作者,该书现已出版了第2版。他获得了3项大学教学奖和IEEE Third Millenium奖章,巴克博士还爱好音乐、徒步旅行和摄影。

译者序

美国普渡大学(Purdue University)威廉·H.海特教授编著的《工程电磁场》一书，在美国乃至世界范围内都是一本被广泛采用的本科基础电磁场课程教材之一。这本书自1958年第1版出版以来已经过去了54个年头，先后出了8版。其中的第6版、第7版和第8版为威廉·H.海特教授和约翰·A.巴克教授合著。一本教材能够持续畅销、具有这么长久的生命力肯定是有它的原因的。在2009年1月，西安交通大学出版社出版了我们翻译的《工程电磁场(第7版)》一书，受到了国内电磁场和电磁波课程教学界的广大同仁们的普遍欢迎。时隔3年，我们又将该书的第8版翻译给国内读者，希望能对我国高等学校电磁场与电磁波课程的教学改革有进一步的借鉴和促进作用。

这本书的章节，是按照静电场、恒定磁场，然后是时变电磁场、传输线、均匀平面波、导行电磁波和天线这样的顺序安排的。体现了由简到繁、由特殊到一般的原则。正如作者所述，它的宗旨是"便于学生自学"。或许，这本教材"通俗易懂、深入浅出"的写作风格是其始终受到欢迎并被广泛采用的原因之一，在第8版的写作中作者更是充分保持了这种特色风格。

在《工程电磁场》的第8版中，为了使学生能尽快地认识到麦克斯韦方程组，作者对相关的许多章节均进行了凝练、改写和重组；结合现代电磁场理论和工程应用的新进展，丰富和扩展了矩形波导、二维边值问题的求解方法、电磁辐射和天线等内容，重新组织或独立构建了相关章节。此外，为了便于学习，作者在第8版中进行了习题难度分级工作和习题内容更新补充工作，同时配套有习题解答、PPT教学课件、动画演示、互动程序等其它教学资源(http://www.mhhe.com/haytbuck)，这一切相对于第7版有较大的变化和改动，更有利于高效率的系统学习和理解。

本书由赵彦珍副教授主持翻译，杨黎晖、陈锋和白仲明三位老师参加了翻译工作。全书译稿由马西奎教授统一译校。

原书中有少量输入和排版的疏漏，在翻译过程中做了改动。另外，限于译者的水平，翻译不当或表述不清之处，请提出修改意见，我们将不胜感激。

主译者　赵彦珍

2012年10月于西安交通大学

前　言

这本书的第 1 版的出版已经过去了 52 个年头，当时威廉 · H. 海特（William H. Hayt，Jr.）教授是唯一的作者。那时候，我才是一个 5 岁的小男孩，这本书对我并没有多少意义。但是 15 年之后，当我是一个大学三年级学生，把这本书第 2 版用作基础电磁场课程的教材时，一切都变得不一样了。我还记得我在将要学习这门课程之前，就听到朋友们对它感到恐怖的一些故事。然而，在第一次翻开这本书的那一刻，这本书友好的写作语气和对问题准确的描述，使我感到惊奇。这是一本非常易读的书，在教授的帮助下，我能够逐渐学好这门课程。在读研究生时，我经常参考这本书；后来在大学教书时，我曾用第 4 版和第 5 版作为授课教材；在海特教授退休后，我成了第 6 版和第 7 版的合著者。回忆初学这门课程那段时光的一些情景，我一直在试图保持这本教材易读和易懂这种始终受到欢迎的写作风格。

在过去的 50 年之中，虽然电磁学的核心课题没有改变，但是其重要性却发生了变化。在今天的大学教学计划里，一直在削减电气工程核心课程电磁场的学时。在新的第 8 版本中，我精简了介绍性的内容以便学生能尽快地接触到麦克斯韦方程，我也增加了一些现代的内容和材料。与第 7 版相比较，现在稍许压缩了前面大部分章节的内容。这些修订工作包括删减一些用词和缩短许多小节，或者全部删除某些小节。在某些情况下，一些被删除的专题被转换为独立的文章而被放在本书的网站上，读者们可以从网站上自由下载。主要的变化如下：(1)关于电介质材料的内容（第 7 版中的第 6 章）移到了第 5 章的最后面部分中。(2)删除了泊松方程和拉普拉斯方程这一章，只保留了一维问题，并将其移到第 6 章的最后面部分中。二维拉普拉斯方程问题的讨论及其数值解法移到了本书的网站上。(3)对矩形波导(第 13 章)的介绍作了扩展,介绍了二维边值问题的求解方法。(4)对辐射和天线的介绍作了相当大的扩展,构成了现在的第 14 章。

在全书各章中总共增加了 130 道习题。大部分新增加的习题,都是选自本书早期版本中一些优秀的经典习题。我也将习题的难度分为 3 个等级,并在每个习题旁边用相应的图标近似地标注出其难度级别。一般说来,一个相当易做的习题会被标注为最低级别——1 级,如果你理解了相关的内容,只需花很少的时间就能给出解答;2 级习题要么是涉及的概念比较困难,要么是需要花费较多的时间才能得到解答的;3 级习题要么是涉及的概念很难,要么是需要花费特别多的时间才能得到解答。

像在第 7 版中一样,传输线一章独立地设章,可以放在课程中的任何部分讲述,也可以先讲授传输线这一章。在第 10 章中,传输线的处理完全采用电路理论中的方法,以电压和电流变量介绍了波的现象和应用,将电感和电容的概念作为已知参数来处理,因此不依赖于其它任何章节。但是,仍然保留了传输线中场的概念和参数计算的内容,只是现在把这些内容都放在了第 13 章中的前半部分,这有助于后面波导概念的引入。在第 11 章和第 12 章中,关于电磁波的阐述保持了与传输线理论的独立性,这样可以直接从第 9 章跳到第 11 章。这样,就可从基本原理出发介绍波的现象,并限制在均匀平面电磁波的范围内。在第 11 章中会有一些内容与第 10 章中的内容相似,这些内容在第 10 章已经给出了详尽的描述。不过,如果先前没有学习过传输线中波过程的话,所有学习平面波所需要材料都可以在第 11 章中找到,这也是学生或教师们所希望这样安排的。

基于在第 9 章中关于滞后位的讨论,在新设的天线一章介绍了辐射的一些概念。这一章着重于讨论偶极子天线和某些天线阵。在最后一部分,以偶极子天线为例,介绍了基本的发射—接收系统。

本书包含的内容最适合于二个学期课程的教学。很显然,本书对静态场的概念做了重点强调,并且首先做了阐述,但是也可以先阅读传输线这一章。在把动态场作为重点内容的课程中,可以像刚才说到的先讲授传输线这一章,也可以放在课程中的其它地方讲述。一种减少静态场讲授学时的方法是可以不讲材料的性质(假设在其他课程中已学习过)和某些深入的专题。这包括不讲第 1 章的内容(由学生自行复习)和不讲第 2.5 节、第 2.6 节、第 4.7 节、第 4.8 节、第 5.5 到 5.7 节、第 6.3 节、第 6.4 节、第 6.7 节、第 7.6 节、第 7.7 节、第 8.5 节、第 8.6 节、第 8.8 节、第 8.9 节和第 9.5 节的内容。

本书除了由麦克马斯特大学的 Natalia Nikolova、Vikram Jandhyala 和华盛顿大学的 Indranil Chowdhury 开发的动画演示、互动程序之外,还增补了前面提及的关于某些特定专题的网络材料。他们的杰作都适合于这本教科书,凡是在出现有关叙述练习题内容的地方,都在书中页边空白处有相应的图标。此外,还提供了一些小测验有助于进一步的学习。

本书的主题与自 1958 年第 1 版以来的所有版本相同。每一版本采用了与历史发展相符合的归纳法。也就是说,首先将实验定律作为独立的概念来阐述,然后将它们归纳在麦克斯韦方程组中。在第 1 章中讲授完矢量分析内容之后,接着就介绍有关必需的数学工具。所有版本,包括这一版本,基本目标始终如一,即使学生能够自主学习。众多的例题、练习(通常有重复部分)、每章末的习题以及网站中的资料都是为了促进这一目标的实现。每道练习题之后都给出了答案,每章末奇数题号习题的答案列在了附录 F 中。有一个习题解答手册和包含相关图表和公式的一系列 PPT 幻灯片供教师参考。这些资料连同前面提到的其它全部教学资源都能在本书网页 http://www.mhhe.com/haytbuck 中找到。

致谢:

我要深深地感谢为这一更好版本的出版做出过宝贵贡献的人们。特别是要感谢 Glenn S. Smith(佐治亚理工学院),他审阅了天线一章并提出了许多有价值的评注和建议。Clive Woods(路易斯安娜州立大学)、Natalya Nikolova 和 Don Davis(佐治亚理工学院)都提供了详细的建议和勘误表。Todd Kaiser(蒙大拿州立大学)和 Steve Weis(得克萨斯基督教教会大学)帮助认真检查和验算了本书中新增的练习题。在最初的修订过程中,其他审阅者也提供了详细的评注和建议,其中许多建议对本书最后出版都有重要的影响。他们是:

Sheel Aditya，南洋理工大学，新加波

Yaqub M. Amani，纽约州立大学海事学院

Rusnani Ariffin，马来西亚理工大学

Ezekiel Bahar，内布拉斯加林肯大学

Stephen Blank，纽约理工学院

Thierry Blu，香港中文大学

Jeff Chamberlain 伊利诺伊学院

Yinchao Chen，南卡罗莱纳大学

Vladimir Chigrinov，香港科技大学

Robert Coleman，北卡罗莱纳大学

Wilbur N. Dale

Ibrahim Elshafiey，沙特阿拉伯国王大学

Wayne Grassel，博恩特帕克大学

Essam E. Hassan，法赫德国王石油和矿业大学

David R. Jackson，休斯顿大学

Karim Y. Kabalan，贝鲁特美洲大学

Shahwan Victor Khoury 荣休教授，圣母大学，Louaize-Zouk Mosbeh，黎巴嫩

Choon S. lee，南卫理公会大学

Mojdeh J. Mardani 北达科他大学

Mohammed Mostafa Morsy，南伊利诺伊大学卡本代尔校区

Sima Noghanian，北达科他大学

W. D. Rawle，加尔文学院

Gonul Sayan，中东工学院

Fred H. Terry 荣休教授，基督教教会大学

Denise Thorsen 阿拉斯加州费尔班克斯大学

Chi-Ling Wang，逢甲大学

我也要感谢我的许多学生的反馈意见和许多评注，由于人太多，以至于在这里不能一一列出他们的名字，其中包括曾经与我联系过的几位远方朋友。我很抱歉对他们的来信不能一一回复，希望以后能够通过 john. buck@ece. gatech. edu 收到更多的来信。但是，他们的建

设性意见大多都被考虑并被适当地采纳了。由于时间限制，我对没有全部采纳这些建议仍然感到很抱歉。这本书的创作是一个团队努力的结果，在这里我要感谢与我合作的McGraw-Hill课题组的几位杰出成员。他们是出版人Raghu Srinivasan和策划编辑Peter Massar，他们的远见卓识和鼓励支持是非常有价值的；Robin Reed怀着极大的热情创作性地协调完成了几乎所有的修订和出版事务；还有Darlene Schueller从一开始就是我的领路人和支持者，他提供了有价值的见识，当需要时他提供动力。Glyph International的Vipra Fauzdar负责监督了排字工作，他聘用了我所遇到的最好的文字编辑Laura Bowman.；像在前面两版中一样，Diana Fouts（佐治亚理工学院）使用她娴熟的美术技巧设计了封面。最后，像以往一样，我感谢有一个有耐心和支持我工作的家庭，特别是要感谢我的女儿Amanda，她在我准备手稿时给予了许多帮助。

约翰·A.巴克

于美国佐治亚州玛丽埃塔市

2010年12月

McGraw-Hill 数字课程包括:

这本教科书可从 www. CourseSmart. com 得到它的电子版。在 CourseSmart 上,学生可以有效地节约纸质教材,减少它们对环境的影响,并进入强大的网络学习工具。学生们可以在线仔细浏览电子书,也可以把它下载到您的计算机上。电子书允许学生们搜索全部教材,添加重点标注和笔记,并且与同学们共享笔记。联系 McGraw-Hill 销售代理或访问 www. CourseSmart. com,可以获得更多的信息。

教师们也能从 McGraw-Hill 完全在线题解手册组织系统(COSMOS)中受益。COSMOS 能为教师们布置作业产生无限的习题资源,并把他们自己编写的习题上传和结合到软件中去。如果还要获得其他信息,请联系 McGraw-Hill 的销售代理人。

McGraw-Hill 创作室[TM]

精巧地制作您的教学资源,使之和您的教学相配!使用 McGraw-Hill 创作室,www. mcgrawhillcreate. com,您可以很容易重新安排章节,引入其他内容资料,快速地上传像课程教学大纲和教学笔记这类您所写的资料。通过对数千本 McGraw-Hill 最主要的教材的查阅,您可以在创作室找到您所需要的内容。排列您书中的章节以适合您的教学风格。创作室甚至允许您通过选择书的封面和写上您的姓名、学校和课程信息使得您的书显得个性化。如果订购一本创作室书,您将在 3 至 5 个工作日内收到一份免费纸质赠阅本或者在数分钟内收到一份由电子邮件发来的免费电子赠阅本(eComp)。现在就登录 www. mcgrawhillcreate. com 注册,去体验 McGraw-Hill 创作室怎样使您以特有的方法教授您的学生。

McGraw-Hill 高等教育与 Blackboad[R]的合作

为了学生和教师更好地利用在线材料和辅助的面对面教学活动,Blackboad(基于网络的课程管理系统)已经同 McGraw-Hill 合作。Blackboad 以令人兴奋的社交性学习和教学工具为特色,它能够给学生提供更有条理性、视觉上更有冲击力和更为自主性的学习机会。您将会把您的封闭型课堂教学改变成在一天24小时内学生随时都在交流学习体会的团体。

这种伙伴关系允许您和您的学生从您的Blackboad课程内获得McGraw-Hill的创作室授权，所有的人仅需要一个人签约。McGraw-Hill和Blackboad现在可以使您很容易获得行业领先的技术和内容，无论您所在的学校是否已拥有这些技术，我们都会给您提供。有关更详细的信息，请联系您所在地区的McGraw-Hill销售代理。

简要目录

目　录

第1章

矢量分析

矢量分析是一个数学家比工程师讲授得更好的数学论题。尽管许多基本的矢量概念和运算已被引入到微积分学类课程中，但大多数低年级和高年级的工科学生都没有机会(或可能不喜欢)学习矢量分析这门课程。本章将介绍这些基本的概念和运算，掌握这些内容所要投入的时间多少取决于过去在学习这些内容时曾花费的时间。

在这里，从工程师或物理学者的观点而不是数学家的观点出发，对证明进行简要说明，不做严格详细说明，重点强调物理解释。对工程师来说，结合一些物理图像和应用，他们就能很容易地掌握一门严格完整的数学系课程。

矢量分析是一种数学速记法。像大多数新领域一样，它包括一些新符号、新规则和一些易犯的错误，需要专心、用心和实践。本章 1.4 节末的练习题作为本章的主要部分应该全部做一遍。如果对本章各节所学的内容都能够彻底掌握的话，这些习题是不难的。学习本章不必花很多时间，但及时地投入会带来意想不到的益处。■

1.1 标量和矢量

标量是用一个(正的或负的)实数来表示其值的量。我们在基础代数中采用的 x、y 和 z 就是标量。如果我们说一个物体在时间 t 内下降一个距离 L，或一碗汤中坐标为 x，y 和 z 一点的温度为 T，则 L、t、T、x、y 和 z 都是标量。还有其它一些标量，例如质量、密度、压力(不是力)、体积和体电阻率等。

矢量是在空间中既有大小[①]又有方向的量。在更高级的应用时，矢量可以在 n 维空间中定义，我们将仅考虑二维和三维空间。力、速度、加速度以及从蓄电池正极到负极的一条直线都是矢量的例子。这些量都需要用大小和方向两个量来表征。

我们将经常地涉及到标量场和矢量**场**。在数学上，场(标量或矢量)定义为连接空间中源

---

① 我们采用惯例：大小指绝对值；因此，任意量的大小总为正的。

点到某点的矢量的函数。我们通常会发现使某一物理效应与场相联系是可能的，例如，地球磁场中作用于指南针上的力，或在某一空间域中可以用空气速度来定义的烟雾的运动。应该注意到，场的概念总是与某一个区域相联系的。某个量在域中的每一点都有定义。**标量场**和**矢量场**两者会同时存在于同一个区域中。例如，一碗汤中的温度分布和地球中任意点的密度等都是标量场的例子。地球的重力场和磁场、电缆中的电位梯度及焊接烙铁嘴中的温度梯度等都是矢量场的例子。场的值一般随着位置和时间而变化。

像其它大多数书一样，本书采用黑斜体字母表示矢量，例如 $\boldsymbol{A}$。采用一般斜体字母表示标量，如 A。当手写或打字时，习惯上用带一条横线或箭头的字母来表示矢量，如 $\overline{A}$ 或 $\vec{A}$。（注意：这是刚开始易犯的错误。粗心的记法，例如在矢量分析中漏掉横线或箭头是出错的主要原因。）

1.2 矢量代数

当定义了矢量和矢量场之后，我们接着定义矢量算术、矢量代数和矢量微分的规则。在这些规则中，一些类似于标量代数，一些会有稍微不同，而另外一些则完全是新的。

首先，我们说明矢量加法的平行四边形法则，这很容易用图形来定性地说明。图 1.1 中示出了两个矢量 $\boldsymbol{A}$ 与 $\boldsymbol{B}$ 的和。容易看到，$\boldsymbol{A}+\boldsymbol{B}=\boldsymbol{B}+\boldsymbol{A}$，即矢量加法遵循交换律。矢量的加法也遵循结合律，

$$\boldsymbol{A}+(\boldsymbol{B}+\boldsymbol{C})=(\boldsymbol{A}+\boldsymbol{B})+\boldsymbol{C}$$

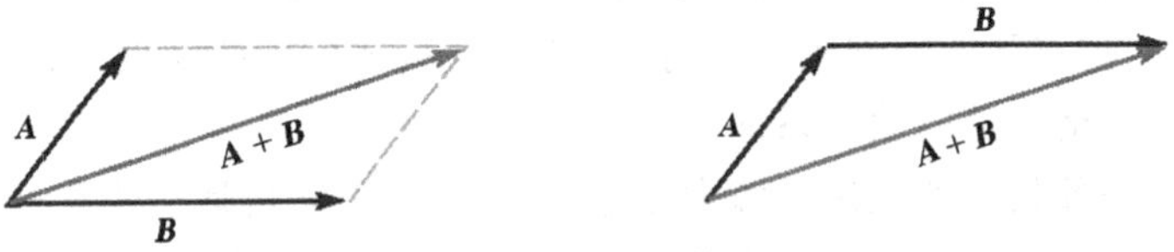

图 1.1 两个矢量相加可以采用作图的方法，既可以采用平行四边形法则，也可以采用三角形法则。这两种方法都可以容易地用于 3 个或多个矢量的相加。

请注意，当一个矢量被画成一个有限长度的箭头时，它的位置被定义为在箭头的尾端。

如图 1.1 所示，**共面矢量**是指位于同一个平面内的两个矢量。它们均位于纸平面内，若把两个矢量的水平分量和垂直分量分别相加就可以完成矢量加法。

同样，也可由 3 个对应分量分别相加来完成三维矢量的加法。这一相加的过程将在 1.4 节中讨论完矢量的分量之后给出。

矢量减法的规则很容易由矢量加法的规则得到，因为我们总是可以将 $\boldsymbol{A}-\boldsymbol{B}$ 表示为 $\boldsymbol{A}+(-\boldsymbol{B})$，第二个矢量前的符号或方向被反号或反向，此时就可以采用矢量加法规则将该矢量加到第一个矢量上。

矢量可以与一个标量相乘。当与一个正的标量相乘时，矢量的模值改变，而矢量的方向不变；当与一个负的标量相乘时，不仅矢量的模值改变，而且矢量的方向也与原矢量相反。矢量与标量的相乘也遵循代数运算中的结合律和分配律，即有，

$$(r+s)(\boldsymbol{A}+\boldsymbol{B})=r(\boldsymbol{A}+\boldsymbol{B})+s(\boldsymbol{A}+\boldsymbol{B})=r\boldsymbol{A}+r\boldsymbol{B}+s\boldsymbol{A}+s\boldsymbol{B}$$

一个矢量被一个标量相除可以用这个矢量与该标量的倒数相乘来实现。矢量与矢量的相乘将

在 1.6 节和 1.7 节中讨论。如果两个矢量的差为零，我们就说这两个矢量是相等的，即若 $\boldsymbol{A}-\boldsymbol{B}=0$，那么 $\boldsymbol{A}=\boldsymbol{B}$。

当我们应用矢量场的概念时，我们总是把定义在同一点的矢量相加或相减。例如，一个小马蹄形磁铁的总磁场可以看作是由地球和永磁铁产生的场的叠加，任一点的总场就是各自独立在该点产生的场的叠加。

如果我们考虑的不是矢量场，那么就可以对定义于不同点的几个矢量进行加法或减法运算。例如，在求作用在位于北极的一个 150 磅的人的重力与作用在位于南极的一个 175 磅的人的重力之和时，可以在相加之前将每个力矢量都移至南极，然后相加。结果是一个自南极指向地球中心的大小为 25 磅的力；另外，我们还可以将此力描述为一个背离地球中心指向北极的大小为 25 磅的力①。

1.3 直角坐标系

为了精确地描述一个矢量，必须给定其长度、方向、角度、投影或分量。做到这一点有 3 种简单方法，在非常特殊的情况下大约有 8 种或 10 种其它的方法。我们将采用这 3 种简单的方法，其中最简单的方法是应用直角坐标系或直角笛卡尔坐标系。

在直角坐标系中，我们设置相互垂直的三个坐标轴，称它们为 x,y 和 z 轴。通常选择一个右手坐标系，即当采用右手螺旋从 x 轴转向 y 轴时，螺旋沿 z 轴的方向前进。如果采用右手，可将大拇指、食指和中指分别看作是 x、y 和 z 轴。图 1.2(a)所示为一个右手直角坐标系。

确定一点的位置需要给定它的 x、y 和 z 坐标。它们是从原点到过该点分别垂直于 x、y 和 z 轴的垂线的交点的距离。解释这些坐标值的含义的另一方法是，可以认为该点是 $x=$常数、$y=$常数和 $z=$常数的三个平面的公共交点，这些常数分别为该点的坐标值，这种解释方法也可用于所有其它坐标系。

图 1.2(b)所示的 P 点和 Q 点的坐标分别为(1,2,3)和(2,−2,1)。点 P 即为 $x=1$、$y=2$ 和 $z=3$ 三个平面的公共点，而点 Q 则为 $x=2$、$y=-2$ 和 $z=1$ 三个平面的公共点。

在 1.8 节和 1.9 节中我们会遇到其它坐标系，那时我们定义点的坐标为三个表面的公共交点，不过这三个表面不是平面，但它们在公共交点处仍然相互垂直。

设有三个平面相交于某点 $P(x,y,z)$，若把每个坐标值都增加一个小的增量，将得到三个相交于 P'点的平面，P'点坐标为 $(x+\mathrm{d}x, y+\mathrm{d}y, z+\mathrm{d}z)$。这六个平面形成了一个平行六面体，其体积为 $\mathrm{d}v=\mathrm{d}x\mathrm{d}y\mathrm{d}z$；表面的微分面积 $\mathrm{d}S$ 为 $\mathrm{d}x\mathrm{d}y$、$\mathrm{d}y\mathrm{d}z$ 和 $\mathrm{d}z\mathrm{d}x$。而点 P 到点 P' 的距离 $\mathrm{d}L$ 为该平行六面体的对角线，其长度为 $\sqrt{(\mathrm{d}x)^2+(\mathrm{d}y)^2+(\mathrm{d}z)^2}$。体积元如图 1.2(c)所示，点 P'可以看见，而点 P 位于唯一看不见的对角处。

在平面几何或立体几何学中，我们已经熟悉了上述内容，且仅仅涉及到标量。在下一节，我们将在某一坐标系中描述矢量。

---

① 一些学生争辩道：此力在赤道处或许可以描述为来自北方的方向。他们的观点是正确的，但是仅此而已。

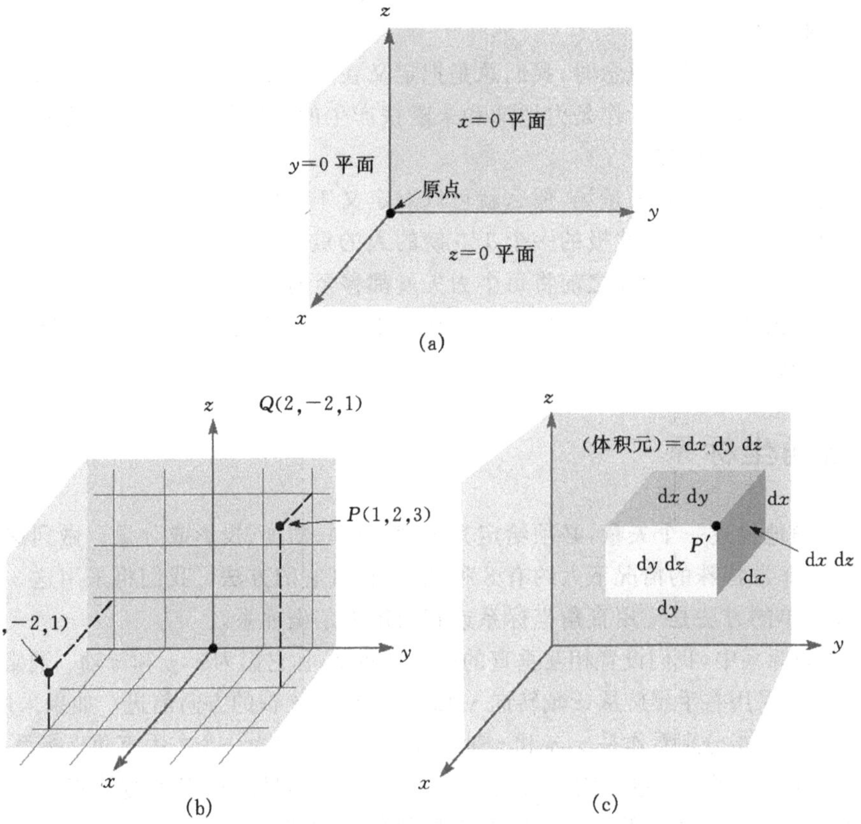

图 1.2　(a)右手直角坐标系。若右手大拇指之外的四个手指从 x 轴转向 y 轴，则大拇指所指方向为 z 轴方向。(b)点 $P(1,2,3)$ 和点 $Q(2,-2,1)$ 的位置。(c)直角坐标系中的微分体积元；dx，dy，dz 分别为独立的微分增量。

1.4　矢量分量和单位矢量

为了在直角坐标系中来描述一个矢量，我们首先考虑一个起始于原点的矢量 $\boldsymbol{r}$。确定该矢量的一种有效方法就是给出它在三个坐标轴上的分量，这三个分量的矢量和即为该矢量。如果矢量 $\boldsymbol{r}$ 的矢量分量为 $\boldsymbol{x}$、$\boldsymbol{y}$ 和 $\boldsymbol{z}$，那么 $\boldsymbol{r}=\boldsymbol{x}+\boldsymbol{y}+\boldsymbol{z}$。矢量分量如图 1.3(a)所示。这里，虽然我们用三个矢量代替一个矢量，但是因为这三个矢量都有一个很简单的特征，就是每个矢量的方向都沿着某一坐标轴的方向。

换句话说，矢量分量的大小取决于给定矢量(如矢量 $\boldsymbol{r}$)，而它们的方向是已知的和确定的。这样，我们就可以定义一个单位矢量，其大小为单位整数 1，方向为沿坐标轴的坐标值增大的方向。我们将用符号 $\boldsymbol{a}$ 来表示一个单位矢量，用一个适当的下标来表示该单位矢量的方向。在直角坐标系中，$\boldsymbol{a}_x$、$\boldsymbol{a}_y$ 和 $\boldsymbol{a}_z$ 都是单位矢量[①]。如图 1.3(b)所示，它们的方向分别沿 x

---

① 在直角坐标系中，符号 $\boldsymbol{i}$，$\boldsymbol{j}$ 和 $\boldsymbol{k}$ 通常也用于表示单位矢量。

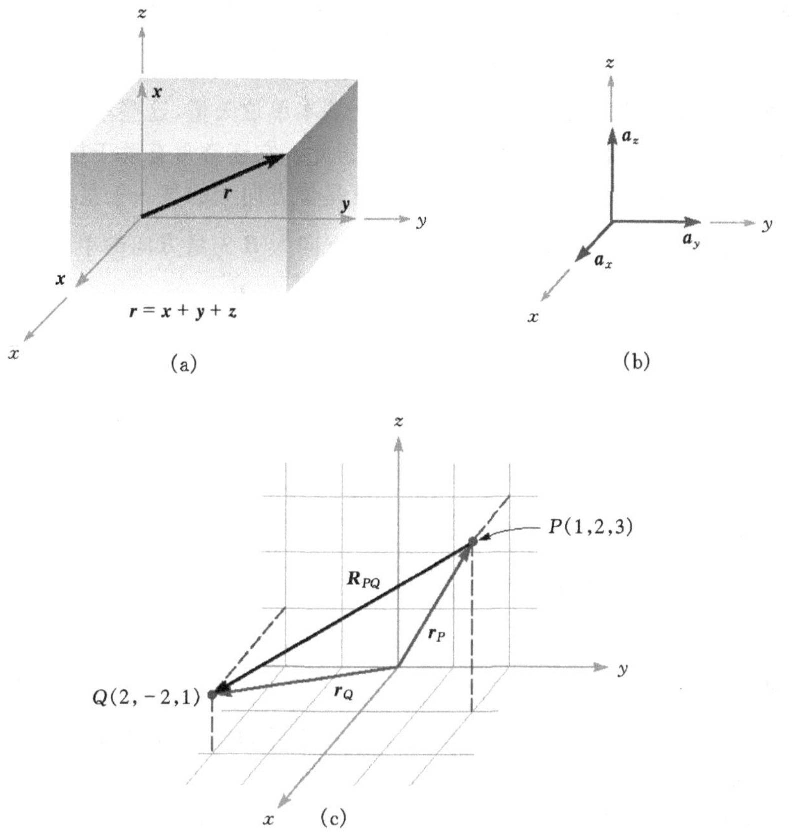

图 1.3　(a)矢量 $\boldsymbol{r}$ 的 x、y 和 z 方向的矢量分量。(b)直角坐标系中的单位矢量，其大小为1，方向指向坐标增加的方向。(c)矢量 $\boldsymbol{R}_{PQ}$ 等于矢量差 $\boldsymbol{r}_Q-\boldsymbol{r}_P$。

轴、y 轴和 z 轴。

如果一个矢量分量 $\boldsymbol{y}$ 的大小为两个单位整数，方向指向 y 增大的方向，那么，我们就写作 $\boldsymbol{y}=2\boldsymbol{a}_y$。一个从原点指向点 $P(1,2,3)$ 的矢量 $\boldsymbol{r}_P$ 可写作 $\boldsymbol{r}_P=\boldsymbol{a}_x+2\boldsymbol{a}_y+3\boldsymbol{a}_z$。从点 P 到点 Q 的矢量可以应用矢量加法法则得到，即从原点到 P 点的矢量加上从 P 点到 Q 点的矢量等于从原点到 Q 点的矢量。这样，从点 $P(1,2,3)$ 到点 $Q(2,-2,1)$ 的矢量为：

$$\boldsymbol{R}_{PQ}=\boldsymbol{r}_Q-\boldsymbol{r}_P=(2-1)\boldsymbol{a}_x+(-2-2)\boldsymbol{a}_y+(1-3)\boldsymbol{a}_z=\boldsymbol{a}_x-4\boldsymbol{a}_y-2\boldsymbol{a}_z$$

矢量 $\boldsymbol{r}_P$，$\boldsymbol{r}_Q$ 和 $\boldsymbol{R}_{PQ}$ 如图 1.3(c)所示。

虽然矢量 $\boldsymbol{r}$ 起始于原点，但矢量 $\boldsymbol{R}_{PQ}$ 不起始于原点。前面我们已经知道，两个相等的矢量其大小相等和方向相同，所以在确定某一矢量的分量时我们可以将此矢量移至原点。应该注意到，在移动矢量的过程中必须保证平行移动。

假定我们现在讨论一个力矢量 $\boldsymbol{F}$，或者其它矢量，而不是一个非位移矢量 $\boldsymbol{r}$，将会面临选择合适的字母来表示三个矢量分量的问题。显然，不能使用 $\boldsymbol{x}$、$\boldsymbol{y}$ 和 $\boldsymbol{z}$，因为这些字母表示位移或有向距离，它们是用米或其它长度单位来度量的。通常，我们是使用**标量分量**(简称**分量**)F_x、F_y 和 F_z 来避免这一问题的。这些分量表示了矢量分量的大小。此时，可以记作 $\boldsymbol{F}=F_x\boldsymbol{a}_x+F_y\boldsymbol{a}_y+F_z\boldsymbol{a}_z$。矢量分量分别为 $F_x\boldsymbol{a}_x$，$F_y\boldsymbol{a}_y$ 和 $F_z\boldsymbol{a}_z$。

任一矢量 $\boldsymbol{B}$ 可以记作 $\boldsymbol{B}=B_x\boldsymbol{a}_x+B_y\boldsymbol{a}_y+B_z\boldsymbol{a}_z$。$\boldsymbol{B}$ 的大小记作 $|\boldsymbol{B}|$ 或简写为 B，且有

$$\boxed{|\boldsymbol{B}|=\sqrt{B_x^2+B_y^2+B_z^2}} \tag{1.1}$$

在下面，我们将逐一讨论三种坐标系中的三个基本单位矢量，这些单位矢量可用于将任一矢量分解为矢量分量。当然单位矢量的作用不仅于此。它还常常有助于描述一个有特定方向的单位矢量。显然，一个给定了方向的单位矢量就是该方向上的某一矢量除以其模值。例如，一个 $\boldsymbol{r}$ 方向的单位矢量记为 $\boldsymbol{r}/\sqrt{x^2+y^2+z^2}$，一个方向为 $\boldsymbol{B}$ 矢量方向的单位矢量可记为：

$$\boxed{\boldsymbol{a}_B=\frac{\boldsymbol{B}}{\sqrt{B_x^2+B_y^2+B_z^2}}=\frac{\boldsymbol{B}}{|\boldsymbol{B}|}} \tag{1.2}$$

例 1.1 确定从原点指向点 $G(2,-2,-1)$ 的单位矢量。

解：从原点指向点 G 的矢量为：

$$\boldsymbol{G}=2\boldsymbol{a}_x-2\boldsymbol{a}_y-\boldsymbol{a}_z$$

矢量 $\boldsymbol{G}$ 的大小为：

$$|\boldsymbol{G}|=\sqrt{(2)^2+(-2)^2+(-1)^2}=3$$

所以，所求单位矢量为：

$$\boldsymbol{a}_G=\frac{\boldsymbol{G}}{|\boldsymbol{G}|}=\frac{2}{3}\boldsymbol{a}_x-\frac{2}{3}\boldsymbol{a}_y-\frac{1}{3}\boldsymbol{a}_z=0.667\boldsymbol{a}_x-0.667\boldsymbol{a}_y-0.333\boldsymbol{a}_z$$

为了能够表明一个单位矢量的特征，需要采用一个特定的识别符号。已被采用过的符号有 $\boldsymbol{u}_B$、$\boldsymbol{a}_B$、$\boldsymbol{l}_B$，或 $\boldsymbol{b}$。我们后面将始终采用加适当下标的小写字母 $\boldsymbol{a}$。

［注：在本书中，为了使学生能够测试他们对基本内容的掌握情况，在引入一个新方法的每一节后都会附有练习题。这些问题有助于对新概念的熟悉，因此应该全部都做。更一般的练习题则安排在每一章之后，并且每道题的后面都附有答案。］

练习 1.1 已知点 $M(-1,2,1)$、$N(3,-3,0)$ 和 $P(-2,-3,-4)$。求(a) $\boldsymbol{R}_{MN}$；(b)$\boldsymbol{R}_{MN}+\boldsymbol{R}_{MP}$；(c)$|\boldsymbol{r}_M|$；(d)$\boldsymbol{a}_{MP}$；(e) $|2\boldsymbol{r}_P-3\boldsymbol{r}_N|$。

答案：$4\boldsymbol{a}_x-5\boldsymbol{a}_y-\boldsymbol{a}_z$；$3\boldsymbol{a}_x-10\boldsymbol{a}_y-6\boldsymbol{a}_z$；2.45；$-0.14\boldsymbol{a}_x-0.7\boldsymbol{a}_y-0.7\boldsymbol{a}_z$；15.56

1.5 矢量场

我们已将一个矢量场定义为一个位置矢量的矢量函数。一般来讲，在整个场域中，该函数的大小和方向都会随位置的改变而改变，矢量函数的值由场点的坐标值确定。在这里，我们仅仅讨论了直角坐标系，所以矢量函数为变量 x、y 和 z 的函数。

如果位置矢量仍用 $\boldsymbol{r}$ 来表示，那么，一个矢量场 $\boldsymbol{G}$ 就可以用一个函数符号 $\boldsymbol{G}(\boldsymbol{r})$ 来表示；标量场 T 可以写为 $\mathrm{T}(\boldsymbol{r})$。

如果我们观察海水涨潮附近海面区域水的速度的话，我们可能会决定用一个任意方向甚至向上或向下的速度矢量来表示它。设 z 轴的方向向上，x 轴方向指向北，y 轴方向指向西，原点在海水表面，采用右手坐标系就可将速度矢量写为：$\boldsymbol{v}=v_x\boldsymbol{a}_x+v_y\boldsymbol{a}_y+v_z\boldsymbol{a}_z$，或 $\boldsymbol{v}(\boldsymbol{r})=v_x(\boldsymbol{r})\boldsymbol{a}_x+v_y(\boldsymbol{r})\boldsymbol{a}_y+v_z(\boldsymbol{r})\boldsymbol{a}_z$；每个分量 v_x、v_y、和 v_z 都是三个变量 x，y 和 z 的一个函数。假如我

们是处在墨西哥湾流，海水仅向北流动，那么 v_y 和 v_z 都等于零，问题就可以得到简化。如果再假设这一速度随水深而减小，且当我们向北、向南、向东或向西行走时它的变化很慢，那么问题可得到进一步简化。可以用一个合适的表达式 $\boldsymbol{v}=2e^{z/100}\boldsymbol{a}_x$ 来表示这个速度。显然，在海水表面处速度为 2 m/s(米每秒)，水深 100 m 处速度减小为0.368×2 或 0.736 m/s，随着水深增加速度还将继续减小。

练习 1.2　在直角坐标系中，矢量场 $\boldsymbol{S}$ 的表达式为 $\boldsymbol{S}=\{125/[(x-1)^2+(y-2)^2+(z+1)^2]\}\{(x-1)\boldsymbol{a}_x+(y-2)\boldsymbol{a}_y+(z+1)\boldsymbol{a}_z\}$。(a)计算 $\boldsymbol{S}$ 在点 $P(2,4,3)$ 的值。(b)求点 P 处与 $\boldsymbol{S}$ 同方向的单位矢量。(c)确定 $|\boldsymbol{S}|=1$ 的面 $f(x,y,z)$。

答案：$5.95\boldsymbol{a}_x+11.90\boldsymbol{a}_y+23.8\boldsymbol{a}_z$；$0.218\boldsymbol{a}_x+0.436\boldsymbol{a}_y+0.873\boldsymbol{a}_z$；$\sqrt{(x-1)^2+(y-2)^2+(z+1)^2}=125$

1.6　点乘

现在我们来讨论两种矢量乘法中的第一种情况。第二种情况在下一节中讨论。

给定两个矢量 $\boldsymbol{A}$ 和 $\boldsymbol{B}$，其点乘或标量积定义为 $\boldsymbol{A}$ 的大小和 $\boldsymbol{B}$ 的大小以及它们的最小夹角余弦值的乘积，

$$\boxed{\boldsymbol{A}\cdot\boldsymbol{B}=|\boldsymbol{A}|\,|\boldsymbol{B}|\cdot\cos\theta_{AB}} \tag{1.3}$$

应当特别强调，点处于两个矢量之间。点乘或标量积的值是一个标量，因为角度的符号并不影响余弦值，故点乘或标量积遵循交换律，

$$\boxed{\boldsymbol{A}\cdot\boldsymbol{B}=\boldsymbol{B}\cdot\boldsymbol{A}} \tag{1.4}$$

表达式 $\boldsymbol{A}\cdot\boldsymbol{B}$ 读作 $\boldsymbol{A}$ 点乘 $\boldsymbol{B}$。

点乘更普遍地用于力学中，一个恒定不变的力 $\boldsymbol{F}$ 沿直线位移 $\boldsymbol{L}$ 所做的功为 $FL\cos\theta$，写作 $\boldsymbol{F}\cdot\boldsymbol{L}$。在第 4 章中，我们将指出沿一路径变化的力所做的功可用一个积分表达式来表示，

$$\boldsymbol{W}=\int\boldsymbol{F}\cdot d\boldsymbol{L}$$

再举一个磁场的例子。如果均匀的磁通密度 B 垂直穿过某一面积 S，则总磁通量为 $\Phi=BS$。定义一个面积矢量 $\boldsymbol{S}$，它的面积大小为 S，方向为该面的法线方向，则穿过该面的总磁通为 $\boldsymbol{\Phi}=\boldsymbol{B}\cdot\boldsymbol{S}$。这一表达式适合于任何方向的均匀磁通密度。然而，如果穿过面积 $\boldsymbol{S}$ 的磁通密度不均匀，那么总磁通为 $\boldsymbol{\Phi}=\int\boldsymbol{B}\cdot d\boldsymbol{S}$。在第 3 章中学习电通量密度时，将会用到这一积分表达式。

在三维空间中，我们常常避免去找两个矢量之间的夹角，因此我们一般不用点乘的基本形式。若采用直角坐标系中矢量的表示形式 $\boldsymbol{A}=A_x\boldsymbol{a}_x+A_y\boldsymbol{a}_y+A_z\boldsymbol{a}_z$ 和 $\boldsymbol{B}=B_x\boldsymbol{a}_x+B_y\boldsymbol{a}_y+B_z\boldsymbol{a}_z$，我们会得到更有帮助的结果。由于点乘也遵循分配律，所以 $\boldsymbol{A}\cdot\boldsymbol{B}$ 为其 9 个标量项的和，每一项都是两个单位矢量的点乘。由于在直角坐标系中两个不同单位矢量间的夹角为 90°，所以有 $\boldsymbol{a}_x\cdot\boldsymbol{a}_y=\boldsymbol{a}_y\cdot\boldsymbol{a}_x=\boldsymbol{a}_x\cdot\boldsymbol{a}_z=\boldsymbol{a}_z\cdot\boldsymbol{a}_x=\boldsymbol{a}_y\cdot\boldsymbol{a}_z=\boldsymbol{a}_z\cdot\boldsymbol{a}_y=0$，其余 3 项均是一个单位矢量与本身的点乘，其值为 1，最后有

$$\boxed{\boldsymbol{A}\cdot\boldsymbol{B}=A_xB_x+A_yB_y+A_zB_z} \tag{1.5}$$

一个矢量与本身点乘的值为它的大小的平方，即

$$\boxed{\mathbf{A}\cdot\mathbf{A}=A^2=|\mathbf{A}|^2} \tag{1.6}$$

任意一个单位矢量与其本身点乘的值都为单位 1，

$$\boldsymbol{a}_A\cdot\boldsymbol{a}_A=1$$

点乘最重要的应用之一就是用于求解一个矢量在某一给定方向上的分量。如图 1.4(a)所示，我们可得到矢量 $\mathbf{B}$ 在单位矢量 $\boldsymbol{a}$ 所确定的方向上的分量为

$$\mathbf{B}\cdot\boldsymbol{a}=|\mathbf{B}||\boldsymbol{a}|\cos\theta_{Ba}=|\mathbf{B}|\cos\theta_{Ba}$$

当 $0\leqslant\theta_{Ba}\leqslant90°$时，分量为正值，当 $90°\leqslant\theta_{Ba}\leqslant180°$时，分量为负值。

很简单，用 $\mathbf{B}$ 的标量分量乘以 $\boldsymbol{a}$ 就可以得到 $\mathbf{B}$ 在 $\boldsymbol{a}$ 方向上的矢量分量，如图 1.4(b)所示。例如，$\mathbf{B}$ 在 $\boldsymbol{a}_x$ 方向的标量分量为 $\mathbf{B}\cdot\boldsymbol{a}_x=B_x$，而 $\mathbf{B}$ 的矢量分量为 $B_x\boldsymbol{a}_x$ 或$(\mathbf{B}\cdot\boldsymbol{a}_x)\boldsymbol{a}_x$。这样，求解一个矢量在任意指定方向的分量问题就变成了要求解该矢量在这一指定方向的单位矢量这样一个我们可以解决的问题。

几何投影也可用点乘表达。因此，$\mathbf{B}\cdot\boldsymbol{a}$ 表示 $\mathbf{B}$ 在 $\boldsymbol{a}$ 方向的投影。

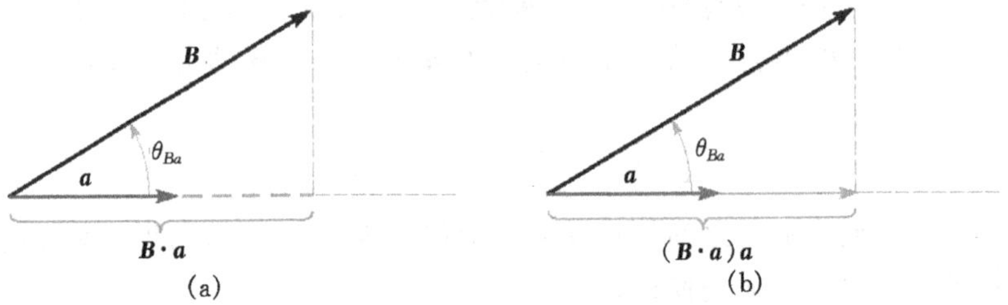

图 1.4　(a)$\mathbf{B}$ 在单位矢量 $\boldsymbol{a}$ 上的标量分量为 $\mathbf{B}\cdot\boldsymbol{a}$。(b)$\mathbf{B}$ 在单位矢量 $\boldsymbol{a}$ 上的矢量分量为$(\mathbf{B}\cdot\boldsymbol{a})\boldsymbol{a}$

例 1.2　为了说明上述这些定义和运算表达式，考虑矢量场 $\mathbf{G}=y\boldsymbol{a}_x-2.5x\boldsymbol{a}_y+3\boldsymbol{a}_z$ 和点 $Q(4,5,2)$。试求 $\mathbf{G}$ 在点 Q 的值；$\mathbf{G}$ 在点 Q 沿 $\boldsymbol{a}_N=\frac{1}{3}(2\boldsymbol{a}_x+\boldsymbol{a}_y-2\boldsymbol{a}_z)$方向上的标量分量；$\mathbf{G}$ 在 Q 点沿 $\boldsymbol{a}_N$ 方向的矢量分量以及 $\mathbf{G}(\boldsymbol{r}_Q)$和 $\boldsymbol{a}_N$ 的夹角 θ_{Ga}。

解：将点 Q 的坐标值代入 $\mathbf{G}$ 的表达式，有

$$\mathbf{G}(\boldsymbol{r}_Q)=5\boldsymbol{a}_x-10\boldsymbol{a}_y+3\boldsymbol{a}_z$$

下面求标量分量。采用点乘，有

$$\mathbf{G}\cdot\boldsymbol{a}_N=(5\boldsymbol{a}_x-10\boldsymbol{a}_y+3\boldsymbol{a}_z)\cdot\frac{1}{3}(2\boldsymbol{a}_x+\boldsymbol{a}_y-2\boldsymbol{a}_z)=\frac{1}{3}(10-10-6)=-2$$

将标量分量乘以 $\boldsymbol{a}_N$ 方向的单位矢量，可以得到矢量分量

$$(\mathbf{G}\cdot\boldsymbol{a}_N)\boldsymbol{a}_N=(-2)\frac{1}{3}(2\boldsymbol{a}_x+\boldsymbol{a}_y-2\boldsymbol{a}_z)=-1.333\boldsymbol{a}_x-0.667\boldsymbol{a}_y+1.333\boldsymbol{a}_z$$

由下式，得到 $\mathbf{G}(\boldsymbol{r}_Q)$和 $\boldsymbol{a}_N$ 的夹角

$$\mathbf{G}\cdot\boldsymbol{a}_N=|\mathbf{G}|\cos\theta_{Ga}$$

$$-2=\sqrt{25+100+9}\cos\theta_{Ga}$$

$$\theta_{Ga}=\arccos\frac{-2}{\sqrt{134}}=99.9°$$

练习 1.3　已知某三角形的三个顶点坐标值分别为 $A(6, -1, 2)$、$B(-2, 3, -4)$ 和 $C(-3, 1, 5)$。试求：(a)$\mathbf{R}_{AB}$；(b) $\mathbf{R}_{AC}$；(c)顶点 A 的角度 θ_{BAC}；(d) $\mathbf{R}_{AB}$ 在 $\mathbf{R}_{AC}$ 上的矢量投影。

答案：$-8\mathbf{a}_x+4\mathbf{a}_y-6\mathbf{a}_z$；$-9\mathbf{a}_x+2\mathbf{a}_y+3\mathbf{a}_z$；53.6°；$-5.94\mathbf{a}_x+1.319\mathbf{a}_y+1.979\mathbf{a}_z$

1.7　叉乘

给定两个矢量 $\mathbf{A}$ 和 $\mathbf{B}$，现在我们来定义它们的叉乘，或又称矢量积，记作 $\mathbf{A}\times\mathbf{B}$，读作“$\mathbf{A}$ 叉乘 $\mathbf{B}$”。叉乘 $\mathbf{A}\times\mathbf{B}$ 是一个矢量，它的大小等于矢量 $\mathbf{A}$ 和 $\mathbf{B}$ 的大小与矢量 $\mathbf{A}$ 和 $\mathbf{B}$ 夹角正弦的乘积；它的方向与矢量 $\mathbf{A}$ 和 $\mathbf{B}$ 所处的平面相垂直、且与由矢量 $\mathbf{A}$ 旋向矢量 $\mathbf{B}$ 成右手螺旋关系，如图 1.5 所示。请记住在保持矢量方向不变的情况下，两个矢量中的任意一个矢量都可以任意平移，直到两个矢量共有一个“公共起始点”。这样，就可确定包含矢量 $\mathbf{A}$ 和 $\mathbf{B}$ 的平面。在以后的应用中，我们将考虑定义于相同起始点的矢量。

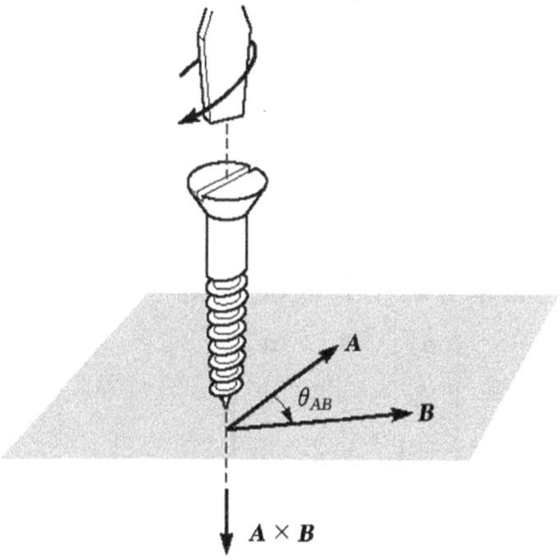

图 1.5　矢量 $\mathbf{A}\times\mathbf{B}$ 的方向为由 $\mathbf{A}$ 旋向 $\mathbf{B}$ 时右螺旋前进的方向

叉乘运算可以写成

$$\boxed{\mathbf{A}\times\mathbf{B}=\mathbf{a}_N\,|\mathbf{A}|\,|\mathbf{B}|\,\sin\theta_{AB}} \tag{1.7}$$

上式中的单位矢量 $\mathbf{a}_N$ 的下标 N 代表“法线方向”。

交换矢量 $\mathbf{A}$ 和 $\mathbf{B}$ 的位置就得到一个方向相反的单位矢量，因为 $\mathbf{B}\times\mathbf{A}=-(\mathbf{A}\times\mathbf{B})$，所以矢量叉乘不满足交换律。如果将叉乘应用于单位矢量 $\mathbf{a}_x$ 和 $\mathbf{a}_y$，因为两个矢量的大小都为单位 1，且它们相互垂直，根据右手螺旋关系，可得 $\mathbf{a}_x\times\mathbf{a}_y=\mathbf{a}_z$。同理可得，$\mathbf{a}_y\times\mathbf{a}_z=\mathbf{a}_x$ 和 $\mathbf{a}_z\times\mathbf{a}_x=\mathbf{a}_y$。注意字母排列顺序对称性。只要把三个矢量按顺序 $\mathbf{a}_x$、$\mathbf{a}_y$ 和 $\mathbf{a}_z$ 排列(例如，$\mathbf{a}_x$ 紧跟着 $\mathbf{a}_z$，就像依次握着前者尾巴组成一个圆圈的三头大象一样，我们还可写出 $\mathbf{a}_y$、$\mathbf{a}_z$、$\mathbf{a}_x$ 或 $\mathbf{a}_z$、$\mathbf{a}_x$、$\mathbf{a}_y$)，叉乘和等号就可分别放在两个矢量之间的空格中。事实上，现在很容易用 $\mathbf{a}_x\times\mathbf{a}_y=\mathbf{a}_z$ 来定义一个右手直角坐标系。

考虑在几何学或三角学中叉乘应用中的一个简单的例子。一个平行四边形的面积等于其相邻两个边长之积乘以这两个边夹角的正弦。如果采用矢量 $\mathbf{A}$ 和 $\mathbf{B}$ 来分别表示这两个边，那么平行四边形的面积就可用 $\mathbf{A}\times\mathbf{B}$ 的模来表示，或记作 $|\mathbf{A}\times\mathbf{B}|$。

叉乘可用于替代电气工程师们所熟悉的右手螺旋定则。考虑作用于一个长度为 $\mathbf{L}$ 的直导体上的力，这里 $\mathbf{L}$ 的方向与导体中电流 I 的方向一致，导体位于一个磁感应强度为 $\mathbf{B}$ 的均匀磁场中。若采用矢量形式，我们可以得到导体所受的力为 $\mathbf{F}=I\mathbf{L}\times\mathbf{B}$。这一关系式将在第 9 章中推导得出。

用叉乘的定义求一个叉乘的值比用点乘的定义求一个点乘的值要复杂得多，因为不仅必须求得两个矢量间的夹角值，还要求得单位矢量 $\mathbf{a}_N$ 的表达式。实际上，我们可以采用两个矢量的直角坐标分量将叉乘运算展开为 9 个简单的单位矢量叉乘之和，

$$\boldsymbol{A}\times\boldsymbol{B}=A_xB_x\boldsymbol{a}_x\times\boldsymbol{a}_x+A_xB_y\boldsymbol{a}_x\times\boldsymbol{a}_y+A_xB_z\boldsymbol{a}_x\times\boldsymbol{a}_z+A_yB_x\boldsymbol{a}_y\times\boldsymbol{a}_x+A_yB_y\boldsymbol{a}_y\times\boldsymbol{a}_y$$
$$+A_yB_z\boldsymbol{a}_y\times\boldsymbol{a}_z+A_zB_x\boldsymbol{a}_z\times\boldsymbol{a}_x+A_zB_y\boldsymbol{a}_z\times\boldsymbol{a}_y+A_zB_z\boldsymbol{a}_z\times\boldsymbol{a}_z$$

在前面，我们已经得到 $\boldsymbol{a}_x\times\boldsymbol{a}_y=\boldsymbol{a}_z$，$\boldsymbol{a}_y\times\boldsymbol{a}_z=\boldsymbol{a}_x$ 和 $\boldsymbol{a}_z\times\boldsymbol{a}_x=\boldsymbol{a}_y$。由于任意矢量自身的叉乘为零，这样上式变为

$$\boldsymbol{A}\times\boldsymbol{B}=(A_yB_z-A_zB_y)\boldsymbol{a}_x+(A_zB_x-A_xB_z)\boldsymbol{a}_y+(A_xB_y-A_yB_x)\boldsymbol{a}_z \tag{1.8}$$

或采用更容易记忆的一种形式，写成如下行列式

$$\boxed{\boldsymbol{A}\times\boldsymbol{B}=\begin{vmatrix}\boldsymbol{a}_x & \boldsymbol{a}_y & \boldsymbol{a}_z\\ A_x & A_y & A_z\\ B_x & B_y & B_z\end{vmatrix}} \tag{1.9}$$

这样，如果有两个矢量 $\boldsymbol{A}=2\boldsymbol{a}_x-3\boldsymbol{a}_y+\boldsymbol{a}_z$ 和 $\boldsymbol{B}=-4\boldsymbol{a}_x-2\boldsymbol{a}_y+5\boldsymbol{a}_z$，那么有

$$\boldsymbol{A}\times\boldsymbol{B}=\begin{vmatrix}\boldsymbol{a}_x & \boldsymbol{a}_y & \boldsymbol{a}_z\\ 2 & -3 & 1\\ -4 & -2 & 5\end{vmatrix}$$
$$=[(-3)(5)-(1)(-2)]\boldsymbol{a}_x-[(2)(5)-(1)(-4)]\boldsymbol{a}_y+[(2)(-2)-(3)(-4)]\boldsymbol{a}_z$$
$$=-13\boldsymbol{a}_x-14\boldsymbol{a}_y-16\boldsymbol{a}_z$$

练习 1.4 某三角形的三个顶点分别为 $A(6,-1,2)$，$B(-2,3,-4)$ 和 $C(-3,1,5)$。求：(a)$\boldsymbol{R}_{AB}\times\boldsymbol{R}_{AC}$；(b)三角形的面积；(c)垂直于三角形所在平面的单位矢量。

答案：$24\boldsymbol{a}_x+78\boldsymbol{a}_y+20\boldsymbol{a}_z$；42.0；$0.286\boldsymbol{a}_x+0.928\boldsymbol{a}_y+0.238\boldsymbol{a}_z$

1.8 其它坐标系：圆柱坐标系

直角坐标系是学生们在讨论问题时通常喜欢使用的一个坐标系。由于许多问题会呈现出某种特定的对称性，因此若仍采用直角坐标系来解决这些问题，就意味着会带来更多的工作量。我们很容易地会立刻想到采用柱坐标系和球坐标系来解决柱对称或球对称问题。为此，我们下面将详细讨论柱坐标系和球坐标系。

圆柱坐标系是解析几何中极坐标系的三维形式。在极坐标系中，平面上的一个点是由该点到原点的距离 ρ、该点和原点形成的射线与某一射线(取该射线的 $\phi=0$)的夹角 ϕ 确定的①。若再给定该点到与 $\rho=0$ 线垂直的任一参考面 $z=0$ 的距离 z，那么就可得到一个三维圆柱坐标系。为了简便，我们通常将圆柱坐标系简称为柱坐标系。这在阅读本书时不会引起任何混淆，但在此必须指出，还有椭圆柱坐标、双曲柱坐标、抛物柱坐标等系统。

我们不再像在直角坐标系中那样设定三个坐标轴，而是将某一点看作是相互垂直的三个曲面的交点。这三个曲面分别为 $\rho=$常量的圆柱面、$\phi=$常量的平面和 $z=$常量的平面。这和在直角坐标系中某一点为三个平面($x=$常量、$y=$常量和 $z=$常量)的交点相对应。在圆柱坐标系中，

---

① 极坐标系中的两个变量通常称为 r 和 θ。但是，对于有三个坐标量的情况，更为普遍的做法是在圆柱坐标系中用 ρ 来表示半径变量，在球坐标系中用 r 来表示(不同的)半径变量。还有，在圆柱坐标系中的角度变量习惯上称为 ϕ，而在球坐标系中人们用 θ 来表示不同的角度。角度 ϕ 在圆柱坐标系和球坐标系两种坐标系中均普遍可用。

这三个曲面如图 1.6(a)所示。注意到，除非某一点位于 z 轴上，否则它必定穿过这三个曲面。

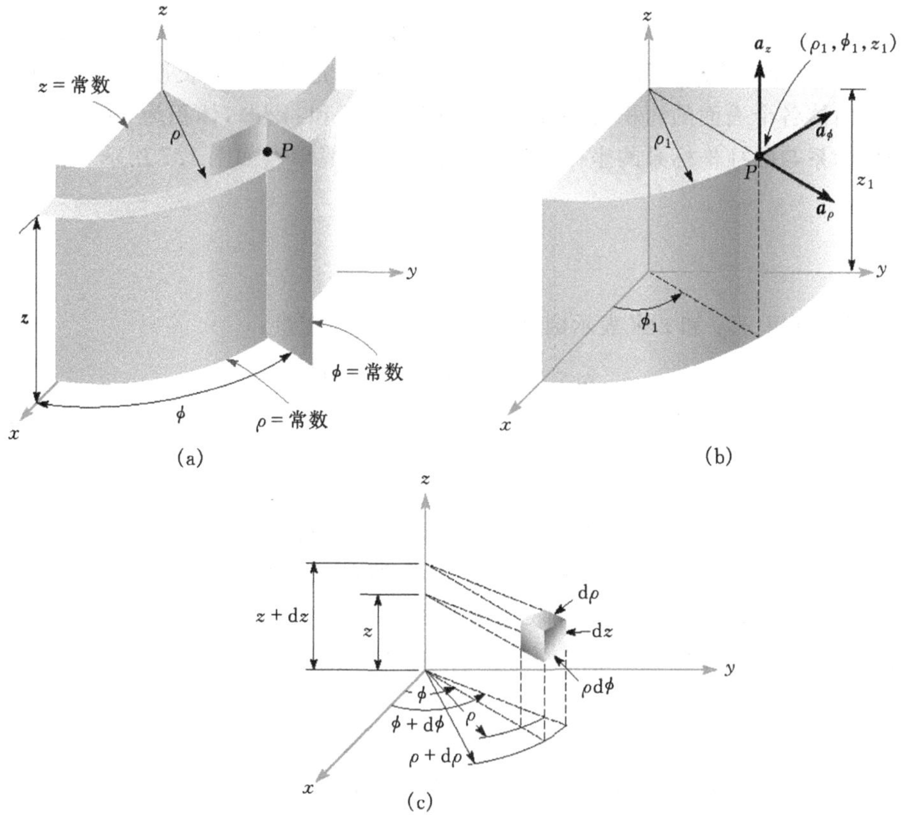

图 1.6　(a)圆柱坐标系中三个相互垂直的曲面。(b)圆柱坐标系中的三个单位矢量。(c)圆柱坐标系中的体积元；$d\rho$，$\rho d\phi$ 和 dz 均为长度元

在圆柱坐标系中，同样也必须定义三个单位矢量，但它们的方向不再沿着坐标轴的方向，因为只有在直角坐标系中才有这样的坐标轴。换句话说，如果从普遍意义上来看，可以认为直角坐标系中单位矢量的方向为某一坐标值增大的方向，且垂直于坐标值为常量的平面(例如，单位矢量 $\boldsymbol{a}_x$ 垂直于 x＝常量的平面，方向指向 x 值增大的方向)。类似地，我们在圆柱坐标系中也可以定义三个单位矢量 $\boldsymbol{a}_\rho$、$\boldsymbol{a}_\phi$ 和 $\boldsymbol{a}_z$。

在某一给定点 $P(\rho_1, \phi_1, z_1)$ 处，单位矢量 $\boldsymbol{a}_\rho$ 位于 $\phi=\phi_1$ 和 $z=z_1$ 的平面上，方向沿半径增大的方向，且垂直于圆柱面 $\rho=\rho_1$。单位矢量 $\boldsymbol{a}_\phi$ 位于 $z=z_1$ 的平面上，与圆柱面 $\rho=\rho_1$ 相切，垂直于平面 $\phi=\phi_1$ 且方向指向 ϕ 增大的方向。单位矢量 $\boldsymbol{a}_z$ 与直角坐标系中的单位矢量 $\boldsymbol{a}_z$ 相同。图 1.6(b)中示出了圆柱坐标系中的三个单位矢量。

在直角坐标系中，单位矢量不是坐标变量的函数。而圆柱坐标系中的两个单位矢量 $\boldsymbol{a}_\rho$ 和 $\boldsymbol{a}_\phi$ 都随坐标 ϕ 值而变化，因为它们的方向都随坐标 ϕ 在变化。因此，在对坐标 ϕ 进行积分或微分运算时，不能将 $\boldsymbol{a}_\rho$ 和 $\boldsymbol{a}_\phi$ 看作是常量。

圆柱坐标系中的三个单位矢量仍然相互垂直，因为每一个单位矢量都垂直于三个相互垂直的曲面中的某一曲面，我们可以定义一个右手圆柱坐标系，在其中有 $\boldsymbol{a}_\rho \times \boldsymbol{a}_\phi = \boldsymbol{a}_z$，或者可以用大拇指、食指和中指来分别指向 ρ、ϕ 和 z 增量的方向。

圆柱坐标系中的微分体积元可以用 ρ、ϕ 和 z 的增量微元 $d\rho$、$d\phi$ 和 dz 来求得。如图 1.6(c)所示，由半径为 ρ 和 $\rho+d\rho$ 的两个圆柱面、角度为 ϕ 和 $\phi+d\phi$ 的两个平面以及高度为 z 和 $z+dz$的两个水平面构成了一个截断的楔形小封闭体积。当体积元很小时，它可近似为一个边长为 $d\rho$、$\rho d\phi$ 和 dz 的平行六面体。注意 $d\rho$ 和 dz 是长度元，$d\phi$ 不是长度元，而 $\rho d\phi$ 则为长度元。平行六面体各个表面的面积大小分别为 $\rho d\rho d\phi$、$d\rho dz$ 和 $\rho d\phi dz$，体积为 $\rho d\rho d\phi dz$。

直角坐标系与圆柱坐标系的坐标变量之间的关系很简单。如图 1.7 所示，有

$$
\begin{aligned}
x &= \rho\cos\phi \\
y &= \rho\sin\phi \\
z &= z
\end{aligned}
\tag{1.10}
$$

反过来，我们也可用 x、y 和 z 来表示圆柱坐标系中的坐标变量：

$$
\begin{aligned}
\rho &= \sqrt{x^2+y^2} \quad (\rho \geqslant 0) \\
\phi &= \arctan\frac{y}{x} \\
z &= z
\end{aligned}
\tag{1.11}
$$

考虑到变量 $\rho \geqslant 0$，所以在式(1.11)中仅取正号。角度 ϕ 的值由 x 和 y 的符号而定。这样，如果 $x=-3$和 $y=4$，由于该点位于第二象限，这样有 $\rho=5$ 和 $\phi=126.9°$。对于点 $x=3$ 和$y=-4$，那么有 $\phi=-53.1°$或$=306.9°$，无论取哪种都是方便的。

给定一个坐标系中的标量函数时，利用式(1.10)或式(1.11)很容易将它变换到另一坐标系中去。

然而，对于矢量函数来说，由于它包含一组矢量分量，所以将它从一个坐标系变换到另一个坐标系中时，需要分两步来完成。例如，在直角坐标系中有某一给定矢量

$$\mathbf{A} = A_x\boldsymbol{a}_x + A_y\boldsymbol{a}_y + A_z\boldsymbol{a}_z$$

式中，每个分量都是 x、y 和 z 的函数。而在圆柱坐标系中，我们需要确定如下形式的对应矢量

$$\mathbf{A} = A_\rho\boldsymbol{a}_\rho + A_\phi\boldsymbol{a}_\phi + A_z\boldsymbol{a}_z$$

式中，每个分量都是 ρ、ϕ 和 z 的函数。

为了求得某个矢量在某一方向上的分量，从点乘运算我们知道，可以通过将该矢量与所希望方向的一个单位矢量点乘得到。这样，

$$A_\rho = \mathbf{A}\cdot\boldsymbol{a}_\rho \quad \text{和} \quad A_\phi = \mathbf{A}\cdot\boldsymbol{a}_\phi$$

将上述点乘运算展开，并利用 $\boldsymbol{a}_z\cdot\boldsymbol{a}_\rho=0$，$\boldsymbol{a}_z\cdot\boldsymbol{a}_\phi=0$，有

$$A_\rho = (A_x\boldsymbol{a}_x + A_y\boldsymbol{a}_y + A_z\boldsymbol{a}_z)\cdot\boldsymbol{a}_\rho = A_x\boldsymbol{a}_x\cdot\boldsymbol{a}_\rho + A_y\boldsymbol{a}_y\cdot\boldsymbol{a}_\rho \tag{1.12}$$

$$A_\phi = (A_x\boldsymbol{a}_x + A_y\boldsymbol{a}_y + A_z\boldsymbol{a}_z)\cdot\boldsymbol{a}_\phi = A_x\boldsymbol{a}_x\cdot\boldsymbol{a}_\phi + A_y\boldsymbol{a}_y\cdot\boldsymbol{a}_\phi \tag{1.13}$$

和

$$A_z = (A_x\boldsymbol{a}_x + A_y\boldsymbol{a}_y + A_z\boldsymbol{a}_z)\cdot\boldsymbol{a}_z = A_z\boldsymbol{a}_z\cdot\boldsymbol{a}_z = A_z \tag{1.14}$$

表 1.1 圆柱坐标系和直角坐标系中单位矢量的点乘

	$\boldsymbol{a}_\rho$	$\boldsymbol{a}_\phi$	$\boldsymbol{a}_z$
$\boldsymbol{a}_x$	$\cos\phi$	$-\sin\phi$	0
$\boldsymbol{a}_y$	$\sin\phi$	$\cos\phi$	0
$\boldsymbol{a}_z$	0	0	1

为了进行分量之间的变换，有必要知道点乘 $\boldsymbol{a}_x \cdot \boldsymbol{a}_\rho$、$\boldsymbol{a}_y \cdot \boldsymbol{a}_\rho$、$\boldsymbol{a}_x \cdot \boldsymbol{a}_\phi$ 和 $\boldsymbol{a}_y \cdot \boldsymbol{a}_\phi$ 的值。因为我们这里只涉及到单位矢量，所以根据点乘的定义，这就仅仅是求解两个单位矢量之间夹角余弦值的问题了。如图 1.7 所示，如果我们定义 $\boldsymbol{a}_x$ 和 $\boldsymbol{a}_\rho$ 之间的夹角为 ϕ，这样有 $\boldsymbol{a}_x \cdot \boldsymbol{a}_\rho = \cos\phi$，而 $\boldsymbol{a}_y$ 和 $\boldsymbol{a}_\rho$ 的夹角为 $90° - \phi$，且有 $\boldsymbol{a}_y \cdot \boldsymbol{a}_\rho = \cos(90° - \phi) = \sin\phi$。同理，可求得其它几个矢量的点乘，结果见表 1.1，它们都为 ϕ 的函数。

直角坐标系与圆柱坐标系之间矢量的相互变换可以通过应用式(1.10)或(1.11)变换坐标变量来完成，也可通过应用表 1.1 所示的单位矢量的点乘进行分量变换来完成。两种步骤可任选其中之一。

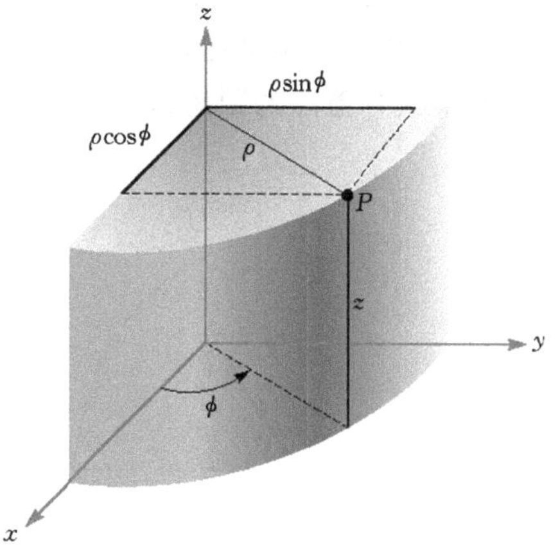

图 1.7 直角坐标系变量 x、y、z 与圆柱坐标系变量 ρ、ϕ、z 之间的关系。变量 z 在两个坐标系中无变化

例 1.3 将矢量 $\boldsymbol{B} = y\boldsymbol{a}_x - x\boldsymbol{a}_y + z\boldsymbol{a}_z$ 变换至圆柱坐标系中。

解：由于新的分量为

$$B_\rho = \boldsymbol{B} \cdot \boldsymbol{a}_\rho = y(\boldsymbol{a}_x \cdot \boldsymbol{a}_\rho) - x(\boldsymbol{a}_y \cdot \boldsymbol{a}_\rho)$$
$$= y\cos\phi - x\sin\phi = \rho\sin\phi\cos\phi - \rho\cos\phi\sin\phi = 0$$
$$B_\phi = \boldsymbol{B} \cdot \boldsymbol{a}_\phi = y(\boldsymbol{a}_x \cdot \boldsymbol{a}_\phi) - x(\boldsymbol{a}_y \cdot \boldsymbol{a}_\phi)$$
$$= -y\sin\phi - x\cos\phi = -\rho\sin^2\phi - \rho\cos^2\phi = -\rho$$

所以，

$$\boldsymbol{B} = -\rho\boldsymbol{a}_\phi + z\boldsymbol{a}_z$$

练习 1.5 试确定：(a)点 $C\ (\rho = 4.4, \phi = -115°, z = 2)$ 在直角坐标系中的值；(b)点 $D(x = -3.1,\ y = 2.6\ ,\ z = -3)$ 在圆柱坐标系中的值；(c) C 和 D 两点之间的距离。

答案：$C(x = -1.860,\ y = -3.99,\ z = 2)$；$D(\rho = 4.05,\ \phi = 140.0°,\ z = -3)$；8.36

练习 1.6 将下列矢量变换至圆柱坐标系中：(a)点 $P(10, -8, 6)$ 处矢量 $\boldsymbol{F} = 10\boldsymbol{a}_x - 8\boldsymbol{a}_y + 6\boldsymbol{a}_z$；(b) 点 $Q(\rho, \phi, z)$ 处矢量 $\boldsymbol{G} = (2x + y)\boldsymbol{a}_x - (y - 4x)\boldsymbol{a}_y$。(c)给出点 $P(x = 5, y = 2, z = -1)$ 处矢量 $\boldsymbol{H} = 20\boldsymbol{a}_\rho - 10\boldsymbol{a}_\phi + 3\boldsymbol{a}_z$ 在直角坐标系中的分量。

答案：$12.81\boldsymbol{a}_\rho + 6\boldsymbol{a}_z$；$(2\rho\cos^2\phi - \rho\sin^2\phi + 5\rho\sin\phi\cos\phi)\boldsymbol{a}_\rho + (4\rho\cos^2\phi - \rho\sin^2\phi - 3\rho\sin\phi\cos\phi)\boldsymbol{a}_\phi$；$H_x = 22.3, H_y = -1.857, H_z = 3$

1.9 球坐标系

与建立圆柱坐标系不同，不存在某个二维坐标系能帮助我们来理解三维球坐标系。在某些方面，我们可以参照置于地球表面某处的经纬系统的知识，但通常仅考虑地球表面上的点，而不考虑地面上方或下方的点。

首先，让我们在直角坐标系的三个坐标轴上建立一个球坐标系，如图 1.8(a)所示。我们先定义从原点到任意点的距离为 r。曲面 r= 常数为一个球面。

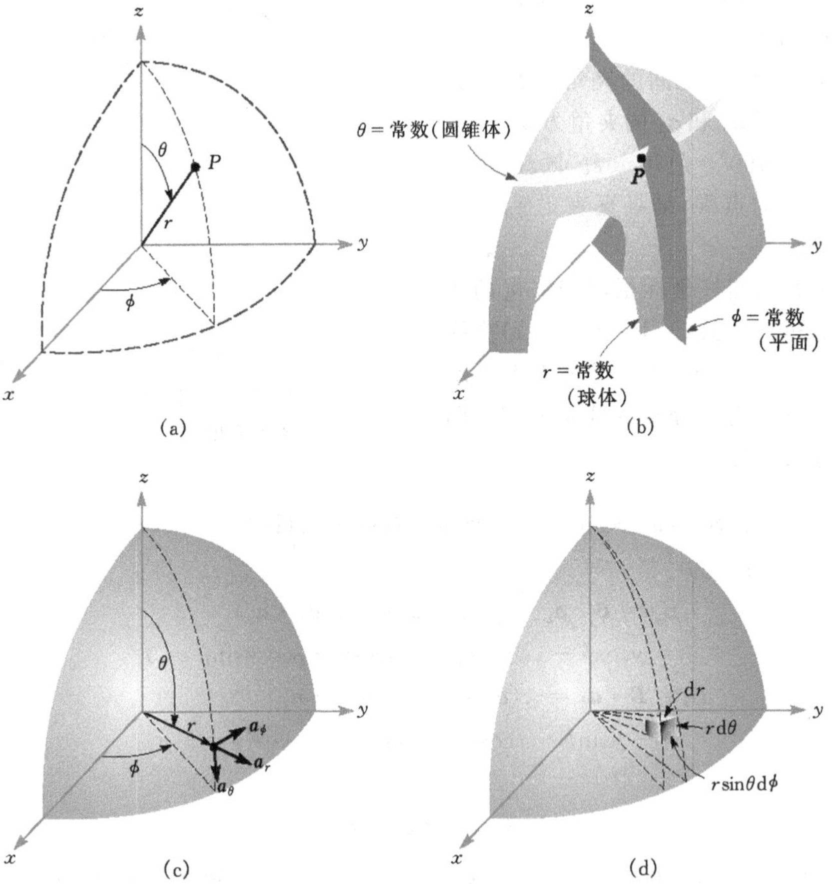

图 1.8 (a)三维球坐标系。(b)球坐标系中三个相互垂直的面。(c)球坐标系中的三个单位矢量：$\boldsymbol{a}_r\times\boldsymbol{a}_\theta=\boldsymbol{a}_\phi$ (d)球坐标系中微分体积元

第二个坐标 θ 为 z 轴与从原点到某点的连线间的夹角。θ= 常数的曲面为一个圆锥面，圆锥面与球面在它们的相交线处相互处处垂直，相交线是一个半径为 $r\sin\theta$ 的圆。坐标 θ 对应于地球纬度，不过纬度是从地球赤道开始测量的，而 θ 角是从地球"北极"开始测量的。

第三个坐标 ϕ 也是一个角度，与圆柱坐标系中的角度 ϕ 相同。它是 x 轴与从原点到某点的连线在 $z=0$ 平面上投影之间的夹角。它对应于地球的经度，但角度 ϕ 的增量方向指向"东"。以 ϕ= 常数的面为通过直线 $\theta=0$(或 z 轴)的平面。

这里，我们仍然把任一点看成是上述三个相互垂直的面一球面、锥面以及平面的交点。这三个面如图 1.8(b)所示。

再一次，我们可以在某点定义三个单位矢量。每个单位矢量垂直于上述相互垂直的三个曲面中的某一个，且方向为坐标增大的方向。单位矢量 $\boldsymbol{a}_r$ 的方向为球面 r= 常数的外法线方向，且位于 θ= 常数的锥面和 ϕ= 常数的平面上。单位矢量 $\boldsymbol{a}_\theta$ 的方向为锥面的法线方向，且位于 ϕ= 常

数的平面上，与 r=常数的球面相切。它的方向沿着“经线”且指向南。第三个单位矢量 $\boldsymbol{a}_\phi$ 与圆柱坐标系中的 $\boldsymbol{a}_\phi$ 相同，它垂直于 ϕ=常数的平面，与锥面和球面都相切。方向指向“东”。

图 1.8(c)示出了三个单位矢量。当然它们相互垂直，且符合右手螺旋坐标系，有 $\boldsymbol{a}_r\times\boldsymbol{a}_\theta=\boldsymbol{a}_\phi$。从图 1.8(c)中可以看出，它是一个右手螺旋坐标系，叉乘定义是成立的。大拇指、食指和中指分别指向右手定则中的 r、θ 和 ϕ 三个量的增量方向(注意：圆柱坐标系中为 ρ、ϕ 和 z，直角坐标系中为 x、y 和 z)。如图 1.8(d)所示，在球坐标系中，设 r、θ 和 ϕ 的增量分别为 $\mathrm{d}r$、$\mathrm{d}\theta$ 和 $\mathrm{d}\phi$，可以构成微分体积元。$\mathrm{d}r$ 是半径为 r 和 $r+\mathrm{d}r$ 的两个球面之间的距离；$r\mathrm{d}\theta$ 是角度为 θ 和 $\theta+\mathrm{d}\theta$的两个锥面之间的距离；应用三角函数公式可以求得角度为 ϕ 和 $\phi+\mathrm{d}\phi$ 的两个辐射平面之间的距离是 $r\sin\theta\mathrm{d}\phi$。体积元各表面的面积分别为 $r\mathrm{d}r\mathrm{d}\theta$、$r\sin\theta\mathrm{d}r\mathrm{d}\phi$ 和 $r^2\sin\theta\mathrm{d}\theta\mathrm{d}\phi$，体积元的体积为 $r^2\sin\theta\mathrm{d}r\mathrm{d}\theta\mathrm{d}\phi$。

利用图 1.8(a)中，可以容易地进行直角坐标系和球坐标系之间的变换，有

$$\begin{aligned} x &= r\sin\theta\cos\phi \\ y &= r\,\sin\theta\sin\phi \\ z &= r\cos\theta \end{aligned} \tag{1.15}$$

反之，有

$$\begin{aligned} r &= \sqrt{x^2+y^2+z^2} \quad (r\geqslant 0) \\ \theta &= \arccos\frac{z}{\sqrt{x^2+y^2+z^2}} \quad (0^\circ\leqslant\theta\leqslant 180^\circ) \\ \phi &= \arctan\frac{y}{x} \end{aligned} \tag{1.16}$$

半径 r 非负，θ 取值范围为 $0^\circ\sim 180^\circ$。可以根据 x、y 和 z 的符号确定角度所在象限。

矢量变换需要用到直角坐标与球坐标中单位矢量的点乘。如图 1.8(c)所示，应用三角函数公式，就可以得到这些点乘的数值。由于球坐标系中的单位矢量与直角坐标系中单位矢量的点乘为球坐标矢量在直角坐标矢量方向上的分量，所以与 $\boldsymbol{a}_z$ 的点乘有

$$\begin{aligned} \boldsymbol{a}_z\cdot\boldsymbol{a}_r &= \cos\theta \\ \boldsymbol{a}_z\cdot\boldsymbol{a}_\theta &= -\sin\theta \\ \boldsymbol{a}_z\cdot\boldsymbol{a}_\phi &= 0 \end{aligned}$$

但是求与 $\boldsymbol{a}_x$ 和 $\boldsymbol{a}_y$ 的点乘时，需要先求得球坐标矢量在 xy 平面上的投影，然后再求得该投影在所希望坐标轴上的投影。例如，当求 $\boldsymbol{a}_r\cdot\boldsymbol{a}_x$ 的值时，首先求 $\boldsymbol{a}_r$ 在 xy 平面上的投影，给定 $\sin\theta$ 值，然后再求该投影在 x 轴的投影，最后得到 $\sin\theta\cos\phi$。同理，可求得其它单位矢量的点乘，如表 1.2 所示。

表 1.2　球坐标系和直角坐标系中的单位矢量的点乘

	$\boldsymbol{a}_r$	$\boldsymbol{a}_\theta$	$\boldsymbol{a}_\phi$
$\boldsymbol{a}_x$	$\sin\theta\cos\phi$	$\cos\theta\cos\phi$	$-\sin\phi$
$\boldsymbol{a}_y$	$\sin\theta\sin\phi$	$\cos\theta\sin\phi$	$\cos\phi$
$\boldsymbol{a}_z$	$\cos\theta$	$-\sin\theta$	0

例 1.4　下面将通过举例说明上述变换过程。试求解矢量场 $\boldsymbol{G}=(xz/y)\boldsymbol{a}_x$ 在球坐标系中的分量和变量。

解:将 **G** 分别与球坐标系中的单位矢量点乘得到球坐标中的三个分量,同时在此过程中进行变量变换,有

$$G_r = \mathbf{G}\cdot\mathbf{a}_r = \frac{xz}{y}\mathbf{a}_y\cdot\mathbf{a}_r = \frac{xz}{y}\sin\theta\cos\phi$$

$$= r\sin\theta\cos\theta\,\frac{\cos^2\phi}{\sin\phi}$$

$$G_\theta = \mathbf{G}\cdot\mathbf{a}_\theta = \frac{xz}{y}\mathbf{a}_x\cdot\mathbf{a}_\theta = \frac{xz}{y}\cos\theta\cos\phi$$

$$= r\cos^2\theta\,\frac{\cos^2\phi}{\sin\phi}$$

$$G_\phi = \mathbf{G}\cdot\mathbf{a}_\phi = \frac{xz}{y}\mathbf{a}_x\cdot\mathbf{a}_\phi = \frac{xz}{y}(-\sin\phi)$$

$$= -r\cos\theta\cos\phi$$

整理之,有

$$\mathbf{G} = r\cos\theta\cos\phi(\sin\theta\cot\phi\mathbf{a}_r + \cos\theta\cot\phi\mathbf{a}_\theta - \mathbf{a}_\phi)$$

附录 A 中叙述了一般的曲线坐标系,这里的直角坐标、圆柱坐标、球坐标系等都是一些特例。现在,你可以浏览一下该附录中的第一小节。

练习 1.7 已知两点 $C(-3, 2, 1)$ 和 $D(r=5, \theta=20°, \varphi=-70°)$,试求:(a)$C$ 的球坐标值;(b) D 的直角坐标值;(c)C 和 D 两点间的距离。

答案:$C(r=3.74, \theta=74.5°, \varphi=146.3°)$; $D(x=0.585, y=-1.607, z=4.70)$; 6.29

练习 1.8 在给定点处,将下列矢量变换至球坐标系中:(a)点 $P(x=-3, y=2, z=4)$处的矢量 $10\mathbf{a}_x$;(b)点 $Q(\rho=5, \varphi=30°, z=4)$处的矢量 $10\mathbf{a}_y$;(c)点 $M(r=4, \theta=110°, \varphi=120°)$处的矢量 $10\mathbf{a}_z$。

答案:$-5.57\mathbf{a}_r-6.18\mathbf{a}_\theta-5.55\mathbf{a}_\phi$;$3.90\mathbf{a}_r+3.12\mathbf{a}_\theta+8.66\mathbf{a}_\phi$; $-3.42\mathbf{a}_r-9.40\mathbf{a}_\theta$

参考文献

1. Grossman, S. I. *Calculus*. 3d ed. Orlando, Fla.: Academic Press and Harcourt Brace Jovanovich, 1984. 该书第 17 章介绍了矢量代数、圆柱坐标系与球坐标系,第 20 章介绍了矢量运算。
2. Spiegel, M. R. *Vector Analysis*. Schaum Outline Series. New York: McGraw-Hill, 1959. 作为纲要系列丛书之一,该书简明而且便宜,其中提供了许多例题和习题,并附有答案。
3. Swokowski, E. W. *Calculus with Analytic Geometry*. 3d ed. Boston: Prindle, Weber, & Schmidt, 1984. 该书第 14 章讨论了矢量代数、圆柱坐标系与球坐标系,第 18 章介绍了矢量运算。
4. Thomas, G. B., Jr., and R. L. Finney: *Calculus and Analytic Geometry*. 6th ed. Reading, Mass.: Addison-Wesley Publishing Company, 1984. 该书第 13 章讨论了矢量代数以及我们所采用的三种坐标系。第 15 章和 17 章讨论了其它的矢量运算。

习题 1

Animations

1.1 已知矢量 $\boldsymbol{M}=-10\boldsymbol{a}_x+4\boldsymbol{a}_y-8\boldsymbol{a}_z$ 和 $\boldsymbol{N}=8\boldsymbol{a}_x+7\boldsymbol{a}_y-2\boldsymbol{a}_z$，试求：(a)矢量 $-\boldsymbol{M}+2\boldsymbol{N}$ 的单位矢量；(b)矢量 $5\boldsymbol{a}_x+\boldsymbol{N}-3\boldsymbol{M}$ 的大小；(c) $|\boldsymbol{M}||2\boldsymbol{N}|(\boldsymbol{M}+\boldsymbol{N})$。

1.2 矢量 $\boldsymbol{A}$ 从原点到点(1,2,3)，矢量 $\boldsymbol{B}$ 从原点到点(2,3,−2)。求 (a) 方向为$(\boldsymbol{A}-\boldsymbol{B})$的单位矢量。(b) 从原点指向 $\boldsymbol{A}$ 和 $\boldsymbol{B}$ 终点连线中点的单位矢量。

1.3 从原点到点 A 的矢量为(6,−2,−4)，从原点指向点 B 的单位矢量为(2,−2,1)/3。若从点 A 到点 B 的间距为 10，求 B 点坐标值。

1.4 在 xy 平面上，有一个圆心在原点且半径为 2 的圆。在直角坐标系中，试确定在 xy 平面上点$(-\sqrt{3},1,0)$处该圆的切向单位矢量，设单位矢量方向沿 y 增大方向。

1.5 矢量场 $\boldsymbol{G}=24xy\boldsymbol{a}_x+12(x^2+2)\boldsymbol{a}_y+18z^2\boldsymbol{a}_z$。已知点 $P(1,2,-1)$ 和 $Q(-2,1,3)$，求：(a)点 P 处 $\boldsymbol{G}$；(b) $\boldsymbol{G}$ 在点 Q 处的单位矢量；(c)从点 Q 到点 P 的矢量的单位矢量；(d) $|\boldsymbol{G}|=60$ 的曲面方程。

1.6 分别用 (a) 点乘、(b) 叉乘的定义，求矢量 $\boldsymbol{A}=2\boldsymbol{a}_x+\boldsymbol{a}_y+3\boldsymbol{a}_z$ 与 $\boldsymbol{B}=\boldsymbol{a}_x-3\boldsymbol{a}_y+2\boldsymbol{a}_z$ 之间的锐角。

1.7 给定矢量场 $\boldsymbol{E}=4zy^2\cos 2x\boldsymbol{a}_x+2zy\sin 2x\boldsymbol{a}_y+y^2\sin 2x\boldsymbol{a}_z$，$|x|$、$|y|$ 和 $|z|$ 的定义域均小于 2。试求：(a) $E_y=0$ 的曲面；(b) $E_y=E_z$ 的区域；(c) $\boldsymbol{E}=0$ 的区域。

1.8 通过求解矢量 $\boldsymbol{A}=3\boldsymbol{a}_x-2\boldsymbol{a}_y+4\boldsymbol{a}_z$ 与 $\boldsymbol{B}=2\boldsymbol{a}_x+\boldsymbol{a}_y-2\boldsymbol{a}_z$ 的夹角说明：当叉乘用于求解两个矢量的夹角时其结果具有不确定性。应用点乘计算时这一不确定性也存在吗？

1.9 给定一矢量场 $\boldsymbol{G}=[25/(x^2+y^2)](x\boldsymbol{a}_x+y\boldsymbol{a}_y)$。试求：(a) $\boldsymbol{G}$ 在点 $P(3,4,-2)$ 处的单位矢量；(b) $\boldsymbol{G}$ 与点 P 处 $\boldsymbol{a}_x$ 的夹角；(c) 在平面 $y=7$ 上，下列二重积分的值。

$$\int_0^4\int_0^2 \boldsymbol{G}\cdot\boldsymbol{a}_y\,\mathrm{d}z\,\mathrm{d}x$$

1.10 将对角线用一矢量表示并应用点乘的定义，试求一立方体任意两个对角线的较小的夹角，其中每个对角线连接了两个对顶角，且通过立方体的中心。

1.11 给定点 $M(0.1,-0.2,-0.1)$，$N(-0.2,0.1,0.3)$ 和 $P(0.4,0,0.1)$，试求：(a)矢量 $\boldsymbol{R}_{MN}$；(b)点乘 $\boldsymbol{R}_{MN}\cdot\boldsymbol{R}_{MP}$；(c) $\boldsymbol{R}_{MN}$ 在 $\boldsymbol{R}_{MP}$ 上的标量投影；(d) $\boldsymbol{R}_{MN}$ 和 $\boldsymbol{R}_{MP}$ 的夹角。

1.12 在直角坐标系中，写出从点(x_1,y_1,z_1)到点(x_2,y_2,z_2)的矢量的表达式，并求出该矢量的大小。

1.13 (a)求 $\boldsymbol{F}=10\boldsymbol{a}_x-6\boldsymbol{a}_y+5\boldsymbol{a}_z$ 平行于矢量 $\boldsymbol{G}=0.1\boldsymbol{a}_x+0.2\boldsymbol{a}_y+0.3\boldsymbol{a}_z$ 的矢量分量；(b)求 $\boldsymbol{F}=10\boldsymbol{a}_x-6\boldsymbol{a}_y+5\boldsymbol{a}_z$ 垂直于矢量 $\boldsymbol{G}$ 的矢量分量；(c)求 $\boldsymbol{G}$ 垂直于矢量 $\boldsymbol{F}$ 的矢量分量。

1.14 若 $\boldsymbol{A}+\boldsymbol{B}+\boldsymbol{C}=0$，且这三个矢量为具有公共起始点的线段，试问这三个矢量共面吗？如果 $\boldsymbol{A}+\boldsymbol{B}+\boldsymbol{C}+\boldsymbol{D}=0$，这四个矢量共面吗？

1.15 给定起始于原点的三个矢量 $\boldsymbol{r}_1=(7,3,-2)$，$\boldsymbol{r}_2=(-2,7,-3)$ 和 $\boldsymbol{r}_3=(0,2,3)$。试求：(a)垂直于 $\boldsymbol{r}_1$ 和 $\boldsymbol{r}_2$ 的单位矢量；(b)垂直于矢量 $\boldsymbol{r}_1-\boldsymbol{r}_2$ 和 $\boldsymbol{r}_2-\boldsymbol{r}_3$ 的单位矢量；(c)由矢量 $\boldsymbol{r}_1$ 和 $\boldsymbol{r}_2$ 确定的三角形的面积；(d)由矢量 $\boldsymbol{r}_1$、$\boldsymbol{r}_2$ 和 $\boldsymbol{r}_3$ 的终点确定的三角形的面积。

1.16 如果矢量 $\boldsymbol{A}$ 长为 1 个单位，方向向西，矢量 $\boldsymbol{B}$ 长为 3 个单位，方向向北，且 $\boldsymbol{A}+\boldsymbol{B}=2\boldsymbol{C}-\boldsymbol{D}$，$2\boldsymbol{A}-\boldsymbol{B}=\boldsymbol{C}+2\boldsymbol{D}$，求 $\boldsymbol{C}$ 的长度和方向。

1.17 点 $A(-4,2,5)$、矢量 $\boldsymbol{R}_{AM}=(20,18,-10)$ 和 $\boldsymbol{R}_{AN}=(-10,8,15)$ 确定了一个三角形。试求：(a)垂直于该三角形的单位矢量；(b)位于三角形平面内且垂直于 $\boldsymbol{R}_{AN}$ 的单位矢量；(c)位于三角形平面内平分点 A 处内角的矢量。

1.18 给定某一矢量场 $\boldsymbol{G}=(y+1)\boldsymbol{a}_x+x\boldsymbol{a}_y$。(a)试求在点(3，−2，4)处的 $\boldsymbol{G}$；(b) 求 $\boldsymbol{G}$ 在点(3，−2，4)处的单位矢量。

1.19 (a)写出场 $\boldsymbol{D}=(x^2+y^2)^{-1}(x\boldsymbol{a}_x+y\boldsymbol{a}_y)$ 在圆柱坐标系中的分量及变量表达式；(b)计算 $\rho=2$、$\phi=0.2\pi$ 和 $z=5$ 的点处的 $\boldsymbol{D}$ 值，并分别计算 $\boldsymbol{D}$ 在圆柱坐标系和直角坐标系中的值。

1.20 如果某一个三角形的三边分别用矢量 $\boldsymbol{A}$、$\boldsymbol{B}$ 和 $\boldsymbol{C}$ 表示，且它们都以逆时针方向取向，试证明 $|\boldsymbol{C}|^2=(\boldsymbol{A}+\boldsymbol{B})\cdot(\boldsymbol{A}+\boldsymbol{B})$，并能通过展开上述乘法运算来得到余弦法则。

1.21 写出下列矢量的圆柱坐标分量：(a)从点 $C(3,2,-7)$ 到点 $D(-1,-4,2)$ 的矢量；(b)点 D 处指向点 C 的单位矢量；(c)点 D 处指向原点的单位矢量。

1.22 一个半径为 a、中心位于原点的球绕 z 轴以角速度 Ωrad/s 顺时针旋转。(a)应用球坐标中的分量，写出该速度场 $\boldsymbol{v}$ 的表达式；(b)将计算结果变换成直角坐标分量。

1.23 曲面 $\rho=3$、$\rho=5$、$\phi=100°$、$\phi=130°$、$z=3$ 和 $z=4.5$ 定义了一个闭合面。(a)求该闭合面所包围的体积；(b) 求该闭合面的表面积；(c) 求该闭合面 12 条边的总长度；(d) 求该体积内最长线段的长度。

1.24 在 xy 平面上，有两个过原点的矢量 $\boldsymbol{a}_1$ 和 $\boldsymbol{a}_2$，它们与 x 轴的夹角分别为 ϕ_1 和 ϕ_2。(a)试写出这两个矢量在直角坐标系中的表达式；(b) 求这两个矢量的点乘并验证三角恒等式 $\cos(\phi_1-\phi_2)=\cos\phi_1\cos\phi_2+\sin\phi_1\sin\phi_2$；(c) 求这两个矢量的叉乘并验证三角恒等式 $\sin(\phi_1-\phi_2)=\sin\phi_2\cos\phi_1-\cos\phi_2\sin\phi_1$。

1.25 已知点 $P(r=0.8,\theta=30°,\phi=45°)$，矢量 $\boldsymbol{E}=1/r^2(\cos\phi\boldsymbol{a}_r+\sin\phi/\sin\theta\boldsymbol{a}_\phi)$；(a)求点 P 处 $\boldsymbol{E}$；(b)点 P 处 $|\boldsymbol{E}|$；(c)点 P 处 $\boldsymbol{E}$ 的单位矢量。

1.26 写出均匀矢量场 $\boldsymbol{F}=5\boldsymbol{a}_x$ 在(a)圆柱坐标系和(b)球坐标系中的分量表达式。

1.27 面 $r=2$ 和 4，$\theta=30°$ 和 $50°$，以及 $\phi=20°$ 和 $60°$ 定义了一个闭合面。(a)求该闭合面所包围的体积；(b)求该闭合面的表面积；(c)求该闭合面 12 条边的总长度；(d)求该闭合面上最长线段的长度。

1.28 阐述在下列情况下 $\boldsymbol{A}=\boldsymbol{B}$ 是否成立，如果不成立，求 $\boldsymbol{A}$ 和 $\boldsymbol{B}$ 应满足什么关系式：(a)$\boldsymbol{A}\cdot\boldsymbol{a}_x=\boldsymbol{B}\cdot\boldsymbol{a}_x$；(b)$\boldsymbol{A}\times\boldsymbol{a}_x=\boldsymbol{B}\times\boldsymbol{a}_x$；(c) $\boldsymbol{A}\cdot\boldsymbol{a}_x=\boldsymbol{B}\cdot\boldsymbol{a}_x$ 和 $\boldsymbol{A}\times\boldsymbol{a}_x=\boldsymbol{B}\times\boldsymbol{a}_x$；(d)) $\boldsymbol{A}\cdot\boldsymbol{C}=\boldsymbol{B}\cdot\boldsymbol{C}$ 和 $\boldsymbol{A}\times\boldsymbol{C}=\boldsymbol{B}\times\boldsymbol{C}$，其中 $\boldsymbol{C}$ 为除 $\boldsymbol{C}=0$ 以外的任意矢量。

1.29 在球坐标系中，分别求下列点处的单位矢量 $\boldsymbol{a}_x$：(a)$r=2,\theta=1$ rad，$\phi=0.8$ rad；(b)$x=3,y=2,z=-1$；(c)$\rho=2.5,\phi=0.7$ rad，$z=1.5$。

1.30 考虑一个飞机在横贯大陆飞行中遇到的风速变化模拟问题。假设高度恒定，地面平坦，一架飞机沿 x 轴从 0 飞行到 10 个单位的位置，其速度无垂直分量且风速不随时间变化。假定 $\boldsymbol{a}_x$ 的方向向东，$\boldsymbol{a}_y$ 的方向向北。假设在飞行高度处的风速为

$$\boldsymbol{v}(x,y)=\frac{(0.01x^2-0.08x+0.66)\boldsymbol{a}_x-(0.05x-0.4)\boldsymbol{a}_y}{1+0.5y^2}$$

分别求：(a)遭受最大尾风的位置和幅值；(b) 重复逆风的位置和幅值；(c) 重复顺风时的位置和幅值；(d)在其他纬度还会有尾风吗？如果有，求其位置。

第2章

库仑定律和电场强度

在第 1 章中我们介绍了矢量分析的内容，接下来我们将建立并描述一些关于电学的基本原理。本章我们将介绍库仑静电力定律，并进一步利用场论建立其一般表达式。这些公式和方法可以用于求解任意静电场问题，例如计算静电荷之间的作用力或求解任意电荷分布情况下的电场。在本章中，我们将只讨论真空或自由空间中的静电场；这里得到的结论也可以应用于空气或其它气体媒质中。在第 5 章和第 6 章中将介绍其它材料，在第 9 章将介绍时变场。■

2.1 库仑定律

至少从公元前 600 年起就已经有关于静电学知识的记录。希腊语中的“电”就是由“琥珀”这个词派生而来。希腊人花了许多闲暇时间用一小片琥珀在他们的袖子上摩擦，然后观察琥珀是如何吸引碎小的绒毛和毛织物的。尽管如此，他们的主要兴趣还只是停留在哲学和逻辑学上，并没有投入到实验科学，而且这种吸引作用在许多世纪中都被认为是一种魔力或“生命力”。

英国女王御医吉尔伯特博士(Dr. Gilbert)是对这一吸引作用做真正的实验研究的第一人，在 1600 年，他阐述了玻璃、硫磺、琥珀和别的一些材料摩擦后不仅会吸引稻草和箔片，还可以吸引所有的金属、木料、叶子、石头、泥土，甚至水和油等。

此后不久，法国一个军事工程师军官，查尔斯·库仑(Charles Coulomb)上校用他自己制作的一个精巧的扭秤做了一系列精心设计的实验，定量地确定出了两个带静止电荷的物体之间的作用力。现在，许多中学生都知道他发表的这一就像牛顿引力定律(比他早一百年发现)一样有很大影响的结果。库仑宣称：在真空或自由空间中，当两个静止的小带电体之间的距离远远大于它们本身的几何尺寸时，此两带电体之间的作用力与它们的带电量成正比，与它们之间距离的平方成反比，即

$$F = k\frac{Q_1Q_2}{R^2}$$

其中，Q_1 和 Q_2 分别是两带电体的电荷量，R 是两带电体之间的距离，k 是比例常数。如果采用国际单位制①(SI)，Q 的单位是库仑(C)，R 的单位是米(m)，力的单位则是牛顿(N)。这样，比例常数 k 为

$$k = \frac{1}{4\pi\varepsilon_0}$$

这个新常数 ε_0 称作自由空间的介电常数，其单位是法/米(F/m)，值为

$$\boxed{\varepsilon_0 = 8.854 \times 10^{-12} \doteq \frac{1}{36\pi}10^{-9}\ \text{F/m}} \tag{2.1}$$

自由空间的介电常数 ε_0 有量纲，从库仑定律可以得出它的单位是 $C^2/N \cdot m^2$。稍后我们将定义单位“法拉”，它与 $C^2/N \cdot m$ 等价；在式(2.1)中已经用到了单位 F/m。这样，库仑定律可记作

$$\boxed{F = \frac{Q_1 Q_2}{4\pi\varepsilon_0 R^2}} \tag{2.2}$$

库仑是一个很大的电荷单位，已知的最小电荷电量是电子或质子的电量，在 mks 单位制中约为 1.602×10^{-19}C，因此 1 库仑的负电荷相当于 6×10^{18} 个电子所带的电量②。库仑定律表明，相距 1 m 的带电量为 1 库仑的两个带电体之间的相互作用力为 9×10^9 N，大约 100 万吨。电子的质量约为 9.109×10^{-31}kg，半径约为 3.8×10^{-15} m。然而，这并不意味着电子是一个球形体，只是描述了在一定尺寸空间中发现一个慢速运动电子占有的最大概率。还有一些已知的带电粒子，包括质子，它们有着较大的质量和半径，占据着比电子可能更大的空间。

为了得到式(2.2)的矢量形式，需要知道另外一个事实（也是由库仑完成的），即力的方向沿着两个电荷之间的连线方向，如果两电荷符号相同，则力为排斥力；如果两电荷符号相反，则力为吸引力。若矢量 $\mathbf{r}_1$ 位于 Q_1 处，$\mathbf{r}_2$ 位于 Q_2 处，则矢量 $\mathbf{R}_{12}=\mathbf{r}_2-\mathbf{r}_1$ 表示从 Q_1 到 Q_2 的有向线段，如图 2.1 所示。矢量 $\mathbf{F}_2$ 表示作用在 Q_2 上的力，这里两个电荷的符号相同。库仑定律的矢量形式为

$$\mathbf{F}_2 = \frac{Q_1 Q_2}{4\pi\varepsilon_0 R_{12}^2}\mathbf{a}_{12} \tag{2.3}$$

其中，$\mathbf{a}_{12}$是 $\mathbf{R}_{12}$方向上的单位矢量，有

$$\mathbf{a}_{12} = \frac{\mathbf{R}_{12}}{|\mathbf{R}_{12}|} = \frac{\mathbf{R}_{12}}{R_{12}} = \frac{\mathbf{r}_2-\mathbf{r}_1}{|\mathbf{r}_2-\mathbf{r}_1|} \tag{2.4}$$

例 2.1 下面举例说明库仑定律矢量形式的应用。位于真空中点 $M(1,2,3)$和 $N(2,0,5)$处的两个电荷，其带电量分别为 $Q_1=3\times10^{-4}$C 和 $Q_2=-10^{-4}$C，求 Q_1 对 Q_2 的作用力。

解：根据式(2.3)和式(2.4)来求矢量力。矢量 $\mathbf{R}_{12}$ 为

$$\mathbf{R}_{12} = \mathbf{r}_2 - \mathbf{r}_1 = (2-1)\mathbf{a}_x + (0-2)\mathbf{a}_y + (5-3)\mathbf{a}_z = \mathbf{a}_x - 2\mathbf{a}_y + 2\mathbf{a}_z$$

由此得到$|\mathbf{R}_{12}|=3$，和单位矢量 $\mathbf{a}_{12}=\frac{1}{3}(\mathbf{a}_x-2\mathbf{a}_y+2\mathbf{a}_z)$。这样，

$$\mathbf{F}_2 = \frac{3\times10^{-4}(-10^{-4})}{4\pi(1/36\pi)10^{-9}\times3^2}\left(\frac{\mathbf{a}_x-2\mathbf{a}_y+2\mathbf{a}_z}{3}\right) = -30\left(\frac{\mathbf{a}_x-2\mathbf{a}_y+2\mathbf{a}_z}{3}\right)\text{N}$$

---

① 在附录 B 中，介绍了国际单位制（米-千克-秒系统）。表 B.1 中给出了单位的缩略写法。表 B.2 给出了与其它单位制之间的变换关系，表 B.3 为国际制词头。

② 电子的质量和带电量以及其它物理常数在附录 C 表 C.4 中已列出。

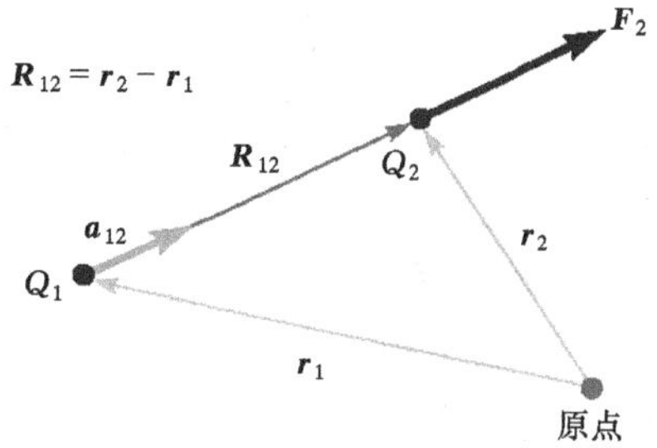

图 2.1　如果 Q_1 和 Q_2 符号相同,则作用在 Q_2 上的力 $\mathbf{F}_2$ 的方向与矢量 $\mathbf{R}_{12}$ 方向相同。

力的大小为 30 N(约 $71b_f$),方向为单位矢量(见括号)的方向。作用在 Q_2 上的力还可用三个矢量分量表示,

$$\mathbf{F}_2 = -10\mathbf{a}_x + 20\mathbf{a}_y - 20\mathbf{a}_z$$

库仑定律表示的力为相互作用力,两个电荷所受到的力大小相同,方向相反。

$$\boxed{\mathbf{F}_1 = -\mathbf{F}_2 = \frac{Q_1 Q_2}{4\pi\varepsilon_0 R_{12}^2}\mathbf{a}_{21} = -\frac{Q_1 Q_2}{4\pi\varepsilon_0 R_{12}^2}\mathbf{a}_{12}} \tag{2.5}$$

库仑定律是线性的,若 Q_1 乘以因子 n,则作用在 Q_2 上的力增大为原来的 n 倍。多个电荷作用在某一个电荷上的力等于每个电荷单独作用在该电荷上的力的叠加。

练习 2.1　电荷 $Q_A = -20\ \mu\text{C}$ 和 $Q_B = 50\ \mu\text{C}$ 分别位于自由空间中的点 $A(-6,4,7)$ 和 $B(5,8,-2)$ 处。距离的单位是 m,求:(a)$\mathbf{R}_{AB}$;(b)R_{AB};(c)若 $\varepsilon_0 = 10^{-9}/(36\pi)$ F/m,求 Q_B 对 Q_A 的作用力;(d)若 $\varepsilon_0 = 8.854\times10^{-12}$ F/m,求 Q_B 对 Q_A 的作用力。

答案: $11\mathbf{a}_x + 4\mathbf{a}_y - 9\mathbf{a}_z$ m; 14.76 m; $30.76\mathbf{a}_x + 11.184\mathbf{a}_y - 25.16\mathbf{a}_z$ mN; $30.72\mathbf{a}_x + 11.169\mathbf{a}_y - 25.13\mathbf{a}_z$ mN

2.2　电场强度

现在,我们考虑固定位置处的一个点电荷 Q_1,在它附近缓慢地移动第二个点电荷,我们发现该电荷在任何地方都会受到 Q_1 的作用力。换句话说,第二个电荷受力表明了在电荷 Q_1 的周围空间中存在着一个力场。因此,我们称第二个点电荷为试验电荷 Q_t。由库仑定律得到作用在它上的力为

$$F_t = \frac{Q_1 Q_t}{4\pi\varepsilon_0 R_{1t}^2}\mathbf{a}_{1t}$$

如果把这个力写成单位电荷上所受到的力,就能得到电场强度。由点电荷 Q_1 产生的电场强度 $\mathbf{E}_1$ 为

$$\boxed{\mathbf{E}_1 = \frac{\mathbf{F}_t}{Q_t} = \frac{Q_1}{4\pi\varepsilon_0 R_{1t}^2}\mathbf{a}_{1t}} \tag{2.6}$$

WWW Animations

$\mathbf{E}_1$ 是由电荷 Q_1 产生并作用在正试验电荷上的电场力。更一般地,我们给出电场强度的定义式:

$$\boxed{\boldsymbol{E}=\frac{\boldsymbol{F}_t}{Q_t}} \tag{2.7}$$

在上式中，矢量函数 $\boldsymbol{E}$ 是由试验电荷邻近的全部电荷在试验电荷所在点处产生的电场强度，但不包括试验电荷自身产生的电场强度。

$\boldsymbol{E}$ 的单位是每单位电荷受到的力（N/C）。再一次，我们期望采用一个新的量纲，伏特（V），它还可表示为焦耳/库仑（J/C），或牛顿・米/库仑（N・m/C），这样我们就可以采用伏特/米（V/m）这个实用单位来度量电场强度。

现在，我们对式(2.6)的下标做一些删减，当然在可能会产生误解时还可以再次使用这些下标。这样，一个点电荷产生的电场强度就可简写为：

$$\boxed{\boldsymbol{E}=\frac{Q}{4\pi\varepsilon_0 R^2}\boldsymbol{a}_R} \tag{2.8}$$

应该记住，R 是矢量 $\boldsymbol{R}$ 的模值，它是从点电荷 Q 所在位置到所求场 $\boldsymbol{E}$ 点的一有向线段，$\boldsymbol{a}_R$ 是沿 $\boldsymbol{R}$ 方向的单位矢量①。

将点电荷 Q_1 置于球坐标系中的原点。此时，单位矢量 $\boldsymbol{a}_R$ 为径向单位矢量 $\boldsymbol{a}_r$，R 就是 r。因此，有

$$\boldsymbol{E}=\frac{Q_1}{4\pi\varepsilon_0 r^2}\boldsymbol{a}_r \tag{2.9}$$

电场只有径向分量，且大小反比于半径的平方。

若点电荷不位于坐标系的原点，则电场就不再是球对称的，此时，我们可以利用直角坐标系。如图 2.2 所示，若电荷 Q 位于源点 $\boldsymbol{r}'=x'\boldsymbol{a}_x+y'\boldsymbol{a}_y+z'\boldsymbol{a}_z$ 处，则场点 $\boldsymbol{r}=x\boldsymbol{a}_x+y\boldsymbol{a}_y+z\boldsymbol{a}_z$ 处的电场可表示为

$$\begin{aligned}\boldsymbol{E}(\boldsymbol{r})&=\frac{Q}{4\pi\varepsilon_0|\boldsymbol{r}-\boldsymbol{r}'|^2}\frac{\boldsymbol{r}-\boldsymbol{r}'}{|\boldsymbol{r}-\boldsymbol{r}'|}=\frac{Q(\boldsymbol{r}-\boldsymbol{r}')}{4\pi\varepsilon_0|\boldsymbol{r}-\boldsymbol{r}'|^3}\\&=\frac{Q[(x-x')\boldsymbol{a}_x+(y-y')\boldsymbol{a}_y+(z-z')\boldsymbol{a}_z]}{4\pi\varepsilon_0[(x-x')^2+(y-y')^2+(z-z')^2]^{3/2}}\end{aligned} \tag{2.10}$$

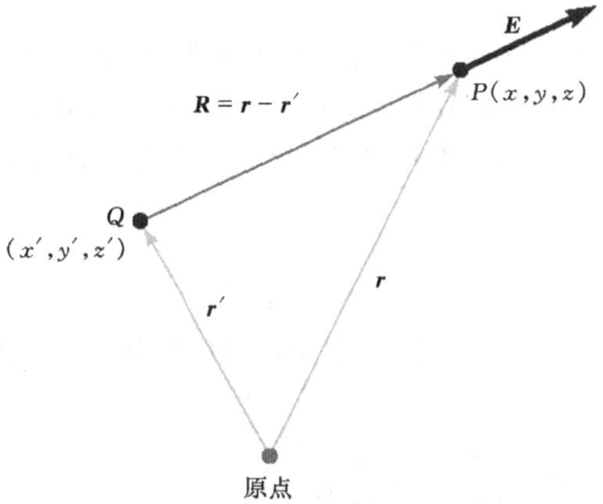

图 2.2　点电荷 Q 位于矢量 $\boldsymbol{r}'$ 处，矢量 $\boldsymbol{r}$ 表示了空间一点 $P(x,y,z)$，从点 Q 到点 P 的矢量 $\boldsymbol{R}$ 记为 $\boldsymbol{R}=\boldsymbol{r}-\boldsymbol{r}'$

① 我们一定要避免混淆 r 和 $\boldsymbol{a}_r$ 与 R 和 $\boldsymbol{a}_R$，前两个是专门用于球坐标系中的，而 $\boldsymbol{R}$ 和 $\boldsymbol{a}_R$ 可用在任意坐标系中。

在前面，我们曾定义过矢量场为位置矢量的一个矢量函数，为了强调这一点，在此我们将大写写为 $\mathbf{E}$。写为 $\mathbf{E}(\mathbf{r})$。

由于库仑力公式是线性的，所以分别位于 $\mathbf{r}_1$ 处的点电荷 Q_1 和 $\mathbf{r}_2$ 处的点电荷 Q_2，对试验电荷 Q_t 的总的作用力为 Q_1 和 Q_2 单独对试验电荷作用力的合成，即

$$\mathbf{E}(\mathbf{r})=\frac{Q_1}{4\pi\varepsilon_0\,|\mathbf{r}-\mathbf{r}_1|^2}\mathbf{a}_1+\frac{Q_2}{4\pi\varepsilon_0\,|\mathbf{r}-\mathbf{r}_2|^2}\mathbf{a}_2$$

其中，$\mathbf{a}_1$ 和 $\mathbf{a}_2$ 分别是沿 $(\mathbf{r}-\mathbf{r}_1)$ 方向和 $(\mathbf{r}-\mathbf{r}_2)$ 方向的单位矢量，如图 2.3 所示。

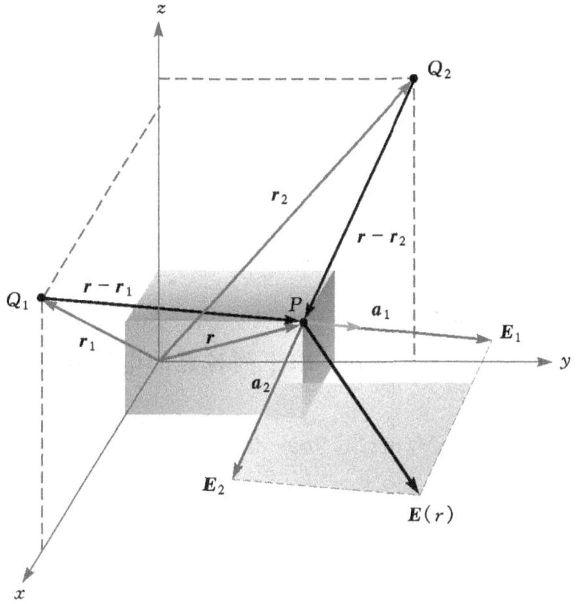

图 2.3　由库仑定律的线性原理得到电荷 Q_1 和 Q_2 在点 P 产生的合成场强

若有 n 个点电荷，则总场强为

$$\mathbf{E}(\mathbf{r})=\sum_{m=1}^{n}\frac{Q_m}{4\pi\varepsilon_0\,|(\mathbf{r}-\mathbf{r}_m)|^2}\mathbf{a}_m \tag{2.11}$$

WWW Animations

例 2.2　举例说明式(2.11)和式(2.12)的应用。如图 2.4 所示，带电量均为 3 nC 的 4 个点电荷分别位于点 $P_1(1,1,0)$、$P_2(-1,1,0)$、$P_3(-1,-1,0)$ 和 $P_4(1,-1,0)$ 处，试求它们在点 $P(1,1,1)$ 处产生的电场 $\mathbf{E}$。

解：由已知条件，得 $\mathbf{r}=\mathbf{a}_x+\mathbf{a}_y+\mathbf{a}_z$，$\mathbf{r}_1=\mathbf{a}_x+\mathbf{a}_y$，所以 $\mathbf{r}-\mathbf{r}_1=\mathbf{a}_z$。且有 $|\mathbf{r}-\mathbf{r}_1|=1$，$|\mathbf{r}-\mathbf{r}_2|=\sqrt{5}$，$|\mathbf{r}-\mathbf{r}_3|=3$ 和 $|\mathbf{r}-\mathbf{r}_4|=\sqrt{5}$。

由于 $Q/4\pi\varepsilon_0=3\times10^{-9}/(4\pi\times8.854\times10^{-12})=26.96\ \text{V}\cdot\text{m}$，我们利用式(2.11)可得

$$\mathbf{E}=26.96\left[\frac{\mathbf{a}_z}{1}\frac{1}{1^2}+\frac{2\mathbf{a}_x+\mathbf{a}_z}{\sqrt{5}}\frac{1}{(\sqrt{5})^2}+\frac{2\mathbf{a}_x+2\mathbf{a}_y+\mathbf{a}_z}{3}\frac{1}{3^2}+\frac{2\mathbf{a}_y+\mathbf{a}_z}{\sqrt{5}}\frac{1}{(\sqrt{5})^2}\right]$$

或者

$$\mathbf{E}=6.82\mathbf{a}_x+6.82\mathbf{a}_y+32.8\mathbf{a}_z\ \text{V/m}$$

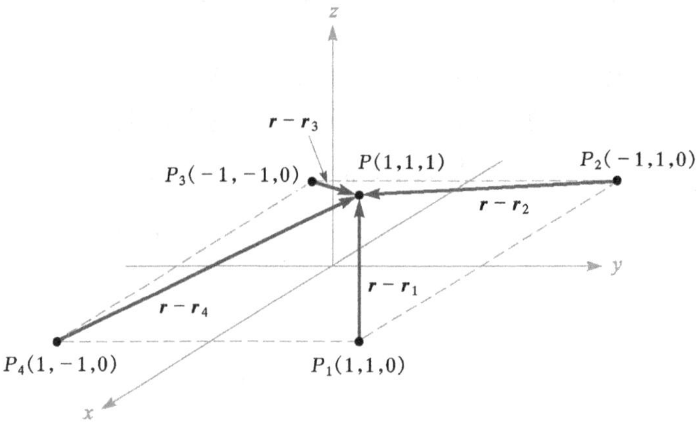

图 2.4 对称分布的带电量均为 3 nC 的 4 个点电荷在点 $P(1,1,1)$产生的电场 $\boldsymbol{E}=6.82\boldsymbol{a}_x+6.82\boldsymbol{a}_y+32.8\boldsymbol{a}_z$ V/m

练习 2.2 电量为 −0.3 μC 的点电荷位于点 $A(25,-30,15)$(单位 cm)处,另一电量为 0.5 μC的点电荷位于点 $B(-10,8,12)$处。求下列各点的电场强度 $\boldsymbol{E}$:(a)原点;(b)$P(15,20,50)$点。

答案:$92.3\boldsymbol{a}_x-77.6\boldsymbol{a}_y-94.2\boldsymbol{a}_z$ kV/m;$11.9\boldsymbol{a}_x-0.519\boldsymbol{a}_y+12.4\boldsymbol{a}_z$ kV/m

练习 2.3 求和:(a) $\sum_{m=0}^{5}\frac{1+(-1)^m}{m^2+1}$;(b) $\sum_{m=1}^{4}\frac{(0.1)^m+1}{(4+m^2)^{1.5}}$

答案:2.52; 0.176

2.3 连续分布体电荷的电场

如果在空间中分布有大量间距很微小的离散电荷,例如阴极射线管电子枪中的栅极与阴极之间的空间内分布的电荷,我们可以用以体电荷密度描述的连续分布体电荷来表示这些非常小的粒子的分布,就像能够用密度 1 g/cm^3(克/立方米)来描述水的分布一样,尽管它是由原子和分子尺度大小的粒子构成的。只要我们不关注电子移动时对场所产生的不规则的微小变化(或脉动)或不关心新分子的加入对水的质量所产生的有限小增加,这样的处理方法就是合理的。

上述做法确实没有局限性,因为对于电气工程师们来说,他们几乎都是将获得的最终结果表示成接收天线的电流、电子电路中的电压或电容器的电荷,或一般地表示成某种大尺度的宏观现象。换句话说,我们几乎不必要逐个知道每一个电子所产生电流的大小①。

采用 ρ_v 表示体电荷密度,它的单位是库仑/立方米(C/m^3)。

一个小体积元 Δv 内包含的电荷量 ΔQ 为:

① 在对半导体和电阻器中电子产生的噪音的研究中,就需要通过统计分析得到单个电子电荷的效应。

$$\Delta Q = \rho_v \Delta v \tag{2.12}$$

对式(2.12)求极限，得到 ρ_v 的定义为

$$\boxed{\rho_v = \lim_{\Delta v \to 0} \frac{\Delta Q}{\Delta v}} \tag{2.13}$$

可以通过体积分得到有限体积内的总电荷为

$$\boxed{Q = \int_{\text{vol}} \rho_v \mathrm{d}v} \tag{2.14}$$

通常只需要用一个积分符号来表示积分，但是微分元 dv 却表示着对整个空间进行积分，所以式(2.14)是一个三重积分。

例 2.3　体积分计算举例。如图 2.5 所示，试求一条长度为 2 cm 的电子束内的总电荷量。

解：从图中看出，电荷密度为

$$\rho_v = -5 \times 10^{-6} \mathrm{e}^{-10^5 \rho z}\ \mathrm{C/m^3}$$

在 1.8 节中已经给出了柱坐标系的微分体积元，因此可得

$$Q = \int_{0.02}^{0.04} \int_0^{2\pi} \int_0^{0.01} -5 \times 10^{-6} \mathrm{e}^{-10^5 \rho z} \rho \mathrm{d}\rho \mathrm{d}\phi \mathrm{d}z$$

首先，对 ϕ 进行积分比较容易，

$$Q = \int_{0.02}^{0.04} \int_0^{0.01} -10^{-5} \pi \mathrm{e}^{-10^5 \rho z} \rho \mathrm{d}\rho \mathrm{d}z$$

然后，对 z 进行积分，这样做会简化对 ρ 的积分，

$$Q = \int_0^{0.01} \left(\frac{-10^{-5}\pi}{-10^5 \rho} \mathrm{e}^{-10^5 \rho z} \rho \mathrm{d}\rho \right)_{z=0.02}^{z=0.04}$$

$$= \int_0^{0.01} -10^{-10} \pi (\mathrm{e}^{-2000\rho} - \mathrm{e}^{-4000\rho}) \mathrm{d}\rho$$

最后得到

$$Q = -10^{-10} \pi \left(\frac{\mathrm{e}^{-2000\rho}}{-2000} - \frac{\mathrm{e}^{-4000\rho}}{-4000} \right)_0^{0.01}$$

$$Q = -10^{-10} \pi \left(\frac{1}{2000} - \frac{1}{4000} \right) = \frac{-\pi}{40} = 0.0785\ \mathrm{pC}$$

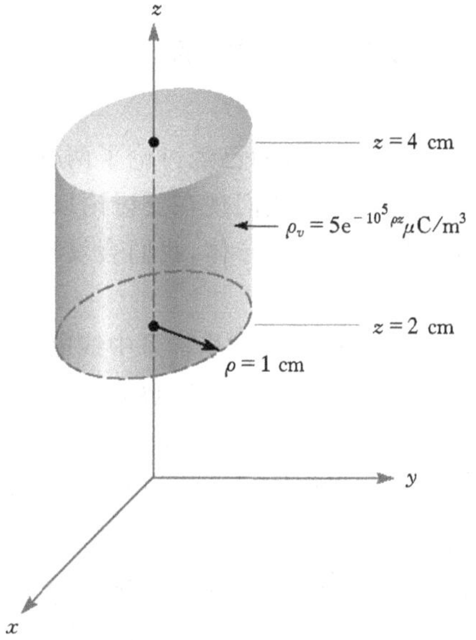

图 2.5　计算体积分 $Q = \int_{\text{vol}} \rho_v \mathrm{d}v$ 得到圆柱体中的总电荷

这里 pC 表示皮库仑。

此外，利用上述结果还可以对电子束的电流进行粗略地估计。假设电子以光速的 10%做匀速运动，则一长度为 2 cm 的电子束在 2/3 ns 内将移动 2 cm，其产生的电流大约等于

$$\frac{\Delta Q}{\Delta t} = \frac{-(\pi/40) \times 10^{-12}}{(2/3) \times 10^{-9}}$$

大约为 118 μA。

$\boldsymbol{r}'$处的元电荷 ΔQ 在 $\boldsymbol{r}$ 处产生的电场强度增量为

$$\Delta \boldsymbol{E}(\boldsymbol{r}) = \frac{\Delta Q}{4\pi\varepsilon_0 \mid \boldsymbol{r} - \boldsymbol{r}' \mid^2} \frac{\boldsymbol{r} - \boldsymbol{r}'}{\mid \boldsymbol{r} - \boldsymbol{r}' \mid} = \frac{\rho_v \Delta v}{4\pi\varepsilon_0 \mid \boldsymbol{r} - \boldsymbol{r}' \mid^2} \frac{\boldsymbol{r} - \boldsymbol{r}'}{\mid \boldsymbol{r} - \boldsymbol{r}' \mid}$$

若将某一给定域内所有体电荷产生的电场相叠加，并使体积元的数目趋于无限大，那么体积元趋于零，上式求和计算便变成为积分运算，

$$\boldsymbol{E}(\boldsymbol{r})=\int_{\text{vol}}\frac{\rho_v(\boldsymbol{r}')\mathrm{d}v'}{4\pi\varepsilon_0\,|\boldsymbol{r}-\boldsymbol{r}'|^2}\frac{\boldsymbol{r}-\boldsymbol{r}'}{|\boldsymbol{r}-\boldsymbol{r}'|} \tag{2.15}$$

这又是一个三重积分，在实际中，我们将会尽量避免计算这样的积分运算(除练习 2.4 外)。

需要回顾一下式(2.15)积分符号中各个变量的意义。矢量 $\boldsymbol{r}$ 表示从原点到计算场点的矢量，矢量 $\boldsymbol{r}'$ 表示从原点到源 $\rho_v(\boldsymbol{r}')\mathrm{d}v'$ 的矢量，$|\boldsymbol{r}-\boldsymbol{r}'|$ 为源点到场点的距离，分数 $\frac{\boldsymbol{r}-\boldsymbol{r}'}{|\boldsymbol{r}-\boldsymbol{r}'|}$ 为源点指向场点的单位矢量。在直角坐标系中，积分变量是 x'、y' 和 z'。

练习 2.4 计算下列体积中的总电荷量：(a) $0.1\leqslant|x|,|y|,|z|\leqslant0.2$，$\rho_v=\frac{1}{x^3y^3z^3}$；(b) $0\leqslant\rho\leqslant0.1$，$0\leqslant\phi\leqslant\pi$，$2\leqslant z\leqslant4$；$\rho_v=\rho^2z^2\sin0.6\phi$；(c) 在整个空间中，有 $\rho_v=\mathrm{e}^{-2r}/r^2$。

答案：0；1.018 mC；6.28 C

2.4 线电荷的电场

到现在为止，我们已经讨论了两种电荷分布：点电荷和以密度 ρ_v C/m³ 分布在某一体积内的体积电荷。如果我们现在要讨论以细丝形式分布的体积电荷，如阴极射线管中很细的电子束或半径很小的带电导体，我们会发现把电荷处理成以密度为 ρ_L C/m 分布的线电荷将是很方便的。

如图 2.6 所示，在柱坐标系中线电荷沿 z 轴从 $-\infty$ 到 ∞ 均匀分布。设均匀线电荷密度为 ρ_L，现在希望求空间中任一点的电场强度 $\boldsymbol{E}$。

首先应该考虑对称性，以便确定两个特定的因子：(1)场不随哪个坐标变化；(2)场的哪个分量不存在。当回答了这些问题之后，可以告诉我们哪些场分量是存在的，以及它们随哪些坐标变化。

从图 2.6 中可以看出，若保持 ρ 和 z 为常数不变，即使我们围绕线电荷转动(即 ϕ 变化)，但是从每个角度观察到的线电荷的分布都是相同的。换句话说，因为现在存在着方位角对称性，所以场的各个分量都不随 ϕ 变化。

若保持 ρ 和 ϕ 为常数，当沿 z 轴上下移动线电荷时，线电荷仍然沿 z 轴的正负方向趋于无限远处，问题并没有发生变化。这就是轴对称性，使得场不是 z 的函数。

若保持 ϕ 和 z 为常数，但是改变 ρ，根据库仑定律可知，场随着 ρ 的增大而减小。因此，根据这种排除法，我们可以得到场仅随 ρ 变化。

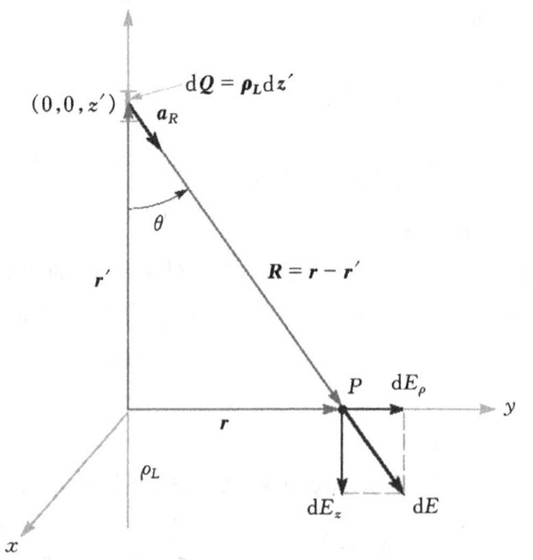

图 2.6 线电荷沿 z 轴均匀分布时，距原点为 z' 的元电荷 $\mathrm{d}Q=\rho_L\mathrm{d}z'$ 所产生的电场强度 $\mathrm{d}\boldsymbol{E}=\mathrm{d}E_\rho\boldsymbol{a}_\rho+\mathrm{d}E_z\boldsymbol{a}_z$

现在，哪些分量是存在的呢？可以将

线电荷上的每一元段看成是一个点电荷，它产生一个方向背离元电荷（假定线电荷为正）的电场强度增量。每个元电荷都不产生 ϕ 方向的电场分量，即 $E_\phi=0$。然而，元电荷却要产生 E_ρ 和 E_z 两个分量，但是由于与场点距离相等的上下两个相同的元电荷产生的 E_z 分量大小相同，方向相反，互相抵消，故合成场强 $E_z=0$。

最后，我们发现电场只有 E_ρ 分量，且它仅随 ρ 变化。下面来求解这个分量。

不失一般性，我们在 y 轴上选取任意一点 $P(0,y,0)$，求该点的电场。显然，该点的电场强度不随 z 和 ϕ 变化。应用式(2.10)求元电荷 $dQ=\rho_L dz'$ 在点 P 产生的电场强度增量，有

$$d\boldsymbol{E}=\frac{\rho_L dz'(\boldsymbol{r}-\boldsymbol{r}')}{4\pi\varepsilon_0\,|\boldsymbol{r}-\boldsymbol{r}'|^3}$$

其中，

$$\boldsymbol{r}=y\boldsymbol{a}_y=\rho\boldsymbol{a}_\rho$$

$$\boldsymbol{r}'=z'\boldsymbol{a}_z$$

和

$$\boldsymbol{r}-\boldsymbol{r}'=\rho\boldsymbol{a}_\rho-z'\boldsymbol{a}_z$$

因此，

$$d\boldsymbol{E}=\frac{\rho_L dz'(\rho\boldsymbol{a}_\rho-z'\boldsymbol{a}_z)}{4\pi\varepsilon_0(\rho^2+z'^2)^{3/2}}$$

由于只有 $\boldsymbol{E}_\rho$ 分量，故上式可简化为

$$dE_\rho=\frac{\rho_L\rho dz'}{4\pi\varepsilon_0(\rho^2+z'^2)^{3/2}}$$

$$E_\rho=\int_{-\infty}^{\infty}\frac{\rho_L\rho dz'}{4\pi\varepsilon_0(\rho^2+z'^2)^{3/2}}$$

根据积分表，或进行变量变换，令 $z'=\rho\cot\theta$，完成上述积分，可得

$$E_\rho=\frac{\rho_L}{4\pi\varepsilon_0}\rho\left(\frac{1}{\rho^2}\frac{z'}{\sqrt{\rho^2+z'^2}}\right)_{-\infty}^{\infty}$$

$$\boxed{E_\rho=\frac{\rho_L}{2\pi\varepsilon_0\rho}}$$

最后，有

$$\boxed{\boldsymbol{E}=\frac{\rho_L}{2\pi\varepsilon_0\rho}\boldsymbol{a}_\rho}\qquad(2.16)$$

可以看出，电场强度随着场点离开线电荷距离的增大而成反比地减小，而点电荷的电场强度却是与距离的平方成反比地减小。对于点电荷来说，当距离变为原来的 10 倍时，电场值减小为只有原来的百分之一，而对于线电荷而言，当距离变为原来的 10 倍时，电场值则减小为原来的十分之一。类似地，照明用点光源的光强度反比于光照处与光源之间距离的平方，无限长荧光灯管的光强度随着光照处与荧光灯管距离的增大而成反比地减小。然而，如果离开有限长荧光管的距离不断地增大，就可以把有限长荧光管近似地看成是一个点光源，这时光的强度也遵循平方反比关系。

在结束对无限长线电荷电场的讨论之前，我们应该注意到线电荷不总是都位于 z 轴上的。例如，如图 2.7 所示，我们考虑位于 $x=6$ 和 $y=8$ 且平行于 z 轴的一条无限长线电荷，求任意

场点 $P(x,y,z)$处的电场强度 $\boldsymbol{E}$。

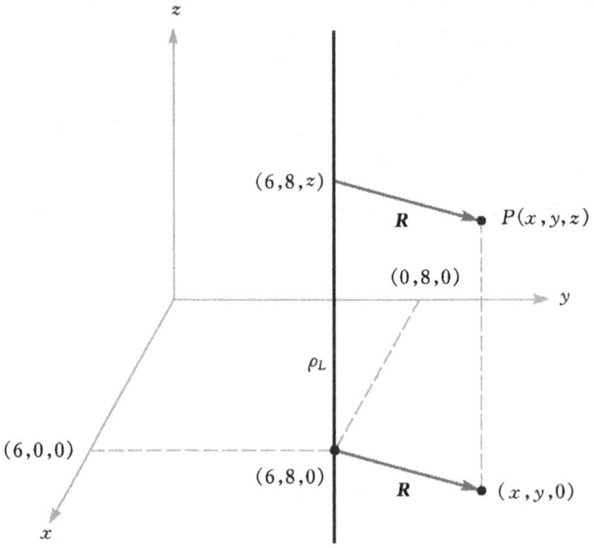

图 2.7　位于 $x=6$ 和 $y=8$ 的一均匀线电荷附近的任意场点 $P(x,y,z)$

用线电荷与场点 P 之间的径向距离 R 代替式(2.16)中的 ρ，$R=\sqrt{(x-6)^2+(y-8)^2}$，令 $\boldsymbol{a}_\rho=\boldsymbol{a}_R$，这时有

$$\boldsymbol{E}=\frac{\rho_L}{2\pi\varepsilon_0\sqrt{(x-6)^2+(y-8)^2}}\boldsymbol{a}_R$$

其中

$$\boldsymbol{a}_R=\frac{\boldsymbol{R}}{|\boldsymbol{R}|}=\frac{(x-6)\boldsymbol{a}_x+(y-8)\boldsymbol{a}_y}{\sqrt{(x-6)^2+(y-8)^2}}$$

因此

$$\boldsymbol{E}=\frac{\rho_L}{2\pi\varepsilon_0}\frac{(x-6)\boldsymbol{a}_x+(y-8)\boldsymbol{a}_y}{(x-6)^2+(y-8)^2}$$

我们再一次注意到场量是不随 z 变化的。

在 2.6 节中，我们将以线电荷的场为例来说明如何绘制电场的分布图。

练习 2.5　在自由空间中，沿 x 轴和 y 轴分别均匀分布有 +5nC/m 和 −5n/Cm 的线电荷。求下列各点处的电场强度 $\boldsymbol{E}$：(a)$P_A(0,0,4)$；(b)$P_B(0,3,4)$。

答案：$45\boldsymbol{a}_z$ V/m；$10.8\boldsymbol{a}_y+36.9\boldsymbol{a}_z$ V/m

2.5　面电荷的电场

另一种基本的电荷分布就是以密度 ρ_S C/m^2 均匀分布的无限大面电荷。这种电荷分布常用于近似地描述带状传输线导体或平行板电容器导体上的电荷分布。在第 5 章中，将会看到静止电荷是分布在导体表面上，而导体内部没有电荷分布；正是由于这个原因，一般称 ρ_S 为面电荷密度。至此，我们已经给出了电荷分布的全部类型，包括点电荷、线电荷、面电荷和体电荷，它们的分布密度分别记为 Q、ρ_L、ρ_S 和 ρ_v。

如图 2.8 所示，有一位于 yz 面内的面电荷。根据对称性可知，电场不随 y 或 z 变化，而位于关于计算场点对称位置处的两个元电荷所产生电场的 y 和 z 分量分别都相互抵消。因此，电场只有 x 分量 E_x，且仅为 x 的函数。此外，我们面临着从许多种方法中选择一种来计算这一分量，这里只介绍一种方法，其余方法读者可作为练习自己去完成。

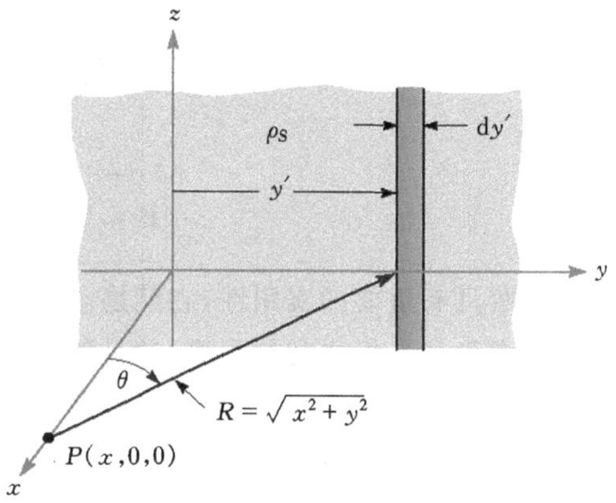

图 2.8　位于 yz 平面上的面电荷，场点 P 位于 x 轴上，宽度为 dy' 的线元电荷在场点 P 产生的电场为 $d\boldsymbol{E}=\rho_S dy'\boldsymbol{a}_R/(2\pi\varepsilon_0 R)$

将无限大平面电荷划分为许多个电荷带元，应用式(2.16)即可计算它所产生的电场。图 2.8 中示出了一个电荷带元。单位长度上的线电荷密度为 $\rho_L=\rho_S dy'$，x 轴上一点 P 到电荷带元的距离为 $R=\sqrt{x^2+y'^2}$。电荷带元在该点产生的电场为

$$dE_x=\frac{\rho_S dy'}{2\pi\varepsilon_0\sqrt{x^2+y'^2}}\cos\theta=\frac{\rho_S}{2\pi\varepsilon_0}\frac{x dy'}{x^2+y'^2}$$

全部电荷带元的电场相加之后，得到

$$E_x=\frac{\rho_S}{2\pi\varepsilon_0}\int_{-\infty}^{\infty}\frac{x dy'}{x^2+y'^2}=\frac{\rho_S}{2\pi\varepsilon_0}\arctan\frac{y'}{x}\bigg|_{-\infty}^{\infty}=\frac{\rho_S}{2\varepsilon_0}$$

若场点 P 在 x 轴的负半轴上，则

$$E_x=-\frac{\rho_S}{2\varepsilon_0}$$

这是因为电场总是起始于正电荷。实际上，可以通过定义一个单位矢量 $\boldsymbol{a}_N$ 来克服这种符号选择的困难，单位矢量 $\boldsymbol{a}_N$ 是垂直于纸面并指向外。这样，有

$$\boxed{\boldsymbol{E}=\frac{\rho_S}{2\varepsilon_0}\boldsymbol{a}_N} \tag{2.17}$$

这一答案令人吃惊，因为电场的大小和方向均不变化。距离面电荷很远处的电场强度与距离面电荷很近处的电场强度竟然大小相同。如果回想一下光模拟的例子，在一个很大的房间里，天花板上的均匀光源照射在 1 平方英尺面积的地面上与照射在天花板下面几英寸远的 1 平方英尺面积上的光强是一样的。如果你希望目标上的光更亮的话，这个答案会让你知道，把一本书靠近这样一个光源是不会得到更强的光照的。

如果在 $x=a$ 平面内还有一密度为 $-\rho_S$ 的无限大面电荷，我们把两个面电荷各自独立产生的电场相加就可以得到总电场。对于 $x>a$ 区域，有

$$\boldsymbol{E}_+=\frac{\rho_S}{2\varepsilon_0}\boldsymbol{a}_x\quad \boldsymbol{E}_-=-\frac{\rho_S}{2\varepsilon_0}\boldsymbol{a}_x\quad \boldsymbol{E}=\boldsymbol{E}_++\boldsymbol{E}_-=0$$

当 $x<0$ 时，有

$$\boldsymbol{E}_+ = -\frac{\rho_S}{2\varepsilon_0}\boldsymbol{a}_x \quad \boldsymbol{E}_- = \frac{\rho_S}{2\varepsilon_0}\boldsymbol{a}_x \quad \boldsymbol{E} = \boldsymbol{E}_+ + \boldsymbol{E}_- = 0$$

当 $0<x<a$ 时，有

$$\boldsymbol{E}_+ = \frac{\rho_S}{2\varepsilon_0}\boldsymbol{a}_x \quad \boldsymbol{E}_- = \frac{\rho_S}{2\varepsilon_0}\boldsymbol{a}_x$$

所以

$$\boxed{\boldsymbol{E} = \boldsymbol{E}_+ + \boldsymbol{E}_- = \frac{\rho_S}{\varepsilon_0}\boldsymbol{a}_x} \tag{2.18}$$

这一答案具有重要的实用性，它就是空气电容器中两平板之间的电场，这里假定两平板的几何尺寸远大于两平板之间的距离，并且忽略了边缘效应。实际上，电容器外部电场不为零，只是我们研究的是理想情况，忽略了电容器外部电场。

练习 2.6 在自由空间中分布有三个无限大的面电荷，它们的位置和密度分别是 $z=-4$，$z=1$，$z=4$ 和 3nC/m^2，6nC/m^2，-8nC/m^2。求以下各点的电场强度 $\boldsymbol{E}$：(a) $P_A(2.5,-5)$；(b) $P_B(4,2,-3)$；(c) $P_C(-1,-5,2)$；(d) $P_D(-2,4,5)$。

答案： $-56.5\boldsymbol{a}_z$ V/m；$283\boldsymbol{a}_z$ V/m；$961\boldsymbol{a}_z$ V/m；$56.5\boldsymbol{a}_z$ V/m

2.6 电力线和电场分布图

现在，我们已经得到了计算几种不同电荷分布所产生的电场强度的矢量方程，从这些方程我们可以很容易知道电场的大小和方向。不幸的是，这种简单性不能持续很久，因为我们已经解决了大多数简单电场问题，而对于一些新的电荷分布，其电场的表达式会很复杂，也很难通过这些方程直观地观察电场的分布。然而，如果我们能知道画出哪种图形来形象地表示场分布的话，那么它将会比用千百个字来描述要有效得多。

WWW Animations

考虑线电荷所产生的电场

$$\boldsymbol{E} = \frac{\rho_L}{2\pi\varepsilon_0\rho}\boldsymbol{a}_\rho$$

图 2.9(a)示出了某一横截面中的场分布，也是我们最初绘制场图时所做的尝试，图中画出的带箭头线段的长度正比于 $\boldsymbol{E}$ 的大小而方向沿 $\boldsymbol{E}$ 的方向。但是，图中没有示出场关于 ϕ 的对称性，所以我们在图 2.9(b)中画出了对称分布的线段。实际上，现在的困难是在最拥挤的区域中必须画出最长的线段，如果仍然使用等长度的线段，只是线段的粗细正比于 $\boldsymbol{E}$ 的大小的话，如图 2.9(c)所示，这也使我们感到很麻烦。还有其它一些场图表示方法，包括用更短的线表示更强的场(常常会让人产生误解)，用颜色的亮度或不同颜色来表示较强的电场等。

现在，令人满意的一点只是场图中示出了电场强度 $\boldsymbol{E}$ 的方向，即画出的自电荷起始的连续曲线上的每一点都与电场强度 $\boldsymbol{E}$ 相切。图 2.9(d)中给出了一种折衷方法。采用对称的线分布(间隔 45°)来表示电场关于方位角的对称性，箭头则用于表示电场的方向。

通常称这些线为电力线，尽管也有其它的名称，例如通量线或方向线。一个放置于电场中能自由运动的很小的正试验电荷，将沿着通过该点电荷处的电力线的方向做加速运动。如果该场是液体或气体中的流速场(偶然地，其中在 $\rho=0$ 处有源)，那么液体或气体中的小颗粒悬

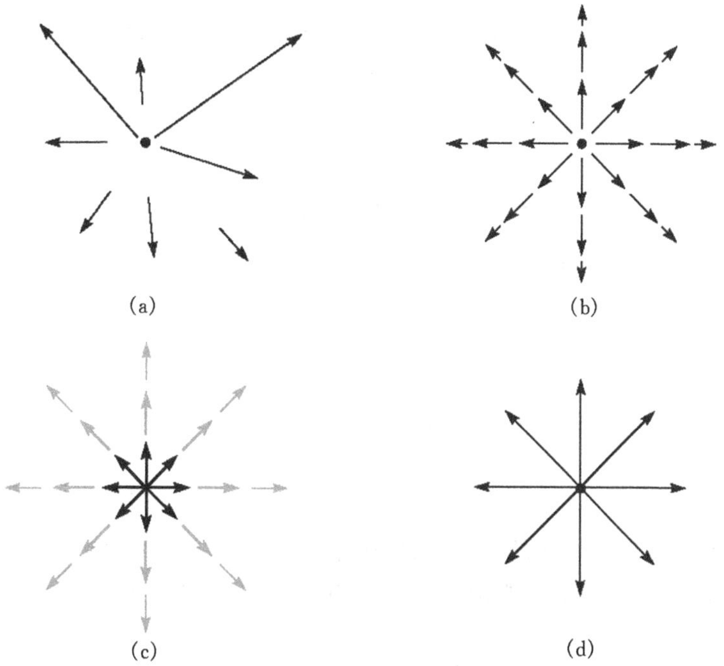

图 2.9 (a)一个非常粗糙的场图。(b)和(c)两个精细的场图。(d)电力线场图的常见形式。最后一种形式中，箭头指出了沿电力线上各点处场的方向，电力线之间的距离与电场强度的大小成反比。

浮粒子的运动将会描绘出这些流线。

在后面我们将会发现，这些电力线还会带来一个额外的好处，因为对于某些重要的特殊情况，电场的大小与线的间隔距离成反比。电力线越密的地方，场强越大。此时，我们还将会找到一种更加容易和更加准确的方法来绘制电力线图。

在绘制点电荷的电场分布图时，如何描述场在垂直于纸面方向上的变化是一个不可避免的困难。由于这个原因，通常限于绘制二维电场的场图。

不失一般性，考虑 $E_z=0$ 的二维电场。这样，就可将电力线绘制在 z 为常数的平面上，并且在与此平面平行的任一平面上的场分布都是相同的。图 2.10 中示出了数根电力线图，还示出了任意点处的 E_x 和 E_y 两个分量。显然，由几何关系可得

$$\boxed{\frac{E_y}{E_x}=\frac{\mathrm{d}y}{\mathrm{d}x}} \qquad (2.19)$$

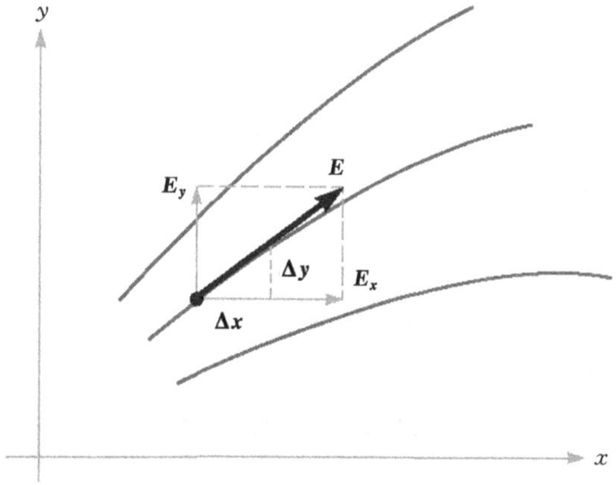

图 2.10 通过求解微分方程 $E_y/E_x=\mathrm{d}y/\mathrm{d}x$ 得到的电力线方程

因此，通过 E_x 和 E_y 的函数形式（求解相应的微分方程），我们可以

获得电力线方程。

下面举例说明这种方法。考虑密度为 $\rho_L=2\pi\varepsilon_0$ 的均匀线电荷的场，

$$\boldsymbol{E}=\frac{1}{\rho}\boldsymbol{a}_\rho$$

在直角坐标系中，

$$\boldsymbol{E}=\frac{x}{x^2+y^2}\boldsymbol{a}_x+\frac{y}{x^2+y^2}\boldsymbol{a}_y$$

这样，我们可以得到如下微分方程

$$\frac{\mathrm{d}y}{\mathrm{d}x}=\frac{E_y}{E_x}=\frac{y}{x}\quad 或 \quad \frac{\mathrm{d}y}{y}=\frac{\mathrm{d}x}{x}$$

因此

$$\ln y=\ln x+C_1\quad 或 \quad \ln y=\ln x+\ln C$$

最后得到电力线方程如下

$$y=Cx$$

如果要求得某一特定电力线的方程，例如通过点 $P(-2,7,10)$ 的电力线，仅仅需要将该点坐标代入上述方程中，计算出 C 值即可。这里有，$7=C(-2)$，解得 $C=-3.5$，最后可得 $y=-3.5x$。

每根电力线对应一个特定的 C 值，图 2.9(d)中示出了 $C=0,1,-1$ 和 $1/C=0$ 时的径向电力线。

电力线方程也可以直接在柱坐标系和球坐标系中求得。在 4.7 节中将会讨论球坐标系中的例子。

练习 2.7 求通过点 $P(1,4,-2)$ 的电力线方程，电场强度 $\boldsymbol{E}=$：(a) $\frac{-8x}{y}\boldsymbol{a}_x+\frac{4x^2}{y^2}\boldsymbol{a}_y$；(b) $2\mathrm{e}^{5x}[y(5x+1)\boldsymbol{a}_x+x\boldsymbol{a}_y]$。

答案：$x^2+2y^2=33$；$y^2=15.7+0.4x-0.08\ln(5x+1)$

参考文献

1. Boast, W. B. *Vector Fields*. New York: Harper and Row, 1964. 该书中包括了许多例题和场分布图。
2. Della Torre, E., and Longo, C. L. *The Electromagnetic Field*. Boston: Allyn and Bacon, 1969. 基于一个实验定律——库仑定律，从第 1 章就开始，该书作者通过仔细严格的研究，介绍了全部电磁场理论。
3. Schelkunoff, S. A. *Electromagnetic Fields*. New York: Blaisdell Publishing Company, 1963. 在没有应用高等数学的情况下，该书前面几个章节中讨论了场的许多物理问题。

习题 2

Animations

2.1 在 $x-y$ 平面上放置有如下三个点电荷：点电荷 5 nC 位于 $y=5$ cm 处，点电荷 -10 nC 位于 $y=-5$ cm 处，点电荷 15 nC 位于 $x=-5$cm 处。若要使在坐标原点处的电场为 0，求第 4 个点电荷 20 nC 应放置在 $x-y$ 平面上何处。

2.2 带电量为 1 nC 和 -2 nC 的两个点电荷分别位于自由空间中的点(0,0,0)和点(1,1,1)。求每个点电荷所受到的力。

2.3 自由空间中，点 $A(1,0,0)$、$B(-1,0,0)$、$C(0,1,0)$和 $D(0,-1,0)$处均有一电量为 50nC 的点电荷。求 A 处点电荷受到的力。

2.4 自由空间中，8 个电量相同的点电荷 Q 分别位于边长为 a 的立方体的 8 个顶点处，其中一个点电荷位于原点处，三个相邻的点电荷位于点$(a,0,0)$、$(0,a,0)$、$(0,0,a)$处，求 $P(a,a,a)$点处的电荷所受到的力。

2.5 点 $P_1(4,-2,7)$处和点 $P_2(-3,4,-2)$处分别有点电荷 $Q_1=25$nC 和 $Q_2=60$nC。(a)若 $\varepsilon=\varepsilon_0$，求点 $P_3(1,2,3)$处的电场强度 $\boldsymbol{E}$；(b)y 轴上何处 $E_x=0$?

2.6 两个带电量均为 q 的点电荷分别位于 $z=\pm d\ /\ 2$ 处。(a)求 z 轴上任一点的电场；(b)求x 轴上任一点的电场；(c)若把 $z=-d\ /\ 2$ 处的点电荷换为$-q$，分别重求(a)和(b)中的问题。

2.7 自由空间中，点 $A(4,3,5)$处有一电量为 2 μC 的点电荷。求点 $P(8,12,2)$处的 E_ρ、E_ϕ 和 E_z 分量。

2.8 一个测量电荷的简易装置由两个半径为 a 的小绝缘球构成，其中一个球被固定。另一个球沿着 x 轴移动且受到一个约束力 kx，其中 k 为弹簧系数。将不带电荷的两个球置于点$x=0$和点 $x=d$，后者为固定球。若给两个球加上等量异号的电荷$\pm Q$，则可以将 Q 表示为 x 的一个函数。求能由 ε_0、k 和 d 测得的最大电荷值，并给出此时球间的距离。若采用一个较大的电荷会发生什么现象?

2.9 自由空间中，点 $A(-1,1,3)$处有一电量为 100 nC 的点电荷。(a)求 $E_x=500$ V/m 的所有点 $P(x,y,z)$；(b)若 $P(x,y,z)$中某一点坐标为$(-2,y_1,3)$，求 y_1 的值。

2.10 在自由空间中，坐标原点处有一电量为$-1nC$ 的点电荷。若要使点(3,1,1)处 $E_x=0$，求应在点(2,0,0)处放置电量为多大的点电荷?

2.11 自由空间中，位于原点的电荷 Q_0 在点 $P(-2.1,-1)$处产生的场 $E_x=1$ kV/m。(a)求 Q_0；分别在下列坐标系中求解点 $M(1,6,5)$处的电场强度 $\boldsymbol{E}$：(b)直角坐标系；(c)圆柱坐标系；(d)球坐标系中。

2.12 电子在空间中某一固定区域做自由运动。每隔 1 μs，在一个体积为 $10^{-15}\,\text{m}^2$ 的子区域内发现一个电子的概率是 0.27。求该区域的体电荷密度。

2.13 在 $r=3$ cm 和 $r=5$ cm 球壳之间存在有密度为 0.2 μC/m^3 的体电荷。设其它区域的 $\rho_v=0$，求：(a)球壳内的总电荷；(b)若总电荷的一半分布在区域 3 cm$<r<r_1$ 内，求 r_1。

2.14 某一阴极射线管中的电子束为柱对称分布，当 $0<\rho<3\times10^{-4}$ m 时，其电荷密度的表达式为 $\rho_v=-0.1/(\rho^2+10^{-8})$ pC/m^3；当 $\rho>3\times10^{-4}$ m 时，其电荷密度 $\rho_v=0$。(a)求沿电子束每单位长度上的总电荷；(b)如果电子的速度为 5×10^7 m/s，且定义 1 安培为

1 C/s，试求电子束电流。

2.15 在半径为 2 μm 的球内有均匀分布的体电荷，其密度为 10^{15} C/m^3。(a)求球体内的总电荷；(b)假设边长为 3 mm 立方体的每一个角上都有一个这样的小球体，而一个大区域包含了其中的一个小球，且球之间无电荷，求这个大区域的平均体电荷密度。

2.16 自由空间中的某一区域的体电荷密度为 $\rho_v=\rho_0 r/a$ C/m^3，其中 ρ_0 和 a 是常数。求以下区域内总电荷：(a)$r\leqslant a$ 的球体内；(b)$r\leqslant a$，$0\leqslant\theta\leqslant 0.1\pi$ 的锥体；(c)$r\leqslant a$，$0\leqslant\theta\leqslant 0.1\pi$，$0\leqslant\phi\leqslant 0.2\pi$的区域内。

2.17 一密度为 16nC/m 的线电荷沿着面 $y=-2$ 和 $z=5$ 的交线分布。若 $\varepsilon=\varepsilon_0$：(a)求点 $P(1,2,3)$处的电场强度 $\boldsymbol{E}$。(b)求 $z=0$ 平面内方向为$(1/3)\boldsymbol{a}_y-(2/3)\boldsymbol{a}_z$ 的点处的 $\boldsymbol{E}$。

2.18 (a)在圆柱坐标系中，沿 z 轴上有一段密度为 ρ_L 的均匀线电荷($-L\leqslant z\leqslant L$)，试求由此线电荷在 $z=0$ 平面内产生的电场强度 $\boldsymbol{E}$；(b)若把此有限长度的线电荷段近似为一无限长的线电荷($L\to\infty$)，那么在 $\rho=0.5L$ 处，E_ρ的计算误差百分比为多少？(c)如果取 $\rho=0.1L$，重求(b)。

2.19 z 轴上有一密度为 2 μC/m 的均匀线电荷。若电荷分别存在于以下区域时，在直角坐标系中求点 $P(1,2,3)$处的电场强度 E：(a)$-\infty<z<\infty$；(b)$-4\leqslant z\leqslant 4$。

2.20 在 z 轴上$-l/2\leqslant z\leqslant l/2$ 的区域内有一长度为 l 的均匀线电荷，其线电荷密度为 ρ_0 C/m，(a)求 x 轴上任意一点电场强度$\boldsymbol{E}$ 的大小和方向；(b)如果在 x 轴上 $l/2\leqslant x\leqslant 3l/2$ 的区域内也有一段线电荷密度为 ρ_0 C/m 的线电荷，求 z 轴上线电荷作用在 x 轴上线电荷的力。

2.21 自由空间中，两个相同的均匀线电荷分别沿平面 $x=0$ 和平面 $y=\pm 0.4$ m 的交线分布，线电荷的密度为 $\rho_L=75$ nC/m。求每单位长度线电荷所受到的相互作用力。

2.22 自由空间中，两个相同的均匀面电荷分别分布在平面 $z=\pm 2.0$ cm 上，面电荷密度为 $\rho_S=100$ nC/m^2。求每单位面积面电荷受到的作用力。

2.23 已知在($\rho<0.2$ m，$z=0$)的区域分布有密度为 $\rho_S=2$ μC/m^2 的面电荷，其余地方面电荷密度为零。求下列各点处的电场强度 $\boldsymbol{E}$：(a) $P_A(\rho=0, z=0.5)$；(b) $P_B(\rho=0, z=-0.5)$。证明：(c)沿 z 轴的电场会减小到与一个无限大面电荷在 z 取很小值时所产生的电场一样；(d) z 轴上的电场会减小到与点电荷在 z 取很大值时所产生的电场一样。

2.24 (a)在自由空间中有一面电荷密度为 ρ_S 的均匀带电圆环。在圆柱坐标系中，该均匀带电圆环位于 $z=0$ 平面上 $a\leqslant\rho\leqslant b$，$0\leqslant\varphi\leqslant 2\pi$ 的区域中，试求 z 轴上的电场。(b)根据(a)的结论，并在适当的限制条件下，求无限均匀面电荷产生的电场。

2.25 已知在自由空间中，点 $P(2,0,6)$处有电量为 12 nC 的点电荷；平面 $x=2$ 和 $y=3$ 的交线处有密度为 3 nC/m 的均匀线电荷；平面 $x=2$ 上有密度为 0.2 nC/m^2 的均匀面电荷，求原点处的电场强度 $\boldsymbol{E}$。

2.26 在 $x-y$ 平面上有一电荷分布沿径向变化的无限大面电荷，其面密度在圆柱坐标系中的表示式为 $\rho_S=\rho_0/\rho$，ρ_0 为常数。求 z 轴上任意一点的电场强度 $\boldsymbol{E}$。

2.27 已知电场强度 $\boldsymbol{E}=(4x-2y)\boldsymbol{a}_x-(2x+4y)\boldsymbol{a}_y$，求：(a)过点 $P(2,3,-4)$的电力线方程；(b)点 $Q(3,-2,5)$处电场强度 $\boldsymbol{E}$ 方向上的单位矢量。

2.28 一个电偶极子(在 4.7 节将详细讨论)由两个距离为 d 的等量异号点电荷 Q 所组成。若两个点电荷分别位于 z 轴的 $z=\pm d/2$ 处(正电荷位于 $z=+d/2$ 处)，在球坐标系中该电偶极子所产生的电场强度表达式为 $\boldsymbol{E}(r,\theta)=[Qd/(4\pi\varepsilon_0 r^3)][2\cos\theta\,\boldsymbol{a}_r+\sin\theta\,\boldsymbol{a}_\theta]$，$r\gg d$。在直角坐标系中，试分别求位于下列两点的电荷 q 所受的力：(a)$(0,0,z)$；(b)$(0,y,0)$。

2.29　已知电场强度 $\boldsymbol{E}=20\mathrm{e}^{-5y}(\cos5x\boldsymbol{a}_x-\sin5x\boldsymbol{a}_y)$，求：(a)点 $P(\pi/6,0.1,2)$处的$|\boldsymbol{E}|$值；(b)P 点处电场强度 $\boldsymbol{E}$ 方向上的单位矢量；(c)过点 P 的电力线方程。

2.30　在圆柱坐标系中，有一电场不随 z 变化，可通过求解微分方程 $E_\rho/E_\phi=\mathrm{d}\rho/(\rho\mathrm{d}\phi)$ 得到电力线方程。若已知电场 $\boldsymbol{E}=\rho\cos2\phi\boldsymbol{a}_\rho-\rho\sin2\phi\boldsymbol{a}_\phi$，求过点$(2,30°,0)$的电力线方程。

第3章

电通量密度、高斯定律和散度

通过绘制前面章节中所描述的一些场分布，我们对电力线的概念熟悉了许多，电力线可以表明在电场中任意点的试验电荷所受的电场力的方向。很自然地，我们要给这些电力线赋予一定的物理意义，并视其为通量线。没有任何物质粒子沿径向从点电荷向外发射出去，也没有任何伸出的刚性触角去吸引或排斥试验电荷，但是当在纸面上画出电力线后，就好像有一幅画面表示着在电荷的周围实际存在某些物质似的。

引入电通量这个量非常有助于我们讨论问题，电通量是从点电荷对称地流出并与电力线相一致，凡是在电场存在的地方都可以设想有电通量。

本章将介绍并使用电通量和电通量密度的概念，来重解在第 2 章中已经提出过的几个问题。由于要解决的问题具有极其严格的对称性，这使得我们的工作变得更为容易些。■

3.1　电通量密度

大约 1837 年，英国皇家学会会长迈克尔·法拉第(Michaed Faraday)开始对静电场和各种绝缘材料对静电场的影响这些问题产生了浓厚的兴趣。在他做著名的感应电动势实验的过去十年中，这些问题一直困扰着他，关于感应电动势我们将会在第 10 章中讨论。在完成了感应电动势实验之后，法拉第又制作了一对同心金属球壳装置，外球体由两个可固定在一起的半球体组成。在两金属球壳之间，他填满了绝缘材料(或电介质材料，或者简单地说电介质)。在这里，我们不打算利用法拉第关于电介质材料的研究成果，因为直到第 6 章，我们所关心的都是自由空间中的场问题。在后面我们将会明白他当时所使用的材料可以看作是理想电介质。

法拉第的实验主要有以下几个步骤：

1. 将试验装置卸开，在内球壳加上一个已知的正电荷。

2. 把外面两个半球壳合上，在带电荷的内球壳和外球壳之间填满大约 2 cm 厚的电介质材料。

3. 把外球壳瞬间接地，释放其上的电荷。

4. 为了避免对外球壳上感应电荷的影响，采用绝缘材料制成的工具将外球壳小心地分开，然后分别测量两个外半球壳上的负感应电荷。

法拉第发现外球壳上的总电荷量与内球壳上的电荷量大小相等，且与内外球壳间电介质材料的性质无关。他推断出在两个球壳之间存在着与媒质无关的某种“位移”，我们现在把它称为电位移、电位移通量或者简称电通量。

当然，法拉第的实验也表明，内球壳上加的正电荷越多，外球壳上将相应地感应出更多的负电荷，即电通量与内球壳上的电荷成正比。这一比例常数的值由所使用的单位制而确定，假如采用国际单位制，很幸运的是该比例常数为 1。若电通量用 Ψ 表示，内球壳上的总电荷用 Q 表示，那么从法拉第实验中可得：

$$\boxed{\Psi = Q}$$

其中，电通量单位为库仑。

如果考虑一个半径为 a 的内球壳，半径为 b 的外球壳，内外球壳上的电荷分别为 Q 和 $-Q$（如图 3.1 所示），我们将会获得更多的定量结果。电通量从内球壳流向外球壳的路径，可以用两球壳之间沿径向对称分布的电力线来表示。

在内球壳表面上，Ψ 库仑的电通量是由均匀分布在面积为 $4\pi a^2\text{m}^2$ 的表面上的电荷 Q 产生的。电通量密度在内球壳表面上的大小为 $\Psi/4(\pi a^2)$ 或 $Q/(4\pi a^2)\text{C/m}^2$，它是一个重要的新物理量。

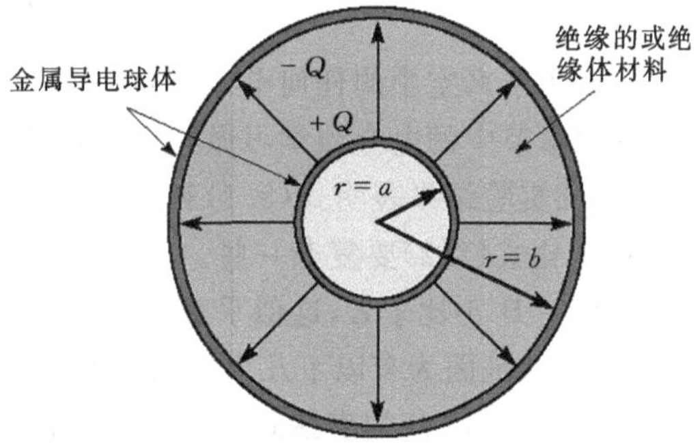

图 3.1　带电同心球之间的电通量分布。电通量密度 $\boldsymbol{D}$ 的方向和大小均与两球间电介质无关

电通量密度的单位为库仑/平方米（有时用“线/平方米”，每一条线为 1 库仑），采用位移通量密度或者位移密度单词的首字母 $\boldsymbol{D}$ 来表示。电通量密度的物理意义更明确，不过我们在使用这个物理量的时候应当尽量保持前后一致。

电通量密度 $\boldsymbol{D}$ 是一个矢量场，它属于通量密度一类矢量场，但与包括电场强度 $\boldsymbol{E}$ 的力场类矢量场相反。某一点的电通量密度 $\boldsymbol{D}$ 的方向和该点的通量线方向相同，其大小等于穿过与通量线相垂直的某一曲面上的通量线根数除以该曲面的面积。

从图 3.1 中看出，电通量密度 $\boldsymbol{D}$ 的方向沿径向，其值为

$$\boldsymbol{D}\Big|_{r=a} = \frac{Q}{4\pi a^2}\boldsymbol{a}_r \quad （内球壳上）$$

$$\boldsymbol{D}\Big|_{r=b} = \frac{Q}{4\pi b^2}\boldsymbol{a}_r \quad （外球壳上）$$

当 $a \leqslant r \leqslant b$ 时，有

$$\boldsymbol{D} = \frac{Q}{4\pi r^2}\boldsymbol{a}_r$$

若令内球壳越来越小，同时保持其上的电荷 Q 不变，取极限后它就成为一个点电荷，此时，距点电荷 r 米处的电通量密度仍可从下式得出。

$$\boxed{\boldsymbol{D}=\frac{Q}{4\pi r^2}\boldsymbol{a}_r} \tag{3.1}$$

其中，Q 条通量线对称地从点电荷向外流出并穿过某一假想的面积为 $4\pi r^2$ 的球面。

将上式与 2.2 节自由空间中点电荷的径向电场强度表达式(2.10)

$$\boxed{\boldsymbol{E}=\frac{Q}{4\pi\varepsilon_0 r^2}\boldsymbol{a}_r}$$

相比较。因此，在自由空间中，

$$\boxed{\boldsymbol{D}=\varepsilon_0\boldsymbol{E}} \quad \text{（仅适于自由空间）} \tag{3.2}$$

尽管式 (3.2) 仅适用于真空，但它不只局限于求解点电荷的电场强度。对于自由空间中某一体电荷分布，有

$$\boxed{\boldsymbol{E}=\int_{\text{vol}}\frac{\rho_v \mathrm{d}v}{4\pi\varepsilon_0 R^2}\boldsymbol{a}_R} \quad \text{（仅适于自由空间）} \tag{3.3}$$

上式是由点电荷的电场强度公式推导而来的。同理，由式(3.1)可以得到：

$$\boxed{\boldsymbol{D}=\int_{\text{vol}}\frac{\rho_v \mathrm{d}v}{4\pi R^2}\boldsymbol{a}_R} \tag{3.4}$$

所以，式(3.2)适用于真空中的任何电荷分布，它可看成是真空中电通量 $\boldsymbol{D}$ 的定义表达式。

为了给后面章节中的电介质学习做一个准备，应该指出，对于无限大理想电介质中的点电荷来说，法拉第的实验结果表明式(3.1)和式(3.4)仍然是适用的。然而，式(3.3)不再适用，$\boldsymbol{D}$ 与 $\boldsymbol{E}$ 间的关系会比式(3.2)要复杂一些。

由于在真空中 $\boldsymbol{D}$ 正比于 $\boldsymbol{E}$，这似乎表示没有必要引入一个新的符号。可是，我们还是引入了一个新符号，这是因为有以下几个原因。首先，$\boldsymbol{D}$ 与通量的概念有关，而通量是一个重要的新概念。其次，由于在 $\boldsymbol{D}$ 的表达式中不含 ε_0，所以 $\boldsymbol{D}$ 场比对应的 $\boldsymbol{E}$ 场要简单一些。

练习 3.1 已知原点处有一 60 μC 的点电荷，求穿过下列曲面的总电通量：(a)半径 $r=26$ cm，$0<\theta<\frac{\pi}{2}$ 和 $0<\phi<\frac{\pi}{2}$ 的部分球面；(b)由 $\rho=26$ cm 和 $z=\pm 26$ cm 形成的闭合曲面；(c)$z=26$ cm 的平面。

答案：7.5 μC；60 μC；30 μC

练习 3.2 在直角坐标系中，求下列电荷在点 $P(2,-3,6)$ 处产生的电位移矢量 $\boldsymbol{D}$：(a)点 $Q(-2,3,-6)$处的点电荷 $Q_A=55$ mC；(b)x 轴上线密度 $\rho_{LB}=20$ mC/m 的均匀线电荷；(c)$z=-5$ m平面上面密度 $\rho_{SC}=120\ \mu\text{C/m}^2$ 的均匀面电荷。

答案：$6.38\boldsymbol{a}_x-9.57\boldsymbol{a}_y+1.14\boldsymbol{a}_z\ \mu\text{C/m}^2$；$-212\boldsymbol{a}_y+424\boldsymbol{a}_z\ \mu\text{C/m}^2$；$60\boldsymbol{a}_z\ \mu\text{Cm}^2$

3.2 高斯定律

法拉第的同心带电球壳实验结果可以总结为下面的实验定律：穿过两导体球壳之间的任意假想闭合球面的电通量等于该闭合球面所包围的电荷总量。被包围的电荷可以分布在内球壳的表面上，也可以是被集中于假想球面中心的一个点电荷。然而，由于 1 C 的电通量是由

1 C的电荷产生的，所以内导体好像是一个立方体或一个黄铜门钥匙，而且它们在外球壳上都将会感应出同样数量的电荷。当然，当电荷由原来的对称分布变为某种未知分布时，电通量密度会发生变化，但只要内导体上仍然带有$+Q$的电荷，那么在包围它的外球壳上同样会感应出大小为$-Q$的电荷来。进一步来说，我们可以用一个空(但是完全闭合的)金属汤罐来代替两个半球形外壳。那么，黄铜门钥匙上Q库仑的电荷也将会产生$\Psi=Q$条电通量线并在锡制金属罐上感应出$-Q$库仑的电荷①。

总结和推广法拉第的实验结果，我们可以得到以下结论，也即**高斯定律**：

穿过任意闭合曲面的电通量等于该曲面所包含的总电荷。

高斯作为历史上最伟大的世界数学家之一，他的贡献实际上不只是用文字阐述了上述定律，而更重要的是用数学公式表达了这一定律。下面我们将得出这个公式。

如图 3.2 所示，假想某种点电荷云分布被一任意形状的闭合曲面所包围。该闭合曲面可以是某些真实材料的表面，但更一般地，我们希望它是假想的任意闭合曲面。如果总电荷是Q，那么Q库仑的电通量将穿过这个闭合曲面。在闭合曲面上每一点，电通量密度$\mathbf{D}$都有某一确定值$\mathbf{D}_S$，下标S仅是提醒我们必须在曲面上各点计算$\mathbf{D}$的值，$\mathbf{D}_S$的大小和方向一般随曲面上的点的不同而变化。

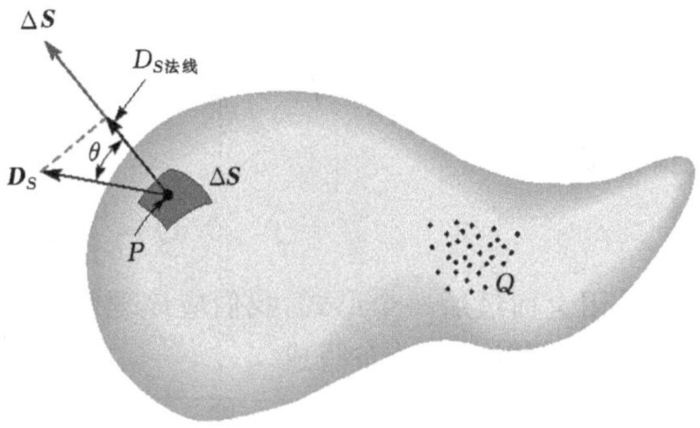

图 3.2 电荷Q在P点产生的电通量密度$\mathbf{D}_S$。穿过$\Delta\mathbf{S}$曲面的总通量为$\mathbf{D}_S\cdot\Delta\mathbf{S}$

现在，我们应该考虑曲面上微分面元的性质。一个面积为ΔS的微分面元几乎可以看成是平面的一小部分，要完整地描述这个面元不仅要给定它的大小ΔS，还要给定它在空间的方向。换言之，微分面元是一个矢量。$\Delta\mathbf{S}$的方向为在问题中所求点处与曲面相切的平面的法线方向。当然，存在着两条这样的法线方向，不过定义为闭合曲面的外法线方向就可以消除这种不确定性，此时“向外”有着一特定的含义。

如图 3.2 所示，考虑任一点P处大小为ΔS的一个微分面元，让$\mathbf{D}_S$与面元$\Delta\mathbf{S}$有一个夹角θ。那么，穿过曲面ΔS的电通量为$\mathbf{D}_S$的法向分量与ΔS的乘积，

$$\Delta\Psi = \text{穿过 }\Delta S\text{ 的通量} = D_{S,\text{norm}}\Delta S = D_S\cos\theta\Delta S = \mathbf{D}_S\cdot\Delta\mathbf{S}$$

这里，我们应用了第一章中定义的点乘。

穿过闭合曲面的总通量可以通过对穿过每一个增量元ΔS的微分通量求和得到，

$$\Psi = \int d\Psi = \oint_{\substack{\text{closed}\\\text{surface}}} \mathbf{D}_S\cdot d\mathbf{S}$$

上式积分是一个闭合曲面积分，由于$d\mathbf{S}$总是涉及到两个坐标的微分，如$dxdy$、$\rho\, d\varphi d\rho$或$r^2\sin\theta d\theta d\varphi$，所以该积分为双重积分。为了简便起见，通常使用单积分号，并将S放在积分号

① 如果金属罐里储存有汤，而且汤是理想绝缘物质，那么，结果没有任何不同。

的下面来表示这是一个面积分，尽管这样做实际上不必要，因为微分 d$\boldsymbol{S}$ 已自然地表明了它是一个面积分的符号。习惯上，就是在积分号上画一个小圆以表示对闭合曲面进行积分。这个闭合曲面通常称高斯面。至此，我们得到了高斯定律的数学表达式：

$$\boxed{\Psi = \oint_S \boldsymbol{D}_S \cdot \mathrm{d}\boldsymbol{S} = \text{闭合曲面包围的电荷} = Q} \tag{3.5}$$

WWW Animations

闭合曲面所包围的电荷可能是几个点电荷，在这种情况下：

$$Q = \sum Q_n$$

或者线电荷

$$Q = \int \rho_L \mathrm{d}L$$

或者面电荷

$$Q = \int_S \rho_S \mathrm{d}S \quad \text{（不必是闭合表面）}$$

或体电荷分布

$$Q = \int_{\mathrm{vol}} \rho_v \mathrm{d}v$$

通常采用上面最后一个形式，我们应该理解为它代表着上述任一形式或所有形式。基于此，高斯定律可以以电荷分布写成

$$\boxed{\oint_S \boldsymbol{D}_S \cdot \mathrm{d}\boldsymbol{S} = \int_{\mathrm{vol}} \rho_v \mathrm{d}v} \tag{3.6}$$

上述数学表达式只是简单地意味着，穿过任意闭合面的总电通量等于该闭合面所包围的电荷。

例 3.1 为了说明高斯定律的应用，让我们来考察法拉第的实验结果，把点电荷 Q 置于球坐标系的原点，并选择一个半径为 a 的球面作为闭合面（如图 3.3 所示）。让我们来考察法拉第的实验结果。

解： 与前面一样，我们有，

$$\boldsymbol{D} = \frac{Q}{4\pi r^2}\boldsymbol{a}_r$$

在球面上，

$$\boldsymbol{D}_S = \frac{Q}{4\pi a^2}\boldsymbol{a}_r$$

利用第 1 章的推导结果，球坐标系中的面积微分元为

$$\mathrm{d}S = r^2 \sin\theta \mathrm{d}\theta \mathrm{d}\phi = a^2 \sin\theta \mathrm{d}\theta \mathrm{d}\phi$$

或

$$\mathrm{d}\boldsymbol{S} = a^2 \sin\theta \mathrm{d}\theta \mathrm{d}\phi \boldsymbol{a}_r$$

被积函数为：

$$\boldsymbol{D}_S \cdot \mathrm{d}S = \frac{Q}{4\pi a^2} a^2 \sin\theta \mathrm{d}\theta \mathrm{d}\phi \boldsymbol{a}_r \cdot \boldsymbol{a}_r = \frac{Q}{4\pi} \sin\theta \mathrm{d}\theta \mathrm{d}\phi$$

这样，闭合面积分为：

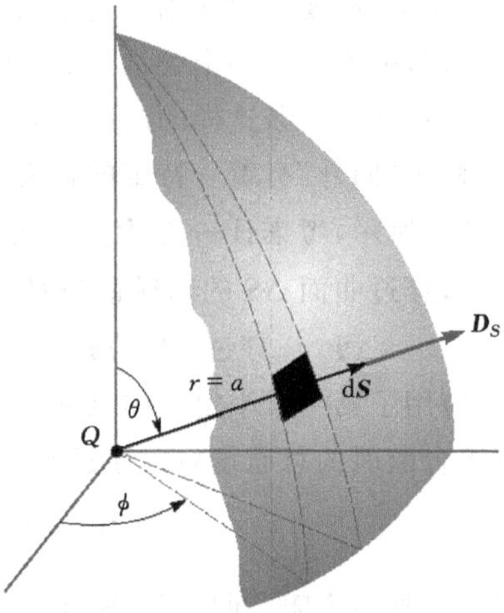

图 3.3 用高斯定律求点电荷在半径为 a 球面上的电场。电通量密度 $\boldsymbol{D}$ 处处垂直于球面，且在球面上电通量密度处处大小相等。

$$\int_{\phi=0}^{\phi=2\pi}\int_{\theta=\phi}^{\theta=\pi}\frac{Q}{4\pi}\sin\theta\mathrm{d}\theta\mathrm{d}\phi$$

积分限的选择要使得对整个闭合面进行积分，①这样有

$$\int_0^{2\pi}\frac{Q}{4\pi}(-\cos\theta)_0^{\pi}\mathrm{d}\phi=\int_0^{2\pi}\frac{Q}{2\pi}\mathrm{d}\phi=Q$$

正如我们所料，结果表明有 Q 库仑电通量穿过该闭合面，因为该闭合面所包围的总电荷为 Q。

练习 3.3 自由空间中，电通密度为 $\boldsymbol{D}=0.3r^2\boldsymbol{a}_r\,\mathrm{nC/m^2}$：(a) 求点 $P(r=2,\theta=25°,\phi=90°)$ 处的 $\boldsymbol{E}$；(b)求球面 $r=3$ 内的总电量；(c)求穿出球面 $r=4$ 的总电通量。

答案：$135.5\boldsymbol{a}_r$ V/m；305 nC；965 nC

练习 3.4 在以下电荷分布情况下，求穿出由 $x,y,z=\pm5$ 构成的立方体表面的总电通量：(a)两个点电荷，点(1，−2，3)处的电量为 0.1 μC，点(−1，2，−2)处的电量为 $\frac{1}{7}$ μC；(b)位于 $x=-2$，$y=3$ 处线密度为 π μC/m 的均匀线电荷；(c)在平面 $y=3x$ 上面密度为 0.1 μC/m² 的均匀面电荷。

答案：0.243 μC；31.4 nC；10.54 μC

3.3 高斯定律的应用：一些对称分布电荷的电场

现在，我们来考虑如何应用高斯定律

$$\boxed{Q=\oint_S\boldsymbol{D}_S\cdot\mathrm{d}\boldsymbol{S}}$$

求解已知电荷分布所产生的 $\boldsymbol{D}_S$。这是一个求积分方程解的例子，它需要确定出现在积分号中的未知量。

如果我们能够选择一个闭合面，该闭合面满足下面两个条件，那么这个问题就很容易求解。

1. $\boldsymbol{D}_S$ 与所选择的闭合面处处垂直或者相切，这样 $\boldsymbol{D}_S\cdot\mathrm{d}\boldsymbol{S}$ 值就成为 $D_S\mathrm{d}\boldsymbol{S}$ 或者 0。

2. 在闭合面上 $\boldsymbol{D}_S\cdot\mathrm{d}\boldsymbol{S}$ 不为 0 处，D_S＝常数。

这样，我们就可以将矢量点乘化为标量 D_S 与 $\mathrm{d}S$ 相乘，从而将 D_S 提取到积分号的外面。此时，余下的积分为 $\int_S\mathrm{d}S$，且积分是在闭合面上与 $\boldsymbol{D}_S$ 相垂直的部分曲面上进行的，很简单这就是那部分曲面的面积。只有在掌握了问题的对称性之后，我们才能够选择出这样的一个闭合面。

让我们重新来考虑位于球坐标系原点处的一个点电荷 Q，确定一个满足上述两个条件的闭合面。很显然，这个闭合面是一个球心位于原点，半径为 r 的球面。在球面上，$\boldsymbol{D}_S$ 处处垂直于球面，并且在球面上处处 D_S 大小相等。

---

① 若 θ 和 ϕ 两者的范围都从 0 到 2π，则，在球表面上积分两次。

这样，我们就可以得到：

$$Q=\oint_S \boldsymbol{D}_S \cdot d\boldsymbol{S}=\oint_{sph} D_S dS$$
$$=D_S\oint_{sph} dS=D_S\int_{\phi=0}^{\phi=2\pi}\int_{\theta=0}^{\theta=\pi} r^2 \sin\theta d\theta d\phi$$
$$=4\pi r^2 D_S$$

所以

$$D_S=\frac{Q}{4\pi r^2}$$

由于半径 r 可以为任意值，且 $\boldsymbol{D}_S$ 由原点沿径向向外，因此

$$\boxed{\boldsymbol{D}=\frac{Q}{4\pi r^2}\boldsymbol{a}_r \quad \boldsymbol{E}=\frac{Q}{4\pi\varepsilon_0 r^2}\boldsymbol{a}_r}$$

这和第 2 章所得到的结果是相同的。这是一个很常见的例子。不足之处是在获得问题的解答之前，我们必须知道电场分布是对称的，而且电场方向是沿径向向外的。事实上，只有平方反比关系才可以验证高斯定律的结果。然而，这个例子却说明了一种方法，我们可以用这种方法来求解其它问题，包括一些不能用库仑定律求解的问题。

是否还有其它的闭合面能满足上述两个条件呢？学生们应该确定，像立方体或圆柱体这样简单的表面都不满足上述两个条件。

作为第二个例子，我们来考虑以密度 ρ_L 从 $-\infty$ 到 $+\infty$ 沿 z 轴均匀分布线电荷的电场。首先，我们必须了解电场分布的对称性，对下面两个问题的回答有助于我们确定电场分布的特点：

1. 电场随哪个坐标变量变化(或 D 是哪个变量的函数)？
2. $\boldsymbol{D}$ 存在哪些分量？

在应用高斯定律时，无疑必需利用对称性来简化解的问题，由于高斯定律的应用依赖于对称性，如果不能判断出对称性的存在，那么我们就不能应用高斯定律来求得问题的解。因此，在应用高斯定律时必须首先解决上述两个问题。

从前面对均匀线电荷的讨论，很显然 $\boldsymbol{D}$ 仅存在径向分量，即

$$\boldsymbol{D}=D_\rho \boldsymbol{a}_\rho$$

并且这个分量仅是 ρ 的函数

$$D_\rho=f(\rho)$$

现在，闭合面的选择很简单，因为圆柱面是 D_ρ 与之处处垂直的惟一表面，再加上两个与 Z 轴垂直的平面就形成了一个闭合面。半径为 ρ，长度从 $z=0$ 到 $z=L$ 的闭合圆柱面如图 3.4 所示。

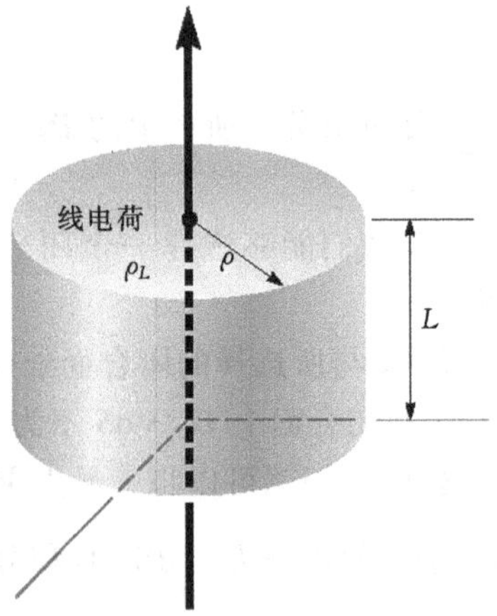

图 3.4　无限长均匀线电荷的高斯面是一个长度为 L 半径为 ρ 的圆柱面。在圆柱侧面上，$\boldsymbol{D}$ 处处与之垂直，且大小为常数；在两个底面上，$\boldsymbol{D}$ 与之平行。

应用高斯定律，

$$Q=\oint_{cyl} \boldsymbol{D}_S \cdot d\boldsymbol{S}=D_S\oint_{sides} dS+0\oint_{top} dS+0\oint_{bottom} dS$$

$$= D_S \int_{z=0}^{L} \int_{\phi=0}^{2\pi} \rho \mathrm{d}\phi \mathrm{d}z = D_S 2\pi\rho L$$

得到

$$D_S = D_\rho = \frac{Q}{2\pi\rho L}$$

闭合面包围的总电荷可以用线电荷密度 ρ_L 表示为：

$$Q = \rho_L L$$

因此

$$D_\rho = \frac{\rho_L}{2\pi\rho}$$

或

$$E_\rho = \frac{\rho_L}{2\pi\varepsilon_0\rho}$$

与 2.4 节中的式(2.20)相比较，上述方法只需要很小的计算工作量就能得到正确的结果。一旦选定合适的闭合面，积分通常只是写出与 $\boldsymbol{D}$ 垂直的曲面面积而已。

同轴电缆问题与无限长线电荷问题极为相似，是很难应用库仑定律的观点来求解的一个典型例子。假定有两个无限长同轴圆柱导体，内外导体半径分别为 a 和 b，如图 3.5 所示。设内导体外表面上的电荷密度为 ρ_S。

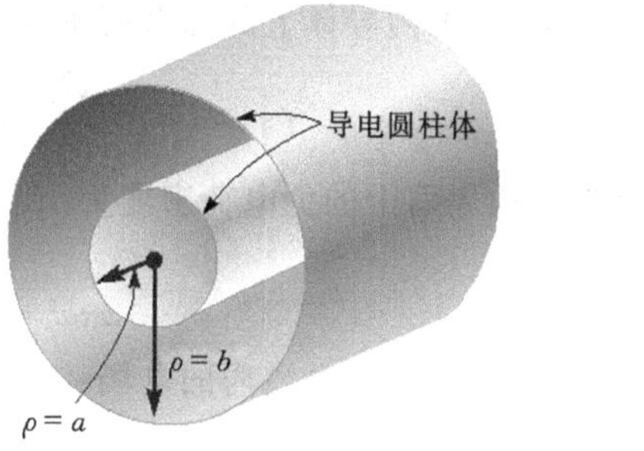

图 3.5　同轴电缆的两个同轴圆柱导体在圆柱体内所产生的电通量密度为 $D_\rho = a\rho_S/\rho$

根据对称性可知，$\boldsymbol{D}$ 只有 D_ρ 分量，且仅为 ρ 的函数。选一长度为 L 半径为 ρ($a<\rho< b$)的闭合圆柱面作为高斯面，很容易得到

$$Q = D_S 2\pi\rho L$$

长度为 L 的内导体上的总电荷量为

$$Q = \int_{z=0}^{L} \int_{\phi=0}^{2\pi} \rho_S a \, \mathrm{d}\phi \mathrm{d}z = 2\pi a L \rho_S$$

由上式可得

$$D_S = \frac{a\rho_S}{\rho} \quad \boldsymbol{D} = \frac{a\rho_S}{\rho}\boldsymbol{a}_\rho (a < \rho < b)$$

上述结果可以用每单位长度的电荷来表示，因为内导体上每单位长度的电荷量为 $2\pi a\rho_S$，因此，令 $\rho_L = 2\pi a\rho_S$，上式变为

$$\boxed{\boldsymbol{D} = \frac{\rho_L}{2\pi\rho}\boldsymbol{a}_\rho}$$

WWW Animations

该解与无限长线电荷分布解的形式相同。

由于每一条从内圆柱体电荷发出的电通量线都必终止于外圆柱体内表面上的一个负电荷，所以外圆柱体内表面上的总电荷为

$$Q_{\text{outer,cyl}} = -2\pi a L \rho_{S,\text{inner,cyl}}$$

外圆柱体内表面的面电荷分布满足

$$2\pi b L \rho_{S,\text{outer,cyl}} = -2\pi a L \rho_{S,\text{inner,cyl}}$$

或

$$\rho_{S,\text{outer},\text{cyl}}=-\frac{a}{b}\rho_{S,\text{inter},\text{cyl}}$$

如果我们选择半径 $\rho>b$ 的闭合圆柱面作为高斯面，情况将会如何呢？这时，高斯面所包围的总电荷将为 0，因为内外圆柱导体上的电荷大小相等，符号相反。因此，有

$$0=D_S 2\pi\rho L\quad(\rho>b)$$

$$D_S=0\quad(\rho>b)$$

当 $\rho<a$ 时，也可以得到相同的结果。这样，同轴电缆或电容器的外部没有电场（我们已经证明过外导体是一个屏蔽体），在内导体的内部也没有电场。

这一结果也适用于两端开路的有限长同轴电缆，假设同轴电缆的长度 L 远大于电缆外导体半径 b，这样，可忽略两端不对称条件对解的影响。这种器件也被称为同轴电容器。在以后的课程中，我们将会经常遇到同轴电缆和同轴电容器。

例 3.2 一内半径为 1 mm，外半径为 4 mm，长度为 50 cm 同轴电缆的内外导体之间充满空气。内导体上的总电荷为 30 nC。我们希望求得每个导体上的电荷密度，$\boldsymbol{E}$ 和 $\boldsymbol{D}$ 的分布。

解：先求内导体上的面电荷密度，

$$\rho_{S,\text{inner},\text{cyl}}=\frac{Q_{\text{inner},\text{cyl}}}{2\pi aL}=\frac{30\times10^{-9}}{2\pi(10^{-3})(0.5)}=9.55\ \mu\text{C/m}^2$$

外导体内表面上的负电荷密度为

$$\rho_{S,\text{outer},\text{cyl}}=\frac{Q_{\text{outer},\text{cyl}}}{2\pi bL}=\frac{-30\times10^{-9}}{2\pi(4\times10^{-3})(0.5)}=-2.39\ \mu\text{C/m}^2$$

这样，容易计算出电缆内的电场：

$$D_\rho=\frac{a\rho_S}{\rho}=\frac{10^{-3}(9.55\times10^{-6})}{\rho}=\frac{9.55}{\rho}\ \text{nC/m}^2$$

和

$$E_\rho=\frac{D_\rho}{\varepsilon_0}=\frac{9.55\times10^{-9}}{8.854\times10^{-12}\rho}=\frac{1079}{\rho}\ \text{V/m}$$

上述两个表达式适用于区域 $1<\rho<4$ mm。当 $\rho<1$ mm 和 $\rho>4$ mm 时，$\boldsymbol{E}$ 和 $\boldsymbol{D}$ 都为零。

练习 3.5 电量为 0.25 μC 的点电荷放在 $r=0$ 处，球面 $r=1$ cm 上的面电荷密度为 2 mC/m²，球面 $r=1.8$ cm 上的面电荷密度为 -0.6 mC/m²。求以下各处的 $\boldsymbol{D}$：(a) $r=0.5$ cm；(b) $r=1.5$ cm；(c) $r=2.5$ cm；(d) 为了使 $r=3.5$ cm 处的 $D=0$，球面 $r=3$ cm 上的均匀面电荷密度应为多少？

答案：$769\boldsymbol{a}_r\ \mu\text{C/m}^2$；$977\boldsymbol{a}_r\ \mu\text{C/m}^2$；$40.8\boldsymbol{a}_r\ \mu\text{C/m}^2$；$-28.3\ \mu\text{C/m}^2$

3.4 高斯定律的应用：体积元电荷的电场

现在，我们要将高斯定律应用于另外一类问题，这些问题根本不具备任何对称性。乍看起来，这种问题似乎无法应用高斯定律求解。因为若不具备对称性，就无法选取一个合适的高斯面使得 $\boldsymbol{D}$ 分量与其处处垂直或者相切。没有合适的高斯面，就无法进行积分计算。只有一种办法

可以克服这些困难，那就是选择一个 $\boldsymbol{D}$ 在其上近似为常数的足够小的高斯闭合面，$\boldsymbol{D}$ 的微小变化可以用其泰勒级数展开公式中的前两项来恰当地表示。当高斯面所包围的体积不断减小时，所得到的结果就越接近正确值，我们希望体积最终趋于 0。

这个例子与前面例子的不同之处还在于，我们的目的并不是最终求解出 $\boldsymbol{D}$ 的值，而是要从中获得一些非常有价值的信息，即 $\boldsymbol{D}$ 在选取的微小曲面所包围的区域内如何变化。这样可以直接导出麦克斯韦方程组中的一个方程，它是整个电磁场理论的基础。

如图 3.6 所示，考虑直角坐标系中的任一点 P。点 P 处的 $\boldsymbol{D}$ 可以表示为 $\boldsymbol{D}_0 = D_{x0}\boldsymbol{a}_x + D_{y0}\boldsymbol{a}_y + D_{z0}\boldsymbol{a}_z$。选取以 P 点为中心、长宽高分别为 Δx、Δy 和 Δz 的一个立方体表面为闭合面，应用高斯定律有

$$\boxed{\oint_S \boldsymbol{D} \cdot \mathrm{d}\boldsymbol{S} = Q}$$

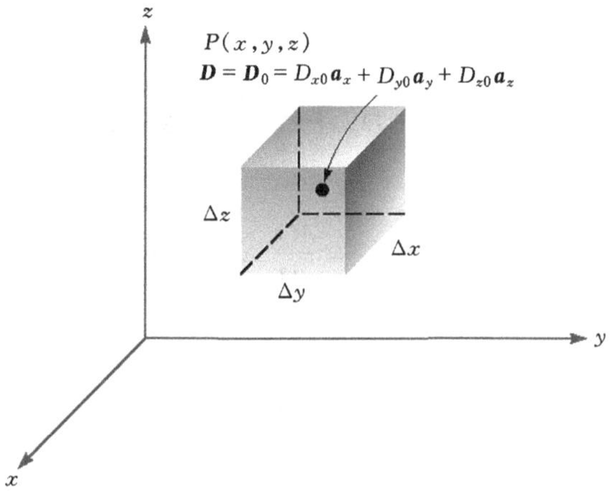

图 3.6 用包围点 P 的微小高斯面研究 P 点附近 $\boldsymbol{D}$ 的空间变化率

为了求得闭合面上的积分值，必须把整个积分分成六个面上的积分之和，

$$\oint_S \boldsymbol{D} \cdot \mathrm{d}\boldsymbol{S} = \int_{\text{前}} + \int_{\text{后}} + \int_{\text{左}} + \int_{\text{右}} + \int_{\text{顶}} + \int_{\text{底}}$$

仔细考察上式中的第一项。由于面元的面积很小，所以其上的 $\boldsymbol{D}$ 几乎为常量（在部分闭合面上）。这样，

$$\begin{aligned}\int_{\text{前}} &\doteq \boldsymbol{D}_{\text{前}} \cdot \Delta \boldsymbol{S}_{\text{前}} \\ &\doteq \boldsymbol{D}_{\text{前}} \cdot \Delta y \Delta z \boldsymbol{a}_x \\ &\doteq D_{x,\text{前}} \Delta y \Delta z\end{aligned}$$

在上式中，我们仅对前方表面上 D_x 的值做了近似。因为前方表面距离 P 点为 $\Delta x/2$，所以，

$$\begin{aligned}D_{x,\text{前}} &\doteq D_{x0} + \frac{\Delta x}{2} \times D_x\text{随着 } x \text{ 的改变率} \\ &\doteq D_{x0} + \frac{\Delta x}{2}\frac{\partial D_x}{\partial x}\end{aligned}$$

其中，D_{x0} 是 D_x 在 P 点的值，D_x 随 x 的变化率用 D_x 对 x 的偏微分来表示，因为 D_x 通常也随

坐标 y 和 z 变化而变化。当然，我们也可以更一般地通过取 D_x 在 P 点附近泰勒级数展开式中的常数项和一阶导数项来得到这一表达式。

现在，有

$$\int_{\text{前}} \doteq \left(D_{x0} + \frac{\Delta x}{2}\frac{\partial D_x}{\partial x}\right)\Delta y \Delta z$$

考虑后方表面的积分，有

$$\begin{aligned}\int_{\text{后}} &\doteq \boldsymbol{D}_{\text{后}} \cdot \Delta \boldsymbol{S}_{\text{后}} \\ &\doteq \boldsymbol{D}_{\text{后}} \cdot (-\Delta y \Delta z \boldsymbol{a}_x) \\ &\doteq - D_{x,\text{后}} \Delta y \Delta z\end{aligned}$$

和

$$D_{x,\text{后}} \doteq D_{x0} - \frac{\Delta x}{2}\frac{\partial D_x}{\partial x}$$

得到

$$\int_{\text{后}} \doteq \left(- D_{x0} + \frac{\Delta x}{2}\frac{\partial D_x}{\partial x}\right)\Delta y \Delta z$$

将上述两个积分相加，有

$$\int_{\text{前}} + \int_{\text{后}} \doteq \frac{\partial D_x}{\partial x}\Delta x \Delta y \Delta z$$

类似地，可得

$$\int_{\text{左}} + \int_{\text{后}} \doteq \frac{\partial D_y}{\partial y}\Delta x \Delta y \Delta z$$

和

$$\int_{\text{顶}} + \int_{\text{底}} \doteq \frac{\partial D_z}{\partial z}\Delta x \Delta y \Delta z$$

整理上述结果，最后得到

$$\oint_S \boldsymbol{D} \cdot \mathrm{d}\boldsymbol{S} \doteq \left(\frac{\partial D_x}{\partial x} + \frac{\partial D_y}{\partial_y} + \frac{\partial D_z}{\partial z}\right)\Delta x \Delta y \Delta z$$

或

$$\oint \boldsymbol{D} \cdot \mathrm{d}\boldsymbol{S} = Q \doteq \left(\frac{\partial D_x}{\partial x} + \frac{\partial D_y}{\partial y} + \frac{\partial D_z}{\partial z}\right)\Delta v \tag{3.7}$$

上述结果是一个近似表达式，当 Δv 较小时，它就越接近于正确结果，在下一节中我们将让体积 Δv 趋近于零。现在，我们把高斯定律应用于包围体积元 Δv 的闭合面上，根据式(3.7)，得到

$$\boxed{\text{体积 } \Delta v \text{ 内包含的电量} \doteq \left(\frac{\partial D_x}{\partial x} + \frac{\partial D_y}{\partial_y} + \frac{\partial D_y}{\partial z}\right) \times \text{体积 } \Delta v} \tag{3.8}$$

例 3.3 如果 $\boldsymbol{D} = \mathrm{e}^{-x}\sin y \boldsymbol{a}_x - \mathrm{e}^{-x}\cos y \boldsymbol{a}_y + 2z\boldsymbol{a}_z \ \mathrm{C/m^2}$，求中心位于原点，一个大小为 $10^{-9}\ \mathrm{m^3}$ 的体积元内的总电荷。

解：首先计算式(3.8)中的三个偏导数：

$$\frac{\partial D_x}{\partial x} = - \mathrm{e}^{-x}\sin y$$

$$\frac{\partial D_y}{\partial y} = e^{-x}\sin y$$

$$\frac{\partial D_z}{\partial z} = 2$$

在原点处，前两个表达式的值为零，最后一个表达式的值为 2。这样，体积元内的电荷约等于 $2\Delta v$。若 Δv 为 $10^{-9}\ \mathrm{m}^3$，包含的电荷即为 2 nC。

练习 3.6 在自由空间中，令 $\boldsymbol{D} = 8xyz^4\boldsymbol{a}_x + 4x^2z^4\boldsymbol{a}_y + 16x^2yz^3\boldsymbol{a}_z\ \mathrm{pC/m^2}$。(a)求沿 $\boldsymbol{a}_z$ 方向穿出矩形表面 $z=2, 0<x<2, 1<y<3$ 的总电通量。(b)求点 $P(2,-1,3)$ 处的 $\boldsymbol{E}$。(c)求位于点 $P(2,-1,3)$ 处，大小为 $10^{-12}\ \mathrm{m}^3$ 的球形体积元内的总电荷。

答案：1365 pC；$-146.4\boldsymbol{a}_x + 146.4\boldsymbol{a}_y - 195.2\boldsymbol{a}_z$ V/m；-2.38×10^{-21} C

3.5 散度和麦克斯韦第一方程

令体积元 Δv 趋近于 0，我们可以由式(3.7)得到一个精确的关系式。这个方程可以写成：

$$\left(\frac{\partial D_x}{\partial x} + \frac{\partial D_y}{\partial_y} + \frac{\partial D_z}{\partial z}\right) = \lim_{\Delta v\to 0}\frac{\oint_S \boldsymbol{D}\cdot \mathrm{d}\boldsymbol{S}}{\Delta v} = \lim_{\Delta v\to 0}\frac{Q}{\Delta v} = \rho_v \tag{3.9}$$

上式中 ρ_v 为体电荷密度。

将前一节的方法用于求任意矢量 $\boldsymbol{A}$ 在某一小闭合曲面上的面积分 $\oint_S \boldsymbol{A}\cdot \mathrm{d}\boldsymbol{S}$，有

$$\left(\frac{\partial A_x}{\partial x} + \frac{\partial A_y}{\partial y} + \frac{\partial A_z}{\partial z}\right) = \lim_{\Delta v\to 0}\frac{\oint_S \boldsymbol{A}\cdot \mathrm{d}\boldsymbol{S}}{\Delta v} \tag{3.10}$$

上式中的矢量 $\boldsymbol{A}$ 可以是速度、温度的梯度、力或者其它矢量场。

由于式(3.12)的运算频繁出现在近一个世纪的物理学研究中，于是人们赋予它一个专门的名称——散度。散度 $\boldsymbol{A}$ 按下式定义：

$$\boxed{\operatorname{div}\boldsymbol{A} = \lim_{\Delta v\to 0}\frac{\oint_S \boldsymbol{A}\cdot \mathrm{d}\boldsymbol{S}}{\Delta v}} \tag{3.11}$$

WWW Animations

对等式(3.11)右边隐含的运算做详细的描述就可以得到矢量散度的物理意义。现在，我们假定 $\boldsymbol{A}$ 为通量密度矢量家族中的一员，这样有助于我们揭示其物理意义。

当闭合曲面所包围的体积减小到 0 时，通量密度 $\boldsymbol{A}$ 的散度则表示从单位体积的表面穿出的通量的流量。

上述对散度的物理解释，有助于我们在不进行数学推导的条件下来定性地获取一个矢量场的散度的信息。例如，让我们考察浴缸阀门打开后水流速度矢量的散度。穿出水中任一闭合曲面的净流量一定为零，因为水基本上是不可压缩的，所以流入和流出这个封闭曲面的水是相等的。因此，水流速度的散度为零。

但是，如果考虑一个被钉子刚扎破的轮胎中空气的速度，我们就会发现空气随着压力的下降在不断地膨胀，相应地有净流量穿出轮胎内任一封闭曲面。因此，空气速度的散度大于零。

如果某一矢量的散度为正，说明在该点存在着矢量的源。类似地，如果散度为负，则说明在该点存在着矢量的沟(负源)。由于浴缸中水面的水流速度的散度为零，说明其中不存在源和沟[①]。然而，膨胀的空气给空气速度提供了一个正的散度，所以轮胎内的每一点都可以看作是一个源。

若采用散度来表示式(3.9)，我们有

$$\boxed{\mathrm{div}\boldsymbol{D} = \left(\frac{\partial D_x}{\partial x} + \frac{\partial D_y}{\partial_y} + \frac{\partial D_z}{\partial z}\right)} \tag{3.12}$$

上式同样不含电荷密度。这是通过把散度的定义应用于直角坐标系中的体积元而得到的结果。

如果选取柱坐标系中的体积元 $\rho d\rho d\phi dz$ 或球坐标系中的体积元 $r^2\sin\theta dr d\theta d\phi$，那么在矢量的散度表达式中将相应地存在着对应的坐标量和及其偏导数。这些公式可以从本书附录 A 中查到，为了方便起见，这里给出相应的公式：

$$\boxed{\mathrm{div}\boldsymbol{D} = \frac{\partial D_x}{\partial x} + \frac{\partial D_y}{\partial y} + \frac{\partial D_z}{\partial z}\quad \text{（直角坐标）}} \tag{3.13}$$

$$\boxed{\mathrm{div}\boldsymbol{D} = \frac{1}{r^2}\frac{\partial}{\partial r}(r^2 D_r) + \frac{1}{r\sin\theta}\frac{\partial}{\partial\theta}(\sin\theta D_\theta) + \frac{1}{r\sin\theta}\frac{\partial D_\phi}{\partial\phi}\quad \text{（球坐标）}} \tag{3.14}$$

为参考方便起见，将这些公式印在了本书最后一页中。

应该注意的是，散度是对矢量的一种运算，但运算结果却是一个标量。我们应该回想一下，这与点乘或标积多少有一些相似，因为点乘或标积是两个矢量相乘，其结果也是一个标量。

不知是什么原因，刚开始接触散度的人很容易犯这样一个错误，那就是通过把单位矢量分散在偏微分中来完成矢量的散度运算。散度仅仅告诉我们从单位体积中有多少通量流出，并没有说明通量流动的方向。

利用下面的例子，我们可以继续说明散度的概念。

例 3.4　如果 $\boldsymbol{D} = e^{-x}\sin y\,\boldsymbol{a}_x - e^{-x}\cos y\,\boldsymbol{a}_y + 2z\,\boldsymbol{a}_z$，在原点处求出 $\mathrm{div}\boldsymbol{D}$。

解：使用式(3.10)，得到

$$\begin{aligned}\mathrm{div}\boldsymbol{D} &= \frac{\partial D_x}{\partial x} + \frac{\partial D_y}{\partial y} + \frac{\partial D_z}{\partial z}\\ &= -e^{-x}\sin y + e^{-x}\sin y + 2 = 2\end{aligned}$$

无论位置如何，$\mathrm{div}\boldsymbol{D}$ 的值都是 2。

如果 $\boldsymbol{D}$ 的单位为 C/m^2，$\mathrm{div}\boldsymbol{D}$ 的单位就是 C/m^3。这就是将在下节介绍的电荷体密度概念。

练习 3.7　对于下面各个矢量，求出指定点处 $\mathrm{div}\boldsymbol{D}$ 的数值：(a) $\boldsymbol{D} = (2xyz - y^2)\boldsymbol{a}_x + (x^2z - 2xy)\boldsymbol{a}_y + x^2y\boldsymbol{a}_z\ C/m^2$，$P_A(2, 3, -1)$；(b) $\boldsymbol{D} = 2\rho z^2\sin^2\phi\boldsymbol{a}_\rho + \rho z^2\sin 2\phi\boldsymbol{a}_\phi + 2\rho^2 z\sin^2\phi\boldsymbol{a}_z\ C/m^2$，$P_B(\rho = 2, \phi = 110^\circ, z = -1)$；(c) $\boldsymbol{D} = 2r\sin\theta\cos\phi\boldsymbol{a}_r + r\cos\theta\cos\phi\boldsymbol{a}_\theta - r\sin\phi\boldsymbol{a}_\phi\ C/m^2$，$P_C(r = 1.5, \phi = 30^\circ, \phi = 50^\circ)$。

答案：−10.00；9.06；1.29

① 若选择了水内部的一个微分体积元，则水平高度随时间逐渐减少量最终将会导致水面上方的体积元形成。此刻，水面横截体积元，散度为正，这个小的体积就是一个源。这一复杂情况可通过定义一个积分点来避免。

最后，比较式(3.9)和(3.12)，可以得到电通量密度和电荷密度之间的关系式：

$$\boxed{\mathrm{div}\boldsymbol{D} = \rho_v} \tag{3.15}$$

这就是应用于静电场和恒定磁场的麦克斯韦第一方程，它表明离开一无限收缩体积单元的单位体积电通量等于该处的电荷密度。通常，这个方程被称为高斯定律的点形式。高斯定律指出穿出任何闭合曲面的电通量与该闭合曲面所包围的总电荷相等，麦克斯韦第一方程则从穿出无限收缩体积单元的单位体积电通量的角度阐述了同样的观点。由于散度可以用三个偏微分的和形式来表示，所以麦克斯韦第一方程也被称为高斯定律的微分方程形式，反过来说，高斯定律被称为麦克斯韦第一方程的积分形式。

作为一个特例，我们考察一个处于坐标原点的点电荷 Q 的周围空间中 $\boldsymbol{D}$ 的散度。我们有

$$\boldsymbol{D} = \frac{Q}{4\pi r^2}\boldsymbol{a}_r$$

利用式(3.14)，在球面坐标系中散度表达式为：

$$\mathrm{div}\boldsymbol{D} = \frac{1}{r^2}\frac{\partial}{\partial r}(r^2 D_r) + \frac{1}{r\sin\theta}\frac{\partial}{\partial\theta}(D_\theta\sin\theta) + \frac{1}{r\sin\theta}\frac{\partial D_\phi}{\partial\phi}$$

由于 D_θ 和 D_ϕ 都为零，所以有

$$\mathrm{div}\boldsymbol{D} = \frac{1}{r^2}\frac{\mathrm{d}}{\mathrm{d}r}\left(r^2\frac{Q}{4\pi r^2}\right) = 0 \quad (\text{如果 } r \neq 0)$$

因此，处处有 $\rho_v = 0$，除了在原点处 $\boldsymbol{D}$ 的散度为无限大。

散度运算不仅仅限于电通量密度，还可以用于其它矢量场。在紧接着的后面几章中，我们将把散度应用到其它几种电磁场中去。

练习 3.8　对于下面给出的几种 $\boldsymbol{D}$ 场，确定相应的体电荷密度表达式：(a) $\boldsymbol{D} = \frac{4xy}{z}\boldsymbol{a}_x + \frac{2x^2}{z}\boldsymbol{a}_y - \frac{2x^2y}{z^2}\boldsymbol{a}_z$；(b) $\boldsymbol{D} = z\sin\phi\boldsymbol{a}_\rho + z\cos\phi\boldsymbol{a}_\phi + \rho\sin\phi\boldsymbol{a}_z$；(c) $\boldsymbol{D} = \sin\theta\sin\phi\boldsymbol{a}_r + \cos\theta\sin\phi\boldsymbol{a}_\theta + \cos\phi\boldsymbol{a}_\phi$

答案： $\frac{4y}{z^3}(x^2+z^2)$；0；0。

3.6　矢量算子∇和散度定理

如果我们再一次回顾一下散度运算就会知道，与两个矢量的点乘的结果是一个标量一样，对矢量求散度运算的结果也是一个标量。它似乎表明，我们有可能找到某种东西在形式上与 $\boldsymbol{D}$ 点乘将会得到如下标量

$$\frac{\partial D_x}{\partial x} + \frac{\partial D_y}{\partial y} + \frac{\partial D_z}{\partial z}$$

显然，上式是不可能利用点乘得到的；而过程必须是某一种点乘运算。

从这一点出发，我们定义∇为如下矢量算子

$$\boxed{\nabla = \frac{\partial}{\partial x}\boldsymbol{a}_x + \frac{\partial}{\partial y}\boldsymbol{a}_y + \frac{\partial}{\partial z}\boldsymbol{a}_z} \tag{3.16}$$

实际上，类似的标量算子经常出现在几种求解微分方程的方法中，在那里我们通常用 D 代替

d/dx,D^2代替 d^2/dx^2,依次类推[①]。我们约定,把∇(发音"del")看做为一个普通的矢量,除过用偏微分的结果来代替标量的乘积之外。

考察$\nabla\cdot\boldsymbol{D}$,它表示

$$\nabla\cdot\boldsymbol{D}=\left(\frac{\partial}{\partial x}\boldsymbol{a}_x+\frac{\partial}{\partial y}\boldsymbol{a}_y+\frac{\partial}{\partial z}\boldsymbol{a}_z\right)\cdot(D_x\boldsymbol{a}_x+D_y\boldsymbol{a}_y+D_z\boldsymbol{a}_z)$$

我们首先考察单位矢量的点乘,舍去 6 个为零的项,从而得到 D 的散度

$$\boxed{\mathrm{div}\boldsymbol{D}=\nabla\cdot\boldsymbol{D}=\frac{\partial D_x}{\partial x}+\frac{\partial D_y}{\partial y}+\frac{\partial D_z}{\partial z}}$$

虽然上述两种写法都各有其优点,但是$\nabla\cdot\boldsymbol{D}$比 $\mathrm{div}\boldsymbol{D}$ 的应用更为广泛。写成$\nabla\cdot\boldsymbol{D}$的形式可以简单而快速地得到正确的偏导数,但是,我们将看到它只限于平面直角坐标系。另一方面,$\mathrm{div}\boldsymbol{D}$ 是对散度物理意义的一种很好的提示。从现在开始,我们将利用算子记号$\nabla\cdot\boldsymbol{D}$来表示散度运算。

矢量算子∇不仅可以应用于散度,也可以应用于在以后将出现的数种其它非常重要的运算。其中的一个就是∇u,这里 u 是任一标量场,可以导出

$$\nabla u=\left(\frac{\partial}{\partial x}\boldsymbol{a}_x+\frac{\partial}{\partial y}\boldsymbol{a}_y+\frac{\partial}{\partial z}\boldsymbol{a}_z\right)u=\frac{\partial u}{\partial x}\boldsymbol{a}_x+\frac{\partial u}{\partial y}\boldsymbol{a}_y+\frac{\partial u}{\partial z}\boldsymbol{a}_z$$

在其它坐标系中算子∇没有特定的形式。如果我们考察圆柱坐标系中的 $\boldsymbol{D}$,$\nabla\cdot\boldsymbol{D}$ 仍然表示着 $\boldsymbol{D}$ 的散度,或

$$\nabla\cdot\boldsymbol{D}=\frac{1}{\rho}\frac{\partial}{\partial\rho}(\rho D_\rho)+\frac{1}{\rho}\frac{\partial D_\phi}{\partial\phi}+\frac{\partial D_z}{\partial z}$$

在第 3.5 节中已经推导出了这个表达式。对于算子∇本身来说,不存在任何一种能够帮助我们得到这些偏微分和的表达式。这意味着,尽管在直角坐标系中很容易写出尚未命名的∇u,但此时我们还不能在圆柱坐标系中把它表示出来。当在第 4 章中给出∇u 的定义后,我们将会得到这样一个表达式。

在这里,我们给出一个在后面几章中会多次用的定理来结束对散度的讨论,称之为散度定理。虽然对于我们来说,导出电通密度的散度定理是最容易的,但是只要矢量场的偏微分存在,则该定理适用于任何矢量场。事实上,我们已经得到了电通密度的散度定理,这里我们只是提出和命名这个定理,不打算做过多的介绍。从高斯定律开始,得到

$$\oint_S\boldsymbol{D}\cdot d\boldsymbol{S}=Q=\int_{\mathrm{vol}}\rho_v dv=\int_{\mathrm{vol}}\nabla\cdot\boldsymbol{D}dv$$

上式中的第一项和最后一项构成了散度定理,

$$\boxed{\oint_S\boldsymbol{D}\cdot d\boldsymbol{S}=\int_{\mathrm{vol}}\nabla\cdot\boldsymbol{D}dv}\tag{3.17}$$

散度定理可以表述如下:

任意矢量场的法向分量在闭合面上的面积分等于它的散度在闭合面所包围的体积内的体积分。

再一次强调,虽然我们得到的是电通密度的散度定理,但是它也适用于任意矢量场,而且

① 这个标量算子 D 将不再出现,不要与电通量密度混淆。

我们后面有机会将它应用到几种不同的场去。这个定理的好处是，它将某一空间体积内的三重积分与其表面上的二重积分相联系起来。例如，当我们检测一装满不安全流体瓶子中的泄漏量时，检查其表面要比计算内部各点的流速要容易得多。

如图 3.7 所示，如果我们考察被闭合面 S 包围的体积 v，散度定理的物理意义是非常显而易见的。将体积 v 分成若干个尺寸很小的小单元，然后考察每一个单元可以发现，从这个单元流出的通量都进入与其相邻的单元，除非该单元的表面包含有体积 v 表面的一部分。总之，由通量密度的散度在一个体积内的积分，可以得到与穿出该体积表面的净通量相同的结果。

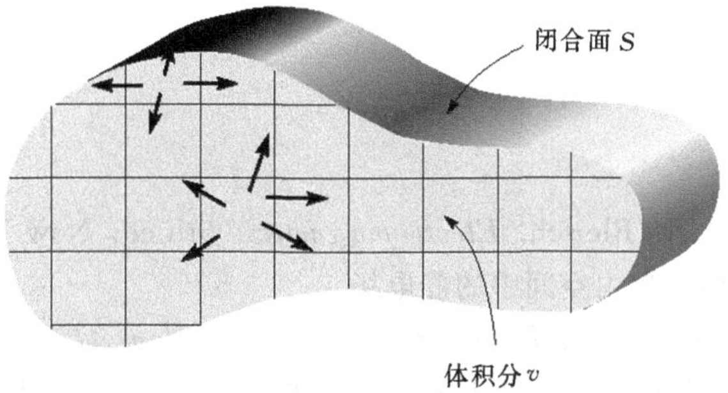

图 3.7 散度定理表明穿出闭合面的总通量等于通量密度的散度在闭合面所包围的体积内的体积分。这里，示出了该体积的横截面。

例 3.5 在空间区域为 $x=0$ 到 1，$y=0$ 到 2，$z=0$ 到 3 的平行六面体内，有矢量场 $\boldsymbol{D}=2xy\boldsymbol{a}_x+x^2\boldsymbol{a}_y$ C/m²。分别计算散度定理的等号两端的值。

解：首先计算面积分，注意到 $\boldsymbol{D}$ 平行于表面 $z=0$ 和 $z=3$，因此在这两个表面上 $\boldsymbol{D}\cdot d\boldsymbol{S}=0$。对于剩余的 4 个表面，有

$$\begin{aligned}\oint_S \boldsymbol{D}\cdot d\boldsymbol{S}=&\int_0^3\int_0^2(\boldsymbol{D})_{x=0}\cdot(-dydz\boldsymbol{a}_x)+\int_0^3\int_0^2(\boldsymbol{D})_{x=1}\cdot(dydz\boldsymbol{a}_x)\\&+\int_0^3\int_0^1(\boldsymbol{D})_{y=0}\cdot(-dxdz\boldsymbol{a}_y)+\int_0^3\int_0^1(\boldsymbol{D})_{y=2}\cdot(dxdz\boldsymbol{a}_y)\\=&-\int_0^3\int_0^2(D_x)_{x=0}dydz+\int_0^3\int_0^2(D_x)_{x=1}dydz\\&-\int_0^3\int_0^1(D_y)_{y=0}dxdz+\int_0^3\int_0^1(D_y)_{y=2}dxdz\end{aligned}$$

然而，由于 $(D_x)_{x=0}=0$，$(D_y)_{y=0}=(D_y)_{y=2}$，就只剩下

$$\begin{aligned}\oint_S \boldsymbol{D}\cdot d\boldsymbol{S}&=\int_0^3\int_0^2(D_x)_{x=1}dydz=\int_0^3\int_0^2 2ydydz\\&=\int_0^3 4dz=12\end{aligned}$$

由于

$$\nabla\cdot\boldsymbol{D}=\frac{\partial}{\partial x}(2xy)+\frac{\partial}{\partial y}(x^2)=2y$$

所以，体积分变为

$$\int_{\text{vol}}\nabla\cdot\boldsymbol{D}dv=\int_0^3\int_0^2\int_0^1 2ydxdydz=\int_0^3\int_0^2 2ydydz$$

$$= \int_0^3 4dz = 12$$

到此，检验完毕。回顾一下高斯定律，我们看到在平行六面体内的总电荷为 12C。

练习 3.9 在边界为 $\rho=2, \phi=0, \phi=\pi$，$z=0$ 和 $z=5$ 的区域内，给定电场 $\boldsymbol{D}=6\rho\sin\frac{1}{2}\phi\boldsymbol{a}_\rho+1.5\rho\cos\frac{1}{2}\phi\boldsymbol{a}_\phi \mathrm{C/m^2}$，计算散度定理等号两端的值。

答案： 225；225

参考文献

1. Kraus, J. D., and D. A. Fleisch. *Electromagnetics*. 5th ed. New York: McGraw-Hill, 1999. 该书第 2 章介绍了自由空间中的静电场。
2. Plonsey, R., and R. E. Collin. *Principles and Applications of Electromagnetic Fields*. New York: McGraw-Hill, 1961. 这本书的水平要高于我们正在阅读的书，它是一本优秀的教材，可供进一步阅读。该书在第 2 章介绍了高斯定律。
3. Plonus, M. A. *Applied Electromagnetics*. New York: McGraw-Hill, 1978. 为了说明电磁场的应用，本书对许多实际器件做了相当详细的描述。例如，作为静电场的一个应用，本书在第 95～98 页对静电复印术进行了讨论。
4. Skilling, H. H. *Fundamentals of Electric Waves*. 2d ed. New York: John Wiley & Sons, 1948. 该书以实例很好地说明了矢量微积分运算。在第 22～38 页讨论了散度。该书第 1 章内容读起来非常有趣味。
5. Thomas, G. B., Jr., and R. L. Finney. (见第 1 章参考文献). 在该书第 976～980 页中，作者从几个不同的观点推导并举例说明了散度定理。

习题 3

WWW Animations

3.1 假设在自由空间中进行法拉第同心金属球壳试验，一个中心电荷 Q_1 位于原点，半球壳的半径为 a。第二个电荷 Q_2（点电荷）与 Q_1 的距离为 R，并且 $R \gg a$。(a)在 Q_1 周围装上球壳之前，点电荷受到的力为多大？(b)在 Q_1 周围装上球壳后，但还未使球壳放电，点电荷受到的力为多大？(c)在 Q_1 周围装上球壳，并使球壳放电后，点电荷受到的力为多大？(d)定性描述当 Q_2 靠近球壳装置且不再满足条件 $R \gg a$ 时，会出现什么情况。

3.2 在自由空间中，有一电场强度为 $E=(5z^2/\varepsilon_0)\hat{\boldsymbol{a}}_z$ V/m 的电场。一个中心位于原点的立方体，其边长为 4 m，且各边均与坐标轴平行（每个面与坐标轴相交于 ±2 处）。求该立方体内的总电量。

3.3 柱面 $\rho=8$ cm 上电荷面密度为 $\rho_S=5e^{-20|z|}$ nC/m²。(a)总电荷量为多少？(b)穿过表面 $\rho=8$ cm，1 cm$<z<$5 cm，30°$<\phi<$90°上的电通量为多少？

3.4 在自由空间中，有一个电场强度为 $E=(5z^2/\varepsilon_0)\hat{\boldsymbol{a}}_z$ V/m 的电场。求中心位于原点且半

径为 3 m 的球面内的总电荷。

3.5　令 $\boldsymbol{D}=4xy\boldsymbol{a}_x+2(x^2+z^2)\boldsymbol{a}_y+4yz\boldsymbol{a}_z\text{C/m}^2$，通过计算面积分求在矩形平行六面体 $0<x<2, 0<y<3, 0<z<5$ m 内的总电量。

3.6　自由空间中，区域 $-\infty<x<\infty$，$-\infty<y<\infty$，和 $-d/2<z<d/2$ 中有密度为常数 $\rho_v=\rho_0$ 的空间电荷分布。求各点的 $\boldsymbol{D}$ 和 $\boldsymbol{E}$。

3.7　自由空间中，在 $0<r<1$ mm 区域中的电荷密度为 $\rho_v=2e^{-1000r}\text{nC/m}^3$；在其它区域中 $\rho_v=0$。(a)求球面 $r=1$ mm 所包围的总电量。(b)利用高斯定律，计算出球面 $r=1$ mm 上 D_r 的值。

3.8　利用高斯定理的积分形式，证明在球坐标系中若要产生 $\boldsymbol{D}=Aa_r/r$(其中 A 为常数)的电场，则要求每个 1 m 厚度的球壳内包含 $4\pi A$ 库仑的电量。这些电荷是连续分布的吗？如果是，求出用 r 表示的电荷密度。

3.9　在区域 8 mm$<r<$10 mm 中，有体密度为 80 C/m^3 的均匀电荷分布。当 $0<r<8$ mm 时，令 $\rho_v=0$。(a)求球面 $r=10$ mm 内的总电荷。(b)求 $r=10$ mm 处的 D_r。(c)如果 $r>10$ mm处没有电荷，求 $r=20$ mm 处的 D_r。

3.10　一半径为 b 的无限长圆柱电介质中分别有体密度为 $\rho_v=a\rho^2$ 的电荷，其中 a 为常数。求圆柱体内、外的电场强度。

3.11　在圆柱坐标中，令 $\rho<1$ mm 时，$\rho_v=0$；1 mm$<\rho<$1.5 mm 时，$\rho_v=2\sin(2000\pi\rho)\text{nC/m}^3$；$\rho>1.5$ mm 时，$\rho_v=0$。求空间中各点的 $\boldsymbol{D}$。

3.12　太阳辐射的总功率大约为 2×10^{26} 瓦(W)。如果将太阳表面上各点按照经度和纬度来标记，并假定太阳辐射是均匀的。(a)在纬度 50°N 到 60°N，经度 12°W 到 27°W 的区域内，辐射的能量为多少？(b)与太阳距离为 93 000 000 英里的球面上的能量密度(单位为W/m^2)为多少？

3.13　半径 $r=2$ m，4 m 和 6 m 的球面上的面电荷密度分别为 20 nC/m^2，-4 nC/m^2 和 ρ_{S0}，(a)求出在 $r=1$，3 和 5 m 处的 $\boldsymbol{D}$。(b)确定 ρ_{S0}，使得 $r=7$ m 处 $\boldsymbol{D}=0$。

3.14　一个位于原点的发光二极管(LED)，其表面位于 $x-y$ 平面。从远处看 LED 可视为一个点，但其发光表面产生远场辐射模式的光，且遵循升余弦规律，即在球坐标系下光能量(通量)密度以 W/m^2可表示为

$$\boldsymbol{P}_d=P_0\frac{\cos^2\theta}{2\pi r^2}\boldsymbol{a}_r\quad \text{W/m}^2$$

式中 θ 为与 LED 表面法线方向(在本例中为 z 轴)的夹角，r 为距离光源的辐射距离。(a)已知 P_0，求 LED 在上半空间中辐射的总能量；(b)确定角度 θ_1，使得总光通量的一半是在角度 $0<\theta<\theta_1$ 内发出的；(c)在 $r=1$ m，$\theta=45°$处面对 LED 放置一个横截面积为 1 mm^2的光探测器，如果探测器能测量到 1 mW 的光通量，求 P_0。

3.15　有一体电荷密度：$\rho<1$ mm 和 $\rho>2$ mm 时，$\rho_v=0$；$1<\rho<2$ mm 时，$\rho_v=4\rho\text{C/m}^3$。(a)计算在区域 $0<\rho<\rho_1$，$0<z<L$ 中的总电荷，这里 $1<\rho_1<2$ mm。(b)利用高斯定律，求 $\rho=\rho_1$ 处的 D_ρ。(c)分别求 $\rho=0.8$ mm，1.6 mm 和 2.4 mm 处 D_ρ 的值。

3.16　假定电通密度为 $\boldsymbol{D}=D_\rho\boldsymbol{a}_\rho$，其中 D_0 为常数。(a)求产生该电场的电荷分布密度；(b)求在该电场中，一个半径为 a，高度为 b，以 z 轴为轴的圆柱体中的总电荷。

3.17　一立方体为 $1<x,y,z<1.2$。如果 $\boldsymbol{D}=2x^2y\boldsymbol{a}_x+3x^2y^2\boldsymbol{a}_y\ \text{C/m}^2$。(a)应用高斯定律，求

穿出立方体表面的总通量。(b)求立方体中心处的$\nabla \cdot \boldsymbol{D}$值。(c)利用式(3.8)估计立方体内的总电荷。

3.18 说明下面矢量场的散度是正、负或零:(a)一块结冰立方体内各点的热能流,单位为$\mathrm{J/(m^2 \cdot s)}$;(b)直流电流母线的电流密度,单位为$\mathrm{A/m^2}$。(c)水盆中水表面下方的质量流量,其单位为$\mathrm{kg/(m^2 \cdot s)}$,与前面一样,水顺时针流动。

3.19 在自由空间中,有一球心在点$P(4,1,5)$,半径为3 mm的球面。令$\boldsymbol{D}=x\boldsymbol{a}_x\ \mathrm{C/m^2}$,利用第3.4节中得到的结果估计穿出球面的净电通量。

3.20 在自由空间中,某一径向分布电场在球坐标系中可以表示为

$$\boldsymbol{E}_1=\frac{r\rho_0}{3\varepsilon_0}\boldsymbol{a}_r \quad (r\leqslant a)$$

$$\boldsymbol{E}_2=\frac{(2a^3-r^3)\rho_0}{3\varepsilon_0 r^2}\boldsymbol{a}_r \quad (a\leqslant r\leqslant b)$$

$$\boldsymbol{E}_3=\frac{(2a^3-b^3)\rho_0}{3\varepsilon_0 r^2}\boldsymbol{a}_r \quad (r\geqslant b)$$

式中,ρ_0,a和b均为常数。(a)利用$\nabla \cdot \boldsymbol{D}=\rho_v$,求区域$(0\leqslant r\leqslant\infty)$中的体电荷密度$D_\rho=f(\varphi,z)$;(b)求在半径为$r(r>b)$的球内所包围的总电荷$Q$。

3.21 计算指定点处的$\nabla \cdot \boldsymbol{D}$。(a)$\boldsymbol{D}=(1/z^2)[10xyz\boldsymbol{a}_x+5x^2z\boldsymbol{a}_y+(2z^3-5x^2y)\boldsymbol{a}_z]$,在点$P(-2,3,5)$处;(b)$\boldsymbol{D}=5z^2\boldsymbol{a}_\rho+10\rho z\boldsymbol{a}_z$,在点$P(3,-45°,5)$处;(c)$\boldsymbol{D}=2r\sin\theta\sin\phi\boldsymbol{a}_r+r\cos\theta\sin\phi\boldsymbol{a}_\phi+r\cos\phi\boldsymbol{a}_\phi$,在$P(3,45°,-45°)$处。

3.22 (a)通量密度为$\boldsymbol{F}_1=5\boldsymbol{a}_z$。求$\boldsymbol{F}_1$向外穿过半球面$r=a,0<\theta<\pi/2,0<\phi<2\pi$的通量。(b)通过哪一种简单的观察方法,可以在计算(a)时节省许多工作量?(c)现在假定给定场为$\boldsymbol{F}_2=5z\boldsymbol{a}_z$。利用适当的面积分,计算向外穿过由(a)中的半球面和其在$x-y$平面上的投影组成的闭合曲面上$\boldsymbol{F}_2$的通量。(d)利用散度定理和合适的体积分再计算(c)。

3.23 (a)原点处有一点电荷Q。证明在除了原点之外,$\mathrm{div}\boldsymbol{D}$处处都为零。(b)若用在区域$0<r<a$中密度为$\rho_{v0}$的均匀体积电荷分布来替代该点电荷,试确定$\rho_{v0}$与$Q$和$a$之间的关系,使得两种电荷分布的总电荷是相同的。并求各点的$\mathrm{div}\boldsymbol{D}$。

3.24 在自由空间的某一区域中电通密度为

$$\boldsymbol{D}=\begin{cases}\rho_0(z+2d)\boldsymbol{a}_z\ \mathrm{C/m^2} & (-2d\leqslant z\leqslant 0)\\ -\rho_0(z-2d)\boldsymbol{a}_z\ \mathrm{C/m^2} & (0\leqslant z\leqslant 2d)\end{cases}$$

而在其它区域中$\boldsymbol{D}=0$。(a)利用$\nabla \cdot \boldsymbol{D}=\rho_v$,求各处的体电荷密度;(b)求穿过$z=0$,$-a\leqslant x\leqslant a$,$-b\leqslant y\leqslant b$平面的电通量;(c)求包围在$-a\leqslant x\leqslant a$,$-b\leqslant y\leqslant b$,$-d\leqslant z\leqslant d$区域内的总电荷;(d)求包围在$-a\leqslant x\leqslant a$,$-b\leqslant y\leqslant b$,$0\leqslant z\leqslant 2d$区域内的总电荷。

3.25 在球壳$3<r<4$ m内,电通密度为$\boldsymbol{D}=5(r-3)^3\boldsymbol{a}_r\ \mathrm{C/m^2}$。(a)$r=4$处的体电荷密度为多少?(b)$r=4$处的电通密度为多少?(c)流过球面$r=4$的电通量为多少?(d)球面$r=4$内包含多少电荷?

3.26 如果有一质量密度为$\rho_m\ \mathrm{kg/m^3}$的理想气体,让每个体积单元内的速度为$\boldsymbol{U}$ m/s,于是质量流量为$\rho_m\boldsymbol{U}\ \mathrm{kg/(m^2 \cdot s)}$。在物理学上,可以得到理想气体流动的连续性方程为$\nabla \cdot (\rho_m\boldsymbol{U})=-\partial\rho_m/\partial t$。(a)解释该方程的物理意义。(b)证明方程$\oint_S \rho_m\boldsymbol{U}\cdot \mathrm{d}\boldsymbol{S}=-\mathrm{d}M/\mathrm{d}y$成立,并解释该方程的物理意义,这里$M$是闭合面$S$内气体的总质量。

3.27 对 $r \leqslant 0.08$ m，$\boldsymbol{D}=5.00r^2\boldsymbol{a}_r$ mC/m^2；对 $r \geqslant 0.08$ m，$\boldsymbol{D}=0.205\boldsymbol{a}_r/r^2$ C/m^2。(a)求出 $r=0.06$ m 处的 ρ_v。(b)求出 $r=0.1$ m 处的 ρ_v。(c)为了使得在 $r>0.08$ m 时，有 $\boldsymbol{D}=0$，试求$r=0.08$ m表面处的面电荷密度应为多少？

3.28 利用$\nabla\cdot\boldsymbol{D}=\rho_v$，并使用合适的体积分，计算题 3.8。

3.29 在体积为 $2<x,y,z<3$ 的自由空间中，$\boldsymbol{D}=\frac{2}{z^2}(yz\boldsymbol{a}_x+xz\boldsymbol{a}_y-2xy\boldsymbol{a}_z)$ C/m^2。(a)在指定的体积内，计算散度定理中的体积分。(b)在对应的闭合面上，计算散度定理中的面积分。

3.30 (a)利用麦克斯韦第一方程，$\nabla\cdot\boldsymbol{D}=\rho_v$，在电荷密度为零、且非均匀电介质的介电常数随 x 呈指数增加的区域内，试求电场强度随 x 变化的表达式情。该场中只有 x 分量；(b)在 $\rho_v=0$ 且介电常数随 r 呈指数衰减的径向电场(球坐标系)中，重新计算(a)。

3.31 给定电通密度 $\boldsymbol{D}=\frac{16}{r}\cos(2\theta)a_\theta$C/m^2，用两种不同方法来求区域 $1<r<2$ m，$1<\theta<2$ rad，$1<<2$ rad 内的总电荷。

第4章

能量和电位

在第 2 章和第 3 章中我们已经学习了库仑定律，利用它可以求几种分布简单的电荷的电场；还学习了高斯定律，利用它可以求一些分布对称的电荷的电场。高斯定律应用在那些电荷高度对称分布的情况中总是容易的，因为只要选择一个合适的闭合面，积分的问题总是可以避免的。

然而，如果我们试图求解一个稍微复杂的场，像两个带不同电量且相距很小距离的点电荷所产生的场，我们发现选择一个合适的高斯面和得到解答都是不可能的。但是，对于那些不能应用高斯定律求解的问题，应用库仑定律去求解却是很有效的。应用库仑定律求解是费力的和繁琐的，常常是相当复杂的，很显然这是因为必须直接由电荷的分布求出电场强度这个矢量。一般说来，对三个不同的分量都需要一个对应的积分，将电场强度矢量分解为三个分量通常会增加积分的复杂性。

无疑，我们希望找到这样一个尚未定义的标量函数，它只需要一个标量积分，然后由这个标量函数采用某种简单直接的方法就可以确定电场，像微分的方法。

这样的标量函数确实是存在的，称之为电位或电位场。我们将会发现电位有非常实际的物理含义，其实我们大家对电位比将要求解的电场更为熟悉。

那么，我们期望尽快地掌握求解电场的第三种方法——基于单个标量积分的微分方法，尽管这不总是像我们希望的那样简单。■

4.1 点电荷在电场中运动时消耗的能量

电场强度的定义是，单位试验电荷在电场中某一点所受到的电场力。如果企图逆着电场方向移动试验电荷，我们就必须施加一个与电场力大小相等方向相反的力，这就需要我们花费能量或做功。如果我们希望沿着电场方向移动电荷，消耗的能量将是负值，即外力不做功，但是电场做功。

设在电场 $\boldsymbol{E}$ 中，移动一个电荷 Q 的距离为 $d\boldsymbol{L}$。电场作用在这个电荷上的力为

$$\boxed{\boldsymbol{F}_E = Q\boldsymbol{E}} \tag{4.1}$$

其中的下标提示我们，这个力是由电场所施加的。我们必须克服电场力在 d$\boldsymbol{L}$ 方向的分量：

$$F_{EL} = \boldsymbol{F} \cdot \boldsymbol{a}_L = Q\boldsymbol{E} \cdot \boldsymbol{a}_L$$

其中，$\boldsymbol{a}_L$ 是 d$\boldsymbol{L}$ 方向的单位矢量。

我们必须施加的外力与电场力大小相等、方向相反，有

$$F_{\text{appl}} = -Q\boldsymbol{E} \cdot \boldsymbol{a}_L$$

外力消耗的能量等于力和距离的乘积。也就是说，外力移动电荷 Q 所做的功为 $-Q\boldsymbol{E} \cdot \boldsymbol{a}_L \mathrm{d}L = -Q\boldsymbol{E} \cdot \mathrm{d}\boldsymbol{L}$，或

$$\boxed{\mathrm{d}W = -Q\boldsymbol{E} \cdot \mathrm{d}\boldsymbol{L}} \tag{4.2}$$

这里，把 $\boldsymbol{a}_L \mathrm{d}L$ 简化表示为 d$\boldsymbol{L}$。

从(4.2)式我们容易知道，在某些情况下，这个功可能为零。例如，当 $\boldsymbol{E}$，Q 或 d$\boldsymbol{L}$ 为零时，功为零；另一种重要的情形是当 $\boldsymbol{E}$ 和 d$\boldsymbol{L}$ 正交时，$\mathrm{d}W=0$。此时，电荷被移动的方向总是与电场的方向相垂直。我们可以把电场和重力场做一个很好的比拟，外力逆重力场方向在重力场中移动物体需要消耗能量。如果物体是在一条等高线上运动，那么沿着一无摩擦的表面匀速移动一个物体将是徒劳无益的，即外力是不会做功的；但是，如果高度上升或下降，外力就会做正功或负功。

现在，考虑电荷在电场中的运动，将电荷移动一段有限距离所做的功必须通过对电场在移动电荷的过程做的功进行积分来确定。因此，有如下积分形式：

$$\boxed{W = -Q\int_{\text{nit}}^{\text{final}} \boldsymbol{E} \cdot \mathrm{d}\boldsymbol{L}} \tag{4.3}$$

WWW Animations

这里需要指出，在进行积分之前，必须给定积分的路径。并且，电荷在起点和终点处都是静止的。

对于场理论来说，这种定积分都是最基本的，我们将在后面对它进行解释和计算。

练习 4.1　已知电场 $\boldsymbol{E}=\frac{1}{z^2}(8xyz\boldsymbol{a}_x+4x^2z\boldsymbol{a}_y-4x^2y\boldsymbol{a}_z)$ V/m。将一个 6 nC 电荷移动 2 μm，求电场力所做的功。起点坐标为 $P(2,-2,3)$，移动方向分别为(a)$\boldsymbol{a}_L=-\frac{6}{7}\boldsymbol{a}_x+\frac{3}{7}\boldsymbol{a}_y+\frac{2}{7}\boldsymbol{a}_z$；(b)$\boldsymbol{a}_L=\frac{6}{7}\boldsymbol{a}_x-\frac{3}{7}\boldsymbol{a}_y-\frac{2}{7}\boldsymbol{a}_z$；(c)$\boldsymbol{a}_L=\frac{3}{7}\boldsymbol{a}_x+\frac{6}{7}\boldsymbol{a}_y$。

答案：−149.3 fJ；149.3 fJ；0

4.2　线积分

电场力把点电荷从一点移动到另一点时所做功的表达式(4.3)是一个线积分的例子。在矢量分析中，通常将该线积分表示成一个矢量场与一矢量元段 d$\boldsymbol{L}$ 的点积沿某一指定路径上的积分。若不采用矢量分析的方法，我们应该写成

$$W = -Q\int_{\text{init}}^{\text{final}} E_L \mathrm{d}L$$

这里 E_L 为 $\boldsymbol{E}$ 沿 $\mathrm{d}\boldsymbol{L}$ 方向的分量。

线积分与在前面的分析中出现的许多其它积分一样，例如高斯定律中的面积分，从本质来说它是描述性的。我们先着重于分析它的意义而不是求解线积分。分析结果告诉我们，可以选择一条路径，把这条路径分割成许多个小段，将电场在每一段上的分量与该段的长度相乘，然后相加所有小段上的结果。当然，这是一个求和的形式，只有当小段的数目是无穷大时，才能精确地得到线积分的形式。

上述过程如图 4.1 所示。这里，选取路径由 B 点起始，终止于 A 点①，并且为简单起见取**一均匀电场**。把这条路径分割成 $\Delta\boldsymbol{L}_1, \Delta\boldsymbol{L}_2, \cdots, \Delta\boldsymbol{L}_6$ 共 6 段，$\boldsymbol{E}$ 沿着每一段的分量分别用 E_{L1}，$E_{L2}, \cdots, E_{L6}$ 来表示。那么，电场力从 B 到 A 移动点电荷所做的功近似为

$$W = -Q(E_{L1}\Delta L_1 + E_{1,2}\Delta L_2 + \cdots + E_{L6}\Delta L_6)$$

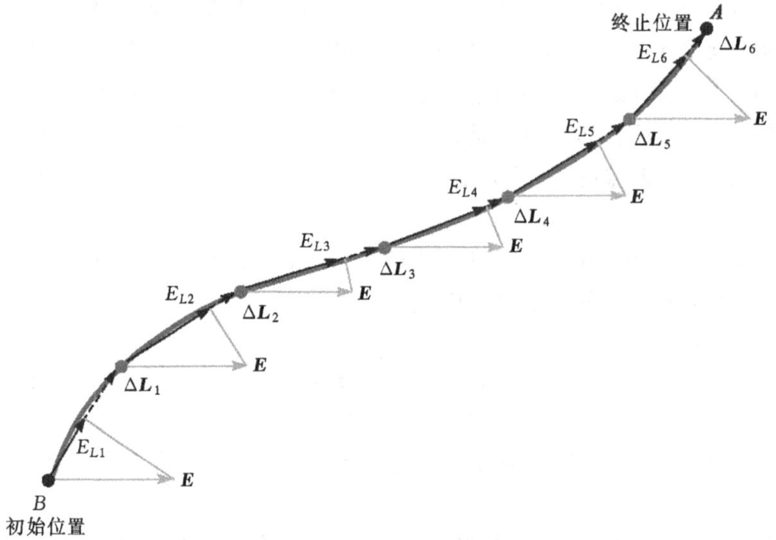

图 4.1 均匀电场中线积分的图解。$\boldsymbol{E}$ 从 B 到 A 的线积分与选择的路径无关，即便是在非均匀场中也是如此。一般来说，这个结论不适用于时变场。

或者，用矢量表示为

$$W = -Q(\boldsymbol{E}_1 \cdot \Delta\boldsymbol{L}_1 + \boldsymbol{E}_2 \cdot \Delta\boldsymbol{L}_2 + \cdots + \boldsymbol{E}_6 \cdot \Delta\boldsymbol{L}_6)$$

因为我们假设是一个均匀电场，所以有

$$\boldsymbol{E}_1 = \boldsymbol{E}_2 = \cdots = \boldsymbol{E}_6$$

$$W = -Q\boldsymbol{E} \cdot (\Delta\boldsymbol{L}_1 + \Delta\boldsymbol{L}_2 + \cdots + \Delta\boldsymbol{L}_6)$$

上面括号内矢量段的和等于多少呢？利用矢量求和的平行四边形法则，矢量段的和就是从起始点 B 指向终点 A 的矢量 $\boldsymbol{L}_{BA}$。因此，

$$W = -Q\boldsymbol{E} \cdot \boldsymbol{L}_{BA}（\boldsymbol{E} \text{ 为均匀场}） \tag{4.4}$$

回想一下上述对线积分的求和解释，对于均匀电场来说，可以很容易地从线积分的表达式得到如下结果

① 终点指定为 A 符合位差的习惯，在下一节将讨论。

$$W = -Q\int_B^A \boldsymbol{E} \cdot \mathrm{d}\boldsymbol{L} \tag{4.5}$$

当把上式应用于均匀电场 $\boldsymbol{E}$ 时，有

$$W = -Q\boldsymbol{E} \cdot \int_B^A \mathrm{d}\boldsymbol{L}$$

上式后面的积分就是 $\boldsymbol{L}_{BA}$，于是

$$W = -Q\boldsymbol{E} \cdot \mathrm{d}\boldsymbol{L}_{BA} \text{（}\boldsymbol{E}\text{ 为均匀场）}$$

对于均匀电场这种特殊情况，我们应该注意到电场在移动电荷过程中所做的功只与 Q，$\boldsymbol{E}$ 和 $\boldsymbol{L}_{BA}$（$\boldsymbol{L}_{BA}$ 是从积分路径的起始点指向其终点的矢量）有关，而与我们所选取的移动电荷的具体路径无关。我们可以选取沿着一条直线，或是沿着**古齐泽姆**车道（从美国的德克萨斯州的圣安东尼奥向北至堪萨斯州的阿比里恩的一条古老车道）从 B 到 A，结果都将是一样的。在 4.5 节中，我们将会证明对于任何非均匀电场 $\boldsymbol{E}$，这个结论都是适用的。

让我们用几个例子来说明建立式(4.5)中线积分的方法。

例 4.1　有一非均匀电场 $\boldsymbol{E} = y\boldsymbol{a}_x + x\boldsymbol{a}_y + 2\boldsymbol{a}_z$。求从 $B(1,0)$ 到 $A(0.8,0.61)$ 沿着一小段圆弧 $x^2 + y^2 = 1$，$z = 1$ 移动 2C 电荷时，电场力所做的功。

解：我们利用 $W = -Q\int_B^A \boldsymbol{E} \cdot \mathrm{d}\boldsymbol{L}$ 这里 $\boldsymbol{E}$ 不必是一个常数。采用直角坐标系，由于微分元段是 $\mathrm{d}\boldsymbol{L} = \mathrm{d}x\boldsymbol{a}_x + \mathrm{d}y\boldsymbol{a}_y + \mathrm{d}z\boldsymbol{a}_z$，所以积分成为

$$\begin{aligned}
W &= -Q\int_B^A \boldsymbol{E} \cdot \mathrm{d}\boldsymbol{L} \\
&= -2\int_B^A (y\boldsymbol{a}_x + x\boldsymbol{a}_y + 2\boldsymbol{a}_z) \cdot (\mathrm{d}x\boldsymbol{a}_x + \mathrm{d}y\boldsymbol{a}_y + \mathrm{d}z\boldsymbol{a}_z) \\
&= -2\int_1^{0.8} y\mathrm{d}x - 2\int_0^{0.6} x\mathrm{d}y - 4\int_1^1 \mathrm{d}z
\end{aligned}$$

这里，积分的上限和下限值分别取为起点和终点处的相应坐标变量的值。利用圆环路径的方程（根号前面的符号依四分之一圆环所在的象限确定），有

$$\begin{aligned}
W &= -2\int_1^{0.8} \sqrt{1-x^2}\,\mathrm{d}x - 2\int_0^{0.6} \sqrt{1-y^2}\,\mathrm{d}y - 0 \\
&= -\left[x\sqrt{1-x^2} + \arcsin x\right]_1^{0.8} - \left[y\sqrt{1-y^2} + \arcsin y\right]_0^{0.6} \\
&= -(0.48 + 0.927 - 0 - 1.571) - (0.48 + 0.644 - 0 - 0) \\
&= -0.96\mathrm{J}
\end{aligned}$$

例 4.2　在与例题 4.1 相同的电场中，从 B 到 A 沿直线路径移动 2C 电荷，求电场力所做的功。

解：我们首先确定直线的方程。由下面三个方程分别确定的平面都通过从 B 到 A 的直线，其中任何两个平面的交线就是该直线的方程：

$$y - y_B = \frac{y_A - y_B}{x_A - x_B}(x - x_B)$$

$$z - z_B = \frac{z_A - z_B}{y_A - y_B}(y - y_B)$$

$$x - x_B = \frac{x_A - x_B}{z_A - z_B}(z - z_B)$$

从第一个方程，有

$$y=-3(x-1)$$

从第二个方程，有

$$z=1$$

所以

$$W=-2\int_{1}^{0.8} y\mathrm{d}x-2\int_{0}^{0.6} x\mathrm{d}y-4\int_{1}^{1}\mathrm{d}z$$
$$=6\int_{1}^{0.8}(x-1)\mathrm{d}x-2\int_{0}^{0.6}\left(1-\frac{y}{3}\right)\mathrm{d}y$$
$$=-0.96\mathrm{J}$$

可见，这个结果与上述例题中取圆弧路径求得的结果相同，它再一次表明了这样一个结论（尚未被证明）：在静电场中，外力做功与所选取的路径无关。

应当注意到，直线方程表明 $\mathrm{d}y=-3\mathrm{d}x$ 和 $\mathrm{d}x=-\frac{1}{3}\mathrm{d}y$。若将这两个关系式代入前两个积分中，并相应地改变积分的上、下限的值，我们就可以通过求新积分来得到解。如果被积函数只是一个变量的函数时，这种方法通常是比较简单的。

应该注意到，在第 1 章中已经给出了 $\mathrm{d}\boldsymbol{L}$ 的表达式在三个不同坐标系中所使用的微分长度（直角坐标系见 1.3 节，柱坐标系见 1.8 节，球坐标系见 1.9 节）：

$$\boxed{\mathrm{d}\boldsymbol{L}=\mathrm{d}x\boldsymbol{a}_x+\mathrm{d}y\boldsymbol{a}_y+\mathrm{d}z\boldsymbol{a}_z\quad(\text{直角坐标系})}\tag{4.6}$$

$$\boxed{\mathrm{d}\boldsymbol{L}=\mathrm{d}\rho\boldsymbol{a}_\rho+\rho\mathrm{d}\phi\boldsymbol{a}_\phi+\mathrm{d}z\boldsymbol{a}_z\quad(\text{圆柱坐标系})}\tag{4.7}$$

$$\boxed{\mathrm{d}\boldsymbol{L}=\mathrm{d}r\boldsymbol{a}_r+r\mathrm{d}\theta\boldsymbol{a}_\theta+r\sin\theta\mathrm{d}\phi\boldsymbol{a}_\phi\quad(\text{球坐标系})}\tag{4.8}$$

在每一表达式中，各个变量之间的相互关系由路径的具体方程所决定。

作为说明计算线积分的最后一个例子，我们来研究在一无限长线电荷附近所可能选取的几种路径。在前面我们已经多次计算过这个电场，它是沿半径方向的：

$$\boldsymbol{E}=E_\rho\boldsymbol{a}_\rho=\frac{\rho_L}{2\pi\varepsilon_0\rho}\boldsymbol{a}_\rho$$

如图 4.2 所示，让我们先来求沿着中心在线电荷处，半径为 ρ_1 的圆周上移动电荷 Q 电场力所做的功。我们可以看到外力做功为 0，即使不用铅笔进行计算，我们也能看出电场力所做的功为零，这是因为路径总是与电场强度相垂直，或作用在电荷上的力总是垂直于电荷运动的方向。然而，作为练习，让我们来建立这个积分并得到其解。

若选取圆柱坐标系中的微元 $\mathrm{d}\boldsymbol{L}$，则在圆环形路径上的 $\mathrm{d}\rho$ 和 $\mathrm{d}z$ 均为 0，且有 $\mathrm{d}\boldsymbol{L}=\rho_1\mathrm{d}\phi\boldsymbol{a}_\phi$。那么，功为

$$W=-Q\int_{\text{init}}^{\text{final}}\frac{\rho_L}{2\pi\varepsilon_0\rho_1}\boldsymbol{a}_\rho\cdot\rho_1\mathrm{d}\phi\boldsymbol{a}_\phi$$
$$=-Q\int_{0}^{2\pi}\frac{\rho_L}{2\pi\varepsilon_0}\mathrm{d}\phi\boldsymbol{a}_\rho\cdot\boldsymbol{a}_\phi=0$$

现在，让我们沿着径向方向从 $\rho=a$ 到 $\rho=b$ 移动电荷（图 4.2b）。这里，有 $\mathrm{d}\boldsymbol{L}=\mathrm{d}\rho\boldsymbol{a}_\rho$，则

$$W=-Q\int_{\text{init}}^{\text{final}}\frac{\rho_L}{2\pi\varepsilon_0\rho}\boldsymbol{a}_\rho\cdot\mathrm{d}\rho\boldsymbol{a}_\rho=-Q\int_{a}^{b}\frac{\rho_L}{2\pi\varepsilon_0}\frac{\mathrm{d}\rho}{\rho}$$

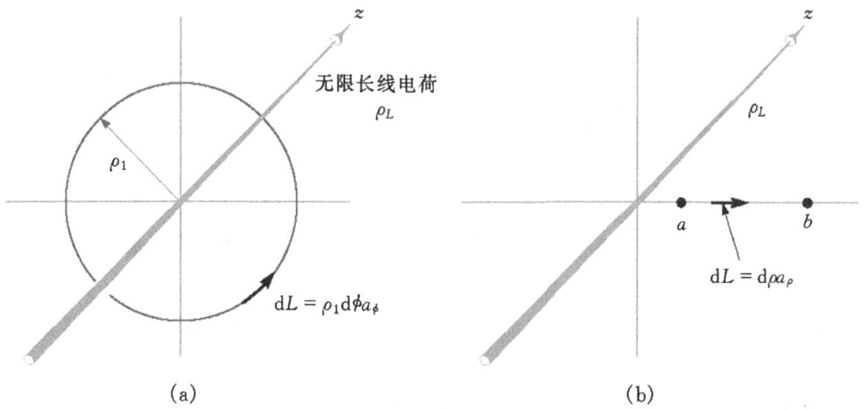

图 4.2 在无限长线电荷的电场中沿以下路径移动电荷 Q:(a)一个圆形路径;(b)径向方向路径。在前一种情况下,电场力不做功。

或者

$$W = -\frac{Q\rho_L}{2\pi\varepsilon_0}\ln\frac{b}{a}$$

因为 $b>a$,$\ln(b/a)$是正值,所以功为负值,这表明移动电荷的外源却获得了能量。

我们在计算线积分时易犯的一个错误是,对于电荷沿着坐标值**减小**方向移动的情形,会不自觉地使用了太多的负号。我们要特别注意积分的上限和下限的值,不要因被误导而改变了 $d\mathbf{L}$ 的符号。假设移动 Q 从 b 到 a(图 4.2b)。仍然有 $d\mathbf{L}=d\rho\mathbf{a}_\rho$,但对于方向与前面路径方向相反的路径,应选取 $\rho=b$ 作为起点,$\rho=a$ 作为终点,

$$W = -Q\int_b^a \frac{\rho_L}{2\pi\varepsilon_0}\frac{d\rho}{\rho} = \frac{Q\rho_L}{2\pi\varepsilon_0}\ln\frac{b}{a}$$

这与前面的结果的符号相反,显然是正确的。

练习 4.2 计算从 $B(1,0,0)$到 $A(0,2,0)$沿着 $y=2-2x,z=0$ 移动 4C 电荷时电场力所做的功。电场强度分别为 $\mathbf{E}=$:(a)$5\mathbf{a}_x$ V/m;(b)$5x\mathbf{a}_x$ V/m;(c)$5x\mathbf{a}_x+5y\mathbf{a}_y$ V/m。

答案:20 J;10 J;−30 J。

练习 4.3 我们在后面将会看到时变电场 $\mathbf{E}$ 不一定是保守场(如果它不是保守场,用(4.3)式表示的功将可能是所选取路径的函数)。设在某一时刻有 $\mathbf{E}=y\mathbf{a}_x$ V/m,从(1,3,5)到(2,0,3)分别沿以下直线移动 3C 电荷:(a)(1,3,5)→(2,3,5)→(2,0,5)→(2,0,3);(b)(1,3,5)→(1,3,3)→(1,0,3)→(2,0,3);求电场力所做的功。

答案:−9 J;0。

4.3 电位差和电位的定义

现在,我们已经可以根据外源把电荷 Q 从电场中一点移到另一点时所做功的表达式,来定义一个新的概念,即"电位差和功"。

WWW Animations

$$\boxed{W = -Q\int_{\text{init}}^{\text{final}} \boldsymbol{E} \cdot \mathrm{d}\boldsymbol{L}}$$

与**定义**单位试验电荷所受到的力为电场强度一样，我们定义**电位差** V 为外源把**单位**正试验电荷从电场中一点移到另一点时所做的功。

$$\boxed{\text{电位差} = V = -\int_{\text{init}}^{\text{final}} \boldsymbol{E} \cdot \mathrm{d}\boldsymbol{L}} \tag{4.9}$$

在这里，我们必须约定积分路径方向与电荷移动方向是一致的，这已隐含在我们在上面的文字说明中，或者可以说 V_{AB} 表示 A 和 B 两点间的电位差，同时它也是从 B 点(第二个下标)到 A 点(第一个下标)移动单位电荷时外源所做的功。这样，在确定 V_{AB} 时，B 是起点，而 A 是终点。当理解了为什么通常把起点 B 取在无限远，而用终点 A 表示电荷的位置时，我们就会很快地清楚这种有着特定含意的定义的原因；所以从本质说点 A 更有意义。

电位差的单位是焦耳/库(J/C)，一般把它定义为一个更普通的单位——伏特，简记为 V。因此，A 和 B 两点之间的电位差是

$$\boxed{V_{AB} = -\int_{B}^{A} \boldsymbol{E} \cdot \mathrm{d}\boldsymbol{L}\ \mathrm{V}} \tag{4.10}$$

如果从 B 点到 A 点移动正电荷时外源做了正功，V_{AB} 就是正值。

从 4.2 节中线电荷的例子可以知道，外源从 $\rho=b$ 到 $\rho=a$ 移动电荷所做的功是

$$W = \frac{Q\rho_L}{2\pi\varepsilon_0}\ln\frac{b}{a}$$

因此，$\rho=b$ 和 $\rho=a$ 两点之间的电位差是

$$V_{ab} = \frac{W}{Q} = \frac{\rho_L}{2\pi\varepsilon_0}\ln\frac{b}{a} \tag{4.11}$$

通过求沿径向方向距点电荷 Q 为 r_A 和 r_B 的 A 和 B 两点间的电位差，我们可以检验这个定义的正确性。让 Q 在原点，有

$$\boldsymbol{E} = E_r\boldsymbol{a}_r = \frac{Q}{4\pi\varepsilon_0 r^2}\boldsymbol{a}_r$$

和

$$\mathrm{d}\boldsymbol{L} = \mathrm{d}r\boldsymbol{a}_r$$

我们有

$$V_{AB} = -\int_{B}^{A} \boldsymbol{E} \cdot \mathrm{d}\boldsymbol{L} = -\int_{r_B}^{r_A} \frac{Q}{4\pi\varepsilon_0 r^2}\mathrm{d}r = \frac{Q}{4\pi\varepsilon_0}\left(\frac{1}{r_A} - \frac{1}{r_B}\right) \tag{4.12}$$

如果 $r_B > r_A$，则电位差 V_{AB} 是正的，说明外力在从 r_B 到 r_A 移动正电荷的过程中消耗了能量。这与同性电荷相互排斥的物理现象是相一致的 。

为方便起见，通常我们说某点的**电位**或**绝对电位**，而不说两点间的电位差。但是，这仅仅意味着我们指出的是每一点与一个特定点之间的电位差，而且参考点的电位为零。只有在设定了零电位参考点之后，讲某点的电位才有意义。当某人把一只手放在电位为 50 V 的阴极射线管的一个偏转板上而另一只手放在阴极端时，他可能会在被猛然地摇动一下之后意识到阴极端并不是零电位参考点，实际上在这个电路中某点的电位通常都是指相对于射线管的金属屏蔽体的。相对于金属屏蔽体，阴极电位可能会是负的几千伏。

在实验或物理测量时，常常取“大地”为电位点，认为大地表面的电位是零。从理论上来

讲，我们通常是用一个无限大的平面来表示大地的表面，尽管在一些大尺度问题中，如横跨大西洋的波传播问题，要求用一个球面作为零电位面。

另一个广泛使用的参考“点”是无限远。这种情况通常出现在对地球与所感兴趣区域离得很远的某种物理情形做近似的理论问题中，如飞机在飞越雷雨云层时机翼边沿上感应电荷产生的静电场，或者原子内部的电场。对于地球的**重力**位场，零参考点通常取在海平面上；然而，对于在星际间的飞行任务来说，零参考点取在无限远处是比较方便的。

当圆柱对称性存在时，有时会选取某一有限半径的圆柱面为零参考点，而取无限远处为零参考点将是不方便的。在同轴电缆中，外导体一般被作为电位的零参考点。当然，还有许多这样的特殊例子，像双曲面、扁球形面都可以被作为电位的零参考点，但是我们不会马上在这里涉及到它们。

如果 A 点的电位用 V_A 表示，B 点的电位用 V_B 表示，那么

$$\boxed{V_{AB} = V_A - V_B} \tag{4.13}$$

在这里，我们必须记住 V_A 和 V_B 有着相同的零参考点。

练习 4.4　在直角坐标系中，电场强度为 $\boldsymbol{E}=6x^2\boldsymbol{a}_x+6y\boldsymbol{a}_y+4\boldsymbol{a}_z$ V/m。求：(a)V_{MN}，其中点 M 和 N 分别为 $M(2,6,-1)$ 和 $N(-3,-3,2)$；(b)V_M，点 $Q(4,-2,-35)$ 为零参考点；(c)V_N，点 $P(1,2,-4)$ 处的电位为 2 V。

答案：-139.0 V；-120.0 V；19.0 V

4.4　点电荷的电位

在 4.3 节中，我们得到了位于原点处的点电荷 Q 在 $r=r_A$ 和 $r=r_B$ 的两点之间产生的电位差(见式(4.12))。

我们能够怎样方便地定义电位的零参考点呢？最简单的方法是令在无限远处电位 $V=0$。如果我们令 $r=r_B$ 处的 B 点趋向于无限远处，则 r_A 处点 A 的电位成为

$$V_A = \frac{Q}{4\pi\varepsilon_0 r_A}$$

下标 A 可以省略：

$$\boxed{V = \frac{Q}{4\pi\varepsilon_0 r}} \tag{4.14}$$

这个表达式给出了距离位于原点的点电荷 r 处的任意点的电位，其中取无限远处的电位为零。这个表达式的物理意义可以解释为：它表示从无限远处移动 1C 的电荷到距离电荷 Q 为 rm 处外力所做的功为 $\frac{Q}{4\pi\varepsilon_0 r}$ 焦耳。

一种表示电位的简便方法是不选择特定的零参考点，用 r 代替 r_A，且使 $\frac{Q}{4\pi\varepsilon_0 r_B}$ 为一常数。那么

$$V = \frac{Q}{4\pi\varepsilon_0 r} + C_1 \tag{4.15}$$

上式中的 C_1 可以任选，只要使在所希望点 r 处有 $V=0$。我们也可以让 V 在 $r=r_0$ 处取 V_0

值，来间接地选取零电位参考点。

应该注意的是，两点间的**电位差**不是 C_1 的函数。

式(4.14)或式(4.15)表示了点电荷的电位场。电位是一个标量场，不会涉及到任何单位矢量。

现在，让我们给出一个**等位面**的定义：如果在某一个曲面上所有点的电位都相等，那么这个曲面就是等位面。沿一个等位面移动单位电荷时外力不做功，按照定义因为在这个面上任意两点的电位差为零。

在点电荷的电位场中，等位面是一族以点电荷为球心的球面。

若考察一个点电荷的电位场的形式，就会发现它是一个与距离成反比的场，而电场强度却与距离的平方成反比关系。在一个质点产生的重力场中(平方反比定律)和重力位场中(距离反比)也有相似的结论。地球对距地心一百万米的物体所产生的重力是对距地心二百万米的同一物体所产生的重力的 4 倍。然而，一个从宇宙尽头由静止开始做自由落体的物体下降到二百万米时，所获得的动能只是同一物体落到一百万米时的 2 倍。

练习 4.5 在自由空间中，15 nC 的点电荷处于原点，P_1 点的坐标是(−2,3,01)，求 P_1 点的 V_1。(a)$V=0$ 在(6,5,4)；(b)$V=0$ 在无限远处；(c)$V=5$ V 在(2,0,4)。

答案： 20.67 V；36.0 V；10.89 V

4.5 点电荷系统的电位：保守性

在前面已将某点的电位定义为：从零电位参考点移动单位正电荷到这一点时，外力所做的功。我们曾经对这个功(在这里也就是电位)与所选取的路径无关有过疑问。如果电位与所选的路径有关，那么它就不是一个很有用的概念。

现在，让我们证明一下我们的断言。我们首先从点电荷的电位场开始，在 4.4 节中已经知道电位值与路径无关，注意到场与电荷是成线性关系的，所以叠加定律是适用的。由此看来，电荷系电场中某一点的电位也与移动试验电荷到这点所选取的路径是无关的。

这样，一个位于 $\boldsymbol{r}_1$ 处点电荷 Q_1 的电位场仅涉及到距离 $|\boldsymbol{r}-\boldsymbol{r}_1|$，$|\boldsymbol{r}-\boldsymbol{r}_1|$ 是从 Q_1 到需要计算电位值的 $\boldsymbol{r}$ 点处的距离。设零电位参考点取在无限远处，我们有

$$V(\boldsymbol{r})=\frac{Q_1}{4\pi\varepsilon_0|\boldsymbol{r}-\boldsymbol{r}_1|}$$

如果有两个分别位于 $\boldsymbol{r}_1$ 和 $\boldsymbol{r}_2$ 处的点电荷 Q_1 和 Q_2，那么它们在 $\boldsymbol{r}$ 处产生的电位仅是 $|\boldsymbol{r}-\boldsymbol{r}_1|$ 和 $|\boldsymbol{r}-\boldsymbol{r}_2|$ 的函数，$|\boldsymbol{r}-\boldsymbol{r}_1|$ 和 $|\boldsymbol{r}-\boldsymbol{r}_2|$ 分别是从 Q_1 和 Q_2 到场点 $\boldsymbol{r}$ 的距离。

$$V(\boldsymbol{r})=\frac{Q_1}{4\pi\varepsilon_0|\boldsymbol{r}-\boldsymbol{r}_1|}+\frac{Q_2}{4\pi\varepsilon_0|\boldsymbol{r}-\boldsymbol{r}_2|}$$

若继续增加电荷的数目，我们会得到由 n 个电荷产生的电位是

$$V(\boldsymbol{r})=\sum_{m=1}^{n}\frac{Q_m}{4\pi\varepsilon_0|\boldsymbol{r}-\boldsymbol{r}_m|} \tag{4.16}$$

如果将每个点电荷看成是一连续体电荷分布中的一个小元电荷 $\rho_v\Delta v$，那么

$$V(\boldsymbol{r})=\frac{\rho_v(\boldsymbol{r}_1)\Delta v_1}{4\pi\varepsilon_0|\boldsymbol{r}-\boldsymbol{r}_1|}+\frac{\rho_v(\boldsymbol{r}_2)\Delta v_2}{4\pi\varepsilon_0|\boldsymbol{r}-\boldsymbol{r}_2|}+\cdots+\frac{\rho_v(\boldsymbol{r}_n)\Delta v_n}{4\pi\varepsilon_0|\boldsymbol{r}-\boldsymbol{r}_n|}$$

当这些小元电荷的数目变成无限多个时，我们就会得到如下积分表达式

$$V(\boldsymbol{r}) = \int_{\text{vol}} \frac{\rho_v(\boldsymbol{r}')\mathrm{d}v'}{4\pi\varepsilon_0 \mid \boldsymbol{r}-\boldsymbol{r}' \mid} \tag{4.17}$$

单个电荷的电位场我们已经熟悉了，考察式(4.17)和更新我们对其中每项含义的认识是有益的。电位 $V(\boldsymbol{r})$是相对于选取在无限远处的零电位参考点而言的，它表示把单位电荷从无限远处移到所求场点 $\boldsymbol{r}$ 处时外力所做的功。体电荷密度 $\rho_v(\boldsymbol{r}')$与体积微元 $\mathrm{d}v'$的乘积代表了位于 $\boldsymbol{r}'$处的一个元体积电荷 $\rho_v(\boldsymbol{r}')\mathrm{d}v'$。$|\boldsymbol{r}-\boldsymbol{r}'|$是源点到场点的距离。这个积分是一个三重(体)积分。

如果电荷分布是线电荷或面电荷，则积分为线或面积分：

$$V(\boldsymbol{r}) = \int \frac{\rho_L(\boldsymbol{r}')\mathrm{d}L'}{4\pi\varepsilon_0 \mid \boldsymbol{r}-\boldsymbol{r}' \mid} \tag{4.18}$$

$$V(\boldsymbol{r}) = \int_S \frac{\rho_S(\boldsymbol{r}')\mathrm{d}S'}{4\pi\varepsilon_0 \mid \boldsymbol{r}-\boldsymbol{r}' \mid} \tag{4.19}$$

电位的最一般表达式可以通过把式(4.16)、(4.17)、(4.18)和(4.19)相结合而得到。

我们应该把这些由电荷分布表示的电位积分表达式与 2.3 节中介绍过的电场强度的类似表达式做一个对比，例如式(4.15)：

$$\boldsymbol{E}(\boldsymbol{r}) = \int_{\text{vol}} \frac{\rho_v(\boldsymbol{r}')\mathrm{d}v}{4\pi\varepsilon_0 \mid \boldsymbol{r}-\boldsymbol{r}' \mid^2} \frac{\boldsymbol{r}-\boldsymbol{r}'}{\mid \boldsymbol{r}-\boldsymbol{r}' \mid}$$

可以再次看到，电位与距离成反比，而电场强度满足平方反比律。当然，后者也是一个矢量场。

例 4.3　为了说明这些电位积分中某一个的应用，我们来求 $z=0$ 平面上，半径$\rho=a$的圆环上均匀分布的线电荷 ρ_L 在 z 轴上所产生的电位 V，如图 4.3 所示。

解： 由式(4.18)，我们有 $\mathrm{d}L'=a\mathrm{d}\phi'$，$\boldsymbol{r}=z\boldsymbol{a}_z$，$\boldsymbol{r}'=a\boldsymbol{a}_\rho$，$|\boldsymbol{r}-\boldsymbol{r}'|=\sqrt{a^2+z^2}$，则

$$V=\int_0^{2\pi} \frac{\rho_L a\,\mathrm{d}\phi'}{4\pi\varepsilon_0\sqrt{a^2+z^2}} = \frac{\rho_L a}{2\varepsilon_0\sqrt{a^2+z^2}}$$

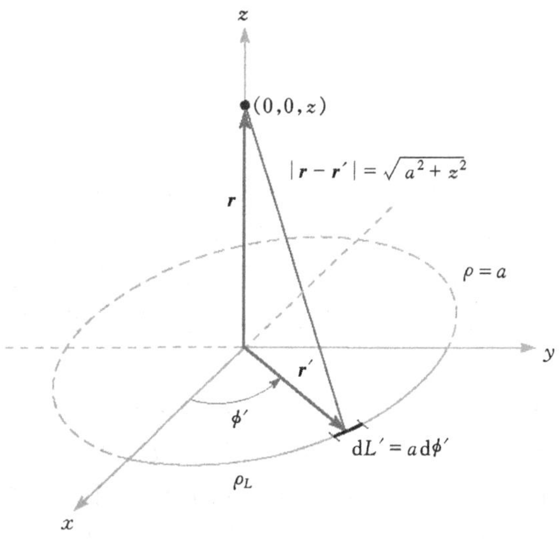

图 4.3　由 $V=\int \rho_L(r')\mathrm{d}L'/(4\pi\varepsilon_0 \mid r-r' \mid)$ 容易求得一个均匀分布线电荷圆环的电位场。

对于选取无限远处为零电位参考点的情况，这时有：

1. 一个点电荷所产生的电位是指，从无限远处移动一个单位正电荷到所求电位点时外力所做的功，此功与在两点之间所选取的路径无关。

2. 多个点电荷所产生的电位场是各个点电荷单独产生的电位场之和。

3. 多个点电荷或任意连续分布电荷所产生的电位，可以由把一个单位电荷从无限远处沿所选取的任意路径移动到所求点时外力所做的功而得

到。

换句话说，电位表达式(零电位参考点取在无限远处)

$$V_A = -\int_{\infty}^{A} \boldsymbol{E} \cdot \mathrm{d}\boldsymbol{L}$$

或电位差

$$V_{AB} = V_A - V_B = -\int_{\infty}^{A} \boldsymbol{E} \cdot \mathrm{d}\boldsymbol{L}$$

与所选取的线积分路径无关，无论 **E** 场的源如何。

这个结论通常被简要地描述为：沿任意一条闭合路径移动单位电荷外力不做功，或者

$$\boxed{\oint \boldsymbol{E} \cdot \mathrm{d}\boldsymbol{L} = 0} \tag{4.20}$$

在积分号中，用一个小圆圈来表示路径是闭合的。这个记号也出现在高斯定律的表达式中，那里表示是一个闭合面积分。

式(4.20)对静电场来说是正确的，但是在第 10 章中我们将会看到当时变磁场存在时这个结论是不完善的。麦克斯韦对电磁理论的一个最伟大的贡献是：一个时变电场会产生一个磁场，因此应该预期到在后面我们会发现，当 **E** 或磁场随时间变化时式(4.20)是不成立的。

只限于在 **E** 不随时间变化的静态情况下，我们来考虑图 4.4 中的直流电路。A 和 B 两点如图所示，式(4.20)表明将单位电荷从 A 点经过 R_2 和 R_3 移动到 B，再经过 R_1 返回到 A 点，没有功的消耗，或者沿任一条闭合路径的电位差是零。

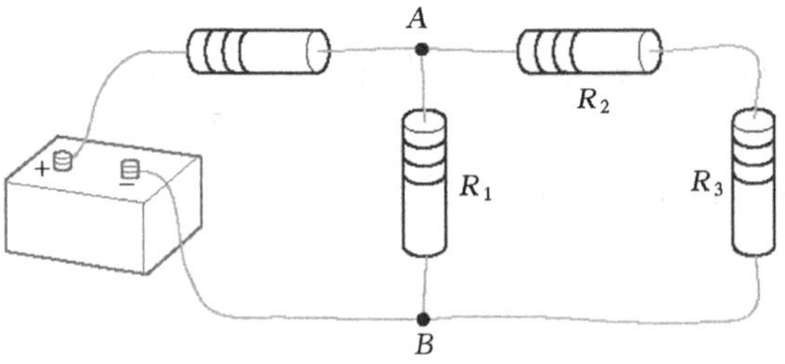

图 4.4　应用基尔霍夫电压定律的积分形式 $\oint \boldsymbol{E} \cdot \mathrm{d}\boldsymbol{L} = 0$ 求解一个简单的直流电路问题

因此，式(4.20)是基尔霍夫电压定律的一种更普遍的形式。也就是说，对于电场存在的任何区域，不局限于由导线、电阻和电池组成的传统电路，我们都可以普遍地应用它。在将式(4.20)应用于时变场之前，我们必须对它做某些修正。在第 10 章中我们将讨论这个问题，并且在第 13 章中我们将建立适用于电流和电压随时间变化的电路中基尔霍夫电压定律的普遍形式。

任何满足方程式(4.20)的场(即场的闭合线积分为零)都被称为保守场。这个名称来自于沿闭合路径所做的功为零这一事实(或者能量被保存起来了)。重力场也是一个保守场，逆着重力移动(提升)一个物体所消耗的能量，当这个物体返回(降低)到原来的位置时，将被完全地返回。一个非保守的重力场将永久地解决我们的能源问题，可惜这是不可能的。

当然在一个给定的非保守场中，沿某一特定闭合路径的线积分有可能为零。例如，在力场 $\boldsymbol{F} = \sin \pi\rho \boldsymbol{a}_\phi$ 中，沿一半径 $\rho = \rho_1$ 的圆形路径上，我们有 $\mathrm{d}\boldsymbol{L} = \rho \mathrm{d}\phi \boldsymbol{a}_\phi$，则

$$\oint \boldsymbol{F} \cdot \mathrm{d}\boldsymbol{L} = \int_0^{2\pi} \sin\pi\rho_1 \boldsymbol{a}_\phi \cdot \rho_1 \mathrm{d}\phi \boldsymbol{a}_\phi = \int_0^{2\pi} \rho_1 \sin\pi\rho_1 \mathrm{d}\phi$$

$$= 2\pi\rho_1 \sin\pi\rho_1$$

在 $\rho_1=1,2,3,\cdots$时积分均为零，但是对于其它值积分不为零，或对于其它大多数闭合路径，积分值也不为零，所以这个给定的力场是非保守的。而一个保守场对于任何一条可能的闭合路径的线积分都为零。

练习 4.6 如果我们取无限远为零参考电位点，求自由空间中由以下电荷分布在点(0,0,2)处产生的电位：(a)$z=0$，$\rho=2.5$ m 圆周上的线电荷密度为 12 nC/m；(b)位于点(1,2,−1)的一个 18 nC 点电荷；(c)线段 $z=0$，$y=2.5$ m 上的线电荷密度为 12 nC/m。

答案：529 V；43.2 V；66.3 V。

4.6 电位梯度

现在，我们已经有了两种计算电位的方法，一种是直接对电场强度求线积分，另一种是对基本电荷分布求体积分。然而，这两种方法在求解大多数实际问题的电场中都不是非常有用的，在后面我们将会看到无论是电场强度还是电荷分布都很少是已知的。更多的时候，已知的是两个等位面的基本信息描述，例如，我们已知两根平行圆柱导体的电位分别为+100 V 和−100 V。或许我们希望求得两导体之间的电容，或者导体表面上的电荷和电流分布，由此可以计算损耗。

这些量都可以容易地从电位场中求得，我们现在的目的是找出一种从电位直接求得电场强度的简单方法。

WWW Animations

我们已经有了这两个量之间的一般线积分关系式，

$$\boxed{V = -\int \boldsymbol{E} \cdot \mathrm{d}\boldsymbol{L}} \tag{4.21}$$

但是这与我们的目的恰好相反，只是在给定 $\boldsymbol{E}$ 求 V 时，使用起来非常容易。

然而，可以把式(4.21)应用于一很短的单元长度 $\Delta\boldsymbol{L}$ 上，此时认为 $\Delta\boldsymbol{L}$ 上的 $\boldsymbol{E}$ 基本上常数，由此得到电位差的增量 ΔV 为：

$$\Delta V \doteq -\boldsymbol{E} \cdot \Delta\boldsymbol{L} \tag{4.22}$$

如图 4.5 所示，考虑空间中的任意一个区域，在其中 V 和 $\boldsymbol{E}$ 都随位置的变化而变化。方程式(4.22)告诉我们，选取一个矢量单元 $\Delta\boldsymbol{L}=\Delta L\boldsymbol{a}_L$ 并将它的模乘以 $\boldsymbol{E}$ 在 $\boldsymbol{a}_L$ 方向上的分量(点积的一种解释)就可以得到 $\Delta\boldsymbol{L}$ 起点与终点间的电位差。

如果我们用 θ 表示 $\Delta\boldsymbol{L}$ 和 $\boldsymbol{E}$ 之间的夹角，那么

$$\Delta V \doteq -E\Delta L\cos\theta$$

我们现在希望通过取极限来得到微分 $\mathrm{d}V/\mathrm{d}L$。为此，我们需要证明 V 可以表述为位置的一个函数 $V(x,y,z)$。到目前为止，V 仅仅是式(4.21)线积分的结果。如果假定一个特定的起点或零电位参考点，并令终点是(x,y,z)，那么我们知道积分的结果就将是一个由终点(x,y,z)所惟一确定的函数，这是因为 $\boldsymbol{E}$ 是一个保守场。因此，V 是一个单值函数 $V(x,y,z)$。此时，通过取极限，我们可以得到

$$\frac{\mathrm{d}V}{\mathrm{d}L}=-E\cos\theta$$

$\Delta \boldsymbol{L}$ 沿哪个方向可以使 ΔV 获得最大值呢？请回想一下，$\boldsymbol{E}$ 在我们所考虑的点上不仅有一确定的值且与 $\Delta \boldsymbol{L}$ 的方向无关。模 ΔL 也是一个常数，而变量则是 $\Delta \boldsymbol{L}$ 方向的单位矢量 $\boldsymbol{a}_L$。很显然，当 $\cos\theta=-1$ 或 $\Delta \boldsymbol{L}$ 与 $\boldsymbol{E}$ 的方向相反时，电位将获得最大的正增量 $\Delta V_{\max}$。在这种情况下，

$$\left.\frac{\mathrm{d}V}{\mathrm{d}L}\right|_{\max}=E$$

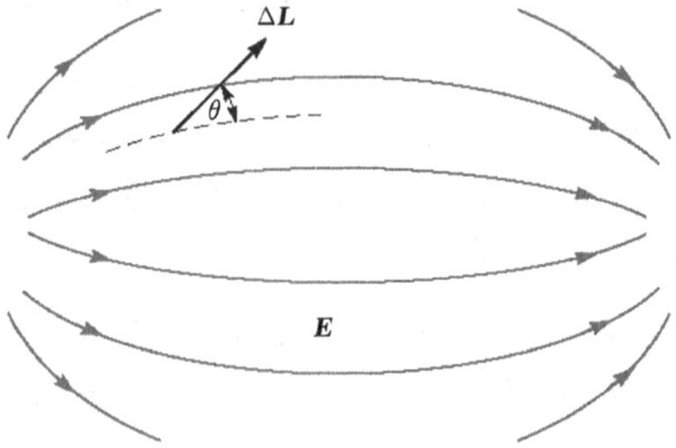

图 4.5　矢量长度 $\Delta \boldsymbol{L}$ 的单位增量如图所示，它与 $\boldsymbol{E}$ 场的夹角为 θ。场源没有画出，其中 $\boldsymbol{E}$ 场用电场强度线表示。

上述小练习向我们表明了在任意点处 $\boldsymbol{E}$ 和 V 之间的关系有如下两个特点：

1. 电场强度的大小由电位相对于距离的变化率的最大值所决定。

2. 当距离增加的方向与 $\boldsymbol{E}$ 的方向相反时，可以求得电位变化率的最大值，或者换句话说，$\boldsymbol{E}$ 的方向沿与电位增加最快相反的方向。

现在，让我们用电位来阐明上述这些关系。图 4.6 试图以图形说明我们已经得到的关于电位场的信息。为了达到此目的，它给出了一族等位面（在二维图形中为一族等位线）。我们期望获得电场强度在某一点 P 的信息。现在，首先以 P 为起始点，沿各个方向画出一小元段距离 $\Delta \boldsymbol{L}$，然后找出电位变化（增加）最快的那个方向。由图可见，这个方向是向左且略微偏向上方。由上面给出的第二个特性可知，电场强度的方向应该与此方向相反，或者在 P 点方向向右且略微偏向下方。电场强度的大小等于电位增量除以小元段的长度。

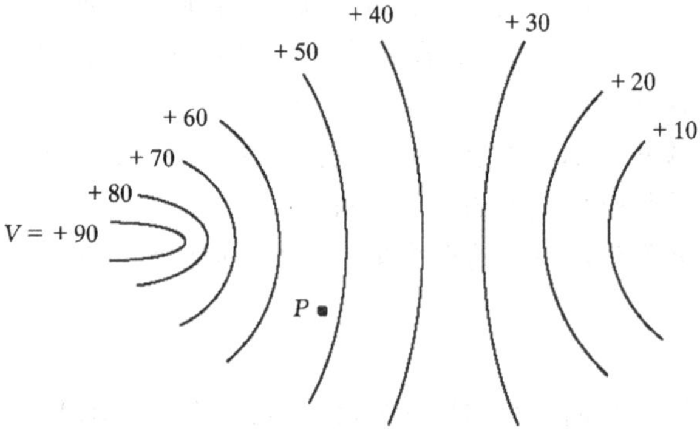

图 4.6　用等位面表示一个电位场。在任意点处，$\boldsymbol{E}$ 场垂直于通过该点的等位面，并且指向电位值减小的等位面。

电位增加最快的方向看来好像是垂直于等位面（与电位增大的方向一致），事实上也的确如此，因为如果 $\Delta \boldsymbol{L}$ 沿着某个等位面的话，按照等位面的定义将会有 $\Delta V=0$。但是此时

$$\Delta V=-\boldsymbol{E}\cdot\Delta \boldsymbol{L}=0$$

而且由于 $\boldsymbol{E}$ 和 $\Delta \boldsymbol{L}$ 都不为零，所以 $\boldsymbol{E}$ 必须垂直于 $\Delta \boldsymbol{L}$ 或垂直于等位面。

因为一般很可能是先确定电位场的信息，让我们来描述一下 $\Delta \boldsymbol{L}$ 的方向，从数学上来说电位场而不是电场强度会沿此方向产生一个最大的增量。为此，我们让 $\boldsymbol{a}_N$ 是一个垂直于等位面的单位矢量，且方向指向较高电位。这样，电场强度用电位可以表示为

$$\boldsymbol{E}=-\left.\frac{\mathrm{d}V}{\mathrm{d}L}\right|_{\max}\boldsymbol{a}_N \tag{4.23}$$

上式说明 $\boldsymbol{E}$ 的大小由在空间的最大变化率所决定，$\boldsymbol{E}$ 的方向是垂直于等位面(指向电位减小的方向)。

因为当 $\Delta\boldsymbol{L}$ 与 $\boldsymbol{a}_N$ 的方向一致时，$\mathrm{d}V/\mathrm{d}L$ 取得最大值，这个事实提醒我们可以取如下等式

$$\left.\frac{\mathrm{d}V}{\mathrm{d}L}\right|_{\max}=\frac{\mathrm{d}V}{\mathrm{d}N}$$

和

$$\boldsymbol{E}=-\frac{\mathrm{d}V}{\mathrm{d}N}\boldsymbol{a}_N \tag{4.24}$$

式(4.23)或(4.24)给出了一个由电位确定电场强度的过程的物理解释。它们两者描述的只是一个一般的过程，我们不会期望由此得到一个定量的解。然而，由 V 求 $\boldsymbol{E}$ 的过程不只是限于这两对变量，一个标量与一个矢量场之间的这种关系也出现在水力学、热力学和磁学中，乃至于所有已经应用矢量分析描述的场中。

由 V 求得 $-\boldsymbol{E}$ 这种运算称之为梯度，一个标量场 T 的梯度定义为：

$$\boxed{\mathrm{grad}\,T=\frac{\mathrm{d}T}{\mathrm{d}N}\boldsymbol{a}_N} \tag{4.25}$$

这里，$\boldsymbol{a}_N$ 是垂直于等位面的单位矢量，它指向 T 值增大的方向。

利用这个新的术语，我们现在可以写出如下 V 和 $\boldsymbol{E}$ 的关系：

$$\boxed{\boldsymbol{E}=-\,\mathrm{grad}V} \tag{4.26}$$

由于在前面已经证明了 V 是 x,y,z 的一个确定的函数，所以我们可以采用它的全微分

$$\mathrm{d}V=\frac{\partial V}{\partial x}\mathrm{d}x+\frac{\partial V}{\partial y}\mathrm{d}y+\frac{\partial V}{\partial z}\mathrm{d}z$$

另外，我们有

$$\mathrm{d}V=-\boldsymbol{E}\cdot\mathrm{d}\boldsymbol{L}=-E_x\mathrm{d}x-E_y\mathrm{d}y-E_z\mathrm{d}z$$

因为这两个表达式对任意的 $\mathrm{d}x,\mathrm{d}y,\mathrm{d}z$ 都是成立的，所以有

$$E_x=-\frac{\partial V}{\partial X}$$

$$E_y=-\frac{\partial V}{\partial Y}$$

$$E_z=-\frac{\partial V}{\partial Z}$$

把上述结果合并成矢量形式得到

$$\boxed{\boldsymbol{E}=-\left(\frac{\partial V}{\partial x}\boldsymbol{a}_x+\frac{\partial V}{\partial y}\boldsymbol{a}_y+\frac{\partial V}{\partial z}\boldsymbol{a}_z\right)} \tag{4.27}$$

比较式(4.26)和式(4.27)，我们可以得到在直角坐标系中梯度计算的表达式：

$$\boxed{\mathrm{grad}V=\frac{\partial V}{\partial x}\boldsymbol{a}_y+\frac{\partial V}{\partial y}\boldsymbol{a}_y+\frac{\partial V}{\partial z}\boldsymbol{a}_z} \tag{4.28}$$

一个标量的梯度是矢量，而在前面小测验中的单位矢量似乎就是这些单位矢量，但却常常被错误地加在散度表达式中，以及被错误地从梯度表达式中移走了。一旦掌握了式(4.25)中梯度的物理解释是一个标量的最大空间变化率，且方向为最大变化率的方向，那么梯度的矢量性就应该是不言而喻的。

在形式上看，矢量算子

$$\nabla = \frac{\partial}{\partial x}\boldsymbol{a}_x + \frac{\partial}{\partial y}\boldsymbol{a}_y + \frac{\partial}{\partial z}\boldsymbol{a}z$$

可以用作对一个标量 T 运算的算子∇T，有

$$\nabla T = \frac{\partial T}{\partial x}\boldsymbol{a}_x + \frac{\partial T}{\partial y}\boldsymbol{a}_y + \frac{\partial T}{\partial z}\boldsymbol{a}_z$$

由此我们可以看到

$$\boxed{\nabla T = \mathrm{gard}\,T}$$

因此，$\boldsymbol{E}$ 和 V 之间的关系就可以简洁地表示为，

$$\boxed{\boldsymbol{E} = -\nabla V} \tag{4.29}$$

应用梯度定义式(4.25)，梯度在其它坐标系中可以用偏微分来表示。在附录 A 中导出了这些表达式，为了处理柱对称和球对称性问题时方便起见，在这里也给出了这些表达式。在本书后面的封面内侧也印出了这些表达式。

$$\boxed{\nabla V = \frac{\partial V}{\partial x}\boldsymbol{a}_x + \frac{\partial V}{\partial y} + \frac{\partial V}{\partial z}\boldsymbol{a}_z \quad \text{（直角坐标系）}} \tag{4.30}$$

$$\boxed{\nabla V = \frac{\partial V}{\partial \rho}\boldsymbol{a}_\rho + \frac{1}{\rho}\frac{\partial V}{\partial \phi}\boldsymbol{a}_\phi + \frac{\partial V}{\partial z}\boldsymbol{a}_z \quad \text{（圆柱坐标系）}} \tag{4.31}$$

$$\boxed{\nabla V = \frac{\partial V}{\partial r}\boldsymbol{a}_r + \frac{1}{r}\frac{\partial V}{\partial \theta}\boldsymbol{a}_\theta + \frac{1}{r\sin\theta}\frac{\partial V}{\partial \phi}\boldsymbol{a}_\phi \quad \text{（球坐标系）}} \tag{4.32}$$

注意在每个坐标系中，每一项的分母都具有 $\mathrm{d}\boldsymbol{L}$ 的某一个分量的形式，仅仅是用偏微分代替了常微分，例如 $r\sin\theta\mathrm{d}\phi$ 换成了 $r\sin\theta\partial\phi$。

现在，让我们用一个例子来加强一下梯度的概念。

例 4.4 给定一个电位场 $V=2x^2y-5z$ 和点 $P(-4,3,6)$。求：P 点的电位 V、电场强度 $\boldsymbol{E}$、$\boldsymbol{E}$ 的方向、电通量密度 $\boldsymbol{D}$ 和体电荷密度 ρ_v。

解：点 $P(-4,3,6)$的电位是

$$V_P = 2(-4)^2(3) - 5(6) = 66\ \mathrm{V}$$

下面我们利用梯度求解电场强度，

$$\boldsymbol{E} = -\nabla V = -4xy\boldsymbol{a}_x - 2x^2\boldsymbol{a}_y + 5\boldsymbol{a}_z\ \mathrm{V/m}$$

$\boldsymbol{E}$ 在 P 点的值是

$$\boldsymbol{E}_P = 48\boldsymbol{a}_x - 32\boldsymbol{a}_y + 5\boldsymbol{a}_z\ \mathrm{V/m}$$

和

$$|\boldsymbol{E}_P| = \sqrt{48^2 + (-32)^2 + 5^2} = 57.9\ \mathrm{V/m}$$

$\boldsymbol{E}$ 在 P 点的方向由如下单位矢量给出：

$$\boldsymbol{a}_{E,P} = (48\boldsymbol{a}_x - 32\boldsymbol{a}_y + 5\boldsymbol{a}_z)/57.9$$
$$= 0.829\boldsymbol{a}_x - 0.553\boldsymbol{a}_y + 0.086\boldsymbol{a}_z$$

如果我们假设这个电场存在于自由空间中，那么

$$\boldsymbol{D} = \varepsilon_0\boldsymbol{E} = -35.4xy\boldsymbol{a}_x - 17.71x^2\boldsymbol{a}_y + 44.3\boldsymbol{a}_z\ \mathrm{pC/m^3}$$

最后，我们可以利用散度关系求得给定电位场的源电荷密度，

$$\rho_v = \nabla \cdot \boldsymbol{D} = -35.4y \ \text{pC/m}^3$$

在 P 点，$\rho_v = -106.2 \ \text{pC/m}^3$

练习 4.7　图 4.8 示出了一个二维电位场（$E_z = 0$）中的部分等位面。在实际的场中，网格线之间的距离为 1 mm。在直角坐标系中分别求：a, b, c 三点 $\boldsymbol{E}$ 的近似值。

答案：$-1075\boldsymbol{a}_y$ V/m；$-600\boldsymbol{a}_x - 700\boldsymbol{a}_y$ V/m；$-500\boldsymbol{a}_x - 650\boldsymbol{a}_y$ V/m

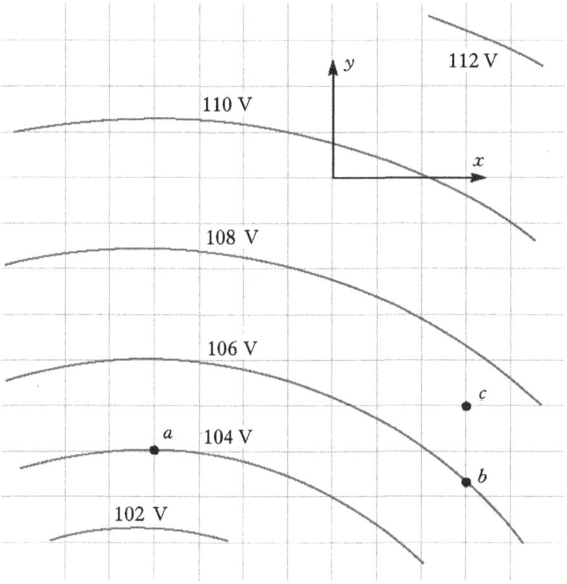

图 4.7　见练习 4.7

练习 4.8　在柱坐标系中给定一电位场 $V = \dfrac{100}{z^2+1}\rho\cos\phi V$，点 P 在 $\rho = 3$ m，$\phi = 60°$，$z = 2$ m。求：自由空间中 P 点处的(a)V；(b)$\boldsymbol{E}$；(c)E；(d)$\mathrm{d}V/\mathrm{d}N$；(e)$\boldsymbol{a}_N$；(f)ρ_v。

答案：30.0 V；$-10.00\boldsymbol{a}_\rho + 17.3\boldsymbol{a}_\phi + 24.0\boldsymbol{a}_z$ V/m；31.2 V/m；31.2 V/m；$0.32\boldsymbol{a}_\rho - 0.55\boldsymbol{a}_\phi - 0.77\boldsymbol{a}_z$ V/m；$-234 \ \text{pC/m}^3$

4.7　电偶极子

我们在这一节中将要讨论的电偶极子场非常重要，它是分析电介质材料在电场中的行为的基础，也将在第 6 章的部分章节中予以讨论，以及在第 5 章的 5.5 节中证明镜像法使用的合理性。此外，这些扩展的内容也说明了在本章中所介绍的电位概念的重要性。

一个**电偶极子**或者简称**偶极子**是指由离开一定距离的电量相同符号相反的两个点电荷组成的系统，两个点电荷之间的距离与待求场点 P 到它们中心的距离相比很小。图 4.8(a)示出了一个电偶极子。由于方位角对称性，离电偶极子较远的点 P 用柱坐标 r, θ 和 $\phi = 90°$表示。

正负点电荷相距为 d，在直角坐标系中坐标分别为$(0,0,\frac{1}{2}d)$和$(0,0,-\frac{1}{2}d)$。

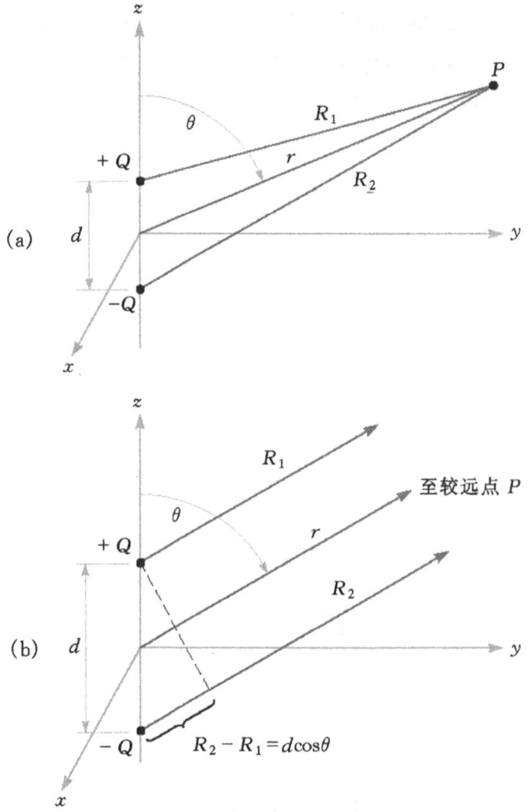

图 4.8　(a)电偶极子的几何构形。偶极距 $p=Qd$ 沿 $\boldsymbol{a}_z$ 方向。(b)对于较远的点 P 来说，R_1 与 R_2 近似于平行，则有 $R_2-R_1=d\cos\theta$。

存在着这么多的几何特点。我们下一步应该做什么呢？我们是否应该把每个点电荷的已知电场相加来求总的电场强度？还是先求电位场比较容易呢？无论用哪一种方法，我们都将先求出电场强度和电位这两个量中的某一个，再从它求得另一个，这样以来这个问题才算完全解决了。

如果我们先求 $\boldsymbol{E}$，在球坐标系中有两个分量需要求解(由于对称性，$E_\phi=0$)，然后只能通过线积分由 $\boldsymbol{E}$ 求得 V。因为线积分只能给出积分路径首末两点之间的电位差，所以在最后一步中应建立一个合适的零电位参考点。

另一方面，如果我们先求 V 就非常地简单，这是因为通过简单地相加两个点电荷产生的标量电位就可以求得总电位函数。然后取 V 的负梯度，我们就可以比较容易地求得 $\boldsymbol{E}$ 的大小和方向。

设 Q 和 $-Q$ 到 P 点的距离分别为 R_1 和 R_2，并采用这个简单方法，我们可以写出总电位的表达式为：

$$V=\frac{Q}{4\pi\varepsilon_0}\left(\frac{1}{R_1}-\frac{1}{R_2}\right)=\frac{Q}{4\pi\varepsilon_0}\frac{R_2-R_1}{R_2R_1}$$

注意到，在两个点电荷中间的平面 $Z=0$ 上，由于有 $R_1=R_2$，所以其上各点的电位值都为零，好像这个平面上所有点都处于无限远处。

对于较远的一点来说，R_1 和 R_2 近似相等，所以分母中的 R_1R_2 可以用 r^2 来代替。然而，在分子中不可以做任何近似，否则会导致得到当距离偶极子很远时电位趋于零的结果。由图 4.8(b)看出，在距偶极子较近的区域，如果假设 R_1 平行 R_2，则 R_2-R_1 非常容易地近似为

$$R_2 - R_1 \doteq d\cos\theta$$

最后的结果为

$$\boxed{V = \frac{Qd\cos\theta}{4\pi\varepsilon_0 r^2}} \tag{4.33}$$

再一次，我们注意到平面 $z=0(\theta=90°)$ 是一个零电位面。

利用球坐标系中的梯度公式，

$$\boldsymbol{E} = -\nabla V = -\left(\frac{\partial V}{\partial r}\boldsymbol{a}_r + \frac{1}{r}\frac{\partial V}{\partial \theta}\boldsymbol{a}_\theta + \frac{1}{r\sin\theta}\frac{\partial V}{\partial \phi}\boldsymbol{a}_\phi\right)$$

我们得到

$$\boldsymbol{E} = -\left(-\frac{Qd\cos\theta}{2\pi\varepsilon_0 r^3}\boldsymbol{a}_r - \frac{Qd\sin\theta}{4\pi\varepsilon_0 r^3}\boldsymbol{a}_\theta\right) \tag{4.34}$$

或者

$$\boxed{\boldsymbol{E} = \frac{Qd}{4\pi\varepsilon_0 r^3}(2\cos\theta\boldsymbol{a}_r + \sin\theta\boldsymbol{a}_\theta)} \tag{4.35}$$

这里我们只花费了很少的工作就得到了偶极子在较远区域中产生的场。相反，如果某个学生采用另一种方法，他却需要花费数个小时才可能得到问题的解——本书作者认为这个过程太长和太详细，为了节省篇幅起见，这里不再赘述。

为了绘制电位场图，我们选择这样一个点偶极子：$Qd/(4\pi\varepsilon_0)=1$ 和 $\cos\theta=Vr^2$。图 4.9 中的各条曲线分别表示 $V=0,\pm0.2,\pm0.4,\pm0.6,\pm0.8$ 和 $+1$ 的等位面。偶极子的轴线垂直于 $Z=0$ 平面，且正电荷在平面上方。在球坐标系中，应用 2.6 节的方法可以得到电力线的方程

$$\frac{E_\theta}{E_r} = \frac{r\mathrm{d}\theta}{\mathrm{d}r} = \frac{\sin\theta}{2\cos\theta}$$

或者

$$\frac{\mathrm{d}r}{r} = 2\cot\theta\mathrm{d}\theta$$

由此，我们可以得到

$$r = C_1\sin^2\theta$$

在图 4.9 中，黑色的电力线分别是 $C_1=1,1.5,2,2.5$ 时的电力线。

利用偶极矩可以简化式(4.33)表示的偶极子电位场。首先我们定义一个由 $-Q$ 指向 $+Q$ 的矢量 $\boldsymbol{d}$，然后定义 $Q\boldsymbol{d}$ 为**偶极矩**，且用 $\boldsymbol{p}$ 表示。这样，

$$\boxed{\boldsymbol{p} = Q\boldsymbol{d}} \tag{4.36}$$

$\boldsymbol{p}$ 的单位是 C·m。

因为 $\boldsymbol{d}\cdot\boldsymbol{a}_r=d\cos\theta$，所以有

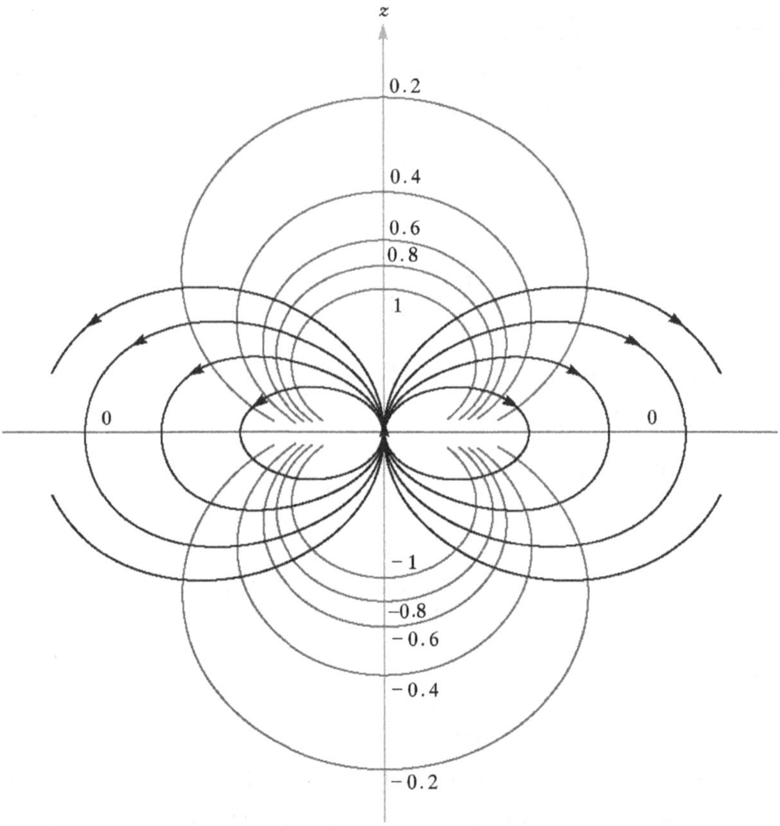

图 4.9 一个电偶极子的电场，偶极矩方向为 $\boldsymbol{a}_z$。6 个等位面标以相应的 V 值。

$$V=\frac{\boldsymbol{p}\cdot\boldsymbol{a}_r}{4\pi\varepsilon_0\boldsymbol{r}^2} \tag{4.37}$$

可以把这个结果写成如下的一般形式：

$$V=\frac{1}{4\pi\varepsilon_0\,|\boldsymbol{r}-\boldsymbol{r}'|^2}\boldsymbol{p}\cdot\frac{\boldsymbol{r}-\boldsymbol{r}'}{|\boldsymbol{r}-\boldsymbol{r}'|} \tag{4.38}$$

这里 $\boldsymbol{r}$ 确定场点 P，$\boldsymbol{r}'$确定偶极子的中心。式(4.38)与坐标系的选取无关。

在后面我们讨论电介质材料的时候还会遇到偶极矩 $\boldsymbol{p}$ 这一概念。因为它等于电荷与其间隔距离的乘积，所以当电荷增加和间隔距离减小而保持乘积不变的时候，偶极矩和电位都不会变化。当 $\boldsymbol{d}$ 趋向于零和 Q 趋于无穷而使乘积 $\boldsymbol{p}$ 是有限值时，就形成了**点偶极子**这种极限情形。

我们现在来分析上面的结果，很有趣的是我们注意到电位与离开偶极子距离的**平方**成反比，而电场强度与离开偶极子距离的**立方**成反比。它们都比点电荷相应的场下降得快，但是这一点并没有出乎我们的意料，因为距离较远的两个异性电荷好像是结合得更紧密，其表现更像是一个 0 C 的点电荷。

不难想象，大量对称放置的点电荷系所产生的场将与 r 的无数多个越来越高的高次幂成反比。这种电荷分布被称为**多极子**，它们被以无限级数的形式用于近似更复杂的电荷分布。

练习 4.9 在自由空间中，一个偶极子位于原点处，其偶极矩 $\mathbf{p}=3\mathbf{a}_x-2\mathbf{a}_y+\mathbf{a}_z$nC · m。求：(a)在 $P_A(2,3,4)$点的 V 值；(b)在 $r=2.5,\theta=30°,\phi=40°$时的值。

答案：0.23 V；1.97 V

练习 4.10 在自由空间，一个偶极子位于原点处，偶极矩 $\mathbf{p}=6\mathbf{a}_z$nC · m。求：(a)$P(r=4,\theta=20°,\phi=0°)$点的 V 值；(b)P 点的 $\mathbf{E}$ 值。

答案：3.17 V；$1.58\mathbf{a}_r+0.29\mathbf{a}_\theta$ V/m

4.8 静电场中的能量密度

我们通过考察在电场中移动一个点电荷所做的功或消耗的能量引入了电位的概念，现在我们必须通过进一步追踪能量流动来结束这一讨论。

将一个正电荷从无限远处移入另一个正电荷的电场中需要做功，这个功是由移动电荷的外源所做的。让我们想象一下外源携带这个电荷到达固定电荷的附近并把它固定在那里。在将电荷移动到现在位置的过程中，外源所消耗的能量必须以位能的形式被储存在电场中，因为如果外源将能量释放给这个电荷，它必然加速远离固定电荷，从而获得动能和做功的能力。

为了得到在电荷系统中存在的位能，我们必须求出外源在放置这个电荷过程中所做的功。

为此让我们想象在一个空的宇宙中，从无限远处移动一个电荷 Q_1 到任意位置是不需要做功的，这是由于现在不存在电场[①]。把电荷 Q_2 固定在电荷 Q_1 的场中某一点所需要做的功，等于电荷 Q_2 与电荷 Q_1 在该点产生的电位的乘积。我们把这个电位记作 $V_{2,1}$，这里第一个下标指位置，第二个下标指源。那么，$V_{2,1}$就表示 Q_1 在 Q_2 处所产生的电位。这样

$$\text{放置 } Q_2 \text{ 所做的功} = Q_2V_{2,1}$$

同理，我们可以将每一个追加的电荷放置在已有电荷的场中所需做的功表示为：

$$\text{放置 } Q_3 \text{ 所做的功} = Q_3V_{3,1}+Q_3V_{3,2}$$

$$\text{放置 } Q_4 \text{ 所做的功} = Q_4V_{4,1}+Q_4V_{4,2}+Q_4V_{4,3}$$

等等。把上面每一个功相加起来，可以得到总功：

$$\begin{aligned}\text{总的安置功} = \text{场的位能} = W_E &= Q_2V_{2,1}+Q_3V_{3,1}+Q_3V_{3,2}\\ &\quad +Q_4V_{4,1}+Q_4V_{4,2}+Q_4V_{4,3}+\cdots\end{aligned} \tag{4.39}$$

注意，取在上式中具代表性形式的一项，

$$Q_3V_{3,1}=Q_3\frac{Q_1}{4\pi\varepsilon_0R_{13}}=Q_1\frac{Q_3}{4\pi\varepsilon_0R_{31}}$$

这里 R_{13} 和 R_{31} 都表示 Q_1 和 Q_3 之间的距离，我们看到上式也可以写成等价形式 $Q_1V_{1,3}$。如果把总能量表达式中每一项都用相应的等价形式来代替，则有

$$W_E=Q_1V_{1,2}+Q_1V_{1,3}+Q_2V_{2,3}+Q_1V_{1,4}+Q_2V_{2,4}+Q_3V_{3,4}+\cdots \tag{4.40}$$

若(4.39)和(4.40)两式相加，结果可以稍微得到一些简化：

---

① 然而，在无限远处，某人为制作一个点电荷是必须要做无穷大的功！有谁知道将两个半份电量的电荷合并成为一个点电荷要消耗多少能量呢？

$$2W_E = Q_1(V_{1,2} + V_{1,3} + V_{1,4} + \cdots) + Q_2(V_{2,1} + V_{2,3} + V_{2,4} + \cdots) + Q_3(V_{3,1} + V_{3,2} + V_{3,4} + \cdots) + \cdots$$

每一个括号中的电位和等于除该点处的电荷以外，所有其它电荷在这点所产生电位的和。换句话说，

$$V_{1,2} + V_{1,3} + V_{1,4} + \cdots = V_1$$

这就是由 $Q_2,Q_3,Q_4\cdots$在 Q_1 处所产生的电位。因此，我们有

$$W_E = \frac{1}{2}(Q_1V_1 + Q_2V_2 + Q_3V_3 + \cdots) = \frac{1}{2}\sum_{m=1}^{m=N} Q_mV_m \tag{4.41}$$

为了获得储存在连续电荷分布的电场中的能量表达式，用 $\rho_v \mathrm{d}v$ 代替上式中的每一个电荷，则求和变成了一个积分

$$W_E = \frac{1}{2}\int_{\mathrm{vol}} \rho_v V \mathrm{d}v \tag{4.42}$$

利用式(4.41)和式(4.42)，我们可以求得一个点电荷系统或体电荷分布系统中的总位能。也可以很容易地写出以线或面电荷密度表示的相似表达式。通常，我们更喜欢使用式(4.43)并用它来表示所有各种类型电荷分布的情况。这是因为我们总可以把点电荷、线电荷密度或面电荷密度看做是体电荷密度连续地分布在一个很小的区域内。我们用一个例子简短地说明一下这种方法。

在着手对这个结论进行解释之前，我们应考虑一系列更困难的矢量分析公式以及获得一个用 $\boldsymbol{E}$ 和 $\boldsymbol{D}$ 表示且与式(4.42)相等价的表达式。

让我们从使表达式变得比较长一点开始。首先使用麦克斯韦第一方程，用$\nabla \cdot \boldsymbol{D}$ 代替 ρ_v，并应用对任意标量函数 V 和任意矢量函数 $\boldsymbol{D}$ 都成立的矢量恒等式，

$$\nabla \cdot (V\boldsymbol{D}) \equiv (\nabla \cdot \boldsymbol{D}) + \boldsymbol{D} \cdot (\nabla V) \tag{4.43}$$

使用在直角坐标系中的展开形式，这个表达式很容易得到证明。然后，我们有

$$W_E = \frac{1}{2}\int_{\mathrm{vol}} \rho_v V \mathrm{d}v = \frac{1}{2}\int_{\mathrm{vol}} (\nabla \cdot \boldsymbol{D}) V \mathrm{d}v$$

$$= \frac{1}{2}\int_{\mathrm{vol}} [\nabla \cdot (V\boldsymbol{D}) - \boldsymbol{D} \cdot (\nabla V)] \mathrm{d}v$$

由第 3 章的散度定理可知，上式后面等式中的第一个体积分可以化成一个面积分，其中的闭合面为包围这个体积的外表面。式(4.43)中的积分体积必须包含所有的电荷，而在这个体积之外没有任何其它电荷。当然如果希望的话，我们也可以将这个体积扩展至无限大范围。我们有

$$W_E = \frac{1}{2}\oint_S (V\boldsymbol{D}) \cdot \mathrm{d}\boldsymbol{S} - \frac{1}{2}\int_{\mathrm{vol}} \boldsymbol{D} \cdot (\nabla V) \mathrm{d}v$$

在这里，面积分等于零。这是因为在这个包围整个宇宙空间的闭合面上，我们可以认为 V 至少是以 $1/r$ 的速度衰减而趋近于零(在无限远处电荷可以近似看做是点电荷)，同时 $\boldsymbol{D}$ 至少是以 $1/r^2$ 的速度衰减而趋近于零。因此，被积函数至少以 $1/r^3$ 速度衰减而趋近零，而看起来越来越像一个球面一部分的面积单元仅以 r^2 速度增大。因此，当 $r \to \infty$时，被积函数和积分两者都趋近于零。将 $\boldsymbol{E} = -\nabla V$ 代入其余的体积分中，我们有

$$\boxed{W_E = \frac{1}{2}\int_{\mathrm{vol}} \boldsymbol{D} \cdot \boldsymbol{E} \mathrm{d}v = \frac{1}{2}\int_{\mathrm{vol}} \varepsilon_0 E^2 \mathrm{d}v} \tag{4.44}$$

现在，让我们利用这个表达式来计算在一个长为 L 的同轴电缆或电容器的静电场中储存的能量。我们在 3.3 节中已经得到

$$D_\rho = \frac{a\rho_S}{\rho}$$

因此

$$\boldsymbol{E} = \frac{a\rho_S}{\varepsilon_0\rho}\boldsymbol{a}_\rho$$

这里 ρ_S 是内导体表面上的面电荷密度，它的半径为 a。所以

$$W_E = \frac{1}{2}\int_0^L\int_0^{2\pi}\int_a^b \varepsilon_0 \frac{a^2\rho_S^2}{\varepsilon_0^2\rho^2}\rho \mathrm{d}\rho \mathrm{d}\phi \mathrm{d}z = \frac{\pi L a^2\rho_S^2}{\varepsilon_0}\ln\frac{b}{a}$$

从式(4.42)也可以得到同样的结果。我们选取外导体作为零电位参考面，这样圆柱内导体的电位为

$$V_a = -\int_b^a E_\rho \mathrm{d}\rho = -\int_b^a \frac{a\rho_S}{\varepsilon_0\rho}\mathrm{d}\rho = \frac{a\rho_S}{\varepsilon_0}\ln\frac{b}{a}$$

可以把 $\rho=a$ 圆柱表面上的面电荷密度 ρ_S 看做是一个体电荷密度 $\rho_v=\rho_S/t$，其范围从 $\rho=a-\frac{1}{2}t$ 到 $\rho=a+\frac{1}{2}t$，这里 $t\ll a$。因此，式(4.42)中的被积函数在两圆柱体之间处处为零(在柱体之间体电荷密度为零)，以及在外圆柱体的外部被积函数也为零(外导体电位为零)。因此，只需在 $\rho=a$ 处的薄圆柱壳内进行积分，有

$$W_E = \frac{1}{2}\int_{\mathrm{vol}}\rho_v V \mathrm{d}V = \frac{1}{2}\int_0^L\int_0^{2\pi}\int_{a-t/2}^{a+t/2}\frac{\rho_S}{t}a\frac{\rho_S}{\varepsilon_0}\ln\frac{b}{a}\rho \mathrm{d}\rho \mathrm{d}\phi \mathrm{d}z$$

由此又一次得到

$$W_E = \frac{a^2\rho_S^2\ln(b/a)}{\varepsilon_0}\pi L$$

如果我们取内导体上的总电荷 $Q=2\pi a L\rho_S$，上面的表达式我们就会很熟悉了。将这个结果与柱体之间的电位差相联系，我们可以看到

$$W_E = \frac{1}{2}QV_a$$

我们已经很熟悉这就是储存在电容器中的能量。

至此，电场中的能量储存在哪里？我们还没有回答这个问题。位能从来都不能按物理位置精确地固定住。当提起一支铅笔时，铅笔将获得位能。这些能量是储存在铅笔的分子中，还是在铅笔与地球之间的重力场中，或者是在某些不引人注目的地方呢？一个电容器中的能量是储存在电荷自身上，储存在场中还是其它地方呢？没有人能够就自己个人的观点提供任何证据，就把这个问题留给哲学家去吧！

电磁场理论可以容易地使我们相信，电场或电荷分布系统中的能量是储存在电场本身之中的。如果我们取式(4.44)，可以得到一个准确而严密的表达式，

$$W_E = \frac{1}{2}\int_{\mathrm{vol}}\boldsymbol{D}\cdot\boldsymbol{E}\mathrm{d}v$$

写成微分形式，

$$\mathrm{d}W_E = \frac{1}{2}\boldsymbol{D}\cdot\boldsymbol{E}\mathrm{d}v$$

或者

$$\frac{dW_E}{dv} = \frac{1}{2}\boldsymbol{D}\cdot\boldsymbol{E} \tag{4.45}$$

我们得到一个量$\frac{1}{2}\boldsymbol{D}\cdot\boldsymbol{E}$,它具有能量密度的量纲,焦耳/立方米(J/m^3)。我们知道,如果在整个场所包含的体积内积分这个能量密度,其结果确实就是储存的总能量,但是我们仍然没有充足的理由就认为储存在每一个体积元 dv 中的能量是 $\boldsymbol{D}\cdot\boldsymbol{E}dv$,而不是式(4.42)中的$\frac{1}{2}\rho_v V dv$。然而,式(4.45)给出了一种合适的解释,我们将使用它直到证明这是错误的。

练习 4.11 求在自由空间中区域:2 mm$<r<$3 mm,$0<\theta<90°$,$0<\phi<90°$内储存的能量。给定电位场 $V=$:(a)$\frac{200}{r}$ V;(b)$\frac{300\cos\theta}{r^2}$ V。

答案:46.4 μJ;36.7 J

参考文献

1. Attwood, S. S. Electric and Magnetic Fields. 3d ed. New York: John Wiley & Sons, 1949. 该书中有各种电荷分布的场图,包括偶极子场。该书没有使用矢量分析。
2. Skilling, H. H.(见第 3 章中建议的参考书目). 在第 19~21 页中介绍了梯度。
3. Thomas, G. B., Jr., and R. L. Finney.(见第 1 章中建议的参考书目). 在第 823~830 页中介绍了方向导数和梯度。

习题 4

WWW Animations

4.1 给定 $\boldsymbol{E}$ 在点 $P(\rho=2,\phi=40°,z=3)$的值为 $\boldsymbol{E}=100\boldsymbol{a}_\rho-200\boldsymbol{a}_\phi+300\boldsymbol{a}_z$ V/m。试求移动一个 20 μC 电荷 6 μm 的距离时所需做的功:(a)在 $\boldsymbol{a}_\rho$ 方向;(b)在 $\boldsymbol{a}_\phi$ 方向;(c)在 $\boldsymbol{a}_z$ 方向;(d)在 $\boldsymbol{E}$ 方向;(e)在 $\boldsymbol{G}=2\boldsymbol{a}_x-3\boldsymbol{a}_y+4\boldsymbol{a}_z$ 的方向。

4.2 一个电量为 q_1 的正点电荷位于原点。试推导沿 $-\boldsymbol{a}_x$ 方向将另一个点电荷 q_2 从点(x, y, z)移动 dx 的距离时所需做的功的表达式。

4.3 如果 $\boldsymbol{E}=120\boldsymbol{a}_\rho$ V/m,求移动一个 50-μC 电荷 2 mm 所做的功,从(a)$P(1,2,3)$点到 $Q(2,1,4)$;(b)$Q(2,1,4)$点到 $P(1,2,3)$。

4.4 自由空间中的电场强度为 $\boldsymbol{E}=x\boldsymbol{a}_x+y\boldsymbol{a}_y+z\boldsymbol{a}_z$ V/m。求在该电场中移动一个 1 μC 的电荷所做的功。(a)从(1,1,1)到(0,0,0);(b)从$(\rho=2,\phi=0°)$到$(\rho=2,\phi=90°)$;(c)从$(r=10,\theta=\theta_0)$到$(r=10,\theta=\theta_0+180°)$。

4.5 计算$\int_A^P \boldsymbol{G}\cdot d\boldsymbol{L}$,其中 $\boldsymbol{G}=2y\boldsymbol{a}_x$,$A(1,-1,2)$ 和 $P(2,1,2)$。分别沿如下路径:(a) 从 $A(1,-1,2)$ 到 $B(1,1,2)$ 再到 $P(2,1,2)$ 的两段直线;(b) 从 $A(1,-1,2)$ 到 $C(2,-1,2)$ 再到 $P(2,1,2)$ 的两段直线。

4.6 自由空间中的电场强度为 $\boldsymbol{E}=x\hat{\boldsymbol{a}}_x+4z\hat{\boldsymbol{a}}_y+4y\hat{\boldsymbol{a}}_z$。假如给定 $V(1,1,1)=10V$,求 $V(3,$

3,3)。

4.7 设 $\boldsymbol{G}=3xy^2\boldsymbol{a}_x+2z\boldsymbol{a}_y$,起点 $P(2,1,1)$ 和终点 $Q(4,3,1)$。求 $\int \boldsymbol{G}\cdot \mathrm{d}\boldsymbol{L}$ 的值。分别沿路径:(a)$y=x-1,z=1$ 的直线;(b)$6y=x^2+2,z=1$ 的抛物线。

4.8 给定 $\boldsymbol{E}=-x\boldsymbol{a}_x+y\boldsymbol{a}_y$,(a)求沿圆心在原点的圆弧上移动一单位正电荷时外力所做的功。这段圆弧为 $x=a$ 到 $x=y=\dfrac{a}{\sqrt{2}}$;(b)证明从 $x=a$ 处沿圆周移动电荷一周所做的功为零。

4.9 自由空间中,半径为 0.6 的球面上均匀分布 20 $\mathrm{nC/m^2}$ 的面电荷。(a)求 $P(r=1\ \mathrm{cm},\theta=20°,\phi=45°)$ 点的电位;(b)求 $A(r=2\ \mathrm{cm},\theta=30°,\phi=60°)$ 和 $B(r=3\ \mathrm{cm},\theta=45°,\phi=90°)$ 两点间的电位差 V_{AB}。

4.10 半径为 a 的球面上分布着密度为 $\rho_{s0}\ \mathrm{C/m^2}$ 的面电荷。(a)求球面上的电位;(b)若用一个半径为 $b(b>a)$ 的接地导体球壳包围该带电球面,求此时带电球面表面的电位。

4.11 在 $Z=0$ 平面均匀分布有 5 $\mathrm{nC/m^2}$ 的面电荷,在 $x=0,z=4$ 的直线上均匀分布 8 nC/m 的线电荷,在点 $P(2,0,0)$ 有 2 μC 的点电荷。如果在 $M(0,0,5)$ 点 $V=0$,求 $N(1,2,3)$ 点的电位。

4.12 在球坐标系中,$\boldsymbol{E}=2r/(r^2+a^2)^2\boldsymbol{a}_r$ V/m。求任意点的电位。(a)零电位参考点在无限远;(b)$V=0$ 在 $r=0$;(c)$V=100$ V 在 $r=a$。

4.13 自由空间中,有三个 4 pC 的点电荷分别处于等边三角形三个顶点,等边三角形的边长为 0.5 mm。移动其中一个电荷到其它两个电荷联线的中点,外力做了多少功?

4.14 给定一个电场 $\boldsymbol{E}=(y+1)\boldsymbol{a}_x+(x-1)\boldsymbol{a}_y+2\boldsymbol{a}_z$。求两点的电位差:(a)(2,−2,−1)和(0,0,0);(b)(3,2,−1)和(−2,−3,4)。

4.15 自由空间中,在 $x=1,z=2$ 和 $x=-1,y=2$ 的直线上分别均匀分布有 8 nC/m 的线电荷,如果在原点的电位为 100 V,求在 $P(4,1,3)$ 点电位。

4.16 在无限大自由空间中,一球对称分布电荷产生的电位的表达式为 $V(r)=V_0a^2/r^2$,其中 V_0 和 a 均为常数。(a)求电场强度;(b)求体电荷密度;(c)求在半径为 a 的球内所包含的电荷;(d)求储存在电荷(或其产生的电场)中的总能量。

4.17 在自由空间中,$\rho=2$ cm,$\rho=6$ cm 的表面分别均匀分布有 6 和 2 $\mathrm{nC/m^2}$ 的面电荷。设在 $\rho=4$ cm 处 $V=0$。求:在(a)$\rho=5$ cm;(b)$\rho=7$ cm 处的 V 值。

4.18 沿 x 轴从 $x=a$ 到 $+\infty$ 分布有线电荷 $\rho_L=kx/(x^2+a^2)$,这里 $a>0$。设零电位参考点在无限远处,求原点处的电位。

4.19 环形表面 1 cm$<\rho<$3 cm,$z=0$ 上分布有非均匀的面电荷 $\rho_S=5\rho\ \mathrm{nC/m^2}$。如果在无限远处有 $V=0$,求 $P(0,0,2\ \mathrm{cm})$ 点的电位。

4.20 在某一种媒质中,给定电位分布为

$$V(x)=\frac{\rho_0}{a\varepsilon_0}(1-\mathrm{e}^{-ax})$$

其中 ρ_0 和 a 为常数。(a)求电场强度 $\boldsymbol{E}$;(b)求点 $x=d$ 和点 $x=0$ 之间的电位差;(c)如果媒质的介电常数为 $\varepsilon(x)=\varepsilon_0\mathrm{e}^{ax}$,求电通量密度 $\boldsymbol{D}$ 和体电荷密度 ρ_v;(d)求在区域$(0<x<d),(0<y<1),(0<z<1)$中储存的能量。

4.21 设自由空间中 $V=2xy^2z^3+3\ln(x^2+2y^2+3z^2)$ V。在 $P(3,2,-1)$ 点处,求:(a)V;(b)

$|V|$；(c)$\boldsymbol{E}$；(d)$|\boldsymbol{E}|$；(e)$\boldsymbol{a}_N$；(f)$\boldsymbol{D}$。

4.22 一个沿 z 轴均匀分布的无限长线电荷，线电荷密度为 ρ_l C/m。有一个轴线沿 z 轴的理想导体圆柱壳包围该线电荷，且圆柱体(半径为 b)接地。此时，圆柱体内($\rho < b$)的电位表达式为

$$V(\rho)=k-\frac{\rho_l}{2\pi\varepsilon_0}\ln(\rho)$$

其中 k 为常数。(a)由已知参数来求 k；(b)求 $\rho < b$ 区域内的电场强度 $\boldsymbol{E}$；(c)求 $\rho > b$ 区域内的电场强度 $\boldsymbol{E}$。(d)求在 $\rho > a$，且沿 z 轴方向单位长度的体积内电场中储存的能量，这里有 $a > b$。

4.23 在自由空间中，给定电位 $V=80\rho^{0.6}$ V。求：(a)$\boldsymbol{E}$；(b)在 $\rho=0.5$ m 处的体电荷密度；(c)闭合面 $\rho=0.6, 0<z<1$ 内的总电荷。

4.24 在自由空间中，一球对称分布电荷产生的电场强度在球坐标系中的表达式为

$$\boldsymbol{E}(r)=\begin{cases}(\rho_0 r^2)/(100\varepsilon_0)\boldsymbol{a}_r \text{ V/m} & (r\leqslant 10)\\ (100\rho_0)/(\varepsilon_0 r^2)\boldsymbol{a}_r \text{ V/m} & (r\geqslant 10)\end{cases}$$

其中 ρ_0 为常数。(a)求电荷密度和位置间的函数关系；(b)求在($r\leqslant 10$)和($r\geqslant 10$)这两个区域中，电位与位置间的函数关系；(c)应用梯度公式检验 (b) 中求得的结果；(d)应用式(4.43)所示的积分式求储存在电荷中的能量；(e)应用式(4.45)所示的积分式求储存在电场中的能量。

4.25 在 $\rho=2, 0<z<1$ 的圆柱体内，给定电位 $V=100+50\rho+150\rho\sin\phi$ V。(a)在自由空间中，求 $P(1,60°,0.5)$ 点的 $V, \boldsymbol{E}, \boldsymbol{D}$ 和 ρ_v；(b)圆柱体内有多少电荷？

4.26 设有一位于 $z=0$ 平面的非常薄的非理想导体正方形金属板，边长为 2 m，它的一个顶点为原点，且处于第一象限内。板上任意一点的电位为 $V=-e^{-x}\sin y$。(a)有一个初速度为零的电子在 $x=0, y=\pi/3$ 点进入金属板，问这个电子的初始运动将沿哪个方向？(b)由于与金属板中的粒子相碰撞，这个电子获得一个相对较低的速度和小的加速度(电场对这个电子所做的功大部分都转化为热)。因此，这个电子近似地沿着一条电力线运动。问它将在哪一点离开金属板且此时沿什么方向运动？

4.27 在自由空间中，1 nC 点电荷在(0,0,0.1)，−1 nC 点电荷在(0,0,−0.1)。(a)计算 $P(0.3,0,0.4)$ 点的 V；(b)计算 $P(0.3,0,0.4)$ 点的 $|\boldsymbol{E}|$ 值；(c)若把这两个电荷看作是位于原点的一个电偶极子，再计算 $P(0.3,0,0.4)$ 点的 V。

4.28 应用电偶极子的电场强度表达式[4.7 节的式(4.36)]，求 θ_a 和 θ_b 两点间的电位差，这两点有相同的 r 和 ϕ 坐标值。在什么条件下，ϕ_a 处的电位与式(4.34)一致？

4.29 在自由空间中，位于 $Q(1,2,-4)$ 点的一个电偶极子的偶极矩为 $\boldsymbol{p}=3\boldsymbol{a}_x-5\boldsymbol{a}_y+10\boldsymbol{a}_z$ nC·m。求 $P(2,3,4)$ 点的 V 值。

4.30 位于原点的电偶极子的偶极矩为 $\boldsymbol{p}=10\varepsilon_0\boldsymbol{a}_z$ C·m。$E_z=0$ 但 $\boldsymbol{E}\neq 0$ 的表面的方程是什么？

4.31 在由空间中，给定电位 $V=20/(xyz)$ V。(a)求在 $1<x,y,z<2$ 的立方体内的总能量；(b)若设能量均匀分布且密度等于立方体中心处的值，储存的总能量将为多少？

4.32 (a)应用式(4.36)，求在 $r>a$ 区域内偶极子场中储存的能量；(b)为什么我们不能让 a 趋于零作为极限？

4.33 在自由空间中，半径为 4 cm 的铜球表面上均匀分布有 5 μC 的总电荷。(a)利用高斯定律求球表面外部空间中的 $\boldsymbol{D}$ 值；(b)计算储存在电场中的总能量；(c)利用 $W_E=Q^2/(2C)$ 计算孤立球的电容。

4.34 一半径为 a 的球内分布有均匀密度 ρ_0 C/m^3 的体电荷。应用式(4.43)和式(4.45)分别计算储存的总能量。

4.35 在自由空间中，有 4 个 0.8 nC 点电荷分别位于边长为 4 cm 的正方形的 4 个顶点。(a)求储存的总电位能；(b)若将第 5 个 0.8 nC 点电荷放在正方形的中点，重新求储存的总电位能。

4.36 在自由空间中，球心位于原点且半径为 b 的球壳上均匀分布着密度为 ρ_s 的面电荷。(a)若零参考点在无穷远处，求任意一点的电位；(b)若在式(4.42)中电荷密度和电位均为二维分布，求储存在球内的总能量；(c)计算储存在电场中的能量，并说明 (b) 和 (c) 的计算结果是相同的。

第5章

导体和电介质

在本章中，我们将应用前面已学过的工程师们经常用到的一些方法。在本章的第一部分，我们通过描述将电流与电场联系起来的几个物理量来介绍导体材料。这将给出欧姆定律的一般定义。然后，我们给出一些具有简单几何形状的导体的电阻的计算方法。紧接着，将得到在导体边界上必须满足的边界条件，利用这个条件我们就可以介绍镜像法。最后，我们由介绍常见半导体的一些性质来结束这一章。

在本章的第二部分，我们将介绍绝缘材料或电介质。从物理学上来看，这种材料与导体有着本质的区别，在其内部没有能够被移动而形成传导电流的自由电荷。反而，电介质中的所有电荷却被库仑力束缚在分子或晶格的周围。当施加外电场时，电介质内部电荷间会产生很小的位移导致电偶极子聚集群的形成。通常，用介电常数或相对介电常数来表示电介质中电偶极子聚集的程度。介质的极化会影响介质中原来的电场，其大小和方向在不同的介质中或真空中一般是不同的。为了计算这些差别，本章将导出了在两种电介质分界面上电场的边界条件。

应该注意到，大多数材料同时具有介电和导电性质，也就是说，被认为是电介质的某一种材料可能会有一定的导电性，而在导体中也会出现一定的极化。这些与理想情况的背离会引起某些有趣的行为，特别是它们对电磁波传播性质的影响，我们将在后面章节中专门加以讨论。■

5.1 电流和电流密度

电荷运动就会形成电流。电流的单位是安培(A)，定义为单位时间内通过给定参考点(或穿过一个给定参考面)的电荷量。电流用 I 表示，因此

$$I = \frac{dQ}{dt} \tag{5.1}$$

电流方向定义为正电荷运动的方向，尽管下面我们会看到金属的导电性是由电子的运动所引

起的。

在电磁场理论中，通常感兴趣的是出现在某一点而不是在某一大范围区域内的现象，因此我们将引入一个更有用的概念：**电流密度**，它的单位为安培/平方米（A/m^2）。电流密度是一个矢量[①]，用 $\boldsymbol{J}$ 表示。

流过与电流密度相垂直的面积元 $\Delta\boldsymbol{S}$ 的电流是 ΔI

$$\Delta I = J_N \Delta \boldsymbol{S}$$

一般说来，电流密度并不一定垂直于这个面积元，所以

$$\Delta I = \boldsymbol{J} \cdot \Delta \boldsymbol{S}$$

总电流可以由如下积分得到，

$$\boxed{I = \int_S \boldsymbol{J} \cdot \mathrm{d}\boldsymbol{S}} \tag{5.2}$$

某一点的电流密度与体电荷密度在这一点的速率有关。如图 5.1(a)所示，元电荷 $\Delta Q = \rho_v \Delta v = \rho_v \Delta \boldsymbol{S} \Delta L$。为了简单起见，我们假设元电荷的各条边都分别与相应的坐标轴平行，且其速度只有一个沿 x 轴方向的分量。如图 5.1(b)所示，在时间间隔 Δt 内，元电荷移动了一段距离 Δx。因此，在时间 Δt 内，我们通过与电荷运动方向垂直的参考平面移动的电荷为 $\Delta Q = \rho_v \Delta \boldsymbol{S} \Delta x$，由此形成的电流是

$$\Delta I = \frac{\Delta Q}{\Delta t} = \rho_v \Delta S \frac{\Delta x}{\Delta t}$$

如果我们取对于时间的极限，则有

$$\Delta I = \rho_v \Delta S v_x$$

这里 v_x 表示 $\boldsymbol{v}$ 的 x 分量[②]。

根据电流密度的定义，我们有

$$J_x = \rho_x v_x$$

写成一般形式

$$\boxed{\boldsymbol{J} = \rho_v \boldsymbol{v}} \tag{5.3}$$

最后这个结果非常清楚地表明了电荷运动形成电流。我们称这种电流为传导电流，$\boldsymbol{J}$ 或 $\rho_v \boldsymbol{v}$ 是传导电流密度。注意到，传导电流密度与电荷密度和速率为线性关系。这有一点好像是，为了提高荷兰隧道的车流量（每秒每平方英尺的汽车数目），可以增加汽车的密度，也可以加快汽车的速度，如果司机有能力这样做的话。

练习 5.1 给定电流密度 $\boldsymbol{J} = 10\rho^2 z \boldsymbol{a}_\rho - 4\rho\cos^2\phi \boldsymbol{a}_\phi \mathrm{mA/m^2}$。(a) 求在 $P(\rho=3, \phi=30°, z=2)$ 点的电流密度；(b) 试确定向外流出圆带环 $\rho=3, 0<\phi<2\pi, 2<z<2.8$ 的总电流。

答案：$180\boldsymbol{a}_\rho - 9\boldsymbol{a}_\phi\ \mathrm{mA/m^2}$；3.26 A

---

① 电流不是矢量，这是显而易见的。流经不均匀截面导体（如一个球体）的电流 I，在某个给定截面上的两个不同点都可能有着不同的方向。偶然地，我们会把极细的导线内的电流或细丝电流定义为一矢量，但我们通常只给出细丝的方向，或路径，而不说电流的方向。

② 小写字母 v 一般是指体积或速度。然而，注意到速度总是以一个矢量 $\boldsymbol{v}$、分量 v_x 或模 $|\boldsymbol{v}|$ 出现的，而体积仅仅是以微分形式 $\mathrm{d}v$ 或 Δv 出现的。

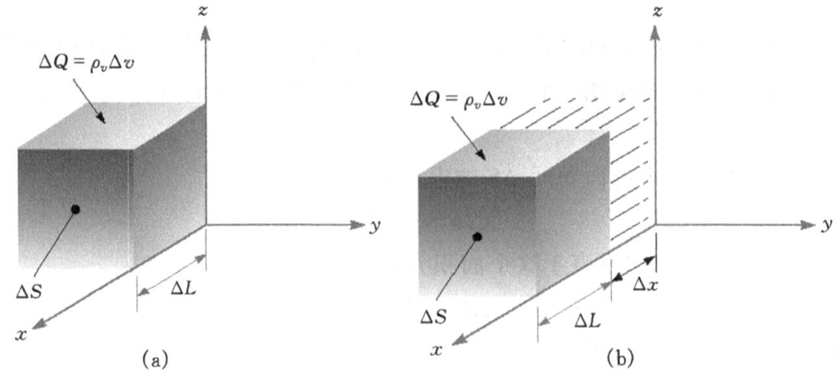

图 5.1　元电荷 $\Delta Q=\rho_v\Delta S\Delta L$ 在 Δt 时间内移动距离 Δx，产生了电流密度的一个分量 $J_x=\rho_v v_x$。

5.2　电流连续性

电荷守恒和连续性方程的讨论却是引入电流概念后的必然结果。电荷守恒原理可以简单地表述为：电荷既不会产生也不会消灭，尽管等量的正、负电荷可以同时产生（通过分离它们而得到），或消灭（通过结合它们而得到）。

当我们考虑由一闭合面包围的某一个区域时，电流连续性方程是符合这一原理的。流出这个闭合面的电流是

$$I=\oint_S \boldsymbol{J}\cdot d\boldsymbol{S}$$

而这个流出闭合面的正电荷必须被闭合面内正电荷的减少（或着，或许是负电荷的增加）所平衡。如果用 Q_i 来表示闭合面内的电荷，那么电荷的减少率是 $-dQ_i/dt$，且电荷守恒原理要求

$$I=\oint_S \boldsymbol{J}\cdot d\boldsymbol{S}=-\frac{dQ_i}{dt} \tag{5.4}$$

在这里，先回答一个常见的问题将会是有益的。“负号是不是错了？我认为应该是 $I=dQ/dt$。”有没有负号取决于我们讨论的是什么样的电流和电荷。在电路理论中，若在电容器的某个极板上电荷是随时间增加的，我们通常就认为电流由电容器的这一端**流入**。然而，式(5.4)中的电流却是**流出**的。

式(5.4)是电流连续性方程的积分形式，如果利用散度定理把面积分变换为体积分，我们就可以得到它的微分或点形式：

$$\oint_S \boldsymbol{J}\cdot d\boldsymbol{S}=\int_{\text{vol}}(\nabla\cdot\boldsymbol{J})dv$$

在下面，我们用电荷密度的体积分来表示闭合面内的电荷 Q_i，

$$\int_{\text{vol}}(\nabla\cdot\boldsymbol{J})dv=-\frac{d}{dt}\int_{\text{vol}}\rho_v dv$$

如果我们让闭合面包围的体积不变，那么导数将变成偏导数并且可以移到积分号内，

$$\int_{\text{vol}}(\nabla\cdot\boldsymbol{J})dv=\int_{\text{vol}}-\frac{\partial\rho_v}{\partial t}dv$$

由此可以得到，电流连续性方程的微分或点形式为：

$$\boxed{(\nabla \cdot \boldsymbol{J}) = -\frac{\partial \rho_v}{\partial t}} \tag{5.5}$$

根据对散度的物理解释，这个方程表明：在某一点处，从单位体积流出的电流（或每秒的电荷）等于单位体积内电荷随时间的减少率。

作为说明上面两节中一些概念的一个数值例子，让我们来考虑一个沿径向向外而随时间指数减少的电流密度，

$$\boldsymbol{J} = \frac{1}{r}\mathrm{e}^{-t}\boldsymbol{a}_r\,\mathrm{A/m^2}$$

选取一个时刻 $t=1\mathrm{s}$，我们可以计算在 $r=5\mathrm{m}$ 处流向外的总电流：

$$I = J_r S = \left(\frac{1}{5}\mathrm{e}^{-1}\right)(4\pi 5^2) = 23.1\mathrm{A}$$

在同一时刻，但对于稍大的半径 $r=6$ m 处，我们有

$$I = J_r S = \left(\frac{1}{6}\mathrm{e}^{-1}\right)(4\pi 6^2) = 27.7\mathrm{A}$$

我们可以看到，$r=6$ m 处的总电流大于 $r=5$ m 处的总电流。

为了理解为什么会出现这种现象，我们需要考察一下体电荷密度和速度。首先，应用电流连续性方程：

$$\begin{aligned}-\frac{\partial \rho_v}{\partial t} &= \nabla \cdot \boldsymbol{J}\\ &= \nabla \cdot \left(\frac{1}{r}\mathrm{e}^{-t}\boldsymbol{a}_r\right)\\ &= \frac{1}{r^2}\frac{\partial}{\partial r}\left(r^2\frac{1}{r}\mathrm{e}^{-t}\right)\\ &= \frac{1}{r^2}\mathrm{e}^{-t}\end{aligned}$$

下一步，我们通过对时间积分来求体电荷密度。由于 ρ_v 是由对时间的偏导数给出的，所以积分常数可能是 r 的一个函数：

$$\rho_v = -\int \frac{1}{r^2}\mathrm{e}^{-t}\mathrm{d}t + K(r) = \frac{1}{r^2}\mathrm{e}^{-t} + K(r)$$

如果我们假设当 $t\to\infty$ 时 $\rho_v \to 0$，则 $K(r)=0$，上式变为

$$\rho_v = \frac{1}{r^2}\mathrm{e}^{-t}\,\mathrm{C/m^3}$$

现在，我们可以利用 $\boldsymbol{J}=\rho_v\boldsymbol{v}$ 求出速度，

$$v_r = \frac{J_r}{\rho_v} = \frac{\frac{1}{r}\mathrm{e}^{-t}}{\frac{1}{r^2}\mathrm{e}^{-t}} = r\ \mathrm{m/s}$$

$r=6\mathrm{m}$ 处的速度大于 $r=5$ m 处的速度，并且我们看到某种（未确定的）力正在沿向外的方向加速电荷密度。

总之，我们看到电流密度反比于 r，电荷密度反比于 r^2，速度和总电流都正比于 r。而所有的量都随 e^{-t} 变化。

练习 5.2 在圆柱坐标系中，给定 $0\leqslant\rho\leqslant 20\ \mu\mathrm{m}$ 区域中的电流密度 $\boldsymbol{J}=-10^6 z^{1.5}\boldsymbol{a}_z\ \mathrm{A/m^2}$；而在 $\rho\geqslant 20\ \mu\mathrm{m}$ 区域中 $\boldsymbol{J}=0$。

(a) 求沿 a_z 方向流过 $z=0.1$ m 平面的总电流；

(b) 如果在 $z=0.1$ m 处电荷的速度为 2×10^6 m/s，求该点的 ρ_v；

(c) 如果在 $z=0.15$ m 处的体电荷密度为 $-2000\ \mathrm{C/m^3}$，求电荷在该点的运动速度。

答案：$-39.7\ \mu\mathrm{A}$；$-15.8\ \mathrm{mC/m^3}$；29.0 m/s

5.3 金属导体

今天，物理学家们用电子所具有的总能量来描述围绕带正电的原子核运动的电子的行为，这些能量是相对于电子在离开原子核无穷远处的能量为零来说的。电子的总能量是动能和势能之和，又由于将电子从原子核中拉出需要能量，所以在原子内每一个电子的能量为负值。尽管这样的描述有一些局限性，但在把电子能量的值与它围绕原子核运动的轨道相联系起来方面还是方便的，轨道半径越小能量越负。按照量子理论，只有某些离散的能级或能态在原子中才是允许存在的，所以电子从一个能级过渡到另一个能级时必须吸收或释放离散数量的能量或量子。一个处于绝对零度的中性原子将电子由内向外排列在能级较低的壳层内，直到把全部的电子排完为止。

在一个晶体中，例如金属或金刚石，由于相邻原子间的相互作用力，大量的原子紧密地结合在一起，而且存在着大量的自由电子和有效的允许能级。我们发现电子具有的能量被聚集在若干个宽带内或能带内，每一个能带由非常多的、空间相隔较近的离散能级所组成。在绝对零度时，中性原子中的能级被电子依次由小到大地占满，直到所有的电子排完为止。具有最高能级(最小负值)的电子，即价电子，填充在**价带**内。如果在价带内存在允许的较高能级，或如果价带光滑地结合进**导带**内，那么由外场就可以给这些价电子提供附加的动能，从而产生电子的流动。这种固体称为**金属导体**。如图见 5.2(a)所示，我们假设在绝对零度导体中存在着填满的价带和未填满的导带。

然而，如果具有最高能量的电子占据了价带的最高能级，同时在价带和导带之间存在能量空隙，那么电子就不能接受到较小的附加能量，这种材料就是电介质。这种带结构见图 5.2(b)。我们注意到，如果能把相对较大的能量传递给电子，那么受激发的电子就足以越过空隙进入邻近的导带，在其中传导就很容易出现。电介质在这里被击穿。

如图 5.2(c)所示，当只有一个窄的“禁区”分隔导带和价带时，会出现一种中间的状态。少量的热能、光能或电场能就可能提高价带外层电子的能量和为传导提供基础。这些材料虽然是绝缘体但却同时表现出导体的许多性质，称它为半导体。

让我们首先来看导体。这里价电子，或传导电子，或自由电子在电场的作用下可以定向地运动。如果有一个电场 $\boldsymbol{E}$，那么一个电荷 $Q=-e$ 的电子受到的力是

$$\boldsymbol{F}=-e\boldsymbol{E}$$

在自由空间中，电子将被加速并且连续地提高它的速度(能量也连续地增加)；而在晶体材料中，电子的运动被由热激发的晶格结构连续地碰撞所阻止，很快地获得一个恒定的平均速度。这个速度 $\boldsymbol{v}_\mathrm{d}$ 被称为漂移速度，它与电场强度呈线性关系且由给定材料的电子漂移率所确定。

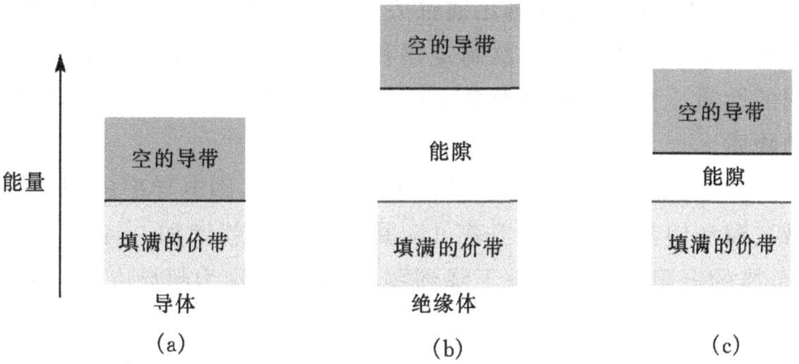

图 5.2　在绝对零度时，三种不同材料中的能带结构。(a)在导体中，价带和导带之间没有能隙。(b)在电介质中有一个大的能隙。(c)在半导体中只有一个小的能隙。

我们用 μ 表示漂移率，所以有

$$\boldsymbol{v}_{\mathrm{d}} = -\mu_{\mathrm{e}}\boldsymbol{E} \tag{5.6}$$

这里 μ_{e} 是单个电子的漂移率，为正值。注意到电子速度的方向与电场 $\boldsymbol{E}$ 的方向相反。式(5.6)也表明漂移率的单位是 $\mathrm{m}^2/(\mathrm{V}\cdot\mathrm{s})$；铝的典型值①是 0.0012，铜是 0.0032，银是 0.0056。

对于良导体来说，如果热量不能通过热传导或热辐射迅速地移出，一个每秒几英尺的漂移速度就足以产生值得注意的温升，并且能够使导线熔化。

把式(5.6)代入 5.1 节的式(5.3)中，可以得到

$$\boxed{\boldsymbol{J} = -\rho_{\mathrm{e}}\mu_{\mathrm{e}}\boldsymbol{E}} \tag{5.7}$$

这里 ρ_{e} 是自由电子电荷密度，为负值。总的电荷密度为零，因为在电中性的物质中正、负电荷量相等。由于 ρ_{e} 值为负，所以上式中的负号使得电流密度 $\boldsymbol{J}$ 的方向与电场强度 $\boldsymbol{E}$ 的方向是相同的。

然而，对于金属导体来说，$\boldsymbol{J}$ 和 $\boldsymbol{E}$ 之间的关系也是由电导率 σ 所确定，

$$\boxed{\boldsymbol{J} = \sigma\boldsymbol{E}} \tag{5.8}$$

WWW Animations

这里 σ 的单位是西门子②/米(S/m)。在 SI 单位制中，一西门子(1S)是电导的基本单位，被定义为 1 S=1 A/V。此前，电导的单位称为姆欧(mho)，用反写的 Ω 来表示：℧ 。正像用西门子来纪念西门子兄弟一样，我们把电阻单位的倒数叫做姆欧(1 Ω 是 1 伏特每安培)也是为了来纪念德国物理学家格奥尔格·西蒙·欧姆(Georg Simon Ohm)(他第一次描述了由式(5.8)所隐含的电流和电压关系)。我们把上式称为**欧姆定律的点形式**(也有书称欧姆定律的微分形式)；稍后我们可以看到欧姆定律更一般的形式。

然而，首先我们来注意几种金属导体的电导率是有益的。铝的典型值(单位是 S/m)：是 3.82×10^7，铜是 5.80×10^7，银是 6.17×10^7。其它导体的电导率值见附录 C。分析这样一组数据后，很自然地会以为介绍给我们的是一些**常数值**，实际上这基本上是真实的。金属导体切

① Wert and Thomson，列在本章最后的参考书目中。

② 这是两个德国籍兄弟，卡尔·威廉·西门子(Karl Wilhelm Siemens)和维尔纳·冯·西门子(Werner von Siemens)家族的姓。他们都是 19 世纪著名的发明工程师。弟弟卡尔·威廉后来成为一个英国国民并被授予爵士，也就是威廉·西门子爵士。

实遵守欧姆定律，即电压和电流之间满足**线性**关系是一个不争的事实；在相当宽的电场强度和电流密度范围内电导率是一个常数。欧姆定律和金属导体都具有**各向同性**性质，即在每个方向上都具有相同的性质。我们把不具有各向同性性质的物质称为是**各向异性**的，在第 6 章我们将提及这样的物质。

不过，电导率是温度的函数。在室温条件下，电阻系数，即电导率的倒数，随温度几乎是线性变化的，例如铝、铜和银都是温度每升高 1K 其电阻系数就增加 0.4%[①]。在几个开尔文的温度下，有几种金属的电阻率会突然地下降到零，这种性质称为超导电性。铜和银都不是超导体，虽然铝在 1.14K 以下时具有超导电性。

如果将式(5.7)和式(5.8)相合并，那么电导率就可以用电荷密度和电子漂移率来表示：

$$\boxed{\sigma = -\rho_e \mu_e} \tag{5.9}$$

由漂移率的定义式(5.6)可以看到，对于一个给定的电场来说，较高的温度意味着导体内存在有剧烈的晶格振动使电子运动受到较大的阻碍，降低了它的漂移速度，从而导致电子漂移率变小。这样，不难由式(5.9)看出，电导率也变小，而电阻率却增大。

将欧姆定律的微分形式应用于某一宏观区域（肉眼可见的），可以得到我们更熟悉的形式。首先，让我们假设在图 5.3 所示的圆柱形区域内 $\boldsymbol{J}$ 和 $\boldsymbol{E}$ 都是均匀的。由于它们是均匀的，所以有

$$I = \int_s \boldsymbol{J} \cdot d\boldsymbol{S} = JS \tag{5.10}$$

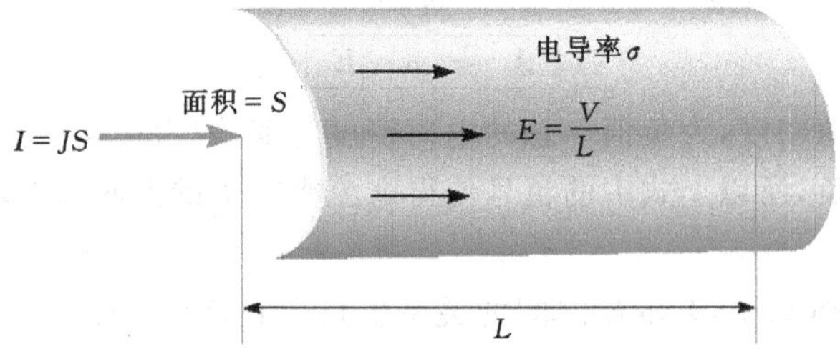

图 5.3 一长度为 L、横截面面积为 S 的圆柱形区域中的均匀电流密度和电场强度。其中，$V=IR$，$R=L/(\sigma S)$。

和

$$V_{ab} = -\int_b^a \boldsymbol{E} \cdot d\boldsymbol{L} = -\boldsymbol{E} \cdot \int_b^a d\boldsymbol{L} = -\boldsymbol{E} \cdot \boldsymbol{L}_{ba} = \boldsymbol{E} \cdot \boldsymbol{L}_{ab} \tag{5.11}$$

或

$$V = EL$$

因此

$$J = \frac{I}{S} = \sigma E = \sigma \frac{V}{L}$$

或

① 在电气工程师标准手册中，可以查到大量导体材料的温度数据。已将该书列在了本章最后参考书目中。

$$V=\frac{L}{\sigma S}I$$

由基本电路理论知，圆柱两端的电位差与由较高电位一端流进的电流之比就是圆柱体的电阻，因此有

$$\boxed{V=IR} \tag{5.12}$$

其中

$$\boxed{R=\frac{L}{\sigma S}} \tag{5.13}$$

当然，式(5.12)就是我们熟知的欧姆定律，我们应用式(5.13)可以计算电场均匀分布的导体的电阻 R，单位是欧姆(简写为 Ω)。即使电场是不均匀的，电阻仍然可以定义为比值 V/I，其中 V 是在材料中的两个特定等位面之间的电位差，I 是由较高电位值的等位面流进材料的总电流。对于非均匀电场分布情况，由一般的积分关系式(5.10)和式(5.11)以及欧姆定律式(5.8)，我们可以写出计算电阻的一个一般表达式：

$$R=\frac{V_{ab}}{I}=\frac{-\int_b^a \boldsymbol{E}\cdot \mathrm{d}\boldsymbol{L}}{\int_S \sigma \boldsymbol{E}\cdot \mathrm{d}\boldsymbol{S}} \tag{5.14}$$

这里，线积分是在导体内两个等位面之间进行的，而面积分是在这两个等位面中电位较高的一个面上进行的。现在，我们还不能求解这些非均匀电场问题，但是在学过第 6 章之后，我们可以解决一些这样的问题。

例 5.1　作为一个计算圆柱体电阻的例子，我们来求 1 英里长，直径 0.0508 英寸的 #16 铜导线的电阻。

解：导线的直径是 $0.0508\times0.0254=1.291\times10^{-3}$ m，横截面面积是 $\pi(1.291\times10^{-3}/2)^2=1.308\times10^{-6}\,\mathrm{m}^2$，长度是 1609m。若取电导率是 5.80×10^7 S/m，则导线的电阻是

$$R=\frac{1609}{(5.80\times10^7)(1.308\times10^{-6})}=21.2\ \Omega$$

这根导线可以安全地通过 10 A 的直流电，相应的电流密度是 $10/(1.308\times10^{-6})=7.65\times10^6\ \mathrm{A/m^2}$，或 7.65 $\mathrm{A/mm^2}$。通过这个电流时，导线两端的电位差是 212 V，电场强度是0.312 V/m，漂移速度是 0.000422 m/s，或比浪弗隆每周大一点，以及自由电子电荷密度是 $-1.81\times10^{10}\ \mathrm{C/m^3}$，或大约是在边长为 2 Å($2\times10^{-10}$ m)的立方体中有一个电子。

练习 5.3　求在银样品中电流密度的大小，给定 $\sigma=6.17\times10^7$ S/m，$\mu_e=0.0056\ \mathrm{m^2/(V\cdot s)}$。如果：(a) 漂移速度是 1.5 μm/s；(b) 电场强度是 1 mV/m；(c) 银样品是边长2.5 mm的立方体，两个相对的面之间的电压是 0.4 mV；(d) 样品是边长 2.5mm 的立方体，通过的总电流是 0.5 A。

答案：16.5 $\mathrm{kA/m^2}$；61.7 $\mathrm{kA/m^2}$；9.9 $\mathrm{MA/m^2}$；80.0 $\mathrm{kA/m^2}$。

练习 5.4 一根铜导体圆柱的直径是 0.6 英寸，长度为 1200 英尺。假设在其中通过的总电流是 50 A。(a)求导体的总电阻；(b)电流密度是多少？(c)导体两端的直流电压是多少？(d)在导线内消耗了多少的能量？

答案：0.035 Ω；2.74×10^5 A/m^2；1.73 V；86.4 W

5.4 导体性质和边界条件

我们必须再一次暂时放弃我们假设的静态条件，看一看在几微秒钟变化的时间内，当导体内部的电荷分布平衡突然被破坏时会发生什么现象。为了讨论方便起见，假设在导体内部突然地出现了大量的电子。这些电子产生的电场没有被任何正电荷产生的电场所抵消，因此这些电子开始加速相互分离。这个过程一直持续到所有电子到达导体表面为止，或持续到与被注入电子数目相等的大量电子到达导体表面为止。

在导体表面上，电子向外移动的过程被终止，这是因为包围导体的材料是绝缘体，它不具有一个合适的导带。没有电荷可以停留在导体内部。如果不是这样的话，这些剩余电荷产生的电场将会强迫它们自己移动到导体表面上。

因此，最终在导体内部的电荷密度为零，而有一个面电荷密度存在于导体的外表面上。这是导体的两个特性之一。

在没有电流流动的静态条件下，由欧姆定律可以直接得到导体的另一个特性：导体内的电场强度为零。从物理学我们知道，如果存在电场，导体中的自由电子就会运动从而产生电流，这就导致了一个非静态情形。

总之对静电场来讲，在导体中任何点都不可能存在电荷和电场。然而，电荷只能以面电荷密度的形式出现在导体的表面上，我们在下面只关心导体外部的电场。

我们期望将导体外部的电场与它表面上分布的电荷联系起来。这个问题比较简单，只需用一点点简单的数学知识，我们就可以先说出求解的方法。

如果把导体外部的电场强度分解成导体表面上的切向和法向两个分量，可以看到切向分量为零。如果切向分量不为零，导体表面上的切向力会作用在面分布电荷上，结果是使它们会运动和静态条件被破坏。因为这里假设了是静态条件，所以切向的电场强度和电通量密度都必须为零。

应用高斯定律可以求解电场强度在导体表面上的法向分量。离开导体表面上某一点处面积元的电通量一定等于分布在该面积元上的总电荷。因为导体中的总电场为零，所以电通量不可能进入导体的内部。因此，它一定是沿着垂直的方向离开导体表面的。从定量上来讲，垂直离开导体表面的电通量密度(C/m^2)等于其表面上的面电荷密度，即 $D_N=\rho_S$。

如果利用前面得到的一些结论做进一步的详细分析(顺便介绍一种后面将要用到的普遍方法)，我们可以建立导体与自由空间分界面(如图 5.4 所示)上自由空间一侧 $\boldsymbol{D}$ 和 $\boldsymbol{E}$ 的切向分量和法向分量的条件。在导体内部 $\boldsymbol{D}$ 和 $\boldsymbol{E}$ 均为零。应用 4.5 节的式(4.21)可以确定切向电场，

$$\oint \boldsymbol{E}\cdot d\boldsymbol{L}=0$$

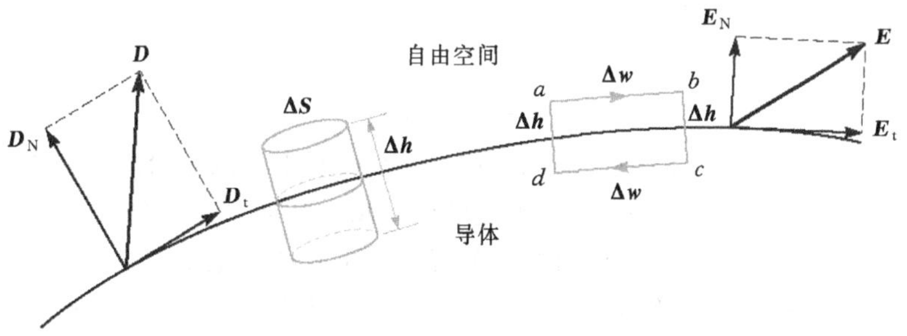

图 5.4　在导体与自由空间的边界面上分别选取一个合适的闭合路径和高斯面，用于确定分界面上的边界条件；其中 $E_t=0, D_N=\rho_S$。

在上式中，积分是沿一个小的闭合路径 $abcda$ 进行的。现在，让我们把该环路线积分分成 4 个部分

$$\int_a^b+\int_b^c+\int_c^d+\int_d^a=0$$

注意到在导体内部 $\boldsymbol{E}=0$，我们设由 a 到 b 或由 c 到 d 的长度为 Δw，由 b 到 c 或由 d 到 a 的长度为 Δh，得到

$$E_t\Delta w-E_{N,\text{atb}}\frac{1}{2}\Delta h+E_{N,\text{ata}}\frac{1}{2}\Delta h=0$$

当让 Δh 趋近于零，保持 Δw 很小但为有限值时，这样在 a 和 b 点的 $\boldsymbol{E}$ 法向分量是否相等都不会引起任何差别，因为与 Δh 有关的乘积项都变得可以忽略。由此得到

$$E_t\Delta w=0$$

从而有

$$E_t=0$$

现在选取一个小的圆柱体的表面作为高斯面，考虑法向分量 D_N 而不是 E_N 就可以很容易地得到法向分量的边界条件。设圆柱体的高度为 Δh，上、下底面的面积均为 $\Delta\boldsymbol{S}$。再一次，我们将让 Δh 趋近于零。利用高斯定律，

$$\oint_S\boldsymbol{D}\cdot\mathrm{d}\boldsymbol{S}=Q$$

在三个不同的表面上进行积分

$$\int_{\text{top}}+\int_{\text{bottom}}+\int_{\text{sides}}=Q$$

很容易看到，最后两项积分的值为零(原因是不同的)。于是

$$D_N\Delta\boldsymbol{S}=Q=\rho_S\Delta\boldsymbol{S}$$

即

$$D_N=\rho_S$$

至此，我们已经得到了在静电场中导体和自由空间分界面上的边界条件是，

$$\boxed{D_t=E_t=0}\tag{5.15}$$

$$\boxed{D_N=\varepsilon_0E_N=\rho_S}\tag{5.16}$$

上述边界条件表明，电通量沿垂直方向离开导体表面，且电通量密度的大小等于表面电荷密度。

式(5.15)和式(5.16)可用矢量表示为

$$\boldsymbol{E}\times\boldsymbol{n}\,|_S = 0 \tag{5.17}$$

$$\boldsymbol{D}\cdot\boldsymbol{n}\,|_S = \rho_S \tag{5.18}$$

式中 $\boldsymbol{n}$ 是导体表面单位法线方向的矢量，如图 5.4 所示，且上述两个公式都是在导体表面 S 上运算的。将场量与 $\boldsymbol{n}$ 做叉乘或点乘运算，可分别得到场的切向和法向分量。

由电场强度切向分量为零可以得到的一个直接和重要的推论是，导体表面是一个等位面。利用线积分求得导体表面上任意两点间电位差的计算结果是零，因为可以把积分路径选取在导体自身的表面上，显然有 $\boldsymbol{E}\cdot\mathrm{d}\boldsymbol{L}=0$。

现在，我们可以把静电场中导体的性质概括如下：

1. 在导体内部，静电场的电场强度为零。
2. 导体表面上的电场强度处处都垂直于导体表面。
3. 导体表面是一个等位面。

在给定电位分布的条件下，利用上述这三个原理，我们可以计算一个导体边界上的许多场量。

例 5.2 给定电位 $V=100(x^2-y^2)$，且假设点 $P(2,-1,3)$ 位于导体与自由空间的分界面上，求在 P 点的 V、$\boldsymbol{D}$、$\boldsymbol{E}$ 和 ρ_S，以及导体表面的方程。

解：P 点的电位是

$$V_P = 100[2^2-(-1)^2] = 300\ \mathrm{V}$$

因为导体表面是一个等位面，所以导体整个表面上的电位都是 300 V。进一步，如果假设导体是一个实心体，则在导体内部和表面上任意点的电位也都是 300 V，这是因为导体内部的 $\boldsymbol{E}=0$。

电位为 300 V 的等电位面的方程是

$$300 = 100(x^2-y^2)$$

即

$$x^2-y^2 = 3$$

这也就是导体表面的方程；它是一个双曲柱面，如图 5.5 所示。让我们任意地假设实心导体柱位于过点 P 等位面的右上方，而等位面的左下方是自由空间。

在下面，我们利用梯度运算来求 $\boldsymbol{E}$，

$$\boldsymbol{E} = -100\,\nabla(x^2-y^2) = -200x\boldsymbol{a}_x + 200y\boldsymbol{a}_y$$

在 P 点，

$$\boldsymbol{E}_P = -400\boldsymbol{a}_x - 200\boldsymbol{a}_y\,\mathrm{V/m}$$

因为 $\boldsymbol{D}=\varepsilon_0\boldsymbol{E}$，我们有

$$\boldsymbol{D}_P = 8.854\times10^{-12}\boldsymbol{E}_P = -3.54\boldsymbol{a}_x - 1.771\boldsymbol{a}_y\,\mathrm{nC/m^2}$$

在 P 点处，电场方向指向左下方；并且垂直于等电位面。因此，

$$D_\mathrm{N} = |\,\boldsymbol{D}_P\,| = 3.96\ \mathrm{nC/m^2}$$

这样，P 点的面电荷密度是

$$\rho_{S,P} = D_\mathrm{N} = 3.96\ \mathrm{nC/m^2}$$

注意到，如果我们取等电位面左侧区域为导体，$\boldsymbol{E}$ 场将会是终止于表面电荷上的，此时有 $\rho_S=-3.96\ \mathrm{nC/m^2}$。

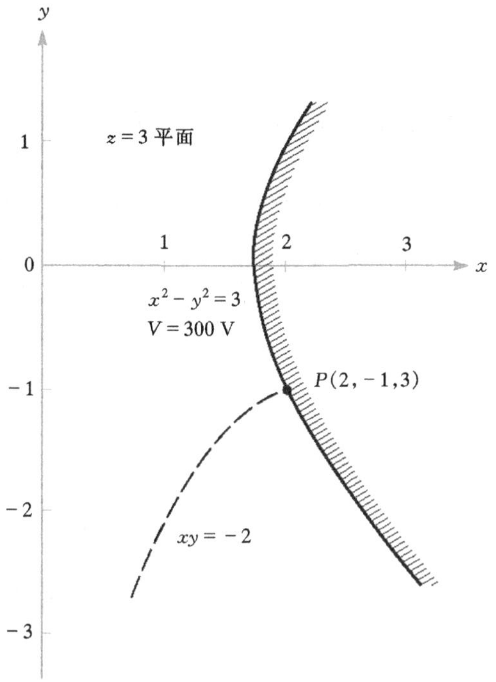

图 5.5 给定点 $P(2,-1,3)$和电位分布 $V=100(x^2-y^2)$，我们求得过 P 点的等电位面方程是 $x^2-y^2=3$，而过 P 点的电力线方程是 $xy=-2$。

例 5.3 最后，让我们求经过 P 点的电力线方程。

解：我们看到

$$\frac{E_y}{E_x}=\frac{200y}{-200x}=-\frac{y}{x}=\frac{\mathrm{d}y}{\mathrm{d}x}$$

这样有，

$$\frac{\mathrm{d}y}{y}+\frac{\mathrm{d}x}{x}=0$$

即

$$\ln y+\ln x=C_1$$

因此，

$$xy=C_2$$

当取 $C_2=(2)(-1)=-2$ 时，就可以求得经过 P 点的电力线(或等电位面)。很显然，这条电力线也是另一个双曲柱面轨迹，

$$xy=-2$$

见图 5.5 中所示。

练习 5.5 给定自由空间中的电位场 $V=100\sin5x\sin5y$ V，和一点 $P(0.1,0.2,0.3)$。在 P 点处求：(a) V；(b) $\boldsymbol{E}$；(c) $|\boldsymbol{E}|$；(d) $|\rho_S|$，如果 P 点位于某一等电位面上。

答案：43.8 V；$-474\boldsymbol{a}_x-140.8\boldsymbol{a}_y$ V/m；495 V/m；4.38 nC/m^2

5.5 镜像法

在第 4 章中我们曾经提到过，电偶极子电场的一个重要特性是处于两个点电荷中间的无限大平面的电位为零。这个平面可以用一个无限大的无穷薄导电平面来表示。该导体平面是一个电位为零的等位面，因此电场强度垂直于该导体平面。这样，如果我们用图 5.6(b)所示的一个正电荷和导电平面来代替图 5.6(a)所示的电偶极子构形，那么两者在上半平面内的电场分别是相同的。在导电平面下方，电场是处处为零，因为在这个区域不存在任何电荷。当然，我们也可以在导电平面下方放置一个负的点电荷，那么在下半平面内就可以获得与电偶极子电场相同的场。

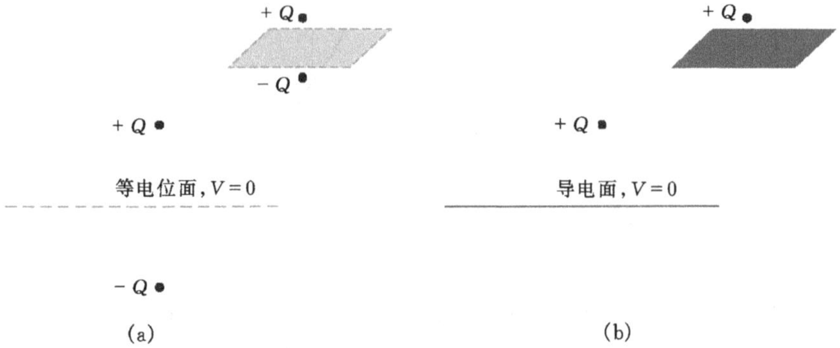

图 5.6 (a)两个电量相等符号相反的点电荷可以被(b)一个正电荷和一个导电平面代替，而不改变 $V=0$ 平面上方的电场。

如果期望从相反的过程来获得这种等价性，现在我们从在理想导电平板上方的一个点电荷开始，当把理想导电平板移走并同时在平板下方对称位置放置一个负点电荷时，我们看到在平板上方仍然可以维持相同的电场。这个电荷称为原电荷的**镜像**，它与原电荷大小相等而符号相反。

如果我们一次就可以完成上述过程，那么线性叠加原理就允许我们不断地重复这个过程。因此，无限大接地平面上方的**任何**电荷分布都可以被由给定电荷结构所组成的一种电荷分布(即它的镜像)和非导电平面来代替。这个过程如图 5.7 中的(a)和(b)所示。在许多情况下，新系统中的电位场非常容易求得，这是因为它不包含面电荷分布未知的导电平面。

作为镜像法应用的一个例子，让我们来求出导电平面 $z=0$ 上 $P(2,5,0)$点的面电荷密度，已知在 $x=0,z=3$ 的直线上分布有 30 nC/m 的线电荷，如图 5.8(a)所示。我们将导电平面移走，并在 $x=0,z=-3$ 放置一条 -30 nC/m 的镜像线电荷，如图 5.8(b)所示。如果把两条线电荷的电场相加，我们就可以得到 P 点的电场。由正线电荷到 P 点的径向矢量是 $\boldsymbol{R}_+=2\boldsymbol{a}_x-3\boldsymbol{a}_z$，而 $\boldsymbol{R}_-=2\boldsymbol{a}_x+3\boldsymbol{a}_z$。因此，两条线电荷的电场分别是

$$\boldsymbol{E}_+=\frac{\rho_L}{2\pi\varepsilon_0 R_+}\boldsymbol{a}_{R_+}=\frac{30\times10^{-9}}{2\pi\varepsilon_0\sqrt{13}}\,\frac{2\boldsymbol{a}_x-3\boldsymbol{a}_z}{\sqrt{13}}$$

和

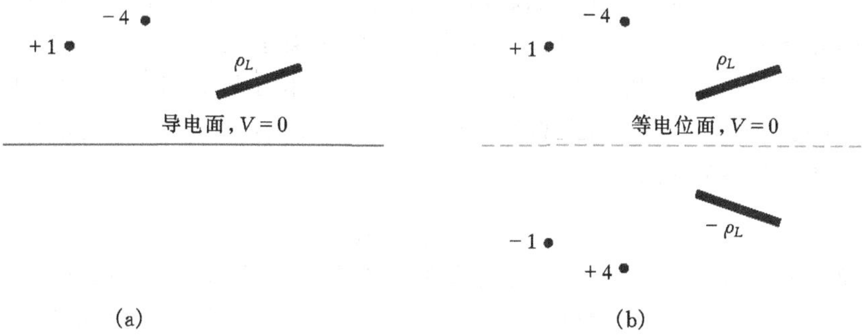

图 5.7 (a)无限大导电平面上方的给定电荷结构可以被(b)给定电荷结构加上镜像结构所代替，无导电平面。

$$\mathbf{E}_{-}=\frac{30\times10^{-9}}{2\pi\varepsilon_0\sqrt{13}}\frac{2\mathbf{a}_x+3\mathbf{a}_z}{\sqrt{13}}$$

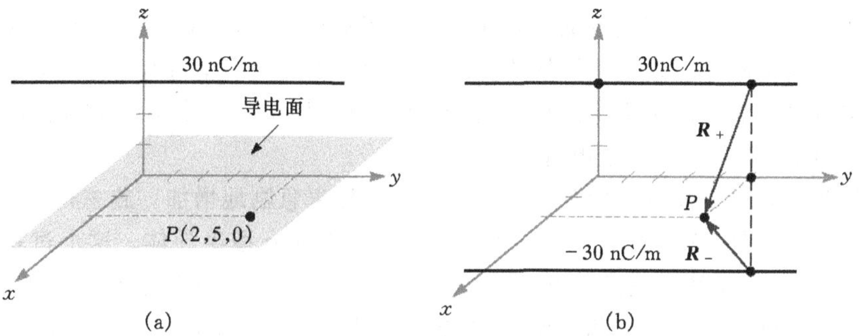

图 5.8 (a)导电平面上方的线电荷。(b)导体被移走，添加镜像线电荷。

把这两个结果相加，我们有

$$\mathbf{E}=\frac{-180\times10^{-9}\mathbf{a}_z}{2\pi\varepsilon_0(13)}=-249\mathbf{a}_z\ \text{V/m}$$

这就是在图 5.8 所示两种结构中 P 点的电场，注意到它满足电场强度垂直于导体平面的条件。因此，$\mathbf{D}=\varepsilon_0\mathbf{E}=-2.20\mathbf{a}_z\ \text{nC/m}^2$，由于它指向导体表面，所以在 P 点的电荷密度是负值，$\rho_S=-2.20\ \text{nC/m}^2$。

练习 5.6 已知自由空间中一理想导体平面位于 $x=4$，一均匀分布无限长线电荷40 nC/m² 沿直线 $x=6,y=3$ 上。设导体平面的电位为零。求 $P(7,-1,5)$点的(a) V；(b) $\mathbf{E}$。

答案：317 V；$-45.3a_x-99.2a_y$ V/m。

5.6 半导体

如果我们现在来看一种本征半导体材料，例如纯净的锗或硅，它们的载流子是电子和空穴。当价带顶层的电子获得足够的能量(通常是热能)时，它们就会穿越相对较小的禁带进入导带。在典型的半导体中禁带能量间隙为 1 个电子伏特(eV)数量级。在晶体中，这些电子留下的空位代表着价带中能量未填满的状态，它们也可以由一个原子迁移到邻近的另一个原子。这样的空位称为空穴，半导体的许多特性可以通过空穴来描述，这些空穴与电子相类似带有正电的电荷 e、也具有漂移率 μ_h 和一个有效质量。在电场的作用下，两种载流子向相反的方向移动，但产生的电流方向相同，总电流是两种载流子运动形成的电流之和。因此，电导率是电子浓度和空穴浓度和漂移率的函数，

$$\boxed{\sigma = -\rho_e\mu_e + \rho_h\mu_h} \tag{5.19}$$

对于纯净或本征的硅，电子和空穴的漂移率分别是 0.12 和 0.025，而锗电子和空穴的漂移率分别是 0.36 和 0.17。它们的单位是 $m^2/(V\cdot s)$，大小约在铝、铜、银和其它金属导体的 10 到 100 倍之间①。这些漂移率数值都是在 300 K 时测得的。

电子和空穴浓度都强烈地依赖于温度。在 300 K 时，本征硅中的电子和空穴的体电荷密度的大小都是 0.0024 C/m^3，本征锗是 3.0 C/m^3。在这样的条件下，硅的电导率是 0.00035 S/m，锗是 1.6 S/m。随着温度的升高，漂移率减小，但电荷密度却迅速地增加。结果是，当温度由 300K 升高到约 330 K 时，硅的电导率增加了 10 倍；当温度由 300 K 降低到约 275 K 时，硅的电导率减小了 10 倍。注意到，本征半导体的电导率随温度升高而增加，而金属导体的电导率却是随温度升高而减小。这是金属导体和本征半导体之间的一个特有的差别。

本征半导体也满足欧姆定律的点形式；这就是说电导率是一个不随电流密度而变化的常数，且电场与电流密度的方向是相同的。

通过添加少量的杂质可以使载流子的数量和电导率急剧地增加。**施主材料**提供额外的电子并形成 **n 型**半导体，而**受主材料**提供额外的空穴并形成 **p 型**半导体。这个过程就是我们熟知的**掺杂**，硅中的施主浓度只是原电子和空穴浓度的 1×10^7，却导致电导率增加了 10^5 倍。

从最好的绝缘体到半导体和良导体，电导率的数值范围是非常大的。在室温条件下，熔凝石英的 σ 是 10^{-17} S/m，塑料绝缘体是 10^{-17} S/m，某几种半导体大约是 1 S/m，金属导体几乎都是 10^8 S/m。这些值覆盖了一个具有 10^{25} 数量级的异常大的范围。

练习 5.7 假设空穴和电子的电荷密度分别是 −0.002 9 C/m^3 和 0.002 9 C/m^3，利用这一节中给出的硅在 300 K 时的电子和空穴迁移率，求：(a)由空穴产生的电导率分量；(b)由电子产生的电导率分量；(c)总电导率。

答案：72.5 μS/m；348 μS/m；421 μS/m。

5.7 电介质材料的性质

处于电场中的电介质可以看成是在自由空间中分布了大量的电偶极子，这些电偶极子由中心偏离的一对正、负电荷所组成。电介质中的电荷都不是自由电荷，它们不能参与导电过程。更确切地说，这些电荷被原子或分子力束缚在一个很小的空间内，在外电场作用下只能在原子或分子范围内作一个微小的位移。与决定导电性的自由电荷相对应，它们被称为**束缚电荷**。束缚电荷也可以被看作是产生静电场的一种源。因此，我们不必引入介电常数这一个新参数或相对介电常数。然而，另一种方法是直接去考虑电介质的每一个电荷的作

① 在本章末列出的参考书目 2、3 和 5 中，给出了一些半导体的漂移率的值。

用。若不加修正地使用前面得到的场方程，那会使我们花费非常大的代价，因此我们将花费一些时间去定性地建立有关电介质的理论；在下面将引入电极化强度 $\boldsymbol{P}$、介电常数 ε 和相对介电常数 ε_r；并导出了这些新的物理量之间的定量关系。

无论固体、液体还是气体以及它们在自然界是否处于结晶状态，所有的电介质都具有储存电能的共同特性。能量储存是通过电介质内部的正、负电荷抵抗分子或原子力束缚而产生相对位移来实现的。

这种抵抗束缚力的位移类似于举起一个重物或拉伸一个弹簧，也表现出位能。这些能量的源是外加电场，这是因为这些位移电荷的运动或许会引起一个流过产生外加电场的电池的瞬变电流。

在不同的电介质中电荷位移的实际机理是不相同的。某些分子，称为**极性**分子，其正、负电荷作用重心之间具有一个永久的位移，每对电荷的作用就像是一个电偶极子。在正常情况下，这些电偶极子以随机的方式在电介质内部作取向，但外加电场的作用却企图使这些电偶极子沿着相同的方向作比较整齐的排列。此外，一个足够强的外加电场甚至会使正、负电荷之间产生一个附加的移动。

一个**无极性**分子在施加外电场后才会出现这种电偶极子。正、负电荷沿相反方向移动，直到电场的作用与它们之间的吸引力相等为之，最后形成一个沿电场取向的电偶极子。

上述两种类型的电偶极子都可以用它们的电偶极矩 $\boldsymbol{p}$ 来描述，见 4.7 节中的式(4.36)，有

$$\boldsymbol{p} = Q\boldsymbol{d} \tag{5.20}$$

其中 Q 是构成电偶极子的两个束缚电荷中的正电荷，d 是从负电荷指向正电荷的矢量。再一次看到，$\boldsymbol{p}$ 的单位是库仑 · 米(C · m)。

若在单位体积内有 n 个电偶极子，且考虑一个体积 Δv，此时有 $n\Delta v$ 个电偶极子，那么求矢量和得到总电偶极矩，

$$\boldsymbol{p}_{\text{total}} = \sum_{i=1}^{n\Delta v} \boldsymbol{p}_i$$

若所有电偶极子都沿相同的方向排列，则 $\boldsymbol{p}_{\text{total}}$ 将会有一个很大的值。然而，随机取向却会使 $\boldsymbol{p}_{\text{total}}$ 几乎为零。

现在，我们把在**单位体积内的电偶极矩**定义为电极化强度 $\boldsymbol{P}$，

$$\boldsymbol{P} = \lim_{\Delta v \to 0} \frac{1}{\Delta v} \sum_{i=1}^{n\Delta v} \boldsymbol{p}_i \tag{5.21}$$

它的单位为库仑/米^2。尽管很显然在一个原子或分子内某一点的极化强度 $\boldsymbol{P}$ 几乎是不确定的，但我们将仍然把 $\boldsymbol{P}$ 看作是一个典型的连续场。反而，把它在某一点的值视为在包围该点的体积 Δv 内的平均值，注意 Δv 应足够大以致能包含许多个分子(数量为 $n\Delta v$)，但从概念上也应该被考虑为充分地小。

我们的间接目的是要说明，束缚体积电荷密度在产生电场方面与自由体电荷密度在产生外加电场方面是一样的。我们在下面将得到一个与高斯定律相似的结果。

为了具体起见，我们来考虑某种由无极性分子构成的电介质。每个分子的电偶极矩都为零，所以在整个电介质中 $\boldsymbol{P}$ 处处为零。如图 5.9(a)所示，我们在电介质内任意一点处选择一个面积元 $\Delta \boldsymbol{S}$，对其施加电场 $\boldsymbol{E}$。在外加电场的作用下，每个分子产生一个电偶极矩 $\boldsymbol{p}=Q\boldsymbol{d}$，且 $\boldsymbol{p}$ 和 $\boldsymbol{d}$ 与面积元 $\Delta \boldsymbol{S}$ 间的夹角为 θ，如图 5.9(b)所示。

束缚电荷将移动 $\Delta\boldsymbol{S}$。产生电偶极子的每一个束缚电荷沿垂直于 $\Delta\boldsymbol{S}$ 的方向移动的距离为$\frac{1}{2}d\cos\theta$。这样，起初位于面积元 $\Delta\boldsymbol{S}$ 下方$\frac{1}{2}d\cos\theta$ 距离范围内的所有正电荷都将向上穿过 $\Delta\boldsymbol{S}$。同样，起初位于面元 $\Delta\boldsymbol{S}$ 上方$\frac{1}{2}d\cos\theta$ 距离范围内的所有负电荷都将向下穿过 $\Delta\boldsymbol{S}$。因此，由于每单位体积中有 n 个分子，向上穿过面积元的净电荷量等于 $nQd\cos\theta\Delta\boldsymbol{S}$，或

$$\Delta Q_{\mathrm{b}} = nQ\boldsymbol{d}\cdot\Delta\boldsymbol{S}$$

其中，Q_{b} 的下标表示现在处理的是束缚电荷，而不是自由电荷。根据极化理论，得到

$$\Delta Q_{\mathrm{b}} = \boldsymbol{P}\cdot\Delta\boldsymbol{S}$$

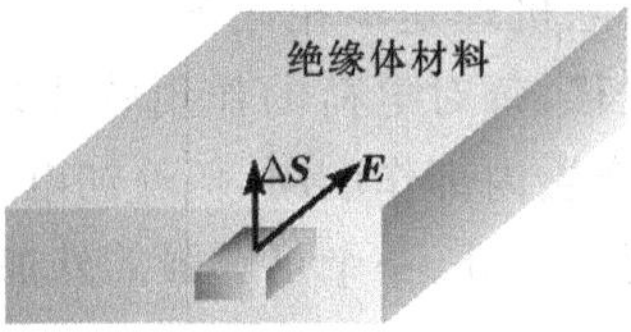

(a)

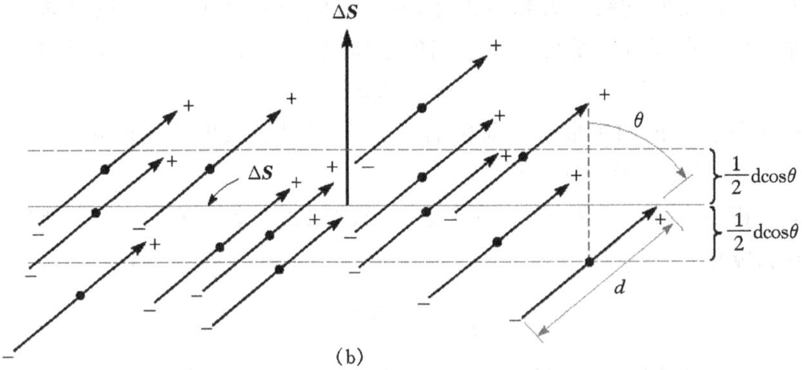

(b)

图 5.9 (a)电场 $\boldsymbol{E}$ 对电介质中某一面积元 ΔS 的作用。(b) 无极性分子产生的电偶极矩 $\boldsymbol{p}$ 和电极化强度 $\boldsymbol{P}$。有净束缚电荷穿过 $\Delta\boldsymbol{S}$。

如果我们把 $\Delta\boldsymbol{S}$ 看成是电介质材料内部某一闭合曲面上的一个面元，则 $\Delta\boldsymbol{S}$ 的方向向外，而且在闭合曲面内部束缚电荷的净增量可由下式得出

$$Q_{\mathrm{b}} = -\oint_S \boldsymbol{P}\cdot\mathrm{d}\boldsymbol{S} \tag{5.22}$$

这个关系与高斯定律有一些相似，我们现在可以把电通量密度的定义作一推广，使它不仅适用于自由空间也适用于任意介质。首先，我们应用 $\varepsilon_0\boldsymbol{E}$ 和闭合面包围的总电荷 Q_{T} 来写出高斯定律，有

$$Q_{\mathrm{T}} = \oint_S \varepsilon_0\boldsymbol{E}\cdot\mathrm{d}\boldsymbol{S} \tag{5.23}$$

这里

$$Q_{\mathrm{T}} = Q_{\mathrm{b}} + Q$$

其中 Q 是闭合面 S 内所包含的总**自由**电荷。应该注意到，自由电荷符号中不带下标，由于它

是电荷中的一种最重要的类型，在后面它将出现在麦克斯韦方程组中。

把上面三个公式结合起来，我们可以得到闭合面内包含的自由电荷为

$$Q = Q_{\mathrm{T}} - Q_{\mathrm{b}} = \oint_S (\varepsilon_0 \boldsymbol{E} + \boldsymbol{P}) \cdot \mathrm{d}\boldsymbol{S} \tag{5.24}$$

现在，我们可以对 $\boldsymbol{D}$ 作出比第 3 章中更为普遍的定义

$$\boxed{\boldsymbol{D} = \varepsilon_0 \boldsymbol{E} + \boldsymbol{P}} \tag{5.25}$$

可以看出，当极化材料存在时，$\boldsymbol{D}$ 中将有一个附加项。这样，

$$Q = \oint_S \boldsymbol{D} \cdot \mathrm{d}\boldsymbol{S} \tag{5.26}$$

这里，Q 为闭合面内所包含的自由电荷。

利用体电荷密度的定义，我们有

$$Q_{\mathrm{b}} = \int_v \rho_{\mathrm{b}} \mathrm{d}v$$

$$Q = \int_v \rho_v \mathrm{d}v$$

$$Q_T = \int_v \rho_{\mathrm{T}} \mathrm{d}v$$

根据散度定理，我们可以把式(5.22)、(5.23)和(5.26)分别转换成相应的等价散度方程

$$\nabla \cdot \boldsymbol{P} = -\rho_{\mathrm{b}}$$

$$\nabla \cdot \varepsilon_0 \boldsymbol{E} = \rho_{\mathrm{T}}$$

$$\boxed{\nabla \cdot \boldsymbol{D} = \rho_v} \tag{5.27}$$

在以后的讨论中，我们将只着重于与自由电荷有关的式(5.26)和式(5.27)两个关系式。

为了使这两个新概念真正地实用，我们必须知道电场强度 $\boldsymbol{E}$ 和电极化强度 $\boldsymbol{P}$ 两者之间的关系。当然，这种关系式是由材料特性所确定的某一种函数，在这里我们仅限于对电场强度 $\boldsymbol{E}$ 和电极化强度 $\boldsymbol{P}$ 成线性关系的各向同性电介质的讨论。在各向同性的电介质中，不管外加电场的方向如何，矢量 $\boldsymbol{E}$ 和 $\boldsymbol{P}$ 总是平行的。尽管在很宽的电场强度范围内，大多数工程电介质材料都是线性的和各向同性的，但是单晶体却可能表现出各向异性。晶体材料的周期特性使得电偶极矩很容易沿着晶轴方向排列，而不必沿着外加电场的方向排列。

在**铁电**材料中，$\boldsymbol{P}$ 和 $\boldsymbol{E}$ 之间的关系不仅是非线性的，而且还表现出滞后效应，也就是说，由给定电场强度所产生的极化依赖于样品过去的历史。这种类型电介质的重要例子有常用于制做陶瓷电容器的钛酸钡，还有罗谢尔盐(酒石酸钾晶体)。

$\boldsymbol{P}$ 和 $\boldsymbol{E}$ 两者之间的线性关系是

$$\boxed{\boldsymbol{P} = \chi_{\mathrm{e}} \varepsilon_0 \boldsymbol{E}} \tag{5.28}$$

其有 χ_{e} 是一个无量纲的量，叫做材料的**电极化率**。

把上式代入式(5.25)，我们可得到

$$\boldsymbol{D} = \varepsilon_0 \boldsymbol{E} + \chi_{\mathrm{e}} \varepsilon_0 \boldsymbol{E} = (\chi_e + 1) \varepsilon_0 \boldsymbol{E}$$

现在把括号内的表达式定义为

$$\varepsilon_{\mathrm{r}} = \chi_{\mathrm{e}} + 1 \tag{5.29}$$

这是另一个无量纲的量，被称为材料的**相对介电常数**。因此，

$$\boldsymbol{D}=\varepsilon_0\varepsilon_r\boldsymbol{E}=\varepsilon\boldsymbol{E} \tag{5.30}$$

其中，

$$\boxed{\varepsilon=\varepsilon_0\varepsilon_r} \tag{5.31}$$

ε 是介电常数，在附录 C 中，给出了一些有代表性的材料的介电常数。

各向异性的电介质材料不能用一个简单的电极化率或介电常数来描述。我们发现，$\boldsymbol{D}$ 的每一个分量都可能是 $\boldsymbol{E}$ 的所有分量的一个函数，因此 $\boldsymbol{D}=\varepsilon\boldsymbol{E}$ 变成为一个矩阵方程，其中 $\boldsymbol{D}$ 和 $\boldsymbol{E}$ 都可以分别表示成一个 3×1 的列矩阵，ε 是一个 3×3 的方阵。展开矩阵方程给出

$$D_x=\varepsilon_{xx}E_x+\varepsilon_{xy}E_y+\varepsilon_{xz}E_z$$
$$D_y=\varepsilon_{yx}E_x+\varepsilon_{yy}E_y+\varepsilon_{yz}E_z$$
$$D_z=\varepsilon_{zx}E_x+\varepsilon_{zy}E_y+\varepsilon_{zz}E_z$$

应该注意到，矩阵中的每个元素都依赖于在自各向异性介质中坐标轴的选取。选取合适的坐标轴方向可使矩阵形式变得简单①。

由于 $\boldsymbol{D}$ 和 $\boldsymbol{E}$（或 $\boldsymbol{P}$）不再是相互平行的，尽管关系式 $\boldsymbol{D}=\varepsilon_0\boldsymbol{E}+\boldsymbol{P}$ 对于各向异性的电介质仍然是有效的，所以我们只能采用矩阵形式来继续使用 $\boldsymbol{D}=\varepsilon\boldsymbol{E}$。在下面我们将关注线性的各向同性的电介质材料，而把更一般的电介质留在以后的高年级教材中。

总之，我们已经得到了在电介质材料中 $\boldsymbol{D}$ 和 $\boldsymbol{E}$ 之间的关系式

$$\boxed{\boldsymbol{D}=\varepsilon\boldsymbol{E}} \tag{5.30}$$

其中

$$\boxed{\varepsilon=\varepsilon_0\varepsilon_r} \tag{5.31}$$

利用高斯定律的微分或积分形式，仍然可以使电通量密度与自由电荷相联系起来：

$$\boxed{\nabla\cdot\boldsymbol{D}=\rho_v} \tag{5.27}$$

$$\boxed{\oint_S\boldsymbol{D}\cdot\mathrm{d}\boldsymbol{S}=Q} \tag{5.26}$$

使用式(5.31)所定义的相对介电常数使我们不再需要直接去地考虑极化、电偶极矩和束缚电荷。然而，当讨论各向异性的或非线性的电介质时，前面介绍的简单标量介电常数关就不再适用了。

例 5.4 一块聚四氟乙烯平板的厚度为 $0\leqslant x\leqslant a$，假定 $x<0$ 和 $x>a$ 两个区域均为自由空间。在聚四氟乙烯平板的外部空间中，有一均匀电场 $\boldsymbol{E}_{\text{out}}=E_0\boldsymbol{a}_x$ V/m。我们来计算任意一点的 $\boldsymbol{D}$、$\boldsymbol{E}$ 和 $\boldsymbol{P}$。

解： 由于聚四氟乙烯的介电常数为 2.1，所以它的电极化率为 1.1。

在板外空间中，我们有 $\boldsymbol{D}_{\text{out}}=\varepsilon_0E_0\boldsymbol{a}_x$。由于在板外空间中没有电介质材料，因此 $\boldsymbol{P}_{\text{out}}=0$。现在，我们可以应用上述的最后四个或五个方程中的任一个，来表示在电介质中的各个场之间的关系。因此

$$\boldsymbol{D}_{\text{in}}=2.1\varepsilon_0\boldsymbol{E}_{\text{in}}\quad 0\leqslant x\leqslant a$$
$$\boldsymbol{P}_{\text{in}}=1.1\varepsilon_0\boldsymbol{E}_{in}\quad 0\leqslant x\leqslant a$$

① 在本章的最后，列出了 Ramo，Whinnery，Van Duzer 对有关这个矩阵更详细的讨论。

一旦我们建立了在电介质内这三个场中的任一个场的数值时，其他的两个场也就可以直接地推导出来。其难点在于如何穿过边界从电介质外的已知场到达其内部的未知场。为此，我们需要得到一个边界条件，这将是下面令人兴奋的一节中的主题。到那时，我们将会完成这个例子。

在以后的讨论中，我们将采用 $\boldsymbol{D}$ 和 ϵ 而不是 $\boldsymbol{P}$ 和 χ_e 来描述极化材料。而且，我们也将仅限于各向同性电介质的讨论。

练习 5.8　一电介质板的相对介电常数为 3.8，其中有均匀的电通量密度 8 nC/m^2。假设电介质材料是无损耗的，求：(a)$\boldsymbol{E}$；(b) $\boldsymbol{P}$；(c) 如果平均电偶极矩为 10^{-29} C·m，求在每立方米体积中电偶极子的平均数目。

答案： 238 V/m；5.89 nC/m^2；5.89×10^{20} m^{-3}

5.8　理想电介质的边界条件

当存在两种不同的电介质或者是一种电介质和一种导体时，我们如何来分析解决这个问题？下面是边界条件的另一种例子，例如在一个导体表面上的边界条件是其切向电场为零，而法向电通量密度等于导体表面上的面电荷密度。现在，我们的第一步是通过分析电场在电介质分界面上的性质，来求解一个两种电介质的问题或电介质——导体问题。

如图 5.10 所示，我们假设在区域 1 和区域 2 中两种电介质的介电常数分别为 ϵ_1 和 ϵ_2，首先，我们利用静电场中的环路定理

$$\oint \boldsymbol{E}\cdot d\boldsymbol{L}=0$$

来考察电场的切向分量，若上式左边的积分沿某一很小的闭合路径，可得

$$E_{\tan 1}\Delta w-E_{\tan 2}\Delta w=0$$

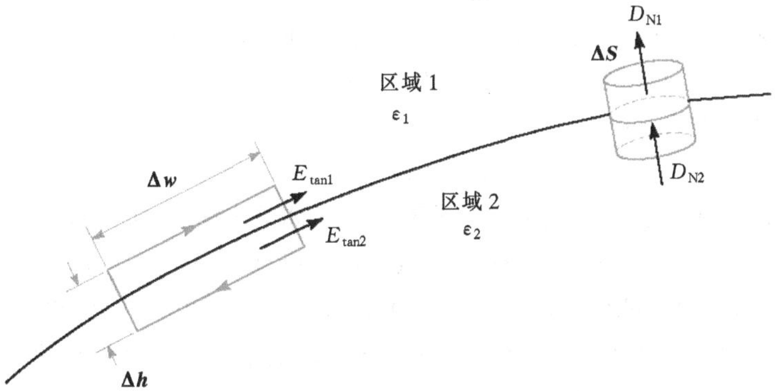

图 5.10　介电常数分别为 ϵ_1 和 ϵ_2 的两种理想电介质的边界。右侧的高斯面示出了 D_N 的连续性，而 $E_{\tan}$ 的连续性如左侧的环路线积分所示。

当 Δh 的值很小而使得闭合路径逼近分界面时，$\boldsymbol{E}$ 的法向分量沿线段 Δh 对线积分的贡献很小，可以忽略不计。此时，立即得到，

$$\boxed{E_{\tan1} = E_{\tan2}} \tag{5.32}$$

显然，基尔霍夫电压定律仍然适用于这种情况。无疑在以上分析中，我们实际上已经表明了在分界面上、下两侧相对应的任一相距为 Δw 的两点间的电位差是相等的。

如果在穿过分界面时切向电场强度是连续的，那么切向 $\boldsymbol{D}$ 是不连续的，这是因为

$$\frac{D_{\tan1}}{\varepsilon_1} = E_{\tan1} = E_{\tan2} = \frac{D_{\tan2}}{\varepsilon_2}$$

或者

$$\frac{D_{\tan1}}{D_{\tan2}} = \frac{\varepsilon_1}{\varepsilon_2} \tag{5.33}$$

如图 5.10 中右侧所示，在一小矮圆桶形闭合面上应用高斯定律，可以得到法向分量的边界条件。再一次由于侧面很矮，可以忽略不计，所以离开顶部和底部两个底面的电通量差是

$$D_{N1}\Delta S - D_{N2}\Delta S = \Delta Q = \rho_S \Delta S$$

由上式可得

$$\boxed{D_{N1} - D_{N2} = \rho_S} \tag{5.34}$$

现在的问题是这个面电荷密度是多少？它不可能是束缚面电荷密度，因为我们已经使用介电常数考虑了电介质的极化效应。也就是说，我们使用了一个增值的介电系数来代替自由空间中的束缚电荷。同时，在分界面上不可能存在任何自由电荷，这是因为在理想电介质中自由电荷是没有用处的。除非自由电荷是被人为地放置，才会导致电介质内部和表面上总电荷的不平衡。除此之外，我们都可以假设在分界面上的 ρ_s 为零，有

$$\boxed{D_{N1} = D_{N2}} \tag{5.35}$$

或者说 $\boldsymbol{D}$ 的法向分量是连续的。由上式可得

$$\varepsilon_1 E_{N1} = \varepsilon_2 E_{N2} \tag{5.36}$$

所以 $\boldsymbol{E}$ 的法向分量不是连续的。

如图 5.10 所示，利用表面上的单位法向矢量，可以由场矢量写出式(5.32)和(5.34)的表达式。从形式上来说，在两种理想电介质分界面上，电通量密度和电场强度的边界条件为

$$(\boldsymbol{D}_1 - \boldsymbol{D}_2) \cdot \boldsymbol{n} = \rho_s \tag{5.37}$$

上式是式(5.32)的一般形式，同时

$$(\boldsymbol{E}_1 - \boldsymbol{E}_2) \times \boldsymbol{n} = 0 \tag{5.38}$$

是式(5.34)的一般形式。这种形式也曾在前面用于导体的表面上，如式(5.17)和(5.18)，其中通过与法向矢量做点乘或叉乘运算，分别得到场的法向和切向分量。

把这些条件结合起来，就可表示出在分界面上两个矢量 $\boldsymbol{D}$ 和 $\boldsymbol{E}$ 的变化。设 $\boldsymbol{D}_1$(和 $\boldsymbol{E}_1$)与分界面法线方向之间的夹角为 θ_1(见图 5.11)。因为 $\boldsymbol{D}$ 的法向分量是连续的，

$$D_{N1} = D_1\cos\theta_1 = D_2\cos\theta_2 = D_{N2} \tag{5.39}$$

由式(5.33)可得 $\boldsymbol{D}$ 的切向分量之比为

$$\frac{D_{\tan1}}{D_{\tan2}} = \frac{D_1\sin\theta_1}{D_2\sin\theta_2} = \frac{\varepsilon_1}{\varepsilon_2}$$

或者

$$\varepsilon_2 D_1\sin\theta_1 = \varepsilon_1 D_2\sin\theta_2 \tag{5.40}$$

与式(5.39)相除可得

$$\frac{\tan\theta_1}{\tan\theta_2}=\frac{\varepsilon_1}{\varepsilon_2} \tag{5.41}$$

在图 5.11 中，我们假设 $\varepsilon_1>\varepsilon_2$，因此 $\theta_1>\theta_2$。

在分界面两侧 $\boldsymbol{E}$ 与 $\boldsymbol{D}$ 的方向是相同的，这是因为 $\boldsymbol{D}=\varepsilon\boldsymbol{E}$。

由式(5.39)和式(5.40)，可以求得 D 在区域 2 中的大小，

$$D_2=D_1\sqrt{\cos^2\theta_1+\left(\frac{\varepsilon_2}{\varepsilon_1}\right)^2\sin^2\theta_1} \tag{5.42}$$

而 $\boldsymbol{E}_2$ 的大小为

$$E_2=E_1\sqrt{\sin^2\theta_1+\left(\frac{\varepsilon_1}{\varepsilon_2}\right)^2\cos^2\theta_2} \tag{5.43}$$

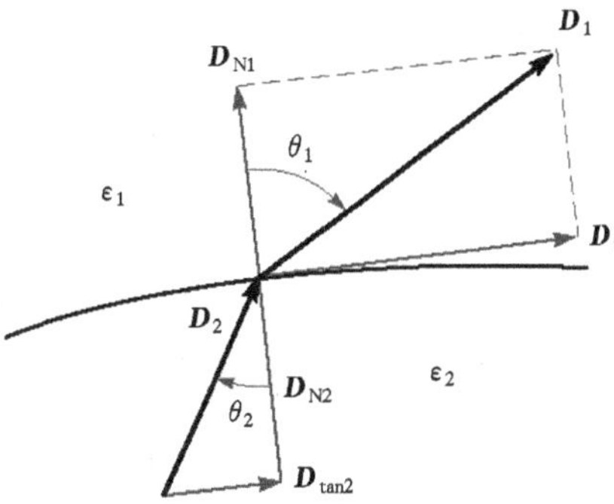

图 5.11　$\boldsymbol{D}$ 在电介质分界面处的折射。在这里，取 $\varepsilon_1>\varepsilon_2$；$\boldsymbol{E}_1$，$\boldsymbol{E}_2$ 与 $\boldsymbol{D}_1$，$\boldsymbol{D}_2$ 的方向分别相同，$D_1>D_2$，$E_1<E_2$。

这些方程表明，在介电常数大的一侧，D 也较大(除非 $\theta_1=\theta_2=0°$，此时 D 的大小不变)；在介电常数小的一侧，E 较大(除非 $\theta_1=\theta_2=90°$，此时 E 的大小不变)。

例 5.5　完成例 5.4：已知自由空间中的均匀电场 $\boldsymbol{E}_{out}=E_0\boldsymbol{a}_x$，求聚四氟乙烯($\varepsilon_r=2.1$)平板中的电场。

解：有一块聚四氟乙烯板位于 $x=0$ 到 $x=a$ 区域，如图 5.12 所示，在两侧自由空间中的电场强度为 $\boldsymbol{E}_{out}=E_0\boldsymbol{a}_x$，且有 $\boldsymbol{D}_{out}=\varepsilon_0E_0\boldsymbol{a}_x$ 和 $\boldsymbol{P}_{out}=0$。

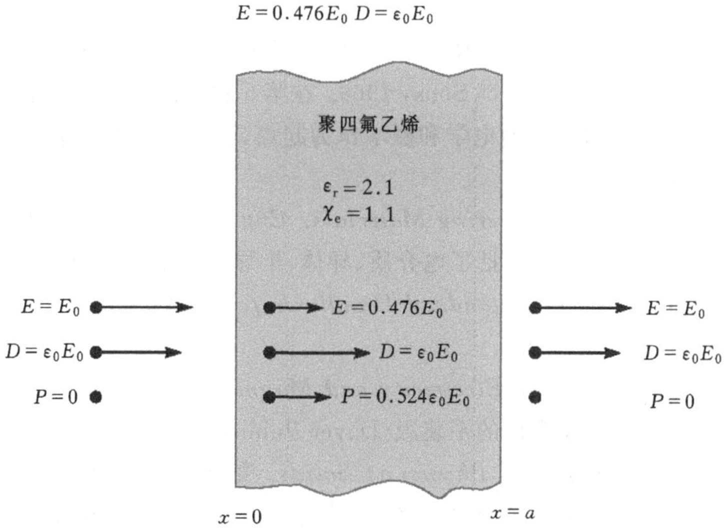

图 5.12　已知电介质外部电场的某些分量有助于我们能够首先得到外部空间中的其它分量，然后再利用 D 法向分量的连续性来得到电介质内部的电场。

在聚四氟乙烯板内部，由分界面上 D_N 的连续性，我们可得 $\boldsymbol{D}_{in}=\boldsymbol{D}_{out}=\varepsilon_0E_0\boldsymbol{a}_x$。因此，$\boldsymbol{E}_{in}=\boldsymbol{D}_{in}/\varepsilon=\varepsilon_0E_0\boldsymbol{a}_x/(\varepsilon_r\varepsilon_0)=0.476E_0\boldsymbol{a}_x$。利用 $\boldsymbol{D}=\varepsilon_0\boldsymbol{E}+\boldsymbol{P}$，我们可以得到聚四氟乙烯板内部的极化场

$$\boldsymbol{P}_{\text{in}} = \boldsymbol{D}_{\text{in}} - \varepsilon_0 \boldsymbol{E}_{\text{in}} = \varepsilon_0 E_0 \boldsymbol{a}_x - 0.476\varepsilon_0 E_0 \boldsymbol{a}_x = 0.524\varepsilon_0 E_0 \boldsymbol{a}_x。$$

将以上各式概括起来，有

$$\boldsymbol{D}_{\text{in}} = \varepsilon_0 E_0 \boldsymbol{a}_x \qquad (0 \leqslant x \leqslant a)$$
$$\boldsymbol{E}_{\text{in}} = 0.476\varepsilon_0 E_0 \boldsymbol{a}_x \qquad (0 \leqslant x \leqslant a)$$
$$\boldsymbol{p}_{\text{in}} = 0.524\varepsilon_0 E_0 \boldsymbol{a}_x \qquad (0 \leqslant x \leqslant a)$$

在实际问题中，通常不可能直接告诉我们在每一个分界面上的电场。而是应用由其它给定信息所获得的边界条件来帮助我们确定在两个分界面上的电场。

练习 5.9 设在 $z<0$ 和 $z>0$ 区域中充满均匀的电介质材料，介电常数分别为 $\varepsilon_r=3.2$ 与 $\varepsilon_r=2$。已知 $\boldsymbol{D}_1=-30\boldsymbol{a}_x+50\boldsymbol{a}_y+70\boldsymbol{a}_z\,\text{nC/m}^2$。求：(a)$D_{N1}$；(b)$\boldsymbol{D}_{t1}$；(c)$D_{t1}$；(d)$D_1$；(e)$\theta_1$；(f)$\boldsymbol{P}_1$。

答案： $70\ \text{nC/m}^2$；$-30\boldsymbol{a}_x+50\boldsymbol{a}_y\ \text{nC/m}^2$；$58.3\ \text{nC/m}^2$；$91.1\ \text{nC/m}^2$；$39.8°$；$-20.6\boldsymbol{a}_x+34.4\boldsymbol{a}_y+48.1\boldsymbol{a}_z\,\text{nC/m}^2$。

练习 5.10 继续完成练习 6.2，求：(a)$\boldsymbol{D}_{N2}$；(b)$\boldsymbol{D}_{t2}$；(c)$\boldsymbol{D}_2$；(d)$\boldsymbol{P}_2$；(e)θ_2。

答案： $70\boldsymbol{a}_z\ \text{nC/m}^2$；$-18.75\boldsymbol{a}_x+31.25\boldsymbol{a}_y\ \text{nC/m}^2$；$-18.75\boldsymbol{a}_x+31.25\boldsymbol{a}_y+70\boldsymbol{a}_z\ \text{nC/m}^2$
$-9.38\boldsymbol{a}_x+15.63\boldsymbol{a}_y+35\boldsymbol{a}_z\ \text{nC/m}^2$；$27.5°$。

参考文献

1. Fano, R. M., L. J. Chu, and R. B. Adler. *Electromagnetic Fields, Energy, and Forces*. New York: John Wiley & Sons, 1960. 在第 5 章的前一部分讨论了电介质中的极化。这本教材以物理学课程中的电学和磁学作为起点，因此起点的水平较高。应该阅读从第 1 页开始的引论.
2. Dekker, A. J. *Electrical Engineering Materials*. Englewood Cliffs, N. J.: Prentice-Hall, 1959. 这本受到赞美的小册子包括了电介质、导体、半导体和磁性材料等内容.
3. Fink, D. G.，和 H. W. Beaty. *Standard Handbook for Electrical Engineers*. 第 12 版. New York: McGraw-Hill, 1987.
4. Maxwell, J. C. A *A Treatise on Electricity and Magnetism*. 第 3 版. New York: Oxford University Press, 1904，或廉价的平装版，Dover Publications, New York, 1954.
5. Wert, C. A 和 R.. M. Thomson. *Physics of Solids*. 第 2 版. New York: McGraw-Hill, 1970. 这是一本适用于高年级的教材，它包括了金属、电介质、半导体的内容.

习题 5

5.1 已知电流密度 $\boldsymbol{J}=-10^4[\sin(2x)\mathrm{e}^{-2y}\boldsymbol{a}_x+\cos(2x)\mathrm{e}^{-2y}\boldsymbol{a}_y]\text{kM/m}^2$。(a)求 $0<x<1$，$0<z<2$ 区域，在 a_y 方向流过 $y=1$ 平面的总电流；(b)通过在立方体表面上计算积分 $\boldsymbol{J}\cdot\mathrm{d}\boldsymbol{S}$，求流出 $0<x,y<1, 2<z<3$ 区域的总电流；(c)利用散度定理重求(b)。

5.2 给定 $\boldsymbol{J}=-10^{-4}(y\boldsymbol{a}_x+x\boldsymbol{a}_y)$ A/m²。求沿 $-\boldsymbol{a}_y$ 方向流过 $y=0$ 平面上 $z=0$ 和 1 与 $x=0$ 和 2 所限定面积的电流。

5.3 已知 $\boldsymbol{J}=400\sin\theta/(r^2+4)\boldsymbol{a}_r$ A/m²。(a)求流经部分球面 $r=8$, $0.1\pi<\theta<0.3\pi$, $0<\phi<2\pi$ 的总电流；(b)求在上面区域中的 $\boldsymbol{J}$ 的平均值。

5.4 在球坐标系中给定体电荷密度为 $\rho_v=(\cos\omega t)/r^2$ C/m²，求 $\boldsymbol{J}$。可以假设 $\boldsymbol{J}$ 不是 θ 或 ϕ 的函数。

5.5 已知 $\boldsymbol{J}=25/\rho\boldsymbol{a}_\rho-20/(\rho^2+0.01)\boldsymbol{a}_z$ A/m²。(a)求经过 $z=0.2$, $\rho<0.4$ 面，在 $\boldsymbol{a}_z$ 方向的总电流；(b)求 $\partial\rho_v/\partial t$；(c)求流出闭合面 $\rho=0.01$, $\rho=0.4$, $z=0$, $z=0.2$ 的电流；(d)在(c)中定义的闭合面上，证明 $\boldsymbol{J}$ 满足散度定律。

5.6 在球坐标系中，导电媒质中的电流密度为 $\boldsymbol{J}=-k/(r\sin\theta)a_\theta$ A/m²，其中 k 为常数。求沿 $\boldsymbol{a}_z$ 方向，流过半径为 R，以 z 轴为圆心且位于(a) $z=0$；(b) $z=h$ 的圆盘的总电流。

5.7 假设不存在质量转化为能量或者能量转化为质量，就有可能写出一个质量连续性方程。(a)如果将电荷连续性方程作为我们的模型，那么在质量连续性方程中哪些量是与 $\boldsymbol{J}$ 和 ρ_v 相对应的？(b)在一个给定边长为 1 cm 的立方体内，实验数据表明在立方体的六个表面上质量离开的速率分别是 10.25，−9.85，1.75，−2.00，−4.05 和 4.45 mg/s。如果我们假设立方体是一个体积微元，试近似地确定在其中心点处质量密度的时间变化率。

5.8 一个圆锥台体高为 16 cm。其上、下底面半径分别为 2 mm 和 0.1 mm。如果圆锥台体材料的电导率为 2×10^6 S/m，求上下底面之间电阻的近似值。

5.9 (a)利用附录 C 表中的数据，计算镍铬合金的直径。已知镍铬合金的长度是 2 m，当加上 120 V 的 60 Hz 交流电压时，消耗的平均功率是 450 W。(b)计算导线中的均方根电流密度。

5.10 一个厚度为 0.5 cm 的黄铜垫圈的内、外直径分别为 2 cm 和 5 cm。其电导率为 $\sigma=1.5\times10^7$ S/m。将垫圈沿直径切成两半，并在其中一半的两个矩形切面之间施加电压。由此在半个垫圈内形成电场强度为 $\boldsymbol{E}=(0.5/\rho)\boldsymbol{a}_\phi$ V/m 的电场，其中 z 轴为垫圈的轴。(a)在这两个矩形切面之间的电位差是多少？(b)流过的总电流是多少？(c)两个矩形切面之间的电阻是多少？

5.11 两长度为 l 的理想导体圆柱面的半径分别为 $\rho=3$ cm 和 $\rho=5$ cm。沿半径方向向外流过圆柱面之间媒质的总电流是 3 A(直流)。(a)求两圆柱体之间的电压和电阻，以及两圆柱体之间区域中的 $\boldsymbol{E}$，假设在 3 cm$<\rho<$5 cm 区域内的媒质的电导率是 $\sigma=0.05$ S/m。(b)试证明：在两圆柱体间媒质内对单位体积消耗的功率求积分就可以求得消耗的总功率。

5.12 有两个相同的导体板，面积均为 A，分别位于 $z=0$ 和 $z=d$ 面。两个平板之间填充的材料的电导率随 z 变化，$\sigma(z)=\sigma_0 e^{-z/t}$，这里 σ_0 是常数。$z=d$ 导体板的电压为 V_0，$z=0$ 导体板的电压为零。根据给定的参数，求：(a) 材料的电阻；(b) 两板之间流过的总电流；(c) 材料中的电场强度。

5.13 有一矩形截面的柱形管子，外部矩形的长边是 1 英寸，宽是 0.5 英寸，管壁壁厚是 0.05 英寸。假设材料是黄铜，$\sigma=1.5\times10^2$ S/m。有 200 A 的直流电流过这根管子。(a)在 1 m 长的管子上的电压降是多少？(b)如果在管内填充 $\sigma=1.5\times10^5$ S/m 的导电材料，管子上的电压降是多少？

5.14 有一个矩形导电板位于 xy 面内的区域 $0<x<a$，$0<y<b$ 中。另一块相同的导体板平行位于其正上方的 $z=d$ 处。在两板之间填充有电导率为 $\sigma(x)=\sigma_0 e^{-x/a}$ 的材料，这里 σ_0 是常数。施加在 $z=d$ 板上的电压为 V_0，$z=0$ 板的电压为零。根据给定的参数，求：(a) 材料中的电场强度；(b) 两板之间流过的总电流；(c) 材料的电阻。

5.15 设在自由空间中有 $V=10(\rho+1)z^2\cos\phi$ V。(a) 设等位面 $V=20$ V 是一个导体表面，求导体表面的方程。(b) 求在导体表面上 $\phi=0.2\pi$，$z=1.5$ 一点的 ρ 和 $\boldsymbol{E}$。(c) 求这一点的 $|\rho_S|$。

5.16 一个同轴电缆内、外导体的半径分别为 a 和 b。内外导体之间($a<\rho<b$)导电媒质的电导率为 $\sigma(\rho)=\sigma_0/\rho$，其中 σ_0 为常数。内导体的电位为 V_0，外导体接地。(a)假设在 z 轴单位长度上的径向直流电流为 I，求径向电流密度 $\boldsymbol{J}$；(b)根据电流 I 和其他已知参数，求电场强度 $\boldsymbol{E}$；(c)通过对(b)中得到的 $\boldsymbol{E}$ 进行线积分，求 V_0 和 I 之间的关系式；(d)求电缆单位长度的电导 G。

5.17 给定自由空间中的电位场 $V=100xz/(x^2+4)$ V。(a)求 $z=0$ 面的 $\boldsymbol{D}$。(b)证明 $z=0$ 面是一个等位面。(c)假设 $z=0$ 面是一个导体面，求在这个导体面上的部分区域 $0<x<2$，$-3<y<0$ 内的总电荷。

5.18 两个半径为 a 的平行圆形平板分别位于 $z=0$ 和 $z=d$。上面平板($z=d$)的电位为 V_0；下面的平板接地。两平板间导电媒质的电导率随半径向变化 $\sigma(\rho)=\sigma_0\rho$，其中 σ_0 为常数。(a)求两平板间电场强度 $\boldsymbol{E}$ 的表达式(以 ρ 为变量)；(b)求两平板间的电流密度 $\boldsymbol{J}$；(c)求总电流 I；(d)求两平板间导电媒质的电阻。

5.19 设在自由空间中有 $V=20x^2yz-10z^2$ V。(a)试确定 $V=0$ 和 $V=60$ V 的等位面方程。(b)假定这两个面均是导体面，求在 $V=60$V 面上 $x=2$，$z=1$ 一点的面电荷密度。已知 $0\leqslant V\leqslant 60$V 是电场所存在的区域。(c)求过某一点垂直于导体面且指向 $V=0$ 面的单位矢量。

5.20 两个 -100π μC 的点电荷分别位于(2，−1，0)和(2，1，0)点。$x=0$ 面为一个导体板。(a)确定原点的面电荷密度。(b)求 $P(0,h,0)$ 点的 ρ_S。

5.21 设自由空间中的 $y=0$ 面是一理想导体面。两根均匀无限长线电荷 30 nC/m 分别位于 $x=0$，$y=1$ 和 $x=0$，$y=2$。(a)设 $y=0$ 面的电位 $V=0$，求 $P(1,2,0)$ 点的电位 V。(b)求 P 点的 $\boldsymbol{E}$。

5.22 线段 $x=0$，$-1\leqslant y\leqslant 1$，$z=1$ 上分布有密度为 $\rho_L=\pi|y|$ μC/m 的线电荷。设 $z=0$ 面是一个导体平面，试求以下各点的面电荷密度：(a) (0，0，0)点；(b) (0，1，0)点。

5.23 一个 $\boldsymbol{p}=0.1\boldsymbol{a}_z$ μC·m 的电偶极子位于自由空间中的 $A(1,0,0)$点，$x=0$ 面是一个理想导体平板。(a)求 $P(2,0,1)$点的电位 V。(b)在直角坐标系中，求 200 V 等位面的方程。

5.24 在一定温度下，本征锗中的电子和空穴的迁移率分别是 0.43 $m^2/(V\cdot s)$和 0.21 $m^2/(V\cdot s)$。如果电子和空穴的浓度都是 2.3×10^{19} m^{-3}，求在此温度下本征锗的电导率。

5.25 电子和空穴的浓度均随温度的增高而增大。对于纯净的硅来说，电子和空穴的浓度都可以表示为 $\rho_h=-\rho_e=6200T^{1.5}e^{-7000/T}$ C/m^3。迁移率和温度之间的关系给定为 $\mu_h=2.3\times10^5T^{-2.7}$ $m^2/(V\cdot s)$和 $\mu_e=2.1\times10^5T^{2.5}$ $m^2/(V\cdot s)$，这里温度的单位是开尔文

(K)。分别求(a) 0℃、(b) 40℃和(c) 80℃时的 σ。

5.26 一半导体样品的截面为 1.5 mm×2.0 mm 的矩形，其长度为 11.0 mm。这种材料中的电子和空穴的密度分别是 $1.8\times10^{18}\ \mathrm{m^{-3}}$ 和 $3.0\times10^{15}\ \mathrm{m^{-3}}$。如果 $\mu_e=0.082\ \mathrm{m^2/(V\cdot s)}$ 和 $\mu_h=0.002\ 1\ \mathrm{m^2/(V\cdot s)}$，求在这个样品两端表面之间的电阻。

5.27 在某一定温度和压力下，氢原子的浓度是 5.5×10^{25} 个原子/$\mathrm{m^3}$。当施加 4 kV/m 的电场时，由电子和正原子核形成的每个电偶极子的有效长度是 7.1×10^{-19} m。(a)求 P；(b)求 ε_r。

5.28 求某一种材料的介电常数。其中，电通量密度是极化强度的 4 倍。

5.29 一同轴导体的半径是 $a=0.8$ mm 和 $b=3$ mm，电介质聚苯乙烯的 $\varepsilon_r=2.56$。如果在介质中 $\boldsymbol{P}=(2/\rho)\boldsymbol{a}_\rho\,\mathrm{nC/m^2}$，(a)求 $\boldsymbol{D}(\rho)$，$\boldsymbol{E}(\rho)$；(b)求 V_{ab} 和 χ_e；(c)如果每立方米的分子数是 4×10^{19} 个，求 $\boldsymbol{p}(\rho)$。

5.30 考虑由两种物质构成的复合材料，两种物质每立方米的分子个数分别是 N_1 和 N_2。两种物质均匀混合，总的分子个数密度是 $N=N_1+N_2$。无论混合与否，外施电场 $\boldsymbol{E}$ 在单个物质分子中产生的电偶极矩分别是 $\boldsymbol{p}_2$ 和 $\boldsymbol{p}_1$。试证明这种复合材料的介电常数是 $\varepsilon_r=f\varepsilon_{r1}+(1-f)\varepsilon_{r2}$，其中 f 是物质 1 的电偶极子在复合材料中所占的比例，ε_{r1} 和 ε_{r2} 分别是密度均为 N 的两种物质未混合时的介电常数。

5.31 $x=0$ 平面是两种理想电介质的分界面。在 $x>0$ 区域中 $\varepsilon_{r1}=3$；$x<0$ 区域中 $\varepsilon_{r2}=5$。如果 $\boldsymbol{E}_1=80\boldsymbol{a}_x-60\boldsymbol{a}_y-30\boldsymbol{a}_z$ V/m，求(a)E_{N1}；(b)$\boldsymbol{E}_{T1}$；(c)$\boldsymbol{E}_1$；(d) $\boldsymbol{E}_1$ 与分界面法向方向之间的夹角 θ_1；(e)D_{N2}；(f)D_{T2}；(g)$\boldsymbol{D}_2$；(h)$\boldsymbol{P}_2$；(i)$\boldsymbol{E}_2$ 与分界面法向方向之间的夹角 θ_2。

5.32 两个大小相等符号相反的 3 μC 电荷在弹簧提供的斥力 $F_{sp}=12(0.5-x)$ N 的作用下相距 x 米。如果没有任何吸引力，弹簧可以被拉伸到 0.5 m。(a)求电荷之间的距离；(b)电偶极矩是多少？

5.33 两种理想电介质的相对介电常数分别为 $\varepsilon_{r1}=2$ 和 $\varepsilon_{r2}=8$。它们的分界面位于平面 $x-y+2z=5$ 处。坐标原点位于区域 1 中。如果 $\boldsymbol{E}_1=100\boldsymbol{a}_x+200\boldsymbol{a}_y-50\boldsymbol{a}_z$ V/m，求 $\boldsymbol{E}_2$。

5.34 区域 1($x\geqslant0$)中电介质的 $\varepsilon_{r1}=2$，区域 2($x\leqslant0$)中电介质的 $\varepsilon_{r2}=5$。给定 $\boldsymbol{E}_1=20\boldsymbol{a}_x-10\boldsymbol{a}_y+50\boldsymbol{a}_z$ V/m。(a)求 $\boldsymbol{D}_2$；(b)求两个区域中的能量密度。

5.35 在 $\rho=4$ cm 和 $\rho=9$ cm 的两圆柱面之间填充有理想介质，当 $0<\phi<\pi/2$ 时 $\varepsilon_{r1}=2$，当 $\pi/2<\phi<2\pi$ 时 $\varepsilon_{r2}=5$。如果 $\boldsymbol{E}_1=(2\ 000/\rho)\boldsymbol{a}_\rho$ V/m，求：(a)$\boldsymbol{E}_2$；(b)在每个区域单位长度中储存的静电场能量。

第6章

电容

电容可以度量在电力设备中存储能量的能力。它可以被人为地设计用于某一特殊的需求，或者作为设备的不可避免的副产物。了解电容以及它对设备或系统运行的影响对电气工程的每个方面来说都是非常重要的。

电容器是存储能量的一种设备；像我们在第 4.8 节中已经讨论过，能量存储既可以被认为是聚集的电荷有关，也可以与存储的电场相关。事实上，我们可以把电容器看作是存储电通量的设备，与电感中存储磁通量相似（或者是磁场能量）。这点我们将在第 8 章中介绍。本章的主要目的是给出计算几种基本结构的电容的方法，这些结构包括传输线，并能够判断出材料或结构变化如何改变电容器的电容。

6.1 电容的定义

如图 6.1 所示，考虑嵌入一均匀电介质中的两个导体。导体 M_2 带有的正电荷为 $+Q$，M_1 带有等量的负电荷。在这里现在不存在其它的电荷，即系统中的总电荷为零。

我们已经知道，电荷是按一定的面电荷密度分布在导体表面上的，且电场垂直于导体表面。此外，每个导体表面都是一个等位面。因为 M_2 带正电荷，所以电通量的方向由 M_2 指向 M_1，M_2 的电位较高。换句话说，由 M_1 到 M_2 移动正电荷需要做功。

让我们把 M_2 和 M_1 之间的电位差记为 V_0。现在，可以定义由这两个导体组成的系统的**电容**为：任一导体上总电荷的大小与两导体之间的电位差的大小之比，

$$\boxed{C = \frac{Q}{V_0}} \tag{6.1}$$

一般说来，我们是通过带正电导体表面上的面积分来求 Q，通过由带负电到带正电导体移动单位正电荷来求 V_0，因此有

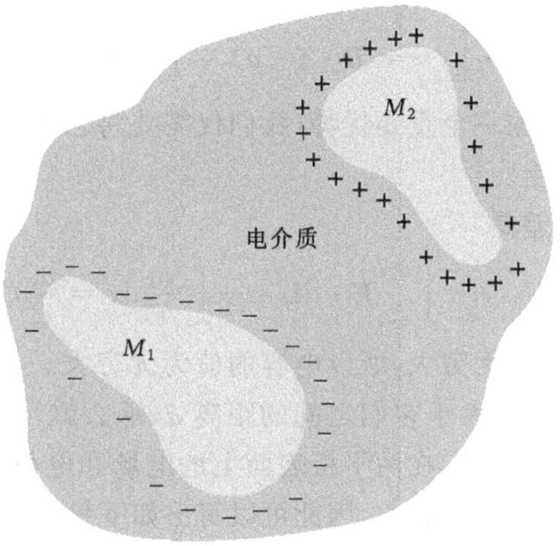

图 6.1　置于均匀电介质中的两个带相反电量的导体 M_1 和 M_2。任一导体上的总电荷大小与两导体之间的电位差大小之比就是电容 C

$$C = \frac{\oint_S \varepsilon \mathbf{E} \cdot d\mathbf{S}}{-\int_-^+ \mathbf{E} \cdot d\mathbf{L}} \tag{6.2}$$

电容与导体的电位和总电荷无关，因为电位和总电荷的比是一个常数。如果电荷密度增大到 N 倍，高斯定律告诉我们电通量密度或电场强度也将增大到 N 倍，电位差也同样地增大到 N 倍。电容只是导体系统的几何形状、尺寸和均匀电介质介电常数的一个函数。

电容的单位是法拉第(F)，1 法拉第定义为 1 库仑/伏特。电容的常见值比 1 法拉第要小得多，因此常用的单位是微法(μF)、纳法(nF)和皮法(pF)。

6.2 平行板电容器

我们可以应用电容的定义来计算一个简单的两导体系统的电容，其中两个无限大的导体平板相互平行，其间距离为 d(图 6.2)。设下方导体板位于 $z=0$ 处，上方导体板位于 $z=d$ 处，两个导体板上的均匀面电荷 $\pm\rho_S$ 将产生一个均匀的电场[见 2.5 节中的式(2.18)]

$$\mathbf{E} = \frac{\rho_S}{\varepsilon}\mathbf{a}_z$$

其中 ε 为均匀电介质的介电常数，并且有

$$\mathbf{D} = \rho_S \mathbf{a}_z$$

应该注意到，在其中任一平板表面上应用导体表面上的边界条件，也能够得到这一结果。按照图 6.2 所示的平板表面和其法向矢量，其中 $\mathbf{n}_l=\mathbf{a}_z$ 和 $\mathbf{n}_u=-\mathbf{a}_z$，我们可以得到在下方平板上有：

$$\mathbf{D} \cdot \mathbf{n}_l \Big|_{z=0} = \mathbf{D} \cdot \mathbf{a}_z = \rho_S \Rightarrow \mathbf{D} = \rho_S \mathbf{a}_z$$

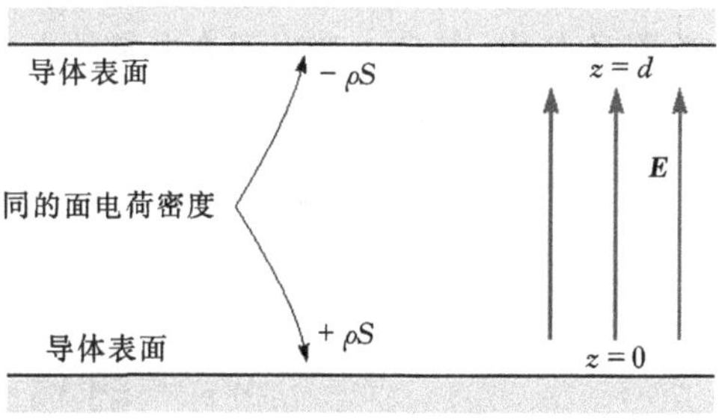

图 6.2　平行板电容器问题。每平方米平板表面面积的电容是 ε/d

在上方平板上，可以得到同样的结果

$$\boldsymbol{D}\cdot\boldsymbol{n}_l\Big|_{z=d}=\boldsymbol{D}\cdot(-\boldsymbol{a})=\rho_S\Rightarrow\boldsymbol{D}=\rho_s\boldsymbol{a}_z$$

这是应用导体表面边界条件的一个重要优势，我们仅需要将它应用到一个边界上就可以得到全部的场（由其他所有源产生）。

上、下平板之间的电位差是

$$V_0=-\int_{\text{upper}}^{\text{lower}}\boldsymbol{E}\cdot\mathrm{d}\boldsymbol{L}=-\int_d^0\frac{\rho_S}{\varepsilon}\mathrm{d}z=\frac{\rho_S}{\varepsilon}d$$

由于在两个平板上的总电荷都无穷大，所以电容的值为无穷大。如果假设两个平板的面积均为有限值 S，且其几何尺寸远远大于它们之间的距离 d，那么就可以得到一个比较实际的解。这样，除了在靠近边沿区域的点外，在两平板表面上的电场和电荷分布几乎是均匀的，而且这个较小的边沿区域对总电容的贡献很小，因此可以写出如下我们已经十分熟悉的结果：

$$Q=\rho_S S$$

$$V_0=\frac{\rho_S}{\varepsilon}d$$

$$\boxed{C=\frac{Q}{V_0}=\frac{\varepsilon S}{d}}\tag{6.3}$$

更严格地说，我们可以认为式(6.3)是无限大平板电容器中一部分面积为 S 的平板间的电容。只有当能够求解更复杂的电位问题之后，我们才能介绍计算在边沿附近区域内未知的和非均匀的电场分布效应的方法。

例 6.1 计算由云母电介质填充的平行板电容器的电容，已知 $\varepsilon_r=6$，平板的面积为 10 平方英寸①，两板间的距离为 0.01 英寸。

解：我们可以求得

$$S=10\times0.0254^2=6.45\times10^{-3}\,\text{m}^2$$

$$d=0.01\times0.0254=2.54\times10^{-4}\,\text{m}$$

因此

$$C=\frac{6\times8.854\times10^{-12}\times6.45\times10^{-3}}{2.54\times10^{-4}}=1.349\text{nF}$$

在一个小物理尺寸的电容器中，我们可以通过将多个较小的平板堆积成 50 或 100 层的夹芯层或卷绕由柔软电介质隔开的金属薄片，来获得一个大的平板面积。

在附录 C 中，表 C.1 列出了介电常数大于 1000 的一些常用电介质材料。

最后，在电容器中储存的总能量是

$$W_E=\frac{1}{2}\int_{\text{vol}}\varepsilon E^2\mathrm{d}v=\frac{1}{2}\int_0^S\int_0^d\frac{\varepsilon\rho_S^2}{\varepsilon^2}\mathrm{d}z\mathrm{d}S=\frac{1}{2}\frac{\rho_S^2}{\varepsilon}Sd=\frac{1}{2}\frac{\varepsilon S}{d}\frac{\rho_S^2d^2}{\varepsilon^2}$$

或

$$\boxed{W_E=\frac{1}{2}CV_0^2=\frac{1}{2}QV_0=\frac{1}{2}\frac{Q^2}{C}}\tag{6.4}$$

① 见第 5 章末的参考书。

这是大家所熟悉的表达式。式(6.28)也表明在具有固定电位差电容器中储存的能量会随电介质介电常数的增大而增大。

练习 6.1 对以下几种情况,求平行板电容器中电介质材料的相对介电常数。(a) $S=0.12\text{m}^2$,$d=80\mu\text{m}$,$V_0=12\text{V}$,电容器中储存的能量是 $1\mu\text{J}$;(b) $V_0=200\text{V}$,$d=45\mu\text{m}$,储存的能量密度是 100J/m^3;(c) $E=200\text{kV/m}$,$d=100\mu\text{m}$,$\rho_S=20\mu\text{C/m}^2$。

答案:1.05;1.14;11.3

6.3 几个电容例子

作为第一个简单的例子,我们来考虑一同轴电缆或同轴电容器,其内半径为 a,外半径为 b,长度为 L。不需要大量的推导过程,因为 4.3 节中的式(4.11)已经给出了电位差的计算公式,若用长度 L 上的总电荷 $\rho_L L$ 去除这个电位差,我们就可以很容易地求得电容。因此,

$$\boxed{C=\frac{2\pi\varepsilon L}{\ln(b/a)}} \tag{6.5}$$

接下来,我们考虑半径分别为 a 和 $b(b>a)$ 的两个同心球形导体壳构成的球形电容器。在前面由高斯定律,已经得到电场强度的表达式为

$$E_r=\frac{Q}{4\pi\varepsilon r^2}$$

两导体壳之间电介质的介电常数是 ε。对上式进行线积分[见 4.3 节中的式(4.12)],可以求得电位差的表达式。这样,

$$V_{ab}=\frac{Q}{4\pi\varepsilon}\left(\frac{1}{a}-\frac{1}{b}\right)$$

这里 Q 是内导体球壳上的总电荷,所以电容成为

$$\boxed{C=\frac{Q}{V_{ab}}=\frac{4\pi\varepsilon}{\dfrac{1}{a}-\dfrac{1}{b}}} \tag{6.6}$$

如果让外球壳变成无限大,我们可以得到一个孤立导体球的电容,

$$\boxed{C=4\pi\varepsilon a} \tag{6.7}$$

在自由空间中,对于直径为 1cm 或弹子大小的一个孤立导体球来说,

$$C=0.556\text{pF}$$

若从 $r=a$ 到 $r=r_1$ 用 $\varepsilon=\varepsilon_1$ 的电介质层来涂覆这个导体球,则有

$$D_r=\frac{Q}{4\pi r^2}$$

$$E_r=\frac{Q}{4\pi\varepsilon_1 r^2}\quad(a<r<r_1)$$

$$E_r=\frac{Q}{4\pi\varepsilon_0 r^2}\quad(r_1<r)$$

而电位差是

$$V_a - V_\infty = -\int_{r_1}^{a} \frac{Q}{4\pi\varepsilon_1 r^2}\mathrm{d}r - \int_{\infty}^{r_1} \frac{Q}{4\pi\varepsilon_0 r^2}\mathrm{d}r$$

$$= \frac{Q}{4\pi}\left[\frac{1}{\varepsilon_1}\left(\frac{1}{a} - \frac{1}{r_1}\right) + \frac{1}{\varepsilon_0 r_1}\right]$$

因此，

$$C = \frac{4\pi}{\dfrac{1}{\varepsilon_1}\left(\dfrac{1}{a} - \dfrac{1}{r_1}\right) + \dfrac{1}{\varepsilon_0 r_1}} \tag{6.8}$$

为了更详尽地研究多层电介质的问题，我们来看一个面积为 S 和两板间距离为 d 的平行板电容器，与通常一样，在这里仍假设 d 远小于板的几何尺寸。如果取电介质的介电常数为 ε_1，电容就是 $\varepsilon_1 S/d$。现在，让我们用介电常数为 ε_2 的电介质部分地取代电介质 ε_1，且使两种电介质的分界面与两个平板相平行（如图 6.3 所示）。

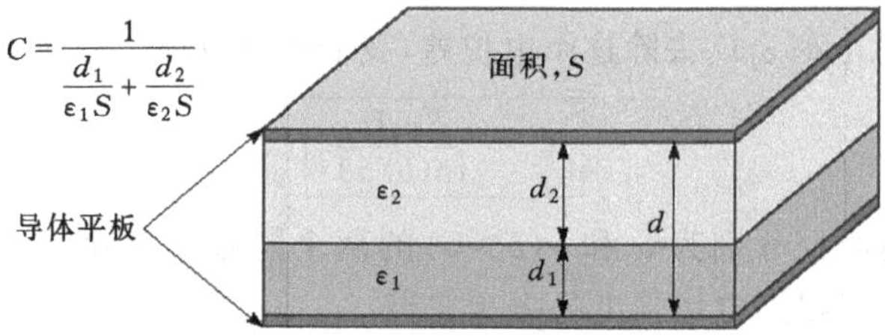

图 6.3　包含两种电介质材料的平行板电容器，电介质的分界面平行于导体平板

有人可能会立即认为这种情况实际上就是两个电容器的串联，由此求出总的电容为

$$C = \frac{1}{\dfrac{1}{C_1} + \dfrac{1}{C_2}}$$

这里 $C_1 = \varepsilon_1 S/d_1$，$C_2 = \varepsilon_2 S/d_2$。这确实是一个正确的结果，但是我们即便不凭借直觉，而用基本的方法也能得到上述结果。

由于电容的定义 $C=Q/V$ 涉及到电荷和电压这两个量，所以我们可以先假设给定其中的一个，然后由它求出另一个。电容既不是电压也不是电荷的函数，而仅与电介质和几何形状有关。在这里，我们假设两板之间的电位差是 V_0。在两个区域中的电场强度 E_2 和 E_1 都是均匀的，因此 $V_0 = E_1 d_1 + E_2 d_2$。E 垂直于两种电介质的分界面，且有 $D_{N1} = D_{N2}$ 或 $\varepsilon_1 E_1 = \varepsilon_2 E_2$。这里假设在分界面上没有面电荷，与实际情况相符合。在 V_0 的表达式中消去 E_2，我们有

$$E_1 = \frac{V_0}{d_1 + d_2(\varepsilon_1/\varepsilon_2)}$$

因此，面电荷密度的大小为

$$\rho_{S1} = D_1 = \varepsilon_1 E_1 = \frac{V_0}{\dfrac{d_1}{\varepsilon_1} + \dfrac{d_2}{\varepsilon_2}}$$

由于 $D_1 = D_2$，两个导体板上面电荷的大小是相等的。因此，电容是

$$C = \frac{Q}{V_0} = \frac{\rho_S S}{V_0} = \frac{1}{\dfrac{d_1}{\varepsilon_1 S} + \dfrac{d_2}{\varepsilon_2 S}} = \frac{1}{\dfrac{1}{C_1} + \dfrac{1}{C_2}}$$

另外一种(较简单)解法是，假设某一个平板上的电荷为 Q，那么电荷密度就是 Q/S，且在两个区域中 D 的值也都是 Q/S，这是由于 $D_{N1}=D_{N2}$ 和 D 垂直于分界面。因此，有 $E_1=D/\varepsilon_1=Q/(\varepsilon_1 S)$，$E_2=D/\varepsilon_2=Q/(\varepsilon_2 S)$，和电位差 $V_1=E_1 d_1=Qd_1/(\varepsilon_1 S)$，$V_2=E_2 d_2=Qd_2/(\varepsilon_2 S)$。由此可得电容是

$$C=\frac{Q}{V}=\frac{Q}{V_1+V_2}=\frac{1}{\dfrac{d_1}{\varepsilon_1 S}+\dfrac{d_2}{\varepsilon_2 S}} \tag{6.9}$$

如果在分界面处放置有第三块导体板，求解方法和结果将会是怎样变化呢？现在，我们希望能够得到在这个导体板两侧表面上的面电荷，当然这两侧的电荷大小应该是相等的。换句话说，我们认为电力线不是直接地从外面的一个平板到达外面的另一个外平板，而是先终止于第三块导体板的一侧，然后再到达它的另一侧。如果假定第三块导体板的厚度可以忽略不计，当然电容大小是不会改变的。如果两个外平板之间的距离不变，那么引入一块厚导体板将会使电容增加，这实际上是如下普通定理的一个例子，它表明若用一块导体来代替某一部分电介质将会造成电容的增加。

如果电介质的分界面**垂直**于两个导体平板，并且两种电介质占据的面积分别是 S_1 和 S_2，那么加 V_0 电压后产生的场强是 $E_1=E_2=V_0/d$。这两个电场与分界面都是相切的，它们一定是相等的。下面我们可以依次地求出 D_1，D_2，ρ_{S1}，ρ_{S2} 和 Q，最后得到电容

$$C=\frac{\varepsilon_1 S_1+\varepsilon_2 S_2}{d}=C_1+C_2 \tag{6.10}$$

正如我们所期望的一样。

至此，对于在电容器中两种电介质的分界面既不平行也不垂直于电场这样一类问题，我们所能做的工作还很有限。当然我们可以知道在每个导体和在电介质分界面上的边界条件，但是我们却不知道施加边界条件的场。可以暂时把这个问题放置到一边，等到我们掌握了比较丰富的场理论知识和有能力使用更高级的数学工具以后再说吧。

练习 6.2　求下面几种结构的电容：(a) 一长 1 英尺的同轴电缆，内导体的直径是 0.1045 英寸，外导体的内直径是 0.680 英寸，聚乙烯电介质的 $\varepsilon_r=2.26$；(b) 一个半径为 2.5mm 的导体球，覆盖着厚度为 2mm 的聚乙烯层，其外面由一个半径为 4.5mm 的导体球壳所包围；(c) 有两个大小均为 1cm×4cm 的矩形导体平板，其厚度可以忽略不计。在两个导体平板之间填充有三层电介质，它们的大小均为 1cm×4cm，厚度都是 0.1mm，但介电常数分别是 1.5、2.5 和 6。

答案：20.5pF；1.41pF；28.7pF

6.4　两导体传输线的电容

下面我们讨论两条金属线问题。它由两根平行的圆柱形导体组成，我们可以求得电场强度、电位场、面电荷分布和电容。与前面已经多次讨论过的同轴电缆一样，这也是一种重要类型的传输线。

我们先分析两条无限长线电荷的电位场。从图 6.4 中看出，正的线电荷位于 xz 平面的 $x=a$ 处，负的线电荷位于 $x=-a$ 处。若取零参考电位在半径为 R_0 处，则单根线电荷的电位是

$$V = \frac{\rho_L}{2\pi\varepsilon}\ln\frac{R_0}{R}$$

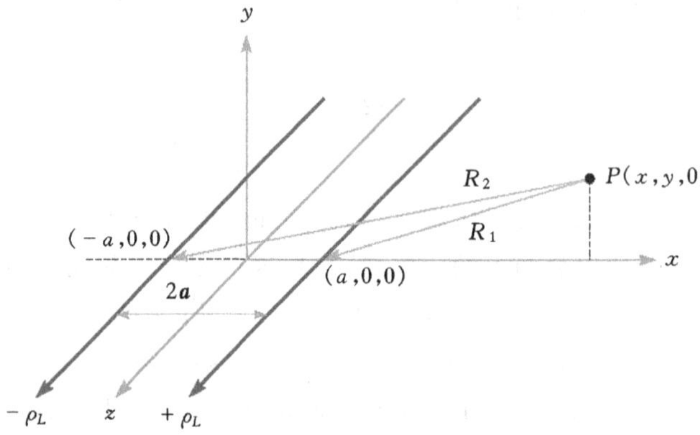

图 6.4 带相反电量的两条无限平行线电荷。正线电荷位于 $x=a,y=0$ 处；负线电荷位于 $x=-a,y=0$ 处。在 xy 平面上，任意点 $P(x,y,0)$ 距正线电荷和负线电荷的径向距离分别是 R_1 和 R_2。等位面是一族圆柱面

由此我们可以写出总电位场的表达式

$$V = \frac{\rho_L}{2\pi\varepsilon}\left(\ln\frac{R_{10}}{R_1} - \ln\frac{R_{20}}{R_2}\right) = \frac{\rho_L}{2\pi\varepsilon}\ln\frac{R_{10}R_2}{R_{20}R_1}$$

在上式中，R_1 和 R_2 分别是到正、负线电荷的径向距离。若我们取 $R_{10}=R_{20}$，即选取到两根线电荷距离相等的点为零电位参考点。这实际上就是 $x=0$ 平面。若用 x,y 表示 R_1 和 R_2，则有

$$V = \frac{\rho_L}{2\pi\varepsilon}\ln\sqrt{\frac{(x+a)^2+y^2}{(x-a)^2+y^2}} = \frac{\rho_L}{4\pi\varepsilon}\ln\frac{(x+a)^2+y^2}{(x-a)^2+y^2} \tag{6.11}$$

为了得到等位面和充分地理解这个问题，我们做一些代数处理是有必要的。取一个等位面 $V=V_1$，我们定义一个是电位 V_1 的函数的无量纲量 K_1，

$$K_1 = e^{4\pi\varepsilon V_1/\rho_L} \tag{6.12}$$

因此

$$K_1 = \frac{(x+a)^2+y^2}{(x-a)^2+y^2}$$

整理之，我们得到

$$x^2 - 2ax\frac{K_1+1}{K_1-1} + y^2 + a^2 = 0$$

在下面的分析中，我们将使用与上式等价的如下完全平方多项式，

$$\left(x - a\frac{K_1+1}{K_1-1}\right)^2 + y^2 = \left(\frac{2a\sqrt{K_1}}{K_1-1}\right)^2$$

它表明了等位面 $V=V_1$ 与 z 无关（或是一个圆柱体面），而与 xy 平面的截线是一个半径为 b

$$b = \frac{2a\sqrt{K_1}}{K_1-1}$$

的圆，它的中心在 $x=h,y=0$ 处，这里，

$$h = a\frac{K_1+1}{K_1-1}$$

现在，让我们着手解决这样一个实际的问题，有一个零电位导体平板位于 $x=0$ 平面，而一个半径为 b 电位为 V_0 的圆柱导体的轴线距这个平面的距离为 h。求解上面最后两个用 b 和 h 所表示的 a 和 K_1 的方程，我们得到

$$a=\sqrt{h^2-b^2} \tag{6.13}$$

$$\sqrt{K_1}=\frac{h+\sqrt{h^2-b^2}}{b} \tag{6.14}$$

但是由于该圆柱面的电位是 V_0，所以由式(6.12)得

$$\sqrt{K_1}=e^{2\pi\varepsilon V_0/\rho_L}$$

因此，

$$\rho_L=\frac{4\pi\varepsilon V_0}{\ln K_1} \tag{6.15}$$

这样，若给定 h，b 和 V_0，我们就可以确定 a，ρ_L 以及常数 K_1。现在就可以得到圆柱和平板之间的电容。对于在 z 方向的一段长度 L 来说，我们有

$$C=\frac{\rho_L L}{V_0}=\frac{4\pi\varepsilon L}{\ln K_1}=\frac{2\pi\varepsilon L}{\ln\sqrt{K_1}}$$

或

$$C=\frac{2\pi\varepsilon L}{\ln(h+\sqrt{h^2-b^2}/b)}=\frac{2\pi\varepsilon L}{\operatorname{arcosh}(h/b)} \tag{6.16}$$

在图 6.5 中，实线圆表示在自由空间中的半径为 5m 的圆柱体的横截面，其电位为 100V，它的轴线离零电位平面的距离为 13m。这样，$b=5$，$h=13$，$V_0=100$，我们可以很快地从式(6.13)求出等效线电荷的位置，

$$a=\sqrt{h^2-b^2}=\sqrt{13^2-5^2}=12\text{m}$$

由式(6.14)得到电位参数 K_1 的值，

$$\sqrt{K_1}=\frac{h+\sqrt{h^2-b^2}}{b}=\frac{13+12}{5}=5 \quad K_1=25$$

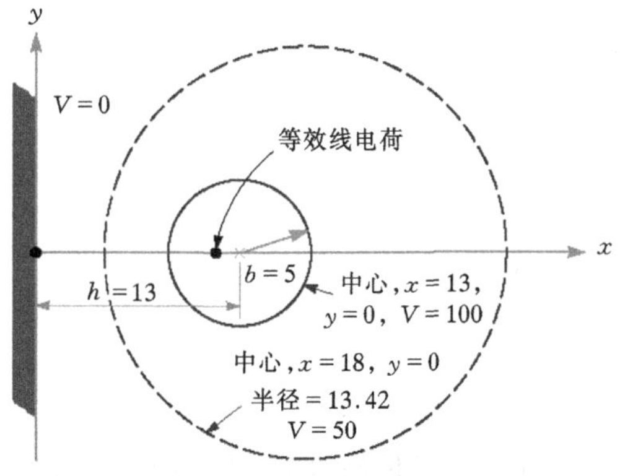

图 6.5　电容的一个数值例子：线电荷密度，等效线电荷的位置，一半径为 5m、电位为 100V 圆柱导体的零电位面的特性，圆柱导体轴线离零电位导体平面的距离为 13m

由式(6.15)可以得到等效线电荷的密度，

$$\rho_L=\frac{4\pi\varepsilon V_0}{\ln K_1}=\frac{4\pi\times 8.854\times 10^{-12}\times 100}{\ln 25}=3.46\text{nC/m}$$

由式(6.16)可以求得圆柱和平面之间的电容，

$$C=\frac{2\pi\varepsilon}{\text{arccosh}(h/b)}=\frac{2\pi\times 8.854\times 10^{-12}}{\text{arccosh}(13/5)}=34.6\text{pF/m}$$

我们也可以通过求得 K_1,h 和 b 的一组新值,来识别出代表 50V 等位面的圆柱体。首先，由式(6.12)我们可得

$$K_1=e^{4\pi\varepsilon V_1/\rho_L}=e^{4\pi\times 8.854\times 10^{-12}\times 50/(3.46\times 10^{-9})}=5.00$$

此时,新的半径是

$$b=\frac{2a\sqrt{K_1}}{K_1-1}=\frac{2\times 12\sqrt{5}}{5-1}=13.42\text{m}$$

h 的相应值变为

$$h=a\frac{K_1+1}{K_1-1}=12\frac{5+1}{5-1}=18\text{m}$$

在图 6.5 中,我们画出了这个圆柱体。

对式(6.11)给出的电位表达式取梯度,可以得到电场强度，

$$\boldsymbol{E}=-\nabla\left[\frac{\rho_L}{4\pi\varepsilon}\ln\frac{(x+a)^2+y^2}{(x-a)^2+y^2}\right]$$

因此,有

$$\boldsymbol{E}=-\frac{\rho_L}{4\pi\varepsilon}\left[\frac{2(x+a)\boldsymbol{a}_x+2y\boldsymbol{a}_y}{(x+a)^2+y^2}-\frac{2(x-a)\boldsymbol{a}_x+2y\boldsymbol{a}_y}{(x-a)^2+y^2}\right]$$

和

$$\boldsymbol{D}=\varepsilon\boldsymbol{E}=-\frac{\rho_L}{2\pi}\left[\frac{(x+a)\boldsymbol{a}_x+y\boldsymbol{a}_y}{(x+a)^2+y^2}-\frac{(x-a)\boldsymbol{a}_x+y\boldsymbol{a}_y}{(x-a)^2+y^2}\right]$$

如果求出 D_x 在 $x=h-b,y=0$ 的值,我们就可以得到 $\rho_{S,\max}$

$$\rho_{S,\max}=-D_{x,x=h-b,y=0}=\frac{\rho_L}{2\pi}\left[\frac{h-b+a}{(h-b+a)^2}-\frac{h-b-a}{(h-b-a)^2}\right]$$

对于我们这个例子来说，

$$\rho_{S,\max}=\frac{3.46\times 10^{-9}}{2\pi}\left[\frac{13-5+12}{(13-5+12)^2}-\frac{13-5-12}{(13-5-12)^2}\right]=0.165\text{nC/m}^2$$

同理有,$\rho_{S,\min}=D_{x,x=h+b,y=0}$,和

$$\rho_{S,\min}=\frac{3.46\times 10^{-9}}{2\pi}\left[\frac{13+5+12}{30^2}+\frac{13+5-12}{6^2}\right]=0.073\text{nC/m}^2$$

这样，

$$\rho_{S,\max}=2.25\rho_{S,\min}$$

如果我们将式(6.16)应用于一个导体的情况,且有 $b\ll h$,此时

$$\ln[(h+\sqrt{h^2-b^2})/b]=\ln[(h+h)/b]=\ln(2h/b)$$

和

$$C=\frac{2\pi\varepsilon L}{\ln(2h/b)}\quad(b\ll h)\tag{6.17}$$

两根轴线相距 $2h$ 圆柱导体之间的电容是式(6.16)或式(6.17)给出的电容的一半。这是一个很有趣的结果，它为我们提供了一段两导体传输线电容的一个表达式，这是我们在后面的 14 章中将要讨论的一种传输线。

练习 6.3　一个半径 1cm，电位 20V 的圆柱导体平行于零电位面导体平面。圆柱轴线离导体平面的距离为 5cm。如果在圆柱导体和导体平面之间填充一种 $\epsilon_r = 4.5$ 的理想电介质，求：(a)圆柱导体和导体平面之间每单位长度上的电容；(b)圆柱导体表面上的 $\rho_{S,\max}$。

答案：109.2pF/m；42.6nC/m

6.5　采用场分布图估算二维问题中的电容

在导体结构很难用某一简单坐标系描述的电容问题中，通常利用其它的分析方法来确定电容。像在感兴趣区域内利用网格法计算电场或电位的数值方法，在第 7 章中我们将简要地介绍这种方法。在这一节中先介绍另外一种方法，它是按照几个简单的规则画出场线和等位面的分布图。虽然这种方法比其它更精确的方法的精度要差些，但是当给出了场结构的有用物理图像后，它却可以相当快地估算电容值。

这种方法只需要一支笔和几张纸。除了经济外，如果应用熟练且有耐心的话，它也能够得到相当高的精度。初学者只要遵循几条规则和少许的画图技艺就可以获得相当好的精度(电容值的误差在 5%到 10%之间)。下面将要介绍的这种方法只适用于垂直于场图方向没有变化的电场问题。这种方法是基于我们已经证明过的下面几条基本知识：

1. 导体边界是一个等位面。
2. 电场强度和电通量密度两者都垂直于等位面。
3. 因此，$\boldsymbol{E}$ 和 $\boldsymbol{D}$ 都垂直于导体边界且切向分量为零。
4. 电通量线(或者流线)不仅起始于而且终止于电荷，因此在无自由电荷和介质均匀的电场中，电通量线仅起始和终止于导体边界上。

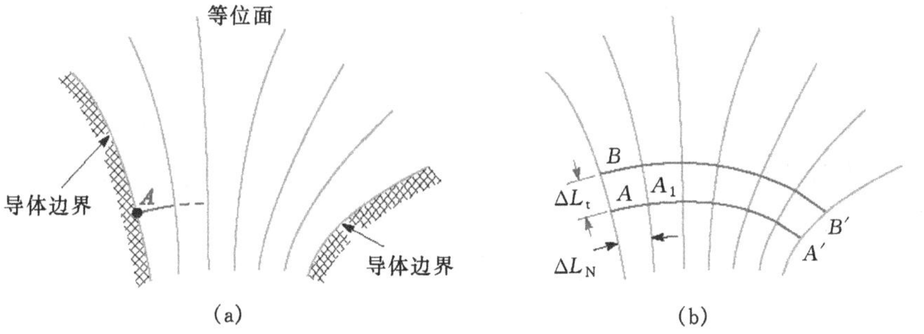

图 6.6　(a)两个导体之间的等位面图，每两个相邻等位面间的电位增量是相同的。
(b)一条由 A 到 A'的电通量线，另一条是由 B 到 B'

让我们通过在一张已经画好等位面的图上画出电通量线，来理解上面几条说明的真正含意。在图 6.6(a)中，已经示出了两个导体的边界和等位线的分布，其中每两条相邻等位线间的电位差是相同的。我们应该记住这些等位线都只是等位面的横截面，等位面本身是柱体(尽管不是圆柱体),因为假设了在垂直于纸面方向电位是不变化的。我们在具有较高电位导体表面上任意选择一点 A 开始画一条电通量线。它不仅应该垂直地离开导体表面,而且必须正交地穿过在导体和图中示出的第一个等位面之间未画出但却实际存在的各个等位面。遵循与每个等位面都相正交这样单一的规则,这条电通量线一直被延伸到另一个导体。

采用相似的方法,我们可以画出另一条由 B 起始到 B' 终止的电通量线。在再继续往下画出其它电通量线之前,让我们先解释一下这一对电通量线的意义。按照定义,在电通量线上任一点的切线方向都与该点电场强度或电通量密度方向是相一致的。由于电通量线相切于电通量密度,所以电通量密度与电通量线相切,即没有电通量可以穿过电通量线。换句话说,如果在 A 和 B 之间的表面(伸入纸面的长度为 1m)上有 5μC 的电荷,那么就有 5μC 的通量从这个部分表面上发出,而且它一定是终止于 A、B 之间的表面上。有时也把这样一对电通量线称为一个通量管,因为从物理上看它毫无损失地把通量从一个导体传送到另一个导体。

现在我们希望画出第三条电力线。如果能够选取这样一个点 C 作为该条线的起点,使得通过 BC 和 AB 两个通量管中的电通量相等,这样我们从图中得到数学和图像解释都将得到极大的简化。我们如何选取点 C 的位置呢?

A 和 B 连线中点的电场强度可以这样近似地求得,假设 AB 管中的电通量是某一个值 $\Delta\Psi$,由此我们可以把电通量密度表示为 $\Delta\Psi/\Delta L_t$,其中通量管伸入纸的深度是 1m,ΔL_t 是 A 和 B 连线的长度。因此,E 的大小是

$$E=\frac{1}{\varepsilon}\frac{\Delta\Psi}{\Delta L_t}$$

我们也可以用两个相邻等位面上的点 A 和 A_1 之间的电位差除以 A 到 A_1 的距离来得到电场强度的大小。如果这个距离是 ΔL_N,两个等位面之间的电位差是 ΔV,那么

$$E=\frac{\Delta V}{\Delta L_N}$$

这个值在 A 到 A_1 之间线段中点处最精确,而前一个结果则在 A 到 B 之间线段中点处最精确。然而,如果两个相邻的等位面离得很近(ΔV 很小)和两条电通量线离得也很近($\Delta\Psi$ 很小),那么由上面两个公式得到的电场强度值将是近似相等的,

$$\frac{1}{\varepsilon}\frac{\Delta\Psi}{\Delta L_t}=\frac{\Delta V}{\Delta L_N} \tag{6.18}$$

在整个绘图过程中,我们已经假设了媒质是均匀的(ε 为常数)、两相邻等位面之间的电位增量恒定(ΔV 为常数)和每个通量管中的通量恒定($\Delta\Psi$ 为常数)。为了满足所有这些条件,式(6.18)表明

$$\boxed{\frac{\Delta L_t}{\Delta L_N}=\text{常数}=\frac{1}{\varepsilon}\frac{\Delta\Psi}{\Delta V}} \tag{6.19}$$

在场图中任何一点我们都可以做出与上述相似的讨论。因此我们可以得出结论,沿着一条等位面上的两条相邻电通量线之间的距离一定要保持不变的**比率**,同样沿着一条电通量线的两条相邻等位线之间的距离也应保持不变的比率。这个比率不是各自的长度,在任何点都必须有相同的值。在电场强度很大的区域中,每段的长度必须减小,因为 ΔV 为常数。

我们可以把最简单的比率取为单位值 1,那么在图 6.6(b)中从 B 到 B' 的电通量线的起始点将位于 $\Delta L_t=\Delta L_N$ 的点处。因为这些距离的比率保持为单位值 1,所以电通量线和等位线

将场域划分为许多个曲边正方形。在平面几何图形上，曲边正方形不同于真正的正方形，它的边呈微弯曲且边长不相等，但当尺寸不断地减小时却逼近于正方形。在三维坐标中，那些呈平面的表面微元同样也可以画成曲边正方形。

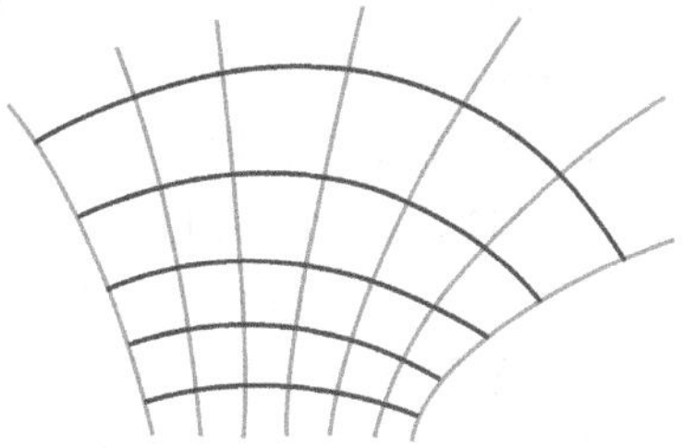

图 6.7 画出了图 6.6(b)中其余的电通量线，每条新电通量线垂直地起始于导体，并且在整个场图中保持曲边正方形形状

我们现在可以迅速地画出其余的电通量线，只是在画的过程中我们应尽可能地保持每一个块近似的为正方形。图 6.7 中示出了完整的场图。

画出一张有用的场图是一门技艺；科学仅仅是提供一些规则。熟练掌握任何技艺都是需要实践的。对于初学者来说同轴电缆和同轴电容器都是一个很好的练习题，因为等位线都是圆，而电通量线都是直线。第二个场图例子应该是两根平行的圆柱导体，其中的等位线仍然是圆，只是圆心不在同一点而已。这几个问题都列在了本章末中作为习题，下面概述的电容计算可以验证场图的准确性。

在图 6.8 中示出了一内方外圆同轴电缆的完整场图。采用公式 $C=Q/V_0$ 计算电容，现在有 $Q=N_Q\Delta Q=N_Q\Delta\Psi$，这里 N_Q 是连接两个导体的电通量管的数目，并且令 $V_0=N_V\Delta V$，这里 N_V 是两个导体之间电位增量的数目，

$$C=\frac{N_Q\Delta Q}{N_V\Delta V}$$

此时，利用式(6.19)，有

$$\boxed{C=\frac{N_Q}{N_V}\varepsilon\frac{\Delta L_t}{\Delta L_N}=\varepsilon\frac{N_Q}{N_V}} \quad (6.20)$$

在这里取了 $\Delta L_t/\Delta L_N=1$。由场图计算电容，仅仅需要数一数正方形在导体之间区域内两个方向上的个数。由图 6.8，我们可以得到

$$C=\varepsilon_0\frac{8\times3.25}{4}=57.6\text{pF/m}$$

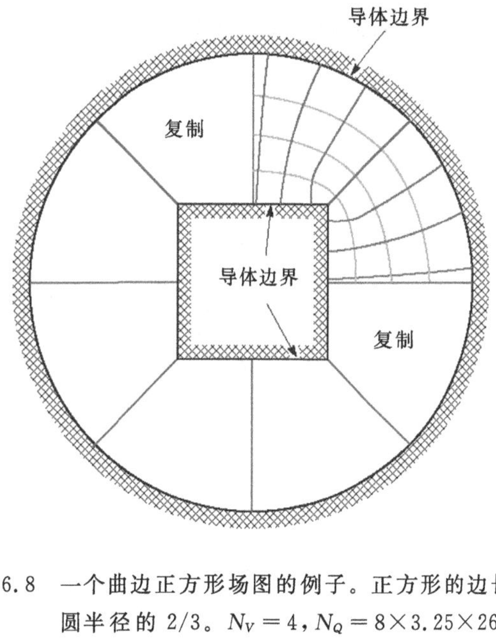

图 6.8 一个曲边正方形场图的例子。正方形的边长是圆半径的 2/3。$N_V=4$，$N_Q=8\times3.25\times26$，因此，$C=\varepsilon_0 N_Q/N_V=57.6\text{pF/m}$

Ramo，Whinnery 和 Van Duzer 利用几个例子，已经对利用曲边正方形方法构建场图做过精辟的讨论。他们提出了如下的建议①：

1. 在开始小心地画正式的场图之前，花几分钟时间先画一些草图。若利用透明纸覆盖在基本的边界上将会加速草图的绘制。

① 经 S. Ramo，J. R. Winnery 和 T. Van Duzer 的同意，pp. 51～52。见列在这一章末的参考书目。在 pp. 50～52 中讨论了曲边正方形作图法。

2. 将电极之间的已知电位差分割成相等的几份,比如以 4 份或 8 份作为开始。

3. 最好是先画场已知区域中的等位图,例如在某个区域中的场接近于一个均匀电场。根据你的最好猜测,把等位图扩展至整个场域中。应该注意到,等位面趋于紧靠导体边界上的锐角,而远离导体边界上的钝角。

4. 画正交的电通量线组。当开始画时,就应该形成所期望的曲边正方形,而且在扩展的时候保持正交是极其重要的,尽管这可能会造成一些比率不等于 1 的矩形也在所不惜。

5. 观察比率很差的区域,并看看最初对等位面猜测的错误出在哪里。改正这些错误,然后重复上面的过程直至在整个场域中构建出合理的曲边正方形分布。

6. 在场强较弱的区域,会存在较大的图形单元,常会有 5 或 6 条边。为了判断在这些区域中场图的正确性,往往需要再分割这些较大的图形单元。这种再划分应从需要细分的区域开始逐渐后退,并且每一次都将电通量管分割成两半,在同一区域中的电位也要被分割成两半。

练习 6.4 图 6.9 所示是电位为 0V 和 60V 的两个圆柱导体的横截面。两圆柱体的轴线相互平行,之间充满空气。20V 和 40V 两条等位线也已画出。试画出曲边正方形场图并利用它近似地求:(a)每单位长度的电容值;(b)电位为 60V 导体最左侧的 E,如果它的半径是 2mm;(c)该点的 ρ_S。

答案:69pF/m;60kV/m;550nC/m^2

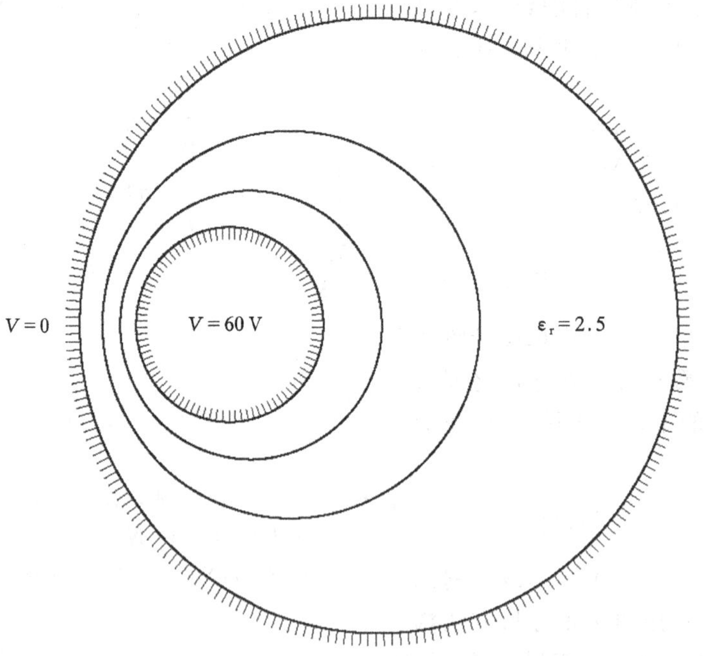

图 6.9 练习 6.4 的图示

6.6 泊松方程和拉普拉斯方程

在前面几节中,我们首先假定已知导体的电荷分布,然后根据电荷求出电位差,通过这种方法计算电容。另一种方法是首先假定已知每个导体的电位，然后根据电位差求出电荷。这两种方法都是通过 Q/V 来计算电容。

后面要介绍的方法的首要目标是在给定边界上电位值的条件下，求出导体之间区域内的电位函数以及所感兴趣区域内可能存在的体电荷密度。解决这一问题的数学工具就是泊松方程和拉普拉斯方程，在此将逐步给予介绍。所涉及的一维、二维和三维边值问题都可以采用解析法或数值法进行求解。与前面介绍过的其他方法相比较，拉普拉斯方程和泊松方程或许有着最广泛的应用性，因为在工程实际中的许多问题都涉及到所施加电位差是已知的装置，而且其中的常值电位是出现在边界上的。

很容易得到泊松方程，由于从高斯定律的微分形式，

$$\nabla\cdot\mathbf{D}=\rho_v \tag{6.21}$$

$\mathbf{D}$ 的定义，

$$\mathbf{D}=\varepsilon\mathbf{E} \tag{6.22}$$

以及梯度关系，

$$\mathbf{E}=-\nabla V \tag{6.23}$$

通过代入步骤，得到

$$\nabla\cdot\mathbf{D}=\nabla\cdot(\varepsilon\mathbf{E})=-\nabla\cdot(\varepsilon\nabla V)=\rho_v$$

或者，对于 ε 是常数的均匀区域，有

$$\nabla\cdot\nabla V=-\frac{\rho_v}{\varepsilon} \tag{6.24}$$

式(6.24)就是**泊松方程**，不过在使该方程有用之前，必须至少是在直角坐标系中对“双重 ∇ ”算符进行解释和展开。在直角坐标系中，

$$\nabla\cdot\mathbf{A}=\frac{\partial A_x}{\partial x}+\frac{\partial A_y}{\partial y}+\frac{\partial A_z}{\partial z}$$

$$\nabla V=\frac{\partial V}{\partial x}\mathbf{a}_x+\frac{\partial V}{\partial y}\mathbf{a}_y+\frac{\partial V}{\partial z}\mathbf{a}_z$$

因此

$$\begin{aligned}\nabla\cdot\nabla V&=\frac{\partial}{\partial x}\left(\frac{\partial V}{\partial x}\right)+\frac{\partial}{\partial y}\left(\frac{\partial V}{\partial y}\right)+\frac{\partial}{\partial z}\left(\frac{\partial V}{\partial z}\right)\\&=\frac{\partial^2 V}{\partial x^2}+\frac{\partial^2 V}{\partial y^2}+\frac{\partial^2 V}{\partial z^2}\end{aligned} \tag{6.25}$$

通常把算符 $\nabla\cdot\nabla$ 缩写为 ∇^2(读作:“倒三角平方”)，是出现在式(7.5)中二阶偏导数的一个很好的提示，所以在直角坐标系中我们有

$$\boxed{\nabla^2 V=\frac{\partial^2 V}{\partial x^2}+\frac{\partial^2 V}{\partial y^2}+\frac{\partial^2 V}{\partial z^2}=-\frac{\rho_v}{\varepsilon}} \tag{6.26}$$

若 $\rho_v=0$(即**体**电荷密度为零)，但是在场的奇异处允许点电荷、线电荷和面电荷密度作为场源存在，那么

$$\boxed{\nabla^2 V=0} \tag{6.27}$$

这是拉普拉斯方程。算符 ∇^2 称为 V 的**拉普拉辛**。

在直角坐标系中，拉普拉斯方程为

$$\boxed{\nabla^2 V=\frac{\partial^2 V}{\partial x^2}+\frac{\partial^2 V}{\partial y^2}+\frac{\partial^2 V}{\partial z^2}=0 \quad \text{（直角坐标系）}} \tag{6.28}$$

而在圆柱坐标系和球坐标系中，可以利用这些坐标系中的散度和梯度公式得到$\nabla^2 V$的形式。为了参考方便起见，这里给出拉普拉辛在圆柱坐标系和球坐标系中的展开式，有

$$\boxed{\nabla^2 V=\frac{1}{\rho}\frac{\partial}{\partial\rho}(\rho\frac{\partial V}{\partial\rho})+\frac{1}{\rho^2}(\frac{\partial^2 V}{\partial\phi^2})+\frac{\partial^2 V}{\partial z^2} \quad \text{（圆柱坐标系）}} \tag{6.29}$$

和

$$\boxed{\nabla^2 V=\frac{1}{r^2}\frac{\partial}{\partial r}(r^2\frac{\partial V}{\partial r})+\frac{1}{r^2\sin\theta}\frac{\partial}{\partial\theta}(\sin\theta(\frac{\partial V}{\partial\theta})+\frac{1}{r^2\sin^2\theta}\frac{\partial^2 V}{\partial\phi^2} \quad \text{（球坐标系）}} \tag{6.30}$$

这些方程可以通过取指定的偏导数来展开，不过采用前面给出的形式通常是更有用的；此外，如果在后面需要的话，将它们展开比起把上面各个展开项再合并起来要容易得多。

拉普拉斯方程适用于体电荷密度为零的所有问题，由于它表示着任意形状的电极或导体都会产生一个$\nabla^2 V=0$满足的电场。尽管这些电场有着不同的电位值和不同的空间变化率，但它们每个都满足方程$\nabla^2 V=0$。由于每一个电场（若$\rho_v=0$）满足拉普拉斯方程，那么我们怎样期望按照逆向步骤利用拉普拉斯方程来求解出所感兴趣的特定场呢？很显然，这会需要更多的信息，我们将发现必须在已知**边界条件**下解拉普拉斯方程。

每一个实际问题必须至少包含一个导体边界，通常包含二个或更多个导体边界。在这些边界上电位是给定的值，可能是V_0，$V_1\cdots$，或可能是具体的数值。这些确定的等位面将为本章中所要求解的一类问题提供边界条件。对于其它类型的问题，边界条件则由闭合面上E（或面电荷密度ρ_S）的值或V和E的混合值给出。

在把拉普拉斯方程或泊松方程应用于几个例子之前，我们必须证明解答是否满足拉普拉斯方程和满足边界条件，那么它将是惟一可能的解。这就是唯一性定理所要叙述的内容，有关惟一性定理的证明见附录 D。

练习 6.5 计算自由空间中P点的电位V和自由体电荷密度ρ_v的值，如果有：

(a) $V=\dfrac{4yz}{x^2+1}$，$P(1, 2, 3)$；(b) $V=5\rho^2\cos 2\phi$，$P(\rho=3, \phi=\dfrac{\pi}{3}, z=2)$；

(c) $V=\dfrac{2\cos\phi}{r^2}$，$P(r=0.5, \theta=45°, \phi=60°)$。

答案：(a) 12 V，$-106.2\ \text{pC/m}^3$；(b) 22.5 V，0；(c) 4V，0。

6.7 拉普拉斯方程解的例子

现在，已经有好几种方法可以用于求解像拉普拉斯方程这样的二阶偏微分方程。第一种最简单的方法就是直接积分法。在本节中，我们将给出在几种不同坐标系中用这种方法求解一维电位变化问题的几个例题。

直接积分法仅仅适用于求解一维问题，或者电位只是 3 个坐标变量中的某一个坐标变量的函数。由于我们现在仅仅涉及到 3 个坐标系，所以这似乎说明有 9 个待求解的一维问题，不过仔细想一下仅随着x变化的场和仅随着y变化的场是基本相同的。若把实际问题旋转四

分之一方位角，问题没有变化。实际上，只有 5 个一维问题需要求解，其中在直角坐标中有 1 个，圆柱坐标中有 2 个，球坐标中有 2 个。通过求解这几个问题，将使我们对生活的享受最丰富。

首先，让我们假设 V 只是 x 的函数，当在后面需要边界条件时，再来考虑我们正在求解的是一个什么样的实际问题。此时，拉普拉斯方程简化为

$$\frac{\partial^2 V}{\partial x^2}=0$$

由于 V 和 y、z 无关，所以可以把偏微分换为常微分，即

$$\frac{\mathrm{d}^2 V}{\mathrm{d}x^2}=0$$

积分之后，得到

$$\frac{\mathrm{d}V}{\mathrm{d}x}=A$$

和

$$V=Ax+B \tag{6.31}$$

其中 A 和 B 是积分常数。式(6.31)中的这两个常数就像我们在求解一个二阶微分方程时所遇到的常数一样。这两个常数只能由边界条件来确定。

由于电场仅随 x 变化而不随 y 和 z 变化，那么若 x 是一个常数则 V 也将是一个常数，换句话说，取 x 为常数就可以描述等电位面。这些等电位面是一组与 x 轴垂直的平行平面。这样，这个电场就是平行板电容器中的场，只要给定其中的任意两个平面上的电位值，我们便可以求出上面的积分常数。

例 6.2 根据式(6.31)的电位函数，计算平板面积 S，平板间距离为 d 且电位差为 V_0 的平行板电容器的电容。

解： 取 $x=0$ 处有 $V=0$ 和在 $x=d$ 处有 $V=V_0$，则根据式(6.31)

$$A=\frac{V_0}{d} \qquad B=0$$

和

$$\boxed{V=\frac{V_0 x}{d}} \tag{6.32}$$

在计算出电容之前我们仍然需要知道其中一个极板上的总电荷。我们应该记得在第 5 章中初次求解电容器问题时，就是从面电荷层入手的。我们没有花多少时间就得到了电荷值，因为全部场量都是用它来表示的。那时的计算工作就是求出电位差。而现在的问题则变得刚好相反(简单了一些)。

在边界条件选取好之后，下面给出了计算的必要步骤：

1. 给定 V，由 $\boldsymbol{E}=-\nabla V$ 求 $\boldsymbol{E}$；
2. 由 $\boldsymbol{D}=\varepsilon\boldsymbol{E}$ 得到 $\boldsymbol{D}$；
3. 计算电容器某一个极板上的 $\boldsymbol{D}$，$\boldsymbol{D}=\boldsymbol{D}_S=D_N\boldsymbol{a}_N$；
4. 让 $\rho_S=D_N$；
5. 由电容器极板表面上的面积分求 Q，有 $Q=\int_S \rho_S \mathrm{d}S$。

在这里，我们有

$$V=\frac{V_0 x}{d}$$

$$\boldsymbol{E}=-\frac{V_0}{d}\boldsymbol{a}_x$$

$$\boldsymbol{D}=-\varepsilon\frac{V_0}{d}\boldsymbol{a}_x$$

$$\boldsymbol{D}_S=\boldsymbol{D}\Big|_{x=0}=-\varepsilon\frac{V_0}{d}\boldsymbol{a}_x$$

$$\boldsymbol{a}_N=\boldsymbol{a}_x$$

$$D_N=-\varepsilon\frac{V_0}{d}=\rho_S$$

$$Q=\int_S\frac{-\varepsilon V_0}{d}\mathrm{d}S=-\varepsilon\frac{V_0 S}{d}$$

和电容为

$$\boxed{C=\frac{|Q|}{V_0}=\frac{\varepsilon S}{d}} \tag{6.33}$$

在下面的几个例子中，我们将反复应用上述的计算步骤。

例 6.3 由于在直角坐标系中选取仅随 y 或 z 变化的电场，没有与上面例子不同的新问题需要解决，所以我们以圆柱坐标系中的问题作为下一个例子。由于仅随 z 变化仍然不会产生新的问题，下面我们假定仅随 ρ 变化。此时，拉普拉斯方程变为

$$\frac{1}{\rho}\frac{\partial}{\partial\rho}\left(\rho\frac{\partial V}{\partial\rho}\right)=0$$

请注意分母中的 ρ，除 $\rho=0$ 之外，上式两边乘以 ρ 并积分之，得到

$$\rho\frac{\mathrm{d}V}{\mathrm{d}\rho}=A$$

式中，因为 V 仅随 ρ 变化，所以用全导数代替了偏导数。整理之后，再积分，

$$V=A\ln\rho+B \tag{6.34}$$

等位面是 $\rho=$常数的一系列圆柱面，这类问题就是同轴电容器或同轴传输线问题。我们选择电位差为 V_0，令 $\rho=a$ 时 $V=V_0$ 和 $\rho=b$ 时 $V=0$，且 $b>a$，于是得到

$$\boxed{V=V_0\frac{\ln(b/\rho)}{\ln(b/a)}} \tag{6.35}$$

从而最后得到

$$\boldsymbol{E}=\frac{V_0}{\rho}\frac{1}{\ln(b/a)}\boldsymbol{a}_\rho$$

$$D_{N(\rho=a)}=\frac{\varepsilon V_0}{a\ln(b/a)}$$

$$Q=\frac{\varepsilon V_0 2\pi aL}{a\ln(b/a)}$$

$$\boxed{C=\frac{2\pi\varepsilon L}{\ln(b/a)}} \tag{6.36}$$

这与 6.3 节中式(6.5)的计算结果相同。

例 6.4 现在,我们假设在圆柱坐标系中电位 V 仅是 ϕ 的函数。我们首先会看到这个问题有一些变化,等电位面由 $\phi=$常数来决定。这些等电位面是一系列径向平面。边界条件可以是当 $\phi=0$ 时 $V=0$ 和 $\phi=\alpha$ 时 $V=V_0$,实际问题如图 6.10 所示。

现在,拉普拉斯方程变为

$$\frac{1}{\rho^2}\frac{\partial^2 V}{\partial \phi^2}=0$$

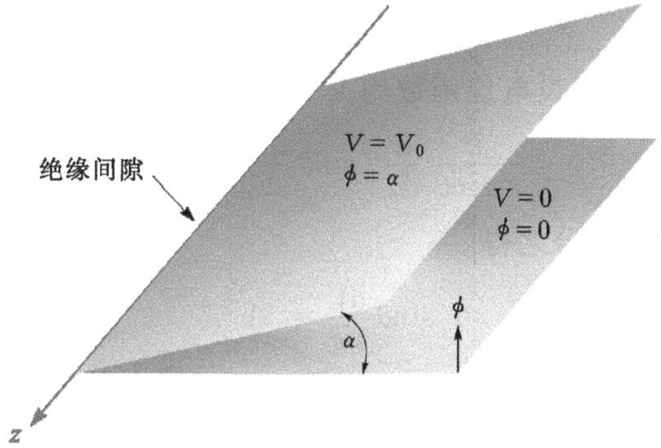

图 6.10 夹角为 α 的两个无限大径向平面。在 $\rho=0$ 处有一无限小的绝缘间隙。在圆柱坐标中,应用拉普拉斯方程可以求出电位分布

当 $\rho=0$ 时,有

$$\frac{\mathrm{d}^2 V}{\mathrm{d}\phi^2}=0$$

它的解为

$$V=A\phi+B$$

A 和 B 由边界条件确定,于是有

$$\boxed{V=V_0\frac{\phi}{\alpha}} \tag{6.37}$$

计算式(6.37)中电位的梯度,可求出电场强度,

$$\boxed{\boldsymbol{E}=-\frac{V_0\boldsymbol{a}_\phi}{\alpha\rho}} \tag{6.38}$$

有趣的是,我们注意到 $\boldsymbol{E}$ 是 ρ 的函数而不是 ϕ 的函数。这并不与我们最初假设电位只是 ϕ 的函数相矛盾。然而,应该注意到**矢量场** $\boldsymbol{E}$ 却是 ϕ 的函数。

在本章末的一个问题中,将介绍这两个径向平面之间的电容。

例 6.5 现在来看一看球坐标系中的问题,可以直接采用与上面完全一样的方法求解电位仅是 ϕ 的函数的问题,所以在这里我们首先考虑 $V=V(r)$的情况。

详细解答过程留在后面的例题中,这里仅给出电位函数的最后结果

$$\boxed{V = V_0 \frac{\frac{1}{r}-\frac{1}{b}}{\frac{1}{a}-\frac{1}{b}}} \tag{6.39}$$

很显然，这里的边界条件为：当 $r=b$ 时，$V=0$；当 $r=a$ 时，$V=V_0$；且 $b>a$。这是一个同心球面的问题。在前面的5.10节中，已经求得了电容(方法略有不同)，有

$$\boxed{C = \frac{4\pi\varepsilon}{\frac{1}{a}-\frac{1}{b}}} \tag{6.40}$$

在球坐标系中，现在我们假设电位函数为 $V=V(\theta)$，由此有

$$\frac{1}{r^2\sin\theta}\frac{\mathrm{d}}{\mathrm{d}\theta}\left(\sin\theta\frac{\mathrm{d}V}{\mathrm{d}\theta}\right)=0$$

当 $r\neq0$，且 $\theta\neq0$ 或 $\theta\neq\pi$ 时，积分之得

$$\sin\theta\frac{\mathrm{d}V}{\mathrm{d}\theta}=A$$

再积分一次，得到

$$V=\int\frac{A\mathrm{d}\theta}{\sin\theta}+B$$

该积分不像以前的积分那样能很容易地积出。查积分表(或者好的记忆力)，我们有

$$V = A\ln\left(\tan\frac{\theta}{2}\right)+B \tag{6.41}$$

式(6.41)的等电位面是一系列的圆锥面。图6.11示出了当边界条件为 $\theta=\frac{\pi}{2}$ 处 $V=0$ 和 $\theta=\alpha$ 处 $V=V_0$，且 $\alpha<\pi/2$ 时的情况。我们得到

$$\boxed{V = V_0\frac{\ln\left(\tan\frac{\theta}{2}\right)}{\ln\left(\tan\frac{\alpha}{2}\right)}} \tag{6.42}$$

现在，假设导电锥面顶点与导电平面之间有一无限小的绝缘间隙，且其轴线垂直于导电平面。为了计算导电锥面与导电平面之间的电容，让我们首先求出电场强度：

$$\boldsymbol{E}=-\nabla V=\frac{-1}{r}\frac{\partial V}{\partial\theta}\boldsymbol{a}_\theta=-\frac{V_0}{r\sin\theta\ln\left(\tan\frac{\alpha}{2}\right)}\boldsymbol{a}_\theta$$

于是，圆锥面上的面电荷密度为

$$\rho_S=\frac{-\varepsilon V_0}{r\sin\alpha\ln\left(\tan\frac{\alpha}{2}\right)}$$

因此，总电荷为

$$Q=\frac{-\varepsilon V_0}{\sin\alpha\ln\left(\tan\frac{\alpha}{2}\right)}\int_0^\infty\int_0^{2\pi}\frac{r\sin\alpha\,\mathrm{d}\phi\,\mathrm{d}r}{r}$$

$$= \frac{-2\pi\varepsilon V_0}{\ln(\tan\frac{\alpha}{2})}\int_0^\infty dr$$

很显然，上式会导致电荷和电容均无穷大的值，为此我们必须考虑一个有限大小的圆锥面。那么，我们得到的将只能是一种近似结果，因为理论上的等电位面是从 $r=0$ 延伸到 $r=\infty$ 的圆锥面 $\theta=\alpha$；而我们所取的实际圆锥面只是从 $r=0$ 延伸到某一个有限值 r，比如说 $r=r_1$。近似电容值为

$$\boxed{C \doteq \frac{2\pi\varepsilon r_1}{\ln(\cot\frac{\alpha}{2})}} \tag{6.43}$$

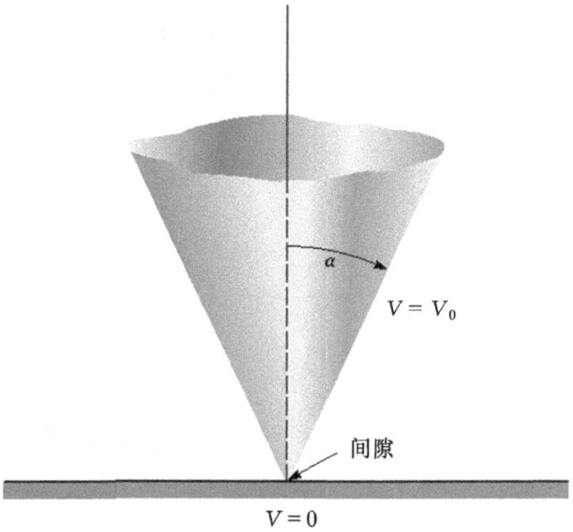

图 6.11　$\theta=\alpha$ 处圆锥面的电位为 V_0，平面 $\theta=\pi/2$ 处的电位 $V=0$，电位函数为 $V=V_0[\ln(\tan\theta/2)]/[\ln(\tan\alpha/2)]$

如果需要一个更精确的电容值，我们可以先估算出锥底部与接地平面之间的电容值，然后把它加入上面的结果中。由于在上面我们忽略了这个区域内的边缘（或非均匀）场效应，会对计算结果造成一定的误差。

练习 6.6　在以下情况中，计算在点 $P(3,2,1)$ 的 $|\mathbf{E}|$ 值：

(a) 两同轴圆柱面，当 $\rho=2$ m 时，$V=50$ V；当 $\rho=3$ m 时，$V=20$ V；

(b) 两径向导电平面，当 $\phi=10°$ 时，$V=50$ V；当 $\phi=30°$ 时，$V=20$ V。

答案：(a) 23.4 V/m；(b) 27.2 V/m。

6.8　泊松方程解的例子：P－N 结的电容

为了选取一个简单而合理的例子能说明泊松方程的应用，我们必须假设体电荷密度是已经给定了的。然而，在实际中的情况并非如此，事实上它正是需要我们花费精力去寻找的量。在后面我们将会遇到这类问题，只是知道边界上电位、电场强度和电流密度的值。从这些条件出发，我们不得不联立求解泊松方程、连续性方程和某种表示作用在带电粒子上的力的关系式（例如洛伦兹力方程或扩散方程）。这已超出了本教材的范围，因此我们应该合理地假设一些条件。

作为一个例子，现在让我们来看一下沿 x 方向伸展到无限远的两块半导体之间的 pn 结。假设在 $x<0$ 区域内掺杂为 p 型而在 $x>0$ 区域掺杂为 n 型。在 pn 结两边的掺杂浓度相同。为了定性地考察半导体结的某些特性，我们看到最初在 p 型区内有多余的空穴而在 n 型区内有多余的电子。它们通过 pn 结相互扩散，直到建立起这样一个方向的电场使得扩散电流降为零。这样，为了阻止较多的空穴扩散到 n 型区中，所以在 pn 结的附近电场方向必须由 n 型区指向 p 型区；E_x 在这里为负。该电场必定是由 pn 结右边的净正电荷和左边的净负电荷所产生。注意到正电荷层由两部分组成，一部分是穿过 pn 结的空穴，另一部分是电子由此析出的带正电施主离子。负电荷层的组成则相反，它由电子和带负电的受主离子所构成。

电荷分布形式如图 6.12(a)所示,这种电荷分布产生的负电场如图 6.12(b)所示。在观察了这两张图之后,可以有益于我们阅读上面的一段内容。

可以用许多种不同的表达式来近似这种电荷分布形式。其中比较简单的一种是

$$\rho_v = 2\rho_{v0}\,\mathrm{sech}\,\frac{x}{a}\tanh\frac{x}{a} \tag{6.44}$$

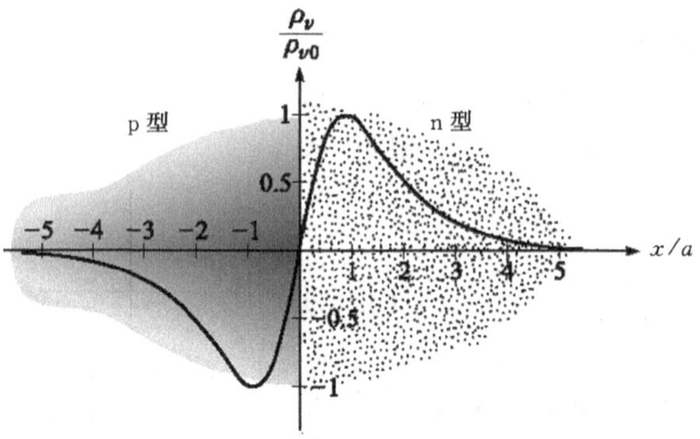

(a)

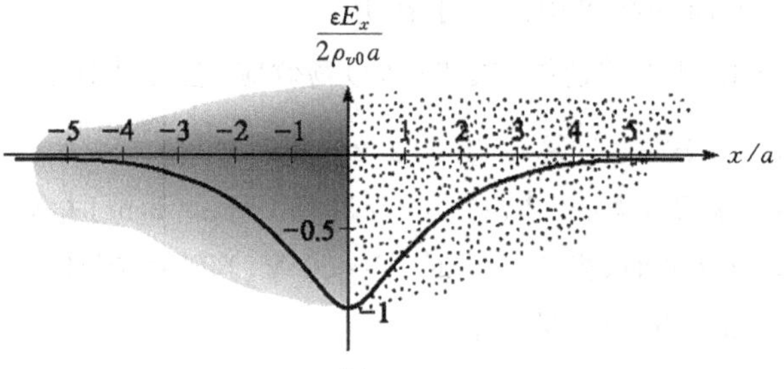

(b)

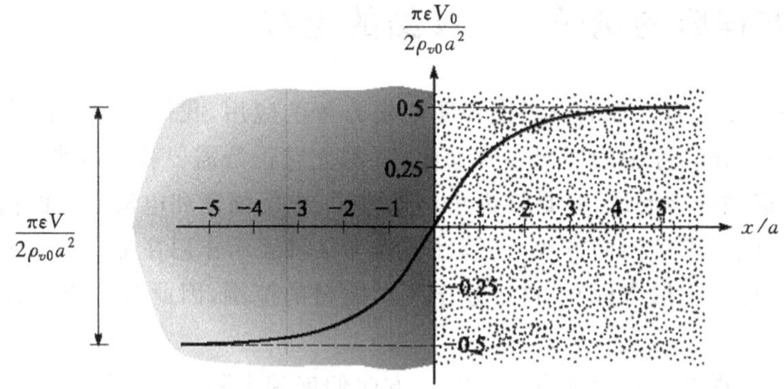

(c)

图 6.12 (a) 电荷密度;(b)电场强度;(c)pn 结中电位随离结中心距离的变化曲线,左边为 p 型材料,右边为 n 型材料

电荷密度的最大值 $\rho_{v,\max}=\rho_{v0}$ 出现在 $x=0.881a$ 处。最大电荷密度 ρ_{v0} 与受主浓度 N_a 和施主浓度 N_d 有关,可以注意到在这个区域(耗尽层)中的所有施主和受主离子都已经被夺去了一个电子或空穴,因此

$$\rho_{v0} = eN_{\mathrm{a}} = eN_{\mathrm{d}}$$

现在我们来解泊松方程，

$$\nabla^2 V = -\frac{\rho_v}{\varepsilon}$$

如果采用上面假定的电荷分布，则有，

$$\frac{\mathrm{d}^2 V}{\mathrm{d}x^2} = -\frac{2\rho_{v0}}{\varepsilon}\operatorname{sech}\frac{x}{a}\tanh\frac{x}{a}$$

在这个一维问题中，电位是不随 y 和 z 变化的。对它进行一次积分，

$$\frac{\mathrm{d}V}{\mathrm{d}x} = \frac{2\rho_{v0}a}{\varepsilon}\operatorname{sech}\frac{x}{a} + C_1$$

得到的电场强度，

$$E_x = -\frac{2\rho_{v0}a}{\varepsilon}\operatorname{sech}\frac{x}{a} - C_1$$

为了计算积分常数 C_1，我们注意到在远离 pn 结处不存在净电荷密度和电场。这样，当 $x \to \pm\infty$ 时，E_x 一定是趋于零。因此 $C_1 = 0$，则有

$$E_x = -\frac{2\rho_{v0}a}{\varepsilon}\operatorname{sech}\frac{x}{a} \tag{6.45}$$

再一次积分得到，

$$V = \frac{4\rho_{v0}a^2}{\varepsilon}\operatorname{arctan}e^{x/a} + C_2$$

我们可以选取结的中心点作为零参考电位点，故 $x=0$ 时，有

$$0 = \frac{4\rho_{v0}a^2}{\varepsilon}\frac{\pi}{4} + C_2$$

最后，有

$$V = \frac{4\rho_{v0}a^2}{\varepsilon}\left(\operatorname{arctan}e^{x/a} - \frac{\pi}{4}\right) \tag{6.46}$$

图 6.12 中示出了由式(6.44)、(6.45)和(6.46)分别给出的电荷分布(a)、电场强度(b)和电位(c)。

在距离结中心大约 $4a$ 或 $5a$ 远时电位基本上就是一个常数。由式(6.46)可以得到加到 pn 结两端的总电位差 V_0，

$$V_0 = V_{x\to\infty} - V_{x\to-\infty} = \frac{2\pi\rho_{v0}a^2}{\varepsilon} \tag{6.47}$$

使用式(6.47)能够计算出在 pn 结每边的总电荷，并求出电容。总电荷为

$$Q = S\int_0^\infty 2\rho_{v0}\operatorname{sech}\frac{x}{a}\tanh\frac{x}{a}\mathrm{d}x = 2\rho_{v0}aS$$

其中 S 是 pn 结的横截面面积。如果使用式(6.47)消去参数 a，得到

$$Q = S\sqrt{\frac{2\rho_{v0}\varepsilon V_0}{\pi}} \tag{6.48}$$

由于总电荷是电位差的函数，我们不得不谨慎地定义一个电容。考虑一下“电流”在电路中的含义，

$$I = \frac{\mathrm{d}Q}{\mathrm{d}t} = C\frac{\mathrm{d}V_0}{\mathrm{d}t}$$

这样

$$C = \frac{dQ}{dV_0}$$

对式(6.48)求微分,由此我们得到电容,

$$C = \sqrt{\frac{\rho_{v0}\varepsilon}{2\pi V_0}}S = \frac{\varepsilon S}{2\pi a} \tag{6.49}$$

式(6.49)中的第一个表达式说明电容与电压的平方根成反比。这就是说较高的电压会引起电荷层的一个很大的分离,使得电容变小。第二个表达式很有趣,它告诉我们可以把 pn 结看成是一个两极板相距 $2\pi a$ 的平行板电容器。从电荷集中分布在一定尺寸区域上来看,这是一个逻辑上的必然结果。

泊松方程可以用于解决任何涉及体电荷密度的问题。除了半导体二极管和三极管模型之外,我们发现在建立令人满意的电子管、磁流体能量转换和离子推进器的理论时也会应用到泊松方程。

练习 6.7 在某一半导体结邻近区域中的体电荷密度为 $\rho_v = 750\ \mathrm{seah}10^6\pi x \tan\pi x\ \mathrm{C/m^3}$。半导体材料的介电常数为 10,结面积为 $2\times10^{-7}\ \mathrm{m^2}$。试计算(a) V_0;(b) C;(c)结中心点处的电场 E。

答案:(a)2.70 V;(b)8.85 pF;(c)2.70 MV/m

练习 6.8 在自由空间中给定体电荷密度为 $\rho_v = -2\times10^7\varepsilon_0\sqrt{x}\ \mathrm{C/m^3}$,且当 $x=0$ 时,$V=0$;$x=2.5$ mm时,$V=2$ V。求当 $x=1$ mm 时,(a) V;(b) E_x。

答案:(a)0.302V;(b)−555 V/m

参考文献

1. Matsch, L. W. *Capacitors, Magnetic Circuits, and Transformers*. Englewood Cliffs, N.J.: Prentice−Hall, 1964. 在第 2 章中讨论了有关电容器的许多实际问题。
2. Ramo, S., J. R. Whinnery, and T. Van Duzer. *Fields and Waves in Communications Electronics*. 第 3 版. New York: John Wiley & Sons, 1994. 这本经典教材主要是面向低年级的研究生,但也适合对于电磁学基本概念已经有一些了解的读者阅读。在第 50～52 页中介绍了曲边正方形作图法。在第 7 章中将进一步地讨论求解拉普拉斯方程的方法。
3. Dekker, A.J. 见第 5 章的参考书目。
4. Hayt, W. H., Jr., J. E. Kemmerly. *Engineering Circuit Analysis*. 第 5 版. New York: McGraw-Hill, 1993.
5. Collin, R. E., and R. E. Plonsey. *Principles and Applications of Electromagnetic Fields*. New York: McGraw-Hill, 1961. 给出了非常好的求解拉普拉斯方程和泊松方程的方法。
6. Smythe, W. R. Static and Dynamic Electricity. 第 3 版. New York: McGraw-Hill, 1968. 在第 4 章给出了位势理论的高等处理方法。

习题 6

Animations

6.1 一个单位长度同轴电容器的内导体半径为 a，外导体半径为 b，其间材料的介电常数为 ε_r。一个单位长度平行板电容器的平板宽为 w，两板间距离为 d，填充的电介质与同轴电容器的相同。若在同样电压下，两个电容器储存的能量相同，求比率 b/a 与比率 d/w 之间的关系式。

6.2 平行板电容器的 $S=100\ \text{mm}^2$，$d=3$ mm，$\varepsilon_r=12$。(a)求电容；(b)电容器上接有 6 V 的电源，求 E，D，Q 和储存的总静电能量；(c)仍接有同样的电源，但是小心地撤去两板之间的介质。在撤去电介质后，求 E，D，Q 和储存的总静电能量；(d)如果在(c)中求得的电荷和能量都小于(b)中所求得的电荷和能量(通过计算你可以发现)，这些损失的电荷和能量变成了什么？

6.3 电容器的价格随电容值和最大耐压 $V_{\max}$ 值的增加而增加。电压 $V_{\max}$ 受到电介质的击穿场强 E_{BD} 所限制。对于相等平板面积来说，下列哪种电介质会给出最大的 $C\cdot V_{\max}$ 乘积值：(a) 空气的 $\varepsilon_r=1$，$E_{BD}=3$ MV/m；(b) 钛酸钡(一种铁电材料)的 $\varepsilon_r=1200$，$E_{BD}=3$ MV/m；(c) 二氧化硅的 $\varepsilon_r=3.78$，$E_{BD}=16$ MV/m；(d) 聚乙烯的 $\varepsilon_r=2.26$，$E_{BD}=4.7$ MV/m。

6.4 一空气平行板电容器的板间距为 d，极板面积为 A，两板之间所加电压为 V_0。如果保持所加电源不变，使两板的间距扩大到 $10d$。求下面每一个量变化的倍数：(a) V_0；(b) C；(c) E；(d) D；(e) Q；(f) ρ_S；(g) W_E。

6.5 平行板电容器中充满一种非均匀电介质，$\varepsilon_r=2+2\times10^6x^2$，其中 x 为离某一极板的距离，单位为 m。如果 $S=0.02\text{m}^2$，$d=1$mm，求 C。

6.6 假设在使两板的间距扩大之前，已把电源断开，重解习题 6.4。

6.7 设 $0<y<1$ mm 区域的 $\varepsilon_{r1}=2.5$，$1<y<3$ mm 区域的 $\varepsilon_{r2}=4$，$3<y<5$ mm(区域 3)的相对介电常数为 ε_{r3}。两个导体面分别在 $y=0$ 和 $y=5$ mm。在下列情况下，计算每平方米表面面积的电容：(a) 区域 3 是空气；(b) $\varepsilon_{r3}=\varepsilon_{r1}$；(c) $\varepsilon_{r3}=\varepsilon_{r2}$；(d) 区域 3 是银。

6.8 有一平行圆极板电容器，圆极板的半径为 a，下极板位于 xy 面，中心在原点。上极板位于 $z=d$，中心在 z 轴。上极板电位为 V_0，下极板接地。两极板之间电介质的介电常数沿径向方向变化，给定为 $\varepsilon(\rho)=\varepsilon_0(1+\rho/a)$。求(a) $\mathbf{E}$；(b) $\mathbf{D}$；(c) Q；(d) C。

6.9 两同轴圆柱导体，半径分别为 2 cm 和 4 cm，长度均为 1 m。在两圆柱之间从 $\rho=c$ 到 $\rho=d$ 填充有一层电介质，$\varepsilon_r=4$。求在下列各种情况下的电容：(a) $c=2$ cm，$d=3$ cm；(b) $d=4$ cm，电介质的体积与(a)中的相同。

6.10 一同轴电缆内半径 $a=1.0$mm，外半径 $b=2.7$mm。内导体由电介质垫圈($\varepsilon_r=5$)支撑，垫圈内孔半径为 1 mm，外半径为 2.7 mm，厚 3.0 mm。在电缆中每间隔 2 cm 放置一个垫圈，(a)问垫圈使每单位长度的电容增加了多少？(b)如果加 100 V 的电压，求电缆中的 $\mathbf{E}$。

6.11 两导体球壳的半径分别为 $a=3$ cm 和 $b=6$ cm。其内部是理想电介质，$\varepsilon_r=8$。(a)求 C；(b)将部分电介质移出，使在 $0<\phi<\pi/2$ 中 $\varepsilon_r=1.0$，$\pi/2<\phi<2\pi$ 中 $\varepsilon_r=8$。再求 C。

6.12 (a)求自由空间中一个半径为 a 的孤立导体球的电容(认为外导体位于 $r\to\infty$)。(b)若在导体球表面覆盖厚度为 d,介电常数为 $\varepsilon_r=3$ 的电介质,如果要使电容为(a)所得结果的两倍,求 d 与 a 之间的关系式。

6.13 如图 6.5 所示,设 $b=6$ m,$h=15$ m,导体的电位是 250 V。取 $\varepsilon=\varepsilon_0$。求 K_1,ρ_L,a,C 的值。

6.14 两根 #16 铜导体圆柱(直径为 1.29 mm)轴线相平行,轴间距为 d。若在空气中,确定 d 之值使两根导体间的电容为 30 pF/m。

6.15 一直径为 2 cm 的导体悬置在空气中,它的轴线距导体板 5 cm。设圆柱导体的电位是 100 V,导体板的电位是 0 V。求如下各点的面电荷密度:(a)在圆柱体表面上离平板最近的点;(b)在导体板上离圆柱最近的点。(c)求单位长度的电容。

6.16 两个任意形状的导体构成一个电容器。应用电容(本章式(6.2))和电阻(第 5 章式(5.14))的定义证明,当在两导体之间的区域填充导体材料(电导率 σ)或理想电介质(介电常数 ε)时,该电容器的电阻和电容之间满足式 $RC=\varepsilon/\sigma$。要使上式成立,电介质和导电媒质应具备什么基本特性?

6.17 用曲边正方形作图法画出内半径 3 cm、外半径 8 cm 的同轴电容器中的场图。这些尺寸是适合于作图法的。(a)设 $\varepsilon_r=1$,利用您作出的场图来计算每单位长度的电容。(b)计算每单位长度电容的准确值。

6.18 两根平行圆柱体的半径都是 2.5 cm,其轴线的间距为 13 cm,用曲边正方形作图法画出其场图。如果考虑对称性,这些尺寸是适合于作图法的。利用作图法和精确公式分别求每单位长度的电容,然后对比结果。设 $\varepsilon_r=1$。

6.19 两偏心平行圆柱体的半径分别为 4 cm 和 8 cm,轴间距为 2.5 cm。用曲边正方形作图法画出其场图。这些尺寸是适合于作图法的。利用作图法和公式

$$C=\frac{2\pi\varepsilon}{\operatorname{arccos}[(a^2+b^2-D^2)/(2ab)]}$$

分别求每单位长度的电容,然后对比结果。

6.20 一半径为 4 cm 的实心导体圆柱体与矩形导体管同轴,矩形导体管截面的边长是 12 cm ×20 cm。(a)作 1/4 场域的曲边正方形形场图。(b)取 $\varepsilon=\varepsilon_0$,估算每单位长度的电容。

6.21 如图 6.13 所示,传输线的内导体是一个截面边长为 $2a\times2a$ 的正方形柱体,而外导体是边长为 $4a\times5a$ 的矩形管。内导体和外导体的轴线位置见图中所示。(a)设 $a=2.5$ cm,选择一个合适的作图尺寸,画出传输线内外导体之间静电场的完整曲边正方形场图。(b)如果 $\varepsilon=1.6\varepsilon_0$,利用作图法计算每单位长度的电容。(c)如果取 $a=0.6$ cm,那么您在(b)中得到的结果有什么变化?

6.22 有两个 3×6 cm 的导体薄板,和三个 1×3×6 cm 的电介质平板,其介电常数分别为 1,2 和 3。将它们组成一个 $d=3$ 的电容器。用两种不同的方法构成电容器,分别求其电容。

6.23 两线传输线由半径为 0.2 mm 的平行理想导体构成,轴线间的距离为 2 mm。包围传输线的媒质的 $\varepsilon_r=3$,$\sigma=1.5$ mS/m。两线之间接有 100 V 电源。试计算:(a)每条导线表面上每单位长度的电荷大小;(b)应用题 6.16 的结果求电源的电流。

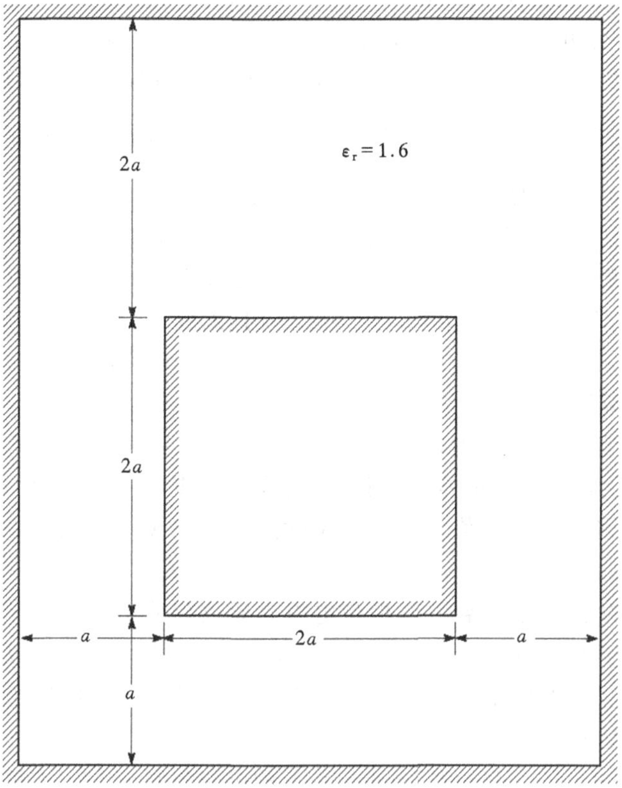

图 6.13　题 6.21 的图示

6.24　在自由空间中，一电位在球坐标系中的表达式为

$$V(r) = \begin{cases} [\rho_0/(6\varepsilon_0)][3a^2 - r^2] & (r \leqslant a) \\ (a^3\rho_0)/(3\varepsilon_0 r) & (r \geqslant a) \end{cases}$$

其中 ρ_0 和 a 均为常数。(a)应用泊松方程求各处的体电荷密度。(b)求总电荷。

6.25　已知 $V=2xy^2z^3$ 和 $\varepsilon=\varepsilon_0$。给定点 $P(1,2,-1)$，求：(a) V 在点 P 的值；(b) $\boldsymbol{E}$ 在点 P 的值。(c) ρ_v 在点 P 的值；(d) 过点 P 的等位面方程；(e) 过点 P 的电力线方程；(f) V 是否满足拉普拉斯方程？

6.26　在自由空间中有一球对称电位分布为 $V=V_0\mathrm{e}^{-r/a}$，求：(a) 在$r=a$处 ρ_v 的值；(b) 在 $r=a$ 处的电场强度；(c) 总电荷。

6.27　在自由空间的某一部分区域中 $\rho_v=0$，且有电位分布 $V(x,y)=4\mathrm{e}^{2x}+f(x)-3y^2$。已知在原点处 E_x 和 V 的值均为零。试求出 $f(x)$和 $V(x,y)$。

6.28　证明在电导率为 σ 的均匀媒质中，当体电荷密度不随时间变化时，电位 V 满足拉普拉斯方程。

6.29　已知电位函数 $V=(A\rho^4+B\rho^{-4})\sin 4\phi$。(a) 证明$\nabla^2 V=0$；(b) 求使在点 $P(\rho=1,\ \phi=22.5°,\ z=2)$处有 $V=100$ V 和$|\boldsymbol{E}|=500$ V/m 的 A、B 值。

6.30 一平行板电容器两极板分别位于 $z=0$ 和 $z=d$ 处。在两极板间均匀分布有密度为ρ_0 C/m^{3}的体电荷，材料的介电常数为 ε。两极板均接地。(a)求两极板间电位分布；(b)求两极板间电场强度 $\boldsymbol{E}$；(c)若 $z=d$ 处极板电位变为 V_0，$z=0$ 处仍为地电位，重新求解(a)、(b)问题。

6.31 已知自由空间中电位分布 $V=\dfrac{\cos 2\phi}{\rho}$。(a) 求点 $A(0.5, 60°, 1)$处的体电荷密度；(b)求通过点 $B(2, 30°, 1)$的导体表面上的面电荷密度。

6.32 在 $r<a$ 区域中均匀分布有密度为 $\rho_v=\rho_0$ C/m^3 的体电荷，假设其中的介电常数为 ε。在 $r=a$ 处放置一接地导体球壳。求：(a)空间的电位分布；(b)空间的电场强度 $\boldsymbol{E}$。

6.33 已知在区域 $a<\rho<b, -L<z<L, 0\leqslant\phi\leqslant 2\pi$ 内，函数 $V_1(\rho, \phi, z)$和 $V_2(\rho, \phi, z)$都满足拉普拉斯方程；且在 $\rho=b(-L<z<L)$表面、$z=-L(a<\rho<b)$表面和 $z=L(a<\rho<b)$表面上，两个函数的值均为零；而在 $\rho=a(-L<z<L)$表面上，两个函数的值都为 100 V。(a)在给定的区域内，函数 V_1+V_2、V_1-V_2、V_1+3 和 V_1V_2 是否分别满足拉普拉斯方程？(b)在给定的边界表面上，由函数 V_1+V_2、V_1-V_2、V_1+3 和 V_1V_2 是否能得到在题中已给定的电位值？(c)这些函数 V_1+V_2、V_1-V_2、V_1+3 和 V_1V_2 与 V_1 是否相同？

6.34 与题 6.30 中的平板电容器相同，但带电电介质仅仅分布在 $0<z<b$ 之间，且 $b<d$。$b<z<d$ 区域为自由空间。两极板仍然接地。通过求解拉普拉斯方程和泊松方程，求：(a)在区域 $0<z<d$ 中的 $V(z)$；(b)在 $0<z<d$ 区域中的电场强度。在 $z=b$ 处没有面电荷分布，故 V 和 $\boldsymbol{D}$ 在此处连续。

6.35 两个导体平面 $2x+3y=12$ 和 $2x+3y=18$ 的电位分别为 100 V 和 0 V。介电常数 $\varepsilon=\varepsilon_0$。求：(a) 点 $P(5,2,6)$处的电位 V；(b)点 $P(5,2,6)$处的电场强度 $\boldsymbol{E}$。

6.36 拉普拉斯方程和泊松方程是在介电常数为常数的条件下导出的，但它们仍然适用于介电常数变化的某些特定的情况。我们来考虑向量恒等式：$\nabla\cdot(\psi\boldsymbol{G})=\boldsymbol{G}\cdot\nabla\psi+\psi\nabla\cdot\boldsymbol{G}$，其中 ψ 为标量函数，$\boldsymbol{G}$ 为矢量函数。试确定相对于电场方向来说，介电常数 ε 沿什么方向变化时，上述结论是成立的。

6.37 两同轴柱导体面分别位于 $\rho=0.5$ cm 和 $\rho=1.2$ cm 处。在两圆柱面间填充有一种各向同性的电种介质。如果内导体电位为 100 V 和外导体面接地，求：(a)20 V 等电位面的位置；(b) $E_{\rho,\max}$；(c)若每单位长度内导体圆柱面上的电荷为 20 nC/m，求 ε_r。

6.38 重新求解习题 6.37，但此时仅在 $0<\phi<\pi$ 区域内填充有电介质，其余为自由空间。

6.39 如图 6.14 所示，两个导电平板由 $0.001<\rho<0.120$ m，$0<z<0.1$ m，$\phi=0.179$ rad 和$\phi=0.188$ rad所定义。平板周围是空气。对于区域 1，$0.179<\phi<0.188$；忽略边缘效应后，求：(a) $V(\phi)$；

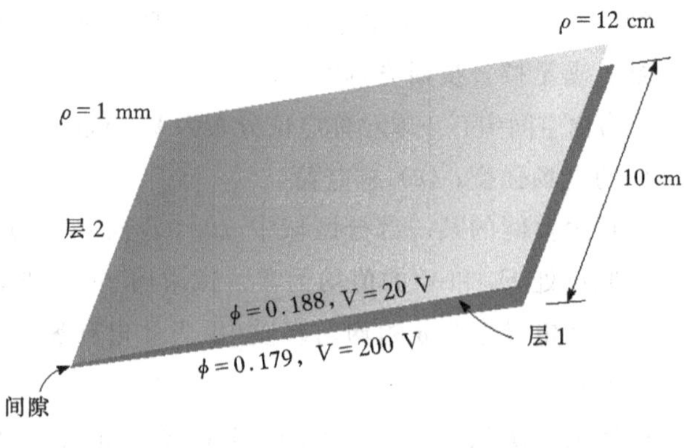

图 6.14 习题 6.39 图示

(b) $\boldsymbol{E}(\rho)$；(c) $\boldsymbol{D}(\rho)$；(d)下方极板的上表面的电荷密度 ρ_S；(e)下方极板的上表面的电荷 Q；(f) 对于区域 2，让上极板位于 $\phi=0.188-2\pi$ 处，重求(a)和(c)两问，并求出下方极板的下表面的 ρ_S 和 Q；(g) 求下极板表面上的总电荷和两极板之间的电容。

6.40 一圆盘形平板电容器的两极板半径均为 a，下极板位于 xy 平面上且中心在原点。上极板位于 $z=d$ 平面内，其中心在 z 轴。上极板的电位为 V_0；下极板接地。两极板间介质的介电常数沿半径方向变化。介电常数给定为 $\varepsilon(\rho)=\varepsilon_0(1+\rho/a)$。求：(a) $V(z)$；(b) $\boldsymbol{E}$；(c) Q；(d) C。这是习题 6.8 的重复，但在那里是基于拉普拉斯方程的。

6.41 两同心导体球面半径分别为 $r=5$ mm 和 $r=20$ mm。在它们之间填充有理想介质。如果内球面电位为 100 V 和外球面接地：(a)求 20 V 等电位面的位置；(b)求 $E_{r,\max}$的值；(c)当内球面面电荷密度为 1.0 μC/m^2 时，求 ε_r 的值。

6.42 一半球体 $0<r<a$，$0<\theta<\pi/2$ 由电导率为 σ 的各向同性导电材料构成。半球体的平面表面上贴放在一个理想导体平面上。现在，从半球体中挖出一个 $0<\theta<\alpha$，$0<r<a$ 的锥体，并用理想导体材料填充。在锥体的 $r=0$ 顶点与理想导体平面之间有一空气隙。若忽略边缘效应，问在两理想导体之间测得的电阻为多大？

6.43 两同轴导体圆锥的顶点都在原点，且 z 轴为它们的轴线。点 $A(1,0,2)$在圆锥 A 的表面上，而点 $B(0,3,2)$在圆锥 B 的表面上。若让 $V_A=100$ V 和 $V_B=20$ V。求：(a) 每个圆锥体的 α 角；(b) 点 $P(1,1,1)$的电位 V。

6.44 在自由空间中，给定电位分布为 $V=100\ln\tan(\theta/2)+50$ V。(a) 在区域 $0.1<r<0.8$ m和 $60°<\phi<90°$中，求表面 $\theta=40°$上的$|\boldsymbol{E}_\theta|_{\max}$；(b) 画出 $V=80$ V 的等电位面。

6.45 在自由空间中，有 $\rho_v=200\,\varepsilon_0/r^{2.4}$。(a) 若假定当 $r\to0$ 时，有 $r^2E_r\to0$，以及 $r\to\infty$时，有 $V\to0$，利用泊松方程求出 $V(r)$；(b)现在，利用高斯定律和线积分求出 $V(r)$。

6.46 利用拉普拉斯和泊松方程的适当解，求出半径为 a 的球体中心处的电位值，球体内均匀分布有密度 ρ_0 的体电荷。假定介电常数处处为 ε_0。提示：在 $r=0$ 和 $r=a$ 处的电位和电场强度必须是什么样的？

第7章

恒定磁场

到现在为止，我们对场的概念已经很熟悉了。自从我们第一次接受了两个点电荷间相互作用力的实验定律，并把电场强度定义为单位试验电荷受到另一电荷的作用力后，我们已经讨论了许多场。这些场都没有确定的形状，因为我们只能通过作用在测量仪器中电荷上的力来实际测试电场。产生电场的源电荷会对其它电荷有力的作用，我们可以把这些受到力作用的电荷看做是探测电荷。实际上，我们把某一个场认为是由源电荷产生的，并测定它对探测电荷的效应，这只是为了分析问题方便起见把基本问题分成两部分来讨论而已。

我们应该从磁场的定义开始来学习磁场，了解磁场是怎样由电流产生的。在第8章中，将讨论磁场对其它电流的作用。与前面对电场的讨论一样，我们最初的讨论只限于自由空间中的磁场，而将实际媒质的影响放在第8章中介绍。

恒定磁场与源的关系比静电场与源的关系更为复杂。在学习之前，我们觉得暂时先盲目地接受几个定律是非常必要的，不信的或学有余力的学生可以在互联网上了解一下这些定律的证明过程。■

7.1 毕奥-沙伐定律

恒定磁场的源可能是一块永久磁铁，一个随时间线性变化的电场或直流电流。我们不考虑永久磁铁，并在以后才讨论时变电场。现在，我们只关心一个直流电流元在自由空间中产生的磁场。

我们可以认为这个电流元是某一载电流细导线的一小段，这里细导线是圆柱导体的半径趋于零时的极限情况。假设电流 I 沿矢量微元 $d\boldsymbol{L}$ 的方向流动。毕奥-沙伐定律[①]表明：电流元在空间一点 P 产生的磁场强度的大小与电流 I、$d\boldsymbol{L}$ 的长度、$d\boldsymbol{L}$ 与其和 P 点连线所成角的正

---

① 毕奥和沙伐都是安培的同事，3人在不同时期都为法兰西学院的物理学教授。毕奥-沙伐定律是在1820年被提出的。

弦值均成正比；而与 d$\boldsymbol{L}$ 和 P 点之间距离的平方成反比。磁场的方向垂直于电流元与 d$\boldsymbol{L}$ 和 P 点之间连线所在的平面。可以由右手螺旋定则在两个可能的法向方向中选取其中一个作为磁场的方向，即让右手四指指向电流元的方向，旋转较小的角度后到达电流元和 P 点连线的方向，那么大拇指所指的方向就是磁场的方向。若采用国际单位，比例系数为 $1/(4\pi)$。

上述的**毕奥-沙伐定律**，可以用向量形式简洁地表示为

$$\mathrm{d}\boldsymbol{H}=\frac{I\mathrm{d}\boldsymbol{L}\times\boldsymbol{a}_R}{4\pi R^2}=\frac{I\mathrm{d}\boldsymbol{L}\times\boldsymbol{R}}{4\pi R^3}\tag{7.1}$$

显然，**磁场强度 $\boldsymbol{H}$** 的单位为安培/米（A/m）。几何表示如图 7.1 所示。我们可以使用下标来表明式(7.1)中每一个量所在的点。如果让电流元位于点 1，并把需要确定磁场的点 P 记为点 2，则 P 点的磁场为

$$\boxed{\mathrm{d}\boldsymbol{H}_2=\frac{I_1\mathrm{d}\boldsymbol{L}_1\times\boldsymbol{a}_{R12}}{4\pi R_{12}^2}}\tag{7.2}$$

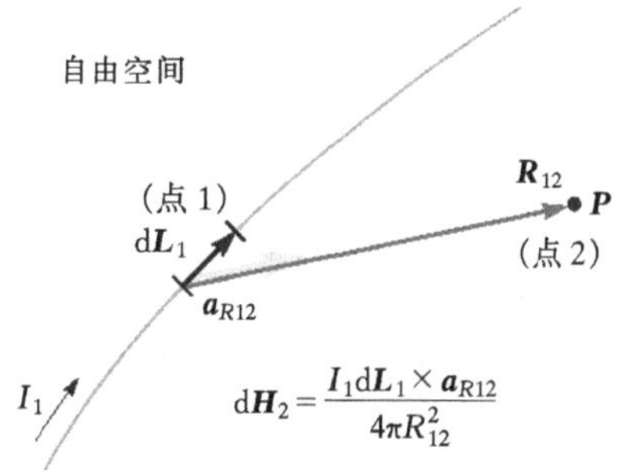

图 7.1　毕奥-沙伐定律给出了由电流元 I_1d$\boldsymbol{L}_1$ 产生的磁场强度 d$\boldsymbol{H}_2$。d$\boldsymbol{H}_2$ 的方向向内指向纸面

对于电流元来说，毕奥-沙伐定律有时也称为电流元安培定律，不过在这里我们仍然保留毕奥-沙伐定律这个名称，不然可能会与在后面要讨论的安培环路定律相混淆。

在某些方面，毕奥-沙伐定律会使我们回想起元电荷的库仑定律

$$\mathrm{d}\boldsymbol{E}_2=\frac{\mathrm{d}Q_1\boldsymbol{a}_{R12}}{4\pi\varepsilon_0 R_{12}^2}$$

它们都表明一个与距离成平方反比的定律，场与源都存在着线性关系。主要的差别就是场方向的确定。

用实验方法来检验毕奥-沙伐定律式(7.1)或(7.2)是不可能的，因为我们不可能分离出一个独立的电流元。由于我们只限于考虑直流电流情况，所以电荷密度不会随着时间发生变化。在 5.2 节中，我们给出了连续性方程式(5.5)

$$\nabla\cdot\boldsymbol{J}=-\frac{\partial\rho_v}{\partial t}$$

由此可见

$$\nabla\cdot\boldsymbol{J}=0$$

或者利用散度定理，有

$$\oint_S\boldsymbol{J}\cdot\mathrm{d}\boldsymbol{S}=0$$

上式表明，穿过任一闭和曲面的总电流为零，只要假设电流是沿闭合路径流动，则这个条件就能得到满足。这个沿闭合电路流动的电流必须通过我们所使用的实验电源，而不是仅仅流过微元的电流。

不难看出，只有毕奥-沙伐定律的积分形式才能够被实验所证明，

$$\boxed{\boldsymbol{H}=\oint\frac{I\mathrm{d}\boldsymbol{L}\times\boldsymbol{a}_R}{4\pi R^2}}\tag{7.3}$$

当然，由式(7.1)或(7.2)可以直接导出积分形式(7.3)，也可以由其它不同的表达式得到相同的积分公式。我们可以把沿闭合路径积分为零的任意项加到式(7.1)中去。也就是说，任意一个保守场都可以加到式(7.1)中。例如，任意一个标量场的梯度总是一个保守场，因此我们可以把∇G加到式(7.1)中，其中G为一般的标量场，并没有对式(7.3)引起任何微小的变化。在这里提到对式(7.1)或(7.2)的这种限制性条件，就是为了说明在后面如果我们问到某些关于电流元之间相互作用力方面的荒谬问题，不是通过实验检验，我们应该预料到会得到荒谬的答案。

毕奥-沙伐定律也可以由分布电流来表示，例如电流密度$\boldsymbol{J}$和面电流密度$\boldsymbol{K}$。由于面电流是指在厚度为零的薄板上流过的电流，所以电流密度$\boldsymbol{J}$(以安培每平方米测定)是无限大。然而，面电流密度是以安培每米宽度来测定的，用$\boldsymbol{K}$表示。若面电流密度是均匀的，则流过任意宽度b的总电流I为

$$I = Kb$$

这里，假设宽度b与电流方向是相垂直的，几何示意图如图7.2所示。对于非均匀面电流密度情况，则需要进行积分：

$$\boxed{I = \int K \mathrm{d}N} \qquad (7.4)$$

这里 dN 是与电流方向**相垂直**的微元段。这样，电流元 $I\mathrm{d}\boldsymbol{L}$ 可以用面电流密度$\boldsymbol{K}$或电流密度$\boldsymbol{J}$表示成如下形式：

$$I\mathrm{d}\boldsymbol{L} = \boldsymbol{K}\mathrm{d}S = \boldsymbol{J}\mathrm{d}v \qquad (7.5)$$

其中，d$\boldsymbol{L}$的方向沿着电流的方向。于是，我们得到毕奥-沙伐定律的其它形式：

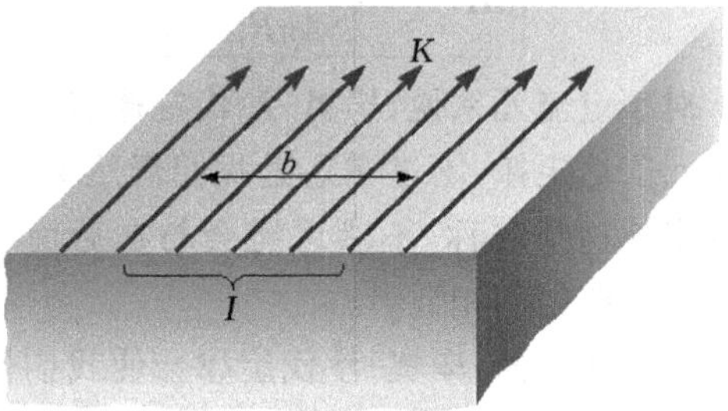

图 7.2 一均匀分布面电流的密度为K，通过宽度b区域的总电流I为Kb

$$\boxed{\boldsymbol{H} = \int_S \frac{\boldsymbol{K} \times \boldsymbol{a}_R \mathrm{d}S}{4\pi R^2}} \qquad (7.6)$$

和

$$\boxed{\boldsymbol{H} = \int_{\mathrm{vol}} \frac{\boldsymbol{J} \times \boldsymbol{a}_R \mathrm{d}v}{4\pi R^2}} \qquad (7.7)$$

现在，我们以载有电流I的无限长直细导线为例来说明毕奥-沙伐定律的应用。首先应用式(7.2)，然后进行积分。当然，这与直接应用积分形式式(7.3)是一样的[①]。

如图7.3所示，我们应该认识到这个场具有一定的对称性。场与变量z和ϕ无关。我们将计算点2处的磁场，因此现在把点2选取在$z=0$平面内。那么，场点$\boldsymbol{r}$则为$\boldsymbol{r}=\rho\boldsymbol{a}_\rho$。而源点$\boldsymbol{r}'$由$\boldsymbol{r}'=z'\boldsymbol{a}_z$给定，因此有

$$\boldsymbol{R}_{12} = \boldsymbol{r} - \boldsymbol{r}' = \rho\boldsymbol{a}_\rho - z'\boldsymbol{a}_z$$

结果是

① 这个电流的闭合路径可以考虑为是包括了另一根与之平行且无限远离的反向载流细导线。在理论上，另一种可能性是有一根半径无限大的同轴圆柱外导体。实际上，这个问题是存在的，但是对于在较远处具有返回路径的一很长的直导线电流附近点来说，我们应该认识到所得的结果是相当准确的。

$$\boldsymbol{a}_{R12}=\frac{\rho\boldsymbol{a}_\rho-z'\boldsymbol{a}_z}{\sqrt{\rho^2+z'^2}}$$

若用 $\mathrm{d}z'\boldsymbol{a}_z$ 代换 $\mathrm{d}\boldsymbol{L}$，则式(7.2)变成为

$$\mathrm{d}\boldsymbol{H}_2=\frac{I\mathrm{d}z'\boldsymbol{a}_z\times(\rho\boldsymbol{a}_\rho-z'\boldsymbol{a}_z)}{4\pi(\rho^2+z'^2)^{3/2}}$$

由于电流流动方向沿着 z' 增加的方向，所以积分的上下限分别为 $-\infty$ 和 $+\infty$，我们有

$$\boldsymbol{H}_2=\int_{-\infty}^{\infty}\frac{I\mathrm{d}z'\boldsymbol{a}_z\times(\rho\boldsymbol{a}_\rho-z'\boldsymbol{a}_z)}{4\pi(\rho^2+z'^2)^{3/2}}$$
$$=\frac{I}{4\pi}\int_{-\infty}^{\infty}\frac{\rho\mathrm{d}z'\boldsymbol{a}_\phi}{(\rho^2+z'^2)^{3/2}}$$

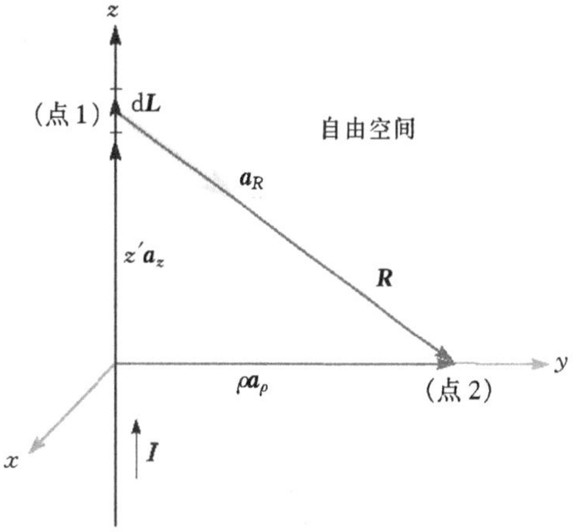

图 7.3　一载有电流 I 的无限长直细导线。在点 2 处，磁场强度为 $H=[I/(2\pi\rho)]a_\phi$

现在，我们来分析一下在上面积分式中的单位矢量 $\boldsymbol{a}_\phi$，因为它不是一个常数，与直角坐标系中的单位矢量不同。一个常矢量的大小和方向都应该是常数。单位矢量的大小一定为常数，但它的方向可以变化。在这里，$\boldsymbol{a}_\phi$ 随坐标 ϕ 变化而 ρ 和 z 无关。幸运的是，这里的积分只是对 z' 进行积分，所以 $\boldsymbol{a}_\phi$ 是一个常数并且可以提到积分号之外，

WWW Animations

$$\boldsymbol{H}_2=\frac{I\rho\boldsymbol{a}_\phi}{4\pi}\int_{-\infty}^{\infty}\frac{\mathrm{d}z'}{(\rho^2+z'^2)^{3/2}}$$
$$=\frac{I\rho\boldsymbol{a}_\phi}{4\pi}\frac{z'}{\rho^2\sqrt{\rho^2+z'^2}}\Bigg|_{-\infty}^{\infty}$$

则

$$\boxed{\boldsymbol{H}_2=\frac{I}{2\pi\rho}\boldsymbol{a}_\phi}\tag{7.8}$$

磁场强度的大小与 ϕ 和 z 都无关，而与离开导线的距离 ρ 成反比。磁场强度矢量的方向沿圆周方向。磁力线是中心在导线上而与导线相垂直的一系列同心圆，图 7.4 中示出了在横截面上的磁力线分布。

这些磁力线之间的间隔距离与离导线的距离成正比，或与磁场强度 $\boldsymbol{H}$ 的大小成反比。为了明确起见，已经使用曲边正方形图解法画出了这些磁力线。虽然我们还没有对与这些圆形磁力线相垂直的另外一类线[①]命名，但是磁力线之间的间隔却已经被调整到加上这第二类线后，就可以形成一个曲边正方形阵列。

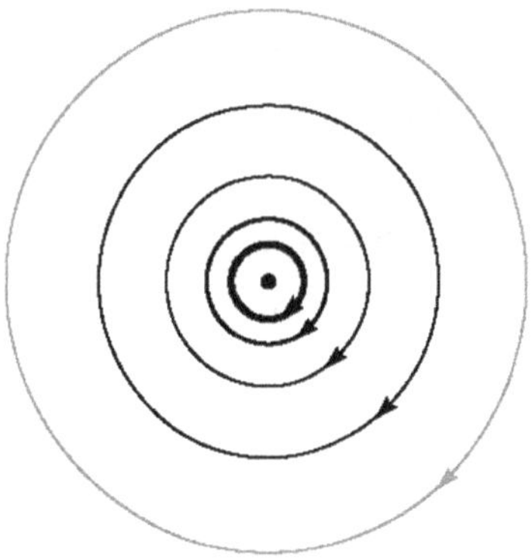

图 7.4　通有电流 I 的无限长直导线附近的流线分布。电流方向指向纸面内

把图 7.4 与一无限长线电荷的等位线分布图相比较，可以看出磁场的磁力线与电场的等位线的形状相

① 我们可参见本章的第 7.6 节。

对应，而在磁场中与磁力线相垂直一类未命名线则与电场中的电力线相对应。这种对应不是偶然的，但是在能更全面地分析电场与磁场之间的相似性之前，我们必须先要掌握其它几个概念。

在许多方面，用毕奥-沙伐定律求磁场强度 $\boldsymbol{H}$ 与用库仑定律求电场强度 $\boldsymbol{E}$ 是相似的。它们都需要计算一个比较复杂的矢量函数的积分。在介绍库仑定律时，我们已经求解了许多例子，包括点电荷、线电荷和面电荷产生的场。而在磁场中，应用毕奥-沙伐定律也可以解决类似的问题，其中的有些问题在本章末的练习中将会涉及到，在这里不作为例题进行介绍。

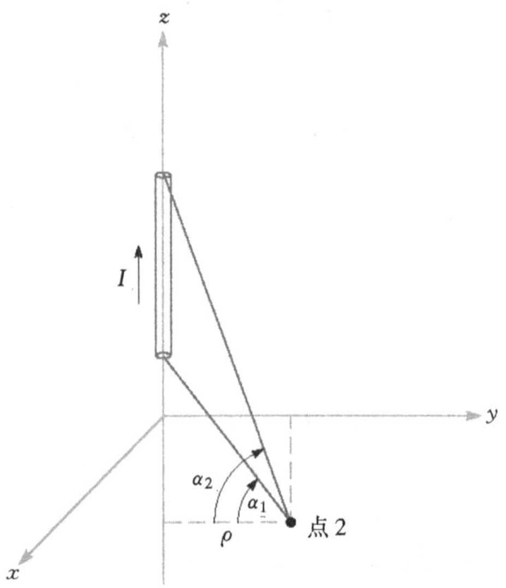

图 7.5 沿 z 轴有限长细线电流 I 产生的磁场强度为 $[I/(4\pi\rho)](\sin\alpha_2-\sin\alpha_1)\boldsymbol{a}_\phi$

有限长电流元的磁场强度是一个非常有用的结果，如图 7.5 所示。磁场强度 $\boldsymbol{H}$ 很容易由图中示出的两个角度 α_1 和 α_2 来表示（见在本章末练习 7.8 的证明）。结果为

$$\boldsymbol{H}=\frac{I}{4\pi\rho}(\sin\alpha_2-\sin\alpha_1)\boldsymbol{a}_\phi \tag{7.9}$$

如果有一个或两个端点在点 2 的下方，则 α_1 或 α_1 和 α_2 都取负。

式(7.9)可以用来计算由长直细导线段组成的电流系统产生的磁场强度。

我们用下面的例子来说明如何应用式(7.9)。如图 7.6 所示，求点 $P_2(0.4,0.3,0)$ 处的磁场强度 $\boldsymbol{H}$，线电流从负无限远处出发沿 x 轴负方向流到坐标原点后，再转向 y 轴正方向流至无限远处去，电流大小为 8 A。

解：我们先考虑在 x 轴上的半无限长线电流段，可以看出有 $\alpha_{1x}=-90^\circ$ 和 $\alpha_{2x}=\arctan(0.4/0.3)=53.1^\circ$。离开 x 轴的径向距离为 $\rho_x=0.3$。这样，这根半无限长线电流段对 $\boldsymbol{H}_2$ 的贡献为

$$\boldsymbol{H}_{2(x)}=\frac{8}{4\pi(0.3)}(\sin 53.1^\circ+1)\boldsymbol{a}_\phi$$

$$=\frac{2}{0.3\pi}(1.8)\boldsymbol{a}_\phi=\frac{12}{\pi}\boldsymbol{a}_\phi$$

注意，此时的单位矢量是相对于 x 轴的，应为 $\boldsymbol{a}_\phi=-\boldsymbol{a}_z$。因此有

$$\boldsymbol{H}_{2(x)}=-\frac{12}{\pi}\boldsymbol{a}_z \quad \text{A/m}$$

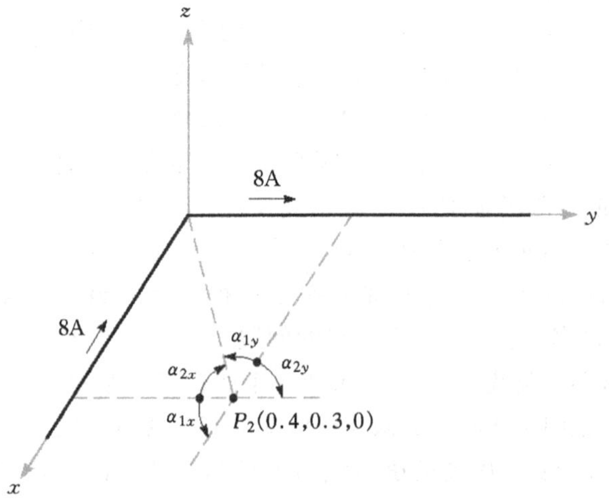

图 7.6 用式(7.9)分别计算两条半无限长线电流的磁场强度，然后相加得到在点 P_2 处的 H_2

对于在 y 轴上的线电流，我们有 $\alpha_{1y}=-\arctan(0.3/0.4)=-36.9°$，$\alpha_{2y}=90°$，$\rho_y=0.4$。不难得到

$$\boldsymbol{H}_{2(y)}=\frac{8}{4\pi(0.4)}(1+\sin 36.9°)(-\boldsymbol{a}_z)=-\frac{8}{\pi}\boldsymbol{a}_z \quad \text{A/m}$$

把上面两个结果相加，得到

$$\boldsymbol{H}_2=\boldsymbol{H}_{2(x)}+\boldsymbol{H}_{2(y)}=-\frac{20}{\pi}\boldsymbol{a}_z=-6.37\boldsymbol{a}_z \quad \text{A/m}$$

练习 7.1 已知点 P_1、P_2 和 $I_1\Delta L_1$ 的值，求 $\Delta\boldsymbol{H}_2$：(a) $P_1(0,0,2)$，$P_2(4,2,0)$，$2\pi\boldsymbol{a}_z\mu\text{A}\cdot\text{m}$；(b) $P_1(0,2,0)$，$P_2(4,2,3)$，$2\pi\boldsymbol{a}_z\ \mu\text{A}\cdot\text{m}$；(c) $P_1(1,2,3)$，$P_2(-3,-1,2)$，$2\pi(-\boldsymbol{a}_x+\boldsymbol{a}_y+2\boldsymbol{a}_z)\ \mu\text{A}\cdot\text{m}$。

答案：(a) $-8.51\boldsymbol{a}_x+17.01\boldsymbol{a}_y$ nA/m；(b) $16\boldsymbol{a}_y$ nA/m；(c) $18.9\boldsymbol{a}_x-33.9\boldsymbol{a}_y+26.4\boldsymbol{a}_z$ nA/m

练习 7.2 一沿 z 轴放置的细长直导线载有电流 15 A，沿正 z 方向流动。在直角坐标系中，求出以下两点的 $\boldsymbol{H}$：(a) $P_A(\sqrt{20},0,4)$；(b) $P_B(2,-4,4)$。

答案：(a) $0.534\boldsymbol{a}_y$ A/m；(b) $0.477\boldsymbol{a}_x+0.239\boldsymbol{a}_y$ A/m。

7.2 安培环路定律

在利用库仑定律求解了许多简单的静电场问题后，我们发现使用高斯定律很容易解答一些具有高度对称性的问题。再一次，在磁场中也存在着类似的方法。在这里，我们把能使磁场问题更容易求解的定律称为**安培环路定律**(Ampère's circuital[①] law)，有时也叫安培计算定律。此定律可以由毕奥-沙伐定律导出(见 7.7 节)。

安培环路定律说明：磁场强度 $\boldsymbol{H}$ 沿一闭合路径的线积分等于该闭合路径所包围的电流的大小，即

$$\boxed{\oint \boldsymbol{H}\cdot d\boldsymbol{L}=I} \tag{7.10}$$

在上式中，如果电流 I 的方向与积分回路的绕行方向符合右手螺旋关系，则电流 I 取为正，否则为负。

如图 7.7 所示，一圆柱导体通有直流电流 I，磁场强度 $\boldsymbol{H}$ 沿闭合路径 a 和 b 的线积分值都等于 I；而沿穿过导体的闭合路径 c 的积分值小于 I，这个积分值等于闭合路径 c 所包围的部分导体中流过的电流。虽然沿路径 a 和 b 的积分值一样，但被积函数却是不同的。若把 $\boldsymbol{H}$ 在闭合路径上每一点的切向分量与该点的路径长度微元相乘并对其进行积分，我们就可以求得该线积分的值。由于 $\boldsymbol{H}$ 一般会逐点地发生变化以及路径 a 和 b 也不相同，所以说每一段路径对积分的贡献是完全不同的。仅仅只是最后得到的积分值是相同的而已。

我们也应该来分析一下“由闭合路径所包围的电流”这一表述的含义。假设让一根导体在穿过一个橡胶圈一次后再联接起来形成一个电流回路，我们将把该橡胶圈用作积分的闭合路

① 最好把重音放在“circ—”上。

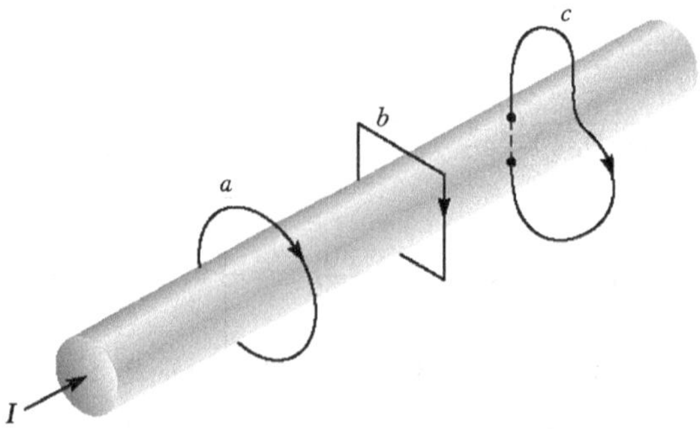

图 7.7 一通电流 I 的导体。$\boldsymbol{H}$ 沿闭合路径 a 和 b 的线积分都等于 I，而沿路径 c 的线积分小于 I，因为闭合路径没有包围全部的电流

径。一些奇怪的和令人生畏的路径可以通过使橡胶圈扭曲和纠结后而形成，但只要不让橡胶圈和导体回路被断开，则闭合路径所包围的电流就是导体中的电流。现在，让我们用一个弹性钢片圆环来代替橡胶圈，并在圆环表面蒙上一片橡胶。这个钢片圆环形成了一个闭合路径，如果电流被该闭合路径所包围，则载流导体必须穿过橡胶片。再一次，我们可以使钢片圆环被扭曲，也可以按照我们期望的任意的方式将拳头伸入橡胶片或将橡胶片折叠而使其变形。一个单根载流导体仍然只穿过橡胶片一次，这也就是由闭合路径所包围的电流真实测量值。若我们让导体从前方向后方穿过橡胶片一次，再从后方向前方穿过橡胶片一次，则由这个闭合路径所包围的总电流是代数和，其值为零。

更一般地说，若给定一个闭合路径，我们可以把它看成是无数个曲面（非闭合曲面）的周界线。被闭合路径所包围的任何载流导体一定要通过每一个这样的曲面一次。当然，可以选取某些曲面，使得导体两次穿过它们，即从一个方向穿过一次而从另一个相反方向又穿过一次，但是电流的代数和仍然是相同的。

我们会发现闭合路径的种类通常是极其简单的，能够被画在一个平面上。因此，部分被闭合路径所包围的平面就是最简单的曲面。现在，我们只需要求出穿过该部分平面的总电流。

应用高斯定律的关键是要求出闭合面内所包围的总电荷；而应用安培环路定律的关键是要求出闭合路径所包围的总电流。

让我们再一次来求无限长直细线电流 I 产生的磁场强度。在自由空间中，长直细线沿 z 轴（如图 7.3 所示）放置，电流沿 $\boldsymbol{a}_z$ 的方向流动。首先考虑到对称性，可知磁场强度大小与 z 和 ϕ 都无关。其次，根据毕奥-沙伐定律，我们来确定 $\boldsymbol{H}$ 存在哪些分量。不失一般性，利用叉乘，我们可以说 $d\boldsymbol{H}$ 是与 $d\boldsymbol{L}$ 和 $\boldsymbol{R}$ 所在的平面相垂直的，即是沿着 a_ϕ 方向。因此，$\boldsymbol{H}$ 只有一个分量 H_ϕ，且仅是 ρ 的函数。

因此，我们可以选择这样一个闭合路径，使得 $\boldsymbol{H}$ 与该路径相垂直或相切，并且磁场强度 H 在路径上为一常数。第一个要求（垂直或相切）使得我们可以用标量乘积代替在安培环路定律中的点积，除过在那部分与磁场强度相垂直的路径上的点积为零之外；而第二个要求（不变化）允许我们把磁场强度 H 提取到积分号外。要求的积分通常都比较简单，只需要计算出与磁场强度 $\boldsymbol{H}$ 平行的那部分路径的长度。

在这个例子中，我们选取半径为 ρ 的圆作为积分路径，由安培环路定律得到

$$\oint \boldsymbol{H}\cdot d\boldsymbol{L}=\int_0^{2\pi}H_\phi\rho\,d\phi=H_\phi\rho\int_0^{2\pi}d\phi=H_\phi 2\pi\rho=I$$

或

$$H_\phi = \frac{I}{2\pi\rho}$$

这个结果与前面的一样。

作为安培环路定律应用的第二个例子，我们考虑一根无限长的同轴传输线，其内导体均匀流过电流 I，外导体均匀流过电流 $-I$。传输线的结构如图 7.8(a)所示。由对称性可以看出，磁场强度大小 H 与 z 和 ϕ 均无关。为了计算出所存在的磁场分量，我们可以把整个实心导体看作是由许多根细导体线组成的，这样便可以利用前面例子的结果。细导体线产生的 $\boldsymbol{H}$ 没有 z 分量。进一步分析还能看出，位于 $\rho=\rho_1$，$\phi=\phi_1$ 处的细导线在 $\phi=0°$处产生的 H_ρ 分量被对称地放置在 $\rho=\rho_1$，$\phi=-\phi_1$ 处的细导线所产生的 H_ρ 相抵消。在图 7.8(b)中示出了这种对称性。再一次，我们发现磁场强度只有随 ρ 变化的 H_ρ 分量。

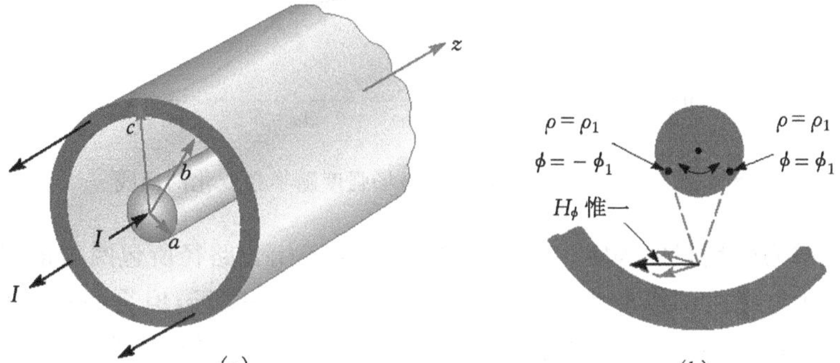

(a)　　　　(b)

图 7.8　(a)某一同轴电缆的横截面，其内导体中均匀流过电流 I，外导体均匀流过电流 $-I$。在一圆环路径上应用安培环路定律很容易计算出任意点的磁场强度。(b)分别位于 $\rho=\rho_1$，$\phi=\pm\phi_1$ 处的两根线电流所产生的磁场强度分量相互抵消。对总磁场来说，有 $\boldsymbol{H}=H_\phi \boldsymbol{a}_\phi$

取一个半径为 ρ 的圆环路径，$a<\rho<b$，容易得到

$$H_\phi = \frac{I}{2\pi\rho} \quad (a<\rho<b)$$

若 $\rho<a$ 时，闭合路径包围的电流为

$$I_{\text{encl}} = I\frac{\rho^2}{a^2}$$

和

$$2\pi\rho H_\phi = I\frac{\rho^2}{a^2}$$

或

$$H_\phi = \frac{I\rho}{2\pi a^2} \quad (\rho<a)$$

若 $\rho>c$(c 为外导体外径)时，闭合路径所包围的电流的代数和为零，则

$$H_\phi = 0 \quad (\rho>c)$$

最后，如果将闭合路径取在外导体的内部，我们有

$$2\pi\rho H_\phi = I - I\left(\frac{\rho^2 - b^2}{c^2 - b^2}\right)$$

$$H_\phi = \frac{I}{2\pi\rho}\frac{c^2 - \rho^2}{c^2 - b^2} \quad (b < \rho < c)$$

在图 7.9 中示出了一同轴电缆中磁场强度随半径变化的曲线，其中 $b=3a$，$c=4a$。可以注意到，在所有的导体边界上磁场强度 $\boldsymbol{H}$ 都是连续的。换句话说，闭合回路半径的一个微小增大不会导致包围了一个完全不同的电流。这表明了 H_ϕ 的值没有突变。

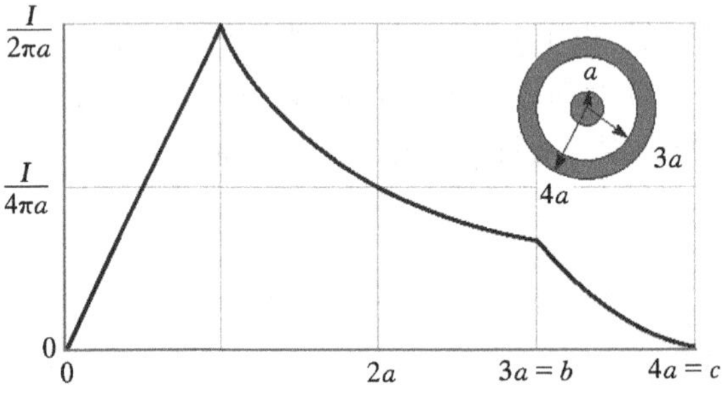

图 7.9　无限长同轴传输线中磁场强度随半径变化的曲线

同轴电缆外部的磁场强度为零。我们看到，这是由于闭合路径所包围的正、负电流的大小相等。它们在同轴电缆外部都产生一个大小为 $I/(2\pi\rho)$ 的外磁场，但是相互完全抵消的。这是“屏蔽”的另一个例子；当流过很大的电流时，这样的同轴电缆对附近的线路不会产生明显的影响。

在最后一个例子中，让我们来考虑一个位于 $z=0$ 平面的均匀分布面电流片，电流沿正 y 方向流动。我们可以认为返回电流是在该面电流片两侧很远处的另外两个面电流片，其中每一片流过的电流为我们所考虑的面电流片的一半。在图 7.10 中示出了一个面电流密度为 $\boldsymbol{K}=K_y\boldsymbol{a}_y$ 的均匀分布面电流片。$\boldsymbol{H}$ 不可能随 x 或 y 变化。若把电流片分成许多根细电流线，显然可以看出这些电流线不可能产生 H_y 分量。此外，由毕奥-沙伐定律可知，一对对称放置的电流线所产生的 H_z 分量是相互抵消的。这样，H_z 也为零；故磁场强度只有 H_x 分量。因此，我们选取由与 H_x 平行或垂直的几条直线段构成的矩形闭合路径 $1-1'-2'-2-1$。由安

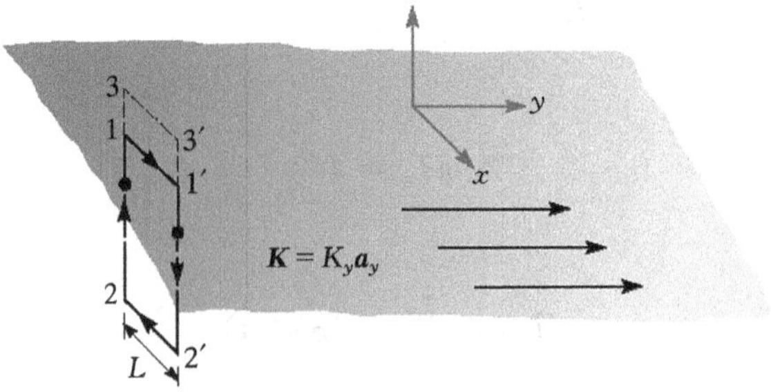

图 7.10　在 $z=0$ 面上有一密度为 $\boldsymbol{K}=K_y\boldsymbol{a}_y$ 的均匀分布面电流层。在路径 $1-1'-2'-2-1$ 和 $3-3'-2'-2-3$ 上，应用安培环路定律可以求得磁场强度的值 $\boldsymbol{H}$

培环路定律得到

$$H_{x1}L + H_{x2}(-L) = K_yL$$

或

$$H_{x1} - H_{x2} = K_y$$

如果现在再选择路径 3—3′—2′—2—3，则包围着相同的电流，有

$$H_{x3} - H_{x2} = K_y$$

所以，有

$$H_{x3} = H_{x1}$$

上式说明在 z 大于零的区域内，H_x 不变化。同理，H_x 在 z 小于零的区域内也不变化。由于对称性，所以在面电流片两边的磁场强度大小相等但方向相反。在面电流片的上方，有

$$H_x = \frac{1}{2}K_y \quad (z > 0)$$

而在下方，有

$$H_x = -\frac{1}{2}K_y \quad (z < 0)$$

若用 $\boldsymbol{a}_N$ 来表示面电流片表面的单位外法向矢量，则对全部的 z 值，上面的结果可以写成如下形式：

$$\boxed{\boldsymbol{H} = \frac{1}{2}\boldsymbol{K} \times \boldsymbol{a}_N} \tag{7.11}$$

假设另有一个位于 $z=h$ 平面内的面电流片，面电流密度 $\boldsymbol{K}=-K_y\boldsymbol{a}_y$，则由式(7.11)得到在这两个面电流片之间的磁场强度为

$$\boxed{\boldsymbol{H} = \boldsymbol{K} \times \boldsymbol{a}_N} \quad (0 < z < h) \tag{7.12}$$

而在其它地方，有

$$\boxed{\boldsymbol{H} = 0} \quad (z < 0,\ z > h) \tag{7.13}$$

应用安培环路定律最困难的部分就是确定磁场强度存在着哪个分量。最有把握的方法是毕奥-沙伐定律的逻辑应用以及对简单分布磁场要有一定的了解。

在本章的练习 7.13 中，概括了应用安培环路定律计算一个通有均匀面电流密度 $\boldsymbol{K}_a\boldsymbol{a}_\phi$ 和半径为 a 的无限长螺线管磁场问题的步骤，如图 7.11(a)所示。为了参考方便起见，这里给出计算结果，

$$\boldsymbol{H} = K_a\boldsymbol{a}_z \quad (\rho < a) \tag{7.14a}$$

$$\boldsymbol{H} = 0 \quad (\rho > a) \tag{7.14b}$$

如果螺线管为有限长度 d，且由 N 匝密绕的细导线构成，通有电流 I(图 7.11(b))，则在螺线管内部任一点的磁场强度为

$$\boldsymbol{H} = \frac{NI}{d}\boldsymbol{a}_z \quad (\text{在螺线管内部}) \tag{7.15}$$

这种近似结果是有用的，只要不使用在离螺线管两端的距离小于两倍半径以及离螺线管表面的距离小于两倍线匝间距的点处。

对于图 7.12 中所示的镯环形线圈来说，在图 7.12(a)所示的理想情况下，可以证明磁场强度为

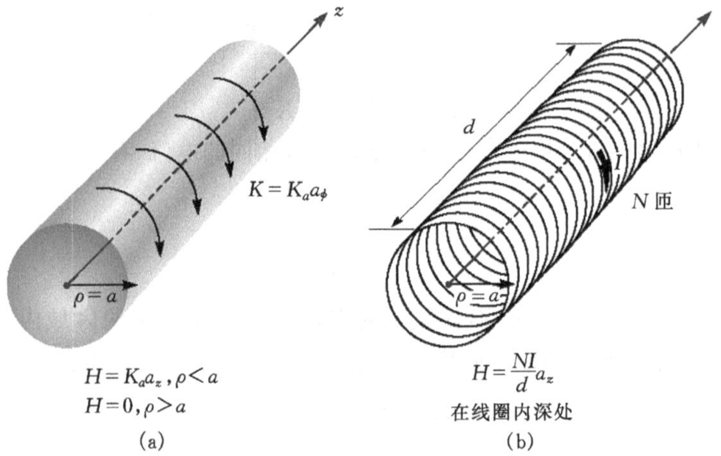

图 7.11 (a)一个无限长的理想螺线管,圆柱面电流片的电流密度为 $\boldsymbol{K}=K_a\boldsymbol{a}_\phi$。(b) 一个长度为 d 和匝数为 N 的螺线管

$$\boldsymbol{H}=K_a\frac{\rho_0-a}{\rho}\boldsymbol{a}_\phi \quad \text{(在镯环形线圈内部)} \tag{7.16a}$$

$$\boldsymbol{H}=0 \quad \text{(在镯环形线圈外部)} \tag{7.16b}$$

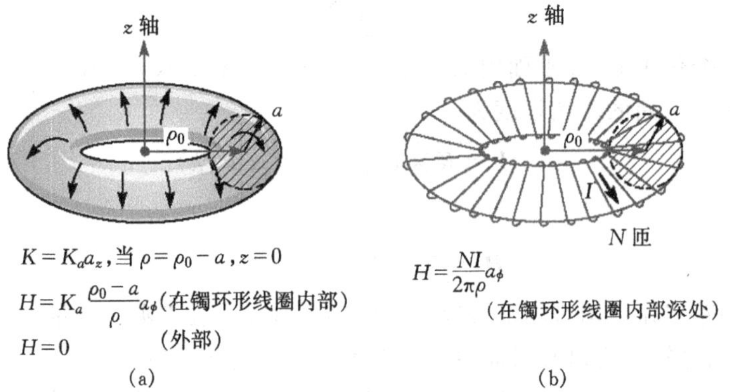

图 7.12 (a) 一个理想的通有面电流 K 的镯环形线圈,电流方向如图所示。(b) 一个匝数为 N 的镯环形线圈,细导线中的电流为 I

而对于图 7.12(b)中的 N 匝镯环形线圈,我们有较好的近似解:

$$\boldsymbol{H}=\frac{NI}{2\pi\rho}\boldsymbol{a}_\phi \quad \text{(内部)} \tag{7.17a}$$

$$\boldsymbol{H}=0 \quad \text{(外部)} \tag{7.17b}$$

只要我们所考虑的点离镯环形线圈表面的距离数倍于线匝间距就可以了。

也可以很容易地处理矩形横截面镯环形线圈问题,你在完成练习 7.14 时将会有所体会。

对于螺线管、镯环形线圈以及其它形状的线圈都有相应的计算公式,可以查阅《电气工程师标准手册》中的第二部分(见第 5 章的参考书目)。

练习 7.3　在直角坐标系中，求点 $P(0,0.2,0)$处的磁场强度 $\boldsymbol{H}$ 的各个分量：
(a) 一大小为 2.5 A 的细线电流沿正 z 轴方向流动，位于 $x=0.1$，$y=0.3$ 处；
(b) 有一中心在 z 轴的同轴电缆，其内导体半径 $a=0.3$，而外导体的内半径 $b=0.5$ 和外半径 $c=0.6$，$I=2.5$ A 的电流在内导体中沿正 z 轴方向流动；
(c) 有三个面电流片，在 $y=0.1$ 处的面电流片的电流密度为 $2.7\boldsymbol{a}_x$ A/m；在 $y=0.15$ 处的面电流片的电流密度为 $-1.4\boldsymbol{a}_x$ A/m；在 $y=0.25$ 处的面电流片的电流密度为 $-1.3\boldsymbol{a}_x$ A/m。
答案：(a) $1.989\boldsymbol{a}_x-1.989\boldsymbol{a}_y$ A/m；(b) $-0.884\boldsymbol{a}_x$ A/m；(c) $1.300\boldsymbol{a}_z$ A/m。

7.3　旋度

我们在把高斯定律应用于一个体积元并导出了散度的概念之后，才结束了对高斯定律的分析和讨论。现在，我们把安培环路定律应用于某一面积元的周界线上，讨论矢量分析中的第三种也是最后一种特殊的导数，即旋度。我们的目的是得到安培环路定律的点形式。

如图 7.13 所示，再一次在直角坐标系中，我们选取一个边长为 Δx 和 Δy 的小矩形闭合路径。假设某个电流在小矩形**中心**产生的磁场强度 $\boldsymbol{H}$ 的参考值为

$$\boldsymbol{H}_0 = H_{x0}\boldsymbol{a}_x + H_{y0}\boldsymbol{a}_y + H_{z0}\boldsymbol{a}_z$$

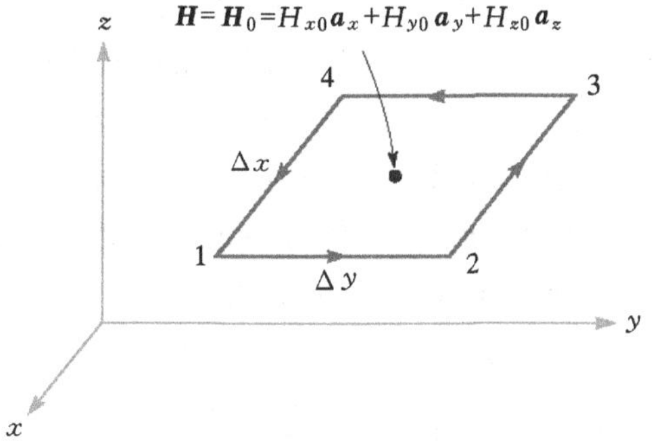

图 7.13　在直角坐标系中选择一个很小的闭合路径，应用安培环路定律求出的空间变化率

此时，磁场强度 $\boldsymbol{H}$ 沿该闭合路径上的线积分值近似为四条边上 $\boldsymbol{H}\cdot\Delta\boldsymbol{L}$ 的值之合。我们选择积分的路径方向为 1—2—3—4—1，这对应于电流沿 $\boldsymbol{a}_z$ 方向，在第一段上的积分为

$$(\boldsymbol{H}\cdot\Delta\boldsymbol{L})_{1-2} = H_{y,1-2}\Delta y$$

H_y 在该路径**这一段**上的值可以用矩形中心处的参考值 H_{y0}、H_y 对 x 的变化率和中心点离 1—2段的距离 $\Delta x/2$ 来表示：

$$H_{y,1-2} \doteq H_{y0} + \frac{\partial H_y}{\partial x}\left(\frac{1}{2}\Delta x\right)$$

这样

$$(\boldsymbol{H}\cdot\Delta\boldsymbol{L})_{1-2} \doteq \left(H_{y0} + \frac{1}{2}\frac{\partial H_y}{\partial x}\Delta x\right)\Delta y$$

沿下一段 2—3，我们有

$$(\boldsymbol{H}\cdot\Delta\boldsymbol{L})_{2-3} \doteq H_{x,2-3}(-\Delta x) \doteq -\left(H_{x0}+\frac{1}{2}\frac{\partial H_x}{\partial y}\Delta y\right)\Delta x$$

类似地，求出剩余的两段积分，然后把这些结果相加，得到

$$\oint \boldsymbol{H}\cdot \mathrm{d}L \doteq \left(\frac{\partial H_y}{\partial x}-\frac{\partial H_x}{y}\right)\Delta x\Delta y$$

根据安培环路定律，这一结果一定等于闭合路径所包围的电流，或着等于穿过由闭合路径所限定的任意曲面的电流。假设电流密度为 $\boldsymbol{J}$，那么被包围的电流是 $\Delta I \doteq J_z\Delta x\Delta y$，有

$$\oint \boldsymbol{H}\cdot \mathrm{d}\boldsymbol{L} \doteq \left(\frac{\partial H_y}{\partial x}-\frac{\partial H_x}{y}\right)\Delta x\Delta y \doteq J_z\Delta x\Delta y$$

或

$$\frac{\oint \boldsymbol{H}\cdot \mathrm{d}\boldsymbol{L}}{\Delta x\Delta y} \doteq \frac{\partial H_y}{\partial x}-\frac{\partial H_x}{\partial y} \doteq J_z$$

当让闭合路径不断地收缩时，上述表达式会变得更接近真实值。在取极限情况下，我们有如下的等式：

$$\lim_{\Delta x,\Delta y\to 0}\frac{\oint \boldsymbol{H}\cdot \mathrm{d}\boldsymbol{L}}{\Delta x\Delta y} = \frac{\partial H_y}{\partial x}-\frac{\partial H_x}{\partial y} = J_z \tag{7.18}$$

在利用安培环路定律使磁场强度 $\boldsymbol{H}$ 的闭合路径积分等于其所包围的电流后，我们已经把 $\boldsymbol{H}$ 在**每单位面积**的周界路径上的积分值与所包围的每单位面积电流（即电流密度）联系起来了。在由高斯定律的积分形式导出其点形式时，我们也做过与此相似的分析，高斯定律的积分形式将穿出某一闭合曲面的通量与该闭合曲面所包围的电荷相联系，而高斯定律的点形式则将穿出单位体积表面的通量与**该单位体积**中所包含电荷相联系。

如果我们选择这样的一个闭合路径，让它的每条边一定是垂直于直角坐标系中的某两个坐标轴，由此可以得到电流密度的 x 和 y 分量分别为

$$\lim_{\Delta y,\Delta z\to 0}\frac{\oint \boldsymbol{H}\cdot \mathrm{d}\boldsymbol{L}}{\Delta y\Delta z} = \frac{\partial H_z}{\partial y}-\frac{\partial H_y}{\partial z} = J_x \tag{7.19}$$

和

$$\lim_{\Delta z,\Delta x\to 0}\frac{\oint \boldsymbol{H}\cdot \mathrm{d}\boldsymbol{L}}{\Delta z\Delta x} = \frac{\partial H_x}{\partial z}-\frac{\partial H_z}{\partial x} = J_y \tag{7.20}$$

比较式(7.18)、式(7.19)和式(7.20)，我们可以看出电流密度的某一个分量，是由磁场强度 $\boldsymbol{H}$ 在垂直于该分量的平面内一个小闭合路径上的线积分与闭合路径所包围面积之比，当闭合路径收缩到零时取极限给出的。这个极限在其它课程中也会用到，很早以前人们就把它叫做**旋度**。任一个矢量的旋度也是一个矢量，而旋度的任一个分量是由该矢量在垂直于此分量的平面内一个小闭合路径上的线积分与闭合路径所包围面积之比，当闭合路径收缩到零时取极限给出的。应该注意的是，这里对旋度的定义适用于其它各种坐标系。旋度定义的数学形式是

$$\boxed{(\mathrm{curl}\,\boldsymbol{H})_{\mathrm{N}} = \lim_{\Delta S_{\mathrm{N}}\to 0}\frac{\oint \boldsymbol{H}\cdot \mathrm{d}\boldsymbol{L}}{\Delta \boldsymbol{S}_{\mathrm{N}}}} \tag{7.21}$$

这里 ΔS_N 是闭合路径所包围的平面的面积。下标 N 指的是旋度的这个分量就是与闭合路径所包围的曲面相垂直的分量，它可以表示在任一坐标系中的任何分量。

在直角坐标系中，定义式(7.21)表明 curl $\boldsymbol{H}$ 的 x，y 和 z 分量是由式(7.18)～(7.20)所确定的，因此有

$$\boxed{\text{curl}\ \boldsymbol{H}=\left(\frac{\partial H_z}{\partial y}-\frac{\partial H_y}{\partial z}\right)\boldsymbol{a}_x+\left(\frac{\partial H_x}{\partial z}-\frac{\partial H_z}{\partial x}\right)\boldsymbol{a}_y+\left(\frac{\partial H_y}{\partial x}-\frac{\partial H_x}{\partial y}\right)\boldsymbol{a}_z} \tag{7.22}$$

可以把这个结果写成行列式的形式：

$$\boxed{\text{curl}\ \boldsymbol{H}=\begin{vmatrix} \boldsymbol{a}_x & \boldsymbol{a}_y & \boldsymbol{a}_z \\ \dfrac{\partial}{\partial x} & \dfrac{\partial}{\partial y} & \dfrac{\partial}{\partial z} \\ H_x & H_y & H_z \end{vmatrix}} \tag{7.23}$$

也可以用矢量算子写成如下形式：

$$\boxed{\text{curl}\ \boldsymbol{H}=\nabla\times\boldsymbol{H}} \tag{7.24}$$

式(7.22)是把定义式(7.21)应用到直角坐标系中得到的结果。在一个边长为 Δx 和 Δy 的小矩形闭合路径上应用安培环路定律，我们可以得到上述旋度表达式的 z 分量，而其它的两个分量也容易地按照同样的方法得到。式(7.23)是旋度公式的一种简洁的表示方法；它在形式上是对称的并且容易记忆。式(7.24)则更为简洁，使得在应用式(7.21)时要用到叉乘和矢量算子。

在附录 A 中，由定义式(7.21)分别导得了 $\boldsymbol{H}$ 的旋度在柱坐标系和球坐标系中的表达式。尽管像在附录 A 中的解释一样，它们也可以写成行列式的形式，但在行列式中的第一行不再全部是单位矢量，最后一行也不全部是各个分量，所以这种形式并不容易记忆。由于这个原因，为了参考方便起见，在下面和本书后面封面内侧都给出了在柱坐标系和球坐标系中的旋度表达式。

$$\boxed{\nabla\times\boldsymbol{H}=\left(\frac{1}{\rho}\frac{\partial H_z}{\partial\phi}-\frac{\partial H_\phi}{\partial z}\right)\boldsymbol{a}_\rho+\left(\frac{\partial H_\rho}{\partial z}-\frac{\partial H_z}{\partial\rho}\right)\boldsymbol{a}_\phi+\left(\frac{1}{\rho}\frac{\partial(\rho H_\phi)}{\partial\rho}-\frac{1}{\rho}\frac{\partial H_\rho}{\partial\phi}\right)\boldsymbol{a}_z\quad\text{(柱坐标)}} \tag{7.25}$$

$$\boxed{\nabla\times\boldsymbol{H}=\frac{1}{r\sin\theta}\left(\frac{\partial(H_\phi\sin\theta)}{\partial\theta}-\frac{\partial H_\theta}{\partial\phi}\right)\boldsymbol{a}_r+\frac{1}{r}\left(\frac{1}{\sin\theta}\frac{\partial H_r}{\partial\phi}-\frac{\partial(rH_\phi)}{\partial r}\right)\boldsymbol{a}_\theta+\frac{1}{r}\left(\frac{\partial(rH_\theta)}{\partial r}-\frac{\partial H_r}{\partial\theta}\right)\boldsymbol{a}_\phi\quad\text{(球坐标)}} \tag{7.26}$$

尽管我们已经把旋度描述为在单位面积的周界线上的线积分，但这并没有给出有关旋度计算实质的一个令人满意的物理图像，因为线积分本身也要求一个物理解释。在静电场中，我们第一次遇到了这种线积分，并且有 $\oint\boldsymbol{E}\cdot d\boldsymbol{L}=0$。因为线积分为零，所以我们没有对物理图像做过多的说明。而在上面，我们讨论了磁场强度 $\boldsymbol{H}$ 的闭合线积分，得到 $\oint\boldsymbol{H}\cdot d\boldsymbol{L}=I$。这些闭合线积分也都被称之为环流，显然是借用了流体力学中的术语。

$\boldsymbol{H}$ 的环流或 $\oint\boldsymbol{H}\cdot d\boldsymbol{L}$ 可以这样求得，当每个元段路径的长度和元段数目趋于无限时，把 $\boldsymbol{H}$ 在

每一点处平行于给定闭合路径的分量乘以该元段路径的长度并同时逐点相加，取其和即得 $\oint \boldsymbol{H}\cdot d\boldsymbol{L}$。我们不要求一个变为零的小闭合路径。安培环路定律告诉我们，如果 $\boldsymbol{H}$ 对于一个给定闭合路径存在着环流，那么电流一定通过这个闭合路径。在静电场中，我们看到沿任何一条闭合路径电场强度的环流都为零，这个事实的直接推论就是说沿闭合路径移动一个电荷不需要做功。

我们可以把旋度描述为在**单位面积上的环流**。当闭合路径无限小时，旋度将被定义在一点上。电场强度 $\boldsymbol{E}$ 的旋度必须为零，因为它的环流为零。然而，磁场强度 $\boldsymbol{H}$ 的旋度不为零；因为根据安培环路定律[或式(7.18)、(7.19)和(7.20)]，在单位面积上 $\boldsymbol{H}$ 的环流等于电流密度。

斯凯林(Skilling)建议采用一个小桨轮制作旋度表①。这样，我们应该把矢量这个量想象成是有作用于桨轮中每个桨片上的力的能力，该力与在桨片表面的磁场法向分量成正比。为了测试某一个场的旋度，我们应把小桨轮放入这个场中，并且使桨轮的轮轴轴线方向与旋度的待测试分量方向一致，同时注意场对桨轮的作用。若桨轮不转动就说明没有旋度；转动的角速度越大，旋度的值就越大；反向转动说明旋度的符号相反。为了找出旋度矢量的方向和不仅仅证实任一特定分量是否存在，我们不仅要把桨轮放入场中去，还同时要搜寻在哪一个方向会产生最大的转矩。根据右手螺旋定则，此时旋度的方向将沿着桨轮的轴线方向。

我们来看一下河流中水流这样的例子。图 7.14(a)是河中央的宽阔河流段水流的纵向截面。水流在河底的流速为零，而在靠近河水表面处水流流速线性增加。图中所示轴线垂直于纸面的小桨轮将顺时针方向转动，表明旋度在垂直于纸面向内方向上存在着一个分量。如果当我们上下移动时和穿过河流时(或者即使水流流速朝河的两岸方向以相同的方式减小)，水流的速度不变化，那么这个分量将是在河流中央惟一存在的一个分量，并且水流速度的旋度方向是垂直指向纸面内。

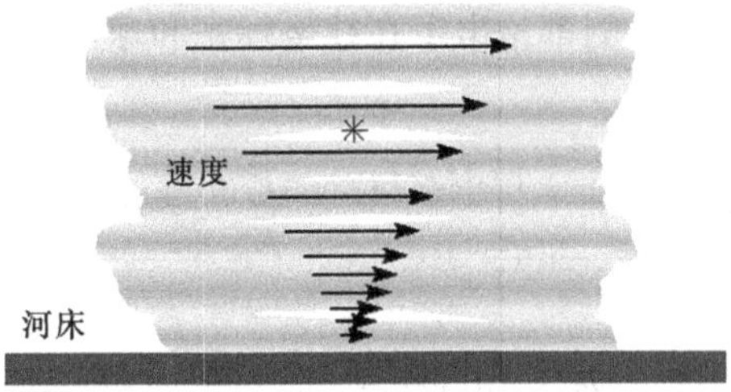

(a)

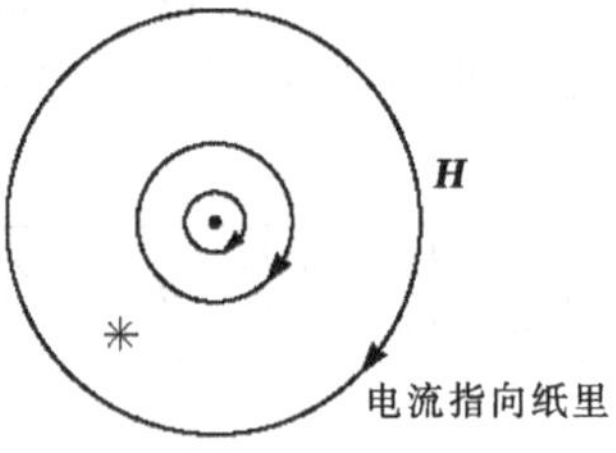

(b)

图 7.14 (a)旋度表测试表明水流速度的旋度有一个分量是指向纸面内的。(b)一无限长直电流导线产生的磁场强度的旋度

图 7.14(b)是一无限长直细导线产生的磁场强度的流线分布图。放入这个磁场中的旋度表测试表明有一个顺时针方向的力作用在许多桨片上，但这个力通常比之沿逆时针方向作用在紧靠导线的一小部分桨片上的力要小得多。如果流线的曲率是恰当的和磁场强度的变化又刚好符合要求，则作用在桨轮上的静转矩就有可能为零。实际上，在这种情况下桨轮不转动，这是由于 $\boldsymbol{H}=[I/(2\pi\rho)]\boldsymbol{a}_\phi$，把它代入式(7.25)，可以得到

① 参阅本章末的参考文献。

$$\mathrm{curl}\boldsymbol{H} = -\frac{\partial H_\phi}{\partial z}\boldsymbol{a}_\rho + \frac{1}{\rho}\frac{\partial(\rho H_\phi)}{\partial \rho}\boldsymbol{a}_z = 0$$

例 7.2　如图 7.15 所示，作为由旋度定义来计算 curl$\boldsymbol{H}$ 和计算另一个线积分的一个例子，假定 $\boldsymbol{H}=0.2z^2\boldsymbol{a}_x(z>0)$，而在其它地方有 $\boldsymbol{H}=0$。试计算积分 $\oint \boldsymbol{H}\cdot \mathrm{d}\boldsymbol{L}$ 的值，积分路径是中心在 $(0,0,z_1)$ 且位于 $y=0$ 平面内的一个边长为 d 的正方形回路，这里 $z_1>d/2$。

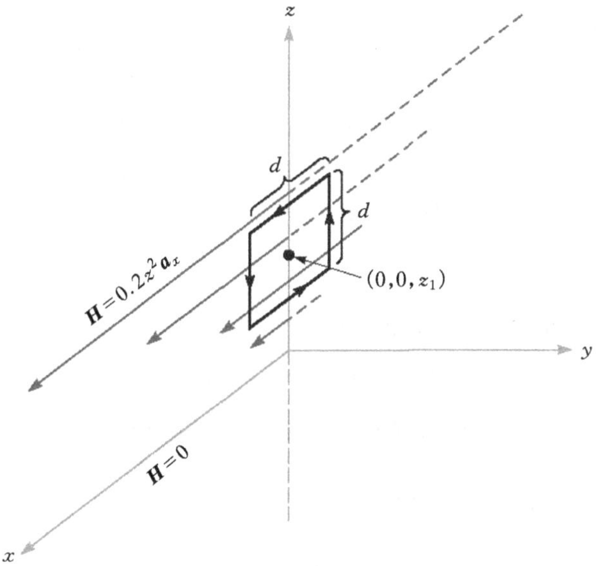

图 7.15　利用中心在 $(0,0,z_1)$ 边长为 d 的正方形路径，计算 $\oint \boldsymbol{H}\cdot \mathrm{d}\boldsymbol{L}$ 的值并求出 curl$\boldsymbol{H}$

解：我们将线积分分为 4 段计算，且从最上面一段开始：

$$\oint \boldsymbol{H}\cdot \mathrm{d}\boldsymbol{L} = 0.2\left(z_1+\frac{1}{2}d\right)^2 d + 0 - 0.2\left(z_1-\frac{1}{2}d\right)^2 d + 0 = 0.4z_1 d^2$$

在正方形面积趋于零的极限情况下，我们得到

$$(\nabla\times\boldsymbol{H})_y = \lim_{d\to 0}\frac{\oint \boldsymbol{H}\cdot \mathrm{d}\boldsymbol{L}}{d^2} = \lim_{d\to 0}\frac{0.4z_1 d^2}{d^2} = 0.4z_1$$

而在其它方向上的分量均为零，所以 $\nabla\times\boldsymbol{H}=0.4z_1\boldsymbol{a}_y$。

为了不使用旋度的定义或线积分来求出旋度，我们应简单地采用式(7.23)中的偏导数：

$$\nabla\times\boldsymbol{H} = \begin{vmatrix} \boldsymbol{a}_x & \boldsymbol{a}_y & \boldsymbol{a}_z \\ \dfrac{\partial}{\partial x} & \dfrac{\partial}{\partial y} & \dfrac{\partial}{\partial z} \\ 0.2z^2 & 0 & 0 \end{vmatrix} = \frac{\partial}{\partial z}(0.2z^2)\boldsymbol{a}_y = 0.4z\boldsymbol{a}_y$$

当取 $z=z_1$ 时，便可以得到前面的结果。

现在，让我们完成最初把安培环路定律在一个微分尺寸的闭合路径上的应用，将式(7.18)、(7.19)、(7.20)、(7.22)和(7.24)相结合在一起，我们得到

$$\mathrm{curl}\boldsymbol{H} = \nabla\times\boldsymbol{H} = \left(\frac{\partial H_z}{\partial y}-\frac{\partial H_y}{\partial z}\right)\boldsymbol{a}_x + \left(\frac{\partial H_x}{\partial z}-\frac{\partial H_z}{\partial x}\right)\boldsymbol{a}_y + \left(\frac{\partial H_y}{\partial x}-\frac{\partial H_x}{\partial y}\right)\boldsymbol{a}_z = \boldsymbol{J} \tag{7.27}$$

并写出**安培环路定律的点形式**：

$$\boxed{\nabla \times \boldsymbol{H} = \boldsymbol{J}} \tag{7.28}$$

当把麦克斯韦方程组应用到非时变情况时，上面这个方程就是麦克斯韦方程组中的第二方程。在这里，我们也能写出麦克斯韦方程组中的第三方程；它就是$\oint \boldsymbol{E} \cdot d\boldsymbol{L} = 0$的点形式，或

$$\boxed{\nabla \times \boldsymbol{E} = 0} \tag{7.29}$$

第四方程将出现在7.5节中。

练习7.4 (a)给定$\boldsymbol{H}=3z\boldsymbol{a}_x-2x^3\boldsymbol{a}_z$ A/m，试计算$\boldsymbol{H}$的闭合路径线积分，路径为一顶点分别为$P_1(2,3,4)$、$P_2(4,3,4)$，$P_3(4,3,1)$和$P_4(2,3,1)$的矩形，积分方向为$P_1-P_2-P_3-P_4-P_1$；(b) 用该线积分的值与矩形路径所包围面积之比来近似地表示出$(\nabla \times \boldsymbol{H})_y$；(c) 求矩形路径所包围面积中心点的$(\nabla \times \boldsymbol{H})_y$之值。

答案：(a)354 A；(b) 59 A/m²；(c)57 A/m²。

练习7.5 计算下列点的电流密度矢量的值：

(a) 如果给定$\boldsymbol{H}=x^2z\boldsymbol{a}_y-y^2x\boldsymbol{a}_z$，在直角坐标系中的点$P_A(2,3,4)$；

(b) 如果给定$\boldsymbol{H}=\dfrac{2}{\rho}(\cos 0.2\phi)\boldsymbol{a}_\rho$，在圆柱坐标系中的点$P_B(1.5, 90°, 0.5)$；

(c) 如果给定$\boldsymbol{H}=\dfrac{1}{\sin\theta}\boldsymbol{a}_\theta$，在球坐标系中的点$P_C(2, 30°, 20°)$。

答案：(a) $-16\boldsymbol{a}_x+9\boldsymbol{a}_y+16\boldsymbol{a}_z$ A/m²；(b) $0.055\boldsymbol{a}_z$ A/m²；(c) $\boldsymbol{a}_\phi$ A/m²。

7.4 斯托克斯定理

尽管在7.3节中主要讨论了旋度的计算，但是这对于我们了解磁场的一些基本特性是十分必要的。从安培环路定律，我们得到了麦克斯韦方程组中的一个方程，即$\nabla \times \boldsymbol{H}=\boldsymbol{J}$。这个方程应该称之为安培环路定律的点形式，可以用于一个单位面积上。在本节中，我们将再一次应用数学中的斯托克斯定理来证明从$\nabla \times \boldsymbol{H}=\boldsymbol{J}$可以得到安培环路定律。换句话说，我们打算从点形式得到积分形式，或从积分形式得到点形式。

如图7.16所示，把曲面S划分成许多个面积为ΔS的小面元。如果在其中的某一个小面元上应用旋度的定义，可以得到

$$\frac{\oint \boldsymbol{H} \cdot d\boldsymbol{L}_{\Delta S}}{\Delta S} \doteq (\nabla \times \boldsymbol{H})_{\rm N}$$

再一次，下标N表示由右手螺旋定则确定的小面元的法向方向。$d\boldsymbol{L}_{\Delta S}$中的下标表示该闭合路径是小面元$\Delta S$的周界线。上面这个结果又可以写成

$$\frac{\oint \boldsymbol{H} \cdot d\boldsymbol{L}_{\Delta S}}{\Delta S} \doteq (\nabla \times \boldsymbol{H}) \cdot \boldsymbol{a}_{\rm N}$$

或

$$\oint \boldsymbol{H} \cdot d\boldsymbol{L}_{\Delta S} \doteq (\nabla \times \boldsymbol{H}) \cdot \boldsymbol{a}_N \Delta S = (\nabla \times \boldsymbol{H}) \cdot \Delta S$$

这里，$\boldsymbol{a}_N$ 是小面元 ΔS 的法向方向的单位矢量。

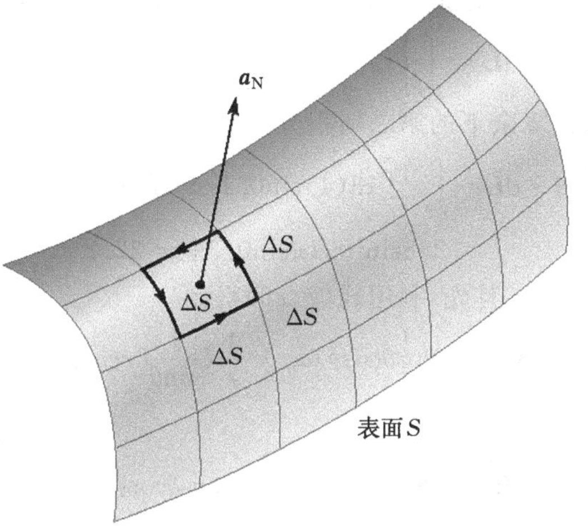

图 7.16　沿每个小面元 $\Delta\boldsymbol{S}$ 周界的闭合线积分之和等于沿曲面 S 周界的闭合线积分，这是因为沿每个内部闭合路径的闭合线积分相互抵消

现在，让我们来求在曲面 S 的每一个小面元上 ΔS 的环流，并将这些结果求和。在计算每一个小面元 ΔS 周界上的线积分时，由于相邻的两个小面元 ΔS 的共有边界方向相反，所以它们的积分值将相互抵消。只有在紧靠边界的小面元 ΔS 的外边界上，也就是说在包围曲面 S 的闭合路径上积分不会被抵消掉。因此，我们有

$$\boxed{\oint \boldsymbol{H} \cdot d\boldsymbol{L} \equiv \int_S (\nabla \times \boldsymbol{H}) \cdot d\boldsymbol{S}} \quad (7.30)$$

这里，$d\boldsymbol{L}$ 仅仅是取在 S 的周界上。

式(7.30)是一个恒等式，它对任何矢量场都成立，被称为斯托克斯定理。

例 7.3　计算一个有具体数值的例子可以帮助我们理解斯托克斯定理的几何意义。考虑图 7.17 中所示的部分球面。这个部分球面由 $r=4$、$0\leqslant\theta\leqslant 0.1\pi$ 和 $0\leqslant\phi\leqslant 0.3\pi$ 所确定，形成其周界线的闭合路径由图中所示的 3 段圆弧面所组成。现在，给定磁场 $\boldsymbol{H} = 6r\sin\phi\boldsymbol{a}_r + 18r\sin\theta\cos\phi\boldsymbol{a}_\phi$，要求计算在斯托克斯定理两边的积分，以便检验其正确性。

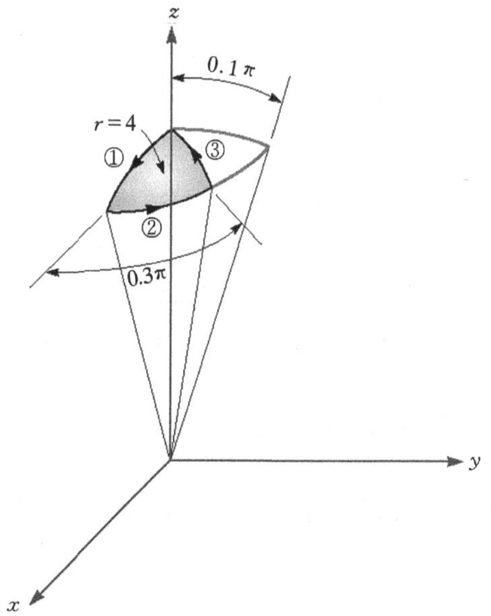

图 7.17　用球形盖的一部分表面作为闭合路径和相应曲面来说明斯托克斯定理

解：在球坐标系中，分析各段路径：

第一段为 $r=4, 0\leqslant\theta\leqslant 0.1\pi, \phi=0$；第二段为 $r=4, \theta=0.1\pi, 0\leqslant\phi\leqslant 0.3\pi$；第三段为 $r=4, 0\leqslant\theta\leqslant 0.1\pi, \phi=0.3\pi$。在 1.9 节中，我们知道

微元 d$\boldsymbol{L}$ 是球坐标系中 3 个微元的矢量和，

$$\mathrm{d}\boldsymbol{L} = \mathrm{d}r\boldsymbol{a}_r + r\mathrm{d}\theta\boldsymbol{a}_\theta + r\sin\theta\mathrm{d}\phi\boldsymbol{a}_\phi$$

因为 $r=4$ 和 $\mathrm{d}r=0$，所以上式右边第一项在 3 段路径上全部为零；因为 θ 为常数，所以第二项在第二段路径上也为零；第三项在第一和第三段路径都为零。这样，有

$$\oint \boldsymbol{H}\cdot\mathrm{d}\boldsymbol{L} = \int_1 H_\theta r\,\mathrm{d}\theta + \int_2 H_\phi r\sin\theta\mathrm{d}\phi + \int_3 H_\theta r\,\mathrm{d}\theta$$

由于 $H_\theta=0$，我们只需要计算余下的第二项积分，

$$\oint \boldsymbol{H}\cdot\mathrm{d}\boldsymbol{L} = \int_0^{0.3\pi}[18(4)\sin 0.1\pi\cos\phi]4\sin 0.1\pi\mathrm{d}\phi$$
$$= 288\sin^2 0.1\pi\sin 0.3\pi = 22.2\ \mathrm{A}$$

下面我们来计算面积分。首先，利用式(7.26)得到

$$\nabla\times\boldsymbol{H} = \frac{1}{r\sin\theta}(36r\sin\theta\cos\theta\cos\phi)\boldsymbol{a}_r + \frac{1}{r}\left(\frac{1}{\sin\theta}6r\cos\phi - 36r\sin\theta\cos\phi\right)\boldsymbol{a}_\theta$$

由于 $\mathrm{d}\boldsymbol{S}=r^2\sin\theta\mathrm{d}\theta\mathrm{d}\phi\boldsymbol{a}_r$，所以积分是

$$\int_S(\nabla\times\boldsymbol{H})\cdot\mathrm{d}\boldsymbol{S} = \int_0^{0.3\pi}\int_0^{0.1\pi}(36\cos\theta\cos\phi)16\sin\theta\mathrm{d}\theta\mathrm{d}\phi$$
$$= \int_0^{0.3\pi}576\left(\frac{1}{2}\sin^2\theta\right)\Bigg|_0^{0.1\pi}\cos\phi\mathrm{d}\phi$$
$$= 288\sin^2 0.1\pi\sin 0.3\pi = 22.2\ \mathrm{A}$$

至此，上述结果验证了斯托克斯定理，同时我们也注意到有一个 22.2 A 的电流向上穿过这个部分球形盖曲面。

下面，让我们来看一看如何方便地从 $\nabla\times\boldsymbol{H}=\boldsymbol{J}$ 得到安培环路定律。只需要用 d$\boldsymbol{S}$ 点乘该式的两边，并且对两边在相同的曲面 S(不闭合)上进行积分，利用斯托克斯定理得到：

$$\int_S(\nabla\times\boldsymbol{H})\cdot\mathrm{d}\boldsymbol{S} = \int_S\boldsymbol{J}\cdot\mathrm{d}\boldsymbol{S} = \oint\boldsymbol{H}\cdot\mathrm{d}\boldsymbol{L}$$

而电流密度在曲面 S 上的积分等于通过该曲面的总电流 I，因此

$$\oint\boldsymbol{H}\cdot\mathrm{d}\boldsymbol{L} = I$$

上面这个简短的推导过程清楚地说明，所谓“被闭合路径包围的”电流 I 也是通过任何一个以闭合路径为周界线的曲面的电流。

斯托克斯定理把一个曲面积分和一个闭合线积分联系了起来。回想一下，散度定理则是把一个体积分和一个闭合面积分联系了起来。这两个定理在一般的矢量证明中是很有用的。例如，让我们来求式子 $\nabla\cdot\nabla\times\boldsymbol{A}$ 的另一种表达式，其中 $\boldsymbol{A}$ 为一个任意矢量。其结果一定是一个标量(为什么呢?)，我们可以让这个标量为 T，或者

$$\nabla\cdot\nabla\times\boldsymbol{A} = T$$

两边乘以 dv，并在任意的一个体积内进行积分，

$$\int_{\mathrm{vol}}(\nabla\cdot\nabla\times\boldsymbol{A})\mathrm{d}v = \int_{\mathrm{vol}}T\mathrm{d}v$$

首先在上式的左边应用散度定理，得到

$$\oint_S(\nabla\times\boldsymbol{A})\cdot\mathrm{d}\boldsymbol{S} = \int_{\mathrm{vol}}T\mathrm{d}v$$

上式左边是矢量 $\boldsymbol{A}$ 的旋度在包围体积 v 的闭合面上的面积分。斯托克斯定理把矢量 $\boldsymbol{A}$ 的旋度在非闭合面上的面积分与 $\boldsymbol{A}$ 在该非闭合面周界上的闭合线积分联系了起来。如果把这个闭合路径看成是一个洗衣袋的口子而把非闭合面看成是这个洗衣袋的表面，我们看到当拉紧口子的带子使洗衣袋表面逐渐接近闭合时，闭合路径会变得越来越小，并且直到当洗衣袋表面闭合时最后消失为止。因此，若把斯托克斯定理应用到一个闭合曲面上，得到的积分结果将为零，即有

$$\int_{\mathrm{vol}} T\mathrm{d}v = 0$$

由于上式对于任意体积都成立，所以它对于体积元 $\mathrm{d}v$ 也应该成立，

$$T\mathrm{d}v = 0$$

则有

$$T = 0$$

或

$$\boxed{\nabla \cdot \nabla \times \boldsymbol{A} \equiv 0} \tag{7.31}$$

式(7.31)是矢量微积分中的一个非常有用的恒等式[①]，在直角坐标系中也可以通过直接展开来证明。

让我们把上面的恒等式应用于恒定磁场强度中，在恒定磁场强度中有

$$\nabla \times \boldsymbol{H} = \boldsymbol{J}$$

它确实表明

$$\nabla \cdot \boldsymbol{J} = 0$$

这与我们在前面章节中利用连续性方程得到的结果是一样的。

在学习后面几节中引入的其它几个磁场场量之前，我们现在先来复习一下已经学过的内容。最初，我们是把毕奥-沙伐定律看做是实验结果来接受的，

$$\boldsymbol{H} = \oint \frac{I\mathrm{d}\boldsymbol{L} \times \boldsymbol{a}_R}{4\pi R^2}$$

并且暂时假设安培环路定律成立，将证明留在后面，

$$\oint \boldsymbol{H} \cdot \mathrm{d}\boldsymbol{L} = I$$

从安培环路定律出发，利用旋度的定义得到了这个定律的点形式

$$\nabla \times \boldsymbol{H} = \boldsymbol{J}$$

我们现在看到，利用斯托克斯定理可以从安培环路定律的点形式得到该定律的积分形式。

练习 7.6　对于给定磁场 $\boldsymbol{H}=6xy\boldsymbol{a}_x-3y^2\boldsymbol{a}_y$ A/m 和包围区域($2\leqslant x\leqslant 5, -1\leqslant y\leqslant 1, z=0$)的矩形闭合路径，试计算在斯托克斯定理两边的积分之值。取 $\mathrm{d}\boldsymbol{S}$ 的正方向为 $\boldsymbol{a}_z$。

答案：-126 A；-126 A。

7.5　磁通量和磁感应强度

在自由空间中，定义磁感应强度(又叫**磁通密度**)$\boldsymbol{B}$ 为

① 这一个和其它矢量恒等式见附录 A.3 中列表。

$$\boxed{\boldsymbol{B} = \mu_0 \boldsymbol{H}} \quad \text{(仅对自由空间)} \tag{7.32}$$

这里 $\boldsymbol{B}$ 的单位是韦伯/平方米(Wb/m^2),在国际单位制中给出了一个新的名字叫特斯拉(T)。在旧单位制中常常用高斯(G)作为 $\boldsymbol{B}$ 的单位,且有 1 T=10 000 G。常数 μ_0 是一个有量纲的量,单位是亨利/米(H/m),在自由空间中有**确定的值**,

$$\boxed{\mu_0 = 4\pi \times 10^{-7} \quad \text{H/m}} \tag{7.33}$$

μ_0 称为自由空间的**磁导率**。

我们应该注意到,由于磁场强度 $\boldsymbol{H}$ 的单位是 A/m,则 Wb 就相当于 H·A。考虑到亨利(H)是一个新的单位,所以韦伯(Wb)仅仅是 H·A 的一个合适的缩写。当介绍时变电磁场时,可以证明也有关系式 1 Wb=1 V·s。

磁通密度 $\boldsymbol{B}$(由于名称韦伯/平方米的含义)是矢量场的通量密度家族中的一个成员。把毕奥-沙伐定律与库仑定律相比较,可以看到磁场与电场[①]之间的相似性,$\boldsymbol{H}$ 与 $\boldsymbol{E}$ 是一对对应的场量。同时,由关系式 $\boldsymbol{B}=\mu_0\boldsymbol{H}$ 和 $\boldsymbol{D}=\varepsilon_0\boldsymbol{E}$,可以得到 $\boldsymbol{B}$ 与 $\boldsymbol{D}$ 是一对对应的场量。如果 $\boldsymbol{B}$ 的单位是 Wb/m^2 或 T,那么磁通的单位就应该是 Wb。若我们用 Φ 表示磁通量,并把 Φ 定义为穿过指定面积上的通量,

$$\boxed{\Phi = \int_S \boldsymbol{B} \cdot d\boldsymbol{S} \quad \text{Wb}} \tag{7.34}$$

上面的比拟使我们回想起了在前面学过的电通量 Ψ(单位是库仑)和高斯定律,高斯定律说明了穿出任意闭合面的总电通量等于该面内所包含的总自由电荷,

$$\Psi = \oint_S \boldsymbol{D} \cdot d\boldsymbol{S} = Q$$

电荷 Q 是电通量线发出的源,这些电通量线起始于正电荷而终止于负电荷。

对于磁通量线来说,至今还没有发现类似于电荷这样的源。在载有直流电流 I 的无限长直细导线例子中,磁场强度 $\boldsymbol{H}$ 线是中心在细导线上而与其相垂直的一些同心圆。由于 $\boldsymbol{B}=\mu_0\boldsymbol{H}$,所以磁通密度 $\boldsymbol{B}$ 也与 $\boldsymbol{H}$ 一样有着相类似的分布。但是磁通量线却是闭合的,它不会终止于“磁荷”上。由于这个原因,在磁场中的高斯定律应该为

$$\boxed{\oint_S \boldsymbol{B} \cdot d\boldsymbol{S} = 0} \tag{7.35}$$

应用散度定理,可以得到

$$\boxed{\nabla \cdot \boldsymbol{B} = 0} \tag{7.36}$$

式(7.36)是把麦克斯韦方程组应用于静电场和恒定磁场中的最后一个方程。此时,对于静电场和恒定磁场来说,把这些方程整理在一起,我们有

$$\boxed{\begin{aligned} \nabla \cdot \boldsymbol{D} &= \rho_v \\ \nabla \times \boldsymbol{E} &= 0 \\ \nabla \times \boldsymbol{H} &= \boldsymbol{J} \\ \nabla \cdot \boldsymbol{B} &= 0 \end{aligned}} \tag{7.37}$$

再加上联系自由空间中的 $\boldsymbol{D}$ 与 $\boldsymbol{E}$ 和 $\boldsymbol{B}$ 与 $\boldsymbol{H}$ 这两个表达式,

---

① 关于对应类比的介绍参阅本书的 9.2 节。

$$\boxed{\boldsymbol{D}=\varepsilon_0\boldsymbol{E}} \tag{7.38}$$

$$\boxed{\boldsymbol{B}=\mu_0\boldsymbol{H}} \tag{7.39}$$

我们已经发现定义一个静电电位是很有用的，

$$\boxed{\boldsymbol{E}=-\nabla V} \tag{7.40}$$

并且在下一节中我们将讨论恒定磁场中的一个位函数。另外，我们已经把电场讨论的范围扩展到导体材料和电介质中的电场，也引入了极化强度 $\boldsymbol{P}$。在下一章中，我们将讨论磁场中与此相类似的问题。

回到式(7.37)，可以注意到这 4 个方程确定了电场和磁场的散度和旋度。对于静电场和恒定磁场来说，与这 4 个方程相应的积分形式为

$$\boxed{\begin{aligned}&\oint_S\boldsymbol{D}\cdot\mathrm{d}\boldsymbol{S}=Q=\int_{\mathrm{vol}}\rho_v\mathrm{d}v\\&\oint\boldsymbol{E}\cdot\mathrm{d}\boldsymbol{L}=0\\&\oint\boldsymbol{H}\cdot\mathrm{d}\boldsymbol{L}=I=\int_S\boldsymbol{J}\cdot\mathrm{d}\boldsymbol{S}\\&\oint_S\boldsymbol{B}\cdot\mathrm{d}\boldsymbol{S}=0\end{aligned}} \tag{7.41}$$

如果我们能够从方程组式(7.37)或(7.41)开始学习，那将使得我们学习电场和磁场变得非常的简单。如果对矢量分析就像我们现在一样地很熟悉，那么就可以利用散度定理或斯托克斯定理从一组方程得到另一组方程。各种实验定律也可以容易地从这些方程导出。

作为通量和通量密度在磁场中应用的一个例子，让我们来求图 7.8(a)中所示同轴线中两导体之间的磁通。在前面已经得到磁场强度为

$$H_\phi=\frac{I}{2\pi\rho}\quad(a<\rho<b)$$

因此

$$\boldsymbol{B}=\mu_0\boldsymbol{H}=\frac{\mu_0 I}{2\pi\rho}\boldsymbol{a}_\phi$$

在轴线方向长度为 d 的两导体之间穿过的磁通等于穿过从 $\rho=a$ 到 $\rho=b$ 任一径向平面(在轴线方向从 $z=0$ 到 $z=d$)的磁通，有

$$\Phi=\int_S\boldsymbol{B}\cdot\mathrm{d}\boldsymbol{S}=\int_0^d\int_a^b\frac{\mu_0 I}{2\pi\rho}\boldsymbol{a}_\phi\cdot\mathrm{d}\rho\mathrm{d}z\boldsymbol{a}_\phi$$

或

$$\Phi=\frac{\mu_0 Id}{2\pi}\ln\frac{b}{a} \tag{7.42}$$

在后面，我们将把上式用于计算同轴传输线的电感。

练习 7.7 一圆形截面实心导体柱由一种均匀的非磁性材料构成。如果半径 $a=1$ mm，导体柱的轴线位于 z 轴，沿 $\boldsymbol{a}_z$ 方向流过的总电流为 20 A，求：(a) 在 $\rho=0.5$ mm 处的 H_ϕ；(b) 在 $\rho=0.8$ mm处的 B_ϕ；(c) 在导体柱内每单位长度上的总磁通量；(d) 在 $\rho<0.5$ mm 内的总磁通量；(e) 在导体外部的总磁通量。

答案：(a)1 592 A/m；(b)3.2 mT；(c)2 μWb/m；(d) 0.5 μWb；(e) ∞。

7.6 磁位和磁矢位

由于利用标量电位 V,使得求解静电场问题得到了很大的简化。尽管对于我们来说这个电位有着非常实际的物理意义,但是在数学上它却只是一个中间量,可以使我们只经过很少的几个步骤就能得到问题的解。若给定电荷分布,我们可以先求出电位分布,然后再由电位分布求出电场强度。

我们要问一问这样的帮助在磁场中是否也有用。我们能否定义一个位函数,并且可以由给定的电流分布求出这个位函数,以及由它容易地计算磁场?是否可以像定义静电场中的标量电位一样在磁场中定义一个标量磁位呢?在下面几页中,我们将说明第一个问题的答案是肯定的,而第二个问题的答案却是有时是肯定的。我们先来看一下第二问题。假设存在着这么一个标量磁位,且用 V_m 来表示,磁场强度等于它的负梯度

$$\boldsymbol{H} = -\nabla V_m$$

在这里,选取负的梯度有助于静电场和已经求解过的问题做比拟。

这个定义一定不能与前面我们得到的磁场的一些结果相冲突,因此有

$$\nabla \times \boldsymbol{H} = \boldsymbol{J} = \nabla \times (-\nabla V_m)$$

然而,任何一个标量的梯度的旋度是恒等于零,其证明过程留给读者思考。因此,我们可以看出如果把磁场强度定义为标量磁位的负梯度,那么在标量磁位有定义的整个区域内电流密度必须为零。于是有

$$\boxed{\boldsymbol{H} = -\nabla V_m \quad (\boldsymbol{J} = 0)} \tag{7.43}$$

由于在许多磁场问题中,载流导体都占据着整个计算区域中的很小的一部分,所以很显然定义一个标量磁位是有益处的。标量磁位也可以应用于计算永久磁铁产生的磁场。显然,V_m 的量纲是安培。

标量磁位也满足拉普拉斯方程。在自由空间中,

$$\nabla \cdot \boldsymbol{B} = \mu_0 \nabla \cdot \boldsymbol{H} = 0$$

因此

$$\mu_0 \nabla \cdot (-\nabla V_m) = 0$$

或

$$\boxed{\nabla^2 V_m = 0 \quad (\boldsymbol{J} = 0)} \tag{7.44}$$

在后面,我们将看到在各向同性的磁性材料中 V_m 也满足拉普拉斯方程;而且在电流密度不为零的任何区域内 V_m 的定义都是不成立的。

尽管在第 8 章中介绍磁性材料和讨论磁路时,我们将进一步讨论标量磁位,但在这里应该指出 V 与 V_m 之间的不同之处:V_m 不是位置的一个单值函数。电位 V 是位置的一个单值函数;一旦确定了电位的参考点,则空间中每一点的电位 V 就只有一个值。然而,V_m 的值却不止一个。在这里,让我们来考虑图 7.18 中所示同轴线的横截面。在区域 $a<\rho<b$ 中,由于电流密度 $\boldsymbol{J}=0$,所以可以使用一个标量磁位。磁场强度 $\boldsymbol{H}$ 的值为

$$\boldsymbol{H} = \frac{I}{2\pi\rho}\boldsymbol{a}_\phi$$

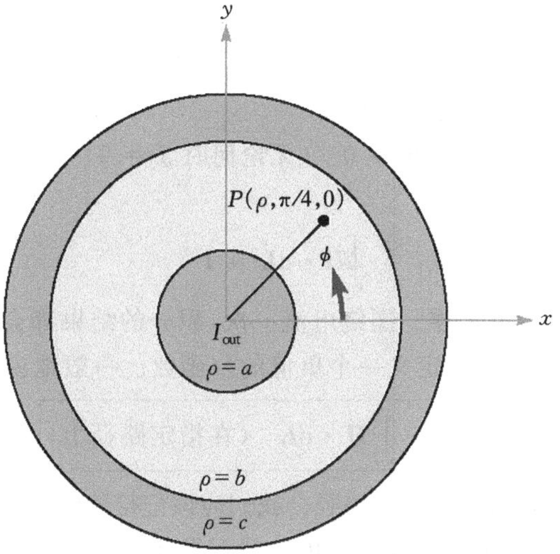

图 7.18　在区域 $a<\rho<b$ 内，标量磁位 V_m 是 ϕ 的一个多值函数。而电位总是一个单值函数

这里，I 是沿 $\boldsymbol{a}_z$ 方向在内导体中流过的总电流。现在，让我们利用对梯度的积分来求 V_m。应用式(7.43)，

$$\frac{I}{2\pi\rho}=-\nabla V_m\Big|_{\phi}=-\frac{1}{\rho}\frac{\partial V_m}{\partial\phi}$$

或

$$\frac{\partial V_m}{\partial\phi}=-\frac{I}{2\pi}$$

积分之，得到

$$V_m=-\frac{I}{2\pi}\phi$$

这里积分常数取为零。标量磁位在点 $P(\phi=\pi/4)$ 的值等于多少？如果让标量磁位 V_m 在 $\phi=0$ 时等于零，并且逆时针旋转一周，那么标量磁位将线性地变为 $-I$，但是这个点却是我们刚才所说的标量磁位等于零的那个点。此时，在点 P 有 $\phi=\pi/4,\ 9\pi/4,\ 17\pi/4,\ldots$ 或 $-7\pi/4,\ -15\pi/4,\ -23\pi/4,\ \ldots$，标量磁位的值为

$$V_{mP}=\frac{I}{2\pi}\left(2n-\frac{1}{4}\right)\pi\quad(n=0,\pm1,\pm2,\cdots)$$

或

$$V_{mP}=I\left(n-\frac{1}{8}\right)\quad(n=0,\pm1,\pm2,\ldots)$$

若把恒定磁场与静电场相比较，我们就会发现标量磁位出现上述多值性的原因。在静电场中，我们知道

$$\nabla\times\boldsymbol{E}=0$$

$$\oint\boldsymbol{E}\cdot\mathrm{d}\boldsymbol{L}=0$$

因此,线积分

$$V_{ab}=-\int_b^a \boldsymbol{E}\cdot \mathrm{d}\boldsymbol{L}$$

的值与积分的路径是无关的。在静磁场中,

$$\nabla\times\boldsymbol{H}=0 \quad (\text{无论何时 } \boldsymbol{J}=0)$$

但是

$$\oint \boldsymbol{H}\cdot \mathrm{d}\boldsymbol{L}=I$$

即使在沿着积分的路径上 $\boldsymbol{J}$ 等于零。围绕电流一次,积分的结果都会增加 I;如果没有电流被闭合路径所包围,那么此时就可以定义一个单值的位函数。一般地说,

$$\boxed{V_{\mathrm{m},ab}=-\int_b^a \boldsymbol{H}\cdot \mathrm{d}\boldsymbol{L} \quad (\text{在指定路径上})} \tag{7.45}$$

这里,必须选取一特定的路径或某类闭合路径。我们应该记得静电场中的电位 V 是一个保守场;而标量磁位 V_m 却不是一个保守场。在同轴传输线问题中,让我们在 $\phi=\pi$ 处设置一个磁屏障面[①];我们不允许选取一个穿过该平面的闭合积分路径。这样,我们就不能够环绕电流 I,确保可以得到一个单值的标量磁位。可以看到,结果为

$$V_\mathrm{m}=-\frac{I}{2\pi}\phi \quad (-\pi<\phi<\pi)$$

和

$$V_{\mathrm{m}P}=-\frac{I}{8} \quad \left(\phi=\frac{\pi}{4}\right)$$

很显然,等标量磁位面与图 7.4 中的 $\boldsymbol{H}$ 线是垂直的。这只是磁场与电场在很多地方相类似的一个方面,在下一章中我们将更深入地讨论这方面的问题。

现在,我们暂时放下对标量磁位的讨论,先来看一看矢量磁位。矢量磁位在研究天线辐射(我们将在第 14 章中介绍),以及传输线、波导和微波炉的辐射泄露中非常有用。在电流密度为零或不为零的区域中,都可以使用矢量磁位,而且在后面我们也将把它应用于时变电磁场中。

我们定义一个矢量磁位的依据是

$$\nabla\cdot\boldsymbol{B}=0$$

另外,在 7.4 节中我们已经证明了这样一个恒等式,它表明任何一个矢量的旋度的散度恒为零。因此,我们可以令

$$\boxed{\boldsymbol{B}=\nabla\times\boldsymbol{A}} \tag{7.46}$$

在这里,矢量 $\boldsymbol{A}$ 表示一个**矢量磁位**,我们已经使得磁通量密度的散度等于零的条件自然地得到了满足。磁场 $\boldsymbol{H}$ 为

$$\boldsymbol{H}=\frac{1}{\mu_0}\nabla\times\boldsymbol{A}$$

和

$$\nabla\times\boldsymbol{H}=\boldsymbol{J}=\frac{1}{\mu_0}\nabla\times\nabla\times A$$

---

① 这与更准确的数学术语"分支切割"相符合。

一个矢量场的旋度的旋度不等于零，而且其展开表达式是相当复杂的[①]，我们现在还不需要知道它的一般形式。在给定了 $\mathbf{A}$ 的表达式的特定情况下，对它求两次旋度运算就可以得到电流密度。

式(7.46)是矢量磁位 $\mathbf{A}$ 的一个很有用的定义式。由于旋度运算隐含着对长度求导数，所以矢量磁位 $\mathbf{A}$ 的单位是韦伯/米。

我们到目前为止只是看到 $\mathbf{A}$ 的定义与以前得到的任何结论是不矛盾的。这里留下的就是要证明它有助于我们更容易地求解磁场问题。但是，我们绝对不可以认为矢量磁位 $\mathbf{A}$ 是一个可测的场量。

我们在 7.7 节中将证明，给定毕奥-沙伐定律、矢量磁位 $\mathbf{A}$ 和磁通密度 $\mathbf{B}$ 的定义，矢量磁位 $\mathbf{A}$ 可以用元电流表示为

$$\boxed{\mathbf{A}=\oint\frac{\mu_0 I\mathrm{d}\mathbf{L}}{4\pi R}} \tag{7.47}$$

上式中各项的含义与毕奥-沙伐定律中各项的含义是相同的；它表示一通有直流 I 电流细导线上的微元 $\mathrm{d}\mathbf{L}$ 在离开其距离为 R 的点处所产生的矢量磁位 $\mathbf{A}$。由于我们只是通过确定其旋度来定义矢量磁位 $\mathbf{A}$，所以在式(7.47)的右边加上任一标量场的梯度是不可能改变 $\mathbf{B}$ 或 $\mathbf{H}$ 的，因为梯度的旋度恒等于零。在恒定磁场中，习惯上把这个可能的附加项取为零。

若把式(7.47)与静电场中电位的类似表达式相比较，更能显然地看出 $\mathbf{A}$ 是一个矢量磁位，

$$V=\int\frac{\rho_L\mathrm{d}L}{4\pi\varepsilon_0 R}$$

每个表达式都是沿线形源的积分，一个是线电荷，而另一个是线电流；每个被积函数都与从源点到计算点的距离成反比；以及每个被积函数都涉及到媒质(自由空间)的特性常数，即介电常数或磁导率。

式(7.47)可以写成如下微分形式：

$$\mathrm{d}\mathbf{A}=\frac{\mu_0 I\mathrm{d}\mathbf{L}}{4\pi R} \tag{7.48}$$

另外在这里，我们假设了在**考虑整个电流闭合路径**之前，不给由式(7.48)求得的磁场赋予任何物理意义。

根据上述假设，让我们现在就来分析一个元线段所产生的矢量磁位。如图 7.19 所示，在自由空间中元线段位于坐标原点并向正 z 轴方向延伸，所以有 $\mathrm{d}\mathbf{L}=\mathrm{d}z\mathbf{a}_z$。在圆柱坐标系中，可以求出在点$(\rho,\phi,z)$的 $\mathrm{d}\mathbf{A}$ 为

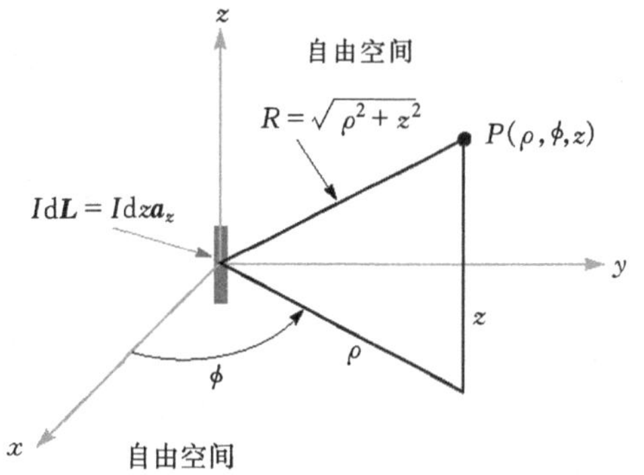

图 7.19　位于原点的元电流 $I\mathrm{d}z\mathbf{a}_z$ 对点 $P(\rho,\phi,z)$处矢量磁位的贡献 $\mathrm{d}\mathbf{A}=\dfrac{\mu_0 I\mathrm{d}z\mathbf{a}_z}{4\pi\sqrt{\rho^2+z^2}}$

$$\mathrm{d}\mathbf{A}=\frac{\mu_0 I\mathrm{d}z\mathbf{a}_z}{4\pi\sqrt{\rho^2+z^2}}$$

或

① $\nabla\times\nabla\times\mathbf{A}\equiv\nabla(\nabla\cdot\mathbf{A})-\nabla^2\mathbf{A}$。在直角坐标系中，可以证明有展开式$\nabla^2\mathbf{A}\equiv\nabla^2 A_x\mathbf{a}_x+\nabla^2 A_y\mathbf{a}_y+\nabla^2 A_z\mathbf{a}_z$。在其它坐标系中，可以通过计算在$\nabla^2\mathbf{A}=\nabla(\nabla\cdot\mathbf{A})-\nabla\times\nabla\times\mathbf{A}$ 中的二阶偏导数来求出$\nabla^2\mathbf{A}$。

$$dA_z = \frac{\mu_0 I dz}{4\pi\sqrt{\rho^2 + z^2}} \quad dA_\phi = 0 \quad dA_\rho = 0 \tag{7.49}$$

我们看到 d$\boldsymbol{A}$ 的方向与 $Id\boldsymbol{L}$ 的方向相一致。载流导体中的每一个元电流段都对总矢量磁位产生一个相应的贡献，它与导体中的电流具有相同的方向。矢量磁位的大小与离开元电流段的距离成反比，在电流附近最强且随着距离的增大而逐渐地衰减为零。斯凯林(Skilling)①把矢量磁位描述成是"像电流分布但在边缘附近却是模糊的，或像一张模糊的电流图案。"

为了求得磁场强度，我们必须在圆柱坐标系中对式(7.49)两边取旋度，得到

$$d\boldsymbol{H} = \frac{1}{\mu_0}\nabla \times d\boldsymbol{A} = \frac{1}{\mu_0}\left(-\frac{\partial dA_z}{\partial \rho}\right)\boldsymbol{a}_\phi$$

或

$$d\boldsymbol{H} = \frac{I dz}{4\pi}\frac{\rho}{(\rho^2 + z^2)^{3/2}}\boldsymbol{a}_\phi$$

很容易证明，这与利用毕奥-沙伐定律求得的结果一样。

对于分布电流，也可以得到矢量磁位 $\boldsymbol{A}$ 的表达式。对于面电流层 $\boldsymbol{K}$ 来说，元电流段变成为

$$I d\boldsymbol{L} = \boldsymbol{K} dS$$

而对于在某一体积中以密度 $\boldsymbol{J}$ 流动的体分布电流，我们有

$$I d\boldsymbol{L} = \boldsymbol{J} dv$$

在这两个表达式中，矢量特性都是由电流来表示的。这对于元细线电流段来说是很自然的，尽管我们不必要用 $Id\boldsymbol{L}$ 来代替 $\boldsymbol{I}dL$。由于在元细线电流段中电流是常数，所以我们已经选取了可以把电流 I 从积分号中移出的表达形式。此时，可以得到 $\boldsymbol{A}$ 的其它表达式

$$\boxed{\boldsymbol{A} = \int_S \frac{\mu_0 \boldsymbol{K} dS}{4\pi R}} \tag{7.50}$$

和

$$\boxed{\boldsymbol{A} = \int_{\mathrm{vol}} \frac{\mu_0 \boldsymbol{J} dv}{4\pi R}} \tag{7.51}$$

式(7.47)、式(7.50)和式(7.51)都是把矢量磁位 $\boldsymbol{A}$ 表示成对所有源的一个积分。与静电场中类似的表达式相比较，很显然矢量磁位 $\boldsymbol{A}$ 的零值参考点仍然是取在无限远处的，这是因为当 $R\to\infty$ 时，没有那一个元电流段能对产生矢量磁位 $\boldsymbol{A}$ 有贡献。应该记得，我们在前面对电位 V 几乎没有使用过这些类似的表达式；因为我们所分析的理论问题中经常是有电荷分布在无限区域，所以得到的结果会是每一点的电位都是无穷大。实际上，在导得电位的微分方程 $\nabla^2 V = -\rho_v/\varepsilon$ 或 $\nabla^2 V = 0$ 之前，我们只计算了很少的几个问题中的电位分布。而且，在那里我们可以自由地选择零参考点的位置。

在下一节中，将介绍矢量位磁 $\boldsymbol{A}$ 的类似表达式，同时也将给出计算矢量位磁 $\boldsymbol{A}$ 的一个例子。

① 参阅在本章末列出的参考书目。

练习 7.8 自由空间中，在曲面 $\rho=1.2$ 上有一面电流层 $\boldsymbol{K}=2.4\boldsymbol{a}_z$ A/m。

(a) 求 $\rho>1.2$ 时的 $\boldsymbol{H}$。

在点 $P(\rho=1.5, \phi=0.6\pi, z=1)$，求出满足下面条件的磁位 V_m：

(b)在 $\phi=0$ 处有 $V_m=0$，而且在 $\phi=\pi$ 有一个磁屏障面；

(c)在 $\phi=0$ 处有 $V_m=0$，而且在 $\phi=\pi/2$ 有一个磁屏障面；

(d)在 $\phi=\pi$ 处有 $V_m=0$，而且在 $\phi=0$ 有一个磁屏障面；

(e)在 $\phi=\pi$ 处有 $V_m=5$ V，而且在 $\phi=0.8\pi$ 有一个磁屏障面。

答案：(a) $\dfrac{2.88}{\rho}\boldsymbol{a}_\phi$；(b) -5.43 V；(c) 12.7 V；(d) 3.62 V；(e) -9.48 V。

练习 7.9 容易求得一半径为 a 通有电流 I 非磁性实心导体内部的 $\boldsymbol{A}$ 值，电流方向为 $\boldsymbol{a}_z$。利用在 $\rho<a$ 区域内已知的 $\boldsymbol{H}$ 或 $\boldsymbol{B}$ 值，可以通过求解式(7.46)来得到 $\boldsymbol{A}$。若取在 $\rho=a$ 处有 $A=(\mu_0 I\ln 5)/(2\pi)$（为了与在下一节中给出的例子相对应），分别求出在 $\rho=$：(a) 0；(b) $0.25a$；(c) $0.75a$；(d) a 处的矢量磁位 $\boldsymbol{A}$。

答案：(a) $0.422I\boldsymbol{a}_z$ μWb/m；(b) $0.416I\boldsymbol{a}_z$ μWb/m；(c) $0.366I\boldsymbol{a}_z$ μWb/m；(d) $0.322I\boldsymbol{a}_z$ μWb/m。

7.7 恒定磁场定律的推导

现在，将完成我们在前面对磁场中各个场量之间的若干关系式证明的承诺。所有这些关系式都可以从以下关于磁场强度 $\boldsymbol{H}$，

$$\boldsymbol{H}=\oint\frac{I\mathrm{d}\boldsymbol{L}\times\boldsymbol{a}_R}{4\pi R^2}$$

磁通密度 $\boldsymbol{B}$（在自由空间中），

$$\boldsymbol{B}=\mu_0\boldsymbol{H}$$

和矢量磁位 $\boldsymbol{A}$，

$$\boldsymbol{B}=\nabla\times\boldsymbol{A}$$

的定义来得到。

首先，让我们假设可以用 7.6 节中最后一个公式(7.51)来表示 $\boldsymbol{A}$，

$$\boldsymbol{A}=\int_{\mathrm{vol}}\frac{\mu_0\boldsymbol{J}\mathrm{d}v}{4\pi R}$$

然后，通过证明式(7.3)是式(7.51)的必然结果来说明式(7.51)的正确性。首先，用带下标的量(x_1, y_1, z_1)来表示元电流所在处的点，而给定矢量磁位 $\boldsymbol{A}$ 的点用(x_2, y_2, z_2)表示。此时，把体积元 $\mathrm{d}v$ 写成 $\mathrm{d}v_1$，它在直角坐标系中为 $\mathrm{d}x_1\mathrm{d}y_1\mathrm{d}z_1$。积分变量是 x_1，y_1 和 z_1。利用这些下标表示，这时有

$$\boldsymbol{A}_2=\int_{\mathrm{vol}}\frac{\mu_0\boldsymbol{J}_1\mathrm{d}v_1}{4\pi R_{12}}\tag{7.52}$$

从式(7.32)和式(7.46)，我们得到

$$\boldsymbol{H}=\frac{\boldsymbol{B}}{\mu_0}=\frac{\nabla\times\boldsymbol{A}}{\mu_0}\tag{7.53}$$

为了证明从式(7.52)可以得到式(7.3),必须把式(7.52)代入式(7.53)。这一步涉及到求 $\boldsymbol{A}_2$ 的旋度,由于 $\boldsymbol{A}_2$ 是由 x_2、y_2 和 z_2 表示的一个量,所以计算旋度会涉及到对 x_2、y_2 和 z_2 求偏导数。为了提示在求偏微分过程中所涉及的是什么变量,我们可以在倒三角算子中加上一个下标,于是有

$$\boldsymbol{H}_2 = \frac{\nabla_2 \times \boldsymbol{A}_2}{\mu_0} = \frac{1}{\mu_0} \nabla_2 \times \int_{\text{vol}} \frac{\mu_0 \boldsymbol{J}_1 \mathrm{d}v_1}{4\pi R_{12}}$$

交换微分和积分的次序,且由于 $\mu_0/(4\pi)$ 为常数,于是上式可以写成

$$\boldsymbol{H}_2 = \frac{1}{4\pi}\int_{\text{vol}} \nabla_2 \times \frac{\boldsymbol{J}_1 \mathrm{d}v_1}{R_{12}}$$

在积分号内的旋度运算代表着对于 x_2、y_2 和 z_2 的偏微分。体积元 $\mathrm{d}v_1$ 是一个标量,而且仅仅是 x_1, y_1, z_1 的函数。因此,通过分解因子就可以把旋度运算看成任意其它常数,上式又可以写成

$$\boldsymbol{H}_2 = \frac{1}{4\pi}\int_{\text{vol}} \left(\nabla_2 \times \frac{\boldsymbol{J}_1}{R_{12}}\right) \mathrm{d}v_1 \tag{7.54}$$

参见附录 A.3,一个标量和矢量乘积的旋度可以按下式展开,

$$\nabla \times (S\boldsymbol{v}) \equiv (\nabla S) \times \boldsymbol{v} + S(\nabla \times \boldsymbol{v}) \tag{7.55}$$

在直角坐标系中,可以通过分别展开上式的两边来检验其正确性。现在,应用这个恒等式来展开式(7.54)中的被积函数,

$$\boldsymbol{H}_2 = \frac{1}{4\pi}\int_{\text{vol}} \left[\left(\nabla_2 \frac{1}{R_{12}}\right) \times \boldsymbol{J}_1 + \frac{1}{R_{12}}(\nabla_2 \times \boldsymbol{J}_1)\right] \mathrm{d}v_1 \tag{7.56}$$

这个被积函数中的第二项为零,因为 $\nabla_2 \times \boldsymbol{J}_1$ 是一个关于 x_1、y_1 和 z_1 的函数 $\boldsymbol{J}_1$ 对 x_2, y_2, z_2 的偏微分;第一组变量不是第二组变量的函数,所以全部偏微分都为零。

在直角坐标系中,R_{12} 有下面的表达式,

$$R_{12} = \sqrt{(x_2 - x_1)^2 + (y_2 - y_1)^2 + (z_2 - z_1)^2}$$

若取其倒数的梯度,就可以确定出被积函数中的第一项。习题 7.42 中给出的结果为

$$\nabla_2 \frac{1}{R_{12}} = -\frac{\boldsymbol{R}_{12}}{R_{12}^3} = -\frac{\boldsymbol{a}_{R12}}{R_{12}^2}$$

将其代入式(7.56)中,我们得到

$$\boldsymbol{H}_2 = -\frac{1}{4\pi}\int_{\text{vol}} \frac{\boldsymbol{a}_{R12} \times \boldsymbol{J}_1}{R_{12}^2} \mathrm{d}v_1$$

或者

$$\boldsymbol{H}_2 = \int_{\text{vol}} \frac{\boldsymbol{J}_1 \times \boldsymbol{a}_{R12}}{4\pi R_{12}^2} \mathrm{d}v_1$$

上式是以电流密度 $\boldsymbol{J}_1$ 表示的式(7.3)的等价形式。若用 $I_1 \mathrm{d}\boldsymbol{L}_1$ 代替 $\boldsymbol{J}_1 \mathrm{d}v_1$,我们可以把体积分写成一个闭合线积分的形式,

$$\boldsymbol{H}_2 = \oint \frac{I_1 \mathrm{d}\boldsymbol{L}_1 \times \boldsymbol{a}_{R12}}{4\pi R_{12}^2}$$

因此,式(7.51)是正确的,与式(7.3)、式(7.32)和式(7.46)这三个定义是相符合的。

下面我们将证明安培环路定律的点形式

$$\nabla \times \boldsymbol{H} = \boldsymbol{J} \tag{7.28}$$

将式(7.28)、式(7.32)和式(7.46)相结合在一起，得到

$$\nabla\times\boldsymbol{H}=\nabla\times\frac{\boldsymbol{B}}{\mu_0}=\frac{1}{\mu_0}\nabla\times\nabla\times\boldsymbol{A} \tag{7.57}$$

我们现在需要将$\nabla\times\nabla\times\boldsymbol{A}$在直角坐标系中展开。计算所需要的偏微分并将它们整理在一起，其结果可以写成

$$\boxed{\nabla\times\nabla\times\boldsymbol{A}\equiv\nabla(\nabla\cdot\boldsymbol{A})-\nabla^2\boldsymbol{A}} \tag{7.58}$$

这里

$$\boxed{\nabla^2\boldsymbol{A}\equiv\nabla^2A_x\boldsymbol{a}_x+\nabla^2A_y\boldsymbol{a}_y+\nabla^2A_z\boldsymbol{a}_z} \tag{7.59}$$

式(7.59)是对一个矢量求**拉普拉斯运算**的定义(在直角坐标系中)。

把式(7.58)代入式(7.57)中，得到

$$\nabla\times\boldsymbol{H}=\frac{1}{\mu_0}[\nabla(\nabla\cdot\boldsymbol{A})-\nabla^2\boldsymbol{A}] \tag{7.60}$$

现在，我们需要对 $\boldsymbol{A}$ 求散度和拉普拉斯运算的表达式。

对式(7.52)两边取散度，可以得到 $\boldsymbol{A}$ 的散度，

$$\nabla_2\cdot\boldsymbol{A}_2=\frac{\mu_0}{4\pi}\int_{\text{vol}}\nabla_2\cdot\frac{\boldsymbol{J}_1}{R_{12}}\mathrm{d}v_1 \tag{7.61}$$

利用 4.8 节中的矢量恒等式(4.44)，

$$\nabla\cdot(S\boldsymbol{v})\equiv\boldsymbol{v}\cdot(\nabla S)+S(\nabla\cdot\boldsymbol{v})$$

这样有

$$\nabla_2\cdot\boldsymbol{A}_2=\frac{\mu_0}{4\pi}\int_{\text{vol}}[\boldsymbol{J}_1\cdot(\nabla_2\frac{1}{R_{12}})+\frac{1}{R_{12}}(\nabla_2\cdot\boldsymbol{J}_1)]\mathrm{d}v_1 \tag{7.62}$$

被积函数中的第二项为零，因为 $\boldsymbol{J}_1$ 不是 x_2,y_2,z_2 的函数。

我们已经利用了结果$\nabla_2(1/R_{12})=-\boldsymbol{R}_{12}/R_{12}^3$，也一样可以证明下列结果：

$$\nabla_1\frac{1}{R_{12}}=\frac{\boldsymbol{R}_{12}}{R_{12}^3}$$

或

$$\nabla_1\frac{1}{R_{12}}=-\nabla_2\frac{1}{R_{12}}$$

因此，式(7.62)可以写成

$$\nabla_2\cdot\boldsymbol{A}_2=\frac{\mu_0}{4\pi}\int_{\text{vol}}[-\boldsymbol{J}_1\cdot(\nabla_1\frac{1}{R_{12}})]\mathrm{d}v_1$$

再一次利用矢量恒等式

$$\nabla_2\cdot\boldsymbol{A}_2=\frac{\mu_0}{4\pi}\int_{\text{vol}}[\frac{1}{R_{12}}(\nabla_1\cdot\boldsymbol{J}_1)-\nabla_1\cdot(\frac{\boldsymbol{J}_1}{R_{12}})]\mathrm{d}v_1 \tag{7.63}$$

由于我们只关心恒定磁场，所以根据连续性方程知式(7.63)右边的第一项为零。而对第二项应用散度定理，得到

$$\nabla_2\cdot\boldsymbol{A}_2=-\frac{\mu_0}{4\pi}\oint_{S_1}\frac{\boldsymbol{J}_1}{R_{12}}\cdot\mathrm{d}\boldsymbol{S}_1$$

这里，曲面 S_1 是包围整个积分体积的外表面。该体积必须包括所有的电流，这是因为在矢量磁位 $\boldsymbol{A}$ 原来的积分表达式中就包括了所有电流的贡献。由于在该体积外部没有电流(否则的

话，就需要通过增大积分的体积而把电流包括进来）流动，所以我们可以在一个较大的积分体积内或一个较大的闭合面内进行积分，但是对矢量磁位 **A** 没有影响。在这个较大的闭合面上电流密度 $\boldsymbol{J}_1$ 必须为零，因此闭合面积分为零，因为被积函数为零。由此可见，矢量磁位 **A** 的散度也为零。

为了求出矢量 **A** 的拉普拉斯算子展开表达式，让我们来把式(7.51)中的 x 分量与静电场中的类似表达式做一比较，

$$A_x=\int_{\mathrm{vol}}\frac{\mu_0 J_x\mathrm{d}v}{4\pi R}\qquad V=\int_{\mathrm{vol}}\frac{\rho_v\mathrm{d}v}{4\pi\varepsilon_0 R}$$

我们注意到，如果直接把变量 J_x 换为 ρ_v、μ_0 换为 $1/\varepsilon_0$ 和 A_x 换为 V，或反之，就可以从一种表达式得到另一种表达式。我们在前面已经得到了关于静电场电位的某种附加信息，在这里就不必对矢量磁位的 x 分量再做重复。这个附加信息是由如下的泊松方程导得的，

$$\nabla^2 V=-\frac{\rho_v}{\varepsilon_0}$$

经过变量变换后，上面的泊松方程变为，

$$\nabla^2 A_x=-\mu_0 J_x$$

类似地，我们有

$$\nabla^2 A_y=-\mu_0 J_y$$

和

$$\nabla^2 A_z=-\mu_0 J_z$$

或者

$$\boxed{\nabla^2\boldsymbol{A}=-\mu_0\boldsymbol{J}}\tag{7.64}$$

现在，若将 **A** 的散度为零和 **A** 的拉普拉斯算子展开式代入式(7.60)，可以得到所期望的结果，

$$\nabla\times\boldsymbol{H}=\boldsymbol{J}\tag{7.28}$$

我们已经利用斯托克斯定理从式(7.28)得到了安培环路定律的积分形式，这里就不加以介绍了。

这样一来，我们已经成功地证明了稀薄空气[①]中磁场的每一个结论都可以从 **H**、**B** 和 **A** 的基本定义出发导得。推导过程不是很简单，但是我们应该逐步地去理解它。

最后，让我们返回到式(7.64)，并利用这个令人生畏的二阶矢量偏微分方程来求出一个简单例子的矢量磁位 **A**。我们选取某一同轴电缆的两导体之间的磁场作为例子，它的内导体和外导体的半径分别为 a 和 b，内导体中的电流 I 沿着正 z 轴方向流动。在内外导体之间的媒质中电流密度 $\boldsymbol{J}=0$，因此有

$$\nabla^2\boldsymbol{A}=0$$

我们已经知道（在习题 7.44 中，我们有机会进行验证），矢量拉普拉斯算子在直角坐标系中可以展开为三个分量的标量拉普拉斯算子之矢量和，即

$$\nabla^2\boldsymbol{A}=\nabla^2 A_x\boldsymbol{a}_x+\nabla^2 A_y\boldsymbol{a}_y+\nabla^2 A_z\boldsymbol{a}_z$$

但是，在其它坐标系中是不可能有如此简单的展开式。例如，在圆柱坐标系中，

---

① 自由空间。

$$\nabla^2 \boldsymbol{A} \neq \nabla^2 A_\rho \boldsymbol{a}_\rho + \nabla^2 A_\phi \boldsymbol{a}_\phi + \nabla^2 A_z \boldsymbol{A}_z$$

然而，我们可以容易地证明，在圆柱坐标系中矢量拉普拉斯算子的 z 分量就是对矢量磁位 $\boldsymbol{A}$ 的 z 分量进行标量拉普拉斯算子运算，或者

$$\nabla^2 \boldsymbol{A}\Big|_z = \nabla^2 A_z \tag{7.65}$$

另外，由于在这个问题中电流只有 z 分量，则矢量磁位 $\boldsymbol{A}$ 也只有 z 分量。因此

$$\nabla^2 A_z = 0$$

或者

$$\frac{1}{\rho}\frac{\partial}{\partial\rho}\left(\rho\frac{\partial A_z}{\partial\rho}\right) + \frac{1}{\rho^2}\left(\frac{\partial^2 A_z}{\partial\phi^2}\right) + \frac{\partial^2 A_z}{\partial z^2} = 0$$

考虑到对称性，式(7.51)表明 A_z 仅是 ρ 的函数，于是

$$\frac{1}{\rho}\frac{\mathrm{d}}{\mathrm{d}\rho}\left(\rho\frac{\mathrm{d}A_z}{\mathrm{d}\rho}\right) = 0$$

我们在前面曾经求解过这个方程，其结果为

$$A_z = C_1 \ln\rho + C_2$$

如果选择零参考点在 $\rho=b$ 处，那么有

$$A_z = C_1 \ln\frac{\rho}{b}$$

为了使 C_1 与这个问题中的源相联系起来，我们可以求 $\boldsymbol{A}$ 的旋度，

$$\nabla\times\boldsymbol{A} = -\frac{\partial A_z}{\partial\rho}\boldsymbol{a}_\phi = -\frac{C_1}{\rho}\boldsymbol{a}_\phi = \boldsymbol{B}$$

由此得到 $\boldsymbol{H}$，

$$\boldsymbol{H} = -\frac{C_1}{\mu_0\rho}\boldsymbol{a}_\phi$$

然后，计算如下的线积分，

$$\oint\boldsymbol{H}\cdot\mathrm{d}\boldsymbol{L} = I = \int_0^{2\pi} -\frac{C_1}{\mu_0\rho}\boldsymbol{a}_\phi\cdot\rho\mathrm{d}\phi\boldsymbol{a}_\phi = -\frac{2\pi C_1}{\mu_0}$$

这样

$$C_1 = -\frac{\mu_0 I}{2\pi}$$

或者

$$A_z = \frac{\mu_0 I}{2\pi}\ln\frac{b}{\rho} \tag{7.66}$$

和

$$H_\phi = \frac{I}{2\pi\rho}$$

这个结果和前面一样。在图 7.20 中示出了 A_z 随着 ρ 变化的曲线，其中 $b=5a$；显然，随着离开内导体中心电流距离的增大，$|\boldsymbol{A}|$不断地减小。在图 7.20 中也给出了练习 7.9 的结果。但是，A_z 在外导体内部的变化曲线留在习题 7.43 中有待求解。

应用一种在形式上称之为“非旋度”的方法也能求得同轴电缆两导体之间的磁场。也就是说，如果已知同轴电缆两导体之间的 $\boldsymbol{H}$ 或 $\boldsymbol{B}$，我们选取 $\nabla\times\boldsymbol{A}=\boldsymbol{B}$ 的 ϕ 分量，对其积分便可求出

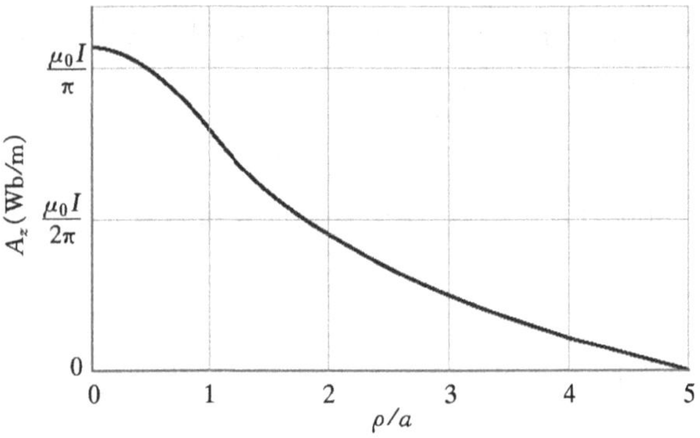

图 7.20 同轴传输线内导体中和两导体之间媒质中的矢量磁位分布。其中 $b=5a$，电流 I 的方向为 $\boldsymbol{a}_z$。任意选取在 $\rho=b$ 处有 $A_z=0$

A_z。若试一试，你就会喜欢它！

练习 7.10 很显然，式(7.66)也适用于计算在自由空间中沿 $\boldsymbol{a}_z$ 方向通有电流 I 的圆柱形导体外部的磁场，任意取在 $\rho=b$ 处为零参考点。现在，考虑半径均为 1 cm 的两根圆柱形导体，它们都与 z 轴平行且轴线位于 $x=0$ 平面。其中，一根载有正 z 方向电流 12 A，其轴线在点(0, 4 cm, z)处；另一根载有负 z 方向电流 12 A，其轴线在点(0, −4 cm, z)处。取每一根电流所产生的 $\boldsymbol{A}$ 的零参考点距其轴线的距离为 4 cm。求在以下各点的总矢量磁位 $\boldsymbol{A}$：(a) (0, 0, z)；(b) (0, 8 cm, z)；(c) (4 cm, 4 cm, z)；(d) (2 cm, 4 cm, z)。

答案：(a) 0；(b) 2.64 μWb/m；(c) 1.93 μWb/m；(d) 3.40 μWb/m。

参考文献

1. Bost, W. B.（参阅第 2 章的参考书目.）标量磁位的定义见第 220 页，有关其在磁场场图画法中的应用讨论见第 444 页。
2. Jordan, E, C., and K. G. Balamin. *Electromagnetic Waves and Radiating Systems*. 2d ed. Englewood Cliffs, N. J.: Prentice-Hall, 1968. 矢量磁位的讨论见第 90～96 页。
3. Paul, C. R., K. W. Whites, and S. Y. Nasar. *Introduction to Electromagnetic Fields*. 3d ed. New York: McGraw-Hill, 1998. 矢量磁位的介绍见第 216～220 页。
4. Skilling, H. H.（参阅第 3 章的参考文献.）在第 23～25 页中引入了"桨轮"的概念。

习题 7

WWW Animations

7.1 (a)有一位于 z 轴的长直细导线通有 8 mA 电流，电流沿正 z 轴方向流动。求在直角坐标系中点 $P(2,3,4)$处的磁场强度 $\boldsymbol{H}$；(b) 如果长直细导线位于两个平面 $x=-1$ 和 $y=2$ 的相交处，重求(a)；(c)若这两根长直细导线都同时存在，求磁场强度 $\boldsymbol{H}$。

7.2 由一条细导线构成的等边三角形电流回路的边长为 l，通有电流 I。求在该三角形中心处的磁场强度。

7.3 沿 z 轴放置的两条半无限长细导线分别位于区域 $-\infty<z<-a$ 和 $a<z<\infty$。它们均流有沿正 z 轴方向的电流 I。(a) 在 $z=0$ 处，求磁场强度 $\boldsymbol{H}(\rho,\phi)$；(b) 当 a 取什么值时，在 $\rho=1$ 和 $z=0$ 处的 $\boldsymbol{H}$ 值是无限长细导线电流产生的 $\boldsymbol{H}$ 值的一半。

7.4 两个圆形电流回路的中心分别位于 z 轴的 $z=+h$ 和 $z=-h$ 处。每个回路的半径为 a，它们均通有沿正 φ 轴方向的电流 I。(a)求 z 轴上磁场强度 $\boldsymbol{H}(-h<z<h)$。令 $I=1A$，画出函数 $|\boldsymbol{H}|(z/a)$：设(b)$h=a/4$；(c)$h=a/2$。h 取哪个值时磁场分布最均匀？这些电流回路被称为亥姆霍兹线圈(在本例中，每个回路只一匝)，它被用于提供均匀磁场。

7.5 如图 7.21 所示，在自由空间中有两条平行长直细导线。在直线($x=0$，$z=2$)上，画出 $|\boldsymbol{H}|$ 随 y 变化的曲线($-4<y<4$)。

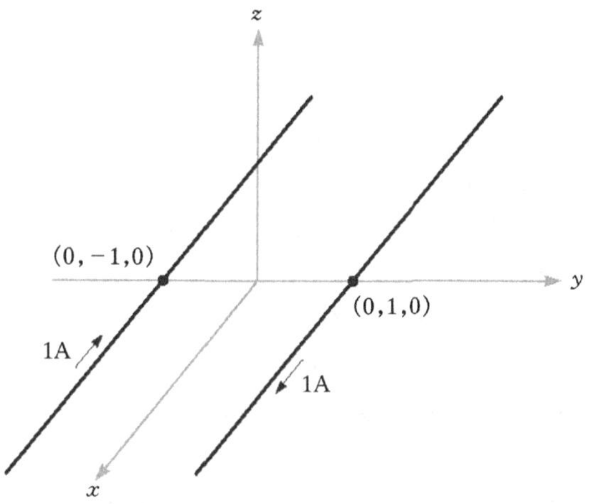

图 7.21　习题 7.5

7.6 一半径为 a 的圆盘位于 xy 平面内，z 轴垂直地穿过其中心。圆盘上的均匀面电荷密度为 ρ_S，且该圆盘绕 z 轴以角速度 Ω rad/s 旋转。求 z 轴上任意点的磁场强度 $\boldsymbol{H}$。

7.7 一条通有电流 I 的细导线在 a_z 方向沿负 z 轴延伸至无穷远。在 $z=0$ 处，它与一个位于 xy 平面第一象限($x>0, y>0$)的铜板相交。(a)利用毕奥—沙伐定律求出 z 轴上的 H 值；(b)重复(a)中的步骤，但是铜板位于整个 xy 平面(提示：在积分式中，用 a_x、a_y 和角 φ 来表示 a_ϕ)。

7.8 如图 7.5 所示，对位于 z 轴的一有限长元电流，请使用毕奥-沙伐定律推导出在 7.1 节中的式(7.9)。

7.9 在 $z=0$ 平面的部分区域 $-2<y<2$ 内有一面电流层 $\boldsymbol{K}=8\boldsymbol{a}_x$ A/m。计算在点 $P(0,0,3)$处的磁场强度 H。

7.10 有一个半径为 a 的空心导体球壳，用细导线将位于顶部($r=a$，$\theta=0$)和底部($r=a$，$\theta=\pi$)的两个点连接起来。直流电流 I 从上顶点流向球面，再流出底部。在球坐标系中，求(a)球壳内和(b)球壳外的磁场强度 $\boldsymbol{H}$。

7.11 沿 z 轴有一条长直细导线通有正 z 方向的电流 20π mA。另外还有三个均匀分布的柱面电流，它们的面电流密度和位置分别如下：在 $\rho=1$ cm 处，400 mA/m；在 $\rho=2$ cm 处，-250 mA/m；在 $\rho=3$ cm 处，-300 mA/m。分别求出在 $\rho=0.5$、1.5、2.5 和3.5 cm处的 H_ϕ。

7.12 如图 7.22 所示，在 $0<z<0.3$ m 和 $0.7<z<1.0$ m 两个区域中分别为有限厚度的导体板，它们通有图示方向相反且密度均为10 A/m² 的均匀分布电流。求在以下 z 值时的 $\boldsymbol{H}$：(a) -0.2 m；(b) 0.2 m；(c) 0.4 m；(d) 0.75 m；(e) 1.2 m。

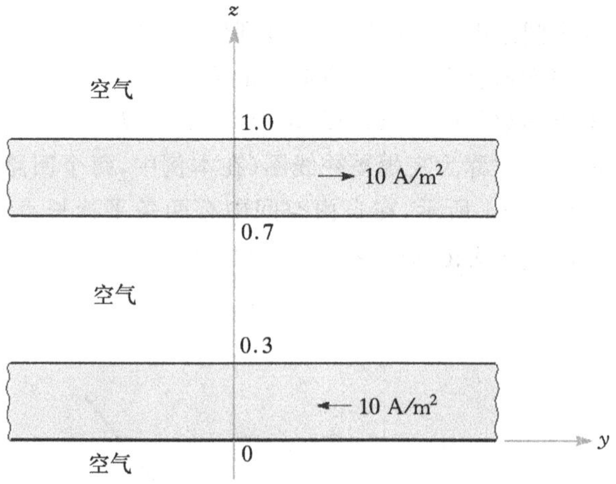

图 7.22 习题 7.12 图示

7.13 一半径为 a 的空心圆柱导体面的轴线为 z 轴，通有密度为 $K_a\boldsymbol{a}_\phi$ 的均匀分布面电流。(a) 证明 H 与 ϕ 或 z 无关；(b) 证明 H_ϕ 和 H_ρ 处处为零；(c) 证明在 $\rho>a$ 时，$H_z=0$；(d) 证明在 $\rho<a$ 时，$H_z=K_a$；(e) 若在 $\rho=b$ 处还有一半径为 b 的空心圆柱导体面通有电流 $K_b\boldsymbol{a}_\phi$。求各处的磁场强度 $\boldsymbol{H}$。

7.14 一矩形截面镯环形导体的四个外表面为：半径分别为 $\rho=2$ cm 和 $\rho=3$ cm 的两个圆柱面，两个平面 $z=1$ cm 和 $z=2.5$ cm。在圆柱面 $\rho=3$ cm 上通有密度为 $-50\boldsymbol{a}_z$ A/m 的均匀分布面电流。求出在点 $P(\rho,\phi,z)$处的磁场强度 $\boldsymbol{H}$：(a) P_A(1.5 cm, 0, 2 cm)；(b) P_B(2.1 cm, 0, 2 cm)；(c) P_C(2.7 cm, $\pi/2$, 2 cm)；(d) P_D(3.5 cm, $\pi/2$, 2 cm)。

7.15 假定在一个圆柱对称性区域中填充有电导率 $\sigma=1.5\,e^{-150\rho}$ kS/m 的导体，并且在其中存在着一个电场 $\boldsymbol{E}=30\boldsymbol{a}_z$ V/m。(a) 求电流密度 $\boldsymbol{J}$；(b) 求通过在 $z=0$ 处的部分截面 ($\rho<\rho_0$) 的总电流；(c) 利用安培环路定律求磁场强度 $\boldsymbol{H}$。

7.16 一条沿正 z 轴放置的半无限长细导线，通有负 a_z 方向的电流 I。在原点处，它与一个位于 xy 平面的导体板连接。(a)求导体板上的 K 值。(b)在 $z>0$ 的空间中，利用安培环路定律求磁场强度 $\boldsymbol{H}$；(c)在 $z<0$ 空间中，求 $\boldsymbol{H}$ 值。

7.17 有一条沿正 z 方向通有 7 mA 电流的长直细导线位于 z 轴上，另外在 $\rho=1$ cm 和 $\rho=0.5$ cm处有面电流密度分别为 $0.5\boldsymbol{a}_z$ 和 $-0.2\boldsymbol{a}_z$ 的两个面电流层。计算磁场强度 $\boldsymbol{H}$：分别在(a) $\rho=0.5$ cm；(b) $\rho=1.5$ cm；(c) $\rho=4$ cm。(d) 在 $\rho=4$ cm 处需要放置什么样的面电流层，才可以使得在 $\rho>4$ cm 区域内的磁场强度 $\boldsymbol{H}=0$？

7.18 一根半径为 3 mm 的导线由两层导体材料组成，内层导体材料($0<\rho<2$ mm)的电导率 $\sigma=10^7$ S/m，外层导体材料(2 mm$<\rho<$3 mm)的电导率 $\sigma=4\times10^7$ S/m。如果导线中通有 100 mA 的直流电流，试求各处的磁场强度 $\boldsymbol{H}(\rho)$。

7.19 在球坐标系中，有一实心导电圆锥的表面为 $\theta=\pi/4$，一导体平面为 $\theta=\pi/2$，并分别通有电流 I。电流以面电流形式，沿径向向内经过平面流向圆锥顶部，然后沿径向向外流过锥形导体的截面。(a)试将导体平面中的面电流密度表示为 r 的函数；(b)试将圆锥内的体电流密度表示为 r 的函数；(c)在圆锥表面与导体平面之间的区域内，求 $\boldsymbol{H}(r,\theta)$；(d)在圆锥体内，求 $\boldsymbol{H}(r,\theta)$。

7.20 一半径为 5 mm 的实心圆柱导体的电导率是半径的函数。圆柱导体的长度为 20 m，其两端的电位差是 0.1 V。在圆柱导体内部，磁场强度 $\boldsymbol{H}=10^5\rho^2\boldsymbol{a}_\phi$ A/m。(a) 求电导率 $\sigma(\rho)$；(b) 圆柱导体两端之间的电阻。

7.21 一条半径为 a 的圆柱导线的轴线位于 z 轴上。沿导线轴线方向通有不均匀电流，电流密度为 $J=b\rho\boldsymbol{a}_z A/m^2$，$b$ 为常数。(a)求流过导线中的总电流；(b)求$\boldsymbol{H}_{\text{in}}(\rho)$，$(0<\rho<a)$；(c)求$\boldsymbol{H}_{\text{out}}(\rho)$，$(\rho>a)$；(d)利用$\nabla\times\boldsymbol{H}=\boldsymbol{J}$ 验证(b)和(c)中的结果。

点	$\boldsymbol{H}$(A/m)		
A	$11.34\boldsymbol{a}_x$	$-13.78\boldsymbol{a}_y$	$+14.21\boldsymbol{a}_z$
B	$10.68\boldsymbol{a}_x$	$-12.19\boldsymbol{a}_y$	$+15.82\boldsymbol{a}_z$
C	$10.49\boldsymbol{a}_x$	$-12.19\boldsymbol{a}_y$	$+15.69\boldsymbol{a}_z$
D	$11.49\boldsymbol{a}_x$	$-13.78\boldsymbol{a}_y$	$+14.35\boldsymbol{a}_z$
E	$11.11\boldsymbol{a}_x$	$-13.88\boldsymbol{a}_y$	$+15.10\boldsymbol{a}_z$
F	$10.88\boldsymbol{a}_x$	$-13.10\boldsymbol{a}_y$	$+14.90\boldsymbol{a}_z$

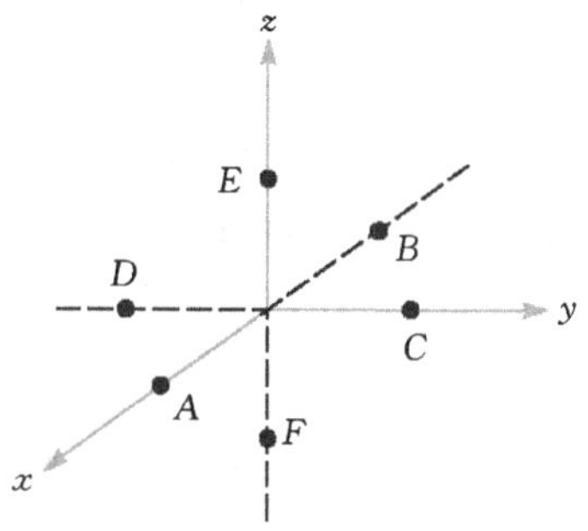

图 7.23　习题 7.21 图示

7.22 在一半径为 a 和长度为 L 的实心圆柱体($L\gg a$)内部均匀分布着密度为 ρ_0 C/m³ 的体电荷。现在让该圆柱体以角速度 Ωrad/s 绕其轴线(z 轴)旋转。(a)求在旋转圆柱体内部的电流密度 $\boldsymbol{J}$；(b)应用练习 7.6 的结果，求出在轴线上的磁场强度 $\boldsymbol{H}$；(c)分别求在旋转圆柱体内部和外部空间中的磁场强度 $\boldsymbol{H}$；(d)通过取 $\boldsymbol{H}$ 的旋度来检验(c)中结果的正确性。

7.23 已知磁场强度 $\boldsymbol{H}=20\ \rho^2\boldsymbol{a}_\phi$ A/m：(a)求电流密度 $\boldsymbol{J}$；(b)对电流密度 $\boldsymbol{J}$ 在圆($\rho=1$，$0<\phi<2\pi$，$z=0$)上进行积分求沿正 z 方向穿过它的总电流；(c)在圆形($\rho=1$，$0<\phi<2\pi$，$z=0$)闭合路径上进行线积分，再一次求出总电流。

7.24 多条无限长细导线分别位于 $y=0$ 平面的 $x=n$ 米处，$n=0,\pm1,\pm2,\cdots$，每条导线通有沿$\boldsymbol{a}_z$ 方向的电流 1 A。(a)借助于下面公式，求 y 轴上的 $\boldsymbol{H}$ 值，

$$\sum_{n=1}^{\infty}\frac{y}{y^2+n^2}=\frac{\pi}{2}-\frac{1}{2y}+\frac{\pi}{e^{2\pi y}-1}$$

(b)若用一个位于 $y=0$ 平面上的通有面电流密度为 $K=1a_z$ A/m 的导体板代替细导线，试将计算结果与(a)进行比较。

7.25 在区域 $0<x,\ y,\ z<5$ 中，一个给定的磁场强度可以表示为 $\boldsymbol{H}=[x^2yz/(y+1)]\boldsymbol{a}_x+3x^2z^2\boldsymbol{a}_y-[xyz^2/(y+1)]\boldsymbol{a}_z$。利用下面两种方法，分别求沿正 z 方向流过窄带 $x=2$，$1\leqslant y\leqslant4$，$3\leqslant z\leqslant4$ 上的总电流：(a)利用面积分；(b)利用闭合线积分。

7.26 一个半径为 $r=4$ 的球体，球心位于(0,0,3)。将位于 xy 平面以上的球体表面记为 S_1。若在圆柱坐标系中有磁场 $H=3\rho a_\phi$，求$\int_{S1}(\nabla\times H)$。

7.27 在某一空间区域中，已知磁场强度 $\boldsymbol{H}=[(x+2y)/z^2]\boldsymbol{a}_y+(2/z)\boldsymbol{a}_z$ A/m。(a)求$\nabla\times\boldsymbol{H}$；

(b)求电流密度 $\boldsymbol{J}$；(c)利用电流密度 $\boldsymbol{J}$，求沿 $\boldsymbol{a}_z$ 方向流过平面($z=4, 1\leqslant x\leqslant 2, 3\leqslant y\leqslant 5$)的总电流；(d)证明：利用斯托克斯定理表达式的另一边也可以得到相同的结果。

7.28 在自由空间中，已知 $\boldsymbol{H}=(3r^2/\sin\theta)\boldsymbol{a}_\theta+54r\cos\theta\boldsymbol{a}_\phi$ A/m：(a)利用斯托克斯定理表达式中的任一边，求沿 $\boldsymbol{a}_\theta$ 方向流过锥面($\theta=20°, 0\leqslant\phi\leqslant 2\pi, 0\leqslant r\leqslant 5$)的总电流；(b)利用斯托克斯定理表达式中的另一边，检验这个结果的正确性。

7.29 一半径为 0.2 mm 的长直非磁性导体通有均匀分布的电流 2 A；(a)求导体内的电流密度 $\boldsymbol{J}$；(b)利用安培环路定律，求出在导体内部的 $\boldsymbol{H}$ 和 $\boldsymbol{B}$；(c)证明在导体内部 $\nabla\times\boldsymbol{H}=\boldsymbol{J}$ 成立；(d)求出在导体外的 $\boldsymbol{H}$ 和 $\boldsymbol{B}$；(e)证明在导体外部 $\nabla\times\boldsymbol{H}=\boldsymbol{J}$ 成立。

7.30 (习题 7.20 的逆问题)。有一根半径为 2 mm 的实心非磁性导体。导体是不均匀的，其电导率 $\sigma=10^6(1+10^6\rho^2)$ S/m。如果导体的长度为 1 m，其两端的电压是 1 mV，求：(a)在导体内部的磁场强度 $\boldsymbol{H}$；(b)在导体内部的总磁通。

7.31 一根非磁性圆柱形导体壳($1\text{ cm}<\rho<1.4\text{ cm}$)沿 $\boldsymbol{a}_z$ 方向通有电流 50 A。求在以下范围内穿过平面($\phi=0, 0<z<1$)的总磁通：(a) $0<\rho<1.2$ cm；(b) $1.0\text{ cm}<\rho<1.4$ cm；(c) $1.4\text{ cm}<\rho<20$ cm。

7.32 由 $1<z<4$ cm 和 $2<\rho<3$ cm 确定的自由空间中的部分区域是一个矩形截面镯形导电环。让在 $\rho=3$ cm 的表面上通有密度为 $\boldsymbol{K}=2\boldsymbol{a}_z$ kA/m 的面电流。(a)分别求在 $\rho=2$ cm、$z=1$ cm 和 $z=4$ cm 的表面上的面电流密度；(b)求各处的磁场强度 $\boldsymbol{H}$；(c)求在镯形导电环内的总磁通。

7.33 利用梯度和旋度在直角坐标系中的展开式，证明任意一个标量 G 的梯度的旋度恒等于零。

7.34 一位于 z 轴的细导线通有沿 $\boldsymbol{a}_z$ 方向的电流 16 A，一位于 $\rho=6$ 的导电圆柱壳通有沿 $-\boldsymbol{a}_z$ 方向的电流 12 A，另一位于 $\rho=10$ 的导电圆柱壳通有沿 $-\boldsymbol{a}_z$ 方向的电流 4 A。(a)求在 $0<\rho<12$ 区域内的磁场强度 $\boldsymbol{H}$；(b)画出 H_ϕ 随 ρ 变化的曲线；(c)求穿过表面($1<\rho<7, 0<z<1$)的总磁通 Φ。

7.35 一个密度 $\boldsymbol{K}=20\boldsymbol{a}_z$ A/m 的面电流层位于 $\rho=2$ 处，另一个密度 $\boldsymbol{K}=-10\boldsymbol{a}_z$ A/m 的面电流层位于 $\rho=4$ 处。(a)令在点 $P(\rho=3, \phi=0, z=5)$ 处的 $V_m=0$，并在 $\phi=\pi$ 处设置一个磁屏蔽面。求在区域($-\pi<\phi<\pi$)中的 $V_m(\rho,\phi,z)$；(b)令在点 P 处的矢量磁位 $\boldsymbol{A}=0$，求在区域($2<\rho<4$)中的 $\boldsymbol{A}(\rho,\phi,z)$。

7.36 在自由空间的某一部分区域中，给定矢量磁位 $\boldsymbol{A}=(3y-z)\boldsymbol{a}_x+2xz\boldsymbol{a}_y$ Wb/m。(a)证明 $\nabla\cdot\boldsymbol{A}=0$；(b) 求在点 $P(2, -1, 3)$处的 $\boldsymbol{A}, \boldsymbol{B}, \boldsymbol{H}$ 和 $\boldsymbol{J}$。

7.37 在如图 7.12(b)所示的镯环形线圈中，给定 $N=1000, I=0.8$ A, $\rho_0=2$ cm 和 $a=0.8$ cm。如果取在 $\rho=2.5$ cm 和 $\phi=0.3\pi$ 时的 $V_m=0$，求在镯环形线圈内部的 V_m。保持 ϕ 在 $0<\phi<2\pi$ 的范围之内。

7.38 在自由空间中，有一个正方形细导线元电流回路的边长为 $\mathrm{d}L$，中心位于 $z=0$ 平面上的原点。从整体上来看，电流 I 沿 $\boldsymbol{a}_\phi$ 方向流动。(a)假设 $r\gg\mathrm{d}L$，使用与第 4.7 节类似的方法，证明

$$\mathrm{d}A=\frac{\mu_0 I\,(\mathrm{d}L)^2\sin\theta}{4\pi r^2}\boldsymbol{a}_\phi$$

(b)证明

$$\mathrm{d}\boldsymbol{H} = \frac{I\,(\mathrm{d}L)^2}{4\pi r^3}(2\cos\theta\,\boldsymbol{a}_r + \sin\theta\,\boldsymbol{a}_\theta)$$

正方形回路是磁偶极子的一种形式。

7.39 在自由空间中，有 $\boldsymbol{K}=30\boldsymbol{a}_z$ A/m 和 $\boldsymbol{K}=-30\boldsymbol{a}_z$ A/m 两个面电流层分别位于 $x=0.2$ 和 $x=-0.2$处。对于区域$-0.2<x<0.2$：(a)求磁场强度 $\boldsymbol{H}$；(b)如果取在 $P(0.1, 0.2, 0.3)$处的 $V_\mathrm{m}=0$，求 V_m的表达式；(c)求磁通密度 $\boldsymbol{B}$；(d) 如果取在 $P(0.1, 0.2, 0.3)$处的 $\boldsymbol{A}=0$，求 $\boldsymbol{A}$ 的表达式。

7.40 证明：矢量磁位 $\boldsymbol{A}$ 对任意闭合路径的线积分等于通过该闭合路径所包围的曲面的磁通，即$\oint \boldsymbol{A}\cdot \mathrm{d}\boldsymbol{L} = \int \boldsymbol{B}\cdot \mathrm{d}\boldsymbol{S}$。

7.41 假设在自由空间的某一部分区域中有 $\boldsymbol{A}=50\rho^2\boldsymbol{a}_z$ Wb/m。(a)求磁场强度 $\boldsymbol{H}$ 和磁通密度 $\boldsymbol{B}$；(b)求电流密度 $\boldsymbol{J}$；(c)利用电流密度 $\boldsymbol{J}$，求穿过平面$(0\leqslant\rho\leqslant 1,\ 0\leqslant\phi\leqslant 2\pi, z=0)$的总电流；(d)利用在 $\rho=1$ 处 H_ϕ 的值，计算$\oint \boldsymbol{H}\cdot \mathrm{d}\boldsymbol{L}$ 的值，这里有 $\rho = 1, z = 0$。

7.42 证明$\nabla_2(1/R_{12})=-\nabla_1(1/R_{12})=\boldsymbol{R}_{21}/R_{12}^3$成立。

7.43 计算同轴传输线外导体内部的矢量磁位。同轴传输线的矢量磁位如图 7.20 所示，其中外导体的外径为 $7a$。选择一个合适的零参考点，并将计算结果画在图中。

7.44 在直角坐标系中展开 7.7 节的式(7.58)，证明式(7.59)是正确的。

第8章

磁场力、材料和电感

我们现在准备介绍磁场问题中的另外一部分内容，即磁场施加给位于其中的电荷的作用力和力矩。电场对静止电荷或运动电荷都会产生力的作用；然而我们将看到恒定磁场只能够对运动电荷产生力的作用。这个结果看来好像是合情合理；磁场可以由运动电荷产生，反过来磁场可以给运动电荷施加一个力；磁场不可能由静止电荷产生，也不可能给静止电荷施加一个力。

本章首先介绍磁场作用在细导线或已知电流分布的有限横截面导体上的力和力矩。在这里，我们不考虑与粒子在真空中运动相关的问题。

在了解了磁场所产生的基本效应之后，我们将先介绍各类磁性材料、基本磁路的分析方法和作用在磁性材料上的力，最后还要介绍一下自感和互感这两个在电路分析中使用的重要概念。■

8.1 运动电荷所受的力

在电场中，电场强度定义告诉我们作用于一个带电粒子上的力是

$$\boxed{\mathbf{F} = Q\mathbf{E}} \tag{8.1}$$

对于一个正电荷来说，力的方向与电场强度的方向相同，大小则正比于 E 和 Q。如果电荷是运动的，则在其运动轨迹上每一点的力也由式(8.1)给出。

实验表明，一个带电粒子在磁通密度为 $\mathbf{B}$ 的磁场中运动时会受到力的作用，该力的大小正比于电荷 Q 的大小、运动速度 $\mathbf{v}$、磁通密度 $\mathbf{B}$ 和速度 $\mathbf{v}$ 与磁通密度 $\mathbf{B}$ 夹角的正弦这些量的乘积。力的方向与 $\mathbf{v}$ 和 $\mathbf{B}$ 的方向都垂直，且由 $\mathbf{v}\times\mathbf{B}$ 方向的单位矢量方向所确定。因此，该力可以表示为

$$\boxed{\mathbf{F} = Q\mathbf{v} \times \mathbf{B}} \tag{8.2}$$

电场和磁场对带电粒子作用之间的基本差别现在已经是显而易见了，由于带电粒子在磁

场中受力的方向与其运动速度方向相垂直,所以磁场力不可能改变带电粒子运动的速度。换句话说,加速度的方向总是垂直于运动速度方向。带电粒子的动能保持不变,即恒定磁场不可能传递能量给运动的带电粒子。另一方面,由于带电粒子在电场中所受到的力与粒子的运动方向无关,所以一般说来在电场和带电粒子之间有着能量的传递。

本章末的前两道习题说明了,在自由空间中电场和磁场对运动带电粒子的动能有着不同的效应。

在电场和磁场都存在的情况下,由叠加原理容易得到带电粒子所受到的力,

$$\boxed{\boldsymbol{F} = Q(\boldsymbol{E} + \boldsymbol{v} \times \boldsymbol{B})} \tag{8.3}$$

这个方程叫做洛伦兹力方程,在确定磁控管中的电子运动轨迹、回旋加速器中的质子运动路径、磁流体(MDH)发电机中的等离子体特性,或者电场和磁场中带电粒子运动的一般问题时,都需要求这个方程的解。

练习 8.1 一个点电荷 $Q=18$ nC 以 5×10^6 m/s 的速度运动,其方向为 $\boldsymbol{a}_v=0.60\boldsymbol{a}_x+0.75\boldsymbol{a}_y+0.30\boldsymbol{a}_z$。计算如下的磁场或电场对该电荷的作用力的大小:(a) $\boldsymbol{B}=-3\boldsymbol{a}_x+4\boldsymbol{a}_y+6\boldsymbol{a}_z$ mT;(b) $\boldsymbol{E}=-3\boldsymbol{a}_x+4\boldsymbol{a}_y+6\boldsymbol{a}_z$ kV/m;(c) $\boldsymbol{B}$ 和 $\boldsymbol{E}$ 同时作用。

答案:(a)660 μN;(b) 140 μN;(c)670 μN。

8.2 元电流所受的力

一个带电粒子在磁场中运动所受到的力可以表示成如下一个元电荷所受到的微元力

$$d\boldsymbol{F} = dQ\boldsymbol{v} \times \boldsymbol{B} \tag{8.4}$$

从物理上来看,元电荷是由许多占据着一定体积的非常小的和离散的电荷所组成,尽管这些电荷所占的体积很小,但是比之各个电荷之间的平均距离却要大得多。这样,式(8.4)所表示的微元力仅仅是作用在各个离散电荷上的力的总和,而不是作用在某一单个离散电荷上的力。采用相似的方法,我们也可以分析一阵落沙中的一小撮沙子所受到地球引力的微元重力。在这一小撮沙子中包含了许多沙粒,而微元重力就是作用在一小撮沙子中每个沙粒上的力的总和。

然而,如果电荷是在导体中运动的电子,我们可以证明作用在导体上的力就是这些电子所受到的力,这些量值极小却又数量极多的力的总和是有重要实际意义的。在导体内部,每个电子都是在某个正离子附近的有限固定区域内运动的,这些正离子构成了一个晶格阵列并确定了导体自身的固体特性。磁场施加给电子的作用力趋于使电子作微小的移动,使得在正电荷和负电荷两者的重心之间产生一个小的位移。然而,电子和正离子之间存在的库仑力却企图阻止这种位移的发生。因此,任何使电子移动的企图都将会在电子和晶格阵列中的正离子之间引起吸引力。这样,磁场力就被转移到晶格阵列上或导体自身上。在良导体中,由于库仑力远远大于磁场力,所以电子的实际位移几乎是不可能测量出来的。然而,在导体实验样品两端出现的一个微小电位差却表明了磁场力使电荷被分离,该电位差沿垂直于磁场和电荷运动速度两者的方向。这个电位差称为霍耳电压,把这个效应称为霍耳效应。

在图 8.1 中分别示出了对于运动正电荷和负电荷的霍耳电压的方向。在图 8.1(a)中,由于 $\boldsymbol{v}$ 的方向为 $-\boldsymbol{a}_x$,$\boldsymbol{v}\times\boldsymbol{B}$ 的方向为 $\boldsymbol{a}_y$,Q 是正电荷,所以力 $\boldsymbol{F}_Q$ 的方向为 $\boldsymbol{a}_y$;这样正电荷向右

边移动。在图 8.1(b)中，速度 $\boldsymbol{v}$ 现在的方向为$+\boldsymbol{a}_x$，$\boldsymbol{B}$ 的方向仍然为 $\boldsymbol{a}_z$，$\boldsymbol{v}\times\boldsymbol{B}$ 方向则为$-\boldsymbol{a}_y$，Q 是负电荷，所以力 $\boldsymbol{F}_Q$ 的方向仍然是 $\boldsymbol{a}_y$。此时，负电荷也向右边移动。因此，在半导体中由空穴和电子所产生的两个相等的电流可以由它们的霍耳电压来加以区分。这就是确定一给定半导体究竟是 p 型还是 n 型半导体的一种方法。

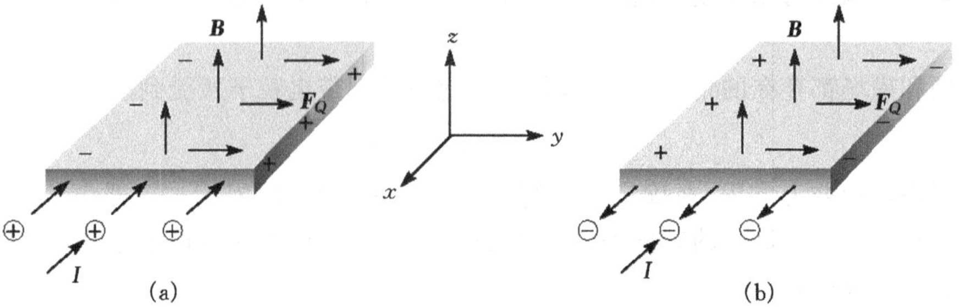

图 8.1　(a)中进入纸面的正电荷与(b)中流出纸面的负电荷形成了两个相等的电流。如图所示，这两种情况可以由相反取向的霍耳电压来加以区分

利用霍耳效应可以制作测量磁通密度的仪表以及可以用做电子功率计、矩形脉冲元件等，在这些应用中可以使得流过仪表的电流与其中存在的磁场成正比。

若再看一看式(8.4)，我们可以说如果现在分析的是电子束中一个运动的电荷元，则力仅仅是这个小体积元中每个电子所受力的总和，但是如果现在分析的是导体中一个运动的电荷元，则总力是作用在这个导体自身上的。

在第 5 章中，我们已经把电流密度定义为体电荷密度与其速度的乘积，

$$\boxed{\boldsymbol{J}=\rho_v\boldsymbol{v}}$$

而在式(8.4)中的元电荷也可以用体电荷密度来表示[①]，

$$\mathrm{d}Q=\rho_v\mathrm{d}v$$

这样

$$\mathrm{d}\boldsymbol{F}=\rho_v\mathrm{d}v\,\boldsymbol{v}\times\boldsymbol{B}$$

或

$$\boxed{\mathrm{d}\boldsymbol{F}=\boldsymbol{J}\times\boldsymbol{B}\mathrm{d}v} \tag{8.5}$$

在第 7 章中，我们曾经看到过把 $\boldsymbol{J}\mathrm{d}v$ 可以解释成一个电流元；也就是说，

$$\boldsymbol{J}\mathrm{d}v=\boldsymbol{K}\mathrm{d}S=I\mathrm{d}\boldsymbol{L}$$

这样，就可以把洛伦兹力方程应用于面电流密度，

$$\boxed{\mathrm{d}\boldsymbol{F}=\boldsymbol{K}\times\boldsymbol{B}\mathrm{d}S} \tag{8.6}$$

或应用于一个细线电流元，

$$\boxed{\mathrm{d}\boldsymbol{F}=I\mathrm{d}\boldsymbol{L}\times\boldsymbol{B}} \tag{8.7}$$

对式(8.5)、式(8.6)或式(8.7)分别在某一体积内、某一曲面(可以是非闭合的，也可以是闭合的，为什么?)上或在某一闭合路径上进行积分，可以得到以下积分公式

---

① 请记住，$\mathrm{d}v$ 是一个体电荷元而并不是速度的一个微分增量。

$$\boldsymbol{F}=\int_{\text{vol}}\boldsymbol{J}\times\boldsymbol{B}\mathrm{d}v \tag{8.8}$$

$$\boldsymbol{F}=\int_{S}\boldsymbol{K}\times\boldsymbol{B}\mathrm{d}S \tag{8.9}$$

和

$$\boxed{\boldsymbol{F}=\oint I\mathrm{d}\boldsymbol{L}\times\boldsymbol{B}=-I\oint\boldsymbol{B}\times\mathrm{d}\boldsymbol{L}} \tag{8.10}$$

把式(8.7)或式(8.10)应用于在均匀磁场中的一段直导线，可以得到一个简单的结果：

$$\boxed{\boldsymbol{F}=I\boldsymbol{L}\times\boldsymbol{B}} \tag{8.11}$$

利用熟悉的公式，可以得到这个力的大小为

$$F=BIL\sin\theta \tag{8.12}$$

其中，θ 是电流流动方向的矢量与磁通密度方向之间的夹角。式(8.11)或式(8.12)仅仅适用于在闭合回路中的一部分，在实际问题中则必须考虑回路中余下的另外一部分。

例 8.1　现在，让我们来考虑作为上述这些方程的一个应用例子。如图 8.2 所示，在一条位于 y 轴上的长直细导线产生的磁场中，$z=0$ 平面内有一个通有 2 mA 电流的正方形细导线回路。试求该回路所受到的总力。

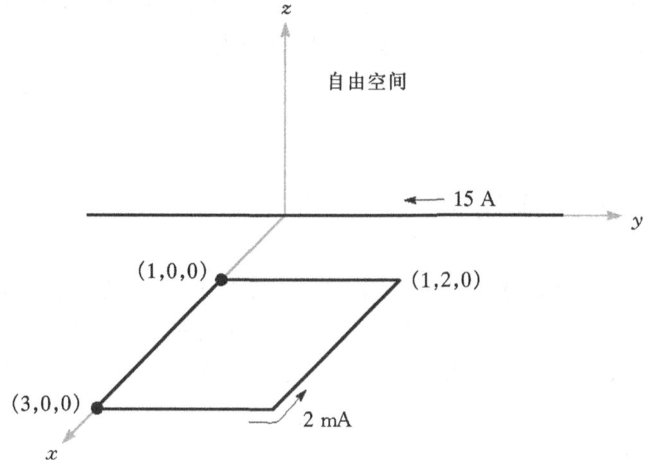

图 8.2　在非均匀磁场中，xy 平面内有一个通有 2 mA 电流的正方形细导线回路

解：由长直细导线在正方形细导线回路的平面内所产生的磁场为

$$\boldsymbol{H}=\frac{I}{2\pi x}\boldsymbol{a}_z=\frac{15}{2\pi x}\boldsymbol{a}_z\quad \text{A/m}$$

所以

$$\boldsymbol{B}=\mu_0\boldsymbol{H}=4\pi\times10^{-7}\boldsymbol{H}=\frac{3\times10^{-6}}{x}\boldsymbol{a}_z\quad \text{T}$$

利用式(8.10)的积分，

$$\boldsymbol{F}=-I\oint\boldsymbol{B}\times\mathrm{d}\boldsymbol{L}$$

假设该正方形回路是刚性的，那么总力是四条边所受到的力之和。从左边开始算起：

$$\begin{aligned}\boldsymbol{F}=&-2\times10^{-3}\times3\times10^{-6}\left[\int_{x=1}^{3}\frac{\boldsymbol{a}_z}{x}\times \mathrm{d}x\boldsymbol{a}_x+\int_{y=0}^{2}\frac{\boldsymbol{a}_z}{3}\times \mathrm{d}y\boldsymbol{a}_y\right.\\&\left.+\int_{x=3}^{1}\frac{\boldsymbol{a}_z}{x}\times \mathrm{d}x\boldsymbol{a}_x+\int_{y=2}^{0}\frac{\boldsymbol{a}_z}{1}\times \mathrm{d}y\boldsymbol{a}_y\right]\\=&-6\times10^{-9}\left[\ln x\Big|_1^3\boldsymbol{a}_y+\frac{1}{3}y\Big|_0^2(-\boldsymbol{a}_x)+\ln x\Big|_3^1\boldsymbol{a}_y+y\Big|_2^0(-\boldsymbol{a}_x)\right]\\=&-6\times10^{-9}\left[(\ln3)\boldsymbol{a}_y-\frac{2}{3}\boldsymbol{a}_x+(\ln\frac{1}{3})\boldsymbol{a}_y+2\boldsymbol{a}_x\right]\\=&-8\boldsymbol{a}_x\ \mathrm{nN}\end{aligned}$$

这样,作用在正方形回路上的净力方向为$-\boldsymbol{a}_x$。

练习 8.2 在自由空间中,有磁场 $\boldsymbol{B}=-2\boldsymbol{a}_x+3\boldsymbol{a}_y+4\boldsymbol{a}_z$ mT。求作用在通有 12 A 电流的一段直导线 $\boldsymbol{a}_{AB}$ 上的力,给定点 $A(1,1,1)$ 和:(a) $B(2, 1, 1)$;(b) $B(3, 5, 6)$。

答案:(a) $-48\boldsymbol{a}_y+36\boldsymbol{a}_z$ mN; (b) $12\boldsymbol{a}_x-216\boldsymbol{a}_y+168\boldsymbol{a}_z$ mN。

练习 8.3 如图 8.1 所示是 n 型硅半导体的一块样品,其横截面是一个边长为 0.9 mm×1.1 cm的矩形,其长度为 1.3 cm。假设在工作温度下电子和空穴的迁移率分别为 0.13 $\mathrm{m^2/(V\cdot s)}$和 0.03 $\mathrm{m^2/(V\cdot s)}$。令 $B=0.07$ T,沿电流方向的电场强度大小为 800 V/m。求:(a)在样品两端的电位差大小;(b)漂移速度;(c) 由 B 所引起的每单位库仑运动电荷受到的横向作用力;(d)横向的电场强度;(e)霍耳电压。

答案:(a)10.40 V;(b)104.0 m/s;(c) 7.28 N/C;(d)7.28 V/m;(e)80.1 mV。

8.3 元电流之间的作用力

引入磁场概念的目的是将求解一个电流对另一个电流作用的问题分解为两个部分。当然,不需要计算出电流产生的磁场,我们也能把对一个电流的作用力直接地用另一个电流来表示。由于我们在前面曾经宣称过引入磁场的概念可以简化计算,所以我们应该证明这种中间步骤的省略会导致更复杂的表达式。

可以求得点 1 处的元电流在点 2 处产生的磁场强度为

$$\mathrm{d}\boldsymbol{H}_2=\frac{I_1\mathrm{d}\boldsymbol{L}_1\times\boldsymbol{a}_{R12}}{4\pi R_{12}^2}$$

现在,作用在元电流上的微元力为

$$\mathrm{d}\boldsymbol{F}=I\mathrm{d}\boldsymbol{L}\times\boldsymbol{B}$$

将上式应用于我们的问题,现在用 $\mathrm{d}\boldsymbol{B}_2$(点 1 处的元电流在点 2 处产生的元磁通密度)代替 $\boldsymbol{B}$,用 $I_2\mathrm{d}\boldsymbol{L}_2$ 代替 $I\mathrm{d}\boldsymbol{L}$,则在点 2 处的元电流所受到的作用力的微分增量 $\mathrm{d}(\mathrm{d}\boldsymbol{F}_2)$为:

$$\mathrm{d}(\mathrm{d}\boldsymbol{F}_2)=I_2\mathrm{d}\boldsymbol{L}_2\times\mathrm{d}\boldsymbol{B}_2$$

由于 $\mathrm{d}\boldsymbol{B}_2=\mu_0\mathrm{d}\boldsymbol{H}_2$,我们得到的在两个元电流之间的作用力,

$$\mathrm{d}(\mathrm{d}\boldsymbol{F}_2)=\mu_0\frac{I_1I_2}{4\pi R_{12}^2}\mathrm{d}\boldsymbol{L}_2\times(\mathrm{d}\boldsymbol{L}_1\times\boldsymbol{a}_{R12})\tag{8.13}$$

例 8.2 作为说明上面这些结果应用的一个例子,现在来考虑如图 8.3 所示的两个元电

流。试求作用在元电流 2 上的微元力 $d\boldsymbol{L}_2$。

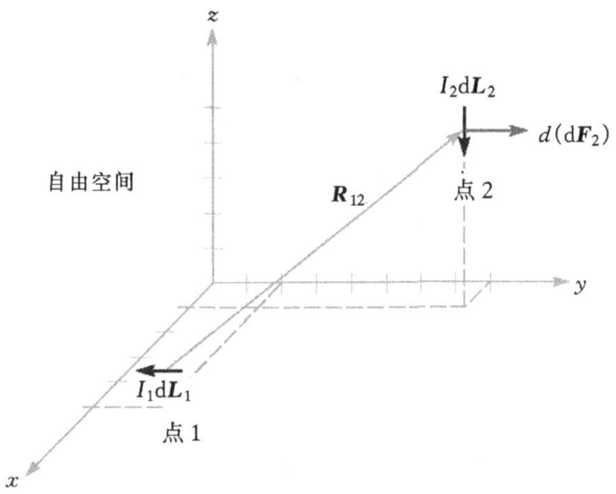

图 8.3　给定在点 $P_1(5,2,1)$和 $P_2(1,8,5)$处的元电流分别为 $I_1 d\boldsymbol{L}_1=-3\boldsymbol{a}_y$ A·m 和 $I_2 d\boldsymbol{L}_2=-4\boldsymbol{a}_z$ A·m，作用在元电流 $I_2 d\boldsymbol{L}_2$ 上的力为 8.56 nN，方向为 $\boldsymbol{a}_y$

解：由图可以得到在点 $P_1(5,\ 2,\ 1)$处的 $I_1 d\boldsymbol{L}_1=-3\boldsymbol{a}_y$ A·m，点 $P_2(1,\ 8,\ 5)$处的 $I_2 d\boldsymbol{L}_2=-4\boldsymbol{a}_z$ A·m。这样，有 $\boldsymbol{R}_{12}=-4\boldsymbol{a}_x+6\boldsymbol{a}_y+4\boldsymbol{a}_z$，将这些数据代入式(8.13)中得到，

$$\begin{aligned} d(d\boldsymbol{F}_2) &= \frac{4\pi 10^{-7}}{4\pi}\frac{(-4\boldsymbol{a}_z)\times[(-3\boldsymbol{a}_y)\times(-4\boldsymbol{a}_x+6\boldsymbol{a}_y+4\boldsymbol{a}_z)]}{(16+36+16)^{1.5}} \\ &= 8.56\boldsymbol{a}_y \text{ nN} \end{aligned}$$

在前面许多章节中讨论一个点电荷对另一个点电荷的作用力时，我们发现这两个电荷所受的作用力大小相等方向相反。也就是说，作用在系统上的总力为零。然而，对于元电流来说并非如此，例如在例 8.2 中我们计算出的 $d(d\boldsymbol{F}_1)=-12.84\boldsymbol{a}_z$ nN。出现这种不同行为的原因是由于在实际中元电流并不能单独地存在。反之，点电荷却能用小电荷来很好地近似，电流的连续性要求我们考虑的必须是一个闭合的电流回路。现在在下面我们来看电流回路的问题。

利用二重积分，可以得到两根细导线电流回路之间的总作用力：

$$\begin{aligned} \boldsymbol{F}_2 &= \mu_0\frac{I_1 I_2}{4\pi}\oint\left[d\boldsymbol{L}_2\times\oint\frac{d\boldsymbol{L}_1\times\boldsymbol{a}_{R12}}{R_{12}^2}\right] \\ &= \mu_0\frac{I_1 I_2}{4\pi}\oint\left[\oint\frac{\boldsymbol{a}_{R12}\times d\boldsymbol{L}_1}{R_{12}^2}\right]\times d\boldsymbol{L}_2 \end{aligned} \tag{8.14}$$

虽然计算式(8.14)是很困难的，但是在第 7 章中类似的公式告诉我们，可以把最内部的积分看成是计算元电流 1 在点 2 处所产生的磁场所必需的积分。

尽管我们将只给出力的计算结果，但是利用式(8.14)可以非常容易地求出相距 d、通有相反方向电流 I 的两根平行长直细导线之间的相互推斥力，如图 8.4 所示。积分很简单，在计算中出现的错误大多数是如何确定 $\boldsymbol{a}_{R12}$、$d\boldsymbol{L}_1$ 和 $d\boldsymbol{L}_2$ 的合适表达式。然而，由于已知一根导体在另一根导体处产生的磁场强度为 $I/(2\pi d)$，所以很显然在每单位长度导体上所受到的磁场力为 $\mu_0 I^2/(2\pi d)$。

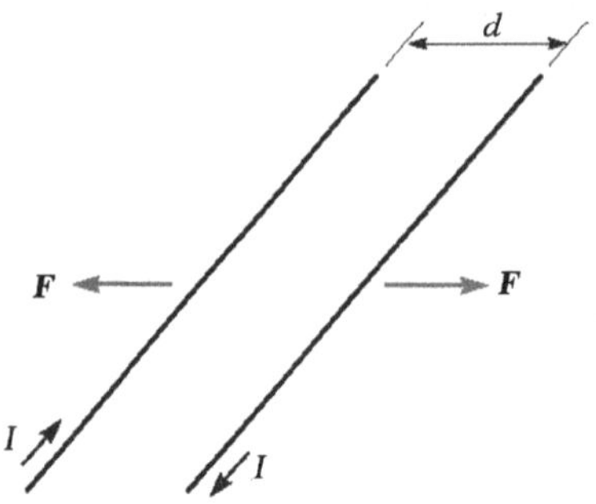

图 8.4 两根相距 d 的无限长平行导线通有方向相反的电流 I,它们受到一个大小为 $\mu_0 I^2/(2\pi d)$ N/m 的相互推斥力

练习 8.4 在自由空间中,有两个元电流 $I_1\Delta\boldsymbol{L}_1=3\times10^{-6}\boldsymbol{a}_y$ A·m 和 $I_2\Delta\boldsymbol{L}_2=3\times10^{-6}(-0.5\boldsymbol{a}_x+0.4\boldsymbol{a}_y+0.3\boldsymbol{a}_z)$ A·m 分别位于点 $P_1(1,0,0)$ 和 $P_2(2,2,2)$ 处。求一个元电流对另一个元电流的作用力:(a) $I_2\Delta\boldsymbol{L}_2$ 对 $I_1\Delta\boldsymbol{L}_1$;(b) $I_1\Delta\boldsymbol{L}_1$ 对 $I_2\Delta\boldsymbol{L}_2$。

答案:(a) $(-1.333\boldsymbol{a}_x+0.333\boldsymbol{a}_y-2.67\boldsymbol{a}_z)10^{-20}$ N;(b) $(4.67\boldsymbol{a}_x+0.667\boldsymbol{a}_z)10^{-20}$ N。

8.4 闭合回路所受的力和力矩

我们已经得到了磁场对电流作用力的一般表达式。现在,若使用 8.2 节中的式(8.10)来考虑一个线性闭合回路所受到的力,则容易得到一个特殊的情形,

$$\boldsymbol{F}=-I\oint\boldsymbol{B}\times d\boldsymbol{L}$$

如果再假设磁通密度是均匀的,则可以将 $\boldsymbol{B}$ 移到积分之外:

$$\boldsymbol{F}=-I\boldsymbol{B}\times\oint d\boldsymbol{L}$$

然而,我们在静电场中计算闭合线积分时发现积分 $\oint d\boldsymbol{L}=0$,因此在均匀磁场中闭合电流回路上所受到的总力为零。

如果是非均匀磁场,则总力不为零。

上面对于均匀磁场中的这个结论不仅适用于细导线回路,也适用于面电流或体电流分布。如果把总电流划分为许多细导线电流回路,则就像我们已经证明了的一样,每一个细导线电流回路上所受到的作用力为零,那么总电流所受到的合力为零。因此,在均匀磁场中任何实际的闭合直流电流回路所受到的合力为零。

虽然电流回路受到的合力为零,但力矩一般却不为零。

在定义一个力的转矩或力矩时,必须指明所计算力矩的原点和力的作用点。在图 8.5(a)中,如使力 $\boldsymbol{F}$ 作用于点 P,则我们可以建立一个自原点 O 到 P 的刚性力臂矢量 $\boldsymbol{R}$。对于原点 O 的力矩是一个矢量,它的大小等于 $\boldsymbol{F}$ 的幅值、$\boldsymbol{R}$ 的幅值和这两个矢量之间夹角的正弦三者的乘积。矢量力矩 $\boldsymbol{T}$ 与力臂 $\boldsymbol{R}$ 和力 $\boldsymbol{F}$ 两者都相垂直,且其方向由右手螺旋定则所确定。力矩可以表示为一个叉乘形式:

$$\boldsymbol{T}=\boldsymbol{R}\times\boldsymbol{F}$$

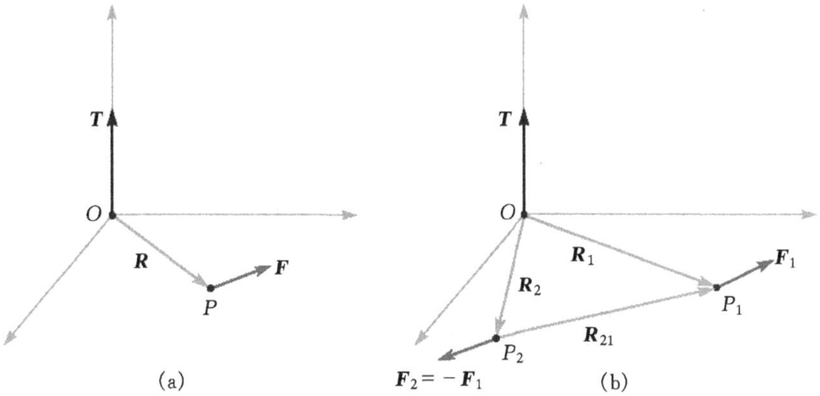

图 8.5 (a) 给定自原点 O 到 P 点的一个力臂 $\boldsymbol{R}$，力 $\boldsymbol{F}$ 作用在 P 点，则关于原点 O 的力矩为 $\boldsymbol{T}=\boldsymbol{R}\times\boldsymbol{F}$；(b) 若 $\boldsymbol{F}_2=-\boldsymbol{F}_1$，则力矩 $\boldsymbol{T}=\boldsymbol{R}_{21}\times\boldsymbol{F}_1$ 与 $\boldsymbol{R}_1$ 和 $\boldsymbol{R}_2$ 的原点选择无关

如图 8.5(b)所示，现在假设有两个力 $\boldsymbol{F}_1$ 和 $\boldsymbol{F}_2$ 在点 P_1 和 P_2(这两个点对原点 O 的力臂矢量分别为 $\boldsymbol{R}_1$ 和 $\boldsymbol{R}_2$)处分别作用于一个固定形状的物体上，并且不使该物体发生移动。这样，对于原点处的总力矩则为

$$\boldsymbol{T}=\boldsymbol{R}_1\times\boldsymbol{F}_1+\boldsymbol{R}_2\times\boldsymbol{F}_2$$

其中，由于

$$\boldsymbol{F}_1+\boldsymbol{F}_2=0$$

因此有

$$\boldsymbol{T}=(\boldsymbol{R}_1-\boldsymbol{R}_2)\times\boldsymbol{F}_1=\boldsymbol{R}_{21}\times\boldsymbol{F}_1$$

矢量 $\boldsymbol{R}_{21}=\boldsymbol{R}_1-\boldsymbol{R}_2$ 是由 P_2 指向 P_1 的一个矢量，它与 $\boldsymbol{R}_1$ 和 $\boldsymbol{R}_2$ 两个矢量的原点的选择无关。因此，只要作用于物体上的合力为零，则力矩也与原点的选择无关。这个结论可以推广到多个作用力存在的情况。

考虑作用在老式汽车的水平曲柄把末端的一个垂直向上的力。这个力绝对不是施加的惟一的一个力，因为如果仅有这个力作用，那么整个曲柄把将向上方加速运动。另外，还有由旋转轴上的轴承表面垂直向下作用的一个与此力大小相等的力，这样才可能使整个曲柄保持力的平衡。对于作用在长度为 0.3 m 的曲柄上的一个 40 N 的力来说，其力矩为 12 N·m。在求得这个结果时，没有考虑原点是否取在旋转轴上(结果是 12 N·m+0 N·m 构成)，或取在曲柄的中点(结果是 6 N·m+6 N·m 构成)，或取在曲柄上的其他位置，甚至于在曲柄的外延伸长度上。

因此，我们可以把原点选取在最便于计算的地方，通常是选取在旋转轴上，特别是如果有几个力是作用在同一个平面内，就可以选取在这个公共平面上。

在熟悉了这里介绍的力矩概念之后，我们现在来分析磁场 $\boldsymbol{B}$ 中的一个元电流回路所受到的力矩。如图 8.6 所示，该元电流回路位于 xy 平面内，它的各条边分别平行于坐标轴 x 和 y，且边长为 dx 和 dy。磁场在回路中心点 O 的值为 $\boldsymbol{B}_0$。由于回路的尺寸很小，所以在回路上每一点的 $\boldsymbol{B}$ 都可以认为就是 $\boldsymbol{B}_0$。(在讨论散度和旋度时，为什么不能做这样的近似?)。因此，作用于回路上的合力为零，这样我们就可以自由地把回路中心选取为力矩的原点。

作用于边 1 上的力为

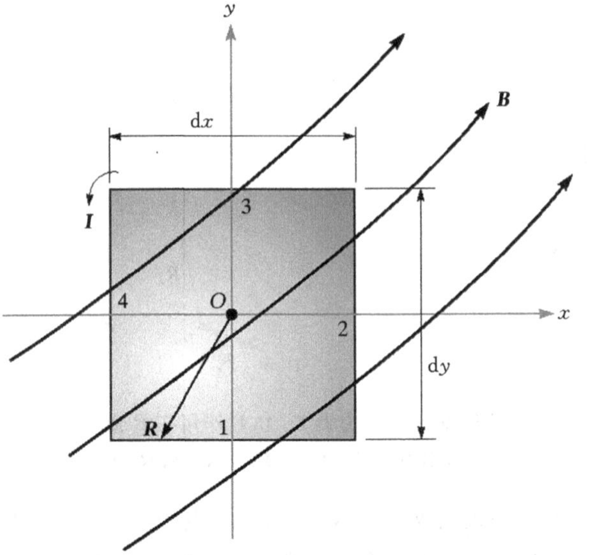

图 8.6 一个位于磁场 $\boldsymbol{B}$ 中的元电流回路。该回路受到的力矩为 $\mathrm{d}\boldsymbol{T}=I(\mathrm{d}x\mathrm{d}y\boldsymbol{a}_z)\times\boldsymbol{B}_0=I\mathrm{d}\boldsymbol{S}\times\boldsymbol{B}$

$$\mathrm{d}\boldsymbol{F}_1 = I\mathrm{d}x\boldsymbol{a}_x \times \boldsymbol{B}_0$$

或

$$\mathrm{d}\boldsymbol{F}_1 = I\mathrm{d}x(B_{0y}\boldsymbol{a}_z - B_{0z}\boldsymbol{a}_y)$$

对于回路的这条边来说，力臂矢量 $\boldsymbol{R}_1$ 是自原点至这条边的中点，且有 $\boldsymbol{R}_1=-\frac{1}{2}\mathrm{d}y\boldsymbol{a}_y$，它对总力矩的贡献为

$$\mathrm{d}\boldsymbol{T}_1=\boldsymbol{R}_1\times\mathrm{d}\boldsymbol{F}_1=-\frac{1}{2}\mathrm{d}y\boldsymbol{a}_y\times I\mathrm{d}x(B_{0y}\boldsymbol{a}_z-B_{0z}\boldsymbol{a}_y)=-\frac{1}{2}\mathrm{d}x\mathrm{d}yIB_{0y}\boldsymbol{a}_x$$

可以得到边 3 对力矩的贡献与上面结果相同，

$$\mathrm{d}\boldsymbol{T}_3=\boldsymbol{R}_3\times\mathrm{d}\boldsymbol{F}_3=\frac{1}{2}\mathrm{d}y\boldsymbol{a}_y\times(-I\mathrm{d}x\boldsymbol{a}_x\times\boldsymbol{B}_0)=-\frac{1}{2}\mathrm{d}x\mathrm{d}yIB_{0y}\boldsymbol{a}_x=\mathrm{d}\boldsymbol{T}_1$$

和

$$\mathrm{d}\boldsymbol{T}_1+\mathrm{d}\boldsymbol{T}_3=-\mathrm{d}x\mathrm{d}yIB_{0y}\boldsymbol{a}_x$$

计算作用于边 2 和边 4 上的力矩，可以得到

$$\mathrm{d}\boldsymbol{T}_2+\mathrm{d}\boldsymbol{T}_4=\mathrm{d}x\mathrm{d}yIB_{0x}\boldsymbol{a}_y$$

最后得到总力矩为

$$\mathrm{d}\boldsymbol{T}=I\mathrm{d}x\mathrm{d}y(B_{0x}\boldsymbol{a}_y-B_{0y}\boldsymbol{a}_x)$$

在上式圆括号中的量可以用一个叉乘表示成

$$\mathrm{d}\boldsymbol{T}=I\mathrm{d}x\mathrm{d}y(\boldsymbol{a}_z\times\boldsymbol{B}_0)$$

或

$$\boxed{\mathrm{d}\boldsymbol{T}=I\mathrm{d}\boldsymbol{S}\times\boldsymbol{B}} \tag{8.15}$$

这里，$\mathrm{d}\boldsymbol{S}$ 是元电流回路的矢量面积，并且已去掉了 $\boldsymbol{B}_0$ 的下标。

现在，我们把回路的矢量面积与回路电流的乘积定义为元磁偶极矩 $\mathrm{d}\boldsymbol{m}$，单位是 $\mathrm{A}\cdot\mathrm{m}^2$。这样有

$$\boxed{d\boldsymbol{m} = Id\boldsymbol{S}} \tag{8.16}$$

和

$$\boxed{d\boldsymbol{T} = d\boldsymbol{m} \times \boldsymbol{B}} \tag{8.17}$$

如果把上面的结果与在 4.7 节中讨论电偶极子时得到的结果相联系起来，可以得到电偶极子的力矩为

$$d\boldsymbol{T} = d\boldsymbol{p} \times \boldsymbol{E}$$

式(8.15)和式(8.17)不仅仅是适合于矩形回路，而是一个适合于任何形状回路的普遍结果。利用式(8.15)或式(8.17)也可以用矢量面积或矩来给出作用于一个圆形或三角形回路的力矩。

由于分析的是一个很小的元电流回路，所以我们可以认为在元电流回路上的磁感应强度 $\boldsymbol{B}$ 是一个常数，那么在均匀磁场中作用于任何尺寸或形状的平面回路上的力矩可以由相同的公式给出：

$$\boxed{\boldsymbol{T} = I\boldsymbol{S} \times \boldsymbol{B} = \boldsymbol{m} \times \boldsymbol{B}} \tag{8.18}$$

应该注意到，电流回路所受到的力矩总是企图使回路转动，以致回路所产生磁场的方向和外加磁场的方向相一致。这或许是确定力矩方向的一个最简单方法。

例 8.3　为了说明磁场力和力矩的计算，我们现在来考虑如图 8.7 所示的矩形回路。利用公式 $\boldsymbol{T}=I\boldsymbol{S}\times\boldsymbol{B}$ 来计算作用于该矩形回路上的力矩。

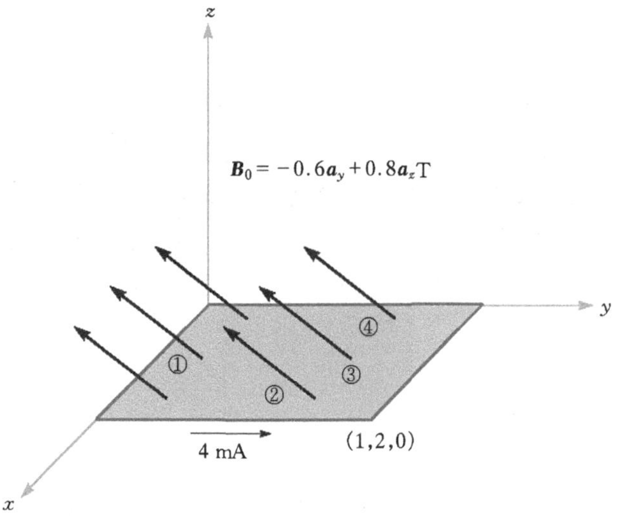

图 8.7　位于均匀磁感应强度 $\boldsymbol{B}_0$ 中的一个矩形回路

解：该回路的尺寸为 1 m×2 m，位于均匀磁场 $\boldsymbol{B}_0 = -0.6\boldsymbol{a}_y + 0.8\boldsymbol{a}_z$ T 中。在回路中的电流为 4 mA，这个电流的值应该充分地小以免影响原来的磁场 $\boldsymbol{B}_0$。

我们有

$$\boldsymbol{T} = 4 \times 10^{-3}[(1)(2)\boldsymbol{a}_z] \times (-0.6\boldsymbol{a}_y + 0.8\boldsymbol{a}_z) = 4.8\boldsymbol{a}_x \quad \text{mN} \cdot \text{m}$$

这样一来，电流回路趋于绕平行于正 x 轴的轴线旋转。而回路中的 4 mA 电流所产生的磁场趋于与 $\boldsymbol{B}_0$ 相平行。

例 8.4 我们现在再一次来计算力矩，这次需要计算总力和作用于每条边上的力矩。

解:对于第 1 条边，有

$$\boldsymbol{F}_1 = I\boldsymbol{L}_1 \times \boldsymbol{B}_0 = 4\times 10^{-3}(1\boldsymbol{a}_x)\times(-0.6\boldsymbol{a}_y + 0.8\boldsymbol{a}_z)$$
$$= -3.2\boldsymbol{a}_y - 2.4\boldsymbol{a}_z \quad \text{mN}$$

对于第 3 条边，得到一个与上面相反的结果，

$$\boldsymbol{F}_3 = 3.2\boldsymbol{a}_y + 2.4\boldsymbol{a}_z \quad \text{mN}$$

下一步，计算第 2 条边：

$$\boldsymbol{F}_2 = I\boldsymbol{L}_2 \times \boldsymbol{B}_0 = 4\times 10^{-3}(2\boldsymbol{a}_y)\times(-0.6\boldsymbol{a}_y + 0.8\boldsymbol{a}_z)$$
$$= 6.4\boldsymbol{a}_x \quad \text{mN}$$

同理，对于第 4 条边也有一个与上面相反的结果，

$$\boldsymbol{F}_4 = -6.4\boldsymbol{a}_x\ \text{mN}$$

由于上面求得的这些力都是在每一条边上均匀地分布，所以我们可以认为每一条边上的力是作用在这条边的中点处。因为回路受到的合力为零，所以可以任意地选取力矩的原点，为了方便起见，我们把力矩的原点选在回路的中心。这样，

$$\boldsymbol{T} = \boldsymbol{T}_1 + \boldsymbol{T}_2 + \boldsymbol{T}_3 + \boldsymbol{T}_4 = \boldsymbol{R}_1\times\boldsymbol{F}_1 + \boldsymbol{R}_2\times\boldsymbol{F}_2 + \boldsymbol{R}_3\times\boldsymbol{F}_3 + \boldsymbol{R}_4\times\boldsymbol{F}_4$$
$$= (-1\boldsymbol{a}_y)\times(-3.2\boldsymbol{a}_y - 2.4\boldsymbol{a}_z) + (0.5\boldsymbol{a}_x)\times(6.4\boldsymbol{a}_x)$$
$$+ (1\boldsymbol{a}_y)\times(3.2\boldsymbol{a}_y + 2.4\boldsymbol{a}_z) + (-0.5\boldsymbol{a}_x)\times(-6.4\boldsymbol{a}_x)$$
$$= 2.4\boldsymbol{a}_x + 2.4\boldsymbol{a}_x = 4.8\boldsymbol{a}_x \quad \text{mN}\cdot\text{m}$$

确定穿过回路的磁通密度是相当地容易。

练习 8.5 一个三角形细导线回路的三个顶点分别是 $A(3,1,1)$、$B(5,4,2)$和 $C(1,2,4)$。在 AB 段中沿 $\boldsymbol{a}_{AB}$ 方向流过的电流为 0.2 A。现在有一个外磁场 $\boldsymbol{B}=0.2\boldsymbol{a}_x-0.1\boldsymbol{a}_y+0.3\boldsymbol{a}_z$ T。求：(a) BC 段所受到的磁场力；(b)该三角形电流回路所受到的力；(c)若以 A 点为原点，求该电流回路所受到的力矩；(d) 若以 C 点为原点，求该电流回路所受到的力矩。

答案：(a) $-0.08\boldsymbol{a}_x+0.32\boldsymbol{a}_y+0.16\boldsymbol{a}_z$ N；0；(b) $-0.16\boldsymbol{a}_x-0.08\boldsymbol{a}_y+0.08\boldsymbol{a}_z$ N·m；(c) $-0.16\boldsymbol{a}_x-0.08\boldsymbol{a}_y+0.08\boldsymbol{a}_z$ N·m。

8.5 磁性材料的性质

我们现在将磁场对一个电流回路作用的知识与一个原子的简单模型相结合，来获得各种不同类型材料在磁场中表现行为的差异的一些认识。

虽然只有通过利用量子理论才能预测到准确的定量结果，但是如果利用由位于不同轨道的电子围绕带正电原子核运动的这种简单原子模型，我们也能得到合理的定量结果和给出一个满意的定性分析理论。一个在轨道上运动的电子可以看成是一个小电流回路(在这个电流回路上，电流方向与电子运动方向相反)，并且在外磁场中会受到一个力矩。经验告诉我们，外磁场对电子轨道产生的力矩趋于使轨道电子产生的磁场和外磁场的方向一致。如果不考虑其它别的磁矩，那么我们可以断定在磁性材料中的所有轨道电子都将会发生移动，使得它们所产生的磁场去加强外磁场，这样在磁性材料中任一点的合成磁场要远远大于磁性材料不存在时

的磁场。

然而，电子自旋会产生第二种磁矩。虽然我们试图用电子绕其自身轴线的旋转和所产生的一个磁偶极矩来模拟这种现象，但却无法由这样的理论得到令人满意的定量结果。实际上，我们必须利用量子理论证明一个电子自旋所产生的磁偶极矩大约是$\pm 9\times10^{-24}\ \mathrm{A}\cdot\mathrm{m}^2$；正、负号表示它所产生的磁场可能是加强或削弱外磁场。在具有许多电子的原子内部，只有那些在未填满的原子壳里的电子自旋才会对原子贡献一个磁矩。

对原子磁矩的第三种贡献是由原子核自旋所产生的。尽管这个因素对材料整个磁性的影响可以忽略，但它却是在许多大医院中应用的核磁共振图像检测技术的理论基础。

这样，每一个原子中都包含了很多不同分量的磁矩，它们的结合决定了材料的磁特性以及磁特性的一般分类。我们在下面将简要地介绍六种不同类型的磁材料：反磁性、顺磁性、铁磁性、反铁磁性、铁淦氧磁性和超顺磁性。

我们首先来考虑这样的一些原子，在其中电子在轨道上运动所产生的弱磁场和电子自旋所产生的磁场相抵消，没有净磁场。应该注意到，我们现在考虑的是在没有任何外加磁场存在时电子运动自身所产生的磁场；我们也可以把这种材料看成是在其中每个原子的固有磁矩 $\boldsymbol{m}_0$ 为零的材料。这种材料被叫做**反磁性**材料。因此，看来好像一个外磁场不会对原子产生力矩，偶极子场不会重新排列，结果使得在材料内部的磁场就是加外磁场。在仅为十万分之一的误差范围内，这个结论是正确的。

如图 8.8 所示，我们选择一个沿轨道运动的电子，它产生的磁矩 $\boldsymbol{m}$ 与外磁场的方向是相同的。磁场对轨道电子产生一个向外的力。由于轨道半径是被量化了的且不能改变，所以向内的库仑吸引力也不能被改变。因此，由向外的磁场力所引起的不平衡力必须通过减小轨道速度来补偿。这样一来，轨道磁矩减小，就会出现一个较小的内磁场。

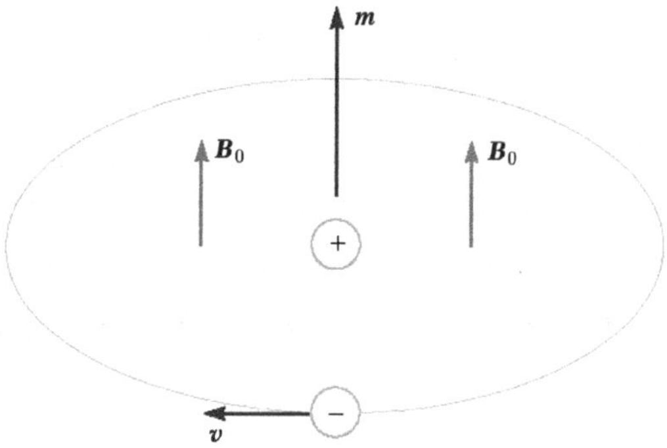

图 8.8 一个轨道电子运动产生的磁矩 $\boldsymbol{m}$ 的方向与外加磁场 $\boldsymbol{B}_0$ 的方向相同

如果我们选择的是在其中 $\boldsymbol{m}$ 与 $\boldsymbol{B}_0$ 方向相反的一个原子，则磁力将是向内的，轨道速度将增加，轨道磁矩将增加，将会出现 $\boldsymbol{B}_0$ 被大大抵消的现象。同样，也会出现一个较小的内磁场。

金属铋的反磁性比之其它大多数反磁性材料要大得多，例如氢、氦、其它“惰性”气体、氯化钠、铜、金、硅、锗、石墨和硫都有着很强的反磁性。我们也应该认识道在所有的材料中都存在这种反磁性，因为这种特性是由外加磁场与每个轨道电子相互作用所引起的；然而这种特性却被我们在下面将要讨论的其它效应所淹没。

现在，我们来讨论这样的一个原子，在其中电子自旋的效应与轨道运动的效应不完全抵消。从整体上来看，这样的原子有一个很小的磁矩，但是在一个较大的样品中大量原子的随机取向导致平均磁矩为零。在没有外磁场时材料不显磁性。然而，当施加了一个外磁场时，对每一个原子磁矩都将会产生一个很小的力矩，使得这些磁矩趋于沿外磁场方向一致排列。这种排列将使材料内部的 $\boldsymbol{B}$ 值在外磁场值的基础上增加。然而，在轨道电子上仍然存在着反磁性，并且阻碍磁场的增大。若最后的结果是 **B** 的减少，则材料仍然被叫做是反磁性的。反之，若是 **B** 的增大，则材料被叫做是顺磁性的。钾、氧、钨和稀土元素以及它们的许多盐化合物，例如氯化珥、氧化钕和氧化钇，还有在微波激射器中所使用的材料，这些都是顺磁性材料的例子。

其余的铁磁性、反铁磁性、铁淦氧磁性和超顺磁性四种材料都有很强的原子磁矩。此外，相邻原子之间的相互作用使得原子磁矩的排列要么趋于加强或者完全相反。

在**铁磁性**材料中，每个原子都有一个相当大的磁偶极矩，这些磁偶极矩主要是由未被补偿的电子自旋磁矩产生的。原子之间的作用力使得这些磁矩在许多个包含有大量原子的区域内以平行的方式做整齐的排列。把这些区域叫做**磁畴**，它们可以有各种不同的形状，其尺寸大小从 1 毫米到几个厘米，取决于样品的尺寸、形状、材料和磁化的历史。未掺杂铁磁材料中的每个磁畴都有一个很强的磁矩；然而，各个磁畴中的磁矩方向却不相同。因此，从总体来说它们的效应是相互抵消的，整个材料不显磁性。不过当施加有外磁场时，那些磁矩与外磁场方向相同的磁畴将增大它们的尺寸，而其邻近的反方向磁畴将减小尺寸，这样将使材料内部的磁场在外磁场的基础上大大地增加。当撤去外磁场后，通常不可能达到一个完全随机排列的磁矩分布，此时从宏观上来看有剩余的磁偶极子场存在。把这种出现剩余磁偶极子场的现象称为**磁滞**，它说明在撤去外磁场后材料的磁矩会发生变化，或着材料的磁性是其磁化历史的一个函数。在后面的第 8.8 节中分析磁路时，我们将重新讨论这个专题。

WWW Animations

单晶体铁磁材料是各向异性的，因此除了涉及到各向异性磁性材料的磁约束特性或晶体在磁场作用下其尺寸变化特性以外，我们应该限于讨论多晶体铁磁材料。

在室温条件下具有铁磁性的元素仅有铁、镍和钴，但在居里点温度以上时它们都将失去铁磁性，铁的居里点温度是 1043 K(770℃)。由这些金属或与其他金属构成的合金也具有铁磁性，例如含有少量铜元素的铝镍钴合金。某些稀土元素在较低的温度下也具有铁磁性，例如钆和镝。有趣的是某些由非铁磁性金属构成的合金也会具有铁磁性，例如铋锰合金和铜锰锡合金。

在**反铁磁性**材料中，相邻原子之间的力会引起原子磁矩以反平行的方式排列。净磁矩为零，而且外磁场对反铁磁性材料只有很微弱的影响。这种微弱的影响最先是在氧化锰中发现的，但随之后来又在数百种反铁磁性材料中发现了这种微弱的影响。包括许多种氧化物、硫化物和氯化物，如氧化镍(NiO)、硫化亚铁(FeS)和氯化亚钴($GoCl_2$)。只有在相对低的温度下反铁磁性才能存在，一般要低于室温。目前，这种效应没有工程应用意义。

在**铁淦氧磁性**物质中也呈现出一种相邻原子磁矩的反平行排列现象，但是相邻原子磁矩是不相等的。因此，它们对外磁场的作用将会产生一个很大的反应，尽管不像在铁磁性材料中那么大。一组最重要的铁淦氧磁性材料是铁氧体，它们的电导率较低，比半导体的电导率要小好几个数量级。铁氧体的电阻远远大于铁磁材料的电阻，使得当变化的磁场存在时在其中出现的感应电流非常小，例如用铁氧体制成的变压器铁芯就可以运行在较高的频率条件下。被削弱的感应电流(涡流)使得变压器铁芯中的电阻损耗较小。氧化铁磁铁矿(Fe_3O_4)、镍锌铁氧体($Ni_{1/2}Zn_{1/2}Fe_2O_4$)和镍铁氧体($NiFe_2O_4$)都属于这类材料的例子。铁氧体磁性在居里点温度以上也会消失。

超顺磁性材料是由在非铁磁性基体中大量聚集的铁磁性粒子组成的。尽管在单个粒子中存在着磁畴，但是磁畴畴壁不能够穿过基体材料进入与其相邻的粒子中去。这种材料应用的一个重要例子就是录音机和录像机中的磁带。

在表 8.1 中，我们总结了在上面所讨论过的 6 种磁性材料的特性。

表 8.1 磁性材料的特性

分类	磁矩	$\boldsymbol{B}$ 的值	备注
反磁性材料	$\boldsymbol{m}_{\text{orb}}+\boldsymbol{m}_{\text{spin}}=0$	$B_{\text{int}}<B_{\text{appl}}$	$B_{\text{int}}\doteq B_{\text{appl}}$
顺磁性材料	$\boldsymbol{m}_{\text{orb}}+\boldsymbol{m}_{\text{spin}}=$小	$B_{\text{int}}>B_{\text{appl}}$	$B_{\text{int}}\doteq B_{\text{appl}}$
铁磁性材料	$\lvert\boldsymbol{m}_{\text{spin}}\rvert\gg\lvert\boldsymbol{m}_{\text{orb}}\rvert$	$B_{\text{int}}\gg B_{\text{appl}}$	磁畴
反铁磁性材料	$\lvert\boldsymbol{m}_{\text{spin}}\rvert\gg\lvert\boldsymbol{m}_{\text{orb}}\rvert$	$B_{\text{int}}\doteq B_{\text{appl}}$	相邻磁矩反方向
铁淦氧磁性材料	$\lvert\boldsymbol{m}_{\text{spin}}\rvert\gg\lvert\boldsymbol{m}_{\text{orb}}\rvert$	$B_{\text{int}}>B_{\text{appl}}$	相邻磁矩反方向，但大小不相等；低电导率 σ
超顺磁性材料	$\lvert\boldsymbol{m}_{\text{spin}}\rvert\gg\lvert\boldsymbol{m}_{\text{orb}}\rvert$	$B_{\text{int}}>B_{\text{appl}}$	非磁性基体；录音带

8.6 磁化和磁导率

为了能更定量化地描述磁性材料，我们现在应该花一点篇幅去说明一下磁偶极子怎么样作为磁场的一种分布源。所得到的结果将是一个十分相似于安培环路定律 $\oint \boldsymbol{H}\cdot d\boldsymbol{L}=I$ 形式的方程。然而，电流却是由束缚电荷(轨道运动电子、电子自旋和原子核自旋)运动的结果，它所产生的场叫做磁化强度 $\boldsymbol{M}$，其单位与磁场强度 $\boldsymbol{H}$ 相同。把束缚电荷运动所产生的电流叫做束缚电流或安培电流。

让我们以磁偶极矩 $\boldsymbol{m}$ 来定义磁化强度 $\boldsymbol{M}$ 开始。由于束缚电流 I_b 沿着包围小面元 $d\boldsymbol{S}$ 的一个闭合回路流动，所以它构成了一个磁偶极矩(A·m²)，

$$\boldsymbol{m}=I_b d\boldsymbol{S}$$

如果在每单位体积中有 n 个磁偶极子，那么由如下矢量和可以求得在体积 Δv 内的总磁偶极矩

$$\boldsymbol{m}_{\text{total}}=\sum_{i=1}^{n\Delta v}\boldsymbol{m}_i \tag{8.19}$$

每个 $\boldsymbol{m}_i$ 可能是不相同的。如下，我们把磁化强度 $\boldsymbol{M}$ 定义为在每单位体积内的磁偶极矩，

$$\boldsymbol{M}=\lim_{\Delta v\to 0}\frac{1}{\Delta v}\sum_{i=1}^{n\Delta v}\boldsymbol{m}_i$$

可以看到它的单位与磁场强度 $\boldsymbol{H}$ 是相同的，即安培/米。

现在，我们来分析磁偶极子在外磁场作用下的某种排列的效应。如图 8.9 所示，我们考虑磁偶极子沿闭合路径上某一小段的排列。在图中给出了几个磁偶极矩 $\boldsymbol{m}$ 与元长度段 $d\boldsymbol{L}$ 之间的夹 θ 角；其中的每一个磁偶极矩都是由沿包围面积 $d\boldsymbol{S}$ 的闭合回路流动的束缚电流 I_b 所构成。因此，我们现在考虑的是一个小体积元 $dS\cos\theta dL$ 或 $d\boldsymbol{S}\cdot d\boldsymbol{L}$，在其中有 $n d\boldsymbol{S}\cdot d\boldsymbol{L}$ 个磁偶极

子。在从随机取向分布变化到这种部分整齐有序排列的过程中，对于所有的这 $n\mathrm{d}\boldsymbol{S}\cdot\mathrm{d}\boldsymbol{L}$ 个磁偶极子来说，它们穿过闭合路径所包围面积(当沿图 8.9 所示的 $\boldsymbol{a}_L$ 方向绕行时，该面积位于左手一侧)的束缚电流都增加一个值 I_b。因此，在无长度段 $\mathrm{d}L$ 上的微元净束缚电荷 I_B 为

$$\mathrm{d}I_B = nI_b\mathrm{d}\boldsymbol{S}\cdot\mathrm{d}\boldsymbol{L} = \boldsymbol{M}\cdot\mathrm{d}\boldsymbol{L} \tag{8.20}$$

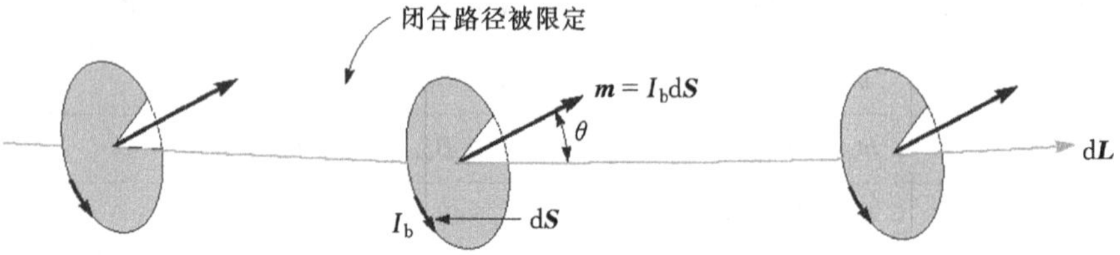

图 8.9　在某一外磁场作用下磁偶极子沿闭合路径上某一小段 $\mathrm{d}\boldsymbol{L}$ 的部分有序排列。这种排列使得穿过闭合路径所限定面积的束缚电流增加了 $nI_b\mathrm{d}\boldsymbol{S}\cdot\mathrm{d}\boldsymbol{L}$ 安培

对于一个闭合曲线，

$$I_B = \oint \boldsymbol{M}\cdot\mathrm{d}\boldsymbol{L} \tag{8.21}$$

式(8.21)仅仅说明了，当沿某一闭合路径绕行和求磁偶极矩时，将会有一个相应的电流存在，例如穿过内部表面的轨道电子。

由于上面的最后一个表达式与安培环路定律有一些相似，所以我们现在可以归纳出 $\boldsymbol{B}$ 和 $\boldsymbol{H}$ 之间的一般关系式，它不仅适用于自由空间也适用于其它媒质。由于现在的讨论是基于元电流回路在磁场 $\boldsymbol{B}$ 中所受到的力和力矩，因此我们把 $\boldsymbol{B}$ 看做是一个基本的场量，同时给出 $\boldsymbol{H}$ 一个改进的定义。为此，我们用总电流(束缚电流与自由电流之和)把安培环路定律写成如下形式，

$$\oint \frac{\boldsymbol{B}}{\mu_0}\cdot\mathrm{d}\boldsymbol{L} = I_T \tag{8.22}$$

这里有

$$I_T = I_B + I$$

其中 I 是被闭合路径所包围的全部自由电流。注意到在自由电流中没有使用下标，这是因为它是一种最重要的电流并且是在麦克斯韦方程组中出现的惟一电流。

结合以上三个式子，我们得到如下一个用所包围的自由电流来表示的表达式：

$$I = I_T - I_B = \oint\left(\frac{\boldsymbol{B}}{\mu_0} - \boldsymbol{M}\right)\cdot\mathrm{d}\boldsymbol{L} \tag{8.23}$$

现在，可以用 $\boldsymbol{B}$ 和 $\boldsymbol{M}$ 来定义 $\boldsymbol{H}$，

$$\boldsymbol{H} = \frac{\boldsymbol{B}}{\mu_0} - \boldsymbol{M} \tag{8.24}$$

我们看到由于在自由空间中的磁化强度 $\boldsymbol{M}$ 为零，所以有 $\boldsymbol{B}=\mu_0\boldsymbol{H}$。通常把上式写成如下形式：

$$\boxed{\boldsymbol{B} = \mu_0(\boldsymbol{H} + \boldsymbol{M})} \tag{8.25}$$

我们现在可以在式(8.23)中使用新定义的 $\boldsymbol{H}$，

$$I = \oint \boldsymbol{H}\cdot\mathrm{d}\boldsymbol{L} \tag{8.26}$$

这就是所得到的用由自由电流表示的安培环路定律。

若用几种电流密度来表示，则有

$$I_b = \int_S \boldsymbol{J}_b \cdot d\boldsymbol{S}$$

$$I_T = \int_S \boldsymbol{J}_T \cdot d\boldsymbol{S}$$

$$I = \int_S \boldsymbol{J} \cdot d\boldsymbol{S}$$

借助于斯托克斯定理，我们可以把式(8.21)、式(8.26)和式(8.22)转化为等价的旋度形式：

$$\nabla \times \boldsymbol{M} = \boldsymbol{J}_B$$

$$\nabla \times \frac{\boldsymbol{B}}{\mu_0} = \boldsymbol{J}_T$$

$$\boxed{\nabla \times \boldsymbol{H} = \boldsymbol{J}} \tag{8.27}$$

在后面的讨论中，我们将仅仅着重于涉及到自由电荷的两个表达式(8.26)和(8.27)。

对于线性且各向同性的媒质来说，式(8.25)所表示的 **B**、**H** 和 **M** 之间的关系可以被简化。若定义媒质的磁化率为 χ_m：

$$\boxed{\boldsymbol{M} = \chi_m \boldsymbol{H}} \tag{8.28}$$

这样就有

$$\boldsymbol{B} = \mu_0(\boldsymbol{H} + \chi_m \boldsymbol{H}) = \mu_0 \mu_r \boldsymbol{H}$$

其中

$$\mu_r = 1 + \chi_m \tag{8.29}$$

μ_r 称为相对磁导率。而磁导率 μ 则定义为：

$$\mu = \mu_0 \mu_r \tag{8.30}$$

这样，我们就可以简单地写出 **B** 和 **H** 的关系式，

$$\boldsymbol{B} = \mu \boldsymbol{H} \tag{8.31}$$

例 8.5 已知当 $B=0.05$ T 时某种铁氧体材料工作在线性状态。若假定 $\mu_r=50$，计算 χ_m、M 和 H 的值。

解：由于 $\mu_r=1+\chi_m$，则

$$\chi_m = \mu_r - 1 = 49$$

同时有，

$$B = \mu_r \mu_0 H$$

和

$$H = \frac{0.05}{50 \times 4\pi \times 10^{-7}} = 796 \text{ A/m}$$

磁化强度为 $\chi_m H$，或者 39000 A/m。联系 B 和 H 的第一种方法是，

$$B = \mu_0(H + M)$$

或

$$0.05 = 4\pi \times 10^{-7}(796 + 39000)$$

表明安培电流产生的磁场强度是自由电流的 49 倍；第二种方法是，

$$B = \mu_r \mu_0 H$$

或

$$0.05 = 50 \times 4\pi \times 10^{-7} \times 796$$

这里我们利用了相对磁导率 50，并且用这个量完全地考虑了束缚电荷的作用。我们在以后的几章中将着重于后面这一种解释。

在前面一开始，我们分析磁场时涉及到的最早的两个定律是毕奥-沙伐定律和安培环路定律。但它们两者的应用都只是限于在自由空间中的磁场我们。现在通过引入相对磁导率 μ_r 这个量，我们可以把这两个定理推广应用于任何均匀的、线性的和各向同性的磁性材料中去。

像在前面讨论各向异性电介质材料一样，当 $\boldsymbol{B}$ 和 $\boldsymbol{H}$ 两者都用一个 3×1 的矩阵来表示时，各向异性磁性材料的磁导率必须用一个 3×3 的矩阵来表示。我们有

$$B_x = \mu_{xx} H_x + \mu_{xy} H_y + \mu_{xz} H_z$$
$$B_y = \mu_{yx} H_x + \mu_{yy} H_y + \mu_{yz} H_z$$
$$B_z = \mu_{zx} H_x + \mu_{zy} H_y + \mu_{zz} H_z$$

对于各向异性材料来说，此时 $\boldsymbol{B}=\mu\boldsymbol{H}$ 是一个矩阵方程；尽管一般说来 $\boldsymbol{B}$、$\boldsymbol{H}$ 和 $\boldsymbol{M}$ 不再是相互平行的，然而 $\boldsymbol{B}=\mu_0(\boldsymbol{H}+\boldsymbol{M})$ 仍然成立。虽然磁性薄膜也具有各向异性特性，但最常见的各向异性磁性材料是单晶体铁磁性材料。然而，铁磁性材料的大多数应用都会涉及到很容易制作的多晶体分布阵列。

实际上，我们在上面对于磁化率和磁导率的定义也是建立在线性假设的基础之上的。不幸的是，这只有在我们几乎不感兴趣的顺磁性和反磁性材料中才是成立的，因为这些材料的相对磁导率与单位值相差几乎不会超过千分之几。以下给出的是几种典型反磁性材料的磁化率：氢是 -2×10^{-5}；铜是 -0.9×10^{-5}；锗是 -0.8×10^{-5}；硅是 -0.3×10^{-5}；石墨是 -12×10^{-5}。这里再给出几种有代表性的顺磁性材料的磁化率：氧是 2×10^{-6}；钨是 6.8×10^{-5}；三氧化二铁（Fe_2O_3）是 1.4×10^{-3}；氧化钇（Y_2O_3）是 0.53×10^{-6}。如果简单地采用 B 与 $\mu_0 H$ 的比值作为铁磁材料的相对磁导率，那么 μ_r 的典型值将在 10 到 10^5 范围的范围内变化。通常把反磁性材料、顺磁性材料和反铁磁性材料都说成是非磁性的。

练习 8.6 在以下条件下求某一种材料中的磁化强度：(a) $\mu=1.8\times10^{-5}$ H/m，且 $H=120$ A/m；(b) $\mu_r=22$，原子密度为 8.3×10^{28} 个/m³，且每个原子的磁偶极矩为 4.5×10^{-27} A·m²；(c) $B=300\ \mu$T，且 $\chi_m=15$。

答案：(a)1599 A/m；(b)374 A/m；(c)224 A/m。

练习 8.7 在某一区域内，给定某种磁性材料（$\chi_m=8$）中的磁化强度为 $150z^2\boldsymbol{a}_x$ A/m。当 $z=4$ cm时，求以下各个量之值：(a) $\boldsymbol{J}_T$；(b) $\boldsymbol{J}$；(c) $\boldsymbol{J}_b$。

答案：(a)13.5 A/m²；(b)1.5 A/m²；(c)12 A/m²。

8.7 磁场边界条件

因为前面已经解决了在导体和电介质分界面处的相似问题，我们现在找出 $\boldsymbol{B}$、$\boldsymbol{H}$ 和 $\boldsymbol{M}$ 在两种不同磁性材料分界面处的边界条件应该没有什么困难。

如图 8.10 所示是两种各向同性均匀线性磁性材料的边界，它们的磁导率分别为 μ_1 和 μ_2。按照图中所示做一个很小的圆柱形高斯面，可以来确定法向方向的边界条件。应用在 8.5 节中得到的磁场中的高斯定律，

$$\oint_S \boldsymbol{B}\cdot d\boldsymbol{S}=0$$

我们可以得到

$$B_{N1}\Delta \boldsymbol{S}-B_{N2}\Delta \boldsymbol{S}=0$$

或

$$\boxed{B_{N2}=B_{N1}} \tag{8.32}$$

这样

$$H_{N2}=\frac{\mu_1}{\mu_2}H_{N1} \tag{8.33}$$

$\boldsymbol{B}$ 的法向分量是连续的，但是 $\boldsymbol{H}$ 的法向分量却不连续，且有比例关系 μ_1/μ_2。

当然，一旦已知了 $\boldsymbol{H}$ 的法向分量之间的关系，那么磁化强度 $\boldsymbol{M}$ 的法向分量之间的关系也就得到了确定。对于线性的磁性材料，其结果可以简单地写为

$$M_{N2}=\chi_{m2}\frac{\mu_1}{\mu_2}H_{N1}=\frac{\chi_{m2}\mu_1}{\chi_{m1}\mu_2}M_{N1} \tag{8.34}$$

现在，将安培环路定律

$$\oint \boldsymbol{H}\cdot d\boldsymbol{L}=I$$

应用于如图 8.10 所示的垂直于边界面的一个很小的闭合路径上。如果取顺时针方向积分，我们得到

$$H_{t1}\Delta L-H_{t2}\Delta L=K\Delta L$$

这里，我们假设在边界上流有面一个电流 $\boldsymbol{K}$，它在垂直于闭合路径所在平面方向的分量为 K。因此，有

$$\boxed{H_{t1}-H_{t2}=K} \tag{8.35}$$

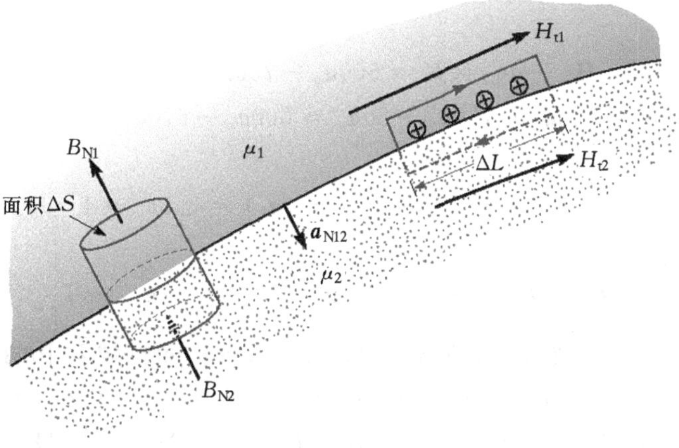

图 8.10　位于媒质 1 与媒质 2 边界上的一条闭合路径和一个高斯面，两种媒质的磁导率分别为 μ_1 和 μ_2。由此，可以确定边界条件 $B_{N1}=B_{N2}$ 和 $H_{t1}-H_{t2}=K$，面电流密度的方向指向纸面内

上式中各个量的方向可以用矢量叉乘式的切向分量精确给出，

$$(\boldsymbol{H}_1-\boldsymbol{H}_2)\times\boldsymbol{a}_{N12}=\boldsymbol{K}$$

这里 $\boldsymbol{a}_{N12}$ 是在边界上从区域 1 指向区域 2 的单位法向矢量。对于磁场强度 $\boldsymbol{H}$，根据矢量切向分量写出的如下等价表达式可能会更方便：

$$\boldsymbol{H}_{t1}-\boldsymbol{H}_{t2}=\boldsymbol{a}_{N12}\times\boldsymbol{K}$$

对于切向的磁感应强度 $\boldsymbol{B}$，我们有

$$\frac{B_{t1}}{\mu_1}-\frac{B_{t2}}{\mu_2}=K \tag{8.36}$$

因此，对于线性磁性材料，磁化强度切向分量的边界条件为

$$M_{t2}=\frac{\chi_{m2}}{\chi_{m1}}M_{t1}-\chi_{m2}K \tag{8.37}$$

当然，如果在边界面上的面电流密度为零，则上面给出的最后三个切向分量边界条件就变得相当的简单。这个面电流密度是自由面电流密度，因此若在边界两侧没有导体存在，那么它一定是为零。

例 8.6 为了举例说明上面的这种关系，让我们假设在 $z>0$ 的区域 1 中有 $\mu=\mu_1=4\ \mu\text{H/m}$，在 $z<0$ 的区域 2 中有 $\mu_2=7\ \mu\text{H/m}$。此外，在 $z=0$ 边界面上有 $\boldsymbol{K}=80\boldsymbol{a}_x$ A/m。已知在区域 1 中已经建立起了一个磁场 $\boldsymbol{B}_1=2\boldsymbol{a}_x-3\boldsymbol{a}_y+\boldsymbol{a}_z$ mT，我们现在求 $\boldsymbol{B}_2$ 的值。

解：$\boldsymbol{B}_1$ 的法向分量为

$$\boldsymbol{B}_{N1}=(\boldsymbol{B}_1\cdot\boldsymbol{a}_{N12})\boldsymbol{a}_{N12}=[(2\boldsymbol{a}_x-3\boldsymbol{a}_y+\boldsymbol{a}_z)\cdot(-\boldsymbol{a}_z)](-\boldsymbol{a}_z)=\boldsymbol{a}_z\quad\text{mT}$$

这样，

$$\boldsymbol{B}_{N2}=\boldsymbol{B}_{N1}=\boldsymbol{a}_z\quad\text{mT}$$

下面确定各个切向分量：

$$\boldsymbol{B}_{t1}=\boldsymbol{B}_1-\boldsymbol{B}_{N1}=2\boldsymbol{a}_x-3\boldsymbol{a}_y y\quad\text{mT}$$

和

$$\boldsymbol{H}_{t1}=\frac{\boldsymbol{B}_{t1}}{\mu_1}=\frac{(2\boldsymbol{a}_x-3\boldsymbol{a}_y)10^{-3}}{4\times10^{-6}}=500\boldsymbol{a}_x-750\boldsymbol{a}_y\quad\text{A/m}$$

这样，

$$\begin{aligned}\boldsymbol{H}_{t2}&=\boldsymbol{H}_{t1}-\boldsymbol{a}_{N12}\times\boldsymbol{K}=500\boldsymbol{a}_x-750\boldsymbol{a}_y-(-\boldsymbol{a}_z)\times80\boldsymbol{a}_x\\&=500\boldsymbol{a}_x-750\boldsymbol{a}_y+80\boldsymbol{a}_y=500\boldsymbol{a}_x-670\boldsymbol{a}_y\quad\text{A/m}\end{aligned}$$

和

$$\boldsymbol{B}_{t2}=\mu_2\boldsymbol{H}_{t2}=7\times10^{-6}(500\boldsymbol{a}_x-670\boldsymbol{a}_y)=3.5\boldsymbol{a}_x-4.69\boldsymbol{a}_y\quad\text{mT}$$

因此，最后得到

$$\boldsymbol{B}_2=\boldsymbol{B}_{N2}+\boldsymbol{H}_{t2}=3.5\boldsymbol{a}_x-4.69\boldsymbol{a}_y+\boldsymbol{a}_z\quad\text{mT}$$

练习 8.8 假设在 $x<0$ 区域 A 中的磁导率为 5 μH/m，在 $x>0$ 区域 B 中的磁导率为20 μH/m。如果在 $x=0$ 边界面上有一个面电流密度 $\boldsymbol{K}=150\boldsymbol{a}_y-200\boldsymbol{a}_z$ A/m，且在 $x<0$ 区域 A 中的磁场 $\boldsymbol{H}_A=300\boldsymbol{a}_x-400\boldsymbol{a}_y+500\boldsymbol{a}_z$ A/m，求：(a) $|\boldsymbol{H}_{tA}|$；(b) $|\boldsymbol{H}_{NA}|$；(c) $|\boldsymbol{H}_{tB}|$；(d) $|\boldsymbol{H}_{NB}|$

答案：(a)640 A/m；(b)300 A/m；(c)695 A/m；(d)75 A/m。

8.8 磁路

在这一节中,我们将撇开本章的主题而去简单地讨论一下在求解一类称之为磁路的磁场问题中所涉及的基本方法。稍后我们会看到,磁路问题与我们十分熟悉的直流电阻电路问题非常相似。惟一重要的差别就是磁路的铁磁性部分是非线性的;所采用的分析方法类似于在非线性电路中的方法,在非线性电路中一般都含有二极管、热敏电阻器、白炽灯丝和其它非线性元件。

作为一个方便的起点,让我们从电阻电路分析的基础——电场方程出发。同时,将指出或导出与电路相类似的磁路方程。我们从静电场中的电位和电场强度之间的关系开始,

$$\boldsymbol{E} = -\nabla V \tag{8.38a}$$

在前面也给出了标量磁位的定义,与上式相似,它与磁场强度的关系为

$$\boxed{\boldsymbol{H} = -\nabla V_{\mathrm{m}}} \tag{8.38b}$$

在磁路分析中,为方便起见可以将 V_{m} 称为磁动势,我们将要看到它与电动势相类似。当然,磁动势的单位是安培,但是考虑到经常使用的是有许多匝数的线圈,所以在习惯上把它的单位称为“安·匝”。请一定要记住,凡是在定义 V_{m} 的区域中是不允许有电流流动的。

两点 A 和 B 之间的电位差可以写成如形式

$$V_{AB} = \int_A^B \boldsymbol{E} \cdot \mathrm{d}\boldsymbol{L} \tag{8.39a}$$

在磁动势和磁场强度之间也有相应的关系,

$$\boxed{V_{\mathrm{m},AB} = \int_A^B \boldsymbol{H} \cdot \mathrm{d}\boldsymbol{L}} \tag{8.39b}$$

我们在第 8 章中已经导得了这个结果,也已经知道所应选取的积分路径一定不能穿过设置的磁屏障面。

在电路中,欧姆定律的点形式为

$$\boldsymbol{J} = \sigma \boldsymbol{E} \tag{8.40a}$$

我们看到,磁通密度是电流密度的一个相似量,

$$\boxed{\boldsymbol{B} = \mu \boldsymbol{H}} \tag{8.40b}$$

为了得到总电流,必须完成如下的积分:

$$I = \int_S \boldsymbol{J} \cdot \mathrm{d}\boldsymbol{S} \tag{8.41a}$$

经过一个与上面相应的计算,可以得到流过一个磁路横截面的总磁通:

$$\boxed{\Phi = \int_S \boldsymbol{B} \cdot \mathrm{d}\boldsymbol{S}} \tag{8.41b}$$

我们在前面曾经把电阻定义为电位差和电流的之比,或者

$$V = RI \tag{8.42a}$$

现在,我们定义磁阻为磁动势与磁通的比值;这样

$$\boxed{V_{\mathrm{m}} = \Phi R_{\mathrm{m}}} \tag{8.42b}$$

这里，磁阻的单位是安·匝/韦(A·t/Wb)。对于由线性的、各向同性的、均匀的和电导率为σ的导体材料做成的电阻器来说，若其均匀的横截面面积为S和长度为d，则它的总磁阻为

$$R = \frac{d}{\sigma S} \tag{8.43a}$$

如果很幸运，我们也有这样一个均匀横截面积S和长度d的线性各向同性均匀磁性材料，则它的总磁阻为

$$\boxed{R_m = \frac{d}{\mu S}} \tag{8.43b}$$

我们常常在空气中应用这关系。

最后，我们来看一下与电路中电压源相对应的相似量。我们知道，电场强度$\boldsymbol{E}$的闭合路径积分为零，

$$\oint \boldsymbol{E} \cdot d\boldsymbol{L} = 0$$

换句话说，基尔霍夫电压定律说明在某一个回路中电源上的电压升等于负载上的电压降。与上面电场的表达式相比较，磁场的表达式略有不同，

$$\oint \boldsymbol{H} \cdot d\boldsymbol{L} = I_{total}$$

即$\boldsymbol{H}$的闭合路径积分不为零。由于闭合路径所交链的总电流通常为流过一个N匝线圈的电流I，所以我们可以把这个结果表示成

$$\boxed{\oint \boldsymbol{H} \cdot d\boldsymbol{L} = NI} \tag{8.44}$$

在电路中电压源只是某一个闭合回路的一部分；而在磁路中将是电流线圈包围或交链磁路。在沿着某一个磁路绕行时，我们将不可能认出施加磁动势的一对端点在哪里。在这一点上，它与在其中存在有感应电压的一对耦合电路十分相似(在第9章中，我们将看到在这样的耦合电路中$\boldsymbol{E}$的闭合线积分也不为零)。

下面让我们在一个简单的磁路中验证这些概念。为了避免铁磁性材料的复杂性，我们现在先假设有一个匝数为500的空心镯环形线圈，其横截面积为6 cm^2，平均半径为15 cm，线圈电流为4 A。像在前面我们已经知道的，磁场是被约束在镯环形线圈的内部，如果我们把它的平均半径取为磁路的闭合路径，那么该闭合路径交链的磁动势是2000 A·t，

$$V_{m,source} = 2000 \text{ A}\cdot\text{t}$$

尽管磁场在镯环形线圈中是不均匀的，但是为了实用的目的我们可以近似地假设它是均匀的，由此计算出磁路的总磁阻为

$$\Re_m = \frac{d}{\mu S} = \frac{2\pi(0.15)}{4\pi \times 10^{-7} \times 6 \times 10^{-4}} = 1.25 \times 10^9 \text{ A}\cdot\text{t/Wb}$$

这样

$$\Phi = \frac{V_{m,S}}{\Re_m} = \frac{2000}{1.25 \times 10^9} = 1.6 \times 10^{-6} \text{ Wb}$$

与利用横截面上磁通的精确分布计算得到的值相比较，这个总磁通值的误差不超过0.25%。因此

$$B = \frac{\Phi}{S} = \frac{1.6 \times 10^{-6}}{6 \times 10^{-4}} = 2.67 \times 10^{-3} \text{ T}$$

最后，得到

$$H=\frac{B}{\mu}=\frac{2.67\times 10^{-3}}{4\pi\times 10^{-7}}=2120\ \mathrm{A\cdot t/m}$$

作为检验，在这个对称性问题中，我们直接利用安培环路定律可以得出

$$H_{\phi}2\pi r=NI$$

所以，在平均半径上得到

$$H_{\phi}=\frac{NI}{2\pi r}=\frac{500\times 4}{6.28\times 0.15}=2120\ \mathrm{A/m}$$

在这个例题的磁路中，我们没有任何机会找到在磁路的不同元件两端的磁动势，因为只有一种类型的材料。当然，与此相似的电路就是一个电源和一个电阻。然而，我们便可以把它想象成是一个电路问题进行分析，好像是求电流密度、电场强度、总电流、电阻和电源电压。

当在磁路中有铁磁材料存在时，会出现许多更有趣和更实用的问题。让我们从考虑铁磁材料中磁通密度 B 和磁场强度 H 之间的关系开始。假设我们正在建立一块完全去了磁的铁磁材料样品的 B 随 H 变化的曲线；其中的 B 和 H 在一开始都为零。当我们开始施加上一个磁动势时，磁通密度也增大，但不是线性地增大，如在图 8.11 中所示的原点附近的实验结果。在磁场强度的值上升到大约 100 A・t/m 之后，磁通密度上升得更缓慢，并且当磁场强度值上升到数百个 A・t/m 之后，磁通密度开始变得饱和。在已经达到局部饱和后，让我们现在来看图 8.12，从图中看到我们可以在点 x 开始减小 H 而继续进行实验。当这样继续进行实验时，磁滞效应开始出现，我们不能够沿着原来的曲线返回。即使在 H 变为零之后，也有剩余磁通密度 $B=B_r$。当 H 变为负值时，B 才能够回到零。经过数次这样完整的循环磁化，就可以得到如图 8.12 所示的磁滞回线。把使磁通密度减小到零时所需要的磁场强度叫做矫顽力 H_c。H 的最大值越小，得到的磁滞回线就越小，并且这些磁滞回线顶点的位置基本上就在图 8.11 中所示的原始磁化曲线上。

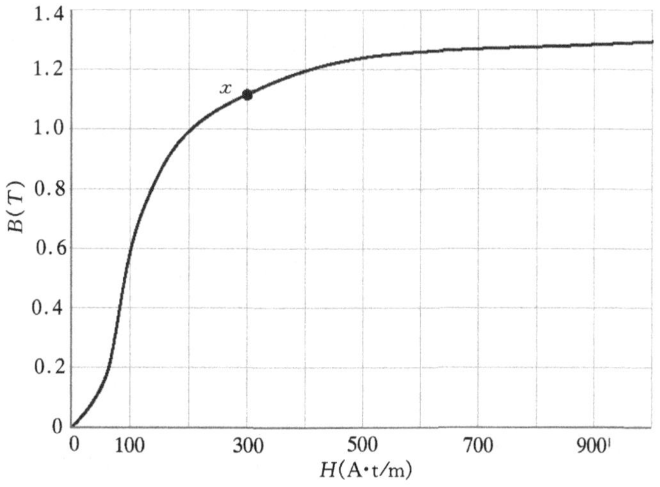

图 8.11　一块硅钢片样品的磁化曲线

例 8.7　让我们现在用硅钢片的磁化曲线来求解一个与前面的例题略有不同的磁路问

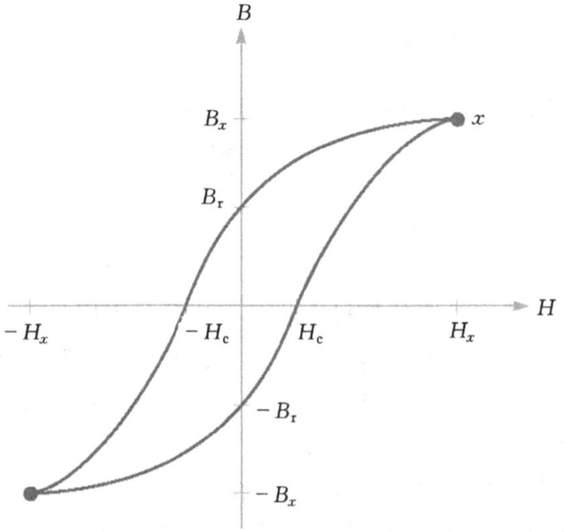

图 8.12 硅钢片样品的磁滞回线。示出了矫顽力 H_c 和剩磁密度 B_r

题。我们将在镯环形线圈中放入一个硅钢片铁芯，但存在有一个 2 mm 的空气间隙。在磁路中之所以有空气间隙存在，这是因为在某些装置中有意地引入了气隙，例如通有直流大电流的电感线圈，另外在一些旋转电机中也都不可避免地存在者气隙，或者是因为在安装中存在的不可避免的问题。若镯环形线圈匝数仍然是 500 匝，问需要多大的电流才能在铁芯内部的各点建立起 1 T 的磁通密度。

解：这个磁路类似于由一个电压源和两个电阻所组成的电路，其中有一个电阻是非线性的。由于已知“电流”，所以就很容易求出在每个串联元件两端的“电压”，进而得到总“电动势”。在气隙中，

$$\mathfrak{R}_{\text{air}} = \frac{d_{\text{air}}}{\mu S} = \frac{2 \times 10^{-3}}{4\pi \times 10^{-7} \times 6 \times 10^{-4}} = 2.65 \times 10^{6} \quad \text{A} \cdot \text{t/Wb}$$

已知总磁通为

$$\Phi = BS = 1 \times (6 \times 10^{-4}) = 6 \times 10^{-4} \quad \text{Wb}$$

由于在气隙和铁芯中的磁通相同，所以我们可以计算出在气隙中所需要的磁动势，

$$V_{\text{m,air}} = (6 \times 10^{-4})(2.65 \times 10^{6}) = 1590 \quad \text{A} \cdot \text{t}$$

查阅图 8.11 得知，在硅钢片中产生 1 T 的磁通密度需要的磁场强度为 200 A·t/m。于是有

$$H_{\text{steel}} = 200 \text{ A} \cdot \text{t}$$

$$V_{\text{m,steel}} = H_{\text{steel}} d_{\text{steel}} = 200 \times 0.30\pi = 188 \text{ A} \cdot \text{t}$$

因此，总磁动势为 1778 A·t，在线圈中需要流过的电流为 3.56 A。

在得到上面答案的过程中，我们做了一些近似。我们曾经说过不可能有完全均匀的横截面、或者完全的柱对称性；每条磁力线路径有不同的长度。选用“平均”路径长度可以帮助补偿在某些问题中出现的这种误差，这种误差在这些问题中比在这个例题中更重要。在气隙中的边缘磁通是产生误差的另一个原因，我们可以利用有关的公式计算出气隙的有效长度和有效横截面积，由此得到较精确的结果。在线圈的线匝间也存在着漏磁通，而在线圈被集中放在铁

芯的一个截面的设备中，有少许的磁通线会跨出铁芯的内部区域。在电路中几乎没有这种边缘效应和漏磁问题，因为所用电阻材料的电导率和空气的比值是很高的。相反地，硅钢片的磁化曲线表明在硅钢片中 H 和 B 的比值比在磁化曲线的拐点处高约 200 倍；这个比值与在空气中的比值约 800000 相比较。这样，尽管硅钢片中的磁通与空气中的磁通的比值达到了一个很高的值 4000:1，但还是达不到良导体和绝缘体间电导率的比值，例如 10^{15}。

例 8.8　在最后的例子中，我们来考虑一个反问题。已知在例 8.7 的磁路线圈中通有电流 4 A，那么磁通密度是多少？

解：首先，让我们把从原点 $H=0$，$B=0$ 到点 $H=200$，$B=1$ 的一段磁化曲线近似为一段直线。此时，在硅钢片中有 $B=H/200$，在空气中有 $B=\mu_0 H$。求得在硅钢片一段中的磁阻为 0.314×10^6，而在空气隙中的磁阻为 2.65×10^6，而总磁阻为 2.96×10^6 A·t/Wb。由于 $V_m=2000$ A·t，则磁通为 6.76×10^{-4} Wb，和 $B=1.13$ T。一个更准确的解法是先假设几个 B 值，再计算所需要的磁动势。然后，根据 B 和对应磁动势的结果绘出曲线，由此利用内插法计算出 B 的真实值。利用这种方法我们得到 $B=1.10$ T。只所以采用线性模型能够得到很好的计算精度，就是因为在磁路中空气隙部分的磁阻通常远远大于铁磁材料部分的磁阻。这样，采用这种相对较差的近似方法对于铁或钢来说是可以接受的。

练习 8.9　给定如图 8.13 所示的磁路。假设在磁路的左侧铁芯中点的 $B=0.6$ T，求：(a) $V_{m,air}$；(b) $V_{m,steel}$；(c) 需要流过绕在左侧铁芯上的一个 1300 匝线圈中的电流。

答案：(a) 3980 A·t；(b) 72 A·t；(c)3.12 A。

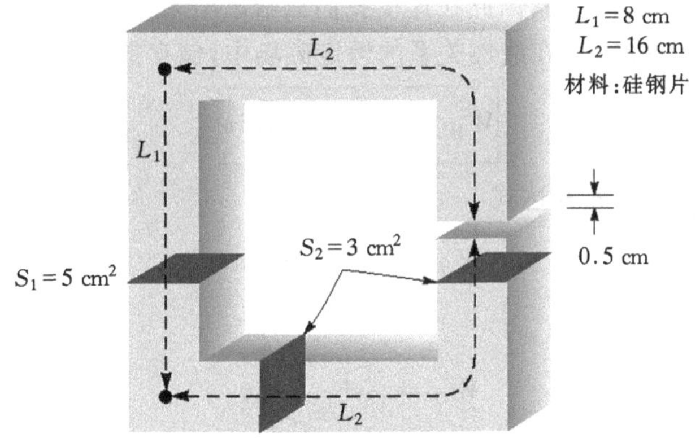

图 8.13　练习 8.9 图示

练习 8.10　在正常运行条件下，某一种材料 X 的磁化曲线可以由表达式 $B=(H/160)(0.25+e^{-H/320})$ 来近似地确定，其中 H 的单位是 A/m，B 的单位是 T。如果在磁路中有一段长度为 12 cm 的材料 X，以及一个长度 0.25 mm 的空气隙，并且假设磁路的横截面积为 2.5 cm²，求产生下列各个磁通所需要的磁动势：(a) 10 μWb；(b) 100 μWb

答案：(a) 8.58 A·t；(b) 86.7 A·t。

8.9 势能和磁性材料受到的力

在静电场中，我们首先介绍了点电荷和两个点电荷之间相互作用力的实验定律。在定义了电场强度、电通密度和电位之后，我们通过计算在把全部点电荷从无穷远处移到最终位置所需要做的总功导得了静电场能量的表达式。静电场能量的一般表达式为

$$W_E = \frac{1}{2}\int_{\text{vol}} \boldsymbol{D} \cdot \boldsymbol{E} \mathrm{d}v \tag{8.45}$$

这里假设 $\boldsymbol{D}$ 和 $\boldsymbol{E}$ 之间具有线性关系。

对于恒定磁场来说要完成上述过程不是很容易的。看来好像我们可以假设两个简单的源，或许是两个电流薄片，来计算其中的一个对另一个的力，若沿这个力的相反方向将薄片移动一个很小的距离，则所需要做的功就等于磁场能量的变化。如果这样做的话，我们将得到是一个错误的结果。这是因为由法拉第感应定律(将在第 9 章中介绍)可知，在运动的电流薄片中将会产生一个感应电压，为了抑制这个感应电压的效应就必须维持电流不变。这样，与电流薄片相连接的任何电源将会反过来接收外力通过移动该电流薄片提供给电路中的一半能量。

换句话说，在介绍了时变磁场之后，再来确定在磁场中的能量密度会更容易一些。我们在第 11 章中讨论坡印廷定理时将导得一个合适的表示式。

然而，现在采用另一种方法可以得到磁场中的能量表达式，因为我们有可能定义一个基于磁极子(或“磁荷”)假设的磁场。那么利用标量磁位，我们采用类似于在静电场中使用的方法就可以推导出磁场能量的表达式。介绍这些不得不引入的新的恒定磁场场量，即便是一个简单的结果我们也要花费很多时间，因此在这里我们只给出结果，并说明相同的表达式也会出现在坡印廷定理中。在 $\boldsymbol{B}$ 和 $\boldsymbol{H}$ 存在线性关系的恒定磁场中，储存的总能量为

$$\boxed{W_H = \frac{1}{2}\int_{\text{vol}} \boldsymbol{B} \cdot \boldsymbol{H} \mathrm{d}v} \tag{8.46}$$

利用 $\boldsymbol{B}=\mu\boldsymbol{H}$，得到等价的表达式

$$W_H = \frac{1}{2}\int_{\text{vol}} \mu \boldsymbol{H}^2 \mathrm{d}v \tag{8.47}$$

或

$$W_H = \frac{1}{2}\int_{\text{vol}} \frac{\boldsymbol{B}^2}{\mu} \mathrm{d}v \tag{8.48}$$

另一方面，我们可以认为这些能量是储存在磁场所在的整个空间中的，且能量密度为 $\frac{1}{2}\boldsymbol{B} \cdot \boldsymbol{H}$ J/m³，尽管在这里我们暂且没有做数学上的证明。

尽管这些结果只是对线性媒质才是有效的，但是如果主要关心的是在包围非线性媒质的外部线性媒质(通常空气)中的磁场，我们就可以使用它来计算作用于非线性媒质上的力。例如，假设有一个含有硅钢片铁芯的长直螺线管，线圈每米长度上的匝数为 n，通有电流 I。因此，铁芯中的磁场强度为 nI A·t/m，而磁通密度可以由硅钢材料的磁化曲线中得到。我们把这个值叫做 B_{st}。假设该铁芯是由两个刚好接触的半无限长圆柱体[①]所构成。在保持磁通密

① 每一根半无限长圆柱体实际上是一根无限长的圆柱体，只是其一端位于有限的空间中。

度为常数的条件下，我们现在使用一个机械力将这两根圆柱体分离开来。如果在移动距离 dL 上施加的力为 F，于是力所做的功为 FdL。由于在铁芯中的磁场没有发生改变，所以在这里法拉第定律不适用，这样我们只能利用虚功原理去计算在移动其中的一个铁芯时所做的功，这个功就是在被拉开的两个圆柱体之间气隙磁场中储存的能量。利用式(8.48)，得到能量的增量为

$$dW_H = FdL = \frac{1}{2}\frac{B_{st}^2}{m_0}SdL$$

这里 S 是铁芯横截面的面积。所以有

$$F = \frac{B_{st}^2 S}{2\mu_0}$$

例如，如果磁场强度大得足以使硅钢片中的磁通密度达到饱和值，近似为 1.4 T，则力是

$$F = 7.80 \times 10^5 S \quad \text{N}$$

或 $1131\text{b}_f/\text{in}^2$。

练习 8.11 (a)在题 8.10 和图 8.13 所示的磁极表面上，需要施加多大的力？(b)该力将闭合还是分开空气间隙？

答案：(a)1194 N；(b)像 Wilhelm Eduard Weber 所命名的“Schliessen”。

8.10 自感和互感

从以更普遍术语定义的电路理论来说，电感是我们已经熟悉的三个电路参数中的最后一个。在第 5 章中，我们把电阻定义为在导电材料中两个等位面间的电位差与流过其中某个等位面总电流的比值。电阻仅仅是导体几何形状和电导率的一个函数。在同一章中也给出了电容的定义，它是指在两个等位面中某一个面上的总电荷与这两个等位面之间电位差的比值。电容也只是两个导体表面的几何形状和这两个导体表面之间(或包围这两个导体)的介质介电常数的一个函数。

在定义电感之前，我们首先要介绍磁通链的概念。我们来看一个匝数为 N 的镯环形线圈，电流 I 在其内部产生的总磁通为 Φ。首先假设这个磁通均穿过线圈中的每一匝，我们也确实看到线圈中的每一匝都与总磁通相交链。在这里，我们把磁通链定义为匝数 N 和每匝所交链的磁通的乘积[①]，即 $N\Phi$。对于单匝线圈来说，磁链就是总磁通。

现在，我们把总磁通链与它们所交链电流的比值定义为**电感**(自感)，

$$\boxed{L = \frac{N\Phi}{I}} \tag{8.49}$$

这里由于我们假设了磁通 Φ 与每一匝都相交链，那么流过 N 匝线圈的电流 I 产生的总磁通为 Φ 和总磁通链为 $N\Phi$。这个定义只适用于线性的磁性媒质，所以磁通和电流成正比关系。如果有铁磁性材料存在，那么没有适用于所有情况的独一无二的电感定义，因此我们将只限于讨论线性材料。

---

① 通常用符号 λ 来表示磁通链。我们只是偶然地使用这个概念，然而我们将继续把它写成是 $N\Phi$。

电感的单位是亨(H),等价于一个 Wb·t/A。

现在,让我们直接利用式(8.49)来计算同轴电缆单位长度上的电感,电缆内导体半径为 a,外导体半径为 b。我们可以利用在第 7 章中得到的总磁通表达式(7.42)

$$\Phi = \frac{\mu_0 Id}{2\pi}\ln\frac{b}{a}$$

容易地求得长度为 d 同轴电缆的电感

$$L = \frac{\mu_0 d}{2\pi}\ln\frac{b}{a} \quad \text{H}$$

或者单位长度上的电感

$$L = \frac{\mu_0}{2\pi}\ln\frac{b}{a} \quad \text{H/m} \tag{8.50}$$

在这种情况下,取 $N=1$ 匝,并且全部的磁通与全部电流相交链。

在如图 7.12(b)所示的 N 匝镯环形线圈中通有电流 I,我们有

$$B_\phi = \frac{\mu_0 NI}{2\pi\rho}$$

如果其横截面的尺寸比镯环的平均半径 ρ_0 要小得多,则总磁通为

$$\Phi = \frac{\mu_0 NIS}{2\pi\rho_0}$$

这里 S 为横截面积。用 N 乘以总磁通就能求得磁通链,再除以电流 I 便得到自感为

$$L = \frac{\mu_0 N^2 S}{2\pi\rho_0} \tag{8.51}$$

我们再一次假设了全部磁通都与每一匝相交链,这种假设对于密绕多匝镯环环形线圈是很有效的。然而,现在假设在镯环形线圈的各个线匝之间存在着一个可以看到的间隙,如图 8.14 所示。此时,磁通链就不再是在平均半径处求出的磁通与线圈总匝数的乘积。为了得到总磁通链,我们必须计算每一线匝的磁通链。

$$(N\Phi)_{\text{total}} = \Phi_1 + \Phi_2 + \cdots + \Phi_i + \cdots + \Phi_N = \sum_{i=1}^{N}\Phi_i$$

这里 Φ_i 是与第 i 匝相交链的磁通。与其这样在实际应用中进行计算,我们还不如依靠经验或使用叫做绕线因子和螺距因子这两个经验值去修正总磁通链的基本计算公式。

从能量的观点出发,也可以给出电感的一个等价定义,

$$\boxed{L = \frac{2W_H}{I^2}} \tag{8.52}$$

这里 I 是在闭合路径中流过的总电流,W_H 是在电流所产生磁场中的总能量。在利用式(8.52)获得电感的其它几个一般表达式后,我们将证明它与式(8.49)是等价的。我们首先用磁场来表示能量 W_H,

$$L = \frac{\int_{\text{vol}} \boldsymbol{B}\cdot\boldsymbol{H}\,\mathrm{d}v}{I^2} \tag{8.53}$$

然后,用$\nabla\times\boldsymbol{A}$ 代替 $\boldsymbol{B}$,

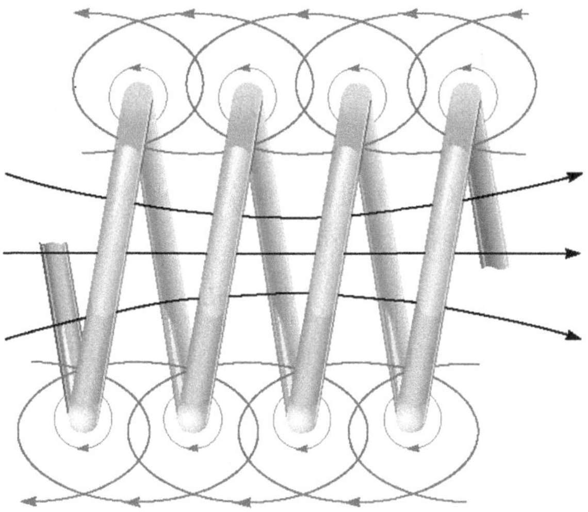

图 8.14　部分线圈和它交链的部分磁通。由每匝线圈交链的磁通相加可以得到总磁通链

$$L=\frac{1}{I^2}\int_{\text{vol}}\boldsymbol{H}\cdot(\nabla\times\boldsymbol{A})\mathrm{d}v$$

在直角坐标系中，通过展开可以证明如下矢量恒等式

$$\nabla\cdot(\boldsymbol{A}\times\boldsymbol{H})\equiv\boldsymbol{H}\cdot(\nabla\times\boldsymbol{A})-\boldsymbol{A}\cdot(\nabla\times\boldsymbol{H})\tag{8.54}$$

于是，电感为

$$L=\frac{1}{I^2}\left[\int_{\text{vol}}\nabla\cdot(\boldsymbol{A}\times\boldsymbol{H})\mathrm{d}v+\int_{\text{vol}}\boldsymbol{A}\cdot(\nabla\times\boldsymbol{H})\mathrm{d}v\right]\tag{8.55}$$

对上式中的第一项应用散度定理，并在第二项中令$\nabla\times\boldsymbol{H}=\boldsymbol{J}$，我们有

$$L=\frac{1}{I^2}\left[\oint_S(\boldsymbol{A}\times\boldsymbol{H})\cdot\mathrm{d}\boldsymbol{S}+\int_{\text{vol}}\boldsymbol{A}\cdot\boldsymbol{J}\mathrm{d}v\right]$$

上式中的面积分为零，这是因为该闭合面包围了全部磁场能量所占有的体积，这就要求在这个闭合面上的 $\boldsymbol{A}$ 和 $\boldsymbol{H}$ 都为零。因此，电感可以写成如下形式

$$L=\frac{1}{I^2}\int_{\text{vol}}\boldsymbol{A}\cdot\boldsymbol{J}\mathrm{d}v\tag{8.56}$$

式(8.56)用 $\boldsymbol{A}$ 和 $\boldsymbol{J}$ 的体积分来表示电感。由于电流密度仅存在于导体内部，则在导体外部所有点的积分为零，这说明不需要计算导体外部的矢量磁位。在这里，矢量磁位是由密度为 $\boldsymbol{J}$ 的电流所产生，而不考虑其它电流对 $\boldsymbol{J}$ 所在区域中的矢量磁位的贡献。稍后我们将会看到，这样能推导出一个互感计算公式。

由第 7 章中的式(7.51)可知，由 $\boldsymbol{J}$ 表示的矢量磁位 $\boldsymbol{A}$ 为

$$\boldsymbol{A}=\int_{\text{vol}}\frac{\mu\boldsymbol{J}}{4\pi R}\mathrm{d}v$$

因此，电感可以表示为一个令人生畏的二重体积分

$$L=\frac{1}{I^2}\int_{\text{vol}}\left(\int_{\text{vol}}\frac{\mu\boldsymbol{J}}{4\pi R}\mathrm{d}v\right)\cdot\boldsymbol{J}\mathrm{d}v\tag{8.57}$$

对于横截面很小的细导体来说，若用 $I\mathrm{d}\boldsymbol{L}$ 来代替 $\boldsymbol{J}\mathrm{d}v$ 以及用细导体轴线上的闭合线积分

来代替体积分，这样就可以将上述二重体积分化成一个比较简单的二重线积分

$$L=\frac{1}{I^2}\oint\left(\oint\frac{\mu I\,\mathrm{d}\boldsymbol{L}}{4\pi R}\right)\cdot I\mathrm{d}\boldsymbol{L}=\frac{\mu}{4\pi}\oint\left(\oint\frac{\mathrm{d}\boldsymbol{L}}{R}\right)\cdot\mathrm{d}\boldsymbol{L} \tag{8.58}$$

我们现在对式(8.57)和式(8.58)惟一的兴趣是其含义，它们都表明电感是电流在空间中分布的一个函数或是导体几何形状的一个函数。

为了得到最初的电感定义式(8.49)，让我们假设在一个较小横截面的细导体中流过均匀的电流，那么在式(8.56)中的 $\boldsymbol{J}\mathrm{d}v$ 将变成 $I\mathrm{d}\boldsymbol{L}$，

$$L=\frac{1}{I}\oint\boldsymbol{A}\cdot\mathrm{d}\boldsymbol{L} \tag{8.59}$$

对于一个较小横截面的导体来说，可以将 $\mathrm{d}\boldsymbol{L}$ 取做在沿导体的中心线上。现在，应用斯托克斯定理得到

$$L=\frac{1}{I}\int_S(\nabla\times\boldsymbol{A})\cdot\mathrm{d}\boldsymbol{S}$$

或

$$L=\frac{1}{I}\int_S\boldsymbol{B}\cdot\mathrm{d}\boldsymbol{S}$$

或

$$L=\frac{\Phi}{I} \tag{8.60}$$

分析推导式(8.60)的步骤各个，我们应该看出磁通 Φ 是穿过由细导线回路周界所限定的任一曲面的总磁通的一部分。

如果我们现在使细导线变成对于总磁通来说是相同的 N 匝，这是对某些电感器所做的理想化处理，那么闭合线积分一定是由 N 个相同的回路所组成，于是式(8.60)变为

$$L=\frac{N\Phi}{I} \tag{8.61}$$

现在，Φ 为穿过以 N 匝线圈中的某一匝路径为周界所限定的任意一个曲面的磁通。然而，如果我们理解到它就是穿过由线圈的全部 N 匝为周界所限定的复杂曲面[①]的磁通，那么仍然可以由式(8.60)得到一个 N 匝线圈的自感。

无论细导体的形状如何，使用任何一个电感表达式去计算一个真实细导体(半径等于零)的电感会得到一个无限大值。在靠近导体的地方，安培环路定律表明磁场强度的大小与场点离开导体的距离成反比，并且使用一个简单积分就能立刻证明在任意一个以细导体线为轴线的有限圆柱体内存在着无穷大的能量和无穷大磁通。这种困难可以通过给定一个小但有限值的细导体半径来加以消除。

在任何导体的内部也都存在着磁通，而且这些磁通只与总电流的一部分相交链，并与它的位置有关。这些磁通链构成了所谓的内自感，而内自感和外自感一起构成了总自感。一根半径为 a 且电流均匀流过的长直圆柱导体的内自感为

$$\boxed{L_{a,\,\mathrm{int}}=\frac{\mu}{8\pi}\quad\mathrm{H/m}} \tag{8.62}$$

① 有些像一个螺旋形斜面。

本章末的习题 8.43 中将要求求出这个结果。

在第 11 章中，我们将看到在高频时导体中的电流分布趋于集中在导体表面的附近。由于其内部磁通被减小，通常只需考虑外自感就足够了。然而，在低频条件下，内自感可能会成为总自感中不可忽略的一部分。

最后，我们使用互磁通链来定义在回路 1 和 2 之间的**互感** M_{12}：

$$\boxed{M_{12} = \frac{N_2\Phi_{12}}{I_1}} \tag{8.63}$$

这里用 Φ_{12} 来表示由电流 I_1 在电流 I_2 限定的回路中所产生的磁通，N_2 是电路 2 中的匝数。因此，互感依赖于两个电流回路之间磁场的相互作用情况。若只有一个电流回路，则可以通过自感求出在磁场中储存的总能量；若有两个不为零的电流回路，则在磁场中储存的总能量将是两个电流回路的自感和它们之间互感的一个函数。根据互有能量，可以证明式(8.63)等价于

$$M_{12} = \frac{1}{I_1 I_2}\int_{\text{vol}} (\boldsymbol{B}_1 \cdot \boldsymbol{H}_2)\,dv \tag{8.64}$$

或

$$M_{12} = \frac{1}{I_1 I_2}\int_{\text{vol}} (\mu\boldsymbol{H}_1 \cdot \boldsymbol{H}_2)\,dv \tag{8.65}$$

这里 $\boldsymbol{B}_1$ 是由电流 $I_1(I_2=0)$ 所产生的磁感应强度，$\boldsymbol{H}_2$ 由电流 $I_2(I_1=0)$ 所产生的磁场强度。交换下标并不会改变式(8.65)右边的值，于是有

$$\boxed{M_{12} = M_{21}} \tag{8.66}$$

互感的单位也是亨利，应该注意根据上下文来区分互感和磁化强度，这是因为磁化强度也用符号 M 来表示。

例 8.9　计算两个同轴螺线管的自感和它们之间的互感，其半径分别为 R_1 和 R_2，且 $R_2 > R_1$。电流分别为 I_1 和 I_2，匝数分别为 n_1 和 n_2。

解：首先计算互感。从第 7 章中的式(7.15)，让 $n_1 = N/d$，得到

$$\begin{aligned} \boldsymbol{H}_1 &= n_1 I_1 \boldsymbol{a}_z \qquad (0 < \rho < R_1) \\ &= 0 \qquad (\rho > R_1) \end{aligned}$$

和

$$\begin{aligned} \boldsymbol{H}_2 &= n_2 I_2 \boldsymbol{a}_z \qquad (0 < \rho < R_2) \\ &= 0 \qquad (\rho > R_2) \end{aligned}$$

因此，对于这个均匀磁场，有

$$\Phi_{12} = \mu_0 n_1 I_1 \pi R_1^2$$

和

$$M_{12} = \mu_0 n_1 n_2 \pi R_1^2$$

同样地，

$$\Phi_{21} = \mu_0 n_2 I_2 \pi R_1^2$$

$$M_{21} = \mu_0 n_1 n_2 \pi R_1^2 = M_{12}$$

若取 $n_1 = 50$ 匝/cm，$n_2 = 80$ 匝/cm，$R_1 = 2$ cm，且 $R_2 = 3$ cm，则有

$$M_{12} = M_{21} = 4\pi \times 10^{-7}(5000)(8000)\pi(0.02^2) = 63.2\ \text{mH/m}$$

很容易求出自感。电流 I_1 在线圈 1 中所产生的磁通为

$$\Phi_{11} = \mu_0 n_1 I_1 \pi R_1^2$$

这样

$$L_1 = \mu_0 n_1^2 S_1 d \text{ H}$$

因此,单位长度上的自感为

$$L_1 = \mu_0 n_1^2 S_1 \text{ H/m}$$

或

$$L_1 = 39.5 \text{ mH/m}$$

同样地,

$$L_2 = \mu_0 n_2^2 S_2 = 22.7 \text{ mH/m}$$

因此,我们看到有很多种计算自感和互感的方法。不幸的是,即便是具有高度对称性的问题其积分的计算也是很困难的,仅有很少数的几个问题我们可利用技巧来求解。

在第 10 章中,我们将以电路中的术语来讨论电感。

练习 8.12 计算自感:(a)一条长度为 3.5 m 的同轴电缆,$a=0.8$ mm, $b=4$ mm,其中材料的相对磁导率 $\mu_r=50$; (b) 一个 500 匝的镯环形线圈,其玻璃纤维芯子的横截面为 2.5×2.5 cm的正方形,内半径为 2 cm; (c) 一个半径为 2 cm 的长直螺旋管线圈,在其内部 $0<\rho<0.5$ cm范围内材料的相对磁导率为 $\mu_r=50$,在 $0.5<\rho<2$ cm 范围内材料的相对磁导率 $\mu_r=1$,螺旋管线圈的长度为 50 cm。

答案:(a) 56.3 μH; (b)1.01 mH;(c)3.2 mH。

练习 8.13 一螺旋管线圈长 50 cm,直径为 2 cm,匝数为 1500 匝。圆柱芯的直径为 2 cm,其相对磁导率为 75。另外有一同轴螺旋管线圈长 50 cm,直径为 3 cm,匝数为 1200 匝。试计算:(a) 内部螺旋管线圈的自感 L; (b)外部螺旋管线圈的自感 L; (c)两个螺旋管线圈之间的互感 M。

答案:(a)133.2 mH;(b)192 mH;(c)106.6 mH。

参考文献

1. Kraus, J. D. ,和 D. A. Fleisch. (参阅第 3 章的参考书目.)在第 99~第 108 页中给出了自感计算的例子。
2. Matsch, L. W. (参阅第 6 章的参考书目.)在第 3 章中介绍了磁路和铁磁材料。
3. Paul, C. R. , K. W. Whites, 和 S. Y. Nasar(参阅第 7 章的参考书目.)在第 263~第 270 页中讨论了磁路,包括由永久磁铁构成的磁路。

习题 8

WWW Animations

8.1 一点电荷在电场 $\mathbf{E}=30\mathbf{a}_z$ V/m 中运动,它的电量 $Q=-0.3$ μC 和质量 $m=3\times10^{-16}$ kg。

利用式(8.1)和牛顿定律建立适当的微分方程，并解这个微分方程，初始条件为：当 $t=0$ 时，点电荷在原点的速度 $\boldsymbol{v}=3\times10^5\boldsymbol{a}_x$ m/s。在 $t=3$ μs 时，求：(a) 电荷的位置 $P(x, y, z)$；(b) 速度 $\boldsymbol{v}$；(c) 电荷的动能。

8.2 假设地球温带地区电场的电场强度为10^5 V/m，和磁场的磁通密度等于 0.5 高斯。试比较一个速度为10^7 m/s 的电子的电场力和磁场力的大小。

8.3 一点电荷在电场 $\boldsymbol{E}=100\boldsymbol{a}_x-200\boldsymbol{a}_y+300\boldsymbol{a}_z$ V/m 和磁场 $\boldsymbol{B}=-3\boldsymbol{a}_x+2\boldsymbol{a}_y-\boldsymbol{a}_z$ mT 同时存在的空间中运动，它的电量 $Q=2\times10^{-16}$ μC 和质量 $m=5\times10^{-26}$ kg。若在 $t=0$ 时，电荷速度 $\boldsymbol{v}(0)=(2\boldsymbol{a}_x-3\boldsymbol{a}_y-4\boldsymbol{a}_z)10^5$ m/s：(a) 用单位矢量给出在 $t=0$ 时电荷的加速度方向；(b) 求出在 $t=0$ 时电荷的动能。

8.4 证明在均匀磁场中带电粒子运动的轨道周期与轨道半径无关。并找出电子的角速度与磁通密度之间的关系(**回旋频率**)。

8.5 在自由空间中，有一个矩形导线回路的四个顶点分别为 $A(1, 0, 1)$、$B(3, 0, 1)$、$C(3, 0, 4)$和 $D(1, 0, 4)$。在矩形导线回路中流过的电流为 6 mA，电流从 $B\rightarrow C$ 的流动方向为 $\boldsymbol{a}_z$。另有一位于 z 轴的无限长直细导线沿 $\boldsymbol{a}_z$ 方向通有 15 A 电流。(a)求出 BC 边所受到的力 $\boldsymbol{F}$；(b)求出 AB 边所受到的力 $\boldsymbol{F}$；(c)求出该矩形导线回路所受到的合力 $\boldsymbol{F}_{\text{total}}$。

8.6 证明在同一磁场 B 中，将电流元 $I\mathrm{d}L$ 移动距离 $\mathrm{d}I$ 和将电流元 $I\mathrm{d}I$ 移动距离 $\mathrm{d}L$ 所做的微元功仅相差一个负号。

8.7 在自由空间中有以下的均匀分别面电流片，在$y=0$处为 $8\boldsymbol{a}_z$ A/m，而在 $y=\pm1$ 处均为 $-4\boldsymbol{a}_z$ A/m；另有一条沿 $\boldsymbol{a}_L$ 方向通有 7 mA 电流的长直细导线。在以下情况下，求在长直细导线的每单位长度上所受到的力：(a)长直细导线位于 $x=0, y=0.5$和 $\boldsymbol{a}_L=\boldsymbol{a}_z$；(b) 长直细导线位于 $y=0.5, z=0$和 $\boldsymbol{a}_L=\boldsymbol{a}_x$；(c) 长直细导线位于 $x=0, y=1.5$和 $\boldsymbol{a}_L=\boldsymbol{a}_z$。

8.8 两条位于 xz 平面上的导电带在 z 方向上无限长。一条位于区域 $d/2<x<b+d/2$，通有面电流密度 $\boldsymbol{K}=K_0\,\boldsymbol{a}_z$，另一条位于$-(b+d/2)<x<-d/2$，通有面电流密度$-K_0\,\boldsymbol{a}_z$。(a)求在 z 方向单位长度上，两条导体带之间的斥力力。(b)在保持电流为恒定值 $I=K_0b$ 的条件下，让 b 趋近于零，证明导体带单位长度上的受力为 $\mu_0I^2/(2\pi d)$N/m。

8.9 一面电流$-100\boldsymbol{a}_z$ A/m 沿半径 $\rho=5$ mm 的圆柱导体面流动，另有一面电流$+500\boldsymbol{a}_z$ A/m 沿半径 $\rho=1$ mm 的圆柱导体面流动。求在外圆柱导体面单位长度上所受到推斥力。

8.10 一平板传输线由宽为 b，相隔为 d 的两平行导体板所构成，导体板间为空气，两个导体板通有大小相等方向相反的电流 I A。若 $b\gg d$，求作用在两导体板之间每单位长度上的相互排斥力。

8.11 (a) 利用在 9.3 节中式(8.14)，证明在自由空间中的如下两条长直细导线之间的引力为 $\mu_0I_1I_2/(2\pi d)$。一条位于平面 $x=0$ 和平面 $y=d/2$ 的交线上，流过的电流为 $I_1\boldsymbol{a}_z$；另条一位于平面 $x=0$ 和平面 $y=-d/2$ 的交线上，流过的电流为 $I_2\boldsymbol{a}_z$。(b)试说明如何使用一种简单的方法来检验我们所得到的结果。

8.12 两个同轴的导线圆环相互平行，半径均为 a，相距为 d，$d\ll a$。每个圆环都通有电流 I。试近似求两个圆环之间的吸引力，并指出电流的相对取向。

8.13 在自由空间中，6 A 电流在一实心直导体中从点 $M(2, 0, 5)$流动到点 $N(5, 0, 5)$。另有一条位于 z 轴的无限长直细导线沿 $\boldsymbol{a}_z$ 方向通有 50 A 的电流。计算作用在导线上的力矩，原点分别取为：(a)(0,0,5)；(b)(0,0,0)；(c)(3,0,0)。

8.14 一个长为 25 cm，直径为 3cm 的 400 匝螺线管中，通有 4 A 直流电流。它的轴垂直于在空气中磁通密度为 0.8 Wb/m^2 的均匀磁场。若取螺线管的中心为原点，试计算螺线管受到的转矩。

8.15 沿直线($y=2, z=0$)从 $x=-b$ 到 $x=b$ 有一段实心细直导线。它沿 $\boldsymbol{a}_x$ 方向通有 3 A 电流。另外有一条位于 z 轴的长直细导线沿 $\boldsymbol{a}_z$ 方向通有 5 A 电流。若取(0,2,0)为原点，求出作用在该有限长导线上的力矩。

8.16 假设有一个电子在半径为 a 的圆形轨道上围绕着一个带正电原子核运动。(a)选择一个合适的电流和面积，证明等效的轨道磁矩为 $ea^2\omega/2$，其中 ω 是电子的角速度。(b)证明由平行于轨道平面的外磁场所产生的转矩为 $ea^2\omega B/2$；(c)利用库仑力和离心力相等，来证明 $\omega=(4\pi\varepsilon_0 m_e a^3/e^2)^{-1/2}$，这里 m_e 是电子质量。(d)分别求出角速度、转矩和一个氢原子的轨道磁矩之值，这里约有 $a=6\times10^{-11}$ m；且取 $B=0.5$ T。

8.17 习题 8.16 中的氢原子位于一个与原子的磁场方向相同的磁场中。试证明磁场 B 的作用力将使得角速度减小一个值 $eB/(2m_e)$ 和轨道磁矩减小一个值 $e^2a^2B/(4m_e)$。当外加磁场的磁通密度是 0.5 T 时，对于给定的氢原子来说，这些减小的值是百万分之几？

8.18 给定以下原点和磁场，分别求出如图 8.16 所示的正方形回路受到的力矩。(a) $A(0, 0, 0)$ 和 $\boldsymbol{B}=100\boldsymbol{a}_y$ mT；(b) $A(0, 0, 0)$和$\boldsymbol{B}=200\boldsymbol{a}_x+100\boldsymbol{a}_y$ mT；(c) $A(1, 2, 3)$和 $\boldsymbol{B}=200\boldsymbol{a}_x+100\boldsymbol{a}_y-300\boldsymbol{a}_z$ mT；(d) $A(1, 2, 3)$和在 $x\geqslant2$ 处有 $\boldsymbol{B}=200\boldsymbol{a}_x+100\boldsymbol{a}_y-300\boldsymbol{a}_z$ mT，而在其它处有 $\boldsymbol{B}=0$。

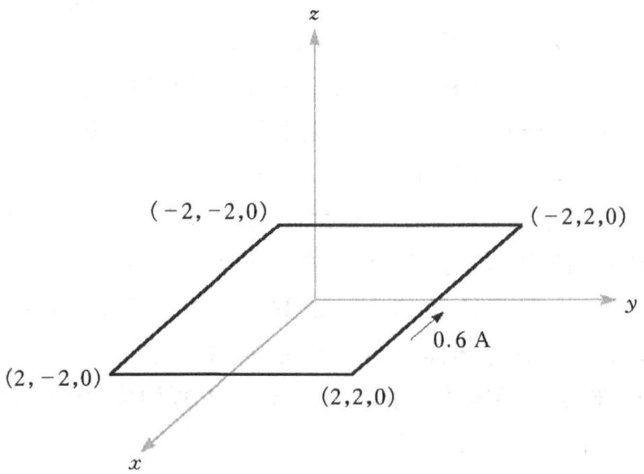

图 8.15 习题 8.18 图示

8.19 给定一种 $\chi_m=3.1$ 的材料，且在其中的磁场 $\boldsymbol{B}=0.4y\boldsymbol{a}_z$ T，求：(a) $\boldsymbol{H}$；(b) μ；(c) μ_r；(d) $\boldsymbol{M}$；(e) $\boldsymbol{J}$；(f) $\boldsymbol{J}_b$；(g) $\boldsymbol{J}_T$。

8.20 求出以下材料中的磁场强度 $\boldsymbol{H}$。(a) $\mu_r=4.2$，在单位体积中的原子数目为 2.7×10^{29} 个/m^3，且每个原子的磁偶极矩为 $2.6\times10^{-30}\boldsymbol{a}_y$ A·m^2；(b) $\boldsymbol{M}=270\boldsymbol{a}_z$ A/m 和 $\mu=2$ μH/m；(c) $\chi_m=0.7$ 和 $\boldsymbol{B}=2\boldsymbol{a}_z$ T；(d) 若在 $\rho=0.3$ m 和 $\rho=0.4$ m 处分别有束缚面电流密度为 $12\boldsymbol{a}_z$ A/m 和 $-9\boldsymbol{a}_z$ A/m，求出材料中的磁化强度 $\boldsymbol{M}$。

8.21 求在以下情况下材料中磁化强度的值。(a)磁通密度为 0.02 Wb/m^2；(b)磁场强度为

1200 A/m 和相对磁导率为 1.005；(c)每立方米中的原子数为 7.2×10^{28}，每个原子都有一个相同方向的磁偶极矩 4×10^{-30} A·m²，且磁化系数为 0.003。

8.22 在某些条件下，不可能用 $\boldsymbol{B}$ 和 $\boldsymbol{H}$ 是线性的关系来对铁磁性材料做近似的处理。现有一根由 $\mu_r=1000$ 的某种铁磁性材料制成的半径为 1 mm 的圆柱导线。若通有均匀分布的电流 1 A，求：(a) $\boldsymbol{B}$；(b) $\boldsymbol{H}$；(c) $\boldsymbol{M}$；(d) $\boldsymbol{J}$；(e) 导线内部的 $\boldsymbol{J}_b$。

8.23 计算同轴电缆中在 $\rho=c$ 处 H_ϕ、B_ϕ 和 M_ϕ 的值。已知该同轴电缆的内外导体半径分别为 $a=2.5$ mm 和 $b=6$ mm，中心导体流过的电流为 12 A，以及在 2.5 mm$<\rho<$3.5 mm 时，$\mu=3$ μH/m；在 3.5 mm$<\rho<$4.5 mm 时，$\mu=5$ μH/m；在 4.5 mm$<\rho<$6 mm 时，$\mu=10$ μH/m。若取 $c=$：(a)3 mm；(b)4 mm；(c)5 mm。

8.24 两个位于 $z=0$ 和 $z=d$ 处的电流薄片分别通有电流 $K_0\,\boldsymbol{a}_y$ A/m 和 $-K_0\,a_y$ A/m，它们之间填充有非均匀媒质，媒质的相对磁导率为 $\mu_r=az+1$，其中 a 为常数。(a)求媒质中 $\boldsymbol{H}$ 和 $\boldsymbol{B}$ 的表达式。(b)求通过 yz 平面上 1 平方米面积的总磁通。

8.25 在 $z=0$ 处的一条导体细线沿正 z 方向通有电流 12 A。已知在 $\rho<1$ cm 处有 $\mu_r=1$；在 $1<\rho<2$ cm 处有 $\mu_r=6$；在 $\rho>2$ cm 处有 $\mu_r=1$。求：(a) 各处的磁场强度 $\boldsymbol{H}$；(b)各处的磁通密度 $\boldsymbol{B}$。

8.26 一个半径为 3 cm，5000 匝/m 的长螺线管，通有电流 $I=0.25$ A。在螺线管内部 $0<\rho<a$ 范围内材料的相对磁导率为 $\mu_r=5$，在 $a<\rho<3$cm 范围内材料的相对磁导率为 $\mu_r=1$。根据以下情况试求 a，(a)总磁通等于 10 μWb；(b)在区域 $0<\rho<a$ 和 $a<\rho<3$ cm 之中的磁通相同。

8.27 在由 $2x+3y-4z>1$ 定义的区域 1 中，$\mu_{r1}=2$；由 $2x+3y-4z<1$ 定义的区域 2 中，$\mu_{r2}=5$。现在在区域 1 中，有 $\boldsymbol{H}_1=50\boldsymbol{a}_x-30\boldsymbol{a}_y+20\boldsymbol{a}_z$ A/m。求：(a) $\boldsymbol{H}_{N1}$；(b) $\boldsymbol{H}_{t1}$；(c) $\boldsymbol{H}_{t2}$；(d) $\boldsymbol{H}_{N2}$；(e) $\boldsymbol{H}_1$ 和 $\boldsymbol{a}_{N21}$ 之间的夹角 θ_1；(f) $\boldsymbol{H}_2$ 和 $\boldsymbol{a}_{N21}$ 之间的夹角 θ_2。

8.28 对于在硅钢片磁化曲线拐点以下的 B 值，可以用一段 $\mu=5$ mH/m 的直线来近似代替磁化曲线。图 8.17 中所示铁芯的两条外侧支路的横截面面积均为 1.6 cm²，长度均为 10 cm，而中间支路的横截面面积为 2.5 cm² 和长度为 3 cm。在中间支路上的 1200 匝线圈通有电流12 mA。求：(a) 中间支路的 B 值；(b) 中间支路的 B 值，但在其中有 0.3 mm的空气隙。

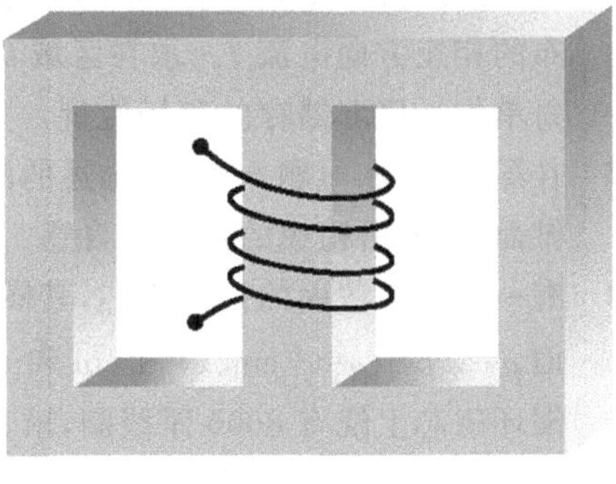

图 8.17 习题 8.28 图示

8.29 在习题 8.28 中，对磁化曲线采用线性化处理后，求得在中间支路的磁通密度为0.666 T。若利用这个 B 值和硅钢片的磁化曲线，求出在 1200 匝的线圈中应该通过多大的电流？

8.30 一个矩型铁芯有固定的相对磁导率 $\mu_r\gg1$，其矩形截面尺寸为 $a\times a$，其中心周长线的尺寸为 b 和 d。匝数分别为 N_1 和 N_2 的线圈 1 和 2 分别缠绕在铁芯上。选择一个铁心截面并使其位于 xy 平面上，该截面范围为 $0<x<a$，$0<y<a$，(a)若在线圈 1 中通有电流 I_1，利用安培环路定律，试将磁通密度表示为铁心截面上位置的函数。(b)利用(a)的结

果求铁芯内的总磁通。(c)求线圈 1 的自感。(d)求线圈 1 和 2 之间的互感。

8.31 一镯环磁芯的横截面面积为 2.5 cm^2 和有效长度为 8 cm。在镯环磁芯中有一个长度为 0.25 mm 的空气隙,其有效面积为 2.8 cm^2。现在,在磁路上施加的磁动势为 200 A·t。试计算在镯环磁芯中的总磁通:(a)假设磁性材料的磁导率为无限大;(b)假设磁性材料为磁导率 $\mu_r=1000$ 的线性材料;(c)假设磁性材料是硅钢片。

8.32 (a)一条同轴传输线由厚度可以忽略不计的导体套管构成,两个套管的半径分别为 a 和 b,求在传输线单位长度上的磁能表达式。导体套管间填充相对磁导率为 μ_r 的介质。假设两个导体内的电流 I 流向相反。(b)令传输线的单位长度能量等于 $(1/2)LI^2$,求相应的单位长度电感 L。

8.33 一镯环形磁芯的横截面为正方形 2.5 cm$<\rho<$3.5 cm, -0.5 cm$<z<$0.5 cm。镯环形磁芯上半部分($0<z<0.5$ cm)由磁导率 $\mu_r=10$ 的线性材料构成;下半部分(-0.5 cm$<z<0$)由磁导率 $\mu_r=20$ 的线性材料构成。施加的一个 150 A·t 的磁动势在磁芯内部产生了 $\mathbf{a}_\phi$ 方向的磁通。在 $z>0$ 的区域中,求:(a) $H_\phi(\rho)$;(b) $B_\phi(\rho)$;(c) $\Phi_{z>0}$;(d) 在 $z<0$ 的区域中,重复前面的各问;(e) 总磁通 Φ_{total}。

8.34 求在一载有均匀电流 I、半径为 a 的无限长直导线内,单位长度上储存的能量。

8.35 如图 8.17 所示,两个锥形导体面 $\theta=21^\circ$ 和 $\theta=159^\circ$通有电流 40 A。这个电流在一个半径为 0.25 m 的导体球面上返回。(a)求在区域 $0<r<0.25$、$21^\circ<\theta<159^\circ$和 $0<\varphi<2\pi$ 中的磁场强度 $\mathbf{H}$;(b)该区域中储存的能量为多少?

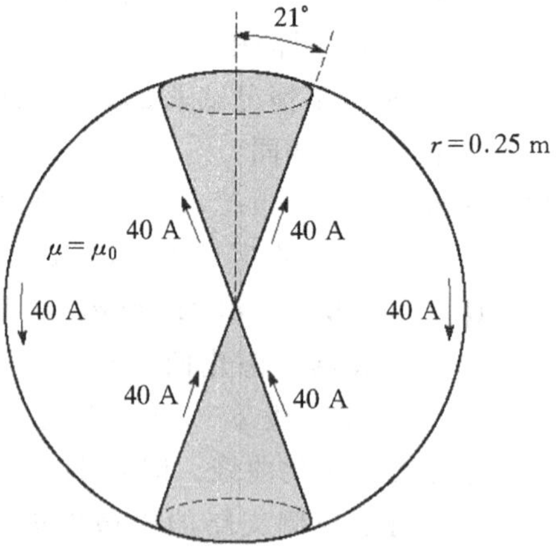

图 8.17 习题 9.35 图示

8.36 一同轴电缆的内外导体尺寸为 b 和 c,且 $c>b$。假设 $\mu=\mu_0$,在内外导体中通有均匀分布的相反方向电流 I。求在区域 $b<\rho<c$ 中每单位长度上储存的磁场能量。

8.37 在图 8.17 和习题 8.35 所描述的问题中,求锥面-球面所构成的系统的自感。

8.38 有一矩形横截面的镯环磁芯,其横截面由表面 $\rho=2$ cm、$\rho=3$ cm、$z=4$ cm 和 $z=4.5$ cm 构成。磁芯材料的相对磁导率为 80。若在镯环磁芯上绕有 8000 匝线圈,求其自感。

8.39 在空气中,分别位于平面 $z=0$ 和 $z=d$ 处的两个导体平面通有电流 $\pm K_0\mathbf{a}_\phi$ A/m。(a)求在单位长度($0<x<1$)和宽度为 w($0<y<w$)的磁场空间中储存的能量;(b)利用 $W_H=\frac{1}{2}LI^2$ 计算在传输线单位长度上的自感。这里 I 是在每个导体的宽度 w 内流过的总电流;(c)在 $y=0$ 平面内,计算穿过矩形区域 $0<x<1$, $0<z<d$ 的总磁通,并利用这个结果再求单位长度的自感。

8.40 一条同轴电缆的内外导体半径分别为 a 和 b($a<b$)。在 $a<\rho<c$ 范围内材料的相对磁导率为 $\mu_r\neq1$,在 $a<\rho<c$ 范围内是空气。求电缆的单位长度自感表达式。

8.41 在自由空间中,有一个矩形线圈由 150 匝的细导体组成,另外还有一条位于 z 轴的无限长直细导线。如果该矩形线圈的四个顶角分别位于以下各点时，求它和细直导体之间的互感：(a)(0,1,0)、(0,3,0)、(0,3,1)和(0,1,1)；(b)(1,1,0)、(1,3,0)、(1,3,1)和(1,1,1)。

8.42 在自由空间中，有两个由细导线做成的共面同心圆环，其半径分别为 a 和 $\Delta a(\Delta a \ll a)$。利用近似方法计算这两个共面同心圆环所产生的磁场，然后再求它们之间的互感。

8.43 (a)利用能量关系，证明一半径为 a 通有均匀电流 I 的非磁性圆柱导体的内自感为 $\mu_0/(8\pi)$ H/m；(b) 若将在 $\rho < c < a$ 中的部分导体移去，求内自感。

8.44 一通有大小相等方向相反电流的双线传输线，导线半径为 a，两条导线的中心间距为 d。证明双线传输线的单位长度外自感约等于 $\mu/\pi \ln(d/a)$ H/m，在什么情况下成立？

第9章

时变电磁场和麦克斯韦方程

在前面 8 章中我们得到了静电场和恒定磁场的一些基本关系式，本章我们将讨论时变电磁场。我们现在应该对矢量分析和矢量微积分比较熟悉了，因此本章的讨论将比较简短，可以看到有些基本关系式并没有改变，而大多数关系式只是稍微有一些变化。

在本章中将介绍两个新的概念：由变化的磁场产生的电场和由变化的电场产生的磁场。第一个概念是起源于法拉第的实验研究，而第二个概念来源于麦克斯韦的理论研究。

实际上，麦克斯韦是受到了法拉第的实验工作和法拉第在发展他的电学和磁学理论时采用"力线"生动地描述场的思想的鼓舞。麦克斯韦比法拉第年轻 40 岁，但是他们两个是麦克斯韦在伦敦作为一个年轻教授工作的 5 年中相互认识的，几年之后法拉第就退休了。麦克斯韦是在拥有这个大学教授职位之后发展了他的理论，当时他独自一人在苏格兰的家中工作。这占取了他从 35 岁到 40 岁的 5 年时光。

本章给出的电磁理论的 4 个基本方程是以麦克斯韦的名字来命名的。■

9.1 法拉第定律

WWW Animations

在丹麦学者奥斯特[①]于 1820 年演示了电流对罗盘指针的影响之后，法拉第坚信如果电流能够产生磁场，那么磁场也应该能够产生电流。在当时并没有"场"的概念，法拉第的目的就是要揭示"磁力"可以产生电流。

在 10 余年的时间里法拉第断断续续地研究了这个问题，直到 1831 年他才最终取得了成功[②]。他把两个独立的线圈绕在一个环形铁芯上，在一个电路中接入了电流计，而在另一个电路中则接入了电池。当接通电池电路时，他注意到电流计有一个瞬间的偏转；而当断开电池电路时，他发现电流计则有一个相反方向的瞬间偏转。当然，这是法拉第所做的第一个关于**时变**

---

① 奥斯特是丹麦哥本哈根大学的物理学教授。

② 大约在同一时间，纽约 Albany 科学院的亨利也得到了相似的结果。

磁场实验，接着他又演示了**运动**磁场或运动线圈也都能使电流计产生偏转。

根据场的观点来看，我们现在可以说这是由于时变磁场产生了一个电动势，而这个**电动势**(emf)能够在一个闭合的电路中产生电流。电动势仅仅是由于导体在磁场中运动或变化磁场所产生的一个电压，我们将在本节给出其定义。法拉第定律在习惯上可以表述为

$$\boxed{\mathrm{emf} = -\frac{\mathrm{d}\Phi}{\mathrm{d}t}\mathrm{V}} \tag{9.1}$$

式(9.1)暗示着只要是一个闭合路径，尽管不必是一个闭合导体路径；例如，在这个闭合路径中可能会包含一个电容，或者甚至可能是在空间中的一个完全假想的闭合曲线。磁通则是穿过由这个闭合路径所限定的任意一个曲面的磁通，而 $\mathrm{d}\Phi/\mathrm{d}t$ 就是这个磁通随时间的变化率。

在下述各种情况下，都可以产生非零的 $\mathrm{d}\Phi/\mathrm{d}t$ 值：

1. 闭合路径静止不动，而与其相交链的磁通却随着时间发生变化
2. 一个恒定磁通与一个闭合路径之间有相对运动
3. 上述两种情况的复合

式(9.1)中的负号表示，如果把电动势引起的电流所产生的磁通量加到原来磁通上，其结果将使电动势减小。这就是我们所熟悉的**楞次定律**①，它说明感应电压的作用是产生一个反向磁通。

如果闭合路径是由 N 匝细导线线圈所形成的，常常可以把这些线圈看成是重合在一起的，那么

$$\boxed{\mathrm{emf} = -N\frac{\mathrm{d}\Phi}{\mathrm{d}t}} \tag{9.2}$$

这里 Φ 为穿过这 N 匝线圈中的任一匝的磁通。

我们有必要对式(9.1)和(9.2)中的电动势作一个定义。显然，这个电动势是一个标量，量纲分析也表明(也许不是很明显)它的单位为伏特。我们定义如下的电动势

$$\boxed{\mathrm{emf} = \oint \boldsymbol{E}\cdot\mathrm{d}\boldsymbol{L}} \tag{9.3}$$

应该注意到，这是出现在一个确定闭合路径中的电压。当路径的任何一部分发生变化时，电动势通常也会发生变化。式(9.3)清楚地表明这与静电场是完全相违背的，我们知道由静止电荷产生的电场强度沿任一闭合路径的积分所得到的电位差为零。在静电场中，电场强度的线积分结果是一个电位差；而在时变电磁场中，电场强度的线积分结果则是一个电动势或电压。

将式(9.1)中的 Φ 用 $\boldsymbol{B}$ 的面积分代替，可得

$$\boxed{\mathrm{emf} = \oint \boldsymbol{E}\cdot\mathrm{d}\boldsymbol{L} = -\frac{\mathrm{d}}{\mathrm{d}t}\int_{s}\boldsymbol{B}\cdot\mathrm{d}\boldsymbol{S}} \tag{9.4}$$

这里，若用右手的 4 个手指指向闭合路径的绕行方向，则大拇指所指的方向就是 $\mathrm{d}\boldsymbol{S}$ 的方向。当沿 $\mathrm{d}\boldsymbol{S}$ 方向上的磁感应强度 $\boldsymbol{B}$ 随着时间增加时，将会产生一个与闭合路径绕行方向相反的电场强度 $\boldsymbol{E}$ 的平均值。在求磁通积分和计算电动势时，我们应该永远记住式(9.4)中的面积分与线积分之间是成右手螺旋关系的。

下面我们将分成两部分来讨论对总电动势的贡献。首先是分析变化磁场在静止的闭合路

---

① 楞次出生在德国，但是却在俄国工作。他于 1834 年发表了楞次定律。

径中所产生的电动势(变压器电动势)，然后是分析闭合路径在恒定磁场中运动时所产生的电动势(动生电动势或发电机电势)。

我们首先考虑一个静止的闭合路径。这时，由于磁通是在式(9.4)中右边惟一一个时变量，所以可以把偏导数移至积分号里面，得

$$\text{emf} = \oint \boldsymbol{E} \cdot \mathrm{d}\boldsymbol{L} = -\int_S \frac{\partial \boldsymbol{B}}{\partial t} \cdot \mathrm{d}\boldsymbol{S} \tag{9.5}$$

在将这个简单结果应用于一个例子之前，我们先来推导出这个积分方程的点形式。对闭合线积分应用斯托克斯定理，可得

$$\int_S (\nabla \times \boldsymbol{E}) \cdot \mathrm{d}\boldsymbol{S} = -\int_S \frac{\partial \boldsymbol{B}}{\partial t} \cdot \mathrm{d}\boldsymbol{S}$$

这里，可以认为两个面积分是在完全相同的一个表面上进行的。积分表面完全可以任意地选取，例如取为元面积，

$$(\nabla \times E) \cdot \mathrm{d}\boldsymbol{S} = -\frac{\partial \boldsymbol{B}}{\partial t} \cdot \mathrm{d}\boldsymbol{S}$$

和

$$\boxed{\nabla \times \boldsymbol{E} = -\frac{\partial \boldsymbol{B}}{\partial t}} \tag{9.6}$$

式(9.6)是最常用的微分形式或点形式的麦克斯韦 4 个方程的其中之一。式(9.5)是式(9.6)的积分形式，将其应用到一个确定的闭合路径时，它等价于法拉第定律。如果 $\boldsymbol{B}$ 不是时间的函数，显然式(9.5)和式(9.6)将简化为静电场方程

$$\oint \boldsymbol{E} \cdot \mathrm{d}\boldsymbol{L} = 0 \quad \text{静电场}$$

$$\nabla \times \boldsymbol{E} = 0 \quad \text{静电场}$$

下面举例来解释式(9.5)和式(9.6)，假定在 $\rho<b$ 的圆柱形区域内有一个随时间 t 作指数增加的简单磁场分布，

$$\boldsymbol{B} = B_0 \mathrm{e}^{kt} \boldsymbol{a}_z \tag{9.7}$$

这里 B_0 为常数。在 $z=0$ 平面内选取一个半径为 $\rho=a(a<b)$ 的环形路径，由于对称性，沿此路径上的 E_ϕ 一定为常量，此时根据式(9.5)可得

$$\text{emf} = 2\pi a E_\phi = -kB_0 \mathrm{e}^{kt} \pi a^2$$

在这个闭合路径上的电动势为 $-kB_0\mathrm{e}^{kt}\pi a^2$。因为磁感应强度是均匀的且在任一时刻穿过积分表面的磁通正比于该面的面积，所以电动势与 a^2 成正比。

若现在用 ρ 代替 $a(\rho<b)$，则在任意点的电场强度为

$$\boldsymbol{E} = -\frac{1}{2} kB_0 \mathrm{e}^{kt} \rho \boldsymbol{a}_\phi \tag{9.8}$$

现在，让我们尝试从式(9.6)中来得到同样的答案，式(9.6)可写为

$$(\nabla \times \boldsymbol{E})_z = -kB_0 \mathrm{e}^{kt} = \frac{1}{\rho} \frac{\partial(\rho E_\phi)}{\partial \rho}$$

将上式两边都乘以 ρ，然后从 0 到 ρ 进行积分(把 t 看成是一个常数，由于这个微分是一个偏微分)，

$$-\frac{1}{2} kB_0 \mathrm{e}^{kt} \rho^2 = \rho E_\phi$$

或

$$E = -\frac{1}{2}kB_0 e^{kt}\rho \boldsymbol{a}_\phi$$

再一次，我们得到了式(9.8)。

如果假设 B_0 是正的，那么在电阻为 R 的一根细线导体中就会出现一个负 $\boldsymbol{a}_\phi$ 方向的电流，这个电流将在环形回路中产生一个负 $\boldsymbol{a}_z$ 方向的磁通。由于 E_ϕ 随着时间 t 指数增加，电流和磁通也随着时间 t 指数增加，这样它们就趋于减小外磁通随时间的增加率并且按照楞次定律产生最终的电动势。

在结束这个例子之前，有必要指出在上面给定的磁感应强度 $\boldsymbol{B}$ 是不满足所有的麦克斯韦方程。这样的电磁场常常是假设的(**总是**出现在交流电路问题中)，但是如果能给出合适的解释，那么对这些场的讨论是不会有困难的。然而，它们偶然也会引起一些诧异。在本章末的习题 9.19 中，将对这种特殊的场做进一步的讨论。

我们现在来考虑磁通不随时间变化和闭合路径运动的情况。在从法拉第定律式(9.1)中推导出任何特定结果之前，让我们先应用这个基本定律来分析在图 9.1 中所示的特定问题。在这个图中的闭合电路由两个平行导体轨道组成，它们的一端由一个尺寸可以忽略不计的高阻伏特计相连接，而另一端则由一个以速度 $\boldsymbol{v}$ 运动的短路导体棒相连接。磁感应强度 $\boldsymbol{B}$ 是常数(在空间和时间)，并且垂直于闭合路径所在的平面。

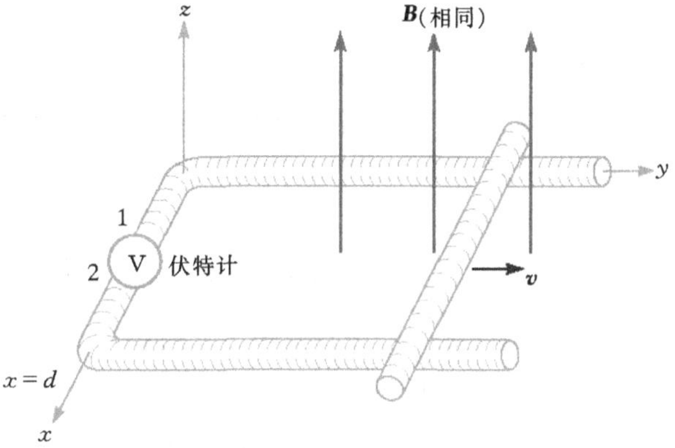

图 9.1　说明法拉第定律应用于一个恒定磁感应强度和一个运动闭合路径情况的例子。短路导体棒以速度 v 向右运动，这个电路由两条轨道和一个极小的高阻伏特计组成。伏特计的读数为 $V_{12} = -Bvd$

令 y 表示短路导体棒的位置；那么，在任意时刻穿过闭合路径所包围曲面的磁通为

$$\Phi = Byd$$

由式(9.1)，我们得到

$$\text{emf} = -\frac{\mathrm{d}\Phi}{\mathrm{d}t} = -B\frac{\mathrm{d}y}{\mathrm{d}t}d = -Bvd \tag{9.9}$$

由于这个电动势定义为 $\oint \boldsymbol{E}\cdot \mathrm{d}\boldsymbol{L}$ 以及这里是一个闭合导体路径，所以我们可以实际求出在闭合路径上每一点的电场强度 $\boldsymbol{E}$。我们发现静电场中的电场强度在导体表面上的切向分量为零，我们在 9.4 节中将证明时变电磁场的电场强度在**理想**导体($\sigma=\infty$)表面上的切向分量也为零。这也就是说一个理想导体就是一个“被短路的电路”。除伏特计外，在图 9.1 中的整个闭合路径可以看成是一个理想导体。这样，对于 $\oint \boldsymbol{E}\cdot \mathrm{d}\boldsymbol{L}$ 的实际计算一定不必涉及到沿整个运动导体棒、两条轨道和伏特计连接导线的贡献。由于我们是沿着逆时针方向进行积分(通常是保持曲面正侧的内部区域在我们的左手一边)，所以穿过伏特计的贡献 $E\Delta L$ 一定为 $-Bvd$，表明在该仪表中电场强度的方向是从端子 2 指向端子 1。对于向上标度的指示法，伏特计的正极

性端应为端子 2。

根据楞次定律，我们可以确定最终的小电流是沿着顺时针方向流动，它会减小闭合路径所包围的磁通。我们可以再次看到伏特计的端子 2 是正极性端。

现在，我们利用**动生电动势**概念来考虑这个例子。作用于以速度 $\boldsymbol{v}$ 在磁场 $\boldsymbol{B}$ 中运动的点电荷 Q 上的力为

$$\boxed{\boldsymbol{F} = Q\boldsymbol{v} \times \boldsymbol{B}}$$

或

$$\frac{\boldsymbol{F}}{Q} = \boldsymbol{v} \times \boldsymbol{B} \tag{9.10}$$

滑动导体棒由正电荷和负电荷所组成，它们都要受到这个力的作用。把由式(9.10)给出的每单位电荷所受到的力称为**动生**电场强度 $\boldsymbol{E}_{\mathrm{m}}$，

$$\boxed{\boldsymbol{E}_{\mathrm{m}} = \boldsymbol{v} \times \boldsymbol{B}} \tag{9.11}$$

如果将运动的导体棒从轨道上移去，那么这个电场强度将迫使电子移动到导体棒的某一端(远端)，直到这些电荷所产生的**静态电场**刚好与由于导体棒运动感应的电场相平衡为止。此时，沿导体棒长度方向最终的切向电场强度为零。

那么，由导体棒运动所产生的动生电动势为

$$\mathrm{emf} = \oint \boldsymbol{E}_{\mathrm{m}} \cdot \mathrm{d}\boldsymbol{L} = \oint (\boldsymbol{v} \times \boldsymbol{B}) \cdot \mathrm{d}\boldsymbol{L} \tag{9.12}$$

这里，只有沿那部分运动的路径或沿这一段路径上速度不为零时，最后的一项积分才不为零。计算式(9.12)中的右边，我们得到

$$\oint (\boldsymbol{v} \times \boldsymbol{B}) \cdot \mathrm{d}\boldsymbol{L} = \int_{d}^{0} vB\,\mathrm{d}x = -Bvd$$

该结果与前面得的结果相同。因为 $\boldsymbol{B}$ 不是时间的函数，所以它是总电动势。

因此，对于一个导体在均匀恒定磁场中运动的情况，我们可以把动生电场强度 $\boldsymbol{E}_{\mathrm{m}} = \boldsymbol{v} \times \boldsymbol{B}$ 看作是由运动导体的每一部分所引起的，并且可由下式计算最终的电动势

$$\mathrm{emf} = \oint \boldsymbol{E} \cdot \mathrm{d}\boldsymbol{L} = \oint \boldsymbol{E}_{\mathrm{m}} \cdot \mathrm{d}\boldsymbol{L} = \oint (\boldsymbol{v} \times \boldsymbol{B}) \cdot \mathrm{d}\boldsymbol{L} \tag{9.13}$$

如果磁场强度也随着时间变化，此时我们必须包括变压器电动势即式(9.5)和动生电动势即式(9.12)两者的贡献，

$$\mathrm{emf} = \oint \boldsymbol{E} \cdot \mathrm{d}\boldsymbol{L} = -\int_{S} \frac{\partial \boldsymbol{B}}{\partial t} \cdot \mathrm{d}\boldsymbol{S} + \oint (\boldsymbol{v} \times \boldsymbol{B}) \cdot \mathrm{d}\boldsymbol{L} \tag{9.14}$$

上式也可以简化成式(9.1)

$$\mathrm{emf} = -\frac{\mathrm{d}\Phi}{\mathrm{d}t} \tag{9.1}$$

利用这两个公式都可以求得上面所述的各个感应电压。

尽管式(9.1)看起来简单，但是对于不少人为设计的例子，要正确地应用它却是十分困难的。这些例子通常会涉及到滑动触头或开关，它们总是会涉及到电路的某一部分被一个新的部分所

代替①。例如，在图 9.2 所示的简单电路中，包含有几根理想导线、一个理想伏特计、一个均匀恒定磁场 $\boldsymbol{B}$ 和一个开关。当断开开关时，明显地有较多的磁通穿过了伏特计所在电路。然而，伏特计的读数却一直为零。这是因为既没有由时变磁感应强度 $\boldsymbol{B}$[式(9.14)的第一项]也没有由在磁场中运动的导体[式(9.14)的第二项]所产生磁通的变化。实际上，这时已经用一个新的电路取代了原来的电路。因此，必须要小心地计算磁通的变化量。

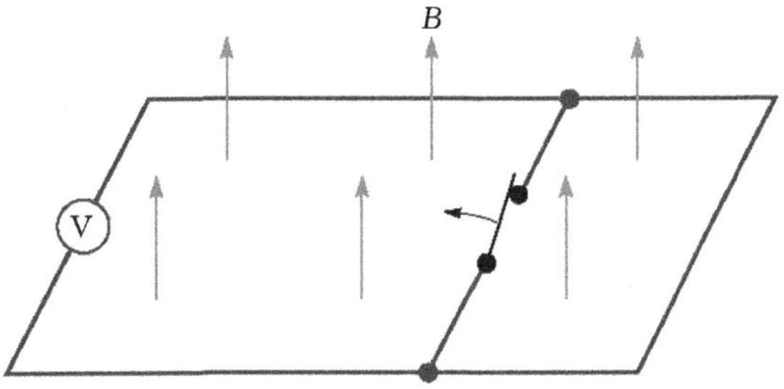

图 9.2　当开关断开时，电路中的一部分被简单地用另一部分所取代，此时磁通明显增加却并未引起感应电压，在伏特计上没有观察到读数

在式(9.14)中将电动势分为两个部分，一部分是由磁感应强度 $\boldsymbol{B}$ 的时间变化率引起的，而另一部分是由电路的运动产生的。这样的划分似乎有任意性，它依赖于观察者相对于系统的速度。对于一个与磁场一起运动的观察者来说，他可以把一个随时间和空间都变化的磁场看成是恒定不变的。在将狭义相对论理论应用于电磁理论时，有对这种推理的方法进行更完整的讨论②。

练习 9.1　在某一区域中，有 $\varepsilon = 10^{-11}$ F/m 和 $\mu = 10^{-5}$ H/m。如果 $B_x = 2\times10^{-4}\cos10^5 t\sin10^{-3} y$ T：(a) 利用 $\nabla\times\boldsymbol{H} = \varepsilon\dfrac{\partial\boldsymbol{E}}{\partial t}$ 求解 $\boldsymbol{E}$；(b) 在 $t=1$ μs 时，求穿过平面 $x=0$，$0<y<40$ m，$0<z<2$ m 的总磁通；(c) 求 $\boldsymbol{E}$ 沿给定平面的周界线上的闭合线积分值。

答案：$-20000\sin10^5 t\cos10^{-3} y\boldsymbol{a}_z$ V/m；0.318 mWb；-3.19 V

练习 9.2　参考图 9.1 所示的滑动导体棒，令 $d = 7$ cm，$\boldsymbol{B} = 0.3\boldsymbol{a}_z\,T$ 和 $\boldsymbol{v} = 0.1\boldsymbol{a}_y e^{20y}$ m/s。在 $t=0$ 时取 $y=0$。求：(a) $v(t=0)$；(b) $y(t=0.1)$；(c) $v(t=0.1)$；(d) $t=0.1$ 时 V_{12}。

答案：0.1 m/s；1.12 cm；0.125 m/s；-2.63 mV

9.2　位移电流

我们已经应用法拉第实验定律得到了微分形式的麦克斯韦方程中的一个方程

$$\nabla\times\boldsymbol{E} = -\frac{\partial\boldsymbol{B}}{\partial t} \tag{9.15}$$

上式告诉我们，一个随时间变化的磁场能够产生一个电场。根据旋度的定义，我们看到这个电场具有环量特有的性质，它沿任一闭合路径的线积分不为零。现在，我们将把注意力转移至时变电场。

首先来看安培环路定律在恒定磁场中的点形式，

$$\nabla\times\boldsymbol{H} = \boldsymbol{J} \tag{9.16}$$

---

① 见在本章末列出的参考书目中的 Bewley 的书，特别是第 12～19 页。

② 在本章末列出的参考书目中，有好几本书都对这一专题做了讨论。见 Panofsky 和 Phillips 书中的第 142～151 页；Owen 书中的第 231～245 页；Harman 书中的数处地方。

对上式两边取散度,发现式(9.16)在时变条件下是不恰当的,

$$\nabla\cdot\nabla\times\boldsymbol{H}\equiv 0=\nabla\cdot\boldsymbol{J}$$

由于矢量旋度的散度恒等于零,所以$\nabla\cdot\boldsymbol{J}$也应该为零。然而,电流连续性方程

$$\nabla\cdot\boldsymbol{J}=-\frac{\partial\rho_v}{\partial t}$$

此时却表明只有当$\frac{\partial\rho_v}{\partial t}=0$时,式(9.16)才真正地成立。这是一个不符合实际的限制,所以在把式(9.16)应用于时变电磁场之前,我们必须对它做一些修正。假定我们在式(9.16)中加上一个未知项$\boldsymbol{G}$,

$$\nabla\times\boldsymbol{H}=\boldsymbol{J}+\boldsymbol{G}$$

再次对上式取散度,有

$$0=\nabla\cdot\boldsymbol{J}+\nabla\cdot\boldsymbol{G}$$

这样

$$\nabla\cdot\boldsymbol{G}=\frac{\partial\rho_v}{\partial t}$$

用$\nabla\cdot\boldsymbol{D}$来替换$\rho_v$,

$$\nabla\cdot\boldsymbol{G}=\frac{\partial}{\partial t}(\nabla\cdot\boldsymbol{D})=\nabla\cdot\frac{\partial\boldsymbol{D}}{\partial t}$$

由此,我们得到$\boldsymbol{G}$的一个最简单解

$$\boldsymbol{G}=\frac{\partial\boldsymbol{D}}{\partial t}$$

因此,点形式的安培环路定律变为

$$\boxed{\nabla\times\boldsymbol{H}=\boldsymbol{J}+\frac{\partial\boldsymbol{D}}{\partial t}}\qquad(9.17)$$

式(9.17)还未被证明,它仅仅是我们得到的与连续性方程不相矛盾的一种形式。它也与我们已经得到的所有其它结果是相一致的,并且我们可以像在前面接受每一个实验定律一样地认可这个定律以及由它导出的其它方程。我们正在建立一种理论,而且我们认为所得到的方程是正确的,直到它们被证明是错误的。这个工作直到现在为止还未开始。

我们现在已经得到了麦克斯韦方程中的第二个方程,并且将研究该方程的意义。添加的一项$\partial\boldsymbol{D}/t$具有电流密度的单位,$\mathrm{A/m^2}$。由于它是由时变电通量密度(或位移密度),所以麦克斯韦将其命名为**位移电流密度**。我们一般用$\boldsymbol{J}_{\mathrm{d}}$来表示位移电流密度:

$$\nabla\times\boldsymbol{H}=\boldsymbol{J}+\boldsymbol{J}_{\mathrm{d}}$$

$$\boldsymbol{J}_{\mathrm{d}}=\frac{\partial\boldsymbol{D}}{\partial t}$$

这是我们已经遇到过的第三种电流密度。传导电流密度

$$\boldsymbol{J}=\sigma\boldsymbol{E}$$

是电荷(通常是电子)在净电荷密度为零的区域中运动所产生的,而运流电流密度,

$$\boldsymbol{J}=\rho_v\boldsymbol{v}$$

是由体电荷密度运动所产生的。在式(9.17)中这两种电流密度都用$\boldsymbol{J}$来表示。当然,束缚电流密度是被包含在$\boldsymbol{H}$中的。在体电荷密度为零的非导电媒质中,$\boldsymbol{J}=0$,所以

$$\nabla \times \boldsymbol{H} = \frac{\partial \boldsymbol{D}}{\partial t}(\text{如果 } \boldsymbol{J} = 0) \tag{9.18}$$

请注意在式(9.15)和式(9.18)两者之间的对称性：

$$\nabla \times \boldsymbol{E} = -\frac{\partial \boldsymbol{B}}{\partial t} \tag{9.15}$$

再次，清楚地看出场强矢量 $\boldsymbol{E}$ 和 $\boldsymbol{H}$ 及通量密度矢量 $\boldsymbol{D}$ 和 $\boldsymbol{B}$ 之间存在着相似性。然而，我们不能够过分地相信这种相似性，因为当我们分析电荷粒子所受到的力时，这种相似性就不再成立。电荷所受到的力与 $\boldsymbol{E}$ 和 $\boldsymbol{B}$ 有关，可以给出一些有效的论据来说明 $\boldsymbol{E}$ 和 $\boldsymbol{B}$ 之间以及 $\boldsymbol{D}$ 和 $\boldsymbol{H}$ 之间的相似性。然而，我们在这里将略去这些情况，只是说明麦克斯韦在提出位移电流概念时可能是受到了上面所述对称性的启发。①

穿过任意给定表面的总位移电流可以表示成下面的面积分，

$$I_{\mathrm{d}} = \int_S \boldsymbol{J}_{\mathrm{d}} \cdot \mathrm{d}\boldsymbol{S} = \int_S \frac{\partial \boldsymbol{D}}{\partial t} \cdot \mathrm{d}\boldsymbol{S}$$

同时，在表面 S 上对式(9.17)两边进行积分，可以得到时变形式的安培环路定律，

$$\int_S (\nabla \times \boldsymbol{H}) \cdot \mathrm{d}\boldsymbol{S} = \int_S \boldsymbol{J} \cdot \mathrm{d}\boldsymbol{S} + \int_S \frac{\partial \boldsymbol{D}}{\partial t} \cdot \mathrm{d}\boldsymbol{S}$$

应用斯托克斯定理

$$\boxed{\oint \boldsymbol{H} \cdot \mathrm{d}\boldsymbol{L} = I + I_d = I + \int_S \frac{\partial \boldsymbol{D}}{\partial t} \cdot \mathrm{d}\boldsymbol{S}} \tag{9.19}$$

位移电流密度的实质是什么呢？让我们来考察图 9.3 所示的简单电路，它包含一个细导线回路和一个平行板电容器。在回路内部有一个随时间正弦变化的磁场，它在闭合回路(由细导线和电容器平板间的虚线部分组成)中产生一个电动势，我们把电动势表示为

$$\mathrm{emf} = V_0 \cos\omega t$$

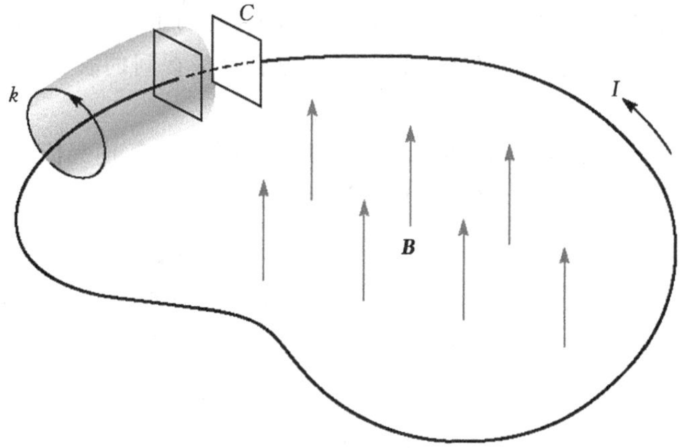

图 9.3 细导线与平行板电容器的两个极板相连接组成一个回路。闭合回路中的时变磁场在闭合回路中产生一个电动势 $V_0\cos\omega t$。传导电流 I 等于电容器极板间的位移电流

---

① 联系 $\boldsymbol{B}$ 和 $\boldsymbol{D}$ 与 $\boldsymbol{H}$ 和 $\boldsymbol{E}$ 的相似性被 Fano，Chu 和 Adler 在其书中(见第 6 章参考文献)将 $\boldsymbol{B}$ 比喻为 $\boldsymbol{E}$ 和将 $\boldsymbol{D}$ 比喻为 $\boldsymbol{H}$ 这个情况被 Halliday 和 Resnick 在其书中(见本章参考文献)

根据基本电路理论并假定回路的电阻和电感可以忽略，可以得到回路中的电流为

$$I=-\omega CV_0\sin\omega t$$
$$=-\omega\frac{\varepsilon S}{d}V_0\sin\omega t$$

这里 ε、S 和 d 是电容器的参数。将安培环路定律应用于一个较小的闭合回路 k，并且暂时忽略位移电流，则有

$$\oint_k \boldsymbol{H}\cdot \mathrm{d}\boldsymbol{L}=I_k$$

回路和沿回路上的 $\boldsymbol{H}$ 值两者都是确定的量（尽管很难确定），这样 $\oint_k \boldsymbol{H}\cdot \mathrm{d}\boldsymbol{L}$ 也是一个确定的量。电流 I_k 是穿过回路 k 所限定的任意一个曲面的电流。如果我们选取细线穿过的一个简单曲面，例如由回路 k 所定义的平面圆面积，那么很明显这个电流就是传导电流。现在假定我们所考虑的闭合回路 k 是一个纸包的口子，这个纸包的底部由电容器的两个平板之间穿过。纸袋没有被细导线穿过，所以传导电流为零。现在我们必须来考虑位移电流，由于在电容器的内部

$$D=\varepsilon E=\varepsilon\left(\frac{V_0}{d}\cos\omega t\right)$$

因此

$$I_{\mathrm{d}}=\frac{\partial D}{\partial t}S=-\omega\frac{\varepsilon S}{d}V_0\sin\omega t$$

这个电流与细导线中的传导电流相同。因此，当包括位移电流时，将安培环路定律应用于回路 k 可以使得 $\boldsymbol{H}$ 的线积分有一个确定的值。这个积分的值一定是等于穿过所选取表面的总电流。对于某些表面来说，这个电流几乎全部是传导电流，但是对于穿过电容器平板之间的表面来说，传导电流为零，这时电流为位移电流，其值等于 $\boldsymbol{H}$ 的线积分值。

从物理意义上，我们应该注意到电容器储存着电荷，在两个极板之间的电场比在其外部的泄漏电场要大得多。因此，当我们忽略所有不穿过电容器极板间的表面上的位移电流时，只可能引起一个很小的误差。

位移电流与时变电场是紧密相关的，因此它存在于所有通有时变传导电流的非理想导体中。在下面练习题的最后一部分，将说明从来没有实验发现这一附加电流的原因。

练习 9.3 求位移电流密度的大小：(a)在一个移动天线附近，FM 信号的磁场强度为 $H_x=0.15\cos[3.12(3\times10^8t-y)]$ A/m；(b)在大型电力变压器内部的空气区域中的一点，其中 $\boldsymbol{B}=0.8\cos[1.257\times10^{-6}(3\times10^8t-x)]\boldsymbol{a}_y$ T；(c)在一个大型充油电力电容器中 $\varepsilon_r=5$，$\boldsymbol{E}=0.9\cos[1.257\times10^{-6}(3\times10^8t-z\sqrt{5})]\boldsymbol{a}_x$MV/m；(d)在 60 Hz 频率下的金属导体中，若 $\varepsilon=\varepsilon_0$，$\mu=\mu_0$，$\sigma=5.8\times10^7$ S/m，$\boldsymbol{J}=\sin(377t-117.1z)\boldsymbol{a}_x$ MA/m^2。

答案：0.468 A/m^2；0.800 A/m^2；0.0150 A/m^2；57.6 pA/m^2

9.3 微分形式的麦克斯韦方程组

我们已经得到了时变场中的麦克斯韦方程的两个方程，

$$\boxed{\nabla \times \boldsymbol{E} = -\frac{\partial \boldsymbol{B}}{\partial t}} \tag{9.20}$$

和

$$\boxed{\nabla \times \boldsymbol{H} = \boldsymbol{J} + \frac{\partial \boldsymbol{D}}{\partial t}} \tag{9.21}$$

其余的两个方程与非时变场中的方程相同：

$$\boxed{\nabla \cdot \boldsymbol{D} = \rho_v} \tag{9.22}$$

$$\boxed{\nabla \cdot \boldsymbol{B} = 0} \tag{9.23}$$

式(9.22)从本质上说明了电荷密度是电通量的源(或汇)。注意到我们绝不能说**全部**电通量都从电荷出发并终止于电荷，因为如果存在变化的磁场，微分形式的法拉第定律式(9.20)表明 $\boldsymbol{E}$($\boldsymbol{D}$ 也是一样的)是可能会有环量的。这样，电通量线有可能形成一个闭合的环路。然而，反过来这个结论仍然是成立的，即每单位库仑电荷必然有一个库仑的电通量由它发出。

式(9.23)再次表明了这样的事实，即“磁荷”或磁单极子是不存在的。我们发现磁通总是闭合的而不会从一个点源发出。

上面这 4 个方程构成了整个电磁场理论的基础。它们都是偏微分方程且使得电场和磁场相互联系了起来，并且将电场和磁场与产生它们的电荷和电荷密度源相联系起来。联系 $\boldsymbol{D}$ 和 $\boldsymbol{E}$ 的辅助方程

$$\boxed{\boldsymbol{D} = \varepsilon \boldsymbol{E}} \tag{9.24}$$

联系 $\boldsymbol{B}$ 和 $\boldsymbol{H}$ 的辅助方程

$$\boxed{\boldsymbol{B} = \mu \boldsymbol{H}} \tag{9.25}$$

定义的传导电流密度

$$\boxed{\boldsymbol{J} = \sigma \boldsymbol{E}} \tag{9.26}$$

利用体电荷密度 ρ_v 定义的运流电流密度，

$$\boxed{\boldsymbol{J} = \rho_v \boldsymbol{v}} \tag{9.27}$$

也都是在定义和联系出现在麦克斯韦方程中的量所需要的。

在上面并没有包括位函数 V 和 $\boldsymbol{A}$，因为它们并不是一定必须的，尽管非常有用。我们在本章末将对它们进行讨论。

如果我们使用的不是“理想化”材料，那么我们应该用如下包括了极化场和磁化场的关系式来代替式(9.24)和式(9.25)，

$$\boxed{\boldsymbol{D} = \varepsilon \boldsymbol{E} + \boldsymbol{P}} \tag{9.28}$$

$$\boxed{\boldsymbol{B} = \mu_0 (\boldsymbol{H} + \boldsymbol{M})} \tag{9.29}$$

对于线性材料，$\boldsymbol{P}$ 和 $\boldsymbol{E}$ 的关系为

$$\boldsymbol{P} = \chi_e \varepsilon_0 \boldsymbol{E} \tag{9.30}$$

$\boldsymbol{M}$ 和 $\boldsymbol{H}$ 的关系为

$$\boldsymbol{M} = \chi_m \boldsymbol{H} \tag{9.31}$$

最后，由于其具有基础的重要性，所以我们还应当将洛伦兹力方程包含进来，以每单位体

积力的微分形式可以写成

$$\boxed{\boldsymbol{f} = \rho_v(\boldsymbol{E} + \boldsymbol{v} \times \boldsymbol{B})} \tag{9.32}$$

在下面的几章中，我们将着重介绍麦克斯韦方程在求解几个简单问题中的应用。

练习 9.4 令 $\mu = 10^{-5}$ H/m，$\varepsilon = 4 \times 10^{-9}$ F/m，$\sigma = 0$，$\rho_v = 0$。求 k（包括单位）的值，使下列每一对场都满足麦克斯韦方程：(a) $\boldsymbol{D} = 6\boldsymbol{a}_x - 2y\boldsymbol{a}_y + 2z\boldsymbol{a}_z$ nC/m²，$\boldsymbol{H} = kx\boldsymbol{a}_x + 10y\boldsymbol{a}_y - 25z\boldsymbol{a}_z$ A/m；(b) $\boldsymbol{E} = (20y - kt)\boldsymbol{a}_x$ V/m，$\boldsymbol{H} = (y + 2 \times 10^6 t)\boldsymbol{a}_z$ A/m。

答案：15 A/m²；-2.5×10^8 V/(m · s)

9.4 积分形式的麦克斯韦方程组

由实验定律通常可以容易地归纳出麦克斯韦方程的积分形式。实验中必须处理的都是一些宏观物理量，因此得到的结果都是以积分关系式来表示的，而微分方程总是用于描述一个理论。让我们现在从 9.3 节中来总结出麦克斯韦方程的积分形式。

对式(9.20)两边求面积分并应用斯托克斯定理，我们得到法拉第定律

$$\boxed{\oint \boldsymbol{E} \cdot d\boldsymbol{L} = -\int_S \frac{\partial \boldsymbol{B}}{\partial t} \cdot d\boldsymbol{S}} \tag{9.33}$$

同理，由式(9.21)可以得到安培环路定律

$$\boxed{\oint \boldsymbol{H} \cdot d\boldsymbol{L} = I + \int_S \frac{\partial \boldsymbol{D}}{\partial t} \cdot d\boldsymbol{S}} \tag{9.34}$$

将式(9.22)和式(9.23)进行体积分，应用散度定理可以得到电场和磁场的高斯定律：

$$\boxed{\oint_S \boldsymbol{D} \cdot d\boldsymbol{S} = \int_{\text{vol}} \rho_v dv} \tag{9.35}$$

$$\boxed{\oint_S \boldsymbol{B} \cdot d\boldsymbol{S} = 0} \tag{9.36}$$

上述 4 个积分方程使我们能够得到 $\boldsymbol{B}$、$\boldsymbol{D}$、$\boldsymbol{H}$ 和 $\boldsymbol{E}$ 的边界条件，我们必须使用这些条件来计算在求偏微分形式的麦克斯韦方程解中出现的常数。一般说来，这些边界条件与静态或稳态场的边界条件是相同的，并且可以采用与静态或稳态场相同的方法得到这些边界条件。在任意两种实际的物理媒质之间（其中边界面上的 $\boldsymbol{K}$ 一定为零），采用式(9.33)可以使我们将电场的切向分量联系起来，

$$E_{t1} = E_{t2} \tag{9.37}$$

使用式(9.34)可以得到

$$H_{t1} = H_{t2} \tag{9.38}$$

使用面积分可以得到法向分量的边界条件：

$$D_{N1} - D_{N2} = \rho_S \tag{9.39}$$

和

$$B_{N1} = B_{N2} \tag{9.40}$$

常常希望通过假定一理想导体（σ 为无穷大，但 $\boldsymbol{J}$ 是有限值）来使一个实际问题理想化。

由欧姆定律知道，此时在理想导体中

$$\boldsymbol{E} = 0$$

以及在时变场中由法拉第定律的微分形式得到

$$\boldsymbol{H} = 0$$

那么，安培环路定律的微分形式表明 $\boldsymbol{J}$ 的有限值为

$$\boldsymbol{J} = 0$$

而且电流必须是以面电流 $\boldsymbol{K}$ 的形式在理想导体表面上流动。这样，如果媒质 2 为理想导体，那么式(9.37)到式(9.40)就分别变为

$$E_{t1} = 0 \tag{9.41}$$

$$H_{t1} = K \quad (\boldsymbol{H}_{t1} = \boldsymbol{K} \times \boldsymbol{a}_N) \tag{9.42}$$

$$D_{N1} = \rho_S \tag{9.43}$$

$$B_{N1} = 0 \tag{9.44}$$

这里 $\boldsymbol{a}_N$ 为理想导体表面的外法向方向。

应该注意到，无论对电介质、理想导体还是非理想导体面，电荷密度都被认为在物理上是可能的，但是面**电流**密度则只假定是出现在两种理想导体的连接处。

上述边界条件是麦克斯韦方程的一个十分必要的组成部分。所有实际的物理问题都有边界，都需要在两个或更多个区域中求麦克斯韦方程的解，以及在边界上匹配这些解。在理想导体情况下，麦克斯韦方程在导体内部的解是零解(所有的时变场均为零)，但是应用边界条件式(9.41)至式(9.44)却可能是非常困难的。

当在**无界**区域中求解麦克斯韦方程时，很显然将会用到波传播的某些基本特性。在第 11 章中将讨论这一问题。它实际上是麦克斯韦方程最简单的应用，因为它是不需要应用任何边界条件的惟一一个问题。

练习 9.5 单位矢量 $0.64\boldsymbol{a}_x + 0.6\boldsymbol{a}_y - 0.48\boldsymbol{a}_z$ 由区域 2 ($\epsilon_r = 2, \mu_r = 3, \sigma_2 = 0$)指向区域 1 ($\epsilon_{r1} = 4, \mu_{r1} = 2, \sigma_1 = 0$)。若在边界附近的区域 1 内点 P 处 $\boldsymbol{B}_1 = (\boldsymbol{a}_x - 2\boldsymbol{a}_y + 3\boldsymbol{a}_z)\sin 300t\,\mathrm{T}$，求下列各个量在 P 点处的大小：(a) $\boldsymbol{B}_{N1}$；(b) $\boldsymbol{B}_{t1}$；(c) $\boldsymbol{B}_{N2}$；(d) $\boldsymbol{B}_2$。

答案：2.00 T；3.16 T；2.00 T；5.15 T

练习 9.6 表面 $y = 0$ 是一个理想导体平面，在 $y > 0$ 的区域中有 $\epsilon_r = 5, \mu_r = 3, \sigma = 0$。令在 $y > 0$ 区域中 $\boldsymbol{E} = 20\cos(2 \times 10^8 t - 2.58z)\boldsymbol{a}_y$ V/m。在 $t = 6$ ns 时，求：(a) $P(2, 0, 0.3)$ 点处的 ρ_S；(b) P 点处的 $\boldsymbol{H}$；(c) P 点处的 $\boldsymbol{K}$。

答案：0.81 nC/m²；$-62.3\boldsymbol{a}_x$ mA/m；$-62.3\boldsymbol{a}_z$ mA/m

9.5 推迟位

我们通常把随时间变化的位函数称之为推迟位，稍后我们将会看到这样命名的原因。推迟位的最大应用(将在第 14 章中介绍)是求源分布近似已知辐射问题的解。我们应该记得标量电位 V 可以由静电荷分布来表示，

$$V = \int_{\mathrm{vol}} \frac{\rho_v \, dv}{4\pi\epsilon R} \quad (\text{静态}) \tag{9.45}$$

以及可以由一个恒定电流分布来得到磁矢量位

$$\boldsymbol{A}=\int_{\mathrm{vol}}\frac{\mu\boldsymbol{J}\,\mathrm{d}v}{4\pi R}\quad（直流）\tag{9.46}$$

Animations

标量电位 V 满足的微分方程

$$\nabla^2V=-\frac{\rho_v}{\varepsilon}\quad（静态）\tag{9.47}$$

和磁矢量位 $\boldsymbol{A}$ 满足的微分方程

$$\nabla^2\boldsymbol{A}=-\mu\boldsymbol{J}\quad（直流）\tag{9.48}$$

都可以分别看做是积分方程式(9.45)和式(9.46)的微分形式。

在求得 V 和 $\boldsymbol{A}$ 之后，基本的电磁场量就可以简单地使用梯度，

$$\boldsymbol{E}=-\nabla V\quad（静态）\tag{9.49}$$

或旋度

$$\boldsymbol{B}=\nabla\times\boldsymbol{A}\quad（直流）\tag{9.50}$$

求得。

我们现在希望定义合适的时变位函数，它在仅涉及到静电荷和直流电流时与上述表达式一致。

显而易见，式(9.50)仍然与麦克斯韦方程是相一致的。麦克斯韦方程表明 $\nabla\cdot\boldsymbol{B}=0$，而式(9.50)的散度是一个旋度的散度，其值恒等于零。因此，我们暂且认为式(9.50)是适用于时变场的，现在来考虑式(9.49)。

容易看出式(9.49)在时变电磁场中是不成立的，因为对其两边取旋度，而梯度的旋度恒等于零，这样 $\nabla\times\boldsymbol{E}=0$。然而，法拉第定律的微分形式却表明 $\nabla\times\boldsymbol{E}$ 一般不等于零，这样让我们试着在式(9.49)中加上一个未知项对其加以改进，

$$\boldsymbol{E}=-\nabla V+\boldsymbol{N}$$

对上式取旋度，

$$\nabla\times\boldsymbol{E}=0+\nabla\times\boldsymbol{N}$$

利用微分形式的法拉第定律，

$$\nabla\times\boldsymbol{N}=-\frac{\partial\boldsymbol{B}}{\partial t}$$

再应用式(9.50)，我们可以得到

$$\nabla\times\boldsymbol{N}=-\frac{\partial}{\partial t}(\nabla\times\boldsymbol{A})$$

或

$$\nabla\times\boldsymbol{N}=-\nabla\times\frac{\partial\boldsymbol{A}}{\partial t}$$

上面这个方程最简单的解为

$$\boldsymbol{N}=-\frac{\partial\boldsymbol{A}}{\partial t}$$

由此得到

$$\boxed{\boldsymbol{E}=-\nabla V-\frac{\partial\boldsymbol{A}}{\partial t}}\tag{9.51}$$

我们仍然需要检验式(9.50)和式(9.51)，将它们代入麦克斯韦方程的其余两个方程中：

$$\nabla \times \boldsymbol{H} = \boldsymbol{J} + \frac{\partial \boldsymbol{D}}{\partial t}$$

$$\nabla \cdot \boldsymbol{D} = \rho_v$$

这样，我们得到以下更复杂的表达式

$$\frac{1}{\mu} \nabla \times \nabla \times \boldsymbol{A} = \boldsymbol{J} + \varepsilon\left(-\nabla \frac{\partial V}{\partial t} - \frac{\partial^2 \boldsymbol{A}}{\partial t^2}\right)$$

$$\varepsilon\left(-\nabla \cdot \nabla V - \frac{\partial}{\partial t} \nabla \cdot \boldsymbol{A}\right) = \rho_v$$

$$\nabla (\nabla \cdot \boldsymbol{A}) - \nabla^2 \boldsymbol{A} = \mu \boldsymbol{J} - \mu\varepsilon \left(\nabla \frac{\partial V}{\partial t} + \frac{\partial^2 \boldsymbol{A}}{\partial t^2}\right) \tag{9.52}$$

$$\nabla^2 V + \frac{\partial}{\partial t}(\nabla \cdot \boldsymbol{A}) = -\frac{\rho_v}{\varepsilon} \tag{9.53}$$

在式(9.52)和式(9.53)之间不存在明显的不一致性。在静态或直流条件下 $\nabla \cdot \boldsymbol{A}=0$，则式(9.52)和式(9.53)分别简化成式(9.48)和式(9.47)。因此，我们将假定按照这样的方法来定义推迟位，使得可以利用式(9.50)和式(9.51)由它们求得 $\boldsymbol{B}$ 和 $\boldsymbol{E}$。然而，式(9.50)和式(9.51)不能**完全**地确定 $\boldsymbol{A}$ 和 V。它们只是求解 $\boldsymbol{A}$ 和 V 的必要条件，而不是充分条件。我们在最初只是假定了 $\boldsymbol{B}=\nabla \times \boldsymbol{A}$，但只给出其旋度是不可能确定一个矢量的。例如，有一个 A_y 和 A_z 分量均为零的简单矢量位场。展开式(9.50)可得

$$B_x = 0$$

$$B_y = \frac{\partial A_x}{\partial z}$$

$$B_z = -\frac{\partial A}{\partial y}$$

我们看到没有 A_x 如何随 x 变化的可用信息。如果也知道矢量 $\boldsymbol{A}$ 的散度，那么我们就可能找到这一信息，在现在的例子中有

$$\nabla \cdot \boldsymbol{A} = \frac{\partial A_x}{\partial x}$$

最后，我们应该注意在这里 $\boldsymbol{A}$ 的信息仅仅是以偏微分形式给出的，因此可以附加上一个在空间中为常数的项。在求解区域扩展到无限大的所有物理问题时，这个常数项为零，因为在无限远处没有场。

由这个简单例子概括出，我们可以说若要完全确定一个矢量场，必须同时给定其旋度和散度在场域中任意一点的值(包括无穷远处)。因此，我们可以任意地规定 $\boldsymbol{A}$ 的散度，这样就应该注意观察式(9.52)和式(9.53)以便寻找到最简单的表达式。我们现在定义

$$\nabla \cdot \boldsymbol{A} = -\mu\varepsilon \frac{\partial V}{\partial t} \tag{9.54}$$

则式(9.52)和式(9.53)变成为

$$\nabla^2 \boldsymbol{A} = -\mu \boldsymbol{J} + \mu\varepsilon \frac{\partial^2 \boldsymbol{A}}{\partial t^2} \tag{9.55}$$

和

$$\nabla^2 V = -\frac{\rho_v}{\varepsilon} + \mu\varepsilon \frac{\partial^2 V}{\partial t^2} \tag{9.56}$$

这些方程与在第 10 章和第 11 章中将要讨论的波动方程是相关的。它们显示出了值得重

视的对称性，我们应该对 V 和 $\boldsymbol{A}$ 的定义感到十分满意，

$$\boldsymbol{B} = \nabla \times \boldsymbol{A} \tag{9.50}$$

$$\nabla \cdot \boldsymbol{A} = -\mu\varepsilon \frac{\partial V}{\partial t} \tag{9.54}$$

$$\boldsymbol{E} = -\nabla V - \frac{\partial \boldsymbol{A}}{\partial t} \tag{9.51}$$

对于时变位函数来说，可以从定义式(9.50)、式(9.51)和式(9.54)中得出式(9.45)和式(9.46)的等价积分式，但是在此我们仅给出最终的结果，并指出其一般性质。在第12章中，我们会发现任何电磁扰动都以速度

$$v = \frac{1}{\sqrt{\mu\varepsilon}}$$

在参数为 μ 和 ε 的均匀媒质中传播。在自由空间中，这个速度就是光速，其近似值为 3×10^8 m/s。这样，我们必然会猜想到在某点的位值不是由另一点处电荷密度在同一时刻的值所确定的，而是由电荷密度在前一时刻的值确定的，因为电荷密度所产生的效应是以一有限速度传播的。这样，式(9.45)就变成为

$$\boxed{V = \int_{\text{vol}} \frac{[\rho_v]}{4\pi\varepsilon R} \mathrm{d}v} \tag{9.57}$$

这里，用 $[\rho_v]$ 表示在 ρ_v 表达式中的每个 t 都已经被延迟的时间

$$t' = t - \frac{R}{v}$$

代替了。

这样，若由下式给定在整个空间中的电荷密度，

$$\rho_v = \mathrm{e}^{-r}\cos\omega t$$

此时

$$[\rho_v] = \mathrm{e}^{-r}\cos\left[\omega\left(t - \frac{R}{v}\right)\right]$$

在上式中，R 为所考虑的电荷元与待求位函数的场点之间的距离。

推迟磁矢量位的表达式为

$$\boxed{\boldsymbol{A} = \int_{\text{vol}} \frac{\mu[\boldsymbol{J}]}{4\pi R} \mathrm{d}v} \tag{9.58}$$

由于使用了延迟时间，所以才把时变位函数命名为推迟位。在第14章中，我们将把式(9.58)应用于一个随时间正弦变化电流元的简单情形中。在本章最后的几个习题中，会涉及到式(9.58)的其它一些简单应用。

我们可以总结一下位函数的应用，如果知道了在整个空间中 ρ_v 和 $\boldsymbol{J}$ 的分布，那么我们利用式(9.57)和式(9.58)就可以从理论上确定 V 和 $\boldsymbol{A}$。然后，通过式(9.50)和式(9.51)即可求得电场和磁场。如果电荷和电流分布是未知的，或者对它们不可能做出合理的近似，那么直接应用麦克斯韦方程通常要比通过这些位函数来求解场容易些。

练习 9.7 在自由空间中，一点电荷 $4\cos10^8\pi t\ \mu$C 位于点 $P_+(0,\ 0,\ 1.5)$处，另一点电荷 $-4\cos10^8\pi t\ \mu$C位于点 $P_-(0,\ 0,\ -1.5)$处。在 $t=15$ ns 时，求点 $P(r=450,\ \theta,\ \phi=0)$处的 V，其中 θ 分别等于：(a)0；(b)90°；(c)45°时。

答案：159.8 V；0；143 V

参考文献

1. Bewley, L. V. *Flux Linkages and Electromagnetic Induction*. New York: Macmillan, 1952. 这本书讨论了很多涉及感应电压的荒谬例子。
2. Faraday, M. *Experimental Researches in Electricity*. London: B. Quaritch, 1839, 1855. 很有趣味的早期科学研究读物。一个更近代的可能出处是 *Great Books of the Western World*, vol. 45, Encyclopaedia Britannica, Inc., Chicago, 1952。
3. Halliday, D., R. Resnick, and J. Walker. *Fundamentals of Physics*. 5th ed. New York: John Wiley & Sons, 1997. 该教材广泛用于大学物理课程中。
4. Harman, W. W. *Fundamentals of Electronic Motion*. New York: McGraw-Hill, 1953. 该书采用清晰有趣的方式讨论了相对论效应。
5. Nussbaum, A. *Electromagnetic Theory for Engineers and Scientists*. Englewood Cliffs, N.J.: Prentice-Hall, 1965. 见自 211 页起的火箭发生器例子。
6. Owen, G. E. *Electromagnetic Theory*. Boston: Allyn and Bacon, 1963. 在第 8 章中，应用参照系讨论了法拉第定律。
7. Panofsky, W. K. H., and M. Phillips. *Classical Electricity and Magnetism*. 2d ed. Reading, Mass.: Addison-Wesley, 1962. 在第 15 章中，以中高级水平讨论了相对论。

习题 9

WWW Animations

9.1　在图 9.4 中，令 $B=0.2\cos(120\pi t)$ T，并设连接电阻两端的导体是理想导体，且电流 $I(t)$ 产生的磁场可以忽略不计。求：(a) $V_{ab}(t)$；(b) $I(t)$。

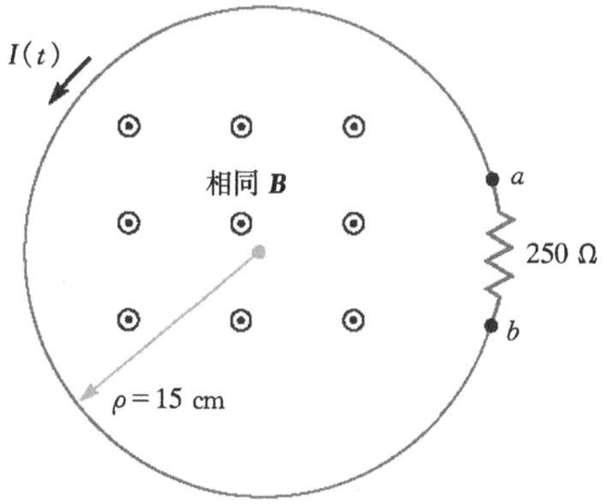

图 9.4　习题 9.1 图示

9.2　在图 9.1 所示的例子中，用时变磁感应强度 $\boldsymbol{B}=B_0\sin\omega t\,\boldsymbol{a}_z$ 代替恒定磁感应强度。假设 U 为常数，在 $t=0$ 时棒的位移 y 等于 0。求任意时刻 t 的电动势。

9.3　给定在自由空间中的磁场为 $\boldsymbol{H}=300\boldsymbol{a}_z\cos(3\times10^8 t-y)$ A/m，求在下列情况下沿闭合路径 $\boldsymbol{a}_\phi$ 方向上的电动势，各个闭合路径的顶点为(a)(0,0,0)，(1,0,0)，(1,1,0)，(0,1,0)；

(b)(0,0,0),(2π,0,0),(2π,2π,0),(0,2π,0)。

9.4 一个接入高阻电压表的矩形回路线,其起始拐角点($a/2$, $b/2$, 0),($-a/2$, $b/2$, 0),($-a/2$, $-b/2$, 0)和($a/2$, $-b/2$, 0)。这个回路围绕 x 轴以恒定角速度 ω 旋转,在 $t=0$ 时,第一命名的拐角点沿 a_z 方向移动。假设均匀的磁通密度为 $\overline{B}=B_0\overline{a}_z$,求在旋转回路中的感应电动热并说明其电流方向。

9.5 在图 9.5 中滑动棒的位置由 $x = 5t + 2t^3$ 给定,两条滑轨之间的间距为 20 cm。令 $\boldsymbol{B} = 0.8x^2\boldsymbol{a}_z\,T$。求下列情况下伏特表的读数:(a)$t = 0.4$ s;(b) $x = 0.6$ m。

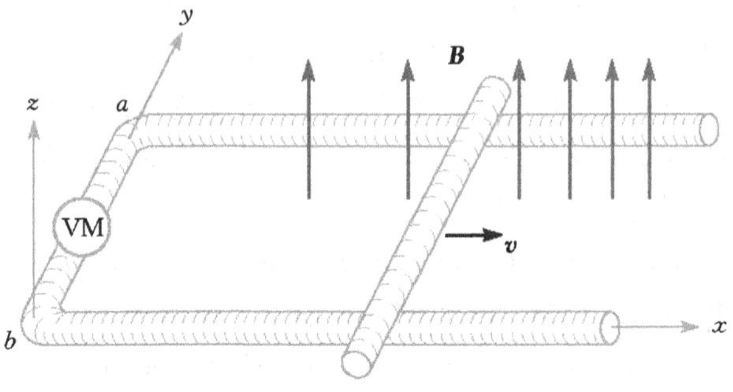

图 9.5 习题 9.5 图示

9.6 假设习题 9.4 中的导体回路固定在 $t=0$ 时刻的位置保持不动,已知 $\boldsymbol{B}(y,t)=B_0\cos(\omega t-\beta y)\boldsymbol{a}_z$,其中 ω 和 β 为常数,求由磁通密度变化引起的感应电动势。

9.7 图 9.6 中每条轨道的电阻都为 2.2 Ω/m。滑动棒以恒定速度 9 m/s 在 0.8T 的均匀磁场中向右移动。若滑动棒在 $t=0$ 时位于 $x=2$ m 处,对于下列情况,求在 $0<t<1$s 时的 $I(t)$:(a)轨道左端接一个 0.3 Ω 的电阻,右端开路;(b)轨道两端都接有一个 0.3 Ω 电阻。

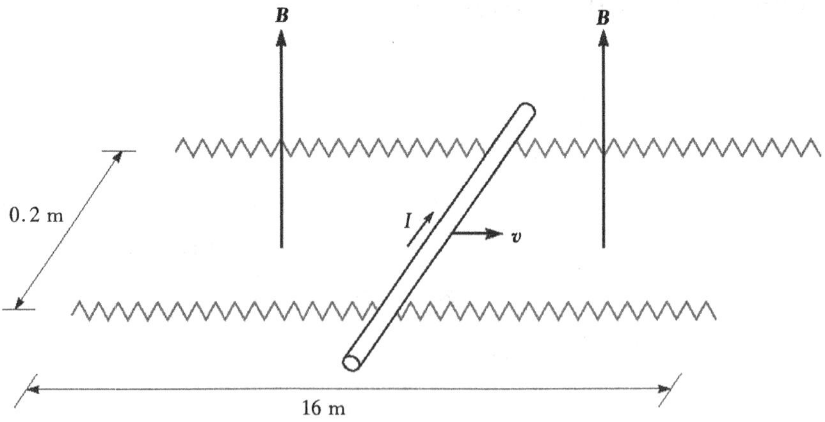

图 9.6 习题 9.7 图示

9.8 一个由理想导体细线构成的圆环的半径为 a。在圆环电路中的某一点,接入电阻 R,在另一点,接入电压为 V_0 的电池。假设由回路电流自身产生的磁场可以忽略不计。(a)试分别计算法拉第定律公式 9.4 两边的积分,并证明它们是相等的;(b)假设移走电池,回路再次闭合,在垂直于回路平面的方向上施加一个磁通密度 $\boldsymbol{B}$ 随时间线性增长的磁场,重复求(a)。

9.9 一个正方形细导线回路边长为 25 cm，每米长度上的电阻为 125 Ω。该回路位于$z=0$平面内，在$t=0$时回路的 4 个顶点分别位于(0,0,0)、(0.25,0,0)、(0.25,0.25,0)和(0,0.25,0)。回路在磁场 $B_z=8\cos(1.5\times10^8 t-0.5x)\mu\mathrm{T}$ 中以速度 $v_y=50$ m/s 运动。试推导出传输给回路的欧姆损耗功率的时间函数表达式。

9.10 (a)对于外施场 $E=E_m\cos\omega t$，证明传导电流密度与位移电流密度大小之比为$\sigma/\omega\varepsilon$。在这里假定 $\mu=\mu_0$。(b)若 $E=E_m e^{-t/\tau}$，其中 τ 为实数，则上述比值又为多少？

9.11 一同轴电容器的尺寸为 $a=1.2$ cm，$b=4$ cm，$l=40$ cm。电容器内部均匀材料的参数为 $\varepsilon=10^{-11}$ F/m，$\mu=10^{-5}$ H/m，$\sigma=10^{-5}$ S/m。若电场强度为 $\boldsymbol{E}=(10^6/\rho)\cos10^5 t\boldsymbol{a}_\rho$ V/m，求：(a)$\boldsymbol{J}$；(b)流经电容器中的总传导电流 I_c；(c)电容器中流过的总位移电流 I_d；(d)I_d 与 I_c 大小的比值，这就是电容器的品质因数。

9.12 求磁场为 $\boldsymbol{H}=A\sin(4x)\cos(\omega t-\beta z)\boldsymbol{a}_x+A_2\cos(4x)\sin(\omega t-\beta z)\boldsymbol{a}z$ 的位移电流密度。

9.13 考虑由$|x|$、$|y|$和$|z|<1$ 所定义的区域。令其中的 $\varepsilon_r=5$，$\mu_r=4$，$\sigma=0$。若 $J_d=20\cos(1.5\times10^8 t-bx)\boldsymbol{a}_y\ \mu\mathrm{A/m^2}$：(a)求 $\boldsymbol{D}$ 和 $\boldsymbol{E}$；(b)利用法拉第定律的微分形式和关于时间的积分，求 $\boldsymbol{B}$ 和 $\boldsymbol{H}$；(c)利用$\nabla\times\boldsymbol{H}=\boldsymbol{J}_d+\boldsymbol{J}$ 求 $\boldsymbol{J}_d$；(d)问 b 的值为多少？

9.14 一电压源 $V_0\sin\omega t$ 连接于两个同心导体球壳$r=a$ 和$r=b$ 之间($b>a$)，同心导体球壳间的材料参数为 $\varepsilon=\varepsilon_r\varepsilon_0$，$\mu=\mu_0$，$\sigma=0$。求在介质中的总位移电流，并将它与由电容(6.4节)和电路分析方法所确定出的源电流做一比较。

9.15 在全部区域中取 $\mu=3\times10^{-5}$ H/m，$\varepsilon=1.2\times10^{-10}$ F/m，$\sigma=0$。若 $\boldsymbol{H}=2\cos(10^{10}t-\beta x)\boldsymbol{a}_z$ A/m，应用麦克斯韦方程求解 $\boldsymbol{B}$，$\boldsymbol{D}$，$\boldsymbol{E}$ 和β 的表达式。

9.16 从麦克斯韦方程中推导出连续性方程。

9.17 在自由空间中，给定区域 $0<x<5$，$0<y<\pi/12$，$0<z<0.06$m 内的电场强度为 $\boldsymbol{E}=C\sin(12y)\sin(az)\cos(2\times10^{10}t)\boldsymbol{a}_x$ V/m。已知 $a>0$，从$\nabla\times\boldsymbol{E}$ 出发，应用麦克斯韦方程求 a 的值。

9.18 图 9.7 中所示平板传输线的几何尺寸为 $b=4$ cm 和 $d=8$ mm，而在两平板间介质的参数为 $\mu_r=1$，$\varepsilon_r=20$，$\sigma=0$，忽略在介质外部的场。已知 $\boldsymbol{H}=5\cos(10^9 t-\beta z)\boldsymbol{a}_y$ A/m，应用麦克斯韦方程求：(a)β，若$\beta>0$；(b)在$z=0$处的位移电流密度；(c)沿 $\boldsymbol{a}_x$ 方向穿过平面 $x=0.5d$，$0<y<b$，$0<z<0.1$m的总位移电流。

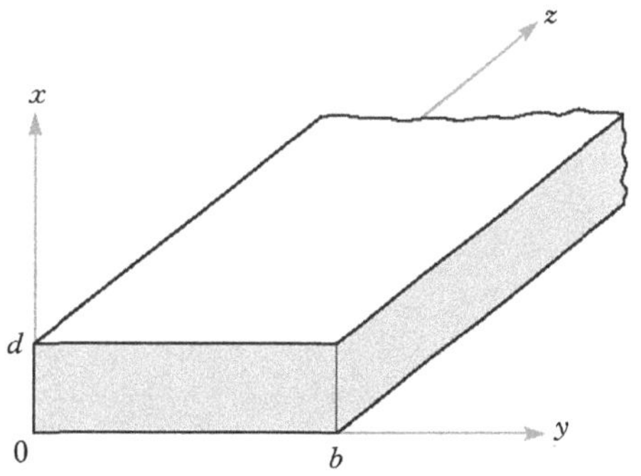

图 9.7　习题 9.18 图示

9.19 在 9.1 节中，法拉第定律曾经被用于证明场 $\boldsymbol{E}=-\frac{1}{2}kB_0e^{kt}\rho\boldsymbol{a}_\phi$ 是由变化的磁场 $\boldsymbol{B}=B_0e^{kt}\boldsymbol{a}_z$ 所产生的。(a)证明这些场不满足麦克斯韦方程中的另一个旋度方程；(b)若令 $B_0=1$T 和 $k=10^6\mathrm{s^{-1}}$，则我们在 1μs 时间内就可以建立一个相当大的磁通密度。在自由空间中，应用方程$\nabla\times\boldsymbol{H}$ 证明 B_z 随ρ 变化的速率在$t=0$时应当(但实际上并不是)仅约为 5×10^{-6} T/m。

9.20 已知麦克斯韦方程的微分形式，假设所有场均按照 e^{st} 的形式变化，写出不显含时间的方程。

9.21 (a)证明在静态场条件下，式(9.55)变成为安培环路定律；(b)检验当对式(10.51)取旋度时，它将变为法拉第定律。

9.22 在 $\boldsymbol{J}=0$ 和 $\rho_v=0$ 的无源媒质中，假设在直角坐标系中 $\boldsymbol{E}$ 和 $\boldsymbol{H}$ 都仅为 z 和 t 的函数。媒质的介电常数为 ε，磁导率为 μ。(a)若 $\boldsymbol{E}=E_x\boldsymbol{a}_x$ 和 $\boldsymbol{H}=H_y\boldsymbol{a}_y$，从麦克斯韦方程出发，确定 E_x 满足的二阶偏微分方程；(b)证明对于特定的 β 值，$E_x=E_0\cos(\omega t-\beta z)$ 是该方程的一个解；(c)求出 β 与给定媒质参数之间的函数关系。

9.23 在 $z<0$ 的区域 1 中，$\varepsilon_1=2\times10^{-11}\,\text{F/m}$，$\mu_1=2\times10^{-6}\,\text{H/m}$，$\sigma_1=4\times10^{-3}\,\text{S/m}$；在 $z>0$ 的区域 2 中，$\varepsilon_2=\varepsilon_1/2$，$\mu_2=2\mu_1$，$\sigma_2=\sigma_1/4$。已知在点 $P(0,0,0^-)$ 处有 $\boldsymbol{E}_1=(30\boldsymbol{a}_x+20\boldsymbol{a}_y+10\boldsymbol{a}_z)\cos10^9t\,\text{V/m}$。(a)求在点 P_1 处的 $\boldsymbol{E}_{N1}$、$\boldsymbol{E}_{t1}$、$\boldsymbol{D}_{N1}$ 和 $\boldsymbol{D}_{t1}$；(b)求在点 P_1 处的 $\boldsymbol{J}_{N1}$ 和 $\boldsymbol{J}_{t1}$；(c)求在点 $P_2(0,0,0^+)$ 处的 $\boldsymbol{E}_{t2}$、$\boldsymbol{D}_{t2}$ 和 $\boldsymbol{J}_{t2}$；(d)(比较难)先应用连续性方程证明 $J_{N1}-J_{N2}=\partial D_{N2}/\partial t-\partial D_{N1}/\partial t$，然后确定 $\boldsymbol{D}_{N2}$、$\boldsymbol{J}_{N2}$ 和 $\boldsymbol{E}_{N2}$。

9.24 已知磁矢量位为 $A=A_0\cos(\omega t-kz)\boldsymbol{a}_y$。(a)假设有尽可能多的分量都等于 0，求 $\boldsymbol{H}$、$\boldsymbol{E}$ 和 V。(b)求 k 与 A_0 和 ω 之间的函数关系，无损耗介质的介电常数和磁导率为常数 ε 和 μ。

9.25 在某一区域中有 $\mu_r=\varepsilon_r=1$ 和 $\sigma=0$，给定推迟位函数为 $V=x(z-ct)\,\text{V}$ 和 $\boldsymbol{A}=x(\frac{z}{c}-t)\boldsymbol{a}_z\,\text{Wb/m}$，其中 $c=1\ \sqrt{\mu_0\varepsilon_0}$。(a)证明 $\nabla\cdot\boldsymbol{A}=-\mu\varepsilon\dfrac{\partial V}{\partial t}$；(b)求 $\boldsymbol{B}$、$\boldsymbol{H}$、$\boldsymbol{E}$ 和 $\boldsymbol{D}$；(c)证明如果 $\boldsymbol{J}$ 和 ρ_v 均为零时，这些结果满足麦克斯韦方程。

9.26 当 $\boldsymbol{J}$ 和 ρ_v 均为零时，以无源介质中的 $\boldsymbol{E}$ 和 $\boldsymbol{H}$ 为变量，写出麦克斯韦方程的微分形式。若用 ε 代替 μ，μ 代替 ε，$\boldsymbol{E}$ 代替 $\boldsymbol{H}$，$\boldsymbol{H}$ 代替 $-\boldsymbol{E}$，证明方程的形式不变。这就是电路理论中对偶原理的一个更普遍的表达形式。

第10章

传输线

传输线用于将电能或信号从一点传输至另一点，特别是从电源传输至负载。例如，传输线用于发射机和天线之间的连接、网络中的计算机之间的连接或水利发电厂和几百公里外的变电站之间的连接。其它一些熟悉的例子还有立体声系统组件之间的互连以及电缆服务供应器与电视之间的连接。另外一些不太熟悉的例子有在高频条件下工作的电路板上各个器件之间的连接。

上述这些例子有一个共同的特点，就是各个被连接器件之间的距离为一个波长数量级或更大，而在基本的电路分析方法中，却假设元件之间连接传输线的长度可以忽略不计。例如，在后面的这种假设条件下，我们可以想当然地认为电路一端处电阻的端电压的相位与另一端处电压源电压的相位是相同的，或者更一般地说，认为在电源处所测得的时间与电路中任意处测得的时间是相同的。当电源和接收器之间的距离足够大时，时间延迟效应就会变成大得可以觉察到，导致由延迟所产生的相位差。简而言之，我们将采用与讨论在自由空间中或电介质中点与点之间能量传播的相似方法，来论述在传输线中的波现象。

如果在各个元件上的传输时间延迟可以忽略不计，那么电路中的电阻、电容、电感这几种基本元件以及连接它们的导线都可以看成是集总参数元件。相反地，如果这些元件或它们之间的连接尺寸是足够大，则有必要将这些元件看成是分布参数元件。这就意味着这些元件的电阻、电容以及电感参数都必须按每单位长度来计算。一般说来，传输线也具有这样的特征，因此传输线本身也就变成了电路元件，对电路问题具有阻抗的作用。我们的基本原则是，如果在元件上的传播时间延迟与所感兴趣的最短时间间隔具有同一个数量级，那么就必须将元件看做是分布参数元件。在正弦时变情况下，这个条件会导致器件的每个端子之间有着明显的相位差。

在这一章中，我们将研究在传输线中的波现象。包括以下内容：(1) 理解如何将传输线作为一种具有复阻抗的电路元件来处理，其阻抗是传输线长度和频率的函数；(2) 理解在传输线中的波传播特性，包括波在有损耗传输线中的传播特性；(3) 掌握采用各种不同的传输线来实现所希望设计目标的方法；(4) 理解在传输线中的暂态现象。■

10.1 传输线中波传播的物理描述

为了感受一下波在传输线中传播的方式，下面的演示将会是很有帮助的。考虑在图 10.1 中所示的无损耗传输线。由于无损耗，所以我们认为发送给传输线输入端的全部功率最终都被传送到传输线的输出端。在 $t=0$ 时刻，闭合开关 S_1 将电压为 V_0 的电池连接至传输线的输入端。在开关刚闭合时，其作用是发射电压，有 $V^+=V_0$。这个电压 V_0 不可能在一瞬间就会出现在传输线上的各点处，而是以某一确定的速度从电池端向负载电阻端传播。图 10.1 中用垂直虚线所示的波前面代表了在某一瞬时电压已经充至 V_0 的一段传输线与还未被充电的其余一段传输线之间的边界。波前面也代表了已有电流 I^+ 流过的部分传输线与尚未有电流流过的其余部分传输线之间的边界。总之，电流和电压在穿过波前面时是不连续的。

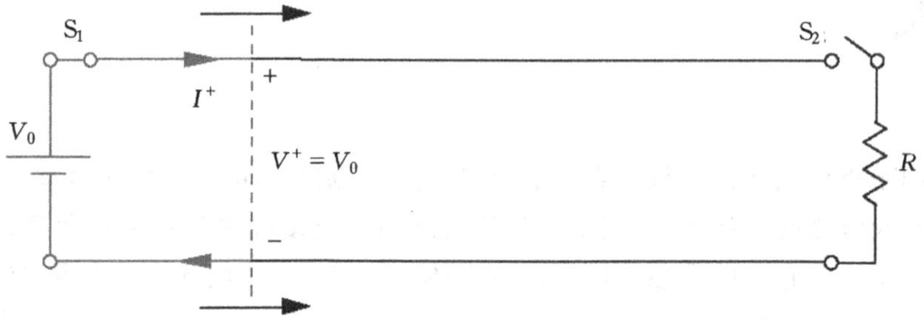

图 10.1 基本传输线电路，闭合开关 S_1 时的电压波和电流波

随着传输线充电，波前面以速度 v(在后面将会给出 v 的大小)从左向右前进。当波前面到达终端时，电压波和电流波的全部或部分将会产生反射，反射的大小依赖于传输线终端的连接特性。例如，如果连接在终端的电阻被断开(开关 S_2 打开)，那么波前电压将会被全部地反射回去。如果连接在终端的电阻被接入，那么只有部分入射电压将被反射回去。在 10.9 节中，我们将对此做详细的介绍。我们现在感兴趣的是哪些因素决定着波速的大小。理解和定量化这一结果的关键是，应该注意到传输线在每单位长度上分布有电容和电感。在第 6 章和第 8 章中，我们已经得到了几种结构传输线的电容和电感的表达式，并计算了它们的值。在了解了这些传输线的特性之后，我们就可以利用集总电容和集总电感来建立给定传输线的模型，如图 10.2 所示。把这样形成的梯形网络称为脉冲发生网络，稍后就会明白其命名的原因。①

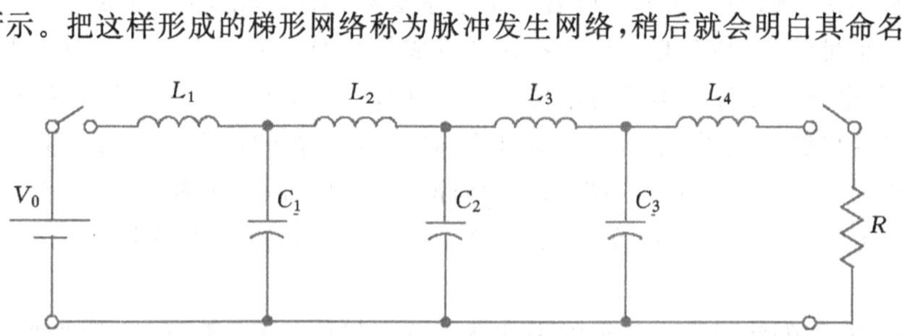

图 10.2 传输线的集总参数元件模型。所有电感值都相同，电容值也都相同

① 脉冲发生网络的设计和应用见章末参考文献 1 的讨论。

当将开关闭合使得相同的电压源接入网络时，现在考虑会出现什么现象。如图 10.2 所示，开关闭合使电池接通时，L_1 中的电流开始增大，并使 C_1 开始充电。当 C_1 充电完成后，L_2 中的电流开始增大，接着是 C_2 开始充电。这种逐次向前的充电过程将沿着网络继续下去，直到全部三个电容都完成充电为止。在这个网络中，可以确定出“波前面”的位置处于两个相邻电容之间的某一点，在该点处这两个电容器的充电水平相差最大。随着充电过程的继续，波前面从左向右不断地前进。波前面的前进速度不仅取决于每个电感电流达到其最大值的速度，同时也取决于每个电容电压达到其最大值的速度。如果 L_i 和 C_i 的值都比较小，波前进的速度就比较快。因此，我们认为波速与由电感和电容乘积所确定的某一函数是成反比的。在无损耗传输线中，已经证明(在后面将证明)了波速是由 $v=1/\sqrt{LC}$ 给出的，其中 L 和 C 为传输线每单位长度上的电感和电容。

当开始充电时，无论是在传输线中还是在电路中都会有类似的行为发生。在如图 10.2 所示的情况下，电池保持接通，电阻(通过开关)被接在输出端。对于梯形网络来说，最靠近电阻的电容 C_3 首先通过电阻放电，然后是 C_2 放电，以此类推。当网络放电全部完成时，在电阻的两端会形成一个电压脉冲，这样我们就明白了为什么把梯形网络称为脉冲发生网络。当将一个电阻接在输出端时，在一个已经充好电的传输线中也会有同样的放电过程发生。以上所讨论的开关电压问题都是关于传输线暂态问题的例子。在 10.4 节中将详尽地讨论暂态现象。在一开始，重点是讨论传输线对正弦信号的响应。

最后，我们推测到存在于传输线导体之间的电压和导体中的电流暗示着在导体周围的空间中有电场和磁场的分布。因而，有两种可能的方法可以用来分析传输线：(1) 求解传输线满足的麦克斯韦方程来得到电场和磁场，并且利这些场量去求出波的功率、波速和所感兴趣的其它参数的一般表达式；(2) 采用适当的电路模型来求解电压和电流，以避免求解场的问题。在本章中，我们将采用第二种方法；场的理论仅用于计算电感和电容参数。然而，当计及传输线的损耗特性或分析传输线工作在高频条件下的复杂波行为(如模式)时，我们会发现采用电路模型会变得不方便，甚至无用。有损传输线问题将在 10.5 节中专门讨论。模式现象将在第 13 章中讨论。

10.2　传输线方程

我们的第一个目标就是获得在均匀传输线上电压或电流满足的微分方程，即波方程。为了做到这一点，我们首先要建立传输线上的一段增量长度的电路模型，然后写出两个电路方程，由此得到波方程。

我们的电路模型包括传输线的原参数。这些原参数包括电感 L、电容 C、并联电导 G 和串联电阻 R，所有这些参数的值都是以每单位长度来计算的。并联电导是用来模拟在沿线电介质中流过的漏电流；在这里假定了电介质的电导率为 σ_d，介电常数为 ϵ_r，其中 ϵ_r 将影响电容的值。串联电阻与导体中的有限电导率值 σ_c 有关。后面两个参数电阻和电导决定着在传输中的损耗功率。一般来讲，它们两者都是频率的函数。若知道了频率和传输线的尺寸，我们就可以应用在前面几章中得到的公式来确定传输线的参数 R、G、L 和 C 的值。

假定传播方向沿 $\mathbf{a}_z$ 方向。我们的模型由长度为 Δz 的一段传输线所组成，其电阻、电感、电导和电容分别为 $R\Delta z$、$L\Delta z$、$G\Delta z$ 和 $C\Delta z$，如图 10.3 所示。由于无论从哪一端来看这一段传输线都是相同的，所以我们将串联元件分成两个相等的部分，使其形成一个对称电路。在每一端都均等地放置一半电导和一半电容。

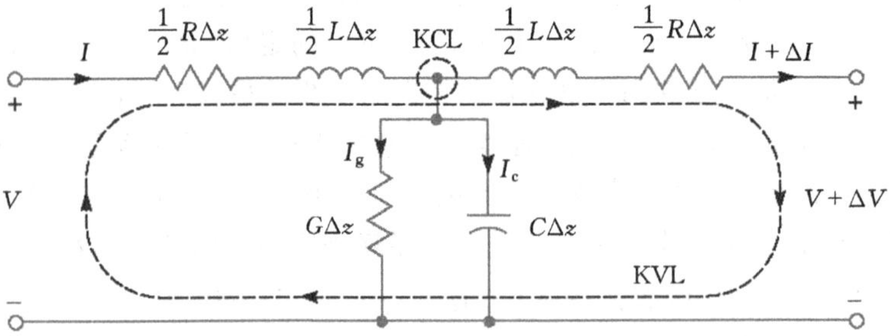

图 10.3　一段无损耗传输线的集总参数元件模型。线段长度为 Δz。对图中所示回路和结点分别应用基尔霍夫电压定律和基尔霍夫电流定律(KVL 和 KCL)

我们的目的是确定在传输线长度趋于一个很小值的极限情况时，输出电压和电流由其输入值变化的方式和范围。因而，我们还将获得一组微分方程来描述电压和电流随 z 的变化率。在图 10.3 中，输出电压与输入电压和输出电流与输入电流分别相差 ΔV 和 ΔI，它们是需要在后面来确定的。分别应用基尔霍夫电压定律(KVL)和基尔霍夫电流定律(KCL)可以得到下面两个方程。

首先，对包含整个线段长度的回路应用基尔霍夫电压定律，如图 10.3 所示：

$$V=\frac{1}{2}RI\Delta z+\frac{1}{2}L\frac{\partial I}{\partial t}\Delta z+\frac{1}{2}L\left(\frac{\partial I}{\partial t}+\frac{\partial \Delta I}{\partial t}\right)\Delta z+\frac{1}{2}R(I+\Delta I)\Delta z+(V+\Delta V) \tag{10.1}$$

求解上式可得

$$\frac{\Delta V}{\Delta z}=-\left(RI+L\frac{\partial I}{\partial t}+\frac{1}{2}L\frac{\partial \Delta I}{\partial t}+\frac{1}{2}R\Delta I\right) \tag{10.2}$$

接下来，我们令

$$\Delta I=\frac{\partial I}{\partial z}\Delta z\quad \Delta V=\frac{\partial V}{\partial z}\Delta z \tag{10.3}$$

并将其代入式(10.2)中，将得到

$$\frac{\partial V}{\partial z}=-\left(1+\frac{\Delta z}{2}\frac{\partial}{\partial z}\right)\left(RI+L\frac{\partial I}{\partial t}\right) \tag{10.4}$$

现在，在 Δz 趋近于 0(或者是可以忽略不计的一个足够小的值)时，式(10.4)最后可简化为

$$\boxed{\frac{\partial V}{\partial z}=-\left(RI+L\frac{\partial I}{\partial t}\right)} \tag{10.5}$$

式(10.5)就是我们所寻求的两个方程中的第一个方程。为了获得第二个方程，我们将 KCL 应用到在图 10.3 所示电路中的上方中心结点处，根据对称性可知在该结点处的电压为 $V+\frac{\Delta V}{2}$：

$$I=I_g+I_c+(I+\Delta I)=G\Delta z\left(V+\frac{\Delta V}{2}\right)+C\Delta z\frac{\partial}{\partial t}\left(V+\frac{\Delta V}{2}\right)+(I+\Delta I) \tag{10.6}$$

此时，利用式(10.3)，并加以简化，我们得到

$$\frac{\partial I}{\partial z}=-\left(1+\frac{\Delta z}{2}\frac{\partial}{\partial z}\right)\left(GV+C\frac{\partial V}{\partial t}\right) \tag{10.7}$$

同样地，当 Δz 减小到可以忽略不计时，由上式得到的最后结果为

$$\boxed{\frac{\partial I}{\partial z}=-\left(GV+C\frac{\partial V}{\partial t}\right)} \tag{10.8}$$

耦合微分方程式(10.5)和式(10.8)描述了在传输线上电压和电流的变化过程。在历史上，这两个微分方程也被称做电报方程。由这两个方程的解可以导出我们现在所分析的传输线的波方程。首先将式(10.5)对 z 求微分，以及将式(10.8)对 t 求微分，得到

$$\frac{\partial^2 V}{\partial z^2}=-R\frac{\partial I}{\partial z}-L\frac{\partial^2 I}{\partial t\partial z} \tag{10.9}$$

和

$$\frac{\partial^2 I}{\partial z\partial t}=-G\frac{\partial V}{\partial t}-C\frac{\partial^2 V}{\partial t^2} \tag{10.10}$$

接着，将式(10.8)和式(10.10)代入式(10.9)中。整理后，结果是

$$\boxed{\frac{\partial^2 V}{\partial z^2}=LC\frac{\partial^2 V}{\partial t^2}+(LG+RC)\frac{\partial V}{\partial t}+RGV} \tag{10.11}$$

同理，将式(10.5)对 t 求微分，以及将式(10.8)对 z 求微分。然后，将式(10.5)及其微分表达式代入式(10.8)的微分表达式中，可以得到与式(10.11)相同形式的电流方程：

$$\boxed{\frac{\partial^2 I}{\partial z^2}=LC\frac{\partial^2 I}{\partial t^2}+(LC+RC)\frac{\partial I}{\partial t}+RGI} \tag{10.12}$$

式(10.11)和式(10.12)是传输线波方程的一般形式。它们在不同条件下的解就是我们要研究的主要内容。

10.3 无损耗传输

无损耗传播是指波在传输线中传播时没有能量损失或辐射出去；即输入端的所有能量最终都被传送到输出端。更实际地说，能引起损耗的任何因素的影响都可以忽略不计。在传输线模型中，当 $R=G=0$ 时，传播即为无损耗传播。在这种条件下，式(10.11)和式(10.12)的右边都仅剩第一项。例如，式(10.11)变为

$$\boxed{\frac{\partial^2 V}{\partial z^2}=LC\frac{\partial^2 V}{\partial t^2}} \tag{10.13}$$

在考虑满足方程式(10.13)的电压函数时，最方便的方法是先简单地给出其解的形式，然后再证明其正确性。方程式(10.13)的解可表示为如下形式：

$$\boxed{V(z,t)=f_1\left(t-\frac{z}{v}\right)+f_2\left(t+\frac{z}{v}\right)=V^{+}+V^{-}} \tag{10.14}$$

其中，波速 v 为常数。表达式$(t\pm\frac{z}{v})$是函数 f_1 和 f_2 的自变量。这两个函数自身的具体形式对式(10.13)的解并不重要。因此，f_1 和 f_2 可以是任意的函数。

函数 f_1 和 f_2 的自变量分别说明了它们是沿 $+z$ 方向和 $-z$ 方向传播的函数。我们指定用符号 V^+ 和 V^- 来分别表示沿 $+z$ 方向和 $-z$ 方向传播的电压波分量。为了理解函数 f_1 和 f_2 的意义，我们举例来考虑 f_1 在自变量为零时(如当 $z=t=0$ 时)的值 $f_1(0)$(可以为任意值)。现在，随着时间 t 的增加，若要保持 $f_1(0)$ 的轨迹，则 z 也必须增大以便保持自变量$\left(t-\dfrac{z}{v}\right)$等于零。因此函数 f_1 沿 $+z$ 方向前进(或传播)。同理分析，函数 f_2 将沿 $-z$ 方向前进(或传播)，这是由于在自变量$\left(t+\dfrac{z}{v}\right)$中的 z 必须减小以抵消时间 t 的增加。因此，我们可以认为自变量$\left(t-\dfrac{z}{v}\right)$和沿 $+z$ 方向传播的波是相关的，而自变量$\left(t+\dfrac{z}{v}\right)$和沿 $-z$ 方向传播的波是相关的。但是，波传播的特性却是与函数 f_1 和 f_2 本身无关。很显然，从自变量的形式中可以看出，在这两种情况下波传播速度都为 v。

下面我们来证明自变量为式(10.14)所示形式的函数就是方程式(10.13)的解。首先，求函数 f_1 对 z 和 t 的偏导数。根据链式法则，对 z 的偏导数为

$$\frac{\partial f_1}{\partial z}=\frac{\partial f}{\partial(t-z/v)}\frac{\partial(t-z/v)}{\partial z}=-\frac{1}{v}f'_1 \tag{10.15}$$

其中，很显然带撇的函数 f'_1 表示函数 f_1 对其自变量的导数。函数 f_1 对时间 t 的偏导数为

$$\frac{\partial f_1}{\partial t}=\frac{\partial f}{\partial(t-z/v)}\frac{\partial(t-z/v)}{\partial t}=f'_1 \tag{10.16}$$

紧接着，采用同样的方法求函数对 z 和 t 的二阶偏导数：

$$\frac{\partial^2 f_1}{\partial z^2}=-\frac{1}{v^2}f''_1 \quad 和 \quad \frac{\partial^2 f_1}{\partial t^2}=f''_1 \tag{10.17}$$

其中，f''_1 是函数 f_1 对其自变量的二阶导数。将式(10.17)代入式(10.13)中，可得

$$\frac{1}{v^2}f''_1=LCf''_1 \tag{10.18}$$

我们现在可以确定出在无损耗传播时的波速度，它就是使式(10.18)两边相等的条件：

$$\boxed{v=\frac{1}{\sqrt{LC}}} \tag{10.19}$$

如果我们对函数 f_2 采取同样的方法，也可得到相同的波速度表达式。

由式(10.19)给出的波速度已经证实了我们在前面的猜测，即波速度是与 L 和 C 成某种反比例关系。在无损耗条件下，由式(10.12)也能得到与式(10.14)同样形式的解，所以上述结果对电流也是成立的，即波速度也由式(10.19)给出。然而，我们现在还不知道电压和电流之间的关系。

我们已经发现电压和电流是通过电报方程式(10.5)和式(10.8)相互联系的。在无损耗条件$(R=G=0)$下，电报方程变为

$$\boxed{\frac{\partial V}{\partial z}=-L\frac{\partial I}{\partial t}} \tag{10.20}$$

$$\boxed{\frac{\partial I}{\partial z}=-C\frac{\partial V}{\partial t}} \tag{10.21}$$

我们可以将电压函数式(10.14)代入式(10.20),并且利用式(10.15)的表示方法,把式(11.20)写成

$$\frac{\partial I}{\partial t}=-\frac{1}{L}\frac{\partial V}{\partial z}=\frac{1}{Lv}(f'_1-f'_2) \tag{10.22}$$

对上式进行时间积分,得到用其正向传播分量和反向传播分量表示的电流:

$$\boxed{I(z,t)=\frac{1}{Lv}\left[f_1\left(t-\frac{z}{v}\right)-f_2\left(t+\frac{z}{v}\right)\right]=I^{+}+I^{-}} \tag{10.23}$$

在上述积分过程中,所有的积分常数都取为零。其原因是如式(10.20)和式(10.21)所示,时变电压会产生时变电流,反过来时变电流也会产生时变电压。式(10.23)中的因子$\frac{1}{Lv}$乘以电压可以得到电流,这样我们把乘积 Lv 定义为无损耗传输线的特性阻抗 Z_0。Z_0 定义为在某单一方向传播波中的电压与电流之比。根据式(10.19),我们可以写出特性阻抗为

$$\boxed{Z_0=Lv=\sqrt{\frac{L}{C}}} \tag{10.24}$$

观察式(10.14)和(11.23),我们现在注意到

$$\boxed{V^{+}=Z_0I^{+}} \tag{10.25a}$$

和

$$\boxed{V^{-}=-Z_0I^{-}} \tag{10.25b}$$

从图 10.4 中可以看出上述关系的意义。图中画出了正向电压波 V^{+} 和反向电压波 V^{-},两者均有正极性。而与这些电压相关联的电流将相反的方向流动。我们定义在传输线上沿**顺时针**方向流动的电流为**正电流**,而沿**逆时针**方向流动的电流为**负电流**。这样,在式(10.25b)中的负号保证了负电流与具有正极性的反向传播波相关联。这是一种惯例,也适用于有损传输线。在假设 R 或 G(或两者)等于零的条件下,可以通过求解式(10.11)来研究有损耗传播。我们将在第 10.7 节中讨论在正弦电压和电流条件下的有损耗传播特性。在第 10.4 节中,我们将讨论无损耗传输线中的正弦波。

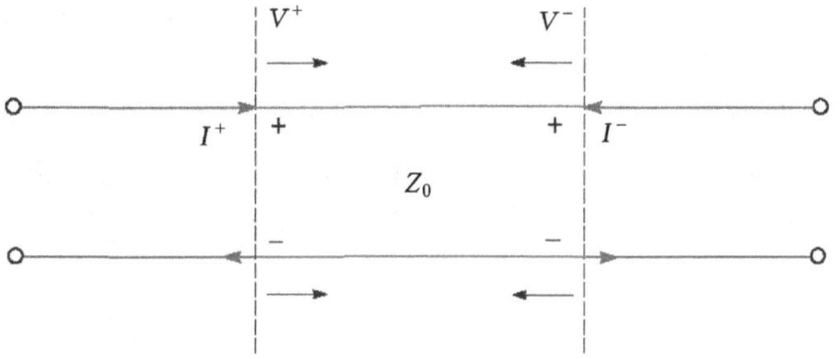

图 10.4 正极性电压波中的电流方向

10.4 正弦电压的无损耗传输

理解传输线上的正弦波是十分重要的,因为在实际中传输的任何信号都可以被分解成一系列离散的或连续的正弦波之和。这是对传输线上的信号进行频域分析的基础。在频域分析中,传输线对任一个信号的效应都可以通过其对信号的各个频率分量的效应来确定。这意味

着我们可以利用频变线参数来有效地处理给定信号各个频率分量的传输特性，然后重新聚合各个频率分量得到时域合成信号。在这一节中，我们的主要目的是了解无损耗传输线中正弦波的传播特性和意义。

首先，假设式(10.14)中的电压函数为正弦函数。特别地，我们考虑一个确定的频率 $f=\omega/(2\pi)$，且把 f_1 和 f_2 都写成 $f_1=f_2=V_0\cos(\omega t+\phi)$。习惯上，一般取余弦函数；当然若令 $\phi=-\frac{\pi}{2}$ 就可得到其正弦函数。接下来，我们用 $t\pm\frac{z}{v_p}$ 来代替 t，可得

$$\mathcal{V}(z,t)=|V_0|\cos[\omega(t\pm\frac{z}{v_p})+\phi]=|V_0|\cos[\omega t\pm\beta z+\phi] \tag{10.26}$$

在上面，我们引入了一个新的波速度符号 v_p，现在叫做相速度。相速度只适用于一个纯正弦波(具有单一频率)，在后面将会发现在某些情况下相速度是与频率有关的。对某一个时刻，若取 $\phi=0$，我们由式(10.26)可以获得两种可能的波，即当取正号时波沿 $+z$ 方向传播，而当取负号时波沿 $-z$ 方向传播。这两种可能的波是

$$\boxed{\mathcal{V}_f(z,t)=|V_0|\cos(\omega t-\beta z)} \quad 正向 \tag{10.27a}$$

和

$$\boxed{\mathcal{V}_b(z,t)=|V_0|\cos(\omega t+\beta z)} \quad 反向 \tag{10.27b}$$

在上式中，幅值 $|V_0|$ 为在 $z=0$ 和 $t=0$ 时 $\mathcal{V}$ 的值。根据式(10.26)，我们定义相位常数 β 为

$$\boxed{\beta\equiv\frac{\omega}{v_p}} \tag{10.28}$$

我们把由式(10.27)所表示的解称为传输线电压的瞬时表达式。它们是可以通过实验测量得到的结果的数学表达式。其中的 ωt 和 βz 具有角度的量纲，通常用弧度来表示。我们知道 ω 是角频率，表示了在每单位时间内的相位变化多少，其单位为 rad/s。类似地，我们看到可以把 β 解释成是一个空间频率，在现在的情况下它表示沿 z 方向在每单位长度内的相位移大小，其单位为 rad/m。如果把时间固定在 $t=0$，那么式(10.27a)和(10.27b)都将变为

$$\mathcal{V}_f(z,t)=\mathcal{V}_b(z,t)=|V_0|\cos(\beta z) \tag{10.29}$$

我们看到上式是一个简单的周期函数，其值每隔一段距离 λ 将重复一次，把 λ 称之为波长。因为要求 $\beta\lambda=2\pi$，所以

$$\boxed{\lambda=\frac{2\pi}{\beta}=\frac{v_p}{f}} \tag{10.30}$$

接下来，我们来考虑余弦函数式(10.27)中的某一点(例如波峰)，它出现的要求条件是余弦函数自变量为 2π 的整数倍。若考虑第 m 个波峰，则在 $t=0$ 时刻的条件成为

$$\beta z=2m\pi$$

为了保持该点在波上的轨迹，我们就必须要求正弦函数的自变量在所有时刻都是 2π 的相同倍数。由式(10.27a)，可得应该满足的条件成为

$$\omega t-\beta z=\omega(t-\frac{z}{v_p})=2m\pi \tag{10.31}$$

再一次看到，随着时间的增加，位置 z 也必须增加以满足式(10.31)。因而，波峰(和整个波)沿 $+z$ 方向以相速度 v_p 前进。以 $(\omega t+\beta z)$ 为自变量的余弦函数式(10.27b)表示沿 $-z$ 方向以相速度 v_p 前进的波，因为随着时间的增加，z 现在必须减小才能保持自变量为常数。对于电流

波也有相似的行为，但是由于电流和电压之间的相位差沿线会发生变化，所以会复杂一些。这些问题在我们熟悉了正弦信号的复数分析法后才能很好地讨论。

10.5　正弦波的复数分析

将正弦波用复数函数表示是非常有用的（而且在实际中是十分必要的），因为这样会使由许多种作用过程所引起的相位累积的计算和形象化大大的简化。此外，若采用复数分析法，还会使我们求解两个或多个正弦波的合成波变得容易得多。

基于欧拉公式，可以把正弦函数表示成如下复数形式：

$$e^{\pm jx} = \cos(x) + j\sin(x) \tag{10.32}$$

由此看出，我们可以用复指数的实部和虚部来分别表示余弦和正弦：

$$\cos(x) = \mathrm{Re}[e^{\pm jx}] = \frac{1}{2}(e^{jx} + e^{-jx}) = \frac{1}{2}e^{jx} + \text{c. c.} \tag{10.33a}$$

$$\sin(x) = \pm\,\mathrm{Im}[e^{\pm jx}] = \frac{1}{2j}(e^{jx} - e^{-jx}) = \frac{1}{2j}e^{jx} + \text{c. c.} \tag{10.33b}$$

其中，$j=\sqrt{-1}$，c. c. 表示前面一项的共轭复数。共轭复数是指将复数表达式中 j 的符号改变后得到的复数。

将式(10.33a)代入电压波函数式(10.26)中，有

$$\mathscr{V}(z,t) = |V_0|\cos[\omega t \pm \beta z + \phi] = \frac{1}{2}\underbrace{(|V_0|e^{j\phi})}_{V_0}e^{\pm j\beta z}e^{j\omega t} + \text{c. c.} \tag{10.34}$$

注意到，我们在式(10.34)中取相量 $V_0=|V_0|e^{j\phi}$ 为波的复数振幅。在以后的应用中，我们通常会用单个符号（例如，在现在的例子中为 V_0）来表示电压或电流的振幅，但应记住它一般是一个复数（有幅值和相位）。

从式(10.34)中还可以给出另外两个定义。首先，我们定义复数瞬态电压为

$$\boxed{V_c(z,t) = V_0 e^{\pm j\beta z}e^{j\omega t}} \tag{10.35}$$

去掉上式中的因子 $e^{j\omega t}$ 就可以形成相电压：

$$\boxed{V_s(z) = V_0 e^{\pm j\beta z}} \tag{10.36}$$

在正弦稳态情况下，我们能够定义相电压，意味着不随时间变化。事实上，这与我们之前的假设是一致的，因为如果振幅随时间变化就意味着在信号中含有其它频率分量。而我们现在考虑的仍然是单一频率的波。相电压的意义在于，我们能有效地让时间固定不变并观察在 $t=0$ 时空间中的稳态波。采用相量形式会使计算沿传输线上各点之间的相位差以及对多个波进行叠加合成的过程变得非常简便。再次强调一下，这种方法要求所有波的频率是相同的。根据式(10.35)和(10.36)给出的定义，利用式(10.34)可以得到瞬时电压表达式：

$$\mathscr{V}(z,t) = |V_0|\cos[\omega t \pm \beta z + \phi] = \mathrm{Re}[V_c(z,t)] = \frac{1}{2}V_c + \text{c. c.} \tag{10.37a}$$

或者，可以用相电压表示为

$$\boxed{\mathscr{V}(z,t) = |V_0|\cos[\omega t \pm \beta z + \phi] = \mathrm{Re}[V_s(z)e^{j\omega t}] = \frac{1}{2}V_s(z)e^{j\omega t} + \text{c. c.}} \tag{10.37b}$$

也就是说，将相电压乘以 $e^{j\omega t}$（重新引入了时间变量），然后取其实部，我们就可以得到实数正弦电压。熟悉这些关系式并了解它们的意义，这对于我们今后的学习是十分必要的。

例 10.1 两个具有相同频率相同振幅的电压波在无损耗传输线上沿相反方向传播。求总电压随时间和空间位置变化的函数表达式。

解：由于两个波频率相同，所以我们可以采用相量形式来表示其合成波。设相位常数为 β，实振幅为 V_0，则可以按如下方式对两个电压波进行合成：

$$V_{sT}(z) = V_0 e^{-j\beta z} + V_0 e^{+j\beta z} = 2V_0 \cos(\beta z)$$

若采用实瞬时形式，则上式成为

$$\mathcal{V}(z,\ t) = \mathrm{Re}[2V_0 \cos(\beta z) e^{j\omega t}] = 2V_0 \cos(\beta z) \cos(\omega t)$$

我们称该波为驻波，其振幅随 $\cos(\beta z)$ 做变化，随时间按 $\cos(\omega t)$ 振荡。振幅的零点出现在一系列固定点 $z_n = \dfrac{(m\pi)}{2\beta}$ 处，其中 m 为奇数。在第 10.10 节中，我们将扩展这一概念，也将引入电压驻波比作为一种测试技术。

10.6 传输线方程组及其相量形式解

现在，我们将在上一节中得到的结果应用到传输线方程中，首先从一般的波方程式(10.11)开始。对于实瞬时电压 $\mathcal{V}(z,t)$，它可以写成：

$$\frac{\partial^2 \mathcal{V}}{\partial z^2} = LC \frac{\partial^2 \mathcal{V}}{\partial t^2} + (LG + RC) \frac{\partial \mathcal{V}}{\partial t} + RG\mathcal{V} \tag{10.38}$$

将上式中的 $\mathcal{V}(z,t)$ 用式(10.37b)最右边的表达式来替换，注意到共轭复数项 c.c. 将形成一个分离的冗余方程。而将算子 $\partial/\partial t$ 作用到复数表达式上，则相当于乘以一个系数 $j\omega$。这样，在对所有项替换完毕后和完成所有的时间微分之后，就可以把式中的 $e^{j\omega t}$ 项除去。最后，我们可以得到用电压相量表示的波方程：

$$\frac{d^2 V}{dz^2} = -\omega^2 LCV_s + j\omega(LG + RC)V_s + RGV_s \tag{10.39}$$

经过整理后，得到其简化形式：

$$\boxed{\frac{d^2 V}{dz^2} = \underbrace{(R + j\omega t)}_{Z}\ \underbrace{(G + j\omega C)}_{Y} V_s = \gamma^2 V_s} \tag{10.40}$$

像在前面已经指出的那样，其中的 Z 和 Y 分别为传输线每单位长度上的净串联阻抗和净并联电导。传输线的波传播常数定义为

$$\boxed{\gamma = \sqrt{(R + j\omega L)(G + j\omega C)} = \sqrt{ZY} = \alpha + j\beta} \tag{10.41}$$

我们将在第 10.7 节中解释波传播常数的意义。现在我们所关心的是方程式(10.40)的解，它可表示为

$$\boxed{V_s(z) = V_0^+ e^{-\gamma z} + V_0^- e^{+\gamma z}} \tag{10.42a}$$

电流的波方程与方程式(10.40)是相同的。因此，我们可以把相电流表示为

$$\boxed{I_s(z) = I_0^+ e^{-\gamma z} + I_0^- e^{+\gamma z}} \tag{10.42b}$$

与在前面一样，由电报方程式(10.5)和式(10.8)，我们得到电流波和电压波之间的关系。与式(10.37b)相似，我们可以写出正弦电流的表达式为

$$I(z,t)=|I_0|\cos(\omega t\pm\beta z+\xi)=\frac{1}{2}\underbrace{(|I_0|e^{j\xi})}_{I_0}e^{\pm j\beta z}e^{j\omega t}+c.c.=\frac{1}{2}I_s(z)e^{j\omega t}+c.c. \tag{10.43}$$

分别将式(10.37b)和式(10.43)中最右边的表达式代入电报方程式(10.5)和式(10.8)中，经整理后，得到：

$$\frac{\partial \mathcal{V}}{\partial z}=-\left(RI+L\frac{\partial I}{\partial t}\right)\Rightarrow\boxed{\frac{dV_s}{dz}=-(R+j\omega L)I_s=-ZI_s} \tag{10.44a}$$

和

$$\frac{\partial I}{\partial z}=-\left(G\mathcal{V}+C\frac{\partial \mathcal{V}}{\partial t}\right)\Rightarrow\boxed{\frac{dI_s}{dz}=-(G+j\omega C)V_s=-YV_s} \tag{10.44b}$$

我们现在可以将式(10.42a)和式(10.42b)代入式(10.44a)或式(10.44b)[在这里，我们将利用式(10.44a)]中，得到：

$$-\gamma V_0^+e^{-\gamma z}+\gamma V_0^-e^{\gamma z}=-Z(I_0^+e^{-\gamma z}+I_0^-e^{\gamma z}) \tag{10.45}$$

然后，令上式两边的 $e^{\gamma z}$ 和 $e^{-\gamma z}$ 的系数相等，可以得到传输线特性阻抗的一般表达式：

$$Z_0=\frac{V_0^+}{I_0^+}=-\frac{V_0^-}{I_0^-}=\frac{Z}{\gamma}=\frac{Z}{\sqrt{ZY}}=\sqrt{\frac{Z}{Y}} \tag{10.46}$$

结合 Z 和 Y 的表达式，我们可以得到用传输线参数来表示的特性阻抗为

$$\boxed{Z_0=\sqrt{\frac{R+j\omega L}{G+j\omega C}}=|Z_0|e^{j\theta}} \tag{10.47}$$

应该注意到，根据式(10.37b)和式(10.43)给出的电压和电流，我们可以求得特性阻抗的相位角为 $\theta=\phi-\xi$。

例 10.2　一无损耗传输线的长度为 80 cm，其工作频率为 600 MHz。已知传输线参数为 $L=0.25\ \mu H/m$ 和 $C=100\ pF/m$。试求特性阻抗、相位常数和相速。

解：因为传输线无损耗，所以 R 和 G 均为零。特性阻抗为

$$Z_0=\sqrt{\frac{L}{C}}=\sqrt{\frac{0.25\times10^{-6}}{100\times10^{-12}}}=50\ \Omega$$

由于 $\gamma=\alpha+j\beta=\sqrt{(R+j\omega L)(G+j\omega C)}=j\omega\sqrt{LC}$，所以我们有

$$\beta=\omega\sqrt{LC}=2\pi(600\times10^6)\sqrt{(0.25\times10^{-6})(100\times10^{-12})}=18.85\ rad/m$$

同时，

$$v_p=\frac{\omega}{\beta}=\frac{2\pi(600\times10^6)}{18.85}=2\times10^8\ m/s$$

10.7　无损耗传输和低损耗传输

在上一节中，我们得到了传输线上电压和电流的相量表达式[式(10.42a)和(10.42b)]，现

在我们进一步来说明其意义。首先，将式(10.41)代入式(10.42a)中得到

$$\boxed{V_s(z)=V_0^+e^{-\alpha z}e^{-j\beta z}+V_0^-e^{\alpha z}e^{j\beta z}} \tag{10.48}$$

接下来，将上式两边乘以 $e^{j\omega t}$ 并取其实部，得到电压的瞬时表达式：

$$\boxed{\mathcal{V}(z,t)=V_0^+e^{-\alpha z}\cos(\omega t-\beta z)+V_0^-e^{\alpha z}\cos(\omega t+\beta z)} \tag{10.49}$$

在上式中，我们已经令 V_0^+ 和 V_0^- 为实数。式(10.49)表明该波是由沿正方向传播的波和沿负方向传播的波所组成，但是沿正方向传播的波幅随距离按 $e^{-\alpha z}$ 规律衰减，而沿负方向传播的波幅随距离按 $e^{\alpha z}$ 规律衰减。也就是说，这两个波都随传播距离以某一速率衰减，衰减速率由衰减系数 α 决定，α 的单位为奈培/米(Np/m)。①

相位常数 β[取式(10.41)的虚部]好像是一个稍微复杂的函数，一般说来依赖于 R 和 G。不过，β 仍然可用比值 ω/v_p 来定义，波长仍然定义为相位变化 2π 时在空间中两点所间隔的距离，这样其值仍为 $2\pi/\beta$。考察式(10.41)，我们看到只有当 $R=G=0$ 时，才可以避免波在传播中的损耗(或 $\alpha=0$)。在这种情况下，由式(10.41)给出 $\gamma=j\beta=j\omega\sqrt{LC}$，$v_p=1/\sqrt{LC}$与我们在前面得到的结果一致。

当损耗较小时，容易从式(10.41)得到 α 和 β 的表达式。在低损耗近似下，我们要求 $R\ll\omega L$ 以及 $G\ll\omega C$，这一条件与实际中的情况经常是相符合的。在应用这些条件前，我们先将式(10.41)改写为

$$\begin{aligned}\gamma&=\alpha+j\beta=[(R+j\omega L)(G+j\omega C)]^{1/2}\\&=j\omega\sqrt{LC}\left[\left(1+\frac{R}{j\omega L}\right)^{1/2}\left(1+\frac{G}{j\omega C}\right)^{1/2}\right]\end{aligned} \tag{10.50}$$

根据低损耗近似条件，我们可取二项式级数中的前三项：

$$\sqrt{1+x}\doteq 1+\frac{x}{2}-\frac{x^2}{8}\quad(x\ll 1) \tag{10.51}$$

我们利用(10.51)去展开式(10.50)中的两个圆括号项，得到

$$\gamma\doteq j\omega\sqrt{LC}\left[\left(1+\frac{R}{j2\omega L}+\frac{R^2}{8\omega^2L^2}\right)\left(1+\frac{G}{j2\omega C}+\frac{G^2}{8\omega^2C^2}\right)\right] \tag{10.52}$$

完成上式中的各个乘积项，由于 RG^2、R^2G 和 R^2G^2 的值与其它项相比非常小，所以可以忽略不计。这样，上式可近似为

$$\gamma=\alpha+j\beta\doteq j\omega\sqrt{LC}\left[1+\frac{1}{j2\omega}\left(\frac{R}{L}+\frac{G}{C}\right)+\frac{1}{8\omega^2}\left(\frac{R^2}{L^2}-\frac{2RG}{LC}+\frac{G^2}{C^2}\right)\right] \tag{10.53}$$

现在，将上式中的实部和虚部分开，就可以得到 α 和 β：

$$\boxed{\alpha\doteq\frac{1}{2}\left(R\sqrt{\frac{C}{L}}+G\sqrt{\frac{L}{C}}\right)} \tag{10.54a}$$

和

$$\boxed{\beta\doteq\omega\sqrt{LC}\left[1+\frac{1}{8}\left(\frac{G}{\omega C}-\frac{R}{\omega L}\right)^2\right]} \tag{10.54b}$$

如在前面所预测的一样，我们注意到 α 与 R 和 G 直接地成正比例关系。同时，我们还注意到

---

① 奈培(neper)这个词源于对约翰·奈培(John Napier)的尊敬，他是一个苏格兰数学家，首次提出了对数的使用。

在式(10.54b)中涉及到 R 和 G 的一项使得相速 $v_\text{p} = \dfrac{\omega}{\beta}$ 与频率相关。进一步地说，**群速度** $v_\text{g} = \text{d}\omega/\text{d}\beta$ 也与频率相关，这将会导致信号失真，我们在第 12 章中会深入地讨论这个问题。应该注意到，若 R 和 G 均不等于零，但只要 $R/L = G/C$ 成立（亥维赛条件，也称为无畸变条件），那么就可以保证相速和群速均为不随频率变化的常量。在这种情况下，式(10.54b)变为 $\beta \doteq \omega\sqrt{LC}$，此时把传输线称为无畸变传输线。当 R、G、L 和 C 与频率有关的时候，问题将会变得更为复杂一些。因而，低损耗传播或无畸变传播的条件通常将只出现在一段有限的频率范围内。一般说来，损耗会随着频率的增大而增大，这主要是由于电阻 R 会随着频率的增大而增大。这后一种效应称之为**集肤效应**，它需要利用场理论去分析和计算。我们在第 11 章中将研究集肤效应，并将其应用于第 13 章中的传输线结构中去。

最后，我们将低损耗近似条件用于特性阻抗表达式(10.47)中。根据式(10.51)，我们得到

$$Z_0 = \sqrt{\frac{R + \text{j}\omega L}{G + \text{j}\omega C}} = \sqrt{\frac{\text{j}\omega L\left(1 + \dfrac{R}{\text{j}\omega L}\right)}{\text{j}\omega C\left(1 + \dfrac{G}{\text{j}\omega C}\right)}} \doteq \sqrt{\frac{L}{C}}\left[\frac{\left(1 + \dfrac{R}{\text{j}2\omega L} + \dfrac{R^2}{8\omega^2 L^2}\right)}{\left(1 + \dfrac{G}{\text{j}2\omega C} + \dfrac{G^2}{8\omega^2 C^2}\right)}\right] \quad (10.55)$$

现在，将上式方括号内的分子多项式和分母多项式同乘以分母多项式的共轭复数，并忽略在最终结果中的 $R^2 G$、RG^2 项和其它的更高次项。此外，当 $x \ll 1$ 时，有近似公式 $1/(1+x) \doteq 1-x$。最后，式(10.55)可简化为

$$Z_0 = \sqrt{\frac{L}{C}}\left\{1 + \frac{1}{2\omega^2}\left[\frac{1}{4}\left(\frac{R}{L} + \frac{G}{C}\right)^2 - \frac{G^2}{C^2}\right] + \frac{\text{j}}{2\omega}\left(\frac{G}{C} - \frac{R}{L}\right)\right\} \quad (10.56)$$

注意到，当无畸变条件 $(R/L = G/C)$ 成立时，Z_0 正好简化为 $\sqrt{\dfrac{L}{C}}$，这与 R 和 G 都为零时的结果是一样的。

例 10.3 假定在某一传输线的参数中 $G = 0$，而 R 是一有限值，且其满足低损耗条件，$R \ll \omega L$。应用式(10.56)近似地写出 Z_0 的大小和相位。

解：由于 $G = 0$，所以式(10.56)的虚部比其实部中的第二项［正比于 $(R/\omega L)^2$］要大得多。因此，特性阻抗可以近似为

$$Z_0(G = 0) \doteq \sqrt{\frac{L}{C}}\left(1 - \text{j}\frac{R}{2\omega L}\right) = |Z_0|\,\text{e}^{\text{j}\theta}$$

其中，$|Z_0| \doteq \sqrt{\dfrac{L}{C}}$ 和 $\theta = \arctan(-R/2\omega L)$。

练习 10.1 在角频率为 500 Mrad/s 时，某一传输线的典型电路参数值是：$R = 0.2\ \Omega/\text{m}$，$L = 0.25\ \mu\text{H/m}$，$G = 10\ \mu\text{S/m}$，$C = 100\ \text{pF/m}$。试求：(a) α；(b) β；(c) λ；(d) v_p；(e) Z_0。
答案：2.25 mNp/m；2.50 rad/m；2.51 m；2×10^8 m/s；$50.0 - \text{j}0.0350$。

10.8 传输功率和损耗特性

在前面一节中，已经得到了有损耗传输线中的正弦电压和电流，我们现在来计算经过一定

距离后传输线所传输的功率,它是电压和电流幅值的函数。我们首先求瞬时功率,它是瞬时电压和瞬时电流的乘积。考虑式(10.49)中的正向传播分量,仍然取其中的幅值 $V_0^+=|V_0|$ 为实数。电流波形也与此相似,但是一般存在着一个相位移。电流和电压两者都按指数 $e^{-\alpha z}$ 规律衰减。这样,瞬时功率的表达式就可写成

$$\mathcal{P}(z,t)=\mathcal{V}(z,t)I(z,t)=|V_0||I_0|e^{-2\alpha z}\cos(\omega t-\beta z)\cos(\omega t-\beta z+\theta) \tag{10.57}$$

通常,我们感兴趣的是平均功率 $\langle\mathcal{P}\rangle$。平均功率可由下式求得

$$\langle\mathcal{P}\rangle=\frac{1}{T}\int_0^T|V_0||I_0|e^{-2\alpha z}\cos(\omega t-\beta z)\cos(\omega t-\beta z+\theta)\mathrm{d}t \tag{10.58}$$

其中,$T=2\pi/\omega$ 为时间周期。利用三角恒等式中的积化和差公式,我们可以将上式写成下面的形式:

$$\langle\mathcal{P}\rangle=\frac{1}{T}\int_0^T\frac{1}{2}|V_0|e^{-2\alpha z}|I_0|[\cos(2\omega t-2\beta z+\theta)+\cos\theta]\mathrm{d}t \tag{10.59}$$

上式中的第一个余弦项的积分为零,只剩下后面的 $\cos\theta$ 一项。容易求得其积分结果为

$$\langle\mathcal{P}\rangle=\frac{1}{2}|V_0||I_0|e^{-2\alpha z}\cos\theta=\frac{1}{2}\frac{|V_0|^2}{|Z_0|}e^{-2\alpha z}\cos\theta\ [\mathrm{W}] \tag{10.60}$$

也可以直接地利用相电压和相电流来得到上面的结果。相电压和相电流的表达式为

$$V_s(z)=V_0e^{-\alpha z}e^{-j\beta z} \tag{10.61}$$

和

$$I_s(z)=I_0e^{-\alpha z}e^{-j\beta z}=\frac{V_0}{Z_0}e^{-\alpha z}e^{-j\beta z} \tag{10.62}$$

其中,$Z_0=|Z_0|e^{j\theta}$。我们现在注意到,式(10.60)给出的平均功率也能通过取下面相量乘积的实部来求得

$$\boxed{\langle\mathcal{P}\rangle=\frac{1}{2}\mathrm{Re}\{V_sI_s^*\}} \tag{10.63}$$

再一次,式中的 * 号表示该相量的共轭。将式(10.61)和(10.62)代入式(10.63)中,我们可以得到

$$\begin{aligned}\langle\mathcal{P}\rangle&=\frac{1}{2}\mathrm{Re}\left\{V_0e^{-\alpha z}e^{-j\beta z}\frac{V_0^*}{|Z_0|e^{-j\theta}}e^{-\alpha z}e^{+j\beta z}\right\}\\&=\frac{1}{2}\mathrm{Re}\left\{\frac{V_0V_0^*}{|Z_0|}e^{-2\alpha z}e^{j\theta}\right\}=\frac{1}{2}\frac{|V_0|^2}{|Z_0|}e^{-2\alpha z}\cos\theta\end{aligned} \tag{10.64}$$

可以看出,上式与式(10.60)的结果相同。式(10.63)适用于任何单一频率的波。

由上述过程得到的一个重要的结果是功率按指数 $e^{-2\alpha z}$ 规律衰减,或者

$$\boxed{\langle\mathcal{P}(z)\rangle=\langle\mathcal{P}(0)\rangle e^{-2\alpha z}} \tag{10.65}$$

这表明功率与电压或电流一样,也随距离按二次指数函数规律衰减。

功率衰减的单位是分贝。它是采用 10 的幂次律来表示功率衰减。具体地,可以写成

$$\frac{\langle\mathcal{P}(z)\rangle}{\langle\mathcal{P}(0)\rangle}=e^{-2\alpha z}=10^{-k\alpha z} \tag{10.66}$$

其中,k 为待定常数。令 $\alpha z=1$,我们可以得到

$$e^{-2}=10^{-k}\Rightarrow k=\log_{10}(e^2)=0.869 \tag{10.67}$$

现在根据定义,我们得到用分贝来表示的功率衰减为

$$\boxed{\text{功率衰减(dB)} = 10\log_{10}\left[\frac{\langle \mathcal{P}(0)\rangle}{\langle \mathcal{P}(z)\rangle}\right] = 8.69\alpha z} \tag{10.68}$$

可以看出，将式(10.66)的功率比值取倒数后作为 log 函数的自变量，就可以得到一个正的分贝衰减。同时，注意到$\langle \mathcal{P}\rangle \propto |V_0|^2$，我们还可以将上式等价地写成

$$\boxed{\text{功率衰减(dB)} = 10\log_{10}\left[\frac{\langle \mathcal{P}(0)\rangle}{\langle \mathcal{P}(z)\rangle}\right] = 20\log\left[\frac{|V_0(0)|}{|V_0(z)|}\right]} \tag{10.69}$$

式中，$|V_0(z)| = |V_0(0)|\mathrm{e}^{-\alpha z}$。

例 10.4 一段长 20 m 的传输线，从始端到终端的功率衰减为 2.0 dB。(a)输出功率与输入功率之比等于多少？(b)在传输线的中点处，其功率与输入功率之比等于多少？(c)衰减系数 α 为多少？

解：(a)输出功率与输入功率之比为

$$\frac{\langle \mathcal{P}(20)\rangle}{\langle \mathcal{P}(0)\rangle} = 10^{-0.2} = 0.63$$

(b)20 m 长度上的 2 dB 表示功率以 0.2 dB/m 的速率衰减。这样，在 10 m 长度上的功率衰减为 1 dB。这说明在传输线中点处的功率与输入功率之比为 $10^{-0.1} = 0.79$

(c)衰减系数为 $\alpha = \dfrac{2.0\ \text{dB}}{(8.69\ \text{dB/Np})(20\ \text{m})} = 0.012[\text{Np/m}]$

最后一个问题是：为什么要使用分贝？最使人非相信不可的原因是，当计算几种端对端连接的传输线或器件的累积功率衰减时，只需将各个单元的分贝衰减相加即可得到净分贝衰减。

练习 10.2 两根传输线端对端连接。传输线 1 是 30 m 长，衰减速率为 0.1 dB/m；传输线 2 是 45 m 长，衰减速率为 0.15 dB/m，它们连接不佳，有 3 dB 的损耗。那么多大比例的输入功率可到达合成的输出功率？

答案：5.3%。

10.9 波在不连续处的反射

我们在第 10.1 节中就介绍了波反射的概念。如在前面所述，反射波的出现起因于需要满足在传输线的终端或两种不同传输线连接处的电压和电流的边界条件。通常我们不希望有反射波，否则，在将功率传输至负载的过程中会有一部分功率发生反射并返回给电源。因此，理解无反射波条件具有十分重要的意义。

我们以图 10.5 为例说明基本的反射问题。如图 10.5 所示，一特性阻抗为 Z_0 的传输线的

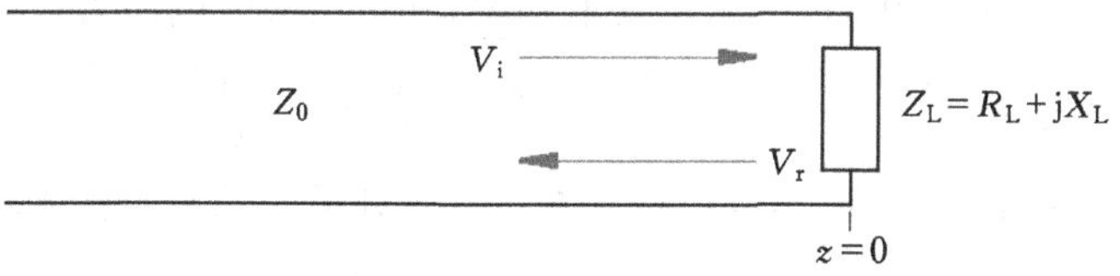

图 10.5 由复阻抗负载引起的电压波反射

终端接有一复阻抗负载 $Z_L=R_L+jX_L$。如果传输线有损耗，那么我们知道 Z_0 也将为复数。为了方便起见，我们取负载端的坐标为 $z=0$。因此，传输线位于 $z<0$ 的区域内。假定在负载端入射电压波的相量形式表示为

$$V_i(z)=V_{0i}e^{-\alpha z}e^{-j\beta z} \tag{10.70a}$$

当入射电压波到达负载端时，将会产生一个向负向传播的反射波：

$$V_r(z)=V_{0r}e^{+\alpha z}e^{+j\beta z} \tag{10.70b}$$

此时，在负载端的相电压就是在 $z=0$ 处的入射波和反射波之和：

$$V_L=V_{0i}+V_{0r} \tag{10.71}$$

另外，流过负载的电流也是在 $z=0$ 处的入射电流波和反射电流之和：

$$I_L=I_{0i}+I_{0r}=\frac{1}{Z_0}[V_{0i}-V_{0r}]=\frac{V_L}{Z_L}=\frac{1}{Z_L}[V_{0i}+V_{0r}] \tag{10.72}$$

现在，我们可以求出反射波电压和入射波电压的比值，并将其定义为反射系数 Γ：

$$\boxed{\Gamma\equiv\frac{V_{0r}}{V_{0i}}=\frac{Z_L-Z_0}{Z_L+Z_0}=|\Gamma|e^{j\phi_r}} \tag{10.73}$$

在这里，我们特别强调 Γ 是一个复数，它说明相对于入射波而言，反射波的幅值一般都要减小，而且与入射波之间有相位移。

根据式(10.71)和(10.73)，我们现在可以写出

$$V=V_{0i}+\Gamma V_{0i} \tag{10.74}$$

从上式我们求得传输系数，它定义为负载电压幅值和入射电压幅值之比：

$$\boxed{\tau\equiv\frac{V_L}{V_{0i}}=1+\Gamma=\frac{2Z_L}{Z_0+Z_L}=|\tau|e^{j\phi_t}} \tag{10.75}$$

首先应当注意的一点是，若 Γ 是一个正实数，则 $\tau>1$；负载端的电压幅值大于入射波的电压幅值。尽管这一结论看起来似乎不合常理，但事实上却确实是如此，这是因为负载电流小于入射波的电流。我们将会发现这总是导致负载端的平均功率小于或等于入射波的平均功率。另外要注意的一点是传输线可能是有损耗的。在式(10.73)和(10.75)中，入射波幅值应取为其在负载端处的值，当波从输入端传输到这里时功率已有一定损耗。

通常，将功率传输至负载的主要目标是构造传输线/负载的某种连接，达到无反射波出现。这样一来，负载接收了全部传输功率。实现这个目标的条件是 $\Gamma=0$，意味着负载阻抗必须等于传输线的特性阻抗。在这样的情况下，我们说负载与传输线是相匹配的(反之亦然)。存在着各种不同的阻抗匹配方法，我们稍后将会讨论几种阻抗匹配方法。

最后，我们需要确定反射功率和负载吸收的功率。由式(10.64)可以求得输入功率，在这里令负载端位于 $z=L$ 处，传输线的输入端位于 $z=0$ 处。

$$\langle\mathcal{P}_i\rangle=\frac{1}{2}\mathrm{Re}\left\{\frac{V_0V_0^*}{|Z_0|}e^{-2\alpha L}e^{j\theta}\right\}=\frac{1}{2}\frac{|V_0|^2}{|Z_0|}e^{-2\alpha L}\cos\theta \tag{10.76a}$$

将反射波电压代入式(10.76a)中，可以求得反射功率，其中反射波电压为入射波电压乘以 Γ：

$$\langle\mathcal{P}_r\rangle=\frac{1}{2}\mathrm{Re}\left\{\frac{(\Gamma V_0)(\Gamma^*V_0^*)}{|Z_0|}e^{-2\alpha L}e^{j\theta}\right\}=\frac{1}{2}\frac{|\Gamma|^2|V_0|^2}{|Z_0|}e^{-2\alpha L}\cos\theta \tag{10.76b}$$

现在，将式(10.76b)除以式(10.76a)，可以得到在负载端处反射功率与输入功率之比为

$$\boxed{\frac{\langle\mathcal{P}_r\rangle}{\langle\mathcal{P}_i\rangle}=\Gamma\Gamma^*=|\Gamma|^2} \tag{10.77a}$$

因此，传输至负载端（或负载吸收）的功率与输入功率之比为：

$$\boxed{\frac{\langle \mathcal{P}_t \rangle}{\langle \mathcal{P}_i \rangle} = 1 - |\Gamma|^2} \tag{10.77b}$$

读者应该明白传输功率之比不是我们所想像的$|\tau|^2$。

当两条不同特性阻抗的半无限长传输线相连接时，波的反射出现在它们的连接点处，此时可以把第二条传输线看成是负载。若波从传输线 1(Z_{01})传输至传输线 2(Z_{02})，我们有

WWW Animations

$$\boxed{\Gamma = \frac{Z_{02} - Z_{01}}{Z_{02} + Z_{01}}} \tag{10.78}$$

此时，传输至第二条传输线的功率与输入功率之比为$1-|\Gamma|^2$。

例 10.5 一特性阻抗为 50 Ω 的无损耗传输线，终端接有负载$Z_L=50-j75\ \Omega$。若输入功率为 100 mW，试求负载所吸收的功率。

解：反射系数为

$$\Gamma = \frac{Z_L - Z_0}{Z_L + Z_0} = \frac{50 - j75 - 50}{50 - j75 + 50} = 0.36 - j0.48 = 0.60e^{-j93}$$

这样

$$\langle \mathcal{P}_t \rangle = (1 - |\Gamma|^2)\langle P_i \rangle = [1 - (0.60)^2](100) = 64\ \text{mW}$$

例 10.6 两条有损耗传输线首尾相接。第一条线长 10 m，衰减为 0.20 dB/m。第二条线长 15 m，衰减为 0.10 dB/m。在连接点处（从线 1 到线 2）反射系数为$\Gamma=0.30$。已知输入功率（输入线 1）为 100 mW。(a)试求在连接处的总衰减，单位取 dB；(b)试求在传输给传输线 2 终端处的功率。

解：(a)在连接点处的衰减为

$$L_j(\text{dB}) = 10\log_{10}\left(\frac{1}{1-|\Gamma|^2}\right) = 10\log_{10}\left(\frac{1}{1-0.09}\right) = 0.41\ \text{dB}$$

在整个系统中的总衰减为

$$L_t(\text{dB}) = (0.20)(10) + 0.41 + (0.10)(15) = 3.91\ \text{dB}$$

(b)传输给传输线 2 终端处的功率为

$$P_{out} = 100 \times 10^{-0.391} = 41\ \text{mW}$$

10.10 电压驻波比

在许多情况下，传输线的各种性能指标是可以通过测试得到的。包括未知负载阻抗的测量或终端接已知或未知负载阻抗时传输线输入阻抗的测量。这样一些测量技术依赖于测量沿传输线上电压大小的能力。一种典型的测量装置由一根**开槽传输线**所组成，开槽传输线实际上是一根无损耗同轴传输线，在其外导体上沿轴向开有一条长度为线长的缝隙。开槽传输线被连接于正弦电压源和待测的阻抗之间。在开槽传输线的缝隙中，放入一个电压探针，用于测量内外导体之间电压的幅值。当探针沿开槽传输线的长度方向移动时，可以测得最大电压值和最小电压值，由此可以确定出它们的比值，称之为**电压驻波比**或 VSWR。本节的主题就是

要讨论测量电压驻波比的意义及其应用。

为了理解电压测量的意义，我们考虑几个特殊的情况。第一种情况是开槽传输线终端接一匹配阻抗，此时线上无反射波；探针在沿线上每一点所指示的电压值都相同。当然，随着探针从位置 $z=z_1$ 移动到 $z=z_2$，探针采样得到的瞬时电压的相位是不同的，其相位差为 $\beta(z_2-z_1)$，不过该测试系统对场的相位不敏感。等幅电压是一个无衰减行波的特征。

第二种情况是假设开槽传输线终端为开路或短路（或一般地为纯电抗负载），此时线上的总电压分布为驻波分布，如例 10.1 中所示，在某些节点上，电压探针没有读数；这些节点以半波长为间距重复地出现。随着电压探针位置的改变，其输出按 $|\cos(\beta z+\phi)|$ 变化，其中 z 是从负载端到测量点的距离，而相位 ϕ 依赖于负载阻抗。例如，若负载端为短路情况，则在短路处电压为零的要求使得在负载端出现电压为零，这时沿线电压将按 $|\sin(\beta z)|$ 变化（其中 $\phi=\pm\pi/2$）。

更为复杂的一种情况是反射波电压既不为零也不是 100% 的输入电压。在这种情况下，一部分能量被负载所吸收，而另外一部分能量则被反射回去。因此，开槽传输线上的电压由一个行波和一个驻波两部分所组成。习惯上我们将此电压描述为驻波，即使在其中也有行波存在。我们将会看到，在所有时刻内，任何一点的电压值都不会为零，电压被分成一个行波和一个纯驻波两个分量的程度可以用电压探针测出的电压最大值与电压最小值之比（VSWR）来表示。利用电压驻波比、最大电压值或最小电压值离负载的距离，我们就能够确定出负载阻抗。电压驻波比也提供了一种测量终端特性的方法。具体地说，一个完全匹配的负载将精确地产生一个电压驻波比 1；一个全反射负载产生一个无限大的电压驻波比。

为了得到总电压的具体表达式，我们从出现在开槽传输线上的正向传播波和反向传播波开始分析。让负载位于 $z=0$ 处，这样传输线上所有点都位于 $z<0$ 处。设输入波电压值为 V_0，则总相电压为

$$V_{sT}(z) = V_0 e^{-j\beta z} + \Gamma V_0 e^{j\beta z} \tag{10.79}$$

由于无损耗，所以传输线的特性阻抗 Z_0 为实数。负载阻抗 Z_L 一般为复数，这样就有一个复反射系数 Γ：

$$\boxed{\Gamma = \frac{Z_L - Z_0}{Z_L + Z_0} = |\Gamma| e^{j\phi}} \tag{10.80}$$

若负载为短路情况（$Z_L=0$），则有 $\phi=\pi$；若 Z_L 为小于 Z_0 的一个实数，则也有 $\phi=\pi$；若 Z_L 为大于 Z_0 的一个实数，则有 $\phi=0$。应用式(10.80)，我们可以把式(10.79) 重新写成

$$V_{sTz} = V_0(e^{-j\beta z} + |\Gamma| e^{j(\beta z+\phi)}) = V_0 e^{j\phi/2}(e^{-j\beta z}e^{-j\phi/2} + |\Gamma| e^{j\beta z}e^{j\phi/2}) \tag{10.81}$$

为了将式(10.81)表示为更有用的形式，我们可以应用加和减 $V_0(1-|\Gamma|)e^{-j\beta z}$ 项的代数技巧，得到下式：

$$V_{sT} = V_0(1-|\Gamma|)e^{-j\beta z} + V_0|\Gamma| e^{j\phi/2}(e^{-j\beta z}e^{-j\phi/2} + e^{j\beta z}e^{j\phi/2}) \tag{10.82}$$

由于上式中最后一项的圆括号内为余弦，所以我们有

$$\boxed{V_{sT} = V_0(1-|\Gamma|)e^{-j\beta z} + 2V_0|\Gamma| e^{j\phi/2}\cos(\beta z+\phi/2)} \tag{10.83}$$

这个结果的重要特性可由其瞬时表达式中非常容易地看出：

$$\boxed{\mathcal{V}(z,t) = \mathrm{Re}[V_{sT}(z)e^{j\omega t}] = \underbrace{V_0(1-|\Gamma|)\cos(\omega t-\beta z)}_{\text{行波}} + \underbrace{2|\Gamma| V_0\cos(\beta z+\phi/2)\cos(\omega t+\phi/2)}_{\text{驻波}}} \tag{10.84}$$

可以把式(10.84)看成是一个幅值为$(1-|\Gamma|)V_0$的行波和一个幅值为$2|\Gamma|V_0$的驻波和。我们可以将这种现象形象化：一部分被反射的入射波沿反向传播，并与其相等的一部分入射波相互干涉从而形成一个驻波；入射波中的剩余部分(没有被干涉)就是式(10.84)中的行波部分。在传输线上的电压最大值处，式(10.84)中的两项是直接相加的，所以电压最大值为$V_0(1+|\Gamma|)$。最小电压值出现在驻波的零点处，其值为行波的幅值$V_0(1-|\Gamma|)$。根据合适的相位，以这种方式将式(10.84)中的两项相结合不是很直观，但是下面的论证却将说明这一点。

为了得到电压最大值和电压最小值，我们可以重新回到式(10.81)中的第一部分：

$$\mathcal{V}_{sT}(z)=V_0(e^{-j\beta z}+|\Gamma|e^{j(\beta z+\phi)}) \tag{10.85}$$

首先，当式(10.85)中的两项是直接相减(相位差为π)时，可以得到电压最小值。电压最小值点的位置为

$$\boxed{z_{\min}=-\frac{1}{2\beta}(\phi+(2m+1)\pi)\quad(m=0,1,2,\cdots)} \tag{10.86}$$

再一次注意到，开槽传输线上所有点的坐标都位于$z<0$处。将式(10.86)代入式(10.85)中，我们得到最小电压值为

$$V_{sT}(z_{\min})=V_0(1-|\Gamma|) \tag{10.87}$$

将式(10.86)代入电压瞬时表达式(10.84)也能得到同样的结果。对于驻波部分来说，其结果为零，并且我们得到

$$\mathcal{V}(z_{\min},t)=\pm V_0(1-|\Gamma|)\sin(\omega t+\phi/2) \tag{10.88}$$

电压随时间(通过零点)作振荡，振幅为$V_0(1-|\Gamma|)$。式(10.88)中的正负号分别对应于式(10.86)中m为偶数和奇数的情况。

然而，当式(10.85)中的两项是直接相加(相位差为零)时，可以得到电压最大值。电压最大值点的位置为

$$\boxed{z_{\max}=-\frac{1}{2\beta}(\phi+2m\pi)\quad(m=0,1,2\cdots)} \tag{10.89}$$

将式(10.89)代入式(10.85)中，我们得到

$$V_{sT}(z_{\max})=V_0(1+|\Gamma|) \tag{10.90}$$

与前面一样，我们也可以将式(10.89)代入电压瞬时表达式(10.84)中去。这样，可以得到驻波部分的电压最大值，此时它与行波部分是直接相加的。结果是

$$\mathcal{V}(z_{\max},t)=\pm V_0(1+|\Gamma|)\cos(\omega t+\phi/2) \tag{10.91}$$

其中，正负号分别对应于式(10.89)中m为偶数和奇数的情况。同样，电压也随时间经过零点作振荡，振幅为$V_0(1+|\Gamma|)$。

应该注意到，若$\phi=0$，在负载端($z=0$)会出现一个电压最大值；此外，当Γ为正实数时，$\phi=0$。对于负载阻抗为实数且当$Z_L>Z_0$时，才会发生这种情况。这样，当负载阻抗Z_L和传输线特性阻抗Z_0均为实数且$Z_L>Z_0$时，在负载端处会出现一个电压最大值。利用$\phi=0$，电压最大值也会出现在$z_{\max}=-m\pi/\beta=-m\pi/2$处。对于零负载阻抗情况，有$\phi=\pi$，电压最大值出现在$z_{\max}=-\pi/(2\beta)$，$-3\pi/(2\beta)$，或者$z_{\max}=-\lambda/4$，$-3\lambda/4$，依次类推。

电压最小值以半波长的整数倍间隔地出现(与电压最大值一样)在传输线上，对于零负载阻抗来说，第一个电压最小值出现在$-\beta z=0$处或负载端。一般地说来，当$\phi=\pi$时，在$z=0$处会出现一个电压最小值；若Z_L为实数且$Z_L<Z_0$时，才会出现这种情况。一般的结果如图

10.6 所示。

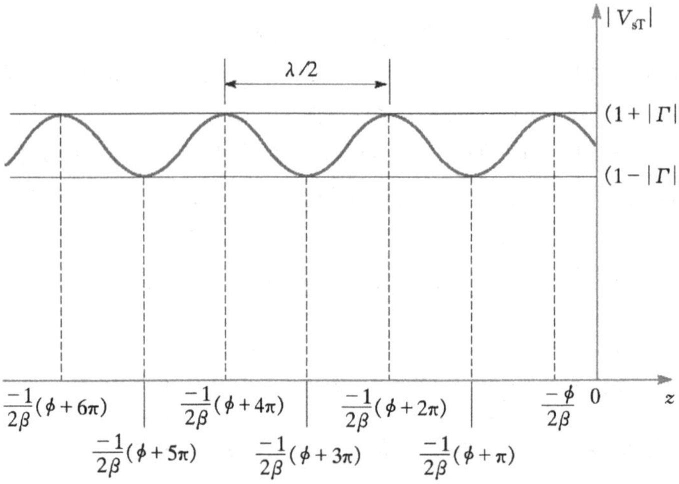

图 10.6　由式(10.85)求得的 V_{sT} 幅值随 z($z<0$,负载位于 $z=0$ 处)的变化曲线。设反射系数的相角为 ϕ,由式(10.86)和(10.89)求得的电压最大值和电压最小值的位置

最后,电压驻波比定义为

$$\boxed{s \equiv \frac{V_{sT}(z_{max})}{V_{sT}(z_{min})} = \frac{1+|\Gamma|}{1-|\Gamma|}} \tag{10.92}$$

由于在上式中已经约去了分子分母中的电压绝对值,所以可以通过测量得的电压驻波比直接地求得 $|\Gamma|$。然而,Γ 的相位可通过测量第一个电压最大值或电压最小值距离负载的位置,再利用式(10.86)或(10.89)计算得到。一旦求得 Γ 值,且假设已知 Z_0,我们就可求出负载阻抗 Z_L。

WWW Animations

练习 10.3　当 $\Gamma=+1/2$ 或 $\Gamma=-1/2$ 时,电压驻波比是多少?

答案:3。

例 10.7　在开槽传输线测量中,测得电压驻波比 VSWR 为 5,两个相邻电压最大值点的间距为 15 cm,第一个电压最大值出现在距负载 7.5 cm 处。假设开槽传输线的特性阻抗为 50 Ω,试求负载阻抗。

解:由于两个相邻电压最大值点的间距 15 cm,故波长为 30 cm。由于在开槽传输线中充满空气,所以频率为 $f=c/\lambda=1$ GHz。这样,出现在 7.5 cm 处的第一个电压最大值距负载的距离为 $\lambda/4$,意味着在负载端处出现了最小电压值。因此,反射系数 Γ 应该为一个负实数。根据式(10.92),可得

$$|\Gamma| = \frac{s-1}{s+1} = \frac{5-1}{5+1} = \frac{2}{3}$$

这样

$$\Gamma = -\frac{2}{3} = \frac{Z_L - Z_0}{Z_L + Z_0}$$

由此求得负载阻抗 Z_L 为

$$Z_L = \frac{1}{5}Z_0 = \frac{50}{5} = 10\ \Omega$$

10.11　有限长传输线

在考虑正弦电压波沿终端接不匹配负载的有限长传输线传输时会出现一类新的问题。在这种情况下，在传输线的负载端和输入端处均会出现多次反射波，此时沿传输线上会出现双向的多重电压波分布。像在前面一样，我们的目的仍然是确定在稳态情况下传输至负载端的净功率，但是，我们现在必须考虑在传输线上的多个正向波和负向波的效应。

如图 10.7 所示，给出了有限长传输线及其等效电路。假设传输线无损耗，其特性阻抗为 Z_0 和长度为 l。正弦电压源的频率为 ω，相电压为 V_s。正弦电压源的内阻抗为 Z_g。设负载阻抗 Z_L 为复数，且位于 $z=0$ 处。这样，整个传输线是位于 $-z$ 轴上的。解决这个问题最容易的方法是不去分别分析每个反射波，而是清楚地认识到在稳态情况下，沿传输线上有一个净的正向波和一个净的负向波，它们分别代表了在负载处所有入射波的叠加结果和所有反射波的叠加结果。这样，我们可以写出传输线上的总电压表达式如下：

$$V_{sT}(z) = V_0^+ e^{-j\beta z} + V_0^- e^{j\beta z} \tag{10.93}$$

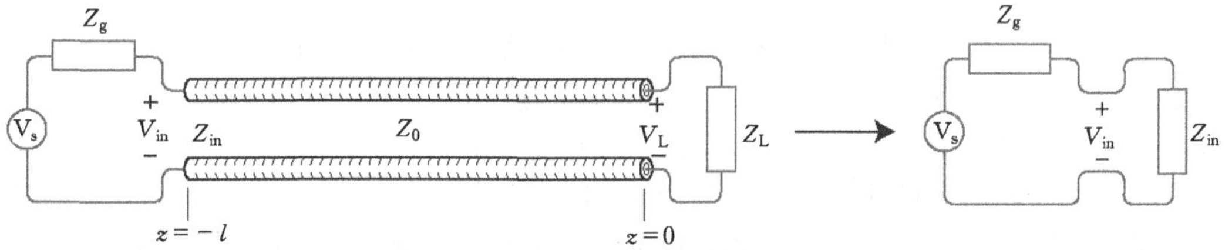

图 10.7　有限长传输线及其等效电路

在上式中，V_0^+ 和 V_0^- 为复振幅，分别由所有各个正向波和所有各个负向波的幅值和相位的和所组成。同样地，我们也可以写出传输线上的总电流表达式：

$$I_{sT}(z) = I_0^+ e^{-j\beta z} + I_0^- e^{j\beta z} \tag{10.94}$$

现在，我们定义波阻抗 $Z_w(z)$ 为总相电压和相电流之比。根据式(10.93)和式(10.94)，可以得到：

$$\boxed{Z_w(z) \equiv \frac{V_{sT}(z)}{I_{sT}(z)} = \frac{V_0^+ e^{-j\beta z} + V_0^- e^{j\beta z}}{I_0^+ e^{-j\beta z} + I_0^- e^{j\beta z}}} \tag{10.95}$$

再利用关系式 $V_0^- = \Gamma V_0^+$、$I_0^+ = V_0^+/Z_0$ 以及 $I_0^- = -V_0^-/Z_0$，式(10.95)可以简化为

$$Z_w(z) = Z_0\left[\frac{e^{-j\beta z} + \Gamma e^{j\beta z}}{e^{-j\beta z} - \Gamma e^{j\beta z}}\right] \tag{10.96}$$

现在，应用欧拉公式(10.32)，并将 $\Gamma=(Z_L-Z_0)/(Z_L+Z_0)$ 代入，则式(10.96)将变为

$$Z_w(z) = Z_0\left[\frac{Z_L\cos(\beta z) - jZ_0\sin(\beta z)}{Z_0\cos(\beta z) - jZ_L\sin(\beta z)}\right] \tag{10.97}$$

现在若令 $z=-l$，我们就可以得到在传输线输入端的波阻抗为

$$\boxed{Z_{\text{in}} = Z_0\left[\frac{Z_L\cos(\beta l) + jZ_0\sin(\beta l)}{Z_0\cos(\beta l) + jZ_L\sin(\beta l)}\right]} \tag{10.98}$$

这就是我们在建立如图 10.7 所示等效电路时所需要的等效阻抗。

一种特殊的情况是传输线的长度为一个半波长或整数倍的半波长。在这种情况下，

$$\beta l = \frac{2\pi}{\lambda}\frac{m\lambda}{2} = m\pi \quad (m = 0,1,2\cdots)$$

把上述结果代入式(10.98)中，我们发现

$$\boxed{Z_{\text{in}}(l = m\lambda/2) = Z_L} \tag{10.99}$$

对于一段半波长传输线来说，这表明可以通过将整个传输线移去而直接在输入端处接入负载阻抗来建立其等值电路。当然，实现这种简化的假设条件是传输线长度的确为半波长的整数倍。一旦频率改变，这个条件就不再满足，此时我们必须使用一般形式的式(10.98)来计算输入阻抗 Z_{in}。

另一种重要的特殊情况是传输线长度为四分之一波长的奇数倍，有

$$\beta l = \frac{2\pi}{\lambda}(2m+1)\frac{\lambda}{4} = (2m+1)\frac{\pi}{2} \quad (m = 0,1,2\cdots)$$

把上述结果代入式(10.98)中，可得

$$\boxed{Z_{\text{in}}(l = \lambda/4) = \frac{Z_0^2}{Z_L}} \tag{10.100}$$

式(10.100)的一个直接应用就是分析两条不同特性阻抗传输线连接的问题。假设两条传输线的特性阻抗分别为 Z_{01} 和 Z_{03}(从左到右)。在它们的连接处，我们可以插入另外一段特性阻抗为 Z_{02} 的传输线，其长度为 $\lambda/4$。这样，我们就得到了一组级联的传输线，其特性阻抗依次为 Z_{01}、Z_{02} 和 Z_{03}。现在，假设有一电压波从传输线 1 入射至 Z_{01} 和 Z_{02} 之间的连接点处。此时在传输线 2 终端的有效负载为 Z_{03}。在任意频率下，在传输线 2 输入端的输入阻抗为

$$Z_{\text{in}} = Z_{02}\frac{Z_{03}\cos(\beta_2 l) + jZ_{02}\sin(\beta_2 l)}{Z_{02}\cos(\beta_2 l) + jZ_{03}\sin(\beta_2 l)} \tag{10.101}$$

此时，由于传输线 2 的长度为 $\lambda/4$，所以

$$Z_{\text{in}}(\text{传输线 }2) = \frac{Z_{02}^2}{Z_{03}} \tag{10.102}$$

如果 $Z_{\text{in}}=Z_{01}$，那么在 $Z_{01}-Z_{02}$ 的边界处就不会出现反射现象。因此，如果选择 Z_{02} 满足如下的式(10.103)，我们就可以使连接点相匹配(通过 3 条传输线的级联来实现完全传输)

$$\boxed{Z_{02} = \sqrt{Z_{01}Z_{03}}} \tag{10.103}$$

我们把这种技术称为四分之一波长匹配，但它仅限于能使条件 $l \doteq (2m+1)\lambda/4$ 成立的某一个确定频率(或窄频带内)下。在第 12 章中研究电磁波的反射时，我们将会遇到更多的有关 $\lambda/4$ 波长匹配技术的例子。在下一节中，我们将给出另外一些涉及到输入阻抗和电压驻波比应用的例子。

10.12 几个传输线的例子

在这一节中，我们将把在前面几节中所得的许多结果应用于分析几种典型传输线问题。

为了简便起见，我们仅限于讨论无损耗传输线。

首先，假设有一特性阻抗为 300 Ω 的双线传输线，例如从天线到电视或 FM 接收器的信号线。电路如图 10.8 所示。该传输线的长度为 2 m，其参数 L 和 C 的值使得波在传输线中的速度为 2.5×10^8 m/s。在传输线终端接有一输入电阻为 300 Ω 的接收器，将天线用一个 300 Ω 的电阻和一个频率为 $f=100$ MHz、电压为 $V_s=60$ V 的电压源相串联的戴维宁等效电路来表示。这个天线电压大约为在实际使用中电压的 10^5 倍，但使用这个电压值却可以简化计算；为了结合实际情况，我们可以将电流或电压除以 10^5，以及将功率除以 10^{10}，仅保留阻抗的值不变。

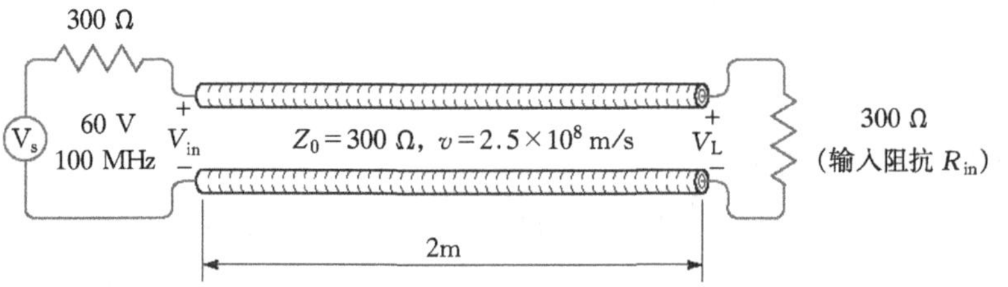

图 10.8　在两端均匹配的传输线上没有反射波，这样将会给负载提供最大功率

由于负载阻抗等于传输线的特性阻抗，所以传输线处于匹配状态；反射系数为零，驻波比为 1。对于给定的波速和频率，在传输线上的波长为 $v/f=2.5$ m，相位常数为 $2\pi/\lambda=0.8\pi$ rad/m；衰减常数为零。传输线的电气长度为 $\beta l=(0.8\pi)2$，或 1.6π rad。这个长度也可以表示为 288°，或 0.8 个波长。

对于电压源来说，传输线的输入阻抗为 300 Ω，另外由于电压源的内阻抗为 300 Ω，所以传输线输入端的电压为 60 V 的一半，或 30 V。由于电源与传输线处于匹配状态，电源通过传输线可以给负载提供最大功率。由于没有反射和衰减，所以负载端的电压也为 30 V，但是有一个 1.6π rad 的相位滞后。这样有

$$V_{in}=30\cos(2\pi10^8t)\ \text{V}$$

而负载端电压为

$$V_L=30\cos(2\pi10^8t-1.6\pi)\ \text{V}$$

输入电流为

$$I_{in}=\frac{V_{in}}{300}=0.1\cos(2\pi10^8t)\ \text{A}$$

而负载端电流为

$$I_L=0.1\cos(2\pi10^8t-1.6\pi)\ \text{A}$$

由电源供给传输线输入端的平均功率必须被传输线全部地传输到负载，

$$P_{in}=P_L=\frac{1}{2}\times30\times0.1=1.5\ \text{W}$$

现在，让我们再在传输线终端接入另一个输入电阻为 300 Ω 的接收器，它与第一个接收器并联连接。此时，负载阻抗为 150 Ω，反射系数为

$$\Gamma=\frac{150-300}{150+300}=-\frac{1}{3}$$

在传输线上的驻波比为

$$s=\frac{1+\frac{1}{3}}{1-\frac{1}{3}}=2$$

因此，输入阻抗不再为 300 Ω，而现在是

$$Z_{in}=Z_0\left[\frac{Z_L\cos(\beta l)+jZ_0\sin(\beta l)}{Z_0\cos(\beta l)+jZ_L\sin(\beta l)}\right]=300\left[\frac{150\cos(288^\circ)+j300\sin(288^\circ)}{300\cos(288^\circ)+j150\sin(288^\circ)}\right]$$
$$=510\angle-23.8^\circ=466-j206\ \Omega$$

可以看出，输入阻抗是容性的。从物理意义上来说，这意味着储存在这种长度传输线上的电场能量大于磁场能量。这样，输入电流相量为

$$I_{s,in}=\frac{60}{300+466-j206}=0.0756\angle15.0^\circ\ \text{A}$$

以及电源供给传输线的功率为

$$P_{in}=\frac{1}{2}\times(0.0756)^2\times466=1.333\ \text{W}$$

由于在传输线上无损耗，所以 1.333 W 的功率也必须全部地被传输给负载。应该注意到，这个功率小于传输至一个匹配负载的功率 1.5 W；此外这个功率必须被平均地分配在两个接收器上，这样每一个接收器所接收到的功率为 0.667 W。由于每个接收器的输入阻抗均为 300 Ω，所以容易求得接收器两端的电压为

$$0.667=\frac{1}{2}\frac{|V_{s,L}|^2}{300}$$
$$|V_{s,L}|=20\ \text{V}$$

与在前面求得的单个接收器端电压 30 伏是不同的。

在结束这个例子之前，让我们自己提问几个有关传输线上的电压问题。电压最大值和电压最小值出现在传输线中的哪些位置？其值是多少？负载电压与输入电压之间的相位差还是 288°吗？如果我们能够回答关于电压的这些问题，那么我们总该也能够回答关于电流的一些类似问题。

根据式(10.89)，可得电压最大值出现在以下位置处

$$z_{max}=-\frac{1}{2\beta}(\phi+2m\pi)\quad(m=0,1,2\cdots)$$

其中，$\Gamma=|\Gamma|e^{j\phi}$。这样，若 $\beta=0.8\pi$、$\phi=\pi$，那么可以得到

$$z_{max}=-0.625\ 和\ -1.875\ \text{m}$$

而电压最小值点与电压最大值点之间相距 $\lambda/4$，所以有

$$z_{min}=0\ 和\ -1.25\ \text{m}$$

我们发现负载端电压(在 $z=0$ 处)是一个电压最小值。当然，这一结果证实了我们前面所得到的一般性结论：若 $Z_L<Z_0$，则一个电压最小值出现在负载端；若 $Z_L>Z_0$，则一个电压最大值出现在负载端，其中负载阻抗都为纯电阻。

这样，传输线上的电压最小值就是负载电压 20 V；由于驻波比为 2，所以电压最大值一定为 40 V。传输线输入端的电压为

$$V_{s,in}=I_{s,in}Z_{in}=(0.0756\angle15.0^\circ)(510\angle-23.8^\circ)=38.5\angle-8.8^\circ$$

输入电压几乎等于在传输线上的电压最大值，这是因为该传输线大约为 3/4 个波长，这个长度

正好使得在 $Z_L<Z_0$ 时电压最大值出现在输入端。

最后，我们感兴趣的是确定负载电压的大小和相位。我们利用式(10.93)从传输线上的总电压着手。

$$V_{sT}(z)=V_0^+(e^{-j\beta z}+\Gamma e^{j\beta z}) \tag{10.104}$$

我们可以应用上式由传输线上任一点的电压来确定其它任意点的电压。由于已知输传输线入端的电压，所以我们可以令 $z=-l$，

$$V_{s,in}=V_0^+(e^{j\beta l}+\Gamma e^{-j\beta l}) \tag{10.105}$$

由上式求得 V_0^+，

$$V_0^+=\frac{V_{s,in}}{e^{j\beta l}+\Gamma e^{-j\beta l}}=\frac{38.5\angle-8.8^\circ}{e^{j1.6\pi}-\dfrac{1}{3}e^{-j1.6\pi}}=30.0\angle72.0^\circ\ \text{V}$$

若令在式(10.104)中 $z=0$，我们得到负载电压，

$$V_{s,L}=(1+\Gamma)V_0^+=20\angle72^\circ=20\angle-288^\circ$$

负载电压的幅值和我们前面所得到的结果相同。由于存在反射波，所以导致在 $V_{s,in}$ 和 $V_{s,L}$ 之间约有 -279° 的相位差，而不是 -288°。

例 10.8 为了给出一个稍微更复杂的例子，我们现在在上述传输线终端的两个 300 Ω 接收器上再并联一个 $-$j300 Ω 的电容。求输入阻抗和传输到每个接收器上的功率。

解：负载阻抗现在为 150 Ω，并且是与 $-$j300 Ω 的容抗相并联，或者

$$Z_L=\frac{150(-j300)}{150-j300}=\frac{-j300}{1-j2}=120-j60\ \Omega$$

我们首先计算反射系数和电压驻波比 VSWR：

$$\Gamma=\frac{120-j60-300}{120-j60+300}=\frac{-180-j60}{420-j60}=0.447\angle-153.4^\circ$$

$$s=\frac{1+0.447}{1-0.447}=2.62$$

可以看出，电压驻波比的值较大，因此不匹配现象很严重。下面我们来计算输入阻抗。传输线的电气长度仍然是 288°，这样

$$Z_{in}=300\frac{(120-j60)\cos288^\circ+j300\sin288^\circ}{300\cos288^\circ+j(120-j60)\sin288^\circ}=755-j138.5\ \Omega$$

由此得到电源中的电流为

$$I_{s,in}=\frac{V_{Th}}{Z_{Th}+Z_{in}}=\frac{600}{300+755-j138.5}=0.0564\angle7.47^\circ$$

因此，输入到传输线输入端的平均功率为 $P_{in}=\frac{1}{2}(0.0564)^2(755)=1.200$ W。由于传输线无损耗，所以负载吸收的功率为 $P_L=1.200$ W，每个接收器得到的功率仅为 0.6 W。

例 10.9 最后一个例子，让我们在传输线终端接入一个纯容抗 $Z_L=-j300\ \Omega$。试求反射系数、电压驻波比以及传输至负载的平均功率。

解：很显然，由于负载为电抗，所以不可能有任何平均功率传输至负载。结果是，反射系数为

$$\Gamma=\frac{-\mathrm{j}300-300}{-\mathrm{j}300+300}=-\mathrm{j}1=1\angle-90^\circ$$

以及反射波和入射波的幅值是相等的。因此,我们不必惊奇的是电压驻波比为

$$s=\frac{1+|-\mathrm{j}1|}{1-|-\mathrm{j}1|}=\infty$$

和输入阻抗为一个纯电抗,

$$Z_{\mathrm{in}}=300\frac{-\mathrm{j}300\cos 288^\circ+\mathrm{j}300\sin 288^\circ}{300\cos 288^\circ+\mathrm{j}(-\mathrm{j}300)\sin 288^\circ}=\mathrm{j}589$$

这样,电源不可能供给输入阻抗平均功率,因此不能传输给负载平均功率。

尽管我们还能够继续求得关于这些例子的许多其它的结果和数据,但是应用圆图解法会使求解这类问题中的许多工作更容易完成。我们在下一节中将遇到圆图解法。

练习 10.4 一 50 W 无损耗传输线的长度为 0.4λ。工作频率为 300 MHz。负载 $Z_L=40+\mathrm{j}30\ \Omega$ 位于 $z=0$ 处,戴维宁等效电压源位于 $z=-l$ 处,其电压为 $12\angle0^\circ$ V 和等效串联阻抗为 $Z_{\mathrm{Th}}=50+\mathrm{j}0$。试求:(a)$\Gamma$;(b)$s$;(c)$Z_{\mathrm{in}}$。

答案:0.333 $\angle 90^\circ$; 2.00;25.5 + j5.90 Ω。

练习 10.5 对练习题 10.4 中的传输线,求:(a)在 $z=-l$ 处的相电压;(b)在 $z=0$ 处的相电压;(c)传输给负载 Z_L 的平均功率。

答案:4.14$\angle$ 8.58° V;6.32$\angle$−125.6° V; 0.320 W。

10.13 图解法:史密斯圆图

传输线问题常常涉及到复数运算,求解所需的时间和精力要比实数情况下的类似运算大许多倍。一种能够减少工作量而又不严重影响计算精度的方法就是应用传输线的圆图。可能最广泛应用的一种方法就是史密斯圆图。①

WWW Animations

从根本上来讲,在史密斯圆图中给出了常电阻和常电抗曲线;它们既可以表示输入阻抗也可以表示负载阻抗。当然,可以把后者看成是一个长度为零的传输线的输入阻抗。在图中也示出了沿线各点的位置,通常是按离开电压最大值或电压最小值的距离与波长的比例大小来表示的。尽管在图中没有具体地标明电压驻波比与反射系数的幅值和相位,但是根据图却可以很快地确定这些值。事实上,史密斯圆图是由一个单位圆的内部所构成的,它采用了极坐标形式,其径向变量为 $|\Gamma|$ 和逆时针角度变量为 ϕ,$\Gamma=|\Gamma|e^{j\phi}$。在图 10.9 中示出了这个单位圆。由于 $|\Gamma|<1$,所以我们所关心的全部信息必须是位于单位圆上或在单位圆内。特别指出的是,反射系数本身不能被画在最后的图上,这是因为这些附加线条将会使图看起来非常困难。

史密斯圆图是基于如下基本关系式来构造的

$$\Gamma=\frac{Z_L-Z_0}{Z_L+Z_0}\tag{10.106}$$

① P. H. Smith, "Transmission Line Calculator", *Electronic*, Vol. 12, pp. 29~31, January 1939.

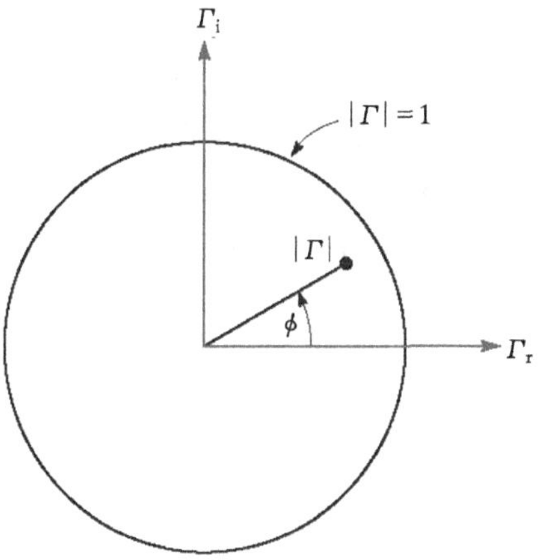

图 10.9　在史密斯圆图中，用极坐标来表示反射系数的大小和相角；其直角坐标值分别为反射系数的实部和虚部。整个图是位于圆 $|\Gamma|=1$ 内

我们在图中所画出的阻抗是相对于特性阻抗的归一化值。一般用 Z_L 来表示归一化负载阻抗，

$$\boxed{Z_L = r + jx = \frac{Z_L}{Z_0} = \frac{R_L + jX_L}{Z_0}}$$

这样有

$$\boxed{\Gamma = \frac{z_L - 1}{z_L + 1}}$$

或

$$\boxed{z_L = \frac{1+\Gamma}{1-\Gamma}} \tag{10.107}$$

在极坐标下，我们用 $|\Gamma|$ 和 ϕ 来分别表示 Γ 的幅值和相位。若用 Γ_r 和 Γ_i 来分别表示 Γ 的实部和虚部，我们可以写出

$$\Gamma = \Gamma_r + j\Gamma_i \tag{10.108}$$

这样

$$r + jx = \frac{1 + \Gamma_r + j\Gamma_i}{1 - \Gamma_r - j\Gamma_i} \tag{10.109}$$

其实部和虚部分别为

$$\boxed{r = \frac{1 - \Gamma_r^2 - \Gamma_i^2}{(1-\Gamma_r)^2 + \Gamma_i^2}} \tag{10.110}$$

$$\boxed{x = \frac{2\Gamma_i}{(1-\Gamma_r)^2 + \Gamma_i^2}} \tag{10.111}$$

通过几次基本代数运算后，我们可以把式(10.110)和(11.111)写成如下容易显示曲线在 Γ_r 和 Γ_i 轴上的特性的形式：

$$\left(\Gamma_r - \frac{r}{1+r}\right)^2 + \Gamma_i^2 = \left(\frac{1}{1+r}\right)^2 \tag{10.112}$$

$$(\Gamma_r-1)^2+\left(\Gamma_i-\frac{1}{x}\right)^2=\left(\frac{1}{x}\right)^2 \tag{10.113}$$

第一个方程式(10.112)描述了一族圆，其中的每一个圆都与电阻 r 的一个确定值相联系。例如，若 $r=0$，则可以看到这个零电阻圆的半径为单位值 1，其中心位于原点($\Gamma_r=0,\Gamma_i=0$)。这一结果容易得到检验，因为一个纯电抗终端会导致一个单位值 1 的反射系数。另一方面，若 $r=\infty$，则 $Z_L=\infty$，且有$\Gamma=1+j0$。方程式(10.112)描述的那个圆，其圆心位于 $\Gamma_r=1$，$\Gamma_i=0$处，半径为零。因此，这正好是我们所确定的点 $\Gamma=1+j0$。另一个例子是，电阻 $r=1$ 的圆的圆心位于 $\Gamma_r=0.5,\Gamma_i=0$ 处，其半径为 0.5。在图 10.10 中示出了这个圆，以及电阻 $r=1$、$r=0.5$ 和 $r=2$ 所对应的圆。所有这些圆的圆心都位于Γ_r轴上，且都通过点 $\Gamma=1+j0$。

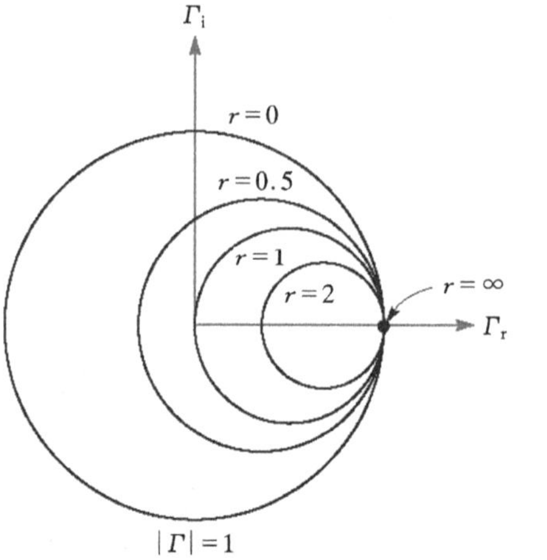

图 10.10 位于Γ_r，Γ_i平面上的常电阻 r 的圆。任一个圆的半径为 $1/(1+r)$

方程式(10.113)也描述了一族圆，但是每一个圆都是由 x 的一个具体值来定义的，而不是由 r 来定义的。若 $x=\infty$，则仍然有 $z_L=\infty$，$\Gamma=1+j0$。方程式(10.113)所描述的圆，其圆心位于 $\Gamma=1+j0$ 处，半径为零；因此，该点是 $\Gamma=1+j0$。若 $x=+1$，则圆心位于 $\Gamma=1+j1$，半径为单位值 1。如图 10.11 所示，该圆仅有 1/4 部分位于边界$|\Gamma|=1$ 内。对应于 $x=-1$ 的圆也仅有 1/4 部分位于 Γ_r 轴的下方。也在图中示出了对应于 $x=0.5$、-0.5、2 和 -2 的圆。代表 $x=0$ 的“圆”是 Γ_r 轴；这也在图 10.11 中做出了标记。

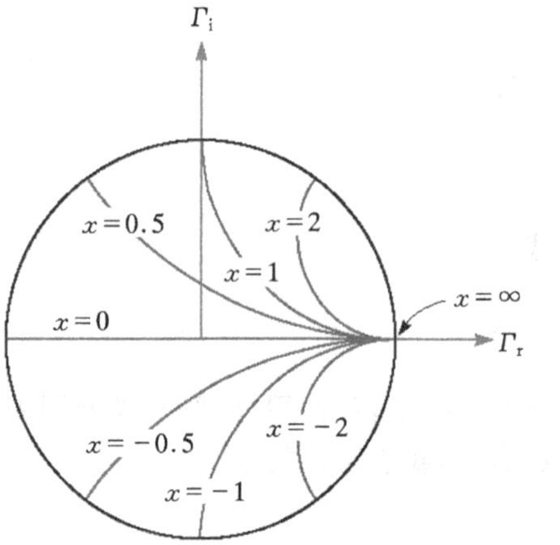

图 10.11 在 Γ_r，Γ_i 轴上示出了位于$|\Gamma|=1$内 x 为常数的圆的一部分。一个给定圆的半径为 $1/|x|$

如图 10.12 所示，现在将上述两族圆同时画在史密斯圆图上。显然，若给定 Z_L，则将其除以 Z_0 就可得到 z_L，然后找到对应于 r 和 x 的圆(需要时可采用插值)的位置，由这两个圆的交点来确定 Γ。由于在图中没有能示出$|\Gamma|$值的同心圆，所以需要双脚规或圆规来测量从原点到交点的径向距离和使用辅助的刻度尺来测定$|\Gamma|$。从图 10.12 中看出，在史密斯圆图下方设置的刻度线就是为了这个目标的。Γ 的角度为 ϕ，它是沿逆时针方向离开 Γ_r 轴的角度。同样，若在径向线上示出角度会使图看起来很拥挤，因此把角度标注在圆周上。一条起始于原点且过交点的直线可以延伸到史密斯圆图的圆周上。例如，若一特性阻抗为 50 Ω 的传输线终端接有负载 $Z_L=25+j50\ \Omega$，则 $z_L=0.5+j1$，以及在图 10.12 中的点 A 就是对应于 $r=0.5$ 和 $x=1$的两个圆的交点。反射系数的大小大约为 0.62 和角度 ϕ 大约为 83°。

若在圆周上再添上第二个刻度，此刻度可用于计算沿线的距离，这样史密斯圆图就完全画成了。这一个刻度以波长为单位，但是所标出的值不是显而易见的。为了得到这些值，我们首

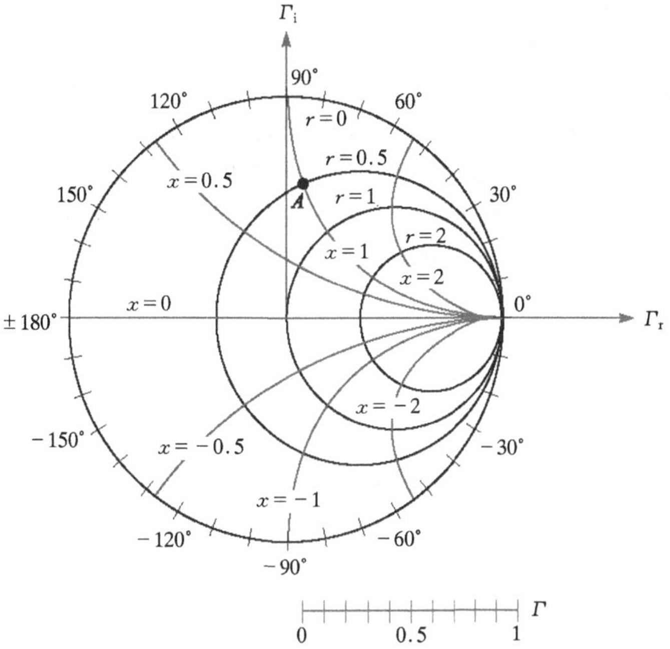

图 10.12 在史密斯圆图中,用于确定$|\Gamma|$的 r 为常数的圆、x 为常数的圆、辅助径向刻度尺和标在圆周上的测量角度 ϕ 的刻度尺

先将沿线任一点的电压

$$V_s = V_0^+(e^{-j\beta z} + \Gamma e^{j\beta z})$$

除以电流

$$I_s = \frac{V_0^+}{Z_0} = (e^{-j\beta z} - \Gamma e^{j\beta z})$$

得到归一化的输入阻抗

$$z_{in} = \frac{V_s}{Z_0 I_s} = \frac{e^{-j\beta z} + \Gamma e^{j\beta z}}{e^{-j\beta z} - \Gamma e^{j\beta z}}$$

令上式中 $z=-l$,并将分子和分母同除以 $e^{j\beta l}$,得到联系归一化输入阻抗、反射系数和波长的一般方程,

$$\boxed{z_{in} = \frac{1+\Gamma e^{-j2\beta z}}{1-\Gamma e^{-j2\beta z}} = \frac{1+|\Gamma|\ e^{j(\phi-2\beta l)}}{1-|\Gamma|\ e^{j(\phi-2\beta l)}}} \tag{10.114}$$

注意到,当 $l=0$ 时,即取负载所在处,则有 $z_{in}=(1+\Gamma)/(l-\Gamma)=z_L$,与式(107)相同。

式(10.114)表明,用 $\Gamma e^{-j2\beta l}$ 代替负载端的反射系数 Γ 可以得到在任一点 $z=-l$ 处的输入阻抗。也就是说,把 Γ 的角度减小 $2\beta l$ 弧度就像是我们从负载端移动到了传输线的输入端。此时,仅仅 Γ 的角度发生了变化,而其大小保持不变。

这样,当从负载阻抗 z_L 前进到输入阻抗 z_{in} 时,我们在传输线上就向电源移动了距离,但是在史密斯圆图上顺时针方向转动了 $2\beta l$ 弧度的角度。因为 Γ 的大小保持不变,所以朝电源方向的移动是沿着一个半径为常数的圆周前进的。无论是 βl 变化了 π 弧度或是 l 变化了半个波长,在史密斯圆图上都是移动了一圈。这与我们在前面的发现是一致的,即一半波长无损耗传输线的输入阻抗等于其终端的负载阻抗。

若在图上添加示明对应于在单位圆上移动一圈的一个 0.5λ 变化的刻度，这样史密斯圆图就完成了。为方便起见，通常给出两个刻度，一个刻度用来表示沿顺时针方向移动所增加的距离，另外一个用来表示沿逆时针方向移动所增加的距离。这两个刻度都已经标在了图 10.13 中。应该注意到，一个标记“朝向电源的波长”(wtg)的刻度表示着沿顺时针方向移动 l/λ 的增加值，与在前面的介绍一样。wtg 刻度的零点可任意地设置在左边。这相应于输入阻抗的相位角为 0°和 $R_L < Z_0$。我们还可以看出电压最小值总是位于该点。

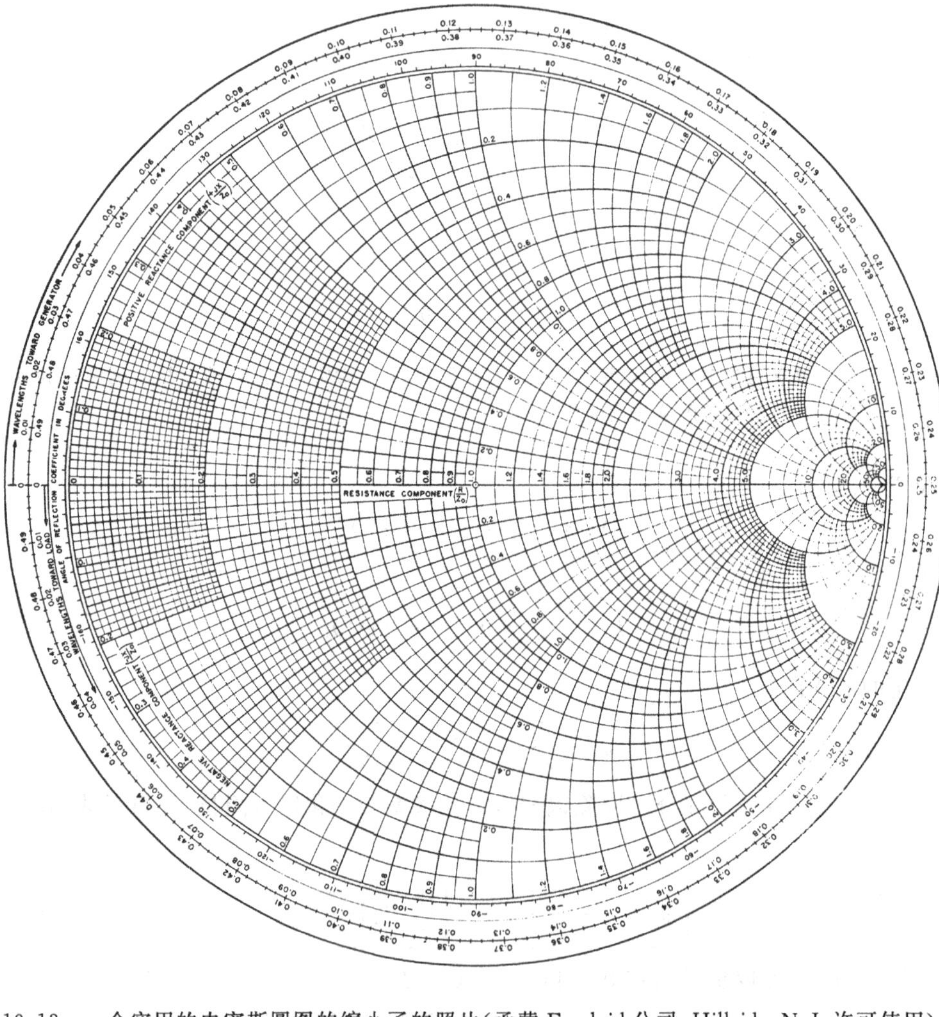

图 10.13　一个实用的史密斯圆图的缩小了的照片(承蒙 Emeloid 公司，Hillside，N. J. 许可使用)。为精确起见，可以在任何出售高级技术图书的地方得到较大的图

例 10.10　最好用一个例子来说明史密斯圆图的应用。我们再次考虑连接于一特性阻抗为 50 Ω 的传输线终端的负载阻抗 $Z_L = 25 + j50\ \Omega$。已知传输线长度为 60 cm，在给定工作频率下传输线波长为 2 m。试求输入阻抗。

解：由图 10.14 中的交点 A 可知，$z_L = 0.5 + j1$，而且从图中可读得 $\Gamma = 0.62\angle 82°$。从原点

通过 A 点到圆周作一条直线，我们注意到在 wtg 刻度上的读数为 0.135。已知 $l/\lambda=0.6/2=0.3$，所以从负载端到输入端的距离为 0.3λ。因此，我们发现位于 $|\Gamma|=0.62$ 圆上的 z_{in} 正对着一个 wtg 读数 $0.135+0.300=0.435$。这种作图法如图 10.14 所示，在图中确定输入阻抗的点被标记为 B。可以读出归一化输入阻抗为 $0.28-j0.40$，所以输入阻抗 $Z_{in}=14-j20$。而更精确的解析计算结果为 $Z_{in}=13.7-j20.2$。

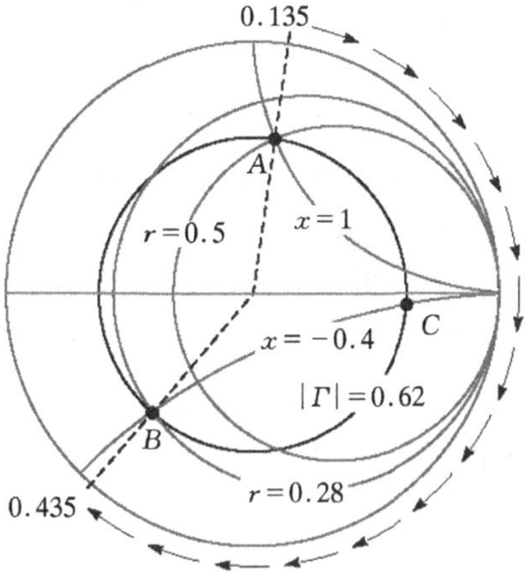

图 10.14 一长度为 0.3λ 的传输线终端的归一化负载阻抗 $z_L=0.5+j1$，其归一化输入阻抗是 $z_{in}=0.28-j0.40$

另外，从史密斯圆图中也容易得到电压最大值和电压最小值的位置信息。我们已经知道当负载为纯电阻时，电压最大值和最小值将出现在负载端；若 $R_L>Z_0$，则在负载端出现电压最大值；如果 $R_L<Z_0$，则在负载端出现电压最小值。现在，我们可以将此结论加以推广，注意到我们可以在输入阻抗为纯电阻的点处截断传输线终端负载，然后把负载和这一段传输线换为一个电阻 R_{in}；此时，对于传输线的电源部分来说并没有感觉到有什么变化。因此，电压最大值点和电压最小值点一定位于传输线上输入阻抗为纯电阻的那些点上。而纯电阻性输入阻抗一定出现在史密斯圆图中 $x=0$ 的直线（Γ_r 轴）上。电压最大值或电流最小值出现在 $r>1$ 或 wtg=0.25的点上，而电压最小值和电流最大值则出现在 $r<1$ 或 wtg=0 的点上。那么，在例 10.10 中，在 wtg = 0.25 处的电压最大值必定出现在朝电源方向离开负载端的 $0.250-0.135=0.115$波长处，即距离负载 $0.115\times200=23$ cm。

我们还应该注意到，因为纯电阻负载 R_L 产生的电压驻波比为 R_L/R_0 或 R_0/R_L，其值都大于 1，所以可以直接读出 s 的值，其值为 $|\Gamma|$ 圆和 r 轴（$r>1$）交点处的 r 值。在现在的例子中。这个交点标记为 C，且有 $r=4.2$；这样，得到 $s=4.2$。

传输线史密斯圆图同样也可以应用于求解归一化导纳，尽管在这种使用中会有一些稍微的不同。我们令 $y_L=Y_L/Y_0=g+jb$，将 r 圆当作 g 圆，以及将 x 圆当作 b 圆。和前面有两点不同：第一点是 $g>1$ 和 $b=0$ 的线段对应于电压最小值；第二点是从史密斯圆图的圆周上读得的角度 Γ 必须加上 180°。我们将在第 10.14 节中以这种方式应用史密斯圆图。

某些特殊的史密斯圆图也可用于非归一化的传输线中，例如 50 Ω 史密斯圆图和 20 mS 的史密斯圆图。

练习 10.6 一个负载 $Z_L=80-j100\ \Omega$ 接于一特性阻抗为 50 Ω 的无损耗传输线的终端 $z=0$ 处。工作频率为 200 MHz，传输线上的波长为 2 m。(a)若传输线长 0.8 m，试应用史密斯圆图求输入阻抗；(b)s 为多少？(c)从负载到最近的电压最大值的距离为多少？(d)确定距离输入端最近的一点位置，在该点处输入阻抗可以用一个纯电阻来代替。

答案：79+j99 Ω；4.50；0.0397 m；0.760 m。

下面我们来考虑两个实际传输线问题的例子。第一个是如何从实验数据来确定负载阻抗，第二个是如何设计一个单短截线匹配网络。

我们假定已经对 50 Ω 开槽传输线进行了实验测量。通过在传输线上来回移动滑动测试架测得电压最大读数和电压最小读数，从而得到电压驻波比为 2.5。如图 10.15 所示，滑动测试架移动轨上的刻度尺显示出电压最小值出现在读数为 47.0 cm 的位置处。刻度尺的零点可任意设定，并不相对应于负载的位置。通常是确定最小值位置而不是最大值位置，这是因为考虑到经整流后正弦波有尖锐的最小值，所以最小值比最大值位置更能精确地被确定。因为工作频率为 400 MHz，所以波长为 75 cm。为了精确地确定出负载的位置，我们移去负载并代之以一短路电路；这样确定出最小值位置在 26.0 cm 处。

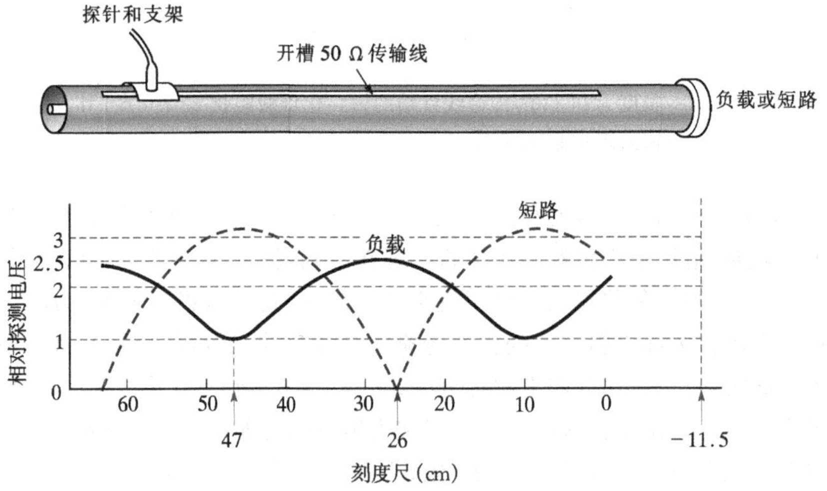

图 10.15 同轴开槽传输线的示意图。距离刻度尺刻在开槽传输线上。当接有负载时，$s=2.5$，最小值出现在刻度尺读数为 47 cm 处。当终端短路时，最小值出现在读数为 26 cm 处。波长为 75 cm

我们知道，短路电路与最小值点的距离一定是半波长的整数倍；我们可以任意假定此距离为 1 个半波长，即最小电压值点在读数为 26−37.5=−11.5 cm 处。由于负载已被短路电路所代替，所以负载也位于−11.5 cm 处。这样，我们的测试数据表明电压最小值距离负载 47−(−11.5)=58.5 cm，或者减去半个波长，则为距离负载 21.0 cm 处。这样，电压最大值距离负载 21.5−(37.5/2)=2.25 cm，或 2.25/75=0.030λ。

利用上述信息，我们现在可以回到史密斯圆图中来。在电压最大值点处的输入阻抗为一纯电阻，其值等于 sR_0；基于归一化，$z_{in}=2.5$。我们在 $z_{in}=2.5$ 处进入到史密斯圆图中，在 wtg 刻度尺上的读数是 0.250。减去 0.030 个波长就得到了负载的位置，我们发现 $s=2.5$(或者 $|\Gamma|=0.429$)的圆与指向 0.220 波长的径向线的交点位于点 $z_L=2.1+j0.8$ 处。如图 10.16

所示，给出了这种作图法的过程。这样 $Z_L = 105 + j40\ \Omega$，这个值假定出现在刻度尺读数为 −11.5 cm处，或出现在距离此位置的整数倍半波长处。当然，我们可以任意设定负载的位置，这可通过在所希望接入负载的点处放置一短路电路来实现。由于没有定义好负载的位置，所以确定负载阻抗所在的点（或面）就非常地重要。

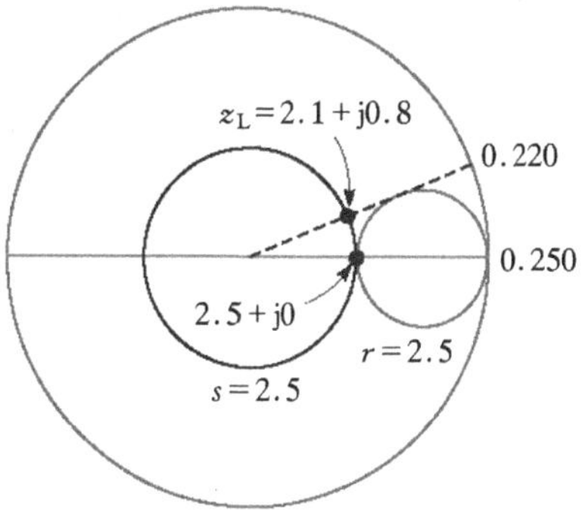

图 10.16　若长度为 0.3λ 的传输线的 $z_{in} = 2.5 + j0$，则 $z_L = 2.1 + j0.8$。

作为最后一个例子，我们采用单短截线匹配法来实现负载与特性阻抗为 50 Ω 的传输线的匹配。设单短截线的长度为 d_1，与负载的距离为 d（图 10.17）。单短截线与主传输线具有相同的特性阻抗。现在要确定的是 d_1 和 d。

单短截线的输入阻抗为一个纯电抗；当它和长度为

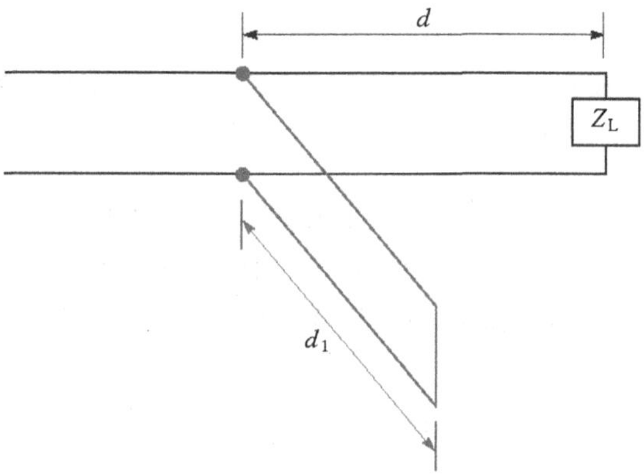

图 10.17　距离负载 Z_L 为 d 和长度为 d_1 的单短截线用于使主传输线与负载相匹配

d 终端接负载的主传输线相并联时，总输入阻抗为 $1 + j0$。对于并联形式来说，采用导纳比阻抗更加简便，因此应该用导纳概念来重新表述我们的目的：长度为 d 终端接负载的传输线导纳必须为 $1 + jb_{in}$，再附加上短截线的导纳 jb_{stub}，这样使得总导纳为 $1 + j0$。那么，我们得到短截线的导纳为 $-jb_{in}$。因此，我们将使用史密斯导纳圆图而不是史密斯阻抗圆图。

负载阻抗为 $2.1 + j0.8$，其位置在 −11.5 cm 处。因此，负载导纳为 $1/(2.1 + j0.8)$，这个值可以通过在史密斯圆图上加上 $\frac{1}{4}$ 波长来得到确定，这是由于 $\frac{1}{4}$ 波长传输线的输入阻抗 Z_{in} 为 R_0^2/Z_L，或 $z_{in} = 1/z_L$，或 $y_{in} = z_L$。如图 10.18 所示，在 $z_L = 2.1 + j0.8$ 处进入史密斯圆图，我们在 wtg 刻度尺上的读出数值 0.220；再加上（或减去）0.250，我们就可以得到与此阻抗值相对应的导纳值 $0.41 - j0.16$。这个点仍位于 $s = 2.5$ 的圆上。现在的问题是，这个圆上的哪些点其导纳的实部等于 1 呢？如图 10.18 所示，有两个答案：在 wtg = 0.16 处有 $1 + j0.95$，在 wtg = 0.34 处有 $1 - j0.95$。若我们选择第一个值，这样短截线的长度会短一些。因此，得到 $y_{stub} = -j0.95$，以及短截线的位置应在 wtg = 0.16 处。由于已经求得负载导纳的位置在 wtg = 0.47 处，所以我们必须移动 (0.5 − 0.47) + 0.16 = 0.19 个波长的距离才能到达短截线的位置。

最后，我们可以采用史密斯圆图来确定短截线的最小长度。由于任意长度短截线的输入电导都等于零，所以我们被限定在史密斯圆图的圆周上求解。在短路的终端处，有 $y=\infty$ 和 wtg=0.250。如图 10.18 所示，我们在 wtg=0.379 处求得 $b_{in}=-0.95$。因此，短截线的长度为 0.379−0.250=0.129 波长或 9.67 cm。

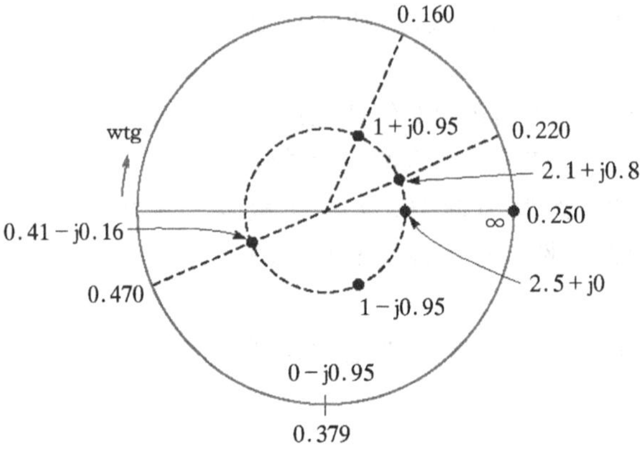

图 10.18 在距离负载端 0.19 波长处，接入一长度为 0.129 波长的短截线可以使归一化负载 $z_L=2.1+j0.8$ 达到匹配

练习 10.7 在一特性阻抗为 75 Ω 的无损耗传输线上的驻波测量表明，电压最大值和电压最小值分别为 18 V 和 5 V。一个电压最小值位于刻读尺读数为 30 cm 处。若用一个短路电路来代替负载，则发现两相邻电压最小值的位置在刻度尺上的读数分别为 17 cm 和 37 cm。试求：(a)s；(b)λ；(c)f；(d)Γ_L；(e)Z_L。

答案：3.60；0.400 m；750 MHz；0.704−33.0；77.9 + j104.7。

练习 10.8 一 50 Ω 无损耗传输线，在其终端 $z=0$ 处接有归一化负载 $z_L=2-j1$。设在传输线上的波长为 100 cm。(a)若在 $z=-d$ 处接有一短截线。问 d 最短值为多少？(b)该短截线的最短长度为多少？试求下列情况下的电压驻波比 s：(c)在主传输线上的 $z<-d$ 范围内；(d)在主传输线上的 $-d<z<0$ 范围内；(e)在短截线上。

答案：12.5 cm；12.5 cm；1.00；2.62；∞。

10.14 暂态分析

本章的大部分内容都考虑的是传输线在稳态条件下的工作状态，其中，电压和电流均为正弦函数，且在单一频率下工作。在这一节中，我们将离开简单的时谐情况，来考虑传输线对电压阶跃函数和脉冲的响应，一般称为暂态过程。在第 10.2 节中介绍有关开关电压和电流方面的内容时，我们曾经简单地讨论过这些情况。研究和分析传输线在暂态模式下的运行有着重要的意义，因为它能够使我们理解如何利用传输线来储存能量和释放能量（例如，在脉冲形成中的应用）。脉冲传输的重要性是非常普遍的，因为由脉冲序列组成的数字信号已得到了广泛的应用。

下面的讨论只限于无损耗无色散传输线中的暂态传播特性，这样我们就可以掌握基本的特性和分析方法。然而，我们必须记住正如傅里叶分析将要证明的，暂态信号一定是由许多不同频率的信号所组成。结果是，在传输线上就会产生色散现象，正如我们已经发现的，由于在复数负载情况下传输线的传播常数和反射系数都将随着频率而变化。因此，一般说来，脉冲可能会随传播距离的增加而展宽，而且当脉冲从复数负载处被反射时，脉冲的波形可能会发生变化。在这里，我们不打算详细讨论这些问题，不过当知道了 β 和 Γ 随频率变化的精确关系后，就能很容易地分析这些问题。特别地，根据式(10.41)，可以通过计算 γ 的虚部得到 $\beta(\omega)$，在 $\beta(\omega)$ 中一般包含着由于各种原因所引起的 R、C、G 和 L 的频变特性。例如，集肤效应(它影响导体的电阻和内电感)会导致电阻 R 和电感 L 的值随频率变化。一旦知道了 $\beta(\omega)$，利用在第 12 章中将介绍的方法就能够计算脉冲的展宽。

如图 10.19(a)所示，我们首先简单地讨论终端接有匹配负载 $R_L=Z_0$、长度为 l 的无损耗传输线中的暂态问题。在传输线的始端有一个电压为 V_0 的电源，它通过闭合开关连接至传输线。在 $t=0$ 的时刻，闭合开关，此时传输线在 $z=0$ 处的电压等于电源电压 V_0。然而，由于存在着传输延迟，所以需要经过一定的时间才会在负载端出现电压。具体地说，在 $t=0$ 的时刻，在传输线的电源端发出了一个电压波，然后这个电压波向负载端传播。如图 10.19 所示，这个波的前沿用 V^+ 来表示，其大小为 $V^+=V_0$。可以把这个波看成是一个传播的阶跃函数，因为在 V^+ 左边各点的传输线电压为 V_0；而在 V^+ 右边各点的传输线(波前沿尚未到达之处)电

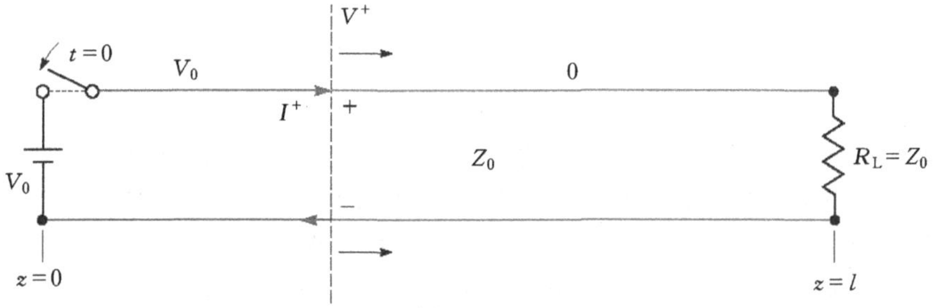

(a)

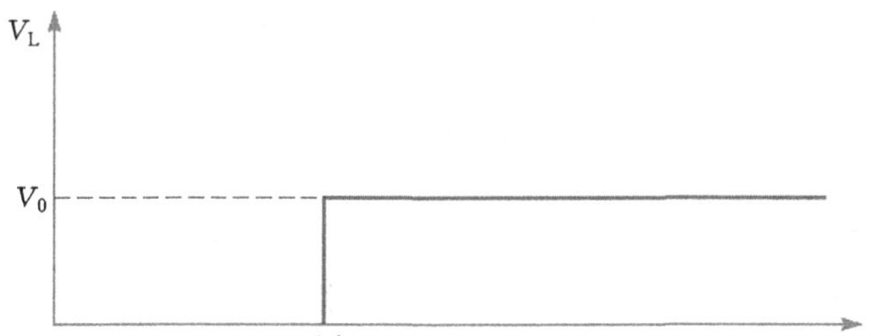

(b)

图 10.19　(a)在 $t=0$ 时刻，闭合开关将会产生电压波和电流波 V^+ 和 I^+。用虚线来表示这两个波的前沿，它们在传输线上以速度 v 向负载端传播。在这种情况下，$V^+=V_0$；在前沿左边各点的传输线电压均为 V^+，电流均为 $I^+=V^+/Z_0$。在前沿的右边各点，电压和电流均为零。这里，指定顺时针方向电流为正，并且当电压 V^+ 为正时，它确实为正。(b)负载电阻两端的电压是时间的函数，表明有一个单程的传输时间延迟 l/v

压则为零。波以速度 v 传播,该速度一般为传输线的群速度①。在 $t=l/v$ 时刻,该电压波到达负载端,由于负载匹配,所以波在负载端不会发生反射。这样,暂态过程就结束了,最终负载电压等于电源电压。在图 10.19(b)中,我们给出了负载电压随时间变化的曲线,并标明了传播延迟的时间为 $t=l/v$。

与电压波 V^+ 相联系的是一个电流波,其前沿的值为 I^+。这个电流波也是一个传播的阶跃函数,在 V^+ 左边各点处其值均为 $I^+=V^+/Z_0$;而在 V^+ 右边各点处其值均为零。负载电流随时间变化的曲线与图 10.9(b)中的负载电压随时间变化的曲线相同,只是在 $t=l/v$ 时刻,负载电流为 $I_L=V^+/Z_0=V_0/R_L$。

下面我们考虑一个更为一般的情况,如图 10.19(a)所示,负载仍为一个电阻,但与传输线不匹配($R_L\neq Z_0$)。此时,在负载处会出现反射波,会使问题变得复杂了一些。与在前面一样,在 $t=0$ 的时刻,开关闭合,一电压波 $V_1^+=V_0$ 就开始向右面传播。然而,当这个电压波到达负载端时,就会发生反射现象,从而产生一个朝反方向传播的波 V_1^-。由负载端的反射系数可以得到 V^- 和 V^+ 的关系:

$$\frac{V_1^-}{V_1^+}=\Gamma_L=\frac{R_L-Z_0}{R_L+Z_0} \tag{10.115}$$

随着 V_1^- 反方向地朝电源端传播,其前沿后面的总电压为 $V_1^++V_1^-$。在 V_1^- 传播至电源端前,V_1^- 前沿之前的传输线上任一点的电压都为 V_1^+,而当 V_1^- 传播至电源端时,整个传输线上才被充电到电压 $V_1^++V_1^-$。在电源端,V_1^- 也会被反射,由此产生了一个新的向负载端传播的波 V_2^+。由电源端的反射系数可以求得 V_2^+ 和 V_1^- 之比:

$$\frac{V_2^+}{V_1^-}=\Gamma_g=\frac{Z_g-Z_0}{Z_g+Z_0}=\frac{0-Z_0}{0+Z_0}=-1 \tag{10.116}$$

其中,阻抗 Z_g 为电源的内阻抗,或者为零。

V_2^+(其值等于$-V_1^-$)朝向负载方向传播,到达负载后会发生反射,产生一个朝反方向传播波 $V_2^-=\Gamma_L V_2^+$。当该波返回至电源端,它又发生反射,反射系数为$|\Gamma_g|$,这一过程不断地重复进行。注意到,由于$|\Gamma_L|<1$,所以在每一次来回的传播过程中电压波的大小都会被减小。正是因为上述的来回传播,这个传播波的电压最终会达到零,使得传输线达到稳态。

如果把所有到达负载的正向传播波和从负载反射的反向传播波进行叠加,就可以得到在任意时刻负载电阻上的电压。经过多次来回传播之后,负载电压一般将为

$$\begin{aligned}V_L&=V_1^++V_1^-+V_2^++V_2^-+V_3^++V_3^-+\cdots\\&=(1+\Gamma_L+\Gamma_g\Gamma_L+\Gamma_g\Gamma_L^2+\Gamma_g^2\Gamma_L^2+\Gamma_g^2\Gamma_L^3+\cdots)\end{aligned}$$

经过简单因式分解运算,上式变为

$$V_L=V_1^+(1+\Gamma_L)(1+\Gamma_g\Gamma_L+\Gamma_g^2\Gamma_L^2+\cdots) \tag{10.117}$$

若令时间趋于无穷,则式(10.117)中第二个括号内的和项就变为[$1/(1-\Gamma_g\Gamma_L)$]的幂级数展开式。这样,在稳态情况下,我们得到

$$V_L=V_1^+\left(\frac{1+\Gamma_L}{1+\Gamma_g\Gamma_L}\right) \tag{10.118}$$

---

① 由于我们把一个阶跃函数(包含许多频率分量)当作一个单频的正弦量来处理,所以波将以群速度传播。在这一节中,由于所考虑的无损耗传输线没有色散,所以 $\beta=\omega\sqrt{LC}$,其中 L 和 C 均是不随频率变化的常数。在这种情况下,我们将会发现群速度等于相速度,即 $d\omega/d\beta=\omega/\beta=v=1/\sqrt{LC}$。这样,我们将把速度记为 v,它既是群速度 v_g 也是相速度 v_p。

在我们现在的例子中，有 $V_1^+=V_0$ 和 $\Gamma_g=-1$。将它们代入式(10.118)中，我们得到所期望的在稳态情况下的结果：$V_L=V_0$。

如图 10.20 所示，更为一般的情况是有一个非零值阻抗与电源相串联。在这种情况下，一个电阻值为 R_g 的电阻与电源相串联。当开关闭合时，电源电压将加在由电阻 R_g 和传输线特性阻抗 Z_0 相串联的支路上。设初始电压波的大小为 V_1^+，它可通过简单的串联电压分配关系式求得，或

$$\boxed{V_1^+=\frac{V_0Z_0}{R_g+Z_0}} \tag{10.119}$$

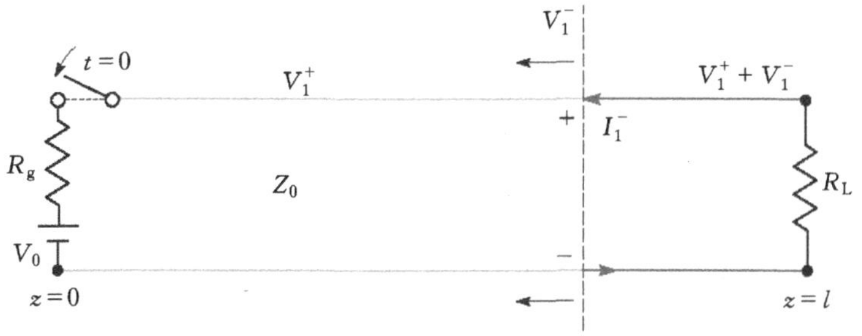

图 10.20 有一个电阻与电源相串联，当开关闭合时，就会在传输线的始端产生一个分压 $V_0=V_{rg}+V_1^+$。图中所示为第一个反射波，在它的前沿之后就是总电压 $V_1^++V_1^-$。与电压波相联系的就是电流波 I_1^-，其值为 $-V_1^-/Z_0$。我们定义逆时针方向的电流为负，它出现于 V_1^- 为正时

利用这个初始电压 V_1^+，反射波的序列和负载上电压的发展都是以式(10.117)所给定的相同方式发生的，以及由式(10.118)可以得到稳态值。根据式(10.116)，可求得在电源端的反射系数为 $\Gamma_g=(R_g-Z_0)/(R_g+Z_0)$。

一种跟踪传输线上任一点电压的有效方法就是采用电压反射图。图 10.20 中传输线的电压反射图如图 10.21(a)所示。它是一个二维图形，其中的横轴坐标 z 表示传输线上各点的位置。纵轴坐标表示时间，这样来表示时间很方便，因为时间与位置和速度都相关，且有关系式 $t=z/v$。在 $z=l$ 处画出了一条垂直于 z 轴的直线，它与纵坐标一起定义了传输线的 z 轴边界。由于开关置于电源处，所以初始电压 V_1^+ 从原点或图的左下角($z=t=0$) 出发。随着时间变化，V_1^+ 的前沿位置是从原点到对应于时间 $t=l/v$ 的右边的垂直线上(单程传输所需要的时间)点的对角线。从那里(负载位置处)，反射波前沿 V_1^- 的位置是一条反射线，它从右边界上的时间点 $t=l/v$ 到纵坐标上的时间点 $t=2l/v$。从那里(电源位置处)，波再次发生反射，并形成 V_2^+，它的前沿位置在沿平行于电压波 V_1^+ 的直线上。图中还示出了后续多次发生的反射波，也标出了它们的值。

在传输线上任意给定位置处电压随时间的变化关系，现在可以通过把上述波与该位置处垂直线的交点的电压值相加起来就可以求得。这种相加的过程是由图形的底部($t=0$)开始，一直向上(随时间增加)进行的。只要电压波与垂直线相交，其值就要相加到那个时刻的总电压值上去。例如，在图 10.21(b)中画出了从电源到负载的距离为 3/4 个波长的点处的电压波形。为了获得这个图形，我们先要在 $z=3l/4$ 处作一条垂直线。每当电压波与这条垂线相交时，就把交点上的对应电压值加到前面已积累在 $z=3l/4$ 处的电压值上去。这种通用的过程

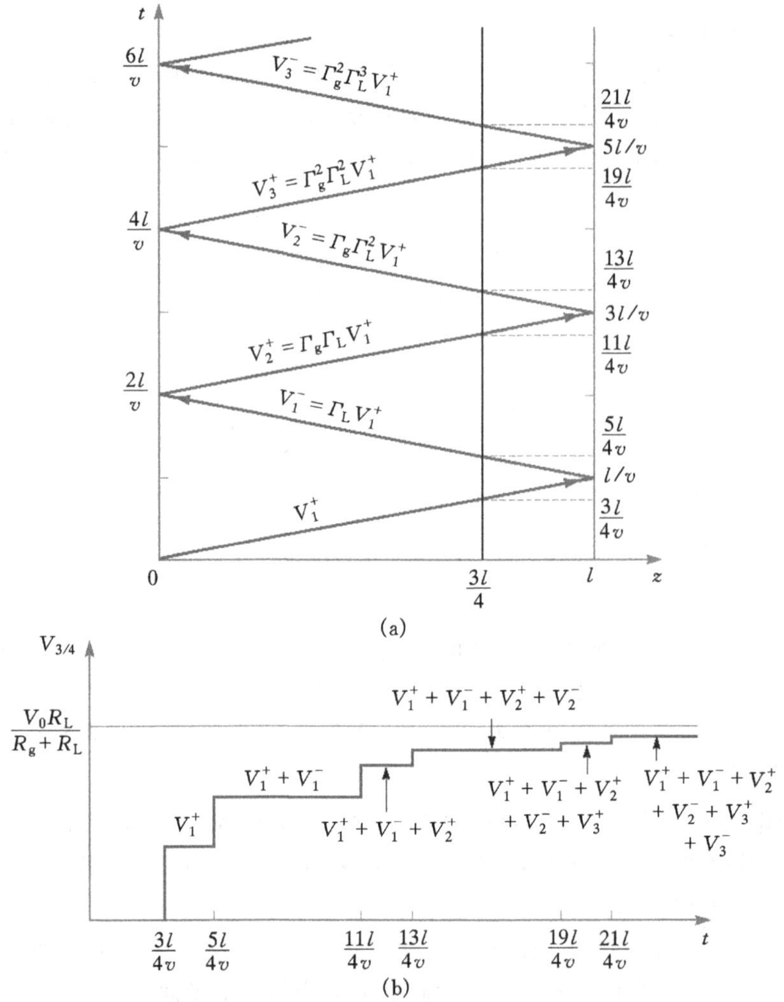

图 10.21 (a)图 10.20 中传输线的反射电压图。用在 $z=3l/4$ 处的参考线来计算此处的电压，它是一个随时间变化的函数。(b)从(a)中的反射电压图来确定在 $z=3l/4$ 处的传输线电压。可以看出，当时间趋于无穷时，电压趋于所期望的值 $V_0R_L/(R_g+R_L)$

使我们可以容易地确定传输线上任一位置处的电压在任意时刻的值。在按这样的方法去做的时候，到所选定的时刻为止式(10.117)中的已发生的项均可被加上，但是却不包括每一项出现的时间信息。

根据电流反射图，可以使用相似的方法求得传输线中的电流。通过确定出与各个电压波相关联的电流值，我们可以容易地从电压反射图直接构造出电流反射图。在处理传输线的电流时，跟踪电流的符号是一个重要的事情，这是由于它与电压波和电压波的极性有关。参考图 10.19(a)和图 10.20，我们按照惯例规定与正极性的 $+z$ 方向传播电压波相关联的电流为正。如图 10.19(a)所示，这将会导致电流按顺时针方向流动。与正极性的 $-z$ 方向传播电压波相关联的电流(这样，电流沿逆时针方向流动)为负。这样一种情况见图 10.20。在二维传输线图中，若上方导体带正电荷和下方导体带负电荷，我们规定无论是向那一个方向传播的电压波，其极性都为正。在图 10.19(a)和图 10.20 中，这两种电压波都是正极性的，这样与正方向传播波对应的电流

将确实是正的，而与反方向传播波对应的电流将确实是负的。一般说来，我们有

$$\boxed{I^{+}=\frac{V^{+}}{Z_0}} \tag{10.120}$$

和

$$\boxed{I^{-}=-\frac{V^{-}}{Z_0}} \tag{10.121}$$

式(10.121)表明，需要在与反方向传播电压波相关联的电流前面加以负号。

在图 10.22(a)中，我们示出了由图 10.21(a)的电压反射图中得到的电流反射图。注意到，电流值是用电压值来标出的，而电流的符号则是按照式(10.120)和(10.121)来确定的。在得到电流反射图之后，就可以用与采用电压反射图求电压完全相同的方法，来求电流在任意位

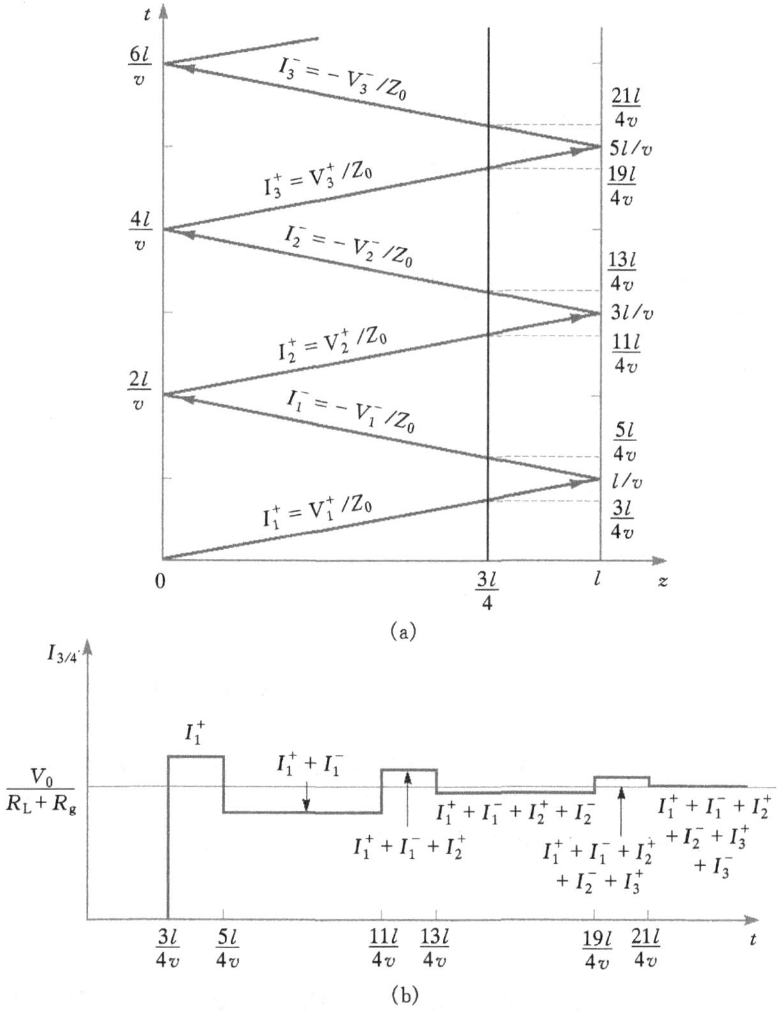

图 10.22　(a)图 10.20 中传输线的电流反射图，它是由图 10.21(a)的电压反射图导出的。(b)从电流反射图中求得的 $z=3l/4$ 位置处的电流，其期望的稳态值为 $V_0/(R_L+R_g)$

置和任意时刻的值。在图 10.22(b)中，画出了在 $z=3l/4$ 位置处电流随时间变化的曲线，其值是由电流波与直线 $z=3l/4$ 所有交点处的电流值相加求得的。

例 10.11 在图 10.20 中，$R_g=Z_0=50\ \Omega$，$R_L=25\ \Omega$，电源电压为 $V_0=10$ V。在 $t=0$ 时刻闭合开关。试求负载电阻两端的电压和流过电源的电流如何随时间而变化。

解：如图 10.23(a)和 10.23(b)所示，分别给出了电压反射图和电流反射图。在开关闭合的瞬间，一半的电源电压加在了 50 Ω 的电阻上，而另一半则构成了初始电压波。这样有 $V_1^+=(1/2)V_0=5$ V。当初始电压波到达 25 Ω 的负载时，它将被反射，其反射系数为

$$\Gamma_L=\frac{25-50}{25+50}=-\frac{1}{3}$$

因此有，$V_1^-=-V_1^+/3=(-5/3)V$。当这个波返回至电源时，它所遇到的反射系数为 $\Gamma_g=0$。这样，不再会有反射波出现；传输线达到稳态。

一旦得到了电压波，我们就可以画出电流反射图。两个电流波的值分别为

$$I_1^+=\frac{V_1^+}{Z_0}=\frac{5}{50}=\frac{1}{10}\ \text{A}$$

和

$$I_1^-=-\frac{V_1^-}{Z_0}=-\left(\frac{5}{3}\right)\left(\frac{1}{50}\right)=\frac{1}{30}\ \text{A}$$

应该注意到，这里没有打算从 I_1^+ 来求出 I_1^-。这两个电流值都是分别从与它们各自相应的电压值中获得的。

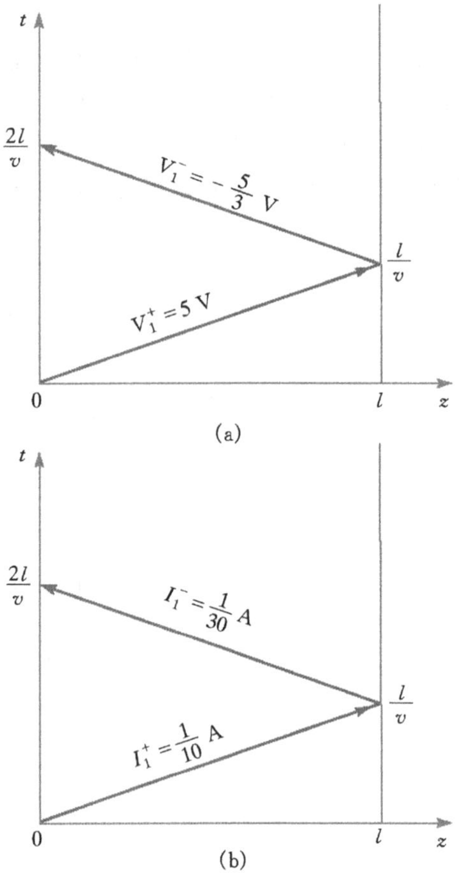

图 10.23 例 10.11 的电压(a)和电流(b)的反射图

通过将沿负载位置处的垂直线上的电压相加，现在可以求得随时间变化的负载端电压。其结果如图 10.24(a)所示。而流过电源中的电流则可以通过将沿纵轴上的电流相加求得，其结果如图 10.24(b)所示。注意到在稳态情况下，我们可以将电路看成是集总电路，其中电源是与 50 Ω 和 25 Ω 的两个电阻相串联的。因此，我们期望流过电源的稳态电流(其它任意处)为

$$I_{B(稳态)}=\frac{10}{50+25}=\frac{1}{7.5}\ \text{A}$$

也可以从 $t>2l/v$ 时的电流反射图中求得流过电源的电流的这个值。类似地，稳态的负载电压应为

$$V_L=V_0\frac{R_L}{R_g+R_L}=\frac{(10)(25)}{50+25}=\frac{10}{3}\ \text{V}$$

也可以从 $t>l/v$ 时的电压反射图中求出这个值。

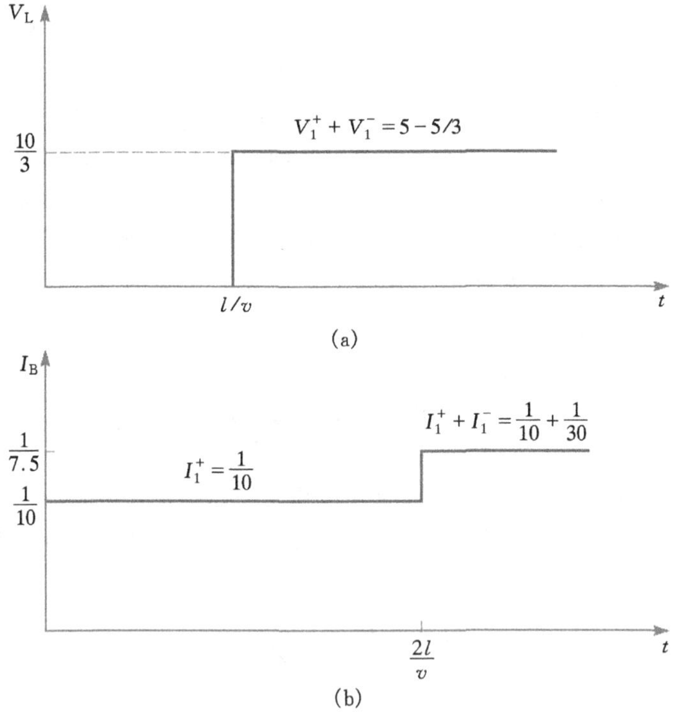

图 10.24　从图 10.23(例 10.11)的反射图中，得到的负载两端的电压(a)和流过电源的电流(b)

另一种类型的暂态问题涉及到传输线**带有初始电荷**。在这种情况下，我们感兴趣的是传输线通过负载放电的方式。考虑如图 10.25 所示的情况，一特性阻抗为 Z_0 的传输线带有初始电荷，当闭合电阻处的开关时，传输线通过电阻 R_g 放电[①]。我们现在来考虑电阻位于 $z=0$ 处；传输线的另一端(位于 $z=l$ 处)是开路(这是必须的)的情况。

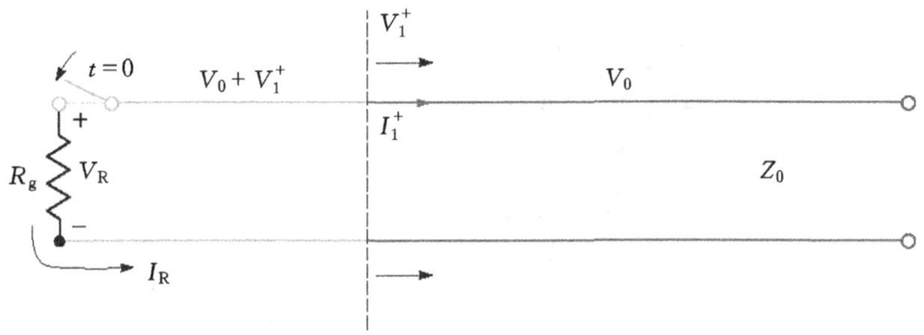

图 10.25　如图所示，在初始已经充好电的传输线中，闭合开关将激励出一个与初始电压极性相反的电压波。这样，这个波与传输线上原来的电压波相抵消，并且若有 $R_g=Z_0$，经过一个来回的传播就会使传输线达到完全地放电

① 尽管这是一个负载电阻，但是因为其位于传输线的输入(电源)端，所以我们仍然把它叫做 R_g。

当开关闭合时，电流 I_R 开始流过电阻，传输线放电过程开始。这个电流并不是立刻就流至传输线的每一点，而是先从电阻处开始，随着时间的增加，由近及远地出现在传输线上离电阻较远的地方。打个比方，现在考虑在红灯处的一列汽车。当灯由红变绿时，前面的汽车首先驶过交叉路口，排在后面的汽车紧接着逐次地驶过交叉路口。事实上，将运动着的车和停止不动的车划分开来的点仍然是一个波，这个波就是一个朝向车队后方传播的波。在传输线中，电荷的流动也是以与此相似的方式传播的。先发出一个电压波 V_1^+，然后逐次地向右传播。在电压波 V_1^+ 前沿的左边，传输线上的电荷处于运动状态；而在前沿的右边，传输线上的电荷静止不动且保持其原来的密度。随着放电过程的发生，伴随着电荷向 V_1^+ 左边运动的是电荷密度的降低，这样 V_1^+ 左边的传输线电压被部分地减小。这个电压为初始电压 V_0 与 V_1^+ 之和，实际上意味着 V_1^+ 一定是负的(或其符号与 V_0 相反)。可以通过跟踪 V_1^+ 在传输线上的传播以及在两端所经历的多次反射过程，来对传输线放电过程进行分析。为此目的，也可以像在前面一样采用电压反射图和电流反射图。

若参考图 10.25，我们可以看出，对于正极性电压 V_0 来说，流过电阻的电流将为逆时针方向，所以其值取为负。根据电流连续性条件，我们还知道电阻电流等于与电压波相关联的电流，或

$$I_R = -I_1^+ = -\frac{V_1^+}{Z_0}$$

现在，电阻电压将为

$$V_R = V_0 + V_1^+ = I_R R_g = -I_1^+ R_g = -\frac{V_1^+}{Z_0} R_g$$

负号的出现是由于 V_R(具有正极性)是由负电流 I_R 产生的。求解 V_1^+，得

$$\boxed{V_1^+ = -\frac{-V_0 Z_0}{Z_0 + R_g}} \tag{10.122}$$

在求得 V_1^+ 之后，我们就可以建立电压反射图和电流反射图。电压反射图如图 10.26 所示。可以看出，电压反射图横轴上的电压 V_0 就是传输线上电压 V_0 分布的初始条件。另外，这个图也可以按以前的方法画出来，但是应取 $\Gamma_L = 1$(在开路的负载终端)。这样，传输线放电的变化过程将取决于开关处的电阻值 R_g，R_g 确定着在开关处的反射系数 Γ_g。像在前面一样，也可以由电压反射图得到电流反射图。这里不需要考虑初始电流。

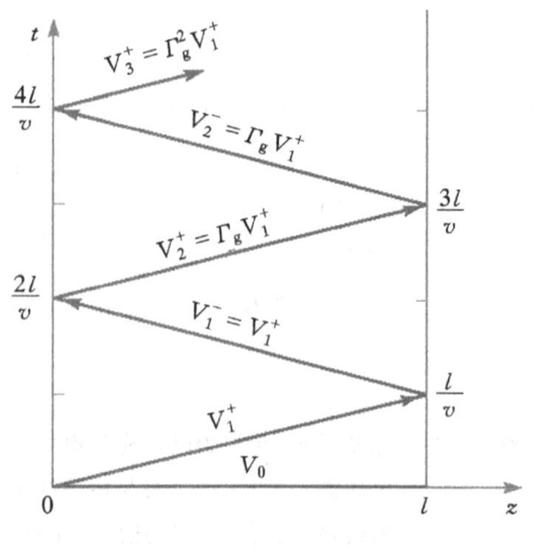

图 10.26 图 10.25 的带电传输线的电压反射图，给出了在 $t=0$ 时刻传输线上各处电压 V_0 的初始条件

在实际中，一种非常重要的特殊情况是电阻与传输线相匹配，或 $R_g = Z_0$。在这种情况下，由式(10.122)可得 $V_1^+ = -V_0/2$。此时，经过一次来回的传播就可以使传输线达到完全地放电，并在电阻上产生一个值为 $V_R = V_0/2$ 的电压，这一过程持续的时间为 $T = 2l/v$。电阻电压随时间变化的曲线如图 10.27 所示。以这种形式应用的传输线

称为脉冲形成线；假定开关动作足够快，那么采用这种方式所形成的脉冲的波形好、噪声低。已有基于晶闸管开关的商用元件，它能够产生数个纳秒级宽度的高压脉冲。

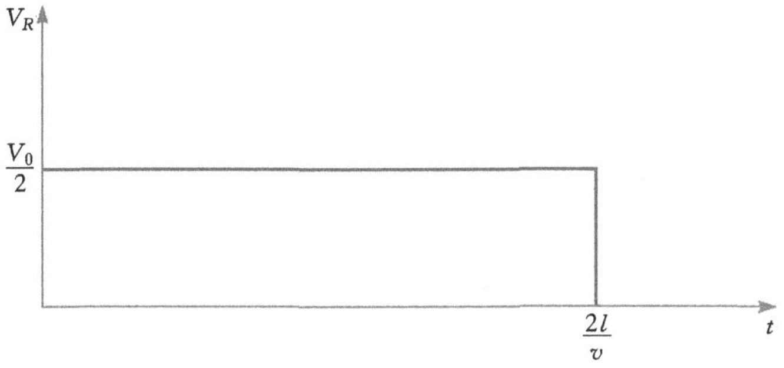

图 10.27　由图 10.26 的反射图求得的电阻电压随时间变化的曲线，其中 $R_g = Z_0 (\Gamma_g = 0)$

当电阻和传输线不匹配时，传输线也能达到完全地放电，不过需要经过多次反射，这将会产生一个复杂的脉冲波形。

例 10.12　如图 10.25 所示，带电传输线的特性阻抗为 $Z_0 = 100\ \Omega$，$R_g = 100/3\ \Omega$。传输线被充电到初始电压为 $V_0 = 160$ V，在 $t=0$ 时刻开关闭合。试确定并画出在 $0 < t < 8l/v$ 期间(4 次来回)的电阻电压和电流分布。

解：根据给定的 R_g 和 Z_0，由式(10.47)可以得到 $\Gamma_g = -1/2$。那么，利用 $\Gamma_L = 1$，由式(10.122)，我们得到：

$$V_1^+ = V_1^- = -\frac{3}{4}V_0 = -120\ \text{V}$$

$$V_2^+ = V_2^- = \Gamma_g V_1^- = +60\ \text{V}$$

$$V_3^+ = V_3^- = \Gamma_g V_2^- = -30\ \text{V}$$

$$V_4^+ = V_4^- = \Gamma_g V_3^- = +15\ \text{V}$$

将这些值应用到电压反射图上，我们可以计算出实时的电阻电压值，即从 $t=0$ 时刻的值 $V_0 + V_1^+$ 开始，沿左边垂直轴向上移动，依次将电压波与垂直轴交点处的电压值相加，最后就能得到电阻电压。应该注意到，当将沿垂直轴的电压相加的时候，我们会遇到入射波和反射波的交点，它以 $2l/v$ 的整数倍间隔(在时间上)地出现。因此，当沿垂直轴向上移动时，我们在它每一次出现时都要将这两种电压波加到总电压值上去。这样，在每个时间间隔内的电压为

$$V_R = V_0 + V_1^+ = 40\ \text{V} \qquad (0 < t < 2l/v)$$

$$= V_0 + V_1^+ + V_1^- + V_2^+ = -20\ \text{V} \qquad (2l/v < t < 4l/v)$$

$$= V_0 + V_1^+ + V_1^- + V_2^+ + V_2^- + V_3^+ = 10\ \text{V} \qquad (4l/v < t < 6l/v)$$

$$= V_0 + V_1^+ + V_1^- + V_2^+ + V_2^- + V_3^+ + V_3^- + V_4^+ = -5\ \text{V} \quad (6l/v < t < 8l/v)$$

如图 10.28(a)所示，给出了在所求时间间隔内的最终电压随时间的变化曲线。

将图 10.28(a)中的电压除以 $-R_g$，就可以非常容易地得到流过电阻的电流。作为一个示范，我们也可以采用图 10.22(a)中的电流反射图来获得这个结果。根据式(10.120)和(10.121)，我们通过计算可以得到以下电流波：

$$I_1^+ = V_1^+/Z_0 = -1.2\ \text{A}$$

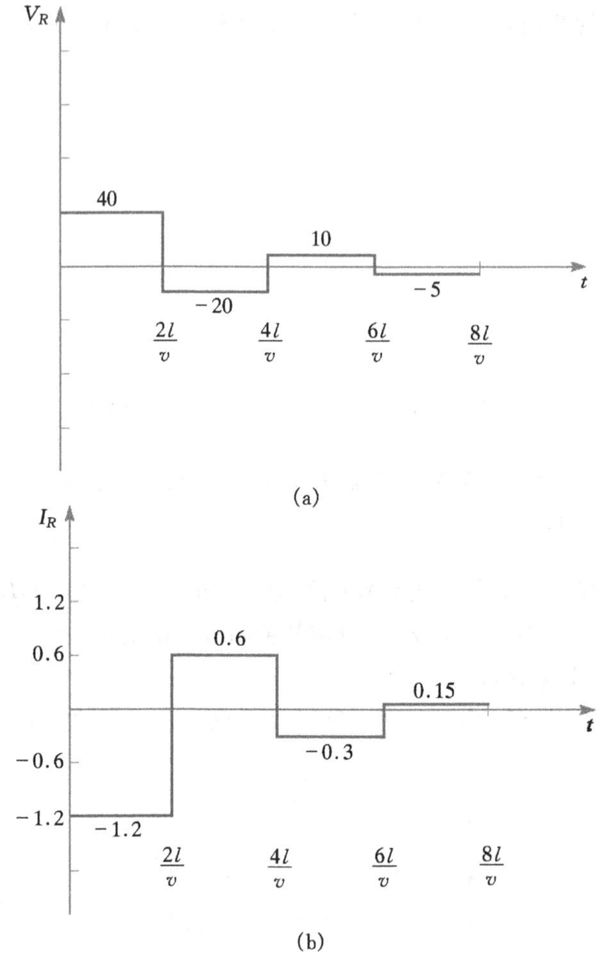

图 10.28　图 10.25 中传输线的电阻电压(a)和电流(b)随时间的变化曲线，其参数值与例 10.12 中的相同

$$I_1^- = -V_1^-/Z_0 = +1.2\ \text{A}$$
$$I_2^+ = -I_2^- = V_2^+/Z_0 = +0.6\ \text{A}$$
$$I_3^+ = -I_3^- = V_3^+/Z_0 = -0.3\ \text{A}$$
$$I_4^+ = -I_4^- = V_4^+/Z_0 = +0.15\ \text{A}$$

现在，将这些电流值应用到电流反射图上去。如图 10.22(a)所示，我们沿左边垂直轴向上移动，将流过电阻的电流累加起来，这种方法与在电压图中的方法相同。最后的结果如图 10.28(b)所示。为了对所得到的图的正确性做进一步的验证，我们注意到在传输线开路端($z=l$)的电流一定总是等于零。因此，将右边垂直轴上方的电流求和，它在任一时刻的值一定总是等于零。鼓励读者对此进行验证。

参考文献

1. White, H. J., P. R. Gillette, and J. V. Lebacqz. "*The Pulse-Forming Network*." New York: Dover, 1965。该书中第 6 章"脉冲发生器",由 G. N. Glasoe 和 J. V. Lebacqz 编著。

72. Brown, R. G., R. A. Sharpe, W. L. Hughes, and R. E. Post. *Lines, Waves, and Antennas*. 2d ed. New York: The Ronald Press Company, 1973。该书前 6 章包含了传输线内容,有许多例子。

3. Cheng, D. K. *Field and Wave Electromagnetics*. 2d ed. Reading, Mass.: Addison-Wesley, 1989. 该书提供有许多史密斯圆图和传输线暂态问题的例子。

4. Seshadri, S. R. *Fundamentals of Transmission Lines and Electromagnetic Fields*. Reading, Mass.: Addison-Wesley, 1971.

习题 10

WWW Animations

10.1 在角频率为 $\omega=6\times10^8$ rad/s 时,某一传输线的参数为 $L=0.35\ \mu\text{H/m}$, $C=40$ pF/m, $G=75\ \mu\text{S/m}$, $R=17\ \Omega/\text{m}$。试求 γ, α, β, λ, Z_0。

10.2 一传输线上的正弦波电压和电流的相量形式为:

$$V_s(z)=V_0 e^{\alpha z} e^{j\beta z} \text{ 和 } I_s(z)=I_0 e^{\alpha z} e^{j\beta z} e^{j\varphi}$$

V_0 和 I_0 都是实数。(a)试问这个波向哪个方向传播?为什么?(b)已知 $\alpha=0$, $Z_0=50\Omega$,波速为 $v_p=2.5\times10^8$ m/s,角频率为 $\omega=10^8\ \text{s}^{-1}$。试求 R,G,L,C,λ 和 φ。

10.3 某一无损耗传输线的特性阻抗为 72 Ω。若 $L=0.5\ \mu\text{H/m}$,求:(a)C;(b)v_p;(c)在 $f=80$ MHz 时的 β。(d)若传输线终端接一 60 Ω 的负载,求 Γ 和 s。

10.4 在一特性阻抗为 Z_0 的无损耗传输线中,一振幅为 V_0,角频率为 ω,相位常数为 β 的正弦电压波沿正 z 方向朝开路负载端传播。在传输线的终端,电压波全反射并且无相位移,现在反射波与入射波相互干扰从而在传输线上形成驻波(如例题 10.1)。求传输线上电流的驻波。写出其瞬时表达式并加以简化。

10.5 工作频率为 $f=60$ MHz 时,某一传输线的两个特性参数为 $Z_0=50\ \Omega$ 和 $\gamma=0+j0.2\pi\ \text{m}^{-1}$。(a)求传输线的 L 和 C。(b)在 $z=0$ 处有一个 $Z_L=60+j80$ 的负载,问从负载到输入阻抗为 $Z_{in}=R_{in}+j0$ 的点的最短距离为多少?

10.6 在习题 10.1 中,在传输线的 50 米处增加一个 50 Ω 的负载,将 100 W 的信号施加于传输线的输入端。(a)求传输线上的损耗分布(dB/m)。(b)求负载端的反射系数。(c)求负载电阻的损耗功率。(d)与原输入功率相比,负载电阻的损耗功率代表多少功率衰减(dB)?(e)如果在负载端是部分反射,有多少功率返回到输入端?与原输入功率 100 W 相比,代表有多少功率衰减(dB)?

10.7 一发射器和接收器由一对级联的传输线相连接。在给定的工作频率下,测量得到传输线 1 的损耗为 0.1 dB/m,传输线 2 的损耗为 0.2 dB/m。通信线路由 40 m 长的传输线

1 与 25 m 长的传输线 2 组成。在两条传输线的连接处，测量得到的绞接损耗为 2 dB。若发射功率为 100 mW，问接收到的功率为多少？

10.8 一种绝对功率的测量刻度为 dBm，其中功率用相对于 1 mW 的分贝数来定义。具体地说，$P(\text{dBm}) = 10\log_{10}[P(\text{mW})/1\ \text{mW}]$。假定一接收器的灵敏度为 -20 dBm，即为了充分地对传输线的电子数据进行译码时接收器必须收到的最小功率。假设这个发射器连接到一个 50 Ω 传输线的负载端，传输线长 100 米，功率以 0.09 dB/m 的速率衰减。接收器的阻抗为 7 5Ω，所以与传输线不匹配。问传输线用以下各单位表示的最小输入功率为多少(a) dBm，(b)mW？

10.9 将一正弦电压源施加于一阻抗 $Z_g=50-j50\ \Omega$ 和长度为 L 的无损耗传输线相串联的电路上，传输线负载端为短路。传输线的特性阻抗为 50 Ω，测量得到波长为 λ。(a)在电源端的总输入阻抗为 50 Ω 时，根据波长来确定传输线的最短长度。(b)还有其它长度的传输线能满足(a)吗？若有，长度应为多少？

10.10 两条特性阻抗不同的无损耗传输线首尾相接。它们的阻抗分别为 $Z_{01}=100\ \Omega$ 和 $Z_{03}=25\ \Omega$。工作频率为 1GHz。(a)为了使连接点处阻抗匹配，若在两条传输线之间接入一段四分之一波长传输线，其特性阻抗 Z_{02} 应为多少，才能使得总传输功率通过这 3 条传输线。(b)已知中间传输线的单位长度电容为 100pF/m，求满足阻抗匹配条件的该传输线的最短长度(m)。(c)若 3 段传输线的参数仍然如(a)和(b)中给定的，但工作频率提高到 2 GHz。求从传输线 1 入射的波看出的在传输线 1 和 2 连接点处的输入阻抗。(d)在(c)的参数条件下，由传输线 1 输入功率，求传输线 1 中的电压驻波比，和反射并返回到传输线 1 输入端的功率占输入功率的比。

10.11 一条原参数为 L、C、R 和 G 的传输线长度为 l，其终端接一复阻抗负载 R_L+jX_L。在传输线输入端，接有一直流电压源 V_0。假设上述所有参数均为频率为零时的值，求下列情况下负载所消耗的稳态功率：(a)$R=G=0$；(b)$R=0,G=0$；(c)$R=0,G=0$；(d)$R=0,G=0$。

10.12 某一电路由一个正弦电压源、电压源内阻和负载阻抗串联所组成。我们知道，当电源内阻与负载阻抗形成复共轭时，电源供给负载的功率为最大功率。现在，假定将负载阻抗 $Z_L=R_L+jX_L$ 移至某一长度为 l 无损耗传输线的终端处，该传输线的特性阻抗为 Z_0。若电源内阻抗为 $Z_g=R_g+jX_g$，试写出求解传输线长度 l 所需要的一个方程，从而使得负载能获得最大功率。

10.13 某一无损耗传输线的特性阻抗 $Z_0=50\ \Omega$ 和相速 $v_p=2\times10^8$ m/s，传输线上输入电压波为 $V^+(z,t)=200\cos(\omega t-\pi z)$ V。(a)求 ω；(b)求 $I^+(z,t)$，若用在 $z=0$ 处的负载 $Z_L=50+j30\ \Omega$来代替 $z>0$ 部分的传输线；求：(c)Γ_L；(d)$V_s^-(z)$；(e)在 $z=-2.2$ m 处的 V_s。

10.14 一无损耗传输线的特性阻抗为 $Z_0=50\ \Omega$，一 10 V 正弦信号发生器和 50 Ω 电阻相串联后，再连接到传输线输的入端。传输线长度为四分之一波长。在传输线的另一端连接一个阻抗 $Z_L=50-j50\ \Omega$ 的负载。(a)求从电压源和电阻端向传输线看进去的输入阻抗值；(b)求负载的损耗功率；(c)求负载电压。

10.15 对图 10.29 所示的传输线，求频率为(a)60 Hz；(b)500 kHz 时的 $V_{s,out}$。

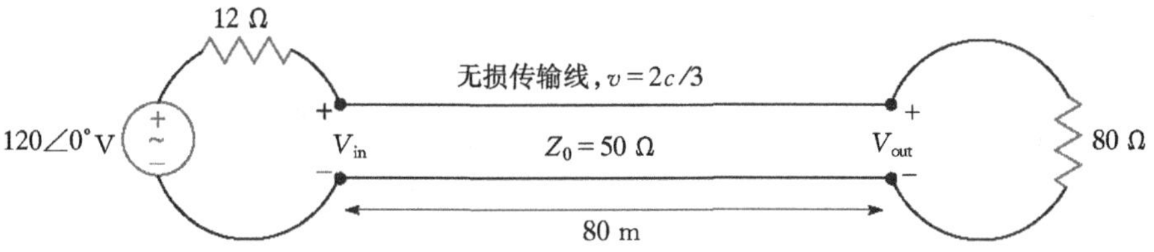

图 10.29　习题 10.15 图示

10.16　一 100 Ω 的无损耗传输线与一 40 Ω、长 $\lambda/4$ 的传输线相连接。四分之一波长传输线的另一端接有一个 25 Ω 的电阻。一携带平均功率为 50 W 的正弦波(频率为 f)由 100 Ω 传输线入射。(a)求四分之一波长传输线的输入阻抗。(b)求负载电阻所消耗的平均功率(c)现在假设工作频率减小到原来的一半。求在此情况下输入阻抗的新值 Z'_{in}。(d)在新的工作频率下，求反射传输线输入端的功率(W)。

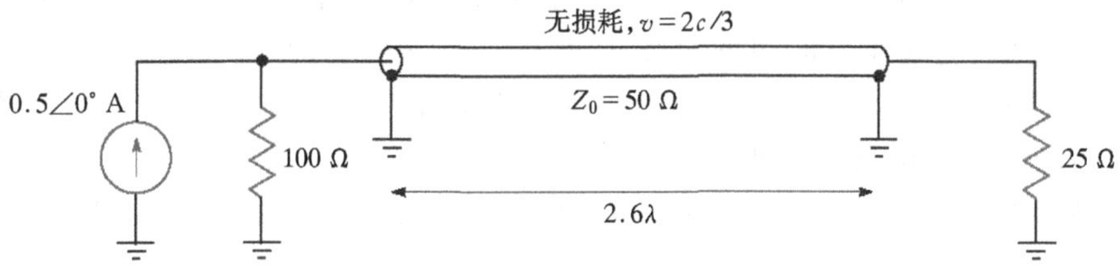

图 10.30　习题 10.17 图示

10.17　确定在图 10.30 中各电阻所吸收的平均功率。

10.18　图 10.31 中所示为无损耗的传输线。求线 1 和线 2 的 s。

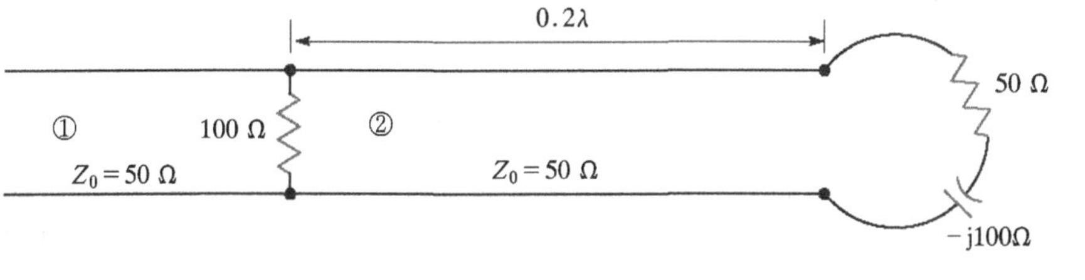

图 10.31　习题 10.18 图示

10.19　一无损耗传输线长 50 cm，工作频率为 100 MHz。传输线参数为 $L=0.2\ \mu H/m$ 和 $C=80\ pF/m$。传输线在终端 $z=0$ 处被短路，在 $z=-20$ cm 处有一负载 $Z_L=50+j20\ \Omega$ 并接在传输线上。若输入电压为 100∠0° V，问传输至负载 Z_L 的平均功率为多少？

10.20　(a)确定图 10.32 中传输线的 s，已知电介质为空气；(b)求输入阻抗；(c)若 $\omega L=10$，求 I_s；(d)当 $\omega=1$ Grad/s 时，L 值为多大可得到电流 $|Is|$ 的最大值？对于这个 L 值，试计算：(e)电源所提供的平均功率；(f)传输至负载 $Z_L=40+j30\ \Omega$ 的平均功率。

10.21　一条电介质为空气的无损耗传输线的特性阻抗为 400 Ω。传输线工作在200 MHz频率下，且 $Z_{in}=200-j200\ \Omega$。采用解析法或史密斯圆图法(或两种方法)，求：(a)s；(b)

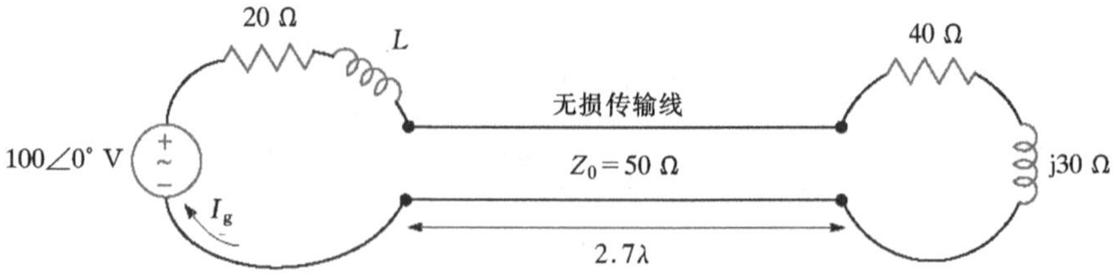

图 10.32 习题 10.20 图示

Z_L，若传输线长 1 m；(c)从负载到最近的电压最大值点的距离。

10.22 一个 75 Ω 无损耗传输线终端接一个未知负载阻抗。测出电压驻波比为 10，在距离负载 0.15 波长处测得第一个电压最小值。利用史密斯圆图，求：(a)负载阻抗值；(b)反射系数的大小和相位；(c)满足纯电阻性输入阻抗条件的传输线最短长度。

10.23 一无损耗传输线终端的归一化负载为 2+j1。令 $\lambda=20$ m，应用史密斯圆图法求：(a)从负载到输入阻抗为 $z_{in}=r_{in}+j0$ 的点的最短距离，其中 $r_{in}>0$；(b)该点的 z_{in} 值；(c)若在该点将传输线切断，并将包含 z_L 的那一部分传输线移去。此时，将(a)中的电阻 $r=r_{in}$跨接在传输线上。求剩余长度为 L 的传输线上的 s 是多少？(d)从该电阻到 $z_{in}=2+j1$的点的最短距离为多少？

10.24 借助于史密斯圆图，绘制出图 10.33 中所示传输线的 $|Z_{in}|$ 随 l 变化的曲线。其中，$0<l/\lambda<0.25$。

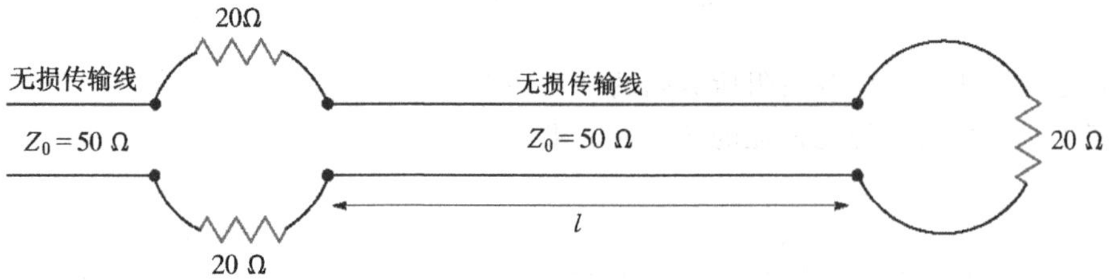

图 10.33 习题 10.24 图示

10.25 一特性阻抗为 300 Ω 的传输线在 $z=0$ 处被短路。一电压最大值 $|V|_{max}=10$ V 出现在 $z=-25$ cm 处，一电压最小值 $|V|_{min}=0$ 出现在 $z=-50$ cm 处。应用史密斯圆图法求 Z_L(用该负载来代替短路)，若电压的读数为：(a)在 $z=-5$ cm 处的 $|V|_{max}=12$ V，$|V|_{min}=5$ V；(b)在 $z=-20$ cm 处 $|V|_{max}=17$ V，$|V|_{min}=0$。

10.26 一个 50 Ω 无损耗传输线的长度为 1.1λ。传输线终端接一未知的负载阻抗。50 Ω 传输线的输入端与一 75 Ω 无损耗传输线的负载端相连接。75 Ω 传输线上的电压驻波比测量值为 4，在距离两条传输线连接点之前 0.2λ 处，测得 75 Ω 传输线上的第一个电压最大值。利用史密斯圆图求负载阻抗值。

10.27 一无损耗传输线的特性导纳($Y_0=1/Z_0$)为 20 mS。传输线终端负载的导纳为 $Y_L=40-j20$ mS。应用史密斯圆图法求：(a)s；(b)在 $l=0.15\lambda$ 时的 Y_{in}；(c)从 Y_L 到最近电压最大值点的距离，用波长的数来表示。

10.28 某一无损耗传输线的波长为 10 cm。若归一化输入阻抗为 $z_{in}=1+j2$，试应用史密斯圆图来确定：(a)s；(b)z_L，设传输线长 12 cm；(c)x_L，设 $z_L=2+jx_L$，其中 $x_L>0$。

10.29　一特性阻抗为 60 Ω 无损耗传输线上的驻波比为 2.5。探针测量出的线上电压最小值点用一个小刻线作为标记。当负载用一短路电路代替时，最小值点的间距为 25 cm，其中一个最小值点位于距离小刻线向电源方向的 7 cm 处。求 Z_L。

10.30　由圆截面无损耗导线构成的某双线传输线，在终端被渐渐地拉成一个像打蛋器似的耦合环。在图 10.34 中箭头所示的点 X 处，跨接有一个短路电路。有一个探针沿着传输线移动，测出向左距离点 X 的 16 cm 处出现了第一个电压最小值。若将短路电路移去，发现电压最小值位于点 X 左方 5 cm 处，而电压最大值位于最小值点的 3 倍远处。应用史密斯圆图确定：(a)f；(b)s；(c)从点 X 向右看进去的归一化输入阻抗。

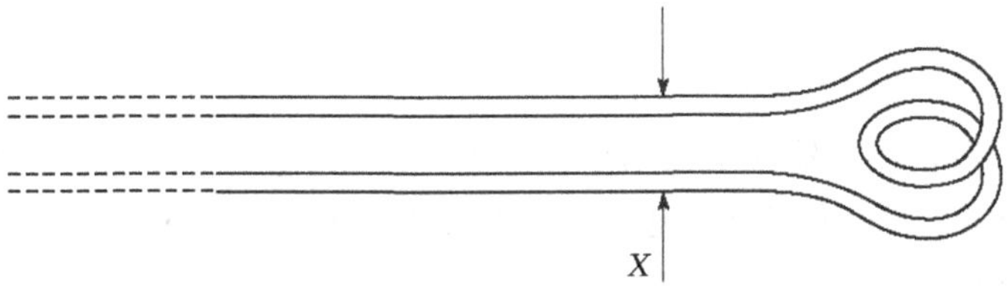

图 10.34　习题 10.30 图示

10.31　为了比较一个驻波的电压最大值和最小值的相对尖锐度，假设有一个负载 $z_L=4+j0$ 位于 $z=0$ 处。令 $|V|_{min}=1$，$\lambda=1$ m。试确定：(a)最小值的宽度，其中，$|V|<1.1$；(b)最大值的宽度，其中，$|V|>4/1.1$。

10.32　在图 10.17 中，令 $Z_L=250\ \Omega$，$Z_0=50\ \Omega$。若要使短路短截线左边的主传输线达到完全匹配，求最短的插入距离 d 和短路短截线的最短长度 d_1。用波长表示所有答案。

10.33　在图 10.17 中，令 $Z_L=40-j10\ \Omega$，$Z_0=50\ \Omega$，$f=800$ MHz，$v=c$。(a)求短路短截线的最短长度 d_1，若要使短路短截线左边的主传输线达到完全匹配，求短路短截线距离负载的最短距离 d；(b)对开路短截线重复上述计算。

10.34　图 10.35 中的传输线工作在 $\lambda=100$ cm 下。若 $d_1=10$ cm，$d=25$ cm，传输线与短截线左边匹配，问 Z_L 为多大？

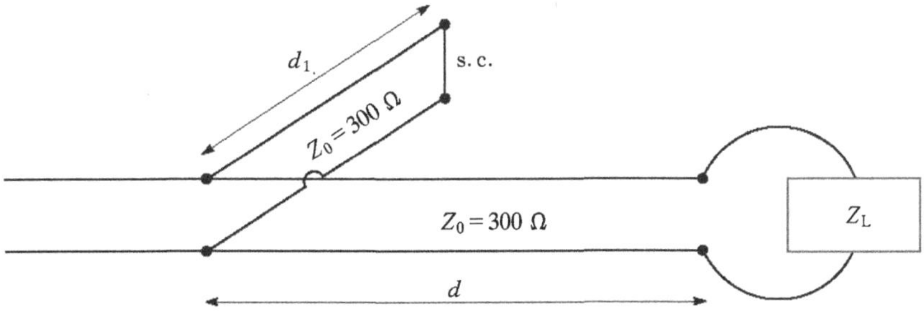

图 10.35　习题 10.34 图示

10.35　一负载 $Z_L=25+j75\ \Omega$ 位于一无损耗双线传输线的终端 $z=0$ 处，传输线的 $Z_0=50\ \Omega$ 和 $v=c$。(a)若 $f=300$ MHz，求使输入导纳实部为 $1/Z_0$ 和虚部为负值时的最短距离 $d(z=-d)$。(b)若要在传输线的其余部分产生一个单位驻波比，则在该点应跨接一个多大的电容 C？

10.36 图 10.36 中所示为无损耗双线传输线，其特性阻抗为 $Z_0=200\ \Omega$。若 $\lambda=100$ cm，求 d 以及能产生匹配负载的最短的 d_1。

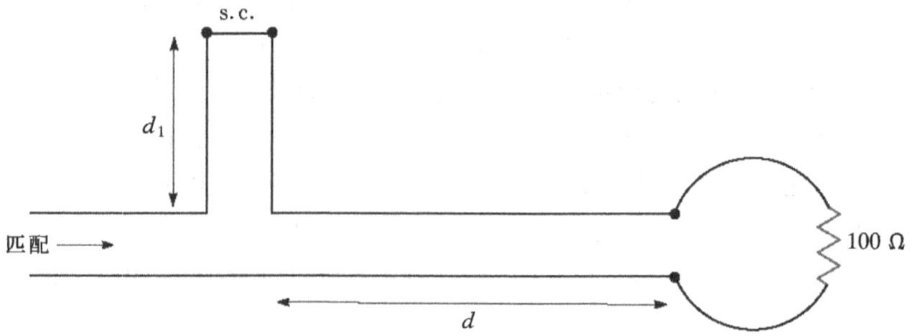

图 10.36 习题 10.36 图示

10.37 在图 10.20 所示的传输线中，有 $R_L=Z_0=50\ \Omega$ 和 $R_g=25\ \Omega$。通过构造适当的电压反射图和电流反射图，求出负载电阻电压以及流经电源的电流随时间变化的函数，并画出相应的曲线。

10.38 在 $Z_0=50\ \Omega$ 和 $R_L=R_g=25\ \Omega$ 条件下，重复习题 10.37。并对时间间隔$0<t<8l/v$做出分析。

10.39 在图 10.20 所示传输线中，$Z_0=50\ \Omega$ 和 $R_L=R_g=25\ \Omega$。在 $t=0$ 时开关闭合，而在 $t=l/4v$ 时开关又打开，这样将会在传输线上产生一个矩形电压波。构造此情况下的一个恰当的电压反射图，并用它来画出负载电阻电压在 $0<t<8l/v$ 时的波形（注意，打开开关相当于发出第二个电压波，其值在其尾流中留下一个净的零电流）。

10.40 在图 10.25 所示的带电传输线中，特性阻抗为 $Z_0=100\ \Omega$，$R_g=300\ \Omega$。传输线上的初始电压为 $V_0=160$ V，在 $t=0$ 时开关闭合。当 $0<t<8l/v$（4 个往返时间）时，求出电阻两端的电压和流经电阻的电流，并画出其波形。这个问题实际上是例题 10.12 中带电传输线基本问题的另一种特殊情况，在这里，有 $R_g>Z_0$。

10.41 在图 10.37 所示传输线中，开关位于传输线的中间点处，并在 $t=0$ 时开关闭合。构造在这种情况下的一个电压反射图，其中 $R_L=Z_0$。画出负载电阻电压随时间变化的曲线。

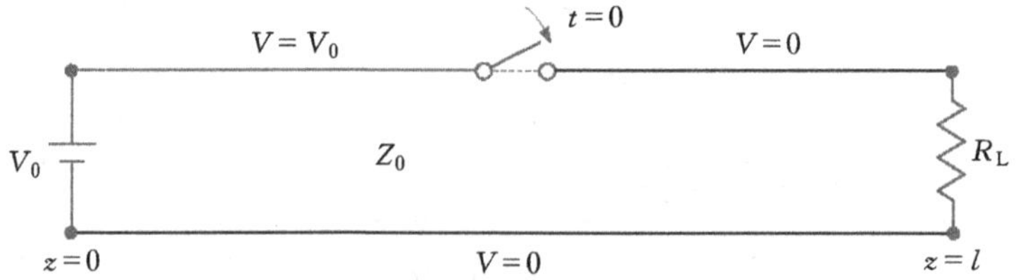

图 10.37 习题 10.41 图示

10.42 图 10.38 所示为一个简单的冻结波发生器。在 $t=0$ 时刻，两个开关同时闭合。构造在这情况下的一个恰当的电压反射图，其中 $R_L=Z_0$。确定负载电阻电压随时间变化的函数，并画出其波形。

10.43 图 10.39 所示，$R_L=R_0$，$R_g=Z_0/3$。在 $t=0$ 时，开关闭合。求解并画出关于时间的函数(a)R_L 两端的电压；(b)R_g 两端的电压；(c)电池中流过的电流。

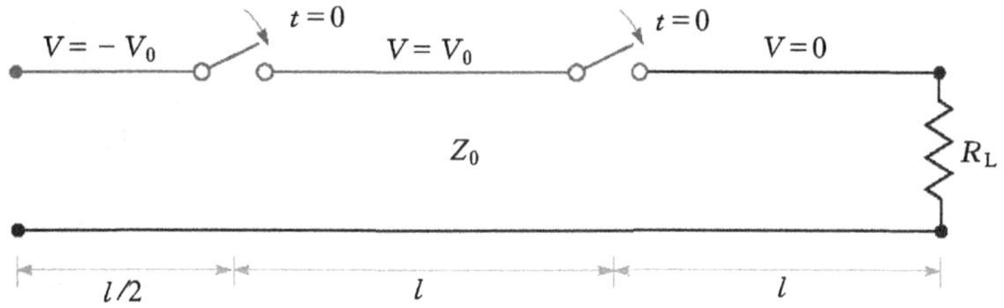

图 10.38　习题 10.42 图示

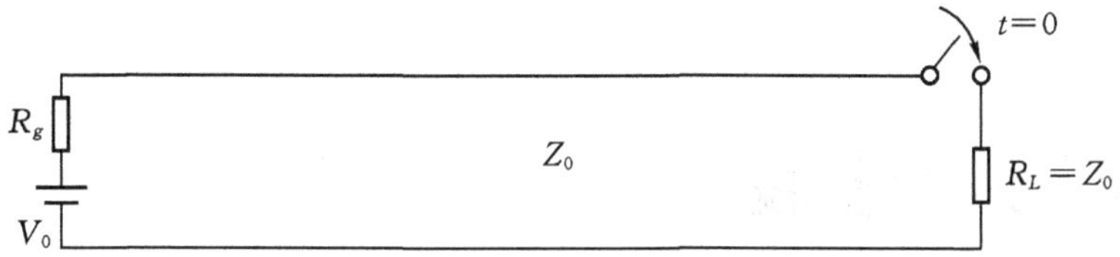

图 10.39　习题 10.43 图示

第11章

均匀平面电磁波

本章讨论麦克斯韦方程在电磁波传播问题中的应用。均匀平面电磁波是一种最简单的电磁波，它不仅适用于作为入门知识介绍，而且具有非常实际的重要性。在实际中遇到的电磁波常常可以看成是均匀平面电磁波。在这一章的学习中，我们将研究电磁波传播的基本原理，理解决定波传播速度的物理过程以及衰减可能发生的范围。我们还将推导和应用坡印亭定理来求解波所携带的能量。最后，我们将学习如何描述电磁波的极化。

11.1　自由空间中波的传播

首先，我们简单地回顾一下麦克斯韦方程，并从中寻找波现象的线索。在第10章中，我们看到了电压和电流作为波是怎样在传输线中传播的，并且了解了电压和电流的存在意味着电场和磁场的存在。这样，我们就可以认为传输线就是一种支撑场的结构，使得场像波一样沿其长度方向向前传播。可以证明，是由于场在传输线中产生了电压波和电流波，然而如果没有电压和电流赖以存在的结构，场将会仍然存在，并将会传播。在自由空间中，场不会被任何确定的结构所约束，这样它们可以具有任意的大小和任意的方向，其具体形式基本上是由产生它们的装置(例如天线)所决定。

当考虑在自由空间中的电磁波时，我们注意到在媒质内是无源的($\rho_v = \boldsymbol{J} = 0$)。在这样的条件下，仅仅使用 $\boldsymbol{E}$ 和 $\boldsymbol{H}$ 描述的麦克斯韦方程可以写成如下形式：

$$\boxed{\nabla \times \boldsymbol{H} = \varepsilon_0 \frac{\partial \boldsymbol{E}}{\partial t}} \tag{11.1}$$

$$\boxed{\nabla \times \boldsymbol{E} = -\mu_0 \frac{\partial \boldsymbol{H}}{\partial t}} \tag{11.2}$$

$$\boxed{\nabla \cdot \boldsymbol{E} = 0} \tag{11.3}$$

$$\boxed{\nabla \cdot \boldsymbol{H} = 0} \tag{11.4}$$

现在，让我们来看看是否能在不求解它们的条件下，就能从这四个方程中推导出波动方程。方程式(11.1)表明若某点的电场 $\boldsymbol{E}$ 随时间变化，那么在该点的磁场 $\boldsymbol{H}$ 就会有旋度，因此，磁场在垂直于其自身的空间方向上会发生变化。同样地，若电场 $\boldsymbol{E}$ 随时间变化，那么磁场 $\boldsymbol{H}$ 一般也会随时间变化，尽管不必以相同的方式变化。另一方面，我们由方程式(11.2)看到，一个随时间变化的磁场 $\boldsymbol{H}$ 会产生一个旋度不等于零的电场 $\boldsymbol{E}$，且电场在垂直于其自身的空间方向上会发生变化。我们现在又有了一个变化的电场，这就是我们开始的猜测，不过这个电场仅仅出现在离初始扰动点的一个小距离的范围内。我们可以猜测(正确地)这种效应背离初始扰动点运动的速度就是光速，但是若要验证这一个结论，就必须更详细地检查麦克斯韦方程。

我们假定存在着一种均匀平面电磁波，在其中场 $\boldsymbol{E}$ 和 $\boldsymbol{H}$ 都位于某一横向平面上，就是说这个平面的法向方向就是波传播方向。此外，根据定义，电场 $\boldsymbol{E}$ 和磁场 $\boldsymbol{H}$ 在这个横向平面上为常数。由于这个原因，有时也把这样的波称为横电磁(TEM)波。这样，所要求的两个场都同时在垂直于其自身的空间方向上所发生的变化就将只能出现在传播方向上或在垂直于横向平面的方向上。例如，假设 $\boldsymbol{E}=E_x\boldsymbol{a}_x$，或电场被沿 x 方向所极化。若再假定波沿 z 方向传播，那么我们就只能认为电场在空间中只随 z 变化。根据方程式(11.2)，在这些限制条件下，我们注意到 $\boldsymbol{E}$ 的旋度可化为简单的一个项：

$$\nabla\times\boldsymbol{E}=\frac{\partial E_x}{\partial z}\boldsymbol{a}_y=-\mu_0\frac{\partial\boldsymbol{H}}{\partial t}=-\mu_0\frac{\partial H_y}{\partial t}\boldsymbol{a}_y \tag{11.5}$$

在式(11.5)中，电场 $\boldsymbol{E}$ 的旋度方向决定了 $\boldsymbol{H}$ 的方向，我们观察到的 $\boldsymbol{H}$ 是沿着 y 方向的。因此，在均匀平面波中，电场的方向、磁场的方向和波的传播方向三者是相互垂直的。由于磁场只含 y 方向分量，且仅在 z 方向上变化，所以方程式(11.1)可简化为

$$\nabla\times\boldsymbol{H}=-\frac{\partial H_y}{\partial z}\boldsymbol{a}_x=\varepsilon_0\frac{\partial\boldsymbol{E}}{\partial t}=\varepsilon_0\frac{\partial E_x}{\partial t}\boldsymbol{a}_x \tag{11.6}$$

可以将方程式(11.5)和方式(11.6)更简洁地写为

$$\boxed{\frac{\partial E_x}{\partial z}=-\mu_0\frac{\partial H_y}{\partial t}} \tag{11.7}$$

$$\boxed{\frac{\partial H_y}{\partial z}=-\varepsilon_0\frac{\partial E_x}{\partial t}} \tag{11.8}$$

将这两个方程与第 10 章中的无损传输线电报方程[第 10 章中的方程式(10.20)和方程式(10.21)]加以比较。像在前一章中处理电报方程一样，可以对方程式(11.7)和式(11.8)做进一步的处理。具体地说，我们将方程式(11.7)对 z 求偏微分，得到

$$\frac{\partial^2 E_x}{\partial z^2}=-\mu_0\frac{\partial^2 H_y}{\partial t\partial z} \tag{11.9}$$

然后，将方程式(11.8)对 t 求偏微分：

$$\frac{\partial^2 H_y}{\partial z\partial t}=-\varepsilon_0\frac{\partial^2 E_x}{\partial t^2} \tag{11.10}$$

将方程式(11.10)代入方程式(11.9)中，有

$$\boxed{\frac{\partial^2 E_x}{\partial z^2}=\mu_0\varepsilon_0\frac{\partial^2 E_x}{\partial t^2}} \tag{11.11}$$

这个方程与第 10 章中的方程式(10.13)完全相似，我们把它称为在自由空间中沿 x 方向极化

的横电磁波的电场波方程。从方程式(11.11)中,我们进一步可以认为波传播速度:

$$\boxed{v=\frac{1}{\sqrt{\mu_0\varepsilon_0}}=3\times10^8\ \mathrm{m/s}=c} \tag{11.12}$$

其中,c 是自由空间中的光速。同理,将方程式(11.7)对 t 求偏微分,将方程式(11.8)对 z 求偏微分,得到磁场波方程,其形式与方程式(11.11)相似:

$$\boxed{\frac{\partial^2 H_y}{\partial z^2}=\mu_0\varepsilon_0\frac{\partial^2 H_y}{\partial t^2}} \tag{11.13}$$

如同在第 10 章中所讨论的,方程式(11.11)和式(11.13)的解将是正 z 方向传播的波与负 z 方向传播的波之和,其一般形式为[对应于方程式(11.11)的情况]:

WWW Animations

$$\boxed{E_x(z,t)=f_1(t-z/v)+f_2(t+z/v)} \tag{11.14}$$

其中,f_1 和 f_2 仍然可以是以 $t\pm z/v$ 为自变量的任意函数。

从这里开始,我们立即专门分析某一给定频率的正弦函数,并用正 z 方向传播的余弦波和负 z 方向传播的余弦波来写出方程式(11.11)的解。因为波是正弦变化的,所以我们将波速表示为相速 v_p。这样,波可以被写为

$$\begin{aligned}E_x(z,t)&=\mathscr{E}_x(z,t)+\mathscr{E}'_x(z,t)\\&=|E_{x0}|\cos[\omega(t-z/v_\mathrm{p})+\phi_1]+|E'_{x0}|\cos[\omega(t+z/v_\mathrm{p})+\phi_2]\\&=\underbrace{|E_{x0}|\cos[\omega t-k_0z+\phi_1]}_{\text{正}z\text{方向传播}}+\underbrace{|E'_{x0}|\cos[\omega t+k_0z+\phi_2]}_{\text{负}z\text{方向传播}}\end{aligned} \tag{11.15}$$

在上式第二行中,取 $v_\mathrm{p}=c$,这是因为波是在自由空间中传播的。另外,自由空间中的波数定义为

$$\boxed{k_0\equiv\frac{\omega}{c}\ \mathrm{rad/m}} \tag{11.16}$$

与在分析传输线问题中一样,我们把式(11.15)称为电场的瞬时表达式。它是我们可以通过实验测量得到的数学表达式。式(11.15)中的 k_0z 和 ωt 两项都具有角度的单位,通常采用弧度表示。我们知道 ω 为角频率,表示每单位时间内的相位移大小,其单位为 rad/s。同样地,k_0 可以理解为一个空间频率,它现在表示沿 z 方向每单位距离的相位移大小,其单位为 rad/m。我们注意到,k_0 为在自由空间中均匀平面电磁波无损耗传播的相位常数。自由空间中的波长等于相位移为 2π 的空间两点之间的距离(假设时间固定不变),或

$$k_0z=k_0\lambda=2\pi\rightarrow\boxed{\lambda=\frac{2\pi}{k_0}\ (\text{真空})} \tag{11.17}$$

均匀平面电磁波传播的方式与我们在传输线中遇到的情况是相同的。特别地,在这里我们考虑式(11.15)中正向传播余弦函数波上的某一个点(例如波峰)。对于所出现的一个波峰来说,余弦函数的自变量必须是 2π 的整数倍数。若考虑在正弦波中的第 m 个波峰,则这个条件成为

$$k_0z=2m\pi$$

这样,让我们现在来考虑在所选正弦波中的这一个点,看看随着时间的增加,会发生什么现象。为了跟踪所选的点,我们的要求是余弦函数的整个自变量在任意时刻都为 2π 的相同整数倍

数。因此，我们现在的条件变为

$$\omega t - k_0 z = \omega(t - z/c) = 2m\pi \tag{11.18}$$

随着时间的增加，位置 z 的值也必须增加以便满足条件式(11.18)。这说明波峰(和整个波)向正 z 方向以相速 c 运动。同理，式(11.15)中自变量为 $\omega t+k_0 z$ 的余弦函数表示了一个向负 z 方向运动的波，因为随着时间的增加，z 的值现在必须减小以保持自变量不变。为简便起见，我们在本章中将只限于分析向正 z 方向传播的波。

与在上一章中讨论传输线的方法相同，我们将式(11.15)的瞬时场用相量形式来表示。这样，对于式(11.15)中向正向传播的场，我们把它可以写成

$$\boxed{\mathscr{E}_x(z,t) = \frac{1}{2}\underbrace{|E_{x0}|\,\mathrm{e}^{\mathrm{j}\phi_1}}_{E_{x0}}\mathrm{e}^{-\mathrm{j}k_0 z}\mathrm{e}^{\mathrm{j}\omega t} + \mathrm{c.\,c.} = \frac{1}{2}E_{xs}\mathrm{e}^{\mathrm{j}\omega t} + \mathrm{c.\,c.} = \mathrm{Re}[E_{xs}\mathrm{e}^{\mathrm{j}\omega t}]} \tag{11.19}$$

其中，c. c. 表示共轭复数，而且我们把相量电场定义为 $E_{xs}=E_{x0}\mathrm{e}^{-\mathrm{j}k_0 z}$。如在式(11.19)中所示，$E_{x0}$ 是复数振幅(包括了相位角 ϕ_1)。

例 11.1 试写出 $\mathscr{E}_y(z,t)=100\cos(10^8 t-0.5z+30°)$ V/m 的相量表达式。

解：我们首先写出指数形式的表达式

$$\mathscr{E}_y(z,t) = \mathrm{Re}[100\mathrm{e}^{\mathrm{j}(10^8 t-0.5z+30°)}]$$

然后去掉 Re 和删去 $\mathrm{e}^{\mathrm{j}10^8 t}$，最后得到相量表达式为

$$E_{ys}(z) = 100\mathrm{e}^{-\mathrm{j}0.5z+\mathrm{j}30°}$$

必须注意的是，在上面对角度采用了混合的单位名称；也就是说，0.5z 用弧度作单位，而 30°用度数。如果给定一个标量或一个矢量的相量表达式，我们可以容易地写出其瞬时表达式。

例 11.2 已知一均匀平面电磁波电场的复数振幅为 $\boldsymbol{E}_0 = 100\boldsymbol{a}_x + 20\angle 30°\ \boldsymbol{a}_y$ V/m，若波在自由空间中向正 z 方向传播，且频率为 10 MHz，试写出电场的相量表达式和瞬时表达式。

解：首先，我们写出电场的相量表达式：

$$\boldsymbol{E}_s(z) = [100\boldsymbol{a}_x + 20\mathrm{e}^{\mathrm{j}30°}\boldsymbol{a}_y]\mathrm{e}^{-\mathrm{j}k_0 z}$$

其中，$k_0 = \omega/c = 2\pi\times 10^7/(3\times 10^8) = 0.21$ rad/m。这样，根据在式(11.19)中所表达的规则，可以写出瞬时表达式为

$$\begin{aligned}\mathscr{E}(z,t) &= \mathrm{Re}[100\mathrm{e}^{-\mathrm{j}0.21z}\mathrm{e}^{\mathrm{j}2\pi\times 10^7 t}\boldsymbol{a}_x + 20\mathrm{e}^{\mathrm{j}30°}\mathrm{e}^{-\mathrm{j}0.21z}\mathrm{e}^{\mathrm{j}2\pi\times 10^7 t}\boldsymbol{a}_y] \\ &= \mathrm{Re}[100\mathrm{e}^{\mathrm{j}(2\pi\times 10^7 t-0.21z)}\boldsymbol{a}_x + 20\mathrm{e}^{\mathrm{j}(2\pi\times 10^7 t-0.21z+30°)}\boldsymbol{a}_y] \\ &= 100\cos(2\pi\times 10^7 t - 0.21z)\boldsymbol{a}_x + 20\cos(2\pi\times 10^7 t - 0.21z + 30°)\boldsymbol{a}_y\end{aligned}$$

显然，我们知道任何场量对时间求偏微分相当于将其相应的相量表达式乘以 $\mathrm{j}\omega$。例如，我们可将方程式(11.8)表示(采用正弦场)为

$$\frac{\partial \mathscr{H}_y}{\partial z} = -\varepsilon_0\frac{\partial \mathscr{E}_x}{\partial t} \tag{11.20}$$

其中，采用了与式(11.19)相同的方式，有

$$\mathscr{E}_x(z,t) = \frac{1}{2}E_{xs}(z)\mathrm{e}^{\mathrm{j}\omega t} + \mathrm{c.\,c.} \quad 和 \quad \mathscr{H}_y(z,t) = \frac{1}{2}H_{ys}(z)\mathrm{e}^{\mathrm{j}\omega t} + \mathrm{c.\,c.} \tag{11.21}$$

将式(11.21)中的场量代入式(11.20)中，可以把后者简化为

$$\boxed{\frac{\mathrm{d}H_{ys}(z)}{\mathrm{d}z}=-\mathrm{j}\omega\varepsilon_0 E_{xs}(z)} \tag{11.22}$$

在得到这个方程时，我们首先注意到在式(11.21)中的共轭复数项产生了它们各自的分立的方程，即多余的方程式(11.22)；其次，同时删去了两边的指数因子 $e^{j\omega t}$；最后，由于相量 H_{ys} 仅与 z 有关，所以对 z 求偏微分变成了求全微分。

接下来，我们将上述结果应用于麦克斯韦方程，以得到它们的相量形式。将由式(11.21)所表示的场代入方程式(11.1)至方程式(11.4)，有

$$\boxed{\nabla\times\boldsymbol{H}_s=\mathrm{j}\omega\varepsilon_0\boldsymbol{E}_s} \tag{11.23}$$

$$\boxed{\nabla\times\boldsymbol{E}_s=-\mathrm{j}\omega\mu_0\boldsymbol{H}_s} \tag{11.24}$$

$$\boxed{\nabla\cdot\boldsymbol{E}_s=0} \tag{11.25}$$

$$\boxed{\nabla\cdot\boldsymbol{H}_s=0} \tag{11.26}$$

应该注意到，式(11.25)和式(11.26)都不再是独立的方程，这是因为它们可以通过分别求式(11.23)和式(11.24)的散度而得到。

应用方程式(11.23)至方程式(11.26)可以得到在自由空间中波方程的正弦稳态矢量形式。首先，我们对方程式(11.24)两边取旋度：

$$\nabla\times\nabla\times\boldsymbol{E}_s=-\mathrm{j}\omega\mu_0\nabla\times\boldsymbol{H}_s=\nabla(\nabla\cdot\boldsymbol{E}_s)-\nabla^2\boldsymbol{E}_s \tag{11.27}$$

其中，最后面的量为一个恒等式，它定义了矢量 $\boldsymbol{E}_s$ 的拉普拉斯算子：

$$\boxed{\nabla^2\boldsymbol{E}_s=\nabla(\nabla\cdot\boldsymbol{E}_s)-\nabla\times\nabla\times\boldsymbol{E}_s}$$

从方程式(11.25)中，我们注意到 $\nabla\cdot\boldsymbol{E}_s=0$。利用这一结果，并将式(11.23)代入式(11.27)中，我们得到

$$\boxed{\nabla^2\boldsymbol{E}_s=-k_0^2\boldsymbol{E}_s} \tag{11.28}$$

其中，仍然有 $k_0=\omega/c=\omega\sqrt{\mu_0\varepsilon_0}$。方程式(11.28)称为自由空间中的矢量亥姆霍兹方程[①]。即使是在直角坐标系中，它的展开式也相当复杂，因为会产生 3 个相量形式的标量方程(每个矢量分量都有一个对应的标量方程)，且在每个方程中都有 4 项。若仍然应用 ∇ 算子符号，则方程式(11.28)的 x 分量成为

$$\boxed{\nabla^2 E_{xs}=-k_0^2 E_{xs}} \tag{11.29}$$

展开上式中的算子，可以得到一个二阶偏微分方程

$$\frac{\partial^2 E_{xs}}{\partial x^2}+\frac{\partial^2 E_{xs}}{\partial y^2}+\frac{\partial^2 E_{xs}}{\partial z^2}=-k_0^2 E_{xs}$$

再一次，假设在一个均匀平面电磁波中的 E_{xs} 不随 x 或 y 变化，则在上式中对应于 x 和 y 的两个偏微分为零，我们得到

$$\boxed{\frac{\mathrm{d}^2 E_{xs}}{\mathrm{d}z^2}=-k_0^2 E_{xs}} \tag{11.30}$$

我们已经知道其解为

① 亥姆霍茨(1821～1894)在柏林大学工作时，是一位生理学、电动力学和光学教授。赫兹是他的学生。

$$\boxed{E_{xs}(z) = E_{x0}\mathrm{e}^{-\mathrm{j}k_0 z} + E'_{x0}\mathrm{e}^{\mathrm{j}k_0 z}} \tag{11.31}$$

让我们现在重新返回到麦克斯韦方程式(11.23)至式(11.26)中去，来确定磁场 $\boldsymbol{H}$ 的形式。若给定电场 $\boldsymbol{E}_s$，磁场 $\boldsymbol{H}_s$ 很容易地从方程式(11.24)中得到

$$\nabla \times \boldsymbol{E}_s = -\mathrm{j}\omega\mu_0 \boldsymbol{H}_s \tag{11.24}$$

由于 E_{xs} 仅与 z 有关，所以上式可以被大大地简化：

$$\frac{\mathrm{d}E_{xs}}{\mathrm{d}z} = -\mathrm{j}\omega\mu_0 H_{ys}$$

应用式(11.31)中的 E_{xs}，我们得到

$$\begin{aligned} H_{ys} &= -\frac{1}{\mathrm{j}\omega\mu_0}[(-\mathrm{j}k_0)E_{x0}\mathrm{e}^{-\mathrm{j}k_0 z} + (\mathrm{j}k_0)E'_{x0}\mathrm{e}^{\mathrm{j}k_0 z}] \\ &= E_{x0}\sqrt{\frac{\varepsilon_0}{\mu_0}}\mathrm{e}^{-\mathrm{j}k_0 z} - E'_{x0}\sqrt{\frac{\varepsilon_0}{\mu_0}}\mathrm{e}^{\mathrm{j}k_0 z} = H_{y0}\mathrm{e}^{-\mathrm{j}k_0 z} + H'_{y0}\mathrm{e}^{\mathrm{j}k_0 z} \end{aligned} \tag{11.32}$$

其瞬时表达式为

$$\boxed{H_y(z,t) = E_{x0}\sqrt{\frac{\varepsilon_0}{\mu_0}}\cos(\omega t - k_0 z) - E'_{x0}\sqrt{\frac{\varepsilon_0}{\mu_0}}\cos(\omega t + k_0 z)} \tag{11.33}$$

其中，E_{x0} 和 E'_{x0} 均假定为实数。

总之，我们从式(11.32)中发现，在自由空间中，正向传播波的电场振幅和磁场振幅之间有如下的关系式：

$$\boxed{E_{x0} = \sqrt{\frac{\mu_0}{\varepsilon_0}}H_{y0} = \eta_0 H_{y0}} \tag{11.34a}$$

我们还发现，负向传播波的电场振幅和磁场振幅之间有如下的关系式：

$$\boxed{E'_{x0} = -\sqrt{\frac{\mu_0}{\varepsilon_0}}H'_{y0} = -\eta_0 H'_{y0}} \tag{11.34b}$$

式中，自由空间的波阻抗定义为

$$\boxed{\eta_0 = \sqrt{\frac{\mu_0}{\varepsilon_0}} = 377 \doteq 120\,\pi\,\Omega} \tag{11.35}$$

η_0 的单位为 Ω，这容易从其定义电场 E(单位为 V/m)和磁场 H(单位为 A/m)的比值中看出。也可以与传输线的特性阻抗 Z_0 直接地相比拟，在那里传输线的特性阻抗 Z_0 定义为电压行波和电流行波之比。我们注意到，在式(11.34a)和(11.34b)之间有一个负号之差异。这与在第 10 章中的传输线表达式(10.25a)和式(10.25b)是相似的。那两个表达式分别反映了与正向电压波和负向电压波相关联的正电流和负电流的含义。同理，式(11.34a)表明对于一个向 $+z$ 方向传播的均匀平面电磁波来说，若在某一时刻，某一给定点处的电场矢量位于空间中的正 x 方向，则磁场矢量位于空间中的 $+y$ 方向。而对向 $-z$ 方向传播的均匀平面电磁波来说，若其电场矢量为 $+x$ 方向，则磁场矢量为 $-y$ 方向。这个结果的物理意义是与电磁波中的功率流的定义有关的，功率流是由坡印亭矢量 $\boldsymbol{S}=\boldsymbol{E}\times\boldsymbol{H}$(单位为 $\mathrm{W/m^2}$)来定义。$\boldsymbol{E}$ 和 $\boldsymbol{H}$ 的叉乘给出了波传播的真实方向，显然这样在式(11.34b)中有一个负号是必要的。有关功率传输的问题将在第 11.3 节中进行讨论。

从图 11.1(a)和 11.1(b)中，我们会对场在空间中的变化方式有一些感受。在图 11.1(a)

中示出了 $t=0$ 时刻的电场强度，给出了在三条线上场的瞬时值，即 z 轴、位于 $x=0$ 平面和 $y=0$平面内平行于 z 轴的任意两条直线。由于场在垂直于 z 轴的平面上是均匀的，所以它沿这三条线的变化规律是相同的。在一个波长 λ 内场的变化会完成一次完整的循环。在图 11.1(b)中，给出了在同一时刻和同一点的磁场 H_y 值。

实际上，不可能真正地存在一个均匀平面电磁波，因为它至少在两个空间方向上扩展至无限远处，意味着含有无限大的能量。然而，在一定的范围内，辐射天线的远区场基本上是一个均匀平面电磁波，例如，到达远方目标的雷达信号几乎就是一个均匀平面电磁波。

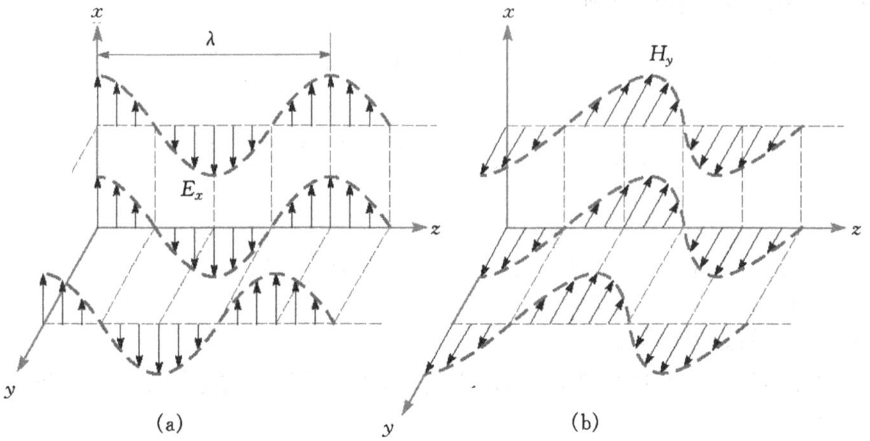

图 11.1 (a)在 $t=0$ 时刻，沿 z 轴上、$x=0$ 平面内和 $y=0$ 平面内平行于 z 轴的任意一条直线上的 $E_{x0}\cos[\omega(t-z/c)]$瞬时值如箭头所示。(b)相应于电场的磁场 H_y 的瞬时值。在空间任意点，E_x 和 H_y 在时间上是同相的

尽管我们只是考虑了一种在时间上和在空间中都作正弦变化的电磁波，但是对波方程的解进行适当的组合就可以得到所期望的任意形式的波，并且其满足方程式(11.14)。若采用傅里叶级数对无穷多个谐波分量合成，就可以得到一个在时间上和在空间中都作周期性变化的方波或者三角波。利用傅里叶积分法由我们已经得到的基本解也可以获得非周期性波。在更高级的电磁场理论书籍中会讨论到这些问题。

WWW Animations

练习 11.1 沿 $\mathbf{a}_z$ 方向传播的均匀平面电磁波，其电场的大小为 250 V/m。若 $\mathbf{E}=E_x\mathbf{a}_x$ 和 $\omega=1.00$ Mrad/s，试求：(a)频率；(b)波长；(c)周期；(d) $\mathbf{H}$ 的大小。

答案：159 kHz; 1.88 km; 6.28 μs; 0.663 A/m。

练习 11.2 在自由空间中，均匀平面电磁波的 $H_s=(2\angle-40°\mathbf{a}_x-3\angle20°\mathbf{a}_y)e^{-j0.07z}$ A/m。试求：(a) ω；(b)在 $t=31$ ns 时刻，点 $P(1,2,3)$处的 H_x；(c)在 $t=0$ 时刻，原点处的$|\mathbf{H}|$。

答案：21.0 Mrad/s; 1.934 A/m; 3.22 A/m。

11.2 电介质中波的传播

现在，我们将把上面的分析方法推广到介电常数为 ε 和磁导率为 μ 的电介质中的均匀平

面电磁波传播问题中去。假定媒质是均匀的(μ 和 ε 不随位置变化)和各向同性的(μ 和 ε 不随场的方向变化)。此时,亥姆霍兹方程为

$$\boxed{\nabla^2 \boldsymbol{E}_s = -k^2 \boldsymbol{E}_s} \tag{11.36}$$

其中,波数 k 是材料参数 ε 和 μ 的函数:

$$\boxed{k = \omega\sqrt{\mu\varepsilon} = k_0\sqrt{\mu_r\varepsilon_r}} \tag{11.37}$$

对于 E_{xs} 分量,我们有

$$\boxed{\frac{d^2 E_{xs}}{dz^2} = -k^2 E_{xs}} \tag{11.38}$$

波在电介质中传播的一个重要特点是 k 可以为一个复数值,正是由于这样我们才把 k 称为复传播常数。事实上,方程式(11.38)的一般解允许 k 是一个复数,并且在习惯上可以把它表示为如下形式的实部和虚部两个部分:

$$\boxed{jk = \alpha + j\beta} \tag{11.39}$$

方程式(11.38)的一个解将为

$$\boxed{E_{xs} = E_{x0}e^{-jkz} = E_{x0}e^{-\alpha z}e^{-j\beta z}} \tag{11.40}$$

把(11.40)式的两边同乘以 $e^{j\omega t}$,然后再取其实部,可以得到一种更容易使用的形式:

$$\boxed{E_x = E_{x0}e^{-\alpha z}\cos(\omega t - \beta z)} \tag{11.41}$$

我们可以看出,这是一个向 $+z$ 方向传播的均匀平面电磁波,其相位常数为 β,但是其幅值随着 z 的增加按指数规律 $e^{-\alpha z}$ 衰减(对于 α 为正数来说)。因此,一个复数值 k 将会导致产生一个幅值随距离而变化的行波。若 α 为正数,则 α 称为衰减系数。若 α 为负数,那么波的幅值将随着距离的增加而增大,此时 α 称为增益系数。例如,在激光放大器中就会出现后面这种效应。在本书的所有讨论中,我们将只考虑无源电介质,在其中存在着一种或多种损耗作用过程,这样会产生一个正的衰减系数 α。

由于衰减系数 α 的单位为 Np/m,这样 e 的指数可以用无量纲的单位奈培来表示。因此,如果取 $\alpha = 0.01$ Np/m,那么波在 $z = 50$ m 处的峰值将是波在 $z = 0$ 处的峰值的 $e^{-0.5}/e^{-0} = 0.607$倍。在 $+z$ 方向上传播了 $1/\alpha$ 米之后,波的幅值就相应地衰减到其原来幅值的 $1/e$(或者 0.368 倍)。

为了描述材料中物理过程影响波的电场的方式,引入一个复介电常数

$$\boxed{\varepsilon = \varepsilon' - j\varepsilon'' = \varepsilon_0(\varepsilon'_r - j\varepsilon''_r)} \tag{11.42}$$

引起复介电常数(从而产生波损耗)的两种重要的作用过程就是束缚电子或离子振动和偶极子弛豫,有关对这两种现象的讨论可以参见附录 D。另一种作用过程是自由电子或空穴的导电性,我们在本章中将对它进行详细地讨论。

媒质对磁场的响应所引起的损耗也是可能发生的,它可通过使用一个复磁导率 $\mu = \mu' - j\mu'' = \mu_0(\mu'_r - j\mu''_r)$ 来模拟。这种媒质的例子包括铁磁材料或硅钢片。在大多数用于波传播的材料中,磁响应通常比介电响应要弱得多,所以可以认为在这些材料中 $\mu = \mu_0$。因此,在讨论损耗的作用过程时,我们将仅限于用复介电常数来描述材料中的损耗,并且在后面的分析中假定材料的磁导率 μ 为纯实数。

我们将式(11.42)代入到式(11.37)中，可以得到

$$k = \omega\sqrt{\mu(\varepsilon' - \mathrm{j}\varepsilon'')} = \omega\sqrt{\mu\varepsilon'}\sqrt{1-\mathrm{j}\frac{\varepsilon''}{\varepsilon'}} \tag{11.43}$$

注意到，当 ε''变为零时，式(11.43)中的第二个根因子将变成单位值 1。当 ε''不为零时，k 为一个复数，这样会出现损耗，其大小由式(11.39)中的衰减系数 α 来确定。相位常数 β(相应地波长和相速)也将会受到 ε''的影响。应用式(11.43)，取 $\mathrm{j}k$ 的实部和虚部，我们可以得到 α 和 β：

$$\boxed{\alpha = \mathrm{Re}\{\mathrm{j}k\} = \omega\sqrt{\frac{\mu\varepsilon'}{2}}\left(\sqrt{1+\left(\frac{\varepsilon''}{\varepsilon'}\right)^2}-1\right)^{\frac{1}{2}}} \tag{11.44}$$

$$\boxed{\beta = \mathrm{Im}\{\mathrm{j}k\} = \omega\sqrt{\frac{\mu\varepsilon'}{2}}\left(\sqrt{1+\left(\frac{\varepsilon''}{\varepsilon'}\right)^2}+1\right)^{\frac{1}{2}}} \tag{11.45}$$

可以看出，若介电常数的虚部 ε''存在，则 α 不等于零(因而存在着损耗)。我们还观察到，在式(11.44)和式(11.45)中都存在着比值$\frac{\varepsilon''}{\varepsilon'}$，称之为损耗角正切。在研究导电媒质这种特定的情况时，我们会对这一项的物理意义加以说明。这个比值的实际重要性还在于其相对于单位值 1 的大小，它可以使式(11.44)和式(11.45)得到简化。

无论是否存在损耗，我们从式(11.41)中都可以看出波相速为

$$\boxed{v_{\mathrm{p}} = \frac{\omega}{\beta}} \tag{11.46}$$

波长是指在传播方向上相位改变 2π 时波传播所需要经过的距离，

$$\beta\lambda = 2\pi$$

这就是波长的基本定义

$$\boxed{\lambda = \frac{2\pi}{\beta}} \tag{11.47}$$

由于我们现在讨论的是一个均匀平面电磁波，所以磁场可通过下式求得

$$H_{ys} = \frac{E_{x0}}{\eta}\mathrm{e}^{-\alpha z}\mathrm{e}^{-\mathrm{j}\beta z}$$

其中，波阻抗现在是一个复数量，

$$\boxed{\eta = \sqrt{\frac{\mu}{\varepsilon' - \mathrm{j}\varepsilon''}} = \sqrt{\frac{\mu}{\varepsilon'}}\,\frac{1}{\sqrt{1-\mathrm{j}(\varepsilon''/\varepsilon')}}} \tag{11.48}$$

这表明电场和磁场不再是同相位的。

一种特殊情况是无损耗媒质，或者理想电介质，其中的 $\varepsilon''=0$，这样就有 $\varepsilon=\varepsilon'$。从式(12.44)中可以求得 $\alpha=0$，而从式(11.45)中可以得到

$$\boxed{\beta = \omega\sqrt{\mu\varepsilon'}} \quad (\text{无损耗媒质}) \tag{11.49}$$

由于 $\alpha=0$，所以可以假定实际的场具有如下形式：

$$\boxed{E_x = E_{x0}\cos(\omega t - \beta z)} \tag{11.50}$$

我们可以将这个解看成为一个以相速度 v_{p} 沿 $+z$ 方向前进的波，相速度 v_{p} 为

$$\boxed{v_p = \frac{\omega}{\beta} = \frac{1}{\sqrt{\mu\varepsilon'}} = \frac{c}{\sqrt{\mu_r\varepsilon'_r}}}$$

波长为

$$\lambda = \frac{2\pi}{\beta} = \frac{2\pi}{\omega\sqrt{\mu\varepsilon'}} = \frac{1}{f\sqrt{\mu_r\varepsilon'_r}} = \frac{c}{f\sqrt{\mu_r\varepsilon'_r}} = \frac{\lambda_0}{\sqrt{\mu_r\varepsilon'_r}} \quad \text{（无损耗媒质）} \tag{11.51}$$

式中，λ_0 为自由空间波长。注意到由于 $\mu_r\varepsilon'_r>1$，因此在所有实际的媒质中的波长都比自由空间中的波长要短，以及波速都比自由空间中的波速低。

与 E_x 相关联的磁场强度为

$$\boxed{H_y = \frac{E_{x0}}{\eta}\cos(\omega t - \beta z)}$$

其中，波阻抗为

$$\boxed{\eta = \sqrt{\frac{\mu}{\varepsilon}}} \tag{11.52}$$

我们再一次看到，电场和磁场互相垂直，且均垂直于波的传播方向，它们的相位在每一点处都是相同的。注意到，当 $\boldsymbol{E}$ 叉乘 $\boldsymbol{H}$ 时，所得到的矢量的方向沿着波传播的方向。我们在讨论坡印亭矢量时将会明白这个道理。

例 11.3　让我们将上述结论应用于在淡水中传播的一个 1 MHz 均匀平面电磁波。在此频率下，可以忽略水中的损耗，即意味着可以假定 $\varepsilon''=0$。在水中，$\mu_r=1$，以及在 1 MHz 时，有 $\varepsilon'_r=81$。

解：我们首先计算相位常数。由于 $\varepsilon''=0$，利用式(11.45)，我们得到

$$\beta = \omega\sqrt{\mu\varepsilon'} = \omega\sqrt{\mu_0\varepsilon_0}\sqrt{\varepsilon'} = \frac{\omega\sqrt{\varepsilon'_r}}{c}$$

$$= \frac{2\pi\times10^6\sqrt{81}}{3.0\times10^8} = 0.19\ \text{rad/m}$$

利用此结果，我们可以确定波长和相速：

$$\lambda = \frac{2\pi}{\beta} = \frac{2\pi}{0.19} = 33\ \text{m}$$

$$v_p = \frac{\omega}{\beta} = \frac{2\pi\times10^6}{0.19} = 3.3\times10^7\ \text{m/s}$$

这个波在空气中的波长为 300 m。继续进行计算，利用 $\varepsilon''=0$，由式(11.48)我们可以求得波阻抗：

$$\eta = \sqrt{\frac{\mu}{\varepsilon'}} = \frac{\eta_0}{\sqrt{\varepsilon'_r}} = \frac{377}{9} = 42\ \Omega$$

如果我们令电场强度的最大值为 0.1 V/m，那么

$$E_x = 0.1\cos(2\pi10^6 t - 0.19z)\ \text{V/m}$$

$$H_y = \frac{E_x}{\eta} = (2.4\times10^{-3})\cos(2\pi10^6 t - 0.19z)\ \text{A/m}$$

练习 11.3 一个 9.375 GHz 的均匀平面电磁波在聚乙烯中传播(见附录 C)。若电场强度的幅值为 500 V/m,且假定材料为无损耗,求:(a)相位常数;(b)聚乙烯中的波长;(c)传播速度;(d)波阻抗;(e)磁场强度的幅值。

答案:295 rad/m; 2.13 cm; 1.99×10^8 m/s; 251; 1.99 A/m。

例 11.4 我们再来考虑平面电磁波在水中的传播,不过现在是在非常高的微波频率 2.5 GHz。在此频率范围或更高频率下,水分子中的偶极子弛豫和共振现象就变得重要了[①]。介电常数既有实部,又有虚部,且两者都随着频率变化。在可见光频率以下,偶极子弛豫和共振现象两者一起作用使得 ε'' 的值随频率增加而增大,并且在频率接近 10^{13} Hz 时,其值达到最大值。ε' 值则随频率的增加而减小,也在频率接近 10^{13} Hz 时,其值达到最小值。具体的内容详见参考文献 3。在频率为 2.5 GHz 时,偶极子弛豫效应占主导地位。介电常数的值为 $\varepsilon'=78$ 和 $\varepsilon''=7$。从式(11.44),我们得到

$$\alpha=\frac{(2\pi\times2.5\times10^9)\sqrt{78}}{(3.0\times10^8)\sqrt{2}}\left(\sqrt{1+\left(\frac{7}{78}\right)^2}-1\right)^{1/2}=21\ \text{Np/m}$$

上面的第一个计算式说明了微波炉的工作原理。几乎所有的食物都含有水分,所以当入射的微波辐射被吸收并转化为热量时,食物就可以被加热而变熟了。应该注意到,当传播了 $1/\alpha=4.8$ cm 的距离时,场的幅值会衰减到其初始值的 e^{-1} 倍。我们通常把这个距离称为该材料的透射深度,当然它与频率有关。4.8 cm 的透射深度适合于烹煮食物,因为它将在整个材料的深度内会产生一个相当均匀的温升。当频率更高时,ε'' 会更大,此时透射深度减小,使大部分能量在材料表面附近被吸收;当频率较低时,透射深度增大,却会发生能量不被充分地吸收。商业微波炉的工作频率在 2.5 GHz 附近。

类似于求 α 值的方法,利用式(11.45),我们得到 $\beta=464$ rad/m。波长为 $\lambda=2\pi/\beta=1.4$ m,而在自由空间中,波长则为 $\lambda_0=c/f=12$ cm。

利用式(11.48),可得到波阻抗为

$$\eta=\frac{377}{\sqrt{78}}\,\frac{1}{\sqrt{1-\mathrm{j}(7/78)}}=43+\mathrm{j}1.9=43\angle 2.6^\circ\ \Omega$$

在每一点处,电场 E_x 在相位上超前磁场 H_y 2.6°。

接着下来,我们来考虑导电材料的情况,在导电材料中,电流是在电场作用下自由电子或空穴运动的结果。基本的关系式为 $\boldsymbol{J}=\sigma\boldsymbol{E}$,这里 σ 为材料的电导率。当 σ 为有限值时,波中损失的功率是通过材料的阻性发热而引起的。在下面,我们将要寻求一种对于与电导率相关的复介电常数的解释。

考虑麦克斯韦旋度方程式(11.23),并应用式(11.42),得到

$$\nabla\times\boldsymbol{H}_s=\mathrm{j}\omega(\varepsilon'-\mathrm{j}\varepsilon'')\boldsymbol{E}_s=\omega\varepsilon''\boldsymbol{E}_s+\mathrm{j}\omega\varepsilon'\boldsymbol{E}_s \tag{11.53}$$

这个方程可以用一种更熟悉的方式来表达,其中包括传导电流:

$$\nabla\times\boldsymbol{H}_s=\boldsymbol{J}_s+\mathrm{j}\omega\varepsilon\boldsymbol{E}_s \tag{11.54}$$

① 这种作用过程及其它们所产生的一个复介电常数的讨论见附录 D。此外,读者也可以阅读参考文献 1 中第 73~84 页的内容和参考文献 2 的第 678~682 页中有关弛豫和共振对电磁波的效应的一般分析。有关对于水的专门讨论和数据可见参考文献 3 中的第 314~316 页。

接着利用 $\boldsymbol{J}=\sigma\boldsymbol{E}$，再把方程式(11.54)中的 ε 替换为 ε'。那么，这个方程将变为

$$\boxed{\nabla\times H_s=(\sigma+j\omega\varepsilon')\boldsymbol{E}_s=\boldsymbol{J}_{\sigma s}+\boldsymbol{J}_{ds}} \tag{11.55}$$

在上式中，我们使用了传导电流密度 $\boldsymbol{J}_{\sigma s}=\sigma\boldsymbol{E}_s$ 和位移电流密度 $\boldsymbol{J}_{ds}=j\omega\varepsilon'\boldsymbol{E}_s$ 这样的表达方式。比较方程式(11.53)和方程式(11.55)，我们发现在传导媒质中：

$$\boxed{\varepsilon''=\frac{\sigma}{\omega}} \tag{11.56}$$

现在，让我们把注意力转向损耗很小的电介质情况。判断损耗是否小的一个准则是看损耗角正切值 $\frac{\varepsilon''}{\varepsilon'}$ 的大小。从式(11.44)可以看出，这个参数对衰减系数 α 有着直接的影响。对于导电媒质来说，式(11.56)成立，所以损耗角正切值为 $\frac{\sigma}{\omega\varepsilon'}$。观察式(11.55)，我们看到传导电流密度与位移电流密度的幅值之比为

$$\boxed{\frac{J_{\sigma s}}{J_{ds}}=\frac{\varepsilon''}{j\varepsilon'}=\frac{\sigma}{j\omega\varepsilon'}} \tag{11.57}$$

也就是说，这两个矢量在空间中的方向相同，但在时间上有 90°的相位差。位移电流密度超前传导电流密度 90°，就像在普通的电路中，电容中的电流超前与其并联的电阻中电流 90°一样。二者的相位关系如图 11.2 所示。可以认为角度 θ（不要与球坐标系中的极角相混淆）是与位移电流密度超前总电流密度的角度相同的，且

$$\boxed{\tan\theta=\frac{\varepsilon''}{\varepsilon'}=\frac{\sigma}{\omega\varepsilon'}} \tag{11.58}$$

这样，损耗角正切定义的意义就是很显然的。在这一章后面的习题 11.16 中，将指出一个介质有损耗的电容器的 Q 值（电容器品质因数，而不是在电容器中的电荷）等于损耗角正切的倒数。

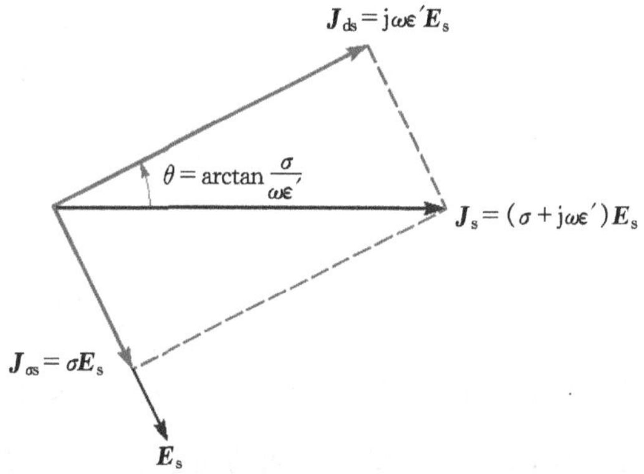

图 11.2　J_{ds}、$J_{\sigma s}$、J_s 和 E_s 之间的时间-相位关系。θ 角的正切等于 σ/ω，角度 $90°-\theta$ 为普通功率因数角，或 J_s 超前于 E_s 的角度

如果损耗角正切值很小，那么我们可得到衰减常数、相位常数和波阻抗的非常有用的近似表达式。判别是否是小损耗角正切值的准则是 $\frac{\varepsilon''}{\varepsilon'}\ll 1$，如果这个条件成立的话，我们称该媒质为良电介质。

考虑一种导电材料，若其中的 $\varepsilon''=\sigma/\omega$，则式(11.43)变为

$$jk=j\omega\sqrt{\mu\varepsilon'}\sqrt{1-j\frac{\sigma}{\omega\varepsilon'}} \tag{11.59}$$

利用二项式定理，我们可以将上式中的第二个根式展开

$$(1+x)^n=1+nx+\frac{n(n-1)}{2!}x^2+\frac{n(n-1)(n-2)}{3!}x^3+\cdots$$

其中，$|x|\ll 1$。如果取 x 为 $-\mathrm{j}\sigma/(\omega\varepsilon')$，$n$ 等于 $\frac{1}{2}$，则

$$\mathrm{j}k=\mathrm{j}\omega\sqrt{\mu\varepsilon'}\left[1-\mathrm{j}\frac{\sigma}{2\omega\varepsilon'}+\frac{1}{8}\left(\frac{\sigma}{\omega\varepsilon'}\right)^2+\cdots\right]=\alpha+\mathrm{j}\beta$$

现在，对于良电介质来说，

$$\boxed{\alpha=\mathrm{Re}(\mathrm{j}k)\doteq\mathrm{j}\omega\sqrt{\mu\varepsilon'}\left(-\mathrm{j}\frac{\sigma}{2\omega\varepsilon'}\right)=\frac{\sigma}{2}\sqrt{\frac{\mu}{\varepsilon'}}}\tag{11.60a}$$

和

$$\boxed{\beta=\mathrm{Im}(\mathrm{j}k)\doteq\omega\sqrt{\mu\varepsilon'}\left[1+\frac{1}{8}\left(\frac{\sigma}{\omega\varepsilon'}\right)^2\right]}\tag{11.60b}$$

可以直接把式(11.60a)和式(11.60b)与第10章中的式(10.54a)和式(10.55b)所表示的低损耗传输线的 α 和 β 相比较。可以看到，σ 和 G 相似，μ 和 L 相似，ε 和 C 相似。应该注意到，对于在无限大媒质中传播的平面电磁波来说，不可能有与传输线导体电阻参数 R 相似的一个量。在很多情况下，式(11.60b)中的第二项足够小，因此有

$$\boxed{\beta\doteq\omega\sqrt{\mu\varepsilon'}}\tag{11.61}$$

将二项展开式应用于式(11.48)，对于良电介质来说，我们得到

$$\eta\doteq\sqrt{\frac{\mu}{\varepsilon'}}\left[1-\frac{3}{8}\left(\frac{\sigma}{\omega\varepsilon'}\right)^2+\mathrm{j}\frac{\sigma}{2\omega\varepsilon'}\right]\tag{11.62a}$$

或

$$\boxed{\eta\doteq\sqrt{\frac{\mu}{\varepsilon'}}\left[1+\mathrm{j}\frac{\sigma}{2\omega\varepsilon'}\right]}\tag{11.62b}$$

使这些近似表达式能够成立的条件取决于所要求的精度，其精度可以由近似结果与式(11.44)和(11.45)的精确计算结果之间的误差来衡量。若 $\frac{\sigma}{\omega\varepsilon'}<0.1$，误差不会超过百分之几。

例 11.5 作为比较，我们应用近似公式(11.60a)和(11.61)来重复在例题11.4中的计算。

解：首先，在这种情况下的损耗角正切值为 $\frac{\varepsilon''}{\varepsilon'}=\frac{7}{78}=0.09$，采用式(11.60)，由 $\varepsilon''=\frac{\sigma}{\varepsilon}$，我们得到

$$\alpha\doteq\frac{\omega\varepsilon''}{2}\sqrt{\frac{\mu}{\varepsilon'}}=\frac{1}{2}(7\times 8085\times 10^{12})(2\pi\times 2.5\times 10^{9})\frac{377}{\sqrt{78}}=21\ \mathrm{cm}^{-1}$$

应用式(11.61)，我们得到

$$\beta\doteq\omega\sqrt{\mu\varepsilon'}=(2\pi\times 2.5\times 10^{9})\sqrt{78}/(3\times 10^{8})=464\ \mathrm{rad/m}$$

最后，根据式(11.62b)，有

$$\eta\doteq\sqrt{\frac{\mu}{\varepsilon'}}\left[1+\mathrm{j}\frac{\sigma}{2\omega\varepsilon'}\right]=\frac{377}{\sqrt{78}}\left(1+\mathrm{j}\frac{7}{2\times 78}\right)=43+\mathrm{j}1.9$$

上述这些结果和例题11.4中的结果(在由给定数值所确定的精度范围内)相同。读者可以通过对这两个例子进行计算，并将结果表达到4位或5位有效数字，就会发现存在着小的误差。

就像我们所知道的，这样做没有什么意义，因为给定的参数没有确定到这种程度的精度。通常正是这样的情况，这是由于测量值不可能总是具有很高的精度。根据测量值的精度，人们有时可以采用更宽松的判据来判定在什么时候才可以在这些近似公式中允许取损耗角正切值大于 0.1（但是仍然小于 1）。

练习 11.4　已知非磁性材料的参数 $\epsilon'_r=3.2$ 和 $\sigma=1.5\times10^{-4}$ S/m，求在频率为 3 MHz 时，下列参数的数值：(a) 损耗角正切；(b) 衰减常数；(c) 相位常数；(d) 波阻抗。

答案：0.28；0.016 Np/m；0.11 rad/m；$207\angle 7.8°\ \Omega$。

练习 11.5　考虑某一种材料，其中的参数为 $\mu_r=1$，$\epsilon'_r=2.5$，损耗角正切值为 0.12。若在 0.5 MHz$\leqslant f\leqslant$100 MHz 的频率范围内，这三个参数值为常数，试计算在频率分别为1 MHz 和 75 MHz 时的：(a)电导率 σ；(b)波长 λ；(c)相速 v_p。

答案：1.67×10^{-5} S/m 和 1.25×10^{-3} S/m；190 m 和 2.53 m；1.90×10^8 m/s 和 1.90×10^8 m/s。

11.3　坡印亭定理和波的功率

为了求得与电磁波相联系的功率流，有必要推导出电磁场的一个功率定理，称之为坡印亭定理。该定理由英国物理学家 J. H. 坡印亭于 1884 年首次提出。

假定媒质为导电媒质，我们从麦克斯韦方程组中的两个旋度方程之一开始推导，

$$\nabla\times\boldsymbol{H}=\boldsymbol{J}+\frac{\partial\boldsymbol{D}}{\partial t}\tag{11.63}$$

现在，用 $\boldsymbol{E}$ 点乘方程式(11.63)的两边，有

$$\boldsymbol{E}\cdot\nabla\times\boldsymbol{H}=\boldsymbol{E}\cdot\boldsymbol{J}+\boldsymbol{E}\cdot\frac{\partial\boldsymbol{D}}{\partial t}\tag{11.64}$$

引入下面的矢量恒等式，它可以通过在直角坐标系中展开而得到证明：

$$\nabla\cdot(\boldsymbol{E}\times\boldsymbol{H})=-\boldsymbol{E}\cdot\nabla\times\boldsymbol{H}+\boldsymbol{H}\cdot\nabla\times\boldsymbol{E}\tag{11.65}$$

将式(11.65)应用于式(11.64)的左边，得到

$$\boldsymbol{H}\cdot\nabla\times\boldsymbol{E}-\nabla\cdot(\boldsymbol{E}\times\boldsymbol{H})=\boldsymbol{J}\cdot\boldsymbol{E}+\boldsymbol{E}\cdot\frac{\partial\boldsymbol{D}}{\partial t}\tag{11.66}$$

其中，电场的旋度由麦克斯韦方程组中的另一旋度方程给出：

$$\nabla\times\boldsymbol{E}=-\frac{\partial\boldsymbol{B}}{\partial t}$$

因此

$$-\boldsymbol{H}\cdot\frac{\partial\boldsymbol{B}}{\partial t}-\nabla\cdot(\boldsymbol{E}\times\boldsymbol{H})=\boldsymbol{J}\cdot\boldsymbol{E}+\boldsymbol{E}\cdot\frac{\partial\boldsymbol{D}}{\partial t}$$

或

$$-\nabla\cdot(\boldsymbol{E}\times\boldsymbol{H})=\boldsymbol{J}\cdot\boldsymbol{E}+\epsilon\boldsymbol{E}\cdot\frac{\partial\boldsymbol{E}}{\partial t}+\mu\boldsymbol{H}\cdot\frac{\partial\boldsymbol{H}}{\partial t}\tag{11.67}$$

式(11.67)中的两个微分项可以重新整理成如下形式：

$$\epsilon \boldsymbol{E} \cdot \frac{\partial \boldsymbol{E}}{\partial t} = \frac{\partial}{\partial t}\left(\frac{1}{2}\boldsymbol{D} \cdot \boldsymbol{E}\right) \tag{11.68a}$$

$$\mu \boldsymbol{H} \cdot \frac{\partial \boldsymbol{H}}{\partial t} = \frac{\partial}{\partial t}\left(\frac{1}{2}\boldsymbol{B} \cdot \boldsymbol{H}\right) \tag{11.68b}$$

利用这两个式子，则式(11.67)变为

$$\boxed{-\nabla \cdot (\boldsymbol{E} \times \boldsymbol{H}) = \boldsymbol{J} \cdot \boldsymbol{E} + \frac{\partial}{\partial t}\left(\frac{1}{2}\boldsymbol{D} \cdot \boldsymbol{E}\right) + \frac{\partial}{\partial t}\left(\frac{1}{2}\boldsymbol{B} \cdot \boldsymbol{H}\right)} \tag{11.69}$$

最后，我们在某一个体积内对式(11.69)进行积分：

$$-\int_{\text{vol}} \nabla \cdot (\boldsymbol{E} \times \boldsymbol{H})\,\mathrm{d}v = \int_{\text{vol}} \boldsymbol{J} \cdot \boldsymbol{E}\,\mathrm{d}v + \int_{\text{vol}} \frac{\partial}{\partial t}\left(\frac{1}{2}\boldsymbol{D} \cdot \boldsymbol{E}\right)\mathrm{d}v + \int_{\text{vol}} \frac{\partial}{\partial t}\left(\frac{1}{2}\boldsymbol{B} \cdot \boldsymbol{H}\right)\mathrm{d}v$$

对上面这个方程的左边应用高斯散度定理，这样体积分就转化为在包围该体积的一个封闭曲面上的面积分。而在右边，交换空间积分运算与时间微分运算的次序。最终结果为：

$$\boxed{-\oint_{\text{area}} (\boldsymbol{E} \times \boldsymbol{H}) \cdot \mathrm{d}\boldsymbol{S} = \int_{\text{vol}} \boldsymbol{J} \cdot \boldsymbol{E}\,\mathrm{d}v + \frac{\partial}{\partial t}\int_{\text{vol}} \left(\frac{1}{2}\boldsymbol{D} \cdot \boldsymbol{E}\right)\mathrm{d}v + \frac{\partial}{\partial t}\int_{\text{vol}} \left(\frac{1}{2}\boldsymbol{B} \cdot \boldsymbol{H}\right)\mathrm{d}v} \tag{11.70}$$

式(11.70)称为坡印亭定理。右边的第一项为在该体积内的总(但是瞬时功率)欧姆功率损耗。右边的第二个积分项为该体积内所存储的总电场能量，第三个积分项为该体积内所存储的总磁场能量①。由于对第二个和第三个积分项求时间的导数，这个结果给出了储存在该体积内的电磁能量随时间的增加率，或者是使得储存的电磁能量增加的瞬时功率。因此，右边所有项的和一定是等于流入该体积内的总功率，这样流出该体积的总功率为

$$\boxed{\oint_{\text{area}} (\boldsymbol{E} \times \boldsymbol{H}) \cdot \mathrm{d}\boldsymbol{S} \ \mathrm{W}} \tag{11.71}$$

式中，面积分是在包围该体积的整个闭合面上进行的。把矢量 $\boldsymbol{E} \times \boldsymbol{H}$ 称为坡印亭矢量，用 $\boldsymbol{S}$ 表示，

$$\boxed{\boldsymbol{S} = \boldsymbol{E} \times \boldsymbol{H} \ \mathrm{W/m^2}} \tag{11.72}$$

坡印亭矢量可以解释为瞬时功率密度，单位为瓦特/平方米($\mathrm{W/m^2}$)。坡印亭矢量 $\boldsymbol{S}$ 的方向就是在某一点处瞬时功率流动的方向，我们有很多人把坡印亭(Poynting)矢量想象成是一个“指向(pointing)”矢量。虽然是很偶然的，但这个同音异义名确实是正确的②。

由于 $\boldsymbol{S}$ 是由 $\boldsymbol{E}$ 和 $\boldsymbol{H}$ 的叉乘所定义的，所以在任意一点处的功率流动的方向是垂直于 $\boldsymbol{E}$ 和 $\boldsymbol{H}$ 这两个矢量。这与均匀平面电磁波是一致的，在那里 $+z$ 方向的波传播与 E_x 和 H_y 分量相联系，

$$E_x \boldsymbol{a}_x \times H_y \boldsymbol{a}_y = S_z \boldsymbol{a}_z$$

在理想电介质中，电场 $\boldsymbol{E}$ 和磁场 $\boldsymbol{H}$ 的大小由下面式子给出：

$$E_x = E_{x0}\cos(\omega t - \beta z)$$

$$H_y = \frac{E_{x0}}{\eta}\cos(\omega t - \beta z)$$

式中，η 为实数。因此，功率流密度的大小为

---

① 这就是自第 8 章开始，我们所期望得到的计算磁场能量的表达式。

② 应注意，用矢量符号 $\boldsymbol{S}$ 来表示坡印亭矢量，但不能与面积元矢量 $\mathrm{d}\boldsymbol{S}$ 相混淆。像我们所知道的，后者是元面积与外法向方向单位矢量的乘积。

$$S_z = \frac{E_{x0}^2}{\eta}\cos^2(\omega t - \beta z) \tag{11.73}$$

在损耗电介质情况下，E_x 和 H_y 在时间上有一个相位差。我们有

$$E_x = E_{x0}\mathrm{e}^{-\alpha z}\cos(\omega t - \beta z)$$

如果令

$$\eta = |\eta| \angle\theta_\eta$$

那么，磁场强度可以写成如下形式：

$$H_y = \frac{E_{x0}}{|\eta|}\mathrm{e}^{-\alpha z}\cos(\omega t - \beta z - \theta_\eta)$$

这样，

$$S_z = E_x H_y = \frac{E_{x0}^2}{|\eta|}\mathrm{e}^{-2\alpha z}\cos(\omega t - \beta z)\cos(\omega t - \beta z - \theta_\eta) \tag{11.74}$$

由于我们现在考虑的是正弦信号，所以时间平均功率密度 $\langle S_z \rangle$ 是最终所要测量的量。为了求得平均功率密度，我们将式(11.74)在一个周期内求积分，然后再除以周期 $T=1/f$。另外，将恒等式 $\cos A\cos B \equiv \frac{1}{2}\cos(A+B)+\frac{1}{2}\cos(A-B)$ 应用于被积函数中，我们得到：

$$\langle S_z \rangle = \frac{1}{T}\int_0^T \frac{E_{x0}^2}{|\eta|}\mathrm{e}^{-2\alpha z}[\cos(2\omega t - 2\beta z - 2\theta_\eta) + \cos\theta_\eta]\mathrm{d}t \tag{11.75}$$

式(11.75)中被积函数的二次谐波分量的积分值为零，只剩下直流分量对积分的贡献。结果为

$$\boxed{\langle S_z \rangle = \frac{1}{2}\frac{E_{x0}^2}{|\eta|}\mathrm{e}^{-2\alpha z}\cos\theta_\eta} \tag{11.76}$$

应该注意到，功率密度是按指数函数 $\mathrm{e}^{-2\alpha z}$ 的规律作衰减的，而 E_x 和 H_y 则是按指数函数 $\mathrm{e}^{-\alpha z}$ 的规律作衰减的。

最后，我们可以观察到，采用电场和磁场的相量形式也可以很容易地得到上面的表达式，即

$$\boxed{\langle \boldsymbol{S} \rangle = \frac{1}{2}\mathrm{Re}(\boldsymbol{E}_s \times \boldsymbol{H}_s^*) \quad \mathrm{W/m^2}} \tag{11.77}$$

在这种情况下

$$\boldsymbol{E}_s = E_{x0}\mathrm{e}^{-\mathrm{j}\beta z}\boldsymbol{a}_x$$

和

$$\boldsymbol{H}_s^* = \frac{E_{x0}}{\eta^*}\mathrm{e}^{+\mathrm{j}\beta z}\boldsymbol{a}_y = \frac{E_{x0}}{|\eta|}\mathrm{e}^{\mathrm{j}\theta}\mathrm{e}^{+\mathrm{j}\beta z}\boldsymbol{a}_y$$

其中已假定 E_{x0} 为实数。式(11.77)适用于任何一个正弦电磁波，并能同时给出时间平均功率密度的大小和方向。

练习 11.6 在频率为 1,100 和 3000 MHz 时，由纯水制成的冰的介电常数值分别为4.15，3.45 和 3.20，而损耗角正切值也分别为 0.12，0.035 和 0.0009。若一均匀平面电磁波在冰中传播，在 $z=0$ 处其幅值为 100 V/m，试求在 $z=0$ 和 $z=10$ m 处对每个频率的时间平均功率密度。

答案： 27.1 和 25.7 $\mathrm{W/m^2}$；24.7 和 6.31 $\mathrm{W/m^2}$；23.7 和 8.63 $\mathrm{W/m^2}$。

11.4 良导体中波的传播:集肤效应

作为对有损耗传播的附带研究,我们将研究当均匀平面电磁波在其中建立时良导体的行为。这样的材料满足一般的高损耗条件,其损耗角正切 $\epsilon''/\epsilon'\gg1$。将这个条件应用于良导体会得到更具体的条件,$\sigma/(\omega\epsilon')\gg1$。就像在前面一样,我们对波进入良导体时的损耗很感兴趣,现在我们将寻求相位常数、衰减系数和波阻抗的新的近似公式。然而,新对于我们来说就是基本问题的修正和改进,达到使之适合于良导体的目的。这涉及到与存在于导体表面附近的外部电介质中的电磁场相联系的波,在这种情况下,电磁波沿着良导体表面传播。而存在于良导体中的那部分场将会有损耗,这是由电磁场在导体中产生的电流所引起的。因此,总的场会随着沿导体表面传播距离的增加而衰减。这就是我们在第 10 章中所学过的阻性传输线损耗的机理,这体现在传输线电阻参数 R 中。

我们知道,良导体具有高的电导率和大的传导电流。由于欧姆损耗是连续地存在的,所以电磁波所携带的能量会随着波在良导体中的传播而不断地衰减。在我们讨论损耗角正切时,我们已经看到在导电材料中传导电流密度与位移电流密度的比值等于$\frac{\sigma}{\omega\epsilon'}$。作为一个保守的例子,我们选取一种导电性能差的金属导体和一个非常高的频率,例如在频率为 100 MHz 时,镍铬合金($\sigma=10^5$)的这个比值[①]大约为 2×10^8。因此,满足 $\sigma/(\omega\epsilon')\gg1$ 这个条件,并且我们应该能够做一些很好的近似来得到良导体的 α,β 以及 η。

根据式(11.59),可得波传播常数的一般表达式为

$$jk=j\omega\sqrt{\mu\epsilon'}\sqrt{1-j\frac{\sigma}{\omega\epsilon'}}$$

经过简化,我们得到:

$$jk=j\omega\sqrt{\mu\epsilon'}\sqrt{-j\frac{\sigma}{\omega\epsilon'}}$$

或

$$jk=j\sqrt{-j\omega\mu\sigma}$$

由于有

$$-j=1\angle-90^\circ$$

和

$$\sqrt{1\angle-90^\circ}=1\angle-45^\circ=\frac{1}{\sqrt{2}}(1-j)$$

因此

$$jk=j(1-j)\sqrt{\frac{\omega\mu\sigma}{2}}=(1+j)\sqrt{\pi f\mu\sigma}=\alpha+j\beta \tag{11.78}$$

最后,得到

$$\boxed{\alpha=\beta=\sqrt{\pi f\mu\sigma}} \tag{11.79}$$

---

① 对于金属导体来说,一般取 $\epsilon'=\epsilon_0$。

无论导体的磁导率 μ 和电导率 σ 或者场的频率 f 如何，α 和 β 都是相等的。若我们再次假设沿 $+z$ 方向传播的电磁波仅有一个 E_x 分量，则

$$E_x = E_{x0}\mathrm{e}^{-z\sqrt{\pi f\mu\sigma}}\cos(\omega t - z\sqrt{\pi f\mu\sigma}) \tag{11.80}$$

我们可以将导体中的这个场与导体表面外部的场相联系在一起。令在 $z>0$ 的区域内为良导体，而在 $z<0$ 的区域内为理想电介质。在边界面 $z=0$ 处，式(11.80)变为

$$E_x = E_{x0}\cos\omega t \quad (z=0)$$

我们将把上面的这个电场看成是建立导体中的场的源场。由于忽略位移电流，所以

$$\boldsymbol{J} = \sigma\boldsymbol{E}$$

这样，在导体中任意一点的传导电流密度直接地与 $\boldsymbol{E}$ 相关：

$$J_x = \sigma E_x = \sigma E_{x0}\mathrm{e}^{-z\sqrt{\pi f\mu\sigma}}\cos(\omega t - z\sqrt{\pi f\mu\sigma}) \tag{11.81}$$

式(11.80)和(11.81)都包含着丰富的信息。首先考虑负指数项，我们发现传导电流密度和电场强度随着透入导体深度(离开源)的增加而呈指数衰减。这个指数因子在 $z=0$ 处等于1，而在

$$z = \frac{1}{\sqrt{\pi f\mu\sigma}}$$

处衰减为 $\mathrm{e}^{-1}=0.368$。使用 δ 来表示这个距离，称为透入深度或集肤深度，

$$\boxed{\delta = \frac{1}{\sqrt{\pi f\mu\sigma}} = \frac{1}{\alpha} = \frac{1}{\beta}} \tag{11.82}$$

透入深度 δ 是描述导体在电磁场中行为的一个重要参数。为了得到透入深度大小的概念，让我们来考虑铜($\sigma=5.8\times10^7$ S/m)在几种不同频率下的透入深度。我们有

$$\delta_{\mathrm{Cu}} = \frac{0.066}{\sqrt{f}}$$

在 60 Hz 的工频下，$\delta_{\mathrm{Cu}}=8.53$ mm。回想一下在功率密度中带有一个指数项 $\mathrm{e}^{-2\alpha z}$，我们看到每进入铜中一个 8.53 mm 的距离，功率密度就将被乘上一个因子 $0.368^2=0.135$。

当在 10 000 M 的微波频率时，$\delta=6.61\times10^{-4}$ mm。更一般地来说，在像铜这样的良导体中，在距离导体表面大于几个透入深度之处，基本上所有的场量都将为零。在良导体表面的任何电流密度或电场强度都会随着进入到导体而迅速地衰减。电磁波的能量不是在导体内部传播的，而是在包围导体的外部区域中传播，而导体只是对波的传播起着引导的作用。我们在第14 章中将详细地讨论导行电磁波的传播。

假定在某家电力公司的变电站中有一根铜导体电流母线，希望用它来承载大电流，因此我们选择 2×4 英寸大小的横截面积。这样，大部分的铜材料会被浪费掉，由于场量在约为8.5 mm的一个透入深度的范围内会被大大地衰减掉①。一个壁厚 12 mm 的中空导体将是一个非常好的设计。尽管我们在这里是将无限大平面导体的分析结果应用到一个有限尺寸的情况，但是电磁波在有限大小导体中的衰减相似于在无限大平面导体中的衰减方式(但不相等)。

在微波频率下的极小透入深度表明，只有导引导体表面上的涂层才是重要的。在微波频率下，一块表面镀有一层 3 μm 厚银的玻璃就是一个极好的导体。

---

① 这家电力公司的运行频率为 60 Hz。

在下面，让我们来确定在良导体中的电磁波波速和波长表达式。根据式(11.82)，我们已经得到：

$$\alpha=\beta=\frac{1}{\delta}=\sqrt{\pi f\mu\sigma}$$

这样，由于

$$\beta=\frac{2\pi}{\lambda}$$

我们得到的波长为

$$\lambda=2\pi\delta \tag{11.83}$$

我们还记得

$$v_p=\frac{\omega}{\beta}$$

因此，我们有

$$\boxed{v_p=\omega\delta} \tag{11.84}$$

在频率为 60 Hz 时，对于铜有 $\lambda=5.36$ cm，$v_p=3.22$ m/s 或约为 7.2 m/h！我们大多数人的跑步速度都比此速度还要快。当然，在自由空间中，一个频率为 60 Hz 的波，其波长为 3100 米，波速为光速。

例 11.6 让我们再一次来考虑波在水中的传播，但是这次我们考虑海水。当然，海水与淡水的基本区别就在于水中盐的含量不同。氯化钠在水中被离解成 Na^+ 和 Cl^- 两种离子，当都带电时，它们受到电场的作用力会发生运动。因此，海水具有导电性，这样会使电磁波产生衰减。在 10^7 Hz 频率附近及在这个频率以下时，我们在前面已经讨论过的束缚电荷效应可以忽略不计，这样海水中的损耗基本上是由与盐相关的导电性而引起的。我们考虑一个频率为 1 MHz 的入射波。我们希望能求得透入深度、波长和相位常数。在海水中，$\sigma=4$ S/m，$\epsilon'_r=81$。

解：我们首先计算损耗角正切，应用已知数据，得

$$\frac{\sigma}{\omega\epsilon'}=\frac{4}{(2\pi\times10^6)(81)(8.85\times10^{-12})}=8.9\times10^2\gg1$$

因此，在 1 MHz 频率(和在这个频率以下)时海水为良导体。透入深度为

$$\delta=\frac{1}{\sqrt{\pi f\mu\sigma}}=\frac{1}{\sqrt{(\pi\times10^6)(4\pi\times10^{-7})(4)}}=0.25\text{ m}=25\text{ cm}$$

此时，有

$$\lambda=2\pi\delta=1.6\text{ m}$$

和

$$v_p=\omega\delta=(2\pi\times10^6)(0.25)=1.6\times10^6\text{ m/s}$$

然而，在自由空间中，有 $\lambda=300$ m，当然 $v=c$。

当透入深度为 25 cm 时，要在海水中实现无线电频率通信显然是十分不切实际的。然而，注意到 δ 是随着 $1/\sqrt{f}$ 变化的，因此在低频下情况会有所改善。例如，若我们使用 10 Hz 的频率(在电子定位器(ELF)中，或极低频率范围内)，透入深度为 1 MHz 时的透入深度的 $\sqrt{10^6/10}$ 倍，这样

$$\delta(10\ \text{Hz}) \doteq 80\ \text{m}$$

相应的波长为 $\lambda = 2\pi\delta \doteq 500$ m。ELF 范围的频率已经在潜艇通讯中使用了很多年。信号是由巨大的地面天线(这是由于在 10 Hz 频率时自由空间波长为 3×10^7 m 所要求的)发射出。然后,被潜艇接收,在潜艇上安装一个长度小于 500 m 的悬挂细线天线就足够接受这个信号。在 ELF 频率范围下,缺点是信号的传输速率很低,传输一个单词需要花费好几分钟。ELF 信号被典型地用于通知潜艇启动紧急程序,或到水面附近来接受更详细的卫星信息。

接下来,我们将注意力转向求解磁场 H_y,H_y 与 E_x 相关。为了求得 H_y,我们需要得到良导体的波阻抗表达式。我们从第 11.2 节的式(11.48)开始,利用 $\varepsilon'' = \sigma/\omega$,有

$$\boxed{\eta = \sqrt{\frac{\mathrm{j}\omega\mu}{\sigma + \mathrm{j}\omega\varepsilon'}}}$$

由于 $\sigma > \omega\varepsilon'$,我们得到

$$\eta = \sqrt{\frac{\mathrm{j}\omega\mu}{\sigma}}$$

上式也可以写成

$$\boxed{\eta = \frac{\sqrt{2}\angle 45^\circ}{\sigma\delta} = \frac{(1+\mathrm{j})}{\sigma\delta}} \tag{11.85}$$

这样,若采用 δ 来重写表达式(11.80),可以得到

$$E_x = E_{x0}\,\mathrm{e}^{-\frac{z}{\delta}}\cos\left(\omega t - \frac{z}{\delta}\right) \tag{11.86}$$

因此

$$H_y = \frac{\sigma\delta E_{x0}}{\sqrt{2}}\mathrm{e}^{-\frac{z}{\delta}}\cos\left(\omega t - \frac{z}{\delta} - \frac{\pi}{4}\right) \tag{11.87}$$

我们看到,在每一点处,磁场强度最大值的出现均滞后于电场强度最大值 1/8 个周期。

应用式(11.77),我们由式(11.86)和式(11.87)可以得到时间平均坡印亭矢量:

$$\langle S_z \rangle = \frac{1}{2}\,\frac{\sigma\delta E_{x0}^2}{\sqrt{2}}\mathrm{e}^{-\frac{2z}{\delta}}\cos\left(\frac{\pi}{4}\right)$$

或

$$\boxed{\langle S_z \rangle = \frac{1}{4}\sigma\delta E_{x0}^2\,\mathrm{e}^{-\frac{2z}{\delta}}}$$

我们再一次注意到,在一个透入深度的距离内,功率密度仅为其在表面处值的 $\mathrm{e}^{-2} = 0.135$ 倍。

如图 11.3 所示,在一个宽度为 $0 < y < b$ 和沿电流方向上的长度为 $0 < x < L$ 的导体内的总平均功率损耗,可以通过求解穿过该面积的导体表面的功率得到

$$P_{\mathrm{L}} = \int_{\text{area}} \langle S_z \rangle \mathrm{d}a = \int_0^b\!\!\int_0^L \frac{1}{4}\sigma\delta E_{x0}^2\,\mathrm{e}^{-\frac{2z}{8}}\Big|_{z=0}\mathrm{d}x\mathrm{d}y = \frac{1}{4}\sigma\delta bLE_{x0}^2$$

根据在表面处的电流密度 J_{x0}

$$J_{x0} = \sigma E_{x0}$$

我们得到

$$\boxed{P_{\mathrm{L}} = \frac{1}{4\sigma}\delta bLJ_{x0}^2} \tag{11.88}$$

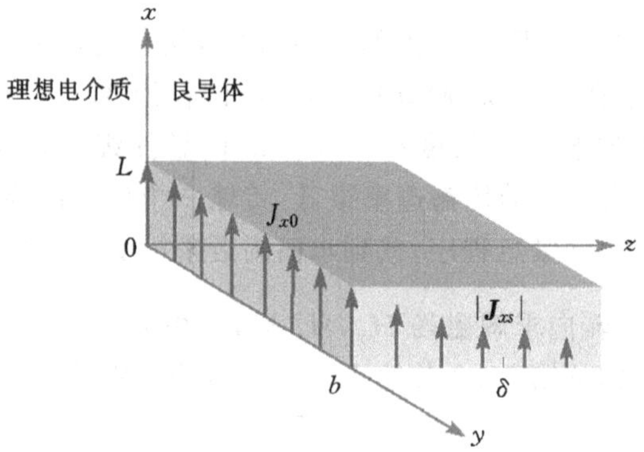

图 11.3 随着波在导体内部传播，电流密度 $J_x = J_{x0}e^{-z/\delta}e^{-jz/\delta}$ 的幅值不断地衰减。在区域 $0<x<L$，$0<y<b$，$z>0$ 内的平均功率损耗为 $\delta bLJ_{x0}^2/4\sigma$ W

让我们现在来看一看，若把宽度 b 内的总电流均匀地分布在一个透入深度的宽度内时，功率损耗将会为多少。为了求得总电流，我们在导体的无限深度内对电流密度进行积分：

$$I = \int_0^\infty \int_0^b J_x \mathrm{d}y\mathrm{d}z$$

这里

$$J_x = J_{x0}e^{-\frac{z}{\delta}}\cos(\omega t - \frac{z}{\delta})$$

或者，采用复数指数符号以便简化上述积分，

$$J_{xs} = J_{x0}e^{-\frac{z}{\delta}}e^{-\frac{jz}{\delta}} = J_{x0}e^{\frac{-(1+j)z}{\delta}}$$

因此

$$\begin{aligned} I_s &= \int_0^\infty \int_0^b J_{x0}e^{-(1+j)z/\delta}\mathrm{d}y\mathrm{d}z \\ &= J_{x0}be^{-(1+j)z/\delta}\left.\frac{-\delta}{1+j}\right|_0^\infty \\ &= \frac{J_{x0}b\delta}{1+j} \end{aligned}$$

及

$$I = \frac{J_{x0}b\delta}{\sqrt{2}}\cos(\omega t - \frac{\pi}{4})$$

如果这个电流以均匀电流密度 J' 分布在整个截面 $0<y<b$ 和 $0<z<\delta$ 内，那么

$$J' = \frac{J_{x0}}{\sqrt{2}}\cos(\omega t - \frac{\pi}{4})$$

由于每单位体积中的欧姆功率损耗为 $\boldsymbol{J}\cdot\boldsymbol{E}$，这样在所考虑的体积内所消耗的总的瞬时功率为

$$P_{Li}(t) = \frac{1}{\sigma}(J')^2 bL\delta = \frac{J_{x0}^2}{2\sigma}bL\delta\cos^2(\omega t - \frac{\pi}{4})$$

因为余弦函数平方项因子的平均值为 1/2，所以可以很容易地求得时间平均功率损耗，

$$\boxed{P_L = \frac{1}{4\sigma}J_{x0}^2 bL\delta} \tag{11.89}$$

比较式(11.88)和式(11.89)，我们发现它们是相等的。因此，在存在集肤效应时，导体中

的平均功率损耗可以通过假设电流在导体中的一个透入深度内作均匀分布来进行计算。根据电阻的定义,我们可以说一个存在着集肤效应的宽度为 b、长度为 L 的无限厚导体板的电阻,等于一个不存在集肤效应或电流均匀分布的宽度为 b、长度为 L 的厚度为 δ 的矩形导体板的电阻。

我们可以把上面的结论应用到一个圆截面导体中,假定其半径 a 远远大于透入深度,则误差将很小。由于在高频时会呈现出显著的集肤效应,因此导体电阻可以通过考虑一个宽度为 $2\pi a$、厚度为 δ 的导体板来求得。这样,有

$$\boxed{R = \frac{L}{\sigma S} = \frac{L}{2\pi a\sigma\delta}} \qquad (11.90)$$

然而,一根半径为 1 mm、长为 1 km 的圆铜导线的直流电阻为

$$R_{dc} = \frac{10^3}{\pi 10^{-6}(5.8\times 10^7)} = 5.48\ \Omega$$

在 1 MHz 时,透入深度为 0.066 mm。因此,满足条件 $\delta << a$,根据公式(11.90),我们得到,

$$R = \frac{10^3}{2\pi 10^{-3}(5.8\times 10^7)(0.066\times 10^{-3})} = 41.5\ \Omega$$

练习 11.7 一根钢管由 $\mu_r = 180$ 和 $\sigma = 4\times 10^6$ S/m 的材料构成。其内外半径分别为 5 mm和 7 mm,长度为 75 m。若在管中流过的总电流 $I(t)$ 为 $8\cos\omega t\ A$,其中 $\omega = 1200\pi$ rad/s,求:(a) 透入深度;(b) 有效电阻;(c) 直流电阻;(d) 时间平均功率损耗。

答案: 0.766 mm; 0.557 Ω; 0.249 Ω; 17.82 W。

11.5 波的极化

WWW Animations

在前面几节的分析中,我们假定均匀平面电磁波中的电场和磁场矢量都是位于某一个固定的方向上。具体地来说,当波沿 $+z$ 轴传播时,若取电场 $\boldsymbol{E}$ 的方向沿 x 轴,则磁场 $\boldsymbol{H}$ 的方向应沿 y 轴。对于均匀平面电磁波来说,$\boldsymbol{E}$、$\boldsymbol{H}$ 和 $\boldsymbol{S}$ 之间相互垂直的关系总是成立的。然而,$\boldsymbol{E}$ 和 $\boldsymbol{H}$ 在垂直于 $\boldsymbol{a}_z$ 的平面内的方向会随着时间和位置的改变而变化,这取决于波是如何产生的或在哪类媒质中传播的。这样,完整地描述一个电磁波不仅需要知道其波长、相速度、功率等参数,还需要知道场矢量在每一个瞬间的方向。我们把波极化定义为在空间中某一点的电场矢量方向随时间变化的一个函数。实际上,更完整的波极化特性应包括确定在空间中全部点处的场矢量方向,因为有一些波的极化特性会在空间中发生变化。因为应用麦克斯韦方程很容易由电场求得磁场,所以只需要确定电场的方向就足够了。

在前面所分析的电磁波中,电场 $\boldsymbol{E}$ 沿着一个固定的直线方向,且不随时间和位置而变化。这样的波称为线性极化波。尽管我们在前面取 $\boldsymbol{E}$ 的方向沿着 x 轴,但是实际上场在平面上可以是沿任意固定方向的和被线性极化的。对于沿 $+z$ 方向传播的电磁波,其电场相量一般地可表示为

$$\boxed{\boldsymbol{E}_s = (E_{x0}\boldsymbol{a}_x + E_{y0}\boldsymbol{a}_y)e^{-\alpha z}e^{-j\beta z}} \qquad (11.91)$$

这里,E_{x0} 和 E_{y0} 分别为电场沿 x 和 y 方向分量的常数幅值。利用 $\boldsymbol{E}_s$ 的上述表达式,可以很容

易地确定磁场的 x 和 y 分量。具体来说，与式(11.91)相应的磁场 $\boldsymbol{H}_s$ 为

$$\boldsymbol{H}_s = [H_{x0}\boldsymbol{a}_x + H_{y0}\boldsymbol{a}_y]e^{-\alpha z}e^{-j\beta z} = \left[-\frac{E_{y0}}{\eta}\boldsymbol{a}_x + \frac{E_{x0}}{\eta}\boldsymbol{a}_y\right]e^{-\alpha z}e^{-j\beta z} \tag{11.92}$$

在图 11.4 中画出了电场矢量和磁场矢量。图中示了在式(11.92)中的 E_{y0} 项前面加有负号的原因。功率流的方向由 $\boldsymbol{E}\times\boldsymbol{H}$ 来确定，在这里为 $+z$ 方向。电场 $\boldsymbol{E}$ 沿 $+y$ 方向的一个分量要求磁场 $\boldsymbol{H}$ 有一个沿 $-x$ 方向的分量，这样在 E_{y0} 项前面需要加上一个负号。应用式(11.91)和式(11.92)，由式(11.77) 可以得到该波的功率密度：

$$\begin{aligned}\langle \boldsymbol{S}_z\rangle &= \frac{1}{2}\mathrm{Re}\{\boldsymbol{E}_s\times\boldsymbol{H}_s^*\} = \frac{1}{2}\mathrm{Re}\{E_{x0}H_{y0}^*(\boldsymbol{a}_x\times\boldsymbol{a}_y) + E_{y0}H_{x0}^*(\boldsymbol{a}_y\times\boldsymbol{a}_x)\}e^{-2\alpha z}\\ &= \frac{1}{2}\mathrm{Re}\left\{\frac{E_{x0}E_{x0}^*}{\eta^*} + \frac{E_{y0}E_{y0}^*}{\eta^*}\right\}e^{-2\alpha z}\boldsymbol{a}_z\\ &= \frac{1}{2}\mathrm{Re}\left\{\frac{1}{\eta^*}\right\}(|E_{x0}|^2 + |E_{y0}|^2)e^{-2\alpha z}\boldsymbol{a}_z \quad \mathrm{W/m^2}\end{aligned}$$

上面的结果表明，这个线性极化平面电磁波可以看成是分别在 x 方向和 y 方向上极化的两个平面电磁波，以相量形式把它们的电场进行合成就能得到总电场 $\boldsymbol{E}$。对于磁场分量也有相同的结论。这对于我们理解波极化是十分关键的，也就是说任意的极化状态都可以用相互垂直的电场分量和它们的相对相位来描述。

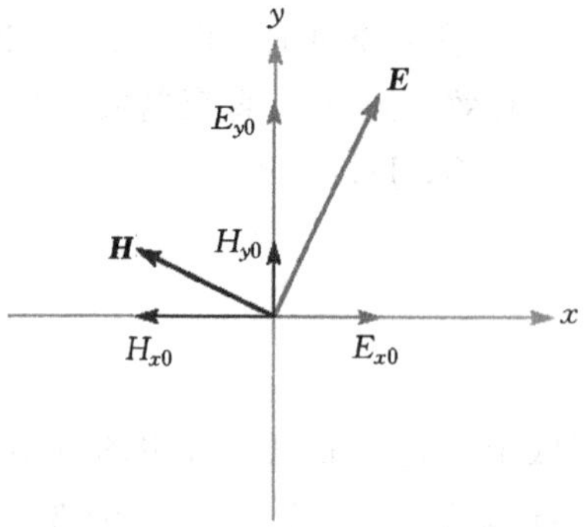

图 11.4 沿 $+z$ 方向(流出纸面)传播的线性极化平面电磁波中的电场和磁场。场分量对应于式(11.91)和(11.92)

我们在下面来考虑电场分量 E_{x0} 和 E_{y0} 之间的相位差 ϕ 的效应，这里有 $\phi<\frac{\pi}{2}$。为了简单起见，我们将考虑在无损耗媒质中波的传播。总电场的相量形式为

$$\boxed{\boldsymbol{E}_s = (E_{x0}\boldsymbol{a}_x + E_{y0}e^{j\phi}\boldsymbol{a}_y)e^{-j\beta z}} \tag{11.93}$$

再一次，为了直观地描述这个波，我们在上式两边同时乘以 $e^{j\omega t}$，然后再取其实部，就可以得到电场的瞬时形式：

$$\boxed{\boldsymbol{E}(z,t) = E_{x0}\cos(\omega t-\beta z)\boldsymbol{a}_x + E_{y0}\cos(\omega t-\beta z+\phi)\boldsymbol{a}_y} \tag{11.94}$$

式中，E_{x0} 和 E_{y0} 均为实数。假设我们令 $t=0$，此时，则式(11.94)变为

$$\boldsymbol{E}(z,0) = E_{x0}\cos(\beta z)\boldsymbol{a}_x + E_{y0}\cos(\beta z-\phi)\boldsymbol{a}_y \tag{11.95}$$

如图 11.5 所示，画出了 $\boldsymbol{E}(z,0)$ 各个分量的大小随 z 的变化关系。由于时间被固定在 $t=0$ 时

刻，所以波在空间的位置固定不动。一个观察者可以沿着 z 轴方向移动，来测量各个分量的大小以及总电场在各点处的方向。让我们来考察 E_x 的一个波峰，如在图 11.5 中所标出的 a 点。如果 $\phi=0$，那么 E_y 也会在该点有一个波峰。由于 ϕ 不为零(正值)，所以本应在 a 点出现的 E_y 的波峰现在却移至 z 值较大的 b 点。这两点之间的距离为 ϕ/β。这样，E_y 在空间中滞后于 E_x。

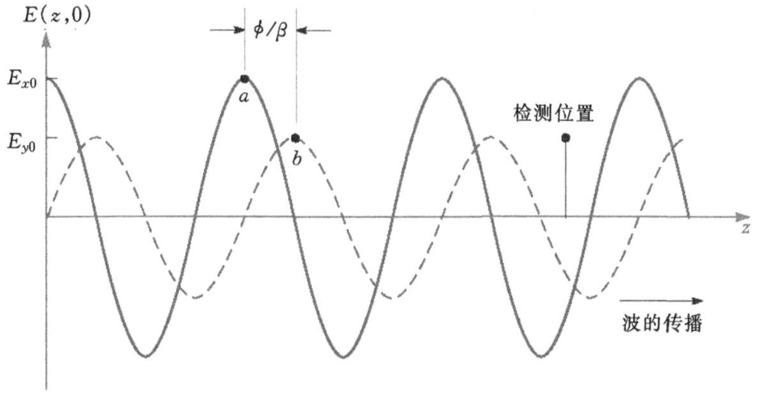

图 11.5　式(11.95)中作为 z 函数的电场强度分量的幅值图。注意，在 z 轴上，y 分量滞后于 x 分量。随着时间从零开始增加，两个分量都向右传播，如式(11.94)。这样，对于停留在某一固定处的观察者，y 分量在时间上领先

现在，假设这个观察者停留在 z 轴上的某一点，而让时间 t 向前移动。此时，如式(11.94)所示，E_{x0} 和 E_{y0} 都将沿 $+z$ 方向移动。但是 b 点先到达观察者，紧接着才是 a 点。我们看到，这样 E_y 分量在时间上超前于 E_x 分量。在上面两种情况(固定时间和变化 z，或反之)中，这个观察者都会注意到总场在围绕着 z 轴作旋转，而其大小也在不断地变化。若考虑到场在 z 和 t 的一个起点有一个给定的方向和大小，那么在 z 轴上经过一个波长的距离(对于固定的时间 t)或经过一段时间 $t=2\pi/\omega$ 后(在固定的点)，波将恢复到与原来相同的方向和大小。

为了示例说明，如果把电场矢量的长度作为其大小的一种量度，我们发现在某一固定的位置处，矢量末端的轨迹在时间 $t=2\pi/\omega$ 内会是一个椭圆。那么，这个波被称为是椭圆极化的。事实上，椭圆极化是一个波最普通的极化状态，由于它包含了任意大小的振幅以及 E_{x0} 和 E_{y0} 之间的相位差。线性极化是椭圆极化的一种特殊情况，此时 E_{x0} 和 E_{y0} 之间的相位差为零。

当 $E_{x0}=E_{y0}=E_0$ 和 $\phi=\pm\dfrac{\pi}{2}$ 时，会发生椭圆极化的另外一种特殊情况。这种情况下，波表现为圆极化。为了理解这一点，我们将这些限制条件代入式(11.94)中，可以得到

$$\begin{aligned}\boldsymbol{E}(z,t) &= E_0\left[\cos(\omega t-\beta z)\boldsymbol{a}_x+\cos\left(\omega t-\beta z\pm\frac{\pi}{2}\right)\boldsymbol{a}_y\right] \\ &= E_0\left[\cos(\omega t-\beta z)\boldsymbol{a}_x\mp\sin(\omega t-\beta z)\boldsymbol{a}_y\right]\end{aligned} \tag{11.96}$$

如果我们考虑在沿 z 轴上的某一固定点(例如 $z=0$)，让时间 t 变化，那么当 $\phi=+\dfrac{\pi}{2}$ 时，式(11.96)变为

$$\boxed{\boldsymbol{E}(0,t)=E_0\left[\cos(\omega t)\boldsymbol{a}_x-\sin(\omega t)\boldsymbol{a}_y\right]} \tag{11.97}$$

若在式(11.96)中取 $\phi=-\frac{\pi}{2}$，我们得到

$$\boxed{\boldsymbol{E}(0,t)=E_0[\cos(\omega t)\boldsymbol{a}_x+\sin(\omega t)\boldsymbol{a}_y]} \tag{11.98}$$

式(11.98)中的场矢量在 xy 平面内沿逆时针方向做旋转，但其大小保持为其振幅 E_0 值，这样矢量末端的轨迹是一个圆。如图 11.6 所示，画出了这一种行为。

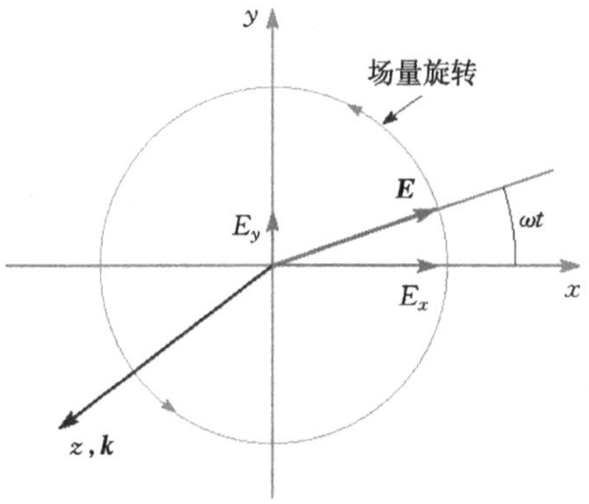

图 11.6　式(11.98)所描述的右旋圆极化平面波在 xy 平面中的电场。当波向 $+z$ 方向传播时，场矢量在 xy 平面内沿逆时针方向旋转

若选取 $\phi=+\frac{\pi}{2}$ 将会得到式(11.97)，这样场矢量绕 z 轴顺时针方向旋转。圆极化的旋转特性是按下述方式与旋转方向和波传播方向相联系的：当让左手大拇指指向波传播方向时，如果其余四个手指是随着场旋转的方向作旋转，则该波呈现出左旋圆极化(l. c. p.)；当让右手大拇指指向波传播方向时，如果其余四个手指是随着场的旋转方向作旋转，则该波呈现出右旋圆极化(r. c. p.)①。这样，当波沿 $+z$ 方向传播时，式(11.97)描述了一个左旋圆极化波，而式(11.98)则描述了一个右旋圆极化波。与此相同的规则也适用于椭圆极化，分别被描述为左旋椭圆极化和右旋椭圆极化。

在 z 轴上任意一点，可以利用式(11.96)求得电场矢量和 x 轴间的瞬时夹角如下：

$$\theta(z,t)=\arctan\left(\frac{E_y}{E_x}\right)=\arctan\left(\frac{\mp\sin(\omega t-\beta z)}{\cos(\omega t-\beta z)}\right)=\mp(\omega t-\beta z) \tag{11.99}$$

再一次，式中的负号(对于 $+z$ 方向传播产生左旋极化)适用于在式(11.96)中选取 $\phi=+\pi/2$ 的情况，而正号(对于 $+z$ 方向传播产生右旋极化)则适用于在式(11.96)中选取 $\phi=-\pi/2$ 的情况。如果我们选取 $z=0$，那么夹角将简单地变成为 ωt，在 $t=2\pi/\omega$ 时其值等于 2π(旋转完一周)。如果选取 $t=0$ 且让 z 变化，则我们会得到一个像“螺旋状”一样的场型。一种使这种场型直观化的方法是考虑一个螺旋形的楼梯模型，其中场的方向(楼梯台阶)是垂直于 z 轴(或楼梯)。如图 11.7 所示，以一个艺术家的想象力给出了这个空间场型与某固定点 z 的最终时间行为随波传播变化之间的关系。

改变螺旋的旋向可以改变极化的旋转特性。螺旋形的楼梯模型仅仅是一个直观的辅助手段。必须记住，波仍然是均匀平面电磁波，它在 z 轴上任意点处的场量是分布在整个无限大的横向平面上的。

圆极化波有很多应用实例。或许，其最明显的优点是对圆极化波的接收与天线在垂直于波传播方向的平面内的取向无关。例如，要求偶极子天线的方向与它所接收信号的电场方向

---

① 在有些著作(大多数为光学方面)中，刚好与这个定则相反，它们着重于在空间中场的构形。应该注意到，在我们现在的定义中，r. c. p 是指以左手螺旋方式传输一个空间场，正是由于这个原因我们有时才把它称为左旋圆极化(图 11.7)。像我们所定义的，左旋圆极化是指以右手螺旋方式传输一个空间场，对于对空间的热心者来说，才把它称为右旋圆极化。很显然，在阅读一本不熟悉的教材时，需要小心地理解有关极化定则定义的含义。

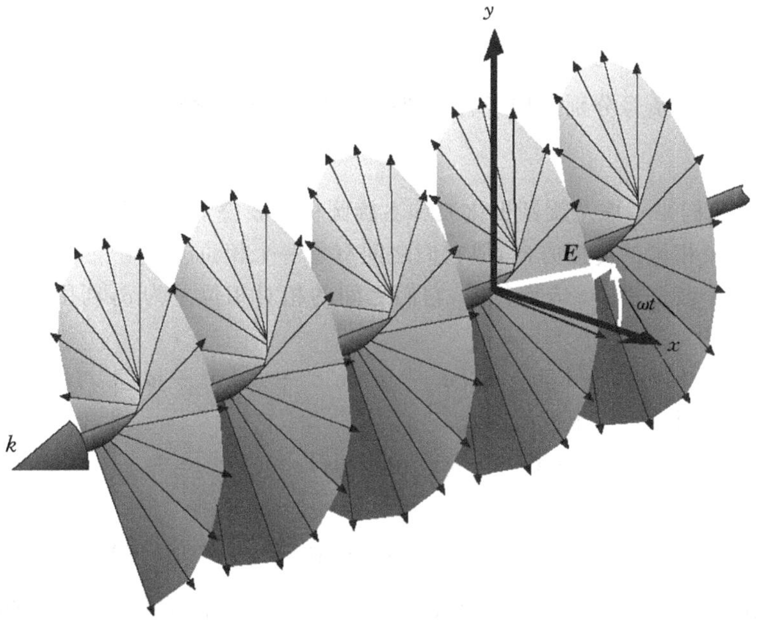

图 11.7　右旋圆极化波的图形描述。当整个平面波穿过 xy 平面沿 k 方向运动时，电场矢量(用白色表示)朝向 y 轴旋转。这个逆时针旋转(当向波源看去时)满足在前面所描述的右手螺旋定则。然而，由于波是左手螺旋的，由于这个原因，按另一个定则波称为是左旋圆极化波

一致。如果发射的是圆极化波信号，那么对接收器取向的要求就相当宽松了。在光学中，圆极化光可以穿过任意取向的偏光器，这样就能产生一个任意方向的线性偏振光(尽管采用这种方法会损失一半功率)。其它的一些应用涉及到把线性偏振光看成是由圆极化波叠加所得到的一个合成波，将在下面进行阐述。

圆偏振光可以用一种各向异性媒质来产生，这种媒质的介电常数是电场方向的函数。许多晶体都有这种特性。可以采用这样的方法来确定晶体的取向：使得沿某一个方向(比如 x 轴)，其介电常数最小，而沿与其相垂直的方向(y 轴)，其介电常数最大。具体的策略是输入一个线性极化波，让它的场矢量与晶体的 x 轴和 y 轴之间的夹角为 45°。这样，它在晶体中会有相等的 x 和 y 分量，但这两个分量却是以不同的速度沿 z 方向传播的。随着波的传播，两个分量之间将会积累出一个相位差(或延迟)，若晶体足够长，此相位差可以达到 $\pi/2$。这样，波在晶体的输出端将会变成一个圆极化波。把这样的晶体(截出合适的长度，并以这样的方式使用)称为四分之一波长片，因为它能使 E_x 和 E_y 之间产生 $\pi/2$ 的相对相移，这相当于 $\lambda/4$。

将圆极化波用相量形式来表达是很有用的。为了做到这一点，我们注意到式(11.96)可以表示为

$$\boldsymbol{E}(z,t)=\mathrm{Re}\{E_0 \mathrm{e}^{\mathrm{j}\omega t}\mathrm{e}^{-\mathrm{j}\beta z}[\boldsymbol{a}_x+\mathrm{e}^{\pm \mathrm{j}\frac{\pi}{2}}\boldsymbol{a}_y]\}$$

应用 $\mathrm{e}^{\pm \mathrm{j}\pi/2}=\pm \mathrm{j}$，我们定义相量形式为

$$\boxed{\boldsymbol{E}_s=E_0(\boldsymbol{a}_x\pm \mathrm{j}\boldsymbol{a}_y)\mathrm{e}^{-\mathrm{j}\beta z}} \tag{11.100}$$

在上式中，正号和负号分别适用于左旋圆极化波和右旋圆极化波。如果波沿 $-z$ 方向传播，那

么我们有

$$\boxed{\boldsymbol{E}_s = E_0(\boldsymbol{a}_x \pm \mathrm{j}\boldsymbol{a}_y)\mathrm{e}^{+\mathrm{j}\beta z}} \tag{11.101}$$

在这种情况下，正号和负号分别适用于右旋圆极化波和左旋圆极化波。鼓励学生们对此加以验证。

例 11.7 让我们来考虑左旋圆极化波和右旋圆极化波叠加后的结果，这两个波具有相同幅值、相同频率以及相同的传播方向，但它们之间有着一个相位差 δ。

解：假定这两个波都沿 $+z$ 方向传播，它们之间的相对相位差为 δ，利用式(12.100)，得到总相量场为

$$\boldsymbol{E}_{sT} = \boldsymbol{E}_{sR} + \boldsymbol{E}_{sL} = E_0[\boldsymbol{a}_x - \mathrm{j}\boldsymbol{a}_y]\mathrm{e}^{-\mathrm{j}\beta z} + E_0[\boldsymbol{a}_x + \mathrm{j}\boldsymbol{a}_y]\mathrm{e}^{-\mathrm{j}\beta z}\mathrm{e}^{\mathrm{j}\delta}$$

把相同的各个分量进行合并，上式变为

$$E_{sT} = E_0[(1 + \mathrm{e}^{\mathrm{j}\delta})\boldsymbol{a}_x - \mathrm{j}(1 - \mathrm{e}^{\mathrm{j}\delta})\boldsymbol{a}_y]\mathrm{e}^{-\mathrm{j}\beta z}$$

把相位项 $\mathrm{e}^{\mathrm{j}\delta/2}$ 提出，我们得到

$$\boldsymbol{E}_{sT} = E_0\mathrm{e}^{\mathrm{j}\frac{\delta}{2}}[(\mathrm{e}^{-\mathrm{j}\frac{\delta}{2}} + \mathrm{e}^{\mathrm{j}\frac{\delta}{2}})\boldsymbol{a}_x - \mathrm{j}(\mathrm{e}^{-\mathrm{j}\frac{\delta}{2}} - \mathrm{e}^{\mathrm{j}\frac{\delta}{2}})\boldsymbol{a}_y]\mathrm{e}^{-\mathrm{j}\beta z}$$

利用欧拉恒等式，我们求得 $\mathrm{e}^{-\mathrm{j}\frac{\delta}{2}} + \mathrm{e}^{\mathrm{j}\frac{\delta}{2}} = 2\cos\dfrac{\delta}{2}$，$\mathrm{e}^{-\mathrm{j}\frac{\delta}{2}} - \mathrm{e}^{\mathrm{j}\frac{\delta}{2}} = 2\mathrm{j}\sin\dfrac{\delta}{2}$。利用这些关系式，我们得到

$$\boldsymbol{E}_{sT} = 2E_0[\cos(\frac{\delta}{2})\boldsymbol{a}_x + \sin(\frac{\delta}{2})\boldsymbol{a}_y]\mathrm{e}^{-\mathrm{j}(\beta z - \frac{\delta}{2})} \tag{11.102}$$

我们可以看出，式(11.102)就是一个线性极化波的电场，其电场方向与 x 轴的夹角为 $\delta/2$。

例 11.7 表明任意一个线性极化波都可表示为两个旋向相反的圆极化波之和，而线性极化的方向则是由这两个圆极化波的相对相位差来决定。这种表达方法很方便(而且有必要)，例如，当考虑线性偏振光穿过包含着有机分子的媒质传播时。这些有机分子常常表现出具有左手螺旋或右手螺旋的结构，这样它们与左旋圆极化波和右旋圆极化波的相互作用方式将会是不同的。结果是，左旋圆极化波分量的传播速度不等于右旋圆极化波分量的传播速度，这样随着波的传播，这两个分量之间会积累出一个相位差。最终，线性极化场矢量在材料输出端的方向将与在材料输入端的方向不同。所旋转的角度可用做在材料研究中的一种测量手段。

在第 12 章中学习波的反射时，我们将会觉得极化问题是极为重要的。

参考文献

1. Balanis, C. A. *Advanced Engineering Electromagnetics*. New York: John Wiley & Sons, 1989.

2. International Telephone and Telegraph Co., Inc. *Reference Data for Radio Engineers*. 7th ed. Indianapolis, Ind.: Howard W. Sams & Co., 1985. 在这本手册中，有一些有关电介质和绝缘材料特性的极好的数据。

3. Jackson, J. D. *Classical Electrodynamics*. 3d ed. New York: John Wiley & Sons, 1999.

4. Ramo, S., J. R. Whinnery, and T. Van Duzer. *Fields and Waves in Communication Electronics*. 3d ed. New York: John Wiley & Sons, 1994.

习题 11

11.1　对于 $k_0=\omega\sqrt{\mu_0\varepsilon_0}$ 和任意 ϕ 以及 A，证明 $E_{xs}=A\mathrm{e}^{\mathrm{j}(k_0z+\phi)}$ 是矢量亥姆霍兹方程式(11.30)的一个解。

11.2　一个 100 MHz 的均匀平面电磁波在无损耗媒质中传播，其中 $\varepsilon_r=5$，$\mu_r=1$。求：(a) v_p；(b) β；(c) λ；(d) E_s；(e) $\boldsymbol{H}_s$；(f) $\boldsymbol{S}$。

11.3　在自由空间中，给定 $\boldsymbol{H}$ 场为 $\mathscr{H}(x,t)=10\cos(10^8t-\beta x)\boldsymbol{a}_y$ A/m。求：(a) β；(b) λ；(c)在 $t=1$ ns 时刻，点 $P(0.1, 0.2, 0.3)$ 处的 $\mathscr{E}(x,t)$。

11.4　小天线的效率一般都较低(在第 14 章中我们将会讨论到)，当长度大于某一临界尺寸，例如 $\lambda/8$ 波长时，它的效率将随天线尺寸的增大而提高。(a)在自由空间中，某一天线的长度为 12 cm，其工作频率为 1 MHz。问其长度为波长的几分之几？(b)若将此天线置于 $\varepsilon_r=20$，$\mu_r=2{,}000$ 的铁磁材料中，那么，天线的长度为波长的几分之几？

11.5　在自由空间中，有一个 150 MHz 的均匀平面电磁波，其磁场 $\boldsymbol{H}_s=(4+\mathrm{j}10)(2\boldsymbol{a}_x+\mathrm{j}\boldsymbol{a}_y)\mathrm{e}^{-\mathrm{j}\beta z}$ A/m。(a) 求 ω，λ 和 β 的值；(b) 求在 $t=1.5$ ns，$z=20$ cm 时的 $\mathscr{H}(z,t)$；(c) $|E|_{\max}$ 为多大？

11.6　一均匀平面波，其电场为 $\boldsymbol{E}_s=(E_{y0}\boldsymbol{a}_y-E_{z0}\boldsymbol{a}_z)\,\mathrm{e}^{-\alpha x}\,\mathrm{e}^{-\mathrm{j}\beta x}$ V/m。媒质的特性阻抗为 $\eta=|\eta|\mathrm{e}^{-\mathrm{j}\Phi}$，其中 Φ 为一个常数相位。(a)请描述波的极化并说明波的传播方向；(b) 求 $\boldsymbol{H}_s$；(c)求 $E(x,t)$ 和 $H(x,t)$；(d) 求 $\boldsymbol{S}$，单位取为 $\mathrm{W/m^2}$；(e)求距离波源 d 处，悬挂面平行于 yz 平面的一个矩形截面天线接收到的时间平均功率为多少瓦。已知该天线截面宽为 w，高为 h。

11.7　在某一无损耗材料中传播的一个 400 MHz 的均匀平面电磁波，其磁场强度相量形式为 $(2\boldsymbol{a}_y-\mathrm{j}5\boldsymbol{a}_z)\mathrm{e}^{-\mathrm{j}25x}$ A/m。已知 $\boldsymbol{E}$ 的最大值为 1500 V/m，求 β，η，λ，v_p，ε_r，μ_r 和 $\mathscr{H}(x,y,z,t)$。

11.8　在自由空间中，有一电场在球坐标系中可表示为 $\boldsymbol{E}_s(r)=E_0(r)\,\mathrm{e}^{-\mathrm{j}kr}\boldsymbol{a}_\theta$ V/m。(a)假设该电场为均匀平面波中的电场分量，求 $\boldsymbol{H}_s(r)$；(b)求 $\langle S\rangle$；(c)若有一球心位于坐标原点且半径为 r 的球壳，求穿出此球壳的平均功率为多少瓦；(d) 若要使(c)中求得的功率流与球半径 r 无关，试求 $E_0(r)$ 应满足的表达式。当满足这一条件时，场就称为在无损媒质中的各向同性辐射器的场(在各个不同方向上辐射功率相同)。

11.9　某一种无损耗材料的 $\mu_r=4$ 和 $\varepsilon_r=9$。一个 10 MHz 的均匀平面电磁波沿 $\boldsymbol{a}_y$ 方向在其中传播，已知在 $t=60$ ns 时，点 $P(0.6, 0.6, 0.6)$ 处的 $E_{x0}=400$ V/m，$E_{y0}=E_{z0}=0$。求(a)β，λ，v_p 和 η；(b) $E(t)$；(c) $H(t)$。

11.10　一线性极化波在波阻抗为 $\eta=|\eta|\mathrm{e}^{\mathrm{j}\varphi}$ 媒质中传播，已知磁场 $\boldsymbol{H}_s=(H_{0y}\boldsymbol{a}_y+H_{0z}\boldsymbol{a}_z)\mathrm{e}^{-\alpha x}\mathrm{e}^{-\mathrm{j}\beta x}$。求：(a) $\boldsymbol{E}_s$；(b) $\mathscr{E}(x,t)$；(c) $\mathscr{H}(x,t)$；(d) $\boldsymbol{S}$。

11.11　一个 2 GHz 均匀平面电磁波在$(0, 0, 0, t=0)$ 时其大小为 $E_{y0}=1.4$ kV/m，沿 $\boldsymbol{a}_z$ 方向在某一媒质中传播，其中 $\varepsilon''=1.6\times10^{-11}$ F/m，$\varepsilon'=3.0\times10^{-11}$ F/m，$\mu=2.5$ μH/m。在 0.2 ns 时，求点 $P(0, 0, 1.8\text{ cm})$ 处的(a) E_y；(b) H_x。

11.12　假定某一液体媒质为良导体，请描述在给定频率时如何通过测量液体中的波长来测量该液体媒质的衰减系数。应用这种方法的限制条件是什么？应用这种方法也能求解媒质的电导率吗？

11.13 对一沿 $\boldsymbol{a}_z$ 方向传播的均匀平面电磁波，令 $jk = 0.2 + j1.5\ \text{m}^{-1}$，$\eta = 450 + j60\Omega$。若 $\omega = 300$ Mrad/s，求媒质的 μ，ϵ' 和 ϵ''。

11.14 某一种非磁性材料，在 $\omega = 1.5$ Grad/s 时，材料参数为 $\epsilon'_r = 2$，$\epsilon''/\epsilon' = 4 \times 10^{-4}$。求在下列情况下均匀平面电磁波在其中能够传播的距离：(a) 当衰减为 1 Np 时；(b) 功率减小为原来的一半时；(c) 相位移为 360°时。

11.15 一 10 GHz 的雷达信号在足够小的区域可用一均匀平面电磁波来描述。计算用厘米表示的波长和用奈培每米表示的衰减，设波在非磁性材料中传播：(a) $\epsilon'_r = 1$，$\epsilon''_r = 0$；(b) $\epsilon'_r = 1.04$，$\epsilon''_r = 9.00 \times 10^{-4}$；(c) $\epsilon'_r = 2.5$，$\epsilon''_r = 7.2$。

11.16 坡印亭定理（式(11.70)）中的功率损耗项 $\int \boldsymbol{E} \cdot \boldsymbol{J} dv$ 给出了电磁波流入某一体积内的功率损耗。其中，$p_d = \boldsymbol{E} \cdot \boldsymbol{J}$ 指每单位体积的功率损耗，单位为 W/m^3。同理，在式(11.77)中，每单位体积的时间平均功率损耗为 $\langle p_d \rangle = (1/2)\text{Re}\{\boldsymbol{E}_s \cdot \boldsymbol{J}_s^*\}$。(a) 证明：当一幅值为 E_0 的均匀平面波在良导电媒质中沿 $+z$ 方向传播时，有 $\langle p_d \rangle = (\sigma/2) \mid E_0 \mid^2 e^{-2\alpha z}$。(b) 对于良导体内的一很小体积这一特定情况，试应用式(11.70) 的左边项，来检验(a) 中所述的结果。

11.17 一均匀平面电磁波在有限电导率的电介质中沿 $\boldsymbol{a}_z$ 方向传播，令 $\eta = 250 + j30\ \Omega$，$jk = 0.2 + j2\ \text{m}^{-1}$。若在 $z = 0$ 处有 $|E_s| = 400$ V/m，求：(a) $z = 0$ 和 $z = 60$ cm 时的 $\langle \boldsymbol{S} \rangle$；(b) 在 $z = 60$ cm 处，用每立方米瓦特表示平均欧姆功率损耗。

11.18 已知在良电介质中有一 100 MHz 的均匀平面电磁波。电场的相量形式为 $E_s = 4e^{-0.5z}e^{-j20z}\boldsymbol{a}_x$ V/m。试确定：(a) ϵ'；(b) ϵ''；(c) η；(d) $\boldsymbol{H}_s$；(e) $\langle \boldsymbol{S} \rangle$；(f) 在 $z = 1$ km处，入射到面积为 20 m × 30 m 的矩形平面的功率，用瓦特表示。

11.19 一同轴良导电圆柱体的半径分别为 8 mm 和 20 mm。在两圆柱体之间的区域内填充有理想介质，$\epsilon = 10^{-9}/4\pi$ F/m，$\mu_r = 1$。若在这个区域中的 $\mathscr{E}$ 为 $(500/\rho)\cos(\omega t - 4z)\boldsymbol{a}_\rho$ V/m，求：(a) ω，借助于圆柱坐标系中的麦克斯韦方程；(b) $H(\rho, z, t)$；(c) $\langle \boldsymbol{S}(\rho, z, t) \rangle$；(d) 穿过每个横截面积 $8 < \rho < 20$ mm，$0 < \phi < 2\pi$ 的平均功率。

11.20 在标准温度和气压下，当电场强度近似为 3×10^6 V/m 时，空气会发生电压击穿。这是需要光致密聚焦的高功率光学实验中的一个课题。请估算在发生电压击穿前，形成一半径为 10μm 的圆柱聚焦光束时需要的光波功率为多少瓦。假设光波为均匀平面波。（在此假设条件下得到的解大于实际数值的 2 倍，具体解的数值取决于实际光束的形状）。

11.21 一个 $1\ \text{cm} < \rho < 1.2$ cm 的圆柱壳由导电材料构成，$\sigma = 10^6$ S/m。壳的外部和内部区域为非导电的。令在 $\rho = 1.2$ cm 处，有 $H_\phi = 2000$ A/m。求：(a) 各处的 $\boldsymbol{H}$；(b) 各处的 $\boldsymbol{E}$；(c) 各处的 $\langle \boldsymbol{S} \rangle$。

11.22 一同轴铜传输线的内外尺寸分别为 2 mm 和 7 mm。两个导体的厚度都比 δ 大得多。已知电介质是无损耗的，工作频率为 400 MHz。计算在每米长度上的电阻：(a) 内导体；(b) 外导体；(c) 传输线。

11.23 一空心管状导体用一种电导率为 1.2×10^7 S/m 的黄铜制成。其内外径分别为9 mm和10 mm。计算在下列频率下每米长度上的电阻：(a) 直流；(b) 20 MHz；(c) 2 GHz。

11.24 (a)大多数微波炉的工作频率为 2.45 GHz。设不锈钢内部的 $\sigma = 1.2 \times 10^6$ S/m 和 $\mu_r = 500$，求透入深度；(b) 令在导体表面处 $E_s = 500°$ V/m，画出当场透入到不锈钢内部时 E_s 振幅随 E_s 角度的变化曲线。

11.25 有个一良导体平面，导行着一个均匀平面电磁波，其波长为 0.3 mm，波速为 3×10^5 m/s。设导体为非磁性的，求频率和电导率。

11.26 某一同轴传输线的尺寸为 $a = 0.8$ mm，$b = 4$ mm。外导体厚度为 0.6 mm，所有导体的电导率均为 $\sigma = 1.6 \times 10^7$ S/m。(a)在 2.4 GHz 工作频率下，求每单位长度的电阻 R；(b) 应用在第 6.4 节和第 9.10 节中的信息，分别求每单位长度的电容 C 和电感 L，同轴线是由空气所填充的；(c) 若 $\alpha + \mathrm{j}\beta = \sqrt{\mathrm{j}\omega C(R + \mathrm{j}\omega L)}$，求 α 和 β。

11.27 平面 $z = 0$ 是黄铜和聚四氟乙烯的分界面。应用在附录C中的数据，对 $\omega = 4 \times 10^{10}$ rad/s 的均匀平面电磁波计算下列比值：(a) $\alpha_{\text{Tef}}/\alpha_{\text{brass}}$；(b) $\lambda_{\text{Tef}}/\lambda_{\text{brass}}$；(c) $v_{\text{Tef}}/v_{\text{brass}}$。

11.28 在自由空间中有一均匀平面电磁波，其电场矢量为 $\boldsymbol{E}_s = 10e^{-\mathrm{j}\beta x}\boldsymbol{a}_z + 15e^{-\mathrm{j}\beta x}\boldsymbol{a}_y$ V/m。(a) 描述波的极化；(b) 求 $\boldsymbol{H}_s$；(c) 确定在该波中的平均功率密度，用 W/m² 表示。

11.29 考虑在自由空间中的一个沿 $+z$ 方向传播的左旋圆极化波。电场由式(11.100)的适当形式给出。(a) 确定磁场相量 $\boldsymbol{H}_s$；(b) 直接应用式(11.77)来确定在波中的平均功率密度的表达式，用 W/m² 表示。

11.30 在各向异性媒质中，介电常数随着电场方向的改变而变化，多数晶体都具有这一特性。考虑一均匀平面波在这样的媒质中沿 $+z$ 方向传播，设场量沿 x 方向和 y 方向的分量大小相同。取场的相量形式为：$\boldsymbol{E}_s(z) = E_0(\boldsymbol{a}_x + \boldsymbol{a}_y e^{-\mathrm{j}\Delta\beta z})e^{-\mathrm{j}\beta z}$，其中，$\Delta\beta = \beta_x - \beta_y$ 是沿 x 方向线极化波与沿 y 方向线极化波之间的相位差。(a)求当场在某一点为线极化波时，波在媒质中传播的距离，以 $\Delta\beta$ 表示。(b) 求当场在某一点为圆线极化波时，波在媒质中传播的距离，以 $\Delta\beta$ 表示。(c) 假定媒质的波阻抗不随场的方向变化，近似为一个常数，求 $\boldsymbol{H}_s$和 $\langle \boldsymbol{S} \rangle$。

11.31 一线性极化均匀平面电磁波沿 $+z$ 方向传播，入射到一无损耗各向异性材料中，其中沿 y 方向极化的波遇到的介电常数 ε_{ry} 与沿 x 方向极化的波遇到的介电常数 ε_{rx} 不同。设 $\varepsilon_{rx} = 2.15$ 和 $\varepsilon_{ry} = 2.10$，在入射时波电场极化方向与 x 轴和 y 轴均成45°夹角。(a) 试确定使输出波为圆极化时所用材料的最短长度，用自由空间波长 λ 表示；(b) 输出波为右旋圆极化还是左旋圆极化？

11.32 设将在习题 11.31 中媒质的长度增加为原来的 2 倍长度。在这种情况下，描述输出波的极化。

11.33 给定在波阻抗为 η 的媒质中传播的波，其电场为 $\boldsymbol{E}_s = 15e^{-\mathrm{j}\beta z}\boldsymbol{a}_x + 18e^{-\mathrm{j}\beta z}e^{\mathrm{j}\phi}\boldsymbol{a}_y$ V/m。(a) 求 $\boldsymbol{H}_s$；(b) 确定平均功率密度，用 W/m² 表示。

11.34 一个普通的椭圆极化波由式(11.93)给出：$\boldsymbol{E}_s = [E_{x0}\boldsymbol{a}_x + E_{y0}e^{\mathrm{j}\phi}\boldsymbol{a}_y]e^{-\mathrm{j}\beta z}$。(a)用类似于例 11.7 的方法证明，当将给定的场与一个相位移场 $\boldsymbol{E}_s = [E_{x0}\boldsymbol{a}_x + E_{y0}e^{-\mathrm{j}\phi}\boldsymbol{a}_y]e^{-\mathrm{j}\beta z}e^{\mathrm{j}\delta}$ 叠加时，将会产生一个线性极化波，其中，δ 为一个常数；(b) 求能够使最终的波沿 x 方向线性极化的 δ 之值，用 ϕ 表示。

第12章

平面电磁波的反射和散射

在第 11 章中，我们学习了如何在数学上将均匀平面电磁波描述为关于频率、媒质特性和电场方向的函数。我们还学习了如何计算波的速度、衰减和功率。在这一章中，我们将考虑波在不同媒质分界面上的反射和透射。将允许波以任意角度入射到分界面上的情况，还将包括多层媒质分界面这种重要的情形。我们还将研究波功率分布在一个有限频带上的实际问题，例如，在调制载波中可能会出现这种情况。我们将考虑电磁波在色散媒质中的传播，在这种媒质中，影响电磁波传播的一些参数(如介电常数)会随着频率的变化而变化。色散媒质对信号的影响是十分重要的，这是因为信号的包络线在传播过程中会改变形状。结果是，在接收端检测和如实地描述原来的信号就变成了一个困难的问题。因此，在确定最大可允许的传播距离时，必须同时对散射和衰减进行计算。

12.1 正入射时均匀平面电磁波的反射

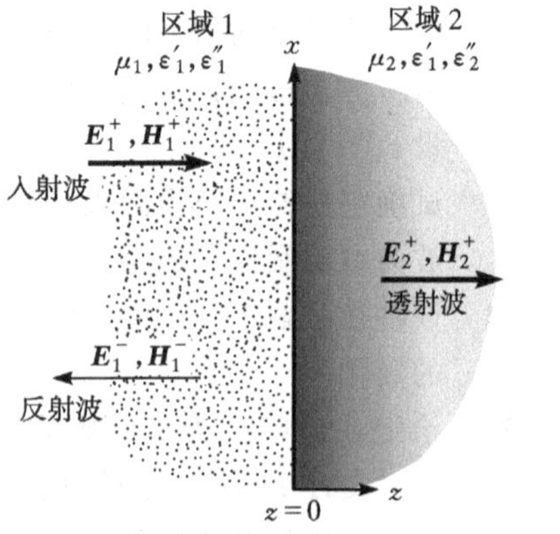

图 12.1　当一个平面电磁波入射到分界面上时，会产生图中给定方向的反射波和透射波。所有的场量都是平行于分界面，其中电场沿 x 方向，磁场沿 y 方向

我们首先考虑当均匀平面电磁波入射到两种不同媒质分界面上时出现的反射现象。在这里，限于处理正入射的情况，在**正入射**时，电磁波的传播方向与分界面相垂直。在后面几节中，我们将会去掉这个限制。我们将给出从分界面处反射回来的波的表达式和从一个区域透射到另一个区域的波的表达式。这些结果与我们在第 10 章中已经遇到的普通传输线中的阻抗匹配问题直接地相关。它们也适用于波导问题，这将在第 13 章中研究。

我们再一次假定电场强度只有一个矢量分量。如图 12.1 所示，定义区域 1(ε_1, μ_1)为 $z<0$ 的半空间；定义区域 2(ε_2, μ_2)为 $z>0$ 的半空间。起初，我们在区域 1

中建立起一个电磁波，它沿着 $+z$ 方向传播，并且沿着 x 方向线性极化。

$$\mathscr{E}_{x1}^{+}(z,t) = E_{x10}^{+}\mathrm{e}^{-\alpha_1 z}\cos(\omega t - \beta_1 z)$$

其相量形式为

$$E_{xs1}^{+}(z) = E_{x10}^{+}\mathrm{e}^{-\mathrm{j}kz} \tag{12.1}$$

这里，我们取 E_{x10}^{+} 为实数。下标 1 是用来确定区域，而上标 + 则表示一沿正向传播的波。与 $E_{xs1}^{+}(z)$ 相联系的磁场是沿 y 方向的，

$$H_{ys1}^{+}(z) = \frac{1}{\eta_1}E_{x10}^{+}\mathrm{e}^{-\mathrm{j}k_1 z} \tag{12.2}$$

这里，除非 ϵ_1''（或 σ_1）为零，否则 k_1 和 η_1 就是复数。在区域 1 中朝向 $z=0$ 处分界面传播的均匀平面电磁波被称为**入射**波。由于入射波的传播方向垂直于分界面，所以我们把它称为正入射。

我们现在应该认识到，由于在区域 2 中产生了一沿着 $+z$ 方向传播的电磁波，所以能量可以透过 $z=0$ 处的分界面被传输到区域 2 中。在区域 2 中，电磁波中的电场和磁场的相量形式分别为

$$E_{xs2}^{+}(z) = E_{x20}^{+}\mathrm{e}^{-\mathrm{j}k_2 z} \tag{12.3}$$

$$H_{ys2}^{+}(z) = \frac{1}{\eta_2}E_{x20}^{+}\mathrm{e}^{-\mathrm{j}k_2 z} \tag{12.4}$$

把这种离开分界面进入区域 2 中的波称为**透射**波。应该注意的是，在这里使用了不同的传播常数 k_2 和特性阻抗 η_2。

现在，我们必须使这些假设的场在 $z=0$ 平面上满足边界条件。由于 $\boldsymbol{E}$ 沿 x 方向极化，所以它与分界面是相切的，这样区域 1 和区域 2 中的电场 $\boldsymbol{E}$ 在 $z=0$ 处必须是相等的。若在式(12.1)和式(12.2)中令 $z=0$，则要求有 $E_{x10}^{+}=E_{x20}^{+}$。沿 y 方向的磁场 $\boldsymbol{H}$ 也是一个切向场，并且在穿过边界面时必须是连续的（在实际的媒质中没有面电流）。当在式(12.2)和式(12.4)中令 $z=0$ 时，我们发现必须有 $E_{x10}^{+}/\eta_1=E_{x20}^{+}/\eta_2$。由于 $E_{x10}^{+}=E_{x20}^{+}$，此时有 $\eta_1=\eta_2$。然而，这是一个不符合一般事实的非常特殊的情况，因此只考虑入射波和透射波是不可能满足边界条件的。我们需要在区域 1 中考虑离开分界面传播的一种波，如图 12.1 所示，这就是反射波，

$$E_{xs1}^{-}(z) = E_{x10}^{-}\mathrm{e}^{\mathrm{j}k_1 z} \tag{12.5}$$

$$H_{ys1}^{-}(z) = -\frac{E_{x10}^{-}}{\eta_1}\mathrm{e}^{\mathrm{j}k_1 z} \tag{12.6}$$

这里，E_{x10}^{-} 可能是一个复数。由于这个场是沿着 $-z$ 方向传播的，所以有 $E_{xs1}^{-}=-\eta_1 H_{ys1}^{-}$，这是因为坡印亭矢量表明 $\boldsymbol{E}_1^{-}\times\boldsymbol{H}_1^{-}$ 一定是沿着 $-\boldsymbol{a}_z$ 方向。

现在，边界条件就很容易地被得到满足了，并且由此可以根据 E_{x10}^{+} 求得透射波的大小和反射波的大小。在 $z=0$ 处，总电场强度是连续的，

$$E_{xs1} = E_{xs2} \quad (z=0)$$

或

$$E_{xs1}^{+} + E_{xs1}^{-} = E_{xs2}^{+} \quad (z=0)$$

于是

$$\boxed{E_{x10}^{+} + E_{x10}^{-} = E_{x20}^{+}} \tag{12.7}$$

进一步地，有

$$H_{ys1} = H_{ys2} \quad (z = 0)$$

或

$$H_{ys1}^{+} + H_{ys1}^{-} = H_{ys2}^{+} \quad (z = 0)$$

于是

$$\boxed{\frac{E_{x10}^{+}}{\eta_1} - \frac{E_{x10}^{-}}{\eta_1} = \frac{E_{x20}^{+}}{\eta_2}} \tag{12.8}$$

从式(12.8)中解得 E_{x20}^{+}，然后代入式(12.7)，有

$$E_{x10}^{+} + E_{x10}^{-} = \frac{\eta_2}{\eta_1}E_{x10}^{+} - \frac{\eta_2}{\eta_1}E_{x10}^{-}$$

或

$$E_{x10}^{-} = E_{x10}^{+}\frac{\eta_2 - \eta_1}{\eta_2 + \eta_1}$$

反射电场与入射电场的幅值之比定义为**反射系数**，用 Γ 表示，

$$\boxed{\Gamma = \frac{E_{x10}^{-}}{E_{x10}^{+}} = \frac{\eta_2 - \eta_1}{\eta_2 + \eta_1} = |\Gamma| e^{j\phi}} \tag{12.9}$$

显然，当 η_1 或 η_2 为复数时，Γ 也将为复数，于是我们给它加上了一个反射相位移 ϕ。对式(12.9)的解释与用于在传输线中的解释是相同的[见第 10 章中的式(10.73)]。

结合式(12.9)和式(12.7)可以得到**透射系数** τ，以及透射电场的相对幅值，

$$\boxed{\tau = \frac{E_{x20}^{+}}{E_{x10}^{+}} = \frac{2\eta_2}{\eta_1 + \eta_2} = 1 + \Gamma = |\tau| e^{j\phi_t}} \tag{12.10}$$

透射系数 τ 的形式及其解释与在传输线中所使用的形式及其解释是相同的[见第 10 章中的式(10.75)]。

让我们来看一看怎样将这些结果应用到一些特殊情况。首先假定区域 1 是理想介质，而区域 2 是理想导体。然后，在第 11 章中的式(11.48)中取 $\varepsilon_2'' = \sigma_2/\omega$，得到

$$\eta_2 = \sqrt{\frac{j\omega\mu_2}{\sigma_2 + j\omega\varepsilon_2'}} = 0$$

这里，由于 $\sigma_2 \to \infty$，所以上式取零值。因此，根据式(12.10)知道

$$E_{x20}^{+} = 0$$

这说明在理想导体中不存在时变场，也意味着透入深度为零。

由于 $\eta_2 = 0$，所以式(11.9)表明

$$\Gamma = -1$$

即

$$E_{x10}^{+} = -E_{x10}^{-}$$

入射波电场与反射波电场有着相等的大小，这样全部入射能量都被理想导体反射回去了。入射波电场与反射波电场的符号相反这一事实表明，在分界面上(或在反射的瞬间)反射波电场相对于入射波电场发生了 180°的相位移。在区域 1 中，总的电场强度 $\boldsymbol{E}$ 为

$$\begin{aligned} E_{xs1} &= E_{xs1}^{+} + E_{xs1}^{-} \\ &= E_{x10}^{+} e^{-j\beta_1 z} - E_{x10}^{+} e^{j\beta_1 z} \end{aligned}$$

这里，在理想介质中，我们令 $jk_1 = 0 + j\beta_1$。可以对上式中的各项进行合并和简化，

$$\begin{aligned}E_{xs1} &= (e^{-j\beta_1 z} - e^{j\beta_1 z})E_{x10}^{+} \\ &= -j2\sin(\beta_1 z)E_{x10}^{+}\end{aligned} \tag{12.11}$$

将式(12.11)两端同时乘以 $e^{j\omega t}$,然后取其实部,我们得到其瞬时表达式:

$$\mathscr{E}_{x1}(z,t) = 2E_{x10}^{+}\sin(\beta_1 z)\sin(\omega t) \tag{12.12}$$

我们清楚地看出,在区域 1 中的总电场是一个驻波,它是由两个大小相同、传播方向相反的电磁波相叠加而形成的。我们在传输线中是第一次遇到了驻波,但在那里是以相向传播的电压波形式出现的(见例题 10.1)。

再一次,我们把式(12.12)与入射波做一些比较,

$$\mathscr{E}_{x1}(z,t) = E_{x10}^{+}\cos(\omega t - \beta_1 z) \tag{12.13}$$

在这里,我们来分析 $\omega t-\beta_1 z$ 或 $\omega(t-z/v_{p1})$ 这一项,它代表了一个以速度 $v_{p1}=\omega/\beta_1$ 沿着 $+z$ 方向传播的电磁波。然而,在式(12.12)中,涉及到时间变量和距离变量的两个因子却是相互分离的两个三角函数项。当 $\omega t=m\pi$ 时,$\mathscr{E}_{x1}$ 在所有位置上都为零。另一方面,在 $\beta_1 z=m\pi$ 处,驻波在任意时刻的值都是零,且当 $m=(0, \pm1, \pm2, \cdots)$ 时会依次出现。在这种情况下,

$$\frac{2\pi}{\lambda_1}z = m\pi$$

零值的位置出现在

$$z = m\frac{\lambda_1}{2}$$

因此,在分界面 $z=0$ 处和在 $z<0$ 的区域 1 中离分界面的距离为半波长的整数倍处,都有 $E_{x1}=0$,如图 12.2 所示。

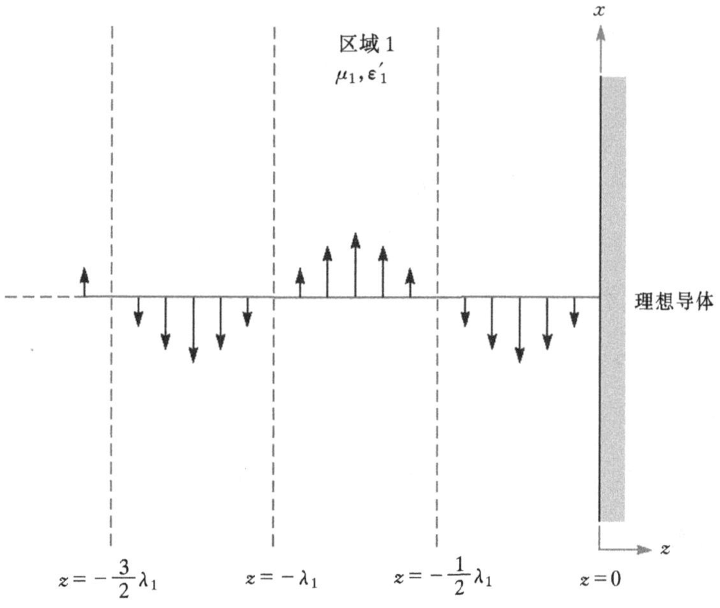

图 12.2 在 $t=\pi/2$ 时刻,总电场 E_{x1} 的瞬时值。对于任意时刻,在离导体表面距离为半波长的整数倍处都有 $E_{x1}=0$

由于 $E_{xs1}^{+}=\eta_1 H_{ys1}^{+}$ 和 $E_{xs1}^{-}=-\eta_1 H_{ys1}^{-}$，所以磁场为

$$H_{ys1}=\frac{E_{x10}^{+}}{\eta_1}(\mathrm{e}^{-\mathrm{j}\beta_1 z}+\mathrm{e}^{\mathrm{j}\beta_1 z})$$

或

$$H_{y1}(z,t)=2\frac{E_{x10}^{+}}{\eta_1}\cos(\beta_1 z)\cos(\omega t) \tag{12.14}$$

这也是一个驻波，但是在 $E_{x1}=0$ 的位置处，它取得最大幅值。在任意位置处，它在时间上都与 E_{x1} 有 90°的相位差。因此，由坡印亭矢量[第 11 章中的式(11.77)]确定的平均功率在正向方向和负向方向上都为零。

让我们现在来在考虑区域 1 和区域 2 中都是理想介质的情况；η_1 和 η_2 都是正实数，并且 $\alpha_1=\alpha_2=0$。根据式(12.9)，我们可以计算出反射系数，再根据入射波电场 E_{x1}^{+} 求出 E_{x1}^{-}。当已知 E_{x1}^{+} 和 E_{x1}^{-} 后，我们就能得到 H_{y1}^{+} 和 H_{y1}^{-}。在区域 2 中，可由式(12.10)求得 E_{x2}^{+}，然后就能确定出 H_{y2}^{+}。

例 12.1 作为一个数值算例，我们选取

$$\eta_1=100\ \Omega$$
$$\eta_2=300\ \Omega$$
$$E_{x10}^{+}=100\ \mathrm{V/m}$$

来计算入射波、反射波和透射波的值。

解：反射系数为

$$\Gamma=\frac{300-100}{300+100}=0.5$$

因此，有

$$E_{x10}^{-}=50\ \mathrm{V/m}$$

磁场强度为

$$H_{y10}^{+}=\frac{100}{100}=1.00\ \mathrm{A/m}$$

$$H_{y10}^{-}=-\frac{50}{100}=-0.50\ \mathrm{A/m}$$

利用第 11 章中的式(11.77)，我们得到平均入射功率密度的大小为

$$\langle S_{1\mathrm{i}}\rangle=\left|\frac{1}{2}\mathrm{Re}\{\boldsymbol{E}_s\times\boldsymbol{H}_s^*\}\right|=\frac{1}{2}E_{x10}^{+}H_{y10}^{+}=50\ \mathrm{W/m^2}$$

平均反射功率密度为

$$\langle S_{1\mathrm{r}}\rangle=-\frac{1}{2}E_{x10}^{-}H_{y10}^{-}=12.5\ \mathrm{W/m^2}$$

在区域 2 中，利用式(12.10)，得到

$$E_{x20}^{+}=\tau E_{x10}^{+}=150\ \mathrm{V/m}$$

和

$$H_{y20}^{+}=\frac{150}{300}=0.500\ \mathrm{A/m}$$

因此，穿过分界面传送到区域 2 中的平均功率密度为

$$\langle S_2\rangle=\frac{1}{2}E_{x20}^{+}H_{y20}^{+}=37.5\ \mathrm{W/m^2}$$

我们可以检查和确认一下功率守恒的如下要求：

$$\langle S_{1i}\rangle=\langle S_{1r}\rangle+\langle S_2\rangle$$

我们可以用公式来表示通过反射和透射所传输功率的一个普遍定律。我们来考虑像在前面一样的场矢量和分界面的取向，但是允许有复阻抗的情况存在。对入射功率密度，我们有

$$\langle S_{1i}\rangle=\frac{1}{2}\mathrm{Re}\{E_{xs1}^{+}H_{ys1}^{+*}\}=\frac{1}{2}\mathrm{Re}\left\{E_{x10}^{+}\frac{1}{\eta_1^*}E_{x10}^{+*}\right\}$$

$$=\frac{1}{2}\mathrm{Re}\left\{\frac{1}{\eta_1^*}\right\}|E_{x10}^{+}|^2$$

而反射功率密度为

$$\langle S_{1r}\rangle=-\frac{1}{2}\mathrm{Re}\{E_{xs1}^{-}H_{ys1}^{-*}\}=\frac{1}{2}\mathrm{Re}\left\{\Gamma E_{x10}^{+}\frac{1}{\eta_1^*}\Gamma^*E_{x10}^{+*}\right\}$$

$$=\frac{1}{2}\mathrm{Re}\left\{\frac{1}{\eta_1^*}\right\}|E_{x10}^{+}|^2|\Gamma|^2$$

于是，我们得到了反射功率和入射功率之间的普遍关系

$$\boxed{\langle S_{1r}\rangle=|\Gamma|^2\langle S_{1i}\rangle}\tag{12.15}$$

同理，我们可以得到透射功率密度：

$$\langle S_2\rangle=\frac{1}{2}\mathrm{Re}\{E_{xs2}^{+}H_{ys2}^{+*}\}=\frac{1}{2}\mathrm{Re}\left\{\tau E_{x10}^{+}\frac{1}{\eta_2^*}\tau^*E_{x10}^{+*}\right\}$$

$$=\frac{1}{2}\mathrm{Re}\left\{\frac{1}{\eta_2^*}\right\}|E_{x10}^{+}|^2|\tau|^2$$

这样，我们看到入射功率密度和透射功率密度之间有如下关系：

$$\langle S_2\rangle=\frac{\mathrm{Re}\{1/\eta_2^*\}}{\mathrm{Re}\{1/\eta_1^*\}}|\tau|^2\langle S_{1i}\rangle=\left|\frac{\eta_1}{\eta_2}\right|^2\left(\frac{\eta_2+\eta_2^*}{\eta_1+\eta_1^*}\right)|\tau|^2\langle S_{1i}\rangle\tag{12.16}$$

方程式(12.16)是计算透射功率的一种比较复杂的方法，除非阻抗是实数。根据能量守恒定律，容易注意到功率不被反射就一定被透射。利用式(12.15)，可以得到

$$\boxed{\langle S_2\rangle=(1-|\Gamma|^2)\langle S_{1i}\rangle}\tag{12.17}$$

正如我们所预料(这一定是正确的)到的，式(12.17)也能够由式(12.16)导得。

练习 12.1　一频率为 1 MHz 的均匀平面电磁波正入射到一纯净水湖面上($\varepsilon'_r=78$, $\varepsilon''_r=0$, $\mu_r=1$)。求入射功率(a)被反射和(b)被透射的百分比；(c)求透射到湖水中的电场幅值。

答案：(a)0.63；(b)0.37；(c)0.20 V/m。

12.2　驻波比

在$|\Gamma|<1$的情况下，一部分能量被透入到区域 2 中，而另一部分能量被反射回来。因此，在区域 1 中的场是由一个行波和一个驻波所组成的。我们以前在传输线中也遇到过这样的情况，在那里，负载处发生了部分反射。通过测量电压驻波比和测定电压最小值或最大值的位置，我们就能够确定出未知负载阻抗的值，或者能确定出负载阻抗与传输线阻抗之间的匹配程

度(见第 10.10 节)。在平面电磁波反射问题中,也可以对场的幅值进行相似的测量。

利用在上一节中分析过的各个场量,我们将入射波电场强度和反射波电场强度相结合起来。假定媒质 1 是理想介质($\alpha_1=0$),区域 2 可以是任意材料。在区域 1 中,总的电场相量为

$$E_{x1\mathrm{T}} = E_{x1}^{+} + E_{x1}^{-} = E_{x10}^{+}\mathrm{e}^{-\mathrm{j}\beta_1 z} + \Gamma E_{x10}^{+}\mathrm{e}^{\mathrm{j}\beta_1 z} \tag{12.18}$$

这里,反射系数由式(12.9)给出:

$$\Gamma = \frac{\eta_2 - \eta_1}{\eta_2 + \eta_1} = |\Gamma|\,\mathrm{e}^{\mathrm{j}\phi}$$

这里,我们允许反射系数为一个复数量,其中包含着它的相位 ϕ。这是有必要的,因为虽然无损耗媒质的 η_1 是一个正实数,但 η_2 通常是复数。另外,如果区域 2 是理想导体,则 η_2 为零,这样 ϕ 等于 π;如果 η_2 是小于 η_1 的实数,ϕ 也等于 π;如果 η_2 是大于 η_1 的实数,ϕ 等于零。

若将 Γ 的相位并入到式(12.18)中,则区域 1 中的总电场变为

$$E_{x1T} = (\mathrm{e}^{-\mathrm{j}\beta_1 z} + |\Gamma|\,\mathrm{e}^{\mathrm{j}(\beta_1 z+\phi)})E_{x10}^{+} \tag{12.19}$$

在式(12.19)中,场的最大值和最小值都取与 z 的值有关,且可以通过测量得到。正如在传输线(第 10.10 节)中一样,它们的比值就是**驻波比**,用 s 表示。当式(12.19)中大圆括号内的每一项都有相同的相位角时,$E_{x1\mathrm{T}}$取得最大值;这样,对于 E_{x10}^{+}为正实数,有

$$|E_{x1\mathrm{T}}|_{\max} = (1+|\Gamma|)E_{x10}^{+} \tag{12.20}$$

即在下式成立时,就会取得最大值,

$$-\beta_1 z = \beta_1 z + \phi + 2m\pi \quad (m = 0, \pm 1, \pm 2\cdots\cdots) \tag{12.21}$$

因此,有

$$\boxed{z_{\max} = -\frac{1}{2\beta_1}(\phi + 2m\pi)} \tag{12.22}$$

应该注意到,如果 $\phi=0$,电场的一个最大值出现在分界面($z=0$)上;此外,当 Γ 为正实数时,$\phi=0$。对于 η_1 和 η_2 都为实数来说,当 $\eta_2>\eta_1$ 时,就会出现这种情况。因此,当区域 2 和区域 1 的波阻抗都是实数并且前者大于后者时,电场的一个最大值就会出现在分界面上。利用 $\phi=0$,最大值也会出现在 $z_{\max}=-m\pi/\beta_1=-m\lambda_1/2$。

对于理想导体来说,有 $\phi=\pi$,电场的一系列最大值将分别地出现在 $z_{\max}=-\pi/(2\beta_1)$,$-3\pi/(2\beta_1)$处,或 $z_{\max}=-\lambda_1/4$,$-3\lambda_1/4$ 处,依此类推。

当式(12.19)中大圆括号内两项的相位相差等于 180°时,电场就会取得最小值,这样就有

$$|E_{x1\mathrm{T}}|_{\min} = (1-|\Gamma|)E_{x10}^{+} \tag{12.23}$$

即在下式成立时,就会取得最小值,

$$-\beta_1 z = \beta_1 z + \phi + \pi + 2m\pi \quad (m = 0, \pm 1, \pm 2\cdots) \tag{12.24}$$

或

$$\boxed{z_{\min} = -\frac{1}{2\beta_1}(\phi + (2m+1)\pi)} \tag{12.25}$$

可以看出,最小值每隔半个波长出现一次(与最大值一样),对理想导体而言,第一个最小值出现在$-\beta_1 z=0$ 时,或在导体表面上。一般说来,只要 $\phi=\pi$,在 $z=0$ 处就会出现电场的一个最小值;如果 η_1 和 η_2 均为实数,且 $\eta_2<\eta_1$,就会发生这种情况。这个结果与第 10.10 节中传输线的结果在数学上是一致的。在图 10.6 中形象地示出了这个结果。

再来进一步地考虑式(12.19)，先写出它的瞬时形式来。这些步骤与在第 10 章中从式(10.81)到式(10.84)所采用的步骤是相同的。我们得到在区域 1 中的总电场为

$$\boxed{E_{x1T}(z,t)=\underbrace{(1-|\Gamma|)E_{x10}^{+}\cos(\omega t-\beta_1 z)}_{\text{行波}}+\underbrace{2|\Gamma|E_{x10}^{+}\cos(\beta_1 z+\phi/2)\cos(\omega t+\phi/2)}_{\text{驻波}}} \tag{12.26}$$

式(12.26)所描述的电场是一个幅值为$(1-|\Gamma|)E_{x10}^{+}$的行波与一个幅值为$2|\Gamma|E_{x10}^{+}$的驻波的合成场。入射波中被反射并在区域 1 中沿相反方向传播的那部分波与入射波中相等的那部分波发生干涉，就形成了驻波。入射波中的其余部分(未发生干涉)就是式(12.26)中的行波部分。在区域 1 中，所测到的最大幅值$(1+|\Gamma|)E_{x10}^{+}$是由式(12.26)中的两项幅值直接相加的结果。在驻波为零的位置处，会出现最小幅值，其大小为行波的幅值$(1-|\Gamma|)E_{x10}^{+}$。事实上，若把由式(12.22)和(12.25)给出的 $z_{\max}$ 和 $z_{\min}$ 分别代入式(12.26)中，使得其中的两项有合适的相位并合并，就可以验证这个结果。

例 12.2　为了说明上述的这些结果，让我们来考虑一个幅值为 100 V/m 和频率为 3 GHz 的波，它在 $\epsilon'_{r1}=4$，$\mu_{r1}=1$ 和 $\epsilon''_{r}=0$ 的媒质中传播。该波正入射到位于区域 2($z>0$)的另一种理想介质中，其中的 $\epsilon'_{r2}=9$，$\mu_{r2}=1$(如图 12.3 所示)。分别确定出 $\boldsymbol{E}$ 的最大值和最小值所出现的位置。

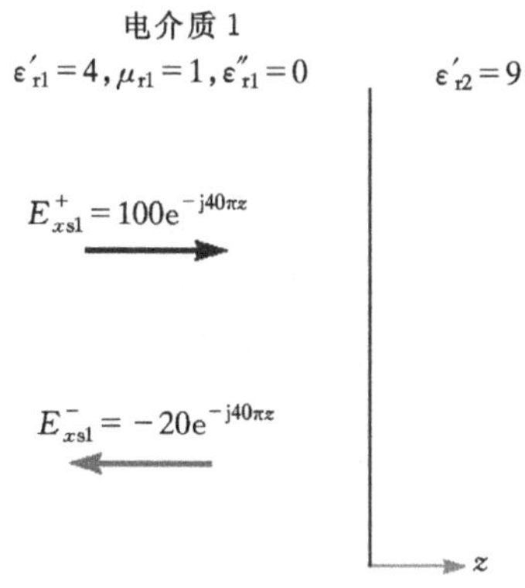

图 12.3　入射波的电场为 $E_{xs1}^{+}=100\mathrm{e}^{-\mathrm{j}40\pi z}$ V/m，反射系数 $\Gamma=-0.2$。介质 2 的厚度为无限大

解：我们计算得到 $\omega=6\pi\times10^9$ rad/s，$\beta_1=\omega\sqrt{\mu_1\epsilon_1}=40\pi$ rad/m，$\beta_2=\omega\sqrt{\mu_2\epsilon_2}=60\pi$ rad/m。尽管在空气中的波长为 10 cm，而在这里我们得到 $\lambda_1=2\pi/\beta_1=5$ cm，$\lambda_2=2\pi/\beta_2=3.33$ cm，$\eta_1=60\pi\ \Omega$，$\eta_2=40\pi\Omega$，和 $\Gamma=(\eta_2-\eta_1)/(\eta_2+\eta_1)=-0.2$。由于 Γ 是负实数($\eta_2<\eta_1$)，所以电场在分界面上将有一个最小值，并且每隔半个波长(2.5 cm)它都会在介质 1 中重复地出现。从式(12.23)中，我们可以看到$|E_{x1T}|_{\min}=80$ V/m。

在离 $z=0$ 的距离为 1.25，3.75，6.25，… cm 处，可以求得 $\boldsymbol{E}$ 的最大值。如式(12.20)所预测的那样，这些最大值都是 120 V/m。

因为在区域 2 中没有反射波，所以也就没有最大值和最小值。

最大值与最小值之比就是驻波比：

$$\boxed{s=\frac{|E_{x1T}|_{\max}}{|E_{x1T}|_{\min}}=\frac{1+|\Gamma|}{1-|\Gamma|}} \tag{12.27}$$

因为$|\Gamma|<1$，所以 s 总是一个大于或者等于 1 的正数。对上面的例题来说，

$$s=\frac{1+|-0.2|}{1-|-0.2|}=\frac{1.2}{0.8}=1.5$$

如果$|\Gamma|=1$，反射波和入射波幅值相等，全部入射能量被反射回来，s 为无穷大。可以找到在空间间隔为 $\lambda_1/2$ 的一系列平面上，在任何时刻 E_{x1} 都为零。而在这些平面之间的中间点处，E_{x1} 的幅值最大，且为入射波幅值的两倍。

如果 $\eta_1=\eta_2$，那么 $\Gamma=0$，没有能量被反射回来，且 $s=1$，此时，最大值和最小值是相等的。

如果入射波中的一半功率被反射，则有$|\Gamma|^2=0.5$，$|\Gamma|=0.707$，$s=5.83$。

练习 12.2 当 $\Gamma=\pm 1/2$ 时，s 的值是多少？

答案：3

由于驻波比是幅值的一个比值，因此，在实验中，由探针测得的相对幅值可以用来确定 s 的值。

例 12.3 一个均匀平面电磁波由空气中入射到一种未知媒质的表面上，发生了部分反射。现在对分界面前面区域内中的电场进行测量，测得两个相邻最大值之间的距离为 1.5 m，且第一个最大值出现在距离分界面 0.75 m 处。测得驻波比为 5。试确定这个未知媒质的波阻抗 η_u。

解：两个相邻最大值之间的距离 1.5 m 应为 $\lambda/2$，这意味着波长为 3.0 m，或者 $f=100$ MHz。第一个最大值出现在 0.75 m 处，也就是距离分界面 $\lambda/4$ 处，这就意味着电场的第一个最小值出现在分界面上。因此，Γ 将是一个负实数。我们应用式(12.27)，有

$$|\Gamma|=\frac{s-1}{s+1}=\frac{5-1}{5+1}=\frac{2}{3}$$

于是

$$\Gamma=-\frac{2}{3}=\frac{\eta_u-\eta_0}{\eta_u+\eta_0}$$

由此解出 η_u，得到

$$\eta_u=\frac{1}{5}\eta_0=\frac{377}{5}=75.4\ \Omega$$

12.3 多层媒质分界面上波的反射

到目前为止，我们已经分析了在两个半无限大媒质之间分界面上所发生的电磁波反射问题。在这一节中，我们将考虑电磁波在有限厚度媒质中的反射问题，也就是说，我们现在必须考虑前后两个分界面的相互影响。例如，当光入射到一块玻璃板上时，就会出现这样一种具有两个分界面的问题。为了减小反射(后面将会看到)，经常会给玻璃表面涂上一层或多层介质材料，这时就会出现多个附加的分界面。在实际应用中，经常会遇到这种涉及多个分界面的问

题;事实上,单个分界面问题只是个很例外的情况。

考虑在图 12.4 中所示的一般情况,一个沿着 $+z$ 方向传播的均匀平面电磁波从左方正入射到区域 1 和区域 2 的分界面上;区域 1 和区域 2 中媒质的波阻抗分别为 η_1 和 η_2。在区域 2 的右边是波阻抗为 η_3 的第三个区域,这样在区域 2 和区域 3 之间就构成了第二个分界面。我们令第二个分界面位于 $z=0$ 处,于是,第二个分界面左边的所有位置点的 z 坐标值都是负数。如果区域 2 的宽度为 l,这样第一个分界面将位于 $z=-l$ 处。

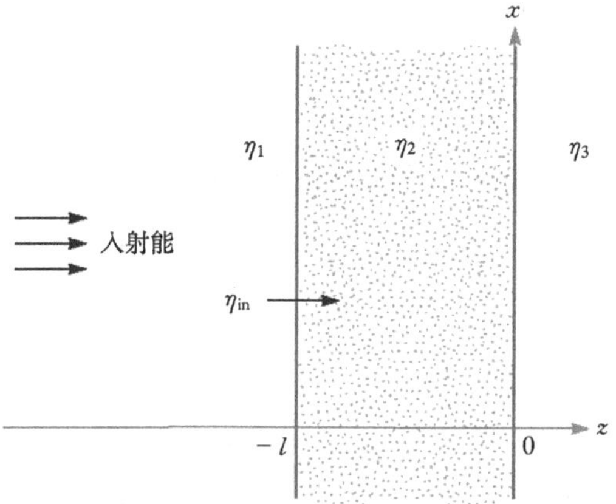

图 12.4　一个具有两分界面的基本问题。其中,根据区域 2 和区域 3 的阻抗与区域 2 的有限厚度,可以得到第一个分界面的输入阻抗 η_{in}

当入射波到达第一个分界面时,会出现如下的情况:一部分电磁波被反射回来,其余的部分透入到区域 2 中,继续朝向第二个分界面传播。到达第二个分界面上后,一部分波透入到区域 3 中,而其余部分波被反射并返回至第一个分界面;在这里,部分电磁波再一次被反射。然后,这一部分反射波与从区域 1 中透入区域 2 的能量结合在一起,这个过程会一直重复下去。因此,在区域 2 中会发生一系列复杂的多次反射,每次反射都会伴随着有部分透射。若以这种方式来分析波的传播过程,会涉及到很多次的反射,在分析入射波第一次遇到的各个分界面处的瞬时相位时,这种分析会是很有必要。

然而,如果入射波始终保持不变,最终会达到一种稳定状态,在其中:(1)所有入射波的一部分从两个分界面上被反射回来并以确定的幅值和相位在区域 1 中反方向地传播;(2)所有入射波的一部分通过两个分界面透入到区域 3,并在区域 3 中继续向前传播;(3)在区域 2 中存在着一净反方向传播的电磁波,它由所有从第二个分界面处反射回来的反射波构成;(4)在区域 2 中存在着一净正方向传播的电磁波,它是由穿过第一个分界面的所有透射波和被第一个分界面反射并在区域 2 中沿正向传播的所有反射波构成的合成波。以这种方式把许多个同方向传播的电磁波相结合,其结果就是建立了一个具有确定幅值和相位的单个电磁波,而这个确定的幅值和相位是由所有波分量的幅值和相位之和来决定的。因此,在稳态情况下,我们需要考虑的电磁波总共有五种。它们是在区域 1 中的入射波和净反射波,在区域 3 中的净透射波和在区域 2 中的两个沿相反方向传播的电磁波。

这种问题的分析方法与有限长度传输线问题(第 10.11 节)的分析方法相同。我们假定所有区域都是由无损耗媒质构成的,并考虑在区域 2 中的两个波。如果我们取这两个波都是沿 x 方向极化的,它们的电场相加得到

$$E_{xs2}=E_{x20}^{+}e^{-j\beta_2 z}+E_{x20}^{-}e^{j\beta_2 z} \tag{12.28a}$$

这里,$\beta_2=\omega\sqrt{\varepsilon_{r2}}/c$,且幅值 E_{x20}^{+} 和 E_{x20}^{-} 都是复数。类似地,也可以写出沿 y 方向极化的磁场强度的复数形式:

$$H_{ys2}=H_{y20}^{+}e^{-j\beta_2 z}+H_{y20}^{-}e^{j\beta_2 z} \tag{12.28b}$$

我们现在注意到,可以利用在第二个分界面处的反射系数 Γ_{23} 把区域 2 中的正向波和反向波的

电场幅值联系起来，其中

$$\Gamma_{23}=\frac{\eta_3-\eta_2}{\eta_3+\eta_2} \tag{12.29}$$

于是，有

$$E_{x20}^{-}=\Gamma_{23}E_{x20}^{+} \tag{12.30}$$

然后，我们用电场幅值来表示磁场幅值，即

$$H_{y20}^{+}=\frac{1}{\eta_2}E_{x20}^{+} \tag{12.31a}$$

和

$$H_{y20}^{-}=-\frac{1}{\eta_2}E_{x20}^{-}=-\frac{1}{\eta_2}\Gamma_{23}E_{x20}^{+} \tag{12.31b}$$

现在，我们定义波阻抗 η_w 为总电场与总磁场的比值，这个比值是随着 z 变化的。在区域 2 中，应用式(12.28a)和(12.28b)，它就变成为

$$\eta_w(z)=\frac{E_{xs2}}{H_{ys2}}=\frac{E_{x20}^{+}e^{-j\beta_2 z}+E_{x20}^{-}e^{j\beta_2 z}}{H_{y20}^{+}e^{-j\beta_2 z}+H_{y20}^{-}e^{j\beta_2 z}}$$

然后，应用式(12.30)，(12.31a)和(12.31b)，得到

$$\eta_w(z)=\eta_2\left[\frac{e^{-j\beta_2 z}+\Gamma_{23}e^{j\beta_2 z}}{e^{-j\beta_2 z}-\Gamma_{23}e^{j\beta_2 z}}\right] \tag{12.32}$$

再应用式(12.29)和欧拉公式，我们有

$$\eta_w(z)=\eta_2\times\frac{(\eta_3+\eta_2)(\cos\beta_2 z-j\sin\beta_2 z)+(\eta_3-\eta_2)(\cos\beta_2 z+j\sin\beta_2 z)}{(\eta_3+\eta_2)(\cos\beta_2 z-j\sin\beta_2 z)-(\eta_3-\eta_2)(\cos\beta_2 z+j\sin\beta_2 z)}$$

上式很容易被简化为

$$\eta_w(z)=\eta_2\frac{\eta_3\cos\beta_2 z-j\eta_2\sin\beta_2 z}{\eta_2\cos\beta_2 z-j\eta_3\sin\beta_2 z}$$

现在，我们应用区域 2 中的波阻抗来解决反射问题。我们感兴趣的是在第一个分界面处的净反射波幅值。由于 $\boldsymbol{E}$ 和 $\boldsymbol{H}$ 的切向分量在穿过分界面时是连续的，于是我们得到

$$E_{xs1}^{+}+E_{xs1}^{-}=E_{xs2}\quad(z=-l) \tag{13.33a}$$

和

$$H_{ys1}^{+}+H_{ys1}^{-}=H_{ys2}\quad(z=-l) \tag{13.33b}$$

那么，类似于式(12.7)和式(12.8)，我们可以写出

$$E_{x10}^{+}+E_{x10}^{-}=E_{xs2}\quad(z=-l) \tag{12.34a}$$

和

$$\frac{E_{x10}^{+}}{\eta_1}-\frac{E_{x10}^{-}}{\eta_1}=\frac{E_{xs2}(z=-l)}{\eta_w(-l)} \tag{12.34b}$$

这里，E_{x10}^{+} 和 E_{x10}^{-} 分别是入射电场和反射电场的幅值。我们把 $\eta_w(-l)$ 称为对于这种两个分界面相组合的输入阻抗 η_{in}。现在，我们联立求解式(12.34a)和(12.34b)，消去 E_{xs2}，得到

$$\boxed{\frac{E_{x10}^{-}}{E_{x10}^{+}}=\Gamma=\frac{\eta_{in}-\eta_1}{\eta_{in}+\eta_1}} \tag{12.35}$$

为了得到输入阻抗，我们在 $z=-l$ 处求式(12.32)的值，其结果为

$$\boxed{\eta_{in}=\eta_2\frac{\eta_3\cos\beta_2 l+j\eta_2\sin\beta_2 l}{\eta_2\cos\beta_2 l+j\eta_3\sin\beta_2 l}} \tag{12.36}$$

式(12.35)和式(12.36)给出的是一般结果,它使我们能够从两个相互平行的无损耗媒质分界面上计算出净反射波幅值和相位①。应该注意,其结果取决于这两个分界面之间的距离 l 和在区域 2 中测得的波长,这个波长由 β_2 所确定。对我们来说,重要的是要知道被两个分界面所反射并在区域 1 中反向传播的那部分入射功率。根据前面得到的结果,这一部分入射功率是 $|\Gamma|^2$。我们感兴趣的还有离开第二个分界面在区域 3 中传播的透射功率。简单地说,它就是剩余的那部分功率,其值为 $1-|\Gamma|^2$。在稳态情况下,区域 2 中的功率保持不变,这部分功率会离开区域 2,使得在区域 2 中形成了反射波和透射波,但却立即会被入射波所补充。我们在讨论级联传输线时曾遇到过类似的情况,在第 10 章的式(10.101)中已充分地说明了这一点。

在涉及到两个分界面情形中的一个重要结果是,在一定条件下,可能会达到全透射。从式(12.35)中,我们可以看出当 $\Gamma=0$ 或 $\eta_{\text{in}}=\eta_1$ 时,会发生全透射。像在传输线中一样,在这种情况下,我们说输入阻抗与入射媒质的波阻抗相匹配。有多种方法可用于达到阻抗匹配。

作为开始,假定 $\eta_3=\eta_1$,区域 2 的厚度满足 $\beta_2 l=m\pi$,m 为整数。现在,$\beta_2=2\pi/\lambda_2$,λ_2 为在区域 2 中测得的电磁波波长。于是

$$\frac{2\pi}{\lambda_2}l=m\pi$$

或

$$l=m\frac{\lambda_2}{2} \tag{12.37}$$

由于 $\beta_2 l=m\pi$,所以区域 2 的厚度为在该媒质中测得的半波长的整数倍长度。式(12.36)现在就可以简化为 $\eta_{\text{in}}=\eta_3$。这样,整数倍半波长厚度的一般效应是使第二个区域对反射和透射的结果均不产生实质性影响。等价地说,我们处理的就是一个由 η_1 和 η_3 所构成的单个分界面问题了。现在,由于 $\eta_3=\eta_1$,所以我们有一个匹配的输入阻抗,不存在净反射波。这种选择区域 2 厚度的方法被称为半波长匹配。例如,我们可以将它应用到飞机上被称为天线屏蔽罩的天线屏蔽装置中,而天线屏蔽罩也是机身的一部分。飞机内的天线能够通过这个表面层发送和接收电磁波,而这一表面层的形状应能保证飞机具有良好的空气动力学特性。应当注意,当波长偏离了它应满足的条件时,半波长匹配条件就不再适用了。此时,设备的反射率增加(随着波长偏移的增加),这样它最终起着像一个带通滤波器的作用。

通常,用折射率 n 来表示媒质的介电常数很方便,其定义为

$$\boxed{n=\sqrt{\epsilon_r}} \tag{12.38}$$

用折射率来描述媒质主要应用在光波频率(数量级为 10^{14} MHz)频段,而在比之更低的频率下,传统上采用的是介电常数。由于在损耗媒质中 ϵ_r 是复数,所以折射率也将是复数。为了不使分析复杂起见,我们只限于将折射率应用到无损耗媒质中,在其中有 $\epsilon_r''=0$ 和 $\mu_r=1$。在无损耗条件下,我们可以用折射率将平面波的相位常数和媒质的波阻抗分别表示为

$$\boxed{\beta=k=\omega\sqrt{\mu_0\epsilon_0}\sqrt{\epsilon_r}=\frac{n\omega}{c}} \tag{12.39}$$

---

① 为方便起见,式(12.34a)和(12.34b)是指在某一种特定的时刻,此时入射波的幅值 E_{x10}^{+} 出现在 $z=-l$ 处。这给在分界面前方的入射波建立了一个参考的相位,所以反射波的相位也是由此确定的。等价地说,我们已经把 $z=0$ 重新置于分界面的前方。式(12.36)也是这样的,因为它仅仅是离分界面距离 l 的一个函数。

和

$$\boxed{\eta = \frac{1}{\sqrt{\varepsilon_r}}\sqrt{\frac{\mu_0}{\varepsilon_0}} = \frac{\eta_0}{n}} \tag{12.40}$$

最后，可以得到在折射率为 n 的媒质中相速和波长为

$$\boxed{v_p = \frac{c}{n}} \tag{12.41}$$

和

$$\boxed{\lambda = \frac{v_p}{f} = \frac{\lambda_0}{n}} \tag{12.42}$$

这里，λ_0 是在自由空间中的波长。请不要把折射率 n 与外形相似的希腊字母 η（波阻抗）相混淆，它们具有完全不同的意义。

在光学中，另一个典型的应用是法布里-珀罗干涉仪。在最简单的模型中，它由一块折射率为 n 的玻璃板或其它透明的媒质所构成，其厚度 l 被调整至能传输波长满足条件 $\lambda=\lambda_0/n=2l/m$ 的平面电磁波。通常，我们只希望能传输一种波长的波，而不是满足式(12.37)的多种波长的波。因此，我们希望能够保证所需要传输的相邻波波长之间的间隔尽可能地大一些，这样就只有一种波长将在输入功率的频谱范围内。根据在媒质中测得的波长，此间隔一般由下式给出

$$\lambda_{m-1} - \lambda_m = \Delta\lambda_f = \frac{2l}{m-1} - \frac{2l}{m} = \frac{2l}{m(m-1)} \doteq \frac{2l}{m^2}$$

应当注意，m 是在区域 2 中半波长的数目，或 $m=2l/\lambda=2nl/\lambda_0$，这里 λ_0 是我们所期望传输的电磁波在自由空间中的波长。于是

$$\Delta\lambda_f \doteq \frac{\lambda_2^2}{2l} \tag{12.43a}$$

根据在自由空间中测得的波长，上式变为

$$\Delta\lambda_{f0} = n\Delta\lambda_f \doteq \frac{\lambda_0^2}{2nl} \tag{12.43b}$$

$\Delta\lambda_{f0}$被称为是用自由空间波长间隔所表示的法布里-珀罗干涉仪的自由光谱范围。如果被过滤的光谱比自由光谱区更窄的话，干涉仪就能够当做一个窄带滤波器使用（传送所需波长的波以及在该波长附近的一个窄光谱）。

例 12.4 假定我们希望过滤一全宽为 $\Delta\lambda_{s0}=50$ nm（在自由空间中测得）的光谱，其中心波长 λ_0 为 600 nm，是可见光谱的红光部分，这里 1 nm（纳米）等于 10^{-9} m。现在使用一法布里-珀罗滤波器，它是由在空气中的一个无损耗玻璃平板所构成，其折射率为 $n=1.45$。我们需要求得所要求的玻璃厚度范围，使其不能够通过多个数量级波长电磁波。

解：我们要求自由光谱范围大于光学谱的宽度，或 $\Delta\lambda_{f0}>\Delta\lambda_s$。应用式(12.43b)

$$l < \frac{\lambda_0^2}{2n\Delta\lambda_{s0}}$$

于是有

$$l < \frac{600^2}{2(1.45)(50)} = 2.5\times10^3\ \text{nm} = 2.5\ \mu\text{m}$$

这里 1 μm(微米)等于 10^{-6} m。加工这样一个厚度或更薄的玻璃板有些不切实际。实际上,通常我们使用的是在两块厚平板之间的厚度为这个数量级的一个空气间隙,在两个平板与空气隙相对的平面上涂有一层减反射膜。事实上,由于能够通过改变平板间的距离来调整被传送的波长(和自由谱范围),这是一种更通用的配置。

接下来,我们去掉限制条件 $\eta_1=\eta_3$,来寻找一种产生零反射的方法。重新考察式(12.36),假定我们取 $\beta_2 l=(2m-1)\pi/2$,或 $\beta_2 l$ 为 $\pi/2$ 的奇数倍数。这意味着有

$$\frac{2\pi}{\lambda_2}l=(2m-1)\frac{\pi}{2}\quad(m=1,2,3,\cdots)$$

或

$$\boxed{l=(2m-1)\frac{\lambda_2}{4}}\tag{12.44}$$

这说明厚度 l 应为在区域 2 中所测得的 1/4 波长的奇数倍数。在这个条件下,式(12.36)可简化为

$$\eta_{in}=\frac{\eta_2^2}{\eta_3}\tag{12.45}$$

典型地说,我们就是选择区域 2 的阻抗使得阻抗 η_1 与 η_3 相匹配。为了达到全透射,必须使 $\eta_{in}=\eta_1$,于是,所要求的区域 2 中的阻抗变为

$$\boxed{\eta_2=\sqrt{\eta_1\eta_3}}\tag{12.46}$$

当式(12.44)和式(12.46)给出的条件得到满足时,我们就完成了 1/4 波长匹配。在光学设备中,减反射膜的设计就是基于这一原理。

例 12.5　我们希望在玻璃表面涂上一层合适的电介质膜,从而使得波从空气中进入玻璃时会发生全透射,该波在自由空间中的波长为 570 nm。玻璃的折射率为 $n_3=1.45$。求该电介质膜的折射率和最小厚度。

解:已知波阻抗为 $n_1=377\ \Omega$, $\eta_3=377/1.45=260\ \Omega$。应用式(12.46),得到

$$\eta_2=\sqrt{(377)(260)}=313\ \Omega$$

此时,在区域 2 中的折射率为

$$n_2=\left(\frac{377}{313}\right)=1.20$$

在区域 2 中的波长为

$$\lambda_2=\frac{570}{1.20}=475\ \text{nm}$$

因此,电介质膜最小厚度为

$$l=\frac{\lambda_2}{4}=119\ \text{nm}=0.119\ \mu\text{m}$$

在这一节中,计算电磁波反射的过程包含了计算在第一个分界面处的有效阻抗 η_{in},η_{in}是由第一个分界面右边所有媒质的波阻抗来表示的。当我们考虑涉及到多于两个分界面的问题时,这种阻抗变换的过程就变得更加明显。

例如,考虑图 12.5 所示的三个分界面问题,一电磁波在区域 1 中自左边入射。我们希望

确定在区域 1 中被反射并沿反向传播的那部分入射功率和透入到区域 4 中的那部分入射功率。为了得到解，我们需要求出在第一个分界面处（区域 1 和 2 之间的分界面）的输入阻抗。我们先将区域 4 的阻抗进行变换，得到在区域 2 和 3 分界面处的输入阻抗。其结果如图 12.5 所示的 $\eta_{in,b}$。应用式(12.36)，我们有

$$\eta_{in,b} = \eta_3 \frac{\eta_4 \cos\beta_3 l_b + j\eta_3 \sin\beta_3 l_b}{\eta_3 \cos\beta_3 l_b + j\eta_4 \sin\beta_3 l_b} \tag{12.47}$$

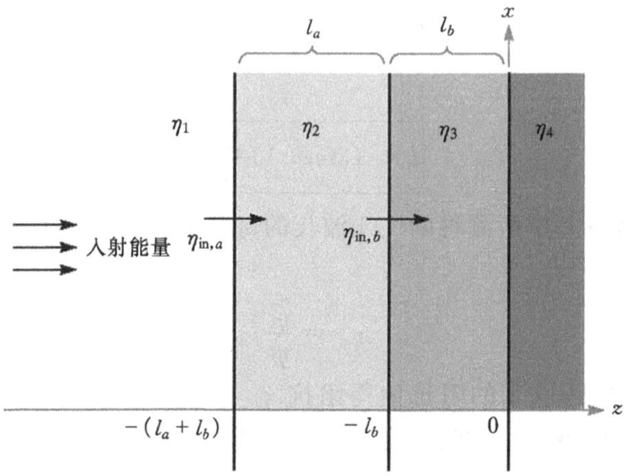

图 12.5　一个三分界面问题。其中，输入阻抗 $\eta_{in,b}$ 被变换到分界面的前面从而形成输入阻抗 $\eta_{in,a}$

现在，这种复杂的情况就被有效地简化为一个两分界面问题，其中，阻抗 $\eta_{in,b}$ 代表了第二个分界面后面的所有阻抗。通过将 $\eta_{in,b}$ 进行变换，可以得到在第一个分界面处的输入阻抗 $\eta_{in,a}$ 如下：

$$\eta_{in,a} = \eta_2 \frac{\eta_{in,b} \cos\beta_2 l_a + j\eta_2 \sin\beta_2 l_a}{\eta_2 \cos\beta_2 l_a + j\eta_{in,b} \sin\beta_2 l_a} \tag{12.48}$$

被反射的功率为 $|\Gamma|^2$，其中

$$\Gamma = \frac{\eta_{in,a} - \eta_1}{\eta_{in,a} + \eta_1}$$

与在前面一样，透入到区域 4 中的功率为 $1-|\Gamma|^2$。阻抗变换方法能够应用于具有任意多个分界面的情况。这个过程虽然繁琐，但很容易采用计算机来处理。

我们之所以应用多层结构来减小反射，理由在于如果各层阻抗（或反射率）是逐渐增大或减小时，那么这种结构对其设计波长的偏移就不太敏感。例如，对于照相机镜片上的多层抗反射膜结构来说，镜片表面一层的阻抗与镜片的阻抗会非常接近。而后面每层阻抗却逐渐增大。按这种方式加工很多层以后，其特性就开始趋近于（但决不会达到）理想情况。在理想情况下，最表面一层的阻抗与空气阻抗相匹配，而内部各层的阻抗则连续地减小直到接近玻璃表面的阻抗。利用这种连续变化的阻抗结构，就不会出现能产生反射的表面，这样任何波长的光就都能够全部地被透射。这样设计的多层膜结构具有极好的宽带传输特性。

练习 12.3　在空气中的一均匀平面电磁波正入射到厚度为 $\lambda_2/4$ 的电介质板上，介质板的波阻抗为 $\eta_2=260\ \Omega$。求反射系数的幅值和相位。
答案：0.356；180°。

12.4 任意入射方向下平面电磁波的反射

在这一节中，我们将学习如何从数学上描述沿任意方向传播的平面电磁波。我们这样做的目的是需要处理在与传播方向不相垂直边界面上的入射波问题。经常会发生这样的斜入射问题，而正入射则可以看成是一种特殊情况。处理这种问题(总是)要求我们建立一个合适的坐标系。例如，若边界面是位于 $x-y$ 平面上，入射波将可能会沿着一个与三个坐标都有关的方向传播，然而在正入射时，我们只需要考虑沿 z 轴方向传播的电磁波。我们需要建立一个适用于一般方向情况的数学公式。

我们考虑在无损耗媒质中传播的电磁波，其传播常数为 $\beta=k=\omega\sqrt{\mu\varepsilon}$。为简单起见，我们考虑一个二维问题，这里波沿着 x 轴与 z 轴之间的某一个方向传播。首先，如图 12.6 所示，将传播常数 $\boldsymbol{k}$ 看成是一个矢量。$\boldsymbol{k}$ 的方向就是波传播方向，在现在的情形下，它与坡印亭矢量方向是相同的①。$\boldsymbol{k}$ 的大小为波沿该方向上每单位距离的相位移。在描述电磁波的过程中，相当一部分工作是涉及到确定波在任意空间位置的相位。对于我们已经讨论过的沿着 z 轴传播的

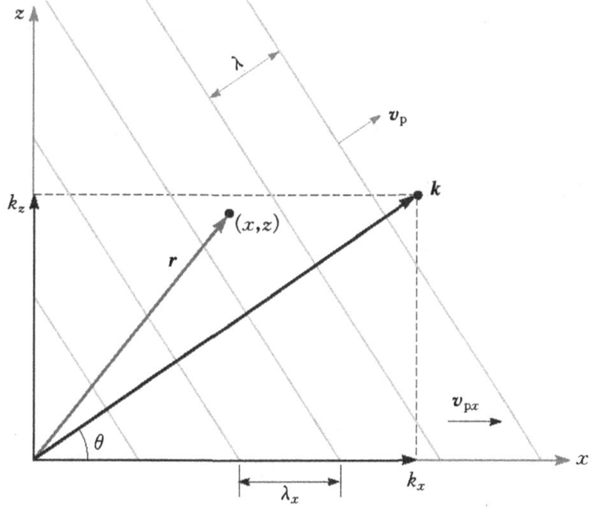

图 12.6　用与 x 轴夹角为 θ 的波矢量 $\boldsymbol{k}$ 描述的均匀平面电磁波。点(x,z)处的相位由 $\boldsymbol{k}\cdot\boldsymbol{r}$ 给出。两个相邻等相位面(在图中使用垂直于 $\boldsymbol{k}$ 的线来表示)之间的距离为波长 λ，但是如果是沿着 x 轴或 z 轴测量，这个距离会更宽一些

① 在这里，我们假定波是在各向同性媒质中传播的，其中的介电常数和磁导率都不随场的方向而变化。在各向异性媒质中(其中，ε 和/或 μ 会随着场的方向而变化)，坡印亭矢量方向可以是与 $\boldsymbol{k}$ 的方向不相同的。

电磁波来说，这个问题是由相量形式的因子 $e^{\pm jkz}$ 来解决的。为了确定在二维问题中的相位，我们利用 $\boldsymbol{k}$ 的矢量特性，来考虑由位置矢量 $\boldsymbol{r}$ 描述在任意一点(x,z)处的相位。若以原点为参考点，则该点(x,z)处的相位由 $\boldsymbol{k}$ 在 $\boldsymbol{r}$ 方向上的投影与 $\boldsymbol{r}$ 的大小的乘积所给出，即有 $\boldsymbol{k}\cdot\boldsymbol{r}$。如果电场强度的大小为 E_0，那么我们可以写出在图 12.6 中所示的电磁波的相量形式为

$$\boxed{\boldsymbol{E}_s = \boldsymbol{E}_0 e^{-j\boldsymbol{k}\cdot\boldsymbol{r}}} \tag{12.49}$$

在指数函数中的负号，表示沿 $\boldsymbol{r}$ 方向的相位随时间增长是沿着 $\boldsymbol{r}$ 增大的方向移动的。再一次表明，在各向同性媒质中，电磁波的功率流动是出现在每单位距离相移为最大值的方向，或是沿着 $\boldsymbol{k}$ 的方向。矢量 $\boldsymbol{r}$ 提供了一种利用 $\boldsymbol{k}$ 来测量在任意点相位的方法。这种方法很容易被推广到三维问题中，只需要使 $\boldsymbol{k}$ 和 $\boldsymbol{r}$ 分别具有三个分量即可。

在图 12.6 中所示的二维情形下，我们可以将 $\boldsymbol{k}$ 用它的 x 和 z 分量表示为

$$\boxed{\boldsymbol{k} = k_x\boldsymbol{a}_x + k_z\boldsymbol{a}_z}$$

类似地，位置矢量 $\boldsymbol{r}$ 也可以表示为

$$\boxed{\boldsymbol{r} = x\boldsymbol{a}_x + z\boldsymbol{a}_z}$$

因此

$$\boldsymbol{k}\cdot\boldsymbol{r} = k_x x + k_z z$$

式(12.49)现在变为

$$\boldsymbol{E}_s = \boldsymbol{E}_0 e^{-j(k_x x + k_z z)} \tag{12.50}$$

不过，式 (12.49)给出了电磁波的一般表达形式，而式(12.50)的形式则只适用于我们现在的这种特定情况。若给定由式(12.50)所描述的电磁波，则由下式容易得到其传播方向与 x 轴的夹角

$$\theta = \arctan\left(\frac{k_z}{k_x}\right)$$

波长和相速度与我们所选定的方向有关。如果选择 $\boldsymbol{k}$ 方向，那么将有

$$\lambda = \frac{2\pi}{k} = \frac{2\pi}{(k_x^2 + k_z^2)^{1/2}}$$

和

$$v_p = \frac{\omega}{k} = \frac{\omega}{(k_x^2 + k_z^2)^{1/2}}$$

例如，我们也可以选择 x 方向，这时，上述这些量就将变为

$$\lambda_x = \frac{2\pi}{k_x}$$

和

$$v_{px} = \frac{\omega}{k_x}$$

应当注意到，波长 λ_x 和相速 v_{px} 分别都比选择 $\boldsymbol{k}$ 方向时的对应值大一些。这个结果起初很令人惊奇，但是却可以从图 12.6 所示的几何图中得到很好的理解。图中画出了一系列与 $\boldsymbol{k}$ 正交的波前面(等相位面)。在图中，两个相邻波前面的相位差为 2π，如图所示，这对应于沿 $\boldsymbol{k}$ 方向上有一个波长长度的空间间隔。波前面与 x 轴相交，并且我们看到沿着 x 方向波前面之间的间隔要比沿着 $\boldsymbol{k}$ 方向的间隔大一些。如图所示，λ_x 就是沿 x 方向波阵面之间的间隔。沿 x 方

向的相速度是波前面与 x 轴交点的速度。我们再一次从几何图中看出，这个速度比沿着 $\boldsymbol{k}$ 方向的速度要大，当然会超过在媒质中的光速。然而，这并没有违背狭义相对论理论，因为电磁波中的能量流动是沿着 $\boldsymbol{k}$ 方向的，而并不是沿着 x 或 z 轴方向。电磁波频率为 $f=\omega/(2\pi)$，且不随方向而改变。例如，注意到在我们所考虑的那两个方向上，都有

$$f=\frac{v_{\mathrm{p}}}{\lambda}=\frac{v_{\mathrm{p}x}}{\lambda_x}=\frac{\omega}{2\pi}$$

例 12.6 考虑一个电场幅值为 10 V/m、频率为 50 MHz 的均匀平面电磁波。媒质为无损耗媒质，且 $\varepsilon_{\mathrm{r}}=\varepsilon_{\mathrm{r}}'=9.0$ 和 $\mu_{\mathrm{r}}=1.0$。在 $x-y$ 平面上，电磁波沿着与 x 轴成 30°夹角的方向传播，并沿 z 轴方向线性极化。试写出电场强度相量形式的表达式。

解：传播常数的大小为

$$k=\omega\sqrt{\mu\varepsilon}=\frac{\omega\sqrt{\varepsilon_{\mathrm{r}}}}{c}=\frac{2\pi\times50\times10^6\times3}{3\times10^8}=3.2\ \mathrm{m}^{-1}$$

现在，矢量 $\boldsymbol{k}$ 为

$$\boldsymbol{k}=3.2(\cos30^\circ\boldsymbol{a}_x+\sin30^\circ\boldsymbol{a}_y)=2.8\boldsymbol{a}_x+1.6\boldsymbol{a}_y\ \mathrm{m}^{-1}$$

于是，有

$$\boldsymbol{r}=x\boldsymbol{a}_x+y\boldsymbol{a}_y$$

由于电场是沿着 z 方向的，所以其相量形式可以写为

$$\boldsymbol{E}_{\mathrm{s}}=E_0\mathrm{e}^{-\mathrm{j}\boldsymbol{k}\cdot\boldsymbol{r}}\boldsymbol{a}_z=10\mathrm{e}^{-\mathrm{j}(2.8x+1.6y)}\boldsymbol{a}_z$$

练习 12.4 对于例题 12.6，试计算 $\lambda_x,\lambda_y,v_{\mathrm{p}x}$ 和 $v_{\mathrm{p}y}$。

答案：2.2 m；3.9 m；1.1×10^8 m/s；2.0×10^8 m/s。

12.5 斜入射时平面电磁波的反射

我们现在来考虑入射波传播方向与平面分界面之间有一定角度时电磁波的反射问题。我们的目的是：(1) 确定入射角、反射角和透射角三者之间的关系；(2) 导出反射系数和透射系数随着入射角和极化方向变化的函数表达式。我们还将证明，当选择合适的入射角和极化方向时，将会出现在两种电介质分界面上发生全反射或全透射现象的情况。

在这样的情况下，如图 12.7 所示，入射波的方向和与位置有关的相位是由波矢量 $\boldsymbol{k}_1^+$ 所表征的。入射角等于 $\boldsymbol{k}_1^+$ 与分界面的法线（图中为 x 轴）之间的夹角。入射角也就是图中的 θ_1。反射波以反射角 θ_1' 沿背离分界面的方向传播，其波矢量为 $\boldsymbol{k}_1^-$。最后，透射波以透射角 θ_2 进入第二个区域中传播，其波矢量为 $\boldsymbol{k}_2$。我们也许能够猜出（由经验知识），入射角和反射角是相等的（$\theta_1=\theta_1'$），这一定是正确的。但是，为完整起见，我们有必要来证明它。

两种媒质都是无损电介质，其特性由波阻抗 η_1 和 η_2 来描述。像以前一样，我们假定材料都是非磁性材料，其磁导率为 μ_0。这样，媒质就仅仅需要用介电常数 $\varepsilon_{\mathrm{r}1}$ 和 $\varepsilon_{\mathrm{r}2}$ 或折射率 $n_1=\sqrt{\varepsilon_{\mathrm{r}1}}$ 和 $n_2=\sqrt{\varepsilon_{\mathrm{r}2}}$ 来描述。

在图 12.7 中，示出了电场强度选取两种不同方向时的情况。在图 13.7(a)中，$\boldsymbol{E}$ 沿着纸

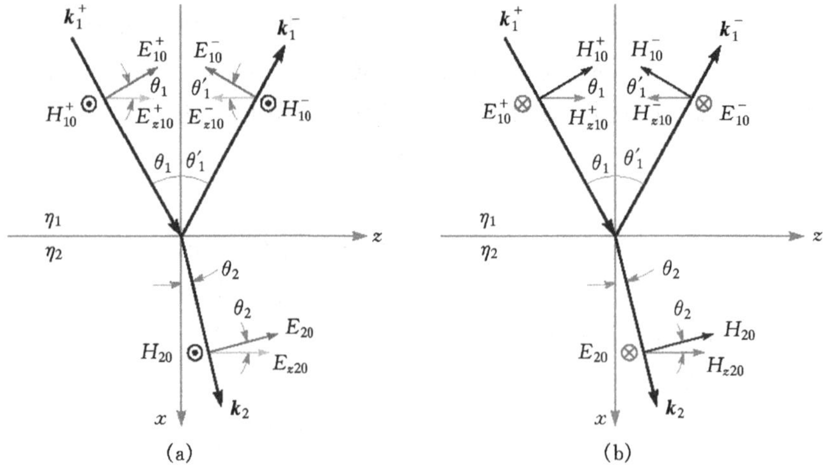

图 12.7　平面电磁波以角度 θ_1 入射到波阻抗分别为 η_1 和 η_2 的两种电介质分界面上。两种极化情况为：(1) p 极化(TM)，$\boldsymbol{E}$ 在入射面内；(2) s 极化(TE)，$\boldsymbol{E}$ 垂直于入射面

面内极化，而 $\boldsymbol{H}$ 垂直于纸面指向外。在这个图中，纸面也是入射面，**入射面**被定义为入射波矢量 $\boldsymbol{k}$ 与分界面的法线方向所组成的平面。由于 $\boldsymbol{E}$ 在入射面内，这种波被称为**平行极化波**，或 **p 极化波**($\boldsymbol{E}$ 平行于入射面)。应当注意，$\boldsymbol{H}$ 是垂直于入射面的，它平行于(或横向的)分界面。相应地，把这种极化波也称为**横磁极化波**，或 TM 极化波。

在图 12.7(b)中，示出了将场方向旋转了 90°的情况。现在，$\boldsymbol{H}$ 位于入射面内，而 $\boldsymbol{E}$ 垂直于入射面。由于一般是用矢量 $\boldsymbol{E}$ 来定义极化的，所以这种情况被称为**垂直极化**，或 **s 极化**[①]。$\boldsymbol{E}$ 也是平行于分界面的，因此这种波也叫做**横电极化波**，或 TE 极化波。我们将会发现在这两种极化形式下反射系数和透射系数均不相同，但是反射角和透射角却与极化的方式无关。我们只需要考虑 s 极化和 p 极化这两种情况，因为其它任意的场方向情况可由 s 波和 p 波的合成所构成。

我们希望知道反射系数、透射系数，还有各个角度之间的关系，这些都可通过在分界面处的场边界条件得到。具体地说来，我们要求 $\boldsymbol{E}$ 和 $\boldsymbol{H}$ 的横向分量在分界面两侧是连续的。在计算正入射($\theta_1=0$)的 Γ 和 τ 时，我们曾经应用过这些条件，而正入射实际上是我们现在所讨论的斜入射问题的一种特殊情况。这里，我们先来考虑 p 极化的情况(图 12.7a)。首先，使用在第 12.4 节中定义的记号，我们写出入射波、反射波和透射波的相量形式表达式：

$$\boldsymbol{E}_{s1}^{+}=\boldsymbol{E}_{10}^{+}\mathrm{e}^{-\mathrm{j}\boldsymbol{k}_1^{+}\cdot\boldsymbol{r}} \tag{12.51}$$

$$\boldsymbol{E}_{s1}^{-}=\boldsymbol{E}_{10}^{-}\mathrm{e}^{-\mathrm{j}\boldsymbol{k}_1^{-}\cdot\boldsymbol{r}} \tag{12.52}$$

$$\boldsymbol{E}_{s2}=\boldsymbol{E}_{20}\mathrm{e}^{-\mathrm{j}\boldsymbol{k}_2\cdot\boldsymbol{r}} \tag{12.53}$$

其中

$$\boldsymbol{k}_1^{+}=k_1(\cos\theta_1\boldsymbol{a}_x+\sin\theta_1\boldsymbol{a}_z) \tag{12.54}$$

$$\boldsymbol{k}_1^{-}=k_1(-\cos\theta'_1\boldsymbol{a}_x+\sin\theta'_1\boldsymbol{a}_z) \tag{12.55}$$

---

① 记号 s 是德国单词 senkrecht 的缩写，意思是垂直。而在 p 极化中的记号 p 是德语单词 parallel 平行的缩写。

$$\boldsymbol{k}_2 = k_2(\cos\theta_2\boldsymbol{a}_x + \sin\theta_2\boldsymbol{a}_z) \tag{12.56}$$

以及

$$\boldsymbol{r} = x\boldsymbol{a}_x + z\boldsymbol{a}_z \tag{12.57}$$

各个波矢量的大小分别为 $k_1=\omega\sqrt{\varepsilon_{r1}}/c=n_1\omega/c$ 和 $k_2=\omega\sqrt{\varepsilon_{r2}}/c=n_2\omega/c$。

现在,为了得到电场切向连续的边界条件,我们需要求出平行于分界面的电场分量(z 分量)。将所有的电场 $\boldsymbol{E}$ 都投影在 z 方向上,并应用式(12.51)~(12.57),得到

$$E^+_{zs1} = E^+_{z10}\mathrm{e}^{-\mathrm{j}\boldsymbol{k}^+_1\cdot\boldsymbol{r}} = E^+_{10}\cos\theta_1\mathrm{e}^{-\mathrm{j}k_1(x\cos\theta_1+z\sin\theta_1)} \tag{12.58}$$

$$E^-_{zs1} = E^-_{z10}\mathrm{e}^{-\mathrm{j}\boldsymbol{k}^-_1\cdot\boldsymbol{r}} = E^-_{10}\cos\theta'_1\mathrm{e}^{\mathrm{j}k_1(x\cos\theta'_1-z\sin\theta'_1)} \tag{12.59}$$

$$E_{zs2} = E_{z20}\mathrm{e}^{-\mathrm{j}\boldsymbol{k}_2\cdot\boldsymbol{r}} = E_{20}\cos\theta_2\mathrm{e}^{-\mathrm{j}k_2(x\cos\theta_2+z\sin\theta_2)} \tag{12.60}$$

这样,电场切向连续的边界条件就是:

$$E^+_{zs1} + E^-_{zs1} = E_{zs2} \quad (\text{在 } x=0 \text{ 处})$$

我们现在将式(12.58)~(12.60)代入到式(12.61)中,并计算其在 $x=0$ 处的值,得到

$$E^+_{10}\cos\theta_1\mathrm{e}^{-\mathrm{j}k_1z\sin\theta_1} + E^-_{10}\cos\theta'_1\mathrm{e}^{-\mathrm{j}k_1z\sin\theta'_1} = E_{20}\cos\theta_2\mathrm{e}^{-\mathrm{j}k_2z\sin\theta_2} \tag{12.61}$$

应当注意到,E^+_{10}、E^-_{10} 和 E_{20} 都是常数(与 z 无关)。进一步地,我们要求式(12.61)对于任意的 z 值(在分界面上的每一点)都成立。为了达到这个要求,要求在式(12.61)中所有项的相位都必须是相等的。具体地说,有

$$k_1z\sin\theta_1 = k_1z\sin\theta'_1 = k_2z\sin\theta_2$$

我们由此立即看出,应该有 $\theta'_1=\theta_1$,即反射角等于入射角。我们还得到

$$\boxed{k_1\sin\theta_1 = k_2\sin\theta_2} \tag{12.62}$$

式(12.62)被称为**斯耐尔折射定律**。由于在一般情况下,有 $k=n\omega/c$,于是可以用折射率将式(12.62)表示为

$$\boxed{n_1\sin\theta_1 = n_2\sin\theta_2} \tag{12.63}$$

式(12.63)就是最容易应用于我们现在分析的非磁性电介质问题的斯耐尔定律形式。式(12.62)是更为一般的形式,例如,它可以应用于具有不同磁导率和介电常数材料的情况。在通常的情况下,我们有 $k_1=(\omega/c)\sqrt{\mu_{r1}\varepsilon_{r1}}$ 和 $k_2=(\omega/c)\sqrt{\mu_{r2}\varepsilon_{r2}}$。

在求得了各个角度之间的相互关系之后,我们接下来转向第二个目标,即确定幅值 E^+_{10}、E^-_{10} 和 E_{20} 之间的关系。为了得到这些关系式,我们需要考虑另一个边界条件,即 $\boldsymbol{H}$ 在 $x=0$ 处的切向连续性。对 p 极化波来说,磁场强度矢量都是沿 $-y$ 方向的。在分界面上,场幅值之间的关系为

$$H^+_{10} + H^-_{10} = H_{20} \tag{12.64}$$

因此,根据 $\theta'_1=\theta_1$,以及使用斯耐尔定律,式(12.61)就变成为

$$E^+_{10}\cos\theta_1 + E^-_{10}\cos\theta_1 = E_{20}\cos\theta_2 \tag{12.65}$$

应用媒质的波阻抗,例如,我们知道有 $E^+_{10}/H^+_{10}=\eta_1$ 和 $E^+_{20}/H^+_{20}=\eta_2$,因此,式(12.64)可以写为

$$\frac{E^+_{10}\cos\theta_1}{\eta_{1p}} - \frac{E^-_{10}\cos\theta_1}{\eta_{1p}} = \frac{E^+_{20}\cos\theta_2}{\eta_{2p}} \tag{12.66}$$

应注意在式(12.66)中第二项前面的负号,这是因为 $E^-_{10}\cos\theta_1$ 为负(从图 12.7(a)可以看出),而 H^-_{10} 为正(也从图 12.7(a)可以看出)。当我们写出式(12.66)时,对于 p 极化,有效阻抗可定义为

$$\boxed{\eta_{1p} = \eta_1 \cos\theta_1} \tag{12.67}$$

和

$$\boxed{\eta_{2p} = \eta_2 \cos\theta_2} \tag{12.68}$$

若使用这种表示方法，我们就可以联立求解式(12.65)和式(12.66)，得到比值 E_{10}^-/E_{10}^+ 和 E_{20}/E_{10}^+。进行与求解式(12.7)和(12.8)相类似的过程，我们得到反射系数和透射系数分别为

$$\boxed{\Gamma_p = \frac{E_{10}^-}{E_{10}^+} = \frac{\eta_{2p} - \eta_{1p}}{\eta_{2p} + \eta_{1p}}} \tag{12.69}$$

$$\boxed{\tau_p = \frac{E_{20}}{E_{10}^+} = \frac{2\eta_{2p}}{\eta_{2p} + \eta_{1p}} \left(\frac{\cos\theta_1}{\cos\theta_2}\right)} \tag{12.70}$$

参照如图 12.7(b)所示，对于 s 极化也可以进行与上述相类似的求解过程。具体过程留作练习，结果为

$$\boxed{\Gamma_s = \frac{E_{y10}^-}{E_{y10}^+} = \frac{\eta_{2s} - \eta_{1s}}{\eta_{2s} + \eta_{1s}}} \tag{12.71}$$

$$\boxed{\tau_s = \frac{E_{y20}}{E_{y10}^+} = \frac{2\eta_{2s}}{\eta_{2s} + \eta_{1s}}} \tag{12.72}$$

这里，对于 s 极化来说，有效阻抗为

$$\boxed{\eta_{1s} = \eta_1 \sec\theta_1} \tag{12.73}$$

和

$$\boxed{\eta_{2s} = \eta_2 \sec\theta_2} \tag{12.74}$$

式(12.67)到式(12.74)就是在两种极化情况下，我们计算电磁波以任意角入射时的反射系数和透射系数所需要的公式。

例 12.7 一均匀平面电磁波以入射角 30°从空气中入射到玻璃中。对于在(a) p 极化和(b) s 极化两种情况下，分别求出入射功率中被反射的部分和被透射的部分。玻璃的折射率为 $n_2 = 1.45$。

解：首先，我们应用斯耐尔定律求出透射角。由于空气的折射率 $n_1 = 1$，应用式(12.63)得到

$$\theta_2 = \arcsin\left(\frac{\sin 30^\circ}{1.45}\right) = 20.2^\circ$$

现在，对于 p 极化：

$$\eta_{1p} = \eta_1 \cos 30^\circ = (377)(0.866) = 326\ \Omega$$

$$\eta_{2p} = \eta_2 \cos 20.2^\circ = \frac{377}{1.45}(0.938) = 244\ \Omega$$

再使用式(12.69)，我们得到

$$\Gamma_p = \frac{244 - 326}{244 + 326} = -0.144$$

入射功率中被反射的部分为

$$\frac{P_r}{P_{inc}} = |\Gamma_p|^2 = 0.021$$

透射部分为

$$\frac{P_t}{P_{inc}}=1-|\Gamma_p|^2=0.979$$

而对于 s 极化，有

$$\eta_{1s}=\eta_1\sec 30^\circ=377/0.866=435\ \Omega$$

$$\eta_{2s}=\eta_2\sec 20.2^\circ=\frac{377}{1.45(0.938)}=277\ \Omega$$

接着，应用式(12.71)：

$$\Gamma_s=\frac{277-435}{277+435}=-0.222$$

于是，反射功率为

$$|\Gamma_s|^2=0.049$$

入射功率中被透射的部分为

$$1-|\Gamma_s|^2=0.951$$

在例 12.7 中，对于两种极化情况，反射系数的值都为负值。负反射系数的意义是指，与分界面平行的反射电场分量在分界面上与入射场的相应分量方向相反。

当第二种媒质为理想导体时，也会出现上述的这种情况。在这种情况下，我们知道在导体内部的电场强度一定为零。结果是，由于 $\eta_2=E_{20}/H_{20}=0$，所以反射系数为 $\Gamma_p=\Gamma_s=-1$。无论何种极化，也不管入射角度为多少，总是会发生全反射的。

12.6　斜入射波的全反射和全折射

由于我们已经有了求解斜入射时反射和透射问题的有效方法，因此我们现在有能力来研究**全反射**和**全透射**这种两种特殊情况了。我们要找出能够产生这些性质的特定媒质参数、入射角和极化之间的组合。首先，我们要确定全反射的必要条件。我们希望全部功率被反射，这样应有 $|\Gamma|^2=\Gamma\Gamma^*=1$，其中的 Γ 是 Γ_p 或者 Γ_s。在这个条件中 Γ 可能为复数，这一事实说明允许存在一定的灵活性。对于入射媒质，我们注意到 η_{1p} 和 η_{1s} 总是正实数。另一方面，当我们考虑第二种媒质时，η_{2p} 和 η_{2s} 却包含着因子 $\cos\theta_2$ 或 $1/\cos\theta_2$，其中

$$\cos\theta_2=[1-\sin^2\theta_2]^{1/2}=\left[1-\left(\frac{n_1}{n_2}\right)^2\sin^2\theta_1\right]^{1/2} \tag{12.75}$$

在这里，我们已经使用了斯耐尔定律。我们观察到，当 $\sin\theta_1>n_2/n_1$ 时，$\cos\theta_2$，η_{2p} 和 η_{2s} 都变成为虚数。例如，让我们来考虑平行极化情况。在 η_{2p} 为虚数的条件下，式(12.69)变为

$$\Gamma_p=\frac{j|\eta_{2p}|-\eta_{1p}}{j|\eta_{2p}|+\eta_{1p}}=-\frac{\eta_{1p}-j|\eta_{2p}|}{\eta_{1p}+j|\eta_{2p}|}=-\frac{Z}{Z^*}$$

这里，$Z=\eta_{1p}-j|\eta_{2p}|$。**于是，我们可以看到 $\Gamma_p\Gamma_p^*=1$，这就意味着当 η_{2p} 为虚数时，会发生全部功率的反射现象**。当 $\sin\theta_1=n_2/n_1$ 时，有 η_{2p} 为零，这时也会发生全反射。因此，我们得到的全反射条件如下：

$$\boxed{\sin\theta_1\geqslant\frac{n_2}{n_1}} \tag{12.76}$$

由此可以定义全反射的**临界角** θ_c 为

$$\boxed{\sin\theta_c = \frac{n_2}{n_1}} \tag{12.77}$$

于是，全反射条件可以更简明地表示为

$$\boxed{\theta_1 \geqslant \theta_c \quad (\text{对于全反射})} \tag{12.78}$$

应该注意到，要使式(12.76)和(12.77)有实际的意义，必须使 $n_2<n_1$，也就是说电磁波必须是从折射率较高的媒质入射到折射率较低的媒质中，才可能发生全反射。由于这个原因，全反射条件有时也叫做全**内**反射；这在像光束控制棱镜这类光学设备中是可以经常见到，其中，玻璃内的光在玻璃与空气的分界面上发生全反射。

例 12.8 如图 12.8 所示，一棱镜用于将一束光的传播方向旋转 90°。光束通过两个减反射(AR 涂层)表面进入和离开棱镜。全反射发生在棱镜的后表面，在这里的入射角为 45°。如果周围区域为空气，求出棱镜所使用材料的最小折射率。

解：考虑后表面，表面外侧媒质为空气，折射率为 $n_2=1.00$。由于 $\theta_1=45°$，因此，应用式(12.76)可得

$$n_1 \geqslant \frac{n_2}{\sin 45°} = \sqrt{2} = 1.41$$

由于熔化玻璃的折射率为 $n_g=1.45$，因此它是适合于这种应用的材料，事实上也已经被广泛地应用。

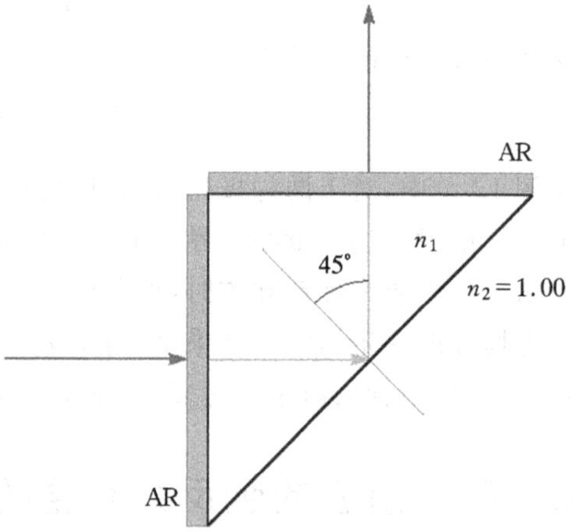

图 12.8 例 12.8 中的光束控制棱镜

全反射的另一个重要应用是**光波导**。其最简单的形式是由三层玻璃所组成的，中间层的折射率比外面两层稍大。在图 12.9 中示出了其基本结构。如图所示，光从左向右传播，由于在两个分界面上发生全反射，光被限定在中间层。光纤波导就是基于这一原理制成的，光纤波导的中心是半径较小的圆柱玻璃芯区域，其外面包覆着一层同轴的、半径较大和低折射率玻璃材料。在第 13 章中，我们将给出应用于金属和介质结构的基本波导原理。

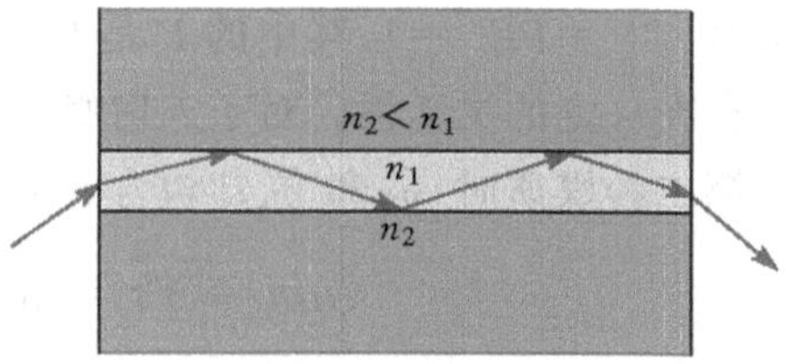

图 12.9 电介质板波导(对称结构)，由于全反射使得光被限定在中心材料中

我们接着下来考虑发生**全透射**的可能性。在这种情况下，只是要求 $\Gamma=0$。我们在两种极化情况下分别研究其可能性。首先，我们来考虑 s 极化。如果 $\Gamma_s=0$，根据式(12.71)，要求有 $\eta_{2s}=\eta_{1s}$，即

$$\eta_2 \sec\theta_2 = \eta_1 \sec\theta_1$$

应用斯耐尔定律，将 θ_2 用 θ_1 来表示，上式就变为

$$\eta_2\left[1-\left(\frac{n_1}{n_2}\right)^2\sin^2\theta_1\right]^{-1/2}=\eta_1[1-\sin^2\theta_1]^{-1/2}$$

无论 θ_1 为任何值，上式都不能得到满足，因此我们只能去考虑 p 极化。应用式(12.67)、式(12.68)和式(12.69)，根据斯耐尔定律，可以得到满足 $\Gamma_p=0$ 的条件为

$$\eta_2\left[1-\left(\frac{n_1}{n_2}\right)^2\sin^2\theta_1\right]^{1/2}=\eta_1[1-\sin^2\theta_1]^{1/2}$$

这个方程确实有一个解，那就是

$$\boxed{\sin\theta_1=\sin\theta_B=\frac{n_2}{\sqrt{n_1^2+n_2^2}}} \tag{12.79}$$

这里，我们已经使用了 $\eta_1=\eta_0/n_1$ 和 $\eta_2=\eta_0/n_2$。我们称能使全透射发生时的这个特定的角度 θ_B 为**布儒斯特角**，或**极化角**。后面一个名称来源于如下事实：当既有 s 极化分量又有 p 极化分量的光以入射角 $\theta_1=\theta_B$ 入射时，p 极化分量将发生全透射，而反射光部分则全是 s 极化分量。当入射角稍微偏离布儒斯特角时，反射光仍然主要由 s 极化分量组成。我们看到的绝大多数反射光都是来自于水平面(例如海洋表面)，所以光绝大多数都是水平极化的。太阳镜就是利用这一事实来减少耀眼的光，这是因为太阳镜能阻止水平极化光的透入而使垂直极化光通过。

例 12.9 光以布儒斯特角从空气中入射到玻璃中。求入射角和透射角。

解：由于玻璃的折射率为 $n_2=1.45$，所以入射角为

$$\theta_1=\theta_B=\arcsin\left(\frac{n_2}{\sqrt{n_1^2+n_2^2}}\right)=\arcsin\left(\frac{1.45}{\sqrt{1.45^2+1}}\right)=55.4^\circ$$

由斯耐尔定律可以得到透射角为

$$\theta_2=\arcsin\left(\frac{n_1}{n_2}\sin\theta_B\right)=\arcsin\left(\frac{n_1}{\sqrt{n_1^2+n_2^2}}\right)=34.6^\circ$$

从这个练习题中可以看出，$\sin\theta_2=\cos\theta_B$，这意味着在布儒斯特条件下，入射角和反射角之和总是等于 90°。

在图 12.10 中，我们总结了在这一节中所得到的许多结论，在图中画出了由式(12.69)和式(12.71)得到的 Γ_s 和 Γ_p 随入射角 θ_1 变化的函数曲线。根据折射率比值 n_1/n_2 的不同数值，画出了相应的曲线。对于 $n_1/n_2>1$ 的所有曲线，Γ_s 和 Γ_p 在临界角时的值为±1。当角度较大时，反射系数变为虚数(在图中未画出)，但仍保持单位值 1 的幅值。在 Γ_p 曲线(图 12.10(a))中，显然出现了布儒斯特角，这是因为所有这些曲线都通过 θ_1 轴。这种情况却没有出现在 Γ_s 函数中，这是由于当 $n_1/n_2>1$ 时，在 θ_1 为任何值时 Γ_s 都为正。

练习 12.5 在例 12.9 中，计算 s 极化光的反射系数。

答案：−0.355

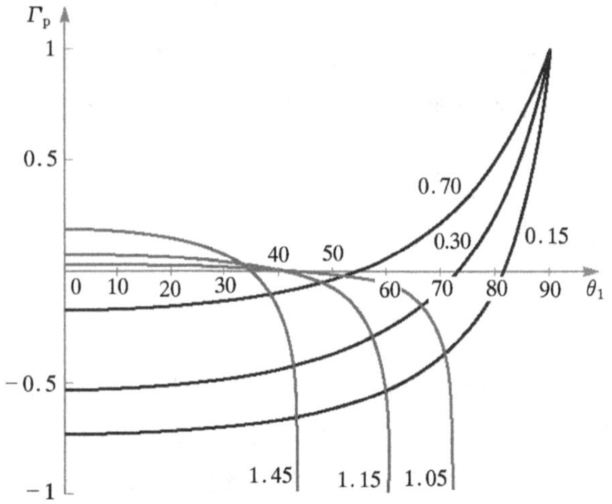

(a)

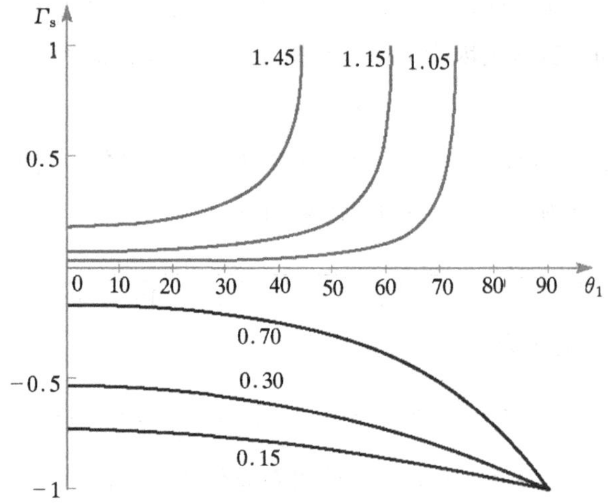

(b)

图 12.10 (a) Γ_p 随入射角 θ_1[式(12.69)]变化的函数曲线，其中 θ_1 如图 12.7(a)所示。给出了在不同折射率比值 n_1/n_2 时所对应的曲线。两种媒质均为无损耗媒质，且 $\mu_r=1$。这样，有 $\eta_1=\eta_0/n_1$，$\eta_2=\eta_0/n_2$。(b) Γ_s 随入射角 θ_1[式(12.71)] 变化的函数曲线，其中 θ_1 如图 12.7(b)所示。与在图 12.10(a)中一样，两种媒质为无损耗媒质，给出了在不同折射率比值 n_1/n_2 时所对应的曲线

12.7 色散媒质中波的传播

在第 11 章中，我们遇到了媒质的复介电常数随频率而变化的情况。这种情况存在于所有材料中，它是通过许多可能的物理机理引入的。在前面已经提到过，其中之一就是在材料中的振动束缚电荷，振动束缚电荷实际上是谐振子，它们具有与其自身相关的谐振频率(见附录 D)。当入射电磁波的频率是在束缚电荷的谐振频率点或附近时，电磁波就会引起强烈的振

荡，这些振荡反过来会消耗电磁波最初所携带的能量。这样，电磁波就会被吸收，且这种吸收比在失谐频率处的吸收更为强烈。由此引起的相关效应是，介电常数的实部在谐振频率点附近与在远离谐振频率点时将会不同。简而言之，谐振效应引起 ε' 和 ε'' 的值随着频率连续地变化。这些现象会导致由第 11 章中的式(11.44)和(11.45)所表示的衰减系数和相位常数中的频率变化特性相当复杂。

在这一节里，我们来考虑频变介电常数(或折射率)对在不同无损耗媒质中传播的电磁波的影响。经常会发生这样的情况，因为折射率在远离谐振频率处会发生显著的变化，这时吸收损耗是可以忽略的。这种情况的一个典型例子是白光通过三棱镜后被分离成多种不同的颜色成分。在这种情况下，随频率变化的折射率导致了对不同颜色光的折射角度不同，因此它们会被分离开来。把由三棱镜产生的颜色分离效应称为**角色散**，或更具体地说，称为**彩色**角色散。

色散这个词意味着一个电磁波中的可分辨分量之间的**分离**。在三棱镜例子中，这些可分辨分量就是已经在空间中被分离的不同颜色的光。在这里，重要的一点是谱**功率**已经被三棱镜分散开来了。例如，我们可以通过考虑测量蓝光与红光之间的折射角差异来说明这一概念。如图 12.11 所示，我们可能需要使用一个具有很窄孔隙的功率检测器。检测器被放置在从三棱镜射出的红光和蓝光位置处，窄孔基本上能使每次只有一种颜色的光(或在非常窄的光谱范围内的光)能通过检测器。这样，检测器就能测量到在我们所称之为“光谱包”中的功率，也就是在总功率谱中一个窄带中的功率。孔隙越小，光谱包的谱宽越窄，测量的精确度就越高[①]。对我们来说重要的是，把波功率看成是以这种方式分解的一系列光谱包，因为它包括了我们对这一节主题的解释，即波的**时间**色散。

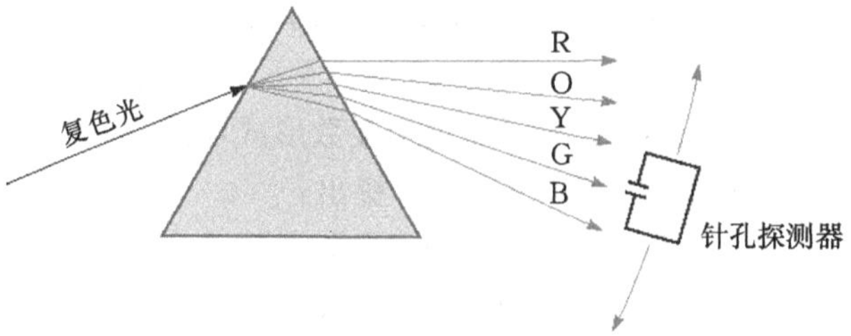

图 12.11　可以使用一个既可测量波长又可测量功率的可移动设备来测量三棱镜的角色散。这种设备通过一个小孔来感受光，这样可以提高对波长的分辨率

现在，我们来考虑一种折射率随频率变化的无损耗非磁性媒质。假定在这种媒质中均匀平面电磁波的相位常数为

$$\beta(\omega)=k=\omega\sqrt{\mu_0\varepsilon(\omega)}=n(\omega)\frac{\omega}{c} \tag{12.80}$$

如果我们取 $n(\omega)$ 为随频率单调增加的函数(通常情况下就是这样的)，则 ω 随 β 变化的曲线如图 12.12 所示。这样的曲线称为该媒质的 **$\omega-\beta$ 图**。通过考虑 $\omega-\beta$ 曲线的形状，就可以了解关于波在该材料中传播的许多信息。

---

① 为了完成这个实验，我们也需要测量波长。为此，检测器应该置于一个分光计或单色光度计输出处，分光计或单色光度计输入处的孔隙起着带宽限制缝隙的作用。

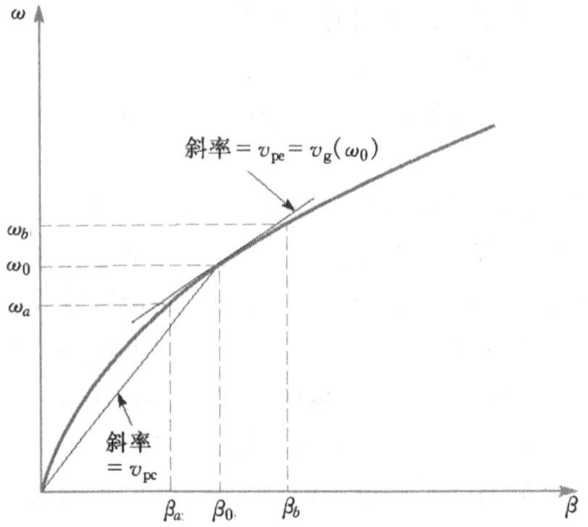

图 12.12 一种折射率随频率增高而增加的媒质的 $\omega-\beta$ 图。在 ω_0 处，曲线的切线斜率为在该频率处的群速度。连结自原点到曲线在 ω_0 处的点的直线的斜率为在 ω_0 处的相速度

假定有频率分别为 ω_a 和 ω_b 的两个波，它们同时地在某一种材料中传播，且幅值相同。在图 12.12 中的曲线上已经标出了这两个频率，它们的中心频率为 ω_0。也标出了相应的相位常数 β_a，β_b 和 β_0。这两个波的电场强度沿着相同的方向做线性极化(例如，沿 x 方向)，且都是沿着 $+z$ 方向传播。这样，两个波将会发生相互干涉，产生一个合成波，其场函数可简单地通过将两个波的 $\boldsymbol{E}$ 场相加而得到。利用场的复数形式，可以得到

$$E_{c,\mathrm{net}}(z,t) = E_0\left[\mathrm{e}^{-\mathrm{j}\beta_a z}\mathrm{e}^{\mathrm{j}\omega_a t} + \mathrm{e}^{-\mathrm{j}\beta_b z}\mathrm{e}^{\mathrm{j}\omega_b t}\right]$$

应当注意到，我们必须使用与相量形式不同的完全复数形式(为了保留频变特性)，这是由于两个波的频率不同。接下来，我们把因子项 $\mathrm{e}^{-\mathrm{j}\beta_0 z}\mathrm{e}^{\mathrm{j}\omega_0 t}$ 提出：

$$\begin{aligned}E_{c,\mathrm{net}}(z,t) &= E_0\mathrm{e}^{-\mathrm{j}\beta_0 z}\mathrm{e}^{\mathrm{j}\omega_0 t}\left[\mathrm{e}^{\mathrm{j}\Delta\beta z}\mathrm{e}^{-\mathrm{j}\Delta\omega t} + \mathrm{e}^{-\mathrm{j}\Delta\beta z}\mathrm{e}^{\mathrm{j}\Delta\omega t}\right]\\ &= 2E_0\mathrm{e}^{-\mathrm{j}\beta_0 z}\mathrm{e}^{\mathrm{j}\omega_0 t}\cos(\Delta\omega t - \Delta\beta z)\end{aligned} \tag{12.81}$$

这里

$$\Delta\omega = \omega_0 - \omega_a = \omega_b - \omega_0$$

和

$$\Delta\beta = \beta_0 - \beta_a = \beta_b - \beta_0$$

只要 $\Delta\omega$ 很小，$\Delta\beta$ 的上述表达式就是近似正确的。在图 12.12 中，通过观察曲线的形状对给定均匀频率间隔 $\Delta\beta$ 的影响就可以看出这一点。

式(12.81)的瞬时形式为

$$\mathscr{E}_{\mathrm{net}}(z,t) = \mathrm{Re}\{E_{c,\mathrm{net}}\} = 2E_0\cos(\Delta\omega t - \Delta\beta z)\cos(\omega_0 t - \beta_0 z) \tag{12.82}$$

如果相对于 ω_0 来说 $\Delta\omega$ 是相当小，我们就可以认为式(12.82)是一个频率为 ω_0 且被频率为 $\Delta\omega$ 的正弦波调制的载波。这样，原来的两个波相“拍合”就会形成一种慢调制，就像当同一音符由两种稍微失调的乐器演奏时人们听到的声音那样。合成后的电磁波如图 12.13 所示。

我们感兴趣的是载波和调制包络线的相速度。由式(12.82)，我们可以直接写出

$$v_{pc} = \frac{\omega_0}{\beta_0} \quad (载波速度) \tag{12.83}$$

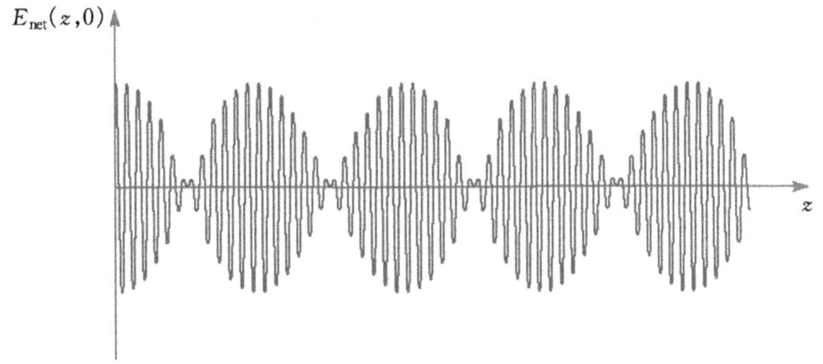

图 12.13 具有不同频率 ω_a 和 ω_b 的两个电磁波的总电场强度随 $z(t=0)$ 变化的函数曲线，它们的表达式都由式(12.81)给出。快速振荡是与载波频率 $\omega_0=(\omega_a+\omega_b)/2$ 相联系的。而慢调制则是与包络线或“拍”频率 $\Delta\omega=(\omega_b-\omega_a)/2$ 相联系的

$$v_{pe}=\frac{\Delta\omega}{\Delta\beta}\quad(\text{包络线速度})\tag{12.84}$$

参考在图 12.12 中的 ω - β 图，我们看到载波的相速度为连结原点与曲线上坐标为 ω_0 和 β_0 点的直线斜率。我们还可以看出包络线的速度近似地为在工作点(ω_0，β_0)处 ω - β 曲线的斜率。在这种情况下，包络线的速度比载波速度要稍微地小一些。当 $\Delta\omega$ 趋近于零时，包络线的速度就是曲线在频率 ω_0 处的斜率。于是，对于现在的例子，我们可以得到下式：

$$\boxed{\lim_{\Delta\omega\to 0}\frac{\Delta\omega}{\Delta\beta}=\left.\frac{d\omega}{d\beta}\right|_{\omega_0}=v_g(\omega_0)}\tag{12.85}$$

把 $d\omega/d\beta$ 叫做该材料的群速度函数 $v_g(\omega)$。当在一给定频率 ω_0 处计算其值时，它代表了中心频率为 ω_0 而在宽度趋于零的一个频谱包内的一群频率的速度。在这样的表述中，我们已经把两种频率问题的例子扩展到了包含一个连续频谱的电磁波问题中。每一个频率分量(或包)都与该包内能量传播的一个群速度相联系。由于 ω - β 曲线的斜率随着频率变化，群速度很明显也将是频率的函数。首先，媒质的群速色散是 ω - β 曲线斜率随频率的变化率。正是这种行为对色散媒质中调制波的传播有着至关重要的影响，也对理解调制包络线随传播距离增加而衰减的程度是至关重要的。

例 12.10 考虑在一定范围内折射率随频率做线性变化的媒质：

$$n(\omega)=n_0\frac{\omega}{\omega_0}$$

在频率为 ω_0 时，试确定波的群速和相速。

解：首先，相位常数为

$$\beta(\omega)=n(\omega)\frac{\omega}{c}=\frac{n_0\omega^2}{\omega_0 c}$$

现在，有

$$\frac{d\beta}{d\omega}=\frac{2n_0\omega}{\omega_0 c}$$

这样

$$v_g = \frac{d\omega}{d\beta} = \frac{\omega_0 c}{2n_0\omega}$$

最后得到，在 ω_0 处的群速为

$$v_g(\omega_0) = \frac{c}{2n_0}$$

在 ω_0 处的相速为

$$v_p(\omega_0) = \frac{\omega}{\beta(\omega_0)} = \frac{c}{n_0}$$

12.8 色散媒质中的脉冲展宽

为了理解色散媒质对一个调制波的影响，让我们来考虑一个电磁脉冲的传播问题。脉冲被用于数字信号中，其中，一个脉冲在一给定的时间段里有或者无对应于数字"1"或"0"。色散媒质对一个脉冲的影响是在时间上展宽它。为了解这是如何发生的，我们来考虑脉冲**频谱**，脉冲频谱可通过脉冲时域形式的傅里叶变换求得。特别地，假定在时域内脉冲的形状是高斯型的，且在 $z=0$ 处的电场由下式给出：

$$\boxed{E(0,t) = E_0 e^{-\frac{1}{2}(t/T)^2} e^{j\omega_0 t}} \tag{12.86}$$

其中，E_0 为常数，ω_0 为载波频率，T 为脉冲包络线的特征半宽度；在时刻 T，脉冲**强度**或坡印亭矢量的大小将衰减到其最大值的 1/e（应注意，坡印亭矢量的大小正比于电场的平方）。脉冲的频谱就是式(12.86)的傅里叶变换，即

$$\boxed{E(0,\omega) = \frac{E_0 T}{\sqrt{2\pi}} e^{-\frac{1}{2}T^2(\omega-\omega_0)^2}} \tag{12.87}$$

从式(12.87)可以看出，在谱强度（正比于 $|E(0,\omega)|^2$）衰减到其最大值的 1/e 处，相对于 ω_0 的频率偏移为 $\Delta\omega=\omega-\omega_0=1/T$。

图 12.14(a)示出了脉冲的高斯型强度谱，其中心在 ω_0 处，其中也标出了对应于 1/e 谱强度位置的频率 ω_a 和 ω_b。在图 12.14(b)中，将这三个频率标在了媒质的 ω-β 曲线上。还画出了在这三个频率点处与曲线相切的三条直线。这三条直线的斜率分别为在频率 ω_a，ω_b 和 ω_0 处的群速 v_{ga}，v_{gb} 和 v_{g0}。我们可以认为在时间上的脉冲展宽是由构成脉冲频谱的各谱能量包的传播时间存在的差异所引起的。由于在中心频率 ω_0 处脉冲谱能量为最大，因此，我们可以把该点作为将进一步发生能量展宽的参考点。例如，让我们考察频率分量 ω_0 和 ω_b 在媒质中传播了一段距离 z 之后，它们的到达时刻（群延迟）之差：

$$\Delta\tau = z\left(\frac{1}{v_{gb}} - \frac{1}{v_{g0}}\right) = z\left(\left.\frac{d\beta}{d\omega}\right|_{\omega_b} - \left.\frac{d\beta}{d\omega}\right|_{\omega_0}\right) \tag{12.88}$$

在这里，媒质所起的基本作用像是一种被称为时间三棱镜的作用。它没有在空间上展开频谱能量包，而是在时间上将其展开。在这个过程中，形成了一个新的时间脉冲包络线，它的宽度基本上是决定于不同频谱分量的传播延迟的扩展。通过确定峰值频谱分量与频谱半宽度处分量之间的时延差，我们就可以构造出一个新时间半宽度的表达式。当然，这要假设初始脉冲宽

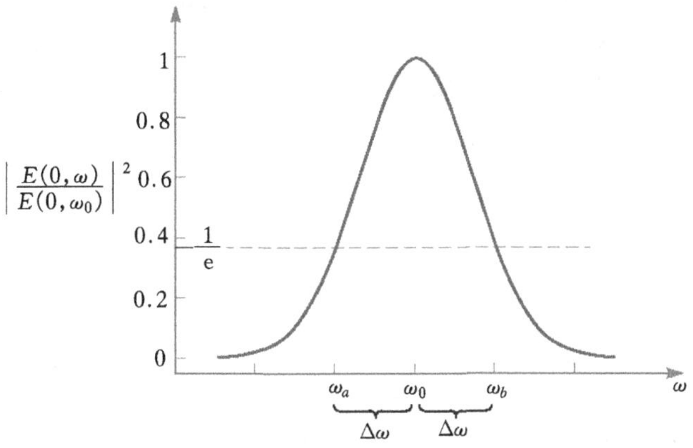

(a)

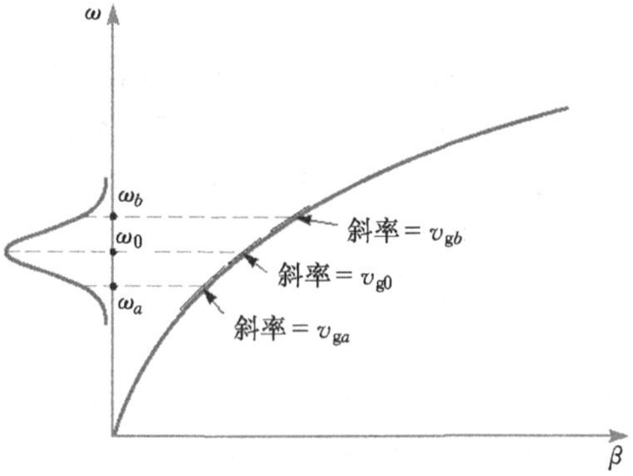

(b)

图 12.14　(a)由式(12.86)所决定的高斯型脉冲的归一化能量频谱。频谱中心为载波频率 ω_0，1/e 半带宽为 $\Delta\omega$。频率 ω_a 和 ω_b 对应于在频谱上的 1/e 位置。(b)像在媒质的 ω-β 图中一样，这是图12.14(a)的频谱。在图12.14(a)中所标出的三个频率分别与在曲线上三个不同的斜率相对应，它导致了各个频谱分量有着不同的群延迟

度相对而言是可以忽略的，但是如果不能够忽略，我们也能加以解决，在后面将会给予证明。

为了求出式(12.88)的值，我们需要更多的关于 ω-β 曲线的信息。如果我们假定曲线是光滑的和同时有着相当均匀的曲率，那么我们可以用在载波频率 ω_0 处展开的泰勒级数表达式的前三项来表示 $\beta(\omega)$：

$$\boxed{\beta(\omega) \doteq \beta(\omega_0) + (\omega - \omega_0)\beta_1 + \frac{1}{2}(\omega - \omega_0)^2\beta_2} \tag{12.89}$$

其中

$$\beta_0 = \beta(\omega_0)$$

$$\beta_1 = \left.\frac{d\beta}{d\omega}\right|_{\omega_0} \tag{12.90}$$

和

$$\beta_2 = \left.\frac{d^2\beta}{d\omega^2}\right|_{\omega_0} \tag{12.91}$$

应该注意到，如果曲线 $\omega-\beta$ 是一条直线，则式(12.89)中的前两项就能精确地描述 $\beta(\omega)$。实际上，在式(12.89)中涉及 β_2 的第三项描述了曲率，最终是它反映了色散。

应当注意，由于 β_0、β_1 和 β_2 都是常数，所以我们将式(12.89)对 ω 求一阶导数，得到

$$\frac{d\beta}{d\omega}=\beta_1+(\omega-\omega_0)\beta_2 \tag{12.92}$$

再将式(12.92)代入式(12.88)中，可以得到

$$\boxed{\begin{aligned}\Delta\tau&=[\beta_1+(\omega_b-\omega_0)\beta_2]z-[\beta_1+(\omega_0-\omega_0)\beta_2]z\\&=\Delta\omega\beta_2 z=\frac{\beta_2 z}{T}\end{aligned}} \tag{12.93}$$

这里，$\Delta\omega=(\omega_b-\omega_0)=1/T$。式(12.91)所定义的 β_2 为色散常数。它的单位一般为时间^2/距离，即每单位谱宽、每单位距离脉冲在时间上的展宽。例如，在光纤中最常用的单位为皮秒^2/千米(ps^2/km)。如果我们知道 β 随频率变化的关系式，由此就能确定出 β_2 来，或者，可以通过测量得到它。

如果初始脉冲宽度相对于 $\Delta\tau$ 来说是非常小，那么在位置 z 处脉冲被展宽的宽度将简单地为 $\Delta\tau$。如果初始脉冲宽度可以与 $\Delta\tau$ 相比较，那么在位置 z 处的脉冲宽度可以通过宽度为 T 的高斯型脉冲包络线与宽度为 $\Delta\tau$ 的高斯型脉冲包络线的卷积求得。一般说来，这样在位置 z 处的脉冲宽度将为

$$\boxed{T'=\sqrt{T^2+(\Delta\tau)^2}} \tag{12.94}$$

例 12.11 已知一条光纤线路的色散常数为 $\beta_2=20$ ps^2/km。在光纤输入端，高斯型光脉冲的初始宽度为 $T=10$ ps。如果光纤的长度为 15 km，求在光纤输出端的脉冲宽度。

解:脉冲展宽为

$$\Delta\tau=\frac{\beta_2 z}{T}=\frac{20\times15}{10}=30\ \text{ps}$$

因此，输出脉冲宽度为

$$T'=\sqrt{(10)^2+(30)^2}=32\ \text{ps}$$

由色散引起的脉冲展宽的一个有趣的副产品是被展宽的脉冲是线性**调频**脉冲。这意味着脉冲的瞬时频率在脉冲包络线上是随时间单调变化的(增加或减少)。这又是展宽机理的表现，其中，当不同频率的谱分量以不同的群速传播时，它们在时间上被展宽了。应用式(12.92)，通过计算随频率变化的群延迟函数 τ_g，我们可以定量地分析这种效应。我们得到：

$$\tau_g=\frac{z}{v_g}=z\frac{d\beta}{d\omega}=(\beta_1+(\omega-\omega_0)\beta_2)z \tag{12.95}$$

这个式子告诉我们，群延迟是频率的线性函数，若 β_2 为正，那么较高的频率将在稍后的时刻到达。如果在时间上较低频率比较高频率[式(12.95)中 β_2 为正]先到达，那么我们认为线性调频脉冲为正；如果在时间上较高频率比较低频率[β_2 为负] 先到达，那么线性调频脉冲为负。在图 12.15 中，我们示出了这种展宽效应，且说明了这种线性调频脉冲现象。

练习 12.6 对于例 12.11 中的光纤线路，现在用 20 ps 的输入脉冲代替 10 ps 的脉冲。求输出脉冲宽度。

答案:25 ps

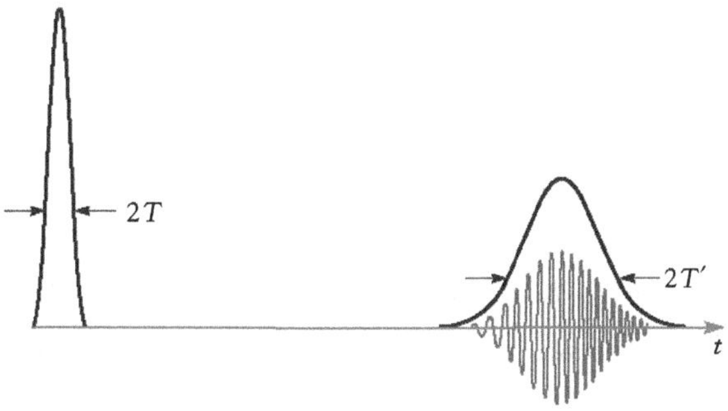

图 12.15　高斯型脉冲在通过图 12.14(b)所示 $\omega-\beta$ 图的色散媒质之前和之后，其强度随时间变化的函数曲线(光滑曲线)。画在第二条曲线下方的电场振荡曲线就是为了揭示脉冲展宽所产生的脉冲效应。注意到脉冲被展宽后其幅度变小了，这是因为在脉冲中的能量(脉冲强度包络线所包围的面积)是常数

最后一点，我们注意到脉冲带宽 $\Delta\omega$ 等于 $1/T$。只要对脉冲**包络**进行傅里叶变换，就可以证明这是正确的，就像由式(12.86)得到式(12.87)那样。在那里，E_0 被看作为常数，这样由载波和高斯型包络线仅能引起时间的变化。这样的脉冲称为是变换限制性的，它的频谱只能从脉冲包络中得到。然而，通常由于这样或那样的原因(例如，在载波上可能会出现相位噪声)会使得 E_0 随时间变化，所以可能会出现附加的频带宽度。在这种情况下，可以从更为一般的表达式得到脉冲展宽

$$\boxed{\Delta\tau=\Delta\omega\beta_2 z} \tag{12.96}$$

这里，$\Delta\omega$ 是由各种源所引起的净谱带宽。很明显，为了使展宽最小，变换限制性脉冲更合适，因为对于一个给定的脉宽来说这些脉冲具有最小的谱宽度。

参考文献

1. DuBroff, R. E., S. V. Marshall, and G. G. Skitek. *Electromagnetic Concepts and Applications*. 4th ed. Englewood Cliffs, N. J.: Prentice-Hall, 1996. 本书在第 9 章中提出了这里所给出的概念，并有附加的例子和应用。
2. Iskander, M. F. *Electromagnetic Fields and Waves*. Englewood Cliffs, N. J.: Prentice-Hall, 1992. 在本书第 5 章中，对多分界面问题处理的讨论特别好。
3. Harrington, R. F. *Time-Harmonic Electromagnetic Fields*. New York: McGraw-Hill, 1961. 在第 2 章中，这本高级水平的书给出了波反射一般概念的一个很好的综述。
4. Marcuse, D. *Light Transmission Optics*. New York: Van Nostrand Reinhold, 1982. 这本中等水平的书提供了关于光纤波导和色散媒质中脉冲传播的详细知识。

习题 12

12.1 均匀平面电磁波由空气中正入射到 $z=0$ 处的铜表面上，其中 $E_{x1}^{+}=E_{x10}^{+}\cos(10^{10}t-\beta z)$ V/m。透射到铜中的功率密度占入射功率密度的百分比是多少？

12.2 平面 $z=0$ 为两种介质的分界面。对于 $z<0$ 的区域，$\epsilon_{r1}'=5$，$\epsilon_{r1}''=0$，$\mu_1=\mu_0$；对于 $z>0$ 的区域，$\epsilon_{r2}'=3$，$\epsilon_{r2}''=0$，$\mu_2=\mu_0$。令 $E_{x1}^{+}=200\cos(\omega t-15z)$ V/m，求(a) ω；(b) $\langle \boldsymbol{S}_1^{+}\rangle$；(c) $\langle \boldsymbol{S}_1^{-}\rangle$；(d) $\langle \boldsymbol{S}_2^{+}\rangle$。

12.3 区域 1 中的均匀平面电磁波正入射到区域 1 与区域 2 的分界平面上。其中，有 $\epsilon_1''=\epsilon_2''=0$，$\epsilon_{r2}'=\mu_{r1}^3$，$\epsilon_{r2}'=\mu_{r2}^3$。如果 20% 的入射波能量在分界面处被反射，求比值 $\epsilon_{r2}'/\epsilon_{r1}'$（有两个可能的答案）。

12.4 频率为 10 MHz，初始平均功率密度为 5 W/m^2 的均匀平面电磁波从自由空间中正入射到一有损耗媒质的表面上，有损耗媒质的参数为 $\epsilon_2''/\epsilon_2'=0.05$，$\epsilon_{r2}'=5$，$\mu_2=\mu_0$。当透射波功率密度从初始 5 W/m^2 减小 10 dB 时，计算波透入到有损耗媒质中的深度。

12.5 在 $z<0$ 的区域中，$\epsilon_r'=\mu_r=1$，$\epsilon_r''=0$。已知总电场 $\boldsymbol{E}$ 为两个均匀平面电磁波的叠加，$\boldsymbol{E}_s=150e^{-j10z}\boldsymbol{a}_x+(50\angle 20°)e^{j10z}\boldsymbol{a}_x$ V/m。(a)工作频率为多少？(b)确定在可以产生适当的反射波时 $z>0$ 区域中的波阻抗；(c)若 10 cm$<z<0$，z 为多大时总电场强度的幅值为最大？

12.6 在例 12.8 所示的光束偏转棱镜中，若将防反射涂层去除，只剩下玻璃与空气形成的分界面。假设是单次偏转，试计算棱镜的输出功率与输入功率之比。

12.7 两个半无限大区域 $z<0$ 和 $z>1$ 均为自由空间。对于 $0<z<1$ m，有 $\epsilon_r'=4$，$\mu_1=1$，$\epsilon_r''=0$。一个角频率 $\omega=4\times10^8$ rad/s 的均匀平面电磁波沿着 $\boldsymbol{a}_z$ 方向朝 $z=0$ 处的分界面传播。(a)分别求在这三个区域中的驻波比；(b)找出在 $z<0$ 区域内与 $z=0$ 最近的 $|\boldsymbol{E}|$ 最大值位置。

12.8 一电磁波由点 a 发出，在 $\alpha=0.5$ Np/m 的有损耗介质中传播了 100 m，正入射到一边界面上后被反射返回至该点，在边界处的反射系数为 $\Gamma=0.3+j0.4$，计算在传播了这样一个来回后最终功率与初始功率的比值，并确定总损耗为多少分贝。

12.9 $z<0$ 的区域 1 和 $z>0$ 的区域 2 都是理想介质（$\mu=\mu_0$，$\epsilon''=0$）。一个沿着 $\boldsymbol{a}_z$ 方向传播的均匀平面电磁波的角频率为 3×10^{10} rad/s。在两个区域内，波长分别为 $\lambda_1=5$ cm 和 $\lambda_2=3$ cm。求在边界处的(a)反射能量和(b)透射能量各占入射能量的百分比为多少？(c)区域 1 中的驻波比。

12.10 在图 12.1 中，令区域 2 为自由空间，而 $\mu_{r1}=1$，$\epsilon_{r1}''=0$，ϵ_{r1}' 是未知的。在下列情况下，求出 ϵ_{r1}'：(a) $\boldsymbol{E}_1^{-}$ 的幅值为 $\boldsymbol{E}_1^{+}$ 的一半；(b) $\langle \boldsymbol{S}_1^{-}\rangle$ 为 $\langle \boldsymbol{S}_1^{+}\rangle$ 的一半；(c) $|\boldsymbol{E}_1|_{\min}$ 为 $|\boldsymbol{E}_1|_{\max}$ 的一半。

12.11 一频率为 150 MHz 的均匀平面电磁波从空气中正入射到波阻抗未知的材料中。测得的驻波比为 3，且电场的第一个最小值出现在分界面前 0.3 个波长处。求出该材料的波阻抗。

12.12 一频率为 50 MHz 的均匀平面电磁波从空气中正入射到平静海水的表面上。对于海水有，$\sigma=4$ S/m 和 $\varepsilon_r'=78$。(a)分别求在入射功率中被反射的部分和透射的部分；(b)定性地说明随着频率的增大，上述结果如何变化(如果可能的话)。

12.13　一右旋圆极化平面电磁波从空气中正入射到一半无限大的有机玻璃板($\varepsilon_r'=3.45$，$\varepsilon_r''=0$)中。分别计算入射功率中被反射的部分和透射的部分。同时描述一下反射波和透射波的极化情况。

12.14　一左旋圆极化平面电磁波正入射到一理想导体的表面上。(a)以相量形式写出入射波和反射波的合成波；(b)写出(a)中结果的瞬时表达式；(c)描述所形成的波。

12.15　六氟化硫(SF_6)是一种高密度气体，在特定的气压、温度和波长时，它的折射率为 $n_s=1.8$。如图 12.16 所示为一置于 SF_6 中的回复反射棱镜。光透过四分之一波长防反射涂层，到达玻璃的底面后发生全反射。从原理上讲，当工作在设计波长($P_{out}=P_{in}$)时，可以使得光束损耗为零。(a)确定玻璃的折射率 n_g 最小为多大时，其内部光束会发生全反射；(b)若已知 n_g，则四分之一波长薄膜的折射率 n_f 应为多大？(c)若从封闭室内抽取 SF_6 气体，根据上述求得的玻璃及薄膜的折射率，求解输出功率与输入功率的比值 P_{out}/P_{in}。假定存在一个很小的错位，使得光束路径通过棱镜后不能被反射波折回。

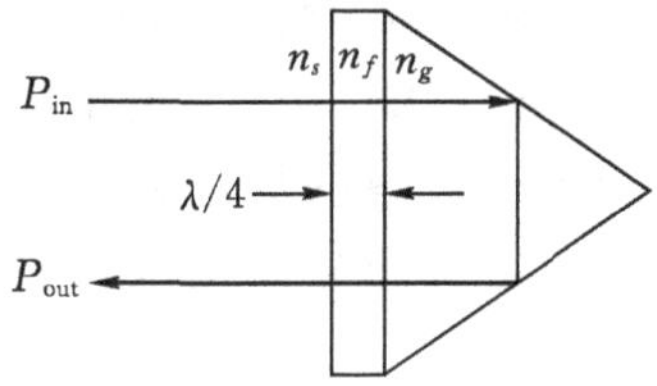

图 12.16　见习题 12.15

12.16　在图 12.5 中，设区域 2 和区域 3 的厚度均为四分之一波长。区域 4 为玻璃，其折射率为 $n_4=1.45$；区域 1 是空气。(a)求 $\eta_{in,b}$；(b)求 $\eta_{in,a}$；(c)要使波从左边区域全部透射至区域 4 时，试问这四种媒质的特性阻抗之间应满足怎样的关系？(d)若要使(c)中的条件成立，试问区域 2 和区域 3 中的媒质折射率分别应为多大？(e)若区域 2 和区域 3 的厚度均为半波长，求入射功率中透射至区域 4 的那一部分功率的大小。

12.17　一均匀平面电磁波从自由空间正入射到厚度为 $\lambda/4$ 的电介质板上，介质的折射率为 n。要使入射波中有一半功率被反射(一半功率被透射)，求介质的折射率应 n 为多大？请记住 $n>1$。

12.18　一均匀平面电磁波正入射到一玻璃板($n=1.45$)上，玻璃板的后表面与理想导体相接触。若玻璃的厚度如下，求出玻璃前方表面处的反射相位移：(a) $\lambda/2$；(b) $\lambda/4$；(c) $\lambda/8$。

12.19　有 4 块无损耗介质平板，波阻抗都为 η，且均与自由空间的波阻抗不同。每个板的厚度都是 $\lambda/4$，其中 λ 是在每块板中测得的波长。这几块介质板相互平行地放置，且有一均匀平面电磁波正入射到这些板上。我们可以调整它们，使其空间间隔分别为零、1/4 波长和 1/2 波长。试确定一种摆放方式和空间间隔，分别能使得(a)电磁波在通过这个组合时会发生全透射；(b)入射波的反射强度最大。(可能存在几种答案)

12.20　习题 12.12 中的 50 MHz 均匀平面电磁波以 60°的入射角入射到海水表面上。在以下两种情况下，求入射功率中被反射和透射的部分：(a) s 极化；(b) p 极化。

12.21 一右旋圆极化平面电磁波以布儒斯特角从空气中入射到半无限大有机玻璃板($\epsilon_r'=3.45,\epsilon_r''=0$)中。(a)求入射功率中被反射和透射的部分;(b)描述反射波和透射波的极化情况。

12.22 一介质波导如图12.17所示,图中标出了所用材料的折射率。入射光以角度ϕ从前面的表面进入波导。一旦进入波导内,光就在上方的n_1-n_2分界面上发生全反射,这里$n_1>n_2$。接着,连续地发生在上方、下方分界面上的所有反射也都是全反射,这样光就被限定在波导内。试用n_1和n_2来表示出ϕ的最大值,使得在$n_0=1$的条件下,光总会限定在波导内。$\sin\phi$的值被称为波导的数值孔径。

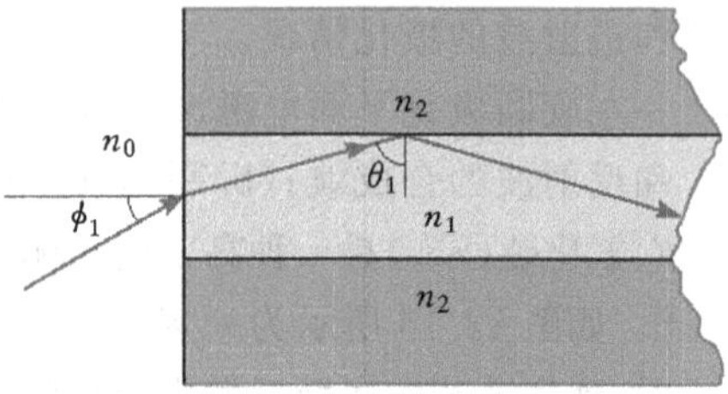

图12.17 习题12.22和习题12.23图示

12.23 假定在图12.17中的ϕ等于布儒斯特角,θ_1为临界角。试用n_1和n_2来表示n_0。

12.24 试设计一个布儒斯特三棱镜,使得在p极化光通过时没有反射损耗。如图12.18所示,三棱镜是用玻璃($n=1.45$)做成的,放置于空气中。考察图中的光路,求出顶角α。

12.25 在图12.18所示的布儒斯特三棱镜中,对于s极化光来说,求在入射功率中透过三棱镜的那部分功率,并基于此解释用10log10定义的分贝接入损耗。

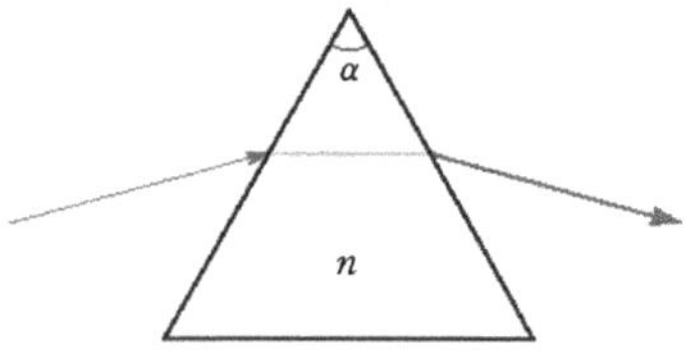

图12.18 习题12.24和习题12.25图示

12.26 试说明一个玻璃块如何用于将p极化光束旋转180°,以使得光(大体上)没有反射损耗。光从空气中入射,返回光束(也在空气中)可能位移至入射光束的旁侧。确定所有相关的角度,玻璃的折射率取$n=1.45$。设计结果可能不止一种。

12.27 利用第11章中的式(11.79)作为开始,求在良导体中传播的电磁波的群速和相速之比(假定电导率不随频率而改变)。

12.28 在一个很小的波长范围内,某材料的折射率随波长近似地线性变化,变化规律为$n(\lambda)\doteq n_a+n_b(\lambda-\lambda_a)$,其中$n_a$,$n_b$和$\lambda_a$为常数,$\lambda$为自由空间中的波长。(a)证明$\mathrm{d}/\mathrm{d}\omega=-(2\pi c/\omega^2)\mathrm{d}/\mathrm{d}\lambda$;(b)利用$\beta(\lambda)=2\pi n/\lambda$,确定随波长变化(或不随波长变化)的每单位距离的群时延;(c)根据(b)的结果求出β_2;(d)试讨论这些结果对脉冲展宽的意义,如果有的话。

12.29 一$T=5$ ps的变换限制性脉冲在$\beta_2=10\ \mathrm{ps^2/km}$的色散媒质中传播。传播多大距离后脉冲的宽度为其初始宽度的两倍?

12.30 一$T=20$ ps的变换限制性脉冲在$\beta_2=12\ \mathrm{ps^2/km}$的色散媒质中传播了10 km的距离。接着,该脉冲在$\beta_2=-12\ \mathrm{ps^2/km}$的色散媒质中又传播了10 km。描述在第二种媒质输出端处的脉冲波形,并对所发生的现象给出物理解释。

第13章

导行电磁波

在这一章中，我们来讨论几种导引电磁波传播的结构，并研究它们的工作原理。传输线就是其中的一种，我们在第10章中已经使用电流和电压的观点对它进行了研究，现在我们要从场的观点对其重新进行研究。进一步地，我们将扩展到对几种波导设备的讨论。从广义的定义上来说，波导是这样一种能够把电磁波从一点传输到另一点，并能够把场限定在其内部一定范围内的装置。传输线是符合这种描述的一个特例，它使用了两根导体并且传播的是一个纯TEM场分布的电磁波。一般地来说，波导不受这些条件的限制，可以使用任意数目的导体和多种电介质，或者像我们在后面将会看到，也可以只有电介质而没有导体。

本章从介绍几种传输线的结构开始，着重于得到原始参数 L、C、G 和 R 在高频和低频条件下的表达式。接下来，我们从应用有关波导设备的广义观点来开始研究波导，目的是理解波导工作原理的物理意义和相应的使用条件。然后，我们研究简单的平行板结构，并讨论当它被分别用作传输线和波导时两者之间的区别。在讨论平行板结构时，我们提出了波导模式的概念和出现这些模式的条件。我们将使用简单的平面波模型和波动方程，来研究波导模式中的电场和磁场分布。然后，我们再来讨论更为复杂的结构，包括矩形波导、介质板波导和光纤。■

13.1 传输线场及其基本参数

首先，我们来建立用场的观点与用电压和电流的观点描述传输线工作过程两者之间的等价性。例如，考虑在图13.1中所示的平行板传输线。在平行板传输线中，我们假定两个平板的距离 d 远小于平板的宽度 b（向纸面内），所以可以认为电场和磁场在任意一个横截面内都是均匀的。另外，假定传播是无损耗的。图13.1是它的侧面图，传播轴 z 位于其中。在图中，示出了在某一时刻的场、以及电压和电流。

电压和电流的相量形式为

$$V_s(z) = V_0 e^{-j\beta z} \tag{13.1a}$$

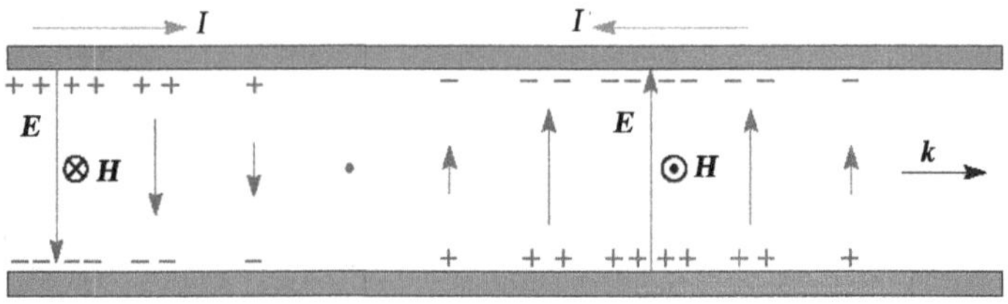

图 13.1 由沿其长度上的电压和电流分布所表示的传输线波，是与形成 TEM 波的横向电场和磁场相关联的

$$I_s(z)=\frac{V_0}{Z_0}e^{-j\beta z} \tag{13.1b}$$

这里 $Z_0=\sqrt{L/C}$。在 z 处的横截面内，电场就是平行板电容器中的电场：

$$E_{sx}(z)=\frac{V_s}{d}=\frac{V_0}{d}e^{-j\beta z} \tag{13.2a}$$

假设在两个平板上电流密度都是均匀的，那么磁场就等于该电流密度［第 7 章中的式(7.12)］：

$$H_{sy}(z)=K_{sz}=\frac{I_s}{b}=\frac{V_0}{bZ_0}e^{-j\beta z} \tag{13.2b}$$

位于同一横截面内、均匀且相互正交的电场和磁场在形式上与均匀平面电磁波相同。因此，它们是横(TEM)电磁场，也被简单地称为传输线场。与均匀平面电磁波的电场和磁场惟一的不同是，它们只存在于传输线的内部。

通过对时间平均坡印亭矢量在传输线截面上积分，可以得到沿着传输线传输的功率。应用式(13.2a)和式(13.2b)，我们得到

$$P_z=\int_0^b\int_0^d\frac{1}{2}\mathrm{Re}\{E_{xs}H_{ys}^*\}\,dx\,dy=\frac{1}{2}\frac{V_0}{d}\frac{V_0^*}{bZ_0^*}(bd)=\frac{|V_0|^2}{2Z_0^*}=\frac{1}{2}\mathrm{Re}\{V_sI_s^*\} \tag{13.3}$$

从实用的观点来看，传输线所传输的功率是我们期望得到的最重要的量值之一。从式(13.3)可以看出，它既能从传输线场得到，又能从电压和电流得到，二者是一致的。正像我们期望的，即使在存在损耗时，这种一致性也是同样成立的。实际上，从场的角度来描述传输线具有优势，且已被广泛地使用，这是由于它除了容易描述介质的色散特性外，还很容易考虑介质的有损特性(而不是导电性)。同时，也需要应用传输线的场来得到其原始参数，我们在下面将通过平行板传输线和其它几种几何形状的传输线来给予说明。

如图 13.2 所示，假定在传输线内填充介质的介电常数为 ε'，电导率为 σ，磁导率为 μ(通常为 μ_0)。上下两个平板的厚度为 t，平板宽度为 b，平板电导率为 σ_c，这些参数可以用来在低频条件下去计算单位长度上的电阻 R。然而，我们还将讨论在高频条件下传输线的工作过程，这时由于集肤效应将使得平板有一个有效的厚度，或者其厚度等于透入深度 δ(远小于 t)。

首先，在静态场的假设条件下，单位长度上的电容和电导可以由平行板电容器的公式求得。使用第 6 章中的式(6.27)，得到

$$C=\frac{\varepsilon' b}{d} \tag{13.4}$$

应该取介电常数的值与所考虑的工作频率范围相符合。

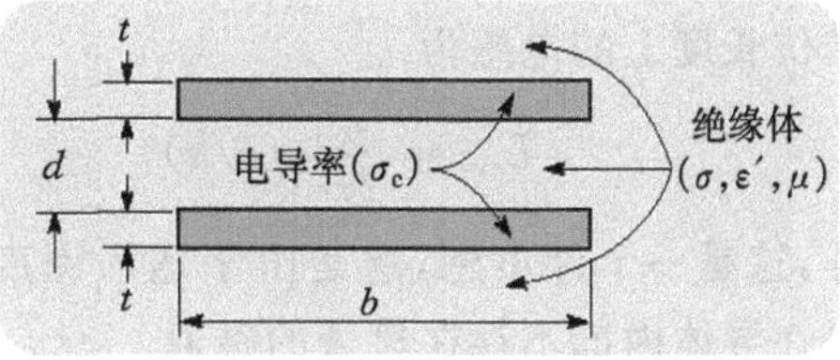

图 13.2　平行板传输线的几何结构

根据电容和电阻之间的简单关系[第 6 章中的式(6.45)]，可以由电容表达式求得单位长度上的电导为

$$G = \frac{\sigma}{\epsilon'}C = \frac{\sigma b}{d} \tag{13.5}$$

若要求出 L 和 R 的值，应该假定集肤效应是很强的，也就是 $\delta \ll t$。因此，电感主要是外电感，这是因为相对于两个导体之间的磁通来说，在每个导体内部的磁通是可以忽略的。于是，

$$L \doteq L_{\text{ext}} = \frac{\mu d}{b} \tag{13.6}$$

从上述结果，我们注意到有关系式 $L_{\text{ext}}C = \mu\epsilon' = 1/v_p^2$。因此，只要知道电容的值和绝缘特性，我们就能够求出任意传输线的外电感。

我们所需要的 4 个参数中的最后一个就是单位长度上的电阻 R。如果频率非常高，透入深度 δ 非常小，我们就可以认为总电流是平均地分配在深度 δ 上，由此得到 R 的一个合理表达式。集肤效应电阻(单位长度的两个导体相串联)为

$$R = \frac{2}{\sigma_c \delta b} \tag{13.7}$$

最后，利用上面这些参数表达式，可以方便地求出传输线特性阻抗的一般表达式：

$$Z_0 = \sqrt{\frac{L_{\text{ext}}}{C}} = \sqrt{\frac{\mu}{\epsilon'}}\frac{d}{b} \tag{13.8}$$

如果需要的话，也可以由第 10 章的式(10.47)得到一个更精确的值。注意到，当将式(13.8)代入式(13.2b)，并应用式(13.2a)时，我们就可以得到所期望的对于 TEM 波的一个关系式 $E_{xs} = \eta H_{ys}$，其中 $\eta = \sqrt{\mu/\epsilon'}$。

练习 13.1　图 13.2 中所示平行板传输线的各参数为 $b=6$ mm，$d=0.25$ mm，$t=25$ mm，$\sigma_c=5.5\times10^7$ S/m，$\epsilon'=25$ pF/m，$\mu=\mu_0$ 和 $\sigma/\omega\epsilon'=0.03$。如果工作频率为 750 MHz，试计算：(a) α；(b) β；(c) Z_0。

答案：(a) 0.47 Np/m；(b) 26 rad/m；(c) $9.3\angle 0.7^\circ$ Ω

13.1.1　同轴线(高频)

我们现在来讨论同轴电缆，介质的内半径为 a，外半径为 b(图 13.3)。由第 6.3 节式(6.5)得到单位长度的电容为

$$C = \frac{2\pi\epsilon'}{\ln(b/a)} \tag{13.9}$$

现在，利用关系式 $RC = \epsilon/\sigma$(见习题 6.6)，则电导为

$$G = \frac{2\pi\sigma}{\ln(b/a)} \tag{13.10}$$

这里，σ 为在给定工作频率下两导体之间电介质的电导率。

由第 8.10 节中的式(8.50),可以计算出同轴电缆单位长度上的电感为

$$L_{ext}=\frac{\mu}{2\pi}\ln(b/a) \qquad (13.11)$$

同样,这是一个外电感,这是由于透入深度很小从而使得在导体内部不存在显著的磁通。

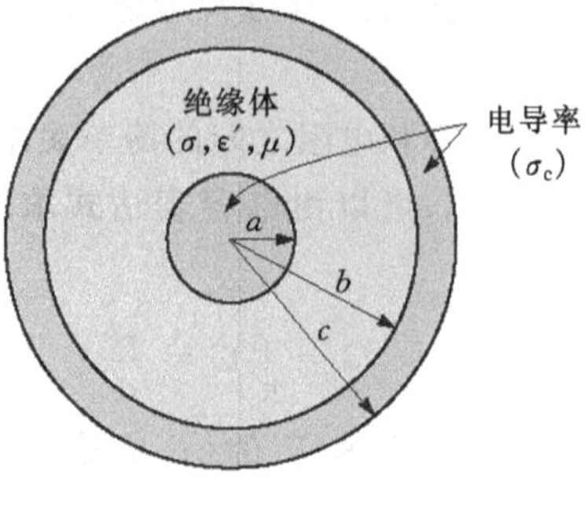

图 13.3　同轴传输线几何结构

对于一个半径为 a,电导率为 σ_c 的圆柱形导体,我们将第 11.4 节中的式(11.90)应用到其单位长度上,得到

$$R_{inner}=\frac{1}{2\pi a\delta\sigma_c}$$

对于内半径为 b 的外导体,它也有一个电阻。假定外导体与内导体具有相同的电导率 σ_c 和相同的透入深度 δ,我们可以导出

$$R_{outer}=\frac{1}{2\pi b\delta\sigma_c}$$

由于在传输线中电流流过这两个相串联的电阻,所以总电阻是它们两个的和:

$$R=\frac{1}{2\pi\delta\sigma_c}\left(\frac{1}{a}+\frac{1}{b}\right) \qquad (13.12)$$

最后,假定传输线为低损耗,则特性阻抗为

$$Z_0=\sqrt{\frac{L_{ext}}{C}}=\frac{1}{2\pi}\sqrt{\frac{\mu}{\varepsilon}}\ln\frac{b}{a} \qquad (13.13)$$

13.1.2　同轴线(低频)

现在,来求在低频条件下同轴线的原始参数。在这种情况下,由于没有明显的集肤效应出现,我们可以假定电流是均匀地分布在导体横截面上。

首先,我们注意到电流在导体中的分布既不会影响单位长度上的电容,也不会影响单位长度上的电导。因此,有

$$C=\frac{2\pi\varepsilon'}{\ln(b/a)} \qquad (13.14)$$

和

$$G=\frac{2\pi\sigma}{\ln(b/a)} \qquad (13.15)$$

而单位长度上的电阻可由直流方法计算出来,其值为 $R=l/(\sigma_c S)$,其中 $l=1$ m 和 σ_c 为内外导体的电导率。内导体的截面面积为 πa^2,外导体的截面面积为 $\pi(c^2-b^2)$。将这两个电阻相加,我们有

$$R=\frac{1}{\sigma_c\pi}\left(\frac{1}{a^2}+\frac{1}{c^2-b^2}\right) \qquad (13.16)$$

在 4 个原始参数中,还有一个没有求出,那就是单位长度上的电感。在高频时,前面计算出的外电感是总电感中最大的一部分。然而,对于低频情况,我们还必须再加上内导体和外导体的内电感这一个较小的项。

当甚低频率时,电流在内导体和外导体中都是均匀分布的,在第 8 章的习题 8.43 中已求

得了内导体的内电感；也在第 8.10 节中由式(8.62)给出了相应的表达式：

$$L_{a,\text{int}}=\frac{\mu}{8\pi} \tag{13.17}$$

确定外导体的内电感是一个比较困难的问题，在第 8 章的习题 8.36 中已经对其绝大部分工作做出了要求。在这里，我们知道，电流在内半径为 b 和外半径为 c 的外导体圆柱壳内是均匀分布的，且在其单位长度内储存的能量为

$$W_H=\frac{\mu I^2}{16\pi(c^2-b^2)}\left(b^2-3c^2+\frac{4c^2}{c^2-b^2}\ln\frac{c}{b}\right)$$

因此，在甚低频时外导体的内电感为

$$L_{bc,\text{int}}=\frac{\mu}{8\pi(c^2-b^2)}\left(b^2-3c^2+\frac{4c^2}{c^2-b^2}\ln\frac{c}{b}\right) \tag{13.18}$$

将式(13.11)、式(13.17)和式(13.18)相加，得到在低频时的总电感为

$$L=\frac{\mu}{2\pi}\left[\ln\frac{b}{a}+\frac{1}{4}+\frac{1}{4(c^2-b^2)}\left(b^2-3c^2+\frac{4c^2}{c^2-b^2}\ln\frac{c}{b}\right)\right] \tag{13.19}$$

13.1.3　同轴线(中频)

仍然存在着这样一个频率范围，透入深度相对于导体半径来说并不是非常小也不是非常大。在这种情况下，电流分布由贝塞尔函数所确定，电阻和内电感都是有着很复杂的表达式。这些值在手册中都有一些罗列，对于在高频下的小尺寸导体或在低频下的电力传输线大导体，在手册中都能够查到相应的值①。

练习 13.2　某一同轴传输线的尺寸为 $a=4$ mm，$b=17.5$ mm，$c=20$ mm。内导体和外导体的电导率为 2×10^7 S/m，介质的参数为 $\mu_r=1$，$\epsilon_r'=3$，$\sigma/\omega\epsilon'=0.025$。假定在频率变化时介质的损耗正切为一个常数。求：(a)在频率为 150 MHz 时，L，C，R，G 和 Z_0 的值；(b)在频率为 60 Hz 时，L 和 R 的值。

答案：(a) 0.30 μH/m，113 pF/m，0.27 Ω/m，2.7 mS/m，51 Ω；(b) 0.36 μH/m，1.16 mΩ/m

13.1.4　双导线(高频)

对于图 13.4 所示的双线传输线，导体的半径为 a，电导率为 σ_c，两导体中心的间距为 d。两导体之间媒质的磁导率为 μ，介电常数为 ϵ'，电导率为 σ_c，应用第 6.4 节中的结果可求得每单位长度电容为

$$C=\frac{\pi\epsilon'}{\text{arccosh}(d/2a)} \tag{13.20}$$

或

$$C\doteq\frac{\pi\epsilon'}{\ln(d/a)}\quad(a\ll d)$$

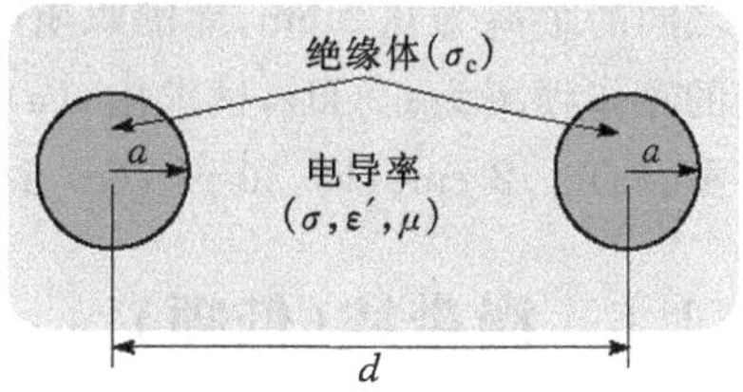

图 13.4　两线传输线的几何结构

① 在第 14.7 节中介绍光纤的时候，我们将要讨论贝塞尔函数。在 Weeks 书的第 35～44 页中，对圆导线中的电流分布、内电感和内电阻做了详细的讨论(使用数值例子)。见在本章末所列出的参考书目。

由 $L_{ext}C=\mu\varepsilon'$，可以得到外电感。即

$$L_{ext}=\frac{\mu}{\pi}\text{arccosh}(d/2a) \tag{13.21}$$

或

$$L_{ext}\doteq\frac{\mu}{\pi}\ln(d/a)\quad(a\ll d)$$

考察电容的表达式，并利用关系式 $RC=\varepsilon/\sigma$ 可以直接地写出单位长度电导为

$$G=\frac{\pi\sigma}{\text{arccosh}(d/2a)} \tag{13.22}$$

单位长度上的电阻值是同轴电缆内导体电阻的两倍，

$$R=\frac{1}{\pi a\delta\sigma_c} \tag{13.23}$$

最后，使用电容和外电感的表达式，我们得到特性阻抗的值为

$$Z_0=\sqrt{\frac{L_{ext}}{C}}=\frac{1}{\pi}\sqrt{\frac{\mu}{\varepsilon}}\text{arccosh}(d/2a) \tag{13.24}$$

13.1.5 双导线(低频)

在低频时，可以假定电流是均匀分布的，我们还必须重新修正 L 和 R 的表达式，但不必对 C 和 G 的表达式做修正。根据式(13.20)和式(13.22)，后面这两个可以重新写为：

$$C=\frac{\pi\varepsilon'}{\text{arccosh}(d/2a)}$$

$$G=\frac{\pi\sigma}{\text{arccosh}(d/2a)}$$

每单位长度上的电感一定有一个两倍的圆直导线内电感的增加值，

$$L=\frac{\mu}{\pi}\left[\frac{1}{4}+\text{arccosh}(d/2a)\right] \tag{13.25}$$

电阻等于两倍的半径为 a 电导率为 σ_c 的导线单位长度上的直流电阻：

$$R=\frac{2}{\pi a^2\sigma_c} \tag{13.26}$$

练习 13.3 一双导线传输线的两导体半径都为 0.8 mm，电导率为 3×10^7 S/m。两导体中心之间的距离为 0.8 cm，周围媒质的参数为 $\varepsilon_r'=2.5$，$\mu_r=1$ 和 $\sigma=4\times10^{-9}$ S/m。如果传输线的工作频率为 60 Hz，试求出：(a) δ；(b) C；(c) G；(d) L；(e) R。

答案：(a) 1.2 cm；(b) 30 pF；(c) 5.5 nS/m；(d) 1.02 μH/m；(e) 0.033 Ω/m

13.1.6 微带线(低频)

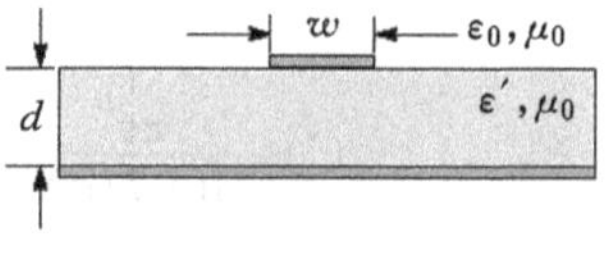

图 13.5 微带线的几何结构

微带线是涉及到有限宽度的平面导体位于电介质基底上或在其内部一类结构中的一个例子，它通常被用于微电子电路中的器件互连。如图 13.5 所示，微带线由夹入接地导电平面和宽度为 w 的窄导电带之间的一厚度为 d 介电常数为 $\varepsilon'=\varepsilon_r\varepsilon_0$ 的电介质(假设无损耗)所构成。在窄导电带上方区域内

为空气(假定)或介电常数较低的电介质。

如果有 $w \gg d$,这种结构接近于平行板传输线的情况。在微带线中,由于这种假定通常是不成立的,所以在上方导体的两个表面上都存在着明显的电荷密度。这样,产生于上方导体而终止于下方导体的电场既存在于介质基底内**又**存在于空气区域中。对于磁场也是一样的,只是磁场绕上方导体而自行地闭合。这种电磁场结构不能够传播一个纯 TEM 波,这是由于在两种媒质内的波速是不相同的。但是,会出现 $\boldsymbol{E}$ 和 $\boldsymbol{H}$ 都具有 z 分量的电磁波,z 分量的存在使得在空气内和介质内场具有相同的相速(有关其理由将在第 13.6 节中给予解释)。当有这种特殊的场存在时,要分析在这种结构中的电磁波传播问题将是很复杂的,但是通常都是在假定 z 轴分量可忽略的情况下来求解问题的。这实际上是一种准 TEM 近似,这时我们可以使用静态场(例如,采用数值解法可得到拉普拉斯方程的解答)方法来计算出传输线的原始参数。在低频(小于 1 或 2 GHz)时,可以得到精确的解答。而在频率较高时,由静态场计算得到的结果也可以使用,但是必须加上一些适当的修正函数。我们将分析在低频条件下工作的简单情况,并假定传播为无损耗的①。

我们先来考虑当不存在电介质材料时微带线的特性是很有用的。假定两个导体的厚度都很小,则内电感可以忽略,那么在空气填充的传输线中相速 v_{p0} 将是

$$v_{p0} = \frac{1}{\sqrt{L_{ext} C_0}} = \frac{1}{\sqrt{\mu_0 \varepsilon_0}} = c \tag{13.27a}$$

这里,C_0 为空气填充的传输线的电容(对于现在的情况,它可以由静电场得到),c 为光速。当放入电介质后,电容将会变化,**但电感不会改变**,只需要假定介质材料的磁导率为 μ_0。使用式(13.27a),相速现在就变为

$$v_p = \frac{1}{\sqrt{L_{ext} C}} = c\sqrt{\frac{C_0}{C}} = \frac{c}{\sqrt{\varepsilon_{r,eff}}} \tag{13.27b}$$

这里,微带线的**有效介电常数**为

$$\varepsilon_{r,eff} = \frac{C}{C_0} = \left(\frac{c}{v_p}\right)^2 \tag{13.28}$$

式(13.28)意味着如果在空气和基底中都填充有介电常数为 $\varepsilon_{r,eff}$ 的媒质,那么由它就可以求得微带线的电容 C。有效介电常数是一个使用起来很方便的参数,这是因为它提供了统一电介质和导体几何尺寸效应的一种方法。为了说明这个问题,我们来考虑宽高之比 w/d 为较大和较小这两种极端情况。如果 w/d 非常大,那么微带线就很像是一个平行平板传输线,这时几乎所有的电场都存在于电介质的内部。在这种情况下,有 $\varepsilon_{r,eff} \doteq \varepsilon_r$。另一方面,微带线的上方导体带是非常窄,或者是 w/d 非常小,此时在电介质内和空气中分别所包含的电通量大致上是相等的。在这种情况下,有效介电常数趋于其最小值,这个最小值等于两个介电常数的平均值。因此,我们得到 $\varepsilon_{r,eff}$ 的允许值的范围为

$$\frac{1}{2}(\varepsilon_r + 1) < \varepsilon_{r,eff} < \varepsilon_r \tag{13.29}$$

关于 $\varepsilon_{r,eff}$ 的物理解释为:它是基底和空气区域介电常数的一个加权平均值,而这个权值由电场

---

① 在 Edwards 的书(本章末参考文献 2)中,详细地讨论了高频情况。

在这两个区域中的充满程度所确定。这样,对于基底来说,我们可以用一个**场填充因子** q 表示出有效介电常数:

$$\varepsilon_{r,eff} = 1 + q(\varepsilon_r + 1) \tag{13.30}$$

这里,$0.5 < a < 1$。当 w/d 较大时,$q \to 1$;当 w/d 较小时,$q \to 0.5$。

现在,可以求得空气填充微带线和介质基底微带线的特性阻抗分别为 $Z_0^{air} = \sqrt{L_{ext}/C_0}$ 和 $Z_0 = \sqrt{L_{ext}C}$。然后,使用式(13.28),我们得到

$$Z_0 = \frac{Z_0^{air}}{\sqrt{\varepsilon_{r,eff}}} \tag{13.31}$$

显而易见,对于给定的 w/d,求特性阻抗的第一步就是先计算出空气填充微带线的特性阻抗。然后,在已知有效介电常数时,就可以应用式(13.31)求出实际的特性阻抗。另一类问题是对于给定的基底材料,为了得到所期望的特性阻抗,怎样来确定要求的比值 w/d。

在不同的条件(参看本章末参考文献 2 和其它书目)下,经过详细地分析已经得到了许多有关 $\varepsilon_{r,eff}$、Z_0^{air} 和 Z_0 的近似计算公式。例如,当尺寸满足条件 $1.3 < w/d < 3.3$ 时,可以使用的近似公式有:

$$Z_0^{air} \doteq 60\ln\left[4\left(\frac{d}{w}\right) + \sqrt{16\left(\frac{d}{w}\right)^2 + 2}\right] \quad \frac{w}{d} < 3.3 \tag{13.32}$$

和

$$\varepsilon_{r,eff} \doteq \frac{\varepsilon_r + 1}{2} + \frac{\varepsilon_r - 1}{2}\left(1 + 10\frac{d}{w}\right)^{-0.555} \quad \frac{w}{d} > 1.3 \tag{13.33}$$

或者,如果制造一个微带线使得其期望值为 Z_0,则有效介电常数(由有效介电常数也可得到所要求的 w/d 之值)可通过下式来求得:

$$\varepsilon_{r,eff} \doteq \varepsilon_r[0.96 + \varepsilon_r(0.109 - 0.004\varepsilon_r)(\log_{10}(10 + Z_0) - 1]^{-1} \quad \frac{w}{d} > 1.3 \tag{13.34}$$

练习 13.4 一个微带线被刻制在一铌酸锂($\varepsilon_r = 4.8$)基底上,基底厚度为 1 mm。如果上方导体带的宽度为 2 mm,求出(a) $\varepsilon_{r,eff}$;(b) Z_0;(c) v_p。

答案:(a) 3.6;(b) 47 Ω;(c) 1.6×10^8 m/s

13.2 波导基本工作原理

根据导行目的和被传输电磁波的频率,有着许多不同形式的波导。其中,最简单的形式(适合于分析)就是图 13.6 所示的平行平面波导。其它形式的波导就是空心管波导,例如图 13.7 所示的矩形波导和图 13.8 所示的圆柱形波导。主要用于在光频范围内的介质波导有图 13.9 所示的介质板波导和图 13.10 所示的光纤。每一种结构相对于其它的结构来说都具有一定的优点,这些优点取决于它的应用场合和所传播电磁波的频率。然而,所有的波导都表现出相同的基本工作原理,我们将在这一节中介绍这些原理。

为了了解波导的特性,我们来考虑图 13.6 所示的平行板波导。首先,我们认为它是在第 13.1 章中已经研究过的一个传输线结构。因此,出现的第一个问题是:波导与传输线的不同点在哪里?它们的差异就在于电磁场在线内部的形式不同。为了说明这一点,我们重新来看

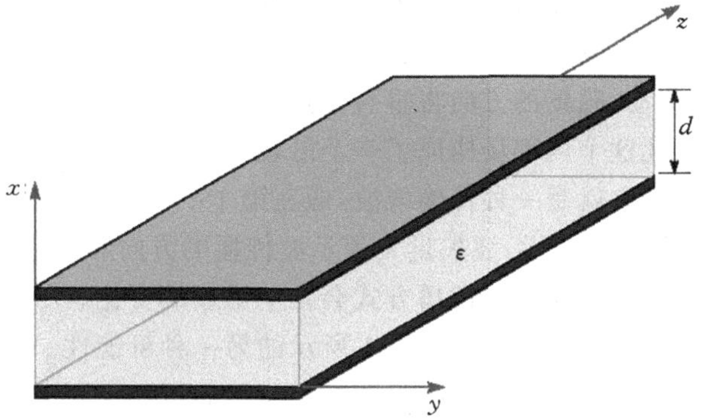

图 13.6　平行板波导，金属平板位于 $x=0,d$。两板之间电介质的介电常数为 ε

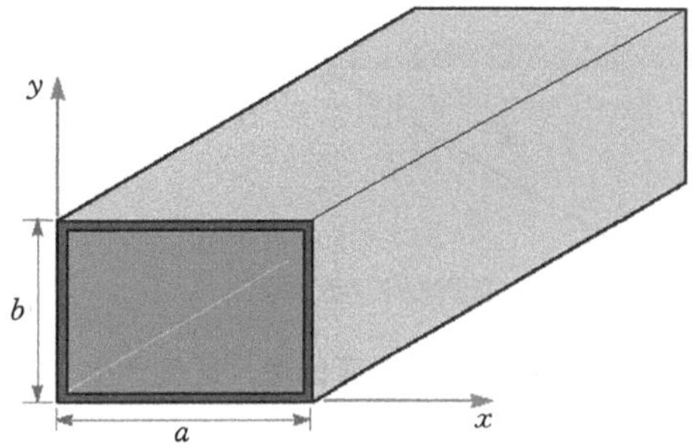

图 13.7　矩形波导

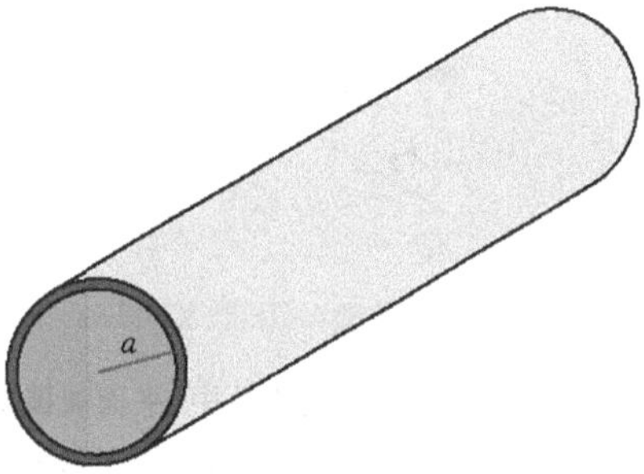

图 13.8　圆柱形波导

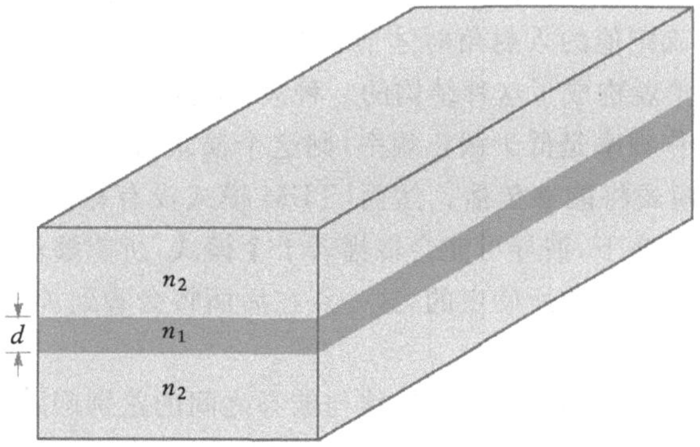

图 13.9　对称介质板波导，其板区(折射率为 n_1)被折射率为 $n_2<n_1$ 的电介质所包围

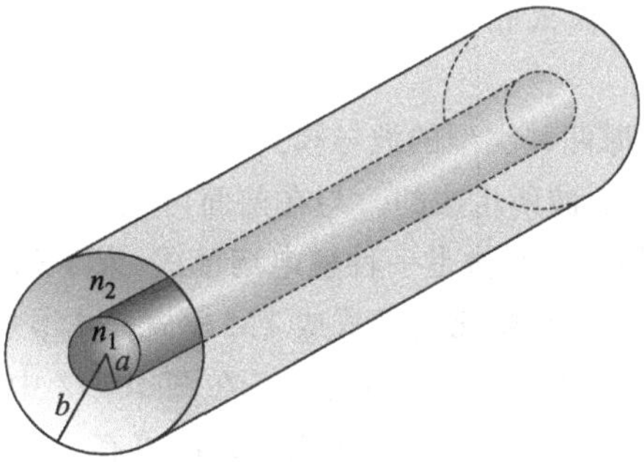

图 13.10　光纤波导，光纤芯电介质($\rho<a$)的折射率为 n_1。外层电介质($a<\rho<b$)的折射率 $n_2<n_1$

一看图 13.1，在这张图中画出了这个线作为传输线使用时的场的情况。正如我们在前面所看到的，当在两个导体之间加上电压时，一个正弦电压波将产生一个与两个导体相垂直的电场。由于电流只在 z 方向上流动，磁场的方向将垂直地进入或离开纸面（在 y 方向）。由于电场和磁场均在横向平面内，因此这个内部场构成了一个沿着 z 轴方向传播的平面电磁波（像坡印亭矢量将表明的）。我们认为它就是一种传输线波，像在第 13.1 节中所讨论的那样，这是一种横电磁波或 TEM 波。如图 13.1 所示，波矢量 $\mathbf{k}$ 表示波传播的方向和能量流动的方向。

随着频率的增加，场沿着传输线的传播方式会发生明显的变化。尽管图 13.1 所示的最初场构形仍然可能会存在，但也会出现如图 13.11 所示的另一种可能性。同样地，平面电磁波被引导着沿 z 轴方向传播，但它却是通过在上下两个板面上曲折的反射来前进的。波矢量 $\mathbf{k}_u$ 和 $\mathbf{k}_d$ 是与向上传播的电磁波和向下传播的电磁波分别相联系的，且它们具有相同的大小，

$$|\mathbf{k}_u| = |\mathbf{k}_d| = k = \omega\sqrt{\mu\epsilon}$$

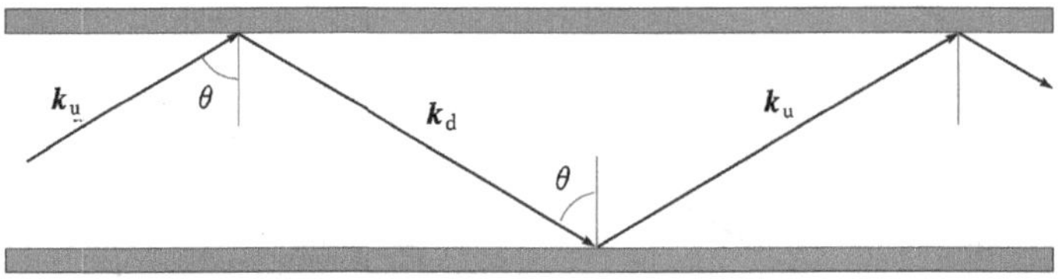

图 13.11 在平行板波导中，平面波能够通过从导体壁上发生斜反射而传播。这就产生了一种非 TEM 的波导模式

对于这样的波传播来说，所有向上传播的波必须是**同相**的（所有向下传播的波也是一样的）。这个条件只有在某一个确定值的入射角时才能得到满足，如在图 13.11 中所示的 θ。一个允许的 θ 值和最终场的构形就构成了这种结构的一种波导模式。与每一个传导模式相关联的是一个**截止频率**。如果工作频率是低于截止频率，则这个模式将不能够传播。如果工作频率是高于截止频率，则这个模式将能够传播。然而，TEM 模式没有截止频率；它在任何频率时都能够传播。在一个给定频率下，波导可能会传播若干个模式，所能够传播的模式的数目是由板间的距离和内部介质的介电常数所确定的，这一点在后面将会看到。当频率提高时，所能够传播的模式的数目也会随着增加。

为了回答在一开始就提出的什么是传输线与波导之间的差别问题，我们可以这样来表述：传输线是由两个或两个以上的导体所组成的，通常是用做传播 TEM 波（或者可以近似成 TEM 波的波）。波导是由一个或更多个导体所组成，或者根本没有任何导体，它所能支撑的波导模式与上面所描述的波导模式相似。波导可以或不可以传导 TEM 波，这要取决于我们的设计目的。

在平行板波导中，可以支撑两种类型的波导模式。如图 13.12 所示，这两种类型的波导模式是由 s 极化平面波和 p 极化平面波所生成的。与在前面讨论斜反射（第 12.5 节）时一样，当 $\mathbf{E}$ 是垂直于入射面（s 极化）时，我们把它叫做是一种**横电场**模式，或 **TE** 模式；这使得 $\mathbf{E}$ 是平行于波导的横截面以及边界表面。同样，一种**横磁场**模式或 **TM** 模式是由 p 极化波所引起的；整个 $\mathbf{H}$ 场是沿着 y 轴方向的，所以它是位于波导的横截面内的。在图 13.12 中示出了这两种可能的波导模式。例如，我们注意到当 $\mathbf{E}$ 是沿着 y 方向时（TE 模式），$\mathbf{H}$ 将有 x 和 z 两个分量。同样，在 TM 模

式中，$\boldsymbol{E}$ 也有 x 和 z 两个分量[①]。读者可以由图 13.12 所示的几何结构验证出，当 θ 不等于 90°时，无论如何都不可能得到一个纯 TEM 模式的波。在 TE 和 TM 这两种情况之间，还可能存在波的其它极化形式，但是它们总可以被表示成 TE 和 TM 两个模式之和。

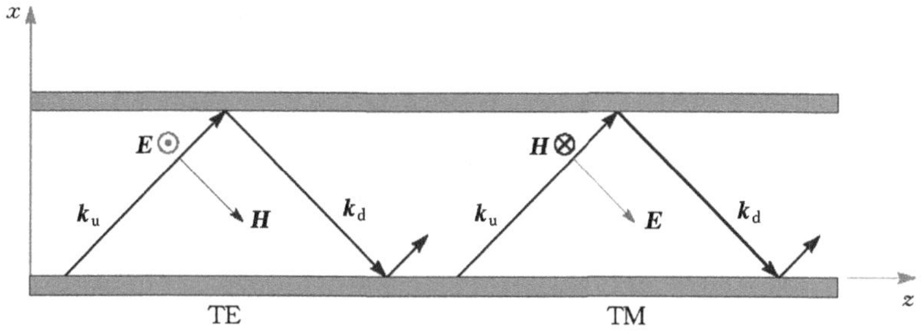

图 13.12　用平面波来描述在平行板波导中的 TE 和 TM 模式

13.3　平行平板波导中的平面波

现在，让我们使用模式场的平面波模型来研究在什么条件下将会出现波导模式。在图 13.13(a)中，再一次画出了一个 Z 字型的传播路径，但是这一次画出了两束向上传播的波的波阵面。第一束波已经反射了两次(分别在上表面上和下表面上)，由此形成了第二束波(没有画出向下传播的波的波阵面)。我们注意到，第二束波的波阵面与第一束的波阵面不相重合，所以这两束波是不同相的。在图 13.13(b)中，对波的传播角度进行了调整，现在使得这两束波是同相的。当这两束波满足这个条件后，我们将看到**所有**向上传播波的波阵面都是相重合的。对于所有向下传播波的波阵面来说，这个条件也会自然地得到满足。这也是建立一种波导模式的必要条件。

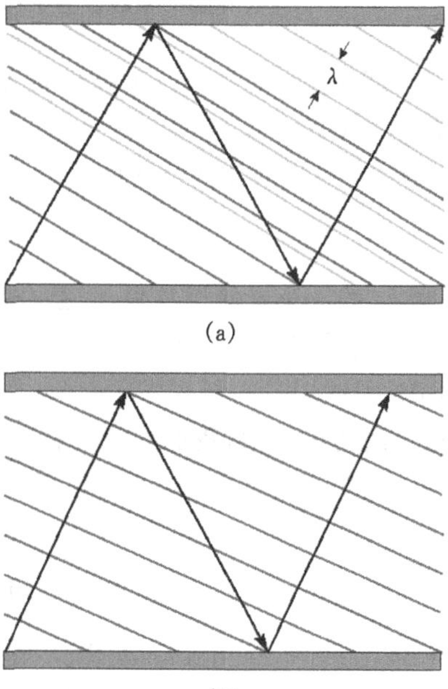

图 13.13　(a)平面波在平行平板波导中的传播，其中波传播角度使得向上传播的各个波的相位不同；(b)调整波的传播角度，使得向上传播的各个波具有的相位相同，就可以形成一个波导模式

在图 13.14 中，画出了波矢量 $\boldsymbol{k}_u$ 和它的分量，同时还有一组波阵面。波矢量 $\boldsymbol{k}_d$ 的这种图形表示也是一样的，只是必须将 x 分量 κ_m 反向。在第 12.4 节中，我们是通过分量 k_x 和 k_z 来度量沿 x 或 z 方向上单位长度的相位变化大小，它们会随着 $\boldsymbol{k}$ 的方向改变发生连续的变化。在波导讨论中，我们引入了一个不同的记号，也就是用 κ_m

---

① 其它类型的波导模式可以存在于另一类结构的波导中(非平行平板波导)，其中电场 $\boldsymbol{E}$ 和磁场 $\boldsymbol{H}$ 两者都有 z 方向分量。把这种波导模式叫做混合模式，在圆柱形波导(例如，光纤)中会出现这种典型的混合模式。

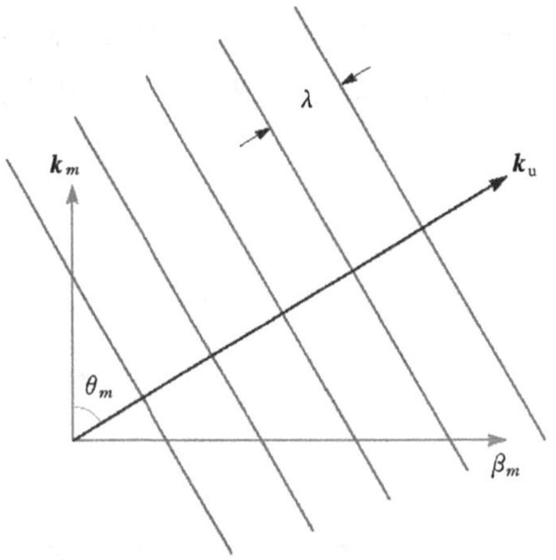

图 13.14 向上传播波的波矢量的两个分量分别为 κ_m 和 β_m，即横向常数和轴向常数。为了构成向下传播波的波矢量 k_d，必须将 κ_m 反向

和 β_m 分别来代替 k_x 和 k_z。下脚标 m 是表示**模式数**的一个整数。这给出了一个提示，即 β_m 和 κ_m 只能是取对应于某些确定的允许方向 $\boldsymbol{k}_\mathrm{u}$ 和 $\boldsymbol{k}_\mathrm{d}$ 的一些离散值，这样才会使波阵面重合条件得到满足[①]。我们从几何结构中可以看出，对于任意的 m 值，有

$$\boxed{\beta_m = \sqrt{k^2 - k_m^2}} \tag{13.35}$$

对 $\boldsymbol{k}_\mathrm{u}$ 和 $\boldsymbol{k}_\mathrm{d}$ 的 z 分量使用符号 β_m 是合适的，这是因为 β_m 最终将是第 m 个波导模式的相位常数，表示沿着波导单位长度上的相位变化多少；它还可以用来计算这个模式的相速 ω/β_m 和群速 $\mathrm{d}\omega/\mathrm{d}\beta_m$。

在上面的讨论中，我们假定了在波导内的媒质是无损的和非磁性的，于是

$$\boxed{k = \omega\sqrt{\mu_0\varepsilon'} = \frac{\omega\sqrt{\varepsilon'_\mathrm{r}}}{c} = \frac{\omega n}{c}} \tag{13.36}$$

由上式可以看出，我们既可以用媒质的介电常数 ε'_r，也可以用媒质的折射率 n 来表示 k。

正是 $\boldsymbol{k}_\mathrm{u}$ 和 $\boldsymbol{k}_\mathrm{d}$ 的这个 x 分量 κ_m，它对于我们通过一个称之为**横向谐振**条件来定量地描述波阵面重合条件是有用的。横向谐振条件可以表述为：在波导的整个横截面上一个来回所测得的净相位移必须是 2π 弧度的一个整倍数。这实际上是所有向上(或向下)传播波都必须具有相同相位的条件的另一种表述方式。在图 13.15 中，将这一个来回路径分成了若干不同段。对于这个练习来说，我们假定电磁波在时间上是被冻结了的，并且观察者在这一个来回路径的上方是垂直地移动，以便测量沿着该方向上的相位移。在第一段内(图 13.15(a))，观察者从下边导体上方的某一位置开始，垂直地向上边导体移动，移动的距离为 d。测得在这段距离上的相位移为 $\kappa_m d$ rad。当到达上边导体的表面时，观察者将注意到由反射会引起一个可能的相位移(图 13.15(b))。如果波是 TE 极化的，这个相位移将为 π；如果波是 TM 极化的，这个相位移将为零(见图 13.16，可以解释这一点)。下一步，观察者沿着反射波的相位面向下边导体

---

① 在 $\boldsymbol{k}_\mathrm{u}$ 和 $\boldsymbol{k}_\mathrm{d}$ 中没有标明下标(m)，但是我们理解它的含意。改变 m 并不影响这些矢量的大小，只是影响它们的方向。

移动，这时又可以测出一个相位移 $\kappa_m d$（图 13.15(c)）。最后，在包括了由下边导体反射引起的相位移后，观察者返回原来的出发点，并且注意下一个向上传播波的相位。

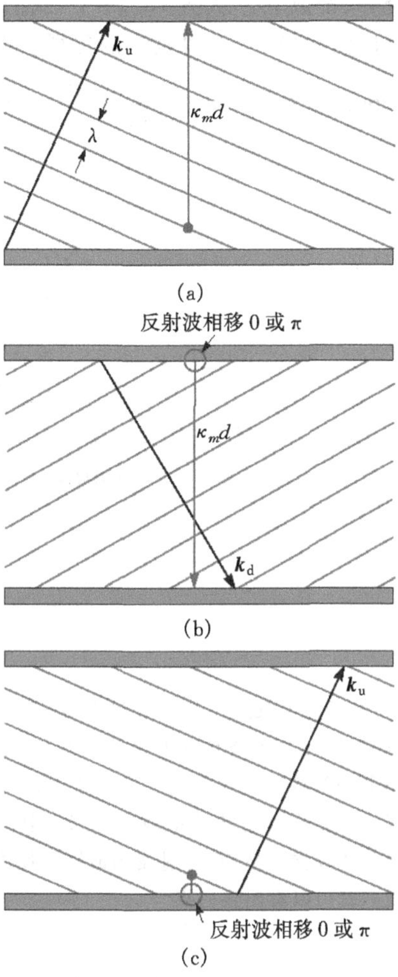

图 13.15　为了得到在平行平板波导中的一个来回路径上的净相位移，首先测量初始的向上传播波在两平板之间的横向相位移(a)；第二步，测量反射波（向下传播）的横向相位移，应加上在下方平板的反射相位移(b)；最后，加上在下方平板的反射相位移，然后返回初始位置，但形成了一个新的向上传播波(c)。如果终点的相位与起始点的相位相同（两束向上传播波的相位相同），就会发生横向谐振

在这一个来回路径上的总相位移必须是 2π 的一个整倍数：

$$\boxed{\kappa_m d+\phi+\kappa_m d+\phi=2m\pi} \tag{13.37}$$

这里，ϕ 为在每一个边界上由反射所引起的相位移。注意到，由于 $\phi=\pi$（TE 波）或 0（TM 波），所以无论入射角是多少，在这一个来回路径上的净反射相位移为 2π 或 0。因此，反射相位移对现在讨论的问题没有影响，我们可以把式(13.37)简化为

$$\boxed{\kappa_m = \frac{m\pi}{d}} \tag{13.38}$$

这个表达式对 TE 模式和 TM 模式都成立。从图 13.14 中，我们看出 $\kappa_m = k\cos\theta_m$。这样，对于允许的模式，利用式(13.36)，可以由式(13.38)得到波的传播方向为

$$\theta_m = \arccos\left(\frac{m\pi}{kd}\right) = \arccos\left(\frac{m\pi c}{\omega nd}\right) = \arccos\left(\frac{m\lambda}{2nd}\right) \tag{13.39}$$

这里，λ 为自由空间中的波长。

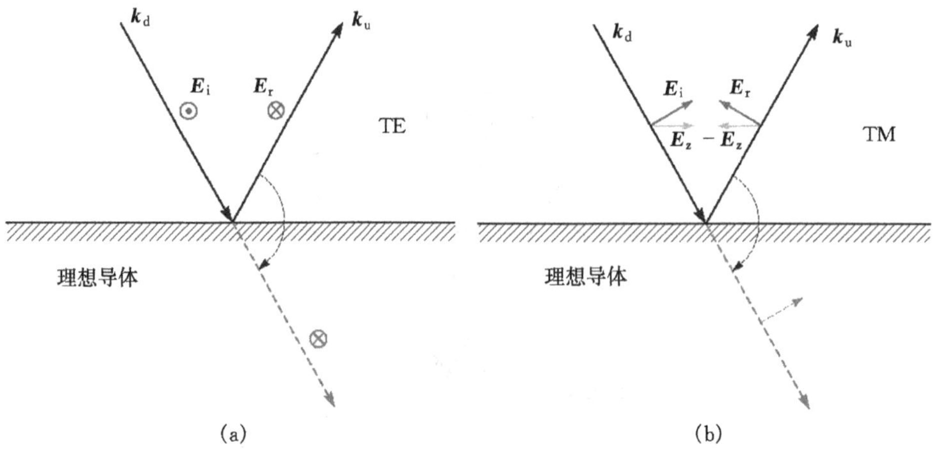

图 13.16　一束电磁波在理想导体表面上发生反射时引起的相移取决于入射波是 TE 波(s 极化)还是 TM 波(p 极化)。在这两幅图中，电场与导体表面直接地相靠近。在(a)中，TE 波的电场在反射时被反向，使得在边界上的净电场为零。这就引起了一个相位移 π，这一点是很明显的，我们可以考虑一个假想的透射波(虚线)，它是由反射波简单地旋转到入射波方向上而形成的。在图(b)中，入射 TM 波电场的 z 分量会发生反向。然而，反射波的最终电场没有相位移；若旋转反射波使得它的方向与入射波相同(虚线)，就可以看出这一点

在下面，我们就能求得到每一种模式的相位常数，使用式(13.35)和式(13.38)：

$$\beta_m = \sqrt{k^2 - \kappa_m^2} = k\sqrt{1 - \left(\frac{m\pi}{kd}\right)^2} = k\sqrt{1 - \left(\frac{m\pi c}{\omega nd}\right)^2} \tag{13.40}$$

如果我们定义模式 m 的**截止角频率**为

$$\boxed{\omega_{cm} = \frac{m\pi c}{nd}} \tag{13.41}$$

则式(13.40)变成为

$$\boxed{\beta_m = \frac{n\omega}{c}\sqrt{1 - \left(\frac{\omega_{cm}}{\omega}\right)^2}} \tag{13.42}$$

由式(13.42)可以容易地看出截止频率的意义：对于模式 m 来说，如果工作频率 ω 比其截止频率大，那么该模式的相位常数 β_m 就是实数，所以该模式就能够传播。对于 $\omega < \omega_{cm}$，β_m 为虚数，这种模式就不能传播。

与截止频率相关的是**截止波长** λ_{cm}，定义为在自由空间波长等于 λ_{cm} 时，模式 m 出现截止。

它就是

$$\boxed{\lambda_{cm}=\frac{2\pi c}{\omega_{cm}}=\frac{2nd}{m}} \tag{13.43}$$

例如，注意到在空气填充波导($n=1$)中，可以传播的最低模式的波长为 $\lambda_{c1}=2d$，或者板间距离为半波长。只要 $\omega>\omega_{cm}$，或 $\lambda<\lambda_{cm}$，模式 m 就能够传播。应用截止波长，我们可以得到式(13.42)的另一个有用形式：

$$\boxed{\beta_m=\frac{2\pi n}{\lambda}\sqrt{1-\left(\frac{\lambda}{\lambda_{cm}}\right)^2}} \tag{13.44}$$

例 13.1　一平行平板波导的板间距离为 $d=1$，填充有介电常数 $\varepsilon_r'=2.1$ 的聚四氟乙烯。求出只能传播 TEM 波的最大工作频率。再找出 TE_1 和 TM_1($m=1$)可以传播，但更高阶模式不能够传播的频率范围。

解：使用式(13.41)，第一个波导模式($m=1$)的截止频率为

$$f_{c1}=\frac{\omega_{c1}}{2\pi}=\frac{2.99\times 10^{10}}{2\sqrt{2.1}}=1.03\times 10^{10}\ \text{Hz}=10.3\ \text{GHz}$$

为了只能够传播 TEM 波，必须有 $f<10.3$ GHz。只允许传播 TE_1 和 TM_1 波(同时传播 TEM 波)，频率范围必须是 $\omega_{c1}<\omega<\omega_{c2}$，根据式(13.41)有 $\omega_{c2}=2\omega_{c1}$。因此，只能够传播 $m=1$ 的模式和 TEM 波的频率范围将是 10.3 GHz$<f<$20.6 GHz。

例 13.2　在例 13.1 的平行平板波导中，工作波长为 $\lambda=2$ mm。有几种波导模式可以传播？

解：若要使模式 m 能够传播，必须使条件 $\lambda<\lambda_{cm}$ 成立。对于给定的波导和波长，应用式(13.43)，这个不等式变成为

$$2\ \text{mm}<\frac{2\sqrt{2.1}(10\ \text{mm})}{m}$$

由此可以解出

$$m<\frac{2\sqrt{2.1}(10\ \text{mm})}{2\ \text{mm}}=14.5$$

这样，在给定的波长情况下，这个波导可以传播的模式达到 $m=14$。由于对于每一个 m 值，都会有一个 TE 模式和一个 TM 模式，则总共可以传播 28 种波导模式，不包括 TEM 模式。

把所有反射波的场相叠加，可以得到一个给定模式的场构型。例如，对于 TE 波，我们可以用入射波场和反射波场来写出电场相量式

$$E_{ys}=E_0 e^{-j\boldsymbol{k}_u\cdot\boldsymbol{r}}-E_0 e^{-j\boldsymbol{k}_d\cdot\boldsymbol{r}} \tag{13.45}$$

这里，在图 13.12 中给出了波矢量 $\boldsymbol{k}_u$ 和 $\boldsymbol{k}_d$。上式右端第二项前面的负号是由于反射所引起的 π rad 相位移。从图 13.14 所描述的几何结构中，我们可以写出

$$\boldsymbol{k}_u=\kappa_m\boldsymbol{a}_x+\beta_m\boldsymbol{a}_z \tag{13.46}$$

和

$$\boldsymbol{k}_d=-\kappa_m\boldsymbol{a}_x+\beta_m\boldsymbol{a}_z \tag{13.47}$$

然后，使用

$$\boldsymbol{r} = x\boldsymbol{a}_x + z\boldsymbol{a}_z$$

则式(13.45)变为

$$E_{ys} = E_0(\mathrm{e}^{-\mathrm{j}\kappa_m x} - \mathrm{e}^{\mathrm{j}k_m x})\mathrm{e}^{-\mathrm{j}\beta_m z} = 2\mathrm{j}E_0\sin(\kappa_m x)\mathrm{e}^{-\mathrm{j}\beta_m z} = E'_0\sin(\kappa_m x)\mathrm{e}^{-\mathrm{j}\beta_m z} \qquad (13.48)$$

这里,平面电磁波的幅度 E_0 和总相位都隐含在 E'_0 中。式(13.48)的瞬时形式为

$$E_y(z,t) = \mathrm{Re}(E_{ys}\mathrm{e}^{\mathrm{j}\omega t}) = E'_0\sin(\kappa_m x)\cos(\omega t - \beta_m z) \quad (\text{截止频率以上 TE 模式}) \qquad (13.49)$$

我们可以把上式看成是一个沿着$+z$方向(沿着波导)传播的电磁波,而这个波有一个随 x 变化的场侧面[①]。TE 模式场是由上行平面波和下行平面波的叠加所形成的**干涉场**。注意到,如果 $\omega<\omega_{cm}$,那么由式(13.42)得到的 β_m 会是一个虚数值,我们可以把它写为$-\mathrm{j}|\beta_m|=-\mathrm{j}\alpha_m$。此时,式(13.48)和式(13.49)就变为

$$E_{ys} = E'_0\sin(\kappa_m x)\mathrm{e}^{-\alpha_m z} \qquad (13.50)$$

$$E(z,t) = E'_0\sin(\kappa_m x)\mathrm{e}^{-\alpha_m z}\cos(\omega t) \quad (\text{截止频率以下 TE 模式}) \qquad (13.51)$$

这个模式不能够传播,但是却在频率 ω 处做简单的振荡,而且场的强度随着 z 的增加而减小。在 $\omega<\omega_m$ 时,可以由式(13.42)得到衰减系数 α_m:

$$\alpha_m = \frac{n\omega_{cm}}{c}\sqrt{1-\left(\frac{\omega}{\omega_{cm}}\right)^2} = \frac{2\pi n}{\lambda_{cm}}\sqrt{1-\left(\frac{\lambda_{cm}}{\lambda}\right)^2} \qquad (13.52)$$

我们从式(13.39)和图(13.41)注意到,平面波的传播角度与截止频率和截止波长有关,其关系为

$$\boxed{\cos\theta_m = \frac{\omega_{cm}}{\omega} = \frac{\lambda}{\lambda_{cm}}} \qquad (13.53)$$

因此,我们看到在截止频率处($\omega=\omega_{cm}$),有 $\theta_m=0$,这时平面波只在同一个横截面的上下板之间来回反射;它们并没有沿着波导向前传播。随着 ω 的增加而超过截止频率时(或 λ 减小),波的传播角度也在增大,当 ω 趋向于无穷大时(或当 λ 趋向于零时),其值接近于 90°。从图13.14中,我们有

$$\boxed{\beta_m = k\sin\theta_m = \frac{n\omega}{c}\sin\theta_m} \qquad (13.54)$$

因此,模式 m 的相速就是

$$\boxed{v_{pm} = \frac{\omega}{\beta_m} = \frac{c}{n\sin\theta_m}} \qquad (13.55)$$

对于所有的模式来说,相速的最小值为 c/n,当频率远大于截止频率时相速将趋向于该值;当频率减小到接近于截止频率时,v_{pm}趋向于无穷大。再一次,相速度是相位沿 z 方向上的传播速度,相速可以超过媒质中的光速这一事实与第 12.7 节中讨论的相对性原理并不矛盾。

能量以群速 $v_g=\mathrm{d}\omega/\mathrm{d}\beta$ 传播。使用式(13.42),我们有

$$v_{gm}^{-1} = \frac{\mathrm{d}\beta_m}{\mathrm{d}\omega} = \frac{\mathrm{d}}{\mathrm{d}\omega}\left[\frac{n\omega}{c}\sqrt{1-\left(\frac{\omega_{cm}}{\omega}\right)^2}\right] \qquad (13.56)$$

对上式直接求导,并取导数值的倒数,我们得到:

---

① 我们也可以把这个场看成是一个沿 x 方向为驻波的电场,但是这个波沿 z 方向却为行波。

$$\boxed{v_{gm} = \frac{c}{n}\sqrt{1-\left(\frac{\omega_{cm}}{\omega}\right)^2} = \frac{c}{n}\sin\theta_m} \tag{13.57}$$

这样，可以把群速看成是与 $\boldsymbol{k}_u$ 或 $\boldsymbol{k}_d$ 相联系的速度在 z 方向上的投影。它将是小于或等于媒质中的光速 c/n。

例 13.3　在例 13.1 的波导中，工作频率为 25 GHz。因此，对于 $m=1$ 和 $m=2$ 的模式来说，工作频率将在截止频率以上。求在传播了 1 cm 的距离之后，这两种模式的**群延迟之差**。这是当每一种模式中的能量在传播了 1 cm 的距离之后，这两种模式在传播时间上的差异。

解：群延迟之差可以表示为

$$\Delta t = \left(\frac{1}{v_{g2}} - \frac{1}{v_{g1}}\right)\ (\text{s/cm})$$

根据式(13.57)和例题 13.1 中的结果，我们有

$$v_{g1} = \frac{c}{\sqrt{2.1}}\sqrt{1-\left(\frac{10.3}{25}\right)^2} = 0.63c$$

$$v_{g2} = \frac{c}{\sqrt{2.1}}\sqrt{1-\left(\frac{20.6}{25}\right)^2} = 0.39c$$

于是

$$\Delta t = \frac{1}{c}\left[\frac{1}{0.39} - \frac{1}{0.63}\right] = 3.3 \times 10^{-11}\ \text{s/cm} = 33\ \text{ps/cm}$$

这种计算给出了波导中**模式色散**的一个粗略测试，适用于在只有两种模式传播的情况下。例如，一个中心频率为 25 GHz 的脉冲将它的能量分布在这两种模式之间。随着能量在模式之间的分离，脉冲将会被近似地以传播距离的 33 ps/cm 展宽。然而，如果包含着 TEM 模式（事实上，这是必须的），那么这种展宽将变得非常地大。TEM 波的群速度为 $c/\sqrt{2.1}$。此时，我们所关心的将是在 TEM 模式和 $m=2$ 的模式（TE 或 TM）之间的群延迟差。于是，我们有

$$\Delta t_{net} = \frac{1}{c}\left[\frac{1}{0.39} - 1\right] = 52\ \text{ps/cm}$$

练习 13.5　在一平行平板波导中，有 $d=2$ cm，$\epsilon'_r=1$ 和 $f=30$ GHz。试求前 4 个模式（$m=1,2,3,4$）的波传播角度 θ_m。

答案：76°；60°；41°；0°

练习 13.6　一平行平板波导的板间距离为 $d=5$ mm，填充的电介质材料是玻璃（$n=1.45$）。求波导只能工作在 TEM 模式下的最大频率。

答案：20.7 GHz

练习 13.7　一平行平板波导的板间距离为 $d=1$ cm，其中填充空气。求出 $m=2$ 的模式（TE 或 TM）的截止波长。

答案：1 cm

13.4 利用波方程分析平行平板波导

在任意波导的分析中，最直接的方法就是利用波方程，根据在导体壁上的边界条件，我们可以求解波方程。我们将要使用的方程形式已经在第 11.1 节中由式(11.28)给出，在那里是对自由空间传播的情况而写出的。考虑到波导中的介质特性，我们用 k 来代替该方程中的 k_0，得到

$$\boxed{\nabla^2 \boldsymbol{E}_s = -k^2 \boldsymbol{E}_s} \tag{13.58}$$

与在前面相同，$k=n\omega/c$。

我们可以应用上一节的结果来帮助我们了解求解波方程的过程。例如，我们先考虑 TE 模式，在这种模式中 $\boldsymbol{E}$ 只有 y 分量。波方程就变成为

$$\frac{\partial^2 E_{ys}}{\partial x^2} + \frac{\partial^2 E_{ys}}{\partial y^2} + \frac{\partial^2 E_{ys}}{\partial z^2} + k^2 E_{ys} = 0 \tag{13.59}$$

这里，我们假定波导宽度(y 方向)相对于板间距离 d 是非常大。因此，我们可以假定在 y 方向上场不变化(边缘效应忽略不计)，则有$\partial^2 E_{ys}/\partial y^2=0$。同时，我们知道在 z 方向上场的变化形式为 $e^{-j\beta_m z}$。因此，场的解形式将是

$$\boxed{E_{ys} = E_0 f_m(x) e^{-j\beta_m z}} \tag{13.60}$$

这里，E_0 是一个常数，$f_m(x)$是待求的一个归一化函数(其最大值为单位值)。由于我们预计到对应于不同的离散模式(模式数为 m)，将会有若干个解，所以我们给 β、κ 和 $f(x)$都加上了下标 m。将式(13.60)代入式(13.59)中，得到

$$\boxed{\frac{d^2 f_m(x)}{dx^2} + (k^2 - \beta_m^2) f_m(x) = 0} \tag{13.61}$$

这里，E_0 和 $e^{-j\beta_m z}$都已被消掉了，并且应用了如下的关系式

$$\frac{d^2}{dz^2} e^{-j\beta_m z} = -\beta_m^2 e^{-j\beta_m z}$$

也应该注意到，因为 f_m 仅是 x 的函数，所以我们在式(13.61)中使用了全导数算子 d^2/dx^2。在下一步中，我们应用在图 13.14 中所给出的几何结构，并注意到 $k^2-\beta_m^2=\kappa_m^2$。此时，式(13.61)可变为

$$\boxed{\frac{d^2 f_m(x)}{dx^2} + \kappa_m^2 f_m(x) = 0} \tag{13.62}$$

式(13.62)的通解为

$$\boxed{f_m(x) = \cos(\kappa_m x) + \sin(\kappa_m x)} \tag{13.63}$$

接着下来，我们对这一问题应用合适的边界条件来求出 κ_m。从图 13.6 中看出，导体边界是位于 $x=0$ 和 $x=d$ 处，在这里切向电场(E_y)必须为零。在式(13.63)中，只有 $\sin(\kappa_m x)$这一项才有可能满足边界条件，所以我们保留它而舍弃 $\cos(\kappa_m x)$项。正弦函数自然地满足在 $x=0$ 处的边界条件。当我们按照下式来选择 κ_m 时，在 $x=d$ 处的边界条件也会得到满足

$$\kappa_m = \frac{m\pi}{d} \tag{13.64}$$

我们可以看出，式(13.64)与在第 13.3 节中利用横向谐振条件得到的结果相同。将式(13.63)和式(13.64)所表示的 $f_m(x)$ 代入式(13.60)中，可以得到 E_{ys} 的最终结果，这个结果与式(13.48)所示的结果相一致：

$$\boxed{E_{ys} = E_0 \sin\left(\frac{m\pi x}{d}\right) e^{-j\beta_m z}} \tag{13.65}$$

若观察式(13.65)所表示的电场的形式，我们可以看出模式数 m 的另一种涵义。特别地，m 是电场出现在横截面上距离 d 内的空间半周的数目。根据在截止时波导的行为，从物理意上是不难理解这一点的。根据在上一节中所介绍的内容，在截止时平面波在波导内的入射角为零，这就意味着电磁波在两个导体壁之间来回上下地跳动。在这个结构中，电磁波一定是处于谐振状态的，它意味着来回的净相位移为 $2m\pi$。由于平面波是垂直取向的，$\beta_m = 0$，因此 $\kappa_m = \kappa = 2n\pi/\lambda_{cm}$。这样一来，在截止时，

$$\frac{m\pi}{d} = \frac{2n\pi}{\lambda_{cm}} \tag{13.66}$$

由此得到

$$d = \frac{m\lambda_{cm}}{2n} \quad \text{截止时} \tag{13.67}$$

在截止时，那么式(13.65)就变为

$$E_{ys} = E_0 \sin\left(\frac{m\pi x}{d}\right) = E_0 \sin\left(\frac{2n\pi x}{\lambda_{cm}}\right) \tag{13.68}$$

可以把波导看成是一个一维的谐振腔。在谐振腔内，如果在媒质内测得的电磁波波长为 $2d$ 的整数 m 倍，那么这个电磁波就能在 x 方向出现谐振。

现在，随着频率的提高，波长将变小，所以波长与 $2d$ 整数倍相等这个条件就不再能够得到满足。于是，模式的响应就是建立 $\boldsymbol{k}_u$ 和 $\boldsymbol{k}_d$ 的 z **分量**，结果是使得被减小的波长**由 x 方向上**波长的增加来得到补偿。图 13.17 中示出了在 $m=4$ 模式下的这种效应，其中的电磁波入射角 θ_4 是随着频率的提高而稳步地增大。因此，随着频率的提高，模式使得其场在 x 方向的函数形式保持不变，但是它却使得 β_m 的值变大。这种横向空间模式的不变性意味着在所有频率下模式都会保持其同一性。由式(13.57)所表示的群速也在发生变化，这意味着随着频率而变化的入射角是引起群速色散的一种机制，简单地称为**波导色散**。例如，在第 12.8 节中已经讨论过，以一个单波导模式传播的脉冲就是以这种方式被展宽的。

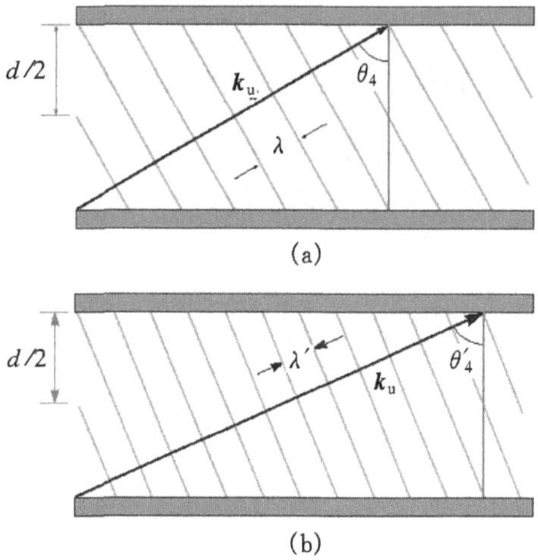

图 13.17 (a)模式为 $m=4$ 的平面电磁波，出现在横截面内间距 d 上的净相位移为 4π(在 x 方向为两个波长)。(b)随着频率的提高，电磁波入射角也要随之增大，以保持 4π 的横向相位移

已经求出了电场，我们可以利用麦克斯韦方程组来求出磁场。从平面波模型中注意到，

我们期望得到在 TE 模式中 $\boldsymbol{H}_s$ 的 x 和 z 分量。应用麦克斯韦方程

$$\nabla \times \boldsymbol{E}_s = -\mathrm{j}\omega\mu \boldsymbol{H}_s \tag{13.69}$$

在前面的讨论中，$\boldsymbol{E}_s$ 只有 y 分量，我们有

$$\nabla \times \boldsymbol{E}_s = \frac{\partial E_{ys}}{\partial x}\boldsymbol{a}_z - \frac{\partial E_{ys}}{\partial z}\boldsymbol{a}_x = \kappa_m E_0 \cos(\kappa_m x)\mathrm{e}^{-\mathrm{j}\beta_m z}\boldsymbol{a}_z + \mathrm{j}\beta_m E_0 \sin(\kappa_m x)\mathrm{e}^{-\mathrm{j}\beta_m z}\boldsymbol{a}_x \tag{13.70}$$

给式(13.69)的两边同时除以 $-\mathrm{j}\omega\mu$，我们就可以解出 $\boldsymbol{H}_s$。考虑到式(13.70)，我们得到磁场的两个分量为

$$\boxed{H_{xs} = -\frac{\beta_m}{\omega\mu}E_0 \sin(\kappa_m x)\mathrm{e}^{-\mathrm{j}\beta_m z}} \tag{13.71}$$

$$\boxed{H_{zs} = \mathrm{j}\frac{\kappa_m}{\omega\mu}E_0 \cos(\kappa_m x)\mathrm{e}^{-\mathrm{j}\beta_m z}} \tag{13.72}$$

把这两个分量结合在一起，它们在 x，z 平面上就构成了 $\boldsymbol{H}_s$ 的闭环形式，这可以用第 2.6 节中介绍过的力线图方法来得到验证。

我们感兴趣的是 $\boldsymbol{H}_s$ 的幅值，它可以通过下式求得

$$|\boldsymbol{H}_s| = \sqrt{\boldsymbol{H}_s \cdot \boldsymbol{H}_s^*} = \sqrt{H_{xs}H_{xs}^* + H_{zs}H_{zs}^*} \tag{13.73}$$

将式(13.72)和式(13.73)代入上式，计算得到

$$|\boldsymbol{H}_s| = \frac{E_0}{\omega\mu}(\kappa_m^2 + \beta_m^2)^{1/2}(\sin^2(\kappa_m x) + \cos^2(\kappa_m x))^{1/2} \tag{13.74}$$

应用关系式 $\kappa_m^2 + \beta_m^2 = k^2$，并利用恒等式 $\sin^2(\kappa_m x) + \cos^2(\kappa_m x) = 1$，式(13.74)就变为

$$|\boldsymbol{H}_s| = \frac{k}{\omega\mu}E_0 = \frac{\omega\sqrt{\mu\varepsilon}}{\omega\mu}E_0 = \frac{E_0}{\eta} \tag{13.75}$$

这里 $\eta = \sqrt{\mu/\varepsilon}$。这个结果与我们对基于平面波叠加的波导模式的理解是相一致的，在那里 $\boldsymbol{E}_s$ 和 $\boldsymbol{H}_s$ 是由媒质的波阻抗 η 相联系起来的。

练习 13.8 一空气填充、板间距离 $d=0.5$ cm 的平行平板波导，分别在以下频率时求出 $m=1$(TE 或 TM)模式的群速，$f=$：(a) 30 GHz，(b) 60 GHz，(c) 100 GHz。

答案：(a) 0；(b) 2.6×10^8 m/s；(c) 2.9×10^8 m/s

练习 13.9 在 $x=0$ 和 $x=d$ 之间，观察到在平行平板波导中 TE 模式的电场有三个最大值。问 m 的值为多少？

答案：3

13.5 矩形波导

在这一节中，我们将要讨论矩形波导，它是一种通常被用在电磁波谱中微波频段的结构。矩形波导如图 13.7 所示。与前面一样，波的传播方向仍然沿 z 方向。波导沿 x 方向的宽度为 a，沿 y 方向的高度为 b。我们可以把这种结构与前面小节的平行平板波导相联系在一起，即把矩形波导看成是由两个相正交的平行平板波导组合而成的一个结构。这样，我们就有一对水平(沿 x 方向)的导体壁和一对垂直(沿 y 方向)的导体壁，这四个导体壁现在构成了一个连

续的边界。由于在通常情况下场沿三个坐标方向都会发生变化，所以我们必须求解三维波方程（式 13.59）。

在平行平板波导中，我们发现可以同时存在 TEM 模式、TE 和 TM 模式。而矩形波导只能支撑 TE 和 TM 模式，不能支撑 TEM 模式。与平行平板波导相比，这是因为矩形波导具有一个由横向平板完全包围而成的导体边界。我们知道在导体边界上电场的切向分量必须为零，因此在矩形波导中不会出现 TEM 波。这就意味着要建立一个需要满足边界条件而又在侧面不变化的电场是不可能的。由于 $\boldsymbol{E}$ 在横截面内是变化的，根据 $\nabla\times\boldsymbol{E}=-\mathrm{j}\omega\mu\boldsymbol{H}$ 计算 $\boldsymbol{H}$ 时必然使得 $\boldsymbol{H}$ 具有 z 分量，于是就不可能有一个 TEM 模。在波导中，我们找不出其它任何一种完全为横向取向的 $\boldsymbol{E}$，它会使 $\boldsymbol{H}$ 也为完全横向取向。

13.5.1　应用麦克斯韦方程联系各个场分量

由于在矩形波导中波的模式分为 TE 和 TM 型，因此一般的方法是首先求解关于 z 分量的波方程。根据定义，在 TE 模式中，$E_z=0$；在 TM 模式中，$H_z=0$。这样，通过求解关于 H_z 的波方程，我们将能得到 TE 模式的解；通过求解关于 E_z 的波方程，就能得到 TM 模式的解。利用这些解，由麦克斯韦方程可以直接得到所有的横向场分量。这个过程听起来可能会有一点冗长乏味（其实就是），但采用这种方法我们肯定能求得所有模式。首先，我们来介绍如何根据 z 分量来求解横向分量的问题。

首先，假定电场和磁场相量均为沿 $+z$ 方向传播的波函数，且仅沿 z 方向的变化有波动性，可表示为

$$\boldsymbol{E}_s(x,y,z)=\boldsymbol{E}_s(x,y,0)\mathrm{e}^{-\mathrm{j}\beta z} \tag{13.76a}$$

$$\boldsymbol{H}_s(x,y,z)=\boldsymbol{H}_s(x,y,0)\mathrm{e}^{-\mathrm{j}\beta z} \tag{13.76b}$$

通过求解无源媒质中麦克斯韦旋度方程的 x 分量和 y 分量，我们就可以得到场相量的横向分量。在计算旋度时，由式（13.76），显然有 $\partial/\partial z=-\mathrm{j}\beta$。这样，有下列结果

$$\nabla\times\boldsymbol{E}_s=-\mathrm{j}\omega\mu\boldsymbol{H}_s\rightarrow\begin{cases}\partial E_{zs}/\partial y+\mathrm{j}\beta E_{ys}=-\mathrm{j}\omega\mu H_{xs} & (x\text{ 分量}) \quad (13.77\mathrm{a})\\ \mathrm{j}\beta E_{xs}+\partial E_{zs}/\partial x=\mathrm{j}\omega\mu H_{ys} & (y\text{ 分量}) \quad (13.77\mathrm{b})\end{cases}$$

$$\nabla\times\boldsymbol{H}_s=\mathrm{j}\omega\varepsilon\boldsymbol{E}_s\rightarrow\begin{cases}\partial H_{zs}/\partial y+\mathrm{j}\beta H_{ys}=\mathrm{j}\omega\varepsilon E_{xs} & (x\text{ 分量}) \quad (13.78\mathrm{a})\\ \mathrm{j}\beta H_{xs}+\partial H_{zs}/\partial x=-\mathrm{j}\omega\varepsilon E_{ys} & (y\text{ 分量}) \quad (13.78\mathrm{b})\end{cases}$$

现在，联立求解上述方程，就可以根据 $\boldsymbol{E}$ 和 $\boldsymbol{H}$ 的 z 分量的导数求出各个横向场分量。例如，联立式（13.77a）与式（13.78b），消去 E_{ys}，可得

$$H_{xs}=-\frac{\mathrm{j}}{\kappa^2}\left[\beta\frac{\partial H_{zs}}{\partial x}-\omega\varepsilon\frac{\partial E_{zs}}{\partial y}\right] \tag{13.79a}$$

其次，应用式（13.76b）与式（13.77a），消去 E_{xs}，得

$$H_{ys}=-\frac{\mathrm{j}}{\kappa^2}\left[\beta\frac{\partial H_{zs}}{\partial y}+\omega\varepsilon\frac{\partial E_{zs}}{\partial x}\right] \tag{13.79b}$$

同理，可以得到横向电场分量为

$$E_{xs}=-\frac{\mathrm{j}}{\kappa^2}\left[\beta\frac{\partial E_{zs}}{\partial x}+\omega\mu\frac{\partial H_{zs}}{\partial y}\right] \tag{13.79c}$$

$$E_{ys}=-\frac{\mathrm{j}}{\kappa^2}\left[\beta\frac{\partial E_{zs}}{\partial y}-\omega\mu\frac{\partial H_{zs}}{\partial x}\right] \tag{13.79d}$$

其中，κ 的定义与平行平板波导中一样[见式(13.35)]：

$$\kappa = \sqrt{k^2 - \beta^2} \tag{13.80}$$

这里，$k=\omega\sqrt{\mu\varepsilon}$。在平行平板结构中，我们分析得到了 κ 和 β 的离散值，并用整数模数 m 作为它们的下标(κ_m 和 β_m)。m 指平板间(沿 x 方向)场量出现极值的次数。在矩形波导中，场量随 x 和 y 均变化，因此，需要采用两个整数作为 κ 和 β 的下标，这样有

$$\kappa_{mp} = \sqrt{k^2 - \beta_{mp}^2} \tag{13.81}$$

其中，m 和 p 分别表示沿 x 方向和 y 方向场量变化的次数。式(13.81)提示我们，平面电磁波(射线)理论可用于求解矩形波导中的模式场，之前在 13.3 小节我们已经用平面电磁波理论求解得到了平行平板波导中的模式场。实际上，这就是平面电磁波在两个相对边界上的来回反射(顶部到底部或侧边到侧边)，但是只对某些特定 TE 模式才能这样。当在四个表面上都发生发射时，这种求解方法就会变得复杂了；但是在任何情况下，像前面一样，κ_{mp} 都可以解释为平面波矢量 k 的横向(xy 平面)分量，而 β_{mp} 是 k 的 z 分量。

下面将介绍求解 $\boldsymbol{E}$ 和 $\boldsymbol{H}$ 的 z 分量波方程，从而得到 TM 和 TE 模式的场。

13.5.2 TM 模式

首先，从波方程[式(13.59)]开始求解 TM 模式，其中对 z 求偏导数等价于相乘于因子 $\mathrm{j}\beta$。我们可以写出 $\boldsymbol{E}_s$ 的 z 分量所满足的方程：

$$\frac{\partial^2 E_{zs}}{\partial x^2} + \frac{\partial^2 E_{zs}}{\partial y^2} + (k^2 - \beta_{mp}^2)E_{zs} = 0 \tag{13.82}$$

方程(13.82)的解可以写成一个求和多项式，其中每一项均为仅随 x、或 y、或 z 独立变化的三个函数的乘积：

$$E_{zs}(x,y,z) = \sum_{m,p} F_m(x)G_p(y)\exp(-\mathrm{j}\beta_{mp}z) \tag{13.83}$$

其中，函数 $F_m(x)$ 和 $G_p(y)$(非归一化)都是待求函数。式(13.83)中的每一项都对应于的一种波导中模式，其实它们自身就是方程式(13.82)的一个解。为了确定这些函数，可以将式(13.83)中的任一项单独地代入方程式(13.82)。应该注意到，对一个单变量函数求偏微分(这样，偏导数就变成了全导数)，以及利用式(13.81)，得到

$$G_p(y)\frac{\mathrm{d}^2 F_m}{\mathrm{d}x^2} + F_m(x)\frac{\mathrm{d}^2 G_p}{\mathrm{d}y^2} + \kappa_{mp}^2 F_m(x)G_p(y) = 0 \tag{13.84}$$

其中，已约去了指数项 $\exp(-\mathrm{j}\beta_{mp}z)$。整理式(13.84)，我们得到

$$\underbrace{\frac{1}{F_m}\frac{\mathrm{d}^2 F_m}{\mathrm{d}x^2}}_{-\kappa_m^2} + \underbrace{\frac{1}{G_p}\frac{\mathrm{d}^2 G_p}{\mathrm{d}y^2}}_{-\kappa_p^2} + \kappa_{mp}^2 = 0 \tag{13.85}$$

在合并同类项后，上式中的第一项仅随 x 变化，第二项仅随 y 变化而变化。现在，考虑如果保持 y 不变，仅允许 x 变化，哪么会发生什么呢？这时，式(13.85)中的第二项和第三项都将不变，而方程式还必须要保持成立。这样，随 x 变化的第一项就必须是一个常数。这个常数记为 $-\kappa_m^2$，如式(13.85)中所示。同理，若保持 x 不变，仅允许 y 变化，则第二项也一定是一个常数，其值记为 $-\kappa_p^2$，如式(13.85)中所示。因此，(13.85)式意味着

$$\kappa_{mp}^2 = \kappa_m^2 + \kappa_p^2 \tag{13.86}$$

上式意味着这样一个几何解释：若 κ_{mp} 是波矢量 k 的横向分量，很显然 κ_m 和 κ_p 分别是 κ_{mp}（也是 k 的）的 x 分量和 y 分量。如果我们还要用平面波概念来理解矩形波导中的电磁波，哪么平面电磁波是如何在波导中经反射而形成全部模式呢？其实，式(13.86)还指出 κ_m 和 κ_p 都分别为整数 m 和 p 的函数，在后面我们将要求出这些函数。

在上述条件下，方程(13.85)可分离为两个方程，每个方程仅包含一个变量：

$$\frac{d^2F_m}{dx^2}+\kappa_m^2F_m=0 \tag{13.87a}$$

$$\frac{d^2G_p}{dy^2}+\kappa_p^2G_p=0 \tag{13.87b}$$

方程(13.87)很容易求解。我们得到

$$F_m(x)=A_m\cos(\kappa_m x)+B_m\sin(\kappa_m x) \tag{13.88a}$$

$$G_p(y)=C_p\cos(\kappa_p y)+D_p\sin(\kappa_p y) \tag{13.88b}$$

利用这些解和式(13.83)，可以构造出一单个的 TM 模式的 $\boldsymbol{E}_s$ 的 z 分量一般解

$$E_{zs}=[A_m\cos(\kappa_m x)+B_m\sin(\kappa_m x)][C_p\cos(\kappa_p y)+D_p\sin(\kappa_p y)]\exp(-j\beta_{mp}z) \tag{13.89}$$

上式中的常数可以利用场量在四个表面上的边界条件求解得到。特别地，当 E_{zs} 与所有导体表面相切时，其值在所有导体表面上一定为零。如图 13.7 所示，其边界条件为

$$E_{zs}=0 \qquad 在\ x=0,\ y=0,\ x=a,\ y=b\ 处$$

要使 $x=0$ 和 $y=0$ 处的场量为零，则应删去式(13.89)中的余弦项（即取 $A_m=C_p=0$）。为了保证场量在 $x=a$ 和 $y=b$ 处为零，则在余下的正弦项中的 κ_m 和 κ_p 应分别取下列值：

$$\kappa_m=\frac{m\pi}{a} \tag{13.90a}$$

$$\kappa_p=\frac{p\pi}{b} \tag{13.90b}$$

利用上述这些结果，再令 $B=B_mD_p$，式(13.89)变为

$$E_{zs}=B\sin(\kappa_m x)\sin(\kappa_p y)\exp(-j\beta_{mp}z) \tag{13.91a}$$

现在，为了得到余下的（横向）场分量，我们将式(13.91a)代入式(13.79)中，得到

$$E_{xs}=-j\beta_{mp}\frac{\kappa_m}{\kappa_{mp}^2}B\cos(\kappa_m x)\sin(\kappa_p y)\exp(-j\beta_{mp}z) \tag{13.91b}$$

$$E_{ys}=-j\beta_{mp}\frac{\kappa_p}{\kappa_{mp}^2}B\sin(\kappa_m x)\cos(\kappa_p y)\exp(-j\beta_{mp}z) \tag{13.91c}$$

$$H_{xs}=j\omega\varepsilon\frac{\kappa_p}{\kappa_{mp}^2}B\sin(\kappa_m x)\cos(\kappa_p y)\exp(-j\beta_{mp}z) \tag{13.91d}$$

$$H_{ys}=-j\omega\varepsilon\frac{\kappa_m}{\kappa_{mp}^2}B\cos(\kappa_m x)\sin(\kappa_p y)\exp(-j\beta_{mp}z) \tag{13.91e}$$

上式就是 TM_{mp} 模式的场分量。应该注意到，对这些模式，m 和 p 都必须大于或等于 1。若 m 和 p 中有一个为零，则所有场量将均为零。

13.5.3　TE 模式

为了得到 TE 模式的场，像前面一样，我们要求解 $\boldsymbol{H}$ 的 z 分量所满足的波方程，然后再利用式(13.79)求解场的横向分量。现在，波方程与方程(13.82)在形式上相同，只是用 $\boldsymbol{H}_{zs}$ 来代替 $\boldsymbol{E}_{zs}$：

$$\frac{\partial^2 H_{zs}}{\partial x^2}+\frac{\partial^2 H_{zs}}{\partial y^2}+(k^2-\beta_{mp}^2)H_{zs}=0 \tag{13.92}$$

其解为：

$$H_{zs}(x,y,z)=\sum_{m,p}F'_m(x)G_p(y)\exp(-\mathrm{j}\beta_{mp}z) \tag{13.93}$$

接下来的求解步骤与 TM 模式场求解步骤一样，场量的一般解为：

$$H_{zs}=[A'_m\cos(\kappa_m x)+B'_m\sin(\kappa_m x)][C_p\cos(\kappa_p y)+D'_p\sin(\kappa_p y)]\exp(-\mathrm{j}\beta_{mp}z) \tag{13.94}$$

同样，利用适当的边界条件，上述表达式可以得到简化。我们知道在所有导体边界上切向电场一定为零。利用式(13.79c)和(13.79d)，将电场用磁场的导数来表示，就可以建立如下条件：

$$E_{xs}\big|_{y=0,b}=0\Rightarrow\frac{\partial H_{zs}}{\partial y}\big|_{y=0,b}=0 \tag{13.95a}$$

$$E_{ys}\big|_{x=0,a}=0\Rightarrow\frac{\partial H_{zs}}{\partial x}\big|_{x=0,a}=0 \tag{13.95b}$$

现在，将边界条件(13.95a)用于式(13.94)，有

$$\frac{\partial H_{zs}}{\partial y}=[A'_m\cos(\kappa_m x)+B'_m\sin(\kappa_m x)]\times\underline{[-\kappa_p C'_p\sin(\kappa_p y)+\kappa_p D'_p\cos(\kappa_p y)]}\exp(-\mathrm{j}\beta_{mp}z)$$

式中有下划线的项是通过求偏导数得到的结果。要使这个结果在 $y=0$ 和 $y=b$ 处为零，必须去掉余弦项 $\cos(\kappa_p y)$（可令 $D'_p=0$），且像前面一样，要求 $\kappa_p=p\pi/b$。将式(13.95b)用于式(13.94)，得到

$$\frac{\partial H_{zs}}{\partial x}=\underline{[-\kappa_m A'_m\sin(\kappa_m x)+\kappa_m B'_m\cos(\kappa_m x)]}\times[C'_p\cos(\kappa_p y)+D'_p\sin(\kappa_p y)]\exp(-\mathrm{j}\beta_{mp}z)$$

式中有下划线的项是通过对 x 求偏导数得到的结果。要使这个结果在 $x=0$ 和 $x=a$ 处为零，必须去掉余弦项 $\cos(\kappa_m x)$（可令 $B'_m=0$），且像前面一样，要求 $\kappa_m=m\pi/a$。利用上述所有边界条件，最后得到 H_{zs}的表达式为

$$H_{zs}=A\cos(\kappa_m x)\cos(\kappa_p y)\exp(-\mathrm{j}\beta_{mp}z) \tag{13.96a}$$

其中，我们定义 $A=A'_m C'_p$。将式(13.79a)到式(13.79d)应用于上式，即可得出横向场分量：

$$H_{xs}=\mathrm{j}\beta_{mp}\frac{\kappa_m}{\kappa_{mp}^2}A\sin(\kappa_m x)\cos(\kappa_p y)]\exp(-\mathrm{j}\beta_{mp}z) \tag{13.96b}$$

$$H_{ys}=\mathrm{j}\beta_{mp}\frac{\kappa_p}{\kappa_{mp}^2}A\cos(\kappa_m x)\sin(\kappa_p y)]\exp(-\mathrm{j}\beta_{mp}z) \tag{13.96c}$$

$$E_{xs}=\mathrm{j}\omega\mu\frac{\kappa_p}{\kappa_{mp}^2}A\cos(\kappa_m x)\sin(\kappa_p y)]\exp(-\mathrm{j}\beta_{mp}z) \tag{13.96d}$$

$$E_{ys}=-\mathrm{j}\omega\mu\frac{\kappa_m}{\kappa_{mp}^2}A\sin(\kappa_m x)\cos(\kappa_p y)]\exp(-\mathrm{j}\beta_{mp}z) \tag{13.96e}$$

上式就是 TE_{mp} 模式的各个场分量。对于这些模式，m 或 p 都可以为零，这样，就可能出现很重要的 TE_{m0} 模式或 TE_{0p} 模式，在后面我们将要详细地讨论这两种模式。文献 3 中给出了一些很好的关于 TE 和 TM 模式的例子。

13.5.4 截止条件

根据式(13.81)，一个给定模式的相位常数可表示为：

$$\beta_{mp} = \sqrt{k^2 - \kappa_{mp}^2} \tag{13.97}$$

应用式(13.86)、(13.90a)和(13.90b)，得到

$$\beta_{mp} = \sqrt{k^2 - \left(\frac{m\pi}{a}\right)^2 - \left(\frac{p\pi}{b}\right)^2} \tag{13.98}$$

应用 $k=\omega\sqrt{\mu\varepsilon}$，再定义一个截止角频率 ω_{Cmp}，上述结果就可以写成与式(13.42)相一致的一个适合于矩形波导的表达式。我们得到：

$$\beta_{mp} = \omega\sqrt{\mu\varepsilon}\sqrt{1-\left(\frac{\omega_{Cmp}}{\omega}\right)^2} \tag{13.99}$$

式中

$$\omega_{Cmp} = \frac{1}{\sqrt{\mu\varepsilon}}\left[\left(\frac{m\pi}{a}\right)^2 + \left(\frac{p\pi}{b}\right)^2\right]^{1/2} \tag{13.100}$$

像在讨论平行平板波导时一样，从式(13.99)再一次看到工作频率 ω 必须大于截止频率 ω_{Cmp}，才能使 β_{mp} 值为实数(这样才能使模式 mp 传播)。由于式(13.100)同时适用于 TE 和 TM 两种模式，这说明在一个给定的频率下会出现两种模式的合并。显然，选择波导尺寸 a 和 b，材料特性 ε_r 和 μ_r 也就确定了传播模式的数目。对于 $\mu_r=1$ 的典型情况，利用 $n=1/\sqrt{\varepsilon_r}$，以及光速 $c=1/\sqrt{\mu_0\varepsilon_0}$，我们可以将式(13.100)写成与式(13.41)相一致的形式，

$$\omega_{Cmp} = \frac{c}{n}\left[\left(\frac{m\pi}{a}\right)^2 + \left(\frac{p\pi}{b}\right)^2\right]^{1/2} \tag{13.101}$$

由此可以得出截止波长 λ_{Cmp} 的表达式，其形式与式(13.43)相一致：

$$\lambda_{Cmp} = \frac{2\pi c}{\omega_{Cmp}} = 2n\left[\left(\frac{m}{a}\right)^2 + \left(\frac{p}{b}\right)^2\right]^{-1/2} \tag{13.102}$$

λ_{Cmp} 为在截止频率下的自由空间波长。如果要测量得到波导在填充媒质时的截止波长，则可以通过将式(13.102)除以 n 得到。

现在，将式(13.99)写成与式(13.44)相一致的形式

$$\beta_{mp} = \frac{2\pi n}{\lambda}\sqrt{1-\frac{\lambda}{\lambda_{Cmp}}} \tag{13.103}$$

其中 λ 是自由空间波长。像之前我们看到的一样，如果波的工作波长 λ 小于 λ_{Cmp}，那么 TE_{mp} 或 TM_{mp} 模式就可以传播。

13.5.5　特殊情况：TE_{m0} 或 TE_{0p} 模式

矩形波导中最重要的模式是仅它本身能够单一传播的模式。我们知道，这种模式具有最低截止频率(或最长截止波长)，这样在一定的频率范围内，这种模式为非截止的，而其它模式则为截止的。从式(13.101)可以看出，当 $a>b$ 时，$m=1$ 和 $p=0$ 的模式具有最低截止频率，这将是 TE_{10} 模式(请记住 TM_{10} 模式是不存在的，见式(13.91))。可以发现，这种模式及其相同类型的模式与平行平板结构中的对应模式有相同的形式。

让 $p=0$，由式(13.96a)到式(13.96e)就可以得到 TE_{m0} 模式的各个场分量。也就是说，利用式(13.86)和式(13.90)，有

$$\kappa_m = \kappa_{mp}\big|_{p=0} = \frac{m\pi}{a} \tag{13.104}$$

且 $\kappa_p=0$。在这些条件下，式(13.91)中的场分量只有 E_{ys}，H_{xs}和 H_{zs}。由式(13.96e)中的所有幅值项构成的电场强度幅值 E_0来定义场方程是方便的。尤其是，可以定义

$$E_0 = -\mathrm{j}\omega\mu \frac{\kappa_m}{\kappa_{m0}^2} A = -\mathrm{j}\frac{\omega\mu}{\kappa_m} A \tag{13.105}$$

将式(13.104)和(13.105)代入式(13.96e)、(13.96c)以及(13.96a)中，我们得到 TE_{m0}模式场的表达式如下：

$$E_{ys} = E_0 \sin(\kappa_m x)\mathrm{e}^{-\mathrm{j}\beta_{m0} z} \tag{13.106}$$

$$H_{xs} = -\frac{\beta_{m0}}{\omega\mu} E_0 \sin(\kappa_m x)\mathrm{e}^{-\mathrm{j}\beta_{m0} z} \tag{13.107}$$

$$H_{zs} = \mathrm{j}\frac{\kappa_m}{\omega\mu} E_0 \cos(\kappa_m x)\mathrm{e}^{-\mathrm{j}\beta_{m0} z} \tag{13.108}$$

可以看出，这些表达式与平行平板波导中场的表达式(13.65)、(13.71)以及(13.72)相同。对于 TE_{m0}模，我们再次看到下标 m 表示在 x 方向上有 m 个半周期的电场，而在 y 方向上不变化。TE_{m0}模式的截止频率由式(13.101)给出，作一些适当的修正，可以得到：

$$\omega_{Cm0} = \frac{m\pi c}{na} \tag{13.109}$$

在式(13.99)中应用式(13.109)，得到相位常数为

$$\beta_{m0} = \frac{n\omega}{c}\sqrt{1-\left(\frac{m\pi c}{\omega na}\right)^2} \tag{13.110}$$

在高于截止频率或低于截止频率时，模式行为的所有涵义都与平行平板波导完全地相同。也可以用同样的方式对平面波进行分析。可以把 TE_{m0}模式看成是利用在两个垂直壁上来回反射从而使得其沿着波导传播的平面波。

由式(13.106)，可以得到基(TE_{10})模的电场表达式：

$$E_{ys} = E_0 \sin\left(\frac{\pi x}{a}\right)\mathrm{e}^{-\mathrm{j}\beta_{10} z} \tag{13.111}$$

图 13.18a 中示出了这种模式的电场分布，其中的电场是垂直极化且终止于上下两个平板上。根据在导体表面上切向电场边界条件的要求，在两个垂直导体壁上电场变为零。从式(13.102)中可求解得到其截止波长为

$$\lambda_{C10} = 2na \tag{13.112}$$

可以看出，当波导水平尺寸 a 等于(在媒质中测量的)半波长时，就可以得到这种模式的截止频率。

另一种可能是TE_{0p}场结构，它是由水平极化电场构成。图 13.18b 示出了TE_{01}模式的电场分布。让 $m=0$，由式(13.96a)到式(13.96e)就可以得到 TE_{0p}模式的各个场分量。也就是说，利用式(13.86)和式(13.90)，有

$$\kappa_p = \kappa_{mp}\big|_{m=0} = \frac{p\pi}{b} \tag{13.113}$$

且 $\kappa_m=0$。现在，在式(13.91a)到式(13.91e)中场分量只有 E_{xs}，H_{ys}和 H_{zs}。此时，我们将式(13.96d)中的所有幅值项用一个电场强度幅值 E'_0 来定义，有

$$E'_0 = \mathrm{j}\omega\mu \frac{\kappa_p}{\kappa_{0p}^2} A = \mathrm{j}\frac{\omega\mu}{\kappa_p} A \tag{13.114}$$

将式(13.113)和(13.114)代入式(13.96d)、(13.96b)以及(13.96a)中，我们得到 TE_{0p}模式场的表达式如下：

$$E_{xs} = E_0\sin(\kappa_p y)e^{-j\beta_{0p}z} \tag{13.115}$$

$$H_{ys} = \frac{\beta_{0p}}{\omega\mu}E_0\sin(\kappa_p y)e^{-j\beta_{0p}z} \tag{13.116}$$

$$H_{zs} = -j\frac{\kappa_p}{\omega\mu}E_0\cos(\kappa_p y)e^{-j\beta_{0p}z} \tag{13.117}$$

而截止频率将变为

$$\omega_{C0p} = \frac{p\pi c}{nb} \tag{13.118}$$

例 13.4　一空气填充矩形波导的尺寸为 $a=2$ cm，$b=1$ cm。求出此波导可传播单模(TE_{10}模)的频率范围。

解：由于波导为空气填充的，所以 $n=1$，根据式(13.109)，对于 $m=1$，有：

$$f_{C10} = \frac{\omega_{C10}}{2\pi} = \frac{c}{2a} = \frac{3\times 10^{10}}{2(2)} = 7.5\ \text{GHz}$$

下一个较高阶的模将是 TE_{20}模或 TE_{01}模，根据式(13.100)，由于 $a=2b$，所以它们具有相同的截止频率。这个截止频率是 TE_{10}模的两倍，或者 15 GHz。因此，此波导可传播单模的工作频率范围为 7.5 GHz$<f<$15 GHz。

已经理解了矩形波导是如何工作的了，我们还要进一步地问：为什么要使用矩形波导？以及它们在什么时候是有用的呢？让我们花一点时间来讨论一下当频率足够高使得波导模式出现时传输线的工作情况。波导模式在传输线中出现的开始阶段，称为模变，这在实际使用中是需要避免的，否则可能会导致信号失真。输入到这样一个传输线中的信号能量是按照某种比例被分配在各种不同的模式中的。每个模式中的信号能量以群速传播，这个群速对一个模式来说是惟一的。由于不同的模式有着不同的延迟时间(群延迟)，信号能量的这种分布方式使得各个模式的信号分量在传播了足够长的距离后，就会因失去同步而发生失真。我们在例题 13.3 中曾经遇到过这个概念。

为了避免上面所述的在传输线中出现的模式色散问题，只需要保证只传播 TEM 模，且工作频率在所有波导模式的截止频率以下。这可以通过如下两种方式来达到，一种是使传输线的尺寸小于信号波长的一半，另一种是确保给定传输线中工作频率的上限。但是这比波导要复杂得多。

在第 13.1 节中，我们看到由于集肤效应的存在，频率升高会导致传输线损耗增加。这可以由单位长度上串联电阻的增加来表示。我们能够通过增大传输线截面一个或多个方向上的尺寸来补偿这种损耗，例如像式(13.7)和式(13.12)所示，但只能到模变将发生为止。特别地，随着频率升高而增加的损耗使得在模变出现前传输线是没有用的，但是我们仍然不能够在不考虑模变的情况下通过增大传输线的尺寸来减小损耗。这种对尺寸的限定也限制了传输线所能传输的额定功率值，这是因为随着导体间距离的减小，介质击穿电压也相应地减小了。因此，当频率超过一定值时，我们就不希望再使用传输线了，这是由于损耗会变得过大，且对尺寸的限定会限制额定功率值。取而代之，我们会寻找其它的波导结构，矩形波导就是其中的一种。

由于矩形波导不能够传播 TEM 模，所以只有当频率超过该结构的最低阶波导模式的截止频率时它才能够工作。这样,对于一个给定的频率,为了满足这个条件,其尺寸就要做得足够大;因此,要求的横向尺寸将会大于仅要求传输 TEM 波的传输线的尺寸。在相同的体积条件下,尺寸增大将使导体表面面积比传输线的要大,这意味着矩形波导结构的损耗较低。另外,由于矩形波导具有较大的截面面积,相对于传输线来说,在给定电场强度下,波导将传输更多的能量。

空心管波导也必须只工作在一种模式下,以避免由于多模式传输所引起的失真问题。这意味着波导的尺寸必须满足它们工作在最低模式的截止频率以上,但是必须低于下一个较高模式的截止频率,如例题 13.4 中所示。再一次提高工作频率,就意味着必须减小波导的横向尺寸,以便保持单模工作状态。当尺寸继续地减小时,集肤效应损耗会再一次成为问题(请记住:除了金属表面面积会随着波导尺寸的减小而减小以外,透入深度也会随着频率的增加而减小)。另外,随着制造容差变得更为严格,波导的制造会变得更困难。于是,随着频率的进一步提高,我们不得不寻找另外一种结构。

练习 13.10 为了在频率为 15 GHz $<f<$ 20 GHz 的范围内只单模地工作,试确定出空气填充矩形波导的最小宽度 a 和最大高度 b。

答案:1 cm;0.75 cm

13.6 平板介质波导

当集肤效应损耗过大时,去除它的一个好方法就是完全去掉在波导结构中的金属导体,而利用各层介质之间的分界面来作为限定波的表面。这样,我们就得到了一种**介质波导**,如图 13.19 所示,**对称平板介质波导**就是一种基本的形式。对这种结构之所以这样来命名,就是因为它对于 z 轴有着垂直对称性。假定这种波导在 y 方向上的宽度远远大于板的厚度 d,于是问题就可以简化成二维问题,场只随着 x 和 z 变化,而不随着 y 变化。平板介质波导与平行平板波导的工作方式非常相似,不同的只是电磁波反射发生在具有不同折射率的两种介质分界面上,其中平板介质的折射率为 n_1,而平板介质上下方区域的折射率为 n_2。在介质波导中,必

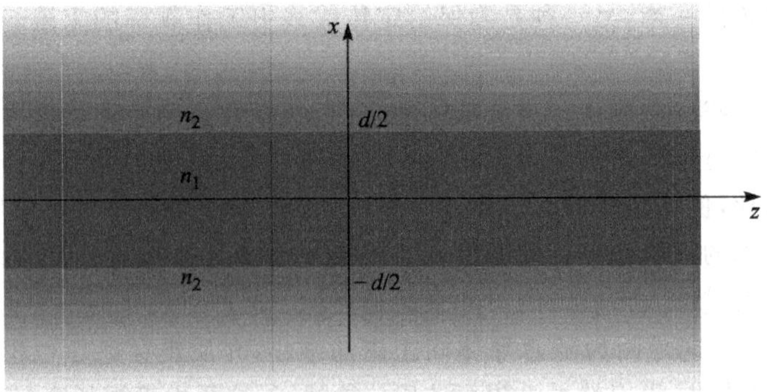

图 13.19 对称平板介质波导的结构,电磁波在其中沿着 z 轴方向传播。假定波导在 y 方向上是无限大,则可以简化成一个二维问题

须发生全反射，所以入射角必须超过临界角。结果是，如在第 12.6 节中所讨论的那样，平板介质的折射率 n_1 必须大于其周围材料的折射率 n_2。介质波导与导体波导不同的是，能量并不是完全被限制在平板介质内部，而是有一部分仍然存在于平板介质的上方和下方。

介质波导主要应用在光频(10^{14} Hz 量级)段上。同样，波导的横向尺寸必须与波长保持在同一个量级上，以使其能以单模的方式工作。我们可以使用很多种制造方法来达到这个目的。例如，可以给玻璃平板中掺杂一些能提高反射率的材料。现在的掺杂工艺只能使掺杂材料进入到距表面仅有几微米厚的薄层内。

为了理解波导的工作过程，现在来考察图 13.20，在图中示出了一通过多重反射沿着平板介质传播的电磁波，但是在每一次反射的过程中，总有一部分波会进入上方和下方区域中。图中示出了在平板介质内部和介质上方区域中的波矢量，以及它们在 x 和 z 方向上的分量。根据在第 12 章中介绍的内容，所有波矢量的 z 分量(β)都是相等的，因此如果对于所有位置和时间，在分界面上场的边界条件都能得到满足，这将是成立的。当然，我们不期望在边界面上出现部分的透入，否则介质内的能量最终会被全部地泄漏掉。这样一来，在这种结构中实际上传播的就是一种泄漏波，然而我们需要的是一种导行波。注意到在每一种情况中，我们仍然有两种波极化的可能性，结果也会有两种模式——TE 或 TM。

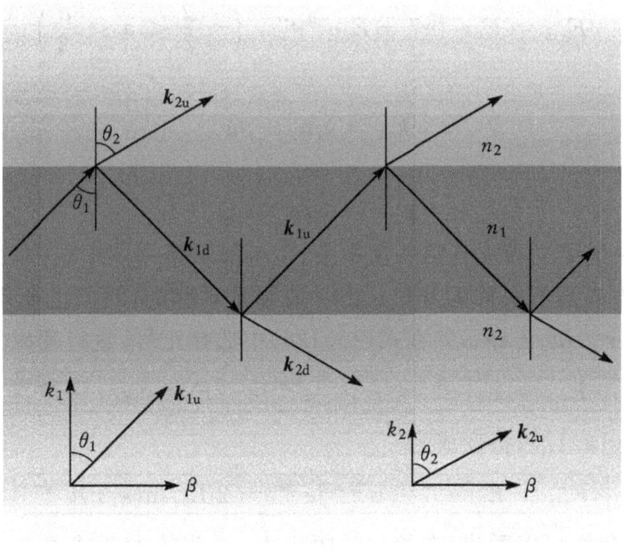

图 13.20　在对称平板介质波导中，一个泄漏波的平面波几何结构。对于一个导行模式来说，全反射发生在平板介质的内部，$\boldsymbol{k}_{2u}$ 和 $\boldsymbol{k}_{2d}$ 的 x 分量都是虚数

对于 TE 或 TM 波来说，在边界面上发生全反射分别意味着 $|\Gamma_s|^2$ 或 $|\Gamma_p|^2$ 等于 1，这里，反射系数由第 12 章的式(12.71)和式(12.69)分别给出：

$$\Gamma_s = \frac{\eta_{2s} - \eta_{1s}}{\eta_{2s} + \eta_{1s}} \tag{13.119}$$

和

$$\Gamma_p = \frac{\eta_{2p} - \eta_{1p}}{\eta_{2p} + \eta_{1p}} \tag{13.120}$$

如在第 12.6 节中所讨论的那样，若要使式(13.119)或(13.120)具有单位大小，就必须要求有效阻抗 η_{2s} 或 η_{2p} 为纯虚数、零或无限大。我们知道

$$\eta_{2s} = \frac{\eta_2}{\cos\theta_2} \tag{13.121}$$

和

$$\eta_{2p} = \eta_2 \cos\theta_2 \tag{13.122}$$

现在，要求 $\cos\theta_2$ 为零或纯虚数，根据第 12.6 节中的式(12.75)，

$$\cos\theta_2 = (1-\sin^2\theta_2)^{1/2} = \left(1-\left(\frac{n_1}{n_2}\right)^2 \sin^2\theta_1\right)^{1/2} \tag{13.123}$$

因此，要求

$$\theta_1 \geqslant \theta_c \tag{13.124}$$

其中，临界角由下式来定义：

$$\sin\theta_c = \frac{n_2}{n_1} \tag{13.125}$$

现在，从图 13.20 的几何结构中可以看出，我们可以使用平面波叠加的方法来建立在波导内 TE 波的场分布。在平板介质区域($-d/2<x<d/2$)中，我们有

$$E_{y1s} = E_0 \mathrm{e}^{-\mathrm{j}\boldsymbol{k}_{1u}\cdot\boldsymbol{r}} \pm E_0 \mathrm{e}^{-\mathrm{j}\boldsymbol{k}_{1d}\cdot\boldsymbol{r}} \quad \left(-\frac{d}{2}<x<\frac{d}{2}\right) \tag{13.126}$$

这里

$$\boldsymbol{k}_{1u} = \kappa_1 \boldsymbol{a}_x + \beta \boldsymbol{a}_z \tag{13.127}$$

和

$$\boldsymbol{k}_{1d} = -\kappa_1 \boldsymbol{a}_x + \beta \boldsymbol{a}_z \tag{13.128}$$

可以把式(13.126)中的第二项加到第一项中去，也可能从第一项中减去，这两种处理方法都会使得电场强度沿 x 方向具有对称的分布。由于波导是对称的，我们也期望电场就是这样的对称分布。现在，使用 $\boldsymbol{r}=x\boldsymbol{a}_x+z\boldsymbol{a}_z$，并在式(13.126)中选择正号，它将变成为

$$\boxed{E_{y1s} = E_0[\mathrm{e}^{\mathrm{j}\kappa_1 x} + \mathrm{e}^{-\mathrm{j}\kappa_1 x}]\mathrm{e}^{-\mathrm{j}\beta z} = 2E_0\cos(\kappa_1 x)\mathrm{e}^{-\mathrm{j}\beta z}} \tag{13.129}$$

如果选择负号，则式(13.126)将变成为

$$\boxed{E_{y1s} = E_0[\mathrm{e}^{\mathrm{j}\kappa_1 x} - \mathrm{e}^{-\mathrm{j}\kappa_1 x}]\mathrm{e}^{-\mathrm{j}\beta z} = 2\mathrm{j}E_0\sin(\kappa_1 x)\mathrm{e}^{-\mathrm{j}\beta z}} \tag{13.130}$$

根据 $\kappa_1=n_1k_0\cos\theta_1$，我们可以看出，在给定的频率下，$\kappa_1$ 值较大意味着 θ_1 值较小。另外，根据式(13.129)和式(13.130)，较大的 κ_1 值将使电场在横向尺寸上产生的空间谐振数目也较大。我们在平行平板波导中也发现了类似的行为。与在平行平板波导中一样，我们在平板介质波导中也使用 κ_1 的增加值来表示高阶模①。

如图 13.20 所示，在平板介质的上方和下方区域中，所传播电磁波的波矢量为 $\boldsymbol{k}_{2u}$ 和 $\boldsymbol{k}_{2d}$。例如，在平板介质的上方($x>d/2$)，TE 电场的形式为

$$E_{y2s} = E_{02}\mathrm{e}^{-\mathrm{j}\boldsymbol{k}_2\cdot\boldsymbol{r}} = E_{02}\mathrm{e}^{-\mathrm{j}\kappa_2 x}\mathrm{e}^{-\mathrm{j}\beta z} \tag{13.131}$$

---

① 像在金属波导中一样，由于我们将得到这些量的一系列离散值，所以给 k_1，k_2，β 和 θ_1 加上模式数下标 m 是合适的。为了使符号简单起见，在这里省略了下标 m，但是我们却应该记住这一点。再一次，在这一节中下标 1 和下标 2 分别表示的是平板和其周围区域，而与模式数无关。

然而，$\kappa_2 = n_2 k_0 \cos\theta_2$，根据式(13.123)，这里 $\cos\theta_2$ 为纯虚数。于是我们可以将它写为

$$\kappa_2 = -\mathrm{j}\gamma_2 \tag{13.132}$$

这里 γ_2 是实数，且由下式给定(根据式(13.123))

$$\gamma_2 = \mathrm{j}\kappa_2 = \mathrm{j}n_2 k_0 \cos\theta_2 = \mathrm{j}n_2 k_0 (-\mathrm{j})\left[\left(\frac{n_1}{n_2}\right)^2 \sin^2\theta_1 - 1\right]^{1/2} \tag{13.133}$$

现在，式(13.131)就变为

$$\boxed{E_{y2s} = E_{02}\mathrm{e}^{-\gamma_2(x-d/2)}\mathrm{e}^{-\mathrm{j}\beta z} \quad \left(x > \frac{d}{2}\right)} \tag{13.134}$$

这里，式(13.131)中的变量 x 已经由 $x-d/2$ 来代替，这样可以使得在边界上场的幅值为 E_{02}。同理，在平板介质下方的区域中(此时 x 为负值，考虑 $\boldsymbol{k}_{2d}$)，有

$$\boxed{E_{y2s} = E_{02}\mathrm{e}^{\gamma_2(x+d/2)}\mathrm{e}^{-\mathrm{j}\beta z} \quad \left(x < -\frac{d}{2}\right)} \tag{13.135}$$

由式(13.134)和式(13.135)所表示的场是表面波的电场。注意到，根据 $\mathrm{e}^{-\mathrm{j}\beta z}$ 可以看出，它只沿 z 方向传播；但是根据式(13.134)中的因子 $\mathrm{e}^{-\gamma_2(x-d/2)}$ 和式(13.135)中的因子 $\mathrm{e}^{\gamma_2(x+d/2)}$，随着 $|x|$ 的增大，它的幅值会减小。这些电磁波是模中总能量的一部分，于是我们看到了介质波导与金属波导的一个重要的基本差别：在介质波导中，场(导行能量)不仅存在于横截面内，并且可以延伸到限定边界以外的区域中，从原理上来说它可以存在于一个无限大的横截面内。在实际情况中，由于在平板介质的上下方区域内场是呈指数衰减的，这足以使得在距边界面若干个平板介质厚度以外，场是可以忽略不计的。

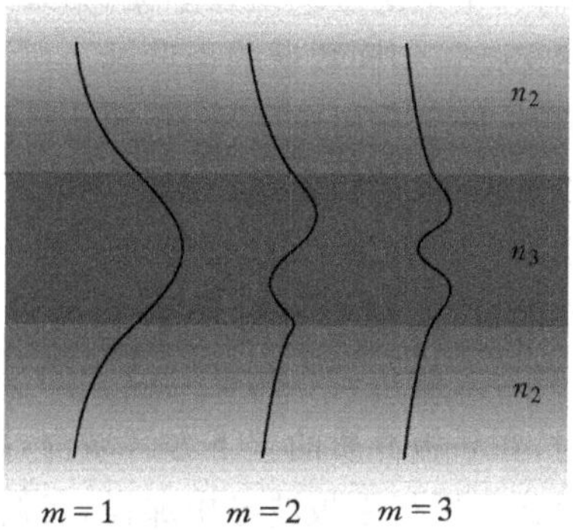

图 13.21　在对称平板介质波导中，前三个 TE 模的电场幅值在横向平面内的分布

总电场分布由全部三个区域中的电场所组成，在图 13.21 中示出了前三种模式的电场分布。在平板介质内部，场呈现出振荡，且与平行平板波导中的形式相似。其差别在于在介质波导内部的场在边界面上不为零，而是与平板介质上方和下方的凋落场相连接。在边界面上，限制性的条件是两侧的 TE 场(界面的切向)必须匹配。具体地说，

$$E_{y1s}\Big|_{x=\pm d/2} = E_{y2s}\Big|_{x=\pm d/2} \tag{13.136}$$

把这个条件应用到式(13.129)、式(13.130)、式(13.134)和式(13.135)中，就可以得到对称平板介质波导中 TE 电场的最终表达式，对于偶对称和奇对称两种情况，分别有

$$E_{se}(\text{偶 TE}) = \begin{cases} E_{0e}\cos(\kappa_1 x)\mathrm{e}^{-\mathrm{j}\beta z} & \left(-\dfrac{d}{2} < x < \dfrac{d}{2}\right) \\ E_{0e}\cos\left(\kappa_1 \dfrac{d}{2}\right)\mathrm{e}^{-\gamma_2(x-d/2)}\mathrm{e}^{-\mathrm{j}\beta z} & \left(x > \dfrac{d}{2}\right) \\ E_{0e}\cos\left(\kappa_1 \dfrac{d}{2}\right)\mathrm{e}^{\gamma_2(x+d/2)}\mathrm{e}^{-\mathrm{j}\beta z} & \left(x < -\dfrac{d}{2}\right) \end{cases} \tag{13.137}$$

$$E_{so}(\text{奇 TE})=\begin{cases}E_{0o}\sin(\kappa_1 x)\mathrm{e}^{-\mathrm{j}\beta z} & \left(-\dfrac{d}{2}<x<\dfrac{d}{2}\right)\\ E_{0o}\sin\left(\kappa_1\dfrac{d}{2}\right)\mathrm{e}^{-\gamma_2(x-d/2)}\mathrm{e}^{-\mathrm{j}\beta z} & \left(x>\dfrac{d}{2}\right)\\ -E_{0o}\sin\left(\kappa_1\dfrac{d}{2}\right)\mathrm{e}^{\gamma_2(x+d/2)}\mathrm{e}^{-\mathrm{j}\beta z} & \left(x<-\dfrac{d}{2}\right)\end{cases} \tag{13.138}$$

求解波方程也能得到与这个结果一致的解(也是必须的)。读者可以详见参考文献 2 和 3。与平行平板波导一样,TE 模的磁场也将包含着 x 和 z 分量。最后,TM 模式的场与 TE 模式的场在形式上几乎是相同的,只是需要简单地将平面电磁波分量的极化方向旋转 90°而已。因此,在 TM 模中,H_y 和 TE 模中 E_y 的形式相同,如式(13.137)和式(13.138)所示。

除了在场结构的差异方面,平板介质波导与平行平板波导的工作方式基本上是一样的。对于一个给定的频率,只允许有限数目的模式存在,并且随着频率的提高,这个数目也会增加。高阶模式可以由较小的 θ_1 值来连续地描述。

对于任意模式来说,在截止时,在介质波导与金属波导之间会出现一些差异。我们知道在金属波导中,当截止时有 $\theta=0$。在介质波导中,当截止时,有入射角 θ_1 与**临界角** θ_c 相等。这样,随着一个给定模式的频率提高,其 θ_1 的值将超过 θ_c 而使其保持横向谐振,然而在横向平面内仍然保持着相同数量的场谐振。

但是,随着入射角的增加,凋落场的特性变化得很明显。这是可以理解的,由式(13.133)中可以看出,入射角依赖于凋落场的衰减系数 γ_2。注意到,在这个方程中,随着 θ_1 的增加(频率增高),γ_2 也在增大,这样随着介质上下方距离的增加,会导致一个更快的场衰减。于是随着频率的增高,模将更加密集地局限在介质的附近。同时,对于一个给定的频率,根据式(13.133),入射角较小的低阶模式的 γ_2 值也较小。因此,当考察多种模式在单一频率下同时传播时,在平板介质的上下方区域内,高阶模较低阶模来说所传输的能量更多。

就像在平行平板波导中那样,我们可以利用横向谐振条件求出模能够传播的条件。像在第 13.3 节中那样,我们在平板介质区域内进行横向全程分析,对于 TE 波来说,可以得到类似于式(13.37)的方程:

$$\boxed{\kappa_1 d+\phi_{TE}+\kappa_1 d+\phi_{TE}=2m\pi} \tag{13.139}$$

对于 TM 波:

$$\boxed{\kappa_1 d+\phi_{TM}+\kappa_1 d+\phi_{TM}=2m\pi} \tag{13.140}$$

把式(13.139)和式(13.140)称为对称平板介质波导的**本征值方程**。根据式(13.119)和式(13.120),反射相位移 ϕ_{TE}和 ϕ_{TM}就是反射系数 Γ_s 和 Γ_p 的相位。很容易求出这些值,但是它们却是 θ_1 的函数。众所周知,κ_1 也是 θ_1 的函数,但是与 ϕ_{TE}和 ϕ_{TM}的函数形式不同。因此,式(13.139)和式(13.140)都是 θ_1 的**超越方程**,不能求得其闭合解。但是,我们可以应用数值方法或图解方法(参见参考文献 4 和 5)求出它们的近似解。然而,对于任意 TE 或 TM 模式来说,从这个求解过程中能够得出其截止条件,可以简单地表示为

$$\boxed{k_0 d\sqrt{n_1^2-n_2^2}\geqslant(m-1)\pi\quad(m=1,2,3,\cdots)} \tag{13.141}$$

若要使模 m 能够传播,就必须使式(13.141)成立。对于模式数 m 的物理解释,仍然是电场(TE 模)或磁场(TM 模)出现在横向尺寸上的半周的个数。最低阶模($m=1$)被认为是不会

截止的——从零频率开始它都能够传播。这样，如果我们能够保证 $m=2$ 的模式在截止频率以下，就能够达到单模(实际上是一对 TE 和 TM 模)工作状态。应用式(13.141)，这样单模工作条件将变成为

$$\boxed{k_0 d\sqrt{n_1^2-n_2^2}<\pi} \tag{13.142}$$

利用 $k_0=2\pi/\lambda$，实现单模工作的波长范围为

$$\boxed{\lambda>2d\sqrt{n_1^2-n_2^2}} \tag{13.143}$$

例 13.5 一对称平板介质波导用来传输波长 $\lambda=1.30\ \mu m$ 的光波。介质厚度 $d=5.00\ \mu m$，周围介质的折射率为 $n_2=1.450$。在 TE 和 TM 单模工作时，求平板介质材料折射率的允许取值范围。

解：式(13.143)可以写成如下形式：

$$n_1<\sqrt{\left(\frac{\lambda}{2d}\right)^2+n_2^2}$$

因此

$$n_1<\sqrt{\left(\frac{1.30}{2(5.00)}\right)^2+(1.450)^2}=1.456$$

很明显，在制造单模工作的介质波导时，对于制造容差的要求是非常严格的。

练习 13.11 一厚度为 0.5 mm 的玻璃板($n_1=1.45$)被空气($n_2=1$)所包围。玻璃板被用于传输波长 $\lambda=1.0\ \mu m$ 的红外线。问有多少个 TE 和 TM 模式能够传播？

答案：2102

13.7 光纤纤维

光纤与介质波导的工作原理是相同的，当然除过它是圆形的截面以外。在图 13.10 中示出了**阶跃**折射率光纤的结构，其中半径为 a 的高折射率**芯子**由半径为 b 的低折射率**包层**所覆盖。利用全反射的原理，光被限定在内层的芯子中，但是仍然会有一部分能量存在于包层中。如同在介质波导中一样，随着频率的增高，包层中的能量会向着芯子集中。另外，像介质波导一样，光纤也可以传输无截止的模式。

光纤的分析是一个复杂的问题。这主要是因为它具有圆形的截面，另一个原因是它通常是一个三维问题，而介质波导仅仅是一个二维问题。由于随着光沿着光纤进行传播，光线在芯子与包层的边界上被反射，所以利用芯子中的光线来分析光纤是可能的。我们在前面曾经利用这种方法分析过介质波导，而且很快地得到了结果。然而，由于在光纤中光路很复杂，采用这种方法来分析是困难的。在光纤的芯子中，有两种类型的光线：(1)沿着光纤轴(z 轴)线传播的光线，称为子午面光线，(2)避开轴线，但是沿着螺旋状路径前进的光线。把这些光线称为偏斜光线，虽然对它们进行分析是可能的，但是很繁琐。光纤模式可以由以上任意一种类型的光线产生，也可由两种类型的光线共同产生，但是直接求解电磁波方程可以很容易地得到这些

光线。在这一节中，我们的目的就是要把光纤问题讨论清楚（避免其它多余的讨论）。为了达到这个目的，我们将以最快速的方法来求解最简单的问题。

最简单的光纤构型就是一种阶跃型折射率光纤，但是芯子与包层的折射率非常接近，也就是说 $n_1 \doteq n_2$。我们把它称之为弱导条件，它在分析中能起十分明显的简化作用。在平板介质波导分析中，我们已经看到了应该使内层和外层的折射率非常接近，这样才能达到单模工作或少模工作的目的。光纤制造商们都已经把这个结果十分牢记在心中，因此事实上今天绝大多数商用光纤都满足这个弱导条件。一根单模光纤的典型尺寸为芯子直径从 5 μm 到 10 μm，包层直径 125 μm。芯子与包层之间的折射率只有几个百分数的差别。

弱导条件的主要结果是产生一系列**线性极化**的模式。例如，这意味着 x 极化的光会进入光纤，而且会建立起一个或一系列具有 x 极化的模式。磁场与 $\boldsymbol{E}$ 基本上是相互垂直的，在现在的情况下，它会沿着 y 方向。尽管电场和磁场都有 z 分量，但两者都很微弱以致于可以被忽略。几乎相等的芯子和包层折射率使得光路基本上是平行于波导的轴线——仅有极其微小的偏差。事实上，对于给定的模式，当近似地认为 η 就是包层的波阻抗时，我们可以写出 $E_x \doteq \eta H_y$。因此，在弱导近似中，光纤模式场被处理为平面波（当然是非均匀的）。这些模式的标记为 LP_{lm}，意思是具有整数阶参数 l 和 m 的线性极化。后者表示了在圆形横截面内的两个几何尺寸上变化的个数。特别地，**方位角模数** l 是在给定半径上随着 ϕ 从 0 变到 2π 时，出现能量密度最大值（或最小值）的半周的个数。**径向模数** m 表示了径向线（角度为常数 ϕ）从零延伸至无穷时，能量密度出现最大值的半周的个数。

虽然我们可以在直角坐标系中假定一个线性极化场，但是很显然，我们还是倾向于在圆柱坐标系下进行分析。根据矩形波导的分析方法，有可能把在弱导光纤内沿 x 极化的电场相量写成三个函数的乘积形式，其中的每一个函数都随着三个坐标变量 ρ, ϕ 和 z 变化：

$$\boxed{E_{xs}(\rho,\phi,z) = \sum_i R_i(\rho)\Phi_i(\phi)\exp(-\mathrm{j}\beta_i z)} \tag{13.144}$$

在上面的这个和式中，每一项都对应着光纤的一种模式。注意到，由于我们假定它是一根无限长的无损耗光纤，所以关于 z 的一项正好是传播因子 $\mathrm{e}^{-\mathrm{j}\beta z}$。

波方程就是式(13.58)，我们可以写出 $\boldsymbol{E}_s$ 的 x 分量所满足的波方程，但是要在圆柱坐标系中写出拉普拉斯算子：

$$\boxed{\frac{1}{\rho}\frac{\partial}{\partial\rho}\left(\rho\frac{\partial^2 E_{xs}}{\partial\rho}\right)+\frac{1}{\rho^2}\frac{\partial^2 E_{xs}}{\partial\phi^2}+(k^2-\beta^2)E_{xs}=0} \tag{13.145}$$

我们知道，若将算子 $\partial^2/\partial z^2$ 应用到式(13.144)中就会出现因子 $-\beta^2$。现在，我们将式(13.144)中的某一项代入式(13.145)中（由于式(13.144)中的每一项都满足波方程）。省略掉下标 i，展开径向导数，并整理之后，我们得到

$$\underbrace{\frac{\rho^2}{R}\frac{\mathrm{d}^2 R}{\mathrm{d}\rho^2}+\frac{\rho}{R}\frac{\mathrm{d}R}{\mathrm{d}\rho}+\rho^2(k^2-\beta^2)}_{l^2} = \underbrace{-\frac{1}{\Phi}\frac{\mathrm{d}^2\Phi}{\mathrm{d}\phi^2}}_{l^2} \tag{13.146}$$

我们注意到，式(13.146)的左边只随 ρ 变化，而右边只随 ϕ 变化。由于这两个变量是相互独立的，所以方程的两边都应该等于一个常数。若把这个常数记做 l^2，这样我们就可以分别把每一边写成独立的方程，现在变量也就被分离了：

$$\boxed{\frac{\mathrm{d}^2\Phi}{\mathrm{d}\phi^2}+l^2\Phi=0} \tag{13.147a}$$

$$\frac{d^2R}{d\rho^2}+\frac{1}{\rho}\frac{dR}{d\rho}+\left(k^2-\beta^2-\frac{l^2}{\rho^2}\right)R=0 \tag{13.147b}$$

式(13.147a)解的形式为 ϕ 的正弦或余弦函数：

$$\Phi(\phi)=\begin{cases}\cos(l\phi+\alpha)\\ \sin(l\phi+\alpha)\end{cases} \tag{13.148}$$

这里 α 是一个常数。由式(13.148)可以看出，l 必须是一个整数，这是由于当 ϕ 变化了 2π 弧度后，在横截面内必须出现相同的模式场。由于光纤是圆柱体，所以在其横截面内取 x 和 y 轴都是无意义的，所以我们可以选择余弦函数，并设 $\alpha=0$。这样，我们将使用 $\Phi(\phi)=\cos(l\phi)$。

由式(13.147b)求得的径向函数的解是非常复杂的。式(13.147b)是贝塞尔方程中的一种，它的解是各种形式的贝塞尔函数。其关键的参数是函数 $\beta_t=(k^2-\beta^2)^{1/2}$，它的平方出现在式(13.147b)中。注意到，$\beta_t$ 在两个区域内是不同的：在芯子中($\rho<a$)，$\beta_t=\beta_{t1}=(n_1^2k_0^2-\beta^2)^{1/2}$；而在包层中($\rho>a$)，我们有 $\beta_t=\beta_{t2}=(n_2^2k_0^2-\beta^2)^{1/2}$。与 k 和 β 的相对大小有关，β_t 可能是实数，也有可能是虚数。这样就导致了式(13.147b)的解具有两种可能的形式：

$$R(\rho)=\begin{cases}AJ_l(\beta_t\rho) & \beta_t \text{ 为实数}\\ BK_l(|\beta_t|\rho) & \beta_t \text{ 为虚数}\end{cases} \tag{13.149}$$

这里 A 和 B 为常数。$J_l(\beta_t\rho)$为第一类普通贝塞尔函数，其阶数为 l，自变量为 $\beta_t\rho$。$K_l(|\beta_t|\rho)$是第二类修正贝塞尔函数，其阶数为 l，自变量为$|\beta_t|\rho$。这两个函数的前两个如图 13.22(a)和 13.22(b)所示。在我们的研究中，知道函数 J_0 和 J_1 准确的零点是有必要的。由图 13.22(a)看出，有如下结果：对于 J_0，其零点为 2.405，5.520，8.654，11.792 和 14.931；对于 J_1，其零点为 0，3.832，7.016，10.173 和 13.324。其它类型的贝塞尔函数可能会对式(13.149)的解有贡献，但是它们随着半径的变化呈现出无物理意义的特性，因此在这里就没有包括进来。

下一步，我们需要确定在每一个区域内这两个解中哪一个是合适的。在光纤芯子中($\rho<a$)，我们希望得到一个振荡形式的场解——就像我们在平板介质波导中得到的那样的形式。因此，要求 $\beta_{t1}=(n_1^2k_0^2-\beta^2)^{1/2}$ 为实数，我们就可以把普通贝塞尔函数作为光纤芯子中的解。在包层内($\rho>a$)，我们期望得到表面电磁波，它的幅值是随着离开芯子/包层边界面半径的增大而减小的。如果 β_{t2} 是虚数，贝塞尔函数 K 具有这样的特性，所以是适用的。根据这个要求条件，我们可以写出 $|\beta_{t2}|=(\beta^2-n_2^2k_0^2)^{1/2}$。幅值在包层介质内随着半径的增大而逐渐地减小，使得我们可以忽略包层边界(在 $\rho=b$ 处)外部的影响，根据分析结果，在这个边界上的场是非常微弱的以至于不会对模式的场产生影响。

由于 β_{t1} 和 β_{t2} 的单位为 m^{-1}，我们可以很方便地给二者都乘以内半径 a，来归一化这些量值。归一化后的参数变为

$$u\equiv a\beta_{t1}=a\sqrt{n_1^2k_0^2-\beta^2} \tag{13.150a}$$

$$w\equiv a|\beta_{t2}|=a\sqrt{\beta^2-n_2^2k_0^2} \tag{13.150b}$$

u 和 w 分别与平板介质波导中的 $\kappa_1 d$ 和 $\kappa_2 d$ 相似。在这些参数中，β 是 n_1k_0 和 n_2k_0 的 z 分量，也是传输模式的相位常数。β 在两个区域内必须是相同的，只有这样对于所有的 z 和 t，才能使场在 $\rho=a$ 处的边界条件得到满足。

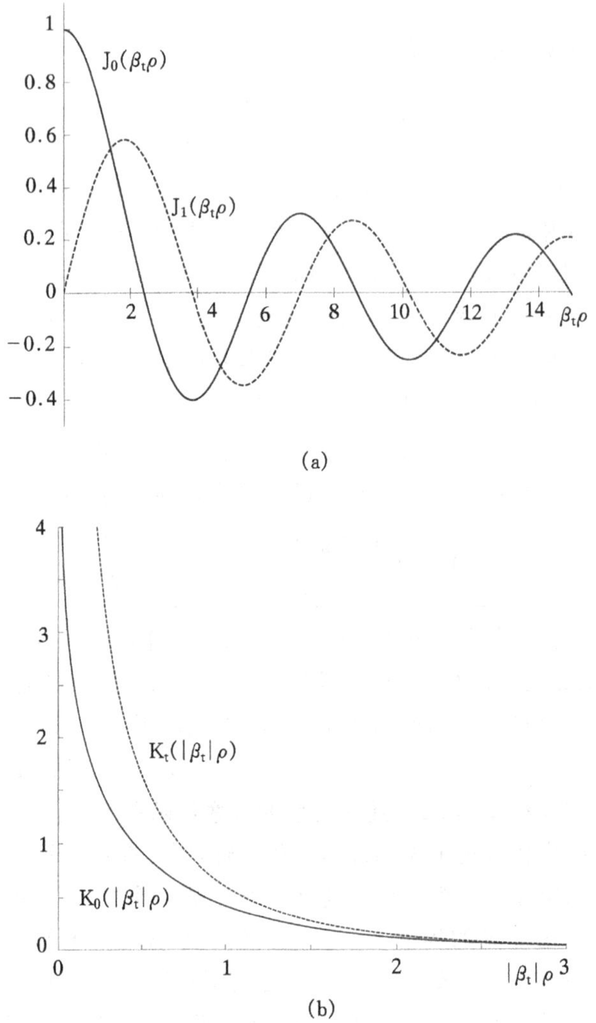

图 13.22 (a)0 阶和 1 阶第一类普通贝塞尔函数，自变量为 $\beta_t\rho$，其中 β_t 是实数；(b)0 阶和 1 阶第二类修正贝塞尔函数，自变量为 $|\beta_t|\rho$，其中 β_t 是虚数

现在，我们可以构造出在单一传输模式下 E_{xs} 的完整解，使用式(13.144)、(13.148)、(13.149)、(13.150a)和(13.150b)：

$$
\boxed{E_{xs}=\begin{cases}E_0\mathrm{J}_l(u\rho/a)\cos(l\phi)\mathrm{e}^{-\mathrm{j}\beta z} & \rho\leqslant a\\ E_0[\mathrm{J}_l(u)/\mathrm{K}_l(w)]\mathrm{K}_l(w\rho/a)\cos(l\phi)\mathrm{e}^{-\mathrm{j}\beta z} & \rho\geqslant a\end{cases}} \tag{13.151}
$$

注意到，我们已经使式(13.149)中的系数 A 等于 E_0，以及 $B=E_0[\mathrm{J}_l(u)/K_l(w)]$。这样的选择能够保证两个区域内 E_{xs} 的表达式在 $\rho=a$ 处是相等的，只要 $n_1\doteq n_2$，这个条件就能近似地成立(弱导近似)。

同时，弱导条件也允许这样的近似 $H\doteq E/\eta$，其中，η 是包层的波阻抗。若已知 $\boldsymbol{E}_s$ 和 $\boldsymbol{H}_s$，我们就可以通过下式求出 LP_{lm} 模的平均能量密度(或者光的强度)

$$|\langle \boldsymbol{S} \rangle| = \left| \frac{1}{2}\text{Re}\{\boldsymbol{E}_s \times \boldsymbol{H}_s^*\} \right| = \frac{1}{2}\text{Re}\{E_{xs} H_{ys}^*\} = \frac{1}{2\eta} |E_{xs}|^2 \tag{13.152}$$

在式(13.152)中应用式(13.151)，则单位为 W/m^2 的模强度为

$$\boxed{I_{lm} = I_0 \text{J}_l^2\left(\frac{u\rho}{a}\right)\cos^2(l\phi) \quad \rho \leqslant a} \tag{13.153a}$$

$$\boxed{I_{lm} = I_0 \left(\frac{\text{J}_l(u)}{\text{K}_l(w)}\right)^2 \text{K}_l^2\left(\frac{w\rho}{a}\right)\cos^2(l\phi) \quad \rho \geqslant a} \tag{13.153b}$$

这里 I_0 为峰值强度。由式(13.153a)和式(13.153b)可以明显地看出，方位角模数 l 是用来确定在一个圆周内($0<\phi<2\pi$)强度变化的数目；同时它也决定了所用贝塞尔函数的阶数。在式(13.153a)和式(13.153b)中没有直接明确地表示出径向模数 m 的影响。简单地说，m 决定了在贝塞尔函数 $\text{J}(u\rho/a)$ 中 u 的允许取值范围。m 值越大，u 的取值范围也越大。当 u 较大时，贝塞尔函数在 $0<\rho<a$ 上会振荡的更快，所以在 m 较大时会出现更多次的径向强度变化。在平板介质波导中，模数(也记作 m)决定了 κ_1 的允许取值范围。正如在第 13.6 节中所看到的，在给定频率时，不断地增加 κ_1 就意味着光线趋向垂直于边界面传播(较小的 θ_1)，因此在横向截面上，场就会出现更多次的空间振荡(m 较大时)。

最后的一步分析就是得到一个方程，对于给定的工作频率和光纤结构，就可以根据它来确定模式参数的值(例如，u，w 和 β)。在平板介质波导中，根据横向谐振的概念，我们得到了式(13.139)和式(13.140)，它们分别适用于介质内的 TE 波和 TM 波。在光纤分析中，我们没有直接地应用横向谐振的概念，而是**隐含地**要求所有场在芯子/包层边界面 $\rho=a$ 上都满足边界条件①。我们已经通过对横向场应用边界条件得到了式(13.151)。剩下的边界条件就是 $\boldsymbol{E}$ 和 $\boldsymbol{H}$ 的 z 分量的连续性。在弱导条件近似中，我们已经忽略了所有的 z 分量，但是我们现在将把它们考虑为最后的练习。应用法拉弟定律的微分形式，H_{zs} 在 $\rho=a$ 处的连续性与 $\nabla \times \boldsymbol{E}_s$ 的 z 分量的连续性相同，这是由于在两个区域内 $\mu=\mu_0$(或具有相同的值)。特别地

$$(\nabla \times \boldsymbol{E}_{s1})_z \Big|_{\rho=a} = (\nabla \times \boldsymbol{E}_{s2})_z \Big|_{\rho=a} \tag{13.154}$$

分析的步骤是，首先将式(13.151)中的电场用 ρ 和 ϕ 分量表示出来，然后再应用式(13.154)。这是一个很长的求解过程，我们把它留作练习(或者也可以从参考文献 5 中找到)。最后的结果就是弱导阶跃折射率光纤中 LP 模的本征值方程。

$$\boxed{\frac{\text{J}_{l-1}(u)}{\text{J}_l(u)} = -\frac{w}{u}\frac{\text{K}_{l-1}(w)}{\text{K}_l(w)}} \tag{13.155}$$

像式(13.139)和式(13.140)一样，这个方程也是超越方程，必须采用数值或图解的方法求出 u 和 w 。无论从哪一方面，这个练习都超出了我们的分析范围。但是，我们可以从式(13.155)中得到给定模式的截止条件，以及最重要模式的一些性质——哪个模式不会截止，也就是说这个模在单模光纤中会出现。

如果注意到可以把 u 和 w 合在一起，构成一个不依赖于 β 仅依赖于光纤结构和工作频率的新变量，我们就可以很方便地求式(13.155)的解。这个新变量称为**归一化频率**，或 V 数，它可以利用式(13.150a)和式(13.150b)求得：

---

① 回忆一下反射系数式(13.119)和式(13.120)，在横向谐振条件中使用的反射相位移是由它们所决定的，但实际上是应边界条件得到的结果。

$$\boxed{V \equiv \sqrt{u^2 + w^2} = ak_0 \sqrt{n_1^2 - n_2^2}} \tag{13.156}$$

应注意到，V 的增加一定是伴随着芯子半径，频率或折射率差异的增大。

联立求解式(13.155)和式(13.156)，我们可以得到在给定模式下的截止条件。为了得到这个条件，我们注意到介质波导中的截止意味着在芯子/包层界面上的全反射正好消失了，能量开始沿着径向向远离芯子的方向传播。对式(13.151)表示的电场所产生的影响是包层中的场不再会随着半径的增大而减小。当 $w=0$ 时，这种情况将出现在修正贝塞尔函数 $K(w\rho/a)$ 中。这是一般的截止条件，我们现在将它应用到式(13.155)中，当 $w=0$ 时，式(13.155)的右端变为零。由此可以求得 u 和 V 的截止值(u_c 和 V_c)，并且根据式(13.156)，有 $u_c=V_c$。在截止时，式(13.155)变为

$$\boxed{\mathrm{J}_{l-1}(V_c) = 0} \tag{13.157}$$

现在，找出给定模的截止条件，就是要根据式(13.157)求出对应的普通贝塞尔函数的零点。这也就给出了该模式在截止时的 V 值。

例如，最低阶模在结构上是最简单的，因此，它在 ϕ 方向上没有变化，而在 ρ 方向上只有一次变化(一个最大值)。因此，这个模的名称为 LP_{01}，考虑到 $l=0$，由式(13.157)给出的截止条件为 $\mathrm{J}_{-1}(V_c)=0$。由于 $\mathrm{J}_{-1}=\mathrm{J}_1$(只有对贝塞尔函数 J_1 才是成立的)，我们取 J_1 的第一个零点，它是 $V_c(01)=0$。因此，LP_{01}模没有截止现象，这时假如光纤的 V 值大于零但小于次高阶模的 V_c，其它的模就不能够传播。从图 13.22(a)中可以看出，贝塞尔函数的下一个零点为 2.405(对于函数 J_0)。于是，在式(13.156)中有 $l-1=0$，所以 $l=1$ 是次高阶的模式。同时，我们应用 $m_l(m=1)$的最低值，因此把这个模称之为 LP_{11}。它的截止值 V 是 $V_c(11)=2.405$。但是，如果选择 $m=2$，我们就能得到 LP_{12}模的截止值 V。我们应用函数 J_0 的下一个零点，即是 5.520，或者 $V_c(12)=5.520$。这样的话，径向模数 m 就是阶数为 $l-1$ 的贝塞尔函数的零点数，并按数值大小由小到大地排列。

根据前面的介绍，在阶跃折射率光纤中单模工作的条件为

$$\boxed{V < V_c(11) = 2.405} \tag{13.158}$$

然后，利用式(13.156)和 $k_0=2\pi/\lambda$，我们得到

$$\boxed{\lambda > \lambda_c = \frac{2\pi a}{2.405}\sqrt{n_1^2 - n_2^2}} \tag{13.159}$$

这就是为了在阶跃光纤中达到单模工作而对自由空间波长的要求条件。很显然，这与在平板介质波导中的单模工作条件[式(13.143)]相似。**截止波长** λ_c 就是 LP_{11}模的截止波长。在大多数商业单模波导的说明中都引用了它的值。

例 13.6 一阶跃折射率光纤的截止波长为 $\lambda_c=1.20\ \mu\text{m}$。如果光纤的工作波长为 $\lambda=1.55\ \mu\text{m}$，$V$ 为多大？

解：应用式(13.156)和式(13.159)，可以得到

$$V = 2.405\frac{\lambda_c}{\lambda} = 2.405\left(\frac{1.20}{1.55}\right) = 1.86$$

由式(13.155)求得每一种模式的 u 和 w 值之后，应用式(13.153a)和式(13.153b)，我们

可以求出前两个模强度的图形。对于 LP_{01} 模，我们有

$$I_{01}=\begin{cases}I_0 J_0^2(u_{01}\rho/a) & \rho\leqslant a\\ I_0\left(\dfrac{J_0(u_{01})}{K_0(w_{01})}\right)^2 K_0^2(w_{01}\rho/a) & \rho\geqslant a\end{cases}\tag{13.160}$$

对于 LP_{11} 模，我们有

$$I_{11}=\begin{cases}I_0 J_1^2(u_{11}\rho/a)\cos^2\phi & \rho\leqslant a\\ I_0\left(\dfrac{J_1(u_{11})}{K_1(w_{11})}\right)^2 K_1^2(w_{11}\rho/a)\cos^2\phi & \rho\geqslant a\end{cases}\tag{13.161}$$

如图 13.23 所示，画出了对于一 V 值的两个强度在 $\phi=0$ 时随半径变化的函数曲线。我们在这里再一次需要注意的是，与在平板介质波导中一样，对光纤芯子中的高阶模的限制比较低。

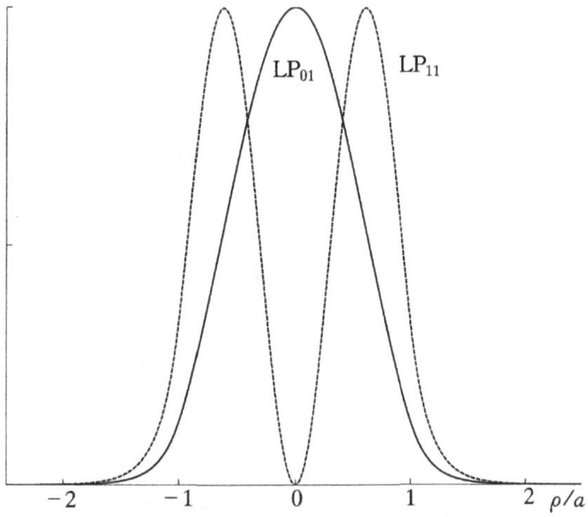

图 13.23　根据式(13.160)和式(13.161)求得的在弱导阶跃折射率光纤中前两个 LP 模的强度图，它们是归一化半径 ρ/a 的函数。这里，在相同的工作频率下，计算了两个函数的值。很明显，对 LP_{11} 模的限制要比 LP_{01} 模相对弱

随着 V 值的增大（例如，可由频率的升高引起），所能存在的模式被更加密集地限制在光纤芯子中，而且新的更高阶模也开始传播。如图 13.24 所示，画出了最低阶模随着 V 变化的行为，我们再一次注意到随着 V 值的增大模式被更加密集地限制在光纤芯子中。在求解强度的过程中，一般必须使用数值方法来求方程式(13.155)的解，才能得到 u 和 w。存在着各种解析近似方法可以逼近准确的数值解，对于 LP_{01} 模来说，最好的方法是鲁道夫-诺伊曼公式，它在 $1.3<V<3.5$ 范围内都是有效的。

$$\boxed{w_{01}\doteq 1.1428V-0.9960}\tag{13.162}$$

求得 w_{01} 之后，若又已知 V，就可以由式(13.156)求得 u_{01}。

对 LP_{01} 模的另一个重要简化是采用高斯型函数来近似它的强度。我们可以看出，图13.24所示的强度图与高斯型函数有着相似之处，高斯型函数可表示为

$$\boxed{I_{01}\approx I_0 e^{-2\rho^2/\rho_0^2}}\tag{13.163}$$

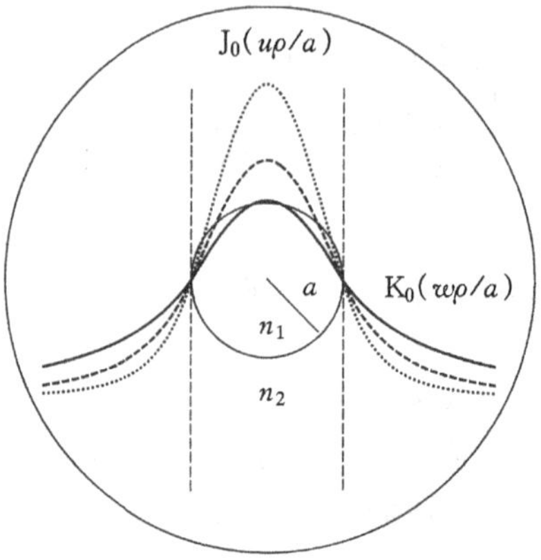

图 13.24 在弱导阶跃折射率光纤中的 LP_{01} 模强度图。对应于频率的增高，在图中示出了 $V=1.0$(实线)、$V=1.2$(虚线)、$V=1.5$(点线)的轨迹。垂直虚线表示芯子/包层的边界，对于这三种情况来说，如式(13.160)所示的光纤芯子中 J_0 的径向变化与包层中 K_0 的径向变化是在这个边界面上相联系起来的。很明显，随着频率的提高，模式能量朝着光纤轴线方向移动

这里，**模式场半径** ρ_0 定义为从光纤轴线到模式场强下降为轴线上场强值的 $1/e^2$ 倍的距离。这个半径取决于频率，更一般地说取决于 V。对基本对称平板介质波导的模式强度也可以做类似的逼近。在阶跃折射率光纤中，高斯型逼近与式(13.160)表示的实际模式强度之间的最好拟合可以由马尔库斯公式给出：

$$\boxed{\frac{\rho_0}{a} \approx 0.65 + \frac{1.619}{V^{3/2}} + \frac{2.879}{V^6}} \tag{13.164}$$

模式场半径(在给定的波长下)是商业单模光纤的另一个重要指标(和截止波长一样)。了解这一点是重要的，其原因主要有这么几点：首先，在将两根单模光纤拼接或联接在一起时，若它们具有相同的模式场半径且光纤轴线是严格地被对准的，就会达到最低的联接损耗。半径不同或者轴线被偏离都会导致损耗的增加，但是可以计算这个损耗并与测量值相比较。如果光纤的模式场半径较大，那么对定位公差(与精确轴线之间允许的偏差)的要求就会有所降低。其次，较小的模式场半径意味着当弯曲时光纤中几乎不会产生损耗。最后，模式场半径与模式相位常数 β 是直接地相关联的，这是因为若已知 u 和 w(从 ρ_0 可以计算出来)，β 就可以由式(13.150a)和式(13.150b)中得到。因此，通过测量模式场半径随着频率的变化量，就可以知道 β 随着频率(决定着色散的程度)是如何变化的了。再一次，在参考文献 4 和 5(和它们的参考文献)中有更为详细的讨论。

练习 13.12 对于例 13.6 中的光纤，芯子的半径为 $a=5.0\ \mu m$。求出模式场半径的值，工作波长分别为：(a) 1.55 μm；(b) 1.30 μm。

答案：(a) 6.78 μm；(b) 5.82 μm

参考文献

1. Weeks. W. L. *Transmission and Distribution of Electrical Energy*. New York: Harper

and Row，1981. 该书在第 2 章中讨论了各种电力传输和分布系统中传输线的参数，以及典型的参数值。

2. Edwards，T. C. *Foundations for Microstrip Circuit Design*. Chichester，New York.：Wiley-Interscience，1981. 在该书第 3 章和第 4 章中，对微带线问题处理的讨论特别好，并给出了许多设计公式。
3. Ramo，S.，J. R. Whinnery and T. Van Duzer. *Fields and Waves in Communication Electronics*. 3d ed. New York：John Wiley & Sons，1990. 在第 8 章中，对平行平板波导和矩形波导进行了深入的讨论。
4. Marcuse，D. *Theory of Dielectric Optical Waveguides*. 2d ed. New York：Academic Press，1990. 这本书提供了关于平板介质波导的一个非常一般和全面的讨论，另外也对其它类型的波导做了一些讨论。
5. Buck，J. A. *Fundamentals of Optical Fibers*. New York：Wiley-Interscoence，2004. 在这本书中，其中的一个作者对对称平板介质波导和弱导光纤着重做了强调。

习题 13

13.1 一同轴传输线的导体为铜（$\sigma_c=5.8\times10^7$ S/m），介质为聚乙烯（$\varepsilon'_r=2.26$，$\sigma/\omega\varepsilon'=0.0002$）。如果外导体的内半径为 4 mm，求出内导体的半径，使得：(a)$Z_0=50\ \Omega$；(b)$C=100$ pF/m；(c)$L=0.2\ \mu$H/m。（假定为无损耗传输线）

13.2 已知同轴电缆 $a=0.25$ mm，$b=2.5$ mm，$c=3.30$ mm，$\varepsilon_r=2.0$，$\mu_r=1$，$\sigma_c=1.0\times10^7$ S/m，$\sigma=1.0\times10^{-5}$ S/m，$f=300$ MHz。求其各个参数 R、L、C 和 G。

13.3 用两根铝包层钢导体构造成一条二线传输线，令 $\sigma_{Al}=3.8\times10^7$ S/m，$\sigma_{St}=5\times10^6$ S/m，$\mu_{St}=100\ \mu$H/m。钢导线的半径为 0.5 英寸，铝皮的厚度为 0.05 英寸。介质为空气，导线中心与中心之间的间距为 4 英寸。当工作在频率 10 MHz 时，求出传输线的 C、L、G 和 R。

13.4 求聚乙烯二线传输线的 R、L、C 和 G，$f=800$ MHz。设铜导体的半径为 0.5 mm，二线间距为 0.8 cm。$\varepsilon_r=2.26$，$\sigma/\omega\varepsilon'=4.0\times10^{-4}$。

13.5 在二线传输线中每个导体的半径都为 0.5 mm，它们的中心与中心之间的间距为 0.8 cm。令 $f=150$ MHz，并假定 σ 和 σ_c 为零。分别在如下情况下，求出绝缘媒质的介电常数：(a)$Z_0=300\ \Omega$；(b)$C=20$ pF/m；(c)$v_p=2.6\times10^8$ m/s。

13.6 图 6.8 所示传输线中填充介质为聚乙烯。若填充介质为空气，则其电容为 57.6 pF/m。设传输线无损耗，求 C、L 和 Z_0。

13.7 对于图 13.2 所示的传输线，合适的尺寸为 $b=3$ mm 且 $d=0.2$ mm。导体和介质都是非磁性材料。(a)如果传输线的特性阻抗为 15 Ω，求出 ε'_r，假定是一种低损耗介质。(b)假定是铜导体和工作角频率为 2×10^8 rad/s。如果 $RC=GL$，求介质的损耗角正切。

13.8 由理想导体和空气介质构成的传输线，要求其横截面的最大尺寸为 8 mm。该传输线在高频情况下使用。在如下条件下，确定其尺寸：(a)$Z_0=300\ \Omega$ 的二线传输线；(b)$Z_0=15\ \Omega$ 的平行平板传输线；(c)72 Ω 的同轴电缆，其外导体厚度为零。

13.9 使用 $\epsilon'_r=7.0$ 的无损耗介质构成一微带线，若要使该线的特性阻抗为 50 Ω，求出：(a) $\epsilon_{r,eff}$；(b) w/d。

13.10 在厚度为 2 mm 的铌酸锂($\epsilon'_r=4.8$)基片上刻制有首尾相连的两条微带线，微带线 1 的宽度为 4 mm；微带线 2 的宽度为 5 mm(不幸的是)，求电磁波通过接缝处时的功率损耗(用 dB 表示)。

13.11 对于 $m=1$ 的 TE 模和 TM 模，已知平行平板波导的截止频率为 $\lambda_{c1}=4.1$ mm。波导的工作波长为 $\lambda=1.0$ mm。问有多少个模可以传播？

13.12 要构造一个平行平板波导，使 TEM 模的工作频率范围为 $0<f<3$ GHz。板间介质为聚四氟乙烯($\epsilon'_r=2.1$)。求出最大的允许板间距离 d。

13.13 已知一无损耗平行平板波导在 10 GHz 的频率以下传播 $m=2$ 的 TE 和 TM 模。若板间距离为 1 cm，求出板间媒质的介电常数。

13.14 一个 $d=1$ cm 的平行平板波导的板间材料为玻璃($n=1.45$)。若工作频率为 32 GHz，哪些模是可以传播的？

13.15 对于习题 13.14 中的波导，工作频率为 32 GHz，求出高阶模(TE 或 TM)与 TEM 模的群速延迟。假定传播距离为 10 cm。

13.16 在空气填充的平行平板波导中，已知 $m=1$ 的 TE 和 TM 模的截止频率 $f_{c1}=7.5$ GHz。波导的工作波长为 $\lambda=1.5$ cm。求出 $m=2$ 的 TE 和 TM 模的群速。

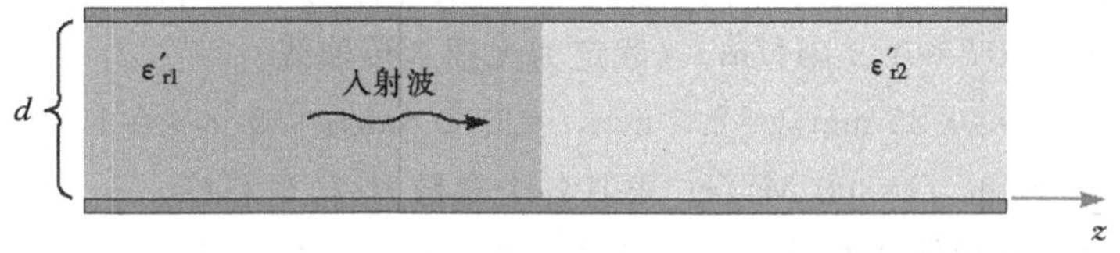

图 13.25 见习题 13.17 和习题 13.18

13.17 如图 13.25 所示，在一平行平板波导中填充有两种无损耗介质，两种介质各占一半，且 $\epsilon'_{r1}=4.0$，$\epsilon'_{r2}=2.1$，$d=1$ cm。在某一频率下，我们发现TM_1 模在波导中传播时在介质分界面上没有任何反射损耗。(a)求出该频率；(b)在这个频率下，波导能工作在单一 TM 模下吗？提示：请回忆一下布儒斯特角。

13.18 在图 13.25 所示的波导中，我们发现从左向右传播的 $m=1$ 模在分界面上会发生全反射，使得没有功率能够传输到介电常数为 ϵ'_{r2} 的区域内。(a)求出能发生这种情况的频率范围；(b)如何使用(a)中的结果把两个区域中 $m=1$ 模的截止频率相联系起来？提示：请回忆一下临界角。

13.19 一矩形波导的尺寸为 $a=6$ cm，$b=4$ cm。(a)在什么样的频率范围内，波导工作在单模状态？(b)在什么样的频率范围内，波导只传播TE_{10}和TE_{01}模，而没有其它的模。

13.20 两个相同尺寸的矩形波导首尾相连接，这里 $a=2b$。一个波导由空气填充，在另一个波导中填充 ϵ'_r 的无损耗介质。(a)求出 ϵ'_r 的最大允许值，使得在某一频率下，能确保在两个波导中同时实现单模工作状态；(b)写出单模工作状态能够在两个波导中都发生的频率范围。答案应该用 ϵ'_r、需要的波导尺寸和其它的已知常量来表示。

13.21 构造一个空气填充矩形波导，使得在频率为 15 GHz 时能单模工作。求出波导尺寸 a 和 b，对于TE_{10}模来说，使得设计频率比截止频率高 10%；而对于次高阶模式，设计频率比截止频率低 10%。

13.22 利用关系$\langle S\rangle=\frac{1}{2}\mathrm{Re}\{\boldsymbol{E}_s\times\boldsymbol{H}_s^*\}$和式(13.78)到式(13.80)，试证明在矩形波导中，TE_{10}模的平均功率密度如下：

$$\langle S\rangle=\frac{\beta_{10}}{2\omega\mu}E_0^2\sin^2(\kappa_{10}x)\boldsymbol{a}_z\ \mathrm{W/m^2}$$

13.23 在波导横截面($0<x<a,0<y<b$)上，对习题 13.20 中的结果进行积分，证明沿着波导传输的平均功率为

$$P_{av}=\frac{\beta_{10}ab}{4\omega\mu}E_0^2=\frac{ab}{4\eta}E_0^2\sin\theta_{10}\ \mathrm{W}$$

这里，$\eta=\sqrt{\mu/\varepsilon}$，$\theta_{10}$是与$TE_{10}$模相关联的入射角。并给出解释。

13.24 对于平行平板波导或矩形波导中的一个给定模，证明群散射参数 $\mathrm{d}^2\beta/\mathrm{d}\omega^2$ 为

$$\frac{\mathrm{d}^2\beta}{\mathrm{d}\omega^2}=-\frac{n}{\omega c}\left(\frac{\omega_c}{\omega}\right)^2\left[1-\left(\frac{\omega_c}{\omega}\right)^2\right]^{-3/2}$$

这里，ω_c 为习题中模式的截止角频率[注意：第一个微分形式已经求得，即式(13.57)]

13.25 一个变换限制性脉冲的中心频率为 $f=10$ GHz，全宽 $2T=1.0$ ns。这个脉冲在一个无损耗的单模矩形波导中传播，波导是由空气填充的，而且 10 GHz 的工作频率是TE_{10}模截止频率的 1.1 倍。利用在习题 13.24 中得到的结果，来确定波导长度，沿这一长度上脉冲将展宽为原来的二倍。我们可以采取怎样的措施来减小波导的脉冲展宽量，从而保持脉冲的初始宽度？在第 12.6 节中可以找到有关该问题的其它背景知识。

13.26 对称平板介质波导的厚度 $d=10$ μm，且 $n_1=1.48$ 和 $n_2=1.45$。如果工作波长 $\lambda=1.3$ μm，问哪些模可以传播？

13.27 已知当波长 $\lambda=1.55$ μm 时，对称平板介质波导只能传播一对 TE 和 TM 模，如果板厚为 5 μm 和 $n_2=3.30$，那么 n_1 的最大值为多少呢？

13.28 在一个对称平板介质波导中，$n_1=1.5$，$n_2=1.45$ 和 $d=10$ μm。(a)在截止时，$m=1$ 的 TE 或 TM 模的相速为多少？(b)对于高阶模，上面求得的结果将如何变化？

13.29 如图 13.26 所示，有一非对称平板介质波导。在这种情况下，介质板上方和下方的折射率不同，即 $n_1>n_3>n_2$。(a)试用适当的折射率来表示出导行模式可以传播的最小

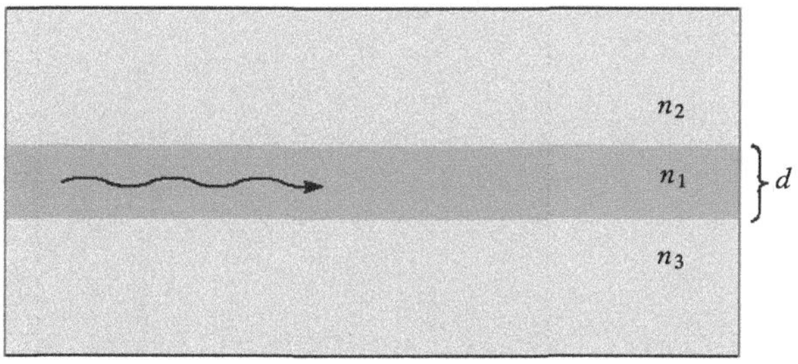

图 13.26　见习题 13.29

可能入射角 θ_1；(b)利用给定或已知的参数，写出导行模具有的最大可能相速的表达式。

13.30 当波长 $\lambda>1.2\ \mu m$ 时，已知一阶跃折射率光纤能够单模地传输。另一根光纤也是采用相同材料制造成的，但是当波长 $\lambda>0.63\ \mu m$ 时才能够单模地传输。后者芯子半经占前者芯子半径的百分比必须为多少？它应该较大还是较小呢？

13.31 在单模阶跃折射率光纤中，模式场半径比光纤芯子半径大还是小？

13.32 当自由空间中的波长 $\lambda=1.30\ \mu m$ 时，测得阶跃折射率光纤模式场半径为 $4.5\ \mu m$。如果截止波长被指定为 $\lambda_c=1.20\ \mu m$，在 $\lambda=1.55\ \mu m$ 条件下求出所期望的模式场半径。

第14章

电磁辐射和天线

我们习惯上认为传输线和波导这样的电气设备其损耗机理与将电能转换为热能的电阻效应有关。我们也已经假定了时变电场和磁场都全部被限制在波导或电路中。事实上，这一限制很少是完全的，总会从设备向远处辐射一部分电磁能量。一般来讲，当辐射作为一种附加的功率损耗或者是某一设备从周围区域接收到的一种不需要的信号时，它可能是一种有害的效应。另一方面，一个设计良好的天线能够将导行电磁波与自由空间传播的波有效地衔接起来，实现定向地辐射或接收电磁能量。无论在那种情况下，理解掌握辐射现象都是很重要的，这样才能更有效地利用辐射或将其减至最小。在本章中，我们的目的是理解电磁辐射现象和探讨几个天线设计的实例。

14.1　辐射的基本原理：赫兹偶极子

本章的基本目的是要说明任何时变电流分布都将辐射电磁能量。因此，我们首先来求解一个特定时变电流源所辐射的场。这个问题不同于我们前面已经研究过的任何问题。在讨论大块介质和波导中的电磁波与电磁场时，我们只分析了波在介质中的运动，并没有考虑场源。在第 11 章中的前面一部分，我们曾经通过将导体中的电流分布与导体表面上的给定电场强度和磁场强度联系在一起，求得了导体中的电流分布。尽管将电流源与场联系起来了，但对于我们的应用目的并没有多少实际意义，因为导体尺寸至少在一维方向上被看成是无限大的。

我们首先来研究一个截面积为无限小的细线电流，将其放置于一无限大的无损耗媒质中，媒质的磁导率为 μ，介电常数为 ε（μ 和 ε 均为实数）。现在，假设细线电流的长度很小，但是在后面我们应该能很容易地将这个结果推广到长度可与波长相比拟的大尺寸细线电流的情况。如图 14.1 所示，将细线电流沿 z 轴放置，其中心位于原点。细线电流中的电流正方向为 $\mathbf{a}_z$ 方向。假定在这个长度为 d 的短线内有均匀电流 $I(t)=I_0\cos\omega t$ 流过。这样一个电流的存在意味着在细线两端存在着等量异号的时变电荷。因此，我们称该细线电流为一个单元偶极子或赫兹偶极子。应该注意到，单元偶极子或赫兹偶极子与在本章后面我们将要介绍的偶极子天线的更一般定义是截然不同的。

第一步，应用第 9.5 节给出的滞后矢量磁位表达式，

$$\boldsymbol{A}=\int\frac{\mu I[t-R/v]\mathrm{d}L}{4\pi R} \tag{14.1}$$

其中，I 是滞后时间 $t-R/v$ 的一个函数。

当采用单一频率来激励天线时，v 就是在该频率下电流元周围媒质中波的相速，且 $v=1/\sqrt{\mu\varepsilon}$。对于短细线电流来说，不必要进行积分，我们有

$$\boldsymbol{A}=\frac{\mu I[t-R/v]d}{4\pi R}\boldsymbol{a}_z \tag{14.2}$$

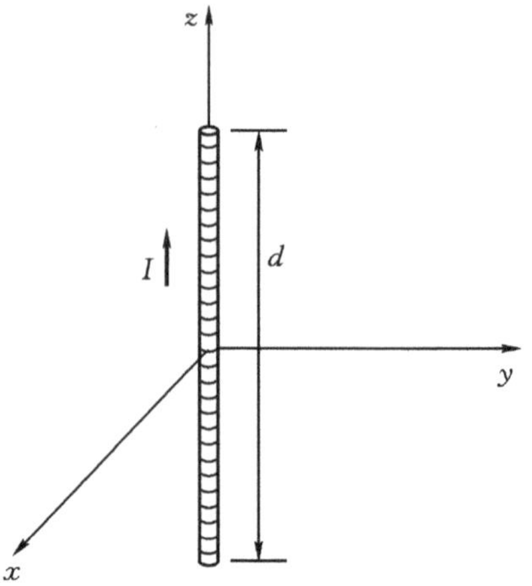

图 14.1 长度为 d 的细线电流，电流大小为 $I=I_0\cos\omega t$。

由于电流只有$\boldsymbol{a}_z$ 方向的分量，所以 $\boldsymbol{A}$ 只有 z 分量。在离原点距离为 R 的 P 处，矢量磁位滞后了 R/v，这样，我们利用

$$I[t-R/v]=I_0\cos\left[\omega\left(t-\frac{R}{v}\right)\right]=I_0\cos[\omega t-kR] \tag{14.3}$$

其中，无损耗媒质中的波数为 $k=\omega/v=\omega\sqrt{\mu\varepsilon}$。式(14.3)相量形式为

$$I_s=I_0\mathrm{e}^{-\mathrm{j}kR} \tag{14.4}$$

其中，假定电流幅值 I_0为实数(在本章中均假定如此)。将式(14.4)与(14.2)相结合，我们可求得相量滞后位为

$$\boldsymbol{A}_s=A_{zs}\boldsymbol{a}_z=\frac{\mu I_0 d}{4\pi R}\mathrm{e}^{-\mathrm{j}kR}\boldsymbol{a}_z \tag{14.5}$$

现在，我们将坐标系换成为球面坐标系，用球面坐标系中的 r 代替 R，然后确定由 A_{zs} 所表示的球面坐标中的各个分量。根据图 14.2 所示的投影，我们得到

$$A_{rs}=A_{zs}\cos\theta \tag{14.6a}$$

$$A_{\theta s}=-A_{zs}\sin\theta \tag{14.6b}$$

于是有

$$A_{rs}=\frac{\mu I_0 d}{4\pi r}\cos\theta\mathrm{e}^{-\mathrm{j}kr} \tag{14.7a}$$

$$A_{\theta s}=-\frac{\mu I_0 d}{4\pi r}\sin\theta\mathrm{e}^{-\mathrm{j}kr} \tag{14.7b}$$

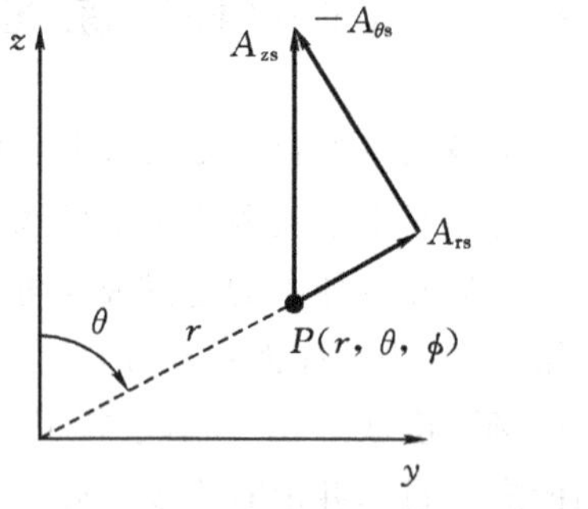

图 14.2 将在 $P(r,\theta,\phi)$ 处的 A_{zs} 分解为球面坐标中的两个分量 A_{rs} 和 $A_{\theta s}$。在图中任意取 $\phi=90°$平面。

利用矢量磁位在 P 处的这两个分量，我们可以根据$\boldsymbol{A}_s$ 的定义来求出$\boldsymbol{B}_s$ 和$\boldsymbol{H}_s$，

$$\boldsymbol{B}_s=\mu\boldsymbol{H}_s=\nabla\times\boldsymbol{A}_s \tag{14.8}$$

根据球坐标系中的旋度运算，我们可以将式(14.8)分解为三个球坐标系分量，仅有 ϕ 分量不为零。

$$H_{\phi s}=\frac{1}{\mu r}\frac{\partial}{\partial r}(rA_{\theta s})-\frac{1}{\mu r}\frac{\partial A_{rs}}{\partial\theta}\tag{14.9}$$

现在，将式(14.7a)和式(14.7b)代入式(14.9)，有

$$H_{\phi s}=\frac{I_0 d}{4\pi}\sin\theta e^{-jkr}\left(j\frac{k}{r}+\frac{1}{r^2}\right)\tag{14.10}$$

与式(14.10)相关的电场可以由麦克斯韦方程一安培环路定律的微分形式求得(区域中不存在传导电流和运流电流的区域)。对于现在的情况，令无损耗媒质的介电常数为 ε，第 11 章中的相量方程式(11.23)将成为

$$\nabla\times\boldsymbol{H}_s=j\omega\varepsilon\boldsymbol{E}_s\tag{14.11}$$

假定$\boldsymbol{H}_s$ 仅有一个 ϕ 分量，在球面坐标系中，对上式进行旋度运算，得到电场分量为：

$$E_{rs}=\frac{1}{j\omega\varepsilon}\frac{1}{r\sin\theta}\frac{\partial}{\partial\theta}(H_{\phi s}\sin\theta)\tag{14.12a}$$

$$E_{\theta s}=\frac{1}{j\omega\varepsilon}\left(-\frac{1}{r}\right)\frac{\partial}{\partial r}(rH_{\phi s})\tag{14.12b}$$

然后，将式(14.10)代入式(14.12a)和(14.12b)，有

$$E_{rs}=\frac{I_0 d}{2\pi}\eta\cos\theta e^{-jkr}\left(\frac{1}{r^2}+\frac{1}{jkr^3}\right)\tag{14.13a}$$

$$E_{\theta s}=\frac{I_0 d}{4\pi}\eta\sin\theta e^{-jkr}\left(\frac{jk}{r}+\frac{1}{r^2}+\frac{1}{jkr^3}\right)\tag{14.13b}$$

其中，特性阻抗仍然是 $\eta=\sqrt{\mu/\varepsilon}$。

式(14.10)、(14.13.a)和(14.13b)就是我们需要求解的场。在下面，我们将对这些解进行一些解释。首先，我们来分析出现在每一个场分量中的因子 e^{-jkr}。它表示了一个从原点出发沿着正 r 方向向外传播的球面电磁波，其相位常数 $k=2\pi/\lambda$。λ 为媒质中的波长。在上面三个方程中，其括号内与 r 相关的多项项使问题变得复杂起来。这些多项项也可以表示为极坐标形式(幅值和相位)，这样对于赫兹偶极子来说，其三个场分量有如下的修正表达式：

$$H_{\phi s}=\frac{I_0 kd}{4\pi r}\left[1+\frac{1}{(kr)^2}\right]^{1/2}\sin\theta\exp[-j(kr-\delta_\phi)]\tag{14.14}$$

$$E_{rs}=\frac{I_0 d}{2\pi r^2}\eta\left[1+\frac{1}{(kr)^2}\right]^{1/2}\cos\theta\exp[-j(kr-\delta_r]\tag{14.15}$$

$$E_{\theta s}=\frac{I_0 kd}{4\pi r}\eta\left[1-\frac{1}{(kr)^2}+\frac{1}{(kr)^4}\right]^{1/2}\sin\theta\exp[-j(kr-\delta_\theta]\tag{14.16}$$

其中，附加的相位项为

$$\delta_\phi=\arctan[kr]\tag{14.17a}$$

$$\delta_r=\arctan[kr]-\frac{\pi}{2}\tag{14.17b}$$

和

$$\delta_\theta=\arctan\left[kr(1-\frac{1}{(kr)^2})\right]\tag{14.18}$$

在式(14.17)和(14.18)中，计算反正切时总是在主值范围内取值。这样，当 kr 在零到无限大范围变化时，由式(14.17)和(14.18)确定的相位将在 $\pm\pi/2$ 范围内变化。假定在一个单一频

率(k 值)下,我们来观察某一固定时刻的场分布。可以看到,随着 r 的增大,随 r 变化的场量会出现空间振荡。从式(14.17)和(14.18)容易看出,振荡周期随 r 的增大而改变。我们可以通过在下面条件下将 H_ϕ 分量看成是 r 的函数来说明这一点:

$$I_0 d = 4\pi \qquad \theta = 90^\circ \qquad t = 0$$

利用 $k=2\pi/\lambda$,式(14.14)变成为

$$H_{\phi s} = \frac{2\pi}{\lambda r}\left[1+\left(\frac{\lambda}{2\pi r}\right)^2\right]^{1/2}\exp\left\{-\mathrm{j}\left[\frac{2\pi r}{\lambda}-\arctan\left(\frac{2\pi r}{\lambda}\right)\right]\right\} \tag{14.19}$$

式(14.19)的实部给出了 $t=0$ 时的瞬时场:

$$H_\phi(r,0) = \frac{2\pi}{\lambda r}\left[1+\left(\frac{\lambda}{2\pi r}\right)^2\right]^{1/2}\cos\left[\arctan\left(\frac{2\pi r}{\lambda}\right)-\frac{2\pi r}{\lambda}\right] \tag{14.20}$$

在下面,如果我们利用恒等式 $\cos(a-b)=\cos a\cos b+\sin a\sin b$,$\cos(\arctan x)=1/\sqrt{1+x^2}$ 和 $\sin(\arctan x)=x/\sqrt{1+x^2}$,就可以将式(14.20)简化为

$$H_\phi = \frac{1}{r^2}\left[\cos\left(\frac{2\pi r}{\lambda}\right)+\frac{2\pi r}{\lambda}\sin\left(\frac{2\pi r}{\lambda}\right)\right] \tag{14.21}$$

不难分析看出,式(14.21)中存在着一些重要的事实。首先,在距离 r 与波长可以比拟的空间点处,上述表达式由两个具有相同周期的正弦函数组成,但第二个正弦函数的幅值随着 r 的增大而增大。这就导致波呈现出显著的非正弦特性,场量随 r/λ 的变化而作振荡,振荡周期是非均匀的,且在每个周期内正幅值和负幅值也不相同。其次,当距离 r 远大于波长时,上式中的第二项起主要作用,场量近似为一个随 r 变化的正弦函数。因此,从实际来看,我们可以说在远距离($r\gg\lambda$ 处)电磁波可看成是一个均匀平面电磁波,它随距离(当然也随时间)按正弦形式变化,并且具有一个确定的波长。很明显,这个电磁波携带着从天线中得到的电磁能量向远方传播出去。

我们现在应该更加仔细地观察式(14.10)、式(14.13a)和(14.13b)中包含着随 $1/r^3$、$1/r^2$ 和 $1/r$ 变化的各项的表达式。在电流元附近的各点处,$1/r^3$ 项是主要项。在我们使用的数值例子中,当 $r=1$ cm 时,在 $E_{\theta s}$表达式中 $1/r^3$、$1/r^2$ 和 $1/r$ 各项的值分别为 250,16 和 1。电场作 $1/r^3$ 变化使我们想起了电偶极子的静电场(第 4 章)。在习题 14.4 中对这个概念会进一步展开讨论。近场项代表着储存在一个电抗性(容性)场中的能量,而对辐射能量没有贡献。类似地,$H_{\phi s}$表达式中的平方反比项只有在离电流元非常近的区域内很重要,它对应于由毕奥—萨伐定律给出的直流电流所产生的感应场。

在距离电流元 10 倍或 10 倍以上波长的点处,$kr=2\pi r/\lambda>20\pi$,场量的表达式能显著地被简化。在式(14.14)~(14.16)中,括号内所包含的 $1/(kr)^2$ 和 $1/(kr)^4$ 两项可认为远小于 1,因此可以忽略。另外,(式(14.17)和(14.18)中的相位均趋近于 $\pi/2$。在式(14.10)、(14.13a)和(14.13b)中也有类似的情况,其中除了反比项 $1/r$ 以外,其它各项都可以被忽略。因此,在 $kr\gg1$ 这样的距离处(相当于 $r\gg\lambda$),我们称其为在远场区或远区。剩下的那些随 $1/r$ 变化的项为辐射场。这样,电场 E_{rs} 近似为零,只有场量 $E_{\theta s}$ 和 $H_{\phi s}$存在,即,在远区有:

$$E_{rs} \doteq 0$$

$$E_{\theta s} = \mathrm{j}\,\frac{I_0 kd}{4\pi r}\eta\sin\theta \mathrm{e}^{-\mathrm{j}kr} \tag{14.22}$$

$$H_{\phi s}=\mathrm{j}\,\frac{I_0 kd}{4\pi r}\sin\theta \mathrm{e}^{-\mathrm{j}kr} \tag{14.23}$$

很显然,上述场量之间的关系与均匀平面电磁波中的场量之间的关系是相同的。当半径很大时(在整个区域内 $1/r$ 近似为常数),一个扩展的球面波就可以近似为均匀平面电磁波。特别地,有

$$E_{\theta s}=\eta H_{\phi s}\quad (kr\gg 1\ 或\ r\gg\lambda) \tag{14.24}$$

电场和磁场随着 θ 的变化形式是相同的;它们在电流元的赤道平面(x,y 平面)上达到最大值,以及在电流元的两端部减小为零。随着角度 θ 的变化情况可以由垂直剖面图或 E-平面图(假定电流元是沿垂直方向取向的)看出。很简单,E 平面为电场所在的坐标平面,在这里就是球坐标系中 ϕ=常数的任意平面。图 14.3 示出了式(14.22)在极坐标系中给出的一个 E-平面图,其中,对于给定的一个 r 值,绘出了 $E_{\theta s}$ 的相对值随着 θ 的变化曲线。图中矢量的长度代表 E_θ 的大小,在 θ=90°时,其值为归一化 1;矢量长度恰好是 $|\sin\theta|$,这样当 θ 变化时,矢量端点轨迹为一个圆。

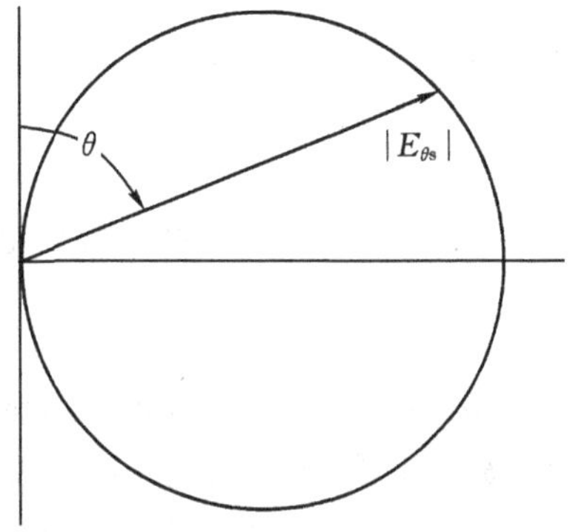

图 14.3　垂直放置电流元在极坐标系中的 E—平面图。在距离为常数 r 处,$E_{\theta s}$ 的振幅是极角 θ 的函数,其轨迹为一个圆。

对于单元偶极子或更为复杂的天线系统,也可以画出其水平剖面图,或 H-平面图。在这里,它表示了场强随着 ϕ 的变化情况。电流元的 H-平面(指磁场所在的平面)是垂直于 z 轴的任一平面。很简单,当 E_θ 不是 ϕ 的函数时,H-平面图是一个以原点为圆心的圆。

练习 14.1　在空气中,有一均匀电流分布的短天线,其中 $I_0 d=3\times10^{-4}$ A·m,λ=10 cm。在下列情况下,求出 $|E_{\theta s}|$:θ=90°,ϕ=0°,r=:(a)1 cm;(b)2 cm;(c)20 cm;(d) 200 cm;(e) 2 m。

答案:125 V/m;25 V/m;2.8 V/m;0.28 V/m;0.028 V/m

14.2　天线的基本参数

完整的描述和计算一个普通天线的辐射是非常重要的。为了做到这一点,我们需要掌握一些新的概念和定义。

为了计算辐射能量,必须计算坡印亭矢量的时间平均值(见第 11 章的式(11.77))。在这里,有

$$<\boldsymbol{S}>=\frac{1}{2}\mathrm{Re}\{E_{\theta s}H_{\phi s}^{*}\}\boldsymbol{a}_r\quad \mathrm{W/m^2} \tag{14.25}$$

将式(14.22)和(14.23)代入上式,我们得到坡印亭矢量时间平均值的幅值:

$$|<\boldsymbol{S}>| = S_r = \frac{1}{2}\left(\frac{I_0 kd}{4\pi r}\right)^2 \eta \sin^2\theta \tag{14.26}$$

这样，我们就可求得穿过球心在天线处、半径为 r 的球面的平均功率为

$$P_r = \int_{\phi=0}^{2\pi}\int_{\theta=0}^{\pi} S_r r^2 \sin\theta \mathrm{d}\theta \mathrm{d}\phi = 2\pi\left(\frac{1}{2}\right)\left(\frac{I_0 kd}{4\pi}\right)^2 \eta \int_0^{\pi} \sin^3\theta \mathrm{d}\theta \tag{14.27}$$

完成积分运算，并代入 $k=2\pi/\lambda$。设媒质为自由空间，$\eta=\eta_0 \doteq 120\pi$。最后可得：

$$P_r = 40\pi^2 \left(\frac{I_0 d}{\lambda}\right)^2 \quad \mathrm{W} \tag{14.28}$$

这与没有任何辐射时，正弦电流 I_0 通过电阻 R_{rad} 时的耗散功率是相同的，此时

$$P_r = \frac{1}{2} I_0{}^2 R_{\mathrm{rad}} \tag{14.29}$$

我们称这个有效电阻 R_{rad} 为天线的辐射电阻。对于短细线天线，上式的具体形式为

$$R_{\mathrm{rad}} = \frac{2P_r}{I_0^2} = 80\pi^2 \left(\frac{d}{\lambda}\right)^2 \tag{14.30}$$

例如，如果细线天线长度为 0.01λ，则 R_{rad} 大约为 0.08 Ω。这么小的电阻值可以与实际天线导体的欧姆电阻相比拟，因此天线的效率将会很低。达到与源的有效匹配也会变得很困难，这是因为短天线的输入阻抗在数值上远远大于输入电阻 R_{rad}。

通过式(14.27)来计算从天线辐射出去的净功率，要涉及到在一个假定的大半径球面上对坡印亭矢量进行积分运算，这样就可以把天线看成是一个位于球心的点源。考虑到这一点，我们将要引入一个新的概念—功率密度，它是指顶点位于天线处的一个很小的圆锥体内所携带的功率。设圆锥体的轴沿球壳的一条径向线，这样球面与圆锥体相交的部分就是式(14.27)所取的积分面。球面与圆锥体相交的那部分球面面积为 A。我们可以用如下所述方法来定义该圆锥体的立体角：如果 $A=r^2$，r 为球的半径，那么圆锥体的立体角 Ω 等于 1 个立体弧度(sr)①。因为球面总面积为 $4\pi r^2$，所以一个闭合球面的总立体角为 4π 立体弧度。

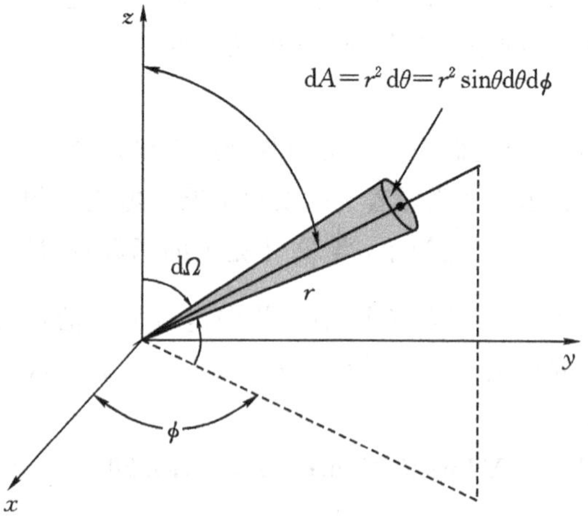

图 14.4　一个体角 dΩ 很小的圆锥，对着一个半径为 r 的球面上的微元面积。在我们更熟悉的球坐标系中，该面积 $\mathrm{d}A=r^2\mathrm{d}\Omega$ 还可表示为 $\mathrm{d}A=r^2\sin\theta\mathrm{d}\theta\mathrm{d}\phi$

根据上述定义，球面上的微元面积可以根据微元立体角来表示：

$$\mathrm{d}A = r^2 \mathrm{d}\Omega \tag{14.31}$$

球面总面积可以用立体角的一个积分，或用球面坐标系中的一个积分来表示：

$$A_{\mathrm{net}} = 4\pi r^2 = \int_0^{4\pi} r^2 \mathrm{d}\Omega = \int_0^{2\pi}\int_0^{\pi} r^2 \sin\theta \mathrm{d}\theta \mathrm{d}\phi \tag{14.32}$$

---

① 该定义与弧度的定义相关，圆周上 1 弧度角变化对应的弧长即为该圆的半径。

从上式中看到，我们可将微元立体角用球坐标表示为

$$d\Omega = \sin\theta d\theta d\phi \tag{14.33}$$

练习 14.2　一个圆锥体中心位于正 z 轴，顶点位于原点。在球坐标系中圆锥角度为 θ_1。(a)若该圆锥体的立体角为 1sr，求 θ_1；(b)若 $\theta_1=45°$，求该圆锥体的立体角。

答案：$\theta_1=32.8°$；$\pi\sqrt{2}$。

我们现在采用每单位立体角度功率来表示式(14.26)中坡印亭矢量的大小。为此，将式(14.26)中的功率密度 W/m^2 乘以 1 立体弧度包围的球面积 r^2，其结果就是我们所说的辐射强度：

$$K(\theta,\phi) = r^2 S_r \quad W/Sr \tag{14.34}$$

对于赫兹偶极子，辐射强度与 ϕ 无关，利用式(14.26)有

$$K(\theta) = \frac{1}{2}\left(\frac{I_0 kd}{4\pi}\right)^2 \eta \sin^2\theta \quad W/Sr \tag{14.35}$$

在一般情况下，总的辐射功率为

$$P_r = \int_0^{4\pi} K d\Omega = \int_0^{2\pi}\int_0^{\pi} K(\theta,\phi)\sin\theta d\theta d\phi \quad W \tag{14.36}$$

对于赫兹偶极子，上式的结果与利用(14.28)式得到的结果相同。

与功率密度相比，使用辐射强度的优点在于其不随半径变化。然而，只有当功率密度是与 $1/r^2$ 成正比时，它才成立。实际上，几乎所有天线在远区内都具有这样的性质，也就是说，在足够远处可认为天线是一个点功率源。设周围媒质不吸收任何能量，那么任一半径闭合球面上的坡印亭矢量积分都是相同的。这表明功率密度应该与半径的平方成反比。由于消去了半径这一变量，像 K 的表达式一样，我们就可以只考虑功率密度中的角度变量，但在不同的天线中功率密度与角度之间的关系是明显不同的。

各向同性天线是一种特殊的功率源，其辐射强度为一常数(即 $K=K_{iso}$ 与 θ 和 ϕ 无关)。很简单，K 与天线总辐射功率之间的关系为：

$$P_r = \int_0^{4\pi} K_{iso} d\Omega = 4\pi K_{iso} \Rightarrow K_{iso} = P_r/4\pi \text{(各向同性天线)} \tag{14.37}$$

一般地说来，K 会随着角度变化而变化，这样天线在某些方向上的辐射强度值要大于其它方向上的值。将天线在某一给定方向上的辐射强度与其沿各个方向均匀辐射相同总功率时的辐射强度相比较是很有用的。采用方向性函数 $D(\theta,\phi)$ 就可以描述天线辐射的方向性①。利用式(14.36)和(14.37)，我们可以写出此方向性函数：

$$D(\theta,\phi) = \frac{K(\theta,\phi)}{K_{iso}} = \frac{K(\theta,\phi)}{P_r/4\pi} = \frac{4\pi K(\theta,\phi)}{\oint K d\Omega} \tag{14.38}$$

在大多数情况下，我们最感兴趣的是方向性函数的最大值 D_{max}，有时我们简单地用 D 来表示：

---

① 在早期(以及老版本中)，方向性函数称为方向增益。后来，方向增益这一术语已被 IEEE Antennas and Propagation Society 的天线标准委员会放弃不用。详见 IEEE Std 145－1993。

$$D = D_{\max} = \frac{4\pi K_{\max}}{\oint K \mathrm{d}\Omega} \tag{14.39}$$

其中，通常会在一组 θ 和 ϕ 值处出现最大辐射强度 $K_{\max}$。特别地，根据定义，方向性还可以用分贝形式来表示：

$$D_{\mathrm{dB}} = 10\log_{10}(D_{\max}) \quad \mathrm{dB} \tag{14.40}$$

例 14.1 求赫兹偶极子的方向性。

解：利用式(14.35)和(14.28)，将 $k=2\pi/\lambda$，$\eta=\eta_0=120\pi$ 代入下式：

$$D(\theta,\phi) = \frac{4\pi K(\theta,\phi)}{P_r} = \frac{2\pi\left(\frac{I_0 d}{2\lambda}\right)^2 120\pi\sin^2\theta}{40\pi^2\left(\frac{I_0 d}{\lambda}\right)^2} = \frac{3}{2}\sin^2\theta$$

在 $\theta=\pi/2$ 时，有最大值发生

$$D_{\max} = \frac{3}{2}\text{，或者，用分贝表示：}D_{\mathrm{dB}} = 10\log_{10}\left(\frac{3}{2}\right) = 1.76\ \mathrm{dB}$$

练习 14.3 位于坐标原点的一个辐射源，在下列情况下其辐射的方向性为多少分贝？(a)在上半空间均匀辐射，在下半空间没有辐射；(b)在整个空间辐射，功率密度函数为 $\cos^2\theta$；(c)在整个空间辐射，功率密度函数为 $|\cos^n\theta|$。

答案：3；4.77；$10\log_{10}(n+1)$

通常，我们希望能够获得的方向性要比赫兹偶极子的方向性高得多。方向性低(比如采用短天线时)意味着能量在 E 平面的很宽角度范围被辐射出去。在大多数情况下，我们希望将能量约束在一个窄的范围或一个小的波束宽度内来提高方向性。方向性下降至其最大值的一半时对应的两个角度之间的间距定义为 3 - dB 波束宽度。对于赫兹偶极子，利用前面例子中 $D(\theta,\phi)$ 的表达式，波束宽度就是当 $\sin^2\theta=1/2$ 或 $|\sin\theta|=1/\sqrt{2}=0.707$ 时两个 θ 角之间的间距。这两个角的值分别为 45°和 135°，表示宽度为 135°－ 45°＝90°的一个 3 - dB 波束。我们将会看到，使用一个较长的天线会得到一个较窄的波束宽度和较大的辐射电阻。在 H 平面，无论天线长短，其辐射在任意 ϕ 值都是相同的。因此，为了在 H－平面获得较窄的波束，就必须使用多个天线组成天线阵。

我们已经基于天线所辐射的总平均功率 P_r 建立了上述几个定义。然而，要注意区分天线的辐射功率与外源提供给天线的输入功率 P_{in}。输入功率 P_{in} 比辐射功率 P_r 要大一些，这是因为构成天线的导体中有电阻损耗。为了考虑这个电阻，就需要用一个较大的输入电压才能产生所要求的电流 I_0。天线增益正是用于描述天线输出功率与输入功率差别的参数。①

在这里，我们假设所讨论的天线将全部输入功率 P_{in} 沿各个方向均匀辐射出去。那么，天线的辐射强度为 $K_s=P_{\mathrm{in}}/4\pi$。天线增益就定义为在某一指定方向上实际辐射强度与 K_s 的比值：

$$G(\theta,\phi) = \frac{K(\theta,\phi)}{K_s} = \frac{4\pi K(\theta,\phi)}{P_{\mathrm{in}}} \tag{14.41}$$

① 以这种方式定义的天线增益有时称为功率增益。

注意到，其中的 $4\pi K(\theta,\phi)$ 一项就是辐射强度为 $K(\theta,\phi)$ 的各向同性天线的辐射功率。因此，如果天线以辐射强度 K（常数）均匀地向各个方向辐射，天线增益就表示了在选定的 θ 和 ϕ 值处天线辐射功率与天线输入功率的比值。利用式(14.38)，我们可以将方向性与增益联系起来，得到

$$D(\theta,\phi)=\frac{4\pi K(\theta,\phi)}{P_r}=\frac{P_{in}}{P_r}G(\theta,\phi)=\frac{1}{\eta_r}G(\theta,\phi) \tag{14.42}$$

其中，η_r 称为天线的辐射效率，定义为辐射功率与输入功率的比值。它还可以写成：

$$\eta_r=\frac{P_r}{P_{in}}=\frac{G(\theta,\phi)}{D(\theta,\phi)}=\frac{G_{max}}{D_{max}} \tag{14.43}$$

上式表明 η_r 可表示为最大增益除以最大方向性。

14.3 磁偶极子

有趣的是，磁偶极子是一个与赫兹偶极子密切相关的器件。如图 14.5 所示，天线是一个位于 xy 平面的电流圆环，圆环的圆心位于坐标原点，半径为 a。像赫兹偶极子一样，设圆环中的电流为正弦电流，且 $I(t)=I_0\cos\omega t$。尽管我们可以像在前面几节中一样，从滞后位出发求得天线的场分布，但是在这里我们将要采用一种更快的方法。

首先，我们注意到圆环电流意味着存在一个与导线圆环一致的环形电场分布，且电场与电流以相同的方式随时间函数变化。因此，我们可以简单地用一个环形电场 $\boldsymbol{E}(a,t)=E_0(a)\cos(\omega t)\boldsymbol{a}_\phi$ 来代替导线回路。这样一来就将传导电流代之以位移电流，但对周围空间中的电场 $\boldsymbol{E}$ 和磁场 $\boldsymbol{H}$ 的分布都没有任何影响。然后，我们再假定可以用一个磁场 $\boldsymbol{H}(a,t)=H_0\cos(\omega t)\boldsymbol{a}_\phi$ 来代替此电场。这个磁场是由一个位于 xy 平面的半径为 a 的赫兹偶极子产生的磁场，它使我们能够通过下面的方法求得到电流回路的场解。

首先，我们从无源($\rho_v=\boldsymbol{J}=0$)媒质中的麦克斯韦方程组出发：

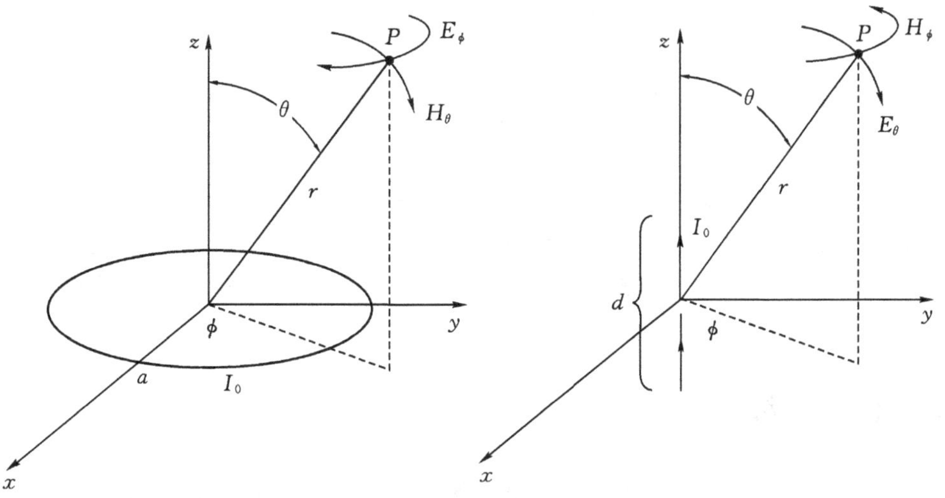

图 14.5　磁偶极子天线（左边）和电偶极子天线互为对偶结构，若将场量 $\boldsymbol{E}$ 和 $\boldsymbol{H}$ 互换，其场图是相同的。

$$\nabla\times \boldsymbol{H} = \varepsilon \frac{\partial \boldsymbol{E}}{\partial t} \tag{14.44a}$$

$$\nabla\times \boldsymbol{E} = -\mu \frac{\partial \boldsymbol{H}}{\partial t} \tag{14.44b}$$

$$\nabla\cdot \boldsymbol{E} = 0 \tag{14.44c}$$

$$\nabla\cdot \boldsymbol{H} = 0 \tag{14.44d}$$

考察上述方程，我们看到若将 $\boldsymbol{E}$ 替换 $\boldsymbol{H}$，$\boldsymbol{H}$ 替换为 $-\boldsymbol{E}$，ε 替换为 μ，μ 替换为 ε，方程不会改变。这表明了电磁场中的对偶性概念。电流回路电场与电偶极子磁场具有相同的函数形式这一事实意味着利用上述替换，我们可以从电偶极子的结果直接构造出电流回路的电磁场。正是因为这两种天线的场之间的这种对偶性，我们才把电流回路天线称之为磁偶极子天线。

在作替换之前，我们必须将两种天线的电流和结构相联系起来。为此，我们首先来考虑第 4 章(式(4.35))中静电偶极子的结果。这里，我们专门来分析一下在 z 轴上($\theta=0$)的电场。我们可以求得

$$\boldsymbol{E}\big|_{\theta=0} = \frac{Qd}{2\pi\varepsilon z^3}\boldsymbol{a}_z \tag{14.45}$$

然后，我们分析电流回路在 z 轴上的磁场，假设回路中有恒定电流 I_0 流过。从毕奥沙伐定律可以得到：

$$\boldsymbol{H}\big|_{\theta=0} = \frac{\pi a^2 I_0}{2\pi z^3}\boldsymbol{a}_z \tag{14.46}$$

现在，与电偶极子上的时谐电荷 $Q(t)$ 相关的电流为

$$I_0 = \frac{\mathrm{d}Q}{\mathrm{d}t} = \mathrm{j}\omega Q \Rightarrow Q = \frac{I_0}{\mathrm{j}\omega} \tag{14.47}$$

如果将式(14.47)代入(14.45)，并用 $\mathrm{j}\omega\varepsilon(\pi a^2)$ 替换 d，我们会发现式(14.45)就变为(14.46)。现在，我们对式(14.14)，(14.15)和(14.16)做这样一个替换，即将 $\boldsymbol{H}$ 替换为 $\boldsymbol{E}$，$-\boldsymbol{E}$ 替换为 $\boldsymbol{H}$，ε 替换为 μ，μ 替换为 ε。结果得到

$$E_{\phi s} = -\mathrm{j}\,\frac{\omega\mu(\pi a^2)I_0 k}{4\pi r}\left[1+\frac{1}{(kr)^2}\right]^{1/2}\sin\theta\exp[-\mathrm{j}(kr-\delta_\phi)] \tag{14.48}$$

$$H_{rs} = \mathrm{j}\,\frac{\omega\mu(\pi a^2)I_0}{2\pi r^2}\,\frac{1}{\eta}\left[1+\frac{1}{(kr)^2}\right]^{1/2}\cos\theta\exp[-\mathrm{j}(kr-\delta_r)] \tag{14.49}$$

$$H_{\theta s} = \mathrm{j}\,\frac{\omega\mu(\pi a^2)I_0 k}{4\pi r}\,\frac{1}{\eta}\left[1-\frac{1}{(kr)^2}+\frac{1}{(kr)^4}\right]^{1/2}\sin\theta\exp[-\mathrm{j}(kr-\delta_\theta)] \tag{14.50}$$

式中 δ_r、δ_θ 和 δ_ϕ 的定义见式(14.17)和(14.18)中。在远场区($kr\gg1$)，存在着场量 $E_{\phi s}$ 和 $H_{\theta s}$，其表达式与式(14.22)和(14.23)相似。采用电磁场对偶性来求解场问题是一种非常有效的方法，它可以应用于许多场合。

14.4 细线天线

了解赫兹偶极子的电磁场不仅使我们能掌握辐射的基本原理，它还能够提供给我们一个基本结果，利用它我们可以得到更为复杂天线的电磁场。在这一节中，我们要将此方法应用于任意长度直线细线天线这一更实际的问题中。我们将会发现对一个给定波长，天线长度的变化会导致其辐射图显著地改变(控制天线辐射形式)。我们还将注意到选取某些确定的天线长

度可以提高天线的方向性和辐射效率。

如图 14.6 所示是细线天线的基本结构。很简单，将一段终端开路双线传输线的两根导线以 90°上下弯曲就可以构成细线天线。天线中点，即弯曲处，称为馈电点。天线上、下两部分导线中流过的电流方向相同。假设天线中的电流为正弦分布，则天线导线中的波为驻波，且在终端 $z=\pm l$ 处电流为零。这种结构对称的天线称为偶极子天线。

在一个非常细的细线天线上，实际电流分布非常接近于正弦分布。由于在两个终端处电流为零，因此电流最大值出现在距离终端四分之一波长处，并且电流以这种方式连续地变化至馈电点。当一个天线的总长度 $2l$ 为波长的整数倍时，馈点处的电流是很小的；若天线长度是半波长奇数倍时，馈点处的电流值将等于天线上电流最大值。

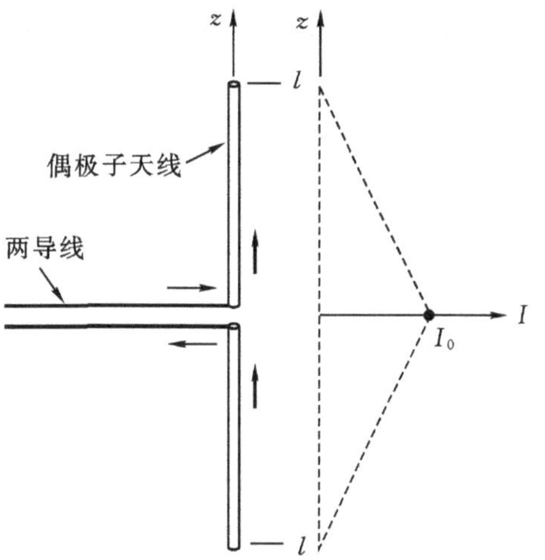

图 14.6　由两导线传输线正弦激励的细线偶极子天线。如图所示，若天线总长度比半波长足够小，其电流幅值分布沿天线长度近似为线性变化。在中心(馈电)点处，电流幅值最大。

在一个长度 $2l$ 远小于半波长的短天线上，我们只能看到正弦波的前一部分；电流以线性方式近似地从终端的零值变化到馈电点处的最大值，如图 14.6 所示。在馈电点处的气隙很小，因此可以忽略不计其影响。当天线长度约小于十分之一波长时，将天线近似看成短天线(可以假设电流沿线为线性变化)是合理的。

对于 $l<\lambda/20$ 的短天线，可以将其看作是赫兹偶极子天线结果的一个简单推广。如果这一条件成立，那么滞后效应就可以忽略。也就是说，从天线的两个终端到达任一场点的两个信号是近似同相的。沿天线上的平均电流为 $I_0/2$，这里 I_0 是在馈电点处的输入电流。这样，电场强度和磁场强度的值将为式(14.22)和(14.23)给出值的一半大小，并且在垂直场图和水平场图中都没有变化。功率将为原先输入功率的四分之一，这样辐射电阻也将是由式(14.30)给出值的四分之一。若天线的长度增加，情况就有所变化，但此时就要计及滞后效应。

天线较长时，电流分布可以近似处理为传播 TEM 波的终端开路传输线上的电流分布。此时，电流波是一个驻波，其相量表达式为

$$I_s(z) \doteq I_0\sin(kz) \tag{14.51}$$

这里，开路终端置于 $z=0$ 处。同样，对于传输线上的 TEM 波，其相位常数也为 $\beta=k=\omega\sqrt{\mu\varepsilon}$。当传输线还没有被折叠而形成天线时，将 z 轴旋转到与传输线垂直的方向，并取 $z=0$ 在馈电点处。此时，式(14.51)中的电流就可以修改为

$$I_s(z) \doteq \begin{Bmatrix} I_0\sin k(l-z)\,(z>0) \\ I_0\sin k(l+z)\,(z<0) \end{Bmatrix} = I_0\sin k(l-|z|) \tag{14.52}$$

在下面，我们将把天线看成是由一系列长度为 dz 的赫兹偶极子所叠加而构组成(如图 14.7)。每个赫兹偶极子中的电流大小取决于它沿长度方向的位置 z，其表达式如式(14.52)所示。只需要加以适当的修正，就可以利用式(14.22)写出每个赫兹偶极子在远区的场。在远

区点为(r',θ')处,赫兹偶极子电流元产生的电场在球坐标系中可写成:

$$\mathrm{d}E_{\theta s} = \mathrm{j}\,\frac{I_s(z)k\mathrm{d}z}{4\pi r'}\eta\sin\theta'\,\mathrm{e}^{-\mathrm{j}kr'} \tag{14.53}$$

当然,坐标 r'和 θ'以赫兹偶极子中心为参考点,而赫兹偶极子的中心位于沿天线长度方向的 z 处。我们需要参考这些相对于坐标原点的局部坐标,坐标原点位于天线的馈电点。为此,可以借鉴前面第 4.7 小节中分析电偶极子的方法。如图 14.7 所示,对同一空间点来说,其与 z 处赫兹偶极子距离为 r',与坐标原点距离为 r,我们可以写出 r'与 r 之间的关系表达式

$$r' \doteq r - z\cos\theta \tag{14.54}$$

这里,在远场区,$\theta'\doteq\theta$,距离射线 r'和 r 近似平行。这样,式(14.53)就可以改写成

$$\mathrm{d}E_{\theta s} = \mathrm{j}\,\frac{I_s(z)k\mathrm{d}z}{4\pi r}\eta\sin\theta\mathrm{e}^{-\mathrm{j}k(r-z\cos\theta)} \tag{14.55}$$

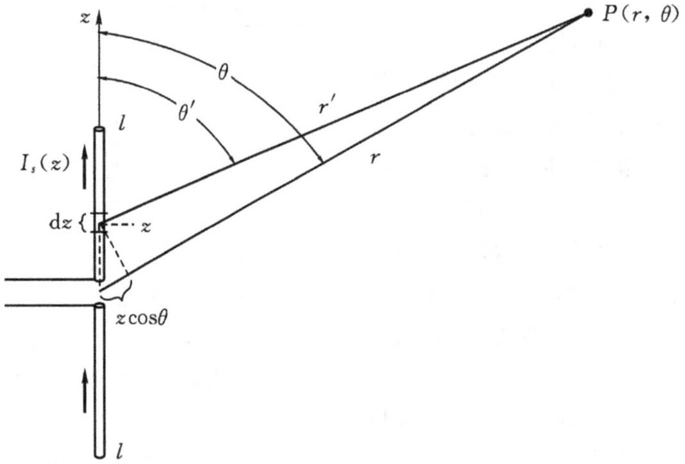

图 14.7 一个偶极子天线可以用一系列赫兹偶极子来表示,每个赫兹偶极子电流的相量为 $I_s(z)$。图中示出了一个位于 z 处的赫兹偶极子,其长度为 dz。当观察点 P 位于远区时,距离射线 r'和 r 近似于相互平行,这样其差值为 $z\cos\theta$。

注意到,在从式(14.53)得到(14.55)时,我们近似认为在分母中有 $r'\doteq r$,以及考虑到利用近似式(14.54)对幅值大小随 z 和 θ 变化引起的误差很小。然而,式(14.55)中的指数项却必须包含式(14.54),这是因为 z 和 θ 的一点点变化都会对相位产生很大的影响。

现在,在远区(r,θ)处的总电场强度就可以看成是沿天线长度分布的所有赫兹偶极子所产生电场的叠加,可以写成如下积分表达式:

$$\begin{aligned} E_{\theta s}(r,\theta) &= \int \mathrm{d}E_{\theta s} = \int_{-l}^{l}\mathrm{j}\,\frac{I_s(z)k\mathrm{d}z}{4\pi r}\eta\sin\theta\mathrm{e}^{-\mathrm{j}k(r-z\cos\theta)} \\ &= \left[\mathrm{j}\,\frac{I_0 k}{4\pi r}\eta\sin\theta\mathrm{e}^{-\mathrm{j}kr}\right]\int_{-l}^{l}\sin k(l-|z|)\,\mathrm{e}^{\mathrm{j}kz\cos\theta}\mathrm{d}z \end{aligned} \tag{14.56}$$

为了计算上式中的最后一个积分,我们首先利用欧拉公式将复数形式指数展开成正弦和余弦项。再把积分号外面括号里的项用 A 来表示,那么上式可写成

$$E_{\theta s}(r,\theta)=A\int_{-l}^{l}\underbrace{\sin k(l-|z|)}_{even}\underbrace{\cos(kz\cos\theta)}_{even}+\mathrm{j}\underbrace{\sin k(l-|z|)}_{even}\underbrace{\sin(kz\cos\theta)}_{odd}\mathrm{d}z$$

式中指明了每一项积分函数的奇偶性。由偶函数和奇函数的乘积所构成的积分中的虚部项是一个净奇函数项，若取对称的上下限 $-l$ 和 $+l$，这样该项积分值就为零。在上式中，只剩下实部项，其积分范围在 $+z$ 部分，再利用三角恒等式进一步对其简化，得到

$$\begin{aligned}E_{\theta s}(r,\theta)&=2A\int_{0}^{l}\sin k(l-z)\cos(kz\cos\theta)\mathrm{d}z\\&=A\int_{0}^{l}\sin[k(l-z)+kz\cos\theta]+\sin[k(l-z)-kz\cos\theta]\mathrm{d}z\\&=A\int_{0}^{l}\sin[kz(\cos\theta-1)+kl]-\sin[kz(\cos\theta+1)-kl]\mathrm{d}z\end{aligned}$$

这个积分非常简单，其积分结果为

$$E_{\theta s}(r,\theta)=2A\left[\frac{\cos(kl\cos\theta)-\cos(kl)}{k\sin^{2}\theta}\right]$$

现在，把上述结果与 A 合并在一起，得到最后结果为：

$$E_{\theta s}(r,\theta)=\mathrm{j}\frac{I_0\eta}{2\pi r}\mathrm{e}^{-\mathrm{j}kr}\left[\frac{\cos(kl\cos\theta)-\cos(kl)}{\sin\theta}\right]=E_0F(\theta)\left[\frac{\mathrm{e}^{-\mathrm{j}kr}}{r}\right]\tag{14.57}$$

其中，我们记场的幅值大小为

$$E_0=\mathrm{j}\frac{I_0\eta}{2\pi}\tag{14.58}$$

而其中包含 θ 和 l 的项被分离出来，称之为偶极子天线 E－平面的方向图函数：

$$F(\theta)=\left[\frac{\cos(kl\cos\theta)-\cos(kl)}{\sin\theta}\right]\tag{14.59}$$

经归一化后，这个重要的函数就是偶极子天线的 E－平面方向图。很显然，它表明了偶极子天线的长度如何影响方向图中的 θ 函数。对于给定的电流来说，它最终确定了天线增益、方向性以及辐射功率与 l 之间的关系。

对于不同长度的偶极子天线，图 14.8(a)和 14.8(b)绘出了在 E－平面的 $F(\theta)$ 幅值图。在这些图中，我们选取了 xz 平面，这是因为在任何包含 z 轴的任一平面上 $F(\theta)$ 幅值图都是相同的。从图中看出，当天线长度增加时，辐射波束宽度趋向于变窄，但当天线总长度 $2l$ 超过一个波长时，则会出现第二个最大值或旁瓣。

我们通常不希望出现旁瓣，主要是因为旁瓣反映了在主瓣($\theta=\pi/2$)之外的其它方向上出现了辐射功率。因此，旁瓣功率有点像是未达到指定的接收器。此外，旁瓣方向会随波长变化，这将扩展辐射信号的辐射范围，并且随着信号带宽的增大，该角度范围也会增大。对于这些问题，我们可以通过选用长度小于一个波长的天线来加以避免。

现在，利用式(14.34)和(14.25)，就可以得到偶极子天线的辐射强度：

$$K(\theta)=r^2S_{\mathrm{r}}=\frac{1}{2}\mathrm{Re}\{E_{\theta s}H_{\phi s}^{*}\}r^2$$

其中，$H_{\phi s}=E_{\theta s}/\eta$。将式(14.57)代入上式，得

$$K(\theta)=\frac{\eta I_0^2}{8\pi^2}[F(\theta)]^2=\frac{15I_0^2}{\pi}[F(\theta)]^2\quad \mathrm{W/Sr}\tag{14.60}$$

其中，在最后一个等式中假定是在自由空间中，$\eta=\eta_0=120\pi$。在全部立体角度内对辐射强度

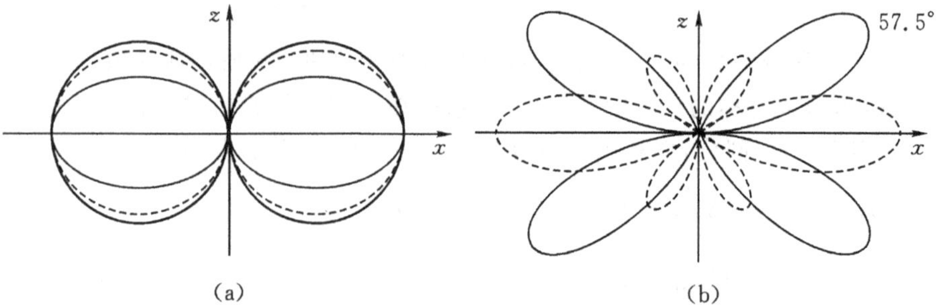

图 14.8 根据 $F(\theta)$ 求得的归一化到最大值为 1.0 的偶极子天线 E—平面图，天线总长度 $2l$ 分别为 (a)$\lambda/16$(黑实线)，$\lambda/2$(虚线)，λ(红线)，(b)1.3λ(虚线)以及 2λ(红线)。在图(a)中，当天线长度增大(或波长减小)时，波束宽度变窄趋势明显。注意到，$\lambda/16$ 曲线近似为圆形，与赫兹偶极子方向图近似相同。当天线长度超过一个波长时，会出现旁瓣，如图(b)中 1.3λ 图形中的较小波束。当波长增大至 2λ 时，旁瓣发展为四个对称分布的主瓣，位于第一象限的波瓣最大值出现在 $\theta=57.5°$ 的方向。随着天线长度的增大，1.3λ 天线中出现的沿 x 方向的主瓣会减小，当长度增至 2λ 时，主瓣完全消失。

进行积分，得到总的辐射功率：

$$P_r = \int_0^{4\pi} K\,d\Omega = \int_0^{2\pi}\int_0^{\pi} K(\theta)\sin\theta d\theta d\phi \tag{14.61}$$

再次假定在自由空间中，那么

$$P_r = 30 I_0^2 \int_0^{\pi} [F(\theta)]^2 \sin\theta d\theta \quad \text{W} \tag{14.62}$$

应用上式中的结果，可以求得天线的方向性和辐射电阻。利用式(14.60)和(14.62)，由式(14.42)可以得到在自由空间中的方向性：

$$D(\theta) = \frac{4\pi K(\theta)}{P_r} = \frac{2[F(\theta)]^2}{\int_0^{\pi}[F(\theta)]^2\sin\theta d\theta} \tag{14.63}$$

其最大值为

$$D_{max} = \frac{2[F(\theta)]^2_{max}}{\int_0^{\pi}[F(\theta)]^2\sin\theta d\theta} \tag{14.64}$$

最后，辐射电阻为

$$R_{rad} = \frac{2P_r}{I_0^2} = 60\int_0^{\pi}[F(\theta)]^2\sin\theta d\theta \tag{14.65}$$

例 14.2 写出半波偶极子天线的方向性函数，计算波束宽度，方向性和辐射电阻。

解："半波"即天线总长 $2l=\lambda/2$，或 $l=\lambda/4$。因此，$kl=(2\pi/\lambda)(\lambda/4)=\pi/2$，将其代入式(14.59)，得

$$F(\theta) = \frac{\cos\left(\frac{\pi}{2}\cos\theta\right)}{\sin\theta} \tag{14.66}$$

图 14.8 中虚线示出了该函数的变化曲线。其最大值(等于 1)出现在 $\theta=\pi/2$, $3\pi/2$ 处，而零值

出现在 $\theta=0$ 和 π 处。求解下式可以得到波束宽度：

$$\frac{\cos\left(\frac{\pi}{2}\cos\theta\right)}{\sin\theta}=\frac{1}{\sqrt{2}}$$

解之得到，位于最大值 $\theta=90°$ 两侧的两个角 $\theta_{1/2}=51°$ 和 129°满足这个方程。因此，半功率波束宽度为 129°－51°＝78°。

由式(14.64)和(14.65)可以求得方向性和辐射电阻，其中的积分项 $[F(\theta)]^2$ 能够应用数值积分方法来计算。其结果为：$D_{\max}=1.64$(或 2.15 dB)，$R_{\mathrm{rad}}=73\ \Omega$。

练习 14.4 分别求总长度为(a)$\lambda/4$；(b)$\lambda/2$；(c)λ 的偶极子天线在 $\theta=45°$ 方向时的最大功率密度百分比。

答案：45.7%；38.6%；3.7%。

在半波偶极子天线中，由于驻波电流振幅最大值出现在馈电点处，我们称天线工作于谐振状态。这样，若假设天线无损耗，从理论上来说，距离开路末端 1/4 波长处的驱动点阻抗为纯实数[①]，且等于 73 Ω 的辐射电阻。这就是我们使用半波偶极子天线的初衷，它能跟常见传输线达到相当满意的阻抗匹配(传输线的特性阻抗与此阻抗处于同一量级)。

实际上，因为从本质上看天线上是一个折叠的传输线，因此半波偶极子与一段理想 1/4 波长传输线的特性不同，我们可能在 14.1 小节讨论中对这点已有所了解。输入阻抗中明显地含有电抗部分，但半波长尺寸非常接近于使电抗为零的长度。有关电抗计算的方法已超出我们现在所讨论的范围，可详见参考文献 1。对一个精确长度为 $\lambda/2$ 的细线无损耗偶极子天线，其输入阻抗为 $Z_{\mathrm{in}}=73+\mathrm{j}X$，$X$ 在 40Ω 附近。输入电抗对天线长度的改变非常敏感，因此在总长度小于 $\lambda/2$ 时可以通过稍许减小天线的长度，就可以将电抗值减小至零，而阻抗的实部却基本上保持不变。长度为 $\lambda/2$ 整数倍的偶极子天线与 $\lambda/2$ 偶极子天线有着相似的特性，但是这些天线的辐射电阻却非常大，这样阻抗匹配天线很差。当偶极子天线长度介于半波长倍数之间时，输入电抗值会很高(接近于 j600Ω)，除了导线长度外，其值对导线的半径很敏感。在实际应用中，当偶极子与传输线馈点相接时，可通过减小其长度或采用第 10 章中讨论的匹配技术使得输入电抗为零。

图 14.9 中示出了天线方向性和辐射电阻随天线长度的变化曲线。方向性随长度变化缓慢地增加，而辐射电阻在长度介于 $3\lambda/4$ 和 λ 之间达到一个最大值。在天线长度较大时，辐射电阻 R_{rad} 会在较高水平处出现附加的峰值，但是由于旁瓣的出现，天线的性能会遭到损害。同样，半波偶极子天线之所以被广泛应用是因为其在一个较宽的频带内能保证单瓣特性，而辐射电阻(73 Ω)则接近与天线相连的标准传输线的阻抗。

作为细线天线最后一个练习，我们来考虑一个单极子天线。如图 14.10(a)所示，它是一个半波偶极子和一理想导体平板的组合。根据在第 5.5 节中所介绍的镜像原理，可以得出图 14.10(b)所示的镜像模型，这样，单极子天线和其镜像就构成了一个偶极子。因此，所有适合于偶极子的场方程均可直接用于上半空间场的求解。在平板上方，坡印亭矢量也是相同的，但是只能在包围上半空间的半球面上进行积分来求辐射总功率。这样，单极子的辐射功率和辐

① 考虑将史密斯图从开路点朝向发生器进行一个半旋转($\lambda/4$)，若不存在损耗，则末端位置总是在负实轴的某处。

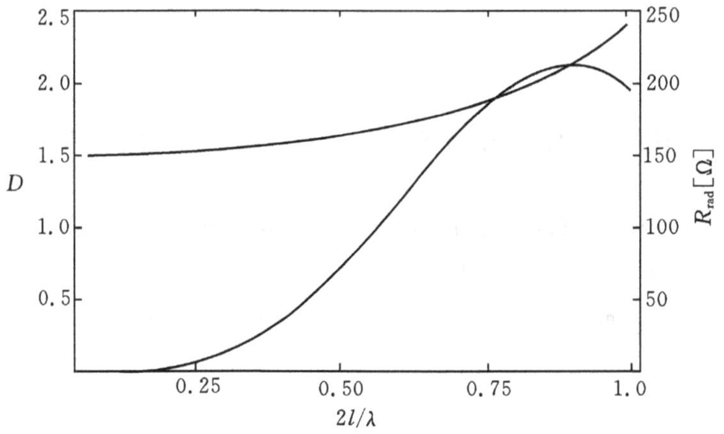

图 14.9 天线方向性(黑色)以及辐射电阻(红色)随天线总长度的变化,长度以波长来表示。

射电阻都是偶极子的相应值的一半。例如,一个 1/4 波长单极子(包括其镜像时表现为一个半波偶极子)天线的辐射电阻为 $R_{rad}=36.5\ \Omega$。

单极子天线可以由在平板下面的同轴电缆来馈电,同轴电缆的中心导体通过一个小孔和天线相连接,而外导体则与平板相连接。如果平板下方的区域不能够被利用,那么可以将同轴线放置在平板上面,而外导体仍然与平板相连接。这种天线的例子包括 AM 广播塔和民用波段天线。

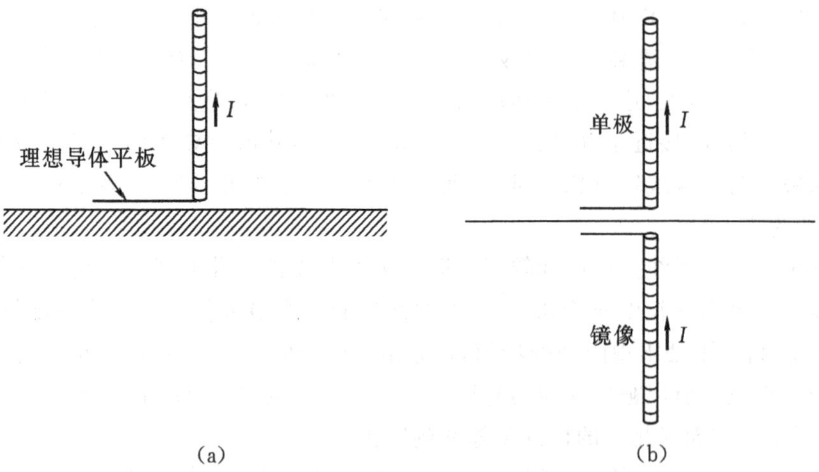

图 14.10 (a)一个理想的单极子总是与一理想导体平板相联系在一起。(b)单极子和其镜像构成了一个偶极子。

练习 14.5　在自由空间中，有一个如图 14.10(a)所示的单极子天线，其长度为 $d/2=0.080$ m，假设其载有三角形电流分布，供电电流 I_0 为 16.0 A，工作频率为 375 MHz。在点 $P(r=400\ \text{m}, \theta=60°, \phi=45°)$ 处，求出：(a) $H_{\phi s}$；(b) $E_{\theta s}$；(c) P_r 的幅度。

答案：(a) j1.7 mA/m；(b) j0.65 V/m；(c) 1.1 mW/m^2

14.5　二元天线阵

在下面部分，我们来讨论如何更好地控制天线辐射方向性这个问题。虽然通过调整一细线天线的长度可以来控制天线辐射的方向性，但是这只能在 E－平面方向改变方向性。若只采用一个简单的垂直线天线，其 H－平面方向图总保持为一个圆(沿 ϕ 方向没有变化)。若采用多元天线阵，则 E 平面和 H 平面的方向性均可以获得明显的改善。在这一节中，我们来讨论二元天线阵这一简单情况，其目的是为分析复杂天线阵打下基础。所得到的方法可以很容易推广至多元结构分析中。

图 14.11 给出了最基本的天线阵结构。这里，让第一个细线天线沿 z 轴放置，其馈电点位于原点处。然后，在 x 轴上距离 d 处，放置与第一个天线相同的第二个天线，且与第一个天线平行。两个天线具有相同的电流振幅 I_0(其在远区产生的电场为 E_0)，但第二个天线电流的相位与第一个不同，其初始相位差为 ξ。设远场观察点 P 在球坐标系中的位置为(r,θ,ϕ)。从 P 点来看，两个天线非常靠近，这样的话有：(1)可近似认为径向线 r 和 r_1 互相平行，(2)两个天线在 P 点产生的电场方向近似相同(沿 $\mathbf{a}_\theta$)。根据式(14.57)，同时考虑到位于 x 轴上的第二个天线产生的场会与 ϕ 有关，我们可以写出在 P 点的总场为：

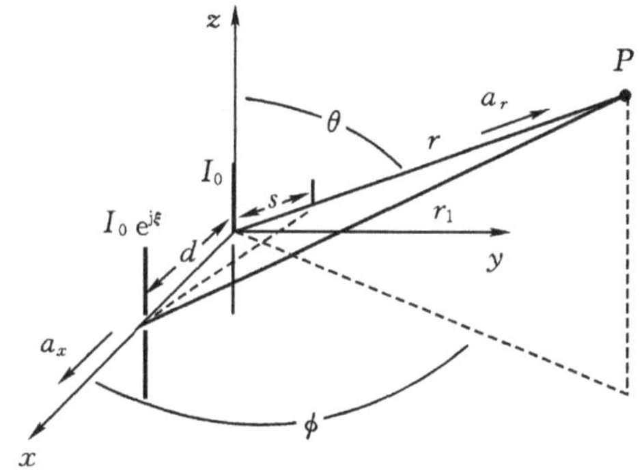

图 14.11　第一个细线天线沿 z 方向放置且中心位于原点，在 x 轴上距离 d 处，再放置与其平行的第二个细线天线。两个天线具有相同的电流幅值，但相位相差为 ξ。场观察点为 P 点。

$$E_{\theta P}(r,\theta,\phi) = E_0 F(\theta)\left[\frac{e^{-jkr}}{r} + \frac{e^{j\xi}e^{-jkr_1}}{r_1}\right] \tag{14.67}$$

在下面，若用 r_1 表示从第二个天线至 P 点的距离，r 表示从第一个天线至 P 点的距离，那么在远场区近似中，r_1 可以用 r 近似地表示为

$$r_1 \doteq r - s$$

其中，s 是直角三角形的一条直角边。如图 14.11 和 14.12 所示，在 $x-y$ 平面上，过第二个天线所在点作径向线 r 的垂线所构成的三角形就是该直角三角形。s 的长度为天线间距 d 在径向线 r 上的投影，可由下式得出：

$$s = d\mathbf{a}_x \cdot \mathbf{a}_r = d\sin\theta\cos\phi \tag{14.68}$$

因此，

$$r_1 \doteq r - d\sin\theta\cos\phi \tag{14.69}$$

在远场区，与 r 相比，距离 $d\sin\theta\cos\phi$ 非常小，因此，我们可以忽略不计 r 和 r_1 的差异对式(14.67)中场的大小的影响($1/r_1 \doteq 1/r$)。像在偶极子天线分析中一样，r 和 r_1 的差异对式(14.67)中的各相位项的影响却不能忽略，因为相位项对 r 的微小变化非常敏感。考虑到上述这些因素，可将式(14.67)变为：

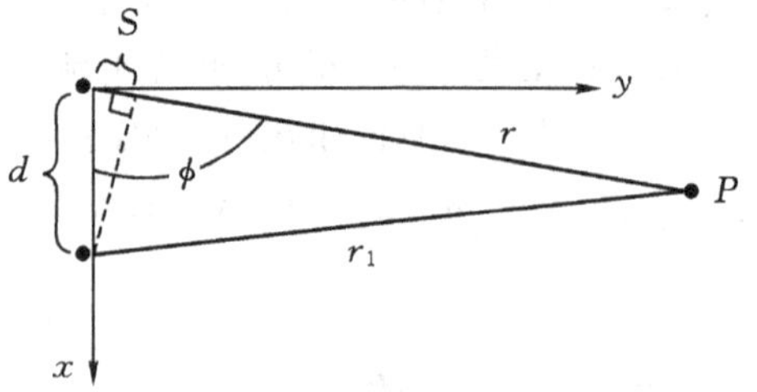

图 14.12 图 14.11 的俯视图(从上向下看至 $x-y$ 平面)。在远场的近似条件下，两条红线近似于平行，且有 $r_1 \doteq r-s$。

$$E_{\theta P}(r,\theta,\phi) = \frac{E_0 F(\theta)}{r}\left[e^{-jkr} + e^{j\xi}e^{-jk(r-d\sin\theta\cos\phi)}\right] \tag{14.70}$$

也可以简写成

$$E_{\theta P}(r,\theta,\phi) = \frac{E_0 F(\theta)}{r}e^{-jkr}\left[1 + e^{j\psi}\right] \tag{14.71}$$

其中

$$\psi = \xi + kd\sin\theta\cos\phi \tag{14.72}$$

ψ 是在观察点 $P(r,\theta,\phi)$ 处两个天线所产生场的相位差。提取因子 $e^{j\psi/2}$，式(14.71)可进一步简化为

$$E_{\theta P}(r,\theta,\phi) = \frac{2E_0 F(\theta)}{r}e^{-jkr}e^{j\psi/2}\cos(\psi/2) \tag{14.73}$$

由上式，我们可以得到场的振幅为

$$|E_{\theta P}(r,\theta,\phi)| = \sqrt{E_{\theta P}E_{\theta P}^*} = \frac{2E_0}{r}|F(\theta)||\cos(\psi/2)| \tag{14.74}$$

式(14.74)表明了方向图相乘这一重要原理，该原理适用于由相同天线组成的天线阵列。具体地说来，总场的大小由方向图函数大小的乘积构成，或由单元因子 $|F(\theta)|$ 与归一化阵因子 $|\cos(\psi/2)|$ 乘积构成。阵因子通常表示为

$$A(\theta,\phi) = \cos(\psi/2) = \cos\left[\frac{1}{2}(\xi + kd\sin\theta\cos\phi)\right] \tag{14.75}$$

这样，式(14.74)就变为

$$|E_{\theta P}(r,\theta,\phi)| = \frac{2E_0}{r}|F(\theta)||A(\theta,\phi)| \tag{14.76}$$

在后面我们将会发现，适当地修正阵因子，方向图相乘原理可以推广应用于多元阵。在应用该原理时，有一个基本的假设：各个阵元之间彼此是没有耦合的，即忽略各个阵元之间的感应电流。若考虑各个阵元间的相互耦合，则问题会变得复杂得多，此时方向图相乘原理就不再适用。

在式(14.76)表示的场方向图中，E 平面(θ 相关项)主要由各个阵元或 $|F(\theta)|$ 所确定。而在 H 平面阵列的影响最强。事实上，采用这种结构的天线阵的主要原因就是能够控制 H—平面方向图。在 H 平面($\theta=\pi/2$)，由式(14.75)和(14.76)可得到场随 ϕ 变化的关系式

$$E_{\theta P}(r,\pi/2,\phi) \propto A(\pi/2,\phi) = \cos\left[\frac{1}{2}(\xi + kd\cos\phi)\right] \tag{14.77}$$

H－平面的方向图取决于两个天线电流相位差 ξ 以及阵元间距 d。

例 14.3　当电流相位差 $\xi=0$ 时，分析 H 平面方向图。

解：当 $\xi=0$ 时，式(14.77)变为

$$A(\pi/2,\phi)=\cos\left[\frac{kd}{2}\cos\phi\right]=\cos\left[\frac{\pi d}{\lambda}\cos\phi\right]$$

当 $\phi=\pi/2$ 和 $3\pi/2$ 时或沿垂直于天线平面(y 轴)方向时，无论 d 的大小，上式均能达到最大值，此时天线阵称为宽面天线阵。现在，选 $d=\lambda/2$，则 $A=\cos[(\pi/2)\cos\phi]$。当 $\phi=0$ 和 π(沿 x 轴方向)时，A 为零，沿正、负 y 轴我们均得到单一的主射束。当 d 在大于 $\lambda/2$ 范围内增大时，随着 ϕ 的改变，A 值将会出现附加的最大值(旁瓣)，但若 d 为 $\lambda/2$ 的奇数倍时，沿 x 轴 A 仍然出现零值。

这个例子中的宽面天线阵是最简单的一种天线阵。若两个天线元电流的相位差不为零，通过调整相位及天线阵元间距我们会发现天线阵更有趣的一些特性。

例 14.4　确定构造端射天线阵的必要条件，其最大辐射方向沿 x 轴。

解：在式(14.77)中设 $\phi=0$ 或 π，以及要使该式获得最大值，则得到如下条件

$$A=\cos\left[\frac{\xi}{2}\pm\frac{\pi d}{\lambda}\right]=\pm 1$$

或

$$\frac{\xi}{2}\pm\frac{\pi d}{\lambda}=m\pi$$

其中，m 是包括零在内的整数。当 $\phi=0$ 时，在括弧内应取正号；当 $\phi=\pi$ 时，在括弧内应取负号。在实际中感兴趣的一种情况是，当选正号时，要满足上述条件，需取 $m=0, d=\lambda/4, \xi=-\pi/2$，此时式(14.77)变为

$$A(\pi/2,\ \phi)=\cos\left[\frac{\pi}{4}(\cos\phi-1)\right]$$

当 $\phi=0$ 时上式取得最大值，而当 $\phi=\pi$ 时其达到零值。这样，我们就得到一个沿 $+x$ 方向辐射为单个主瓣的天线阵。我们可以对此作这样的解释，位于 $x=d$ 处的电流相位滞后补偿了位于原点的天线元与位于 $x=d$ 处天线元之间的传播延迟所产生的相位滞后。第二个天线元的辐射正好与第一个天线元的辐射同相。因此，两个天线元的场相互加强并同时沿 $+x$ 方向传播。而在相反方向，当 $x=d$ 处天线元的辐射到达原点时，其与位于 $x=0$ 处天线元辐射的相位差为 π rad。因此，两个天线元的场相互减弱使得沿 $-x$ 方向不会出现辐射。

练习 14.6　在例 14.3 中的宽面天线阵结构中，调整天线元间距为 $d=\lambda$。求：(a)在 H 平面内，沿 $\phi=0$ 和 $\phi=90°$ 方向辐射强度比值；(b)在 H－平面方向图中，主波束的方向性(ϕ 的值)；(c)在 H－平面方向图中出现零值的位置(ϕ 的值)。

答案：1；(0，±90°，180°)；(±45°，±135°)

练习 14.7　在例(14.4)中的端射天线阵结构中，如果波长从 $\lambda=4d$ 缩短为(a)$\lambda=3d$；(b)$\lambda=2d$；(c)$\lambda=d$ 时，确定 H 平面内主波束的方向性(ϕ 的值)。

答案：±41.4°，±45.0°，±75.5°

14.6 均匀直线天线阵

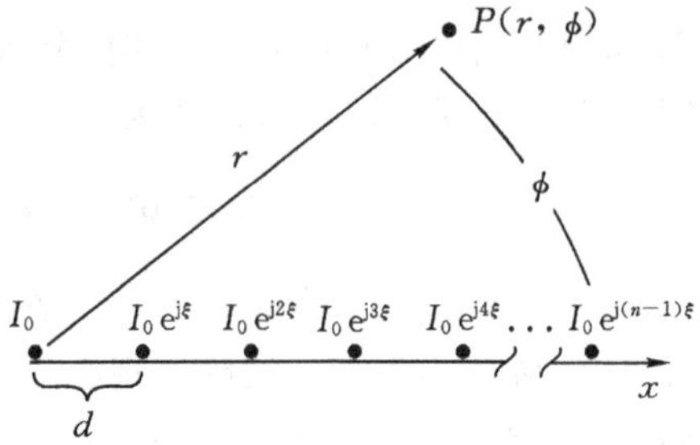

图 14.13 沿 x 轴排列的 n 元偶极子所构成的均匀直线天线阵的 $H-$平面图，各个偶极子沿 z 方向(穿出纸面)。相邻两阵元的间距均为 d，所有阵元流过的电流幅值 I_0 相同。相邻两阵元的电流相位差为 ξ。场观察点为远区 P 点，若从该点来观察，可以认为所有偶极子聚集在原点。

接下来，我们将分析大于二元的多元天线阵天线。这样，会提供给设计者更多的选择余地来改善天线的方向性和增大天线的波束宽度，可以想象，全面掌握这一方法是需要一本书的篇幅才能完整地加以介绍。在这里，我们仅考虑以均匀直线天线阵为例来说明相关的分析方法，并给出一些主要结果。

如图 14.13 所示为均匀直线天线阵的结构。由于各个阵元沿一段直线排列(这里为 x 轴)，所以称之为直线天线阵。此外，由于各阵元相同、相等的间距 d 和激励电流振幅 I_0 相等，所以称之为均匀直线天线阵。各个阵元电流相位是以一个常量 ξ 沿阵元轴线递增或递减的级数。根据式(14.71)，二元天线阵的归一化阵因子可表示如下：

$$|A(\theta,\phi)|=|A_2(\theta,\phi)=|\cos(\psi/2)|=\frac{1}{2}|1+e^{j\psi}| \tag{14.78}$$

其中，A 的下标 2 表示该函数适用于二元阵函数。对于如图 14.13 所示的 n 元直线阵，其阵因子可由直接扩展式(14.78)而得到，有

$$|A(\theta,\phi)|=|A_n(\psi)|=\frac{1}{n}|1+e^{j\psi}+e^{j2\psi}+e^{j3\psi}+e^{j4\psi}+\cdots+e^{j(n-1)\psi}| \tag{14.79}$$

对图 14.13 中沿 x 轴排列的阵元，像前面一样，我们有 $\psi=\xi+kd\ \sin\theta\cos\phi$。对式(14.79)中的几何级数求和，有

$$|A_n(\psi)|=\frac{1}{n}\frac{|1-e^{jn\psi}|}{|1-e^{j\psi}|}=\frac{1}{n}\frac{|e^{jn\psi/2}(e^{-jn\psi/2}-e^{jn\psi/2})|}{|e^{j\psi/2}(e^{-j\psi/2}-e^{j\psi/2})|} \tag{14.80}$$

在上式的最右边项中，我们对分子和分母分别应用欧拉公式，可以将它们写成正弦函数形式，最后得

$$|A_n(\psi)|=\frac{1}{n}\frac{|\sin(n\psi/2)|}{|\sin(\psi/2)|} \tag{14.81}$$

这样，通过将式(14.76)中的结果进行扩展，一个 n 元偶极子天线阵在远场区的电场可以写成关于 A_n 的函数。令 $|A_n(\psi)|=|A_n(\theta,\phi)|$，则有

$$|E_{\theta P}(r,\theta,\phi)|=\frac{nE_0}{r}|F(\theta)||A_n(\theta,\phi)| \tag{14.82}$$

上式再一次表明了方向图相乘的原理，至此，我们得到了适用于直线天线阵的新阵函数。

当 $n=4$ 和 $n=8$ 时，图 14.14 中绘出了式(14.81)中 $|A_n(\psi)|$ 的变化曲线。从图中可以看出，当 $\psi=2m\pi$ 时，函数总是达到最大值 1，这里 m 是包括零在内的整数。这些最大值对应于天线阵方向图的最大波束。若增加阵元的数目，则主瓣的宽度会变窄，且会出现多个次最大值(旁瓣)。

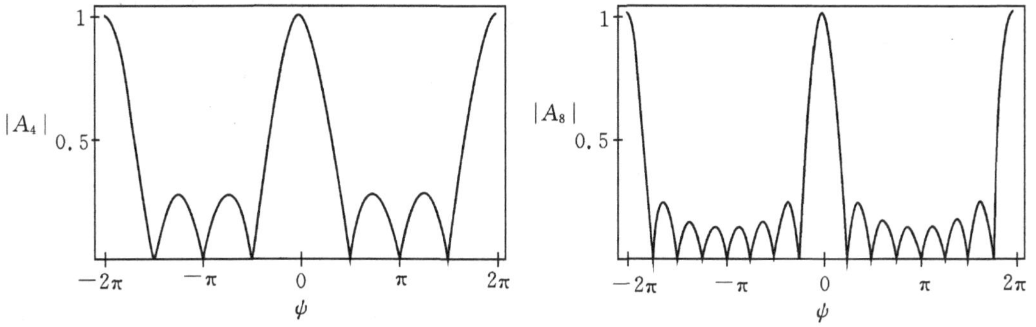

图 14.14 根据式(14.81)计算得到的不同阵元数目的 $|A_n(\psi)|$ 值，ψ 的变化范围为 $-2\pi<\psi<2\pi$，阵元数目分别为(a)4 和(b)8。

为了解天线阵方向图是如何形成的，我们有必要解释在 H 平面的角度发生变化时，天线阵函数式(14.81)的性质。在 H 平面($\theta=\pi/2$)内，我们有 $\psi=\xi+kd\cos\phi$。当 ϕ 从 0 变化至 2π rad 时，$\cos\phi$ 在 ±1 之间变化，我们能够看到 ψ 将在如下范围内变化

$$\xi-kd\leqslant\psi\leqslant\xi+kd \tag{14.83}$$

选定电流相位 ξ 和天线间距 d 就可以确定实际天线方向图中 ψ 值的变化范围。在某些情况下，会导致 ψ 值的变化范围相当窄，且可能包含或也可能不包含主辐射最大值。电流相位决定了 ψ 的中心值，天线间距决定了当方位角 ϕ 变化时在中心值附近 ψ 的最大变化量。

如在 14.5 节中所讨论过的，一个宽面天线阵的主波束垂直于天线阵平面(在 $\phi=\pi/2$，$3\pi/2$ 时)。其条件就是必须在这两个角度处会出现主辐射最大值，$\psi=0$。因此，我们可写出

$$\psi=0=\xi+kd\cos(\pi/2)=\xi$$

这样，若设 $\xi=0$，我们就会得到一个宽面天线阵。此时，由式(14.83)得，$-kd<\psi<kd$。而 ψ 的中心值为零，主辐射最大值也会出现在方向图中。在 H 平面，利用 $\xi=0$，我们得到 $\psi=kd\cos\phi$。无论如何选择阵元间距 d，$\psi=0$ 的点总是出现在 $\phi=\pi/2$ 和 $3\pi/2$ 方向。当 ϕ 在 0 到 2π 之间变化时，增大 d 会扩大 ψ 的变化范围。总之，对于给定的阵元数目，若增大阵元间距，主波束将会变窄，但在方向图中会出现更多的旁瓣。

一个端射天线阵要求主辐射最大值出现在 x 轴上。这样，在 H 平面，如果我们令

$$\psi=0=\xi+kd\cos(0)=\xi+kd$$

或 $\xi=-kd$，就可以获得一个沿正 x 轴出现最大值的端射辐射。这也有可能沿负 x 轴产生一个主波束。

例 14.5 对于 4 元天线阵和 8 元天线阵，选择电流相位和阵元间距实现单向端射辐射，其中，在 $\phi=0$ 的方向存在主波束，而在 $\phi=\pi$ 的方向没有辐射，以及在 $\phi=\pm\pi/2$ 的宽边方向也没有辐射。

解： 当 $\phi=0$ 时我们要求 $\psi=0$。这样，根据 $\psi=\xi+kd\cos\phi$，应该有 $0=\xi+kd$ 或 $\xi=-kd$。若采用 4 元阵或 8 元阵，从式(14.81)或从图 14.14 中，我们都会发现当 $\phi=\pm\pi/2$ 和 $\pm\pi$ 时均有零值出现。因此，如果我们选 $\xi=-\pi/2$，$d=\lambda/4$，那么，当 $\phi=\pi/2$ 和 $3\pi/2$ 时，$\psi=-\pi/2$；当 $\phi=\pi$ 时，$\psi=-\pi$。这样，我们得到 $\psi=-(\pi/2)(1-\cos\phi)$。最后，得到天线阵函数的极坐标图如图 14.15(a)和(b)所示。另一方面，由 4 元天线阵变成 8 元天线阵，会减小主波

束的宽度，从而会使旁瓣数目由 1 个增加到 3 个。在上述给定电流相位和阵元间距情况下，若选择阵元数目为奇数，那么在 $\phi=\pi$ 的方向上将会出现一个小的旁瓣。

一般地说来，我们可以通过选择电流相位和阵元间距来使得主波束出现在某一给定方向上。若选 $\psi=0$ 主辐射最大值，则

$$\psi = 0 = \xi + kd\ \cos\phi_{\max} \Rightarrow \cos\phi_{\max} = -\frac{\xi}{kd}$$

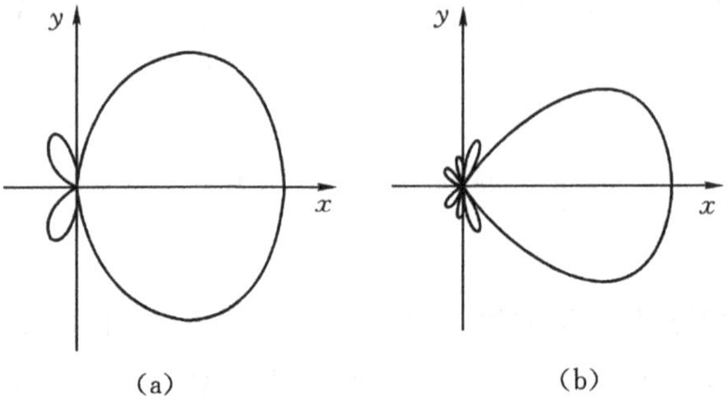

图 14.15 H－平面图。(a)4 元天线阵和(b)8 元天线阵。阵元间距为 d，电流相位差为 $\xi=-\pi/2$。

这样，就可以通过调整电流相位来改变主波束的方向。

练习 14.8 在一端射直线偶极子天线阵中，$\xi=-kd$，那么，当阵元间距 d 最小值为多大时，可实现双向端射功能？其中，在 $\phi=0$ 方向和 $\phi=\pi$ 方向，H 平面上的辐射强度相等。

答案：$d=\lambda/2$

练习 14.9 有一直线偶极子天线阵，若阵元间距为 $d=\lambda/4$，那么，电流相位 ξ 为多大时会在以下方向获得一个主波束：(a)$\phi=30°$；(b)$\phi=45°$。

答案：$-\pi\sqrt{3}/4$；$-\pi\sqrt{2}/4$

14.7 天线接收器

现在，我们回过头来讨论天线的另一种基本用途，即天线用于探测或接收来自远处场源的辐射。我们将通过研究一个发射-接收系统来解决这个问题。该系统由两个天线及其附属电子设备组成，可以实现发射器和探测器之间的互换性。

图 14.16 示出了一个发射－接收系统，其中两个相互的耦合天线一起组成了一个线性二端口网络。左边天线中的电压 V_1 和电流 I_1 会影响右边天线中的电压 V_2 和电流 I_2，反之亦然。两个天线之间的耦合程度可由传输阻抗参数 Z_{12} 和 Z_{21} 来表示。可以写出该二端口网络的电路方程为

$$V_1 = Z_{11}I_1 + Z_{12}I_2 \tag{14.84a}$$

$$V_2 = Z_{21}I_1 + Z_{22}I_2 \tag{14.84b}$$

这里，Z_{11}和Z_{22}分别为天线 1 和天线 2 被隔离（或者两个天线相距足够远）而单独作为一个发射器时的输入阻抗。假定系统中所有导体的欧姆损耗以及周围媒质中的损耗都为零，那么Z_{11}和Z_{22}的实部就是天线的辐射电阻。除了在远区之外，我们这里作此假定是成立的。传输阻抗Z_{12}和Z_{21}不仅取决于两个天线之间的距离以及相对位置和取向，还取决于周围媒质的特性。在线性媒质中，一个重要的特性是传输阻抗Z_{12}和Z_{21}相等。这一特性就是互易原理在这里的体现。它可以简单地表示为

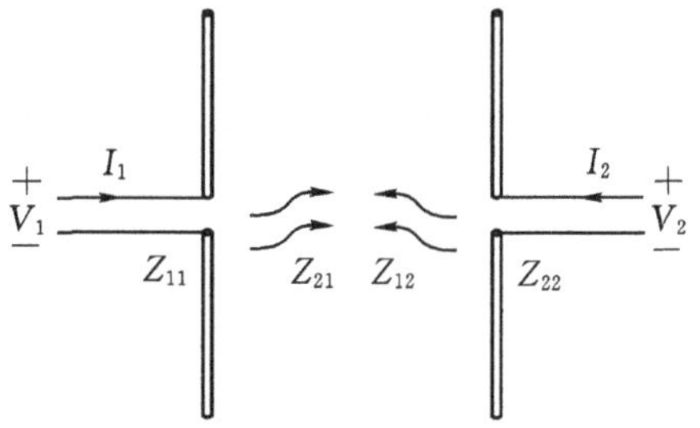

图 14.16　一对耦合天线，用于说明式(14.84a)和(14.84b)。

$$Z_{12} = Z_{21} \tag{14.85}$$

若引入导纳参数Y_{ij}，式(14.84a)和(14.84b)可以转换成：

$$I_1 = Y_{11}V_1 + Y_{12}V_2 \tag{14.86a}$$

$$I_2 = Y_{21}V_1 + Y_{22}V_2 \tag{14.86b}$$

根据互易原理，我们会发现有$Y_{12}=Y_{21}$。

现在，将天线 2 的两端短路，则有$V_2=0$。此时，由式(14.86b)得$I'_2=Y_{21}V'_1$，这里，单撇上标表示将天线 2 短路这一条件。反之，若将天线 1 的两端短路，则有$I''_1=Y_{12}V''_2$(双撇上标表示将天线 1 短路这一条件)。根据互易原理，则有

$$\frac{V''_2}{I''_1} = \frac{V'_1}{I'_2} \tag{14.87}$$

无论两个天线的相对位置和取向如何，等式(14.87)都是适用的。我们知道，在给定方向，每个天线发射的功率强度取决于其天线辐射方向图。此外，我们还希望在接收天线上产生的电流由该天线的方向性所决定，即接收天线对来波信号呈现出一个接收方向图。现在，设两个天线的相对方向固定不变，天线 1 为发射器，天线 2 短路，则可以得到一个确定的比值V'_1/I'_2。该比值与天线的相对方向有关，反过来依赖于天线 1 的辐射方向图和天线 2 的接收方向图。如果我们将发射器反过来作为一个接收器，并将天线 1 两端短路，那么我们会得到一个比值V''_2/I''_1，根据等式(14.87)，它与前面得到的比值V'_1/I'_2相等。我们一定会得到这样一个结论：接收天线所能接收到的功率取决于其辐射方向图。例如，接收天线辐射方向图中的主波束方向对应于它对来波信号最灵敏的那一个方向。任一天线的辐射方向图和接收方向图都是相同的。

我们接下来考虑更一般的传输情况，其中接收天线将向一个负载释放功率。天线 1(图如 14.16 所示)为发射器，而天线 2 为接收器，在其后接入一负载。先作如下一个基本假设：两个天线之间距离足够远，因此只需考虑前向耦合(用Z_{21}表示)。天线之间的间距很大意味着感应电流I_2可能比电流I_1小得多。反向耦合(用Z_{12}表示)指天线 2 中的接收信号返回至天线 1 的传输过程；具体地说，感应电流I_2反过来在天线 1 中产生一个(很弱的)附加电流I'_1；这样天线携带的净电流为$I_1+I'_1$，其中$I'_1 \ll I_1$。因此，如果我们假设乘积$Z_{12}I_2$可以忽略不计，那么根据(14.84a)，就有$V_1 = Z_{11} I_1$。将一阻抗为Z_L的负载跨接在天线 2 的两个终端之间，如图 14.17 的上方所示。V_2为负载两端电压。现在流过负载的电流为$I_L=- I_2$。设该电流为正，

则式(14.84b)可写为

$$V_2 = V_L = Z_{21} I_1 - Z_{22} I_L \tag{14.88}$$

上式正是根据图 14.17 中下方右边等效电路所列写的基尔霍夫电压方程。乘积项 $Z_{21}\ I_1$表示由天线 1 在该电路中所引起的电源电压。根据式(14.88),并结合 $V_L = Z_L\ I_L$,得到

$$I_L = \frac{Z_{21} I_1}{Z_{22} + Z_L} \tag{14.89}$$

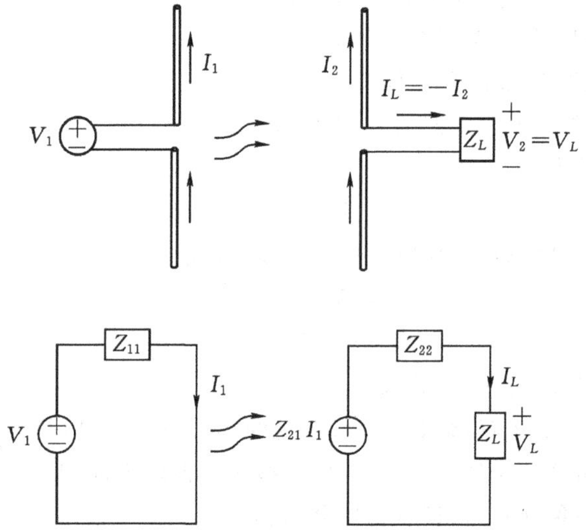

图 14.17 发射天线、接收天线及其等效电路。

Z_L所消耗的时间平均功率为

$$P_L = \frac{1}{2}\mathrm{Re}\{V_L I_L^*\} = \frac{1}{2} \mid I_L \mid^2 \mathrm{Re}\{Z_L\} = \frac{1}{2} \mid I_1 \mid^2 \left|\frac{Z_{21}}{Z_{22} + Z_L}\right|^2 \mathrm{Re}\{Z_L\} \tag{14.90}$$

当负载阻抗与驱动点阻抗达到共轭匹配,即 $Z_L = Z_{22}^*$时,可以传输给负载最大的功率。将匹配条件代入式(14.90)中,并利用 $Z_{22} + Z_{22}^* = 2R_{22}$,可得

$$P_L = \frac{1}{2} \mid I_1 \mid^2 \left|\frac{Z_{21}}{2R_{22}}\right|^2 \mathrm{Re}\{Z_{22}\} = \frac{\mid I_1 \mid^2 \mid Z_{21} \mid^2}{8R_{22}} \tag{14.91}$$

因此,天线 1 发出的时间平均功率为

$$P_r = \frac{1}{2}\mathrm{Re}\{V_1 I_1^*\} = \frac{1}{2} R_{11} \mid I_1 \mid^2 \tag{14.92}$$

将上述结果与式(14.65)相比较,若(1)不存在电阻损耗,和(2)电流振幅在驱动点处为最大振幅 I_0,则就可认为 R_{11}是发射天线的辐射电阻。像在前面我们所看到的一样,如果天线总长度是半波长的整数倍,在偶极子中将会发生上述第二种情况。利用式(14.91)和(14.92),我们可得到接收功率与发射功率的比值为:

$$\frac{P_L}{P_r} = \frac{\mid Z_{21} \mid^2}{4R_{11} R_{22}} \tag{14.93}$$

在这里,我们有必要对传输阻抗 Z_{21}(或 Z_{12})做进一步的分析。除其它一些参数外,传输阻抗的值还与两个天线之间的距离和相对取向有关。如图 14.18 所示,两个偶极子天线之间的径

向距离为 r，其相对取向由 θ 值确定，θ 根据每个天线轴来标定①。设天线 1 为发射器和天线 2 为接收器，天线 1 的辐射方向图由一个 θ_1 和 ϕ_1 的函数给出，而天线 2 的接收方向图（与其辐射方向图相同）由一个 θ_2 和 ϕ_2 的函数给出，

要表示天线所接收的功率，一种方便的方式就是采用有效面积，记作 $A_e(\theta,\phi)$，单位为 m^2。如图 14.18 所示，考虑发射器（天线 1）在接收器（天线 2）位置所产生的平均功率密度。像在式(14.25)和(14.26)中一样，这里的平均功率密度就是该处坡印亭矢量的大小，$S_r(r,\theta_1,\phi_1)$，单位 W/m^2，这里必须用一个变量 ϕ 来描述所有可能的相对方位。我们把接收天线的有效面积定义为，功率密度乘以有效面积等于接收天线上匹配负载所消耗的功率。若天线 2 为接收器，我们可以写出

$$P_{L2} = S_{r1}(r,\theta_1,\phi_1) \times A_{e2}(\theta_2,\phi_2) \quad [W] \tag{14.94}$$

再利用式(14.34)和(14.38)，我们可将功率密度写成天线 1 方向性的函数

$$S_{r1}(r,\theta_1,\phi_1) = \frac{P_{r1}}{4\pi r^2} D_1(\theta_1,\phi_1) \tag{14.95}$$

联立式(14.94)和式(14.95)，我们得到天线 2 的接收功率与天线 1 的发射功率之比值：

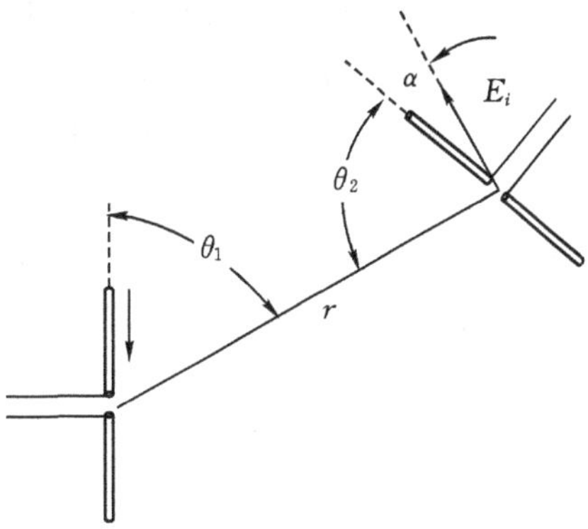

图 14.18　一个发射-接收天线对，图中示出了两个天线位于同一平面时的相对方位角（此时，不需要考虑 ϕ 坐标）。由天线 1 产生的入射电场 E_i 到达天线 2，与天线 2 的轴成 α 夹角。由于到达天线 2 的入射电场 E_i 与距离直线 r 相垂直，因此，$\alpha = 90° - \theta_2$。由于考虑的是远区中的场，所以两个天线可以相互视作点目标。

$$\frac{P_{L2}}{P_{r1}} = \frac{A_{e2}(\theta_2,\phi_2) D_1(\theta_1,\phi_1)}{4\pi r^2} = \frac{|Z_{21}|^2}{4R_{11}R_{22}} \tag{14.96}$$

其中，第二个等式与式(14.93)相同。求解式(14.96)，可得

$$|Z_{21}|^2 = \frac{R_{11}R_{22}A_{e2}(\theta_2,\phi_2)D_1(\theta_1,\phi_1)}{\pi r^2} \tag{14.97a}$$

我们注意到，若反之，即天线 2 向天线 1 发射功率，那么

$$|Z_{12}|^2 = \frac{R_{11}R_{22}A_{e1}(\theta_1,\phi_1)D_2(\theta_2,\phi_2)}{\pi r^2} \tag{14.97b}$$

根据互易原理，有 $Z_{12}=Z_{21}$，使式(14.97a)与(14.97b)相等，因此有

$$\frac{D_1(\theta_1,\phi_1)}{A_{e1}(\theta_1,\phi_1)} = \frac{D_2(\theta_2,\phi_2)}{A_{e2}(\theta_2,\phi_2)} = \text{常数} \tag{14.98}$$

对于任何天线来说，上式表明天线的方向性与其有效面积之比是一个普适常数，它与天线类型或计算这些参数所选取的方向无关。为了计算该常数，我们仅需要来看下面一种情形。

---

① 一种表示相对方位的方法是沿径向线 r 来定义 z 轴。这样，在局部球坐标中，就可以用角度 θ_i 和 ϕ_i（$i=1,2$）来描述天线轴线的取向，应注意到这两个球坐标系的原点分别位于各天线的馈点处。而 ϕ 坐标为绕 r 轴旋转的角度。例如在图 14.18 中，若两个天线均位于纸面内，则两个 ϕ 角值均为零。若天线 2 绕 r 旋转使其垂直于纸面，那么 $\phi_2=90°$，此时称天线是正交极化的。

例 14.6 求赫兹偶极子的有效面积，并确定任一天线的方向性与有效面积之间的一般关系式。

解：将赫兹偶极子看作接收天线，其长度为 d，其负载电压 V_L 取决于天线 1 在负载处所产生的电场。首先，我们要求出发射天线电场在接收天线长度方向上的投影。将此投影电场乘以天线 2 的长度，就可以得到在接收天线等效电路中的输入电压。如图 14.18 所示，设投影角为 α，那么在赫兹偶极子上的激励电压为

$$V_{in} = E_i \cos\alpha \times d = E_i d \sin\theta_2$$

若我们将电源电压 $I_1 Z_{21}$ 用上面的电压 V_{in} 来替代，那么赫兹偶极子的等效电路就与图 14.17 中所示的接收天线的等效电路是相同的。假设负载为共轭匹配的（$Z_L = Z_{22}^*$），则通过该负载的电流为

$$I_L = \frac{E_i d \sin\theta_2}{Z_{22} + Z_L} = \frac{E_i d \sin\theta_2}{2R_{22}}$$

传输至匹配负载的功率为

$$P_{L2} = \frac{1}{2}\mathrm{Re}\{V_L I_L^*\} = \frac{1}{2}R_{22} \mid I_L \mid^2 = \frac{(E_i d)^2 \sin^2\theta_2}{8R_{22}} \tag{14.99}$$

对于赫兹偶极子，R_{22} 为辐射电阻。在前面，（式(14.30)）已经给出其值：

$$R_{22} = R_{rad} = 80\pi^2 \left(\frac{d}{\lambda}\right)^2$$

将上式代入式(14.99)，我们得到

$$P_{L2} = \frac{1}{640}\left(\frac{E_i \lambda \sin\theta_2}{\pi}\right)^2 \quad [\mathrm{W}] \tag{14.100}$$

现在，入射到接收天线的平均功率密度为

$$S_{r1}(r,\theta_1,\phi_1) = \frac{E_i(r,\theta_1,\phi_1)^2}{2\eta_0} = \frac{E_i^{\ 2}}{240\pi} \quad [\mathrm{W/m^2}] \tag{14.101}$$

根据式(14.100)和(14.101)，赫兹偶极子的等效面积为

$$A_{e2}(\theta_2) = \frac{P_{L2}}{S_{r1}} = \frac{3}{8\pi}\lambda^2 \sin^2(\theta_2) \quad [\mathrm{m^2}] \tag{14.102}$$

在例 14.1 中，求得赫兹偶极子的方向性为

$$D_2(\theta_2) = \frac{3}{2}\sin^2(\theta_2) \tag{14.103}$$

比较式(14.102)和(14.103)，我们发现现在所要寻找的关系是，天线的有效面积与方向性之间的关系式

$$D(\theta,\phi) = \frac{4\pi}{\lambda^2}A_e(\theta,\phi) \tag{14.104}$$

现在，我们回到式(14.96)，并利用式(14.104)，重新写出传输至接收天线负载的功率与发射天线所辐射的总功率之比，这就是我们所知道的弗林斯传输公式，它是一个包含有效面积简单乘积的表达式：

$$\frac{P_{L2}}{P_{r1}} = \frac{A_{e2}(\theta_2,\phi_2)D_1(\theta_1,\phi_1)}{4\pi r^2} = \frac{A_{e1}(\theta_1,\phi_1)A_{e2}(\theta_2,\phi_2)}{\lambda^2 r^2} \tag{14.105}$$

这一结果还可以用方向性表示为：

$$\frac{P_{\mathrm{L2}}}{P_{\mathrm{r1}}} = \frac{\lambda^2}{(4\pi r)^2} D_1(\theta_1, \phi_1) D_2(\theta_2, \phi_2) \tag{14.106}$$

这些结果就是对我们在本小节所讨论内容的一个很好的小结，另外也为我们设计自由空间中的通信连接装置提供了一个非常有用的工具。再一次，式(14.105)假设了在远区天线是无损耗的，以及给出了与接收天线阻抗共轭匹配的负载所吸收的功率。

练习 14.10　已知一天线的最大方向性为 6 dB，工作波长 $\lambda = 1$ m。求该天线的最大有效面积。

答案：$1/\pi$ m^2

练习 14.11　一个有效面积为 1 m^2 的接收天线，其匹配负载所消耗的功率为 1 mW。将该天线放置于距离发射天线主波束中心 1.0 km 处。若其方向性为(a)10 dB；(b)7 dB，那么，发射天线所辐射的总功率分别为多少。

答案：4π kW；8π kW

参考文献

1. C. Balanis, *Antenna Theory: Analysis and Design*, 3rd ed., Wiley, Hoboken, 2005. 一本广泛用于高年级水平或研究生水平的教材，提供了很多详细内容。
2. S. Silver, ed., *Microwave Antenna Theory and Design*, Peter Peregrinus, Ltd on behalf of IEE, London, 1984. 这是著名的 MIT 辐射实验室系列著作中第 9 卷的再版本，最初由 McGraw-Hill 于 1949 年出版。这本书包含了许多最初的原始的研究资料，后来才出现在现在的教材中。
3. E. C. Jordan and K. G. Blamain. *Electromagnetic Waves and Radiating Systems*. 2d. ed. Englewood Cliffs, N. J.: Prentice-hall, 1968. 一本对波导和天线的讨论特别好的经典教材。
4. L. V. Blake, *Antennas*, Wiley, New York, 1966. 一本适合初级水平的简明的、写得很好的、可读性很好的教材。
5. G. S. Smith, *Classical Electromagnetic Radiation*, Cambridge, 1997. 这本优秀的研究生水平教材提供了独特、严谨的处理所有类型天线问题的方法。

习题 14

WWW Animations

14.1　在自由空间中，有一个短电偶极子位于原点，载有沿 $\mathbf{a}_z$ 方向的电流 $I_0\cos\omega t$。(a)如果 $k = 1$ rad/m，$r = 2$ m，$\theta = 45°$，$\phi = 0$，$t = 0$，使用直角坐标系中的一个单位矢量来表示出 $\boldsymbol{E}$ 的瞬时方向；(b)在总平均功率中，有多少是从$80° < \theta < 100°$的带状区域内辐射出去的？

14.2　在极坐标系中画出 $r-\theta$ 曲线，证明它在 $\phi = 0$ 平面内的轨迹是，使得(a)辐射场 $|E_{\theta s}|$ 为其在 $r = 10^4$ m、$\theta = \pi/2$ 处之值的一半；(b)平均辐射功率密度 $\langle S_r \rangle$ 为其在 $r = 10^4$ m、$\theta = \pi/2$ 处之值的一半。

14.3 在自由空间中，放置在坐标原点上的两个短天线中流过的电流都是 $5\cos\omega t\ A$，一个沿$\boldsymbol{a}_z$方向，另一个沿$\boldsymbol{a}_y$方向。令 $\lambda=2\pi\mathrm{m}$ 和 $d=0.1\ \mathrm{m}$。在远区内的下列各点处，求出$\boldsymbol{E}_s$：(a)($x=0$, $y=1000$, $z=0$)；(b)(0,0,1000)；(c)(1000,0,0)。(d)求出在 $t=0$ 时、(1000,0,0)处的 $\boldsymbol{E}$ 值；(e)求出$|\boldsymbol{E}|$在 $t=0$ 时、(1000,0,0)处的值。

14.4 式(14.15)和(14.16)给出了在自由空间中近区($kr\ll1$)内赫兹偶极子电磁场的各个分量，请写出赫兹偶极子电场表达式。在此情况下，两个等式中都仅存在有一个单项，且相位 δ_r和 δ_θ 简化为一个单值。构造最终的电场矢量并将此结果与静电偶极子结果(第4章的式(4.36))进行比较。试说明当静电偶极子电荷 Q 与电流振幅 I_0 存在什么关系时，这两种结果是相同的。

14.5 考虑赫兹偶极子磁场表达式(14.14)(或式(14.10))中随 $1/r^2$ 变化的项。假定该项起主要作用，且 $kr<<1$，请说明在此条件下所得到的磁场表达式与由毕奥沙伐定律(第7章式(7.2))计算一个电流元得到的磁场表达式相同，设该电流元长度为 d，沿 z 轴放置，中心位于原点。

14.6 求赫兹偶极子的坡印亭矢量的时间平均值$<\boldsymbol{S}>=(\frac{1}{2})\mathrm{Re}\{\boldsymbol{E}_s\times\boldsymbol{H}_s^*\}$，设场分量为由式(14.10)，(14.13a)和(14.13b)给出的一般形式。将所得结果与在远区得到的结果式(14.26)进行比较。

14.7 一个短电流元的尺寸 $d=0.03\lambda$。对于下列电流分布，计算辐射电阻：(a)均匀分布，I_0；(b)线性分布：$I(z)=I_0(0.5d-|z|)/0.5d$；(c)阶跃分布：对于 $0<|z|<0.25d$，电流为 I_0；对于 $0.25d<|z|<0.5d$，电流为 $0.5I_0$。

14.8 求磁偶极子天线在远区的坡印亭矢量时间平均值$<\boldsymbol{S}>=(\frac{1}{2})\mathrm{Re}\{\boldsymbol{E}_s\times\boldsymbol{H}_s^*\}$，假设式(14.48)、(14.49)和(14.50)中所有随 $1/r^2$ 和 $1/r^4$ 变化的项均忽略。将所得结果与赫兹偶极子在远区的功率密度表达式(14.26)进行比较。假设磁偶极子天线与赫兹偶极子具有相同的电流振幅，那么磁偶极子天线回路半径 a 与赫兹偶极子长度 d 存在怎样的关系时，二者产生相等的辐射功率？

14.9 在自由空间中，偶极子天线具有线性电流分布，天线两端电流为 0，中心处为电流峰值 I_0。如果长度 d 为 0.02λ，在如下两种情况下，I_0 的值为多少？(a)在距离为 1 m、$\theta=90°$处，辐射场的幅值为 100 mV/m；(b)辐射的总功率为 1 W。

14.10 证明图 14.4 中的 E—平面方向图的弦长等于 $b\sin\theta$，b 为对应的圆半径。

14.11 在自由空间中，一个单极子天线垂直地放置在理想导体平板的上方，且具有线性电流分布。如果天线的长度为 0.01λ，在如下两种情况下，I_0 的值为多少？(a)在距离为1 m、$\theta=90°$处，辐射场的幅值为 100 mV/m；(b)辐射的总功率为 1 W。

14.12 求下列长度偶极子天线 E—平面方向图的零值点，用 θ 表示：(a)$l=\lambda$；(b)$2l=1.3\lambda$。可参考图 14.8。

14.13 在自由空间中，如果一个短电流元垂直地放置在坐标原点处，则辐射场 $E_{\theta s}=(20/r)\sin\theta e^{-j10\pi r}$ V/m。(a)求出在点 $P(r=100,\theta=90°,\phi=30°)$处 $E_{\theta s}$的值；(b)如果将垂直电流元放置在 $A(0.1,90°,90°)$处，求出在点 $P(100,90°,30°)$处 $E_{\theta s}$的值；(c)如果将两个相同的垂直电流元分别放置在 $A(0.1,90°,90°)$和 $B(0.1,90°,270°)$处，求

出在点 $P(100,90°,30°)$ 处 $E_{\theta s}$ 的值。

14.14 对总长度为 $2l=\lambda$ 的偶极子天线，求用分贝表示的最大方向性以及半功率波束宽。

14.15 对总长度为 $2l=1.3\lambda$ 的偶极子天线，确定旁瓣出现的方向 θ 以及旁瓣的峰值强度，峰值大小表示为在主瓣强度中所占的分数。

14.16 对总长度为 $2l=1.5\lambda$ 的偶极子天线，(a) 确定 E－平面上零值及最大值出现的位置 θ；(b)求旁瓣电平；(c)求最大方向性。

14.17 考虑自由空间中一无损耗半波偶极子，其辐射电阻 $R_{rad}=73\ \Omega$，最大方向性 $D_{max}=1.64$。若天线激励电流振幅为 1 A，(a)天线辐射的总功率为多少瓦？(b)位于 $r=1$ km 的位置处 1－m^2 的孔中穿过的功率为多少瓦？设孔位于赤道平面上，直对着天线，且孔中功率密度为均匀的。

14.18 若天线总长度为 $2l=\lambda$，重答习题 14.17。必要时可以采用数值积分。

14.19 设计一个二元偶极子天线，使其在 H 平面的 $\phi=0,\pi/2$ 和 $3\pi/2$ 方向上辐射强度相同。确定最小的电流相位差 ξ 和最小的阵元间距 d。

14.20 一个二元偶极子天线，其在宽边方向($\phi=\pm 90°$)和端射方向($\phi=0,\ 180°$)均为零辐射，而最大辐射在宽边方向与端射方向之间。在 H－平面，若设 $\phi=0$ 时，$\psi=\pi$，$\phi=\pi$ 时，$\psi=-3\pi$。(a)证明在此条件下，将产生零宽边辐射和零端射。(b)确定所需的电流相位差 ξ 和最小的阵元间距 d。(c)确定在辐射图中出现最大辐射时的 ϕ 值。

14.21 在例 14.4 中的二元端射天线阵中，考虑在远离初始设计频率 f_0 时工作频率 f 变化的影响，设初始电流相位差保持不变，$\xi=-\pi/2$。在以下情况下，求最大辐射发生时的 ϕ 值：(a)当工作频率 $f=1.5f_0$ 时；(b)当工作频率 $f=2f_0$ 时。

14.22 重解习题 14.21，现在允许电流相位随频率变化(若电流相位差是通过在馈电电流之间的一个简单的时间滞后来建立，就会自动地产生这样的情况)。现在，设电流相位差为 $\xi'=\xi f/f_0$，其中，f_0 为初始设计频率。在此条件下，无论频率为多大，在 $\phi=0$ 的方向辐射都将达到最大强度(试证明这个结果)。然而，当频率调至远离 f_0 时，将会出现逆辐射(沿 $\phi=\pi$ 方向)。试推导出前向辐射与后向辐射之比，即沿 $\phi=0$ 方向与 $\phi=\pi$ 方向的辐射强度之比，用分贝表示。将该结果表示为频率比 f/f_0 的函数。计算在下列情况下的前向辐射与后向辐射之比：(a)$f=1.5f_0$；(b)$f=2f_0$；(c)$f=0.75f_0$。

14.23 一旋转式栅门天线由两个正交偶极子天线构成，位于 xy 平面。已知两个偶极子相同，分别沿 x 轴和 y 轴，馈电点均在原点。设每个天线上的电流相同，且 x 方向天线的电流为相位参考点。试确定 y 方向天线的电流相对相位 ξ 值，使 $+z$ 轴上的净辐射电场为(a)左旋圆极化；(b)沿 x 与 y 之间 45°轴的线性极化。

14.24 一直线端射天线阵，若应用例 14.5 中求得的电流相位 ξ 与阵元间距 d 的数值，可以使其最大辐射强度出现在 $\phi=0$ 方向。求前向辐射与后向辐射之比(其定义同习题 14.22)与阵元数目 n 之间的函数表达式，设 n 为奇数。

14.25 一 6 元直线偶极子天线阵，两相邻阵元间距 $d=\lambda/2$。(a)试选取一个合适的电流相位 ξ，使最大辐射沿 $\phi=\pm 60°$方向。(b)若采用(a)中得到的电流相位，分别求在宽边方向和端射方向上的辐射强度的值(相对于最大辐射强度)。

14.26 在一个 n 元直线端射天线中，通过如下 Hansen-Woodyard 条件来选择电流相位可以增强天线阵的方向性：

$$\xi=\pm\left(\frac{2\pi d}{\lambda}+\frac{\pi}{n}\right)$$

其中，+号或−号分别对应于最大辐射沿 $\phi=180°$ 和 $0°$ 方向。应用这种调相方法不一定能够实现单向端射功能(零后向辐射)，但若适当选择阵元间距 d 即可实现该功能。(a)求所需的阵元间距，并用一个 n 和 λ 的函数来表示。(b)证明当阵元数目很大时，(a)中求得的阵元间距的值趋近于 $\lambda/4$。(c)证明阵元数应该为偶数。

14.27 一个 n 元宽面直线天线阵，当阵元数目增大时，主波束将会变窄。试通过计算在 $\phi=90°$ 方向的主辐射最大值两边的零点之间间距的角度 ϕ 来证明此结论。并证明当 n 很大时，此角度差近似为 $\Delta\phi\doteq 2\lambda/L$，其中，$L\doteq nd$ 为天线阵的总长度。

14.28 一个大型固定地面发射台的辐射功率为 10 kW，与一个移动接收站进行通信，与此接收站天线相匹配的负载所消耗的功率为 1 mW。现在，接收站(还未移动时)向地面传输回信号。若移动设备辐射功率为 100 W，求地面发射台所接收到的功率。(设匹配负载条件下)

14.29 信号在两个相同的半波偶极子天线间传输，载波波长为 1－m，天线之间的距里为 1 km。两天线相互平行。(a)若发射天线辐射的功率为 100 W，那么接收天线上的匹配负载吸收的功率为多少？(b)假设将接收天线旋转 45°，但仍保持两个天线位于同一平面，则接收天线接收的功率为多少？

14.30 一半波偶极子天线，已知其最大有效面积为 A_{max}。(a)用 A_{max} 和波长 λ 写出该天线的最大方向性。(b)若天线辐射的总功率为 P_r，求电流振幅 I_0 的表达式，用 P_r，A_{max} 以及 λ 来表示。(c)当 θ 和 ϕ 的值分别为多大时，天线的有效面积为最大有效面积 A_{max}？

附录 A 矢量分析

A.1 常用坐标系

现在，让我们来考虑一般的正交坐标系，其中的任一点都是由三个互相垂直的曲面（未指定其形式和形状）相交而确定的，

$$u=\text{常数}$$
$$v=\text{常数}$$
$$w=\text{常数}$$

其中，u，v 和 w 为在该坐标系中的变量。如果每个变量都有一个增量，将得到三个新值，那么对应于这些新值就可以画出另外三个互相垂直的曲面，它与原来的三个曲面形成了一个近似于长方体的微分体积元。由于 u，v 和 w 不一定必须是长度变量，例如，可以是在圆柱坐标系和球坐标系中的角度变量，因此，要得到该长方体的微分边长，每个变量就都必须乘以 u，v 和 w 的一个一般函数。这样，我们定义尺度因子 h_1，h_2 和 h_3，其中的每一个因子均为三个变量 u，v 和 w 的函数，那么该微分体积元的各个边的边长分别为

$$\mathrm{d}L_1=h_1\mathrm{d}u$$
$$\mathrm{d}L_2=h_2\mathrm{d}v$$
$$\mathrm{d}L_3=h_3\mathrm{d}w$$

在第 1 章中所讨论的三个坐标系中，很显然，这些变量和尺度因子分别为

直角坐标系： $u=x \quad v=y \quad w=z$

$h_1=1 \quad h_2=1 \quad h_3=1$

圆柱坐标系： $u=\rho \quad v=\phi \quad w=z$

$h_1=1 \quad h_2=\rho \quad h_3=1$

球坐标系： $u=r \quad v=\theta \quad w=\phi$

$$h_1=1 \quad h_2=r \quad h_3=r\sin\theta \tag{A.1}$$

在所有的情况下，u，v 和 w 的选择都应该使得 $\boldsymbol{a}_u\times\boldsymbol{a}_v=\boldsymbol{a}_w$ 成立。在其它一些不太常用的坐标系中，我们也希望得到 h_1，h_2 和 h_3 的表达式①。

A.2 常用曲线坐标系中的散度、梯度和旋度

如果将在第 3.4 节和第 3.5 节中用于推导散度的方法应用于一般的曲线坐标系中，那么，

① J. A. Stratton. *Electromagnetic Theory*. New York：McGrall-Hill，1941. 在这本书的第 50－59 页中，给出了在 9 种正交坐标系中的坐标变量和尺度因子。同时，对每一种坐标系做了详细的介绍。

$\boldsymbol{D}$ 矢量通过平行六面体的单位法线矢量为 $\boldsymbol{a}_u$ 的表面的通量为

$$D_{u0}\mathrm{d}L_2\mathrm{d}L_3+\frac{1}{2}\frac{\partial}{\partial u}(D_u\mathrm{d}L_2\mathrm{d}L_3)\mathrm{d}u$$

或

$$D_{u0}h_2h_3\mathrm{d}v\mathrm{d}w+\frac{1}{2}\frac{\partial}{\partial u}(D_uh_2h_3\mathrm{d}v\mathrm{d}w)\mathrm{d}u$$

而与之相对的另一个表面为

$$-D_{u0}h_2h_3\mathrm{d}v\mathrm{d}w+\frac{1}{2}\frac{\partial}{\partial u}(D_uh_2h_3\mathrm{d}v\mathrm{d}w)\mathrm{d}u$$

则穿过这两个表面的总通量为

$$\frac{\partial}{\partial u}(D_uh_2h_3\mathrm{d}v\mathrm{d}w)\mathrm{d}u$$

由于 u,v 和 w 是独立变量,上述表达式可写为

$$\frac{\partial}{\partial u}(h_2h_3D_u)\mathrm{d}u\mathrm{d}v\mathrm{d}w$$

对角标 u,v 和 w 进行简单地置换,可得另外两个相应的表达式。因此,穿出这个微分单元表面总的通量为

$$\left[\frac{\partial}{\partial u}(h_2h_3D_u)+\frac{\partial}{\partial v}(h_3h_1D_v)+\frac{\partial}{\partial w}(h_1h_2D_w)\right]\mathrm{d}u\mathrm{d}v\mathrm{d}w$$

将上式除以微元的体积,得到 $\boldsymbol{D}$ 的散度为

$$\nabla\cdot\boldsymbol{D}=\frac{1}{h_1h_2h_3}\left[\frac{\partial}{\partial u}(h_2h_3D_u)+\frac{\partial}{\partial v}(h_3h_1D_v)+\frac{\partial}{\partial w}(h_1h_2D_w)\right]\tag{A.2}$$

一个标量 V 的梯度的各个分量,可以通过求 V 的全微分来得到(按照第 4.6 节中的方法)

$$\mathrm{d}V=\frac{\partial V}{\partial u}\mathrm{d}u+\frac{\partial V}{\partial v}\mathrm{d}v+\frac{\partial V}{\partial w}\mathrm{d}w$$

根据各分量的微分长度,$h_1\mathrm{d}u$,$h_2\mathrm{d}v$ 和 $h_3\mathrm{d}w$,可以得到

$$\mathrm{d}V=\frac{1}{h_1}\frac{\partial V}{\partial u}h_1\mathrm{d}u+\frac{1}{h_2}\frac{\partial V}{\partial v}h_2\mathrm{d}v+\frac{1}{h_3}\frac{\partial V}{\partial w}h_3\mathrm{d}w$$

这样,由于

$$\mathrm{d}\boldsymbol{L}=h_1\mathrm{d}u\boldsymbol{a}_u+h_2\mathrm{d}v\boldsymbol{a}_v+h_3\mathrm{d}w\boldsymbol{a}_w$$

和

$$\mathrm{d}V=\nabla V\cdot\mathrm{d}\boldsymbol{L}$$

我们可以看到

$$\nabla V=\frac{1}{h_1}\frac{\partial V}{\partial u}\boldsymbol{a}_u+\frac{1}{h_2}\frac{\partial V}{\partial v}\boldsymbol{a}_v+\frac{1}{h_3}\frac{\partial V}{\partial w}\boldsymbol{a}_w\tag{A.3}$$

考察 u=常数表面上的一个微分路径,求出沿着该路径上 $\boldsymbol{H}$ 的环量,这样就可以得到矢量 $\boldsymbol{H}$ 的旋度的各个分量,这与在第 7.3 节中对直角坐标系所做的讨论是相同的。沿着 $\boldsymbol{a}_v$ 方向的一小段所做的贡献为

$$H_{v0}h_2\mathrm{d}v-\frac{1}{2}\frac{\partial}{\partial w}(H_vh_2\mathrm{d}v)\mathrm{d}w$$

然而,沿着相反方向的一小段所做的贡献为

$$-H_{v0}h_2\,\mathrm{d}v-\frac{1}{2}\frac{\partial}{\partial w}(H_v h_2\,\mathrm{d}v)\,\mathrm{d}w$$

这两部分之和为

$$-\frac{\partial}{\partial w}(H_v h_2\,\mathrm{d}v)\,\mathrm{d}w$$

或

$$-\frac{\partial}{\partial w}(h_2 H_v)\,\mathrm{d}v\,\mathrm{d}w$$

另外两侧路径所做的贡献之和为

$$\frac{\partial}{\partial v}(h_3 H_w)\,\mathrm{d}v\,\mathrm{d}w$$

将这两项相加，并除以它们所包围的面积 $h_2h_3\,\mathrm{d}v\mathrm{d}w$，我们可以得到 $\boldsymbol{H}$ 的旋度在 $\boldsymbol{a}_{\mathrm{u}}$ 方向上的分量为

$$(\nabla\times\boldsymbol{H})_{\mathrm{u}}=\frac{1}{h_2h_3}\left[\frac{\partial}{\partial v}(h_3H_w)-\frac{\partial}{\partial w}(h_2H_v)\right]$$

通过变量循环代换的方法，可以得到另外两个分量，其结果可以表示为一个行列式，

$$\nabla\times\boldsymbol{H}=\begin{vmatrix}\dfrac{\boldsymbol{a}_{\mathrm{u}}}{h_2h_3} & \dfrac{\boldsymbol{a}_v}{h_3h_1} & \dfrac{\boldsymbol{a}_w}{h_1h_2}\\ \dfrac{\partial}{\partial u} & \dfrac{\partial}{\partial v} & \dfrac{\partial}{\partial w}\\ h_1H_{\mathrm{u}} & h_2H_v & h_3H_w\end{vmatrix}\tag{A.4}$$

利用式(A.2)和式(A.3)，可以得到对一个标量求拉普拉斯算子运算的表达式：

$$\nabla^2V=\nabla\cdot\nabla V=\frac{1}{h_1h_2h_3}\left[\frac{\partial}{\partial u}\left(\frac{h_2h_3}{h_1}\frac{\partial v}{\partial u}\right)+\frac{\partial}{\partial v}\left(\frac{h_3h_1}{h_2}\frac{\partial v}{\partial v}\right)+\frac{\partial}{\partial w}\left(\frac{h_1h_2}{h_3}\frac{\partial v}{\partial w}\right)\right]\tag{A.5}$$

在任意的正交坐标系中，若已知 h_1，h_2 和 h_3，就可以根据式(A.2)到(A.5)得到散度、梯度，旋度及拉普拉斯算子。

在本书的末尾，给出了在直角坐标系、圆柱坐标系、球坐标系下 $\nabla\cdot\boldsymbol{D}$，$\nabla V$，$\nabla\times\boldsymbol{H}$ 和 ∇^2V 的表达式。

A.3 矢量恒等式

在直角坐标系(或一般的曲线坐标系)下，通过展开的方法可以证明如下的矢量恒等式。前两个恒等式涉及到标量和矢量的三重积，接下来的三个是关于和的运算，再接下来的三个应用于变元与一个标量函数相乘，再接下来的三个应用于标量或矢量相乘，最后四个是关于二阶运算。

$$(\boldsymbol{A}\times\boldsymbol{B})\times\boldsymbol{C}\equiv(\boldsymbol{B}\times\boldsymbol{C})\times\boldsymbol{A}\equiv(\boldsymbol{C}\times\boldsymbol{A})\times\boldsymbol{B}\tag{A.6}$$

$$\boldsymbol{A}\times(\boldsymbol{B}\times\boldsymbol{C})\equiv(\boldsymbol{A}\cdot\boldsymbol{C})\boldsymbol{B}-(\boldsymbol{A}\cdot\boldsymbol{B})\boldsymbol{C}\tag{A.7}$$

$$\nabla\cdot(\boldsymbol{A}+\boldsymbol{B})\equiv\nabla\cdot\boldsymbol{A}+\nabla\cdot\boldsymbol{B}\tag{A.8}$$

$$\nabla(V+W)\equiv\nabla V+\nabla W\tag{A.9}$$

$$\nabla\times(\boldsymbol{A}+\boldsymbol{B})\equiv\nabla\times\boldsymbol{A}+\nabla\times\boldsymbol{B}\tag{A.10}$$

$$\nabla\cdot(V\boldsymbol{A})\equiv\boldsymbol{A}\cdot\nabla V+V\nabla\cdot\boldsymbol{A}\tag{A.11}$$

$$\nabla(VW) \equiv V\nabla W + W\nabla V \tag{A.12}$$

$$\nabla\times(V\boldsymbol{A}) \equiv \nabla V\times\boldsymbol{A} + V\nabla\times\boldsymbol{A} \tag{A.13}$$

$$\nabla\cdot(\boldsymbol{A}\times\boldsymbol{B}) \equiv \boldsymbol{B}\cdot\nabla\times\boldsymbol{A} - \boldsymbol{A}\cdot\nabla\times\boldsymbol{B} \tag{A.14}$$

$$\nabla(\boldsymbol{A}\cdot\boldsymbol{B}) \equiv (\boldsymbol{A}\cdot\nabla)\boldsymbol{B} + (\boldsymbol{B}\cdot\nabla)\boldsymbol{A} + \boldsymbol{A}\times(\nabla\times\boldsymbol{B}) + \boldsymbol{B}\times(\nabla\times\boldsymbol{A}) \tag{A.15}$$

$$\nabla\times(\boldsymbol{A}\times\boldsymbol{B}) \equiv \boldsymbol{A}\nabla\cdot\boldsymbol{B} - \boldsymbol{B}\nabla\cdot\boldsymbol{A} + (\boldsymbol{B}\cdot\nabla)\boldsymbol{A} - (\boldsymbol{A}\cdot\nabla)\boldsymbol{B} \tag{A.16}$$

$$\nabla\cdot\nabla V \equiv \nabla^2 V \tag{A.17}$$

$$\nabla\cdot\nabla\times\boldsymbol{A} \equiv 0 \tag{A.18}$$

$$\nabla\times\nabla V \equiv 0 \tag{A.19}$$

$$\nabla\times\nabla\times\boldsymbol{A} \equiv \nabla(\nabla\cdot\boldsymbol{A}) - \nabla^2\boldsymbol{A} \tag{A.20}$$

附录 B　电磁单位制

首先，我们应该描述一下国际单位制(缩写为 SI)，在本书中使用这个单位制，它现在也是电气工程和众多其它物理学科的标准。它也已经被包括美国在内的许多国家正式采纳。[①]

长度的基本单位是米，在 19 世纪下半叶，米被定义为在一个特定的铂铱杆上两个刻度之间的距离。在 1960 年，对米的定义做了改进，将它与在一定条件下由稀有气体同位素氪-86 产生的辐射波的波长相联系起来。这种所谓的氪米能精确到十亿分之四，这个值在建设摩天大楼或高速公路时所引起的不确定度是可以忽略的，但是在确定地球与月球之间的距离时却可以产生超过 1 米的误差。在 1983 年，根据光速，对米做了重新的定义。在那个时候，光速被认为是一个辅助常数，其精确值为 299792458 米/秒。结果是，最终把米定义为：光在真空中传播了 1/299792458 秒时所前进的距离。如果 c 的测量值能达到非常高的精度，它的数值将仍然保持是 299 792 458 m/s，但是米的长度将会改变。

显然，米的定义是依据时间的基本单位——秒来表示的。把秒定义为在未受到外场干扰的情况下，铯-133 原子基态 $s_{1/2}$ 的两个超精细能级 $F=4, m_F=0$ 和 $F=3, m_F=0$ 之间跃迁所对应的辐射的 9 192 631 770 个周期所持续的时间。虽然秒的这个定义可能很复杂，但是它却能使时间的测量精度高于 $1/10^{13}$。

放置在法国德塞夫勒省国际计量署的一个铂铱圆柱体的质量被定义为是一千克质量的国际标准。

温度的单位是开尔文，它通过水的三相点温度(273.16K)来定义。

第五个单位是坎德拉，其定义为：在 101 325 牛顿/平方米的大气压下，面积为 1/600000 平方米的全方位辐射器在铂的凝固温度时的发光强度。

最后一个基本单位是安培，在明确安培的定义之前，首先得定义牛顿。牛顿是根据牛顿第三定律中的其它基本单位来定义的，比如力的单位，单位大小的力可以使 1 千克的物体产生 1 米/秒^2 的加速度。我们现在可以把安培定义为：在真空中相距为 1 米的两根无限长平行直导线(截面面积忽略不计)，通以大小相等方向相反的恒定电流，当单位长度每根导线上所受到的推斥力为 2×10^{-7} N/m 时，那么在每根导线中流过的电流就是 1 个安培。两平行导线之间的作用力是

$$F = \mu_0 \frac{I^2}{2\pi d}$$

于是

---

① 国际单位制是被 1960 年在巴黎举行的第 11 届国际计量大会采纳的，在 1964 年被(美国)国家标准局正式采纳用于科学计量。它是一个国际公制，很有趣的是它是专业会议上唯一被接收的特定制约。这种情形首次出现于 1966 年，然后是在 1975 年随着《米制换算法》出现，《米制换算法》规定了任意长度单位换算到米制。无论如何，没有特定的时间限制，我们可假定在浴室刻度读取千克质量和美国小姐三围达到 90—60—90 之前它将一直持续一些年。

$$2 \times 10^{-7} = \mu_0 \frac{1}{2\pi}$$

或者

$$\mu_0 = 4\pi \times 10^{-7} \quad (\mathrm{kg \cdot m/(A^2 \cdot s^2)}, 或\ \mathrm{H/m})$$

因此,当给自由空间中的磁导率指定了一个精确简单的数值时,就可以将安培的定义确定下来。

回到国际单位制,有关其它电磁量的单位是本教材中的重要内容,当需要时我们就会给出每一个量的单位的定义,而所有的这些单位都与先前定义的基本单位相联系着。例如,在第12章中介绍平面电磁波时,已经证明了在自由空间中电磁波的传播速度为

$$c = \frac{1}{\sqrt{\mu_0 \varepsilon_0}}$$

于是有

$$\varepsilon_0 = \frac{1}{\mu_0 c^2} = \frac{1}{4\pi 10^{-7} c^2} = 8.854\ 187\ 817 \times 10^{-12}\ \mathrm{F/m}$$

显然,ε_0 的数值依赖于在真空中光速的定义值——299 792 458 m/s。

为了便于参考起见,在表 B.1 中也列出了这些单位。顺序与其在文中被定义的顺序相一致。

表 B.1 国际单位制中电磁量的名称及单位(以在文中出现的先后次序来排列)

符号	名称	单位	缩写
v	速度	米/秒	m/s
F	力	牛顿	N
Q	电荷	库仑	C
r, R	距离	米	m
$\varepsilon_0, \varepsilon$	电容率	法/米	F/m
E	电场强度	伏/米	V/m
ρ_v	体电荷密度	库仑/米^3	C/m^3
v	体积	米^3	m^3
ρ_L	线电荷密度	库仑/米	C/m
ρ_S	面电荷密度	库仑/米^2	C/m^2
Ψ	电通	库仑	C
D	电通密度	库仑/米^2	C/m^2
S	面积	米^2	m^2
W	功,能量	焦耳	J
L	长度	米	m
V	电位	伏	V
p	偶极矩	库仑·米	C·m
I	电流	安培	A
J	电流密度	安培/米^2	A/m^2
μ_e, μ_h	迁移率	米^2/(伏·秒)	m^2/(V·s)
e	电子电荷	库仑	C

续表 B.1

符号	名称	单位	缩写
σ	电导率	西门子/米	S/m
R	电阻	欧姆	Ω
P	极化强度	库仑/米^2	C/m^2
$\chi_{e,m}$	电极化率		
C	电容	法拉	F
R_s	表面电阻	欧姆(每平方米)	Ω
H	磁场强度	安培/米	A/m
K	面电流密度	安培/米	A/m
B	磁通密度	特斯拉(或韦伯/米^2)	T(Wb/m^2)
μ_0,μ	磁导率	亨利/米	H/m
Φ	磁通	韦伯	Wb
V_m	磁标位	安培	A
A	磁矢位	韦伯/米	Wb/m
T	力矩	牛顿·米	N·m
m	磁矩	安培·米^2	A·m^2
M	磁化强度	安培/米	A/m
$\Re$	磁阻	安·匝/韦伯	A·t/Wb
L	自感	亨利	H
M	互感	亨利	H
ω	角频率	弧度/秒	rad/s
c	光速	米/秒	m/s
λ	波长	米	m
η	波阻抗	欧姆	Ω
k	波数	米$^{-1}$	m^{-1}
α	衰减常数	奈培/米	Np/m
β	相位常数	弧度/米	rad/m
f	频率	赫兹	Hz
S	坡印亭矢量	瓦特/米^2	W/m^2
P	功率	瓦特	W
δ	透入深度	米	m
Γ	反射系数		
s	驻波比		
γ	传播常数	米$^{-1}$	m^{-1}
G	电导	西门子	S
Z	阻抗	欧姆	Ω
Y	导纳	西门子	S
Q	品质因数		

最后，其它的单位制也已经被应用到了电学和磁学中。在静电单位制（esu）中，自由空间中的库仑定律可以写为

$$F=\frac{Q_1Q_2}{R^2}\quad（静电单位制）$$

自由空间中的电容率被指定为单位数值。克和厘米分别是质量和长度的基本单位，因此，静电单位制是一个厘米-克-秒制。前缀为 stat -的单位属于静电单位制。

同样，电磁单位制（emu）是基于磁极子的库仑定律给出的，自由空间中的磁导率也是单位数值。前缀 ab -表示其单位为电磁单位制。当用静电单位制表示的电量与用电磁单位制表示的磁量出现在同一个方程（如麦克斯韦旋度方程）中时，光速是显式出现的。显然，在静电单位制中有 $\varepsilon_0=1$，但 $\mu_0\varepsilon_0=1/c^2$，于是 $\mu_0=1/c^2$；在电磁单位制中，$\mu_0=1$，于是 $\varepsilon_0=1/c^2$。于是，这种混合的单位制被称为高斯单位制，

$$\nabla\times\boldsymbol{H}=4\pi\boldsymbol{J}+\frac{1}{c}\frac{\partial\boldsymbol{D}}{\partial t}\quad（高斯单位制）$$

在其它的单位制中，库仑定律中也显式地包含着 4π 因子，但它并未出现在麦克斯韦方程组中。当经过这样的处理之后，该单位制就被认为是有理化了的，因此，高斯单位制是一个未被有理化的厘米-克-秒制（当被有理化后，就是著名的海维塞德-洛伦兹制），我们在本书中使用的国际制是一个有理化后的米-千克-秒制。

表 B.2　从国际制到高斯制和其它单位制的转化（使用 $c=2.997\,924\,58\times10^8$）

量	1mks 单位	＝高斯单位制	＝其它单位制
d	1m	10^2 厘米	39.37 in.
F	1N	10^5 达因	0.2248 lb_f
W	1J	10^7 尔格	0.7376 ft - lb_f
Q	1C	$10c$ statC	0.1 abC
ρ_v	$1C/m^3$	$10^{-5}c$ statC/cm^3	10^{-7} abC/cm^3
D	$1C/m^2$	$4\pi10^{-3}c$ (esu)	$4\pi10^{-5}$(emu)
E	1V/m	$10^4/c$ statV/cm	10^6 abV/cm
V	1V	$10^6/c$ statV	10^8 abV
I	1A	0.1 abA	10 c statA
H	1A/m	$4\pi10^{-3}$奥斯特	$0.4\pi c$(esu)
V_m	1A・t	0.4π 吉伯	$40\pi c$(esu)
B	1T	10^4 高斯	$100/c$(esu)
Φ	1Wb	10^8 麦克斯韦	$10^6/c$(esu)
A	1Wb/m	10^6 麦克斯韦/厘米	
R	1Ω	10^9 ab	$10^5/c^2$ statΩ
L	1H	10^9 abH	$10^5/c^2$ statH
C	1F	$10^{-5}c^2$ statF	10^{-9} abF
σ	1S/m	10^{-11} abS/cm	$10^{-7}c^2$ statS/cm
μ	1H/m	$10^7/4\pi$(emu)	$10^3/4\pi c^2$(esu)
ε	1F/m	$4\pi10^{-7}c^2$(esu)	$4\pi10^{-11}$(emu)

表 B.2 给出了一些非常重要的单位制，如国际单位制(或有理化的米-千克-秒制)，高斯单位制以及其它的一些混合型单位制之间的转换系数。

表 B.3 列出了在 SI 单位中使用的前缀，缩写以及它所代表的 10 的幂值。这些都得到了广泛的使用。在书写时，前缀和缩写都不需要连接号，因此 10^{-6}F=1 微法=1μF=1000 纳法=1000nF，等等。

表 B.3 SI 单位中使用的标准前缀

前缀	缩写	含义	前缀	缩写	含义
atto -	a -	10^{-18}	deka -	da -	10^{1}
femto -	f -	10^{-15}	hecto -	h -	10^{2}
pico -	p -	10^{-12}	kilo -	k -	10^{3}
nano -	n -	10^{-9}	mega -	M -	10^{6}
micro -	μ -	10^{-6}	giga -	G -	10^{9}
milli -	m -	10^{-3}	tera -	T -	10^{12}
centi -	c -	10^{-2}	peta -	P -	10^{15}
deci -	d -	10^{-1}	exa -	E -	10^{18}

附录C 材料常数

表 C.1 列出了普通绝缘材料和电介质材料的相对介电常数的一些典型值，以及损耗角正切的代表值。每一个数据仅对应于某一种材料，并且只有在正常的温度和湿度、非常低的音频条件下适用。这些数据中的绝大多数来自于《无线电工程师参考数据》[①]。如果要获得进一步的信息和其它材料的特性，可以参考《电气工程师标准手册》[②]、von Hippel[③] 以及诸如此类的册子。

表 C.2 给出了一些金属导体、绝缘材料以及我们通常所感兴趣的其它材料的电导率。这些数据来自于前面所提到的参考文献，而且仅适用于在频率为零和室温的条件下。在这个表中，电导率逐渐递减。

表 C.3 列出了各种抗磁、顺磁、亚铁磁、铁磁材料的相对磁导率典型值，这些数据来自于前面所列出的参考文献。另外，铁磁材料的数据仅适用于在磁通密度非常低的条件下。最大磁导率以数值的大小为序。

表 C.4 给出了电荷、静止电子质量、自由空间中电容率和磁导率以及光速的数值。[④]

表 C.1　ε'_r 和 $\varepsilon''/\varepsilon'$

材料	ε'_r	$\varepsilon''/\varepsilon'$
空气	1.0005	
酒精，乙醛	25	0.1
氧化铝	8.8	0.000 6
琥珀	2.7	0.002
胶木	4.74	0.022
钛酸钡	1200	0.013
二氧化碳	1.001	
铁酸盐(镍锌)	12.4	0.000 25
锗	16	
玻璃	4～7	0.002
冰	4.2	0.05
云母	5.4	0.000 6

① 见第 1 章的参考文献。

② 见第 5 章的参考文献。

③ von Hippel, A. R. *Dielectric Materials and Applications*. Cambridge, Mass. and New York: The Technology Press of the Massachusetts Institute of Technology and John Wiley Sons, 1954.

④ Cohen, E. R., and B. N. Taylor. *The 1986 Adjustment of the Fundamental Physical Constants*. Elmsford, N. Y.: Pergamon Press, 1986.

表 C.1

材料	ε_r'	$\varepsilon''/\varepsilon'$
氯丁(二烯)橡胶	6.6	0.011
尼龙	3.5	0.02
纸	3	0.008
树脂玻璃	3.45	0.03
聚乙烯	2.26	0.000 2
聚丙烯	2.25	0.000 3
聚苯乙烯	2.56	0.000 05
陶瓷(干法)	6	0.014
派兰诺油	4.4	0.000 5
耐热玻璃	4	0.000 6
石英(熔凝态)	3.8	0.000 75
橡胶	2.5～3	0.002
硅石或二氧化硅(熔凝态)	3.8	0.000 75
硅	11.8	
雪	3.3	0.5
氯化钠	5.9	0.000 1
土(干)	2.8	0.05
滑石	5.8	0.003
泡沫聚苯乙烯	1.03	0.000 1
聚四氟乙烯	2.1	0.000 3
二氧化钛	100	0.001 5
蒸馏水	80	0.04
海水		4
水(脱水的)	1	0
木材(干的)	1.5～4	0.01

表 C.2　σ

材料	σ,S/m	材料	σ,S/m
银	6.17×10^7	磷青铜	1×10^7
铜	5.80×10^7	焊料	0.7×10^7
金	4.10×10^7	碳钢	0.6×10^7
铝	3.82×10^7	德银	0.3×10^7
钨	1.82×10^7	锰铜	0.227×10^7
锌	1.67×10^7	铜镍合金	0.226×10^7
黄铜	1.5×10^7	锗	0.22×10^7
镍	1.45×10^7	不锈钢	0.11×10^7
铁	1.03×10^7	镍铬铁合金	0.1×10^7

续表 C.2

材料	σ,S/m	材料	σ,S/m
石墨	7×10^{4}	沙土	10^{-5}
硅	2300	花岗岩	10^{-6}
铁酸盐(典型的)	100	大理石	10^{-8}
海水	5	胶木	10^{-9}
石灰石	10^{-2}	陶瓷(干法)	10^{-10}
粘土	5×10^{-3}	钻石	2×10^{-13}
新鲜水	10^{-3}	聚苯乙烯	10^{-16}
蒸馏水	10^{-4}	石英	10^{-17}

表 C.3 μ_r

材料	μ_r	材料	μ_r
铋	0.999 998 6	铁粉	100
石蜡	0.999 999 42	机件钢	300
木材	0.999 999 5	铁酸盐(典型的)	1000
银	0.999 999 81	透磁合金 45	2500
铝	1.000 000 65	变压器铁心	3000
铍	1.000 000 79	硅钢	3500
氯化镍	1.000 04	纯铁	4000
硫酸锰	1.000 1	镍铁铜铬合金	20 000
镍	50	铁硅铝磁合金	30 000
铸铁	60	镍铁钼超导磁合金	100 000
钴	60		

表 C.4 物理常数

量	值
电子电荷	$e=(1.602\ 177\ 33\pm0.000\ 000\ 46)\times10^{-19}$ C
电子质量	$m=(9.109\ 389\ 7\pm0.000\ 005\ 4)\times10^{-31}$ kg
真空中的电容率	$\varepsilon_0=8.854\ 187\ 817\times10^{-12}$ F/m
真空中的磁导率	$\mu_0=4\pi\times10^{-7}$ H/mp
光速	$c=2.997\ 924\ 58\times10^{8}$ m/s

附录 D　唯一性定理

假设拉普拉斯方程有两个解 V_1 和 V_2，它们都是所选用坐标的普通函数。因此，有

$$\nabla^2 V_1 = 0$$

和

$$\nabla^2 V_2 = 0$$

由此得到

$$\nabla^2 (V_1 - V_2) = 0$$

每一个解也必须满足边界条件，如果用 V_b 表示边界上的给定电位值，那么解 V_1 在边界上的值 V_{1b} 和解 V_2 在边界上的值 V_{2b} 都应该等于 V_b，即

$$V_{1b} = V_{2b} = V_b$$

或

$$V_{1b} - V_{2b} = 0$$

在 4.8 节中，我们曾经利用过矢量恒等式(4.43)

$$\nabla\cdot(V\boldsymbol{D}) \equiv V(\nabla\cdot\boldsymbol{D}) + \boldsymbol{D}\cdot(\nabla V)$$

上式对任意的标量函数 V 和矢量函数 $\boldsymbol{D}$ 都成立。在这里，我们分别取 $V_1 - V_2$ 为标量函数和 $\nabla(V_1 - V_2)$ 为矢量函数，代入上式得到

$$\nabla\cdot[(V_1 - V_2)\nabla(V_1 - V_2)] \equiv (V_1 - V_2)[\nabla\cdot\nabla(V_1 - V_2)] + \nabla(V_1 - V_2)\cdot\nabla(V_1 - V_2)$$

在给定边界面所包围的体积内对上式进行积分：

$$\begin{aligned}&\int_{\text{vol}} \nabla\cdot[(V_1 - V_2)\nabla(V_1 - V_2)]\mathrm{d}v \\ &\equiv \int_{\text{vol}} (V_1 - V_2)[\nabla\cdot\nabla(V_1 - V_2)]\mathrm{d}v + \int_{\text{vol}} [\nabla(V_1 - V_2)]^2 \mathrm{d}v\end{aligned} \tag{D.1}$$

利用散度定理，我们可以将上式左边的体积分变换为在包围该体积的闭合面上的面积分。该闭合表面由给定的边界面所组成，在其上有 $V_{1b} = V_{2b}$，因此

$$\int_{\text{vol}} \nabla\cdot[(V_1 - V_2)\nabla(V_1 - V_2)]\mathrm{d}v = \oint_s [(V_{1b} - V_{2b})\nabla(V_{1b} - V_{2b})]\cdot\mathrm{d}\boldsymbol{S} = 0$$

在式(D.1)右边第一项积分的被积函数中有一个因子 $\nabla\cdot\nabla(V_1 - V_2)$ 或 $\nabla^2(V_1 - V_2)$，而按假设条件它等于零，则这个积分的值为零。因此，剩余的体积分必定为零：

$$\int_{\text{vol}} [\nabla(V_1 - V_2)]^2 \mathrm{d}v = 0$$

一个积分可能等于零有两种原因：要么被积函数(积分号里面的量)处处为零，或是被积函数在某一部分区域内的值为正而在其余区域内的值为负，使得对积分的贡献相互抵消。对于现在的情况，因为 $[\nabla(V_1 - V_2)]^2$ 不可能为负，所以第一个原因必须成立。因此

$$[\nabla(V_1 - V_2)]^2 = 0$$

即

$$\nabla(V_1 - V_2) = 0$$

最后，如果 $V_1 - V_2$ 的梯度处处为零，那么在任何坐标系中 $V_1 - V_2$ 都不会随坐标发生变化，即

$$V_1 - V_2 = 常数$$

若能够证明这个常数为零，则我们就完成了整个证明。考虑在边界面上的任一点，很容易求得这个常数。这里有 $V_1 - V_2 = V_{1b} - V_{2b} = 0$，所以我们看到该常数确实是等于零，因此

$$V_1 = V_2$$

这已经表明上面的两个解是相同的。

惟一性定理也适用于泊松方程，因为如果有$\nabla^2 V_1 = -\rho_v/\varepsilon$ 和$\nabla^2 V_2 = -\rho_v/\varepsilon$，那么像前面一样也有$\nabla^2(V_1 - V_2) = 0$。边界条件仍然要求 $V_{1b} - V_{2b} = 0$，由此可以看出惟一性定理的证明方法与上面是相同的。

在上面我们给出了惟一性定理的证明过程。我们接下来看这样一个问题的答案，"如果拉普拉斯方程或泊松方程的两个解都满足相同的边界条件，那么怎样比较这两个解呢?"。惟一性定理会使我们得到满意的结果，利用它可以检验这两个解相同与否。一旦找到了某种求给定边界条件下拉普拉斯方程或泊松方程解的方法，那么我们就可以一劳永逸地使用它去求解其它问题。没有其他方法能求出另一个不同的解。

附录 E　复介电常数的起源

我们在第 5 章中已经学习过，电介质可以被模拟成是在自由空间中原子和分子的一种排列，受到电场的作用它会被极化。电场力克服正负束缚电荷之间的库仑吸引力使得它们分离开来，这样就形成了一个微观的偶极子分布阵列。分子可以以有序的和可预知的方式来排列（如在晶体中），也可以表现出一种随机的排列方式和取向，例如在非晶体材料和流体中就会出现这种现象。分子可能会或者不可能不会表现出永久性的偶极矩（在施加电场以前，它就存在着），如果存在着永久性的偶极矩，那么它们通常在整个材料内部都是随机取向的。正如在第 6.1 节中所讨论的那样，由电场感应所引起电荷的正常位移会产生一个宏观的极化，而极化强度 $\boldsymbol{P}$ 定义为在单位体积内的偶极矩：

$$\boldsymbol{P} = \lim_{\Delta v \to 0} \frac{1}{\Delta v} \sum_{i=1}^{N\Delta v} \boldsymbol{p}_{\mathrm{i}} \tag{E.1}$$

这里，N 为在单位体积内偶极子的数目，$\boldsymbol{p}_{\mathrm{i}}$ 为第 i 个原子或分子的偶极矩，它可以由下式求得

$$\boldsymbol{p}_{\mathrm{i}} = Q_{\mathrm{i}} \boldsymbol{d}_{\mathrm{i}} \tag{E.2}$$

Q_{i} 是在第 i 个偶极子中的正电荷的电量，$\boldsymbol{d}_{\mathrm{i}}$ 是正电荷与负电荷之间的距离矢量，其方向是从负电荷指向正电荷。再一次，从第 6.1 节中知道，电场和极化强度之间的关系为

$$\boldsymbol{P} = \varepsilon_0 \chi_{\mathrm{e}} \boldsymbol{E} \tag{E.3}$$

这里，电极化率 χ_{e} 构成了在介电常数中最感兴趣的一部分：

$$\varepsilon_{\mathrm{r}} = 1 + \chi_{\mathrm{e}} \tag{E.4}$$

因此，为了理解 ε_{r} 的性质，我们需要了解 χ_{e}，反过来，这也就意味着我们必须分析极化强度 $\boldsymbol{P}$ 的性质。

在下面，我们将讨论更为复杂的情况，那就是正弦时变场以电磁波的形式在材料中传播时偶极子的响应。施加这样一个强制函数后所引起的结果是，使得偶极矩开始**振荡**起来，**反过来它们又建立起一个在材料中传播的极化波**。其结果是产生了一个与激励场 $\boldsymbol{E}(z,t)$ 具有相同形式的极化函数 $\boldsymbol{P}(z,t)$。分子本身并没有在材料中运动，但是它们的振荡偶极矩却整体地表现出波动，正如在湖水中水做上下运动所形成的水波一样。从这里可以看到，我们对该过程的描述比较复杂，而且在许多方面也已经超出了目前所讨论的范围。然而，根据对这个过程的经典描述，我们可以得到一个基本的和定性的了解，那就是一旦偶极子发生振荡，它就像一个微型天线，也会产生辐射场，反过来它将与外施场共同地传播出去。随着频率的变化，在一给定的偶极子处，入射场和辐射场之间将存在着相位差。这就会产生一个净场（由这两个场相叠加而形成），然后它再与下一个偶极子相互作用。像前面一样，该偶极子的辐射再加到前一个场中，这个过程由偶极子到偶极子不断地重复下去。可以证明，在每一个位置的累加相位移就是合成波相速的一个净减小量。在这个经典模型中，也可能会出现场的衰减，这可以解释为由于在入射场与辐射场之间发生了部分的相位抵消。

在经典描述中,我们采用了洛仑兹模型,媒质被认为是一种由相同的固定电子谐振子所组成的一种集合体,其中,作用于电子上的库仑约束力被模拟成是一个将电子束缚在原子核周围的弹簧力。为了简单起见,我们来考虑电子,但是与此相似的模型也可以应用于任意的束缚带电粒子中。图 D.1 示出了一个简单的谐振子,它位于媒质中的位置 z 处,沿着 x 方向取向。假定有一个 x 方向线性极化的均匀平面电磁波,在媒质中沿着 z 方向传播。该波中的电场使得谐振子中的电子沿 x 方向上产生了一定的位移,这个位移用矢量 $\boldsymbol{d}$ 来表示,于是就建立起一个偶极矩,

$$\boldsymbol{p}(z,t)=-e\boldsymbol{d}(z,t) \tag{E.5}$$

这里,电子电荷 e 被看成是一个正值。外加力为

$$\boldsymbol{F}_a(z,t)=-e\boldsymbol{E}(z,t) \tag{E.6}$$

我们需要注意到,$\boldsymbol{E}(z,t)$是在给定谐振子位置处的净电场,它包括原来的外加场和其它所有谐振子的的辐射场。各个谐振子之间的相位差是由 $\boldsymbol{E}(z,t)$的时空特性精确地确定的。

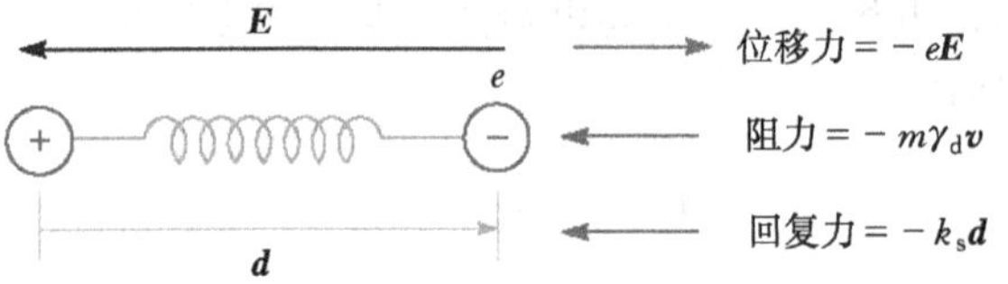

图 E.1 原子的偶极子模型,正、负电荷之间的库仑力被模拟成是一个弹性常数为 k_s 的弹簧的力。外加电场使电子发生了距离为 d 的位移,由此产生了一个偶极矩 $\boldsymbol{p}=-e\boldsymbol{d}$

作用于电子上的恢复力 $\boldsymbol{F}_r$ 是由弹簧产生的,假定弹簧遵循胡克定律:

$$\boldsymbol{F}_r(z,t)=-k_s\boldsymbol{d}(z,t) \tag{E.7}$$

k_s 为弹簧常数(请不要与传播常数相混淆)。如果撤去外加电场,电子将会被释放,且会以如下的**固有谐振频率**在原子核周围作振荡:

$$\omega_0=\sqrt{k_s/m} \tag{E.8}$$

m 为电子的质量。然而,由于电子会受到邻近谐振子的约束力,并与之相碰撞,所以这种振荡会逐渐地消失。我们可以把它模拟成是一个与速度有关的阻尼力:

$$\boldsymbol{F}_d(z,t)=-m\gamma_d\boldsymbol{v}(z,t) \tag{E.9}$$

$\boldsymbol{v}(z,t)$是电子的速度。与这种阻尼相联系的是在系统中的电子谐振子之间的相位移后的过程。它们的相对相位一旦被外加正弦电场所固定,就会通过碰撞而遭到破坏,并以指数形式消失,直到在各个谐振子之间建立起一种完全随机的相位状态。在这个过程中,1/e 点会出现在系统的**相位移后时刻**上,而相移时间与阻尼常数 γ_d 成反比(实际上是 $2/\gamma_d$)。当然,我们现在是在使用频率为 ω 的外加电场来激励这个阻尼振荡系统。因此,我们希望通过由 $\boldsymbol{d}$ 的大小来衡量的谐振子响应是随频率变化的,这与正弦激励的 RLC 电路是很相似的。

现在,我们可以应用牛顿第二定律来写出作用于图 E.1 所描述的单个谐振子的力。为了使这个过程得到一些简化,我们可以使用电场的复数形式:

$$\boldsymbol{E}_c=\boldsymbol{E}_0\mathrm{e}^{-jkz}\mathrm{e}^{j\omega t} \tag{E.10}$$

若把 $\boldsymbol{a}$ 定义为电子的加速度矢量,我们有

$$ma = \boldsymbol{F}_{\mathrm{a}} + \boldsymbol{F}_{\mathrm{r}} + \boldsymbol{F}_{\mathrm{d}}$$

或

$$m\frac{\partial^2 \boldsymbol{d}_{\mathrm{c}}}{\partial t^2} + m\gamma_{\mathrm{d}}\frac{\partial \boldsymbol{d}_{\mathrm{c}}}{\partial t} + k_{\mathrm{s}}\boldsymbol{d}_{\mathrm{c}} = -e\boldsymbol{E}_{\mathrm{c}} \tag{E.11}$$

注意到，由于我们是用复数形式的电场 $\boldsymbol{E}_{\mathrm{c}}$ 来激励该系统，所以我们所期望的电磁波位移的形式为

$$\boldsymbol{d}_{\mathrm{c}} = \boldsymbol{d}_0 \mathrm{e}^{-\mathrm{j}kz}\mathrm{e}^{-\mathrm{j}\omega t} \tag{E.12}$$

由于波是以这样的形式来表示的，所以对时间的微分将产生一个因子 $\mathrm{j}\omega$。于是，式(E.11)可以被简化，得到其相量形式为

$$-\omega^2\boldsymbol{d}_{\mathrm{s}} + \mathrm{j}\omega\gamma_{\mathrm{d}}\boldsymbol{d}_{\mathrm{s}} + \omega_0^2\boldsymbol{d}_{\mathrm{s}} = -\frac{e}{m}\boldsymbol{E}_{\mathrm{s}} \tag{E.13}$$

这里，应用了式(E.4)，从式(E.13)中解出 $\boldsymbol{d}_{\mathrm{s}}$，得到

$$\boldsymbol{d}_{\mathrm{s}} = \frac{-(e/m)\boldsymbol{E}_{\mathrm{s}}}{(\omega_0^2 - \omega^2) + \mathrm{j}\omega\gamma_{\mathrm{d}}} \tag{E.14}$$

与位移 $\boldsymbol{d}_{\mathrm{s}}$ 对应的偶极矩为

$$\boldsymbol{p}_{\mathrm{s}} = -e\boldsymbol{d}_{\mathrm{s}} \tag{E.15}$$

此时，就可以求得媒质的极化强度，假定所有偶极子都是相同的，则式(E.1)可变为

$$\boldsymbol{P}_{\mathrm{s}} = N\boldsymbol{p}_{\mathrm{s}}$$

再应用式(E.14)和式(E.15)，上式将变成为

$$\boldsymbol{P}_{\mathrm{s}} = \frac{Ne^2/m}{(\omega_0^2 - \omega^2) + \mathrm{j}\omega\gamma_{\mathrm{d}}}\boldsymbol{E}_{\mathrm{s}} \tag{E.16}$$

现在，应用式(E.3)，我们就可以得到与谐振相关的极化系数为

$$\chi_{\mathrm{res}} = \frac{Ne^2}{\varepsilon_0 m}\frac{1}{(\omega_0^2 - \omega^2) + \mathrm{j}\omega\gamma_{\mathrm{d}}}\chi'_{\mathrm{res}} - \mathrm{j}\chi''_{\mathrm{res}} \tag{E.17}$$

通过求解 χ_{res} 的实部和虚部，可以得到介电常数的实部和虚部：已知

$$\varepsilon = \varepsilon_0(1 + \chi_{\mathrm{res}}) = \varepsilon' - \mathrm{j}\varepsilon''$$

我们得到

$$\varepsilon' = \varepsilon_0(1 + \chi'_{\mathrm{res}}) \tag{E.18}$$

和

$$\varepsilon'' = \varepsilon_0\chi''_{\mathrm{res}} \tag{E.19}$$

对于在振荡媒质中传播的平面电磁波，我们可以在第 11 章的式(11.35)和式(11.36)中应用前一个表达式，来计算出其衰减系数 α 和相位常数 β。

χ_{res} 的实部和虚部都是随频率变化的函数，图 E.2 中示出了在特定情况($\omega \doteq \omega_0$)时的分布。在这种情况下，式(E.17)变为

$$\chi_{\mathrm{res}} \doteq \frac{Ne^2}{\varepsilon_0 m\omega_0\gamma_{\mathrm{d}}}\left(\frac{\mathrm{j} + \delta_{\mathrm{n}}}{1 + \delta_{\mathrm{n}}^2}\right) \tag{E.20}$$

这里，归一化失调参数 δ_{n} 为

$$\frac{2}{\gamma_{\mathrm{d}}}(\omega - \omega_0) \tag{E.21}$$

我们注意到，在图 E.2 中的关键特性是 χ''_{e} 是一个对称的函数，在其幅度最大值一半处两点之

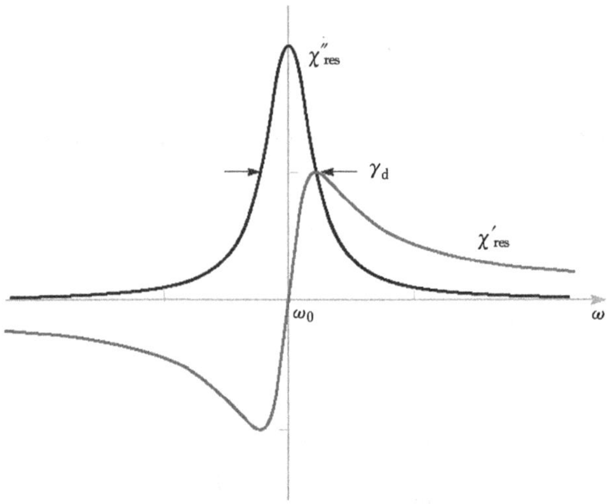

图 E.2 由式(E.20)给出的谐振极化率 χ_{res} 的实部和虚部曲线。在虚部 χ_{res} 的最大值一半处的全宽度等于阻尼系数 γ_d

间的宽度为 γ_d。在固有谐振频率附近处，χ''_{res} 取得最大值，从第 10 章中的式(10.35)可知，波的衰减也最大。另外，我们还可以看到，在远离固有谐振频率的点处，衰减相对地变弱，材料变得透明一些。如图 E.2 所示，在远离固有谐振频率的点处，χ'_{res} 仍然有着明显的变化，这导致了折射率会随着频率发生变化，它可近似地表示为

$$n \doteq \sqrt{1+\chi'_{res}} \quad (\text{远离振荡点处}) \tag{E.22}$$

由于媒质的共振所引起的 n 随频率变化，使得相速和群速也都随着频率变化。于是，在第 13 章中讨论过的脉冲展宽效应所引起的群散射，可以直接地归因于媒质的共振作用。

令人惊奇的是，这里给出的经典“弹簧模型”却能够非常精确地预测介电常数随频率变化的性质(特别是在非共振点处)，并在一定程度上可以用来模拟介质的吸收特性。然而，当我们要描述媒质的更显著的特性时，这个模型却是不够充分的；特别地，在这个模型中，我们假定了振荡的电子可以具有任意一个连续的能量状态，但是在事实上，任何原子系统中的能级都是被量子化了的。结果是，由电子在能级之间的跃迁所产生的重要效应，例如自发的和受激的吸收和发射，却没有包括在经典的弹簧模型中。只有应用量子力学模型才能完整地描述媒质的极化特性，但是，当电场强度很小时，应用量子力学模型得到结果通常与应用弹簧模型的结果是一样的。

电介质的另一种极化方式是，具有固有偶极矩的分子通过取向对电场作用。在这种情况下，分子必须能够任意地运动和旋转，所以最典型的材料是液体或气体。在图 E.3 中，分别示出了液体(例如水)中的有极性分子在没有外加场(图 E.3(a))和有外加电场(图 E.3(b))两种情况下的排列情况。当施加外电场时，可以使先前具有随机方向的偶极矩有序地排列起来，由此在媒质中产生了一个净的极化强度 $\boldsymbol{P}$。当然，与它相联系的是极化率 χ_e，由此就可以将 $\boldsymbol{P}$ 和 $\boldsymbol{E}$ 联系起来。

当外加电场为正弦场时，会有一些有趣的现象出现。随着外加电场作周期性地反向，偶极子也被迫地跟着反向，但是，这种过程是与由于热运动所引起的随机化自然倾向相抵触的。这

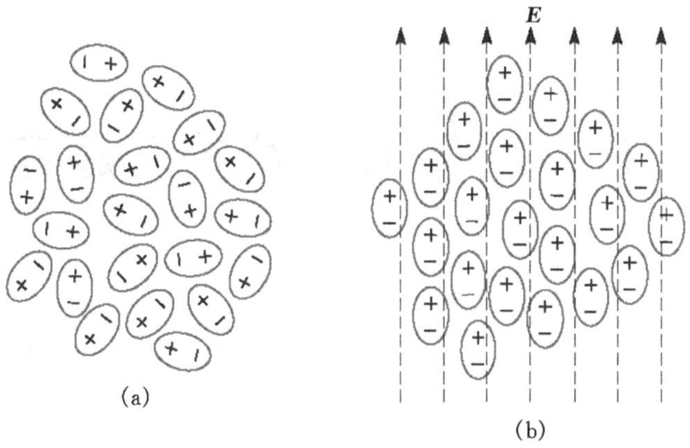

图 E.3　在如下条件下，有极性分子集合的理想图像：(a)随机取向的偶极矩；(b)在受到外加电场的影响下，偶极矩作有序排列。由于只有一小部分偶极子会沿着外加电场方向做有序的排列，而在图(b)中的情况是被严重夸大了的结果。但是仍然有足够多的偶极子会沿着外加电场方向做有序的排列，使得在材料特性方面产生了可测量到的变化

样，热运动就起着一个"恢复力"的作用，它有效地抵消了外加电场的作用。我们也可以把热效应想象成是一种粘性力，该力使得推动偶极子前进和后退都变得困难。当频率较低时，我们可以预测(正确地)到在每一个方向上极化强度都能够达到一个较大的值，这是由于在每一个周期内偶极子有足够的时间来完成完全一致的排列。随着频率的提高，由于在每一个周期内不再有足够的时间能使偶极子达到完全一致的排列，所以极化强度的振幅就会变小。对于复电容率来说，这是对偶极子弛豫机制的一个基本描述。在这种过程中不涉及到共振频率。

在本质上来讲，与偶极子弛豫相联系的复极化率是一种过阻尼振子的弛豫，可以给出：

$$\chi_{\mathrm{rel}} = \frac{Np^2/\varepsilon_0}{3k_B T(1+\mathrm{j}\omega\tau)} \tag{E.23}$$

其中，p 是每一个分子中的固有偶极矩的大小，k_B 是玻耳兹曼常数，T 是开尔文温度，τ 是热随机化时间，其定义为当撤掉外加电场时，极化强度 $\boldsymbol{P}$ 减小到其原来值的 1/e 所经过的时间。χ_{rel} 是一个复数量，正如我们在共振情况中所看到，它也含有吸收和色散分量(分别为虚部和实部)。方程(E.23)的形式与由正弦电压激励的 RC 串联电路(其中，τ 变成为 RC)是相同的。

水对微波的吸收是通过极性水分子的弛豫机制来发生的，正如在第 11 章中讨论过的，这就是微波烹饪的基本原理。典型的应用频率在 2.5 GHz 附近，因为这时会产生一个最合适的穿透深度。然而，由偶极子弛豫所引起的使水吸收达到最大值却是出现在非常高的频率下。

一种给定材料可以具有多个共谐频率，同时也具有偶极子弛豫响应。在这样的情况下，通过对所有分量极化率直接求和，可以得到其在频域中的净极化率。一般情况下，我们可以写成

$$\chi_e = \chi_{\mathrm{rel}} + \sum_{i=1}^{n} \chi_{\mathrm{res}}^{i} \tag{E.24}$$

其中，χ_{res}^{i} 是与第 i 个共振频率相关的极化率，n 是在材料中共振频率的个数。为了进一步地阅读有关在电介质中的共振和弛豫效应，读者可以参看第 11 章的参考书目。

附录 F　题号为奇数的习题答案

第 1 章

1.1　(a) $0.92\boldsymbol{a}_x + 0.36\boldsymbol{a}_y + 0.4\boldsymbol{a}_z$　(b) 48.6　(c) $-580.5\boldsymbol{a}_x + 3193\boldsymbol{a}_y - 2902\boldsymbol{a}_z$

1.3　(7.8，−7.8，3.9)

1.5　(a) $48\boldsymbol{a}_x + 36\boldsymbol{a}_y + 18\boldsymbol{a}_z$

(b) $-0.26\boldsymbol{a}_x + 0.39\boldsymbol{a}_y + 0.88\boldsymbol{a}_z$

(c) $0.59\boldsymbol{a}_x + 0.20\boldsymbol{a}_y - 0.78\boldsymbol{a}_z$

(d) $100 = 16x^2y^2 + 4x^4 + 16x^2 + 16 + 9z^4$

1.7　(a) (1) 平面 $z = 0$，且 $|x| < 2$，$|y| < 2$；

(2) 平面 $y = 0$，且 $|x| < 2$，$|z| < 2$；

(3) 平面 $x = 0$，且 $|y| < 2$，$|z| < 2$；

(4) 平面 $x = \pi/2$，且 $|y| < 2$，$|z| < 2$；

(b) 平面 $2z = y$，且 $|x| < 2$，$|y| < 2$，$|z| < 1$

(c) 平面 $y = 0$，且 $|x| < 2$，$|z| < 2$

1.9　(a) $0.6\boldsymbol{a}_x + 0.8\boldsymbol{a}_y$　(b) 53°　(c) 26

1.11　(a) (−0.3，0.3，0.4)　(b) 0.05　(c) 0.12　(d)78

1.13　(a) (0.93，1.86，2.79)

(b)(9.07，−7.86，2.21)

(c) (0.02，0.25，0.26)

1.15　(a) (0.08，0.41，0.91)

(b) (0.30，0.81，0.50)

(c) 30.3　(d) 32.0

1.17　(a) (0.664，−0.379，0.645)

(b) (−0.550，0.832，0.077)

(c) (0.168，0.915，0.367)

1.19　(a) $(1/\rho)\boldsymbol{a}_\rho$　(b)$0.5\boldsymbol{a}_\rho$，或 $0.41\boldsymbol{a}_x + 0.29\boldsymbol{a}_y$

1.21　(a) $-6.66\boldsymbol{a}_\rho - 2.77\boldsymbol{a}_\phi + 9\boldsymbol{a}_z$

(b) $-0.59\boldsymbol{a}_\rho + 0.21\boldsymbol{a}_\phi - 0.78\boldsymbol{a}_z$

(c) $-0.90\boldsymbol{a}_\rho - 0.44\boldsymbol{a}_z$

1.23　(a) 6.28　(b) 20.7　(c) 22.4　(d) 3.21

1.25　(a) $1.10\boldsymbol{a}_\rho + 2.21\boldsymbol{a}_\phi$　(b) 2.47　(c) $0.45\boldsymbol{a}_r + 0.89\boldsymbol{a}_\phi$

1.27　(a) 2.91　(b) 12.61　(c) 17.49　(d) 2.53

1.29　(a) $0.59\boldsymbol{a}_r + 0.38\boldsymbol{a}_\theta - 0.72\boldsymbol{a}_\phi$

(b) $0.80\boldsymbol{a}_r - 0.22\boldsymbol{a}_\theta - 0.55\boldsymbol{a}_\phi$
(c) $0.66\boldsymbol{a}_r + 0.39\boldsymbol{a}_\theta - 0.64\boldsymbol{a}_\phi$

第 2 章

2.1 $(10/\sqrt{6}, -10/\sqrt{6})$
2.3 $21.5\boldsymbol{a}_x\ \mu\text{N}$
2.5 (a) $4.58\boldsymbol{a}_x - 0.15\boldsymbol{a}_y + 5.51\boldsymbol{a}_z$
(b) -6.89 或 -22.11
2.7 $159.7\boldsymbol{a}_\rho + 27.4\,\boldsymbol{a}_\phi - 49.4\boldsymbol{a}_z$
2.9 (a) $(x+1) = 0.56\,[(x+1)^2 + (y-1)^2 + (z-3)^2]^{1.5}$
(b) 1.69 或 0.31
2.11 (a) $-1.63\ \mu\text{C}$
(b) $-30.11\boldsymbol{a}_x - 180.63\boldsymbol{a}_y - 150.53\boldsymbol{a}_z$
(c) $-183.12\boldsymbol{a}_\rho - 150.53\boldsymbol{a}_z$ (d) -237.1
2.13 (a) 82.1 pC (b) 4.24 cm
2.15 (a) 3.35 pC (b) $1.24\ \mu\text{C/m}^3$
2.17 (a) $57.5\boldsymbol{a}_y - 28.8\boldsymbol{a}_z$ V/m (b) $23\boldsymbol{a}_y - 46\boldsymbol{a}_z$
2.19 (a) $7.2\boldsymbol{a}_x + 14.4\boldsymbol{a}_y\ k$ V/m (b) $4.9\boldsymbol{a}_x + 9.8\boldsymbol{a}_y + 4.9\boldsymbol{a}_z\ k$ V/m
2.21 $126\boldsymbol{a}_y\ \mu\text{N/m}$
2.23 (a) 8.1 kV/m (b) -8.1 kV/m
2.25 $-3.9\boldsymbol{a}_x - 12.4\boldsymbol{a}_y - 2.5\boldsymbol{a}_z$ V/m
2.27 (a) $y^2 - x^2 = 4xy - 19$ (b) $0.99\boldsymbol{a}_x + 0.12\boldsymbol{a}_y$
2.29 (a) 12.2 (b) $-0.87\boldsymbol{a}_x - 0.50\boldsymbol{a}_y$
(c) $y = (1/5)\ln\cos 5x + 0.13$

第 3 章

3.1 (a) 因为 $\boldsymbol{a}_r$，$\vec{F} = [Q_1Q_2/4\pi\varepsilon_0R^2]$ (b) 与(a)相同 (c) 0
(d) 吸引力
3.3 (a) 0.25 nC (b) 9.45 pC
3.5 360 nC
3.7 (a) 4.0×10^{-9} nC (b) $3.2\times10^{-4}\ \text{nC/m}^2$
3.9 (a) 164 pC (b) $130\ \text{nC/m}^2$ (c) $32.5\ \text{nC/m}^2$
3.11 $\boldsymbol{D} = 0\ (\rho < 1\ \text{mm})$；
$D_\rho = \dfrac{10^{-15}}{2\pi^2\rho}[\sin(2000\pi\rho) + 2\pi[1 - 10^3\rho\cos(2000\pi\rho)]]\text{C/m}^2(1\ \text{mm} < \rho < 1.5\ \text{mm})$；
$D_\rho = 2.5\times10^{-15}/\pi\rho\ \text{C/m}^2(\rho > 1.5\ \text{mm})$
3.13 (a) $D_r(r<2) = 0$；$D_r(r=3) = 8.9\times10^{-9}\ \text{C/m}^2$；$D_r(r=5) = 6.4\times10^{-10}\ \text{C/m}^2$
(b) $\rho_{s0} = -(4/9)\times10^{-9}\ \text{C/m}^2$
3.15 (a) $[(8\pi L)/3][\rho_1^3 - 10^{-9}]\ \mu\text{C}$ ρ_1 的单位为米

(b)$4(\rho_1^3-10^{-9})/(3\rho_1)\mu C/m^2$ ρ_1 的单位为米

(c) $D_\rho(0.8\ mm)=0$; $D_\rho(1.6\ mm)=3.6\times10^{-6}\mu C/m^2$; $D_\rho(2.4\ mm)=3.9\times10^{-6}\ C/m^2$

3.17 (a) 0.1028 C (b) 12.83 (c) 0.1026 C

3.19 113 nC

3.21 (a) 8.96 (b) 71.67 (c) -2

3.23 (b) $\rho_{v0}=3Q/(4\pi a^3)$ $(0<r<a)$; $D_r=Qr/4\pi a^3)$, $\nabla\cdot D=3Q/(4\pi a^3)$ $(0<r<a)$;

$D_r=Q/(4\pi r^2)$, $\nabla\cdot D=0$ $(r>a)$

3.25 (a) 17.50 C/m^3 (b)$5\boldsymbol{a}_r C/m^2$ (c) 320π C (d) 320π C

3.27 (a) 1.20 mC/m^3 (b)0 (c) $-32\ \mu C/m^2$

3.29 (a)3.47 C (b) 3.47 C

3.31 -3.91 C

第4章

4.1 (a) -12 nJ (b)24 nJ (c) -36 nJ (d) -44.9 nJ (e) -41.8 nJ

4.3 (a) 3.1 μJ (b)3.1 μJ

4.5 (a) 2 (b) -2

4.7 (a) 90 (b)82

4.9 (a) 8.14 V (b) 1.36 V

4.11 1.98 kV

4.13 576 pJ

4.15 -68.4 V

4.17 (a) -3.026 V (b) -9.678 V

4.19 0.081 V

4.21 (a) -15.0 V (b) 15.0 V

(c) $7.1\boldsymbol{a}_x+22.8\boldsymbol{a}_y-71.1\boldsymbol{a}_z$ V/m

(d) 75.0 V/m

(e) $-0.095\boldsymbol{a}_x-0.304\boldsymbol{a}_y+0.948\boldsymbol{a}_z$

(f) $62.8\boldsymbol{a}_x+202\boldsymbol{a}_y-629\boldsymbol{a}_z\ pC/m^2$

4.23 (a) $-48\rho^{-4}$ V/m (b) $-673\ pC/m^3$ (c) -1.96 nC

4.25 (a) $V_p=279.9$ V, $\boldsymbol{E}_p=-179.9\boldsymbol{a}_\rho-75.0\boldsymbol{a}_\phi$ V/m,

$\boldsymbol{D}_p=-1.59\boldsymbol{a}_\rho-0.664\boldsymbol{a}_\phi\ nC/m^2$, $\rho_{vp}=-443\ pC/m^3$ (b) -5.56 nC

4.27 (a) 5.78V (b) 25.2 V/m (c) 5.76 V

4.29 1.31 V

4.31 (a) 387 pJ (b) 207 pJ

4.33 (a) $(5\times10^{-6})/(4\pi r^2)\boldsymbol{a}_r\ C/m^2$ (b) 2.81 J (c) 4.45 pF

4.35 (a) 0.779 μJ (b)1.59 μJ

第 5 章

5.1 (a) -1.23 MA (b)0 (c) 0

5.3 (a) 77.4 A (b)$53.0\boldsymbol{a}_r$ A/m^2

5.5 (a) $-178.0A$ (b)0 (c)0

5.7 (a) 质量流量密度(kg/m^2 − s),质量密度(kg/m^3)

(b) −550 g/m^3 − s

5.9 (a) 0.28 mm (b)6.0×10^7 A/m^2

5.11 (a) $\boldsymbol{E} = [(9.55)/\rho d)]\boldsymbol{a}_\rho$ V/m, $V = (4.88)/l$ V,$R = (1.63)/l$, l 为圆柱的长度(未给出)

(b)$14.64/l$ W

5.13 (a) 0.147 V (b) 0.144 V

5.15 (a) $(\rho + 1)z^2 \cos\phi = 2$

(b)$\rho = 0.10$, $\boldsymbol{E}(0.10, 0.2\pi, 1.5) =- 18.2\boldsymbol{a}_\rho + 145\boldsymbol{a}_\phi - 26.7\boldsymbol{a}_z$ V/m (c) 1.32 nC/m^2

5.17 (a) $\boldsymbol{D}(z = 0) =- (100\ _0x)/(x^2 + 4)\boldsymbol{a}_z$ C/m^2

(c) −0.92 nC

5.19 (a) 0V 时:$2x^2 y - z = 0$. 60 V 时: $2x^2 y - z = 6/z$

(b) 1.04 nC/m^2

(c) $-[0.60\boldsymbol{a}_x + 0.68\boldsymbol{a}_y + 0.43\boldsymbol{a}_z]$

5.21 (a) 1.20 kV (b) $\boldsymbol{E}_p = 723\boldsymbol{a}_x - 18.9\boldsymbol{a}_y$ V/m

5.23 (a) 289.5 V (b) $z/[(x-1)^2 + y^2 + z^2]^{1.5} - z/[(x+1)^2 + y^2 + z^2]^{1.5} = 0.222$

5.25 (a)4.7×10^{-5} S/m (b)1.1×10^{-3} S/m

(c)1.2×10^{-2} S/m

5.27 (a) 6.26 pC/m^2 (b) 1.000176

5.29 (a) $\boldsymbol{E} = [(144.9)/\rho]\boldsymbol{a}_\rho$ V/m, $\boldsymbol{D} = (3.28\boldsymbol{a}_\rho)/\rho$ nC/m^2 (b) $V_{ab} = 192$ V, $\chi_e = 1.56$

(c) $[(5.0 \times 10^{-29})/\rho]\boldsymbol{a}_\rho$ C · m

5.31 (a) 80 V/m (b) $-60\boldsymbol{a}_y - 30\boldsymbol{a}_z$ V/m (c) 67.1 V/m

(d) 104.4 V/m (e)40.0° (f) 2.12 nC/m^2 (g) 2.97 nC/m^2

(h) $2.12\boldsymbol{a}_x - 2.66\boldsymbol{a}_y - 1.33\boldsymbol{a}_z$ nC/m^2 (i) $1.70\boldsymbol{a}_x - 2.13\boldsymbol{a}_y - 1.06\boldsymbol{a}_z$ nC/m^2 (j)54.5°

5.33 $125\boldsymbol{a}_x + 175\boldsymbol{a}_y$ V/m

5.35 (a) $\boldsymbol{E}_2 = \boldsymbol{E}_1$ (b) $W_{E1} = 45.1\ \mu$J, $W_{E2} = 338\ \mu$J

第 6 章

6.1 $b/a = \exp(2\pi d/W)$

6.3 钛酸钡

6.5 451 pF

6.7 (a) 3.05 nF (b) 5.21 nF (c) 6.32 nF (d) 9.83 nF

6.9 (a) 143 pF (b) 101 pF

6.11 (a) 53.3 pF (b) 41.7 pF

6.13 $K_1 = 23.0$，$\rho_L = 8.87$ nC/m，$a = 13.8$ m，$C = 35.5$ pF

6.15 (a) 473 nC/m^2 (b) -15.8 nC/m^2 (c) 24.3 pF/m

6.17 精确值：57 pF/m

6.19 精确值：11 ε_0 F/m

6.21 (b) $C \doteq 110$ pF/m (c) 结果不会改变.

6.23 (a) 3.64 nC/m (b) 206 mA

6.25 (a) -8 V (b) $8\boldsymbol{a}_x - 8\boldsymbol{a}_y - 24\boldsymbol{a}_z$ V/m
(c) $-4xz(z^2 + 3y^2)$ C/m^3
(d) $xy^2z^3 = -4$ (e) $y^2 - 2x^2 = 2$ 和 $3x^2 - z^2 = 2$ (f) 不

6.27 $f(x, y) = -4e^{2x} + 3x^2$，$V(x, y) = 3(x^2 - y^2)$

6.29 (b) $A = 112.5$，$B = -12.5$ 或 $A = -12.5$，$B = 112.5$

6.31 (a) -106 pC/m^3 (b) ± 0.399 pC/m^2(与所考虑的面的边有关)

6.33 (a) 是,是,是,不是 (b) 在 100 V 的表面上,在 0 V 的表面上,是,除了 $V_1 + 3$
(c) 仅为 V_2

6.35 (a) 33.33 V (b) $[(100)/3]\,\boldsymbol{a}_z + 50\boldsymbol{a}_y$ V/m

6.37 (a) 1.01 cm (b) 22.8 kV/m (c) 3.15

6.39 (a) $(-2.00 \times 10^4)\phi + 3.78 \times 10^3$ V
(b) $[(2.00 \times 10^4)/\rho]\boldsymbol{a}_\phi$ V/m
(c) $(2.00 \times 10^4_0/\rho)\boldsymbol{a}_\phi$ C/m^2
(d) $[(2.00 \times 10^4)/\rho]$ C/m^2
(e) 84.7 nC
(f) $V(\phi) = 28.7\phi + 194.9$V，$\boldsymbol{E} = -(28.7)/\rho\boldsymbol{a}_\phi$ V/m，$\boldsymbol{D} = -(28.7\varepsilon_0)/\rho\boldsymbol{a}_\phi$C/m^2，
$\rho_s = (28.7\varepsilon_0)/\rho$ C/m^2，$Q_b = 122$ pC (g) 471 pF

6.41 (a) 12.5 mm (b) 26.7 kV/m
(c) 4.23 ($\rho_s = 1.0\ \mu$C/m^2)

6.43 (a) $\alpha_A = 26.57°$，$\alpha_B = 56.31°$ (b) 23.3 V

6.45 (a) $833.3r - 0.4$ V (b) $833.3\,r - 0.4$ V

第 7 章

7.1 (a) $-294\boldsymbol{a}_x + 196\boldsymbol{a}_y$ μA/m
(b) $-127\,\boldsymbol{a}_x + 382\boldsymbol{a}_y$ μA/m
(c) $-421\boldsymbol{a}_x + 578\boldsymbol{a}_y$ μA/m

7.3 (a) $H = \dfrac{I}{2\pi\rho}\left[1 - \dfrac{a}{\sqrt{\rho^2 + a^2}}\right]\boldsymbol{a}_\phi$ A/m
(b) $1/\sqrt{3}$

7.5 $|\boldsymbol{H}| = \dfrac{I}{2\pi}\left[\left(\dfrac{2}{y^2 + 2y + 5} - \dfrac{2}{y^2 - 2y + 5}\right)^2 + \left(\dfrac{(y-1)}{y^2 - 2y + 5} - \dfrac{(y+1)}{y^2 + 2y + 5}\right)^2\right]^{1/2}$

7.7 (a) $\boldsymbol{H} = I/(2\pi^2 z)(\boldsymbol{a}_x - \boldsymbol{a}_y)$ A/m (b) 0

7.9 $-1.50\boldsymbol{a}_y$ A/m

7.11 2.0 A/m，933 mA/m，360 mA/m，0

7.13 (e) $H_z(a<\rho<b)=k_b$；$H_z(\rho>b)=0$

7.15 (a) $45\ e^{-150\rho}\boldsymbol{a}_z$ kA/m^2

(b) $12.6[1-(1+150\rho_0)e^{-150\rho_0}]$ A

(c) $\dfrac{2.00}{\rho}[1-(1+150\rho)e^{-150\rho}]$ A/m

7.17 (a) $2.2\times10^{-1}\boldsymbol{a}_\phi$ A/m（仅在内部），$2.3\times10^{-2}\boldsymbol{a}_\phi$ A/m（仅在外部）

(b) $3.4\times10^{-1}\boldsymbol{a}_\phi$ A/m

(c) $1.3\times10^{-1}\boldsymbol{a}_\phi$ A/m

(d) $-1.3\times10^{-1}\boldsymbol{a}_z$ A/m

7.19 (a) $\boldsymbol{K}=-I\boldsymbol{a}_r/2\pi r$ A/m$(\theta=\pi/2)$

(b) $\boldsymbol{J}=I\boldsymbol{a}_r/[2\pi r^2(1-1/\sqrt{2})]$ A/m$^2(\theta<\pi/4)$

(c) $\boldsymbol{H}=I\boldsymbol{a}_\phi/[2\pi r\sin\theta]$ A/m$(\pi/4<\theta<\pi/2)$

(d) $\boldsymbol{H}=I(1-\cos\theta)\boldsymbol{a}_\phi/[2\pi r\sin(1-1/\sqrt{2})]$ A/m$(\theta<\pi/4)$

7.21 (a) $I=2\pi ba^3/3$ A

(b) $H_{\text{in}}=b\rho^2/3\boldsymbol{a}_\phi$ A/m

(c) $\boldsymbol{H}_{\text{out}}=ba^3/3\rho\boldsymbol{a}_\phi$ A/m

7.23 (a) $60\rho\boldsymbol{a}_z$ A/m^2 (b) 40π A (c) 40πA

7.25 (a) -259 A (b) -259 A

7.27 (a) $2(x+2y)/z^3\boldsymbol{a}_x+1/z^2\boldsymbol{a}_z$ A/m

(b) 和(a)相同 (c) 1/8 A

7.29 (a) $1.59\times10^7\boldsymbol{a}_z$ A/m^2

(b) $7.96\times10^6\rho\boldsymbol{a}_\phi$ A/m，$10\rho\boldsymbol{a}_\phi$ Wb/m^2

(c) 像所期望的 Wb/m^2 (d) $1/(\pi\rho)\ \boldsymbol{a}_\phi$ A/m，$\mu_0/(\pi\rho)\boldsymbol{a}_\phi$ Wb/m^2

(e) 像所期望的

7.31 (a) 0.392 μWb (b) 1.49 μWb (c) 27 μWb

7.35 (a) -40ϕ A $(2<\rho<4)$，$0(\rho>4)$

(b) $40\mu_0\ln(3/\rho)\boldsymbol{a}_z$ Wb/m

7.37 $[120-(400/\pi)\phi]$A $(0<\phi<2\pi)$

7.39 (a) $-30\boldsymbol{a}_y$ A/m

(b) $30y-6$ A

(c) $-30\mu_0\boldsymbol{a}_y$ Wb/m^2

(d) $\mu_0(30x-3)\boldsymbol{a}_z$ Wb/m

7.41 (a) $-100\rho/\mu_0\boldsymbol{a}_\phi$ A/m，$-100\rho\boldsymbol{a}_\phi$Wb/m^2

(b) $-\dfrac{200}{\mu_0}\boldsymbol{a}_z$ A/m^2 (c) -500 MA (d) -500 MA

7.43 $A_z=\dfrac{\mu_0 I}{96\pi}[(\dfrac{\rho^2}{a^2}-25)+98\ln(\dfrac{5a}{\rho})]$ Wb/m

第8章

8.1 (a) (0.90, 0, −0.135) (b) $3\times10^5\boldsymbol{a}_x-9\times10^4\boldsymbol{a}_z m/s$
(c) 1.5×10^{-5} J

8.3 (a) $0.70\boldsymbol{a}_x+0.70\boldsymbol{a}_y-0.12\boldsymbol{a}_z$ (b) 7.25 fJ

8.5 (a) $-18\boldsymbol{a}_x$ nN (b) $19.8\boldsymbol{a}_z$ nN (c) $36\boldsymbol{a}_x$ nN

8.7 (a) $-35.2\boldsymbol{a}_y$ nN/m (b) 0 (c) 0

8.9 $4\pi\times10^{-5}$ N/m

8.13 (a) $-1.8\times10^{-4}\boldsymbol{a}_y$ N·m
(b) $-1.8\times10^{-4}\boldsymbol{a}_y$ N·m
(c) $-1.5\times10^{-5}\boldsymbol{a}_y$ N·m

8.15 $(6\times10^{-6})[b-2\tan^{-1}(b/2)]\boldsymbol{a}_y$ N·m

8.17 $\Delta w/w=\Delta m/m=1.3\times10^{-6}$

8.19 (a) $77.6y\boldsymbol{a}_z k$ A/m
(b) 5.15×10^{-6} H/m
(c) 4.1 (d) $241y\boldsymbol{a}_z$ kA/m (e) $77.6\boldsymbol{a}_x$ kA/m²
(f) $241\boldsymbol{a}_x$ kA/m²
(g) $318\boldsymbol{a}_x$ kA/m²

8.21 (用 $\chi_m=0.003$) (a) 47.7 A/m (b) 6.0 A/m (c) 0.288 A/m

8.23 (a) 637 A/m, 1.91×10^{-3} Wb/m², 884 A/m
(b) 478 A/m, 2.39×10^{-3} Wb/m², 1.42×10^3 A/m
(c) 382 A/m, 3.82×10^{-3} Wb/m², 2.66×10^3 A/m

8.25 (a) $1.91/\rho$ A/m $(0<\rho<\infty)$
(b) $(2.4\times10^{-6}/\rho)\,\boldsymbol{a}_\phi\,T(\rho<0.01)$,
$(1.4\times10^{-5}/\rho)\boldsymbol{a}_\phi\,T(.01<\rho<.02)$,
$(2.4\times10^{-6}/\rho)\boldsymbol{a}_\phi\,T(\rho>.02)$ (ρ 单位为 m)

8.27 (a) $-4.83\boldsymbol{a}_x-7.24\boldsymbol{a}_y+9.66\boldsymbol{a}_z$ A/m
(b) $54.83\boldsymbol{a}_x-22.76\boldsymbol{a}_y+10.34\boldsymbol{a}_z$ A/m
(c) $54.83\boldsymbol{a}_x-22.76\boldsymbol{a}_y+10.34\boldsymbol{a}_z$ A/m
(d) $-1.93\boldsymbol{a}_x-2.90\boldsymbol{a}_y+3.86\boldsymbol{a}_z$ A/m
(e) 102° (f) 95°

8.29 10.5 mA

8.31 (a) 2.8×10^{-4} Wb
(b) 2.1 × 10¯4 Wb
(c) $\approx2.5\times10^{-4}$ Wb

8.33 (a) $23.9/\rho$ A/m
(b) $3.0\times10^{-4}/\rho\ Wb/m^2$
(c) $5.0\times10^{-7}\ Wb$
(d) $23.9/\rho$ A/m, $6.0\times10^{-4}/\rho$ Wb/m², 1.0×10^{-6} Wb

(e) 1.5×10^{-6} Wb

8.35 (a) $20/(\pi r\sin\theta)\boldsymbol{a}_\phi$ A/m

(b) 1.35×10^{-4} J

8.37 $0.17\ \mu$H

8.39 (a) $(1/2)wd\mu_0K_0^2$ J/m　(b) $\mu_0 d/w$ H/m　(c) $\Phi=\mu_0 dK_0$ Wb

8.41 (a) $33\ \mu$H　(b) $24\ \mu$H

8.43 (b) $L_{\text{int}}=\dfrac{2W_H}{I^2}=\dfrac{u_0}{8\pi}\left[\dfrac{d^4-4a^2c^2+3c^4+4c^4\ln(a/c)}{(a^2-c^2)^2}\right]$ H/m

第 9 章

9.1 (a) $-5.33\sin 120\pi t$ V　(b) $21.3\sin(120\pi t)$ mA

9.3 (a) $-1.13\times10^5[\cos(3\times10^8t-1)-\cos(3\times10^8t)]$ V　(b) 0

9.5 (a) -4.32 V　(b) -0.293 V

9.7 (a) $(-1.44)/(9.1+39.6t)$ A

(b) $-1.44\left[\dfrac{1}{61.9-39.6t}+\dfrac{1}{9.1+39.6t}\right]$ A

9.9 $2.9\times10^3[\cos(1.5\times10^8t-0.13x)-\cos(1.5\times10^8t)]$ W

9.11 (a) $\dfrac{10}{\rho}\cos(10^5t)\boldsymbol{a}_\rho$ A/m^2　(b) $8\pi\cos(10^5t)$ A

(c) $-0.8\pi\sin(10^5t)$ A　(d) 0.1

9.13 (a) $\boldsymbol{D}=1.33\times10^{-13}\sin(1.5\times10^8t-bx)\boldsymbol{a}_y$ C/m^2, $\boldsymbol{E}=3.0\times10^{-3}\sin(1.5\times10^8t-bx)\boldsymbol{a}_y$ V/m

(b) $\boldsymbol{B}=(2.0)b\times10^{-11}\sin(1.5\times10^8t-bx)\boldsymbol{a}_zT$, $\boldsymbol{H}=(4.0\times10^{-6})b\sin(1.5\times10^8t-bx)\boldsymbol{a}_z$ A/m

(c) $4.0\times10^{-6}b^2\cos(1.5\times10^8t-bx)\boldsymbol{a}_y$ A/m^2

(d) $\sqrt{5.0}$ m^{-1}

9.15 $\boldsymbol{B}=6\times10^{-5}\cos(10^{10}t-\beta x)\boldsymbol{a}_z$ T, $\boldsymbol{D}=-(2\beta\times10^{-10})\cos(10^{10}t-\beta x)\boldsymbol{a}_y$ C/m^2, $\boldsymbol{E}=-1.67\beta\cos(10^{10}t-\beta x)\boldsymbol{a}_y$ V/m, $\beta=\pm600$ rad/m

9.17 $a=66$ m^{-1}

9.21 (a) $\pi\times10^9$ sec^{-1}

(b) $\dfrac{500}{\rho}\sin(10\pi z)\sin(\omega t)\boldsymbol{a}_\rho$ V/m

9.23 (a) $\boldsymbol{E}_{\text{N1}}=10\cos(10^9t)\boldsymbol{a}_z$ V/m　$\boldsymbol{E}_{\text{t1}}=(30\boldsymbol{a}_x+20\boldsymbol{a}_y)\cos(10^9t)$ V/m

$\boldsymbol{D}_{\text{N1}}=200\cos(10^9t)\boldsymbol{a}_z$ pC/m^2 $\boldsymbol{D}_{\text{t1}}=(600\boldsymbol{a}_x+400\boldsymbol{a}_y)\cos(10^9t)$ pC/m^2

(b) $\boldsymbol{J}_{\text{N1}}=40\cos(10^9t)\boldsymbol{a}_z$ mA/m^2　$\boldsymbol{J}_{\text{t1}}=(120\boldsymbol{a}_x+80\boldsymbol{a}_y)\cos(10^9t)$ mA/m^2

(c) $\boldsymbol{E}_{\text{t2}}=(30\boldsymbol{a}_x+20\boldsymbol{a}_y)\cos(10^9t)$ V/m　$\boldsymbol{D}_{\text{t2}}=(300\boldsymbol{a}_x+200\boldsymbol{a}_y)\cos(10^9t)$ pC/m^2

$\boldsymbol{J}_{\text{t2}}=(30\boldsymbol{a}_x+20\boldsymbol{a}_y)\cos(10^9t)$ mA/m^2

(d) $\boldsymbol{E}_{\text{N2}}=20.3\cos(10^9t+5.6°)\boldsymbol{a}_z$ V/m　$\boldsymbol{D}_{\text{N2}}=203\cos(10^9t+5.6°)\boldsymbol{a}_z$ pC/m^2

$\boldsymbol{J}_{\text{N22}}=20.3\cos(10^9t+5.6°)\boldsymbol{a}_z$ mA/m^2

9.25 (b) $\boldsymbol{B} = (t - \frac{z}{c})\boldsymbol{a}_y$ T $\boldsymbol{H} = \frac{1}{\mu_0}(t - \frac{z}{c})\boldsymbol{a}_y$ A/m

$\boldsymbol{E} = (ct - z)\boldsymbol{a}_x$ V/m $\boldsymbol{D} = \varepsilon_0(ct - z)\boldsymbol{a}_x$ C/m^2

第10章

10.1 $\gamma = 0.094 + j2.25$，$\alpha = 0.094$ Np/m，$\beta = 2.25$ rad/m，$\lambda = 2.8$ m，$Z_0 = 93.6 - j3.64\Omega$

10.3 (a) 96 pF/m (b) 1.44×10^8 m/s

(c) 3.5 rad/m (d) $\Gamma = -0.09$，$s = 1.2$

10.5 (a) 83.3 nH/m，33.3 pF/m (b) 65 cm

10.7 7.9 mW

10.9 (a) $\lambda/8$ (b) $\lambda/8 + m\lambda/2$

10.11 (a) V_0^2/R_L

(b) $R_L V_0^2/(R + R_L)^2$

(c) V_0^2/R_L

(d) $(V_0^2/R_L)\exp(-2l\sqrt{RG})$

10.13 (a) 6.28×10^8 rad/s (b) $4\cos(\omega t - \pi z)$ A

(c) $0.287\angle 1.28$ rad (d) $57.5\exp[j(\pi z + 1.28)]$ V

(e) $257.5\angle 36°$ V

10.15 (a) 104 V (b) 52.6 − j123 V

10.17 $P_{25} = 2.28$ W，$P_{100} = 1.16$ W

10.19 16.5 W

10.21 (a) $s = 2.62$ (b) $Z_L = 1.04 \times 10^3 + j69.8$ (c) $z_{max} = -7.2$ mm

10.23 (a) 0.037λ 或 0.74m (b) 2.61 (c) 2.61

(d) 0.463λ 或 9.26 m

10.25 (a) 495 + j290 (b) j98

10.27 (a) 2.6 (b) 11 − j7.0 mS (c) 0.213λ

10.29 47.8 + j49.3

10.31 (a) 3.8 cm (b) 14.2 cm

10.33 (a) $d_1 = 7.6$ cm，$d = 17.3$ cm (b) $d_1 = 1.8$ cm，$d = 6.9$ cm

10.35 (a) 39.6 cm (b) 24 pF

10.37 $V_L = (1/3)V_0$ $(l/v < t < \infty)$，0V $(t < l/v)$；$I_B = (V_0/100)$ A $(0 < t < 2l/v)$，$I_B = (V_0/75)$ A $(t > 2l/v)$

10.39 $\frac{l}{v} < t < \frac{5l}{4v}$： $V_1 = 0.44\,V_0$

$\frac{3l}{v} < t < \frac{13l}{4v}$： $V_2 = -0.15\,V_0$

$\frac{5l}{v} < t < \frac{21l}{4v}$： $V_3 = 0.049\,V_0$

$\frac{7l}{v} < t < \frac{29l}{4v}$：　$V_4 = -0.017\ V_0$

其余时间段的电压为 0 V

10.41 $0 < t < \frac{l}{2y}$：　$V_L = 0$

$\frac{l}{2v} < t < \frac{3l}{2v}$：　$V_L = \frac{V_0}{2}$

$t < \frac{3l}{2v}$ ：　$V_L = V_0$

10.43 $0 < t < 2l/v$　$V_{RL} = V_0/2$

$t > 2l/v$　$V_{RL} = 3V_0/4$

$0 < t < l/v$　$V_{Rg} = 0$，$I_B = 0$

$t > l/v$　$V_{Rg} = V_0/4$，$I_B = 3V_0/4\ Z_0$

第 11 章

11.3 (a)0.33 rad/m　(b) 18.9 m

(c) $-3.76 \times 10^3 \boldsymbol{a}_z$ V/m

11.5 (a) $\omega = 3\pi \times 10^8\ \text{sec}^{-1}$，$\lambda = 2$ m，$\beta = \pi$ rad/m

(b) $-8.5\boldsymbol{a}_x - 9.9\boldsymbol{a}_y$ A/m

(c) 9.08 kV/m

11.7 $\beta = 25\ \text{m}^{-1}$，$\eta = 278.5$，$\lambda = 25$ cm，$v_p = 1.01 \times 10^8\ m/s$，$\varepsilon_R = 4.01$，$\mu_R = 2.19$，$\boldsymbol{H}(x, y, z, t) = 2\cos(8\pi \times 10^8 t - 25x)\boldsymbol{a}_y + 5\sin(8\pi \times 10^8 t - 25x)\boldsymbol{a}_z$ A/m

11.9 (a) $\beta = 0.4\pi$ rad/m，$\lambda = 5$ m，$v_p = 5 \times 10^7$ m/s，$\eta = 251\ \Omega$

(b) $-403\cos(2\pi \times 10^7 t)$ V/m

(c) $1.61\cos(2\pi \times 10^{-7} t)$ A/m

11.11 (a) 0.74 kV/m　(b) -3.0 A/m

11.13 $\mu = 2.28 \times 10^{-6}$ H/m，$\varepsilon' = 1.07 \times 10^{-11}$ F/m，$\varepsilon'' = 2.90 \times 10^{-12}$ F/m

11.15 (a) $\lambda = 3$ cm，$\alpha = 0$

(b) $\lambda = 2.95$ cm，$\alpha = 9.24 \times 10^{-2}$ Np/m

(c) $\lambda = 1.33$ cm，$\alpha = 335$ Np/m

11.17 $\langle S_z \rangle (z = 0) = 315\boldsymbol{a}_z\ \text{W/m}^2$，$\langle S_z \rangle (z = 0.6) = 248\boldsymbol{a}_z\ \text{W/m}^2$

11.19 (a) $\omega = 4 \times 10^8$ rad/s

(b) $\boldsymbol{H}(\rho, z, t) = (4.0/\rho)\cos(4 \times 10^8 t - 4z)\boldsymbol{a}_\phi$ A/m

(c) $S = (2.0 \times 10^{-3}/\rho^2)\cos^2(4 \times 10^8 t - 4z)\boldsymbol{a}_z\ \text{W/m}^2$

(d) $P = 5.7$ kW

11.21 (a) $H_{\varphi 1}(\rho) = (54.5/\rho)(10^4\rho^2 - 1)$ A/m　$(0.01 < \rho < 0.012)$，$H_{\varphi 2}(\rho) = (24/\rho)$ A/m　$(\rho > 0.012)$，$H_\varphi = 0$ $(\rho < 0.01\ \text{m})$

(b) $\boldsymbol{E} = 1.09\boldsymbol{a}_z$ V/m

(c) $\langle S \rangle = -(59.4/\rho)(10^4\rho^2 - 1)\boldsymbol{a}_\rho \text{W/m}^2$　$(.01 < \rho < .012\ m)$，$-(26/\rho)\boldsymbol{a}_\rho \text{W/m}^2$　$(\rho > 0.12\ \text{m})$

11.23 (a)1.4×10^{-3} Ω/m
(b)4.1×10^{-2} Ω/m
(c)4.1×10^{-1} Ω/m
11.25 $f=1$ GHz，$\sigma=1.1\times10^{5}$ S/m
11.27 (a)4.7×10^{-8} (b)3.2×10^{3} (c)3.2×10^{3}
11.29 (a)$\boldsymbol{H}_s=(E_0/\eta_0)(\boldsymbol{a}_y-\mathrm{j}\boldsymbol{a}_x)e^{-\mathrm{j}\beta z}$
(b)$\langle \boldsymbol{S}\rangle=(E_0^2/\eta_0)\boldsymbol{a}_z$ W/m^2(假设 E_0 为实数)
11.31 (a) $L=14.6\,\lambda$ (b) 左
11.33 (a)$\boldsymbol{H}_s=(1/\eta)[-18e^{\mathrm{j}\phi}\boldsymbol{a}_x+15\boldsymbol{a}_y]e^{-\mathrm{j}\beta z}$ A/m
(b) $\langle \boldsymbol{S}\rangle=275\ \mathrm{Re}\{(1/\eta^*)\}$ W/m^2

第 12 章

12.1 0.01 %
12.3 0.056 和 17.9
12.5 (a)4.7×10^{8} Hz (b) 691 + j177 (c) −1.7 cm
12.7 (a) $s_1=1.96$，$s_2=2$，$s_3=1$ (b) −0.81 m
12.9 (a)6.25×10^{-2} (b) 0.938 (c) 1.67
12.11 641 + j501
12.13 反射波:左旋圆极化波;功率分数 = 0.09. 透射波：右旋圆极化波;功率分数 = 0.91
12.15 (a) 2.25 (b) 2.14 (c) 0.845
12.17 2.41
12.19 (a) $d_1=d_2=d_3=0$ 或 $d_1=d_3=0$，$d_2=\lambda/2$ (b) $d_1=d_2=d_3=\lambda/4$
12.21 (a) 反射的能量：15 %，透射的能量：85 %
(b) 反射波：s－极化，透射波:右旋椭圆极化
12.23 $n_0=(n_1/n_2)\sqrt{n_1^2-n_2^2}$
12.25 0.76(−1.19 dB)
12.27 2
12.29 4.3 km

第 13 章

13.1 (a) 1.14 mm (b) 1.14 mm (c) 1.47 mm
13.3 14.2 pF/m，0.786 μH/m，0，0.023 /m
13.5 (a) 1.23 (b) 1.99 (c) 1.33
13.7 (a) 2.8 (b)5.85×10^{-2}
13.9 (a) 4.9 (b) 1.33
13.11 9
13.13 9
13.15 1.5 ns
13.17 (a) 12.8 GHz (b) 是

13.19　(a) 2.5 GHz $< f <$ 3.75 GHz (充满空气)
b) 3.75 GHs $< f <$ 4.5 GHz (充满空气)

13.21　$a = 1.1$ cm, $b = 0.90$ cm

13.25　72 cm

13.27　3.32

13.29　(a) $\theta_{\min} = \sin^{-1}(n_3/n_1)$　(b) $v_{p,\max}\ v = c/n_3$

13.31　大于

第 14 章

14.1　(a) $-0.284\boldsymbol{a}_x - 0.959\boldsymbol{a}_z$　(b) 0.258

14.3　(a) $-\mathrm{j}(1.5\times10^{-2})\mathrm{e}^{-\mathrm{j}1000}\boldsymbol{a}_z$ V/m
(b) $-\mathrm{j}(1.5\times10^{-2})\mathrm{e}^{-\mathrm{j}1000}\boldsymbol{a}_y$ V/m
(c) $-\mathrm{j}(1.5\times10^{-2})(\boldsymbol{a}_y+\boldsymbol{a}_z)$ V/m
(d) $-(1.24\times10^{-2})(\boldsymbol{a}_y+\boldsymbol{a}_z)$ V/m
(e) 1.75×10^{-2} V/m

14.7　(a) 0.711 Ω　(b) 0.178 Ω　(c) 0.400 Ω

14.9　(a) 85.4 A　(b) 5.03 A

14.11　(a) 85.4 A　(b) 7.1 A

14.13　(a) $0.2\mathrm{e}^{-\mathrm{j}1000\pi}$ V/m　(b) $0.2\mathrm{e}^{-\mathrm{j}1000\pi}\,\mathrm{e}^{\mathrm{j}0.5\pi}$ V/m　(c) 0

14.15　初始最大值:$\theta=\pm90°$ 相对幅度 1.00;第二最大值:$\theta=\pm33.8°$ 和 $\theta=\pm146.2°$ 相对幅度 0.186;$S_s = 7.3$ dB

14.17　(a) 36.5 W　(b) 4.8 μW

14.19　$\xi = 0$, $d = \lambda$

14.21　(a) $\pm48.2°$　(b) $\pm60°$

14.23　(a) $+\pi/2$　(b) 0

14.25　(a) $\xi = -\pi/2$　(b) 最大值的 5.6 %(12.6 dB 以下)

14.29　(a) 1.7 μW　(b) 672 nW

英汉对照名词术语表

A

Absolute potential 绝对电位
Acceptors 接收器
Addition of vectors 矢量加法
Airspace 空间
Ampere 安培
    mangetic field intensity and 磁场强度和安培
    mangetic flux density and 磁通密度和安培
    one per volt(1 S)1 安培每伏(1S)
    one weber-turn per(H) 1 韦伯匝每安培(H)
    surface current density and 面电流密度和安培
Ampere's circuital law described 安培环路定律描述
    in determining spatial rate of change of H 求取 H 在空间中的变化率
    differential applications 安培环路定律的微分应用
    Maxwell;s equations form 安培环路定律的麦克斯韦方程形式
    in point form 安培环路定律的点形式
    and Stokes'thorem 安培环路定律和斯托克斯定理
Ampere's law for the current element 电流元的安培定律
"Ampere-turns," 安培匝数
Amperian current 安培电流
Angular dispersion 角色散
Anisotropic materials 各向异性材料
Anisotropic medium 各向异性媒质
Antennas 天线
    definition of 天线定义
    dipole 偶极子天线
    Hertzian dipole 赫兹偶极子天线
    magnetic dipole 磁偶极子天线
    monoploe 单极子天线
    as receivers 天线接收器
    specifications 天线规范
    thin-wire 细线天线
    two-element arrays 二元天线阵

uniform linear arrays 均匀直线式天线阵
Antiferromagnetic materials 抗磁材料
Antireflective coatings 防反射涂层
Arrays, in antennas 天线阵列
two-element arrays 二元阵列
uniform linear arrays 均匀直线式阵列
Associative law 结合率
Attenuation, with propagation distance 衰减(随着传播距离)
Attenuation coefficient 衰减系数
Average power loss 平均功率损耗
Axial phase constants 轴向相位常数
Azimuthal mode number 方位角模数

B

Backward-propagating wave(s) 后行波
amplitudes 后行波波幅
voltage waves 后行电压波
Beat frequency 拍频
Bessel functions 贝塞尔函数
Bidirectional voltage distribution 双向电压分布
Biot-Savart law 毕奥-萨伐尔定律
Boundary conditions 边界条件
conductors 导体边界条件
dielectric materials 电介质边界条件
equipotential surfaces 等势面边界条件
magnetic 磁场边界条件
Bound charges 束缚电荷
Bound current 束缚电流
Bound surface charge density 束缚面电荷密度
Bound-volume charge density 束缚体电荷密度
Branch cut 分支切割
Brewster angle 布儒斯特角
Broadside array 垂射天线阵列,

C

Cancellation 抵消
Capacitance 电容
of air-filled transmission line 空气填充传输线的电容
of a cone 锥形电容

Coaxial cylindrical conductors 同轴圆柱导体
Coaxial slotted line 同轴开槽传输线
Coaxial transmission line 同轴传输线
Coaxial transmission-line geometry 同轴传输线几何结构
Commutative law 交换率
Complex amplitude 复振幅
Complex instantaneous voltage 复瞬时电压
Complex load impedance 复负载阻抗
Complex permeability 复磁导率
Complex permittivity 复介电常数
origins of 复介电常数的来源
Components 分量
Components scalars 标量分量
Components vectors 矢量分量
Conducting plane 导体平面
Conduction band 导带
Conduction current 传导电流
Conduction electrons 传导电子
Conductivity 电导率
Conductors. See also Semiconductors boundary conditions 导体,也可见 半导体
导体边界条件
coaxial cylindrical 同轴圆柱导体
cylindrical 圆柱导体
energy-band structure of 导体能带结构
filamentary 细导体
good 良导体
good,propagation in 良导体，良导体中的波传播
metallic 金属导体
moving 运动导体
perfect 理想导体
peroperties 导体特性
superconductivity 超导体
Conductor-to-free-space boundary 导体-自由空间边界
Conservation principle 守恒原理
Conservative property 守恒性质
Constants of certain materials 某些材料的常数
Convection current 运流电流
Convection current density 运流电流密度
Coordinates and coordinate systems 坐标与坐标系

negative 负电流
positive 正电流
semi-infinite segments 半无限长线电流
surface 面电流
total 总电流
and voltage,relation between 电流和电压之间的关系
wave directions 电流波动方向
Current carriers 载流子
Current density 电流密度
convection 运流电流密度
described 电流密度描述
displacement 位移电流密度
effect of increment of charge on 电荷元对电流密度的效应
surface 面电流密度
types of 电流密度类型
and wave propagation 电流密度和波传播
Current directions in waves 波中的电流方向
Current filaments 电流丝
Current per unit area enclosed 单位面积包围的电流
Current reflection diagrams 电流反射图
Curvilinear coordinates 曲线坐标
Curvilinear-square maps 曲边正方形图
Curvilinear squares and streamlines 曲边正方形和力线
Cutoff conditions 截止条件
Cutoff frequency 截止频率
Cutoff wavelength 截止波长
Cylindrical conductor 圆柱导体
Cylindrical waveguides 圆柱波导

D

Dc-circuit 直流电路
Decibels 分贝 (dB)
Del operator Del 算子
Dephasing process 相位移过程
Depth of penetration 透入深度
Diamagnetic materials 反磁性材料
Dielectric 电介质
Dielectric constant 介电常数
Dielectric interface 介质分界面

Domains 区域
Donor materials 供体材料
Dot product 点积
Dot products of unit vectors 单位矢量点积
  in cylindrical coordinate systems 在圆柱坐标系中
  in rectangular coordinate systems 在直角坐标系中
  in spherical coordinate systems 在圆坐标系中
Drift velocity 漂移速度

E

Earth 地球
  fields priduced by 地球产生的场
  magnetic field of 地球的磁场
  rare elements of 地球的稀有元素
  reference points 参考点
Effective impedances 有效介电常数
Effective impedances 有效阻抗
Eigenvalue equations 本征值方程
Electric dipole 电偶极子
Electric dipole geometry 电偶子几何构型
Electric field 电场
  about an infinite line charge 无限长线电荷的电场
  component magnitudes 电场分量大小
  energy expended in moving 运动电场消耗的能量
  torque produced by 电场产生的力矩
  in the xy plane of a right circularly polarized plane wave xy 平面内的右旋极化平面波的电场
Electric field amplitude distributions 电场的幅值分布
Electric field configuration 电场构形
Electric field intensity 电场强度
  in a cylindrical region 圆柱区域中的电场强度
  as functions of distance 电场强度随距离变化的函数
  and inverse cube law 电场强度和立方反比定律
Electric flux 电通量
Electric flux density 电通量密度
Electricity 电学
Electric susceptibility 电极化率
Electromagnetic energy 电磁能量
Electromotive force(emf) 电动势(emf)

F

on magnetic materials 运动电荷的力
vector 力矢量
Forward-propagating wave 前行波波幅
Free charge 自由电荷
Free-electron charge density 自由电子电荷密度
Free electrons 自由电子
Free space 自由空间
permeability of 自由空间的磁导率
permittivity of 自由空间的电容率
static electric fields in 自由空间中的静电场
vector Helmholtz equation in 自由空间中矢量亥姆霍兹方程
wavelength in 自由空间中的波长
wavenumber in 自由空间中的波数
wave propagation in 自由空间中的波传播
Free-space arrangement,of microscopic electric dipoles 微观电偶极子的自由空间排列
Free-space charge configuration 自由空间电荷结构
Free-space wavelength 自由空间波长
Free-space waves 自由空间波
Free spectral range 自由光谱区
Frequenct-dependence 频变的
Freshwater lake 淡水湖
Friis transmission formula 弗林斯传输公式

G

Gain coefficient 增益系数
Gamma curves as a function of incident angles 随入射角变化的 Gamma 曲线
Gauss 高斯
Gaissian intensity spectrum 高斯强度谱
Gaussian surface 高斯面
definition of 高斯面的定义
differential analysis of 高斯面的微分分析
for infinite umiform line charge 无限长均匀线电荷的高斯面
Gauss's law 高斯定律
application of,to field of a point charge 高斯定律在点电荷场中的应用
differential volume element 微体积元
mathematical formulation of 高斯定律的数学形式
and Maxwell'a first equation 高斯定律和麦克斯韦第一方程
point form 高斯定律的点形式
symmetrical charge distribution 对称电荷分布

H

I

intrinsic 波阻抗
net series 净串联阻抗
normalized 归一化阻抗
normalized load 归一化负载阻抗
and slotted line 阻抗和开槽线
wave 波阻抗
Impedance-matching 阻抗匹配法
Impedance transformation 阻抗变换
Incident angles 入射角
Incident energy 入射能
Incident wave power 入射波能量
Incident waves 入射波
Incremental closed path 闭合路径增量
Induced voltage 感应电压
Inductance 电感
external 外电感
internal 内电感
mutual 互感
self 自感
transmission lines 传输线电感
Inductors 电感器
Infinite conducting plane 无限导体平面
Infinite line charge 无限长线电荷
Infinitely long straight filament 无限长直细丝
Infinite parallel filaments 无限长平行线
Infinite radial planes 无限大径向平面
Infinite sheet of charge 无限大薄片电荷
Infinite uniform line charge 无限长均匀线电荷
Initially charged lines 初始带电线
Initially charged network 初始带电网络
Initially charged transmission lines 初始带电传输线
Initial voltage wave 初始电压波
In-phase 同相
Input impedance 输入阻抗
Instantaneous field values 场的瞬时值
Instantaneous power 瞬时功率
Instantaneous values of the total field 总场的瞬时值
Insulators 绝缘体
Intensity plots 强度图

K

L

M

in rectangular waveguides 矩形波导中的麦克斯韦方程
Meridional rays 子午射线
Metallic conductors 金属导体
Method of images 镜像法
Mho 姆欧
Microstrip line 微带传输线
Microwave oven 微波炉
Mid-equipotential surface 零等位面
Midpoint 中间点
closed-circuit torque 闭合电路扭矩
electric field intensity 电场强度
thin-wire antennas 细线天线
Minimum voltage amplitude 最小电压幅度
Mobility 迁移率
Modal dispersion 模式色散
Mode field radius 模式场半径
Mode number 模数
Monpole antennas 单极子天线
Motional electric field intensity 运动电场强度
Motional emf 运动电动势
Moving charges 运动电荷
Moving magnetic field 运动磁场
Multiple-interfaces 多层-分界面
Multiplication of vectors 矢量相乘
Multipoles 多极子
Multiwave bidirectional voltage distribution 多波段双向电压分布
Mutual inductance 互感

N

Negative current 负电流
Net phase shift 净相位移
Net series impedance 净串联阻抗
Net shunt admittance 净并联导纳
Network 网络
Newton's second law 牛顿第二定律
Newton's third law 牛顿第三定律
Nonconservative 非保守场
Nonpolar molecule 无极分子
Nonzero α 非零 α

O

P

plane wave propagation by oblique reflection 利用斜反射在平行平板波导中进行平面波传播
plane wave propagation in guided mode 平面波在平行平板波导中以波导模式传播
plane wave representation of TM and TEM modes TM 和 TEM 模式的平面波表示
simplified form of 平行平板波导的简化形式
Parallel polarization 平行极化
Paramagnetic materials 顺磁物质
Partial capacitances 部分电容
Partial transmission 部分传输
Penetration depth 透入深度
Perfect conductor 理想导体
Perfect dielectrics 理想电介质
Permeability 磁导率
definition of 磁导率的定义
of free space 自由空间的磁导率
and magnetization 磁导率和极化
relative 相对磁导率
Permittivity 介电常数
in anisotropic materials 各向异性材料的介电常数
and capacitance 介电常数和电容
complex 复介电常数
of free space 自由空间的介电常数
of homogeneous dielectrics 均匀电介质的介电常数
in isotropic materials 各向同性材料的介电常数
with multiple dielectrics 多层介质的介电常数
relative 相对介电常数
Perpendicular polarization 垂直极化
Phase constant 相位常数
Phase shift per unit distance 单位距离的相位移
Phase shift per unit time 单位时间的相位移
Phase shifts 相移
Phase velocity 相速度
Phasor electric field 电场相量
Phasor voltage 相电压
Planar dielectric waveguides 平板介质波导
Plane of incidence 入射面
Plane wave analysis 平面波分析
Plane wave incidence geometry 平面波斜入射的几何形状
Plane wave model 平面波模型

Q

R

Real-instantaneous voltage 瞬时电压

Receivers, antennas as 接收天线

Reciprocity theorem 互易定理

Rectangular coordinates 直角坐标

　　differential volume element in 直角坐标中的微分体积元

incremental closed path in 直角坐标中的增量闭合路径

Rectangular coordinate systems 直角坐标系

　　described 直角坐标系的定义

　　dot products of unit vectors in 直角坐标系中单位矢量的点积

　　unit vectors of 直角坐标系中的单位矢量

Rectangular variables 直角坐标系中的变量

Rectangular waveguides 矩形波导

Reflected power 反射能量

Reflected waves 反射波

Reflection coefficient 反射系数

Relfection coefficient phase 反射系数相位

Reflection diagrams 反射图

Reflection of uniform plane waves 均匀平面波的反射

Reflective phase shift 反射相位移

Reflective index 折射率

Reflective index ratio 折射率比值

Relative permeability 相对磁导率

Relative permittivity 相对电容率

Reluctance 磁阻

Resistance 电阻

Resistor voltage as a function of time 电阻电压随时间变化的函数

Resonant cavity 谐振腔

Resonant frequency 谐振频率

Retardation 推迟

Retarded potentials 推迟位

Right circularly polarization 右旋圆极化

Right circularly polarized plane wave 右旋圆极化平面波

Right circularly polarized wave 右旋圆极化波

Right-handed coordinate systems 右手坐标系

Right-handed screw 右手螺旋

Rudolf-Neumann formula Rudolf-Neumann 公式

S

Dcalar components 标量分量
Scalar fields 标量场
Scalar magnetic potentials 磁标位
Scalar operators 标量算子
Scalar and vectors 标量和矢量
Self-inductance 自感
Semiconductors 半导体
Semi-infinite current segments 半无限电流段
Semi-infinite transmission lines 半无限长传输线
Short circuit 短路
Short-circuited stub 短截线
Siemens(S) 西门子 (S)
Slink 沟
Sinusoidal steady-state conditions 正弦稳态条件
Sinusoidal steady-state conditions 正弦波
Skew rays 偏斜光线
Skin depth 透入深度
Skin effect 集肤效应
Skin effect loss 集肤效应损耗
Slotted line 开槽线
Smith chart 史密斯图
　　components of 史密斯图的分量
　　described 史密斯图的定义
　　photographic reduction of 史密斯圆缩小了的照片
　　polar coordinates of 史密斯图的极坐标形式
Snell's law 斯耐尔定律
Solenoid of finite length 有限长螺线管
Source 源
South Pole 南极
Space rate of change 空间变化率
Spatial dimension 空间尺寸
Spatial field configuration 空间场构型
Spatial frequency 空间频率
Spectral energy 能谱
Spectral intensity 谱密度
Spectral packets 谱包
Spectral power 功率谱

Spherical coordinates 球坐标
Spherical coordinate systems 球坐标系
Spin 旋转
S-polarization S-极化
Standing wave 驻波
Standing wave ratio 驻波比
  units 单位
  voltage 驻波电压比
Static electric fields 静电场
Static fields 静态场
Steady magnetic field 恒定磁场
Steady-magnetic-field laws 恒定磁场定律
Steady-state situation 稳态情形
Step index fiber 阶跃光纤
Stokes' theorem 斯托克斯定理
Straight-line charge 直线电荷
Streamlines 力线
  and curvilinear squares 力线和曲边正方形
  described 力线的描述
  equation of 力线方程
  and equipotential surfaces 力线和等位面
  of the magnetic field intensity about an infinitely long straight filament 无限长直细导线磁场强度的磁力线
Streamline sketch 力线的画法
Superconductivity 超导性
Supermagnetic materials 超顺磁性材料
Surface current 面电流
Surface current density 面电流密度，
Surfaces 表面
  area of 表面面积
  boundary 边界面
  conductor 导体表面
  in cylindrical and rectangular coordinate systems 圆柱坐标系和直角坐标系中的坐标面
  equipotential 等位面
  incremental 增量面
  mutually perpendicular 互相垂直的表面
  perpendicular 垂直表面
  spherical 球表面
Surface waves 表面波

T

Transmission coefficient 透射系数
Transmission-line equations 传输线方程
Transmission-line fields 传输线的场
  coaxial(high frequencies) 同轴传输线的场(高频)
  coaxial(intermediate frequencies) 同轴传输线的场(中频)
  coaxial(low frequencies) 同轴传输线的场(低频)
  microstrip line(low frequencies) 微带线的场(低频)
  and primary constants 传输线的场和原始参数
  two-wire(high frequencies) 二线传输线的场(高频)
  two-wire(low frequencies) 二线传输线的场(低频)
Transmission-line propagation 传输线传播
Transmission lines 传输线
  basic circuit 传输线基本电路
  coaxial, geometry of 同轴传输线，传输线的几何形状
  energy stored in 传输线中的能量
  examples of 传输线的例子
  of finite length 有限长传输线
  finite-length configuration and its equivalent circuit 有限长传输线的结构与等效电路
  general wave equations for 传输线的一般波动方程
  graphical methods for 传输线的图解法
  inductance in 传输线的自感
  infinitely long coaxial function of radius as magnetic field intensity in 无限长传输线，磁场随半径变化的函数
  initially charged 初始带电传输线
  lossless, terminated by a matched load 无损耗、终端接匹配负载的传输线
  lumped-element model of 传输线的集总参数元件模型
  lumped-element model with losses 有损耗传输线的集总参数元件模型
  matched at both ends 两端匹配的传输线
  net series impedance in 传输线中的净串联阻抗
  net shunt admittance in 传输线中的净并联导纳
  parallel-plate, geometry of 平行平板传输线的几何构型
  primary constants of 传输线的原始参数
  pulse-forming line 脉冲形成传输线
  slotted lines 开槽线
  transient analysis of 传输线的暂态分析
  two-wire, geometry of 二线传输线的几何构型
  wave phenomena on 传输线中的波现象
Transmission-line voltage 传输线电压
Transmission-line waves 传输线中的波

U

V

Vacuum 真空
Valence band 价带
Valence electrons 价电子
Vector 矢量
Vector addition 矢量加法
Vector algebra 矢量代数
Vector components 矢量分量
Vector components and unit vectors 矢量分量和单位矢量
Vector fields 矢量场
Vector force 矢量力
Vector Helmholtz equation 矢量亥姆霍兹方程
Vector identities 矢量恒等式
Vector Laplacian 矢量拉普拉斯
Vector magnetic potentials 磁矢位
Vector multiplication 矢量乘法
Vector operator 矢量运算
Vector product 矢量积
Vector surface 矢量表面
Velocity 速度
  drift 漂移速度
  group 群速度
  group dispersion 群速色散
  group function 群速函数
  phase 相速度
  wave 波速
Vertices of triangle 三角形顶点
Volt 伏特
Voltage 电压
  complex instantaneous 复瞬时电压
  Hall 霍尔电压
  Kirchoff's law of 基尔霍夫电压定律
  phasor 电压相量
  real instantaneous forms of 电压的瞬时形式
  relation between current and 电压和电流之间的关系
  simple dc-circuit 简单直流电路的电压
  sinusoidal 正弦电压，
  transmission-line 传输线电压

W

常用曲线坐标系中的散度、梯度、旋度和拉普拉斯算子

散度

直角坐标系 $\nabla \cdot \boldsymbol{D}=\frac{\partial D_x}{\partial x}+\frac{\partial D_y}{\partial y}+\frac{\partial D_z}{\partial z}$

圆柱坐标系 $\nabla \cdot \boldsymbol{D}=\frac{1}{\rho}\frac{\partial}{\partial \rho}(\rho D_\rho)+\frac{1}{\rho}\frac{\partial D_\phi}{\partial \phi}+\frac{\partial D_z}{\partial z}$

球坐标系 $\nabla \cdot \boldsymbol{D}=\frac{1}{r^2}\frac{\partial}{\partial r}(r^2 D_r)+\frac{1}{r\sin\theta}\frac{\partial}{\partial \theta}(D_\theta \sin\theta)+\frac{1}{r\sin\theta}\frac{\partial D_\phi}{\partial \phi}$

梯度

直角坐标系 $\nabla V=\frac{\partial V}{\partial x}\boldsymbol{a}_x+\frac{\partial V}{\partial y}\boldsymbol{a}_y+\frac{\partial V}{\partial z}\boldsymbol{a}_z$

圆柱坐标系 $\nabla V=\frac{\partial V}{\partial \rho}\boldsymbol{a}_\rho+\frac{1}{\rho}\frac{\partial}{\partial \phi}\boldsymbol{a}_\phi+\frac{\partial V}{\partial z}\boldsymbol{a}_z$

球坐标系 $\nabla V=\frac{\partial V}{\partial r}\boldsymbol{a}_r+\frac{1}{r}\frac{\partial V}{\partial \theta}\boldsymbol{a}_\theta+\frac{1}{r\sin}\frac{\partial V}{\partial \phi}\boldsymbol{a}_\phi$

旋度

直角坐标系 $\nabla \times \boldsymbol{H}=\left(\frac{\partial H_z}{\partial y}-\frac{\partial H_y}{\partial z}\right)\boldsymbol{a}_x+\left(\frac{\partial H_x}{\partial z}-\frac{\partial H_z}{\partial x}\right)\boldsymbol{a}_y+\left(\frac{\partial H_y}{\partial x}-\frac{\partial H_x}{\partial y}\right)\boldsymbol{a}_z$

圆柱坐标系 $\nabla \times \boldsymbol{H}=\left(\frac{1}{\rho}\frac{\partial H_z}{\partial \phi}-\frac{\partial H_\phi}{\partial z}\right)\boldsymbol{a}_\rho+\left(\frac{\partial H_\rho}{\partial z}-\frac{\partial H_z}{\partial \rho}\right)\boldsymbol{a}_\phi+\frac{1}{\rho}\left[\frac{\partial(\rho H_\phi)}{\partial \rho}-\frac{\partial H_\rho}{\partial \phi}\right)\boldsymbol{a}_z$

球坐标系 $$\nabla \times \boldsymbol{H}=\frac{1}{r\sin\theta}\left[\frac{\partial(H_\phi \sin\theta}{\partial \theta}-\frac{\partial H_\theta}{\partial \phi}\right]\boldsymbol{a}_r+\frac{1}{r}\left[\frac{1}{\sin\theta}\frac{\partial H_r}{\partial \phi}-\frac{\partial(rH_\phi)}{\partial r}\right]\boldsymbol{a}_\theta$$
$$+\frac{1}{r}\left[\frac{\partial(rH_\theta)}{\partial r}-\frac{\partial H_r}{\partial \theta}\right]\boldsymbol{a}_\phi$$

拉普拉斯算子

直角坐标系 $\nabla^2 V=\frac{\partial^2 V}{\partial x^2}+\frac{\partial^2 V}{\partial y^2}+\frac{\partial^2 V}{\partial z^2}$

圆柱坐标系 $\nabla^2 V=\frac{1}{\rho}\frac{\partial}{\partial \rho}\left(\rho\frac{\partial V}{\partial \rho}\right)+\frac{1}{\rho^2}\frac{\partial^2 V}{\partial \phi^2}+\frac{\partial^2 V}{\partial z^2}$

球坐标系 $\nabla^2 V=\frac{1}{r^2}\frac{\partial}{\partial r}\left(r^2\frac{\partial V}{\partial r}\right)+\frac{1}{r^2\sin\theta}\frac{\partial}{\partial \theta}\left(\sin\theta\frac{\partial V}{\partial \theta}\right)+\frac{1}{r^2\sin^2\theta}\frac{\partial^2 V}{\partial \phi^2}$

麦格劳-希尔教育教师服务表

尊敬的老师：您好！

感谢您对麦格劳-希尔教育的关注和支持！我们将尽力为您提供高效、周到的服务。与此同时，为帮助您及时了解我们的优秀图书，便捷地选择适合您课程的教材并获得相应的免费教学课件，请您协助填写此表，并欢迎您对我们的工作提供宝贵的建议和意见！

麦格劳-希尔教育 教师服务中心

★ 基本信息

姓		名		性别	
学校			院系		
职称			职务		
办公电话			家庭电话		
手机			电子邮箱		
省份		城市		邮编	
通信地址					

★ 课程信息

主讲课程-1		课程性质	
学生年级		学生人数	
授课语言		学时数	
开课日期		学期数	
教材决策日期		教材决策者	
教材购买方式		共同授课教师	
现用教材 书名/作者/出版社			
主讲课程-2		课程性质	
学生年级		学生人数	
授课语言		学时数	
开课日期		学期数	
教材决策日期		教材决策者	
教材购买方式		共同授课教师	
现用教材 书名/作者/出版社			

★ 教师需求及建议

提供配套教学课件 （请注明作者 / 书名 / 版次）			
推荐教材 （请注明感兴趣的领域或其他相关信息）			
其他需求			
意见和建议（图书和服务）			
是否需要最新图书信息	是/否	感兴趣领域	
是否有翻译意愿	是/否	感兴趣领域或 意向图书	

填妥后请选择电邮或传真的方式将此表返回，谢谢！

地址：北京市东城区北三环东路36号环球贸易中心A座702室，教师服务中心，100013
电话：010-5799 7618/7600 传真：010-5957 5582
邮箱：instructorchina@mheducation.com
网址：www.mheducation.com, www.mhhe.com

欢迎关注我们的微信公众号：MHHE0102